Ferromagnetismus

Von

Dr. rer. nat. Eckart Kneller
Wissenschaftlicher Mitarbeiter des Max-Planck-Institutes für Metallforschung
Dozent für Metallphysik und allgemeine Metallkunde
an der Technischen Hochschule Stuttgart

Mit einem Beitrag

Quantentheorie und Elektronentheorie des Ferromagnetismus

Von

Professor Dr. rer. nat. Alfred Seeger

und

Dr. rer. nat. Helmut Kronmüller

Max-Planck-Institut für Metallforschung Stuttgart

Mit 603 Abbildungen

Springer-Verlag

Berlin / Göttingen / Heidelberg

1962

ISBN 978-3-642-49129-0 ISBN 978-3-642-86695-1 (eBook)
DOI 10.1007/978-3-642-86695-1

Alle Rechte, insbesondere das der Übersetzung in fremde Sprachen, vorbehalten
Ohne ausdrückliche Genehmigung des Verlages ist es auch nicht gestattet, dieses Buch oder Teile
daraus auf photomechanischem Wege (Photokopie, Mikrokopie) oder auf andere Art zu vervielfältigen
© by Springer-Verlag OHG, Berlin/Göttingen/Heidelberg 1962
Softcover reprint of the hardcover 1st edition 1962

Library of Congress Catalog Card Number 62 — 17 383

Die Wiedergabe von Gebrauchsnamen, Handelsnamen, Warenbezeichnungen usw. in diesem Buche
berechtigt auch ohne besondere Kennzeichnung nicht zu der Annahme, daß solche Namen im Sinne
der Warenzeichen- und Markenschutz-Gesetzgebung als frei zu betrachten wären und daher von
jedermann benutzt werden dürften

Geleitwort

Es ist ein eigenartiges Erlebnis, ein kleines Spezialgebiet der Physik zu einer fast unübersehbaren Wissenschaft heranwachsen zu sehen. Noch vor 20 Jahren konnte jeder interessierte Physiker, sozusagen nebenher, alle Arbeiten über die magnetischen Eigenschaften der Materie leicht lesen und verarbeiten. Heute erscheinen über dieses Gebiet rund 500 Arbeiten pro Jahr, und es werden jedes Jahr in verschiedenen Ländern Vortrags- und Diskussionstagungen über die magnetischen Eigenschaften der Materie abgehalten. Allein die Zahl der dort vorgelegten Originalarbeiten überschreitet 200.

Die Grundlage für eine solche Entwicklung wurde von der Festkörperphysik geschaffen. Die Entwicklung und Anwendung der Quantentheorie, der Elektronentheorie und der Theorie der Kristallbaufehler haben unsere Kenntnis der Zusammenhänge zwischen der Struktur der Materie und ihren magnetischen Eigenschaften in ungeahntem Maße verbreitert und verfeinert. Die Anwendung von Neutronenstrahlen, kompliziertesten elektronischen Meßanordnungen und tiefsten Temperaturen hat die experimentellen Fundamente entsprechend erweitert und gesichert.

Die treibenden Kräfte waren die ständig wachsenden Anforderungen an die zahllosen technisch nutzbaren Magnetwerkstoffe, die Erkenntnis, daß magnetische Methoden der zerstörungsfreien Werkstoffprüfung in vielen Fällen besser und billiger sind als andere Verfahren, und nicht zuletzt die Suche nach bequemen und zuverlässigen Methoden in der Grundlagenforschung auf den Gebieten der Metallphysik und der Metallkunde.

Im Jahre 1939 haben R. BECKER und W. DÖRING in einem vom Springer-Verlag verlegten Buch den ersten unschätzbaren Versuch einer Theorie des magnetischen Verhaltens der ferromagnetischen Werkstoffe unternommen. Rund zehn Jahre danach öffnete S. V. VONSOWSKIJ in seinem vorzüglichen Lehrbuch über Magnetismus die ersten Ausblicke auf die moderne Entwicklung. 1951 veröffentlichte R. M. BOZORTH sein heute noch als Standardwerk über Ferromagnetismus angesehenes Werk, das insbesondere die Beziehungen zwischen den magnetischen Eigenschaften der Materie und ihrer Struktur hervorhebt und daneben eine Fülle von Informationen über die magnetischen Eigenschaften von Metallen und Legierungen enthält. Es zeichnet sich in diesem Buch ferner deutlich die Tatsache ab, daß mit wenigstens fünf Kategorien der magnetischen Eigenschaften der Materie zu rechnen ist: Diamagnetismus, Paramagnetismus, Ferromagnetismus, Antiferromagnetismus und Ferrimagnetismus. Leider hat L. NÉEL, dessen hervorragenden Forschungen entscheidende Erkenntnisse zu verdanken sind, seine Erfahrungen bisher nicht in einem geschlossenen Werk niedergelegt.

Die Einsicht in die geschilderte Entwicklung hat mich etwa zu der Zeit des Erscheinens des Buches von R. M. BOZORTH veranlaßt, den Springer-Verlag zu der Herausgabe eines neuen Buches über dieses aufstrebende Wissensgebiet anzuregen. Im bevorzugten Hinblick auf die Interessen meines Arbeitskreises wünschte ich eine kurze, moderne, im Niveau auf Studenten der Metallphysik und der Metallkunde abgestimmte Einführung in die Grundprinzipien des Ferromagnetismus. Die Suche nach einem geeigneten Autor dauerte einige Jahre. Schließlich erklärte Herr Dr. ECKART KNELLER sich zur Abfassung des geplanten Buches bereit.

Den Entwicklungsgang eines Buches streng zu steuern, ist für den Auftraggeber wahrscheinlich ebenso unmöglich wie für den Autor. Herr Dr. KNELLER hat die Aufgabe, die zu lösen ich ihm nach bestandenem Doktorexamen vorgeschlagen habe, in jugendlicher Begeisterung übernommen. Er hat die großen Schwierigkeiten, deren er sich anfänglich nicht bewußt war, diszipliniert bewältigt. Dabei kamen ihm die vielfachen Erfahrungen und Anregungen, die er aus seiner Forschungstätigkeit, aus Vorlesungskursen über Ferromagnetismus an der Technischen Hochschule Stuttgart, der Technischen Hochschule Wien und der Universität Göttingen und aus wissenschaftlicher Beratungstätigkeit in Industrieforschungslaboratorien gewann, zugute. Das im Verlauf der letzten fünf Jahre entstandene Buch ist dabei über den ursprünglich geplanten Rahmen eines kurzen Lehrbuches für Metallphysiker hinausgewachsen und zu einem grundlegenden und umfassenden Werk über Ferromagnetismus, Antiferromagnetismus und Ferrimagnetismus geworden.

Das Buch ist vom Standpunkt eines Physikers aus geschrieben, es berücksichtigt aber zugleich die Aspekte der Elektrotechnik, für die das Verhalten der magnetischen Werkstoffe von ausschlaggebender Bedeutung ist. Diese Kombination ist wiederum für den Werkstoff-Fachmann von hohem Wert, der Legierungen mit vorgegebenen Eigenschaften auf Grund ihrer magnetischen Konstanten und einer physikalisch sinnvollen thermischen und mechanischen Behandlung entwickeln soll.

Der umfangreiche und weitverzweigte Stoff ist in gut durchdachter Weise so angeordnet, daß man den Gedankengängen ohne wesentliche Vorgriffe auf spätere Kapitel mühelos folgen kann. Die Paragraphen sind im wesentlichen derart aufgebaut, daß zuerst ein kurzer Überblick in die physikalischen Gedankengänge und die Problemstellung einführt. Hierauf folgt eine eingehende Behandlung der Theorie, deren Ergebnisse nachfolgend mit zahlreichen Versuchsergebnissen verglichen werden. Abschließend sind die wichtigsten Folgerungen noch einmal kurz zusammengefaßt.

Alle praktisch wichtigen Formeln werden schrittweise übersichtlich abgeleitet, so daß der Weg ihrer Entstehung deutlich zu erkennen ist. Dieser Umstand ist für die Leser wertvoll, die sich mit dem Ferromagnetismus von der Seite der Elektrotechnik oder Werkstoffkunde her beschäftigen. Das experimentelle Material umfaßt einen großen Teil der heute technisch wichtigen Magnetwerkstoffe. Die Auswahl ist in der Weise getroffen worden, daß der prinzipielle Zusammenhang der Werkstoffeigenschaften herausgeschält, daß aber nicht eine Übersicht über die magnetischen Werkstoffe und ihre Kennziffern gegeben wird. Dagegen ist den einschlägigen Kapiteln eine nahezu vollständige Sammlung der gegenwärtig bekannten Materialkonstanten ferro- und ferrimagnetischer Stoffe angefügt. Insgesamt sind über 2000 Einzelabhandlungen verarbeitet worden.

Dank seiner einfachen, klaren und übersichtlichen Darstellungsweise ist das Buch ein ausgezeichnetes Lehrbuch für Studenten sowohl der Naturwissenschaften als auch der technischen Wissenschaften. Wegen seiner Vollständigkeit und Gründlichkeit und der reichhaltigen darin verarbeiteten Literatur wird es zudem ein zuverlässiges Nachschlagewerk für Physiker, Metallkundler und Elektrotechniker sein, die in der Grundlagenforschung und in der Entwicklung magnetischer Werkstoffe tätig sind.

Werner Köster

Vorwort

Die rasche Entwicklung der Festkörperphysik während der letzten zwanzig Jahre hat unser Verständnis für die Zusammenhänge zwischen den strukturellen und magnetischen Eigenschaften der Festkörper in ungeahntem Maße erweitert und verfeinert. Die treibenden Kräfte dieses Fortschritts waren vor allem erhöhte Anforderungen an technisch nutzbare Magnetwerkstoffe, Erschließung neuer Anwendungsgebiete für Magnetwerkstoffe und die Suche nach geeigneten Werkstoffen hierfür, eine wesentliche Erweiterung und Verbesserung der experimentellen Hilfsmittel sowie die zunehmende Bedeutung magnetischer Messungen als einfache und leistungsfähige Untersuchungsmethoden in der Grundlagenforschung.

Die bedeutungsvollsten Entdeckungen und Entwicklungen seit dem Erscheinen des letzten deutschsprachigen Lehrbuches über Ferromagnetismus von R. BECKER und W. DÖRING waren die Entdeckung neuer Spinstrukturen im Antiferromagnetismus und Ferrimagnetismus und deren Studium durch Neutronenbeugung, die Entdeckung der Austauschanisotropie, die Erforschung der magnetischen Resonanzeffekte, die Erkenntnis der Bedeutung der Streufeldenergie, welche zur Theorie der magnetischen Strukturen großer Kristalle, der kritischen Teilchengröße für Eindomänenverhalten, der magnetischen Struktur und der Magnetisierungsprozesse in kleinen Teilchen und dünnen Schichten und letztlich zur Theorie der modernen Dauermagnetlegierungen geführt hat, die Entwicklung der Theorie der Diffusionsanisotropie, welche das Verständnis des Magnetfeldglüheffektes und der Diffusionsnachwirkung gegeben hat, und schließlich die Einführung der Theorie der Kristallbaufehler in die theoretische Behandlung der strukturempfindlichen magnetischen Eigenschaften. Einher mit diesen grundlegenden Erkenntnissen wurde ein fast unübersehbares experimentelles Material verfügbar. Die Zahl der jährlich auf dem Gebiet des Magnetismus veröffentlichten Arbeiten erreicht heute die 500. Diese Situation begründete vor einigen Jahren den Wunsch nach einem modernen Lehrbuch über Magnetismus.

Das vorliegende Buch gibt eine dem gegenwärtigen Stand entsprechende Einführung in die physikalischen Grundlagen der magnetischen Eigenschaften von Festkörpern. Entsprechend seiner historischen Entwicklung aus Vorlesungskursen, die der Autor in den Jahren 1955 bis 1960 an der TH Stuttgart, der TH Wien und der Universität Göttingen gehalten hat, ist der Stoff so angeordnet und behandelt worden, daß das Buch von Studenten der Physik, der Metallkunde und der Elektrotechnik fortlaufend und ohne wesentliche Vorgriffe auf nachfolgende Kapitel als Lehrbuch gelesen werden kann. Andererseits wurde auf vielfachen Wunsch die Annäherung an ein Nachschlagewerk angestrebt, mit dessen Hilfe sich aktiv in der Grundlagenforschung oder in der Werkstoffentwicklung tätige Physiker und Ingenieure über irgendein sie interessierendes Teilproblem orientieren können. Dementsprechend ist die für ein reines Lehrbuch ungewöhnliche Zahl von über 2000 Einzelarbeiten verarbeitet und zitiert worden. Außerdem wurden den einschlägigen Kapiteln möglichst vollständige Sammlungen von magnetischen Materialkonstanten beigegeben.

Besonderes Gewicht wurde auf die Behandlung der Zusammenhänge zwischen chemischer Zusammensetzung und Struktur und den magnetischen Eigenschaften der Festkörper gelegt, wobei die Austauschkräfte als gegeben hingenommen und nur rein phänomenologisch in Betracht gezogen werden. Diesem für die magnetische Analyse und die Werkstoffentwicklung gleichermaßen wichtigen Problem ist der weitaus größte Teil des Buches gewidmet. Die Auswahl des eingehender diskutierten experimentellen Materials erfolgte im wesentlichen in der Weise, daß die genannten Zusammenhänge besonders deutlich werden. Dabei wurden praktisch alle wichtigen Werkstoffgruppen behandelt. Auf ihre technische Anwendung und Bedeutung ist jeweils hingewiesen worden. Die quantenmechanischen und elektronentheoretischen Grundlagen der Austauschwechselwirkungen sind in einem gesonderten Kapitel am Schluß des Buches ausgeführt. Einige an sich wichtige Randgebiete, wie z. B. die elektrische Widerstandsänderung im Magnetfeld oder der Hall-Effekt, wurden vollständig weggelassen, um den Rahmen und den Umfang des Buches in erträglichen Grenzen zu halten.

Herrn Prof. Dr. W. KÖSTER danke ich sehr herzlich dafür, daß er mir die Anregung und in seinem Institut die Gelegenheit und alle mögliche Unterstützung zur Abfassung dieses Buches gegeben hat. Die Herren Prof. Dr. A. SEEGER und Dr. H. KRONMÜLLER haben das Kapitel 45 über die quantentheoretischen Grundlagen verfaßt. Für ihr freundliches Entgegenkommen und ihre große dabei aufgewendete Mühe und Sorgfalt möchte ich ihnen hier besonders danken. Herrn Prof. Dr. R. FELDTKELLER danke ich für die Einführung in die Probleme der ferromagnetischen Stoffe in Wechselfeldern und der magnetischen Nachwirkung und Herrn Prof. Dr. E. P. WOHLFARTH für wertvolle Anregungen auf dem Gebiet der kleinen ferromagnetischen Teilchen und der Dauermagnetlegierungen. Den Herren Dr. S. METHFESSEL, Dr. W. PROEBSTER und Dr. H. THOMAS im IBM-Forschungslaboratorium in Zürich verdanke ich die Einführung in das Gebiet der dünnen ferromagnetischen Schichten sowie die Beschaffung der meisten in diesem Buch diskutierten Meßergebnisse hierzu. Herrn Dr. F. E. LUBORSKY danke ich für die Beschaffung zahlreicher Literatur, vielfache Anregungen und die Überlassung unveröffentlichter Meßergebnisse zum Problem der kleinen ferromagnetischen Teilchen. Ferner danke ich den IBM-Forschungslaboratorien in Yorktown Heights, New York, und hier besonders Herrn Dr. A. ESCHENFELDER und Herrn Dr. L. BICKFORD dafür, daß sie mich für zwei Jahre zu Forschungsarbeiten nach den USA eingeladen haben. Die zahlreichen dort gesammelten neuen Erfahrungen und Anregungen haben sich insbesondere auf das in den USA verfaßte Kapitel 27 über die Magnetisierungskurve kleiner ferromagnetischer Teilchen und dünner ferromagnetischer Schichten sowie in vielerlei Ergänzungen bei der Korrektur ausgewirkt. Schließlich gilt mein Dank allen Fachkollegen, die mit Diskussionen und durch freundliche Überlassung von Sonderdrucken und z. T. auch unveröffentlichten Ergebnissen zur Entstehung des Buches beigetragen haben. Eingehender Gebrauch wurde von den Büchern über Ferromagnetismus von R. BECKER und W. DÖRING sowie von R. M. BOZORTH und von dem Buch über Spulen und Übertrager von R. FELDTKELLER gemacht.

Das gesamte Manuskript wurde von den Herren Prof. Dr. W. KÖSTER, Dr. M. KORNETZKI, Prof. Dr. E. P. WOHLFARTH und Dipl.-Phys. H. TRÄUBLE gelesen. Herr Dr. E. KRÖNER hat die Kapitel 23 und 45 und Herr Dr. H. THOMAS hat das Kapitel 27 kritisch durchgesehen. Ich möchte den genannten Herren für ihre freundliche Mühe und mancherlei Korrekturen und Verbesserungsvorschläge vielmals danken. Nicht zuletzt danke ich meinem Vater, Dr.-Ing. F. KNELLER, sehr herzlich für seine unschätzbare Hilfe bei den umfangreichen Korrekturen. Dem Springer Verlag bin ich für sein allezeit freundliches Entgegenkommen und für die traditionell mustergültige Ausstattung des Buches mit herzlichem Dank verbunden.

Bei einem Buch, das ein so umfangreiches und weitverzweigtes Wissensgebiet behandelt, ist es unvermeidlich, daß hin und wieder Arbeiten, welche es durchaus verdient hätten erwähnt zu werden, nicht genannt sind. Der Autor wird es stets dankbar begrüßen, wenn man ihn auf solche Arbeiten sowie auf etwaige Druckfehler aufmerksam macht.

New York, im Juni 1962

Eckart Kneller

Inhaltsverzeichnis

I. Magnetisches Verhalten der Materie

                                                             Seite

1. **Grundbegriffe** 1
   1.1 Der magnetische Dipol 1
      1.1.1 Grundsätzliches 1
      1.1.2 Das magnetische Kraftfeld 1
      1.1.3 Dipol im homogenen Magnetfeld 2
      1.1.4 Dipol im inhomogenen Magnetfeld 3
      1.1.5 Feld des magnetischen Dipols 3
   1.2 Magnetfelder elektrischer Ströme 4
      1.2.1 Grundsätzliches 4
      1.2.2 Ringspule (Toroid) und prismatische Spule (Solenoid) 4
      1.2.3 Zylinderspule mit beliebiger Länge 5
   1.3 Magnetisierung und Suszeptibilität 6
   1.4 Induktionsgesetz, Induktion und Permeabilität 7
   1.5 Einheiten 9
   1.6 Umrechnungsfaktoren 10
   1.7 Energie des Magnetfeldes 11
   1.8 Magnetostatik 11
      1.8.1 Berechnung der von räumlich verteilten Polstärken ausgehenden Felder . 11
      1.8.2 Berechnung der von Polflächen ausgehenden Felder 12
      1.8.3 Das Brechungsgesetz magnetischer Feldlinien an Unstetigkeitsflächen . 13
   Literatur zu Kap. 1 14

2. **Atomistische Deutung der magnetischen Elementardipole** 14
   2.1 Bahnmoment 14
   2.2 Spinmoment 15
   2.3 Quantenzahlen und Größe der mechanischen Drehimpulse und der magnetischen Momente 15
      2.3.1 Quantenzahlen 15
      2.3.2 Drehimpulse und magnetische Momente 16
      2.3.3 Richtungsquantelung im Magnetfeld 16
      2.3.4 Vektorielle Addition der Impulse und magnetischen Momente . . 17
   2.4 Einteilung der Stoffe 19

3. **Diamagnetismus und Paramagnetismus** 20
   3.1 Diamagnetismus 20
      3.1.1 Theorie der diamagnetischen Suszeptibilität gebundener Elektronen . 20
   3.2 Paramagnetismus 23
      3.2.1 Klassische Theorie des Paramagnetismus 23
      3.2.2 Quantentheorie des Paramagnetismus 25
   3.3 Dia- und paramagnetische Eigenschaften der Festkörper 27
      3.3.1 Allgemeines magnetisches Verhalten der Festkörper 27
      3.3.2 Para- und Diamagnetismus der Metalle 27
   3.4 Magnetische Eigenschaften der Elemente 28
   Literatur zu Kap. 3 30

4. **Ferromagnetismus** 30
   4.1 Überblick 30
   4.2 Phänomenologische Theorie des Ferromagnetismus von WEISS 31

	Seite
4.3 Temperaturabhängigkeit der spontanen Magnetisierung	32
4.4 Paramagnetische Suszeptibilität oberhalb der CURIE-Temperatur	33
4.5 Übersicht über die Eigenschaften ferromagnetischer Stoffe	35
Literatur zu Kap. 4	37

5. Antiferromagnetismus 37
5.1 Einführung 37
5.2 Molekularfeldtheorie des Antiferromagnetismus 40
   5.2.1 Kubisch raumzentrierte Kristalle 40
   5.2.2 Kubisch flächenzentrierte Kristalle 43
5.3 Experimentelle Bestimmung der Momentenordnung und der Temperaturabhängigkeit der spontanen Magnetisierung der Untergitter 46
   5.3.1 Neutronenbeugungsbilder 46
   5.3.2 Temperaturabhängigkeit der spontanen Magnetisierung der Untergitter 47
5.4 Suszeptibilität 49
   5.4.1 Kristallenergie und WEISSsche Bezirke 49
   5.4.2 Suszeptibilität unterhalb T_C 50
   5.4.3 Meßergebnisse zur Temperaturabhängigkeit der antiferromagnetischen Suszeptibilität 53
5.5 Anomalien verschiedener physikalischer Eigenschaften am antiferromagnetischen CURIE-Punkt 55
5.6 Spontane Gitterdeformation und magnetomechanische Effekte 55
   5.6.1 Spontane Gitterdeformation 55
   5.6.2 Elastizitätsmodul 56
5.7 Metamagnetismus 57
5.8 Magnetische Verdünnung, Übergang zum Paramagnetismus 60
5.9 Antiferromagnetische Stoffe 61
Literatur zu Kap. 5 65

6. Ferrimagnetismus 68
6.1 Struktur und Momentenordnung kubischer Ferrite 69
   6.1.1 Spinellstruktur 69
   6.1.2 „Normale" und „inverse" Struktur 69
   6.1.3 Fundamentale Hypothese der Momentenordnung in Ferriten .. 71
6.2 Das magnetische Moment der Ferrite 71
   6.2.1 Das molekulare Moment reiner Ferrite 71
   6.2.2 Das molekulare Moment von Mischferriten 73
6.3 Molekularfeldtheorie der Ferrite 77
   6.3.1 Grundsätzliches 77
   6.3.2 Grundgleichungen der Molekularfeldtheorie der Ferrite 78
   6.3.3 Paramagnetismus oberhalb der CURIE-Temperatur T_C 79
   6.3.4 Temperaturabhängigkeit der spontanen Magnetisierung 80
   6.3.5 Übergang zum Antiferromagnetismus 81
6.4 Experimentelle Ergebnisse 82
6.5 Andere ferrimagnetische Stoffe 85
   6.5.1 Maghemit ($\gamma-Fe_2O_3$) 85
   6.5.2 Pyrrhotit (Fe_7S_8) 86
   6.5.3 Granat 88
6.6 Eigenschaften ferrimagnetischer Stoffe 88
Literatur zu Kap. 6 89

II. Magnetischer Kreis und thermodynamische Grundlagen

7. Magnetisierungskurve 90
7.1 Technische Magnetisierungskurve 90
   7.1.1 Das I–H-Diagramm 91
   7.1.2 Das B–H-Diagramm 93
7.2 Ideale (anhysteretische) Magnetisierungskurve 94
Literatur zu Kap. 7 94

8. Magnetischer Kreis und Entmagnetisierungsfaktor ... 95
8.1 Grundgleichungen ... 95
8.2 Der magnetische Kreis mit erregendem Feld ... 95
    8.2.1 Formale Behandlung ... 95
    8.2.2 Das Feld H_E im Eisen, Entmagnetisierungsfaktor ... 96
    8.2.3 Das Feld H_L im Luftspalt ... 96
    8.2.4 Das Ohmsche Gesetz des magnetischen Kreises ... 97
8.3 Der Entmagnetisierungsfaktor ... 97
    8.3.1 Allgemeines ... 97
    8.3.2 Der geometrische Entmagnetisierungsfaktor ... 98
    8.3.3 Der innere Entmagnetisierungsfaktor ... 102
8.4 Gescherte und ungescherte Magnetisierungskurve, Zurückscheren ... 105
8.5 Magnetischer Kreis ohne erregendes Feld (Dauermagnetkreis) ... 106
    8.5.1 Die Entmagnetisierungskurve ... 106
    8.5.2 Das Energieprodukt ... 108
    8.5.3 Streufluß ... 109
    8.5.4 Optimale Dimensionierung von Dauermagnetkreisen ... 110
Literatur zu Kap. 8 ... 111

9. Thermodynamik der Magnetisierungsprozesse ... 112
9.1 Magnetisierungsarbeit ... 112
9.2 Thermodynamische Grundgleichungen ... 114
    9.2.1 Der 1. Hauptsatz der Wärmelehre ... 114
    9.2.2 Der 2. Hauptsatz der Wärmelehre (Entropiesatz) ... 116
9.3 Die Thermodynamischen Funktionen (Potentiale) ... 116
    9.3.1 Allgemeine Beziehungen ... 116
    9.3.2 Die elementaren Magnetisierungsprozesse in Ferromagneticis ... 117
9.4 Isotherme, reversible Magnetisierungsänderungen, Berechnung von Magnetisierungskurven ... 118
    9.4.1 Allgemeines ... 118
    9.4.2 Berechnung der Magnetisierungskurve aus der Funktion F ... 118
9.5 Die innere Energie ... 120
    9.5.1 Allgemeine Beziehungen ... 120
    9.5.2 Diamagnetika ... 121
    9.5.3 Paramagnetika ... 121
    9.5.4 Ferromagnetika ... 121
9.6 Die spezifische Wärme ... 122
    9.6.1 Spezifische Wärme bei konstanter Magnetisierung und bei konstantem Feld ... 122
    9.6.2 Die Anomalie der spezifischen Wärme ... 123
    9.6.3 Experimentelle Ergebnisse ... 125
9.7 Wärmeentwicklung auf der Magnetisierungskurve. Die magnetokalorischen Effekte ... 127
    9.7.1 Grundgleichungen ... 127
    9.7.2 Die magnetokalorischen Effekte in Ferromagneticis ... 129
    9.7.3 Thermische Effekte in para- und diamagnetischen Stoffen ... 133
    9.7.4 Experimentelle Ergebnisse ... 133
    9.7.5 Quantitative Analyse der thermischen Kurven ... 141
9.8 Magnetostriktion ... 145
Literatur zu Kap. 9 ... 145

III. Primäre ferromagnetische Eigenschaften

10. Spontane Magnetisierung und Curie-Punkt ... 147
10.1 Absolute Sättigung ... 147
    10.1.1 Definitionen ... 147
    10.1.2 Experimentelle Bestimmung der absoluten Sättigung ... 147
    10.1.3 Meßergebnisse ... 147

	Seite
10.2 Temperaturabhängigkeit der spontanen Magnetisierung	151
10.2.1 Meßverfahren	151
10.2.2 Temperaturabhängigkeit der spontanen Magnetisierung bei tiefen Temperaturen	154
10.2.3 Temperaturabhängigkeit der spontanen Magnetisierung im gesamten ferromagnetischen Bereich	155
10.2.4 Temperaturabhängigkeit der Sättigungsmagnetisierung homogener Mischkristalle	156
10.2.5 Temperaturabhängigkeit der Sättigungsmagnetisierung heterogener Legierungen	156
10.3 CURIE-Temperatur	157
10.3.1 Ferromagnetische und paramagnetische CURIE-Temperatur	157
10.3.2 Experimentelle Bestimmung der ferromagnetischen CURIE-Temperatur	157
10.3.3 Meßergebnisse	161
10.4 Spontane Magnetisierung und CURIE-Temperatur dünner Schichten und kleiner Teilchen	164
10.4.1 Dünne Schichten	164
10.4.2 Kleine Teilchen	166
Literatur zu Kap. 10	168
11. Austauschenergie	**170**
11.1 Ableitung der Austauschenergie	171
11.2 Das Austauschintegral	173
Literatur zu Kap. 11	176
12. Überblick über die Anisotropieerscheinungen	**176**
Literatur zu Kap. 12	178
13. Kristallanisotropie	**179**
13.1 Die Kristallenergiefunktion F_K	179
13.1.1 Allgemeines	179
13.1.2 Kubische Kristalle	180
13.1.3 Hexagonale Kristalle	181
13.1.4 Tetragonale Kristalle	181
13.1.5 Leichte und schwere Richtungen	181
13.2 Graphische Darstellung der Kristallenergie	182
13.3 Experimentelle Bestimmung der Konstanten der Kristallenergie	183
13.3.1 Reversible Magnetisierungsarbeit	183
13.3.2 Bestimmung der Kristallenergiekonstanten aus der Magnetisierungskurve	184
13.3.3 Drehmomentenkurven	185
13.3.4 Einmündungsgesetz	188
13.3.5 Ferromagnetische Resonanz	188
13.4 Meßergebnisse	190
13.4.1 Eisen	190
13.4.2 Kobalt	190
13.4.3 Nickel	192
13.4.4 Eisen-Nickel-Legierungen	193
13.4.5 Eisen-Kobalt-Legierungen	194
13.4.6 Nickel-Kobalt-Legierungen	194
13.4.7 Eisen-Nickel-Kobalt-Legierungen	195
13.4.8 Binäre Eisen-Legierungen	195
13.4.9 Binäre Nickel-Legierungen	198
13.4.10 Mehrstofflegierungen	198
13.4.11 Ferrite	199
Literatur zu Kap. 13	204
14. Diffusionsanisotropie	**206**
14.1 Grundsätzliches	206

Inhaltsverzeichnis

Seite

14.2 Berechnung der Diffusionsisotropie 207
14.3 Experimentelle Ergebnisse 210
14.4 Walzanisotropie 213
Literatur zu Kap. 14 213

15. Austauschanisotropie 214
  15.1 Allgemeines 214
  15.2 Charakteristische Eigenschaften 214
  Literatur zu Kap. 15 217

16. Magnetostriktion 217
  16.1 Volumenmagnetostriktion 217
    16.1.1 Allgemeines 217
    16.1.2 Der Magnetisierungsanteil 218
    16.1.3 Druckabhängigkeit der spontanen Magnetisierung und der CURIE-Temperatur 222
    16.1.4 Der lineare Ausdehnungskoeffizient ferromagnetischer Stoffe 223
    16.1.5 Der Kristallenergieanteil 228
    16.1.6 Der Formeffekt 228
    16.1.7 Feldabhängigkeit der Volumenmagnetostriktion 229
  16.2 Die Gestaltsmagnetostriktion 230
    16.2.1 Allgemeines 230
    16.2.2 Ableitung der Gestaltsmagnetostriktion für kubische Gitter (nach NÉEL) 231
    16.2.3 Mathematische Darstellung der Magnetostriktion in verschiedenen Kristallsystemen 234
    16.2.4 Abhängigkeit der Gestaltsänderung von der Magnetisierung und der Feldstärke 237
    16.2.5 Experimentelle Bestimmung der Magnetostriktionskonstanten . . . 244
  16.3 Meßwerte der Gestaltsmagnetostriktion 246
    16.3.1 Eisen 246
    16.3.2 Kobalt 248
    16.3.3 Nickel 249
    16.3.4 Eisen-Nickel-Legierungen 251
    16.3.5 Eisen-Kobalt-Legierungen 255
    16.3.6 Nickel-Kobalt-Legierungen 256
    16.3.7 Binäre Eisen-Legierungen 259
    16.3.8 Binäre Nickel-Legierungen 263
    16.3.9 Magnetisch weiche ternäre Legierungen 264
    16.3.10 Dauermagnetlegierungen 265
    16.3.11 Ferrite 267
  Literatur zu Kap. 16 269

17. Spannungsanisotropie 272
  Literatur zu Kap. 17 275

18. Oberflächenanisotropie 275
  Literatur zu Kap. 18 276

19. Magnetostatische Energie und Formanisotropie 276
  19.1 Energie eines Dauermagneten in einem äußeren Feld 276
  19.2 Streufeldenergie 276
    19.2.1 Energie eines Dauermagneten in seinem eigenen entmagnetisierenden Feld 277
    19.2.2 Homogen magnetisiertes Ellipsoid in homogen magnetisierter Umgebung 277
    19.2.3 Streufeldenergie des magnetisierten Halbraumes 278
    19.2.4 Streufeldenergie bei endlicher Kristallenergie 279
  19.3 Formanisotropie 280
  Literatur zu Kap. 19 281

IV. Magnetische Struktur

Seite

20. Theorie der Bloch-Wand 281
  20.1 Allgemeines 281
  20.2 Wandgeometrie 282
    20.2.1 Ebene Wände 282
    20.2.2 Gekrümmte Wände 285
  20.3 Elementare Abschätzung von Wandenergie und Wanddicke 285
  20.4 Genauere Berechnung der Wandenergie und der Wanddicke 287
    20.4.1 Grundgleichungen 287
    20.4.2 Berechnung von Wandenergie und Wanddicke für eine 180°-Wand vom Typ W (180°, [100]) in Eisen 289
    20.4.3 Einfluß der Magnetostriktion 290
    20.4.4 Definition der Wanddicke nach LILLEY 292
    20.4.5 Wandenergie und Wanddicke in kubischen Kristallen und in Kobalt 292
  20.5 Experimentelle Bestimmung der Wandenergie 294
  20.6 Wände in dünnen Schichten 294
  Literatur zu Kap. 20 300

21. Magnetische Struktur großer Kristalle 300
  21.1 Grundsätzliches 300
  21.2 Methoden zur visuellen Beobachtung WEISSscher Bezirke 304
    21.2.1 Magnetpulvermethode 304
    21.2.2 Andere Methoden zur Beobachtung der magnetischen Struktur . . . 311
  21.3 Berechnung einfacher Bezirkstrukturen 314
    21.3.1 Allgemeines 314
    21.3.2 Einachsige Kristalle 316
    31.3.3 Kubische Kristalle 319
  21.4 Sekundärstrukturen 321
    21.4.1 Sekundärstrukturen an nichtferromagnetischen Einschlüssen 321
    21.4.2 Sekundärstrukturen an der Kristalloberfläche 324
  21.5 Primärstruktur ferromagnetischer Kristalle 326
  21.6 Einfluß mechanischer Spannungen auf die Bezirkstrukturen 327
  21.7 Werkstoffe mit Orientierungsüberstruktur 330
  21.8 Dauermagnetlegierungen und andere Werkstoffe 332
    21.8.1 Alnico-Dauermagnetlegierungen 332
    21.8.2 Andere Werkstoffe 334
  21.9 Bezirkstrukturen in Vielkristallen 334
    21.9.1 Werkstoffe mit bevorzugter Kornorientierung 334
    21.9.2 Werkstoffe mit statistisch regelloser Kornorientierung 335
  Literatur zu Kap. 21 336

22. Magnetische Struktur kleiner Teilchen und dünner Schichten 338
  22.1 Grundsätzliches 338
  22.2 Kugelförmige Teilchen 339
    22.2.1 Schwache Kristallanisotropie 339
    22.2.2 Starke Kristallanisotropie 340
  22.3 Nadeln 342
  22.4 Einfluß der Oberflächenanisotropie 342
  22.5 Der Übergang vom kleinen isolierten Teilchen zum kompakten Ferromagnetikum — Ferromagnetische Schwämme 343
    22.5.1 Kalt gepreßtes Pulver 343
    22.5.2 Gesintertes Pulver 344
  22.6 Magnetische Struktur dünner Schichten 344
  Literatur zu Kap. 22 348

V. Elementare Magnetisierungsprozesse

23. Eigenspannungen 349
  23.1 Allgemeines über Eigenspannungen 349

Inhaltsverzeichnis   XV

Seite
   23.2 Entstehung von Eigenspannungen 351
   23.3 Plastische Verformung. Versetzungen und ihr Eigenspannungsfeld 352
   23.4 Einteilung der Eigenspannungen. 358
   Literatur zu Kap. 23 360

24. Elementarprozesse der Magnetisierungsänderungen 360
   24.1 Allgemeines 360
   24.2 Reversible Drehung der Magnetisierung. 362
      24.2.1 Parameterdarstellung der Magnetisierungskurve bei reversiblen Drehungen 362
   24.3 Wandverschiebung 364
      24.3.1 Grundsätzliches 364
      24.3.2 Ebene Wandverschiebungen im reinen Metall 369
      24.3.3 Ebene Wandverschiebungen in Legierungen mit Orientierungsüberstruktur 373
      24.3.4 Wandverschiebungen in heterogenen Werkstoffen (Fremdkörpertheorie). 377
      24.3.5 Krümmung der Bloch-Wand 384
   Literatur zu Kap. 24 385

25. Experimentelle Untersuchung irreversibler Magnetisierungsprozesse. Der Barkhausen-Effekt 386
   25.1 Einführung 386
   25.2 Größe und Größenverteilung der BARKHAUSEN-Sprünge 388
      25.2.1 Allgemeines 388
      25.2.2 Die „mittlere" Größe der BARKHAUSEN-Sprünge 389
      25.2.3 Größenverteilung der BARKHAUSEN-Sprünge 391
      25.2.4 Richtungsverteilung der Sprünge 396
   25.3 Beitrag der diskontinuierlichen Magnetisierungsänderungen zur gesamten Magnetisierungsänderung 397
      25.3.1 Proben mit vernachlässigbar kleinem Entmagnetisierungsfaktor . . . 397
      25.3.2 Einfluß des Entmagnetisierungsfaktors 399
   25.4 Abhängigkeit des BARKHAUSEN-Effekts von der Temperatur und von Werkstoffeigenschaften 400
   Literatur zu Kap. 25 400

26. Mechanismus der Ummagnetisierung 401
   26.1 Grundsätzliches 401
   26.2 Keimbildung 402
   26.3 Voraussetzungen für große BARKHAUSEN-Sprünge 405
   26.4 Eigenschaften und Ablauf großer BARKHAUSEN-Sprünge 408
      26.4.1 SIXTUS-TONKS-Versuch 408
      26.4.2 Theorie der bewegten BLOCH-Wand 411
      26.4.3 Schaltzeit 412
      26.4.4 Anwendung der Theorie auf den SIXTUS-TONKS-Versuch 413
      26.4.5 Bewegung ebener BLOCH-Wände in Rahmeneinkristallen 414
   26.5 Große Ummagnetisierungskeime 416
   26.6 Experimentelle Bestimmung der Wandenergie 419
   Literatur zu Kap. 26 421

VI. Die statische Magnetisierungskurve

27. Magnetisierungskurve kleiner Teilchen und dünner Schichten 422
   27.1 Allgemeines 422
   27.2 Thermische Schwankungen, Teilchengrößenspektrum 422
   27.3 Superparamagnetismus 425
      27.3.1 Allgemeines 425
      27.3.2 Magnetisierungskurve 425
      27.3.3 Anwendungen 427

27.4 Teilchen mit endlicher Koerzitivkraft und Remanenz 429
    27.4.1 Ummagnetisierungsprozeß 429
    27.4.2 Kohärente Rotation in Teilchen mit einachsiger Anisotropie. 430
    27.4.3 Kohärente Rotation in Teilchen mit mehrachsiger Anisotropie. . . . 432
    27.4.4 Inkohärente Rotation 432
    27.4.5 Wechselwirkungen. Einfluß der Packungsdichte 435
    27.4.6 Teilchengrößenabhängigkeit von Koerzitivkraft und Remanenz . . . 437
    27.4.7 Mischungen von Teilchen unterschiedlicher Größe 440
    27.4.8 Remanenz und Anfangssuszeptibilität 441
27.5 Werkstoffe 442
    27.5.1 Allgemeines 442
    27.5.2 ESD-Pulvermagnete 443
    27.5.3 Ausscheidungshärtbare Legierungen 444
    27.5.4 Homogene ordnungsfähige Legierungen 453
27.6 Dünne Schichten 453
    27.6.1 Allgemeines 453
    27.6.2 Statische Magnetisierungskurve 454
    27.6.3 Abhängigkeit der statischen Eigenschaften von Herstellungsbedingungen, Meßtemperatur, Schichtdicke und Werkstoff 458
    27.6.4 Dynamisches Verhalten 460
Literatur zu Kap. 27 467

28. Magnetisierungskurve von Einkristallen 472
28.1 Theorie der Magnetisierungskurve von Einkristallen 473
    28.1.1 Voraussetzungen für die Theorie 473
    28.1.2 Die Phasenregel 474
    28.1.3 Magnetisierung in schwachen Feldern (Modus I) 475
    28.1.4 Magnetisierungskurve bei Magnetisierung in einer Hauptrichtung . . 476
    28.1.5 Magnetisierung eines flachen Rotationsellipsoids (Diskus) parallel zur Äquatorialebene 479
    28.1.6 Magnetisierungskurve eines stabförmigen Einkristalls mit beliebiger kristallographischer Orientierung der Stabachse 481
    28.1.7 Torsionskurven 484
    28.1.8 Magnetisierungskurve von Einkristallen unter äußerer, mechanischer Spannung 484
    28.1.9 Magnetisierungskurve und Bezirkstruktur 485
28.2 Bestimmungsgrößen der Magnetisierungskurve von Einkristallen 487
    28.2.1 Anfangssuszeptibilität 487
    28.2.2 Remanenz 489
    28.2.3 Koerzitivkraft 489
    28.2.4 Einmündungsgesetz 491
Literatur zu Kap. 28 496

29. Magnetisierungskurve von Vielkristallen. Übersicht 498
29.1 Das innere entmagnetisierende Feld H_{ie} 499
29.2 Analyse der Magnetisierungskurve 500
29.3 Beeinflußbarkeit der Schleifenform 501
Literatur zu Kap. 29 504

30. Remanenz 505
30.1 Definition 505
30.2 Isotropes Material 506
30.3 Hohe Remanenz 507
30.4 Niedrige Remanenz 507
30.5 Temperaturabhängigkeit der Remanenz 509

	Seite
30.6 Änderung der Remanenz durch eine äußere Spannung	510
Literatur zu Kap. 30	511

31. Koerzitivkraft ... 512
- 31.1 Statistik der Grundbereiche ... 512
- 31.2 Spannungstheorie der Koerzitivkraft ... 513
- 31.3 Einfluß der Korngröße auf die Koerzitivkraft ... 518
- 31.4 Koerzitivkraft von Werkstoffen mit unmagnetischen Einschlüssen (Fremdkörpertheorie) ... 519
  - 31.4.1 Kleine Einschlüsse ... 519
  - 31.4.2 Große Einschlüsse ... 520
- 31.5 Koerzitivkraft durch Drehprozesse ... 522
- 31.6 Koerzitivkraft von Werkstoffen, die aus mehreren Phasen mit unterschiedlicher Koerzitivkraft bestehen ... 522
- 31.7 Experimentelle Ergebnisse ... 523
  - 31.7.1 Reine Metalle und homogene Legierungen ... 523
  - 31.7.2 Werkstoffe mit Fremdkörpereinschlüssen (Ausscheidungen) ... 533
- 31.8 Allgemeine Beziehungen ... 537
- Literatur zu Kap. 31 ... 537

32. Anfangssuszeptibilität ... 539
- 32.1 Allgemeine Prinzipien ... 539
- 32.2 Ebene Wandverschiebungen in homogenen Werkstoffen ohne Orientierungsüberstruktur ... 540
- 32.3 Ebene Wandverschiebungen in homogenen Werkstoffen mit Orientierungsüberstruktur ... 541
- 32.4 Ebene Wandverschiebungen in Werkstoffen mit unmagnetischen Einschlüssen ... 541
- 32.5 Reversible Deformation der BLOCH-Wand ... 542
- 32.6 Drehprozesse ... 543
- 32.7 Experimentelle Ergebnisse ... 544
  - 32.7.1 Allgemeine Übersicht ... 544
  - 32.7.2 Einfluß plastischer Verformung und äußerer Spannungen ... 548
  - 32.7.3 Einfluß von Fremdkörpern ... 550
  - 32.7.4 Temperaturabhängigkeit ... 550
  - 32.7.5 Einfluß einer Orientierungsüberstruktur ... 552
- Literatur zu Kap. 32 ... 555

33. Magnetisierungskurve in schwachen Feldern ... 556
- 33.1 RAYLEIGH-Gesetz ... 556
- 33.2 Theorie des RAYLEIGH-Gesetzes ... 559
- 33.3 PREISACH-Diagramm ... 561
- 33.4 Experimenteller Nachweis für RAYLEIGH-Verhalten ... 563
- 33.5 Meßergebnisse ... 564
  - 33.5.1 Meßergebnisse an Werkstoffen mit RAYLEIGH-Verhalten ... 564
  - 33.5.2 Einfluß einer Orientierungsüberstruktur ... 564
  - 33.5.3 Grenzfeldstärke und Gültigkeitsgrenzen des RAYLEIGH-Gesetzes ... 567
- Literatur zu Kap. 33 ... 569

34. Permeabilität ... 570
- 34.1 Totale Permeabilität und Maximalpermeabilität ... 570
- 34.2 Reversible Suszeptibilität bzw. Permeabilität ... 573
  - 34.2.1 Experimentelle Ergebnisse ... 573
  - 34.2.2 Theorie ... 576
- 34.3 Magnetisierungsschleifen bei Gleichfeldvorspannung ... 577
- Literatur zu Kap. 34 ... 578

35. Einmündung in die magnetische Sättigung ... 579
- 35.1 Verlauf der Magnetisierung in hohen Feldern ... 579
- 35.2 Der Paraprozeß ... 581

	Seite
35.3 Die reversiblen Drehungen	582
Literatur zu Kap. 35	586

36. Idealisierung und Abmagnetisierung. Der unmagnetische Zustand ... 587
36.1 Grundsätzliches ... 587
36.2 Wechselfeldidealisierung ... 588
36.3 Thermische Idealisierung ... 588
36.4 Auf- und Abmagnetisierung durch mechanische Einwirkungen ... 590
36.5 Der pauschal unmagnetische Zustand ... 592
Literatur zu Kap. 36 ... 593

37. Reversible Magnetisierungsarbeit ... 593
Literatur zu Kap. 37 ... 595

38. Drehende Hysterese ... 595
Literatur zu Kap. 38 ... 596

39. Magnetische Spannungsmessung ... 596
Literatur zu Kap. 39 ... 597

VII. Magnetisches Verhalten in Wechselfeldern

40. Verhalten ferromagnetischer Stoffe ohne Nachwirkung im Wechselfeld ... 598
40.1 Zeitlicher Verlauf von H und B bei Wechselmagnetisierung ... 598
40.2 Komplexe Schreibweise ... 600
40.3 Komplexe Permeabilität ... 601
40.4 Hysterese in schwachen Feldern ... 604
    40.4.1 Komplexe Permeabilität im RAYLEIGH-Gebiet ... 604
    40.4.2 Hystereseverlustleistung ... 607
40.5 Wirbelströme ... 607
    40.5.1 Einfluß der Wirbelströme auf die Permeabilität ... 608
    40.5.2 Feldverteilung im Blech ... 611
    40.5.3 Wirbelstromverlustleistung ... 611
40.6 Die komplexe Permeabilität bei gleichzeitiger Berücksichtigung von Wirbelströmen und Hysterese ... 612
Literatur zu Kap. 40 ... 615

41. Nachwirkung ... 615
41.1 Formale mathematische Behandlung der magnetischen Nachwirkung ... 615
    41.1.1 Einschaltvorgang ... 615
    41.1.2 Ausschaltvorgang ... 616
    41.1.3 Zeitkonstantenstreuung ... 617
    41.1.4 Nachwirkung bei Wechselmagnetisierung. Einfluß auf die komplexe Permeabilität ... 619
    41.1.5 Nachwirkung der Feldstärke bei vorgegebener Induktion ... 621
41.2 Wirbelstrom- und Spinrelaxation ... 623
    41.2.1 Allgemeines ... 623
    41.2.2 Bewegungsgleichung der BLOCH-Wand und komplexe Permeabilität ... 625
    41.2.3 Wirbelstrom- und Spinrelaxationsverluste in metallisch leitenden Werkstoffen ... 627
    41.2.4 Ortskurve der komplexen Permeabilität bei Wirbelstrom- und Spinrelaxation ... 631
    41.2.5 Frequenzabhängigkeit der komplexen Permeabilität bei Abwesenheit von Wirbelströmen. Ferromagnetische Spektren ... 639
41.3 Thermische Nachwirkung ... 648
    41.3.1 Allgemeines ... 648
    41.3.2 Experimentelle Ergebnisse ... 649
    41.3.3 Theorie der thermischen Nachwirkung ... 653
41.4 Diffusionsnachwirkung ... 655
    41.4.1 Allgemeines ... 655

	Seite
41.4.2 Desakkommodation	656
41.4.3 Schaltversuche	661
41.4.4 Verhalten von Stoffen mit Diffusionsnachwirkung im Wechselfeld	667
41.4.5 −70°-Nachwirkung	669
41.4.6 Elektronendiffusionsnachwirkung	670
41.4.7 Charakteristische Eigenschaften der Diffusionsnachwirkung	671
41.5 Gefügealterung	672
Literatur zu Kap. 41	673

42. Ferromagnetische Resonanz ... 677
- 42.1 Theorie der ferromagnetischen Resonanz ... 677
  - 42.1.1 Grundsätzliches ... 677
  - 42.1.2 Resonanzbedingung im isotropen Ferromagnetikum ... 677
  - 42.1.3 Resonanzbedingung im anisotropen Ferromagnetikum ... 679
  - 42.1.4 Dämpfung der Präzisionsbewegung ... 681
  - 42.1.5 Komplexe Permeabilität ... 682
  - 42.1.6 Antiresonanzpunkt ... 683
  - 42.1.7 Permeabilitätstensor ... 683
  - 42.1.8 Austauschfeldeffekte ... 684
  - 42.1.9 Untergitter-Effekte. Ferrimagnetische Resonanz ... 685
- 42.2 Experimentelle Ergebnisse ... 687
  - 42.2.1 Resonanzlinien ... 687
  - 42.2.2 Dämpfungsparameter und Linienbreite ... 689
  - 42.2.3 Bestimmung der Anisotropiekonstanten ... 693
  - 42.2.4 Der g-Faktor von Metallen und Legierungen ... 694
  - 42.2.5 Der g-Faktor von Ferriten ... 696
  - 42.2.6 Spontane Magnetisierung ... 699
- Literatur zu Kap. 42 ... 700

VIII. Mechanische Eigenschaften

43. Elastisches Verhalten ferromagnetischer Stoffe ... 702
- 43.1 Spannung–Dehnung-Kurve ... 702
- 43.2 Der ΔE-Effekt ... 705
  - 43.2.1 Theorie für starke Eigenspannungen (Drehprozesse) ... 706
  - 43.2.2 Theorie für schwache Eigenspannungen (Wandverschiebungen) ... 708
  - 43.2.3 Messung des Elastizitätsmoduls ... 710
  - 43.2.4 Experimentelle Ergebnisse ... 710
  - 43.2.5 Frequenzabhängigkeit des ΔE-Effekts ... 713
- 43.3 Der Effekt der Volumenmagnetostriktion ... 716
- 43.4 Elinvar-Verhalten ... 717
- Literatur zu Kap. 43 ... 718

44. Magnetomechanische Dämpfung ... 719
- 44.1 Grundsätzliches ... 719
- 44.2 Beschreibung und Messung der Dämpfung ... 720
- 44.3 Magnetomechanische Hysterese ... 722
  - 44.3.1 Kleine Amplitude ... 722
  - 44.3.2 Große Amplituden ... 723
- 44.4 Makroskopische Wirbelströme ... 724
  - 44.4.1 Dämpfung ... 724
  - 44.4.2 Einfluß der Wirbelströme auf den Elastizitätsmodul ... 727
- 44.5 Mikroskopische Wirbelströme ... 727
- 44.6 Trennung der Dämpfungsanteile ... 730
- 44.7 Abhängigkeit der Dämpfung von der Magnetisierung bzw. der Feldstärke ... 731
- 44.8 Weitere Ergebnisse ... 733
- Literatur zu Kap. 44 ... 733

IX. Quantentheoretische Grundlagen

45. Quantentheorie und Elektronentheorie des Ferromagnetismus 734
- 45.1 Die spontane Magnetisierung 735
  - 45.1.1 Antisymmetrieprinzip und Austauschkräfte 735
  - 45.1.2 SCHRÖDINGER-Gleichung und Virialsatz 737
  - 45.1.3 Berechnung von Sättigungsmagnetisierung, CURIE-Temperatur sowie des WEISSschen Feldes 740
  - 45.1.4 Die Näherungsmethoden zur Behandlung der SCHRÖDINGER-Gleichung 740
  - 45.1.5 Das Wasserstoffmolekül 741
  - 45.1.6 Die BLOCHsche Bandtheorie. Das Vielelektronenproblem nach HARTREE-FOCK 743
  - 45.1.7 Die Korrelationsenergie 745
  - 45.1.8 Die Elektronenstruktur der ferromagnetischen Metalle 747
  - 45.1.9 Die Austauschkopplung bei den Übergangsmetallen und seltenen Erden 749
  - 45.1.10 Die Theorie des ferromagnetischen Zustandes 751
  - 45.1.11 Die Spinwellentheorie 756
- 45.2 Die Theorie der Kristallenergie 759
  - 45.2.1 Lokale und makroskopische Anisotropiekonstante 759
  - 45.2.2 Ursachen der Kristallanisotropie 760
  - 45.2.3 Die Berechnung der lokalen Anisotropiekoeffizienten 762
  - 45.2.4 Die Temperaturabhängigkeit der mikroskopischen Anisotropiekonstanten 763
- 45.3 Die Theorie der Magnetostriktion 764
  - 45.3.1 Der magnetostriktive Extradehnungstensor und die magnetoelastische Kopplungsenergie 764
  - 45.3.2 Die Temperaturabhängigkeit der Magnetostriktion 766
  - 45.3.3 Ursachen und Berechnung der lokalen Magnetostriktion 767
  - Literatur zu Kap. 45 769

Lehrbücher und Berichte 772

Tagungsberichte 773

Sachverzeichnis 775

Subject Index 784

I. Magnetisches Verhalten der Materie

1. Grundbegriffe

1.1 Der magnetische Dipol

1.1.1 Grundsätzliches

Als Magnete bezeichnet man Körper aus bestimmten Metallen, Legierungen oder Oxyden (z. B. Eisen, Nickel, Kobalt und deren Legierungen, gewisse Mangan-Legierungen, Magnetit usw.), die Kräfte aufeinander ausüben, welche elektrostatischen Kräften äußerlich gesehen analog sind, zunächst jedoch andere Ursachen haben als diese.

Betrachten wir die Wechselwirkungen zwischen zwei stabförmigen Magneten, z. B. Kompaßnadeln oder Stahlstricknadeln, so zeigt sich, daß die Kraftwirkung jedes Stabmagneten hauptsächlich von zwei an seinen Enden gelegenen Stellen ausgeht, welche wir seine Pole nennen. Ferner bemerken wir, daß stets ein Pol des einen Magneten einen Pol des anderen Magneten anzieht und den anderen bei gleichem Abstand mit gleicher Kraft abstößt. Ein Magnet kann also, in Analogie zur Elektrostatik, als ein Dipol aufgefaßt werden, der an seinen Enden gleich große „magnetische Ladungen", wir sagen Polstärken, mit entgegengesetztem Vorzeichen trägt.

Ein Kondensator ist ein elektrischer Dipol. Seine Pole (Platten) können ohne weiteres voneinander getrennt und isoliert voneinander aufgestellt werden. Versucht man nun das gleiche bei einem Magneten, indem man ihn etwa in der Mitte zerschneidet, so zeigt sich, daß beide Teile wieder Dipole sind, die an ihren Enden gleich große Polstärken haben wie der unzerschnittene Magnet. Eine beliebige Fortsetzung dieses Versuches ergibt, daß es grundsätzlich unmöglich ist, zwischen den „magnetischen Ladungen" hindurchzuschneiden. Jedes noch so kleine Volumenelement des Magneten ist wieder ein Dipol. Es gibt also keine magnetischen Ladungen und folglich auch keinen magnetischen Strom. Wie wir in Kap. 2 sehen werden, kommt dies daher, daß die elementaren magnetischen Dipole die Atome und Elektronen sind.

1.1.2 Das magnetische Kraftfeld

Ein Versuch zeigt, daß die Kraft zwischen zwei Magnetpolen mit den Polstärken m_1 und m_2 mit dem Quadrat des Abstandes r zwischen den Polen abnimmt. Analog zum COULOMBschen Gesetz gilt

$$K = C \frac{m_1 m_2}{r^2}. \tag{1.1}$$

C ist eine Konstante, die von dem gewählten Maßsystem abhängt. Im GAUSSschen cgs-System ergibt sich $C = 1$. Die Verhältnisse können danach so beschrieben werden, daß von dem einen Magnetpol ein als Magnetfeld bezeichnetes Kraftfeld

$$\boldsymbol{H} = \frac{C\,m_1}{r^3}\,\boldsymbol{r} \qquad (1.2)$$

radial in den Außenraum geht. In diesem Kraftfeld erfährt der andere Pol die Kraft

$$\boldsymbol{K} = m_2\,\boldsymbol{H}. \qquad (1.3)$$

Das magnetische Kraftfeld ist ein Vektorfeld. Es kann anschaulich durch eine Schar von Raumkurven dargestellt werden, die in jedem Punkt des Raumes parallel zur Richtung der dort wirkenden Kraft verlaufen. Der Betrag der Kraft wird durch die Dichte der Raumkurven gegeben, d. h. durch die Zahl der Kraftlinien, die an einer Stelle eine senkrecht zu ihnen gelegene Fläche von 1 cm² durchsetzen. H bezeichnet also die Kraftliniendichte. Sind in einem Raumteil die Kraftlinien alle parallel zueinander und ist ihre Dichte überall gleich groß, dann nennen wir das Feld in diesem Raumteil homogen.

1.1.3 Dipol im homogenen Magnetfeld

Wir können einen magnetischen Dipol anschaulich als Doppelquelle beschreiben (Abb. 1.1). Zwei gleich große, punktförmige magnetische Polstärken m mit entgegengesetztem Vorzeichen befinden sich im Abstand l voneinander. Der Vektor $\boldsymbol{l}$ ist vom negativen zum positiven Pol gerichtet, und wir bezeichnen das Produkt

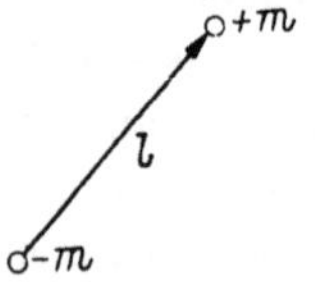

$$\boldsymbol{p} = m\,\boldsymbol{l} \qquad (1.4)$$

Abb. 1.1. Magnetischer Dipol

als das Moment des Dipols. Einen mathematischen Dipol erhalten wir, wenn wir im Grenzübergang den Abstand l der Polstärken gegen Null und die Polstärken selbst gleichzeitig gegen ∞ streben lassen, und zwar in solcher Weise, daß das Produkt $m\,l$ seinen konstanten Wert p behält.

Im homogenen Magnetfeld wirken nach Gl. (1.3) auf die Pole des Dipols entgegengesetzt gleiche Kräfte. Der Dipol erfährt also ein mechanisches Drehmoment

$$\boldsymbol{M} = \boldsymbol{p} \times \boldsymbol{H} \qquad (1.5)$$

des Betrages

$$M = p \cdot H \cdot \sin\varphi, \qquad (1.6)$$

worin φ den Winkel zwischen $\boldsymbol{p}$ und $\boldsymbol{H}$ bedeutet. Integration von Gl. (1.6) liefert die potentielle Energie eines Dipols in einem homogenen Feld

$$E = \int M\,d\varphi = -\,p \cdot H \cos\varphi + \text{Konst.}$$

Normalerweise setzt man $E = 0$ für $\varphi = \pi/2$. Es ist dann

$$E = -\,p\,H \cos\varphi. \qquad (1.7)$$

Ein Dipol stellt sich danach parallel zu den Feldlinien ein, weil dann seine potentielle Energie am kleinsten ist.

Das auf einen Dipol wirkende Drehmoment M kann z. B. mit Hilfe einer Spiralfeder oder eines Torsionsfadens unmittelbar gemessen werden. Da M nach Gl. (1.6) proportional zu dem Produkt aus dem Dipolmoment und der Feldstärke ist, können z. B. mit einer an einem Torsionsfaden aufgehängten Magnetnadel die Beträge verschiedener Felder miteinander verglichen werden.

1.1.4 Dipol im inhomogenen Magnetfeld

Das Magnetfeld sei durch $\boldsymbol{H} = \boldsymbol{H}(x, y, z) = \boldsymbol{H}(\boldsymbol{r})$ gegeben. Auf den negativen Pol $-m$ am Ort $\boldsymbol{r_0} = x_0, y_0, z_0$ wirkt das Feld $\boldsymbol{H}(\boldsymbol{r_0})$ und damit die Kraft $-m\,\boldsymbol{H}(\boldsymbol{r_0})$, während der positive Pol $+m$ am Ort $x_0 + l_x, y_0 + l_y, z_0 + l_z$ im Feld $\boldsymbol{H}(\boldsymbol{r_0} + \boldsymbol{l})$ die Kraft $m\,\boldsymbol{H}(\boldsymbol{r_0} + \boldsymbol{l})$ erfährt. Auf den Dipol wirkt also die resultierende Kraft

$$\boldsymbol{K} = m\,[\boldsymbol{H}(\boldsymbol{r_0} + \boldsymbol{l}) - \boldsymbol{H}(\boldsymbol{r_0})] = m\,(\boldsymbol{l}\,\mathrm{grad})\,\boldsymbol{H} = (\boldsymbol{p}\,\mathrm{grad})\,\boldsymbol{H} \tag{1.8}$$

oder in Koordinaten

$$K_x = p_x(\partial H_x/\partial x) + p_y(\partial H_y/\partial y) + p_z(\partial H_z/\partial z) \tag{1.9}$$

und entsprechende Gleichungen für K_y und K_z. Außerdem wirkt ein Drehmoment, das durch Gl. (1.6) gegeben ist.

1.1.5 Feld des magnetischen Dipols

Das magnetische Feld in der Umgebung eines Dipols $\boldsymbol{p}$ hat in Polarkoordinaten die Komponenten

$$\begin{aligned} H_r &= -\partial\psi/\partial r = (2p\cos\Theta)/r^3, \\ H_\Theta &= -(1/r)\,\partial\psi/\partial\Theta = -(p\sin\Theta)/r^3, \end{aligned} \tag{1.10}$$

worin ψ das Potential (s. Gl. (1.65)) und Θ den Winkel zwischen $\boldsymbol{p}$ und dem Ortsvektor $\boldsymbol{r}$ vom Mittelpunkt des Dipols zum Aufpunkt bedeuten. Aus Gl. (1.34) ergibt sich insbesondere

$$\begin{aligned} H_r &= 2p/r^3, & H_\Theta &= 0 & \text{für } \Theta &= 0, \\ H_r &= 0, & H_\Theta &= p/r^3 & \text{für } \Theta &= \pi/2. \end{aligned} \tag{1.11}$$

Diese beiden speziellen Lösungen entsprechen den sog. GAUSSschen Hauptlagen.

Überlagert man das Feld eines Magneten mit dem Dipolmoment $\boldsymbol{p}$ entsprechend der geometrischen Anordnung in Abb. 1.2 einem anderen Magnetfeld $\boldsymbol{H_0}$ (z. B. dem Erdfeld),

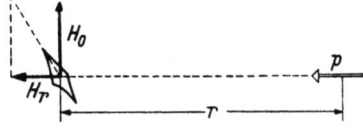

Abb. 1.2. Zur Absolutmessung von p und H_0

so folgt aus den Gln. (1.6) und (1.11) für den Winkel α, den eine frei drehbare Magnetnadel mit der Richtung von $\boldsymbol{H_0}$ bildet

$$\mathrm{tg}\,\alpha = \frac{H_r}{H_0} = \frac{2p}{H_0 r^3}\,. \tag{1.12}$$

Ist r^3 bekannt, so liefert Gl. (1.12) den Quotienten p/H_0. Andererseits kann man z. B. nach Gl. (1.6) aus dem Drehmoment des Magneten p im Feld H_0 das Produkt $p\,H_0$ ermitteln und damit die Absolutwerte der magnetischen Größen p und H_0 bestimmen (GAUSS). Diese werden dabei ohne Bezugnahme auf elektrische Größen gemessen. Mißt man Längen in cm und das Drehmoment in dyn · cm, dann ergibt sich die als Oersted (Oe) bezeichnete Feldstärkeeinheit

$$1\,[H] = 1\,\text{Oe} = 1\,\text{g}^{1/2}\,\text{cm}^{-1/2}\,\text{sek}^{-1}.$$

In dem damit festgelegten sog. GAUSSschen cgs-System ist der Faktor C in den Gln. (1.1) und (1.2) gleich Eins.

Auch die Erde ist ein Magnet, dessen Pole in der Nähe der geographischen Pole gelegen sind. Die Feldlinien verlaufen auf der Erdoberfläche nahezu parallel zur Nord-Südrichtung. Mit Hilfe des Erdfeldes wird die zunächst offenbleibende Zuordnung des Vorzeichens zu einer Polstärke so festgelegt, daß die am magnetischen Südpol der Erde befindliche Polstärke das positive Vorzeichen erhält. Die Feldlinien sind also von Süden nach Norden gerichtet, und eine Kompaßnadel zeigt folglich mit ihrem Plus-Pol nach Norden.

1.2 Magnetfelder elektrischer Ströme

1.2.1 Grundsätzliches

Mit Hilfe einer Magnetnadel weist man leicht nach, daß in der Umgebung eines elektrischen Stromes, oder ganz allgemein in der Umgebung einer bewegten elektrischen Ladung, ein Magnetfeld besteht, während ruhende Ladungen kein Magnetfeld erzeugen.

Unter Vernachlässigung des für die folgenden Betrachtungen unwesentlichen dielektrischen Verschiebungsstromes lautet die 1. MAXWELLsche Gleichung im GAUSSschen Maßsystem

$$\text{rot}\,\boldsymbol{H} = (4\pi/c)\cdot\boldsymbol{j}, \tag{1.13}$$

$\boldsymbol{j}$ ist der Vektor der Stromdichte. Der Faktor c hat die Dimension einer Geschwindigkeit und bedeutet die Lichtgeschwindigkeit. Er tritt bei der in Gl. (1.13) vorgenommenen Verknüpfung magnetischer mit elektrischen Größen auf, weil diese im GAUSSschen Maßsystem unabhängig voneinander auf mechanische Größen zurückgeführt wurden. Der Faktor 4π folgt im GAUSSschen Maßsystem aus der nicht rationalen Größendefinition in den Gln. (1.1) und (1.2).

Über eine von einer beliebigen Kurve s umrandete Fläche F integriert liefert Gl. (1.13) mit dem Satz von STOKES

$$\int \text{rot}\,\boldsymbol{H}\,d\boldsymbol{F} = \oint \boldsymbol{H}\,d\boldsymbol{s} = (4\pi/c)\int \boldsymbol{j}\,d\boldsymbol{F} = (4\pi/c)\,i. \tag{1.14}$$

Dies ist das sog. Durchflutungsgesetz. Es besagt, daß die längs eines beliebigen geschlossenen Weges s integrierte Feldstärke proportional zu dem gesamten elektrischen Strom i ist, der die von s umrandete Fläche durchsetzt.

Wir nennen

$$\int \boldsymbol{H}\,d\boldsymbol{s} = V \tag{1.15}$$

in Analogie zum elektrischen Fall die magnetische Spannung.

1.2.2 Ringspule (Toroid) und prismatische Spule (Solenoid)

Um Gl. (1.14) einen anschaulichen Sinn beizulegen, betrachten wir zunächst eine Ringspule mit n gleichmäßig auf dem Ringumfang verteilten Windungen entsprechend Abb. 1.3. Eine mit dem Ring konzentrische, innerhalb der Spule verlaufende Kreislinie habe die Länge $l = 2\pi r$. Sie umschlingt den Strom i in der Wicklung n-mal. Nach Gl. (1.14) ist also die Feldstärke längs der Kreislinie

$$H = (4\pi/c)\, n\, i/l. \qquad (1.16)$$

Das gleiche Ergebnis erhält man für eine lange und dünne (Länge $\gg$ Durchmesser) Spule.

Ist der Halbmesser r_i des Ringes groß gegen den Spulendurchmesser $r_a - r_i$, dann kann man für l den mittleren Ringumfang $l_m = \pi(r_i + r_a)$ einsetzen und das Feld in der Spule näherungsweise als homogen ansehen.

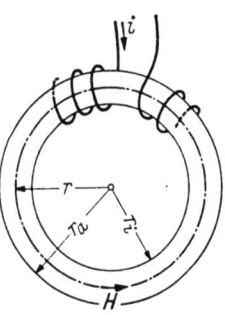

Abb. 1.3. Ringspule (Toroid)

1.2.3 Zylinderspule mit beliebiger Länge

Das BIOT-SAVARTsche Gesetz, dessen Ableitung (s. z. B. JOOS [*1*]) wir hier übergehen wollen, lautet für einen geschlossenen Leiter

$$\boldsymbol{H} = (i/c) \oint \frac{d\boldsymbol{s} \times \boldsymbol{r}}{r^3} \qquad (1.17)$$

und besagt (s. Abb. 1.4), daß jedes Leiterelement $d\boldsymbol{s}$ zum Feld in einem Aufpunkt P den Beitrag $d\boldsymbol{H} = (i/c) \cdot (d\boldsymbol{s} \times \boldsymbol{r})/r^3$ liefert, wobei $\boldsymbol{r}$ den Radiusvektor vom Leiterelement zum Aufpunkt P bedeutet. $d\boldsymbol{H}$ steht senkrecht auf der von $d\boldsymbol{s}$ und $\boldsymbol{r}$ aufgespannten Ebene und hat den Betrag $|d\boldsymbol{H}| = (i/c)\, ds\, \sin\vartheta/r^2$ (ϑ ist der Winkel zwischen $d\boldsymbol{s}$ und $\boldsymbol{r}$).

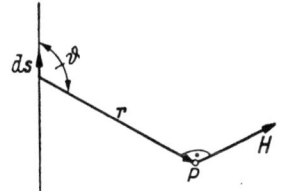
Abb. 1.4. Zur Erläuterung des BIOT-SAVARTschen Gesetzes

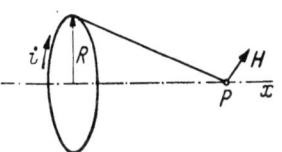
Abb. 1.5. Zur Berechnung des Feldes eines Kreisstromes

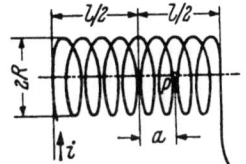
Abb. 1.6. Zur Berechnung des Feldes längs der Achse einer Zylinderspule

Für die Feldstärke, die ein vom Strom i durchflossener kreisförmiger Leiter mit Radius R in einem Punkt P auf der Achse im Abstand x vom Kreismittelpunkt erzeugt (s. Abb. 1.5), ergibt sich aus Gl. (1.17)

$$H = H_x = (i/c) \frac{2\pi R^2}{(R^2 + x^2)^{3/2}}, \qquad (1.18)$$

woraus man für $x = 0$ die bekannte Gleichung (Tangentenbussole) $H_x = (i/c)\, 2\pi/R$ und für $x \gg R$ die Gleichung $H_x = (i/c)\, 2\pi R^2/x^3$ erhält.

Berechnen wir nunmehr die Feldstärke, die eine vom Strom i durchflossene Zylinderspule mit dem Durchmesser $2R$ und der Länge l und mit n gleichmäßig über die Spulenlänge verteilten Windungen in einem Punkt P auf der Spulenachse im Abstand a vom Spulenmittelpunkt erzeugt (s. Abb. 1.6). Nach Gl. (1.18) liefert ein Spulenelement am Ort x mit der Länge dx den Beitrag

$$dH_x = \frac{i \cdot n}{c \cdot l} \frac{2\pi R^2}{[R^2 + (x-a)^2]^{3/2}} \cdot dx.$$

Die Integration von $x = -l/2$ bis $x = +l/2$ ergibt

$$H_x(a) = 2\pi \frac{i \cdot n}{c \cdot l} \left\{ \frac{l/2 - a}{[R^2 + (l/2 - a)^2]^{3/2}} + \frac{l/2 + a}{[R^2 + (l/2 - a)^2]^{3/2}} \right\}. \quad (1.19)$$

Speziell im Spulenmittelpunkt ($a = 0$) erhält man daraus

$$H_x(0) = 2\pi \frac{i \cdot n}{c \cdot l} \cdot \frac{l}{(R^2 + l^2/4)^{1/2}}, \quad (1.20)$$

woraus für $l \gg R$ Gl. (1.16) folgt. An den Spulenenden hat das Feld nur noch den Wert

$$H_x(l/2) = 2\pi \frac{i \cdot n}{c \cdot l} \frac{l}{(R^2 + l^2)^{1/2}}. \quad (1.21)$$

Für $l \gg R$ wird $H_x(l/2) \approx 2\pi i n/c \cdot l = H_x(0)/2$.

Dem elektrischen Strom ist neben seiner Stärke auch eine Richtung zugeordnet, in welcher der Strom positiv gezählt wird. Das magnetische Feld ist ein Vektor, der vom magnetischen Nordpol oder (+)-Pol magnetischen Südpol oder (−)-Pol hin gerichtet ist. Wir verabreden, daß die positive Richtung des Magnetfeldes der positiven Stromrichtung durch eine Rechtsschraube zugeordnet ist.

Im rationalen Vierersystem von GIORGI geschrieben lautet das Durchflutungsgesetz

$$\oint \boldsymbol{H} d\boldsymbol{s} = i \quad (1.22)$$

und man erhält für das Feld in einer Ringspule oder in einem langgestreckten Solenoid

$$H = n \, i/l. \quad (1.23)$$

Die Stromstärke wird in Ampere (A) und die Länge in m oder in cm gemessen. Damit folgt aus Gl. (1.23) für die Feldstärkeeinheit in diesem System

$$[H] = \mathrm{A} \cdot \mathrm{m}^{-1} \quad \text{bzw.} \quad [H] = \mathrm{A} \cdot \mathrm{cm}^{-1}.$$

1.3 Magnetisierung und Suszeptibilität

Die Darstellung eines Magneten durch einen mathematischen Dipol kann nur rein formaler Natur sein, denn jeder Magnet hat eine endliche Ausdehnung in drei Dimensionen. Zur Beschreibung des magnetischen Zustandes der Materie führen wir deshalb den Begriff der Magnetisierung I ein, welcher durch die Beziehung

$$\boldsymbol{p} = \boldsymbol{I} \, dV \quad (1.24)$$

mit dem in 1.1.3 rein mathematisch definierten Begriff des Dipolmoments verknüpft ist. Anschaulich ausgedrückt ist die Magnetisierung das magnetische Moment pro Volumeneinheit eines Körpers.

Die Einwirkung eines Magnetfeldes auf Materie hat stets eine Magnetisierung zur Folge. Wir setzen daher die Magnetisierung proportional zum Feld

$$\boldsymbol{I} = \chi \boldsymbol{H}. \quad (1.25)$$

Ganz allgemein ist χ ein Tensor, dessen Komponenten vom Feld H abhängen. Wir nennen χ die magnetische Suszeptibilität. Im GAUSSschen Maßsystem sind I und H dimensionsgleich und folglich ist χ eine dimensionslose Größe.

1.4 Induktionsgesetz, Induktion und Permeabilität

In 1.2 haben wir festgestellt, daß ein elektrischer Strom z. B. in einer Spule ein Magnetfeld erzeugt. Der umgekehrte Effekt besteht darin, daß in einem Stromkreis eine elektrische Spannung induziert wird, wenn man das vom Stromkreis umschlossene magnetische Kraftfeld auf irgendwelche Weise ändert (FARADAY). Dieser Effekt wird durch die 2. MAXWELLsche Gleichung beschrieben, welche im GAUSSschen Maßsystem lautet

$$\text{rot } \boldsymbol{E} = -\frac{1}{c} \cdot \frac{\partial \boldsymbol{B}}{\partial t} \ . \tag{1.26}$$

$\boldsymbol{E}$ ist der Vektor der elektrischen Feldstärke, c bedeutet die Lichtgeschwindigkeit und $\boldsymbol{B}$ die gesamte Kraftflußdichte. Durch Integration über eine von einer beliebigen Kurve s umrandete Fläche F folgt mit dem Satz von STOKES

$$\int_F \text{rot } \boldsymbol{E} \, d\boldsymbol{F} = \oint \boldsymbol{E} \, d\boldsymbol{s} = -\frac{1}{c} \cdot \frac{\partial}{\partial t} \int_F \boldsymbol{B} \, d\boldsymbol{F} = -\frac{1}{c} \cdot \frac{\partial \Phi}{\partial t} \ , \tag{1.27}$$

wobei wir $\int_F \boldsymbol{B} \, d\boldsymbol{F} = \Phi$ gesetzt haben. Wir nennen Φ den magnetischen Fluß. Das Linienintegral des elektrischen Feldvektors $u = \int \boldsymbol{E} \, d\boldsymbol{s}$ ist die elektrische Spannung u. Damit erhalten wir die bekannte Form des Induktionsgesetzes

$$u = -\frac{1}{c} \frac{\partial}{\partial t} \int_F \boldsymbol{B} \, d\boldsymbol{F} = -\frac{1}{c} \frac{\partial \Phi}{\partial t} \ , \tag{1.28}$$

welches besagt, daß die in einem geschlossenen Leiter s induzierte elektrische Spannung u proportional zu der Änderungsgeschwindigkeit des durch die von dem Leiter umrandeten Fläche F gehenden magnetischen Flusses Φ ist.

Um eine praktische Vorstellung von der in Gl. (1.28) gemachten Aussage zu erhalten, wenden wir das Induktionsgesetz auf das in 1.2.2 ausgeführte Beispiel einer Ringspule an. Der mittlere Umfang der Spule sei l, ihr Querschnitt F. Eine Änderung des in der Spule fließenden Stromes i hat nach dem Durchflutungsgesetz Gl. (1.16) eine Änderung der Feldstärke und damit eine Änderung des magnetischen Flusses zur Folge. Die Spule habe n Windungen. Damit erhalten wir aus Gl. (1.28) die induzierte Spannung, die man zwischen den Spulenenden mißt

$$u = -\frac{1}{c} n \frac{\partial \Phi}{\partial t} = -\frac{1}{c} n \boldsymbol{F} \frac{\partial \boldsymbol{B}}{\partial t} \ . \tag{1.29}$$

Macht man den Versuch mit der leeren Spule (genau genommen im Vakuum), dann ist $\boldsymbol{B} = \boldsymbol{H}$. Ist das Innere der Spule dagegen homogen mit Materie ausgefüllt, dann findet man, daß

$$\boldsymbol{B} = \boldsymbol{H} + 4\pi \boldsymbol{I} \tag{1.30}$$

ist. $4\pi \boldsymbol{I}$ ist also der Beitrag der Materie zur Kraftflußdichte.

Da nach Gl. (1.25) die Magnetisierung proportional zum Feld ist, können wir auch $\boldsymbol{B}$ proportional zum Feld setzen

$$\boldsymbol{B} = \mu \boldsymbol{H}, \tag{1.31}$$

μ wird als Permeabilität der Materie bezeichnet. Betrachten wir nur die Magnetisierungskomponente I bzw. Induktionskomponente B parallel zum Feld H, dann sind χ und μ Skalare: $\chi = I/H$ und $\mu = B/H$, die in vielen Fällen von der Feldstärke abhängig sind. Zwischen der Permeabilität und der Suszeptibilität besteht nach den Gln. (1.30), (1.25) und (1.31) der Zusammenhang $\mu = 1 + 4\pi\chi$.

Ist μ und damit χ, wie häufig bei ferromagnetischen und ferrimagnetischen Stoffen, sehr groß gegen Eins, dann vereinfacht sich dieser Zusammenhang zu $\mu \approx 4\pi\chi$. Im Vakuum ist $I = 0$. Dort und nur dort ist also nach Gl. (1.30) $\boldsymbol{B} = \boldsymbol{H}$ und folglich $\mu = 1$ und $\chi = 0$.

Aus Gl. (1.29) folgt mit Gl. (1.16)

$$u = -\frac{1}{c} n F \mu \frac{\partial H}{\partial t} = -\frac{4\pi}{c^2} \frac{n^2 F}{l} \mu \frac{\partial i}{\partial t}. \qquad (1.32)$$

Den bei der zeitlichen Ableitung der Stromstärke stehenden Faktor

$$L = \frac{4\pi}{c^2} \cdot \frac{n^2 F}{l} \mu \qquad (1.33)$$

bezeichnet man als Selbstinduktivität der Spule. Sie hängt nur von den geometrischen Daten der Spule und der Permeabilität des Kernmaterials ab. Mit Gl. (1.33) wird

$$u = -L \frac{di}{dt}, \qquad (1.34)$$

d. h. die in einer Spule induzierte Spannung ist gleich dem Produkt aus ihrer Selbstinduktivität und der Änderungsgeschwindigkeit der Stromstärke. Das negative Vorzeichen bedeutet, daß die induzierte Spannung der Spannung, die die Stromänderung erzeugt, entgegengerichtet ist.

Statt der GAUSSschen Absolutmessung von H und p bzw. I mit Hilfe mechanischer Meßverfahren kann man auch die Induktion nach dem Induktionsgesetz mit dem Zeitintegral der induzierten Spannung messen und damit zu elektrischen Größen in Beziehung setzen. In dem hierauf aufgebauten GIORGIschen Maßsystem geschrieben lautet das Induktionsgesetz

$$u = \oint \boldsymbol{E}\,d\boldsymbol{S} = -\frac{\partial \Phi}{\partial t} = -\frac{\partial}{\partial t} \int \boldsymbol{B}\,d\boldsymbol{F}. \qquad (1.35)$$

Andererseits haben wir [Gl. (1.22) bzw. (1.23)] die magnetische Feldstärke nach dem Durchflutungsgesetz mit dem elektrischen Strom gemessen. Feldstärke und Induktion beschreiben aber im Vakuum dieselbe physikalische Erscheinung, also müssen sie streng proportional zueinander sein. Wir schreiben folglich

$$\boldsymbol{B} = \mu_0 \boldsymbol{H} \qquad (1.36)$$

und nennen sinngemäß μ_0 die Permeabilität des Vakuums oder auch Induktionskonstante. Diese wichtige Konstante hat den Wert

$$\mu_0 = 4\pi \cdot 10^{-7} \quad \text{V} \cdot \text{sek} \cdot \text{A}^{-1} \cdot \text{m}^{-1}. \qquad (1.37)$$

Spielt sich der Induktionsvorgang in Materie ab, so wird

$$\boldsymbol{B} = \mu_{\text{rel}}\, \mu_0 \boldsymbol{H}. \qquad (1.38)$$

Damit ist μ_{rel}, die relative Permeabilität der Materie im Vergleich mit dem Vakuum als reiner Zahlfaktor definiert. Das Produkt $\mu_{\text{rel}}\,\mu_0$ fassen wir zusammen und nennen

$$\mu_{\text{abs}} = \mu_{\text{rel}}\,\mu_0 \qquad (1.39)$$

die absolute Permeabilität der Materie. Ein Vergleich zwischen Gl. (1.38) und Gl. (1.31) zeigt, daß μ_{rel} gleich der Permeabilität μ im GAUSSschen System ist.

Für die der Gl. (1.30) entsprechende Gleichung erhalten wir im GIORGIschen System

$$\boldsymbol{B} = \mu_0 \cdot \boldsymbol{H} + \boldsymbol{I}. \tag{1.40}$$

Der in Gl. (1.30) bei I stehende Faktor 4π fällt gemäß der rationalen Definition im GIORGIschen System fort. Messen wir wieder nur die Komponente der Magnetisierung in Feldrichtung, so erhalten wir $\mu_{abs} = B/H$. Aus Gl. (1.35) folgt für die in einer Ringspule mit n Windungen, dem Querschnitt F und einem Kern der Permeabilität μ_{abs} bei einer Feldänderung induzierte Spannung

$$u = -n \cdot F \frac{\partial B}{\partial t} = -n F \mu_{abs} \frac{\partial H}{\partial t} = -\frac{n^2 F \mu_{abs}}{l} \frac{\partial i}{\partial t} = -L \frac{\partial i}{\partial t}. \tag{1.41}$$

Im GIORGIschen System ist also die Induktivität der Spule gegeben durch

$$L = n^2 F \mu_{abs}/l. \tag{1.42}$$

1.5 Einheiten

Im GAUSSschen System haben nach Gl. (1.30) alle drei Größen B, H und I dieselbe Dimension und werden auch nach der gleichen Einheit gezählt, welche, wenn es sich um die Feldstärke handelt, auch Oersted (Oe) und wenn es sich um die Induktion handelt, auch Gauß (G) genannt wird. Es ist also

$$[B] = [H] = [I] = \text{cm}^{-1/2}\, \text{g}^{1/2}\, \text{sek}^{-1} = \text{Oe} = \text{G}. \tag{1.43}$$

Damit sind Suszeptibilität und Permeabilität dimensionslose Größen. Mit Gl. (1.43) ergibt sich die Einheit des magnetischen Flusses

$$[\Phi] = \text{cm}^{3/2}\, \text{g}^{1/2}\, \text{sek}^{-1} = \text{M}, \tag{1.44}$$

für die aus dem elektromagnetischen cgs-System die Bezeichnung MAXWELL (M) übernommen wird. Die Einheit der Induktivität L und die damit identische Einheit der Gegeninduktivität folgt aus der zu Gl. (1.33) gehörigen Einheitengleichung

$$[L] = \text{sek}^2\, \text{cm}^{-1}. \tag{1.45}$$

Im GIORGIschen System ergibt sich die Einheit der Induktion aus der zu Gl. (1.35) gehörigen Einheitengleichung zu

$$[B] = \text{V sek m}^{-2} \tag{1.46}$$

und damit

$$[\Phi] = \text{V} \cdot \text{sek}. \tag{1.47}$$

Aus Gl. (1.36) bzw. (1.39) folgt

$$[\mu_{abs}] = [\mu_0] = \text{V} \cdot \text{sek} \cdot \text{A}^{-1} \cdot \text{m}^{-1}, \tag{1.48}$$

während $\mu_{rel} = \mu_{abs}/\mu_0$, wie bereits erwähnt, dimensionslos und zahlenmäßig gleich der Permeabilität μ im GAUSSschen System ist.

Für die Einheit der Induktivität bzw. Gegeninduktivität erhält man aus Gl. (1.42)

$$[L] = \text{V} \cdot \text{sek A}^{-1} = \Omega \cdot \text{sek}. \tag{1.49}$$

Für diese Einheit hat man die Bezeichnung HENRY (H) eingeführt. Es ist also

$$1\,\text{H} = 1\,\text{V sek/A} = 1\,\Omega\,\text{sek}. \qquad (1.50)$$

1.6 Umrechnungsfaktoren

Die für den praktisch oft wichtigen zahlenmäßigen Übergang von dem einen Maßsystem in das andere geltenden Beziehungen stellt man übersichtlich in Form von zugeschnittenen Größengleichungen dar. Eine solche Größengleichung hat die Form

$$\frac{X_G}{X_G} = Z\,\frac{X_g}{X_g} \qquad (1.51)$$

und besagt folgendes: Multipliziert man den Zahlwert der im GAUSSschen System eingeführten (Index g), in der Einheit $[X_{\bar{g}}]$ gemessenen Größe X_g mit dem unbenannten Zahlfaktor Z, so erhält man für dieselbe physikalische Gegebenheit den Zahlwert der im GIORGI-System eingeführten (Index G) und in der Einheit $[X_G]$ gemessenen Größe X_G.

Nachfolgend sind die der Gl. (1.51) entsprechenden Beziehungen für die wichtigsten der vorausgehend definierten Größen wiedergegeben.

Feldstärke H

$$\frac{H_G}{\text{A m}^{-1}} = \frac{10^3}{4\pi}\,\frac{H_g}{\text{Oe}} \approx 79{,}577\,\frac{H_g}{\text{Oe}}. \qquad (1.52)$$

Das A/m ist eine unpraktisch kleine Einheit. Man rechnet daher im allgemeinen mit der 100mal größeren Einheit A/cm. Dafür gilt

$$\frac{H_G}{\text{A cm}^{-1}} = \frac{10}{4\pi}\cdot\frac{H_g}{\text{Oe}} \approx 0{,}79577\,\frac{H_g}{\text{Oe}}. \qquad (1.52\text{a})$$

Magnetisierung I

$$\frac{I_G}{\text{V sek m}^{-2}} = 4\pi\cdot 10^{-4}\cdot\frac{I_g}{G} \approx 12{,}5664\cdot 10^{-4}\,\frac{I_g}{G} \qquad (1.53)$$

oder bei Gebrauch der vielfach üblichen Einheit Vsekcm^{-2}

$$\frac{I_G}{\text{V sek cm}^{-2}} = 4\pi\cdot 10^{-8}\,\frac{I_g}{G} \approx 12{,}5664\cdot 10^{-8}\,\frac{I_g}{G}. \qquad (1.53\text{a})$$

Induktion B

$$\frac{B_G}{\text{V sek m}^{-2}} = 10^{-4}\,\frac{B_g}{G} \qquad (1.54)$$

oder mit der vielfach gebräuchlichen Einheit Vs/cm²

$$\frac{B_G}{\text{V sek cm}^{-2}} = 10^{-8}\,\frac{B_g}{G}. \qquad (1.54\text{a})$$

Magnetischer Fluß Φ

$$\frac{\Phi_G}{\text{V sek}} = 10^{-8}\,\frac{\Phi_g}{M}. \qquad (1.55)$$

Magnetische Ladung oder Polstärke m

$$\frac{m_G}{\text{V sek}} = 4\pi\cdot 10^{-8}\,\frac{m_g}{M} \approx 12{,}5664\cdot 10^{-8}\,\frac{m_g}{M}. \qquad (1.56)$$

Induktivität L, M

$$\frac{L_G}{H} = c^2 \, 10^{-9} \, \frac{L_g}{\text{sek}^2 \, \text{cm}^{-1}} \approx 0{,}8987 \cdot 10^{12} \cdot \frac{L_g}{\text{sek}^2 \, \text{cm}^{-1}}. \tag{1.57}$$

Zwischen den wichtigsten Einheiten bestehen die Beziehungen

$$1 \, \text{G} = 10^{-8} \, \text{V sek cm}^{-2} = 10^{-4} \, \text{V sek m}^{-2},$$
$$1 \, \text{Oe} = 10/4\pi \, \text{A cm}^{-1} = (10^3/4\pi) \, \text{A m}^{-1}, \tag{1.58}$$
$$1 \, \text{M} = 1 \, \text{G cm}^2 = 10^{-8} \, \text{V sek}.$$

Alle Gleichungen dieses Buches sind, wenn nichts anderes vermerkt ist, im GAUSSschen cgs-System geschrieben. Für ein genaueres Studium aller die Größendefinitionen und Maßsysteme betreffenden Fragen wird auf die entsprechende Literatur [1] bis [8] verwiesen.

1.7 Energie des Magnetfeldes

Nimmt der Strom i in einer im Vakuum befindlichen ($\mu = 1$) Ringspule im Laufe der Zeit t von 0 bis i zu, dann leistet die Stromquelle gegen die induzierte Spannung U die Arbeit

$$A = \int_0^t U \, i \, dt = L \int_0^i i \, di = L \, i^2/2. \tag{1.59}$$

Dieser Energiebetrag ist in dem von dem Strom in der Spule erzeugten Magnetfeld aufgespeichert. Er wird beim Abschalten des Stromes von dem Magnetfeld an die Stromquelle zurückgeliefert. Führen wir statt i vermittels Gl. (1.16) die Feldstärke H ein und ersetzen wir außerdem L durch den in Gl. (1.33) gegebenen Wert, dann ergibt sich aus Gl. (1.59) die Energie des annähernd homogenen Feldes der Ringspule im GAUSSschen System zu

$$A = (1/8\pi) \, H^2 \cdot V, \tag{1.60}$$

wobei $V = l \, F$ das Spulenvolumen bedeutet. Ist dagegen das von der Spule erzeugte Feld inhomogen, wie etwa im Falle einer kurzen Zylinderspule, dann ist $H(x, y, z)$ eine Funktion des Orts, und wir erhalten die gesamte Feldenergie aus

$$A = (1/8\pi) \int_V H^2 \, dV, \tag{1.61}$$

wobei das Integral über den gesamten Raum zu erstrecken ist. Im GIORGIschen System liefert Gl. (1.59) mit Gl. (1.23) und (1.42)

$$A = (1/2) \int_V H^2 \, dV. \tag{1.62}$$

1.8 Magnetostatik

Bei künftigen Betrachtungen werden wir des öfteren Problemen der Magnetostatik begegnen. Eine kurze Zusammenstellung der wichtigsten Grundgleichungen erscheint daher nützlich.

1.8.1 Berechnung der von räumlich verteilten Polstärken ausgehenden Felder

In der Magnetostatik wird vorausgesetzt, daß alle zeitlichen Feld- und Ladungsdichteänderungen sowie alle Strömungen von Energie und elektrischen

Ladungen verschwinden. Mit diesen Forderungen ergibt sich aus den MAXWELL-schen Gleichungen, daß überall

$$\operatorname{rot} \boldsymbol{H} = 0, \tag{1.63}$$

$$\operatorname{div} \boldsymbol{B} = 0 \tag{1.64}$$

ist. Ferner fordern wir, daß durchweg $\boldsymbol{E} = 0$ ist ($\boldsymbol{E}$ = Vektor des elektrischen Feldes).

Aus Gl. (1.63) folgt, daß man $\boldsymbol{H}$ als Gradient eines skalaren Potentials

$$\boldsymbol{H} = -\operatorname{grad} \psi \tag{1.65}$$

darstellen kann.

Aus Gl. (1.64) ergibt sich mit Gl. (1.30) und (1.31)

$$\operatorname{div} \boldsymbol{B} = \operatorname{div} \mu \boldsymbol{H} = \operatorname{div} \boldsymbol{H} + 4\pi \operatorname{div} \boldsymbol{I} = 0 \tag{1.66}$$

und daraus

$$\operatorname{div} \boldsymbol{H} = -4\pi \operatorname{div} \boldsymbol{I} = 4\pi \varrho_m.^1 \tag{1.67}$$

Hierin ist ϱ_m die räumliche Dichte der magnetischen Polstärke (Polstärke/cm³).

Mit Gl. (1.65) erhält man aus Gl. (1.67) die POISSONsche Differentialgleichung der Magnetostatik

$$\operatorname{div} \operatorname{grad} \psi = \Delta \psi = 4\pi \operatorname{div} \boldsymbol{I} = -4\pi \varrho_m. \tag{1.68}$$

Mit der Bedingung, daß ψ im unendlichen verschwindet, hat Gl. (1.68) die bekannte Lösung

$$\psi = -\int \frac{\operatorname{div} \boldsymbol{I}}{r} dV = \int \frac{\varrho_m}{r} dV. \tag{1.69}$$

Die Integrale bedeuten eine Summation über alle Raumladungen dividiert durch ihren Abstand r vom Aufpunkt, für welchen das Potential berechnet wird.

1.8.2 Berechnung der von Polflächen ausgehenden Felder

In Gl. (1.64) wird vorausgesetzt, daß $\boldsymbol{B}$ überall stetig und differenzierbar ist. Zur Beschreibung einer Unstetigkeitsfläche, wie sie z. B. durch die Grenzfläche Materie-Vakuum gegeben ist, führt man vermittels

$$\operatorname{Div} \boldsymbol{B} = \boldsymbol{n}(\boldsymbol{B}_2 - \boldsymbol{B}_1) \tag{1.70}$$

die Flächendivergenz ein. Dabei bedeutet $\boldsymbol{n}$ einen Einheitsvektor senkrecht zur Unstetigkeitsfläche. Bezeichnen wir entsprechend Abb. 1.7 die Halbräume beiderseits der Unstetigkeitsfläche als Raum 1 und Raum 2, so zeigt $\boldsymbol{n}$ vom Raum 1, in welchem unmittelbar an der Grenzfläche die Induktion $\boldsymbol{B}_1$ herrscht, in den Raum 2 mit der Induktion $\boldsymbol{B}_2$.

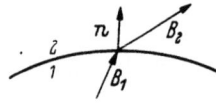

Abb. 1.7. Zur Definition der Flächendivergenz Div $\boldsymbol{B}$

Ebenso kann man vermittels

$$\operatorname{Rot} \boldsymbol{H} = \boldsymbol{n} \times (\boldsymbol{H}_2 - \boldsymbol{H}_1) \tag{1.71}$$

einen Flächenrotor einführen.

---

[1] Nach Gl. (1.2) ist der gesamte, durch eine, die Polstärke m umschließende Fläche tretende Fluß $\int \boldsymbol{H} d\boldsymbol{F} = 4\pi m$. Nun ist nach dem GAUSSschen Satz $\oint \boldsymbol{H} d\boldsymbol{F} = \int \operatorname{div} \boldsymbol{H} dV$ und damit $\operatorname{div} \boldsymbol{H} = 4\pi dm/dV = 4\pi \varrho_m$.

Für eine Unstetigkeitsfläche gilt nun

$$\text{Rot } \boldsymbol{H} = 0, \tag{1.72}$$

$$\text{Div } \boldsymbol{B} = 0. \tag{1.73}$$

Aus Gl. (1.73) folgt mit Gl. (1.31) und (1.70)

$$\text{Div } \boldsymbol{B} = \boldsymbol{n}\,\boldsymbol{B}_2 - \boldsymbol{n}\,\boldsymbol{B}_1 = \mu_2\,\boldsymbol{n}\,\boldsymbol{H}_2 - \mu_1\,\boldsymbol{n}\,\boldsymbol{H}_1 = 0, \tag{1.74}$$

oder mit Gl. (1.30) auch

$$\text{Div } \boldsymbol{B} = \boldsymbol{n}(\boldsymbol{H}_2 - \boldsymbol{H}_1) + 4\pi\,\boldsymbol{n}\,(\boldsymbol{I}_2 - \boldsymbol{I}_1) = 0. \tag{1.75}$$

Aus Gl. (1.75) erhält man mit der Definition (1.70)

$$\text{Div } \boldsymbol{H} = -4\pi\,\text{Div}\,\boldsymbol{I} = 4\pi\,\sigma_m, \tag{1.76}$$

worin σ_m die Flächendichte der magnetischen Polstärke bedeutet. Führen wir mit Gl. (1.65) das Potential ψ ein, dann ergibt sich schließlich die Differentialgleichung

$$\Delta\psi = 4\pi\,\text{Div}\,\boldsymbol{I} = -4\pi\,\sigma_m, \tag{1.77}$$

welche die Lösung

$$\psi = -\int \frac{\text{Div}\,\boldsymbol{I}}{r}\,dF = \int \frac{\sigma_m}{r}\,dF \tag{1.78}$$

hat, wobei die Integrale wiederum eine einfache Summation über alle Flächenladungen dividiert durch ihren Abstand r vom Aufpunkt bedeuten. Einige Anwendungsbeispiele für Gl. (1.69) bzw. (1.78) sind z. B. bei SOMMERFELD [9] ausgeführt.

1.8.3 Das Brechungsgesetz magnetischer Feldlinien an Unstetigkeitsflächen

Aus Gl. (1.72) folgt mit (1.71)

$$\boldsymbol{n} \times \boldsymbol{H}_2 - \boldsymbol{n} \times \boldsymbol{H}_1 = 0. \tag{1.79}$$

Wegen $|\boldsymbol{n} \times \boldsymbol{H}| = H \cdot \sin(\boldsymbol{n}, \boldsymbol{H})$ bedeutet Gl. (1.79) die Gleichheit von Richtung und Betrag der Tangentialkomponenten der Feldstärke beiderseits der Grenzfläche entsprechend (s. Abb. 1.8) $H_{t1} = H_{t2}$. Gl. (1.73) liefert die Bedingung, daß die Normalkomponenten $B_n = \boldsymbol{n}\,\boldsymbol{B} = \mu\,\boldsymbol{n}\,\boldsymbol{H} = H \cos(\boldsymbol{n}, \boldsymbol{H})$ von $\boldsymbol{B}$ ebenfalls gleich sein müssen, also $B_{n1} = B_{n2}$ oder $\mu_1 H_{n1} = \mu_2 H_{n2}$. Damit erhalten wir schließlich das Brechungsgesetz der Feldlinien, das mit den Bezeichnungen von Abb. 1.8 lautet

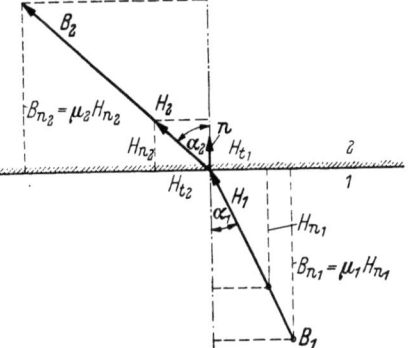

Abb. 1.8. Brechungsgesetz magnetischer Feldlinien an einer Unstetigkeitsfläche

$$\frac{H_{n1}}{H_{n2}} = \frac{\mu_2}{\mu_1} = \frac{\text{tg }\alpha_2}{\text{tg }\alpha_1}. \tag{1.80}$$

Wir wollen nunmehr annehmen, daß der Halbraum 2 aus weichem Eisen bestehe und im Halbraum 1 Vakuum herrsche. Dann ist $\mu_2 \gg \mu_1 = 1$ und nach Gl. (1.80) tg $\alpha_2 \gg$ tg α_1. Bedenkt man, daß μ_2 Werte von 10^4 und größer annehmen kann, so zeigt das Brechungsgesetz, daß Feldlinien, die auch unter kleinen Winkeln α_1 auf Eisen treffen, in diesem nahezu parallel zu dessen Oberfläche weiterlaufen, wenn nur $\alpha_1 \neq 0$ ist. Ein Ferromagnetikum mit sehr großem $\mu\,(\mu \to \infty)$ stellt also das magnetische Analogon zum elektrischen Leiter dar.

Literatur zu Kap. 1

[1] POHL, R. W.: Einführung in die Physik. II. Bd. Elektrizitätslehre, 17. Aufl., Berlin/Göttingen/Heidelberg: Springer 1960.
[2] JOOS, G.: Lehrbuch der theoret. Physik, 10. Aufl., Frankfurt/M.: Akad. Verlagsges. mbH. 1959.
[3] WALLOT, J.: Größengleichungen, Einheiten und Dimensionen, Leipzig: Joh. Ambrosius Barth 1953.
[4] STILLE, U.: Messen und Rechnen in der Physik, Braunschweig: Friedr. Vieweg & Sohn 1955.
[5] OBERDORFER, G.: Arch. elektr. Übertragung 7 (1953) S. 136.
[6] LANDOLT, M.: Bull. Assoc. Suisse Electr. 44 (1953) S. 458.
[7] WALLOT, J.: Handbuch der Physik, Bd. II, herausgeg. von H. GEIGER und K. SCHEEL, Berlin: Springer 1926, Kap. 1, S. 1—41.
[8] WALLOT, J.: Phys. Z. 44 (1943) S. 17.
[9] SOMMERFELD, A.: Theoret. Physik Bd. III.
[10] FISCHER, J.: Größen und Einheiten der Elektrizitätslehre, Berlin/Göttingen/Heidelberg: Springer 1961.

2. Atomistische Deutung der magnetischen Elementardipole

In der klassischen Modellvorstellung der Atommechanik von BOHR besteht ein Atom aus einem positiv geladenen Kern, der von einer Anzahl Elektronen auf stationären Bahnen umkreist wird. Vermöge seiner elektrischen Ladung stellt ein kreisendes Elektron einen Ringstrom dar. Dieser ist einem magnetischen Moment äquivalent, welches wir das Bahnmoment des Elektrons nennen.

Wie GOUDSMIT und UHLENBECK 1925 gezeigt haben, hat ein Elektron außer seinen bekannten Eigenschaften der Masse und Ladung auch einen konstanten mechanischen Eigendrehimpuls sowie ein damit zusammenhängendes magnetisches Moment, das sog. Spinmoment (von engl. to spin = sich drehen).

Bahn- und Spinmoment sind die Elementarformen des magnetischen Dipolmomentes der Materie.

2.1 Bahnmoment

Ein auf einer Kreisbahn vom Radius r mit der Winkelgeschwindigkeit ω umlaufendes Elektron mit der Ladung $-e$ stellt einen negativen Ringstrom der Stärke

$$i = -\frac{e\,\omega}{2\pi} \tag{2.1}$$

dar. Dieser Ringstrom ist einem magnetischen Moment der Größe

$$\mu = \frac{i\,\pi\,r^2}{c} = -\frac{e\,\omega\,r^2}{2\,c} \tag{2.2}$$

äquivalent. Bezeichnet man die Elektronenmasse mit m_e, so ist der mechanische Drehimpuls des Systems

$$l = m_e\,\omega\,r^2. \tag{2.3}$$

Aus Gl. (2.2) und (2.3) folgt der fundamentale Zusammenhang zwischen dem mechanischen Bahnimpuls und dem magnetischen Bahnmoment

$$\mu_l = -\frac{e}{2 m_e c} l \qquad (2.4)$$

der sog. magnetomechanische Parallelismus.

Die quantenmechanische Einheit des Drehimpulses ist $h/2\pi$, wobei h das PLANCKsche Wirkungsquantum bedeutet ($h = 6{,}62 \cdot 10^{-27}$ erg s). Damit erhält man aus Gl. (2.4) die natürliche Einheit des magnetischen Bahnmomentes:

$$\mu_B = \frac{e h}{4\pi m_e c} \approx 9{,}27 \cdot 10^{-21} \text{ G} \cdot \text{cm}^3, \qquad (2.5)$$

μ_B wird als BOHRsches Magneton bezeichnet. Mit der LOSCHMIDTschen Zahl $L = 6{,}06 \cdot 10^{23}$ multipliziert ergibt sich der Zahlwert der magnetischen Momenteneinheit bezogen auf ein Mol zu

$$L \mu_B = 5590 \text{ cgs} E. \qquad (2.6)$$

2.2 Spinmoment

Für das klassische Elektronenmodell einer um ihre Achse rotierenden Kugel mit dem Radius r_e und der homogen verteilten Ladung e führt eine der obigen Rechnung analoge Berechnung des Eigendrehimpulses und des magnetischen Momentes des Elektrons gleichfalls zu dem Ergebnis [Gl. (2.4)]. Dagegen haben der STERN-GERLACH-Versuch sowie spektroskopische Daten der Linienaufspaltung im Magnetfeld (ZEEMANN-Effekt) eindeutig gezeigt, daß das zu dem Eigendrehimpuls eines Elektrons gehörige magnetische Spinmoment etwa doppelt so groß ist wie das zu einem Bahnimpuls gleicher Größe nach Gl. (2.4) gehörige Bahnmoment. Schreiben wir den Eigendrehimpuls als s, so ist also

$$\mu_s = -\frac{e}{m_e c} s. \qquad (2.7)$$

Diese Tatsache wird als magnetomechanische Anomalie bezeichnet. Sie folgt aus der relativistisch-wellenmechanischen Theorie des Elektrons von DIRAC.

Nach genauen Messungen ist das Spinmoment um etwa 0,114% größer als ein BOHRsches Magneton μ_B.

2.3 Quantenzahlen und Größe der mechanischen Drehimpulse und der magnetischen Momente

2.3.1 Quantenzahlen

Der Zustand eines Elektrons im Atom wird durch drei Quantenzahlen n und l und λ charakterisiert. n ist die Hauptquantenzahl. Sie kann alle natürlichen Zahlen $n = 1, 2, 3, \ldots$ annehmen und gibt die Elektronenschale an, in der sich das Elektron befindet. Die Schalen werden in der Spektroskopie mit den Buchstaben K, L, M, N, O, P, Q bezeichnet. Mit n ist bei Abwesenheit eines äußeren Magnetfeldes die Energie des Elektrons bestimmt.

Die sog. Nebenquantenzahl l beschreibt in dem BOHRschen Atommodell symbolisch die Form der Elektronenbahn, während sie in der Terminologie der modernen Wellenmechanik die Form der Aufenthaltswahrscheinlichkeitsdichtefunktion des Elektrons charakterisiert. l kann alle ganzzahligen Werte $l < n$ annehmen. Für die zugehörigen Elektronenzustände sind in der Spektroskopie die Bezeichnungen s, p, d, f üblich. So wird beispielsweise ein Elektron, dessen Zustand durch die Quantenzahlen $n = 2$ und $l = 0$ gegeben ist, als $2s$-Elektron bezeichnet. Mit l ist der mechanische Bahndrehimpuls des Elektrons gegeben.

Die Achsenquantenzahl λ liefert die räumliche Orientierung der Elektronenbahn bzw. der Aufenthaltswahrscheinlichkeitsdichte und kann für die folgenden Betrachtungen außer acht gelassen werden.

Wie bereits erwähnt, führt das Elektron unabhängig von seinem Energiezustand und seiner Bahnbewegung noch eine Eigendrehung um seine eigene Achse aus, die wir als Spin bezeichnet haben. Ein Vergleich des zu einem Elektron gehörigen Eigendrehimpulses mit dem zur Quantenzahl $l = 1$ gehörigen Bahndrehimpuls zeigt, daß dem Spindrehimpuls die Quantenzahl $s = 1/2$ zugeschrieben werden muß. s heißt Spinquantenzahl.

2.3.2 Drehimpulse und magnetische Momente

Im Gegensatz zur klassischen Quantentheorie, in der der Zusammenhang zwischen einer Quantenzahl q ($q = s$ oder l) und dem zugehörigen Betrag des Drehimpulsvektors $\boldsymbol{q}$ durch die Gleichung

$$|\boldsymbol{q}| = q\,h/2\pi \tag{2.8}$$

gegeben ist, fordert die exakte quantenmechanische Rechnung in Übereinstimmung mit den spektroskopischen Daten die Beziehung

$$|\boldsymbol{q}| = \sqrt{q(q+1)} \cdot h/2\pi. \tag{2.9}$$

Setzen wir die nach Gl. (2.9) berechneten Beträge von l und s in Gl. (2.4) bzw. (2.7) ein, so erhalten wir mit der durch Gl. (2.5) gegebenen Einheit μ_B des magnetischen Moments die zu den Drehimpulsen l und s gehörigen Beträge der magnetischen Momente

$$|\mu_l| = \sqrt{l(l+1)}\,\mu_B \tag{2.10}$$

und

$$|\mu_s| = 2\sqrt{s(s+1)}\,\mu_B. \tag{2.11}$$

2.3.3 Richtungsquantelung im Magnetfeld

Aus der Quantenmechanik folgt in Übereinstimmung mit spektroskopischen Messungen (ZEEMANN-Effekt), daß in einem Magnetfeld die Drehimpulskomponenten l_H bzw. s_H parallel zur Feldrichtung gequantelt sind. Mit den magnetischen Quantenzahlen m_l für das Bahnmoment und m_s für das Spinmoment erhält man

$$l_H = m_l\,h/2\pi \tag{2.12}$$

und

$$s_H = m_s\,h/2\pi, \tag{2.13}$$

wobei m_l alle ganzen Zahlen zwischen $+l$ und $-l$ und m_s die beiden Werte $m_s = \pm s = \pm 1/2$ annehmen kann. Damit betragen die Komponenten der zugehörigen magnetischen Momente parallel zur Feldrichtung stets ganzzahlige Vielfache von μ_B, nämlich

$$\mu_{lH} = m_l \mu_B \qquad (2.14)$$

und

$$\mu_{sH} = 2 m_s \mu_B. \qquad (2.15)$$

Wir wollen dem Inhalt dieses Abschnitts ein anschauliches Bild zuordnen: Ein auf seiner Bahn umlaufendes Elektron stellt, ebenso wie ein sich drehendes Elektron, einen Kreisel dar. Ein Magnetfeld übt nach Gl. (1.26) ein mechanisches Drehmoment auf den Kreisel aus, welchem dieser bekanntlich nicht nachgibt, sondern senkrecht ausweicht. Die Impulsachse präzessiert um die Feldrichtung, wobei jedoch nicht, wie bei einem makroskopischen Kreisel, alle Präzessionswinkel zugelassen sind, sondern nur solche, für die die Komponente des Impulses in Feldrichtung die oben formulierten Quantenbedingungen erfüllt. Dieser Sachverhalt ist in Abb. 2.1 für ein Bahnmoment mit $l = 2$ veranschaulicht.

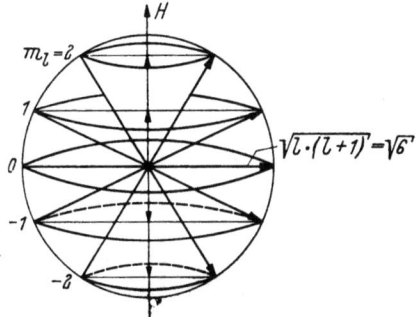

Abb. 2.1. Richtungsquantelung des Bahndrehimpulses mit der Nebenquantenzahl $l = 2$ im Magnetfeld

2.3.4 Vektorielle Addition der Impulse und magnetischen Momente

Alle bisherigen Betrachtungen bezogen sich auf Systeme mit nur einem Elektron. Hat ein Atom mehrere Elektronen, dann zeigt die spektroskopische Erfahrung, daß sich die Spin- und Bahnimpulse s und l der einzelnen Elektronen im Atom vektoriell zu einem Gesamtspinimpuls S und einem Gesamtbahnimpuls L zusammensetzen können. Die Addition der Impulse kann jedoch nicht beliebig erfolgen, weil die resultierenden Impulsmomente wiederum gequantelt sind. Die dabei geltenden Kopplungsgesetze lauten wie folgt:

1. Bahnimpuls. Die Quantenzahlen L der möglichen resultierenden Bahnimpulse müssen ganzzahlig sein. Für den Zusammenhang zwischen dem Betrag des Bahnimpulses $|L|$ und der zugehörigen Quantenzahl L gilt entsprechend Gl. (2.9) die Beziehung

$$|L| = \sqrt{L(L+1)} \cdot h/2\pi. \qquad (2.16)$$

2. Spinimpuls. Die Quantenzahlen S der möglichen resultierenden Spinimpulse sind ganz- oder halbzahlig, je nachdem die Zahl der gekoppelten Spins gerade oder ungerade ist. Entsprechend Gl. (2.9) gilt auch hier

$$|S| = \sqrt{S(S+1)} \cdot h/2\pi. \qquad (2.17)$$

Im Atom sind also nicht beliebige Orientierungen der einzelnen Elektronenbahnen und Spins möglich, sondern nur solche, für die der resultierende Impuls die obigen Quantenbedingungen erfüllt. Anschaulich können wir sagen, daß die einzelnen Drehimpulse bei gegenseitiger Kopplung gemeinsam um die Achse des resultierenden Impulses präzessieren.

Die innerhalb der beiden Kopplungsgesetze verbleibende Freiheit der Kopplung besteht jedoch nur in unabgeschlossenen Schalen. In abgeschlossenen Schalen sind die Impulsmomente stets so gekoppelt, daß das resultierende Moment verschwindet. Es ist dort also immer $L = S = 0$. Dementsprechend können wir die abgeschlossenen Elektronenschalen in unseren weiteren Betrachtungen außer acht lassen.

Wegen des magnetomechanischen Parallelismus folgt für die Beträge der zu den resultierenden Drehimpulsen gehörigen resultierenden magnetischen Momente

$$|\mathbf{M}_L| = \sqrt{L(L+1)} \cdot \mu_B \tag{2.18}$$

und wegen der magnetomechanischen Anomalie

$$|\mathbf{M}_s| = 2\sqrt{S(S+1)} \cdot \mu_B. \tag{2.19}$$

L und S können sich zu einem resultierenden Gesamtdrehimpuls J des Atoms zusammensetzen (RUSSEL-SAUNDERS-Kopplung), welcher ebenfalls gequantelt ist. Die dafür geltende Quantenbedingung lautet, daß die Quantenzahl J ganz- oder halbzahlig sein muß, je nachdem die Spinquantenzahl S ganz- oder halbzahlig ist. Abb. 2.2 veranschaulicht die Addition von L und S für das Beispiel eines Bahnimpulses mit $L = 2$ und eines Spinimpulses $S = 3/2$. Es ergeben sich insgesamt vier Möglichkeiten der Zusammensetzung, wobei man für die Quanten-

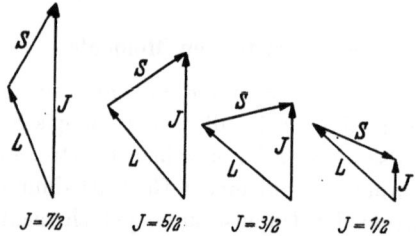

Abb. 2.2. Vektorielle Addition von Bahnimpuls L und Spinimpuls S zum Gesamtdrehimpuls J

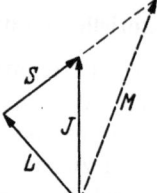

Abb. 2.3. Vektorielle Addition von Bahnmoment M_L und Spinmoment M_S zum magnetischen Gesamtmoment M

zahlen der Gesamtdrehimpulse die Werte $J = 1/2, 3/2, 5/2$ und $7/2$ erhält. Im Falle der RUSSEL-SAUNDERS-Kopplung oder LS-Kopplung präzessieren der resultierende Bahnimpuls und der resultierende Spinimpuls gemeinsam um die Achse des Gesamtimpulses J.

Wie nun Abb. 2.3 zeigt, tritt bei der Berechnung des resultierenden magnetischen Moments eine Besonderheit auf. Das durch vektorielle Addition von $\mathbf{M}_L$ und $\mathbf{M}_S$ gebildete magnetische Gesamtmoment M des Atoms hat wegen der magnetomechanischen Anomalie nicht dieselbe Richtung wie J. Wegen der Erhaltung des Impulses ist aber J zeitlich konstant, behält also seine Richtung im Raum bei. Das resultierende magnetische Moment präzessiert also mit L und S um die Richtung von J und tritt folglich gar nicht selbst als magnetisches Gesamtmoment des Atoms in Erscheinung, sondern lediglich seine Komponente in Richtung von J, die wir M_J nennen wollen. Ihr Betrag läßt sich nach dem Cosinussatz und mit den Gln. (2.16) bis (2.19) leicht berechnen und ist

$$|\mathbf{M}_J| = \sqrt{J(J+1)} \cdot g \cdot \mu_B, \tag{2.20}$$

worin g, der sog. LANDÉ-Faktor, den Wert

$$g = \frac{3J(J+1) + S(S+1) - L(L+1)}{2J(J+1)} \qquad (2.21)$$

hat. Wie wir sofort sehen, trägt der g-Faktor der magnetomechanischen Anomalie Rechnung. Für reine Bahnmomente ($S = 0$, $J = L$) folgt $g = 1$, Gl. (2.20) geht also in Gl. (2.18) über. Handelt es sich dagegen um reine Spinmomente ($L = 0$, $J = S$), dann erhält man $g = 2$ und damit aus Gl. (2.20) die Gl. (2.19). Für gemischte Bahn- und Spinmomente nimmt g Werte zwischen 1 und 2 an.

In einem homogenen Magnetfeld präzessiert $\boldsymbol{M}_J$ um die Feldrichtung. In 2.3.3 ist für die Einzelmomente $\boldsymbol{l}$ und $\boldsymbol{s}$ bereits gezeigt worden, daß dabei nur ganz bestimmte Präzessionswinkel auftreten, nämlich solche, für die die Komponente des magnetischen Moments in Feldrichtung eine Quantenbedingung erfüllt. Dasselbe gilt auch für die möglichen Einstellungen von $\boldsymbol{M}_J$ zur Feldrichtung. Entsprechend schreiben wir der Komponente M_H von $\boldsymbol{M}_J$ in Feldrichtung eine Quantenzahl M zu, welche mit J ganz oder halbzahlig ist und alle Werte $-J \leq M \leq +J$ annehmen kann, sofern sich diese um ganze Zahlen unterscheiden. Damit erhalten wir die observable Größe M_H

$$M_H = M g \mu_B. \qquad (2.22)$$

2.4 Einteilung der Stoffe

Bereits im Jahre 1845 zeigte FARADAY, daß alle Stoffe magnetisierbar sind. Die magnetische Suszeptibilität wurde durch Gl. (1.30) definiert: $\boldsymbol{I} = \chi \boldsymbol{H}$, d. h. die Magnetisierung ist proportional zur Feldstärke. Nach 10.1.1 ist die Energieänderung eines Stoffs beim Einbringen in ein Magnetfeld, wenn seine Magnetisierung von 0 auf I anwächst, gegeben durch

$$\Delta E = -\int_0^I H \, dI = -\int_0^H H \, d(\chi H). \qquad (2.23)$$

In hinreichend kleinen Feldern ist χ konstant, und wir erhalten aus Gl. (2.23)

$$\Delta E = -(1/2) \chi H^2. \qquad (2.24)$$

Nach dieser Beziehung wählte FARADAY seine Einteilung der Stoffe in diamagnetische Stoffe, welche ihre Energie im Magnetfeld erhöhen [für die nach Gl. (2.24) also $\chi < 0$ ist], und in paramagnetische Stoffe, welche ihre Energie im Magnetfeld erniedrigen (also $\chi > 0$). Diese Einteilung folgt aus der experimentell sehr sinnfälligen Tatsache, daß in einem inhomogenen Magnetfeld diamagnetische Stoffe eine Kraft in Richtung kleinerer Feldstärke und paramagnetische Stoffe eine Kraft in Richtung höherer Feldstärke erfahren. Für einen Probekörper mit dem Volumen V ist diese Kraft nach Gl. (1.8) wegen $\boldsymbol{p} = V \chi \boldsymbol{H}$

$$\boldsymbol{K} = V \chi (\boldsymbol{H} \operatorname{grad}) \boldsymbol{H}. \qquad (2.25)$$

Die FARADAYsche Einteilung ist durchaus vollständig, und sie ist auch hinreichend, solange wir die Stoffe nur im gasförmigen oder flüssigen Zustand oder im Zustand flüssiger Lösung betrachten. Beziehen wir dagegen auch feste, d. h. kristalline Stoffe in unsere Betrachtungen ein, so ist es zweckmäßig, ferromagnetisches, antiferromagnetisches und ferrimagnetisches Verhalten zusätzlich in die

Klassifizierung der Stoffe einzuführen. Alle derartigen Stoffe sind zwar bereits in der FARADAYschen Einteilung bei denjenigen Substanzen inbegriffen, die ihre Energie im Magnetfeld erniedrigen und paramagnetisch genannt wurden. Sie zeigen jedoch, wie wir im folgenden sehen werden, unterhalb einer gewissen magnetischen Umwandlungstemperatur ein so grundlegend anderes Verhalten als die im engeren Sinne als paramagnetisch bezeichneten Stoffe, daß eine grundsätzliche begriffliche Trennung hiervon notwendig ist.

3. Diamagnetismus und Paramagnetismus

3.1 Diamagnetismus

In 2.3.4 haben wir festgestellt, daß sowohl das resultierende Bahnmoment als auch das resultierende Spinmoment einer abgeschlossenen Elektronenschale stets Null ist. Es gibt nun eine große Menge von Stoffen (Edelgase, Salze usw.), welche aus Atomen bzw. Ionen bestehen, deren sämtliche Elektronenschalen abgeschlossen sind und die folglich auch kein natürliches magnetisches Moment haben. Man könnte deshalb denken, daß derartige Stoffe gar nicht magnetisierbar sind. Die experimentelle Erfahrung zeigt nun, daß ein Magnetfeld in einem solchen Stoff ein dem Feld entgegengerichtetes magnetisches Moment induziert. Die Suszeptibilität ist negativ. Entsprechend unserer Einteilung der Stoffe verhalten sich derartige Substanzen also diamagnetisch.

Klassisch anschaulich kann man sich das Zustandekommen des Diamagnetismus nach der LANGEVINschen Elektronentheorie der magnetischen Erscheinungen wie folgt überlegen.

3.1.1 Theorie der diamagnetischen Suszeptibilität gebundener Elektronen

Nach Gl. (1.5) erfährt das magnetische Bahnmoment μ eines Elektrons in einem homogenen Magnetfeld ein mechanisches Drehmoment

$$M = \mu \times H. \tag{3.1}$$

Führen wir vermittels Gl. (2.4) den Bahnimpuls l des Elektrons ein, so ergibt sich

$$M = \frac{e}{2 m_e c} [H \times l]. \tag{3.2}$$

In unserer Modellvorstellung stellt ein auf seiner Bahn umlaufendes Elektron einen Kreisel dar, dessen Impulsachse dem mechanischen Drehmoment nicht folgt, sondern senkrecht dazu ausweicht und um die Feldrichtung präzessiert.

Zwischen dem mechanischen Moment M, dem Drehimpuls l und der Winkelgeschwindigkeit ω_L der Präzessionsbewegung besteht für schnelle Kreisel die bekannte Beziehung

$$M = \omega_L \times l. \tag{3.3}$$

Durch Gleichsetzen der rechten Seiten der Gln. (3.2) und (3.3) erhält man die Winkelgeschwindigkeit ω_L der Präzession

$$\omega_L = \frac{e}{2 m_e c} H. \tag{3.4}$$

Danach hängt ω_L weder von l noch von dem Winkel zwischen l und H ab.

3.1 Diamagnetismus

Gl. (3.4) stellt das bekannte LARMOR-Theorem dar. Die LARMOR-Präzession bedeutet eine starre Rotation der Elektronenbahn mit der Winkelgeschwindigkeit ω_L um eine durch den Bahnmittelpunkt gelegte Achse parallel zu H. Wir haben nun das dadurch bedingte zusätzliche magnetische Moment parallel zur Feldrichtung zu berechnen.

r_i sei der Radiusvektor des i-ten Elektrons mit dem Atomkern als Ursprung. Dann ist das zusätzliche, durch die LARMOR-Präzession der Elektronenbahn entstehende magnetische Moment nach Gl. (2.2) und Abb. 3.1 gegeben durch:

$$\mu_i = -(e/2c)\,[r_i \times (\omega_L \times r_i)]. \tag{3.5}$$

Nehmen wir ein rechtwinkliges Koordinatensystem mit der z-Achse in Feldrichtung an, so erhalten wir mit $r^2 = x^2 + y^2 + z^2$ die z-Komponente dieses Moments, d. h. seine Komponente in Feldrichtung zu:

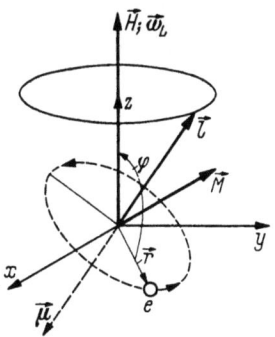

Abb. 3.1. Zur Berechnung der diamagnetischen Suszeptibilität

$$\mu_{iz} = -(e/2c)\frac{\omega_L^2 r_i^2 - (r_i \cdot \omega_L)^2}{\omega_L} = -(e/2c)\,\omega_L\, r_i^2 \sin^2 \varphi = -(e/2c)\,\omega_L \cdot (x_i^2 + y_i^2) \tag{3.6}$$

Um das resultierende magnetische Moment des Atoms zu erhalten, hat man μ_{iz} über alle Elektronen des Atoms aufzusummieren. Da ferner das Feld die Bahnmomente nicht ausrichtet, sondern diese nur unter einem konstanten Winkel um die Feldrichtung präzessieren, kommen im Mittel über viele Atome alle Bahnorientierungen gegenüber dem Feld gleich häufig vor, und es ist deshalb

$$\overline{x_i^2} = \overline{y_i^2} = \overline{z_i^2} = \overline{r_i^2}/3. \tag{3.7}$$

Setzen wir außerdem für ω_L seinen Wert nach Gl. (3.4) ein, dann folgt schließlich für das mittlere induzierte magnetische Moment eines Atoms

$$\mu_z = \sum_i \mu_{iz} = -\frac{e^2}{6\,m_e\,c^2} H \cdot \sum_i \overline{r_i^2}, \tag{3.8}$$

und dieses ist tatsächlich negativ, d. h. dem Feld entgegengerichtet. Gl. (3.8) mit der LOSCHMIDTschen Zahl $L = 6{,}023 \cdot 10^{23}$ multipliziert und durch H dividiert liefert die molare Suszeptibilität oder Suszeptibilität pro Grammatom

$$\chi_M = L\,\mu_z/H = -\frac{L\,e^2}{6\,m_e\,c^2}\sum_i \overline{r_i^2} = -2{,}83 \cdot 10^{10} \sum_i \overline{r_i^2}. \tag{3.9}$$

Dividieren wir Gl. (3.9) durch das Atomgewicht bzw. Molekulargewicht A des Stoffs, dann erhalten wir seine Suszeptibilität pro Gramm

$$\chi_G = L\,\mu_z/AH = -\frac{2{,}83 \cdot 10^{10}}{A}\sum_i \overline{r_i^2}, \tag{3.10}$$

und daraus folgt schließlich durch Multiplikation mit der Dichte ϱ die Suszeptibilität pro cm³ (Volumensuszeptibilität)

$$\chi_V = L\,\mu_z\,\varrho/AH = -2{,}83 \cdot 10^{10}(\varrho/A) \cdot \sum \overline{r_i^2}. \tag{3.11}$$

3.1.2 Experimentelle Ergebnisse

Die mittleren Atomradien sind von der Größenordnung 10^{-8} cm. Damit ergibt sich aus Gl. (3.9) die Größenordnung von χ_M zu 10^{-6} bis 10^{-4} (s. Abb. 3.2 und 3.3).

Nach den Gln. (3.9) bis (3.11) ist die diamagnetische Suszeptibilität in Übereinstimmung mit der experimentellen Erfahrung unabhängig von der Temperatur (Abb. 3.2) und ihr Betrag nimmt wegen des Faktors $\sum \overline{r_i^2}$ mit wachsender Elektronenzahl zu (Abb. 3.3).

Aus Abb. 3.3 geht ferner hervor, daß der Betrag von χ_M bei konstanter Elektronenzahl mit steigender Kernladung (z. B. in der Reihe S^{--}, Cl^-, A, K^+, Ca^{++}) abnimmt. Dies ist durch eine Abnahme der Elektronenbahnradien mit wachsender Kernladung bedingt.

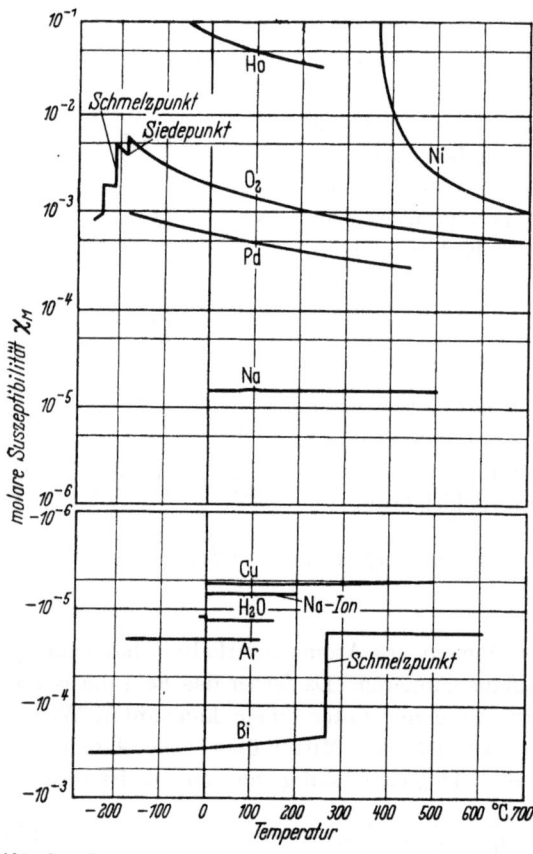

Abb. 3.2. Temperaturabhängigkeit der molaren Suszeptibilität einiger repräsentativer Stoffe (nach BOZORTH [1])

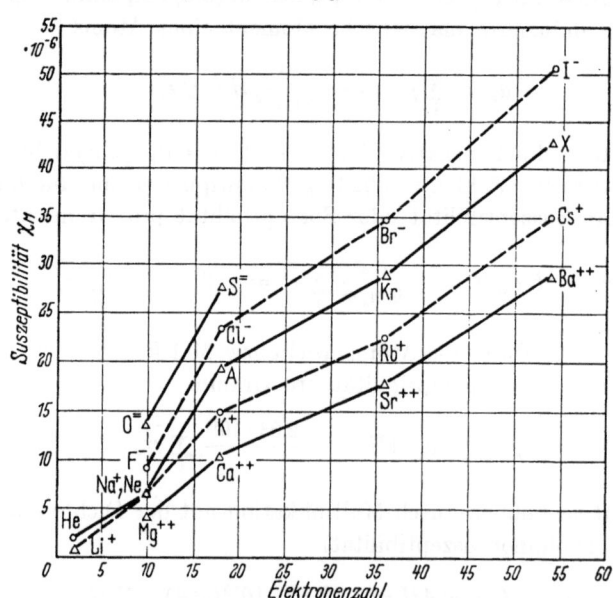

Abb. 3.3. Molare Suszeptibilität diamagnetischer Ionen als Funktion der Elektronenzahl pro Ion (nach BOZORTH [1])

Die Suszeptibilitätswerte der Ionen erhält man aus Suszeptibilitätsmessungen an Salzen. In erster Näherung setzt sich die Suszeptibilität eines Salzes additiv aus den Suszeptibilitäten der Ionen zusammen.

3.2 Paramagnetismus

Atome oder Ionen mit wenigstens einer unabgeschlossenen Elektronenschale haben ein permanentes magnetisches Moment. Stoffe, die aus derartigen Teilchen bestehen, verhalten sich paramagnetisch, wenn zwischen den atomaren Momenten keine oder nur schwache Wechselwirkungen vorhanden sind. Dieser Fall ist in einem verdünnten Gas nahezu ideal realisiert. Eine mehr oder weniger gute Näherung besteht in verdünnten wäßrigen[1] Lösungen paramagnetischer Ionen sowie in Kristallen, in welchen die paramagnetischen Ionen durch diamagnetische Atome oder Moleküle (z. B. Kristallwassermoleküle) gegeneinander isoliert sind.

Die betrachtete Substanz enthalte im cm³ N Atome oder Ionen, deren jedes ein magnetisches Moment der Größe μ besitze. Der Winkel, den das Moment des i-ten Atoms mit der Feldrichtung bildet, sei ϑ_i. Damit erhält man das resultierende Moment in Feldrichtung bezogen auf den cm³, d. h. die Magnetisierung

$$I = \mu \sum_{i=1}^{N} \cos \vartheta_i \qquad (3.12)$$

oder

$$I = N \mu \, \overline{\cos \vartheta}, \qquad (3.13)$$

worin $\overline{\cos \vartheta}$ den Mittelwert über alle vorkommenden Winkel ϑ_i bedeutet. $N\mu$ ist das maximale Moment in Feldrichtung (wenn alle atomaren Momente zum Feld parallel liegen). Da dieser Zustand, wie wir weiter unten sehen werden, erst in einem unendlich hohen Feld eintritt, schreibt man dafür das Symbol I_∞. Es ist also

$$I_\infty = N \mu \qquad (3.14)$$

und damit nach Gl. (3.13)

$$I/I_\infty = \overline{\cos \vartheta}. \qquad (3.15)$$

Bei Abwesenheit eines äußeren Feldes ist wegen der unregelmäßigen Wärmebewegung $\overline{\cos \vartheta} = 0$. Für ein gegebenes Feld kann $\overline{\cos \vartheta}$ nach den Regeln der statistischen Mechanik berechnet werden. Wir geben hier zunächst die klassische Rechnung von LANGEVIN wieder und werden im Anschluß daran $\overline{\cos \vartheta}$ quantenmechanisch berechnen.

3.2.1 Klassische Theorie des Paramagnetismus [2]

Hier liefert uns die klassische Statistik von BOLTZMANN den gesuchten Mittelwert $\overline{\cos \vartheta}$. Nach Gl. (1.7) ist die potentielle Energie eines Dipols mit dem Moment μ im Feld H

$$E_{\text{pot}} = -(\mu \cdot H) = -\mu H \cos \vartheta, \qquad (3.16)$$

---

[1] Wasser ist diamagnetisch und hat eine genau vermessene, nahezu temperaturunabhängige Suszeptibilität, $\chi = -0{,}7218 \cdot 10^{-6}$.

ϑ ist der Winkel zwischen Momenten- und Feldrichtung. Der Phasenraum wird durch die Oberfläche der Einheitskugel dargestellt, auf der die verschiedenen Orientierungen durch Punkte symbolisiert zu denken sind. Da alle Richtungen von μ möglich sind, gehen in dem MAXWELL-BOLTZMANNschen Verteilungsgesetz der Energie die Summen in Integrale über, und man erhält in bekannter Weise:

$$\overline{\cos \vartheta} = \frac{\int_0^\pi \cos\vartheta \, e^{\frac{\mu H}{kT}\cos\delta} \sin\vartheta \, d\vartheta}{\int_0^\pi e^{\frac{\mu H}{kT}\cos\delta} \sin\vartheta \, d\vartheta} \tag{3.17}$$

Wir setzen den im folgenden immer wieder vorkommenden Ausdruck

$$\frac{\mu H}{kT} = \alpha \tag{3.18}$$

und erhalten damit nach Ausführung der Integration Gl. (3.17) den gesuchten Mittelwert

$$\overline{\cos\vartheta} = \operatorname{ctgh}\alpha - 1/\alpha \tag{3.19}$$

als Funktion von α, d. h. von der Feldstärke H und der Temperatur T. Die Funktion $\overline{\cos\vartheta}(\alpha)$ wird allgemein als LANGEVIN-Funktion $L(\alpha)$ bezeichnet. $\overline{\cos\vartheta}$ aus Gl. (3.19) in Gl. (3.15) eingesetzt liefert schließlich

$$I/I_\infty = L(\alpha) = \operatorname{ctgh}\alpha - 1/\alpha. \tag{3.20}$$

Normalerweise ist $\alpha \ll 1$. Hierfür kann $\operatorname{ctgh}\alpha$ in eine Reihe entwickelt werden, und man erhält näherungsweise

$$I/I_\infty \approx \alpha/3 - \alpha^3/45 + \cdots \quad (\alpha \ll 1). \tag{3.21}$$

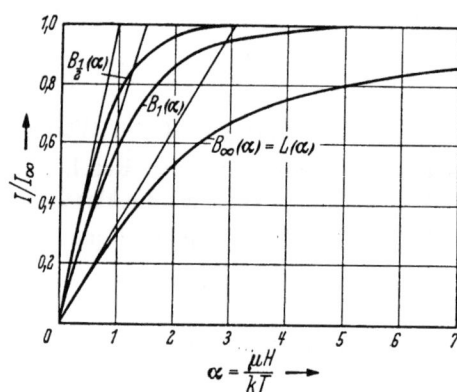

Abb. 3.4. Die BRILLOUIN-Funktionen $B_{1/2}(\alpha)$ $B_1(\alpha)$ und $B_\infty(\alpha)$

Der gesamte Verlauf der Funktion $L(\alpha)$ ist in Abb. 3.4 dargestellt. Entsprechend Gl. (3.21) beginnt die Funktion mit einem linearen Anstieg für kleine α und biegt bei großen α in die Sättigung ein. Aus Gl. (3.21) folgt mit Gl. (3.18) und (3.14) die Volumensuszeptibilität für kleine α

$$\chi_V = N\mu^2/3kT = I_\infty^2/3NkT \tag{3.22}$$

und daraus, wenn wir N durch die LOSCHMIDTsche Zahl $L = 6{,}06 \cdot 10^{23}$ ersetzen und berücksichtigen, daß $Lk = R$ (R = Gaskonstante) ist, die molare Suszeptibilität

$$\chi_M = L^2\mu^2/3RT = P^2/3RT, \tag{3.23}$$

worin wir das magnetische Moment pro Mol mit P bezeichnet haben. P wird auch effektives Moment genannt.

Die paramagnetische Suszeptibilität ist, wie schon erwähnt, positiv. χ ist nach Gl. (3.22) bzw. (3.23) ferner umgekehrt proportional zur absoluten Temperatur

$$\chi = C/T. \qquad (3.24)$$

Dies ist das CURIEsche Gesetz [3]. C wird als CURIE-Konstante bezeichnet und hat pro cm³ nach Gl. (3.22) den Wert

$$C_V = I_\infty^2/3Nk \qquad (3.25)$$

und pro Mol nach Gl. (3.23)

$$C_M = P^2/3R. \qquad (3.26)$$

Für die Größenordnung von χ erhält man aus Gl. (3.23) mit $L\mu = L\mu_B = 5590$ cgs E [Gl. (2.6)] und $R = 8,3 \cdot 10^7$ erg/Grad · Mol

$$\chi_M \approx 1 \cdot 10^3, \qquad (3.27)$$

also einen 10- bis 1000mal größeren Wert als für die diamagnetische Suszeptibilität. Stoffe aus Atomen oder Ionen mit einem permanenten magnetischen Moment erscheinen daher stets paramagnetisch.

3.2.2 Quantentheorie des Paramagnetismus

Die Berechnung von $\overline{\cos\vartheta}$ nach der klassischen LANGEVINschen Theorie geschah unter der Voraussetzung, daß die magnetischen Momente μ mit der Feldrichtung jeden beliebigen Winkel bilden können. Nach 2.3.3 und 2.3.4 ist diese Voraussetzung bei quantenmechanischer Betrachtungsweise nicht gegeben. Dort sind vielmehr nur solche Einstellungen von μ zugelassen, für die die Komponente in Feldrichtung die Quantenbedingung Gl. (2.22)

$$M_H = M g \mu_B \qquad (3.28)$$

erfüllt. Wir haben M die magnetische Quantenzahl genannt und festgestellt, daß M alle durch die sog. innere Quantenzahl J bestimmten Werte $-J \leq M \leq +J$ annehmen kann, soweit sich diese um ganze Zahlen unterscheiden. Damit ist auch die potentielle Energie des magnetischen Moments im Feld gequantelt und kann nur die diskreten Werte

$$E = M_H H = M g \mu_B H \qquad (3.29)$$

annehmen. Entsprechend sind statt der Integrale in Gl. (3.17) Summen zu nehmen. Nach Gl. (3.28) und der Maßgabe für M ist die Maximalkomponente des magnetischen Moments in Feldrichtung $M_H = J g \mu_B$, womit man rein formal $J g \mu_B \cos\vartheta = M g \mu_B$ oder $\cos\vartheta = M/J$ schreiben kann. Damit und mit der potentiellen Energie nach Gl. (3.29) folgt die der Gl. (3.17) entsprechende Gleichung der Quantentheorie

$$I/I_\infty = \frac{\sum\limits_{M=-J}^{M=+J} \frac{M}{J} e^{\frac{M g \mu_B H}{kT}}}{\sum\limits_{M=-J}^{M=+J} e^{\frac{M g \mu_B H}{kT}}} = \frac{\sum\limits_{M=-J}^{M=+J} \frac{M}{J} e^{\frac{M}{J}\alpha}}{\sum\limits_{M=-J}^{M=+J} e^{\frac{M}{J}\alpha}}, \qquad (3.30)$$

wobei nunmehr

$$\alpha = \frac{J g \mu_B H}{k T}$$ (3.31)

gesetzt wurde.

Bilden wir die Summen in Gl. (3.30), so erhalten wir das als BRILLOUIN-Funktion [4] bezeichnete Analogon zu der aus der klassischen Theorie folgenden LANGEVIN-Funktion

$$I/I_\infty = B_J(\alpha) = \frac{2J+1}{2J} \operatorname{ctgh} \frac{2J+1}{2J}\alpha - \frac{1}{2J} \operatorname{ctgh} \frac{1}{2J}\alpha.$$ (3.32)

Aus dieser Gleichung leiten wir zunächst die Funktionen $B_J(\alpha)$ für zwei besonders wichtige Fälle ab:

1. Beim Grenzübergang $J \to \infty$ folgt

$$B_\infty(\alpha) = \operatorname{ctgh} \alpha - 1/\alpha = L(\alpha).$$ (3.33)

Das ist aber gerade die nach der klassischen Theorie abgeleitete Gl. (3.20). $J = \infty$ bedeutet also, daß die Komponente des magnetischen Moments in Feldrichtung nicht gequantelt ist, und daß folglich das Moment jede beliebige Richtung einnehmen kann. Damit haben wir den Zusammenhang mit der klassischen Theorie geschaffen.

2. Für $J = S = 1/2$ entsprechend einem einzelnen Elektronenspin pro Atom ergibt sich aus Gl. (3.32)

$$B_{1/2}(\alpha) = \operatorname{tgh} \alpha.$$ (3.34)

In Abb. 3.4 ist neben $L(\alpha) = B_\infty(\alpha)$ der Vorlauf von $B_J(\alpha)$ für verschiedene J dargestellt.

Im allgemeinen ist $\alpha \ll 1$. Für diesen Fall kann man Gl. (3.32) in eine Reihe entwickeln. Bricht man diese nach dem 1. Glied ab, dann erhält man näherungsweise

$$I/I_\infty = B_J(\alpha) \approx \frac{J+1}{3J}\alpha.$$ (3.35)

Pro Grammatom gerechnet ist $I_\infty = L J g \mu_B$. Damit sowie mit α aus Gl. (3.31) folgt aus Gl. (3.35) die molare Suszeptibilität

$$\chi_M = I/H = \frac{L^2 g^2 \mu_B^2 J(J+1)}{3 R T} = \frac{C}{T}.$$ (3.36)

Ein Vergleich mit Gl. (3.23) zeigt, daß das dort definierte effektive Moment P den Wert

$$P = L g \mu_B \sqrt{J(J+1)}$$ (3.37)

hat. P erhält man mit Meßwerten für χ_M nach Gl. (3.36) aus

$$P = \sqrt{\chi_M \cdot 3 R T}.$$ (3.38)

Für die CURIE-Konstante pro Mol ergibt sich schließlich aus Gl. (3.36)

$$C_M = L^2 g^2 \mu_B^2 J(J+1)/3R.$$ (3.39)

3.3 Dia- und paramagnetische Eigenschaften der Festkörper

3.3.1 Allgemeines magnetisches Verhalten der Festkörper

Im Verlauf der bisherigen Betrachtungen wurden die Gesetze des Para- und Diamagnetismus für das einzelne Atom bzw. Ion abgeleitet. Im folgenden wollen wir uns einen kurzen qualitativen Überblick darüber verschaffen, in welcher Weise die magnetischen Eigenschaften der Atome bzw. Ionen verändert werden, wenn sie sich zu Molekülen oder Kristallen zusammenschließen.

Bei der Bildung von Molekülen sättigen sich im allgemeinen die Bahn- und z. T. auch die Spinmomente der Valenzelektronen paarweise ab. So hat man, obwohl hierüber keine Messung vorliegt, mit Sicherheit zu erwarten, daß sich das Wasserstoffatom infolge des Spinmoments seines Valenzelektrons von 1 Bohrschen Magneton paramagnetisch verhält. Dagegen ist H_2-Gas diamagnetisch. Beim Zusammenschluß zweier H-Atome zum H_2-Molekül sättigen sich also die Spinmomente der beiden Elektronen unter Bildung eines Elektronenpaares gegenseitig ab und das resultierende magnetische Moment des Moleküls ist Null. Dies ist jedoch nicht die Regel. Beim Zusammentritt zweier Schwefelatome zu einem S_2-Molekül sättigen sich beispielsweise nur die Bahnmomente ab, während ein resultierendes Spinmoment von 2 Bohrschen Magnetonen erhalten bleibt. Erst im kristallinen Zustand sättigen sich auch die Spinmomente gegenseitig ab. Schwefel ist im festen Zustand diamagnetisch.

Im Kristallverband tritt demnach nur dann Paramagnetismus auf, wenn

1. die Atome bzw. Ionen auch im Kristallverband unabgeschlossene Elektronenschalen haben und

2. wenn die Spinmomente der Valenzelektronen sich nicht paarweise absättigen.

Zu der ersten Gruppe gehören beispielsweise die Salze der Übergangsmetalle und der Seltenen Erden. Bei diesen liegt die unabgeschlossene $4f$-Schale tief im Atom und wird durch die 5. Schale fast vollständig gegen die Störeinflüsse der Kristallgitternachbarn abgeschirmt. Deshalb ist das magnetische Verhalten der Ionen der Seltenen Erden im Kristallverband von dem Verhalten im freien Zustand nur wenig verschieden [9, 10]. Demgegenüber befindet sich die unabgeschlossene $3d$-Schale der Übergangsmetallionen an der Oberfläche des Ions. Die störende Einwirkung der Kristallnachbarn ist derart, daß die Bahnmomente fast vollständig ausgelöscht werden [11]. Unter die zweite Gruppe fallen fast alle Metalle.

3.3.2 Para- und Diamagnetismus der Metalle

Ein Metall haben wir uns als ein aus positiv geladenen Ionen gebildetes Gitter vorzustellen, in dessen Potentialfeld sich die Leitungselektronen quasifrei bewegen. Die Leitungselektronen sind keinem bestimmten Atomrumpf zugehörig. Sie beschreiben, im Gegensatz zu ihrem Verhalten als Valenzelektronen im isolierten Atom, keine stationären Bahnen um einen Atomkern mehr. Damit gehen auch die durch die Valenzelektronen im isolierten Atom bedingten magnetischen Eigenschaften beim Zusammentritt der Atome zum Kristallgitter verloren. An ihre Stelle treten die magnetischen Eigenschaften des Leitungselektronengases.

Wie PAULI [5] mit den Mitteln der modernen Elektronentheorie zeigen konnte, liefern die Spins der Leitungselektronen einen schwachen Paramagnetismus, der im Gegensatz zu dem in 3.2 besprochenen Paramagnetismus der gebundenen Elektronen so gut wie nicht von der Temperatur abhängt. Dies folgt unmittelbar aus der nahezu verschwindenden Temperaturabhängigkeit der FERMI-Verteilung. Der Paramagnetismus der Leitungselektronen ist um so stärker, je geringer die Breite des Leitungselektronenbandes ist.

Ferner liefern die Leitungselektronen nach quantenmechanischen Rechnungen von LANDAU [6] infolge der induktiven Wirkung eines Magnetfeldes auf ihre ungeordnete Bahnbewegung einen diamagnetischen Beitrag, wobei die Suszeptibilität rund 1/3 der paramagnetischen Suszeptibilität beträgt. Dieser Beitrag ist um so größer, je größer die Bandbreite des Leitungselektronenbandes ist.

Der Betrag der Leitungselektronen zu dem resultierenden magnetischen Verhalten der Metalle ist also stets positiv und in erster Näherung gleich 2/3 des paramagnetischen Spinanteils.

Nach den allgemeinen Ausführungen über Festkörper werden die magnetischen Eigenschaften der Atomrümpfe im Kristallgitter ebenfalls verändert. So verschwinden in Metallgittern die im Atom unkompensierten Bahnmomente nahezu vollständig, soweit sie nicht Elektronen in tiefer gelegenen Schalen angehören. Dies zeigen z. B. Messungen des LANDÉ-Faktors g an den ferromagnetischen Metallen Fe, Co und Ni, welcher entsprechend fast reiner Spinmomente nahezu 2 ist (s. Tab. 42.1). Weitere typische Kristallgittereffekte sind der Ferromagnetismus und der Antiferromagnetismus, die wir später gesondert behandeln werden.

Bei der Berechnung der gesamten Suszeptibilität eines Metalls sind die im folgenden noch einmal zusammengestellten para- und diamagnetischen Beiträge aller Elektronen zu summieren. Es sind dies

der Diamagnetismus der abgeschlossenen Schalen der Atomrümpfe,

der Diamagnetismus der Leitungselektronen,

der starke temperaturabhängige Paramagnetismus der gebundenen Elektronen in unabgeschlossenen Schalen der Atomrümpfe,

der schwache temperaturunabhängige Paramagnetismus der Leitungselektronen.

Die Metalle sind also abgesehen von den ferromagnetischen Elementen entweder schwach oder stark paramagnetisch oder diamagnetisch, je nachdem welcher der genannten Anteile überwiegt.

Nach dieser Vorbereitung können wir wenigstens qualitativ das magnetische Verhalten der Elemente im periodischen System verstehen.

3.4 Magnetische Eigenschaften der Elemente

In Abb. 3.5 ist die molare Suszeptibilität der Elemente nach SELWOOD [7] als Funktion der Ordnungszahl dargestellt. Einen kurzen qualitativen Überblick verschaffen wir uns an Hand folgender Einteilung:

1. Elemente, deren sämtliche Elektronenschalen abgeschlossen sind: Dies trifft nur für Edelgase zu. Ihre Atome haben kein natürliches magnetisches Moment und sind daher stets diamagnetisch.

3.4 Magnetische Eigenschaften der Elemente

2. Elemente mit Valenzelektronen über einem vollständig abgeschlossenen Atomrumpf: Hierzu gehören beispielsweise die Alkali- und Erdalkalimetalle der 1. und 2. Hauptgruppe. Ihr resultierendes magnetisches Verhalten ist schwacher, temperaturunabhängiger Paramagnetismus herrührend von den Leitungselektronen. Bei den schwereren Metallen Cu, Ag, Au, Zn, Cd, Hg überwiegt dagegen der Diamagnetismus der Atomrümpfe. Ferner sind die meisten Nichtmetalle diamagnetisch, weil sich dort beim Zusammentritt der Atome zum Kristallgitter,

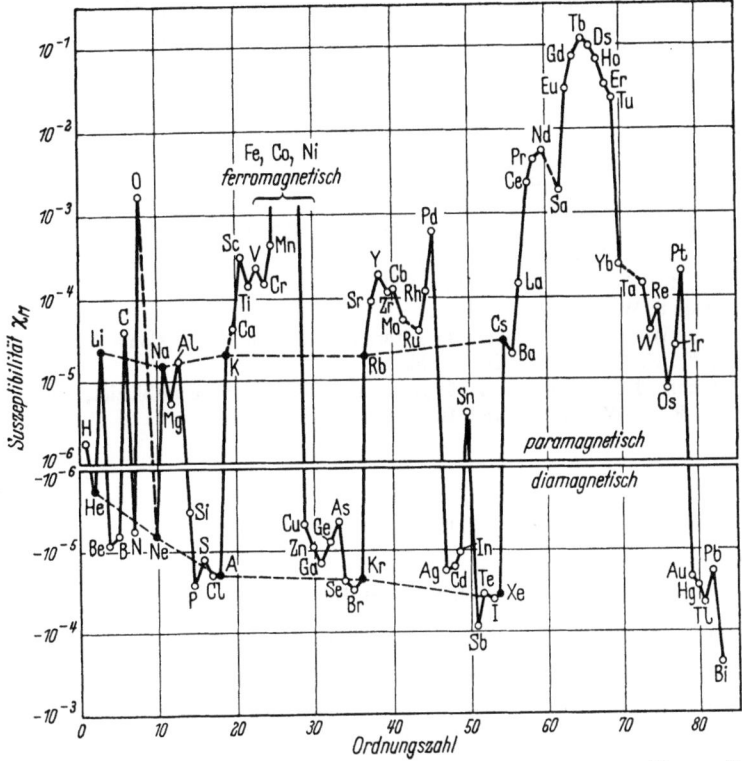

Abb. 3.5. Molare Suszeptibilität der Elemente bei Raumtemperatur (nach SELWOOD [7]; s. a. BOZORTH [1])

im Gegensatz zu den Metallen, im allgemeinen auch die Spinmomente der Valenzelektronen paarweise gegenseitig absättigen. Eine bekannte Ausnahme bildet der Sauerstoff, welcher sowohl als O_2-Gas als auch im flüssigen und festen Zustand paramagnetisch ist.

Dagegen ist zu erwarten, daß alle zu dieser Gruppe gehörigen Elemente als einatomige Gase starken temperaturabhängigen Paramagnetismus zeigen. Dies wird z. B. durch Suszeptibilitätsmessungen von GERLACH [8] an Kaliumdampf zwischen 600 und 800 °C bestätigt. Die molare Suszeptibilität $\chi_M = 0{,}38/T$ führt nach Gl. (3.36) mit $g = 2$ gerade auf $J = 1/2$ entsprechend dem Elektronenspin des einen $4s$-Elektrons. Im festen Zustand zeigt Kalium, wie bereits erwähnt, nur den schwachen, temperaturunabhängigen Paramagnetismus der Leitungselektronen (s. 3.3.2).

3. Elemente, die im Atomrumpf unabgeschlossene Elektronenschalen haben: Hier sind als Beispiele die Übergangsmetalle und die Seltenen Erden zu nennen.

Bei den Übergangsmetallen ist es die $3d$-Schale, die beginnend mit Sc und fortschreitend bis zum Cu unterhalb der bereits beim Kalium begonnenen $4s$-Schale aufgefüllt wird. Da die $3d$-Schale im Atomrumpf die äußerste Schale bildet, sind die Bahnmomente ausgelöscht. Bei den Seltenen Erden wird die tiefer im Atom gelegene $4f$-Schale beginnend bei Ce bis zum Cp vervollständigt. Alle diese Elemente zeigen erwartungsgemäß starken Paramagnetismus, Ferromagnetismus, oder Antiferromagnetismus. Die damit verbundene positive Suszeptibilität übertrifft, wie in 3.2.1 gezeigt wurde, den diamagnetischen Beitrag der Atomrümpfe um Zehnerpotenzen, so daß dieser kaum ins Gewicht fällt.

Literatur zu Kap. 3

[1] BOZORTH, R. M.: Ferromagnetism, New York 1951.
[2] LANGEVIN, P.: Ann. Chim. Phys. 5 (1905) S. 70.
[3] CURIE, P.: Ann. Chim. Phys. 5 (1895) S. 289.
[4] BRILLOUIN, L.: J. Phys. Chim. Hist. nat. 8 (1927) S. 74.
[5] PAULI, W.: Z. Phys. 41 (1927) S. 81
[6] LANDAU, L.: Z. Phys. 64 (1930) S. 629.
[7] SELWOOD, P. W.: s. [1].
[8] GERLACH, W.: Atti del Congresso Internationale dei Fisici, Como 1 (1927) S. 119.
[9] HUND, F.: Z. Phys. 33 (1925) S. 855.
[10] VAN VLECK, J. H.: Theory of Magnetic and Electric Susceptibilities, Oxford 1932.
[11] STONER, E. C.: Magnetism and Matter, London 1934.

4. Ferromagnetismus

4.1 Überblick

Nach 3.2 verhält sich ein Stoff, dessen atomare Bausteine ein permanentes magnetisches Moment haben, paramagnetisch, wenn zwischen den atomaren Momenten keine oder nur schwache Wechselwirkungen bestehen.

Es gibt nun eine Reihe von Metallen und Legierungen, in denen die Wechselwirkungen zwischen den Elementarmomenten sehr stark und von der Art sind, daß das magnetische Moment jedes Atoms die Tendenz hat, sich gegen die Temperaturbewegung parallel zu den Momenten seiner sämtlichen Nachbarn einzustellen. Dadurch entsteht spontan und ohne ein äußeres Magnetfeld in makroskopischen Kristallbereichen eine homogene Magnetisierung, welche wir spontane Magnetisierung nennen. Diese Erscheinung wird als Ferromagnetismus bezeichnet.

Es hat sich gezeigt, daß der Ferromagnetismus an eine definierte geometrische Anordnung der Atome, d. h. an ein Kristallgitter gebunden ist, also einen Festkörpereffekt darstellt. Dies folgt aus der Erfahrung, daß es weder gasförmige noch flüssige ferromagnetische Stoffe gibt.

Die sog. Austauschkräfte, welche die parallele Ausrichtung der atomaren Momente bewirken, sind, wie HEISENBERG gezeigt hat, quantenmechanischer Natur. Auf ihre theoretische Behandlung, die heute noch keineswegs als befriedigend und abgeschlossen angesehen werden kann, werden wir in Kap. 45 näher eingehen. Hier wollen wir den Ferromagnetismus zunächst mit einer phänomenologischen Theorie beschreiben, welche zwar die letzte Frage nach der Herkunft der Austauschkräfte offen läßt, aber die Temperaturabhängigkeit der spontanen Magnetisierung in erster Näherung richtig wiedergibt. Wie Weiss [1] gezeigt hat, gelingt dies mit Hilfe eines hypothetischen inneren Feldes (Molekularfeld) H_w, welches im gesamten Kristallgitter homogen ist und stets die Richtung der spontanen Magnetisierung hat.

Ohne die Weisssche Theorie rechnerisch ausgeführt zu haben, können wir sofort eine wichtige Eigenschaft des Ferromagnetismus ableiten. Der Ferromagnetismus verschwindet bei einer bestimmten Temperatur, nämlich wenn die thermische Energie kT mit der potentiellen Energie μH_w der atomaren magnetischen Momente im Weissschen Feld vergleichbar wird. Diese Temperatur heißt Curie-Temperatur Θ. Sie kann leicht gemessen werden. Mit ihrer Hilfe kann man sofort die Größenordnung des Weissschen Feldes nach der Gleichung

$$H_w \approx k\Theta/\mu_B \qquad (4.1)$$

abschätzen. Hierin haben wir der Einfachheit halber $\mu = \mu_B$ gesetzt und außerdem angenommen, daß H_w temperaturunabhängig ist. Die Größenordnung von H_w bleibt davon jedoch unberührt. Mit der Curie-Temperatur des Eisens $\Theta \approx 1000\,°K$ ergibt sich aus Gl. (4.1) $H_w \approx 10^7$ Oe, d. h. eine um Größenordnungen über der Höchstgrenze technisch realisierbarer Felder liegende Feldstärke. Demnach haben wir zu erwarten, daß der Betrag der spontanen Magnetisierung durch äußere Felder nur in geringem Maße beeinflußt wird. Oberhalb Θ verhält sich ein ferromagnetischer Stoff paramagnetisch.

4.2 Phänomenologische Theorie des Ferromagnetismus von Weiss

Bei Gegenwart eines äußeren Feldes H wirkt auf das magnetische Moment eines Atoms die effektive Feldstärke

$$H_{\text{eff}} = H + H_w, \qquad (4.2)$$

worin H_w das bereits erwähnte molekulare Feld bedeutet. Statt der Vektoren haben wir in Gl. (4.2) die Beträge der Feldstärken geschrieben, da im folgenden stets vorausgesetzt werden wird, daß die spontane Magnetisierung und damit $\boldsymbol{H_w}$ in Richtung von $\boldsymbol{H}$ liegt.

Für H_w machte Weiss den einfachen Ansatz (s. a. Kap. 11)

$$H_w = WI, \qquad (4.3)$$

worin W einen konstanten, temperaturunabhängigen Faktor bedeutet, und setzte H_{eff} aus Gl. (4.2) mit H_w aus Gl. (4.3) für H in die Gleichungen der klassischen Langevinschen Theorie des Paramagnetismus (s. 3.2.1) ein. Diesem Rechnungsgang wollen wir hier nicht direkt folgen, sondern von vornherein die in 3.2.2 abgeleiteten quantenmechanischen Ausdrücke zugrunde legen.

In Gl. (3.31) führen wir statt H die effektive Feldstärke H_{eff} [Gl. (4.2)] ein und erhalten mit dem Ansatz (4.3) für H_w

$$\alpha = \frac{J g \mu_B (H + WI)}{kT} \qquad (4.4)$$

und damit analog zu Gl. (3.32)

$$I/I_\infty = B_J(x). \qquad (4.5)$$

Die Magnetisierung I aus Gl. (4.4) ausgerechnet und in Gl. (4.5) eingesetzt liefert

$$-\frac{H}{W I_\infty} + \frac{kT}{J g \mu_B W I_\infty} \alpha = B_J(\alpha). \tag{4.6}$$

Die Wurzeln der simultanen Gln. (4.5) und (4.6) kann man graphisch bestimmen, wie das in Abb. 4.1 für eine Temperatur $T = T_1$ und mit $H = 0$ gezeigt ist.

Die Steigung der eingezeichneten Geraden ist nach Gl. (4.6)

$$\mathrm{tg}\, \varphi = \frac{kT}{J g \mu_B W I_\infty} \tag{4.7}$$

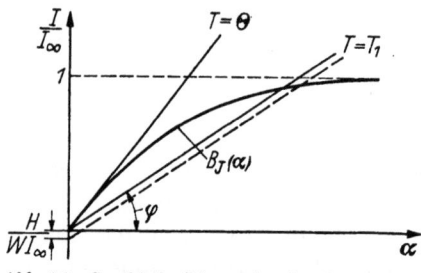

Abb. 4.1. Graphische Lösung der simultanen Gleichungen (4.5) und (4.6)

und hängt nur von der Temperatur ab. Man sieht, daß der Ordinatenwert des Schnittpunkts dieser Geraden mit der BRILLOUIN-Funktion, durch welchen I/I_∞ gegeben ist, vom Wert 1 für $T = 0$ mit steigender Temperatur kontinuierlich abnimmt und bei derjenigen Temperatur Null wird, für welche die Gerade die Steigung der Tangente an die BRILLOUIN-Funktion im Ursprung erreicht. Diese Temperatur ist offenbar die CURIE-Temperatur. Sie ergibt sich dementsprechend aus der Gleichung

$$\frac{k \Theta}{J g \mu_B W I_\infty} = B'_J(0). \tag{4.8}$$

Nach Gl. (3.35) ist $B'_J(0) = (J+1)/3J$. Dies in Gl. (4.8) eingesetzt und die Gleichung nach Θ aufgelöst liefert für die CURIE-Temperatur

$$\Theta = \frac{W g \mu_B I_\infty (J+1)}{3 k}. \tag{4.9}$$

Mit der Größenordnung 10^3 G für I_∞ und $10^3\,°\mathrm{K}$ für Θ folgt daraus, daß W die Größenordnung 10^4 hat.

Aus Gl. (4.6) ersieht man ferner, daß ein äußeres Feld H eine Parallelverschiebung der Geraden bedeutet, wie in Abb. 4.1 für die Temperatur T_1 gestrichelt angedeutet wurde. Da der Schnittpunkt der Geraden mit $B_J(\alpha)$ dabei nach höheren I/I_∞-Werten rückt, bedeutet dies eine Erhöhung von I bei konstanter Temperatur. Die Größe des Ordinatenabschnitts $H/W I_\infty$ ist in Abb. 4.1 der Deutlichkeit halber weit übertrieben worden, denn z. B. für $H = 10000$ Oe ist $H/W I_\infty$ etwa gleich 10^{-3}, liegt also noch innerhalb der Strichdicke.

4.3 Temperaturabhängigkeit der spontanen Magnetisierung

Für $H = 0$ liefert das Gleichungssystem (4.5), (4.6) für jede Temperatur $T < \Theta$ außer der trivialen Lösung $I/I_\infty = 0$ einen eindeutigen und endlichen Wert I/I_∞. Aus der WEISSschen Theorie folgt also, daß in einem ferromagnetischen Stoff ohne ein äußeres Feld bei jeder Temperatur ein bestimmter Wert I der Magnetisierung im Gleichgewicht ist. Dieser wird spontane Magnetisierung oder Sättigungsmagnetisierung bei der betreffenden Temperatur genannt und durch den Buchstaben I_s symbolisiert. Für $T = 0$ wird insbesondere $I_s = I_\infty$.

4.4 Paramagnetische Suszeptibilität oberhalb der Curie-Temperatur

Die Temperaturabhängigkeit von I_s ist implizit durch Gl. (4.5) mit α aus Gl. (4.4) und $H = 0$ gegeben

$$I_s/I_\infty = B_J\left(\frac{J g \mu_B W I_s}{kT}\right). \qquad (4.10)$$

Führt man die Curie-Temperatur nach Gl. (4.9) in das Argument der Brillouin-Funktion ein, dann ergibt sich

$$I_s/I_\infty = B_J\left(\frac{3J}{J+1} \cdot \frac{I_s/I_\infty}{T/\Theta}\right) \qquad (4.11)$$

eine implizite Gleichung zwischen den reduzierten Variablen I_s/I_∞ und T/Θ. Aus dieser Gleichung folgt für alle ferromagnetischen Stoffe mit gleicher Quantenzahl J dieselbe Funktion $I_s/I_\infty(T/\Theta)$, welche für $J = 1/2$, $J = 1$ und $J = \infty$ in Abb. 4.2 dargestellt ist. Gl. (4.11) wird daher auch als das Gesetz der korrespondierenden ferromagnetischen Zustände bezeichnet.

In Abb. 4.2 sind ferner die Meßwerte für die ferromagnetischen Metalle Fe, Co(Kub) und Ni eingetragen. Diese werden am besten durch die für $J = 1/2$ berechnete Kurve angenähert.

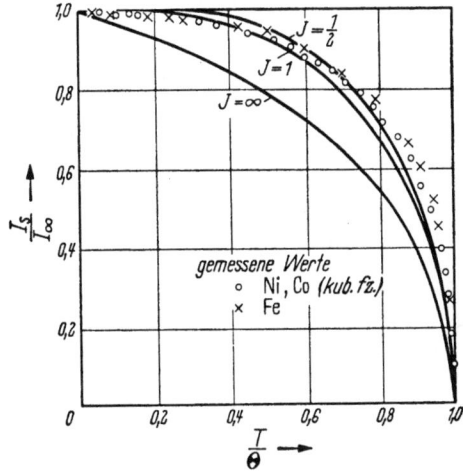

Abb. 4.2. Temperaturabhängigkeit der spontanen Magnetisierung von Eisen (Potter [2]) Kobalt (wie Nickel, nach Myers und Sucksmith [3]) und Nickel (Weiss und Forrer [4]). Die eingezeichneten Kurven wurden nach Gl. (4.11) mit $J = 1/2$ $J = 1$ und $J = \infty$ berechnet

4.4 Paramagnetische Suszeptibilität oberhalb der Curie-Temperatur

Im paramagnetischen Gebiet ist stets $I/I_\infty \ll 1$. Wir können also die Brillouin-Funktion durch ihre Tangente im Ursprung ersetzen und finden

$$I/I_\infty = B'_J(0) \cdot \alpha = \frac{J+1}{3} \cdot \frac{g \mu_B (H + WI)}{kT}. \qquad (4.12)$$

In diese Gleichung führen wir die Curie-Temperatur Θ vermittels der Gl. (4.9) ein, lösen sodann Gl. (4.12) nach I auf und erhalten nach Division durch H schließlich die Suszeptibilität in der einfachen Form

$$\chi = \frac{\Theta}{W(T - \Theta)}. \qquad (4.13)$$

Um daraus das magnetische Moment pro Atom berechnen zu können, ist für Θ im Zähler sein Wert nach Gl. (4.9) wieder einzusetzen. Für die auf die Volumeinheit bezogene Suszeptibilität ergibt sich dann mit $I_\infty = N g \mu_B J$

$$\chi_V = \frac{N g^2 \mu_B^2 J(J+1)}{3k(T-\Theta)}. \qquad (4.14)$$

Gl. (4.13) und (4.14) stellen beide das bekannte Curie-Weisssche Gesetz dar, das die Form

$$\chi = \frac{C}{T - \Theta} \qquad (4.15)$$

hat, womit wir für die CURIE-Konstante C_V bezogen auf die Volumeinheit den Wert

$$C_V = \frac{\Theta}{W} = \frac{N g^2 \mu_B^2 J(J+1)}{3k}. \quad (4.16)$$

finden.

In diesem Zusammenhang sei darauf hingewiesen, daß man aus der Sättigungsmagnetisierung I_∞ bei $T = 0$ die Maximalkomponente $J g \mu_B$ des atomaren magnetischen Moments in Feldrichtung erhält, während aus der paramagnetischen Suszeptibilität das davon verschiedene effektive Moment $p = g \mu_B \sqrt{J(J+1)}$ folgt, welches wir anschaulich als das tatsächliche magnetische Moment des Atoms bezeichnen können.

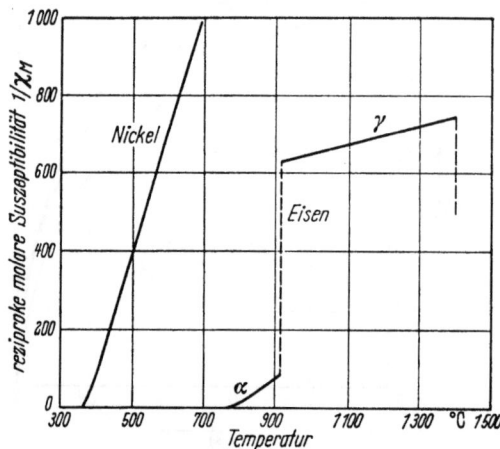

Abb. 4.3. Verlauf der reziproken molaren Suszeptibilität von Eisen und Nickel oberhalb der CURIE-Temperatur (nach SUCKSMITH und PEARCE [5])

In Abb. 4.3 ist die Temperaturabhängigkeit der reziproken molaren Suszeptibilität $1/\chi_M$ für die beiden ferromagnetischen Metalle Fe und Ni oberhalb der CURIE-Temperatur nach Messungen von SUCKSMITH und PEARCE [5] dargestellt. In erster Näherung folgt der gemessene Kurvenverlauf dem CURIE-WEISSschen Gesetz, d. h. $1/\chi_M$ steigt linear mit $T - \Theta$ an. Die bei Eisen gefundenen Unstetigkeiten rühren von den bekannten Phasenumwandlungen her. Davon abgesehen zeigen die gemessenen Kurven bei genauerer Betrachtung sowohl bei hoher Temperatur als auch in der Nähe der CURIE-Temperatur Abweichungen vom linearen Verlauf. So beginnt nach Abb. 4.4 eine dem CURIE-WEISSschen Gesetz entsprechende lineare Abhängigkeit der reziproken spezifischen Suszeptibilität $1/\chi_G$ von $T - \Theta$ nach Messungen von WEISS und FORRER [5] für Ni erst bei etwa 450°, also bei einer Temperatur, die ungefähr 100° oberhalb der CURIE-Temperatur liegt. Auf derartige Abweichungen vom CURIE-WEISSschen Gesetz werden wir in 10.3 zurückkommen.

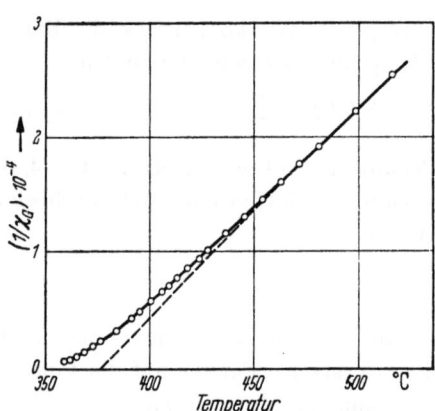

Abb. 4.4. Temperaturabhängigkeit der reziproken spezifischen Suszeptibilität von Nickel in der Nähe der CURIE-Temperatur (nach WEISS und FORRER [4])

Zusammenfassend stellen wir fest, daß die WEISSsche Molekularfeldtheorie die Temperaturabhängigkeit der spontanen Magnetisierung eines ferromagnetischen Stoffs im großen und ganzen richtig beschreibt und zur allgemeinen Orientierung über wesentliche damit im Zusammenhang stehende Fragen wegen ihrer großen Einfachheit außerordentlich gute Dienste leistet, daß aber eine theoretische Deutung der Meßergebnisse in Einzelheiten eine genauere und tiefergehende Betrachtungsweise erfordert. Abschließend sind in Tab. 4.1 die wichtigsten Konstanten der fünf ferromagnetischen Elemente zusammengestellt.

Tabelle 4.1

Element	Z	A	ϱ g/cm³	Θ_f °K	Θ_f °C	$I\infty$ cgs E	$\sigma = I_\infty/\varrho$ cgs E	$s = \dfrac{I_\infty A}{\varrho M_B}$	Θ_p °K	C/ϱ cgs E	$W = \Theta_p/C$
Fe	26	55,84	7,86	1043	770	1740	221,7	2,22	1101	0,0227	6160
Co	27	58,97	8,8	1393	1120	1430	162,2	1,71	1403 bis 1428	0,0208	7700
Ni	28	58,68	8,85	631	358	510	57,60	0,606	650	0,00548	13400
Gd	64	156,9	—	289,1 bis 290,9	15,9 bis 17,7	—	253,6	7,12	—	—	—
Dy	66	162,46	—	105	168	—	—	—	—	—	—

4.5 Übersicht über die Eigenschaften ferromagnetischer Stoffe

Nach den bisherigen Betrachtungen ist ein ferromagnetischer Körper bei einer Temperatur unterhalb der CURIE-Temperatur infolge spontaner Parallelstellung der atomaren Momente auch ohne ein äußeres Feld bis zu der bei der betreffenden Temperatur im Gleichgewicht befindlichen Sättigung I_s magnetisiert. Ein Feld der Größenordnung 1000 Oe vergrößert die Magnetisierung I wegen der Kleinheit von H/WI (s. Abb. 4.1), wie wir bereits festgestellt haben, nur minimal über I_s hinaus.

Erhitzt man z. B. ein Stück Eisen auf eine Temperatur oberhalb der CURIE-Temperatur und läßt es danach in einem feldfreien Raum auf irgendeine Temperatur unterhalb der CURIE-Temperatur abkühlen, so erweist es sich ohne ein äußeres Feld als vollkommen unmagnetisch.

Bringt man nunmehr das Eisenstück z. B. bei Zimmertemperatur in ein Magnetfeld, dann wächst die Magnetisierung, je nach Vorbehandlung des Werkstoffs, vielfach schon in kleinen Feldern auf Werte der Größenordnung 10^3 G an. So kann man beispielsweise in Siliziumeisen nach besonderer Vorbehandlung, ausgehend vom unmagnetischen Zustand, bei einer Feldstärke von nur 0,01 Oe bereits eine Magnetisierung I von etwa 1300 G erreichen, womit das Material nahezu gesättigt ist. Vergleichsweise erzeugt dieselbe Feldstärke in einer normalen paramagnetischen Substanz, in welcher die atomaren Momente unabhängig voneinander sind, mit $\chi_V \approx 10^{-4}$ eine Magnetisierung der Größenordnung 10^{-6} G, also einen 10^9mal kleineren Wert.

Ein derartiges Verhalten eines ferromagnetischen Stoffs ist nach der WEISSschen Theorie zunächst unverständlich. Es erhebt sich daher die Frage, wie die Theorie mit der oben geschilderten experimentellen Erfahrung in Einklang gebracht werden kann, und welche Rolle insbesondere die aus der Theorie folgende spontane Magnetisierung I_s in einem ferromagnetischen Stoff spielt.

Zur Erklärung des pauschal unmagnetischen Zustandes ergänzte WEISS selbst die Theorie durch die Hypothese, daß das Material im unmagnetischen Zustand in eine Vielzahl mikroskopisch kleiner Volumenbereiche unterteilt ist. In jedem Bereich besteht die spontane Magnetisierung I_s. Die Magnetisierungsrichtungen der verschiedenen Bereiche sind jedoch statistisch verteilt, so daß sie sich insgesamt gegenseitig aufheben und der Werkstoff nach außen hin pauschal unmagnetisch erscheint. Diese Hypothese der sog. Weissschen Bezirke hat sich inzwischen als richtig erwiesen. Eine energetische Begründung für die Unterteilung ferromagnetischer Stoffe in Bereiche unterschiedlicher Magnetisierungsrichtung wurde, fast 30 Jahre nach Erscheinen der Weissschen Hypothese, im Jahre 1935 von Landau und Lifschitz gegeben. Etwa weitere 10 Jahre später gelang Elmore mit Hilfe der Bitterschen Magnetpulvermethode der direkte experimentelle Nachweis der magnetischen Struktur eines Ferromagnetikums, welchen wir in Kap. 21 ausführlich besprechen werden.

Zur Erklärung der weiteren experimentellen Erfahrung, nach welcher bereits in schwachen äußeren Feldern die magnetische Struktur des pauschal unmagnetischen Zustandes offenbar derart verändert wird, daß in Feldrichtung eine resultierende Magnetisierung von der Größenordnung der Sättigungsmagnetisierung entsteht, ergab die weitere Entwicklung der Theorie, welche um 1930 einsetzte, und deren wesentliche Grundlagen von Becker und Bloch geschaffen wurden,

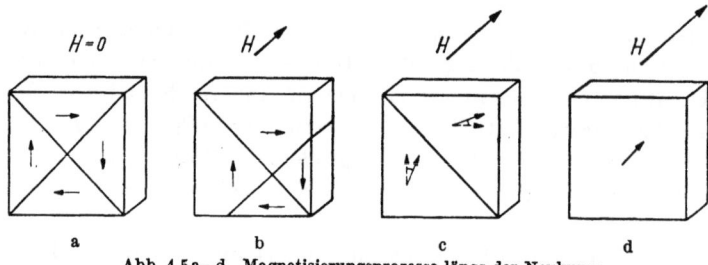

Abb. 4.5 a—d. Magnetisierungsprozesse längs der Neukurve

schematisch dargestellt etwa folgendes: Abb. 4.5a zeigt das vereinfachte Modell eines würfelförmigen ferromagnetischen Einkristalls (z. B. Eisen, wobei die Würfelkanten parallel zu den Würfelkanten des kubischen Eisengitters zu denken sind) im Feld Null. Der Kristall ist in vier Weisssche Bezirke gleichen Volumens unterteilt, deren Magnetisierungen sich nach außen hin ersichtlich aufheben. Wird nunmehr parallel zu einer Flächendiagonale ein Magnetfeld angelegt, dann wachsen zunächst die beiden Bezirke, welche nach Gl. (1.7) in dem äußeren Feld die geringere potentielle Energie haben (d. h. die Bezirke, deren Magnetisierung mit der Feldrichtung einen spitzen Winkel einschließt), auf Kosten der anderen Bezirke durch Verschieben der Trennwand zwischen ihnen (Abb. 4.5b). Dieser sog. Wandverschiebungsprozeß erfordert im allgemeinen nur sehr geringe Energie. Deshalb wächst die Magnetisierung bereits in geringen Feldern nahezu so weit an, wie dies mit Wandverschiebungen überhaupt möglich ist. Nunmehr sind nur noch zwei Weisssche Bezirke vorhanden, welche beide dieselbe potentielle Energie im äußeren Feld haben. Deshalb kann sich die Trennwand zwischen ihnen nicht mehr verschieben. Vielmehr wird nun bei weiterer Vergrößerung des Feldes die Magnetisierung in beiden Bezirken um gleiche Winkel aus der Würfelkantenrichtung herausgedreht (Abb. 4.5c), bis die Magnetisierung im ganzen Quader einheitlich in Feldrichtung liegt, wobei die Trennwand verschwindet (Abb. 4.5d). Dieser

Drehprozeß erfordert im allgemeinen mehr Energie als der Wandverschiebungsprozeß und läuft deshalb bei wachsendem Feld im wesentlichen nach den Wandverschiebungen ab.

Insgesamt erhält man eine Magnetisierungskurve von der in Abb. 4.6 gezeigten Form. Kleinste Wandverschiebungen und Drehprozesse sind reversibel, größere Wandverschiebungen dagegen irreversibel. Deshalb wird bei einer Verkleinerung des Feldes die Magnetisierungskurve nicht mehr rückwärts durchlaufen, und in einem Wechselfeld mißt man während jeder Periode eine Hystereseschleife, wie sie in Abb. 4.6 gestrichelt eingezeichnet ist.

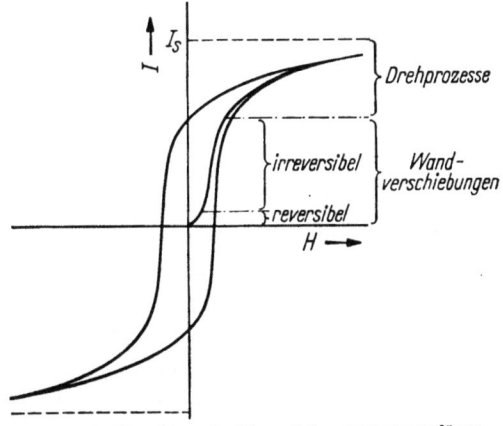

Abb. 4.6. Verteilung der Magnetisierungsprozesse längs der Neukurve

Nach diesem einführenden Überblick über die ferromagnetischen Erscheinungen ergeben sich für die Forschung auf diesem Gebiet zwei Hauptrichtungen, die bis zu einem gewissen Grade unabhängig voneinander verfolgt werden können:

1. Die theoretische Erklärung des WEISSschen Feldes bzw. der Austauschkräfte, die zu einer spontanen Magnetisierung führen sowie aller damit im direkten Zusammenhang stehenden mechanischen, thermischen und elektrischen Erscheinungen und

2. die Klärung der Gesetzmäßigkeiten, nach welchen die Bezirkstruktur ferromagnetischer Stoffe aufgebaut ist und sich unter allen möglichen äußeren Einflüssen ändert, sowie alle hieraus folgenden Begleiterscheinungen, wobei die spontane Magnetisierung als gegeben hingenommen wird. Dem ersten Problem ist ein Kapitel am Schluß des Buches gewidmet, während das zweite Problem den hauptsächlichen Inhalt dieses Buches bildet.

Literatur zu Kap. 4

[1] WEISS, P.: J. Phys. Chim. Hist. nat. 6 (1907) S. 661.
[2] POTTER, H. H.: Proc. roy. Soc., Lond. A 146 (1934) S. 362.
[3] MYERS, H. P., u. W. SUCKSMITH: Proc. roy. Soc., Lond. A 207 (1951) S. 427.
[4] WEISS, P., u. R. FORRER: Ann. Phys., Paris 5 (1926) S. 153.
[5] SUCKSMITH, W., u. R. R. PEARCE: Proc. roy. Soc., Lond. A 167 (1938) S. 189.

5. Antiferromagnetismus

5.1 Einführung

In der allgemeinen phänomenologischen Betrachtungsweise der magnetischen Erscheinungen stellt der Ferromagnetismus einen Spezialfall starker Wechselwirkungen zwischen den atomaren Momenten dar, in welchem die Austauschkräfte zu einer untereinander parallelen Ausrichtung der Momente benachbarter Atome führen. Wir bezeichnen diese Art der Wechselwirkungen als positiv oder ferromagnetisch.

In dem anderen Fall sind die Wechselwirkungen von der Art, daß das magnetische Moment jedes Atoms die Tendenz hat, sich antiparallel zu den Momenten seiner sämtlichen Gitternachbarn auszurichten. Diese Art der Wechselwirkung bezeichnen wir als negativ oder sinngemäß als antiferromagnetisch.

Wie Néel [1] gezeigt hat, kann der Antiferromagnetismus, in analoger Weise wie der Ferromagnetismus, mit Hilfe des Molekularfeldbegriffs phänomenologisch beschrieben werden.

Hierzu führen wir zunächst den Begriff des Untergitters ein. Als Untergitter bezeichnen wir die Gesamtheit aller Atome, welche eine in sich ferromagnetische Gittereinheit bilden, d. h. eine Gittereinheit, in der die atomaren Momente parallel zueinander ausgerichtet sind.

Betrachten wir beispielsweise ein kubisch raumzentriertes Gitter. Dieses kann man sich aus zwei einfach kubischen Gittern A und B zusammengesetzt denken. Sind entsprechend Abb. 5.3a alle Momente des Gitters A nach Norden und alle Momente des Gitters B nach Süden gerichtet, dann sind A und B die Untergitter dieser Momentenanordnung. Da jedes Untergitter für sich ferromagnetisch erscheint, können wir den Untergittern pro cm^3 die spontanen Magnetisierungen I_{As} und I_{Bs} zuschreiben.

Die Momentenanordnung in Abb. 5.3a kann allein dadurch zustande kommen, daß zwischen nächsten Gitternachbarn, d. h. hier zwischen A- und B-Atomen antiferromagnetische Wechselwirkung besteht. Denn wenn sich jedes atomare Moment antiparallel zu den Momenten seiner sämtlichen acht nächsten Gitternachbarn einstellt, entstehen ersichtlich zwei Untergitter, die in sich ferromagnetisch erscheinen.

Außerdem können aber auch innerhalb der Untergitter A und B, d. h. zwischen A-Atomen bzw. zwischen B-Atomen, oder allgemein zwischen übernächsten Nachbarn ferromagnetische oder antiferromagnetische Wechselwirkungen bestehen. Diese sind oft von wesentlicher Bedeutung und müssen bei der Beschreibung des Antiferromagnetismus mit berücksichtigt werden[1].

Wir bezeichnen den Weissschen Faktor für die Wechselwirkung zwischen nächsten Nachbarn (d. h. zwischen A- und B-Atomen) mit W_1 und für die Wechselwirkung zwischen übernächsten Nachbarn mit W_{2A}, wenn es sich um A-Atome, und mit W_{2B}, wenn es sich um B-Atome handelt. Damit machen wir für das auf ein A-Atom wirkende Molekularfeld den Ansatz

$$\boldsymbol{H}_A = -W_1 \boldsymbol{I}_{Bs} - W_{2A} \boldsymbol{I}_{As} \qquad (5.1\mathrm{a})$$

---

[1] Viele antiferromagnetische Substanzen sind Ionenkristalle (Oxyde, Halogenide usw.). Die Bezeichnungen „nächste" bzw. „übernächste" Nachbarn beziehen sich dabei stets auf das nächst- bzw. übernächst benachbarte Metallion, denn die diamagnetischen Nichtmetallionen geben nach unserer phänomenologischen Betrachtungsweise keinen Beitrag zum Molekularfeld, so daß wir formal so rechnen können, wie wenn die Nichtmetallionen überhaupt nicht vorhanden wären. Tatsächlich wird die Austauschwechselwirkung zwischen übernächsten Nachbarn durch die dazwischen liegenden Nichtmetallionen vermittelt (Superexchange [2, 3, 4, 5, 6]).

und entsprechend für ein B-Atom

$$\boldsymbol{H}_B = -W_1 \boldsymbol{I}_{As} - W_{2B} \boldsymbol{I}_{Bs} \qquad (5.1\,\text{b})$$

und definieren hierdurch die Faktoren W_1, W_2 in der Weise, daß positives W antiferromagnetische und negatives W ferromagnetische Kopplung bedeutet.

Antiferromagnetismus besteht dann, wenn, abgesehen von ihrer Magnetisierungsrichtung, alle vorkommenden Untergitter gleichwertig sind, d. h. gleiche Gittersymmetrie besitzen und aus gleichen Atomen bzw. Ionen bestehen. Es ist dann in unserem Beispiel

$$I_{As} = I_{Bs} \qquad (5.2)$$

und voraussetzungsgemäß

$$\boldsymbol{I}_{As} = -\boldsymbol{I}_{Bs} \quad \text{oder} \quad \boldsymbol{I}_{As} + \boldsymbol{I}_{Bs} = 0. \qquad (5.3)$$

Ferner wird in dem Gleichungssystem (5.1)

$$W_{2A} \equiv W_{2B} \equiv W_2, \qquad (5.4)$$

so daß wir insgesamt nur mit zwei Molekularfeldkoeffizienten, nämlich W_1 und W_2 zu rechnen haben.

Nach Gl. (5.3) ist die resultierende spontane Magnetisierung eines antiferromagnetischen Stoffs im feldfreien Raum Null. Durch ein äußeres Feld werden die atomaren Momente unter Arbeitsleistung gegen die Austauschenergie um

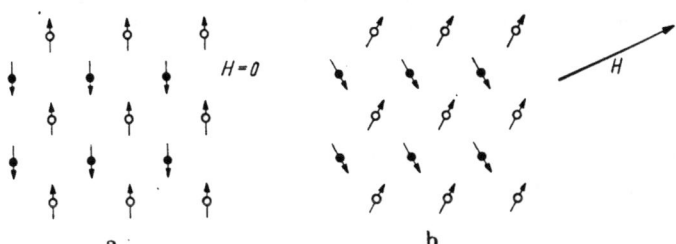

Abb. 5.1a u. b. Antiferromagnetische Momentenordnung (a) bei Abwesenheit und (b) bei Anwesenheit eines äußeren Magnetfeldes (schematisch)

kleine Winkel reversibel aus ihren antiparallelen Lagen herausgedreht, wobei, wie aus Abb. 5.1 ersichtlich, eine schwache resultierende Magnetisierung in Feldrichtung entsteht. Wir erwarten demnach, daß sich ein antiferromagnetischer Stoff, bei konstanter Temperatur betrachtet, phänomenologisch paramagnetisch verhält.

Dagegen ist die Temperaturabhängigkeit der Suszeptibilität eines antiferromagnetischen Stoffs, wie Abb. 5.2 zeigt, schon rein äußerlich gesehen grundsätzlich von der für gewöhnliche paramagnetische Stoffe bekannten Temperaturabhängigkeit verschieden.

In analoger Weise wie beim Ferromagnetismus überlegt man sich, daß es für jeden antiferromagnetischen Stoff eine der CURIE-Temperatur entsprechende Temperatur geben muß, bei welcher der Antiferromagnetismus verschwindet. Diese heißt antiferromagnetische CURIE-Temperatur oder NÉEL-Temperatur und wird im folgenden mit dem Symbol T_c bezeichnet.

Oberhalb T_c besteht normales paramagnetisches Verhalten, d. h. $1/\chi$ nimmt linear mit der Temperatur zu. Die rückwärtige Verlängerung der CURIE-WEISS-

Geraden schneidet die Temperaturachse stets bei einem negativen Temperaturwert (s. Abb. 5.2c), welcher als paramagnetische CURIE-Temperatur mit T_p bezeichnet wird. Entsprechend hat das CURIE-WEISSsche Gesetz für antiferromagnetische Stoffe die Form

$$\chi = \frac{C}{T - T_p} \qquad (5.5)$$

mit $T_p < 0$.

Unterhalb T_c nimmt χ mit fallender Temperatur ab. Bei der CURIE-Temperatur durchläuft χ ein für antiferromagnetisches Verhalten charakteristisches Maximum, und $1/\chi$ entsprechend ein Minimum.

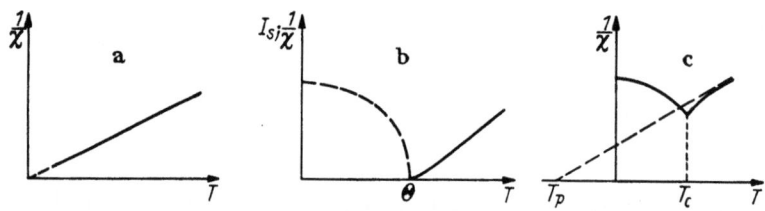

Abb. 5.2a—c. Temperaturabhängigkeit der reziproken Suszeptibilität $1/\chi$ bei (a) paramagnetischen, (b) ferromagnetischen und (c) antiferromagnetischen Stoffen (schematisch)

5.2 Molekularfeldtheorie des Antiferromagnetismus

Als erster hat NÉEL [7, 8, 9] die Molekularfeldtheorie auf den Antiferromagnetismus angewendet. Die Theorie wurde später von NÉEL [1] und ANDERSON [10] vervollständigt.

5.2.1 Kubisch raumzentrierte Kristalle

Die Momentenanordnung in Abb. 5.3a wird, wie bereits erwähnt, durch zwei Untergitter A und B beschrieben. I_{As} und I_{Bs} sind die spontanen Magnetisierun-

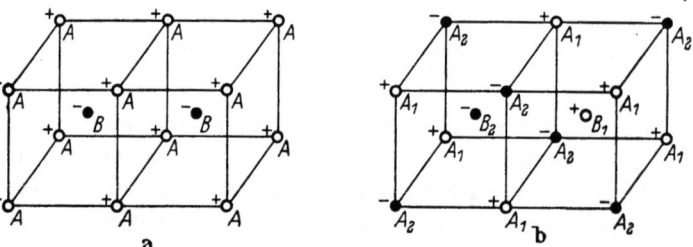

Abb. 5.3a u. b. Antiferromagnetische Momentenordnung im kubisch raumzentrierten Gitter. a) Ordnung 1. Art, b) Ordnung 2. Art

gen der Untergitter, und es ist voraussetzungsgemäß $I_{As} = -I_{Bs}$. Bei Anwesenheit eines äußeren Feldes H wirkt dann auf ein A-Atom nach Gl. (5.1) mit $W_{2A} = W_{2B} = W_2$ das effektive Feld

$$H_{A\,\text{eff}} = H - W_1 I_{Bs} - W_2 I_{As} \qquad (5.6\text{a})$$

und auf ein B-Atom

$$H_{B\,\text{eff}} = H - W_1 I_{As} - W_2 I_{Bs} . \qquad (5.6\text{b})$$

Magnetisches Verhalten oberhalb der Curie-Temperatur T_c. Oberhalb der CURIE-Temperatur ist bei nicht zu hohen Feldstärken für jedes Untergitter sicher

$I \ll I_\infty$. Damit kann man die BRILLOUIN-Funktion durch ihre Tangente im Ursprung annähern und erhält entsprechend Gl. (4.12)

$$I = I_\infty \, B'_J(0) \cdot \alpha. \qquad (5.7)$$

Führt man in diese Gleichung die CURIE-Konstante ein, welche nach Gl. (4.16) den Wert

$$C = N g^2 \mu_B^2 J(J+1)/3k \qquad (5.8)$$

hat, worin N die Gesamtzahl der Atome pro cm³ bedeutet, und berücksichtigt man, daß $I_\infty = N J g \mu_B$ ist, so erhält man I als Funktion des effektiven Feldes in der Form

$$I = C H_{\text{eff}}/T, \qquad (5.9)$$

wobei wir I und H_{eff} als Skalare schreiben können, weil oberhalb T_c die mittlere Magnetisierung jedes Untergitters parallel zum äußeren Feld $\boldsymbol{H}$ ist. Damit sind nach Gl. (5.6) und (5.9) auch $\boldsymbol{I}$ und $\boldsymbol{H}_{\text{eff}}$ parallel, und man erhält aus Gl. (5.9) mit $\boldsymbol{H}_{\text{eff}}$ aus Gl. (5.6) die mittlere Magnetisierung der beiden Untergitter

$$I_A = \frac{C}{2T}(H - W_1 I_B - W_2 I_A), \qquad (5.10\text{a})$$

$$I_B = \frac{C}{2T}(H - W_1 I_A - W_2 I_B). \qquad (5.10\text{b})$$

Der Faktor 1/2 ist zu setzen, weil in Gl. (5.8) N als Gesamtzahl der Atome pro cm³ definiert wurde. Jedes Untergitter enthält dann $N/2$ Atome. Durch Addition der Gln. (5.10) und Auflösen nach $I_A + I_B$ folgt die Suszeptibilität

$$\chi = \frac{I_A + I_B}{H} = \frac{C}{T - T_p} \qquad (5.11)$$

mit

$$T_p = -\frac{C}{2}(W_1 + W_2), \qquad (5.12)$$

T_p ist die paramagnetische CURIE-Temperatur (s. Abb. 5.2c).

Berechnung der Curie-Temperatur T_c. Die Gln. (5.10) gelten wegen der einschränkenden Voraussetzung $I \ll I_\infty$, unter welcher sie abgeleitet wurden, nicht im gesamten Temperaturbereich $T < T_c$, sondern nur in unmittelbarer Nähe von T_c. T_c ist aber definiert als diejenige Temperatur, unterhalb welcher jedes der Untergitter für sich auch für $H = 0$ eine nicht verschwindende (spontane) Magnetisierung besitzt. Also ist T_c die Temperatur, für die das homogene Gleichungssystem (5.10) ($H = 0$) eine nicht triviale Lösung hat. Diese folgt aus

$$\begin{vmatrix} \dfrac{C W_2}{2 T_c} + 1 & \dfrac{C W_1}{2 T_c} \\ \dfrac{C W_1}{2 T_c} & \dfrac{C W_2}{2 T_c} + 1 \end{vmatrix} = 0 \qquad (5.13)$$

und liefert

$$T_c = \frac{C}{2}(W_1 - W_2). \qquad (5.14)$$

Aus Gl. (5.14) könnte man schließen, daß für $W_2 = W_1$ $T_c = 0$ wird. Dieser Schluß ist jedoch falsch, weil Gl. (5.14) für $W_2 = W_1$ gar nicht mehr gilt. Man findet nämlich, daß die Gesamtenergie der magnetischen Kopplung, welche in der Höhe der Curie-Temperatur zum Ausdruck kommt, bei gegebenem Verhältnis W_2/W_1 von der Momentenordnung im Gitter abhängt. Mit anderen Worten, wir erhalten bei gleichem Verhältnis W_2/W_1 für verschiedene Momentenordnungen verschieden hohe Curie-Temperaturen. Nun ist stets diejenige Momentenordnung stabil, welche die niedrigste freie Energie, also die höchste Curie-Temperatur hat. Wir werden im folgenden zeigen, daß die in Abb. 5.3b dargestellte Momentenordnung 2. Art stabiler wird als die Ordnung 1. Art in Abb. 5.3a, für welche Gl. (5.14) abgeleitet wurde, sobald das Verhältnis W_2/W_1 einen gewissen Wert überschreitet.

Bei der Ordnung zweiter Art sind nach Abb. 5.3b die Momente aller übernächsten Nachbarn antiparallel gekoppelt. Dagegen hat jedes Atom ebensoviele parallele wie antiparallele nächste Nachbarn. Das Gitter läßt sich demnach in vier Untergitter A_1, A_2, B_1 und B_2 zerlegen, wobei die beiden A-Gitter und die beiden B-Gitter jeweils unter sich antiparallel gekoppelt sind. Dagegen besteht keine Korrelation zwischen den Momentenrichtungen im A- und im B-Gitter. Für $H = 0$ verschwindet also die Kopplungsenergie zwischen den A- und B-Gittern, und man erhält in analoger Weise wie Gl. (5.10) die Magnetisierung der vier Untergitter

$$I_{A1} = \frac{C}{4T}(-2W_2 I_{A2}), \tag{5.15a}$$

$$I_{A2} = \frac{C}{4T}(-2W_2 I_{A1}), \tag{5.15b}$$

$$I_{B1} = \frac{C}{4T}(-2W_2 I_{B2}), \tag{5.16a}$$

$$I_{B2} = \frac{C}{4T}(-2W_2 I_{B1}). \tag{5.16b}$$

Mit $I_{A1} = I_{A2}$ ergibt sich aus den Gln. (5.15)

$$T_c = \frac{C}{2} W_2. \tag{5.17}$$

Dasselbe Ergebnis liefern die Gln. (5.16) mit $I_{B1} = I_{B2}$. Für $W_1 = 2 W_2$ sind die nach Gl. (5.14) und nach Gl. (5.17) berechneten Curie-Temperaturen gerade gleich groß. Für $W_1 > 2 W_2$ wird dagegen T_c nach Gl. (5.14) größer als nach Gl. (5.17), und umgekehrt für $W_1 < 2 W_2$ T_c nach Gl. (5.17) größer als nach (5.14). Daraus folgt, daß für $W_2/W_1 < 1/2$ die Ordnung 1. Art, für $W_2/W_1 > 1/2$ dagegen die Ordnung 2. Art stabil ist.

Das Verhalten oberhalb der Curie-Temperatur hängt nicht von der Momentenordnung ab, weil diese bei T_c verschwindet. Daher gelten die Gln. (5.10) bis (5.12) auch für $W_2/W_1 > 1/2$ mit $I_A = I_{A1} + I_{A2}$ und $I_B = I_{B1} + I_{B2}$.

W_1 und W_2 sind selbst nicht meßbar, wohl aber können die von W_1 und W_2 abhängigen Größen T_p und T_c aus Messungen bestimmt werden. Für $W_2/W_1 < 1/2$ erhält man aus Gl. (5.12) und (5.14)

$$-\frac{T_p}{T_c} = \frac{W_1 + W_2}{W_1 - W_2} \tag{5.18}$$

und für $W_2/W_1 > 1/2$ aus Gl. (5.12) und (5.17)

$$-\frac{T_p}{T_c} = \frac{W_1 + W_2}{W_2}. \tag{5.19}$$

In Abb. 5.4 ist T_p/T_c als Funktion von W_2/W_1 dargestellt. Für $W_2/W_1 = 1/2$ nimmt T_p/T_c seinen höchstmöglichen Wert $(T_p/T_c)_{max} = 3$ an. Dieser Wert sollte bei kubisch raumzentriertem Gitter nicht überschritten werden. Leider sind bisher keine Meßwerte von T_p und T_c an kubisch raumzentrierten Antiferromagnetika bekannt geworden, so daß dieses Kriterium hier nicht nachgeprüft werden kann. Außerdem sieht man, daß auch bei Kenntnis von T_p und T_c nicht entschieden werden kann, welche der beiden diskutierten Momentenordnungen tatsächlich besteht, weil z. B. für $W_2/W_1 = 0$ aus Gl. (5.18) ebenso wie für $W_2/W_1 = \infty$ aus Gl. (5.19) für T_p/T_c der gleiche Wert, nämlich 1 folgt. Jeder gemessene Wert $T_p/T_c < -1$ kann also sowohl der Ordnung 1. Art als auch der Ordnung 2. Art angehören. Eine Entscheidung darüber, welche Ordnung tatsächlich realisiert ist, kann man nur auf Grund von Neutronenbeugungsversuchen erhalten. Wir kommen darauf später noch zurück.

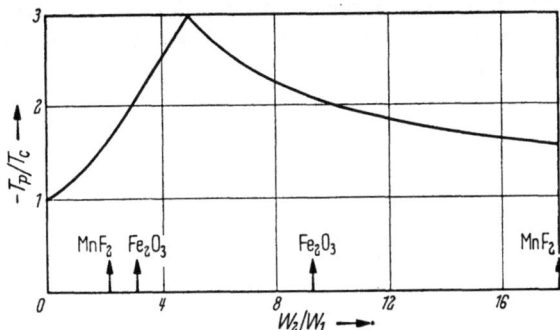

Abb. 5.4. — T_p/T_c als Funktion von W_2/W_1 für kubisch raumzentrierte Gitter

5.2.2 Kubisch flächenzentrierte Kristalle

Magnetisches Verhalten oberhalb der Curie-Temperatur T_c. Eine Momentenordnung, in welcher die magnetischen Momente aller nächsten Nachbarn zu dem Moment eines gegebenen Atoms antiparallel stehen, ist im kubisch flächenzentrierten Gitter nicht möglich. Jedoch gibt es, wie ANDERSON [10] in seiner allgemeinen Theorie für kubisch flächenzentrierte Gitter gezeigt hat, auch hier eine Reihe möglicher Momentenordnungen (s. Abb. 5.5), aus denen man in ähnlicher Weise, wie dies vorher für kubisch raumzentrierte Gitter bereits gezeigt wurde, jeweils diejenige Ordnung heraussuchen kann, die für ein gegebenes Verhältnis W_2/W_1 die niedrigste Kopplungsenergie, also den höchsten CURIE-Punkt liefert. Wir geben in folgendem die Theorie von ANDERSON wieder.

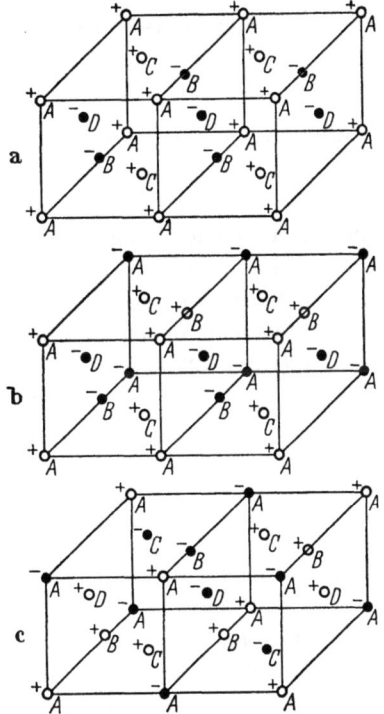

Abb. 5.5a–c. Antiferromagnetische Momentenordnung im kubisch flächenzentrierten Gitter. a) Ordnung 1. Art, b) verbesserte Ordnung 1. Art, c) Ordnung 2. Art

Das kubisch flächenzentrierte Gitter kann man sich nach Abb. 5.5 aus vier einfach kubischen Untergittern A, B, C, D zusammengesetzt denken. Greifen wir ein einzelnes Atom heraus, so ist dies von 12 nächsten Nachbarn umgeben, welche zu gleichen Teilen den drei anderen Untergittern angehören, während die sechs übernächsten Nachbarn demselben Untergitter angehören wie das betrachtete Atom. Bei Berücksichtigung der von nächsten und übernächsten Nachbarn herrührenden Molekularfeldern erhalten wir entsprechend Gl. (5.10) für die mittlere Magnetisierung der vier Untergitter oberhalb der CURIE-Temperatur

$$I_A = \frac{C}{4T}[H - W_2 I_A - W_1(I_B + I_C + I_D)], \qquad (5.20\text{a})$$

$$I_B = \frac{C}{4T}[H - W_2 I_B - W_1(I_A + I_C + I_D)], \qquad (5.20\text{b})$$

$$I_C = \frac{C}{4T}[H - W_2 T_C - W_1(I_A + I_B + I_D)], \qquad (5.20\text{c})$$

$$I_D = \frac{C}{4T}[H - W_2 I_D - W_1(I_A + I_B + I_C)]. \qquad (5.20\text{d})$$

Die Gln. (5.20) nach $I = I_A + I_B + I_C + I_D$ aufgelöst und durch H dividiert liefern die Suszeptibilität

$$\chi = I/H = \frac{C}{T - T_p} \qquad (5.21)$$

mit der paramagnetischen CURIE-Temperatur

$$T_p = -\frac{C}{4}(3W_1 + W_2). \qquad (5.22)$$

Berechnung der Curie-Temperatur für verschiedene Momentenanordnungen. Die in Abb. 5.5a gezeigte Ordnung 1. Art ist so aufgebaut, daß die Momente der Untergitter A und C unter sich parallel und antiparallel zu den Momenten der Untergitter B und D ausgerichtet sind. Das Moment eines herausgegriffenen Atoms steht dann parallel zu 1/3 und antiparallel zu 2/3 der Momente seiner nächsten Nachbarn, dagegen parallel zu den Momenten aller übernächsten Nachbarn. Setzt man dementsprechend $I_{As} = -I_{Bs}$ und $I_{Cs} = -I_{Ds}$, so folgt aus den Gln. (5.20) mit $H = 0$

$$T_c = \frac{C}{4}(W_1 - W_2) \qquad (5.23)$$

und ferner aus Gl. (5.22) und (5.23)

$$-\frac{T_p}{T_c} = \frac{3W_1 + W_2}{W_1 - W_2}. \qquad (5.24)$$

Die Ordnung 1. Art kann entsprechend Abb. 5.5b in der Weise abgeändert werden, daß nicht mehr die Momente aller übernächsten Nachbarn, sondern nur noch 1/3 derselben parallel zu dem Moment eines gegebenen Atoms stehen, während 2/3 antiparallel orientiert sind. Bezüglich der Momente der nächsten Nachbarn hat sich nichts geändert. Es sind weiterhin 2/3 derselben antiparallel und 1/3 parallel zu dem Moment eines gegebenen Atoms ausgerichtet. Diese sog. verbesserte Ordnung 1. Art wird sich stets dann einstellen, wenn nur eine geringe antiferromagnetische Austauschkopplung zwischen übernächsten Nachbarn besteht. Die Rechnung liefert für diesen Fall

$$T_c = \frac{C}{4}(W_1 - W_2/3) \qquad (5.25)$$

und mit Gl. (5.22)
$$-\frac{T_p}{T_c} = \frac{3\,W_1 + W_2}{W_1 - W_2/3}. \qquad (5.26)$$

Ist dagegen die antiferromagnetische Wechselwirkung zwischen übernächsten Nachbarn hinreichend stark im Vergleich zu der zwischen nächsten Nachbarn, dann haben wir die in Abb. 5.5c gezeigte Ordnung 2. Art anzunehmen, bei welcher das Moment jedes Atoms antiparallel zu den Momenten aller sechs übernächsten Nachbarn orientiert ist. Dagegen besteht zwischen den Momentenrichtungen nächster Nachbarn keine Korrelation mehr, nachdem jedes Atom gleich viele nächste Nachbarn mit paralleler und antiparalleler Momentenrichtung hat. In der Ordnung 2. Art kann man sich jedes der Gitter $A\,B\,C\,D$ aus jeweils zwei Teilgittern zusammengesetzt denken, deren Momente antiparallel zueinander stehen, und man erhält mit $H = 0$ für die mittlere Magnetisierung beispielsweise der Teilgitter A_1 und A_2 des Gitters A

$$I_{A1} = \frac{C}{8\,T}(-2\,W_2\,I_{A2}), \qquad (5.27\text{a})$$

$$I_{A2} = \frac{C}{8\,T}(-2\,W_2\,I_{A1}). \qquad (5.27\text{b})$$

Für die CURIE-Temperatur erhalten wir aus den Gln. (5.27)

$$T_c = \frac{C}{4}\,W_2 \qquad (5.28)$$

und mit Gl. (5.22) und (5.28) schließlich

$$-\frac{T_p}{T_c} = \frac{3\,W_1 + W_2}{W_2}. \qquad (5.29)$$

Für $W_2/W_1 < 3/4$ ergibt Gl. (5.25), für $W_2/W_1 > 3/4$ Gl. (5.28) die höhere CURIE-Temperatur. Für $W_2/W_1 = 3/4$ hat das Verhältnis $-T_p/T_c$ seinen größten Wert $-(T_p/T_c)_{\max} = 5$.

Abb. 5.6 zeigt den Verlauf von T_p/T_c als Funktion von W_2/W_1 bei Beschränkung auf die Ordnung 2. Art und die verbesserte Ordnung 1. Art. Man sieht, daß hier aus einer Messung von T_p/T_c ebensowenig auf die Art der Ordnung geschlossen werden kann, wie beim kubisch raumzentrierten Gitter. Experimentell findet man, daß der theoretische Höchstwert $(-T_p/T_c)_{\max} = 5$ bei MnO gerade gegeben ist und in Übereinstimmung mit der Theorie in keinem bisher bekannten Fall übertroffen wird.

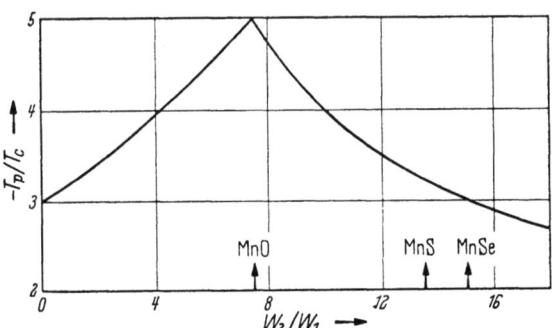

Abb. 5.6. — T_p/T_c als Funktion von W_2/W_1 für kubisch flächenzentriertes Gitter

5.3 Experimentelle Bestimmung der Momentenordnung und der Temperaturabhängigkeit der spontanen Magnetisierung der Untergitter

5.3.1 Neutronenbeugungsbilder

Eine direkte Bestätigung unserer vorausgehend entwickelten Vorstellung von einer antiferromagnetischen Momentenordnung wurde erstmals von SHULL und SMART [11] an Hand von Neutronenbeugungsbildern an MnO gegeben. Neutronen werden sowohl durch die Kraftfelder der Atomkerne als auch infolge der Wechselwirkung ihres Spins mit den atomaren magnetischen Momenten gestreut. Beide Effekte sind miteinander vergleichbar. Nach der von HALPERN und JOHNSON [12] entwickelten Theorie der magnetischen Neutronenstreuung hängt die Phase des magnetisch gestreuten Anteils von der Orientierung der Momente ab. Besteht in einem Gitter keine Momentenordnung, dann rühren alle Interferenzeffekte von der Kernstreuung her. Besteht dagegen eine Momentenordnung, dann treten zusätzliche, von der magnetischen Streuung herrührende Interferenzen auf, welche aus ihrer Lage und Intensität direkte Schlüsse über Art und Perfektion dieser Ordnung sowie bezüglich der kristallographischen Orientierung der Momente im Gitter erlauben.

Wir definieren in diesem Zusammenhang die im folgenden einfach als $\varDelta$-Richtung bezeichnete Orientierung des Antiferromagnetismus als diejenige kristallographische Richtung, welche parallel bzw. antiparallel zu der spontanen Magnetisierung der antiferromagnetisch gekoppelten Untergitter verläuft.

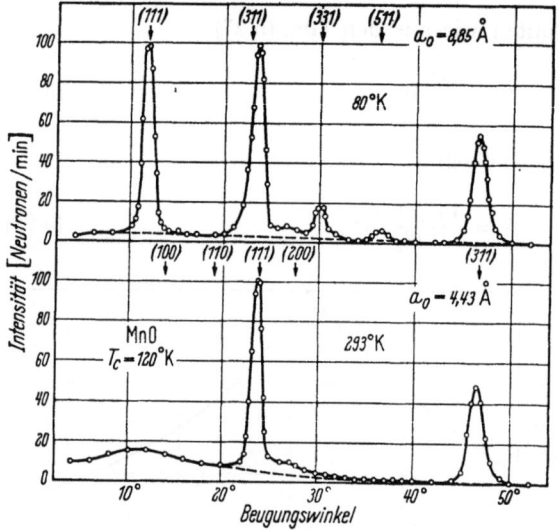

Abb. 5.7. Neutronenbeugungsbilder von MnO bei 80 und 293 °K. (Nach SHULL, STRAUSER und WOLLAN [13])

Die für den im folgenden als Beispiel besprochenen Versuch notwendige monochromatische Neutronenstrahlung wurde durch Streuung des ursprünglichen Neutronenstrahls an einem NaCl-Kristall gewonnen. Die DE BROGLIE-Wellenlänge betrug 1,06 Å. MnO hat NaCl-Struktur. Sein antiferromagnetischer CURIE-Punkt T_c liegt bei 122 °K. In Abb. 5.7 sind zwei Neutronenbeugungsbilder dargestellt, wie sie von SHULL, STRAUSER und WOLLAN [13] an MnO-Pulver erhalten wurden. Das eine bei 293 °K erhaltene Bild zeigt DEBYE-SCHERRER-Maxima entsprechend einer kubischen Grundzelle mit der Gitterkonstante $a_0 = 4{,}43$ Å. Das entspricht den Abmessungen der chemischen Grundzelle von MnO. Diese Interferenzen rühren sicher nur von der Kernstreuung her, denn 171° oberhalb von T_c ist keine Spinordnung mehr zu erwarten. Bei 80 °K, also 40° unterhalb T_c treten nun, wie das zweite Bild zeigt, neben den unveränderten Kernlinien zusätzliche Beugungsma-

5.3 Experimentelle Bestimmung der Momentenordnung und Temperaturabhängigkeit

xima auf, welche offenbar magnetischen Ursprungs sind und einer Gitterkonstante $a_0 = 8{,}85$ Å, also einer Grundzelle mit genau der doppelten Kantenlänge der chemischen Grundzelle entsprechen. Daraus ist zu schließen, daß die Momente der längs einer Würfelkante benachbarten Mn-Ionen verschiedene, und erst die übernächsten Ionen untereinander parallele Momentenrichtung haben. Von den verschiedenen danach möglichen Momentenordnungen ergab nach SHULL, STRAUSER und WOLLAN [13] nur die in Abb. 5.8 gezeigte eine befriedigende Übereinstimmung der berechneten Linienintensitäten mit den gemessenen Werten. Es ergab sich ferner, daß die Δ-Richtung, wie in Abb. 5.8 gezeichnet, parallel zu einer Würfelkante liegt. Es kann demnach als erwiesen angesehen werden, daß in MnO die Ordnung 2. Art besteht. Damit ist nach Abb. 5.6 auch das Verhältnis W_2/W_1 eindeutig bestimmt. Eine Entscheidung über die Momenten-

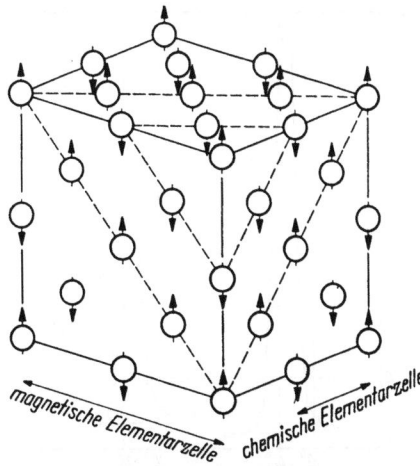

Abb. 5.8. Antiferromagnetische Momentenordnung in MnO unterhalb der CURIE-Temperatur. Die magnetische Elementarzelle hat die doppelten Längenabmessungen der chemischen Elementarzelle. In dem Bild sind nur Mn-Ionen gezeichnet. (Nach SHULL, STRAUSER und WOLLAN [13])

ordnung konnte dagegen, wie bereits erwähnt, nach Meßwerten von T_p/T_c nicht getroffen werden.

In entsprechender Weise wurde in verschiedenen Arbeiten ([13] bis [18]) die Momentenordnung einer großen Zahl antiferromagnetischer Substanzen bestimmt.

5.3.2 Temperaturabhängigkeit der spontanen Magnetisierung der Untergitter

Nehmen wir den einfachen Fall des kubisch raumzentrierten Gitters mit zwei Untergittern A und B entsprechend Momentenordnung 1. Art an. $I_{A\infty}$ und $I_{B\infty}$ seien die Beträge der spontanen Magnetisierung der Untergitter bei $T = 0$, I_{As} und I_{Bs} bei beliebiger Temperatur $T < T_c$. Da die Substanz antiferromagnetisch sein soll, ist ferner $I_{As} = I_{Bs}$. Damit erhält man für die Temperaturabhängigkeit der spontanen Magnetisierung des Untergitters A entsprechend Gl. (4.10) die implizite Gleichung

$$I_{As}/I_{A\infty} = B_J\left(\frac{J\,g\,\mu_B(W_1 + W_2)\,I_{As}}{k\,T}\right). \tag{5.30}$$

Eine analoge Gleichung folgt für $I_{Bs}/I_{B\infty}$.

Eine direkte Messung der spontanen Magnetisierung des einzelnen Untergitters ist wegen der antiferromagnetischen Kopplung der Gitter nicht möglich. Dagegen kann man die Intensität einer rein magnetischen Neutroneninterferenzlinie als Maß für den Grad der antiferromagnetischen Ordnung ansehen. Eine solche Linie ist für MnO die (111)-Linie. Wie SHULL, STRAUSER und WOLLAN [13] in Abb. 5.9 gezeigt haben, ist deren Intensität deutlich temperaturabhängig. Die

Intensität der (111)-Linie gegen die Temperatur aufgetragen liefert nach Abb. 5.10 eine Kurve derselben Form, wie wir sie für die Temperaturabhängigkeit von I_s (Abb. 4.2) bei Ferromagnetika kennengelernt haben. Die CURIE-Temperatur liegt danach nahe bei 120 °K. Sie stimmt ungefähr mit den aus der spezifischen Wärme und der Suszeptibilität ermittelten CURIE-Temperaturen überein. Zu beachten ist, daß die (111)-Linie auch oberhalb T_c nicht vollständig verschwindet, wie aus Abb. 5.9 hervorgeht. Daraus kann man schließen, daß auch nach Verschwinden der Fernordnung bei T_c, bei höheren Temperaturen noch eine begrenzte antiferromagnetische Nahordnung im Gitter besteht. Dieses Verhalten ist durchaus analog zu dem der ferromagnetischen Stoffe. Als besonders schöne Ergebnisse seien hier noch die von ERICKSON [17] ausgeführten Messungen der Temperaturabhängigkeit der (100)-Linienintensität an FeF_2, NiF_2, MnF_2 und CoF_2 erwähnt, welche für MnF_2 in Abb. 5.11 wiedergegeben sind. Die gestrichelt eingezeichnete Kurve wurde nach Gl. (5.30) mit $J = 5/2$ berechnet. Für NiF_2, CoF_2 und FeF_2 ergibt sich in gleicher

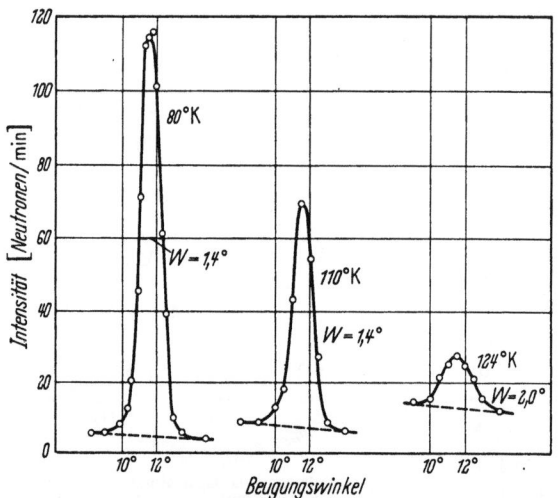

Abb. 5.9. Die antiferromagnetische (111)-Linie von MnO bei verschiedenen Temperaturen. (Nach SHULL, STRAUSER und WOLLAN [13])

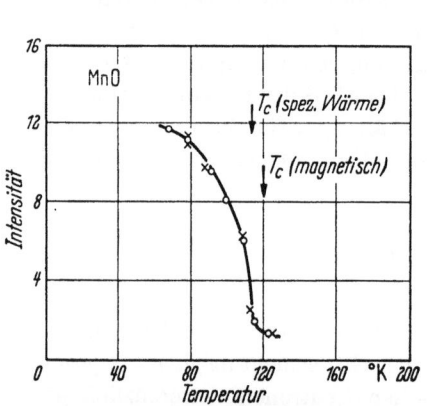

Abb. 5.10. Temperaturabhängigkeit der Intensität einer magnetischen Beugungslinie von MnO. In dem Bild sind ferner die aus Messungen der spezifischen Wärme und der magnetischen Suszeptibilität bestimmten CURIE-Temperaturen vermerkt. (Nach SHULL, STRAUSER und WOLLAN [13])

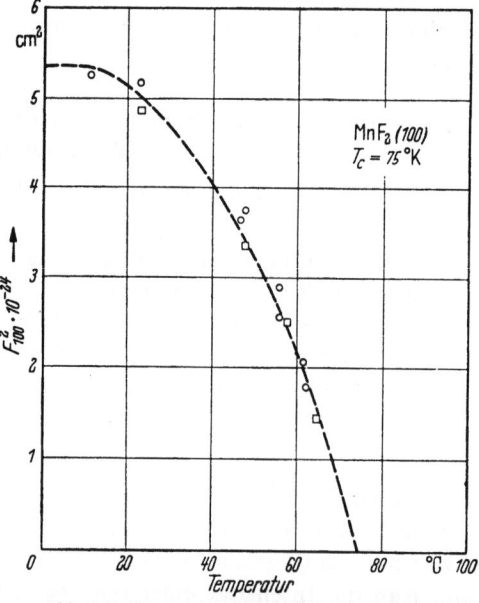

Abb. 5.11. Temperaturabhängigkeit der Maximalintensität der (100)-Beugungslinie von MnF_2. Die eingezeichnete Kurve wurde nach Gl. (5.30) mit $J = 5/2$ berechnet. (Nach ERICKSON [17])

Weise Übereinstimmung der berechneten mit den gemessenen Kurven mit $J = 1$, $J = 3/2$ bzw. $J = 2$.

Für ein genaueres Studium der Untersuchung magnetischer Strukturen mit Hilfe der Neutroneninterferenzen sei auf die genannte Literatur, insbesondere aber auf einen zusammenfassenden Bericht von OSEROW [19] sowie auf ein kürzlich erschienenes Buch von BACON [20] verwiesen.

5.4 Suszeptibilität

5.4.1 Kristallenergie und Weiss'sche Bezirke

Bei Bestehen einer Spin-Bahn-Kopplung stellt sich die spontane Magnetisierung bevorzugt parallel zu bestimmten kristallographischen Richtungen ein. Um die in einem cm³ eines Kristalls enthaltenen Momente um einen bestimmten Winkel reversibel aus einer dieser energetischen Vorzugslagen herauszudrehen, muß ein von diesem Winkel abhängiger Arbeitsbetrag aufgewendet werden, welcher allgemein als magnetokristalline Energie oder einfach als Kristallenergie F_K bezeichnet wird. Die daraus folgende energetische Kopplung der Δ-Richtung an bestimmte kristallographische Vorzugslagen ist genau derselben Art, wie im Falle des Ferromagnetismus für die Richtung der spontanen Magnetisierung. Alle in Kap. 13 abgeleiteten Formeln für die Winkelabhängigkeit von F_K gelten daher uneingeschränkt auch hier. Dasselbe gilt für die Größenordnung der Kristallenergiekonstanten K. Nach NÉEL [21, 9, 1] sind damit auch alle in Kap. 20 und 21 für ferromagnetische Stoffe besprochenen Erscheinungen, wie WEISSsche Bezirke, BLOCH-Wände (s. a. [22]) usw. sinngemäß auf ein Antiferromagnetikum zu übertragen. Ebenso findet man hier bei Änderungen der Δ-Richtung die Elementarprozesse der Drehung und der Wandverschiebung, wie bei Magnetisierungsänderungen in ferromagnetischen Stoffen, und damit auch die Erscheinung der Hysterese als Folge irreversibler Wandverschiebungen.

Dagegen besteht bezüglich der Größe der für den Ablauf der Elementarprozesse notwendigen Feldstärken ein erheblicher Unterschied zwischen ferromagnetischen und antiferromagnetischen Stoffen. Die einen Elementarprozeß auslösende Energie ist, pro Volumeinheit gerechnet, in einem antiferromagnetischen Stoff von der Größenordnung χH^2, in einem ferromagnetischen Stoff dagegen $I_s H$. Setzt man beispielsweise $I_s = 1700$ G (Eisen) und $\chi = 300 \cdot 10^{-6}$ ein, dann berechnet man für Wandverschiebungen, welche im Eisen bei Feldstärken von 1 bis 10 Oe ablaufen, im Falle des Antiferromagnetikums 2000 bis 5000 Oe und entsprechend für Drehprozesse, die in Eisen bei 100 bis 1000 Oe stattfinden, 30 000 bis 100 000 Oe.

WEISSsche Bezirke und damit BLOCH-Wände sind in ferromagnetischen Stoffen stabil, weil durch die Bezirksaufteilung die Streufeldenergie an den Probenbegrenzungen herabgesetzt wird. Diese Begründung für die Existenz WEISSscher Bezirke trifft in antiferromagnetischen Stoffen nicht zu, weil dort die resultierende spontane Magnetisierung Null ist. Hier sind BLOCH-Wände thermodynamisch nur in dem Maße stabil, wie die Wandenergie 1. durch den mit einer Bezirksaufteilung verbundenen Entropiegewinn und 2. durch einen möglichen Gewinn an Spannungsenergie (durch die in 5.6 besprochene Magnetostriktion können Eigenspannungen verringert werden) aufgewogen wird.

Die Bezirke entstehen beim Abkühlen eines antiferromagnetischen Stoffs unter die CURIE-Temperatur dadurch, daß bei T_c gleichzeitig an verschiedenen Stellen des Gitters antiferromagnetische Keime mit unterschiedlicher Δ-Richtung oder unterschiedlicher Phase gebildet werden, welche anwachsen und schließlich unter Bildung einer BLOCH-Wand zusammenstoßen. Daß die im Ungleichgewicht befindlichen Wände den Kristall nicht spontan verlassen, liegt daran, daß die Wandbewegung, wie in Kap. 24 für ferromagnetische Stoffe erläutert, durch Gitterstörungen behindert ist.

5.4.2 Suszeptibilität unterhalb T_c

Mit $\chi_{||}$ bezeichnen wir die parallel zur Δ-Richtung, und mit $\chi_\perp$ die senkrecht dazu gemessene Suszeptibilität.

Isotroper Kristall. Bei verschwindender Kristallenergie ($K = 0$) ist die Δ-Richtung im Kristall frei drehbar und stellt sich, wie NÉEL [21] gezeigt hat, beim Anlegen eines äußeren Magnetfeldes stets senkrecht zu diesem ein. Man mißt also in diesem Fall immer $\chi_\perp$. In schwachen Feldern werden alle Momente um denselben kleinen Winkel $\delta\varphi$ aus der Δ-Richtung herausgedreht, so daß der Winkel zwischen ursprünglich antiparallelen Momenten $180° - 2\,\delta\varphi$ wird. Es ergibt sich eine resultierende Magnetisierung in Feldrichtung, welche linear mit der Feldstärke anwächst. Eine elementare Berechnung von $\chi_\perp$, wie sie von NÉEL [21] durchgeführt wurde, und welche für alle früher besprochenen Momentenordnungen gleichermaßen gilt, ergibt, daß $\chi_\perp$ und damit χ bei verschwindender Kristallanisotropie von der Temperatur unabhängig sein muß (Kurve A in Abb. 5.12). Bezeichnen wir die Suszeptibilität am CURIE-Punkt mit χ_{Tc}, so ist also $\chi_\perp/\chi_{Tc} = 1$ im gesamten Temperaturgebiet $T < T_c$. Ohne die Rechnung im einzelnen auszuführen kann man dies leicht folgendermaßen einsehen: Die mittlere Magnetisierung eines Untergitters sei I_{As}. Das von der Feldstärke auf I_A ausgeübte Drehmoment ist dann $H I_{As} \cos \delta\varphi \approx H I_{As}$. Das von dem molekularen Feld auf I_A ausgeübte Drehmoment ist dagegen proportional zu I_A^2. Dieses sucht aber die Spins in antiparalleler Lage zu halten, wirkt also der äußeren Feldstärke entgegen, d. h. $\delta\varphi$ ist proportional zu $1/I_{As}$. Schließlich ist die Suszeptibilität $\chi_\perp$ proportional zu $I_{As} \cdot \delta\varphi$, und damit hebt sich der temperaturabhängige Faktor I_{As} aus der Gleichung für $\chi_\perp$ heraus, so daß man $\chi_\perp = \chi_{Tc}$ für $T \leq T_c$ erhält.

Anisotropie mit kubischer Symmetrie. Wir wollen nunmehr annehmen, daß $K \neq 0$ sei und die Anisotropie kubische Symmetrie besitze, derart, daß die Vorzugslagen von Δ die Würfelkantenrichtungen sind. Ist die Δ-Richtung im gesamten Kristall dieselbe, dann erhält man in einem schwachen Feld senkrecht dazu wieder $\chi_\perp = \chi_{Tc}$ wie oben. Dagegen ist nach Rechnungen von BITTER [23] und VAN VLECK [24] $\chi_{||}$ entsprechend Kurve B in Abb. 5.12 von der Temperatur abhängig. Prinzipiell verläuft die Rechnung so, daß man in das Argument der BRILLOUIN-Funktion $B(\alpha)$ die Summe bzw. die Differenz des molekularen und des äußeren Feldes einsetzt, je nachdem, um welches Untergitter es sich handelt, und sodann $B(\alpha)$ in eine TAYLOR-Reihe nach der Feldstärke H entwickelt. Die Rechnung wurde für das kubisch raumzentrierte Gitter mit Ordnung 1. Art entsprechend Abb. 5.3a durchgeführt und liefert das wichtige Ergebnis, daß für $T = 0$ $\chi_{||} = 0$ ist. Dies gilt gleichermaßen auch für die anderen hier besprochenen Momentenordnungen. Für $T = T_c$ ist natürlich $\chi_{||} = \chi_\perp = \chi_{Tc}$. Im allgemeinen wird die Δ-Richtung nicht im ganzen Kristall dieselbe sein. Dieser ist vielmehr, wie bereits ausgeführt, in WEISSsche Bezirke unterteilt, innerhalb welcher bei Ordnung 1. Art mit nur 2 Untergittern[1] eine einheitliche Orientierung des Antiferromagnetismus herrscht, die aber von Bezirk zu Bezirk wechselt, wobei alle drei Würfelkantenrichtungen gleichberechtigt sind. Nach VAN VLECK [24] erhält man dann für die Suszeptibilität (Kurve C in Abb. 5.12)

$$\chi = \frac{2}{3}\chi_\perp + \frac{1}{3}\chi_{||}. \quad (5.31)$$

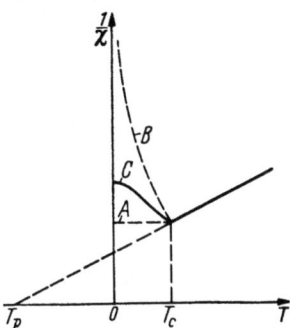

Abb. 5.12. Temperaturabhängigkeit der reziproken Suszeptibilität $1/\chi$ eines antiferromagnetischen Stoffs, wenn die Δ-Richtung (A) senkrecht, (B) parallel zum angelegten Feld liegt und (C) statistisch über alle Raumrichtungen verteilt ist. (Nach NÉEL [1])

Daraus folgt für $T = 0$ mit $\chi_\perp = \chi_{Tc}$ und $\chi_{||} = 0$ die Suszeptibilität $\chi_0 = 2/3\,\chi_{Tc}$, ein Ergebnis, welches relativ gut mit der experimentellen Erfahrung übereinstimmt, wie die folgenden Meßwerte für eine Reihe antiferromagnetischer Substanzen zeigen:

Substanz	MnF_2	FeF_2	MnO	MnS	FeO
χ_0/χ_{Tc}	0,76	0,76	0,69	0,82	0,75

Einachsige Anisotropie. Wir wollen nunmehr die bisher gemachte Voraussetzung kleiner Feldstärken fallen lassen und ferner annehmen, daß die Kristallanisotropie des nunmehr betrachteten Kristalls einachsige Symmetrie habe. In einem Feld senkrecht zur Δ-Richtung mißt man wieder $\chi_\perp = \chi_{Tc}$ wie für $K = 0$. Ist dagegen die Feldrichtung parallel zu der antiferromagnetischen Vorzugslage, dann erhält man bei Temperaturen nahe dem absoluten Nullpunkt in schwachen Feldern $\chi_{||} \approx 0$, wie bereits ausgeführt. Mit steigender Feldstärke bleibt die Suszeptibilität fast Null bis sich bei einer kritischen Feldstärke H_0 die antiferromagnetische Richtung plötzlich aus ihrer kristallographischen Vorzugslage löst und in eine Richtung senkrecht zum Feld umklappt [21]. Gleichzeitig springt die Suszeptibilität von Null auf den höheren Wert $\chi_\perp$. In Abb. 5.13 ist nach NÉEL [25] die reduzierte Suszeptibilität $\chi/\chi_\perp$ als Funktion der reduzierten Feldstärke H/H_0 für verschiedene Neigungen ϑ der Feldrichtung gegen die kristallographische Vorzugslage dargestellt. Der oben besprochene Spezialfall entspricht der unstetigen Kurve für $\vartheta = 0$. Ist $\vartheta \neq 0$, dann ist die Suszeptibilität auch bei kleinen Feldstärken von Null verschieden und der Übergang nach $\chi_\perp$ ein stetiger.

Dieser von NÉEL vorausgesagte Sprung der Suszeptibilität bei einer kritischen Feldstärke ist experimentell von GORTER und Mitarbeitern [26] bis [29] an Kupferchlorid-Kristallen ($CuCl_2 \cdot 2H_2O$) bei der Temperatur des flüssigen Heliums tatsächlich gefunden worden, wie Abb. 5.14 zeigt. Es ist ersichtlich $H_0 \approx 6500$ Oe.

---

[1] Für Ordnungen mit mehr als einem Untergitterpaar gilt diese einfache Überlegung nicht mehr (s. z. B. J. H. VAN VLECK, J. Phys. Rad. 12 (1951) S. 267f.

4*

Die Berechnung der kritischen Feldstärke H_0 ist elementar und soll hier kurz wiedergegeben werden. Die Winkelabhängigkeit der Kristallenergie sei gegeben

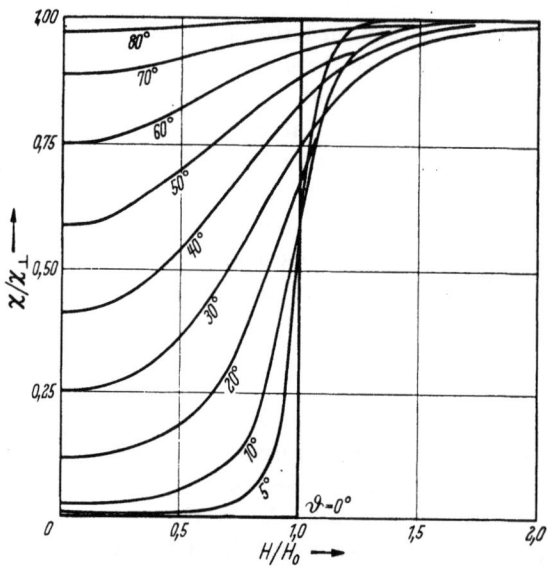

Abb. 5.13. Feldabhängigkeit der Suszeptibilität bei verschiedenen Orientierungen der $\varDelta$-Richtung gegenüber der Feldrichtung. (Nach Néel [25])

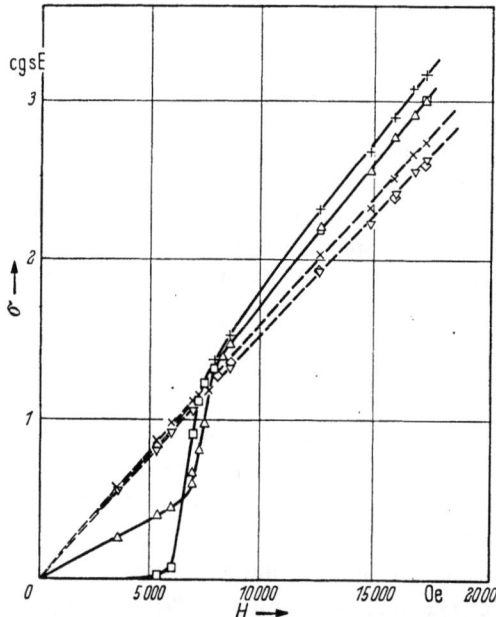

Abb. 5.14. Magnetisierung σ von $CuCl_2 \cdot 2H_2O$ bei verschiedenen Temperaturen T als Funktion des angelegten Feldes H. (+) $T = 4{,}1$°K; Feld parallel zur a-Achse (Vorzugsrichtung von $\varDelta$). (×) $T = 4{,}1$°K; Feld parallel zur b-Achse (senkrecht zur Vorzugsrichtung von $\varDelta$). ($\triangle$) $T = 3{,}02$°K; Feld parallel zur a-Achse. ($\triangledown$) $T = 3{,}02$°K; Feld parallel zur b-Achse. ($\square$) $T = 1{,}57$°K; Feld parallel zur a-Achse. ($\diamond$) $T = 0{,}57$°K; Feld parallel zur b-Achse. (Nach Gorter [29])

durch $F_K = K_1 \sin^2 \varphi$, wobei φ der Winkel zwischen der $\varDelta$-Richtung und der kristallographischen Vorzugslage ist. In einem Feld H parallel zu der kristallographischen Vorzugslage bleibt zunächst $\varphi = 0$ und man mißt, da $T \neq 0$ aber nahe Null sein soll, für $\chi_\parallel$ einen kleinen aber endlichen Wert. Die Energie der Magnetisierung im Feld ist dann pro cm³ gegeben durch $-\chi_\parallel H^2/2$. Ist die $\varDelta$-Richtung in eine Richtung quer zur Feldrichtung und damit auch zu der kristallographischen Vorzugslage umgeklappt, dann ist $\varphi = \pi/2$ und man erhält für die Gesamtenergie $K_1 - \chi_\perp H^2/2$. Bei der kritischen Feldstärke sind beide Energiebeträge gleich groß

$$-\chi_\parallel H_0^2/2 = K_1 - \chi_\perp H_0^2/2$$

und daraus

$$H_0 = \sqrt{2K_1/(\chi_\perp - \chi_\parallel)}. \qquad (5.32)$$

5.4.3 Meßergebnisse zur Temperaturabhängigkeit der antiferromagnetischen Suszeptibilität

Einkristalle. Die Temperaturabhängigkeit der Suszeptibilitäten $\chi_\parallel$ und $\chi_\perp$ wurde verschiedentlich ([30, 31, 32, 33, 34]) an Einkristallen mit einachsiger Anisotropie gemessen. In Abb. 5.15 sind die Messungen von STOUT und GRIFFEL

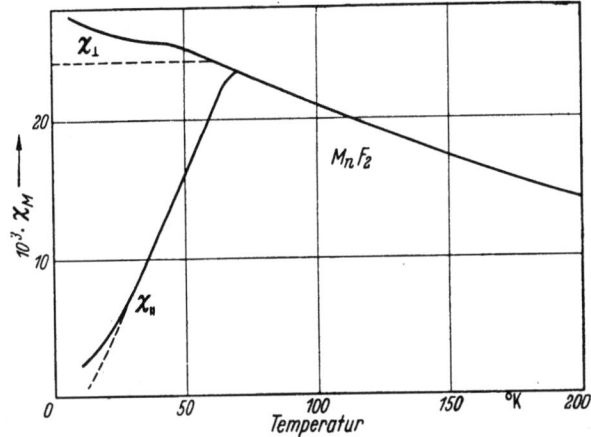

Abb. 5.15. Temperaturabhängigkeit der molaren Suszeptibilität χ_M eines MnF$_2$-Einkristalls parallel und senkrecht zur Δ-Richtung (c-Achse) des Kristalls. (Nach STOUT und GRIFFEL [30] sowie BIZETTE und TSAI [31])

[30] sowie von BIZETTE und TSAI [31] an MnF$_2$-Einkristallen wiedergegeben. Magnetische Vorzugsrichtung ist die tetragonale Achse. Die unterhalb der CURIE-Temperatur geringfügig voneinander abweichenden Meßergebnisse zeigen in befriedigender Übereinstimmung mit der Theorie, daß $\chi_\perp$ praktisch temperaturunabhängig ist, während $\chi_\parallel$ mit fallender Temperatur gegen Null geht.

Nach Untersuchungen von BIZETTE, TERRIER und TSAI [33] an Eisenchlorid ist $\chi_\perp$ unterhalb T_c in Feldern bis $2,5 \cdot 10^4$ Oe unabhängig von der Temperatur und der Feldstärke, während $\chi_\parallel$ außer von der Temperatur auch von der Feldstärke abhängt. Das Maximum von $\chi_\parallel$, das in schwachen Feldern bei T_c liegt, verschiebt sich mit wachsender Feldstärke zu tieferen Temperaturen und verschwindet schließlich bei etwa $1,9 \cdot 10^4$ Oe (s. a. [35]).

Die Differenz $\chi_\parallel - \chi_\perp$ wird als Anisotropie der Suszeptibilität bezeichnet. Ihre Temperaturabhängigkeit wurde für verschiedene Substanzen untersucht [30, 32].

Vielkristalle. Aus der Vielzahl der Meßergebnisse zur Temperaturabhängigkeit der Suszeptibilität vielkristalliner antiferromagnetischer Substanzen wollen wir hier nur zwei charakteristische Beispiele für den Fall kubischer und einachsiger Symmetrie der Kristallenergie herausgreifen, und für weitere Ergebnisse auf die Literatur verweisen.

Die Kristallenergie von MnO hat kubische Symmetrie. Ein Feld in Richtung einer Würfelkante eines Einkristalls ist parallel zu einer und senkrecht zu den beiden anderen antiferromagnetischen Vorzugsrichtungen. Nach VAN VLECK [24] hat man daher, wie bereits ausgeführt, in schwachen Feldern zu erwarten, daß die

Suszeptibilität bei $T = 0$ $\chi_0 = 2/3\,\chi_{Tc}$ ist. Dasselbe gilt für polykristallines Material bzw. Pulver. Abb. 5.16 zeigt die Temperaturabhängigkeit der molaren Suszeptibilität von MnO bei verschiedenen Feldstärken nach Messungen von BIZETTE, SQUIRE und TSAI [36]. Die Kurve durchläuft bei 122°K ein Maximum in leidlicher Übereinstimmung mit CURIE-Punktsmessungen aus Neutroneninterferenzen (Abb. 5.10), der spezifischen Wärme (Abb. 5.17) und des thermischen Ausdehnungskoeffizienten (Abb. 5.18). Oberhalb T_c gilt das CURIE-WEISSsche Gesetz. Es ist $\chi_M = 4{,}40/(T + 610)$, also $T_p = -610$°K. Ferner erhält man bei $H = 7000$ Oe $\chi_0/\chi_{Tc} = 0{,}69$ in guter Übereinstimmung mit der Theorie von VAN VLECK.

MnF$_2$ hat Rutilstruktur. Aus den Neutroneninterferenzen ergab sich, daß die tetragonale Achse antiferromagnetische Vorzugsrichtung ist. F_K hat also einachsige Symmetrie. In Abb.

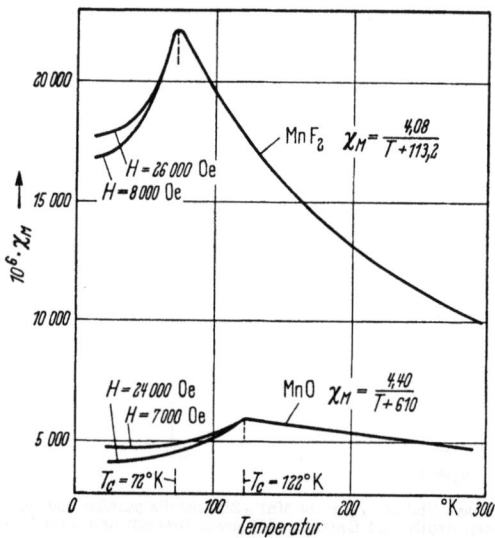

Abb. 5.16. Temperaturabhängigkeit der molaren Suszeptibilität χ_M von vielkristallinem MnF$_2$ und MnO. (Nach BIZETTE [68])

5.16 ist die Temperaturabhängigkeit der Suszeptibilität von MnF$_2$ nach Messungen von BIZETTE und TSAI [37] an MnF$_2$-Pulver dargestellt. Die CURIE-

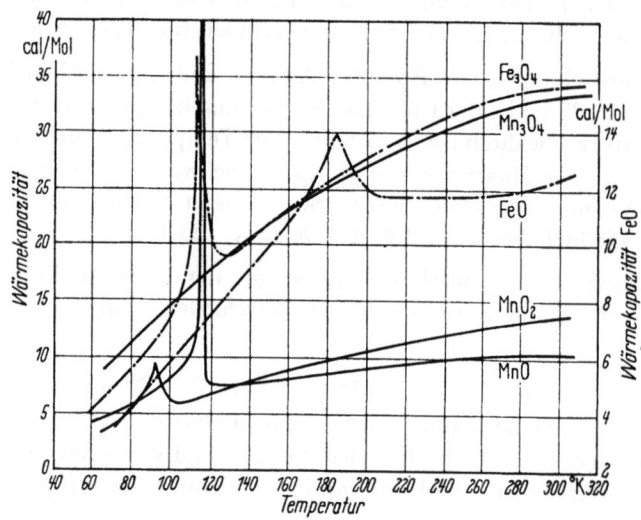

Abb. 5.17. Spezifische Wärme einiger antiferromagnetischer Stoffe. (Nach MILLAR [38])

Temperatur ist $T_c = 72$°K. Oberhalb T_c folgt die Suszeptibilität dem CURIE-WEISSschen Gesetz mit der molaren Suszeptibilität $\chi_M = 4{,}08/(T + 113{,}2)$. Ferner ergibt sich $\chi_0/\chi_{Tc} = 0{,}76$.

Die nach Abb. 5.16 vorhandene Feldstärkenabhängigkeit der Suszeptibilität unterhalb T_c ist wahrscheinlich durch die Feldstärkeabhängigkeit von $\chi_{\|}$ bedingt, während $\chi_\perp$ in den bei der Messung angewendeten Feldern vermutlich noch Feldstärkeunabhängigkeit ist.

5.5 Anomalien verschiedener physikalischer Eigenschaften am antiferromagnetischen Curie-Punkt

Von ferromagnetischen Stoffen her ist bekannt, daß verschiedene physikalische Eigenschaften am CURIE-Punkt eine Anomalie zeigen, deren Maximum man zur Bestimmung der CURIE-Temperatur verwenden kann. Dasselbe trifft auch für Antiferromagnetika zu. Zwei Bestimmungsmethoden für T_c haben wir bereits kennengelernt: Das Maximum der magnetischen Suszeptibilität χ von Vielkristallen, und der „Knick" in der Temperaturabhängigkeit der Intensität der magnetischen Neutroneninterferenzlinien.

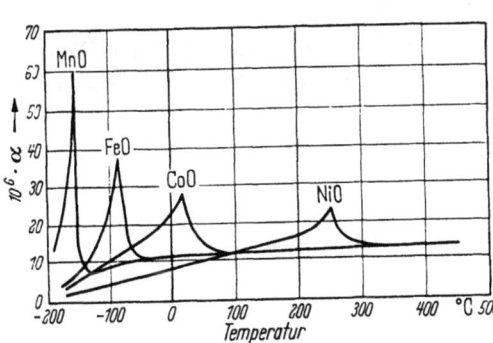

Abb. 5.18. Thermischer Ausdehnungskoeffizient einiger antiferromagnetischer Oxyde. (Nach FOEX [39])

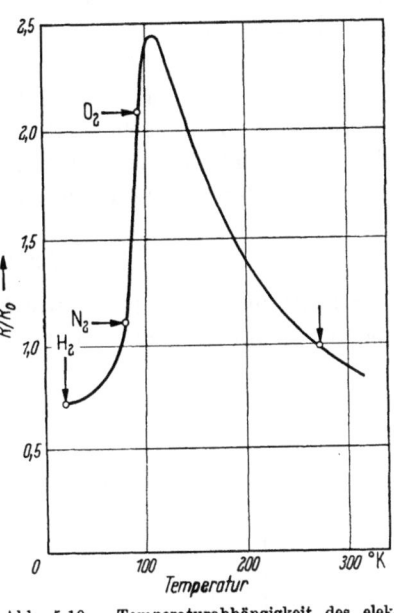

Abb. 5.19. Temperaturabhängigkeit des elektrischen Widerstandes von MnO$_2$. (Nach BIZETTE [68])

Von den nicht magnetischen Eigenschaften wurden unter anderem insbesondere die spezifische Wärme C_p, der lineare Temperaturausdehnungskoeffizient α und der elektrische Widerstand R in der Umgebung von T_c untersucht. In Abb. 5.17 ist die Temperaturabhängigkeit von C_p nach MILLER [38] und in Abb. 5.18 der Ausdehnungskoeffizient α nach FOEX [39] als Funktion der Temperatur für eine Reihe antiferromagnetischer Substanzen dargestellt. Ferner gibt Abb. 5.19 den Verlauf des reduzierten elektrischen Widerstandes R/R_0 mit der Temperatur nach Messungen von MANNEVY-TASSY [40] an MnO$_2$ wieder. Alle drei Größen zeigen am CURIE-Punkt ein stark ausgeprägtes Maximum.

5.6 Spontane Gitterdeformation und magnetomechanische Effekte

5.6.1 Spontane Gitterdeformation

Die in Abb. 5.18 gezeigte Anomalie des Temperaturausdehnungskoeffizienten am CURIE-Punkt ist Ausdruck einer spontanen, offenbar mit der antiferromagnetischen Ordnung zusammenhängenden Volumenänderung. Und zwar ergibt sich für die Oxyde der Übergangsmetalle in Abb. 5.18 eine mit dem Grad der antiferromagnetischen Ordnung zunehmende Volumenkontraktion entsprechend einem anomal hohen Temperaturausdehnungskoeffizienten.

Neben seinem Volumen ändert das Gitter antiferromagnetischer Stoffe beim Abkühlen unter die CURIE-Temperatur seine Symmetrie. Nach röntgenographischen Messungen von ROOKSBY [41, 42] und TOMBS und ROOKSBY [43] werden die bei hohen Temperaturen exakt kubischen Gitter der Stoffe MnO, FeO und NiO unterhalb T_c rhomboedrisch. Das ebenfalls kubische CoO-Gitter wird tetragonal. Dabei nimmt das Achsenverhältnis c/a mit fallender Temperatur von $c/a = 1,0000$ bei $20\,°C$ über $c/a = 0,995$ bei $-70\,°C$ auf $c/a = 0,9886$ bei $-180\,°C$ ab. Die tetragonale Verzerrung nimmt also mit dem antiferromagnetischen Ordnungsgrund zu und ist offenbar ursächlich mit dem Auftreten des Antiferromagnetismus verknüpft. Dieser Schluß wurde erstmals von GREENWALD und SMART [44] gezogen, nachdem die Temperatur, bei welcher die kubische Symmetrie verlorengeht, mit der aus magnetischen Daten gewonnenen antiferromagnetischen CURIE-Temperatur der untersuchten Substanzen übereinstimmt.

5.6.2 Elastizitätsmodul

STREET und LEWIS [45] sowie FINE [46] haben beobachtet, daß der Elastizitätsmodul von NiO und CoO beim Abkühlen durch den antiferromagnetischen

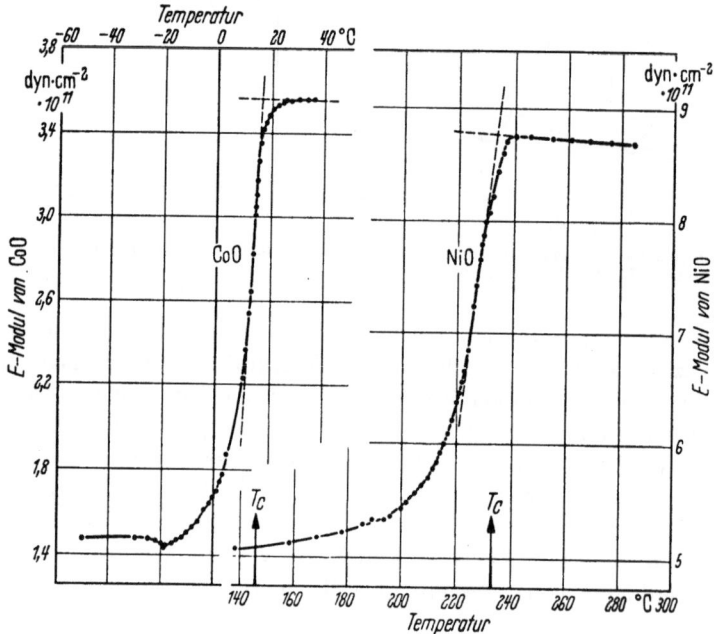

Abb. 5.20. Temperaturabhängigkeit des Elastizitätsmoduls von CoO und NiO in der Umgebung der NÉEL-Temperatur. (Nach STREET und LEWIS [45])

CURIE-Bereich entsprechend Abb. 5.20 innerhalb eines schmalen Temperaturintervalls von etwa 20° auf weniger als die Hälfte abnimmt. Wie STREET und LEWIS anregten und FINE näher ausgeführt hat, findet dieser Effekt wahrscheinlich eine analoge Erklärung wie der bekannte ΔE-Effekt ferromagnetischer Stoffe, welcher bei Nickel zu einer Erniedrigung des E-Moduls bis zu 30% des Wertes am CURIE-Punkt führt. Die Theorie des ΔE-Effekts wird für ferromagnetische Stoffe in Kap. 43 ausführlich behandelt werden. Übertragen wir sie sinngemäß auf antiferromagnetische Stoffe, so spielt wahrscheinlich die spontane tetragonale bzw. rhomboedrische Verzerrung des antiferromagnetischen Gitters unterhalb T_c die Rolle der Magnetostriktion. Ferner ist nach 5.4.1 das Antiferromagnetikum ebenfalls in WEISSsche Bezirke verschiedener magnetischer Orientierung aufgeteilt, und es gibt Wandverschiebungs- und Drehprozesse, welche wahrscheinlich beide, wie bei ferromagnetischen Stoffen, einen Beitrag zum ΔE-Effekt liefern. Daß dieser z. B. bei CoO wesentlich größer ist als bei allen ferromagnetischen Substanzen, erscheint plausibel, nachdem die Tetragonalität von CoO bei $-180°$ etwa 100mal so groß ist wie die Längsmagnetostriktion von Nickel.

5.7 Metamagnetismus

Als metamagnetisch [35, 47] werden Stoffe bezeichnet, die sich in schwachen Feldern antiferromagnetisch und in starken Feldern ferromagnetisch verhalten.

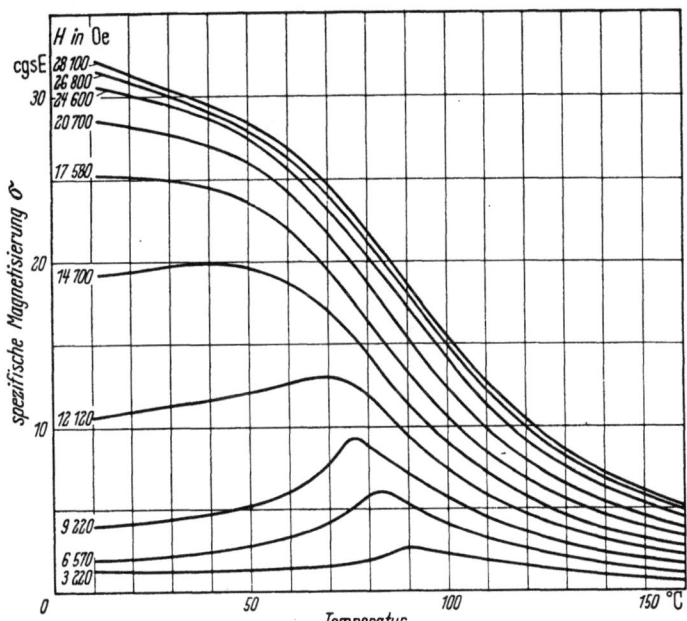

Abb. 5.21. Temperaturabhängigkeit der bei verschiedenen konstanten Feldstärken gemessenen Magnetisierung von MnAu$_2$. (Nach MEYER und TAGLANG [50])

Stoffe dieser Art sind beispielsweise die Chloride CuCl$_2$, NiCl$_2$, CoCl$_2$, FeCl$_2$ [35, 47] sowie MnAu$_2$ [48, 49, 50]. Wir wollen im folgenden den Metamagnetismus an Hand der besonders schönen und vollständigen experimentellen Untersuchungen von MAYER und TAGLANG [48, 49, 50] an vielkristallinem MnAu$_2$ besprechen.

In Abb. 5.21 ist die Temperaturabhängigkeit der Magnetisierung pro Gramm bei konstanter Feldstärke für verschieden hohe Feldstärken wiedergegeben. σ ist wegen $\chi_G = \sigma/H$ proportional zu χ_G. In schwachen Feldern (~ 3000 Oe) besteht typisch antiferromagnetisches Verhalten (vgl. Abb. 5.16) mit der CURIE-Temperatur $T_c = 90\,°\text{C} = 363\,°\text{K}$. In starken Feldern ($H > 20000$ Oe) beob-

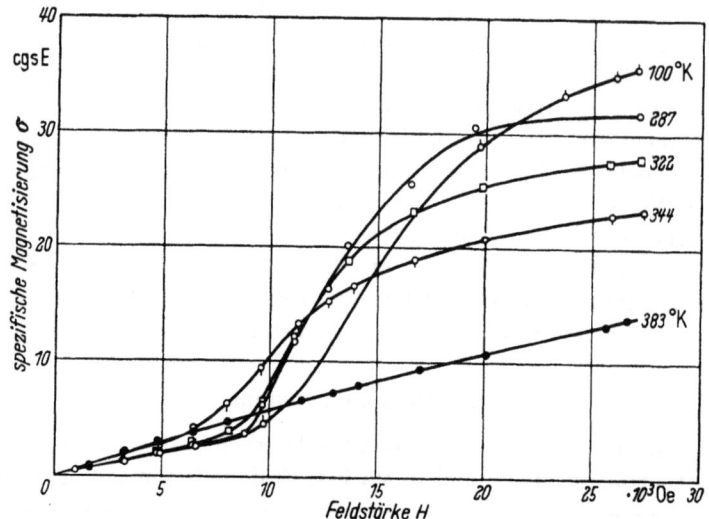

Abb. 5.22. Feldabhängigkeit der Magnetisierung von MnAu$_2$ bei verschiedenen Temperaturen. (Nach MEYER und TAGLANG [50])

achtet man dagegen die für ferromagnetische Substanzen in starken Feldern typische Temperaturabhängigkeit der Magnetisierung.

Ein analoges Verhalten, wie in Abb. 5.21, fanden BIZETTE, TERRIER und TSAI [33], wie in 5.4.3 (Abschn. Einkristalle) bereits erwähnt, für die Parallelsuszeptibilität $\chi_\parallel$ von Einkristallen des ebenfalls metamagnetischen Eisenchlorids, während sich $\chi_\perp$ als feldstärkeunabhängig erwies.

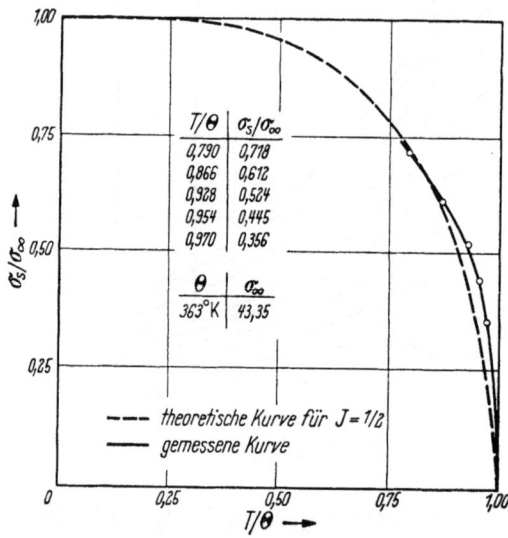

Abb. 5.23. Temperaturabhängigkeit der spontanen Magnetisierung von MnAu$_2$. (Nach MEYER und TAGLANG [50])

Abb. 5.22 zeigt die Feldstärkeabhängigkeit der Magnetisierung für verschiedene Temperaturen. Danach steigt σ bei Temperaturen oberhalb T_c bis zu höchsten Feldern linear mit der Feldstärke an, d. h. χ ist unabhängig von der Feldstärke. Die Substanz verhält sich also paramagnetisch.

Bei Temperaturen unterhalb T_c dagegen besteht eine, normal antiferromagnetischem Verhalten entsprechende, feldstärkeunabhängige Suszeptibilität nur unterhalb einer gewissen Grenzfeldstärke H_a, welche mit steigender Temperatur abnimmt.

In Feldern oberhalb H_a wird χ feldstärkeabhängig. σ steigt nichtlinear mit H an und erreicht in hinreichend hohen Feldern Sättigung. Die Sättigungsmagnetisierung $\sigma_s{}^1$ hat, wie Abb. 5.23 in reduzierten Koordinaten zeigt, als Funktion der Temperatur einen analogen Verlauf, wie die z. B. in Abb. 4.2 dargestellte spontane Magnetisierung der ferromagnetischen Elemente.

Das metamagnetische Verhalten unterhalb T_c kann nach MAYER und TAGLANG [50] sowie NÉEL [51] an Hand unserer Ausführungen über die Molekularfeldtheorie des Ferro- und Antiferromagnetismus zunächst prinzipiell in einfacher Weise verstanden werden.

Betrachten wir beispielsweise ein kubisch oder tetragonal raumzentriertes Gitter. Ist $|W_2/W_1| \gg 1$ und ferner $W_1 > 0$ und $W_2 < 0$, dann bedeutet dies nach 5.1.2 [Gl. (5.6)] zwei antiferromagnetisch gegeneinander gekoppelte Untergitter A und B, innerhalb welcher jeweils eine starke ferromagnetische Kopplung herrscht.

In schwachen Feldern verhält sich eine solche Substanz nach Gl. (5.6) antiferromagnetisch. Bei einachsiger Anisotropie der Form

$$F_K = -\frac{1}{2} K_0 (\cos^2 \varphi_A + \cos^2 \varphi_B) - K_1 \cos \varphi_A \cos \varphi_B, \qquad (5.33)$$

worin φ_A, φ_B die Winkel zwischen I_{As} und I_{Bs} und der kristallographischen Vorzugsrichtung bedeuten und K_0, K_1 Konstanten sind, erhält man für Temperaturen unterhalb T_c nach NÉEL [51] die mittlere Suszeptibilität

$$\chi_G = \frac{2}{3 W_1} \left(1 + \frac{2(K_0 - K_1)}{W_1 I^2}\right) \qquad (5.34)$$

mit $I_s = I_{As} + I_{Bs} = 2 I_{As} = 2 I_{Bs}$, da ja voraussetzungsgemäß $I_{As} = I_{Bs}$ ist.

Aus Gl. (5.6) folgt, daß die antiferromagnetische Kopplung zwischen den Untergittern A und B aufgehoben wird, wenn H die Größenordnung von $W_1 I_{As} = W_1 I_s/2$ erreicht. Die Magnetisierungen der beiden in sich ferromagnetischen Untergitter stellen sich dann mit wachsender Feldstärke in zunehmendem Maße parallel zueinander und zum äußeren Feld ein, so daß in Feldrichtung schließlich eine resultierende spontane Magnetisierung $I_s = I_{As} + I_{Bs}$ erscheint. Die Rechnung [51] ergibt für die kritische Feldstärke H_a unter Berücksichtigung der Kristallenergie

$$H_a = W_1 I_s/2 - 2 K_1/I_s. \qquad (5.35)$$

H_a ist die Feldstärke, bei welcher die in Abb. 5.22 gezeigten Magnetisierungskurven $\sigma(H)$ bzw. $I(H)$ vom linearen Verlauf abbiegen und kann in dieser Weise experimentell bestimmt werden.

In hinreichend hohen Feldern verhält sich die Substanz wie ein Ferromagnetikum, und ihre Magnetisierung folgt dem bekannten Gesetz der Einmündung in die Sättigung (s. Kap. 35)

$$I \approx I_s(1 - b/H^2), \qquad (5.36)$$

worin b im allgemeinen von der Kristall- und Spannungsenergie abhängt. Die spontane Magnetisierung $I_s = I_{As} + I_{Bs}$ ist gleich der Summe der spontanen Magnetisierungen der Untergitter und hat die für ferromagnetische Substanzen

---

[1] Die Sättigungsmagnetisierung σ_s ist nicht die auf $H = \infty$ extrapolierte Magnetisierung, sondern entspricht der voraussetzungsgemäß bei $H = 0$ (s. 4.3) bestehenden spontanen Magnetisierung. σ_s ist nach einer der in Kap. 10 angegebenen Methoden zu bestimmen und wurde hier aus Messungen des magnetokalorischen Effekts ermittelt.

charakteristische Temperaturabhängigkeit, wie sie für MnAu$_2$ in Abb. 5.23 gezeigt ist [1].

Oberhalb T_c verhalten sich metamagnetische Substanzen normal paramagnetisch. Der magnetische Zustand eines Metamagnetikums hängt also gleichzeitig

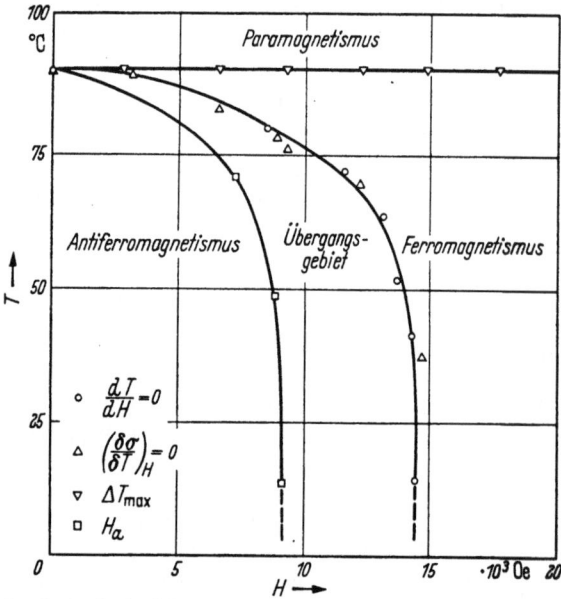

Abb. 5.24. Magnetisches Zustandsschaubild (T-H-Diagramm) von MnAu$_2$. (Nach MEYER und TAGLANG [50])

von der Temperatur und der Feldstärke ab. Wir können diesen Sachverhalt übersichtlich in einem H-T-Diagramm darstellen, welches für MnAu$_2$ in Abb. 5.24 nach Messungen von MAYER und TAGLANG wiedergegeben ist.

5.8 Magnetische Verdünnung, Übergang zum Paramagnetismus

Sehr aufschlußreich sind Meßreihen von BIZETTE und TSAI [52], in denen der Einfluß einer „magnetischen Verdünnung" auf die Temperaturabhängigkeit der Suszeptibilität untersucht wurde. Eine magnetische Verdünnung erhält man durch Substitution der paramagnetischen Metallionen eines antiferromagnetischen Stoffes mit chemisch gleichwertigen diamagnetischen Metallionen, welche kein magnetisches Moment besitzen und deshalb nicht am Antiferromagnetismus teilnehmen können. Wir erwarten, daß mit wachsender Verdünnung das WEISSsche Feld und damit die CURIE-Temperatur allmählich abnimmt.

Bei der in Abb. 5.25 dargestellten Versuchsreihe werden feste Lösungen verschiedener Mengenverhältnisse von MgO in MnO hergestellt, deren chemische Formel sich als xMgO · $(1-x)$MnO schreiben läßt, wobei mit zunehmendem Anteil x eine wachsende Anzahl von Mn^{++}-Ionen durch die diamagnetischen Mg^{++}-Ionen ersetzt wird. Wie aus Abb. 5.25 hervorgeht, wird das Maximum

---

[1] Tatsächlich bilden die Spins in MnAu$_2$ nicht zwei antiparallel gekoppelte Untergitter sondern „Spinschrauben", in welchen sich die Momente nach außen hin ebenfalls aufheben. Bei der kritischen Feldstärke H_a „brechen die Schrauben auf" und die Spins werden parallel zueinander ausgerichtet.

der Suszeptibilität bei T_c schon bei so geringen MgO-Gehalten wie 2,8% wesentlich flacher und breiter. Es rückt mit wachsender Menge MgO erwartungsgemäß zu tieferen Temperaturen und verschwindet bei der Zusammensetzung 0,385 MgO · 0,615 MnO schließlich vollständig. Gleichzeitig verschiebt sich die paramagnetische CURIE-Temperatur von $-610\,°K$ für reines MnO auf $-500\,°K$ für das letztgenannte Mischoxyd. Insgesamt findet man mit zunehmender magnetischer Verdünnung einen kontinuierlichen Übergang von antiferromagnetischem zu paramagnetischem Verhalten.

Analoge Ergebnisse erhielten die genannten Autoren für die quasibinären Systeme xMgO · $(1-x)$FeO und xMgO · $(1-x)$CoO. Das System xMgO · $(1-x)$CoO wurde ferner von ELLIOTT [53] untersucht. Ein ähnliches Verhalten fanden SELWOOD, HILL und BOARDMAN [54] auch im System xAl$_2$O$_3$ · $(1-x)$ Cr$_2$O$_3$.

Magnetische Untersuchungen und Neutronenbeugungsversuche von BACON, STREET und TREDGOLD [55] an Mischungen aus den beiden antiferromagnetischen Oxyden MnO und CoO ergaben, daß diese

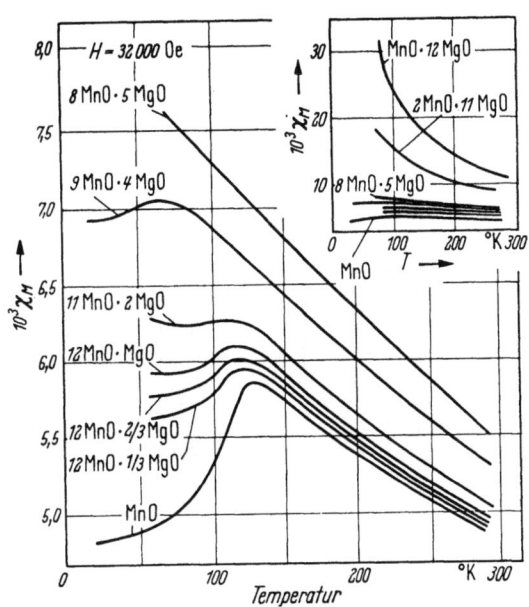

Abb. 5.25. Temperaturabhängigkeit der molaren Suszeptibilität von xMgO $(1-x)$MnO für verschiedene Konzentrationen x der diamagnetischen Mg^{++}-Ionen. (Nach BIZETTE und TSAI [52])

ebenfalls antiferromagnetisch sind und Momentenordnung 2. Art zeigen. Es ergab sich, daß die antiferromagnetische CURIE-Temperatur T_c linear von der atomaren Zusammensetzung der Mischung abhängt. Dieses Ergebnis steht im Einklang mit einer von den genannten Autoren durchgeführten Erweiterung der Theorie von ANDERSON für kubisch flächenzentrierte Gitter auf Mischungssysteme.

5.9 Antiferromagnetische Stoffe

(Übersicht)

Die von NAGAMIYA, YOSIDA und KUBO [5] zusammengestellte Tab. 5.1 gibt eine Übersicht über die wesentlichen Eigenschaften der bekanntesten antiferromagnetischen Stoffe.

Ergänzend hierzu seien noch die magnetischen Untersuchungen von MEYER und Mitarbeitern [48, 49, 50, 56, 57, 58], KUSSMANN und RAUB [59] sowie von MORRIS und PRESTON [60] im System Mangan—Gold, von BACON et al. [61] im System Mangan—Kupfer und von HIRONE et al. [62] in dem quasibinären System MnSb—CrSb erwähnt. Ferner sei erwähnt, daß einige Seltene Erden bei tiefen Temperaturen antiferromagnetisches bzw. metamagnetisches Verhalten zeigen [63, 64, 65, 66, 67].

Tabelle 5.1. *Magnetische Eigenschaften antiferromagnetischer Substanzen*

Substanz	Kristalltypus	χ	T_C in °K aus spez. Wärme	T_C in °K aus andere Messungen	$-T_p$ in °K	Curie-Konstante pro Mol C_M	χ_0/χ_{T_C}	Literatur
MnO	NaCl	122	116 117,8	116 D	610	4,40	0,69	[149, 36, 38, 148, 39] [55, 165, 52]
FeO	NaCl	198 186	183 188,5	186 D	570 190 195	6,24 4,60 2,42	0,78 0,76	[149, 82, 124, 127, 148] [39, 165, 52]
CoO	NaCl	293	289,7	292 D 289 E 291 S	280	3,0546		[149, 99, 122, 159, 39, 45, 130, 55, 165, 159]
NiO	NaCl	492 647	520	523 D 507 E			0,67	[141, 122, 163, 39, 45]
CuO	monocl.	453	220 ?	230 N			0,60	[114, 121, 118, 161]
V_2O_3	Cr_2O_3	173	168,8	170 D 168 C				[115, 74, 164]
V_2O_4	Rutil	343 335 355			720	0,55		[115, 133]
Cr_2O_3	trig.	311 323 350	305 304,5 306,5	305,8 D 318 S	1070 550 493	2,56 1,82	0,76 0,85	[44, 152, 93, 113, 95, 75, 117, 130] [152, 125]

Tabelle 5.1 (Fortsetzung)

Substanz	Kristalltypus	x	T_c in °K aus spez. Wärme	andere Messungen	$-T_p$ in °K	Curie-Konstante pro Mol C_M	x_ρ/x_{Tc}	Literatur
MnO_2	Rutil	84	92,12				0,93	[68, 120]
$-Fe_2O_3$	Cr_2O_3	950	950	950 C	2000	4,4		[90, 128, 87, 129, 83]
CrS	NiAs							[107, 109, 157]
MnS	NaCl	165	140		528	4,30	0,82	[135, 165, 143, 137, 73]
FeS	NiAs	613			857	3,44		[108, 132, 79, 157]
MnSe	NaCl	323	247		361	4,01		[119, 137, 80, 123, 154]
MnTe	NiAs	307	307		690	4,59	0,68 / 0,5	[99, 137, 143, 119, 144, 154]
FeTe	NiAs				220	0,92		[155]
$MnFe_2$	Rutil	72 / 70	66,5	75 N	113,2 / 97,0	4,08 / 4,47	0,72 / 0,78	[100, 37, 89, 86, 146, 17, 30, 101, 160]
FeF_2	Rutil	79	78,3	90 N	117	3,88	0,72	[81, 147, 17, 32]
CoF_2	Rutil		37,7	50 N	52,7	3,29		[147, 17, 165, 88, 32]
NiF_2	Rutil		73,2	83 N	115,6 / 100	1,528 / 1,3		[106, 147, 17, 165, 89]
VCl_2					565	2,13		[145]
VCl_3		30	104,9?		30,1	1,005	0,72	[145, 140]
$CrCl_3$		40			149	3,26	0,84	[145]
$FeCl_2$	$CdCl_2$	24	23,50		−48,0	3,59	0,2	[145, 150]
$FeCl_3$	trig.				11,5	4,07		[145]
$CoCl_2$	$CdCl_2$	25	24,90		−38,1	3,46	0,6	[145, 151]

Tabelle 5.1 (Fortsetzung)

Substanz	Kristalltypus	$\varkappa$	T_c in °K aus spez. Wärme	andere Messungen	$-T_2$ in °K	CURIE-Konstante pro Mol C_M	$\varkappa_0/\varkappa_{T_c}$	Literatur
$NiCl_2$	$CdCl_2$	50	52,35		−68,2	1,36		[145, 85]
$CuCl_2$		70			109	0,536	0,64	[145]
$CuBr_2$		193						[114, 121]
CrSb	NiAs	673		723				[93, 142]
MnAs	NiAs	399	45		293	2,60	1/4	[103]
MnBi	NiAs		621 633 718					[103]
Cr	b. c. c.	1673		475 N 320 E ?	1000			[126, 78, 18, 92, 134, 77, 91, 158] [8]
Mn	complex		95	100 N				[139, 18, 138, 102, 136, 131, 8]
$MnCl_2 \cdot 4H_2O$		1,68	1,622					[111, 112, 97]
$MnBr_2 \cdot 4H_2O$		2,2						[112]
$CuCl_2 \cdot 2H_2O$	rhomb.		4,31	4,337 PR	5	$C_a = 0,447$ $C_b = 0,386$		[110, 27, 116, 96, 156, 153, 27, 28]
$Co(NH_4)_2(SO_4)_2 \cdot 6H_2O$	monocl.		0,084	$K_1\ 0,005;\ K_2\ 0,017$ $K_3\ -0,050$				[98]
$FeCO_3$	$NaNo_3$			35 Op	14	3,49		[165]
$FeCO_3 \cdot 2MgCo_3$								[47, 165]

Damit wollen wir die Behandlung des Antiferromagnetismus abschließen und für ein genaueres Studium dieses Gebiets auf die Literatur und insbesondere auf eine Reihe zusammenfassender Artikel [1, 4, 5] und [68] bis [71] verweisen.

Literatur zu Kap. 5

[1] NÉEL, L.: Ann. Phys., Lpz. 3 (1948) S. 137.
[2] KRAMERS, H. A.: Physica, Haag 1 (1934) S. 182.
[3] ANDERSON, P.: Phys. Rev. 79 (1950) S. 350.
[4] VAN VLECK, J. H.: J. Phys. Rad. 12 (1951) S. 262.
[5] NAGAMIYA, T., K. YOSIDA u. R. KUBO: Adv. in Physics 4 (1955) S. 1.
[6] PRATT, G. W.: Phys. Rev. 97 (1955) S. 926.
[7] NÉEL, L.: Ann. Phys., Paris 17 (1932) S. 5.
[8] NÉEL, L.: J. Phys. Chim. Hist. nat. 3 (1932) S. 160.
[9] NÉEL, L.: C. R. Acad. Sci., Paris 230 (1936) S. 304.
[10] ANDERSON, P.: Phys. Rev. 79 (1950) S. 705.
[11] SHULL, C. G., u. S. J. SMART: Phys. Rev. 76 (1949) S. 1256.
[12] HALPERN, O., u. M. H. JOHNSON: Phys. Rev. 55 (1939) S. 898.
[13] SHULL, C. G., W. A. STRAUSER u. E. O. WOLLAN: Phys. Rev. 83 (1951) S. 333.
[14] LI, Y.-Y.: Phys. Rev. 100 (1955) S. 627.
[15] ERICKSON, R. A.: Phys. Rev. 85 (1957) S. 745.
[16] ERICKSON, R. A., u. C. G. SHULL: Phys. Rev. 83 (1951) S. 208.
[17] ERICKSON, R. A.: Phys. Rev. 90 (1953) S. 979.
[18] SHULL, C. G., u. M. K. WILKINSON: Rev. Mod. Phys. 25 (1953) S. 100.
[19] OSEROW, R. P.: Fortschr. d. Physik Bd. II (1954) S. 185.
[20] BACON, G. E.: „Neutron Diffraction", Oxford: At the Clarendon Press 1955.
[21] NÉEL, L.: Ann. Phys., Paris 5 (1936) S. 232.
[22] LI, Y.-Y.: Phys. Rev. 101 (1956) S. 1450.
[23] BITTER, F.: Phys. Rev. 54 (1938) S. 79.
[24] VAN VLECK, J. H.: J. Chem. Phys. 9 (1941) S. 85.
[25] NÉEL, L.: Proc. phys. Soc., Lond. A 65 (1952) S. 872.
[26] POULIS, N. J., J. VAN DEN HANDEL, J. UBBINK, J. A. POULIS u. C. J. GORTER: Phys. Rev. 82 (1951) S. 552.
[27] POULIS, N. J., u. G. E. G. HARDEMAN: Physica, Haag 18 (1952) S. 201, 315, 429.
[28] POULIS, N. J., u. G. E. G. HARDEMAN: Physica, Haag 19 (1953) S. 391.
[29] GORTER, C. J.: Rev. Mod. Phys. 25 (1952) S. 332.
[30] STOUT, J. W., u. M. GRIFFEL: Phys. Rev. 76 (1949) S. 144.
[31] BIZETTE, H., u. B. TSAI: C. R. Acad. Sci., Paris 238 (1954) S. 1575.
[32] STOUT, J. W., u. M. MATARRESE: Rev. Mod. Phys. 25 (1953) S. 338.
[33] BIZETTE, H., C. TERRIER u. B. TSAI: C. R. Acad. Sci., Paris 242 (1956) S. 895.
[34] McGUIRE, T. R., E. J. SCOTT u. F. H. GRANNIS: Phys. Rev. 102 (1956) S. 1000.
[35] WOLTJER u. WIERSMA: Leiden Comm. (1925) Nr. 201a. — WOLTJER: Leiden Comm. (1925) Nr. 173b. — WOLTJER u. KAMERLING ONNES: Leiden Comm. (1925) Nr. 173c. — DE HAAS, W. J., u. B. H. SCHULTZ: Physica, Haag 6 (1939) S. 481. — DE HAAS, W. J., B. H. SCHULTZ u. J. KOOLHASS: Physica, Haag 7 (1940) S. 57. — STARR, C., F. BITTER u. A. R. KAUFMANN: Phys. Rev. 58 (1940) S. 977.
[36] BIZETTE, H., C. SQUIRE u. B. TSAI: C. R. Acad. Sci., Paris 207 (1938) S. 449.
[37] BIZETTE, H., u. B. TSAI: C. R. Acad. Sci., Paris 209 (1939) S. 205.
[38] MILLAR, R. W.: J. Amer. chem. Soc. 50 (1928) S. 1875.
[39] FOEX, M.: C. R. Acad. Sci., Paris 227 (1948) S. 193.
[40] s. BIZETTE, H.: J. Phys. Radium 12 (1951) S. 165.
[41] ROOKSBY, H. P.: Nature, Lond. 152 (1943) S. 304.
[42] ROOKSBY, H. P.: Acta Crystallographica 1 (1948) S. 226.
[43] TOMBS, N. C., u. H. P. ROOKSBY: Nature, Lond. 165 (1950) S. 442.
[44] GREENWALD, S., u. J. S. SMART: Nature, Lond. 166 (1950) S. 523.
[45] STREET, R., u. B. LEWIS: Nature, Lond. 168 (1951) S. 1036.

[46] FINE, M. E.: Rev. Mod. Phys. 25 (1953) S. 158.
[47] BEQUEREL, J., u. VAN DER HANDEL: J. Phys. Radium 10 (1939) S. 10.
[48] MEYER, A. J. P., u. P. TAGLANG: C. R. Acad. Sci., Paris 239 (1954) S. 961.
[49] MEYER, A. J. P., u. P. TAGLANG: C. R. Acad. Sci., Paris 239 (1954) S. 1611.
[50] MEYER, A. J. P., u. P. TAGLANG: J. Phys. Radium 17 (1956) S. 457.
[51] NÉEL, L.: C. R. Acad. Sci., Paris 242 (1956) S. 1549.
[52] BIZETTE, H., u. B. TSAI: C. R. Acad. Sci., Paris 217 (1943) S. 444.
[53] ELLIOTT, N.: J. Chem. Phys. 22 (1954) S. 1924.
[54] SELWOOD, HILL u. BOARDMAN: J. Amer. chem. Soc. 68 (1946) S. 2055.
[55] BACON, G. E., R. STREET u. R. H. TREDGOLD: Proc. roy. Soc., Lond. A 217 (1953) S. 252.
[56] MEYER, A. J. P.: C. R. Acad. Sci., Paris 244 (1957) S. 2028.
[57] ASCH, G., u. A. J. P. MEYER: C. R. Acad. Sci., Paris 246 (1958) S. 1180.
[58] HERPIN, A., P. MÉRIEL u. A. J. P. MEYER: C. R. Acad. Sci., Paris 246 (1958) S. 3170.
[59] KUSSMANN, A., u. E. RAUB: Z. Metallkde. 47 (1956) S. 9.
[60] MORRIS, D. P., u. R. P. PRESTON: Proc. phys. Soc., Lond. B 69 (1956) S. 849.
[61] BACON, G. E., I. W. DUNMUR, J. H. SMITH u. R. STREET: Proc. roy. Soc., Lond. A 241 (1957) S. 223.
[62] HIRONE, T., S. MAEDA, I. TSUBOKAWA u. N. TSUYA: J. Phys. Soc., Japan 11 (1956) S. 1083.
[63] ELLIOTT, J. F., S. LEGVOLD u. F. H. SPEDDING: Phys. Rev. 100 (1955) S. 1595.
[64] LOCK, J. M.: Proc. phys. Soc., Lond. B 70 (1957) S. 566.
[65] BEHRENDT, D. R., S. LEGVOLD u. F. H. SPEDDING: Phys. Rev. 106 (1957) S. 723.
[66] LOCK, J. M.: Phil. Mag. 2 (1957) S. 726.
[67] NÉEL, L.: C. R. Acad. Sci., Paris 242 (1956) S. 1824.
[68] BIZETTE, H.: J. Phys. Radium 12 (1951) S. 161.
[69] NÉEL, L.: Proc. phys. Soc., Lond. A 65, 869 (1952).
[70] OCHSENFELD, R.: Z. angew. Physik 4 (1952) S. 350.
[71] LABHART, H.: Z. angew. Math. Phys. 4 (1953) S. 1.
[72] ADAMS, G. D., u. K. J. STANLEY: Proc. phys. Soc., Lond. A 66 (1953) S. 823.
[73] ANDERSON, C. T.: J. Amer. chem. Soc. 53 (1931) S. 476.
[74] ANDERSON, C. T.: J. Amer. chem. Soc. 58 (1936) S. 564.
[75] ANDERSON, C. T.: J. Amer. chem. Soc. 59 (1937) S. 488.
[76] ANDERSON, P. W., F. R. MERRITT, J. P. REMEIKA u. W. A. YAGER: Phys. Rev. 94 (1954) S. 717.
[77] ARMSTRONG, L. D., u. H. GRAYSON-SMITT: Can. J. Research 28 A (1950) S. 44.
[78] BATES, L. F., u. A. BAQI: Proc. phys. Soc., Lond. 48 (1936) S. 781.
[79] BERTAUT, E. F.: Acta Cryst. 6 (1953) S. 557.
[80] BIZETTE, H., u. B. TSAI: C. R. Acad. Sci., Paris 212 (1941) S. 75.
[81] BIZETTE, H., u. B. TSAI: C. R. Acad. Sci., Paris 212 (1941) S. 119.
[82] BIZETTE, H., u. B. TSAI: C. R. Acad. Sci., Paris 217 (1943) S. 390.
[83] BIZETTE, H., R. CHEVALLIER u. B. TSAI: C. R. Acad. Sci., Paris 236 (1953) S. 2043.
[84] BENOIT, R.: C. R. Acad. Sci., Paris 234 (1952) S. 217.
[85] BUSEY, R. H., u. G. F. GIAUQUE: J. Amer. chem. Soc. 74 (1952) S. 4443.
[86] CORLISS, L., Y. DELABARRE u. N. ELLIOTT: J. Chem. Phys. 18 (1950) S. 1265.
[87] CORLISS, L. M., J. M. HASTINGS u. J. E. GOLDMAN: Phys. Rev. 93 (1954) S. 893.
[88] DE HAAS, W. J., u. B. H. SCHULTZ: Physica, Haag 6 (1939) S. 48.
[89] DE HAAS, W. J., B. H. SCHULTZ u. J. KOOLHAAS: Physica, Haag 7 (1940) S. 57.
[90] ENDO, K.: Sci. Rep. Tohoku Univ. 25 (1937) S. 879.
[91] ESTERMANN, I., S. A. FRIEDBERG u. J. E. GOLDMAN: Phys. Rev. 87 (1952) S. 582.
[92] FINE, M. E., E. S. GREINER u. W. C. ELLIS: J. Metals 189 (1951) S. 56.
[93] FOEX, G., u. M. GRAFF: C. R. Acad. Sci., Paris 209 (1939) S. 160.
[94] FOEX, G., u. J. WUCHER: C. R. Acad. Sci., Paris 229 (1949) S. 882.
[95] FOEX, G., u. J. WUCHER: C. R. Acad. Sci., Paris 232 (1951) S. 2193.
[96] FRIEDBERG, S. A.: Physica, Haag 18 (1952) S. 714.
[97] FRIEDBERG, S. A., u. J. P. WASSCHER Physica, Haag 19 (1953) S. 1072.
[98] GARRETT, G. C. B.: Proc. roy. Soc., Lond. A 206 (1951) S. 243.

[99] GREENWALD, S.: Acta Cryst. 6 (1953) S. 396.
[100] GRIFFEL, M., u. J. W. STOUT: J. Amer. chem. Soc. 72 (1950) S. 4351.
[101] GRIFFEL, M., u. J. W. STOUT: J. Amer. chem. Soc. 18 (1950) S. 1455.
[102] GRUBE, G., u. O. WINKLER: Z. Elektrochem. 42 (1936) S. 815.
[103] GUILLAUD, C.: J. Phys. Radium (8) 12 (1951) S. 223.
[104] GUILLAUD, C.: C. R. Acad. Sci., Paris 235 (1952) S. 468.
[105] GUILLAUD, C.: Rev. Mod. Phys. 25 (1953) S. 120.
[106] HAENDLER, H. M., W. L. PATTERSON u. W. J. BERNHARD: J. Amer. chem. Soc. 74 (1952) S. 3167.
[107] HARALDSEN, H., u. E. KOWALSKI: Z. anorg. allg. Chem. 224 (1935) S. 329.
[108] HARALDSEN, H.: Z. anorg. allg. Chem. 231 (1937) S. 78.
[109] HARALDSEN, H., u. A. NEUBER: Z. anorg. allg. Chem. 234 (1937) S. 337.
[110] HARKER, D.: Z. Kristallogr. 93 (1936) S. 136.
[111] HENRY, W. E.: Phys. Rev. 90 (1953) S. 492.
[112] HENRY, W. E.: Phys. Rev. 94 (1954) S. 1146.
[113] HONDA, K., u. T. SONTÉ: Sci. Rep. Tohoku Univ. 3 (1914) S. 223.
[114] HONDA, K., u. T. ISHIWARA: Sci. Rep. Tohoku Univ. 4 (1915) S. 215.
[115] HOSCHEK, E., u. W. KLEMM: Z. anorg. allg. Chem. 242 (1939) S. 63.
[116] ITOH, J., R. KUSAKA, Y. YAMAGATA, R. KIRIYAMA u. H. IBAMOTO: 19 (1953) S. 415.
[117] JAFFRAY, J., u. J. VILOTEAU: C. R. Acad. Sci., Paris 226 (1948) S. 1701.
[118] JIH-HENG HU u. J. L. JOHNSTON: J. Amer. chem. Soc. 75 (1953) S. 2471.
[119] KELLEY, K. K.: J. Amer. chem. Soc. 61 (1939) S. 203.
[120] KELLEY, K. K., u. G. E. MOORE: J. Amer. chem. Soc. 65 (1943) S. 782.
[121] KLEMM, W., u. W. SCHÜTH: Z. anorg. allg. Chem. 203 (1931) S. 104.
[122] LA BLANCHETAIS, C. H.: J. Phys. Radium (8) 12 (1951) S. 765.
[123] LINDSAY, R.: Phys. Rev. 84 (1951) S. 569.
[124] MASHIYAMA, Y., E. UCHIDA u. H. KONDO: Busseiron Kenkyu 71 (1954) S. 9.
[125] MAXWELL, L. R., u. T. R. MCGUIRE: Rev. Mod. Phys. 25 (1953) S. 279.
[126] MCGUIRE, T. R., u. C. J. KRIESSMAN: Phys. Rev. 85 (1952) S. 452.
[127] MILLAR, R. W.: J. Amer. chem. Soc. 51 (1929) S. 215.
[128] NÉEL, L.: Ann. Phys., Paris (12) 3 (1948) S. 137.
[129] NÉEL, L. u. PAUTHENET: C. R. Acad. Sci., Paris 234 (1952) S. 2172.
[130] NURY, G.: C. R. Acad. Sci., Paris 230 (1950) S. 1167.
[131] PATRICK, L.: Phys. Rev. 93 (1954) S. 370.
[132] PAUTHENET, R.: C. R. Acad. Sci., Paris 234 (1952) S. 2261.
[133] PERAKIS, N., u. J. WUCHER: C. R. Acad. Sci., Paris 235 (1952) S. 354.
[134] PURSEY, H.: Nature, Lond. 169 (1952) S. 150.
[135] ROOKSBY, H. P., u. N. C. TOMBS: Nature, Lond. 167 (1951) S. 364.
[136] SERRES, A.: J. Phys. Radium (7) 9 (1938) S. 377.
[137] SERRES, A.: J. Phys. Radium (8) 8 (1947) S. 146.
[138] SHIMIZU, Y.: Sci. Rep. Tohoku Univ. 19 (1930) S. 411.
[139] SHOMATE, C. H.: J. Chem. Phys. 13 (1945) S. 326.
[140] SHOMATE, C. H.: J. Amer. chem. Soc. 69 (1947) S. 220.
[141] SIMOMURA, Y., u. Z. NISIYAMA: Mem. Inst. Sci. and Instr. Res. Osaka Univ. 6 (1948) S. 30.
[142] SNOW, A. I.: Rev. Mod. Phys. 25 (1953) S. 127.
[143] SQUIRE, C. F.: Phys. Rev. 56 (1939) S. 922.
[144] SQUIRE, C. F.: Phys. Rev. 56 (1939) S. 960.
[145] STARR, C., F. BITTER u. A. R. KAUFMANN: Phys. Rev. 58 (1940) S. 977.
[146] STOUT, J. W., u. H. E. ADAMS: J. Amer. chem. Soc. 64 (1942) S. 1535.
[147] STOUT, J. W., u. E. CATALANO: Phys. Rev. 92 (1953) S. 1575.
[148] TODD, S. S., u. K. R. BONNICKSON: J. Amer. chem. Soc. 73 (1951) S. 3894.
[149] TOMBS, N. C., u. H. P. ROOKSBY: Nature, Lond. 165 (1950) S. 442.
[150] TRAPEZNIKOWA, O., u. L. SCHUBNIKOW: Phys. Z. Sowjet. 7 (1935) S. 66.
[151] TRAPEZNIKOWA, O., L. SCHUBNIKOW u. G. MILJUTIN: Phys. Z. Sowjet. 9 (1936) S. 237.
[152] TROUNSON, E. P., D. F. BLEIL, R. K. WANGSNESS u. L. R. MAXWELL: Phys. Rev. 79 (1950) S. 542.

[153] URBINK, J., J. A. POULIS, H. J. GERRITSEN u. C. J. GORTER: Physica, Haag 19 (1953) S. 928.
[154] UCHIDA, E., u. H. KONDO: Busseiron Kenkyn 59 (1953) S. 88.
[155] UCHIDA, E., u. H. KONDO: Busseiron Kenkyn 72 (1954) S. 16.
[156] VAN DEN HANDEL, J., H. M. GIJSMAN u. H. J. POULIS: Physica, Haag 18 (1952) S. 862.
[157] WATANABE, H., u. N. TSUYA: Sci. Rep. Ritu A 2 (1950) S. 503.
[158] WEERTMAN, J., D. BURK u. J. E. GOLDMAN: Phys. Rev. 86 (1952) S. 628.
[159] ASSAYAG, G., u. H. BIZETTE: C. R. Acad. Sci., Paris 239 (1954) S. 238.
[160] BIZETTE, H., u. B. TSAI: C. R. Acad. Sci., Paris 238 (1954) S. 1575.
[161] BROCKHOUSE, B. N.: Phys. Rev. 94 (1954) S. 781.
[162] MATARRESE, L. M., u. J. W. STOUT: Phys. Rev. 94 (1954) S. 1792.
[163] SHIMOMURA, Y., u. I. TSUBOKAWA: J. Phys. Soc., Japan 9 (1954) S. 19.
[164] FOEX, G.: C. R. Acad. Sci., Paris 223 (1946) S. 1126.
[165] BIZETTE, H.: Diss. Paris 1946.

6. Ferrimagnetismus

Sind in einem Stoff, dessen magnetisches Verhalten durch zwei Untergitter A und B beschrieben werden kann, diese Untergitter nicht gleichwertig, dann sind auch die Beträge I_{As} und I_{Bs} der Magnetisierungen der Untergitter voneinander verschieden. Nehmen wir an, es sei $I_{Bs} > I_{As}$, dann ergibt sich bei antiferromagnetischer Kopplung der Untergitter eine resultierende spontane Magnetisierung, welche den Betrag

$$I_s = I_{Bs} - I_{As} \qquad (6.1)$$

und die Richtung von I_{Bs} hat. Die bekanntesten unter den Stoffen dieser Art sind die Ferrite. Nach ihnen wurde ein derartiges magnetisches Verhalten von NÉEL als ferrimagnetisch bezeichnet.

Nach Gl. (6.1) können wir den Ferrimagnetismus als einen unkompensierten Antiferromagnetismus auffassen, oder umgekehrt den Antiferromagnetismus als den Spezialfall des Ferrimagnetismus mit gleichwertigen Untergittern.

Ferrimagnetische Stoffe verhalten sich äußerlich gesehen in vieler Hinsicht wie Ferromagnetika. Sie haben z. T. große technische Bedeutung erlangt, welche im Falle der weichmagnetischen Ferrimagnetika vor allem dadurch bedingt wird, daß ihr spezifischer elektrischer Widerstand um viele Zehnerpotenzen höher ist als bei den stets metallischen ferromagnetischen Werkstoffen. Abgesehen davon zeigen ferrimagnetische Stoffe gegenüber ferromagnetischen Stoffen jedoch auch mancherlei Besonderheiten, welche sich aus dem prinzipiell andersartigen Zustandekommen ihrer spontanen Magnetisierung ergeben. Wir wollen im folgenden die für Ferrimagnetika charakteristischen Eigenschaften an Hand der kubischen Ferrite besprechen.

Die kubischen Ferrite können als repräsentativ für ferrimagnetisches Verhalten angesehen werden. Sie sind von allen ferrimagnetischen Stoffen sowohl experimentell als auch theoretisch am eingehendsten untersucht worden und erscheinen deshalb, und nicht zuletzt auch im Hinblick auf ihre technische Bedeutung, als Beispiel besonders geeignet.

6.1 Struktur und Momentenordnung kubischer Ferrite

6.1.1 Spinellstruktur

Die kubischen Ferrite haben Spinellstruktur. Die chemische Formel des Spinells ist $MgOAl_2O_3$ und entsprechend die der Ferrite $MeOFe_2O_3$. Me bedeutet eines der isomorphen zweiwertigen Metallionen Mg^{++}, Mn^{++}, Fe^{++}, Co^{++}, Ni^{++}, Cu^{++}, Zn^{++}, Cd^{++} (nicht dagegen Ca^{++}, Sr^{++}, Ba^{++}).

Der Aufbau der Grundzelle des Spinellgitters geht aus Abb. 6.1 hervor. In unserer Beschreibung liegen die Mittelpunkte der Ionen in insgesamt neun Ebenen a bis i parallel zu einer Würfelebene der kubischen Grundzelle. Die einzelnen Ebenen sind im Grundriß dargestellt. Dabei wurden jeweils nur die Ionen eingezeichnet, deren Mittelpunkt in der jeweiligen Ebene liegt. Lediglich bei den Ebenen a, c, e, g und i wurden zur Kennzeichnung der Metallionenlagen noch die Sauerstoffionen der unmittelbar „darunter" gelegenen Ionenebene angedeutet.

Die Grundzelle enthält 32 Sauerstoffionen in kubisch dichtester Kugelpackung (große graue Kugeln). Von den insgesamt 24 Metallionen liegen 8 in sog. Tetraeder- oder A-Lagen (kleine schwarze Kugeln), in denen sie von jeweils 4 Sauerstoffionen umgeben sind, welche ein Tetraeder bilden, und 16 in sog. Oktaederlagen oder B-Lagen (kleine schraffierte Kugeln), in denen sie von jeweils 6 Sauerstoffionen umgeben sind, welche ein Oktaeder bilden. Damit besteht eine Grundzelle aus insgesamt 56 Ionen oder 8 Molekülen $MeOFe_2O_3$.

6.1.2 „Normale" und „inverse" Struktur

Liegen alle 8 zweiwertigen Me^{++}-Ionen in den 8 A-Lagen und entsprechend alle 16 Fe^{+++}-Ionen in den 16 B-Lagen, so bezeichnet man den Ferrit als „normal".

Wie Barth und Posnjak [1] gezeigt haben, ist die Spinellsymmetrie auch dann erfüllt, wenn die eine Hälfte der Fe^{+++}-Ionen die 8 A-Lagen und die andere Hälfte der Fe^{+++}-Ionen zusammen mit den M^{++}-Ionen in statistischer Anordnung die 16 B-Lagen besetzen. Vervey und Heilmann [3] haben diese Anordnung als „inverse" Spinellstruktur bezeichnet und ferner festgestellt, daß diese und die „normale" Struktur nur die Grenzen einer kontinuierlichen Reihe möglicher Kationenverteilungen darstellen, welche alle den geforderten Symmetrieeigenschaften genügen.

Welche Struktur ein gegebener Ferrit hat, kann durch röntgenographische Untersuchungen festgestellt werden, wenn die verschiedenen Kationen für die verwendete Strahlung ein hinreichend unterschiedliches Streuvermögen haben. So konnten Barth und Posnjak [1] zeigen, daß $MgOF_2O_3$ inverse Struktur hat. Dasselbe trifft nach Vervey und Heilmann [2] für $CuOFe_2O_3$ zu, während $ZnOF_2O_3$ und $CdOF_2O_3$ normale Ferrite sind.

Dieselben Autoren schlossen ferner aus Gitterkonstantenmessungen[1], daß auch die Ferrite $MnOFe_2O_3$, $FeOFe_2O_3$, $CoOFe_2O_3$ und $NiOFe_2O_3$ inverse Struktur haben.

---

[1] Die Gitterkonstante a_0 inverser Spinelle ist vermutlich generell um rund 0,1 Å kleiner als die der normalen Spinelle (s. a. Abb. 6.7). Eine direkte Bestimmung der Struktur dieser Ferrite aus der Intensität der Röntgenreflexe ist wegen des geringen Unterschieds im Streuvermögen der Kationen nicht möglich.

Bezüglich der magnetischen Eigenschaften der kubischen Ferrite gilt offenbar die Regel, daß die inversen Ferrite ferrimagnetisch sind, während sich die normalen Ferrite ($ZnOFe_2O_3$ und $CdOFe_2O_3$) antiferromagnetisch verhalten.

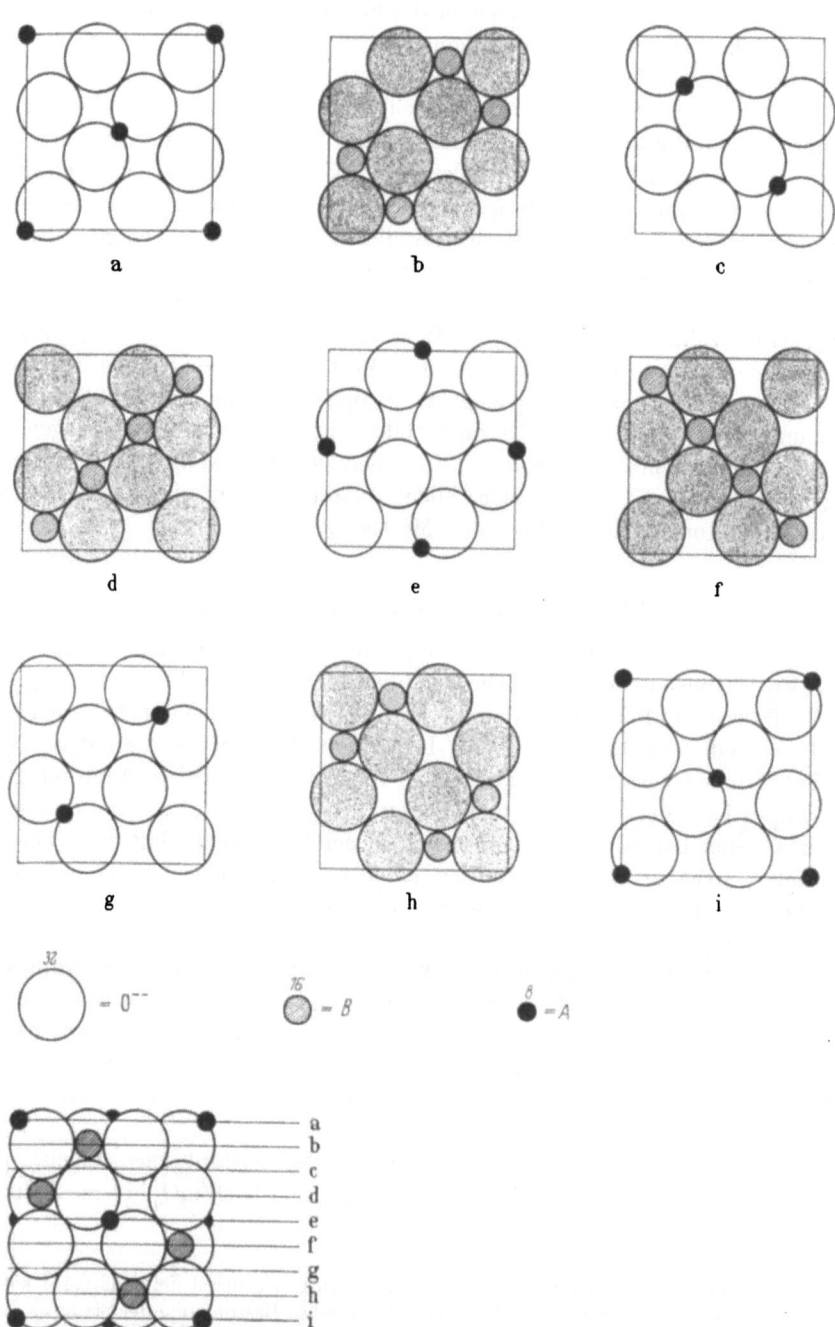

Abb. 6.1 a–i. Grundzelle des Spinellgitters. (Erläuterung im Text)

6.1.3 Fundamentale Hypothese der Momentenordnung in Ferriten

Die magnetischen Eigenschaften der Ferrite können mit zwei magnetischen Untergittern beschrieben werden. Das eine Untergitter (A-Gitter) wird durch die Kationen in A-Lagen (A-Ionen) und das zweite (B-Gitter) durch die Kationen in B-Lagen (B-Ionen) gebildet.

Zwischen den Untergittern besteht eine starke antiferromagnetische Kopplung ($A-B$-Kopplung), während innerhalb der Untergitter schwache, im allgemeinen ebenfalls negative Wechselwirkungen ($A-A$-Wechselwirkungen bzw. $B-B$-Wechselwirkungen) vorhanden sind. Daraus folgt, daß die Untergitter in sich ferromagnetisch erscheinen, und daß ihre spontanen Magnetisierungen I_{As} und I_{Bs} antiparallel zueinander ausgerichtet sind. Da die beiden Untergitter im allgemeinen sicher nicht gleichwertig sind, ist $I_{As} \neq I_{Bs}$ und es ergibt sich eine resultierende spontane Magnetisierung des Betrages $I_s = |I_{As} - I_{Bs}|$.

Diese Hypothese hat NÉEL [3] im Jahre 1948 zur Erklärung der magnetischen Eigenschaften der Ferrite aufgestellt. Sie wurde drei Jahre später von SHULL, WOLLAN und STRAUSER [4] zunächst für den Magnetit ($FeOFe_2O_3$) und in der Folgezeit auch für die übrigen ferrimagnetischen Ferrite durch Neutronenbeugungsbilder bestätigt.

Auf der Grundlage dieser Hypothese hat NÉEL [3, 5, 6] die Theorie der Ferrite in ihren wesentlichen Grundzügen bis zu ihrem heutigen Stand entwickelt. Er konnte damit alle charakteristischen magnetischen Eigenschaften dieser Werkstoffgruppe einfach und zwanglos erklären.

6.2 Das magnetische Moment der Ferrite

6.2.1 Das molekulare Moment reiner Ferrite

Grundsätzliches. Wir bezeichnen im folgenden stets das Moment eines Fe^{+++}-Ions mit M und das Moment eines zweiwertigen Metallions Me^{++} mit m.

Aus der Hypothese von NÉEL folgt unmittelbar, daß das Moment M_s pro Molekül eines inversen Spinells gleich dem Moment m des Me^{++}-Ions sein muß, denn die Fe^{+++}-Ionen sind zu gleichen Teilen auf die untereinander antiparallel gekoppelten A- und B-Lagen verteilt, und ihre Momente heben sich folglich genau auf.

In Abb. 6.2 ist das molekulare Moment M_s der inversen Ferrite $MeOFe_2O_3$ (Me = Mn, Fe, Co, Ni, Cu) gegen die Zahl der unkompensierten Spinmomente

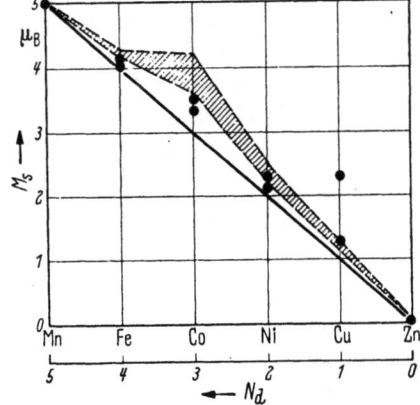

Abb. 6.2. Molekulares Moment einiger inverser Ferrite als Funktion der Zahl N_d der unkompensierten Spinmomente der zweiwertigen Metallionen. (Nach NÉEL [5])

der zweiwertigen Ionen dieser Metalle nach Messungen von WEISS und FORRER [7], GORTER [8], GUILLAUD [9] und WEIL, BOCHIROL und PAUTHENET [10] aufgetragen. Die Hypothese von NÉEL liefert unter der Annahme, daß die Bahnmomente im Kristallgitter ausgelöscht sind, die eingezeichnete Gerade. Diese gibt den generellen Verlauf der gemessenen Werte in erster Näherung wieder. Jedoch besteht, mit Ausnahme des Mn-Ferrits und des antiferromagnetischen Zn-Ferrits, eine systematische Abweichung der gemessenen Werte nach oben. Diese Diskrepanz wurde von NÉEL [5] auf eine unvollständige Auslöschung der Bahnmomente zurückgeführt.

Einfluß der Bahnmomente. Zur Abschätzung der möglichen Erhöhung des magnetischen Moments m durch den Beitrag der Bahnmomente werden die an Salzen der Ionen Fe^{++}, Co^{++}, Ni^{++} und Cu^{++} gemessenen CURIE-Konstanten C, welche ebenfalls nicht allein durch Spinmomente erklärt werden können, so analysiert, wie wenn das Salz aus einer Mischung zweier voneinander verschiedener Ionensorten bestünde. Bei der einen Ionensorte, deren Mengenanteil x sei, seien die Bahnmomente vollkommen ausgelöscht, und folglich die CURIE-Konstante entsprechend Gl. (3.39) und (2.21) mit $L = 0$ und $J = S$

$$C_s = \frac{L^2\, 4\, \mu_B^2\, S(S+1)}{3\,R}.\qquad(6.2)$$

Bei der anderen Ionensorte seien die Bahnmomente in voller Höhe wirksam. Ihr Anteil ist $1 - x$ und ihre CURIE-Konstante

$$C_J = \frac{L^2\, g^2\, \mu_B^2\, J(J+1)}{3\,R}.\qquad(6.3)$$

Aus der gemessenen CURIE-Konstante folgt damit für jedes Salz ein Wert x, mit welchem wir das mittlere magnetische Moment des Einzelions nach der Formel

$$m = [x\, 2S + (1-x)\,(2S + L)] \cdot \mu_B \qquad(6.4)$$

berechnen können. Die in dieser Weise bestimmten m-Werte liegen innerhalb des in Abb. 6.2 schraffiert gezeichneten Gebiets und beweisen, daß der zu erwartende Anteil der Bahnmomente gerade in der Größenordnung der gefundenen Abweichung der an den Ferriten gemessenen m-Werte von der theoretischen Geraden für reine Spinmomente liegt. Eine Erklärung dieser Abweichung als Folge unvollständiger Auslöschung der Bahnmomente ist daher naheliegend. Damit kann die Theorie der Sättigungsmomente inverser Spinelle als gesichert angesehen werden.

Einfluß der Wärmebehandlung. In Abb. 6.2 sind für den Cu-Ferrit zwei Meßpunkte angegeben. Der untere Wert $m = 1{,}37\,\mu_B$ wurde an einer lange Zeit bei $300°$ getemperten Probe gemessen und fügt sich gut in das vorausgehend entworfene theoretische Bild ein, während der andere an einer von $1000°$ abgeschreckten Probe gemessene Wert $m = 2{,}36\,\mu_B$ weit oberhalb des theoretischen Erwartungswertes liegt. Dieser starke Einfluß der Wärmebehandlung auf das resultierende Sättigungsmoment eines Ferrits kann nach NÉEL [5] in folgender Weise erklärt werden: Ob ein Ferrit normal oder invers ist, hängt von der Affinität der Me^{++}-Ionen zu den A- bzw. B-Lagen ab. Wir definieren diese Affinität durch den Energiebetrag E_W, welcher aufgewendet werden muß, um ein Me^{++}-Ion von einer B- in eine A-Lage und gleichzeitig ein Fe^{+++}-Ion von einer A- in eine B-Lage zu bringen. x und $1 - x$ seien die Mengenanteile der vorhandenen Me^{++}-Ionen in A- bzw. B-Lagen. Nimmt man für alle möglichen Verteilungen der Me^{++}-Ionen auf die A- und B-Lagen gleiche a priori-Wahrscheinlichkeit an, so folgt aus der

BOLTZMANN-Statistik die Gleichgewichtsmenge der Me^{++}-Ionen in A-Lagen be der Temperatur T aus der Gleichung

$$\frac{x(1+x)}{(1-x)^2} = e^{-\frac{E_W}{kT}}. \qquad (6.5)$$

Für $T = 0$ erhält man daraus für $E_W < 0$ definitionsgemäß den normalen Ferrit ($x = 1$) und für $E_W > 0$ den inversen Ferrit ($x = 0$).

Die Konstante E_W/k hat die Dimension einer Temperatur. Liegt E_W/k in der Größenordnung experimentell erreichbarer Temperaturen, also etwa 1000°, dann ist bei solchen Temperaturen z. B. für einen bei $T = 0$ rein inversen Ferrit nach Gl. (6.5) im Gleichgewicht eine merkliche Umlagerung der Me^{++}-Ionen von B-Lagen nach A-Lagen zu erwarten. Dieses Hochtemperaturgleichgewicht kann durch Abschrecken eingefroren werden, und man erhält bei tiefen Temperaturen für die molekularen Momente M_{As} und M_{Bs} der beiden Untergitter nunmehr

$$M_{As} = (1-x)M + xm \qquad (6.6)$$

und

$$M_{Bs} = (1+x)M + (1-x)m. \qquad (6.7)$$

Darin ist $M = 5\mu_B$ das Moment des Fe^{+++}-Ions und m das des Me^{++}-Ions. Aus Gl. (6.6) und (6.7) folgt das resultierende molekulare Moment M_s des Ferrits

$$M_s = M_{Bs} - M_{As} = m + 2x(M-m), \qquad (6.8)$$

welches von x und damit von der Abschrecktemperatur abhängt.

Mit den für verschieden hohe Abschrecktemperaturen T_a gemessenen M_s-Werten kann man aus Gl. (6.8) die zugehörigen Gleichgewichtswerte $x(T_a)$ berechnen. Wenn die Theorie richtig ist, muß sich mit diesen x-Werten aus Gl. (6.5) für alle Abschrecktemperaturen T_a derselbe Wert E_W/k ergeben.

In Abb. 6.3 ist $M_s(T_a)$ nach Messungen von PAUTHENET und BOCHIROL [11] an einem Cu-Ferrit und einem Mg-Ferrit dargestellt. Die eingezeichneten Kurven wurden jeweils mit einer Konstante E_W/k berechnet und stimmen in Bestätigung der Theorie von NÉEL, insbesondere im Falle des Cu-Ferrits, ausgezeichnet mit den Meßwerten überein.

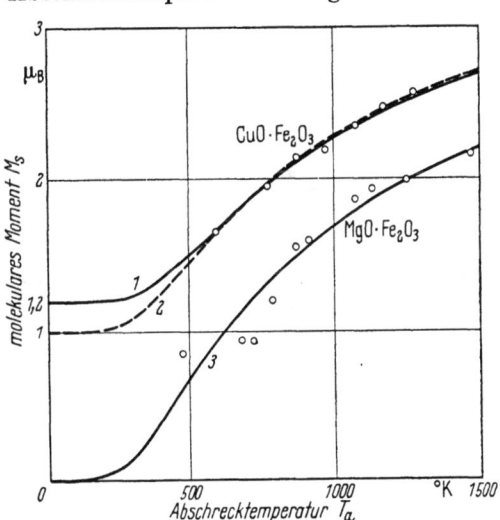

Abb. 6.3. Molekulares Moment von $CuOFe_2O_3$ und $MgOFe_2O_3$ als Funktion der Abschrecktemperatur T_a. Die eingezeichneten Kurven wurden nach Gl. (6.8) mit x aus Gl. (6.5) und den folgenden Werten für die Konstanten m und E_W/k berechnet:
(1) $m = 1{,}2\,\mu_B$, $E_W/k = 1540\,°K$; (2) $m = 1\,\mu_B$, $E_W/k = 1310\,°K$; (3) $m = 0$, $E_W/k = 1220\,°K$.
(Nach PAUTHENET und BOCHIROL [11])

6.2.2 Das molekulare Moment von Mischferriten

Substitution der bivalenten Metallionen. Bei teilweiser Substitution der bivalenten Metallionen hat ein binärer Mischferrit die allgemeine chemische Formel

$Me_{ix} \cdot Me_{k(1-x)}OFe_2O_3$, worin Me_i^{++}, Me_k^{++} bivalente Metallionen aus der in 6.1.1 genannten Reihe bedeuten.

Bei binären Mischferriten haben wir drei Fälle zu unterscheiden: 1. Beide Grundferrite, d. h. der Me_i-Ferrit und der Me_k-Ferrit, sind invers, 2. der Me_i-Ferrit ist normal und der Me_k-Ferrit invers und 3. beide Grundferrite sind normal. Der 3. Fall ist praktisch ohne Bedeutung, und wir behandeln daher im folgenden nur die beiden ersten Fälle.

1. Beide Grundferrite sind invers. Die Me_i- und die Me_k-Ionen nehmen B-Lagen ein. Ihre magnetischen Momente seien m_i und m_k. Dann hängt das resultierende molekulare Moment des Ferrits

$$M_s = x\, m_i + (1-x)\, m_k \tag{6.9}$$

linear von der Zusammensetzung ab. Gl. (6.9) wird beispielsweise durch Messungen von GUILLAUD [*12*] (s. Abb. 6.4) an der Mischferritreihe $Ni_xMn_{(1-x)}OFe_2O_3$ exakt bestätigt. Wie ferner Abb. 6.5 zeigt, ändert sich bei dieser Mischferritreihe auch die CURIE-Temperatur linear mit der Zusammensetzung.

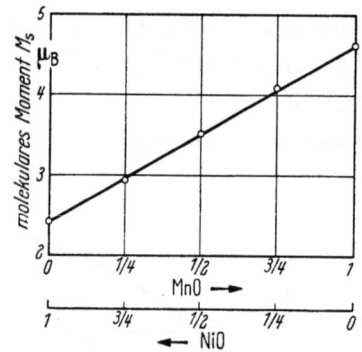

Abb. 6.4. Molekulares Moment der Mischferrite $Ni_xMn_{(1-x)}O \cdot Fe_2O_3$. (Nach GUILLAUD [*12*])

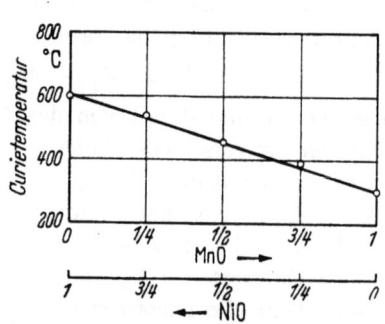

Abb. 6.5. CURIE-Temperatur der Mischferrite $Ni_xMn_{(1-x)}O \cdot Fe_2O_3$. (Nach GUILLAUD [*12*])

2. Normaler und inverser Grundferrit. Der Me_i-Ferrit sei normal und der Me_k-Ferrit invers. Das Me_i-Ion sei diamagnetisch, also $m_i = 0$, und das Moment des Me_k-Ions sei $m_k = m$.

Wir gehen nunmehr von reinem Me_k-Ferrit aus. Dieser ist voraussetzungsgemäß invers. Alle Me_k-Ionen befinden sich also in B-Lagen. Wird nun ein Me_k-Ion gegen ein Me_i-Ion ausgetauscht, so geht dieses in eine A-Lage, da ja der Me_i-Ferrit normal ist. Dafür wechselt ein Fe^{+++}-Ion von einer A-Lage in eine B-Lage. Da $m_i = 0$ ist, ändert sich also bei jeder Substitution eines Me_k-Ions durch ein Me_i-Ion das gesamte magnetische Moment des Ferrits um den Betrag $2M - m$ (M ist wie üblich das Moment eines Fe^{+++}-Ions). Damit erhält man für die molekularen Momente der Untergitter A und B als Funktion der Konzentration der Me_i-Ionen

$$M_{As} = M(1-x), \tag{6.10}$$

$$M_{Bs} = M(1+x) + m(1-x) \tag{6.11}$$

und daraus das resultierende Moment des Mischferrits

$$M_s = M_{Bs} - M_{As} = (1-x)\, m + 2x\, M. \tag{6.12}$$

Da stets $m < 2M$ ist, folgt aus Gl. (6.12) das eigenartige Ergebnis, daß das molekulare Moment M_s durch Zulegieren diamagnetischer Me_i^{++}-Ionen zunimmt. Und zwar steigt M_s nach Gl. (6.12) linear mit x von $M_s = m$ für $x = 0$ auf $M_s = 2M$ für $x = 1$ an.

Nun haben wir aber für $x = 1$ unseren Voraussetzungen entsprechend einen normalen Ferrit $Me_i O Fe_2 O_3$, welcher nach 6.1.2 antiferromagnetisch ist, d. h. für $x = 1$ muß $M_s = 0$ werden. Es bleibt demnach zu erwarten, daß M_s nur für kleine Konzentrationen x entsprechend Gl. (6.12) linear ansteigt, und, nach Durchlaufen eines Maximums, bei hohen Konzentrationen x der Me_i-Ionen gegen Null abfällt.

In Abb. 6.6 ist das molekulare Moment M_s einiger Mischferrite mit $Me_i = Zn^{++}$ und $Me_k^{++} = Mn^{++}$, Co^{++}, Ni^{++} als Funktion der ZnO-Konzentration x nach Messungen von GUILLAUD [12] wiedergegeben. Die Kurven zeigen tatsächlich den erwarteten Verlauf. Extrapoliert man die Anfangstangenten bis zur Konzentration $x = 1$, so ergibt sich entsprechend Gl. (6.12) für alle drei Ferrite derselbe Wert $M_s = 2M = 10\,\mu_B$ (denn es ist $M = 5\,\mu_B$). Nach Abb. 6.7 hängt die Gitterkonstante der Ni—Zn-Ferrite linear von der Zusammensetzung ab.

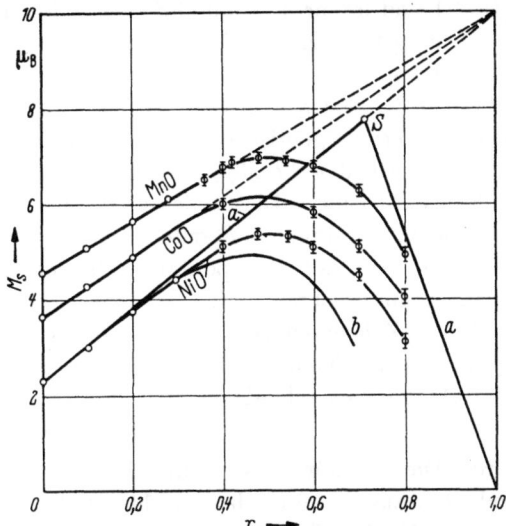

Abb. 6.6. Molekulares Moment M_s der Mischferrite $M_{(1-x)} Zn_x O \cdot Fe_2 O_3$ (M = Mn, Co, Ni) als Funktion der ZnO-Konzentration x nach GUILLAUD [12]. Zur Erläuterung der theoretischen Kurvenzüge (a) und (b) siehe Text.

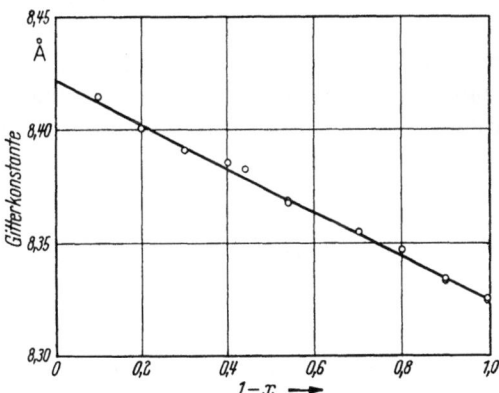

Abb. 6.7. Gitterkonstante der Mischferrite $Ni_{(1-x)} Zn_x O \cdot Fe_2 O_3$. (Nach GUILLAUD [12])

Es bleibt nun noch die Frage zu klären, warum der normale Zn-Ferrit das resultierende Moment Null und nicht $2M = 10\,\mu_B$ hat. Dies kann nach NÉEL [5] auf Grund der Molekularfeldtheorie des Ferrimagnetismus in folgender Weise verstanden werden:

Nach Gl. (6.22) ist mit $\varepsilon = -1$ das auf ein Ion im Untergitter B wirkende Molekularfeld

$$\mathbf{H}_B = n(\beta L \mathbf{M}_{Bs} - L \mathbf{M}_{As}). \tag{6.13}$$

Beziehen wir die Molekularfeldkoeffizienten $n\beta$ und n auf ein Grammatom, dann bedeutet L die LOSCHMIDTsche Zahl. Wie wir später sehen werden, können die

Konstanten n und β experimentell bestimmt werden. Sie sind für einige Ferrite in Tab. 6.1 angegeben.

Wählen wir als Beispiel die Ni—Zn-Mischferritreihe. Hierfür ist nach Tab. 6.1 $|\beta| < 1$ und ferner $n > 0$ und $\beta < 0$, d. h. nach Gl. (6.13), daß sowohl zwischen den Untergittern A und B als auch innerhalb des Untergitters B antiferromagnetische Kopplung herrscht. Solange M_{As} die Größenordnung von M_{Bs} hat, wie im reinen Ni-Ferrit, überwiegt wegen $|\beta| < 1$ die durch das Glied $n L M_{As}$ gegebene antiferromagnetische Kopplung zwischen den Untergittern gegenüber der durch das Glied $n \beta L M_{Bs}$ bestimmten antiferromagnetischen Kopplung innerhalb des B-Gitters. Dies bedeutet entsprechend der fundamentalen Hypothese der Momentenordnung in Ferriten, daß sich die Untergitter in sich ferromagnetisch verhalten, und daß ihre spontanen Magnetisierungen M_{As}, M_{Bs} antiparallel zueinander ausgerichtet sind.

Durch Zulegieren des normalen Zn-Ferrits nimmt nun M_{As} nach Gl. (6.10) linear mit der Konzentration x des Zn-Ferrits ab und gleichzeitig M_{Bs} nach Gl. (6.11) zu, bis schließlich

$$-n \beta L M_{Bs} = n L M_{As} \tag{6.14}$$

wird. Die zugehörige Konzentration x erhält man durch Einsetzen von M_{As} und M_{Bs} aus Gl. (6.10) bzw. (6.11) in Gl. (6.14) mit $M = 5\,\mu_B$, $m = 2\,\mu_B$ und $\beta = -0{,}155$ (aus Tab. 6.1) zu $x = 0{,}715$. Bis zu dieser Konzentration (Punkt S in Abb. 6.6) sollte M_s nach Gl. (6.12) linear mit x zunehmen.

Wird nun die Zn-Ionenkonzentration x, und damit M_{Bs}, weiter erhöht, dann überwiegt nach Gl. (6.13) die antiferromagnetische Kopplung innerhalb des B-Gitters gegenüber der antiferromagnetischen Kopplung zwischen den Untergittern. Infolgedessen stellen sich im Untergitter B so viele Momente antiparallel zur Richtung der mittleren spontanen Magnetisierung des Untergitters, bis Gl. (6.14) wieder erfüllt ist. D. h. für $x > 0{,}715$ ist nach Gl. (6.14) stets $M_{Bs} = -(1/\beta) M_{As}$ und damit das molekulare Moment

$$M_s = M_{Bs} - M_{As} = -(1 + 1/\beta) M_{As}. \tag{6.15}$$

Setzt man dort M_{As} aus Gl. (6.10) und ferner $M = 5\,\mu_B$ ein, so ergibt sich schließlich für das resultierende molekulare Moment als Funktion der Konzentration x

$$M_s = -5(1-x)(1 + 1/\beta)\,\mu_B \qquad (x > 0{,}715). \tag{6.16}$$

Dieser Verlauf von M_s für $x > 0{,}715$ ist in Abb. 6.6 durch die von S nach $x = 1$, $M_s = 0$ verlaufende Gerade dargestellt. Insgesamt verläuft also M_s als Funktion von x nach vorliegender Rechnung entlang dem Kurvenzug a.

Für $x = 1$ folgt aus Gl. (6.15) $M_s = 0$. Damit verstehen wir, warum der normale Zn-Ferrit antiferromagnetisch ist. Alle A-Lagen sind mit diamagnetischen Zn^{++}-Ionen besetzt. Folglich ist $M_{As} = 0$. Das B-Gitter besteht zwar aus paramagnetischen Fe^{+++}-Ionen. Diese sind aber untereinander antiferromagnetisch gekoppelt und damit ist auch $M_{Bs} = 0$.

Rechnet man nicht, wie wir es getan haben, mit den mittleren Magnetisierungen der Untergitter, sondern läßt man statistische Konzentrationsschwankungen der verschiedenen Ionensorten innerhalb der Untergitter zu, dann ergibt sich nach NÉEL die Kurve b in Abb. 6.6. Die tatsächlich gemessenen Werte von B_s liegen zwischen den Kurven a und b.

Ein gewisser Sonderfall liegt vor, wenn auch das Me_k^{++}-Ion wie z. B. in dem Mischferrit $Mg_xZn_{(1-x)}O \cdot Fe_2O_3$ diamagnetisch ist. Der Mg-Ferrit ist invers, und wir erwarten demnach, daß für den Verlauf des Moments M_s des Mischferrits für kleine ZnO-Konzentrationen Gl. (6.12) mit $m = 0$ gilt. Diese Tendenz geht aus Meßergebnissen von GUILLAUD [12] auch hervor. Die Ergebnisse sind jedoch nicht recht schlüssig, weil das magnetische Sättigungsmoment M_s des Mg-Ferrits sehr stark von der Wärmevorbehandlung des Werkstoffs abhängig ist, wie wir in 6.2.1 bereits gesehen haben (s. a. Abb. 6.3).

Substitution der dreiwertigen Eisenionen. In einem inversen Ferrit werden die Fe^{+++}-Ionen z. T. durch die isomorphen dreiwertigen Aluminiumionen ersetzt entsprechend der chemischen Formel $MeOFe_{(2-x)}Al_xO_3$. Nehmen wir an, daß die Al^{+++}-Ionen ausschließlich in die B-Lagen gehen, dann ergibt sich, da die Aluminiumionen diamagnetisch sind, für die molekularen Momente der Untergitter, solange $x \leq 1$ ist

$$M_{As} = M, \tag{6.17}$$

$$M_{Bs} = m + (1-x)M \tag{6.18}$$

und damit das resultierende Moment

$$M_s = M_{Bs} - M_{As} = m - xM. \tag{6.19}$$

Nach Gl. (6.19) erwarten wir, daß M_s linear mit x abnimmt und bei $x = m/M$ das Vorzeichen wechselt.

Nach Untersuchungen von MAXWELL, PICKART und HALL [13, 14] an $NiO \cdot Fe_{(2-x)}Al_xO_3$ wird tatsächlich ein ähnlicher Verlauf von M_s beobachtet. M_s verschwindet jedoch nicht bei $x = 0{,}4$, wie wir nach Gl. (6.19) mit $m = 2\,\mu_B$ und $M = 5\,\mu_B$ erwarten würden, sondern erst bei $x = 0{,}7$. Man kann daraus schließen, daß die Al-Ionen von vornherein auch z. T. in A-Lagen gehen.

Für $x > 0{,}7$ steigt M_s mit wachsender Konzentration der Al-Ionen zunächst wieder an, durchläuft bei $x \approx 1$ ein Maximum und nimmt danach monoton ab auf $M_s = 0$ für $x = 2$. Die Gitterkonstante nimmt linear von 8,315 Å auf 8,030 Å ab, während x von 0 auf 2 ansteigt.

Nach Untersuchungen von GUILLAUD und MICHEL [15] an $FeOFe_{(2-x)}Al_xO_3$ bis zur Konzentration $x \approx 0{,}2$ nimmt auch dort M_s linear mit x ab. Die Abnahme ist jedoch merklich geringer, als nach Gl. (6.19) mit $m = 4\,\mu_B$ und $M = 5\,\mu_B$ zu erwarten wäre. Offenbar gehen auch hier die Al-Ionen von vornherein sowohl in die A- als auch in die B-Lagen.

6.3 Molekularfeldtheorie der Ferrite (Néel)

6.3.1 Grundsätzliches

Die Anwendung der Molekularfeldtheorie auf den Ferrimagnetismus der Ferrite stößt bereits in dem einfachen Fall eines reinen Ferrits $MeO\,Fe_2O_3$ mit zwei verschiedenen Ionensorten (Me^{++} und Fe^{+++}) in zwei verschiedenen Gitterlagen (A- und B-Lagen) auf erhebliche Schwierigkeiten. Wie das folgende Schema

$A-A$	$B-B$	$A-B$
$Me^{++}-Me^{++}$	$Me^{++}-Me^{++}$	$Me^{++}-Me^{++}$
$Fe^{+++}-Fe^{+++}$	$Fe^{+++}-Fe^{+++}$	$Fe^{+++}-Fe^{+++}$
$Me^{++}-Fe^{+++}$	$Me^{++}-Fe^{+++}$	$Me^{++}-Fe^{+++}$

zeigt, ist nämlich hierfür bereits die beträchtliche Anzahl von neun Wechselwirkungskoeffizienten notwendig. Für einen binären Mischferrit $Me_{ix}Me_{k(1-x)}O \cdot Fe_2O_3$ mit drei verschiedenen Ionensorten erhöht sich die Zahl der notwendigen Wechselwirkungskoeffizienten auf 18.

Den einfachsten überhaupt denkbaren Fall stellt ein reiner Ferrit $MeOFe_2O_3$ dar, in welchem die Me^{++}-Ionen diamagnetisch sind. Hierbei ist nur eine einzige Ionensorte (Fe^{+++}) in zwei verschiedenen Gitterlagen (A und B) zu betrachten, so daß man mit der erträglichen Anzahl von drei Wechselwirkungskoeffizienten auskommt. Für diesen Fall führte Néel [3] die Molekularfeldtheorie aus und gelangte dabei zu dem sehr überraschenden Ergebnis, daß die Temperaturabhängigkeit der spontanen Magnetisierung und der paramagnetischen Suszeptibilität (oberhalb der Curie-Temperatur) der meisten Ferrite bereits an Hand dieser einfachen Näherung in Einzelheiten wiedergegeben werden kann.

6.3.2 Grundgleichungen der Molekularfeldtheorie der Ferrite

I_{As}, I_{Bs} sei die auf ein Grammion bezogene spontane Magnetisierung der Fe^{+++}-Ionen, wenn diese sich in A- bzw. B-Lagen befinden. I_{As}, I_{Bs} sind wegen der unterschiedlichen Umgebung der Fe^{+++}-Ionen in den verschiedenen Gitterlagen im allgemeinen voneinander verschieden.

Bezeichnen wir mit λ, μ die Mengenanteile der Fe^{+++}-Ionen in A- bzw. B-Lagen, dann ist die resultierende spontane Magnetisierung des Ferrits

$$\boldsymbol{I_s} = \lambda \boldsymbol{I_{As}} + \mu \boldsymbol{I_{Bs}} \, . \tag{6.20}$$

Es ist stets $\lambda + \mu = 1$.

Das auf ein A-Ion, d. h. ein Fe^{+++}-Ion in einer A-Lage wirkende Molekularfeld schreiben wir in der Form

$$\boldsymbol{H_A} = n(\alpha \lambda \boldsymbol{I_{As}} + \varepsilon \mu \boldsymbol{I_{Bs}}) \tag{6.21}$$

und entsprechend für ein B-Ion

$$\boldsymbol{H_B} = n(\beta \mu \boldsymbol{I_{Bs}} + \varepsilon \lambda \boldsymbol{I_{As}}), \tag{6.22}$$

n wird als eine stets positive Konstante definiert. Damit besteht für $\varepsilon = -1$ negative und für $\varepsilon = +1$ positive Kopplung zwischen den Untergittern A und B. Die Konstanten α, β sind positiv bei ferromagnetischer und negativ bei antiferromagnetischer Wechselwirkung innerhalb der Untergitter. Mit n, $n\alpha$ und $n\beta$ haben wir die drei notwendigen Wechselwirkungskoeffizienten.

Diese von Néel [3] eingeführte Schreibweise des Molekularfeldes erlaubt im Falle des Ferrimagnetismus eine übersichtlichere Darstellung als eine Schreibweise entsprechend derjenigen, welche wir zur Beschreibung des Antiferromagnetismus angewendet haben, und welche dort geeigneter erscheint. Wir werden in 6.3.5 den Übergang zum Antiferromagnetismus in der Néelschen Schreibweise und den Zusammenhang zwischen beiden Darstellungsarten angeben.

Für Temperaturen oberhalb der Curie-Temperatur und bei Anwesenheit eines äußeren Feldes $\boldsymbol{H}$ erhält man, in analoger Weise wie seinerzeit die Gln. (5.10), die mittlere Magnetisierung der Untergitter

$$\boldsymbol{I_A} = \frac{C}{T}(\boldsymbol{H} + \boldsymbol{H_A}) \tag{6.23}$$

und

$$I_B = \frac{C}{T}(H + H_B),\qquad(6.24)$$

worin C die auf ein Grammion bezogene CURIE-Konstante der Fe^{+++}-Ionen entsprechend Gl. (3.39) bedeutet.

Wir wollen uns im folgenden zunächst auf die Behandlung des Ferrimagnetismus, d. h. auf den Fall $\varepsilon = -1$ und $\lambda \neq \mu$ beschränken.

6.3.3 Paramagnetismus oberhalb der Curie-Temperatur T_c

Für $T > T_c$ besteht keine spontane Magnetisierung mehr in den Untergittern, sondern nur noch die durch das äußere Feld H hervorgerufenen Magnetisierungen I_A bzw. I_B. Hierfür gelten die Gln. (6.20) bis (6.22) ohne den Index s. Durch Elimination von I_A, I_B, H_A und H_B aus den Gln. (6.20) bis (6.24) ergibt sich

$$I = \frac{T^2 - nC(\lambda\alpha + \mu\beta)T + n^2C^2\lambda\mu(\alpha\beta - 1)}{T - nC\lambda\mu(2 + \alpha + \beta)} \cdot H \qquad(6.25)$$

und daraus die reziproke Suszeptibilität in der Form

$$\frac{1}{\chi} = \frac{T}{C} + \frac{1}{\chi_0} - \frac{\sigma}{T - \Theta}\qquad(6.26)$$

mit

$$1/\chi_0 = n(2\lambda\mu - \lambda^2\alpha - \mu^2\beta),\qquad(6.27)$$

$$\sigma = n^2 C \lambda\mu[\lambda(1+\alpha) - \mu(1+\beta)]^2,\qquad(6.28)$$

$$\Theta = nC\lambda\mu(2 + \alpha + \beta).\qquad(6.29)$$

Gl. (6.26) liefert keine lineare Temperaturabhängigkeit, wie das CURIE-WEISSsche Gesetz, sondern, bedingt durch das Glied $\sigma/(T-\Theta)$, eine Hyperbel mit den Asymptoten

$$1/\chi = T/C + 1/\chi_0 \qquad(6.30\,\mathrm{a})$$

und

$$T = \Theta \qquad(6.30\,\mathrm{b})$$

wie sie in Abb. 6.8 schematisch dargestellt ist. Hierin besteht ein sehr charakteristi-

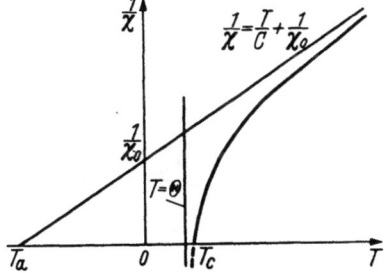

Abb. 6.8. Theoretische Temperaturabhängigkeit der reziproken Suszeptibilität ferrimagnetischer Stoffe oberhalb der CURIE-Temperatur (Nach NÉEL [3])

scher Unterschied zwischen ferrimagnetischen und ferromagnetischen Stoffen, welcher, wie wir in 6.4 sehen werden, auch in den experimentellen Ergebnissen deutlich zum Ausdruck kommt. Eine lineare Temperaturabhängigkeit erhält man nach Gl. (6.26) lediglich, wenn $\sigma = 0$, d. h. nach Gl. (6.28), wenn

$$\lambda(1+\alpha) = \mu(1+\beta)\qquad(6.31)$$

ist. Gl. (6.31) gilt insbesondere für $\lambda = \mu = 0{,}5$ und $\alpha = \beta$. Dies ist, wie wir in 6.3.5 sehen werden, der uns bereits bekannte Fall des Antiferromagnetismus.

Der Schnittpunkt der Asymptote Gl. (6.30a) mit der Temperaturachse

$$T_a = -C/\chi_0 \qquad(6.32)$$

wird als asymptotischer CURIE-Punkt bezeichnet. Für $\lambda = \mu = 0{,}5$ und $\alpha = \beta$ wird T_a nach Gl. (6.37) gleich der paramagnetischen CURIE-Temperatur T_p des Antiferromagnetismus.

Die durch Gl. (6.26) gegebene Hyperbel schneidet die Temperaturachse bei der Temperatur

$$T_c = \frac{nC}{2}\left(\lambda\alpha + \mu\beta + \sqrt{(\lambda\alpha - \mu\beta)^2 + 4\lambda\mu}\right). \qquad (6.33)$$

Ist T_c eine reelle Temperatur $T_c > 0$, dann bedeutet dies, daß bei $T = T_c$ die Suszeptibilität ∞ wird, d. h. daß für $T < T_c$ spontane Magnetisierung besteht.

Ist dagegen $T_c < 0$, dann verhält sich der Stoff bei allen Temperaturen paramagnetisch.

$T = 0$ erhält man nach Gl. (6.33) für $\alpha \cdot \beta = 1$, $\alpha, \beta < 0$.

6.3.4 Temperaturabhängigkeit der spontanen Magnetisierung

Ist $T_c > 0$, so tritt nach 6.3 bei einer reellen Temperatur spontane Magnetisierung auf. I_{As}, I_{Bs} seien, wie üblich, die bei einer Temperatur $0 < T < T_c$ im Gleichgewicht befindlichen, auf ein Grammion bezogenen spontanen Magnetisierungen der A- bzw. B-Ionen, und für $T = 0$ sei insbesondere $I_{As} = I_{A\infty}$ und $I_{Bs} = I_{B\infty}$. Mit diesen Bezeichnungen und dem Molekularfeldansatz Gl. (6.21) und (6.22) ergeben sich die Temperaturabhängigkeiten der spontanen Magnetisierung der Untergitter A und B als Lösungen des simultanen Gleichungssystems

$$\begin{aligned}I_{As} &= I_{A\infty}\, B_J\!\left(\frac{J g \mu_B n(\alpha\lambda I_{As} + \mu I_{Bs})}{kT}\right), \\ I_{Bs} &= I_{B\infty}\, B_J\!\left(\frac{J g \mu_B n(\beta\mu I_{Bs} + \lambda I_{As})}{kT}\right)\end{aligned} \qquad (6.34)$$

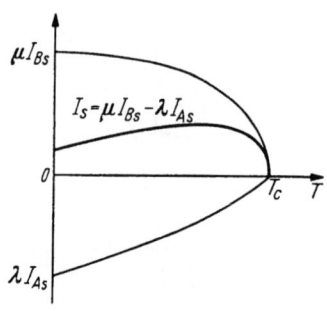
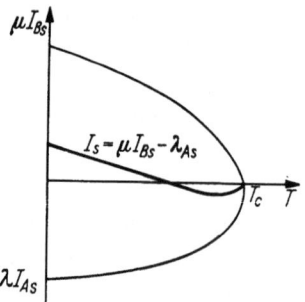

Abb. 6.9. Schematisches Beispiel für die Überlagerung der $I_s(T)$-Kurven der beiden Untergitter eines ferrimagnetischen Kristalls, welche zu einer Temperaturabhängigkeit der resultierenden Magnetisierung mit einem Maximum führt

Abb. 6.10. Schematisches Beispiel für die Überlagerung der $I_s(T)$-Kurven der beiden Untergitter eines ferrimagnetischen Kristalls, welche einen Nulldurchgang der resultierenden Magnetisierung ergibt

und damit die Temperaturabhängigkeit der resultierenden spontanen Magnetisierung des Ferrits aus

$$I_s = |\lambda I_{As} - \mu I_{Bs}|. \qquad (6.35)$$

Da im allgemeinen $\lambda \neq \mu$ und $\alpha \neq \beta$ ist, sind die Temperaturabhängigkeiten von I_{As} und I_{Bs} voneinander verschieden. Prinzipiell können zwischen den Konstanten λ, μ und α, β die verschiedensten Größenverhältnisse bestehen. Dadurch ergibt sich für den Verlauf der Temperaturabhängigkeit der resultierenden Magnetisierung I_s eine große Mannigfaltigkeit, welche z. T. recht eigenartige Kurventypen einschließt. So kann es, wie Abb. 6.9 zeigt, beispielsweise vorkommen, daß I_s nicht wie bei ferromagnetischen Stoffen mit steigender Temperatur monoton abnimmt, sondern zunächst ansteigt und ein Maximum durchläuft. Ferner ist der Fall denkbar, daß I_s entsprechend Abb. 6.10 bereits vor der CURIE-Temperatur einmal verschwindet.

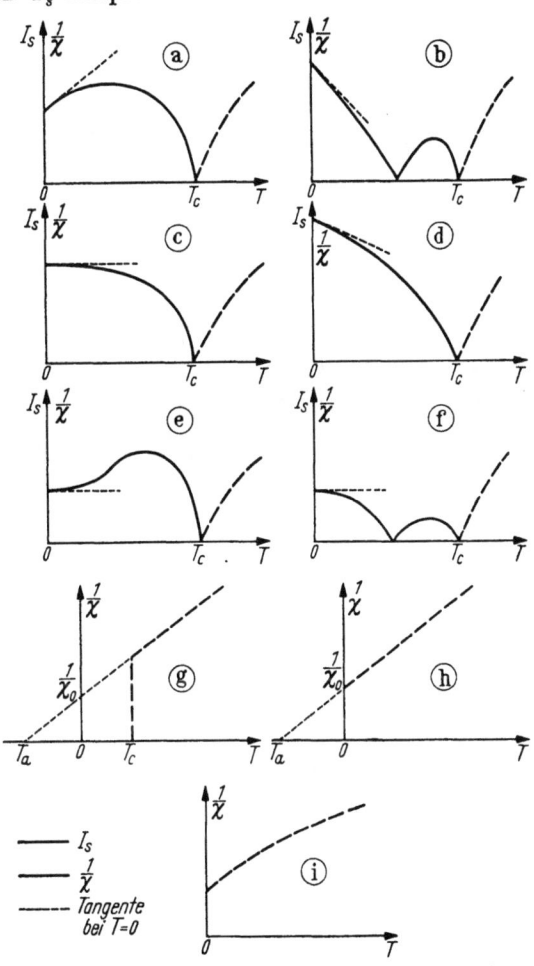

Einen Überblick über die möglichen Kurventypen der Temperaturabhängigkeit von I_s hat NÉEL [3] in Abb. 6.11 gegeben. Abb. 6.12 zeigt das zugehörige α–β-Diagramm, in welchem für das Beispiel $\lambda/\mu = 2/3$ die verschiedenen Gebiete abgegrenzt und bezeichnet wurden, denen die in Abb. 6.11 dargestellten Kurventypen zugeordnet sind.

Für α, β-Werte in dem Bereich i ist $T_c < 0$. Es tritt also gar keine spontane Magnetisierung auf (Kurventypus i in Abb. 6.11). Dieser Bereich wird durch die Hyperbel $\alpha \cdot \beta = 1$ ($\alpha, \beta < 0$) begrenzt. Nach Gl. (6.33) wird für $\alpha \cdot \beta = 1$ gerade $T_c = 0$. Längs der Geraden RS ist $\lambda(\alpha + 1) = \mu(\beta + 1)$. Hierfür ergibt sich, wie bereits erwähnt, nach Gl. (6.28) $\sigma = 0$, und man erhält damit nach Gl. (6.26) eine lineare Temperaturabhängigkeit von $1/\chi$ (Kurventypen g und h in Abb. 6.11).

Abb. 6.11 a–i. Die nach der einfachen Molekularfeldtheorie von NÉEL möglichen Typen der Temperaturabhängigkeit von I_s bzw. $1/\chi$ ferrimagnetischer Kristalle. (Nach NÉEL [3])

6.3.5 Übergang zum Antiferromagnetismus

Wir hatten bisher vorausgesetzt, daß $\lambda \neq \mu$ und im allgemeinen auch $\alpha \neq \beta$ ist. Antiferromagnetismus ergibt sich bei gleichwertigen Untergittern. Die Bedingung hierfür lautet in der für den Ferrimagnetismus eingeführten Schreibweise $\lambda = \mu = 0{,}5$ und $\alpha = \beta$.

In Abb. 6.13 ist das α–β-Diagramm für den Fall $\lambda = \mu$ wiedergegeben. Hierin sind drei verschiedene Bereiche gekennzeichnet, welchen die Kurventypen a (Abb. 6.11), k (Abb. 6.14) bzw. i (Abb. 6.11) zugeordnet sind. Längs der Geraden

RS ist $\alpha = \beta$. Dort ergibt sich antiferromagnetisches Verhalten, wenn $T_c > 0$ ist. Das trifft für alle Punkte auf dem Strahl MS zu, denen der aus Kap. 5 (s. dort Abb. 5.2c und 5.12) wohlbekannte Kurventypus l in Abb. 6.14 angehört.

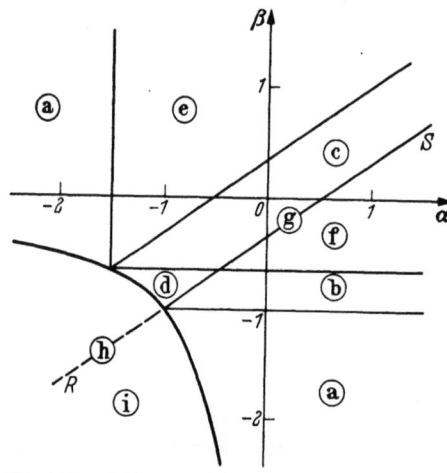

Abb. 6.12. α-β-Diagramm für den Fall $\varepsilon = -1$ und $/\mu = 2/3$. Die in Abb. 6.11 dargestellten Kurventypen treten in den entsprechen bezeichneten Bereichen der α-β-Ebene auf. (Nach NÉEL [3])

Auf dem Strahl MR ist zwar auch $\alpha = \beta$, aber $T_c < 0$, d. h. es besteht bei allen reellen Temperaturen paramagnetisches Verhalten.

Mit $\lambda = \mu = 0{,}5$ und $\alpha = \beta$ folgt aus Gl. (6.33)

$$T_c = \frac{nC}{2}(\alpha + 1) \qquad (6.36)$$

und aus Gl. (6.32) mit Gl. (6.27)

$$T_a = T_p = -\frac{nC}{2}(1 - \alpha). \qquad (6.37)$$

Da ferner im Fall des Antiferromagnetismus $I_{As} = I_{Bs}$ ist, werden die simultanen Gln. (6.34) identisch gleich und können zu einer Gleichung zusammengefaßt werden

$$I_{As} = I_{A\infty} B_J\left(\frac{J g \mu_B n(\alpha - 1) I_{As}}{2kT}\right). \qquad (6.38)$$

Ersetzen wir nunmehr in den Gln. (6.36) bis (6.38) n durch W_1 und $n\alpha$ durch $-W_2$, dann ergeben sich formal die Gln. (5.14), (5.12) und (5.30). Der im Gegensatz zu Gl. (5.30) im Argument der B_J-Funktion in Gl. (6.38) auftretende Faktor $1/2$ rührt daher, daß hier I_{As} als spontane Magnetisierung pro

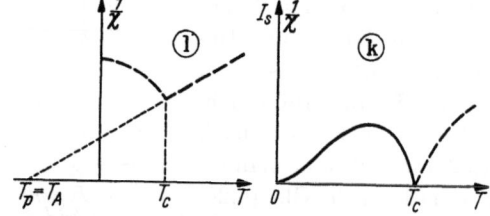

Abb. 6.13. α-β-Diagramm für den Fall $\varepsilon = -1$ und $\lambda = \mu$. Längs des Strahls MS besteht antiferromagnetisches Verhalten. (Nach NÉEL [3])

Abb. 6.14. Typen der Temperaturabhängigkeit von I_s bzw. $1/\chi$, welche speziell in dem Fall $\lambda = \mu$ in den in Abb. 6.13 entsprechend bezeichneten Bereichen der α-β-Ebene auftreten. (Nach NÉEL [3])

Grammatom, in Kap. 5 dagegen als spontane Magnetisierung pro Volumeneinheit eines Untergitters definiert wurde.

Damit haben wir den Übergang zum Antiferromagnetismus und zu den Gleichungen in Kap. 5 gegeben und gezeigt, daß der Antiferromagnetismus tatsächlich als ein Spezialfall des Ferrimagnetismus aufgefaßt werden kann.

6.4 Experimentelle Ergebnisse

In Abb. 6.15 ist die von KOPP [16] gemessene Temperaturabhängigkeit der reziproken Suszeptibilität $1/\chi$ von Magnetit (FeO · Fe$_2$O$_3$) wiedergegeben. Sie zeigt tatsächlich den von der Theorie geforderten hyperbolischen Verlauf. Die eingezeichnete Kurve wurde nach Gl. (6.26) mit optimaler Anpassung der Konstanten berechnet und gibt den gemessenen Verlauf bei hohen Temperaturen in vollkommener Weise wieder. Lediglich in der Nähe der CURIE-Temperatur weicht die theoretische Kurve etwas von den Meßwerten ab. Diese Abweichung ist nach NÉEL z. T. eine Folge örtlicher Schwankungen des Molekularfeldes, z. T. rührt sie daher, daß die durch die thermische Ausdehnung des Gitters bedingte Temperaturabhängigkeit des Molekularfeldkoeffizienten n nicht berücksichtigt wurde. Zieht man die Temperaturabhängigkeit von n, welche nach NÉEL [5, 17] durch die Beziehung

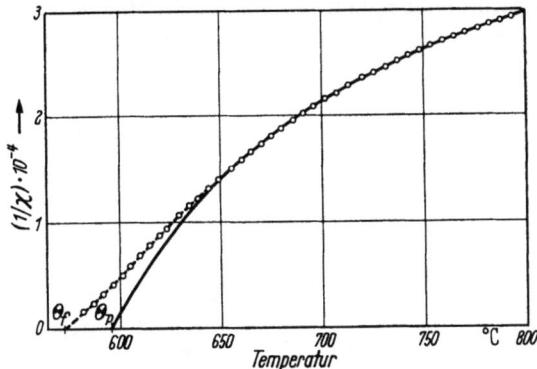

Abb. 6.15. Temperaturabhängigkeit der reziproken Suszeptibilität von Magnetit (Fe_3O_4) nach Messungen von KOPP [16]. Die eingezeichnete Kurve ist nach Gl. (6.26) berechnet. Sie wurde durch Variation der Konstanten an die Meßwerte angepaßt. (Nach NÉEL [3])

$$n = n_0(1 + \gamma T) \tag{6.39}$$

mit konstantem γ angenähert werden kann, mit in Betracht, so ergibt sich nach Untersuchungen von PAUTHENET und BOCHIROL [11] nahezu Übereinstimmung zwischen der theoretischen und der experimentellen CURIE-Temperatur, wie die folgende Tabelle für einige Ferrite zeigt:

Ferrit	$m[\mu_B]$	T_C(exper.) [°K]	T_C(theor.) [°K]
$NiO \cdot Fe_2O_3$	2,22	896	893
$CoO \cdot Fe_2O_3$	3,94	812	811
$FeO \cdot Fe_2O_3$	4,08	869	865

Die Konstanten C, n, α und β werden aus Messungen der Temperaturabhängigkeit der paramagnetischen Suszeptibilität durch optimale Anpassung des durch Gl. (6.26) gegebenen theoretischen Verlaufs an die gemessenen Kurven bestimmt. In Tab. 6.1 sind die auf diesem Wege ermittelten Konstanten nach einer Zusammenstellung von NÉEL [5] für einige Ferrite wiedergegeben.

Tabelle 6.1. Curie-Konstante C und Molekularfeldkonstanten n, α und β einiger Ferrite

Substanz	C	n	α	β
$FeO \cdot Fe_2O_3$	11,76	184	−0,51	+0,01
$NiO \cdot Fe_2O_3$	9,76	240	−0,21	−0,15
$Ni_{0,8}Zn_{0,2}O \cdot Fe_2O_3$	9,56	235	−0,48	−0,16
$Ni_{0,4}Zn_{0,6}O \cdot Fe_2O_3$	9,16	204	−1,16	−0,15
$Ni_{0,3}Zn_{0,7}O \cdot Fe_2O_3$	9,06	413	−3,08	−0,14

Die Konstanten C und n wurden jeweils auf ein Grammion bezogen. α und β sind reine Zahlwerte.

Es ist ein bedeutender Erfolg der NÉELschen Molekularfeldtheorie des Ferrimagnetismus, daß man mit denselben Konstanten C, n, α und β, welche aus der paramagnetischen Suszeptibilität oberhalb T_c bestimmt wurden, auch die Temperaturabhängigkeit der spontanen Magnetisierung I_s in durchaus befriedigender Übereinstimmung mit dem gemessenen Verlauf berechnen kann, wie Abb. 6.16 für einige Beispiele zeigt. Dort ist die Temperaturabhängigkeit der spontanen Magnetisierung der Ferrite $FeO \cdot Fe_2O_3$, $CoO \cdot Fe_2O_3$ und $NiO \cdot Fe_2O_3$ nach Messungen von PAUTHENET [18] (s. a. [11]) in reduzierten Koordinaten dargestellt. Die eingezeichneten theoretischen Kurven wurden mit den aus paramagnetischen Messungen von MARONI (s. [11]) ermittelten Konstanten C, n, α und β und unter Berücksichtigung der Temperaturabhängigkeit von n nach Gl. (6.39) berechnet.

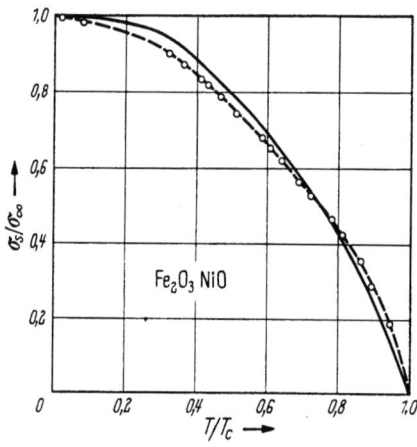

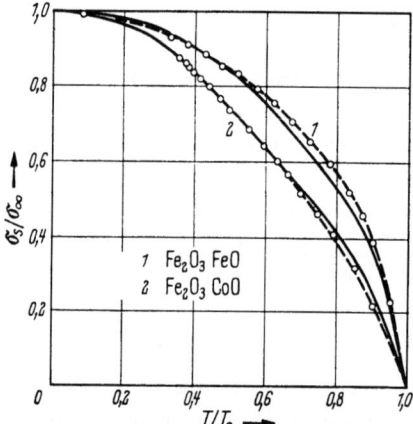

Abb. 6.16. Temperaturabhängigkeit der resultierenden spontanen Magnetisierung σ_s von $NiOFe_2O_3$, $CoOFe_2O_3$ und $FeOFe_2O_3$. Die eingezeichneten Kurven wurden mit den aus der Temperaturabhängigkeit von $1/\chi$ ermittelten Konstanten n, α und β nach Gl. (6.35) mit den Gln. (6.34) berechnet. (Nach PAUTHENET und BOCHIROL [11])

Ersetzt man in einem reinen Ferrit $Me_i O \cdot Fe_2 O_3$ die Me_i-Ionen z. T. durch isomorphe Me_k-Ionen eines anderen Metalls, so ändern sich im allgemeinen die Molekularfeldkonstanten n, α und β und zwar wird je nachdem, in welches Untergitter die Me_k-Ionen eingebaut werden, insbesondere entweder α oder β (nach Tab. 6.1 z. B. bei Substitution von Ni-Ionen durch Zn-Ionen im Ni-Ferrit α, da die Zn-Ionen nach 6.2.2 in die A-Lagen gehen) und damit speziell die Temperaturabhängigkeit entweder von I_{As} oder von I_{Bs} verändert. Folglich ist zu erwarten, daß sich die Form der Temperaturabhängigkeit der resultierenden Magnetisierung I_s ändert. Dies wird durch Untersuchungen von GUILLAUD [12] im Mischferritsystem $Fe_xMn_{(1-x)} O \cdot Fe_2 O_3$ bestätigt. Wie aus Abb. 6.17 hervorgeht, nimmt die Krümmung der $I_s(T)$-Kurve mit abnehmender Mn^{++}-Ionenkonzentration ab. Bei 23% MnO wird die Temperaturabhängigkeit von I_s linear.

In Abb. 6.18 haben GORTER und SCHULKES [19] schließlich gezeigt, daß eine Temperaturabhängigkeit von I_s entsprechend Abb. 6.10 z. B. bei einem Lithium— Chrom-Ferrit ($Li_{0,5}Fe_{1,25}Cr_{1,25}O_4$) vorkommt. Daß die resultierende spontane Magnetisierung I_s bei der Temperatur, bei welcher sie zum ersten Mal verschwindet, entsprechend der Theorie von NÉEL ihre Richtung bezüglich der Untergitter auch tatsächlich umkehrt, wurde an Hand der Temperaturabhängigkeit der Remanenz nachgewiesen (Abb. 6.18).

6.5 Andere ferrimagnetische Stoffe

Außer den kubischen Ferriten ist noch eine große Zahl ferrimagnetischer Stoffe bekannt und z. T. auch in technischem Gebrauch, wie z. B. der Magneto-Plumbit [20, 21, 22] ($PbO \cdot 4Fe_2O_3$ + Zusätze) und der hexagonale Bariumferrit $BaO \cdot 6Fe_2O_3$ [23, 24, 25, 26], welche beide als Dauermagnetwerkstoffe Verwendung finden. Sie alle in gleicher Ausführlichkeit wie die kubischen Ferrite zu behandeln, ist im Rahmen dieses Buches nicht möglich. Wir wollen uns deshalb darauf beschränken, hier noch einige Beispiele zu besprechen, welche in bezug auf die physikalische Natur des Ferrimagnetismus und des Antiferromagnetismus besonders aufschlußreich sind.

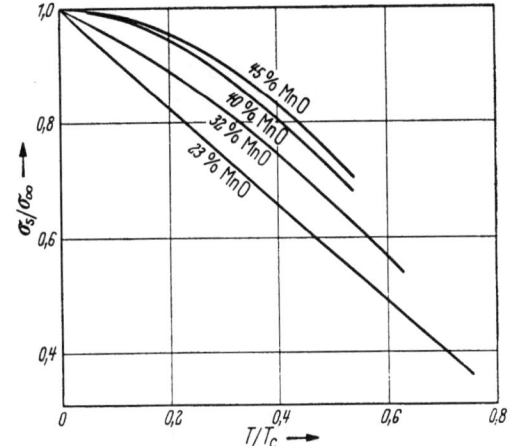

Abb. 6.17. Temperaturabhängigkeit der resultierenden spontanen Magnetisierung von $Fe_xMn_{(1-x)}O \cdot Fe_2O_3$ bei verschiedenen Fe^{++}-Ionenkonzentrationen x. (Nach GUILLAUD [12])

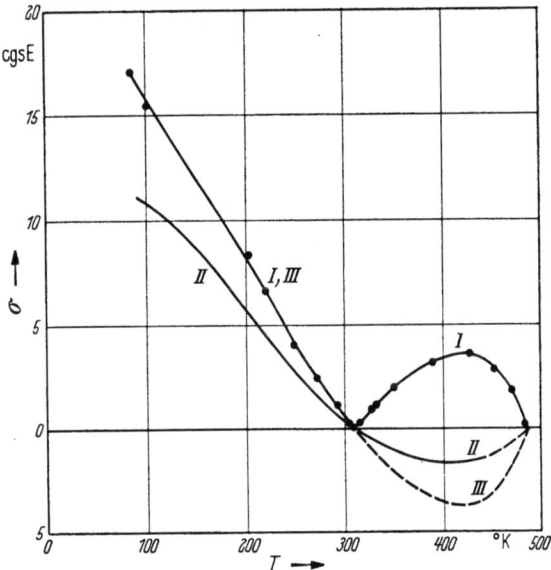

Abb. 6.18. (I) Temperaturabhängigkeit der Magnetisierung von $Li_{0,5}Fe_{1,25}Cr_{1,25}O_4$ gemessen in einem Feld von 8000 Oe. Der Verlauf der Remanenz (II) beweist, daß I_s etwas oberhalb 300 °K seine Richtung bezüglich den Magnetisierungsrichtungen der Untergitter umkehrt. (III) Verlauf der resultierenden spontanen Magnetisierung. (Nach GORTER und SCHUHLKES [19])

6.5.1 Maghemit ($\gamma - Fe_2O_3$)

Während sich der rhomboedrische Hämatit ($\alpha - Fe_2O_3$) [3, 27, 28, 29, 30, 31, 32] (abgesehen von einem überlagerten schwachen Ferromagnetismus bisher nicht vollständig geklärter Herkunft) generell antiferromagnetisch verhält, ist der kubisch kristallisierende Maghemit ($\gamma - Fe_2O_3$) ferrimagnetisch.

Das Sauerstoffgitter ist kubisch flächenzentriert und identisch mit dem des Magnetits $FeO \cdot Fe_2O_3$. Nach Abb. 6.1 entfallen auf 12 Sauerstoffionen (entsprechend 4 Molekülen Fe_2O_3) 9 mögliche Plätze für Metallionen, nämlich 3 A-Lagen und 6 B-Lagen. Auf diese verteilen sich die vorhandenen 8 Fe^{+++}-Ionen. Daraus, daß $FeO \cdot Fe_2O_3$ ein inverser Ferrit ist, kann man schließen, daß die Fe^{+++}-Ionen bevorzugt A-Lagen einnehmen. Die Ionenverteilung ist also vermutlich derart, daß alle 3 A-Lagen und entsprechend 5 B-Lagen besetzt sind. Daraus folgt unter der Voraussetzung antiferromagnetischer Kopplung zwischen den A- und B-Ionen das magnetische Moment $(5-3)\,5\,\mu_B = 10\,\mu_B$ für 4 Moleküle Fe_3O_4 und damit das molekulare Moment $M_s = (10/4)\,\mu_B = 2{,}5\,\mu_B$. Tatsächlich wird $M_s = 2{,}39\,\mu_B$ in befriedigender Übereinstimmung mit dem theoretischen Wert gemessen.

6.5.2 Pyrrhotit (Fe_7S_8)

Die Sulfide FeS_{1+x} haben nach HARALDSEN [33] für $0 < x < 0{,}20$ die Struktur von NiAs. Sie verhalten sich für $0 < x < 0{,}08$ antiferromagnetisch, wobei man annehmen kann, daß aufeinanderfolgende Lagen von Eisenionen in Ebenen senkrecht zur hexagonalen Achse untereinander antiferromagnetisch gekoppelt sind. Wird $x > 0{,}08$, so zeigen die Sulfide einen schwachen Ferrimagnetismus, der nach Untersuchungen von BENOIT [34] mit wachsendem x zunimmt und für $x = 0{,}14$ [etwa der Zusammensetzung von Pyrrhotit (Fe_7S_8) entsprechend] ein Maximum durchläuft. Die hexagonale Achse ist Richtung schwerer Magnetisierbarkeit, und die Kristallenergie ist so groß, daß Pyrrhotit in dieser Richtung praktisch paramagnetisch erscheint. Die Symmetrie der Kristallenergie in der Basisebene, welche die leichte Richtung enthält, ist geringer als die Kristallsymmetrie.

Nach diesen Versuchsergebnissen ist zu erwarten, daß die einzelnen antiferromagnetisch gekoppelten Ionenlagen für $x < 0{,}08$ untereinander physikalisch gleichwertig, für $x > 0{,}08$ dagegen voneinander verschieden sind, wodurch der beobachtete Ferrimagnetismus bedingt wird. Dieses eigenartige Verhalten konnte NÉEL [30] an Hand röntgenographischer Untersuchungen von BERTAUT [35] folgendermaßen erklären:

Die Schwefelionen sind wesentlich größer als die Eisenionen und daher für die Struktur des Kristalls bestimmend. Besteht ein Überschuß an Schwefel, so muß deshalb das Gitter Löcher, d. h. unbesetzte Eisenionenlagen enthalten. FeS_{1+x} enthält $1+x$ Plätze für Eisenionen, von denen x unbesetzt sind, also Löcher bilden. Dementsprechend kann man die Formel für Pyrrhotit als $Fe_7S_8 \cdot L$ schreiben, worin durch L ein Loch symbolisiert wird. Man kann annehmen, daß diese Löcher bei tiefen Temperaturen im Gitter eine geordnete Verteilung annehmen. Daß dies tatsächlich der Fall ist, haben die röntgenographischen Untersuchungen von BERTAUT [35] bewiesen. Danach hat Pyrrhotit eine pseudohexagonale, schwach monokline Grundzelle mit den Konstanten $A = 11{,}9$ Å, $B = 6{,}865$ Å $\approx 4\,a_0$, $C = 22{,}7\,L$ Å $\approx 4\,c_0$ und $\beta = 89°\,33'$. Die Grundzelle, welche in Abb. 6.19 dargestellt ist, enthält 64 S-Ionen (nicht gezeichnet), 56 Fe-Ionen (schwarze Vollkreise) und 8 Löcher (leere Kreise), welche in der in Abb. 6.19 gezeigten Weise angeordnet sind. Und zwar enthält nur jede zweite Gitterebene Löcher. Um die Zeichnung nicht zu komplizieren, sind darin die dazwischen liegenden, keine Löcher enthaltenden Gitterebenen jeweils weggelassen. Nach Abb. 6.19 sind nun zwei benachbarte, untereinander antiferromagnetisch gekoppelte Gitterebenen nicht mehr gleichwertig, weil die eine Löcher enthält, die andere nicht, und damit ist der Ferrimagnetismus begründet.

Die scheinbar komplizierte Anordnung der Löcher findet eine einfache Erklärung dadurch, daß die Löcher größtmöglichen Abstand voneinander haben, welcher etwa $2\,a_0$ beträgt. Außerdem geht aus Abb. 6.19 auch die bereits erwähnte Einschränkung der magnetischen Symmetrie in der Basisebene hervor. Um die elektrische Neutralität zu wahren, treten, da Schwefel stets zweiwertig ist, für $x \neq 0$ neben den Fe^{++}-Ionen auch Fe^{+++}-Ionen auf, deren Verteilung im Gitter röntgenographisch nicht festgestellt werden kann. Deshalb ist es auch bisher nicht möglich gewesen, das magnetische Moment von Pyrrhotit zu berechnen wie bei den Ferriten. Nach Kenntnis der Struktur von Pyrrhotit verstehen wir nun auch die magnetischen Eigenschaften der übrigen Eisensulfide. Solange $x < 0,08$ bleibt, ist die Zahl der Löcher so gering, daß die Wechselwirkungen zwischen ihnen nicht

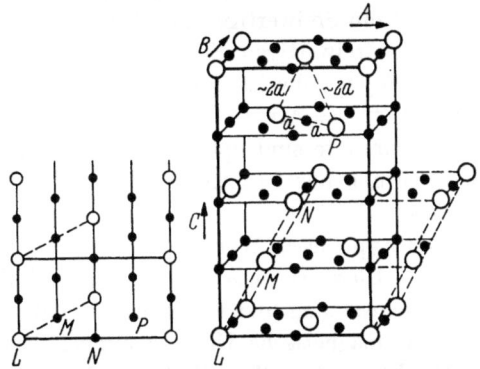

Abb. 6.19. Elementarzelle des Pyrrhotit-Gitters. Schwarze Vollkreise: Fe-Ionen, leere Kreise: Löcher. Nur jede zweite Netzebene enthält Löcher. Die Netzebenen ohne Löcher sind nicht gezeichnet. (Nach BERTAUT [35])

zu einer geordneten Anordnung führen. Die Löcher sind daher statistisch auf alle Ionenlagen verteilt, und diese daher im Mittel alle gleichwertig, woraus Antiferromagnetismus folgt.

In Abb. 6.20 ist die Temperaturabhängigkeit der reziproken paramagnetischen Suszeptibilität von Pyrrhotit (für $T > T_c = 292\,°C$) nach Messungen von BENOIT [34] wiedergegeben. Sie zeigt bis 450 °C den normalen, für Ferrimagnetica charakteristischen hyperbolischen Verlauf. Bei 560 °C nimmt die Suszeptibilität plötzlich auf einen 5- bis 6mal kleineren Wert als bei 450 °C ab und zeigt bei höheren Temperaturen quantitativ etwa denselben Verlauf wie für FeS. Es ist naheliegend zu vermuten, daß 560° die Temperatur ist, bei welcher die Löcher infolge der Temperaturbewegung die Tieftemperaturordnung verlassen und sich statistisch über das Gitter verteilen, welches sich dann im wesentlichen so wie das FeS-Gitter verhält [34]. BENOIT hat daraus

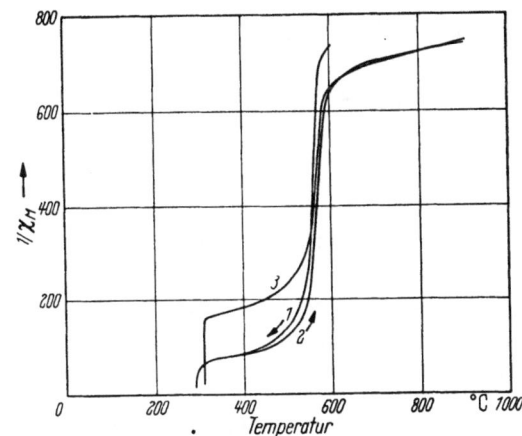

Abb. 6.20. Temperaturabhängigkeit der reziproken molaren Suszeptibilität von Pyrrhotit (Fe_7S_8)-Einkristallen. Kurven (1) und (2) synthetischer Pyrrhotit; Kurve (3) natürlicher Pyrrhotit. (Nach BENOIT [34])

den Schluß gezogen, daß Pyrrhotit nach dem Abschrecken von Temperaturen oberhalb 560° antiferromagnetisch sein müsse. Daß die Proben nach dem Abschrecken stets ferrimagnetisch waren, spricht jedoch insofern nicht unbedingt gegen obige Deutung der 560°-Anomalie der Suszeptibilität, als man annehmen kann, daß die Löcher, auch bei tiefen Temperaturen noch relativ leicht beweglich sind.

6.5.3 Granat

Die Granate sind eine erst seit kurzem bekannte [36, 37] Gruppe ferrimagnetischer Werkstoffe mit der allgemeinen chemischen Formel $3 Me_2O_3 \cdot 5 Fe_2O_3$. Me bedeutet ein dreiwertiges Ion des Yttriums oder einer der Seltenen Erden. Die ebenfalls dreiwertigen Eisenionen können nach der Formel $3 Me_2O_3 \cdot x ME_2O_3 \cdot (5-x) Fe_2O_3$ teilweise durch andere dreiwertige Metallionen substituiert werden [38] (ME^{+++} = Al^{+++}, Ga^{+++}, In^{++}, Sc^{+++}, Cr^{+++}).

Die Granate sind optisch durchsichtig und eignen sich daher besonders zur Beobachtung der Bezirksstruktur im Kristallinneren mit Hilfe des FARADAY-Effekts [39].

Prototyp dieser Werkstoffgruppe ist der Yttrium—Eisen—Granat $3 Y_2O_3 \cdot 5 Fe_2O_3$. Dieser ist wegen seiner nahezu kubischen Symmetrie, seiner definierten Zusammensetzung und vor allem deshalb, weil er nur 3wertige Metallionen enthält, für magnetische Untersuchungen besonders geeignet.

Die Elementarzelle enthält vier Formeleinheiten $3 Y_2O_3 \cdot 5 Fe_2O_3$ und hat die Gitterkonstante $a_0 = 12{,}376 \pm 0{,}004$ Å [40, 41]. Von den 10 Eisenionen einer Formeleinheit sind 6 tetraedrisch (A-Lagen) und 4 oktaedrisch (B-Lagen) von Sauerstoffionen umgeben [40]. Durch antiferromagnetische Kopplung zwischen den A- und B-Ionen entsteht ein resultierendes Moment $M_s = 2M = 10 \mu_B$ ($M = 5 \mu_B$ = Moment eines Fe^{+++}-Ions) pro Formeleinheit.

GILLEO und GELLER [38] haben an einer Reihe von Yttrium—Eisen-Mischoxyden $3 Y_2O_3 \cdot x ME_2O_3 (5-x) Fe_2O_3$ die Temperaturabhängigkeit der spontanen Magnetisierung gemessen und daraus das magnetische Moment M_s pro Formeleinheit, sowie die CURIE-Temperatur ermittelt. Die Ergebnisse sind in Tab. 6.2 zusammengestellt.

Tabelle 6.2. *Magnetisches Moment M_s und Curie-Temperatur einiger Yttrium—Eisen-Granate* $3 Y_2O_3 \cdot x ME_2O_3 (5-x) Fe_2O_3$

ME_2O_3	x	M_s in μ_B	T_c in °K
—	0	9,92	545
Ga_2O_3	1/4	7,95	519
Ga_2O_3	3/4	4,35	460
Al_2O_3	1/3	7,00	497
Al_2O_3	1	3,25	415
Sc_2O_3	1/4	11,97	500
Sc_2O_3	3/4	14,4	365
In_2O_3	1/2	13,8	444
Cr_2O_3	1/4	10,95	515

Die magnetischen und elektrischen Eigenschaften der Granate sind inzwischen in einer größeren Anzahl von Arbeiten (s. z. B. [46 bis 83]) ausführlich untersucht worden. Wir können hier der Kürze halber näher nicht darauf eingehen.

6.6 Eigenschaften ferrimagnetischer Stoffe

Abgesehen von den Besonderheiten der Temperaturabhängigkeit der spontanen Magnetisierung verhalten sich ferrimagnetische Stoffe im ferromagnetischen Temperaturbereich (unterhalb T_c) im Prinzip genauso wie Ferromagnetika. Sie zeigen Kristallanisotropie und Magnetostriktion und damit auch Spannungsanisotropie. Ihre Bezirksstruktur ist mit der ferromagnetischer Stoffe vergleichbar und ihre Magnetisierung ändert sich wie dort durch BLOCH-Wandverschiebungen und Drehprozesse. Wir können deshalb die Theorie der ferromagnetischen Eigenschaften für beide Stoffgruppen gemeinsam behandeln und brauchen im folgenden zwischen ihnen nicht mehr zu unterscheiden.

Lediglich im Hinblick auf das Verhalten im Wechselfeld besteht noch ein quantitativ bedeutungsvoller Unterschied zwischen beiden Stoffgruppen dadurch, daß die elektrische Leitfähigkeit der Ferrimagnetika um mehrere Größenordnungen geringer ist als die der stets metallischen ferromagnetischen Stoffe. Infolgedessen können die Wirbelstromeffekte bei den meisten ferrimagnetischen Stoffen vernachlässigt werden.

Mit diesen Hinweisen wollen wir die spezielle Theorie des Ferrimagnetismus abschließen und für ein genaueres Studium derselben auf einige zusammenfassende Artikel [*3, 5, 6, 12, 42, 43, 44*], sowie auf das Buch von SMIT und WIJN [*45*] verweisen.

Literatur zu Kap. 6

[1] BARTH, T. F. W., u. E. POSNJAK: Z. Kristallogr. 82 (1932) S. 325.
[2] VERVEY, E. J. W., u. E. L. HEILMANN: J. chem. Phys. 15 (1947) S. 174.
[3] NÉEL, L.: Ann. Phys., Paris 3 (1948) S. 137.
[4] SHULL, C. G., W. A. STRAUSER u. E. O. WOLLAN: Phys. Rev. 83 (1951) S. 333.
[5] NÉEL, L.: Ann. Inst. Fourier 1 (1949) S. 163.
[6] NÉEL, L.: Proc. Phys. Soc., Lond. A 65 (1952) S. 869 und Ann. Inst. Polytech. II, 1 (1953) S. 10ff. identisch mit [6].
[7] WEISS, P., u. R. FORRER: Ann. Phys., Paris 12 (1929) S. 279.
[8] GORTER, E. W.: C. R. Acad. Sci., Paris 230 (1950) S. 192.
[9] GUILLAUD, C.: C. R. Acad. Sci., Paris 229 (1949) S. 1133.
[10] WEIL, L., L. BOCHIROL, R. PAUTHENET — s. L. NÉEL: Ann. Inst. Fourier 1 (1949) S. 163.
[11] PAUTHENET, R., u. L. BOCHIROL: J. Phys. Radium 12 (1951) S. 249.
[12] GUILLAUD, C.: J. Phys. Radium 12 (1951) S. 239.
[13] MAXWELL, L. R., S. J. PICKART u. R. W. HALL: Phys. Rev. 91 (1953) S. 206.
[14] MAXWELL, L. R., S. J. PICKART u. R. W. HALL: Phys. Rev. 92 (1953) S. 1120.
[15] GUILLAUD, C., u. A. MICHEL: J. Phys. Radium 12 (1951) S. 65 (Lettre aux éditeurs).
[16] KOPP, W.: Diss. Zürich 1919.
[17] NÉEL, L.: C. R. Acad. Sci., Paris 230 (1950) S. 190.
[18] PAUTHENET, R.: C. R. Acad. Sci., Paris 230 (1950) S. 1842.
[19] GORTER, E. W., u. J. A. SCHULKES: Phys. Rev. 90 (1953) S. 487.
[20] PAWLEK, F., u. K. REICHEL: Arch. Eisenhüttenw. 28 (1957) S. 241.
[21] BERGER, W., u. F. PAWLEK: Arch. Eisenhüttenw. 28 (1957) S. 101.
[22] PAWLEK, F., u. K. REICHEL: AEG-Mitt. 46 (1956) S. 337.
[23] RATHENAU, G. W., J. SMIT u. A. L. STUYTS: Z. Phys. 133 (1952) S. 250.
[24] RATHENAU, G. W.: Rev. Mod. Phys. 25 (1953) S. 297.
[25] FAHLENBRACH, H., u. W. HEISTER: Arch. Eisenhüttenw. 24 (1953) S. 523.
[26] FAHLENBRACH, H.: ETZ A 74 (1953) S. 388.
[27] NÉEL, L.: Ann. Phys., Paris 4 (1949) S. 249.
[28] SHULL, C. G., W. A. STRAUSER u. E. O. WOLLAN: Phys. Rev. 83 (1951) S. 333.
[29] NÉEL, L., u. R. PAUTHENET: C. R. Acad. Sci., Paris 234 (1952) S. 2172.
[30] NÉEL, L.: Rev. Mod. Phys. 25 (1953) S. 58.
[31] CHEVALLIER, R.: J. Phys. Radium 12 (1951) S. 172.
[32] LI, Y.-Y.: Phys. Rev. 101 (1956) S. 1450.
[33] HARALDSEN, V. H.: Z. anorg. allg. Chem. 231 (1937) S. 78.
[34] BENOIT, R.: C. R. Acad. Sci., Paris 234 (1952) S. 2174 und unpubl. Mitt. an. L. NÉEL: Rev. Mod. Phys. 25 (1953) S. 60.
[35] BERTAUT, F.: C. R. Acad. Sci., Paris 234 (1952) S. 1295.
[36] BERTAUT, F., u. F. FORRAT: C. R. Acad. Sci., Paris 242 (1956) S. 382.
[37] GELLER, S., u. M. A. GILLEO: Acta Cryst. 10 (1957) S. 239.
[38] GILLEO, M. A., u. S. GELLER: Phys. Rev. 110 (1958) S. 73.
[39] DILLON, J. F.: Bull. Amer. phys. Soc., Ser II, 2 (1957) S. 238.
[40] GELLER, S., u. M. A. GILLEO: J. phys. Chem. Solids 3 (1957) S. 30.
[41] BERTAUT, F., u. F. FORRAT: C. R. Acad. Sci., Paris 244 (1957) S. 96.
[42] SNOEK, J. L.: J. Phys. Rev. 12 (1951) S. 228.

[43] FAIRWEATHER, A., F. F. ROBERTS u. A. J. E. WELCH: Rep. Progr. in Phys. 15 (1952) S. 142.
[44] OCHSENFELD, R.: Z. angew. Phys. 4 (1952) S. 350.
[45] SMIT, J., u. H. P. J. WIJN: „Ferrites". JOHN WILEY & SONS, New York (1959).
[46] DILLON, J. F.: Bull. Amer. Phys. Soc. 2 (1957) S. 22.
[47] DILLON, J. F.: Phys. Rev. 105 (1957) S. 759.
[48] PAUTHENET, R.: J. Appl. Phys. 30 (1959) S. 290 S.
[49] CALHOUN, B. A.: J. Appl. Phys. 30 (1959) S. 293 S.
[50] EPSTEIN, D. J., u. B. FRACKIEWICZ: J. Appl. Phys. 30 (1959) S. 295 S.
[51] GILLEO, M. A., u. S. GELLER: J. Appl. Phys. 30 (1959) S. 297 S.
[52] ANDERSON, E. E.: J. Appl. Phys. 30 (1959) S. 299 S.
[53] SPENCER, E. G., u. R. C. LeCRAW: J. Appl. Phys. 30 (1959) S. 149 S.
[54] DeGRASSE, R. W.: J. Appl. Phys. 30 (1959) S. 155 S.
[55] GESCHWIND, S., u. L. R. WALKER: J. Appl. Phys. 30 (1959) S. 163 S.
[56] LeCRAW, R. C., u. E. G. SPENCER: J. Appl. Phys. 30 (1959) S. 185 S.
[57] GELLER, S.: J. Appl. Phys. 31 (1960) S. 30 S.
[58] STIGLITZ, M. R., u. F. R. MORGENTHALER: J. Appl. Phys. 31 (1960) S. 37 S.
[59] BAILEY, P. C.: J. Appl. Phys. 31 (1960) S. 39 S.
[60] MASTERS, J. I.: J. Appl. Phys. 31 (1960) S. 41 S.
[61] DILLON, J. F., u. J. W. NIELSEN: J. Appl. Phys. 31 (1960) S. 43 S.
[62] CUNNINGHAM, J. R., u. E. E. ANDERSON: J. App. Phys. 31 (1960) S. 45 S.
[63] McDUFFIE, G. E., CUNNINGHAM, J. R., u. E. E. ANDERSON: J. Appl. Phys. 31 (1960) S. 47 S.
[64] MEYER, H., u. A. B. HARRIS: J. Appl. Phys. 31 (1960) S. 49 S.
[65] NIELSEN, J. W.: J. Appl. Phys. 31 (1960) S. 51 S.
[66] CARSON, J. W., u. R. P. WHITE: J. Appl. Phys. 31 (1960) S. 53 S.
[67] BELOV, K. P., u. A. V. PEDKO: J. Appl. Phys. 31 (1960) S. 55 S.
[68] RODIRIGUE, G. P., H. MEYER u. R. V. JONES: J. Appl. Phys. 31 (1960) S. 376 S.
[69] TEALE, R. W., R. F. PEARSON u. M. J. HIGHT: J. Appl. Phys. 32 (1961) S. 150 S.
[70] SMITH, A. W., u. A. WATANABE: J. Appl. Phys. 32 (1961) S. 155 S.
[71] DILLON, J. F.: J. Appl. Phys. 32 (1961) S. 159 S.
[72] SAUNDERS, J. H., u. J. J. GREEN: J. Appl. Phys. 32 (1961) S. 161 S.
[73] LeCRAW, R. C., u. L. R. WALKER: J. Appl. Phys. 32 (1961) S. 167 S.
[74] HARTWICK, T. S., E. R. PERESSINI u. M. T. WEISS: J. Appl. Phys. 32 (1961) S. 223 S.
[75] HILL, R. M., u. R. S. BERGMAN: J. Appl. Phys. 32 (1961) S. 227 S.
[76] GESCHWIND, S.,: J. Appl. Phys. 32 (1961) S. 263 S.
[77] WALKER, L. R.: J. Appl. Phys. 32 (1961) S. 264 S.
[78] PEARSON, R. F., u. R. W. COOPER: J. Appl. Phys. 32 (1961) S. 265 S.
[79] BALL, M., G. GARTON, M. J. M. -LEASK, D. RYAN u. W. P. WOLF: J. Appl. Phys. 32 (1961) S. 267 S.
[80] EPSTEIN, D. J., B. FRACKIEWICZ u. R. P. HUNT: J. Appl. Phys. 32 (1961) S. 270 S.
[81] HAGEDORN, F. B., u. E. M. GYORGY: J. Appl. Phys. 32 (1961) S. 282 S.
[82] ALBERNTEHY, L. L., T. H. RAMSEY u. J. W. ROSS: J. Appl. Phys. 32 (1961) S. 376 S.
[83] CUNNINGHAM, J. R., u. E. E. ANDERSON: J. Appl. Phys. 32 (1961) S. 388 S.

II. Magnetischer Kreis und thermodynamische Grundlagen

7. Magnetisierungskurve

7.1 Technische Magnetisierungskurve

Als technische Magnetisierungskurve bezeichnen wir den (im allgemeinen nicht eindeutigen) Zusammenhang zwischen dem wirksamen Feld H und der in Feldrichtung gemessenen Magnetisierung I bzw. Induktion B bei statischer oder quasistatischer Messung. Das $I-H$-Diagramm entspricht der physikalischen Betrachtungsweise, das $B-H$-Diagramm der technischen.

7.1.1 Das $I-H$-Diagramm

In Abb. 7.1 ist das gesamte Erscheinungsbild der technischen Magnetisierungskurve eines ferromagnetischen Stoffes in schematischer Form dargestellt.

Vom pauschal unmagnetischen Zustand ($I = H = 0$, s. Kap. 36) einer Probe ausgehend, wird mit monoton wachsender Feldstärke die sog. Neukurve bis zur Sättigung I_s durchlaufen. Unterhalb einer Grenzfeldstärke H_g hat die Neukurve vieler Werkstoffe die Form (s. Kap. 33)

$$I = \chi_a H + \alpha H^2 \tag{7.1}$$

mit konstanten Koeffizienten χ_a und α. Gl. (7.1) wird als RAYLEIGH-Regel (s. Kap. 33) bezeichnet. χ_a ist die Anfangssuszeptibilität, α die RAYLEIGH-Konstante.

Nimmt die Feldstärke von der Sättigung wieder ab, dann kehrt man jedoch nicht auf die Neukurve, sondern stets auf einer oberhalb derselben liegenden Kurve zurück. Für $H = 0$ behält die Magnetisierung den endlichen Wert I_R, Remanenz genannt. Erst in einem Gegenfeld sinkt die Magnetisierung wieder auf Null ab. Der Betrag der zu $I = 0$ gehörigen Gegenfeldstärke heißt Magnetisierungskoerzitivkraft $_IH_C$, oder einfach Koerzitivkraft. Im weiter wachsenden Gegenfeld wird die Probe schließlich in umgekehrter Richtung gesättigt ($-I_s$). In analoger Weise gelangt man zurück zu $+I_s$ und erhält damit einen geschlossenen, aus zwei punktsymmetrisch zum Ursprung gelegenen Ästen gebildeten Kurvenzug, welcher als die vollständig (d. h. bis zur Sättigung) ausgesteuerte Hystereseschleife bezeichnet wird. Dieselbe Schleife wird in einem langsam periodischem Wechselfeld mit entsprechend großer Amplitude periodisch durchlaufen. Sie stellt dort den stationären Zustand dar, während die Neukurve dem Einschaltvorgang entspricht.

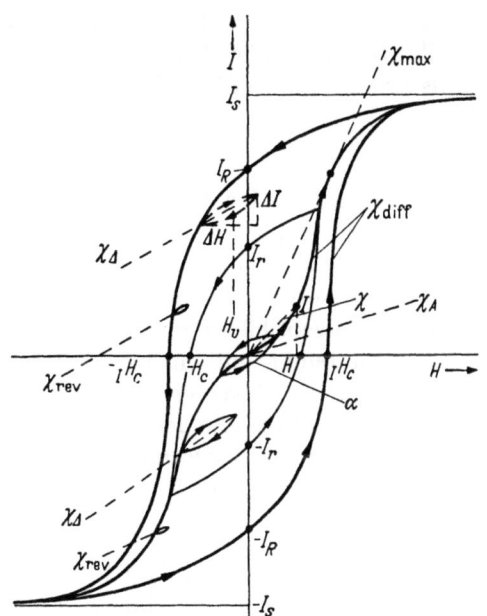

Abb. 7.1. Bestimmungsgrößen der Magnetisierungsschleife

Die vollständig ausgesteuerte Schleife und die Neukurve haben für jeden Werkstoff eine charakteristische Form, welche durch Angabe der Sättigung I_s, der Remanenz I_R, der Koerzitivkraft $_IH_C$, der Anfangssuszeptibilität χ_a und der RAYLEIGH-Konstante α bereits wesentlich bestimmt ist. Wir wollen diese Meßgrößen daher die festen Bestimmungsgrößen der Magnetisierungskurve nennen.

Jeder Feldamplitude eines periodisch wechselnden Feldes, welche nicht zur Sättigung hinreicht, entspricht eine ebenfalls zum Ursprung punktsymmetrische

Hystereseschleife, die vollständig innerhalb der bis zur Sättigung ausgesteuerten Schleife bleibt. Zwei solche Schleifen sind in Abb. 7.1 eingezeichnet. Ihre Spitzen liegen auf der sog. Kommutierungskurve, welche mit der Neukurve praktisch identisch ist. Sie haben ebenfalls eine remanente Magnetisierung I und eine Koerzitivkraft H_c (kleine Indices), welche aber keine Werkstoffkonstanten sind, sondern von der Feldamplitude abhängen. (s. Abb. 30.1.) Für Feldamplituden kleiner als H_g heißen die Schleifen RAYLEIGH-Schleifen. Sie werden bei vielen Werkstoffen durch zwei punktsymmetrisch zum Ursprung gelegene Parabeläste gebildet. Die voll ausgesteuerte Schleife ist vor allen kleineren Schleifen dadurch ausgezeichnet, daß bei statischer Messung kein Punkt der I–H-Ebene außerhalb dieser Schleife erreicht werden kann.

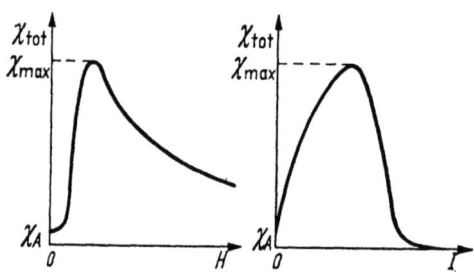

Abb. 7.2a u. b. Verlauf der totalen Suszeptibilität (a) als Funktion der Feldstärke und (b) als Funktion der Magnetisierung

Als (totale) Suszeptibilität (s. Kap. 34.) bezeichnen wir den Quotienten

$$\chi_{\text{tot}} = I/H \qquad (7.2)$$

auf der Neukurve. Ihr Verlauf mit der Feldstärke (Abb. 7.2a) oder mit der Magnetisierung (Abb. 7.2b) ist, wie die Neukurve selbst, charakteristisch für einen Werkstoff. Den Höchstwert $\chi_{\max}$ erhält man aus Abb. 7.1, indem man vom Ursprung aus die Tangente an die Neukurve zeichnet. Für $H \to 0$ wird χ_{tot} gleich der Anfangssuszeptibilität χ_a. Für $H \to \infty$ geht χ_{tot} gegen Null.

Irgendein Punkt auf einer Schleife oder der Neukurve werde durch eine Konstante „Gleichfeldvorspannung" H_v festgehalten. Überlagern wir nun ein schwaches, periodisch veränderliches Feld H_Δ mit der konstanten Amplitude $\Delta H/2$, dann entsteht eine lanzettförmige Magnetisierungskurve, deren mittlere Neigung entsprechend Abb. 7.1 durch

$$\chi_\Delta = (\Delta I/\Delta H)_{H_0} \qquad (7.3)$$

gegeben ist. Wir nennen χ_Δ die Überlagerungssuszeptibilität (s. Kap. 34.). Für $\Delta H \to 0$ geht die Lanzette praktisch in einen Strich über und wir erhalten die reversible Suszeptibilität χ_{rev}, welche definiert ist durch

$$\chi_{\text{rev}} = \lim_{\Delta H \to 0} (\Delta I/\Delta H)_{H_0} = \lim_{\Delta H \to 0} \chi_\Delta, \qquad (7.4)$$

schließlich definieren wir noch als differentielle Suszeptibilität χ_{diff}

$$\chi_{\text{diff}} = (dI/dH)_{I_0, H_0} \qquad (7.5)$$

die Steigung in einem Punkt der technischen Magnetisierungskurve.

Im Ursprung ($H_0 = 0$), d. h. im Beginn der Neukurve gilt ersichtlich insbesondere $\chi_{\text{tot}} = \chi_{\text{rev}} = \chi_{\text{diff}} = \chi_a$ und für $H \to \infty$ folgt $\chi = \chi_\Delta = \chi_{\text{rev}} = \chi_{\text{diff}} = 0$. Im Gegensatz zu den festen Bestimmungsgrößen wollen wir die Suszeptibilitäten als laufende Bestimmungsgrößen bezeichnen.

7.1.2 Das B–H-Diagramm

Für die technische Anwendung eines Werkstoffes ist die Abhängigkeit der Induktion B von der Feldstärke maßgebend. Die Magnetisierungskurve wird daher für den technischen Gebrauch im B–H-Diagramm dargestellt. Den Übergang vom I–H-Diagramm zum B–H-Diagramm findet man leicht mit Hilfe der Beziehungen [Gl. (1.30), (1.31)]

$$B = H + 4\pi I, \tag{7.6}$$

$$\mu = B/H = 1 + 4\pi\chi. \tag{7.7}$$

Mit wachsender Feldstärke nähert sich die Magnetisierungskurve der Asymptote $B = 4\pi I_s + H$. Entsprechend erhalten wir die Sättigungsinduktion $B_s = 4\pi I_s$ durch lineare Extrapolation der in hohen Feldern gemessenen Magnetisierungskurve auf $H = 0$.

Die Remanenz ist wegen $H = 0$ einfach $B_R = 4\pi I_R$.

Die Induktionskoerzitivkraft $_B H_C$ ist durch $B = 0$ definiert. Betrachten wir den zweiten Quadranten im B–H-Diagramm, so bedeutet dies nach Gl. (7.6), daß dort

$$B = -{}_B H_C + 4\pi I = 0,$$

also $I > 0$ sein muß, d. h. der Punkt $B = 0$ wird, wie auch Abb. 7.3 zeigt, im wachsenden Gegenfeld vor dem Punkt $I = 0$ erreicht. Es ist also stets $_B H_C < {}_I H_C$. Aus Abb. 7.3 und Gl. (7.6) folgt ferner, daß $|_B H_C|$ maximal gleich der Remanenz B_R, auf keinen Fall aber größer werden kann. Die Beziehung

$$_B H_C \leqq B_R \tag{7.8}$$

liefert, wie wir in 8.5.2 sehen werden, den theoretischen Höchstwert des Energieproduktes eines Dauermagnetkreises.

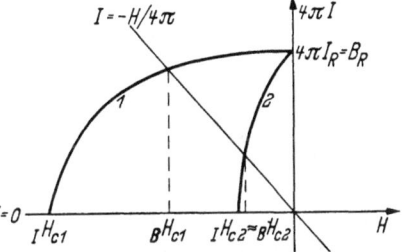

Abb. 7.3. Zur Definition der Koerzitivkraft $_I H_C$ und $_B H_C$

Die Größe der Differenz $_I H_C - {}_B H_C$, welche praktisch nur für den geschlossenen magnetischen Kreis einen Sinn hat, hängt nach Abb. 7.3 von dem Verlauf der Magnetisierungskurve zwischen den beiden H_C-Punkten ab. Ferner ist, wie wir in Kap. 8.4 sehen werden, $_I H_C$ unabhängig vom Entmagnetisierungsfaktor der Probe, $_B H_C$ dagegen nicht. Bei homogener Magnetisierung ist daher $_I H_C$ immer eine Materialkonstante, $_B H_C$ dagegen nur für geschlossene magnetische Kreise. Aus allen vorgenannten Gründen haben wir bei der Koerzitivkraft zwischen beiden Definitionen streng zu unterscheiden und stets durch einen Index ($_I$ bzw. $_B$) festzulegen, wie die Koerzitivkraft definiert wurde. Eine ausführliche Diskussion beider Definitionen sowie der zwischen ihnen bestehenden Zusammenhänge wurde von NEUMANN [1] veröffentlicht.

Die Anfangspermeabilität ist gegeben durch $\mu_a = 1 + 4\pi\chi_a$, und für die RAYLEIGH-Konstante ergibt sich $\nu = 4\pi\alpha$.

Die laufenden Bestimmungsgrößen sind entsprechend Gl. (7.7) die verschiedenen Permeabilitäten: Die (totale) Permeabilität $\mu_{\text{tot}} = B/H = 1 + 4\chi_{\text{tot}}$ auf der Neukurve, die Überlagerungspermeabilität $\mu_\varDelta = (\varDelta B/\varDelta H)_{H_0} = 1 + 4\pi\chi_\varDelta$, die reversible Permeabilität $\mu_{\text{rev}} = \lim\limits_{\varDelta H \to 0} (\varDelta B/\varDelta H)_{H_0} = 1 + 4\pi\chi_{\text{rev}}$ und die differentielle Permeabilität $\mu_{\text{diff}} = dB/dH = 1 + 4\pi\chi_{\text{diff}}$. Insbesondere gilt wieder im Ursprung des B–H-Diagramms $\mu = \mu_{\text{rev}} = \mu_{\text{diff}} = \mu_a$, dagegen folgt im Grenzübergang für $H \to \infty$ $\mu = \mu_A = \mu_{\text{rev}} = \mu_{\text{diff}} = 1$.

7.2 Ideale (anhysteretische) Magnetisierungskurve

Die durch irreversible Magnetisierungsprozesse bedingte Erscheinung der Hysterese läßt sich vollkommen ausschalten, indem man nach Anlegen jeder konstanten Gleichfeldstärke zunächst ein von hohen Amplituden kontinuierlich und langsam bis auf Null abnehmendes, niederfrequentes Wechselfeld überlagert, und die Magnetisierung erst nach Abklingen des Wechselfeldes mißt. Unter der Wirkung des Wechselfeldes laufen, wie STEINHAUS und GUMLICH [2] zuerst bemerkt haben (s. a. [3, 4, 5]), alle zum magnetischen Gleichgewicht bei der betreffenden Gleichfeldstärke führenden, irreversiblen Prozesse ab. Da also für jede Gleichfeldstärke der Gleichgewichtszustand eingestellt wird, erhält man mit wachsender und mit abnehmender Feldstärke stets dieselbe Magnetisierungskurve, welche schematisch in Abb. 7.4 dargestellt ist. Sie zeigt keine Hysterese und ist von der magnetischen Vorgeschichte der Probe unabhängig.

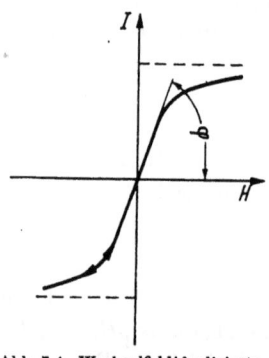

Abb. 7.4. Wechselfeldidealisierte Magnetisierungskurve (schematisch)

Statt mit Hilfe der oben geschilderten, sog. Wechselfeldidealisierung kann ein magnetischer Gleichgewichtszustand auch durch Erhitzen der Probe über die CURIE-Temperatur und anschließendes Abkühlen in dem betreffenden Gleichfeld hergestellt werden. Die durch diese sog. thermische Idealisierung gewonnene anhysteretische Magnetisierungskurve ist jedoch von der hier behandelten wechselfeldidealisierten Kurve verschieden (s. Abb. 36.3). Wir werden hierauf in Kap. 36 noch ausführlich zu sprechen kommen.

Für einen geschlossenen Kreis aus einem ideal homogenen Ferromagnetikum ist die Steigung $\text{tg}\,\varphi$ der idealen Magnetisierungskurve im Ursprung unendlich. Im allgemeinen ist $\text{tg}\,\varphi$ jedoch endlich (wie in Abb. 7.4) und je nach Art des Werkstoffs größer oder kleiner. Ferner ist $\text{tg}\,\varphi$ bei offenen magnetischen Kreisen von der Probenform abhängig. Wie wir in Kap. 8 sehen werden, hängt die Steigung $\text{tg}\,\varphi$ im Ursprung vom entmagnetisierenden Feld der Probe ab und kann direkt zur Messung des totalen Entmagnetisierungsfaktors verwendet werden [6, 7, 8], welcher für homogenes Material gleich dem geometrischen Entmagnetisierungsfaktor ist.

Literatur zu Kap. 7

[1] NEUMANN, H.: Arch. Elektrotechn. 39 (1950) S. 578.
[2] STEINHAUS, W., u. E. GUMLICH: Verh. dtsch. phys. Ges. 17 (1915) S. 369.
[3] NÉEL, L.: Cah. Physique 17 (1943) S. 47.
[4] NÉEL, L., R. FORRER, N. JANET u. R. BAFFIE: Cah. Physique 17 (1943) S. 51.
[5] KONDORSKY, E.: Berichte der Arbeitsgemeinschaft Ferromagnetismus (1958) Riederer Verlag, Stuttgart.
[6] SNOEK, J. L.: Physica, Haag 6 (1939) S. 321.
[7] BULGAKOV, N. V.: Dokl. Acad. Nauk SSSR 70 (1950) S. 205.
[8] GOULD, J. E., u. M. MCCAIG: Proc. phys. Soc., Lond. B 67 (1954) S. 584.

8. Magnetischer Kreis und Entmagnetisierungsfaktor

8.1 Grundgleichungen

Zur Berechnung des magnetischen Kreises gehen wir von den folgenden Grundgleichungen aus:

1. Das Durchflutungsgesetz [Gl. (1.14)]

$$\oint \boldsymbol{H}\,d\boldsymbol{s} = (4\pi/c)\,n\,i, \tag{8.1}$$

worin $d\boldsymbol{s}$ das Linienelement der magnetischen Kraftlinien bedeutet.

2. Quellenfreiheit des Induktionsvektors [Gl. (1.64)]

$$\operatorname{div} \boldsymbol{B} = 0. \tag{8.2}$$

3. Definition des Induktionsvektors [Gl. (1.30)]

$$\boldsymbol{B} = \boldsymbol{H} + 4\pi\,\boldsymbol{I} \tag{8.3}$$

und wenden diese auf die beiden praktisch wichtigen Fälle der Ringspule mit ferromagnetischem Kern und des Dauermagnetkreises an.

8.2 Der magnetische Kreis mit erregendem Feld

8.2.1 Formale Behandlung

Abb. 8.1 stellt einen magnetischen Kreis mit Luftspalt dar. Um das Beispiel zu konkretisieren, wollen wir einen Ringkern aus Eisen mit Ringradius R und kreisförmigem Eisenquerschnitt mit Radius r annehmen. Dies stellt keine Einschränkung der Allgemeingültigkeit der folgenden Rechnung dar. Diese gilt ebenso für einen beliebig geformten Kern mit beliebig gestaltetem, homogenem Querschnitt, denn Kern- und Querschnittsform kommen in der folgenden Rechnung gar nicht vor.

Zur Vereinfachung wollen wir fordern, daß das Verhältnis $R/2r$ so groß sei, so daß wir das Spulenfeld näherungsweise als homogen annehmen können. Ist diese Forderung nicht erfüllt, dann haben wir den Feldgradienten in Richtung des Kernradius zu

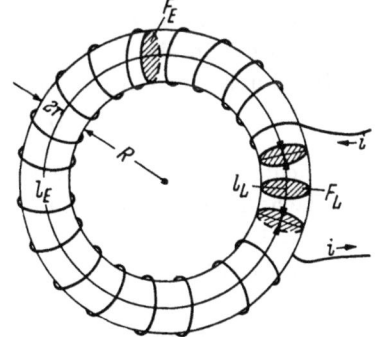

Abb. 8.1. Zur Berechnung des magnetischen Kreises mit erregendem Feld. Für die Bezeichnungen siehe Text

berücksichtigen (s. z. B. [1]). Ferner wollen wir eine so kleine Luftspaltlänge l_L annehmen, daß alle Kraftlinien homogen durch den Luftspalt hindurchgehen. D. h. der magnetische Streufluß wird vernachlässigt. Die Querschnittsfläche des Eisens sei F_E, die des Luftspalts F_L. l_E sei die mittlere Länge der Kraftlinien im Eisen, l_L die Länge des Luftspaltes und damit $l = l_E + l_L$ die gesamte Kraftlinienlänge. Ferner sei das Spulenfeld durch $H_{sp} = (4\pi/c)\,n\,i/l$ gegeben.

Unter diesen Voraussetzungen und mit den obigen Bezeichnungen folgt aus Gl. (8.1)

$$H_{sp} \cdot l = H_E l_E + H_L l_L, \tag{8.4}$$

aus Gl. (8.2)

$$\Phi = B_E F_E = B_L F_L = \text{konst.} \tag{8.5}$$

und schließlich aus Gl. (8.3) wegen $I = 0$ im Luftspalt

$$B_L = H_L. \tag{8.6}$$

Aus den Gln. (8.4) bis (8.6) erhalten wir für das Feld H_E im Eisen

$$H_E = H_{sp} \frac{l F_L}{l_E F_L + l_L F_E} - 4\pi I \frac{l_L F_E}{l_E F_L + l_L F_E} \tag{8.7}$$

und für das Feld H_L im Luftspalt

$$H_L = H_{sp} \frac{l F_E}{l_E F_L + l_L F_E} + 4\pi I \frac{l_E F_E}{l_E F_L + l_L F_E}. \tag{8.8}$$

Für $F_L = F_E$ vereinfachen sich die Gln. (8.7) und (8.8) zu

$$H_E = H_{sp} - (l_L/l)\, 4\pi I \tag{8.9}$$

und

$$H_L = H_{sp} + (l_E/l)\, 4\pi I. \tag{8.10}$$

Für den geschlossenen Kreis ($l_L = 0$, $l_E = l$) erhalten wir schließlich

$$H_E = H_{sp}. \tag{8.11}$$

8.2.2 Das Feld H_E im Eisen, Entmagnetisierungsfaktor

Das Feld H_E ist diejenige Feldstärke, welche in der Materie des Spulenkerns tatsächlich wirksam ist. Sie allein interessiert uns bei der Messung der magnetischen Eigenschaften des Kerns. Wie ein Vergleich zwischen Gl. (8.9) und (8.11) zeigt, wird das in einem geschlossenen Kern in voller Höhe bestehende Spulenfeld H_{sp} durch einen engen Luftspalt der Breite l_L um den Betrag

$$|\boldsymbol{H}_e| = (l_L/l)\, 4\pi I = N I \tag{8.12}$$

geschwächt. $\boldsymbol{H}_e$ ist dem Spulenfeld entgegengerichtet und rührt von der an der Grenzfläche Ferromagnetikum—Luft auftretenden magnetischen Flächenladung σ_m her (s. 1.8.2). Da das Feld $\boldsymbol{H}_e$ die vom Spulenfeld erregte Magnetisierung zu verringern sucht, wird es als entmagnetisierendes Feld bezeichnet. Ein solches tritt bei allen nicht geschlossenen magnetischen Kreisen, insbesondere bei gestreckten Proben auf. Nach Gl. (8.12) ist $\boldsymbol{H}_e$ proportional zur Magnetisierung I. Der Proportionalitätsfaktor N heißt Entmagnetisierungsfaktor. Alle damit im Zusammenhang stehenden Fragen werden wir in 8.3 behandeln.

8.2.3 Das Feld H_L im Luftspalt

Nach Gl. (8.10) ist das Feld im Luftspalt H_L um den Betrag $4\pi I \cdot l_E/l$ größer als das Spulenfeld H_{sp}. Bei Ringkernen aus einem magnetisch weichen Werkstoff, in welchem schon kleine erregende Felder eine hohe Magnetisierung erzeugen, haben wir also in einem engen Luftspalt ($l_E \approx l$) die Möglichkeit, schon mit relativ kleinen Spulenfeldern H_sp hohe Magnetfelder in Luft zu erzeugen. Das ist das Prinzip des Elektromagneten. Um die Verhältnisse leichter übersehen zu können, setzen wir in Gl. (8.5) $F_E = F_L$ und $B_E = \mu H_E$. Damit folgt aus den Gln. (8.4) bis (8.6)

$$H_L = \frac{H_{sp} \cdot l}{l_L + l_E/\mu} \tag{8.13}$$

und wegen $\mu \gg 1$ für weichmagnetische Werkstoffe

$$H_L \approx H_\text{sp} \cdot l/l_L = (4\pi/c)\, n\, i/l_L, \tag{8.14}$$

d. h. das Feld im Luftspalt ist näherungsweise so groß, wie wenn die gesamte Spule auf den engen Raum des Luftspaltes gewickelt wäre. Machen wir nunmehr den Luftspalt so eng, daß $l_L \ll l_E \approx l$ ist, dann erhalten wir aus Gl. (8.13) schließlich

$$H_L \approx \mu H_\text{sp}. \tag{8.15}$$

8.2.4 Das Ohmsche Gesetz des magnetischen Kreises

Wir nehmen einen ganz allgemeinen magnetischen Kreis an, welcher aus verschiedenen Teilen mit den Längen l_K, den jeweils homogenen Querschnitten F_K und den Permeabilitäten μ_K bestehe. Unter Vernachlässigung magnetischer Streuflüsse erhalten wir mit einer elementaren Rechnung (wie oben) für den konstanten Fluß in diesem Kreis

$$\Phi = B_K F_K = \frac{H_\text{sp} \cdot l}{\sum\limits_K \dfrac{l_K}{\mu_K F_K}} = \frac{\text{magnetomotorische Kraft}}{\text{magnetischer Widerstand}}. \tag{8.16}$$

Gl. (8.16) hat die Form des Ohmschen Gesetzes $i = u/R$. Entsprechend nennen wir den Zähler $H_\text{sp} \cdot l$ die magnetomotorische Kraft und den Nenner den magnetischen Widerstand.

8.3 Der Entmagnetisierungsfaktor (E. F.)

8.3.1 Allgemeines

Angaben magnetischer Eigenschaften müssen natürlich von der Probenform unabhängig sein. Nur wenn diese Forderung erfüllt ist, kann man Meßergebnisse mit theoretischen Zusammenhängen vergleichen, welche sich stets auf das im Versuchsmaterial tatsächlich wirksame, sog. innere oder „effektive" Feld beziehen. Deshalb ist für magnetische Messungen an Proben, die nicht als geschlossener magnetischer Kreis vorliegen, die Kenntnis des Entmagnetisierungsfaktors erforderlich.

Der Zusammenhang zwischen dem effektiven Feld H und dem äußeren Spulenfeld H' ist mit dem Entmagnetisierungsfaktor N entsprechend Gl. (8.9) und Gl. (8.12) gegeben durch die Gleichung

$$H = H' - NI. \tag{8.17}$$

Damit erhält man

$$I = \chi H = \chi(H' - NI). \tag{8.18}$$

Aus Gl. (8.18) folgt der Zusammenhang zwischen $\chi = I/H$, der wahren und $\chi' = I/H'$, der scheinbaren Suszeptibilität

$$1/\chi = 1/\chi' - N. \tag{8.19}$$

Gehen wir zur Induktion B über, so ergibt sich mit Gl. (8.17)

$$B = \mu H = \mu(H' - (N/4\pi)(B-H)) \qquad (8.20)$$

und daraus der Zusammenhang zwischen $\mu = B/H$, der wahren und $\mu' = B/H'$, der scheinbaren Permeabilität

$$(1/\mu)(1 - N/4\pi) = 1/\mu' - N/4\pi. \qquad (8.21)$$

Da praktisch meistens $N/4\pi \ll 1$ ist, vereinfacht sich Gl. (8.21) zu

$$1/\mu \approx 1/\mu' - N/4\pi. \qquad (8.22)$$

Strenggenommen ist die formale Berücksichtigung des entmagnetisierenden Feldes entsprechend Gl. (8.17) nur dann richtig und sinnvoll, wenn eine homogene Magnetisierung I der Probe auch ein homogenes entmagnetisierendes Feld H_e in der Probe liefert. Umgekehrt hat dann und nur dann ein homogenes äußeres Feld H' auch ein homogenes inneres Feld H und damit eine homogene Magnetisierung zur Folge. Exakt trifft dies lediglich für homogene, ellipsoidförmige Proben zu [selbst Gl. (8.9) gilt nur näherungsweise bei sehr kleiner Luftspaltlänge l_L]. Hierfür ist N ein nur von der Probenform abhängiger und aus den geometrischen Daten der Probe berechenbarer Zahlfaktor, der sog. geometrische E. F.

Ist eine Probe ellipsoidförmig, aber nicht streng homogen (etwa infolge unmagnetischer Einschlüsse, Konzentrationsschwankungen einer Legierungskomponente u. dgl.), dann kann man den „effektiven" oder „totalen" E.F. N näherungsweise als Summe zweier Anteile

$$N = N_g + N_i. \qquad (8.23)$$

darstellen (KAHAN [2]). Hierin bedeutet N_g den oben definierten, geometrischen E.F., und N_i den von der im allgemeinen rechnerisch nicht erfaßbaren Probeninhomogenität herrührenden, sog. inneren E.F. Das innere, effektive Feld kann also nur für Ellipsoidproben und geschlossene magnetische Kreise exakt angegeben werden und auch dort nur, wenn die Probe homogen ist.

8.3.2 Der geometrische Entmagnetisierungsfaktor

Als geometrischen E.F. N_g definieren wir denjenigen Anteil von N, welcher nur von der geometrischen Form der Probe abhängt. Wie bereits erwähnt, kann die Magnetisierung und damit das innere Feld nur in Ellipsoidproben homogen sein. N ist dann für die ganze Probe ein konstanter, nur von der Probenform abhängiger Zahlfaktor.

Vielfach stehen zur Messung nur prismatische Stabproben zur Verfügung. Auch hierfür kann man einen geometrischen E.F. N_g angeben. In Stäben ist jedoch die Magnetisierung nicht homogen, und deshalb auch N_g keine Probenkonstante mehr. N_g hängt vielmehr außer von der Stabform auch noch vom Ort längs des Stabes und von der Suszeptibilität bzw. der Permeabilität des Materials ab.

Wir wollen im folgenden die beiden praktisch wichtigen Fälle, das allgemeine Ellipsoid und den kreiszylindrischen Stab, besprechen.

Das allgemeine Ellipsoid. a, b, c seien die Hauptachsen des Ellipsoids, N_{ga}, N_{gb}, N_{gc} die E.F. und I_a, I_b, I_c die Komponenten der homogenen Magnetisierung in den Hauptachsenrichtungen. Dann sind die Komponenten des entmagnetisierenden Feldes gegeben durch

$$H_{ea} = N_{ga} I_a,$$
$$H_{eb} = N_{gb} I_b, \qquad (8.24)$$
$$H_{ec} = N_{gc} I_c.$$

Ferner gilt stets

$$N_{ga} + N_{gb} + N_{gc} = 4\pi. \qquad (8.25)$$

Aus Gl. (8.25) können wir sofort den Entmagnetisierungsfaktor einiger geometrisch ausgezeichneter Formen ableiten, wenn wir noch berücksichtigen, daß der E.F. in einer Hauptachsenrichtung gegen Null geht, wenn diese Hauptachse groß gegen die anderen Hauptachsen wird.

Kugel ($a = b = c$)

$$N_g = 4\pi/3 \qquad (8.26)$$

für alle Richtungen.

Sehr langer Kreiszylinder ($a \gg b = c$) bei Magnetisierung senkrecht zur Zylinderachse

$$N_g \approx 2\pi \qquad (8.27)$$

und $N_g \approx 0$ bei Magnetisierung parallel zur Zylinderachse. Sehr große dünne Platte ($a, b \gg c$) bei Magnetisierung senkrecht zu ihrer Ebene

$$N_g \approx 4\pi \qquad (8.28)$$

und $N_g \approx 0$ parallel zur Plattenebene.

Etwas schwieriger, aber noch in geschlossener Form berechenbar ist der E.F. von Rotationsellipsoiden ($a \neq b = c$). Wir geben hier die Näherungsformeln für zwei besonders wichtige Fälle an:

1. Sehr dünnes, langgestrecktes Rotationsellipsoid ($a \gg b = c$). Mit $a/b = a/c = m \gg 1$ ist

$$N_{ga}/4\pi \approx (1/m^2)(\ln 2m - 1) \qquad (8.29)$$

und

$$N_{gb}/4\pi = N_{gc}/4\pi \approx (1/2)[1 - (\ln 2m - 1)/m^2]. \qquad (8.30)$$

2. Sehr flacher Diskus ($a = b \gg c$). Mit $a/c = b/c = m \gg 1$ ist

$$N_{ga}/4\pi = N_{gb}/4\pi \approx (\pi/4m)(1 - 4/\pi m) \qquad (8.31)$$

und

$$N_{gc}/4\pi \approx 1 - \pi/2m + 2/m^2. \qquad (8.32)$$

In der folgenden Tab. 8.1 sind ferner die genauer berechneten E.F. langgestreckter Rotationsellipsoide ($a > b = c$) in Achsrichtung für verschiedene Achsenverhältnisse $m = a/b$ nach KOHLRAUSCH [3] zusammengestellt. N_{ga} wurde nach der Gleichung

$$N_{ga}/4\pi = \frac{1-\varepsilon^2}{\varepsilon^3}\left(\frac{1}{2}\ln\frac{1+\varepsilon}{1-\varepsilon} - \varepsilon\right) \qquad (8.33)$$

mit $\varepsilon = \sqrt{a^2 - b^2}/a$ berechnet.

Tabelle 8.1. Entmagnetisierungsfaktor für Ellipsoide

m	N_{ga}	m	N_{ga}	m	N_{ga}
5	0,7015	40	0,0266	100	0,00540
10	0,2549	50	0,0181	150	0,00263
15	0,1350	60	0,0132	200	0,00157
20	0,0848	70	0,0101	300	0,000754
25	0,0587	80	0,00801	500	0,000297
30	0,0432	90	0,00651	1000	0,000083

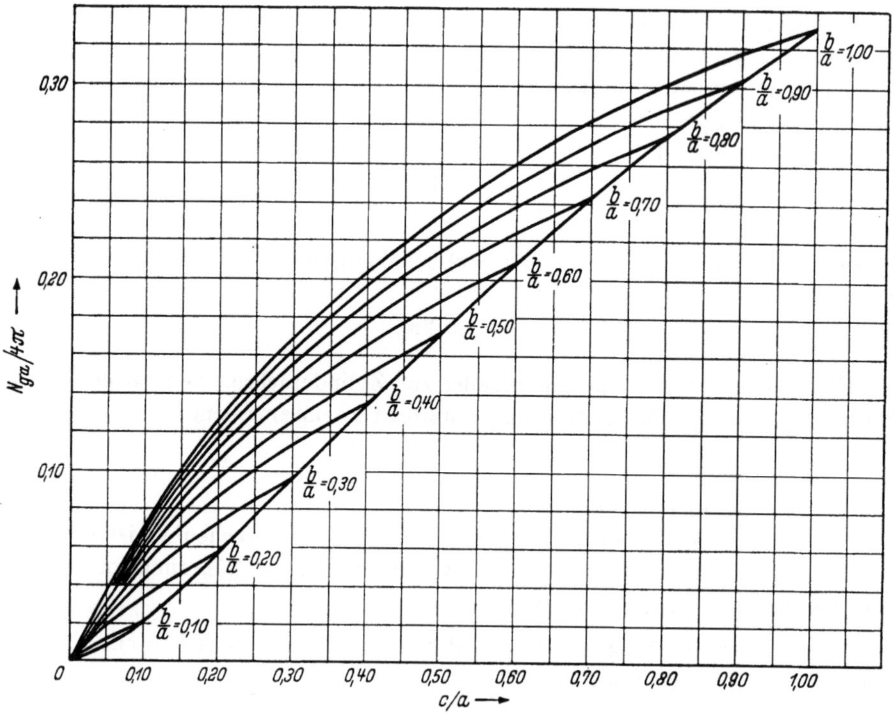

Abb. 8.2. Entmagnetisierungsfaktor $N_{ga}/4\pi$ des allgemeinen Ellipsoids parallel zur a-Achse. Die Halbachsen des Ellipsoids sind $a \geq b \geq c$. (Nach OSBORN [4])

Die Berechnung des E.F. für das allgemeine Ellipsoid ($a \neq b \neq c$) ist relativ kompliziert. Sie wurde von OSBORN [4] für verschiedene Achsenverhältnisse b/a und c/a durchgeführt. Die Ergebnisse sind in graphischer Form in den Abb. 8.2 bis Abb. 8.4 wiedergegeben. Die Kurven sind so dicht gelegt, daß man aus den genannten Schaubildern durch Interpolation die drei E.F. N_{ga}, N_{gb} und N_{gc} für jedes beliebige Ellipsoid entnehmen kann.

Eine übersichtliche Zusammenstellung aller zur Berechnung der E.F. von Ellipsoiden notwendigen Formeln sowie weitere Literatur findet man ebenfalls in der genannten Arbeit von OSBORN.

Der zylindrische Stab. In zylindrischen Stäben ist die Magnetisierung nicht homogen. N_g ist deshalb vom Ort längs des Stabes und außerdem von der Suszeptibilität bzw. Permeabilität des Materials abhängig. Der E.F. wird normalerweise experimentell bestimmt. In Abb. 8.5 ist der E.F. $N_g/4\pi$ für die Stabmitte von zylindrischen Stäben mit verschiedenen μ-Werten bei Magnetisierung in Richtung der Zylinderachse als Funktion von $m = l/d$ ($l =$ Stablänge, $d =$ Stabdurchmesser) dargestellt (Bozorth und Chapin [5]). Vergleichsweise sind ferner

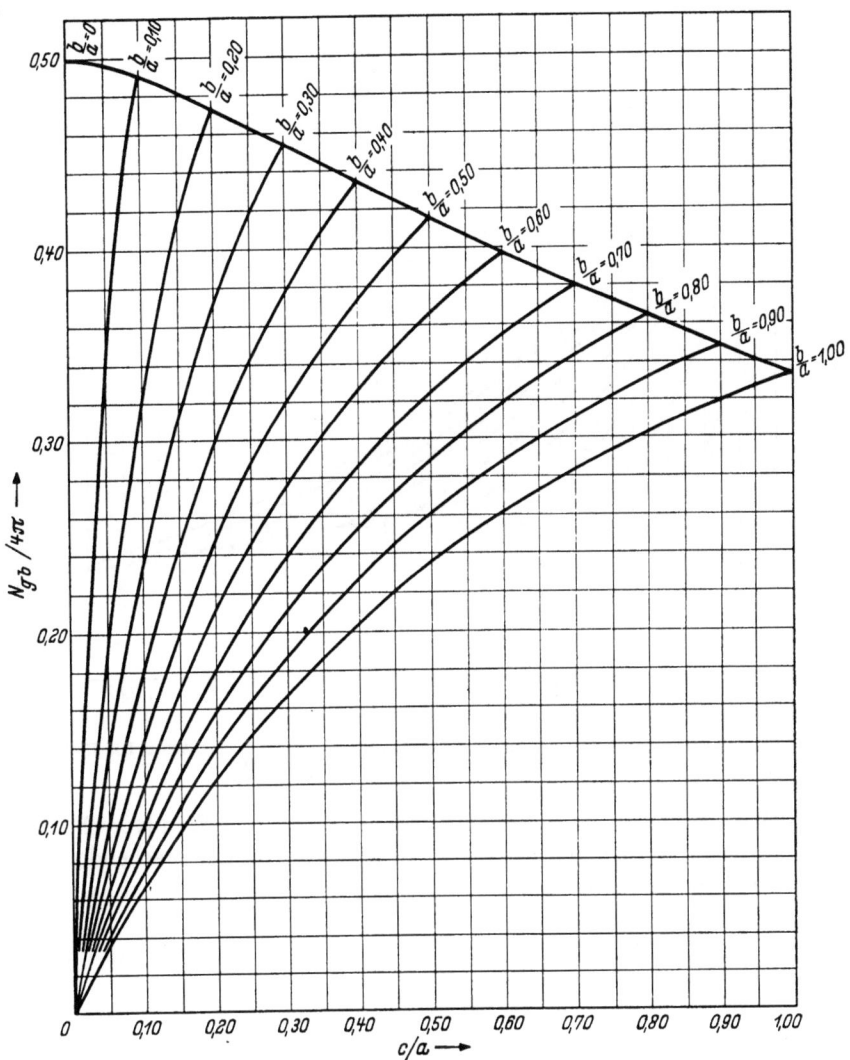

Abb. 8.3. Entmagnetisierungsfaktor $N_{gb}/4\pi$ des allgemeinen Ellipsoids parallel zur b-Achse. Die Halbachsen des Ellipsoids sind $a \geq b \geq c$. (Nach Osborn [4])

die E.F.-Kurven für langgestreckte und für abgeflachte Rotationsellipsoide mit Magnetisierung jeweils parallel zu der langen Achse eingezeichnet.

Eine Näherungsformel zur Berechnung des E.F. langer zylindrischer Stäbe mit $\mu = \infty$ wurde von Neumann und Warmuth angegeben.

$$(N_g/4\pi)_{\mu \to \infty} = (4{,}02 \log_{10} m - 0{,}92)/2 m^2 \qquad (m \geq 10). \qquad (8.34)$$

8.3.3 Der innere Entmagnetisierungsfaktor

In 7.2 haben wir bereits darauf hingewiesen, daß der totale E.F. einer Probe mit Hilfe der wechselfeldidealisierten Magnetisierungskurve experimentell bestimmt werden kann [1].

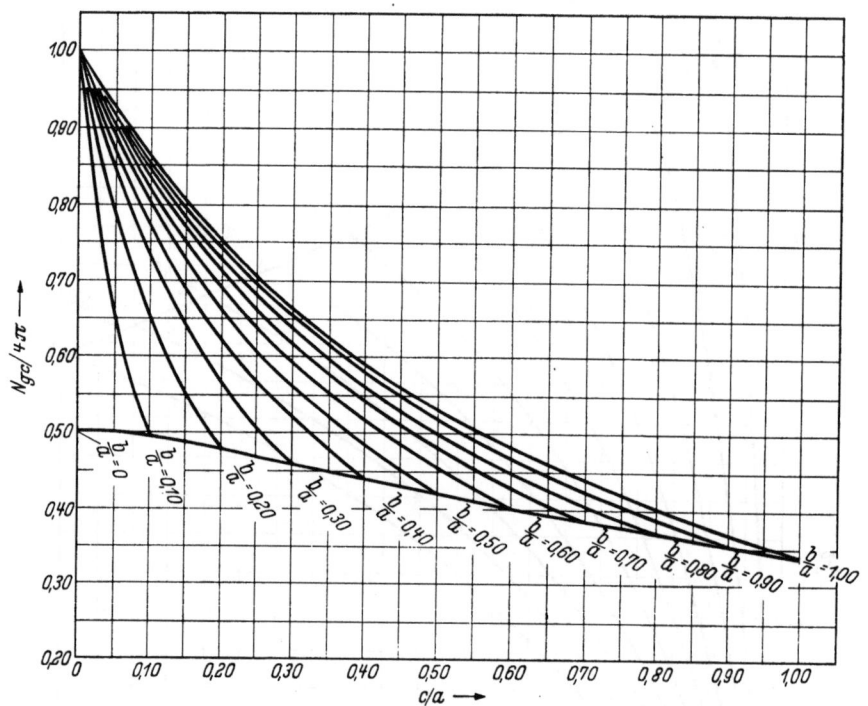

Abb. 8.4. Entmagnetisierungsfaktor $N_{gc}/4\pi$ des allgemeinen Ellipsoids parallel zur c-Achse. Die Halbachsen des Ellipsoids sind $a \geq b \geq c$. (Nach OSBORN [4])

Bei der Wechselfeldidealisierung laufen alle irreversiblen Wandverschiebungen ab, welche die Probe dem der angelegten Gleichfeldstärke entsprechenden Gleichgewichtszustand näher bringen. Dieser Gleichgewichtszustand ist, wie wir in Kap. 28 und Kap. 36 sehen werden, im Anfangsteil der Magnetisierungskurve (unterhalb der sog. idealen Remanenz) dadurch gekennzeichnet, daß das innere Feld verschwindet. Bezeichnen wir die ideale Magnetisierung mit I_{id} und das zugehörige äußere Gleichfeld mit H', dann ist nach Gl. (8.17) also

$$H = H' - NI_{id} = 0. \tag{8.35}$$

Daraus folgt

$$N = H'/I_{id} = 1/\operatorname{tg}\varphi. \tag{8.36}$$

Der totale E.F. ist also gleich der reziproken Anfangssteigung der wechselfeldidealisierten Magnetisierungskurve. Da wir den geometrischen E.F. N_g als bekannt voraussetzen können, ist damit nach Gl. (8.23) auch der innere E.F. bestimmt.

Messungen von KAHAN [2], FORRER [6] u. a. haben gezeigt, daß der nach Gl. (8.36) experimentell bestimmte totale E.F. insbesondere bei stark inhomogenen Proben mitunter erheblich größer ist als der geometrische E.F.

Wir wollen uns im folgenden an Hand eines Modellversuchs überlegen, wie der innere E.F. mit dem Aufbau der Probe zusammenhängt. Hierzu stellen wir entsprechend Abb. 8.6 eine Ellipsoidprobe aus einem nichtferromagnetischen Material (z. B. Wachs) her, in welchem kleine ferromagnetische Kugeln gleich-

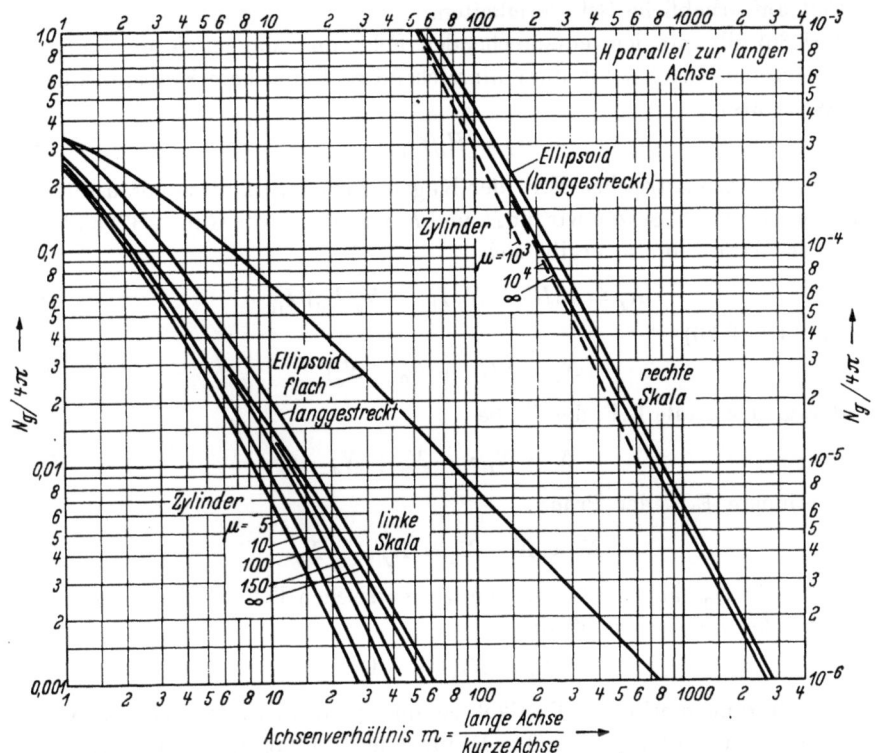

Abb. 8.5. Entmagnetisierungsfaktor $N_g/4\pi$ von Zylindern und Rotationsellipsoiden parallel zur Achse. (Nach BOZORTH und CHAPIN [5])

mäßig verteilt sind. Die Probe erscheint äußerlich gesehen ferromagnetisch und habe z. B. das Achsenverhältnis $m = 5$ und damit nach Tab. 8.1 den geometrischen E.F. $N_g = 0{,}7015$.

Da der Aufbau der Probe bekannt ist, können wir den inneren E.F. abschätzen. Es sei I die mittlere Magnetisierung der Probe (ferromagnetische Kugeln + Füllsubstanz), I_f die Magnetisierung der massiven ferromagnetischen Substanz und α deren Volumenanteil (Füllfaktor der Probe). Damit gilt

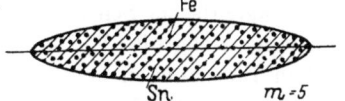

Abb. 8.6 Rotationselliptischer Mischkörper bestehend aus Eisenkugeln in nicht ferromagnetischer Substanz. Der Durchmesser der Eisenkugeln soll sehr klein gegen die Probenabmessungen sein

$$I_f = I/\alpha. \tag{8.37}$$

Auf eine einzelne ferromagnetische Kugel wirkt das Feld

$$H_f = H' - N_g I + N_0 I. \tag{8.38}$$

Hierin bedeutet H' wie bisher das äußere Spulenfeld und $N_g I$ das geometrische Entmagnetisierungsfeld der Probe. Das Glied $N_0 I$ ist das von der Umgebung der

Kugel herrührende LORENTZ-Feld. Da die Probe inhomogen ist, kann der Faktor N_0 nicht genau angegeben werden. In erster Näherung wollen wir für N_0 den geometrischen E.F. des unter Betracht stehenden ferromagnetischen Körpers, d. h. in unserem Beispiel einer Kugel, annehmen. Eine genauere Abschätzung von N_0 stößt auf erhebliche Schwierigkeiten.

Gl. (8.36) gilt mit dem entsprechenden Feld- und Magnetisierungswert auch für die einzelne Kugel, wenn diese hinreichend groß und kein Einbereichpartikel ist. Es ist also

$$N_f = H_f/I_{f1d}, \qquad (8.39)$$

worin N_f den geometrischen E.F. der Kugel bedeutet, da diese voraussetzungsgemäß homogen ist. Setzen wir für H_f und I_{f1d} die durch die Gln. (8.37) und (8.38) gegebenen Werte ein, so ergibt sich

$$N_f = \alpha(H' + N_0 I_{id} - N_g I_{id})/I_{id} \qquad (8.40)$$

oder mit Gl. (8.36)

$$N_f = \alpha(N + N_0 - N_g) \qquad (8.41)$$

und daraus der totale E.F. der Probe

$$N = N_f/\alpha - N_0 + N_g \qquad (8.42)$$

und der innere E.F. der Probe

$$N_i = N - N_g = N_f/\alpha - N_0. \qquad (8.43)$$

Setzen wir für N_0 näherungsweise den geometrischen E.F. N_f der ferromagnetischen Partikel ein, so ergibt sich

$$N_i = N_f(1/\alpha - 1). \qquad (8.44)$$

Sind die ferromagnetischen Partikel entsprechend unserem Beispiel Kugeln, dann erhält man mit $N_f = 4\pi/3$ z. B. für einen Füllfaktor $\alpha = 0{,}25$ $N_i = 4\pi$.

Sind die ferromagnetischen Partikel so dicht gepackt, daß sie sich gegenseitig berühren, oder werden sie gar zusammengesintert, dann erscheint es nicht mehr sinnvoll, von dem E.F. N_f eines einzelnen Partikels zu reden. Mit zunehmender Packungsdichte α nimmt die Probe mehr und mehr den Charakter eines zusammenhängenden Ferromagnetikums mit nichtferromagnetischen Einschlüssen an (ferromagnetischer Schwamm). Hierin erscheint die von der Packungsdichte unabhängige Meßgröße $N_i \alpha$ im wesentlichen als ein Maß für die von den unmagnetischen Einschlüssen herrührenden inneren entmagnetisierenden Felder, welche mit zunehmender Packungsdichte α abnehmen und für $\alpha = 1$ schließlich verschwinden.

N_i wurde von FORRER [6] an verschiedenen Modellkörpern als Funktion der Packungsdichte α gemessen.

Experimentelle Untersuchungen von DUSSLER [7], KAHAN [3] und KRANZ [8] zeigen, daß N_i auch für $\alpha = 1$, d. h. im „homogenen" ferromagnetischen Material nicht verschwindet, sondern einen endlichen Wert der Größenordnung 10^{-3} bis 10^{-2} behält, welcher vom Kristallgefüge und von der mechanischen Vorbehandlung des Materials abhängt. Dies entspricht der Tatsache, daß innere entmagnetisierende Felder nicht nur durch örtliche Schwankungen des Betrages der spontanen Magnetisierung (heterogener Werkstoffe) bedingt werden, sondern auch durch örtliche Richtungsschwankungen der spontanen Magnetisierung infolge der örtlich veränderlichen Richtung und Intensität des resultierenden Anisotropiefeldes.

Zusammenfassend kann gesagt werden, daß die Messung des inneren E.F. ein geeignetes Hilfsmittel zur Untersuchung des Aufbaus heterogener ferromagnetischer Werkstoffe darstellt. KRANZ [8] hat eine Reihe von praktischen Beispielen hierfür zusammengestellt und diskutiert (s. a. [9, 10]).

8.4 Gescherte und ungescherte Magnetisierungskurve. Zurückscheren

Die Messung liefert zunächst die Magnetisierung I als Funktion der äußeren Spulenfeldstärke H'. Der Übergang von der so ermittelten, beim offenen magnetischen Kreis von der Probenform abhängigen und dann als gescherte Magnetisierungskurve bezeichneten Kurve zu der den tatsächlichen Materialeigenschaften entsprechenden ungescherten Magnetisierungskurve, d. h. der Übergang von dem Spulenfeld H' zu dem wahren inneren Feld H ist durch Gl. (8.17) ($H = H' - N_g I$) gegeben und wird als Zurückscheren bezeichnet. Das Zurückscheren wird stets mit dem geometrischen E.F. N_g der Probe durchgeführt. Der totale bzw. der innere E.F. findet nur dann Anwendung, wenn speziell die magnetischen Eigenschaften der ferromagnetischen Phase einer heterogenen Legierung von Interesse sind.

Man führt das Zurückscheren entweder rechnerisch oder graphisch mit Hilfe der Scherungsgeraden $H' = N_g I$ aus, wie aus Abb. 8.7 ohne weiteres ersichtlich.

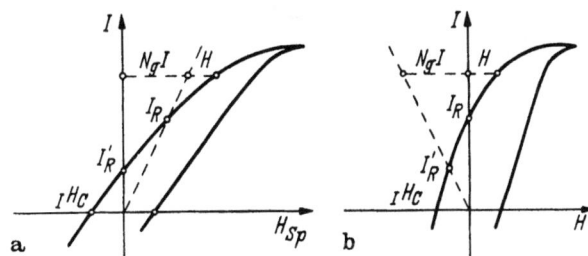

Abb. 8.7 a u. b. Zurückscheren der Magnetisierungskurve; a) gescherte Schleife, b) ungescherte Schleife. (Erklärung im Text)

Für die festen Bestimmungsgrößen der Magnetisierungskurve ergibt sich dabei folgendes: Die Koerzitivkraft $_IH_C$ bleibt von dem Zurückscheren unberührt. Die wahre Remanenz I_R ergibt sich als Schnittpunkt der Scherungsgeraden mit der gescherten Hystereseschleife, und umgekehrt die scheinbare Remanenz für eine Probe mit E.F. N_g als Schnittpunkt der Geraden $H = -N_g I$ mit der ungescherten Schleife. Für die Anfangssuszeptibilität gilt

$$I = \chi_a H = \chi_a (H' - N_g I). \tag{8.45}$$

Daraus erhält man die scheinbare Anfangssuszeptibilität in gescherten Koordinaten

$$\chi_a' = I/H' = 1/(1/\chi_a + N_g). \tag{8.46}$$

Für sehr große $\chi_a (1/\chi_a \ll N_g)$ folgt aus Gl. (8.46) $\chi_a' \approx 1/N_g$, d. h. χ_a' ist praktisch unabhängig von χ_a. Sehr große Anfangssuszeptibilitäten, wie sie bei weichmagnetischen Werkstoffen (Permalloy, Siliziumeisen u. dgl.) auftreten, können daher nur an Proben mit sehr kleinem geometrischen E.F. N_g oder am geschlossenen magnetischen Kreis ($N_g = 0$) gemessen werden.

8.5 Magnetischer Kreis ohne erregendes Feld (Dauermagnetkreis)
8.5.1 Die Entmagnetisierungskurve

Bei Abwesenheit eines äußeren Feldes befindet sich ein ferromagnetischer Körper in seinem eigenen entmagnetisierenden Feld $-N_g I$. Hierfür sind nur Zustandspunkte im 2. bzw. 4. Quadranten der $I-H$-Ebene (s. Abb. 7.1) stabil. Der in den genannten Gebieten verlaufende Teil der voll ausgesteuerten Magnetisierungskurve heißt Entmagnetisierungskurve. Ihr Verlauf ist insbesondere für Dauermagnetwerkstoffe von Bedeutung und für deren Güte maßgebend. Da es bei der technischen Anwendung dieser Werkstoffe auf die von ihnen in einem Luftspalt erzeugte Kraftflußdichte ankommt, wird die Entmagnetisierungskurve entsprechend Abb. 8.8 im $B-H$-Diagramm dargestellt, und zwar in ungescherter Form.

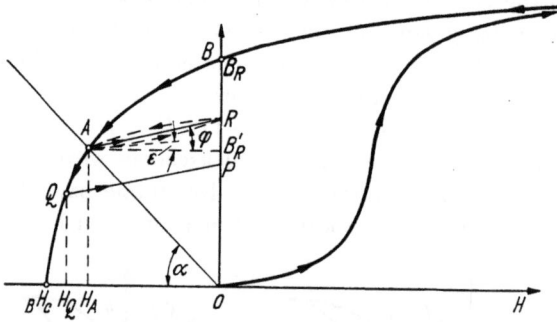

Abb. 8.8. Zur Definition der Kenngrößen des Dauermagnetkreises. (Erläuterung im Text)

Der magnetische Kreis habe einen Luftspalt. Der dafür aus Gl. (8.12) folgende Entmagnetisierungsfaktor sei N. Nach 8.4 (s. a. Abb. 8.7) stellt sich dann nach der Sättigung nicht die wahre Remanenz B_R, sondern eine von N abhängige remanente Induktion B_R' ein, welche wir als Ordinate des Schnittpunktes A der Entmagnetisierungskurve mit der sog. Belastungsgeraden OA erhalten (Abb. 8.8), deren Gleichung sich aus

$$H = H' - (N/4\pi)(B - H) \tag{8.47}$$

mit $H' = 0$ zu

$$B = -H(4\pi/N - 1) \tag{8.48}$$

ergibt. Die Steigung der Belastungsgeraden

$$|B/H| = |\operatorname{tg} \alpha| = 4\pi/N - 1 \tag{8.49}$$

ist nur von der geometrischen Form des Kreises abhängig. Für einen schmalen Luftspalt erhält man aus den Gln. (8.4) bis (8.6) mit $H_{sp} = 0$ und den Bezeichnungen in Abb. 8.1

$$|B_E/H_E| = \operatorname{tg} \alpha = l_E F_L/l_L F_E. \tag{8.50}$$

Da der Punkt A dem magnetischen Zustand entspricht, in welchem sich der Dauermagnetkreis bei der Anwendung befindet, welche stets einen Luftspalt voraussetzt, wird A als Arbeitspunkt oder allgemein als magnetischer Zustandspunkt bezeichnet.

Wird der magnetische Kreis mit Luftspalt kurzgeschlossen (z. B. durch Überbrücken des Luftspaltes mit einem Weicheisenstück) oder ein positives äußeres Feld angelegt, so gelangt man vom Punkt A nicht auf der Entmagnetisierungskurve zurück nach B_R, sondern auf dem in Abb. 8.8 gestrichelt eingezeichneten unteren Ast einer lanzettförmigen Subschleife zu einem Punkt R auf der Ordinate,

8.5 Magnetischer Kreis ohne erregendes Feld (Dauermagnetkreis)

und nach Wiederöffnen des Kreises bzw. nach Abschalten des äußeren Feldes auf dem oberen Lanzettenast wieder zurück nach A. Dieselbe als Zustandskurve bezeichnete Lanzettenschleife wird bei periodischem Öffnen und Schließen des Kreises bzw. in einem überlagerten Wechselfeld entsprechender Amplitude durchlaufen. Die Lanzettenschleife ist bei Dauermagnetwerkstoffen im allgemeinen so schmal, daß man sie für technische Anwendungen durch die Gerade AR ersetzen kann. Zu jedem Punkt Q auf der Entmagnetisierungskurve gehört eine solche, sog. Zustandsgerade QP. Die ihrem Schnittpunkt P mit der Ordinatenachse entsprechende Induktion heißt Permanenz P. Ihre von der Lage des Punktes Q abhängige Steigung $\operatorname{tg}\varphi = \mu_P$ wird permanente Permeabilität genannt. Die Gleichung der Zustandsgeraden ist damit

$$B = P + \mu_P H. \tag{8.51}$$

Wie man aus Abb. 8.9 für das Beispiel einer Alnico-Dauermagnetlegierung entnehmen kann, ist μ_P relativ klein und nur wenig von der Induktion B abhängig, so daß man die Zustandsgeraden näherungsweise als eine Schar paralleler Geraden ansehen kann. In dieser Näherung können wir μ_P, neben der Entmagnetisierungskurve, ebenfalls als charakteristisch für das jeweils vorliegende Material ansehen. Im Grenzübergang für verschwindend kleine Aussteuerung der Zustandskurve erhält man

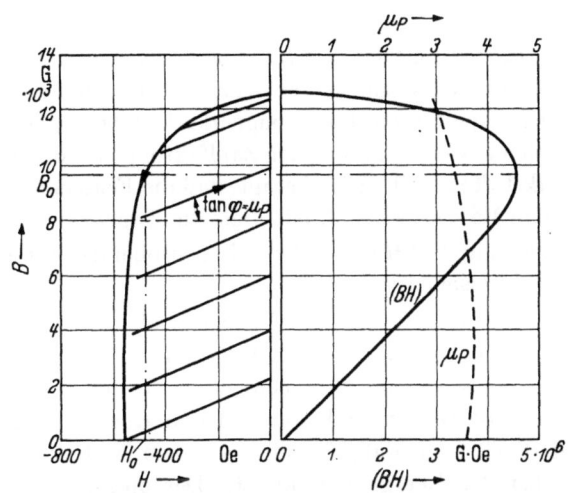

Abb. 8.9. Entmagnetisierungskurve eines Dauermagnetwerkstoffes sowie Verlauf des Energieproduktes (BH) und der permanenten Permeabilität μ_P längs der Entmagnetisierungskurve. (Nach BOZORTH [19])

die reversible Permeabilität μ_{rev} im Punkt Q. μ_{rev} ist, wie aus Abb. 8.8 ersichtlich, gleich der Anfangssteigung $\operatorname{tg}\varepsilon$ des unteren Lanzettenastes und stets kleiner als μ_P.

Die Entmagnetisierungskurve der meisten Dauermagnetwerkstoffe läßt sich vielfach gut durch eine rechtwinklige Hyperbel annähern, welche durch die Punkte B_R und $-{}_BH_C$ geht. Ihre Gleichung erhält man entsprechend der allgemeinen Form

$$(x - x_0)(y - y_0) = C_0^2$$

mit $y = B$, $x = H$, $y_0 = 1/b$, $x_0 = -({}_BH_C + a/b)$, $C_0^2 = -a/b^2$ zu

$$\frac{H + {}_BH_C}{B} = a + b(H + {}_BH_C).$$

Für die Konstanten a und b ergeben sich aus den Forderungen, daß 1. für $H = 0$ $B = B_R$ und 2. die waagerechte Asymptote $y_0 = 1/b = B_s$ (Sättigungsinduktion) sein muß, die Werte $a = {}_BH_C(B_s - B_R)/B_R B_s$ und $b = 1/B_s$. Damit ist die Gleichung der Hyperbel

$$B/B_R = \frac{1 + H/{}_BH_C}{1 + (H/{}_BH_C)(B_R/B_s)}. \tag{8.52}$$

8.5.2 Das Energieprodukt

Jeder Dauermagnetkreis besteht im Prinzip aus einem Stück Dauermagnetwerkstoff und einem Luftspalt, in welchem das nutzbare Magnetfeld konzentriert ist. Wir wollen nunmehr die Frage untersuchen, an welcher Stelle der Entmagnetisierungskurve eines vorgegebenen Werkstoffs der Arbeitspunkt A liegen muß, damit ein vorgegebenes Volumen V_E dieses Werkstoffs in einem vorgegebenen Luftspaltvolumen V_L die höchstmögliche Feldstärke H_L liefert.

Aus den Gln. (8.4) und (8.5) ergibt sich mit $H_{sp} = 0$, abgesehen von dem Vorzeichen, die Beziehung

$$V_L H_L^2 = V_E (B_E \cdot H_E), \tag{8.53}$$

worin wir $F_E l_E = V_E$ (Werkstoffvolumen) und $F_L l_L = V_L$ (Luftspaltvolumen) gesetzt haben.

Das Produkt $(B \cdot H)$ (die Indizes lassen wir im folgenden fort), in welchem H, B ein Wertepaar der Feldstärke, Induktion auf der Entmagnetisierungskurve des luftspaltfreien Dauermagnetkreises bedeutet, wird als Energieprodukt bezeichnet, weil es bis auf einen Zahlfaktor gleich der Energiedichte im Dauermagnetwerkstoff ist. Gl. (8.53) besagt, daß die Feldenergie im Luftspalt gleich der Energie im Magnetwerkstoff ist. Dasselbe Ergebnis hätten wir übrigens sofort aus der Beziehung $\int B H \, dV = 0$ erhalten, wobei das Integral über den gesamten Raum zu erstrecken ist.

Nach Abb. 8.9 ist das Energieprodukt für einen Werkstoff nicht konstant, sondern nimmt, wenn der Arbeitspunkt die Entmagnetisierungskurve durchläuft, vom Wert Null im Remanenzpunkt B_R bis zu einem Maximalwert $(B \cdot H)_m$ zu und wird wieder Null, wenn A den Koerzitivkraftpunkt $-_B H_C$ erreicht. Aus Gl. (8.53) folgt, daß H_L bei gegebenem Verhältnis V_E/V_L um so größer wird, je größer das Energieprodukt ist. Der optimale Arbeitspunkt ist also durch die Forderung gegeben, daß das zugehörige Energieprodukt $(B \cdot H) = (B \cdot H)_m$ ist. Sind andererseits das Luftspaltfeld H_L und das Luftspaltvolumen V_L vorgegeben, dann folgt aus Gl. (8.53), daß man im optimalen Arbeitspunkt mit dem kleinsten Werkstoffvolumen

$$V_{E \min} = \frac{1}{(B \cdot H)_m} \cdot V_L H_L^2$$

auskommt.

Damit erkennt man das maximale Energieprodukt $(B \cdot H)_m$ als ein Qualitätsmaß des Dauermagnetwerkstoffs. $(B \cdot H)_m$ ist zahlenmäßig gleich der Fläche des größten Rechtecks, das entsprechend Abb. 8.9 der Entmagnetisierungskurve einbeschrieben werden kann, und ist bis auf einen Zahlfaktor ($1/8\pi$ im cgs-System) gleich der maximalen magnetischen Energie, die in einem cm³ des Dauermagnetwerkstoffs gespeichert werden kann.

Für eine vorgegebene Dauermagnetlegierung sind die Remanenz B_R und die Koerzitivkraft $_B H_C$ durchaus keine feststehenden Größen. Im Laufe der technischen Entwicklung ist es vielmehr bei vielen bekannten Dauermagnetlegierungen gelungen, durch besondere Werkstoffbehandlungen (Abkühlen im Magnetfeld, gerichtete Erstarrung, Kaltwalzen u. a.) sowohl B_R als auch $_B H_C$ und damit das Energieprodukt mehr und mehr zu steigern. Es erhebt sich nun die Frage, welches das höchste Energieprodukt ist, das theoretisch in einer vorgegebenen Dauermagnetlegierung erreicht werden kann.

In 7.1.2 (s. a. Abb. 7.3) haben wir gezeigt, daß $_BH_C$ höchstens so groß wie die Remanenz B_R werden kann. In diesem Fall hat, wie man sich an Hand der Abb. 7.3 sofort überlegt, das maximale Energieprodukt den Wert

$$(B \cdot H)_M = (B_R/2)^2. \tag{8.54}$$

Die obere Grenze der Remanenz eines Werkstoffs ist aber durch seine Sättigungsinduktion B_s gegeben. Damit ergibt sich nach Gl. (8.54) der theoretische Höchstwert des Energieprodukts zu

$$(B \cdot H)_{M\mathrm{abs}} = (B_s/2)^2. \tag{8.55}$$

Der theoretische Höchstwert von $(B \cdot H)_m$ ist also allein durch die Sättigungsinduktion der Legierung bestimmt. Man hat demnach das Energieprodukt der Dauermagnetwerkstoffe als Funktion von $(B_s/2)^2$ aufzutragen und kann dann an Hand eines solchen Diagramms sofort erkennen, in welchem Umfang die verschiedenen Werkstoffe theoretisch noch entwicklungsfähig sind. Ein ähnliches Schaubild haben PAWLEK und REICHEL [11] auf Grund der Gl. (8.54) gezeichnet. Dieses liefert jedoch nicht die absolute Entwicklungsfähigkeit der Dauermagnetlegierungen, sondern nur deren Entwicklungsfähigkeit relativ zu den heute technisch erreichten Remanenzwerten.

8.5.3 Streufluß

In Abb. 8.10 ist ein magnetischer Kreis mit Luftspalt und Streufluß schematisch dargestellt. Der über dem ganzen Kreis verteilte Streufluß wurde dabei durch einen äquivalenten magnetischen Nebenschluß mit Luftspalt ersetzt. Der gesamte den Dauermagnetwerkstoff durchsetzende Fluß Φ teilt sich nach Abb. 8.10 in zwei parallele Flüsse: den nutzbaren Fluß im Luftspalt Φ_L und den Streufluß Φ_K auf, und es gilt:

$$\Phi = \Phi_L + \Phi_K = K\Phi_L \tag{8.56a}$$

oder

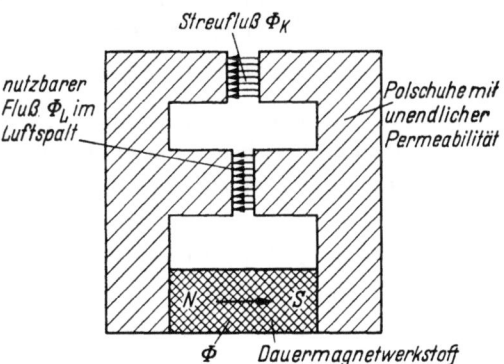

Abb. 8.10. Dauermagnetkreis mit Streufluß (schematisch)

$$B F_E = H_L F_L + H_K F_K = K H_L F_L. \tag{8.56b}$$

Durch die Gln. (8.56) ist der Streufaktor K definiert als das Verhältnis des gesamten Flusses Φ zum nutzbaren Fluß Φ_L. K hängt wesentlich von der Form des Kreises bzw. des Luftspaltes ab. Für große Luftspalte und hohe Felder kommen K-Werte von 10 bis über 100 vor.

Ferner haben wir in Gl. (8.4) (mit $H_{\mathrm{sp}} = 0$) zu berücksichtigen, daß der Fluß im Luftspalt nicht überall senkrecht zu den Polflächen verläuft und dadurch die Feldlinienlänge etwas größer wird als die geometrische Länge l_L des Luftspalts.

Wir schreiben

$$H\, l_E = k\, H_L\, l_L,\qquad(8.57)$$

worin k normalerweise Werte zwischen 1 und 1,5 hat. Aus den Gln. (8.56b) und (8.57) ergibt sich die Steigung der Belastungsgeraden OA in Abb. 8.11 für den gesamten Kreis mit Streufluß

$$\operatorname{tg}\alpha = B/H = \frac{K\, F_L\, l_E}{k\, F_E\, l_L}.\qquad(8.58)$$

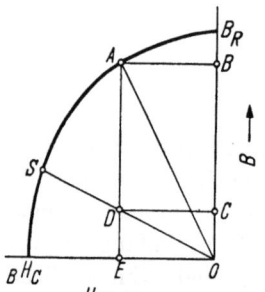

Abb. 8.11. Zur Bestimmung des nutzbaren Flusses im Luftspalt und der nutzbaren Energie bei Berücksichtigung des Streuflusses. (Erläuterung im Text)

OS sei die dem reinen Streufluß entsprechende Belastungsgerade. Dann ist für den Arbeitspunkt A die Strecke $\overline{AE} = \Phi/F_E$ proportional zu dem gesamten Fluß, welcher sich aufteilt in den Streufluß $\overline{DE} = \Phi_K/F_E$ und den nutzbaren Fluß $\overline{AD} = \Phi_L/F_E$ im Luftspalt. Für K erhält man damit nach Gl. (8.56a)

$$K = \Phi/\Phi_L = \overline{AE}/\overline{AD}.$$

Ebenso teilt sich die auf die Volumeinheit bezogene Gesamtenergiedichte $(B\cdot H)$ des Magneten, welche durch die Fläche $ABOE$ dargestellt wird, auf in die nutzbare Energie $(B\cdot H)_L$ entsprechend der Fläche $ABCD$ und die Streuflußenergie $(B\cdot H)_K$, gegeben durch die Fläche $DCOE$. Das Verhältnis des Gesamtenergieprodukts zum nutzbaren Energieprodukt ist ersichtlich wieder durch den Streufaktor K gegeben entsprechend

$$(B\cdot H)/(B\cdot H)_L = K.\qquad(8.59)$$

Aus den Gln. (8.56b) und (8.57) erhält man schließlich das für eine Feldstärke H_L im Luftspalt des Volumens V_L erforderliche Magnetvolumen V_E

$$V_E = 1/(B\cdot H)\, K\, k\, H_L^2\, V_L = 1/(B\cdot H)_L\, H_L^2\, V_L\, k.\qquad(8.60)$$

Zur schnellen qualitativen Beurteilung des Streuflusses gilt die einfache Regel, daß der Streufluß zwischen zwei Punkten des Kreises proportional zu der magnetischen Spannung $\int H\, dl$ zwischen diesen Punkten ist.

8.5.4 Optimale Dimensionierung von Dauermagnetkreisen

Das Energieprodukt hat für die in Abb. 8.9 dargestellte Entmagnetisierungskurve den in der gleichen Abbildung dargestellten Verlauf. Das Maximum von $(B\cdot H)$ ergibt sich für $B = 9500$ G, $H = 475$ Oe, $(BH)_m = 4{,}5\cdot 10^6$ G Oe. Nähert man die Entmagnetisierungskurve durch eine rechtwinklige Hyperbel entsprechend Gl. (8.52) an, so erhält man eine einfache Regel, mit deren Hilfe man auch ohne Konstruktion der ganzen Energieproduktkurve rasch die optimale Lage von A bestimmen kann: Nach Gl. (8.52) hat $(B\cdot H)$ seinen Maximalwert für die Koordinaten

$$H_m = (_BH_C/B_R)(B_s - \sqrt{B_s(B_s - B_R)})\qquad(8.61)$$

$$B_m = B_s - \sqrt{B_s(B_s - B_R)}\qquad(8.62)$$

und daraus

$$H_m/B_m = {_BH_C}/B_R.\qquad(8.63)$$

8.5 Magnetischer Kreis ohne erregendes Feld (Dauermagnetkreis)

Danach ist die optimale Belastungsgerade die Diagonale des Rechtecks mit den Seiten $_BH_C$ und B_R; der optimale Arbeitspunkt ergibt sich wie Abb. 8.12 zeigt, als Schnittpunkt der Diagonale mit der Entmagnetisierungskurve.

Die Form der Entmagnetisierungskurve ist weitgehend bestimmt durch den sog. Füllfaktor oder Ausbauchungsfaktor γ,

$$\gamma = \frac{(B \cdot H)_m}{B_R \cdot {_BH_C}} = \frac{B_m H_m}{B_R {_BH_C}}. \qquad (8.64)$$

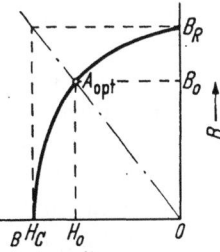

Für die hyperbolische Näherung der Entmagnetisierungskurve ergibt sich mit den Gln. (8.61) und (8.62)

$$\gamma = (H_m/{_BH_C})^2 = \left[\frac{1 - \sqrt{1 - B_R/B_s}}{B_R/B_s}\right]^2, \qquad (8.65)$$

γ kann theoretisch Werte zwischen 0,25 (für eine von B_R nach $_BH_C$ geradlinig verlaufende Entmagnetisierungskurve) und 1,0 (für eine Rechteckschleife) annehmen. Praktisch erhält man für γ Werte von 0,3 bis 0,7.

Abb. 8.12. Verfahren zur näherungsweisen Bestimmung des optimalen Arbeitspunktes remanenter Magnete. (Erläuterung im Text)

Wir haben uns bei dieser Einführung in die Fragen des Dauermagnetkreises auf eine einfache Darstellung der wichtigsten Prinzipien beschränkt. Für weitere Einzelheiten, wie insbesondere die praktisch bedeutungsvolle Frage der Bestimmung des Streuflusses sei auf Einzeldarstellungen von R. F. EDGAR [12], HORNFECK und EDGAR [13], UNDERHILL [14], eine sehr ausführliche Arbeit von DESMOND [15], HOSELITZ [18], FISCHER [16], und insbesondere auf das Buch von FISCHER [17], verwiesen, in welchem das gesamte Gebiet der Dauermagnete, ihrer Berechnung und ihrer Anwendungen ausführlich behandelt ist. Die Theorie der modernen Dauermagnetwerkstoffe wird in Kap. 27 ausgeführt werden.

Literatur zu Kap. 8

[1] ASTBURY, N. F.: Industrial magnetic testing, London: The Institute of Physics 1952, S. 21ff.
[2] KAHAN, T.: J. Phys., Paris VII/V (1934) S. 463.
[3] KOHLRAUSCH, F.: Praktische Physik.
[4] OSBORN, J. A.: Phys. Rev. 67 (1945) S. 35.
[5] BOZORTH, R. M., u. D. M. CHAPIN: J. appl. Phys. 13 (1942) S. 320.
[6] FORRER, R., R. BAFFIE u. P. FOURNIER: J. Phys., Lpz. 5 (1944) S. 71.
[7] DUSSLER, E.: Z. Phys. 44 (1927) S. 286.
[8] KRANZ, J., u. KÖSTER: Ferromagnetismus, Berlin/Göttingen/Heidelberg: Springer 1956, S. 180ff.
[9] SNOEK, J. L.: Physika, Haag 6 (1939) S. 321.
[10] GOULD, J. E., u. M. McCAIG: Proc. phys. Soc., B 67 (1954) S. 584.
[11] PAWLEK, F., u. K. REICHEL: AEG-Mitt. 46 (1956) S. 337.
[12] EDGAR, R. F.: Gen. Elektr. Rev. 38 (1935) S. 466.
[13] HORNFECK, A. J., u. R. F. EDGAR: Trans. Amer. Inst. electr. Engrs. 59 (1940) S. 1017.
[14] UNDERHILL, E. M.: Electronics 17, Jan. 1944, S. 118.
[15] DESMOND, D. J.: J. Instn. electr. Engrs. 92 (1945) S. 229.
[16] FISCHER, J.: Arch. Elektrotechn. 39 (1949) S. 327.
[17] FISCHER, J.: Abriß der Dauermagnetkunde, Berlin/Göttingen/Heidelberg: Springer 1949.
[18] HOSELITZ, K.: J. sci. Instrum. 23 (1946) S. 65.
[19] BOZORTH, R. M.: Ferromagnetism, New York 1951.

9. Thermodynamik der Magnetisierungsprozesse

9.1 Magnetisierungsarbeit

Als Magnetisierungsarbeit A bezeichnen wir diejenige Arbeit, welche wir einem cm³ eines Körpers zuführen müssen, um dessen Magnetisierung zu ändern.

Das Magnetfeld, welches die Magnetisierungsänderung hervorruft, kann entweder von einer stromdurchflossenen Spule oder von einem permanenten Magneten geliefert werden. Zunächst betrachtet man die Apparatur, mit deren Hilfe die Magnetisierungsänderung erzeugt wird, und den zu magnetisierenden Körper als ein System und berechnet die gesamte Arbeit A_1, welche diesem System bei einer Magnetisierungsänderung der Probe zugeführt wird. Dabei ergibt sich, daß A_1 bei Verwendung einer Spule einen anderen Wert hat als bei Verwendung eines Permanentmagneten. Um die Magnetisierungsarbeit A entsprechend unserer obigen Definition zu erhalten, hat man sodann in einem Gedankenexperiment die Apparatur (Spule, Permanentmagnet) von der magnetisierten Probe zu trennen und die Apparatur in den Ausgangszustand zurückzuversetzen. Die Summe aus der hierzu aufzuwendenden Arbeit A_2 und der Arbeit A_1 ist die gesuchte an dem magnetisierten Körper selbst geleistete Arbeit A, welche natürlich von der verwendeten Apparatur unabhängig sein muß.

Wir wollen nun, einer Darstellung von BECKER und DÖRING [1] folgend, nach obigem Rezept die Magnetisierungsarbeit A für den Fall der Stromspule berechnen.

Die Magnetisierungsarbeit wird von der Stromquelle geleistet, welche den Feldstrom liefert. Wir denken uns eine vollständig mit dem zu magnetisierenden Stoff ausgefüllte Ringspule entsprechend Abb. 8.1. Der Querschnitt der Spule sei F, ihre mittlere Länge l und die Windungszahl n. Vernachlässigen wir den Wicklungswiderstand der Spule, so beträgt die Gegenspannung an den Spulenklemmen bei einer Induktionsänderung nach Gl. (1.29)

$$u = -(1/c)\, n\, F\, \frac{\partial B}{\partial t}.$$

Ferner ist nach Gl. (1.16) die Feldstärke gegeben durch

$$H = (4\pi/c)\, n\, i/l,$$

wobei i den Spulenstrom bedeutet. Damit erhalten wir die Leistung der Stromquelle

$$u\,i = -(1/4\pi)\, F \cdot l \cdot H\, \frac{\partial B}{\partial t}, \qquad (9.1)$$

$F \cdot l$ ist das Volumen des Kernes. Um die Induktion von $B = 0$ auf $B = B_1$ zu erhöhen, muß pro Volumeneinheit des Kerns die Arbeit

$$A_1 = (1/F \cdot l) \int_0^t u\,i\,dt = (1/4\pi) \int_0^{B_1} H\,dB \qquad (9.2)$$

geleistet werden. Setzen wir $B = H + 4\pi I$, dann ergibt sich schließlich

$$A_1 = (1/4\pi) \int_0^{B_1} H\,dB = (1/4\pi) \int_0^{H_1} H\,dH + \int_0^{I_1} H\,dI = (1/8\pi) H_1^2 + \int_0^{I_1} H\,dI. \qquad (9.3)$$

A_1 ist die gesamte dem System Spule plus Kern pro Volumeneinheit während des Magnetisierungsprozesses zugeführte Arbeit, welche wir positiv zählen wollen. Nunmehr haben wir noch den Kern von der Spule zu trennen und diese in ihren Ausgangszustand ($H = 0$) zurückzuversetzen. Dazu denken wir uns die Magnetisierung I_1 des Kerns eingefroren und schalten sodann das Spulenfeld ab. Dabei wird pro cm³ des Spulenvolumens die Arbeit

$$A_2 = -(1/8\pi) H_1^2 \tag{9.4}$$

zurückgewonnen (negatives Vorzeichen). Anschließend können wir den Kern ohne Arbeitsaufwand von der Spule trennen. Damit ist die einem cm³ des Kerns bei der Aufmagnetisierung von $I = 0$ bis $I = I_1$ zugeführte Arbeit

$$A = A_1 + A_2 = \int_0^{I_1} H\, dI \tag{9.5}$$

und das ist die gesuchte Magnetisierungsarbeit. Sie wird, nach 9.1 durch die Fläche OAB zwischen der Magnetisierungskurve OBC und der I-Achse dargestellt.

Bei der Herleitung von Gl. (9.5) war vorausgesetzt worden, daß der Kern die Ringspule vollständig ausfüllt. Das Feld H im Kernmaterial ist dann identisch mit dem Spulenfeld, welches wir, nunmehr mit H' bezeichnen wollen. Hat dagegen der Kern einen Luftspalt, oder betrachten wir eine gestreckte Spule, die eine Ellipsoidprobe enthält, dann ist nach Gl. (8.17)

$$H' = H + NI. \tag{9.6}$$

Setzen wir diesen Wert in Gl. (9.5) ein, dann ergibt sich für die zur Aufmagnetisierung des Kerns aufzuwendende Arbeit

$$A' = \int_0^{I_1} H'\, dI = \int_0^{I_1} H\, dI + (1/2) N I_1^2. \tag{9.7}$$

A' ist in Abb. 9.1 durch die Fläche ODB gegeben und besteht nach Gl. (9.7) aus zwei Anteilen: Der nur vom Material abhängige Magnetisierungsarbeit $\int H\, dI$ entsprechend der Fläche OAB, und einem von der geometrischen Form der Probe abhängigen Glied $(1/2) N I_1^2$, das der Fläche ODA zwischen der Scherungsgeraden OD und der I-Achse entspricht und die Energie des entmagnetisierenden Feldes darstellt, welche grundsätzlich nicht mit zur Magnetisierungsarbeit gezählt wird.

Die Magnetisierungsarbeit ist also in jedem Fall

$$A = \int_0^{I_1} H\, dI, \tag{9.8}$$

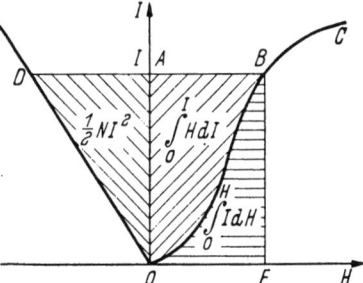

Abb. 9.1. Graphische Darstellung der Magnetisierungsarbeit. (Erläuterung im Text)

wobei H stets das im Kernmaterial bestehende „effektive Feld" bedeutet. Sie wird durch die Fläche OAB zwischen der gescherten Magnetisierungskurve (s. Abb. 9.1) und der I-Achse dargestellt.

Bei der vorstehenden Ableitung der Magnetisierungsarbeit ist stillschweigend angenommen worden, daß der Probekörper bei einer Magnetisierungsänderung seine Gestalt nicht ändert. Gl. (9.5) gilt streng also nur für einen ideal starren Körper [2]. Das Problem der Magnetisierungsarbeit in einem elastischen Medium mit nicht verschwindender Magnetostriktion wurde von BROWN [3, 4] behandelt.

9.2 Thermodynamische Grundgleichungen

Die allgemeinen energetischen Beziehungen in einem abgeschlossenen elektromagnetischen System, wurden von LAMOR [5], DEBYE [6], BLOCH [7], GUGGENHEIM [8], LIVENS [9, 10, 11] und BROWN [2, 3] entwickelt. Ferner haben STONER [12, 13, 4] sowie BECKER und DÖRING [1] insbesondere das Verhalten eines magnetisierbaren Körpers in einem äußeren Feld thermodynamisch behandelt. Auf der Grundlage dieser Arbeiten gaben STONER und RHODES [14] eine von den grundlegenden theoretischen Vorstellungen über die Magnetisierungsprozesse ausgehende, zusammenfassende Darstellung der Thermodynamik der Magnetisierungsvorgänge und der magnetokalorischen Effekte in Ferromagneticis und führten zum ersten Mal eine quantitative Analyse der beim adiabatischen Durchlaufen der Magnetisierungskurve gemessenen Wärmeentwicklung durch. Eine weitere Untersuchung der Zusammenhänge zwischen den Vorgängen auf der Magnetisierungskurve und den entsprechenden thermischen Effekten wurde von STONER [15] mit dem Ziel einer Analyse der Magnetisierungskurve mit Hilfe gleichzeitiger kalorischer und magnetischer Messungen unternommen. In unserer Darstellung der Thermodynamik der Magnetisierungsprozesse werden wir z. T. den genannten Arbeiten von STONER sowie STONER und RHODES folgen.

9.2.1 Der 1. Hauptsatz der Wärmelehre

Allgemeines. Jedem Körper können wir eine nur von seinem Zustand abhängige innere Energie E zuschreiben. Der 1. Hauptsatz besagt, daß sich E nur durch Wechselwirkung des Körpers mit seiner Umgebung ändern kann, oder in anderen Worten: Für ein abgeschlossenes System ist E konstant.

Unter Wechselwirkungen des Körpers mit seiner Umgebung verstehen wir jede zwischen dem Körper und seiner Umgebung ausgetauschte Arbeit A und Wärmemenge Q. Wir verabreden ferner, daß dem Körper zugeführte Arbeit und Wärme positiv gezählt werden. Damit erhält der 1. Hauptsatz die Form

$$dE = \delta Q + \delta A. \tag{9.9}$$

Betrachten wir spezielle Magnetisierungsänderungen, dann wird $\delta A = H\, dI$ und damit

$$dE = \delta Q + H\, dI. \tag{9.10}$$

I bedeutet im folgenden stets die Magnetisierungskomponente parallel zum Feld. Da die Magnetisierungsarbeit nach der Definition Gl. (9.8) die entmagnetisierende Energie nicht enthält, ist E von der Probenform unabhängig. Gl. (9.10) gilt streng nur für solche Zustandsänderungen, bei denen der betrachtete Körper weder sein Volumen noch seine elastische Energie ändert. E und Q werden ebenso wie die Magnetisierungsarbeit auf die Volumeneinheit bezogen.

Besonders zu bemerken ist noch, daß Gl. (9.10) und alle unmittelbar daraus abgeleiteten Folgerungen unabhängig davon gelten, ob die Magnetisierungsänderungen reversibel oder irreversibel sind. Betrachten wir nachfolgend einige Anwendungen der Gl. (9.10).

Kreisprozeß, Satz von Warburg. Ein Kreisprozeß ist eine Folge von Zustandsänderungen, bei deren Ende der Körper in dem gleichen Zustand vorliegt wie zu Beginn. E ist eine Zustandsgröße, d. h. jedem Zustand eines Körpers ist ein eindeutiger Wert von E zugeordnet. Folglich bedeutet dE ein totales Differential und für einen Kreisprozeß gilt damit

$$\oint dE = 0$$

oder mit Gl. (9.10)

$$-\oint dQ = \oint H\,dI. \tag{9.11}$$

Der Kreisprozeß besteht in einem einmaligen Durchlaufen der Hystereseschleife und $\oint H\,dI$ bedeutet die von der Hystereseschleife umrandete Fläche. Damit lautet Gl. (9.11) in Worten: Bei einem einmaligen isothermen Durchlaufen der Hystereseschleife gibt der Körper eine Wärmemenge, die sog. Hysteresewärme, ab, welche zahlenmäßig gleich dem Flächeninhalt der Hystereseschleife ist. Das ist der Satz von WARBURG [16]. Er gilt exakt bezüglich der gesamten Energiebilanz bei einem vollen Magnetisierungszyklus, sagt jedoch nichts darüber aus, an welcher Stelle der Schleife die Wärme entwickelt wird. Dies geht erst aus unseren weiteren Überlegungen hervor.

Adiabatische Magnetisierungsänderungen. Eine Änderung dE der inneren Energie läßt sich in einen thermischen Anteil dE_T entsprechend einer Temperaturänderung und einen magnetischen Anteil dE_M entsprechend einer Magnetisierungsänderung zerlegen

$$dE = dE_T + dE_M = \left(\frac{\partial E}{\partial T}\right)_I dT + \left(\frac{\partial E}{\partial I}\right)_T dI. \tag{9.12}$$

Betrachten wir speziell eine adiabatische Zustandsänderung ($\Delta Q = 0$), so folgt aus Gl. (9.10)

$$dE = H\,dI. \tag{9.13}$$

$\Delta Q = 0$ bedeutet definitionsgemäß, daß kein Wärmeaustausch mit der Umgebung stattfindet. Dagegen kann während einer Zustandsänderung im Körper selbst Wärme entwickelt werden, welche wir mit $\Delta Q'$ bezeichnen wollen. Da wegen $\Delta Q = 0$ die Wärme $\Delta Q'$ nicht abgeführt wird, ist damit eine Temperaturerhöhung ΔT des Körpers verbunden. Zwischen $\Delta Q'$ und ΔT besteht die Beziehung

$$\Delta Q' = C\varrho\,\Delta T, \tag{9.14}$$

worin C die spezifische Wärme des Körpers (pro Masseneinheit gerechnet) und ϱ seine Dichte bedeuten. $\Delta Q'$ ist damit auf die Volumeneinheit bezogen. Setzen wir nunmehr $(\partial E/\partial T)_I\,dT = dQ'$, so folgt aus den Gln. (9.12) und (9.13)

$$dE_M = \left(\frac{\partial E}{\partial I}\right)_T dI = dE - dE_T = H\,dI - dQ'. \tag{9.15}$$

Die Integrationen von Gl. (9.15) liefert

$$\Delta E_M = \int \left(\frac{\partial E}{\partial I}\right)_T dI = \int H\,dI - \Delta Q'. \tag{9.16}$$

Die Größen auf der rechten Seite von Gl. (9.16) $\int H \, dI$ und $\Delta Q'$ können experimentell bestimmt werden. Damit liefert Gl. (9.16) die Abhängigkeit der inneren Energie von der Magnetisierung.

9.2.2 Der 2. Hauptsatz der Wärmelehre (Entropiesatz)

Durch den 2. Hauptsatz wird die ausgetauschte Wärmemenge δQ, welche selbst kein totales Differential darstellt (angedeutet durch das Differentialzeichen δ statt d), weil Q keine Zustandsgröße ist, zu dem Differential der Zustandsfunktion Entropie S in Beziehung gesetzt. Es ist

$$\delta Q \leq T \, dS, \tag{9.17}$$

wobei das Gleichheitszeichen speziell für reversible Zustandsänderungen gilt. Reversibel nennen wir eine Zustandsänderung, wenn es möglich ist, den Zustand des Systems mit Hilfe einer begrenzten Anzahl von Zustandsvariablen in jedem Punkt innerhalb des Bereichs der Zustandsänderung eindeutig festzulegen. Damit besitzen wir die wesentlichen Grundlagen, auf denen die Thermodynamik der Magnetisierungsänderungen aufgebaut werden kann. Man findet dabei, daß nur reversible Magnetisierungsänderungen thermodynamisch vollständig beschrieben werden können. Dagegen sind die Möglichkeiten, aus thermodynamischen Überlegungen heraus Aussagen über irreversibleMagnetisierungsänderungen zu machen, wie sie in ferro- und ferrimagnetischen Stoffen in schwachen und mittleren Feldern auftreten, vorerst noch eng begrenzt.

Wir wollen uns deshalb in folgendem auf eine Anwendung der Thermodynamik auf die reversiblen Magnetisierungsänderungen beschränken.

9.3 Die Thermodynamischen Funktionen (Potentiale)

9.3.1 Allgemeine Beziehungen

Durch die Gln. (9.10) und (9.17) ist die innere Energie E als Funktion der Variablen S und I gegeben. Durch den Übergang zu den hierzu konjugierten Variablen T und H lassen sich aus der inneren Energiefunktion E drei weitere Funktionen ableiten:

1. Die totale Energie oder Enthalpie

$$E' = E - HI, \tag{9.18}$$

welche im Gegensatz zur inneren Energie die potentielle Energie der Magnetisierung im Magnetfeld enthält. E' ist Funktion der Variablen S und H.

2. Die zu E gehörige freie Energiefunktion oder einfach freie Energie

$$F = E - TS \tag{9.19}$$

mit den unabhängigen Variablen T und I und

3. die zu E' gehörige freie Energiefunktion oder freie Enthalpie

$$F' = E' - TS = E - HI - TS \tag{9.20}$$

mit den Variablen T und H.

Aus den Gln. (9.10) und (9.17) bis (9.20) ergibt sich für die Differentiale dieser vier thermodynamischen Funktionen bei reversiblen Zustandsänderungen

$$dE = T\,dS + H\,dI, \tag{9.21}$$

$$dE' = T\,dS - I\,dH, \tag{9.22}$$

$$dF = -S\,dT + H\,dI, \tag{9.23}$$

$$dF' = -S\,dT - I\,dH. \tag{9.24}$$

Die Funktionen E, E', F und F' heißen thermodynamische Potentiale, weil aus ihnen durch Differentiation nach einer zugehörigen Variablen bei Konstanthaltung der anderen unabhängigen Variablen die dazu konjugierte Variable folgt. So ist beispielsweise

$$\left(\frac{\partial E}{\partial S}\right)_I = T, \quad \left(\frac{\partial F}{\partial I}\right)_T = H, \quad \left(\frac{\partial F}{\partial T}\right)_I = -S \quad \text{usw.}$$

Deshalb ist es auch leicht, wenn eines der Potentiale, z. B. F, bekannt ist, daraus eines der anderen, z. B. E zu berechnen. So erhält man sofort

$$E = F + TS = F - T\left(\frac{\partial F}{\partial T}\right)_I. \tag{9.25}$$

Die thermodynamischen Potentiale sind nur von Zustandsgrößen abhängig, also selbst auch Zustandsgrößen. Daher sind ihre Differentiale totale Differentiale und ihre gemischten zweiten Ableitungen nach den zugehörigen unabhängigen Variablen identisch gleich. Damit erhält man aus den Gln. (9.21) bis (9.24) die wichtigen Beziehungen

$$\left(\frac{\partial T}{\partial I}\right)_S = \left(\frac{\partial H}{\partial S}\right)_I, \tag{9.26}$$

$$\left(\frac{\partial T}{\partial H}\right)_S = -\left(\frac{\partial I}{\partial S}\right)_H, \tag{9.27}$$

$$\left(\frac{\partial S}{\partial I}\right)_T = -\left(\frac{\partial H}{\partial T}\right)_I, \tag{9.28}$$

$$\left(\frac{\partial S}{\partial H}\right)_T = \left(\frac{\partial I}{\partial T}\right)_H. \tag{9.29}$$

9.3.2 Die elementaren Magnetisierungsprozesse in Ferromagneticis

Wie wir bereits in 4.5 (s. a. Abb. 4.5) angedeutet haben und in Kap. 24 noch näher ausführen werden, hat man sich ein Ferromagnetikum aufgeteilt zu denken in eine große Anzahl WEISSscher Bezirke 1, 2, 3, ..., i mit den Volumina v_1, v_2, v_3, ..., v_i. Die mittlere spontane Magnetisierung jedes Bezirks sei I_s für $H = 0$ und I_m (wahre Magnetisierung) in einem endlichen Feld $H \neq 0$. Die spontane Magnetisierung der einzelnen Bezirke bilde mit der Feldrichtung die Winkel $\varphi_1, \varphi_2, \varphi_3, \ldots, \varphi_i$. Die pauschale Magnetisierung in Feldrichtung wird damit

$$I = \sum_i v_i\, I_{mi} \cos \varphi_i, \tag{9.30}$$

wobei die Summation über die Bezirke in einem cm³ $\left(\sum_i v_i = 1\right)$ ausgeführt zu denken ist. Eine Änderung von I ergibt sich als resultierender Effekt der Änderungen von v_i, I_m und φ_i

$$dI = \sum_i \{v_i \cos \varphi_i\, d(I_m)_i - v_i (I_m)_i \sin \varphi_i\, d\varphi_i + (I_m)_i \cos \varphi_i \cdot dv_i\}. \tag{9.31}$$

Das erste Glied in der Klammer entspricht einer Änderung der spontanen Magnetisierung, das zweite Glied einer Drehung der spontanen Magnetisierung (s. Abb. 4.5c) und das dritte Glied einer Volumenänderung der Bezirke infolge von Wandverschiebungen (s. Abb. 4.5b).

9.4 Isotherme, reversible Magnetisierungsänderungen. Berechnung von Magnetisierungskurven

9.4.1 Allgemeines

Reversible Magnetisierungsänderungen können experimentell ohne weiteres quasistatisch, d. h. so langsam gesteuert werden, daß in jedem Augenblick während einer Feldänderung Gleichgewicht herrscht und die bei der Magnetisierungsänderung entwickelte Wärme vollständig an die bei konstanter Temperatur gehaltene Umgebung abgeführt wird. Die Magnetisierung ändert sich also isotherm.

Für isotherme, reversible Magnetisierungsänderungen kann die Magnetisierungskurve in folgender Weise berechnet werden: Man sucht einen Ansatz für die freie Energie $F(I, T)$ als Funktion der Magnetisierung und der Temperatur und berechnet daraus die Feldstärke $H(I, T)$, d. h. die Magnetisierungskurve. Ist $F(I, T)$ bekannt, so gelingt dies stets entweder unter Verwendung der Potentialeigenschaft der freien Energiefunktion F oder unter Verwendung der Extremaleigenschaft der freien Enthalpiefunktion F, wie wir im folgenden an einem Beispiel zeigen werden, und es hängt nur von der Art des Problems ab, wie man schneller zum Ziel gelangt.

9.4.2 Berechnung der Magnetisierungskurve aus der Funktion F

Aus Gl. (9.23) folgt mit $T = $ const (isotherme Versuchsführung)

$$dF = H\, dI \quad \text{oder} \quad \Delta F = \int H\, dI, \qquad (9.32)$$

d. h. für isotherme reversible Prozesse ist die Magnetisierungsarbeit gleich der Änderung der freien Energie.

Ist $F(I, T)$ bekannt, so erhält man wegen der Potentialeigenschaft von F aus Gl. (9.23) sofort die Magnetisierungskurve:

$$H(I, T) = \left(\frac{\partial F}{\partial I}\right)_T. \qquad (9.33)$$

Führen wir die Rechnung nunmehr für ein praktisches Beispiel durch. Wie wir in Kap. 17 ableiten werden, hat in einem Material mit negativer Magnetostriktion die Magnetisierung die Tendenz, sich unter der Wirkung einer Zugspannung senkrecht zu deren Richtung einzustellen. Die freie Energie ist eine Funktion des Winkels φ zwischen der Magnetisierungs- und der Spannungsrichtung und nach Gl. (17.8) für negative Magnetostriktion gegeben durch

$$F = F_\sigma = (3/2)\, \lambda_s\, \sigma \cos^2 \varphi. \qquad (9.34)$$

Dabei bedeutet λ_s den Betrag der Sättigungsmagnetostriktion und σ die Zugspannung. Wir betrachten nunmehr einen langen zylindrischen Stab mit dem Querschnitt q unter einer konstanten Zugkraft $K = \sigma q$ (s. Abb. 9.2) und wollen die Magnetisierungskurve in einem Feld parallel zur Zugrichtung (Stabachse) berechnen. Aus Gl. (9.33) folgt mit dI aus Gl. (9.31)

$$\left(\frac{\partial F}{\partial I}\right)_T = -\frac{1}{I_s \sin \varphi} \left(\frac{\partial F}{\partial \varphi}\right)_T = H, \qquad (9.35)$$

wobei wir in Gl. (9.31) $dv = 0$ gesetzt haben, da wir nur Drehprozesse betrachten. Ferner haben wir Änderungen der spontanen Magnetisierung im Feld vernachlässigt und entsprechend $dI_m = 0$ und $I_m = I_s$ gesetzt. Mit F aus Gl. (9.34) erhält man aus Gl. (9.35)

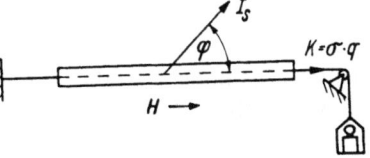

Abb. 9.2. Zur Berechnung der Magnetisierungskurve eines Werkstoffes mit negativer Magnetostriktion unter Zugspannung

$$\cos \varphi = \frac{H I_s}{3 \lambda_s \sigma}. \qquad (9.36)$$

Die Magnetisierung in Feldrichtung ist $I = I_s \cos \varphi$, und mit $\cos \varphi$ aus Gl. (9.36) ergibt sich schließlich die gesuchte Gleichung der Magnetisierungskurve $I(H)$

$$I = \frac{I_s^2}{3 \cdot \lambda_s \cdot \sigma} \cdot H. \qquad (9.37)$$

9.4.3 Berechnung der Magnetisierungskurve aus der Funktion F'

Nach Gl. (9.24) ist F' eine Funktion der Variablen T und H, wobei der Zusammenhang $I = I(H, T)$, also die Magnetisierungskurve als bekannt vorausgesetzt wird. Mit der Potentialeigenschaft von F' erhält man daher aus Gl. (9.24) die Magnetisierung

$$\left(\frac{\partial F'}{\partial H}\right)_T = -I, \qquad (9.38)$$

jedoch nicht die Magnetisierungskurve, welche ja als bekannt vorausgesetzt ist.

Nun haben die thermodynamischen Potentiale noch eine weitere Eigenschaft. Sie nehmen einen Extremwert an, wenn die unter Betracht stehende Reaktion bei Konstanthaltung der zu der jeweils gewählten Funktion gehörigen unabhängigen Variablen das Gleichgewicht erreicht hat. Es sei $\psi(\alpha, \beta)$ ein thermodynamisches Potential, α und β die zugehörigen unabhängigen Variablen. Dann lautet die Gleichgewichtsbedingung also

$$\delta \psi = 0 \text{ mit den Nebenbedingungen } \delta \alpha = 0 \text{ und } \delta \beta = 0,$$

wobei die Variation von ψ nach den Reaktionsvariablen auszuführen ist.

Übertragen wir dies auf Magnetisierungsprozesse. Im Falle der Magnetisierungskurve stellen wir in einem bestimmten Augenblick bei konstanter Temperatur T eine feste Feldstärke H ein. Die „Reaktion" besteht nun darin, daß sich die Magnetisierung unter der Wirkung der Feldstärke ändert und schließlich den zur Feldstärke H gehörigen Gleichgewichtswert annimmt. Die zu den Variablen T und H gehörige Funktion ist aber F'. Damit erhalten wir die Gleichgewichtsbedingung

$$\delta F' = 0 \quad \text{mit} \quad \delta T = \delta H = 0. \qquad (9.39)$$

Die „Reaktionsvariable" ist die Magnetisierung selbst oder eine andere Größe, durch welche die Magnetisierung eindeutig bestimmt ist. Nehmen wir die Magnetisierung als Reaktionsvariable, so lautet die Gleichgewichtsbedingung

$$\delta F' = \left(\frac{\partial F'}{\partial I}\right)_T \delta I = 0, \quad \delta T = \delta H = 0. \qquad (9.40)$$

Handelt es sich dagegen z. B. um einen Drehprozeß, dann ist I durch den Winkel φ zwischen der Feldrichtung und der Richtung der spontanen Magnetisierung eindeutig bestimmt. In diesem Fall können wir auch φ als Reaktionsvariable nehmen und erhalten die Gleichgewichtsbedingung

$$\delta F' = \left(\frac{\partial F'}{\partial \varphi}\right)_T \delta\varphi = 0, \qquad \delta T = \delta H = 0. \tag{9.41}$$

Wenden wir dieses Verfahren nun auf unser Beispiel an. Es ist $F' = F - HI$. Mit F aus Gl. (9.34) und $I = I_s \cos\varphi$ folgt

$$F' = (3/2)\,\lambda_s \cos^2\varphi - HI_s \cos\varphi. \tag{9.42}$$

Nehmen wir φ als Reaktionsvariable, so lautet die Gleichgewichtsbedingung nach Gl. (9.41)

$$\frac{\partial F'}{\partial \varphi} = -3\lambda_s\,\sigma \sin\varphi \cos\varphi + HI_s \sin\varphi = 0 \tag{9.43}$$

und daraus

$$\cos\varphi = \frac{HI_s}{3\lambda_s\,\sigma} \tag{9.44}$$

in Übereinstimmung mit Gl. (9.36).

9.5 Die innere Energie E

9.5.1 Allgemeine Beziehungen

Für die spätere Berechnung der spezifischen Wärmen und der magnetokalorischen Effekte brauchen wir die Abhängigkeit der inneren Energie E von der Magnetisierung I. Für $E(I, T)$ erwarten wir zunächst allgemein einen Ausdruck der Form

$$E(I, T) = \Phi(T) + U(I, T), \tag{9.45}$$

wobei $U(I, T)$ den magnetischen Anteil bedeutet, während $\Phi(T)$ alle die Energieanteile enthalten soll, welche nichtmagnetischen Ursprungs sind, also im wesentlichen die Energie der Gitterschwingungen. Den Anteil $\Phi(T)$ können wir demnach bei den folgenden Betrachtungen außer acht lassen.

$U(I, T)$ hängt von der magnetischen Zustandsgleichung $I = I(H, T)$ ab, welche wir als bekannt voraussetzen können, denn $I(H, T)$ kann für jeden beliebigen Stoff experimentell bestimmt werden. Aus Gl. (9.21) folgt

$$\left(\frac{\partial E}{\partial I}\right)_T = T\left(\frac{\partial S}{\partial I}\right)_T + H \tag{9.46}$$

und daraus mit der Beziehung (9.28)

$$\left(\frac{\partial E}{\partial I}\right)_T = H - T\left(\frac{\partial H}{\partial T}\right)_I = T^2 \left\{\frac{\partial}{\partial T}\left(\frac{H}{T}\right)\right\}_I. \tag{9.47}$$

Mit Hilfe der Gln. (9.28) und (9.29) können wir Gl. (9.47) noch etwas umformen und erhalten schließlich

$$\left(\frac{\partial E}{\partial I}\right)_T = H + T\,\frac{(\partial I/\partial T)_H}{(\partial I/\partial H)_T}. \tag{9.48}$$

Mit Hilfe der Zustandsgleichung ergibt sich aus Gl. (9.48) $(\partial E/\partial I)_T$ und daraus durch Integration die gesuchte Beziehung $E(I, T)$, welche wir im folgenden für verschiedene Zustandsgleichungen berechnen wollen. Dazu benützen wir die magnetische Zustandsgleichung in der bequemeren Form $I = \chi(T)\,H$.

9.5.2 Diamagnetika ($\varkappa = $ const)

Bei diamagnetischen Stoffen ist χ nach Gl. (3.11) eine Konstante, die weder von der Temperatur noch von der Feldstärke abhängt. Es ist also $(\partial I/\partial T)_H = 0$ und wir erhalten

$$\left(\frac{\partial E}{\partial I}\right)_T = H$$

und daraus

$$E = \Phi(T) + \int_0^I H\, dI, \qquad (9.49)$$

d. h. der mit einer isothermen Magnetisierungsänderung verknüpfte Energiezuwachs ist gleich der Magnetisierungsarbeit. Dasselbe Ergebnis folgt, wenn $\chi = \chi(H)$ nur von der Feldstärke, nicht aber von der Temperatur abhängt.

9.5.3 Paramagnetika

Wie wir in 3.2. für den temperaturabhängigen Paramagnetismus abgeleitet haben, gilt dort für kleinere Feldstärken das CURIEsche Gesetz $\chi = C/T$, worin die Konstante C von T und H unabhängig ist. Damit folgt aus Gl. (9.48)

$$\left(\frac{\partial E}{\partial I}\right)_T = 0,$$

also

$$E = \Phi(T). \qquad (9.50)$$

Dieses Ergebnis entspricht durchaus den Voraussetzungen der LANGEVINschen Theorie, denn für frei drehbare, ideal voneinander unabhängige Dipole muß die Energie von der Richtung der Dipole unabhängig sein.

9.5.4 Ferromagnetika

Paramagnetischer Bereich ($T > \Theta$). Bei Temperaturen oberhalb der CURIE-Temperatur ist die Suszeptibilität durch das CURIE-WEISSsche Gesetz $\chi = C/(T-\Theta)$ [Gl. (4.15)] gegeben. Damit erhält man aus Gl. (9.48)

$$\left(\frac{\partial E}{\partial I}\right)_T = -\frac{\Theta I}{C} \qquad (9.51)$$

oder mit $C = \Theta/W$ [Gl. (4.16)]

$$\left(\frac{\partial E}{\partial I}\right)_T = -WI \qquad (9.52)$$

und daraus

$$E = \Phi(T) - W \int_0^I I\, dI = \Phi(T) - (1/2)\, WI^2. \qquad (9.53)$$

Ferromagnetischer Bereich ($T < \Theta$). Wir bezeichnen mit T_I diejenige Temperatur, für die eine vorgegebene Magnetisierung I gerade gleich der bei dieser Temperatur im Gleichgewicht befindlichen spontanen Magnetisierung I_s ist. Für $T > T_I$ gilt also $I > I_s$ und für $T < T_I$ entsprechend $I < I_s$. Für $T > T_I$ hängt I nach den Gln. (4.4) und (4.5) nur von der Variablen $(H + WI)/T$ mit konstantem W ab. Damit können wir die Zustandsgleichung auch in der Form

$$H + WI = T \cdot \psi(I)$$

schreiben, worin die Funktion ψ nur von I abhängt. Daraus ergibt sich

$$\left(\frac{\partial H}{\partial T}\right)_I = \psi(I) = \frac{H + WI}{T}. \tag{9.54}$$

Setzen wir dies in Gl. (9.47) ein, so folgt

$$\left(\frac{\partial E}{\partial I}\right)_T = -WI. \tag{9.55}$$

Die Integration liefert

$$E = \Phi(T) + (1/2)\,W(I_\infty^2 - I^2) \qquad (I > I_s). \tag{9.56}$$

wobei wir die Konstante $(1/2)\,W\,I_\infty^2$ hinzugefügt haben, damit der magnetische Anteil $U(I, T)$ im Zustand der Sättigung bei $T = 0$ verschwindet.

Ist dagegen $T < T_I$, so wird nach der WEISS-LANGEVINschen Theorie

$$\left(\frac{\partial E}{\partial I}\right)_T = 0, \tag{9.57}$$

denn es liegt im Wesen dieser Theorie, daß für solche Temperaturen I jeden beliebigen Wert zwischen 0 und I_s annehmen kann. Deshalb muß für $T < T_I$ auch E von der Magnetisierung unabhängig sein. Für die Integration von Gl. (9.57) ist zu beachten, daß sich die Lösung für $I = I_s$ stetig an Gl. (9.56) anschließen muß. Damit erhalten wir sofort

$$E = \Phi(T) + (1/2)\,W(I_\infty^2 - I_s^2) \qquad (I < I_s). \tag{9.58}$$

9.6 Die spezifische Wärme

9.6.1 Spezifische Wärme bei konstanter Magnetisierung und bei konstantem Feld

Die spezifische Wärme ist definiert durch den Quotienten aus der zugeführten Wärme δQ und der dadurch verursachten Temperaturerhöhung dT

$$\varrho\,C = \frac{\delta Q}{dT}. \tag{9.59}$$

Den Faktor ϱ (Dichte) haben wir hinzugefügt, weil wir verabredungsgemäß alle Größen auf die Volumeneinheit beziehen, während C stets pro Masseneinheit gerechnet wird.

Man erhält nun verschiedene Werte für C, je nachdem man die Erwärmung bei konstanter Magnetisierung I oder bei konstanter Feldstärke H durchführt. Die entsprechenden spezifischen Wärmen bezeichnen wir als C_I und C_H und vernachlässigen zur Vereinfachung den Unterschied zwischen der spezifischen Wärme bei konstantem Druck C_{pI} bzw. C_{pH} und der spezifischen Wärme bei konstantem Volumen C_{vI} bzw. C_{vH}.

Mit den Gln. (9.10), (9.21) und (9.26) liefert Gl. (9.59) für C_I sofort die Beziehungen

$$\varrho\,C_I = \left(\frac{\partial Q}{\partial T}\right)_I = \left(\frac{\partial E}{\partial T}\right)_I = T\left(\frac{\partial S}{\partial T}\right)_I = T\left(\frac{\partial I}{\partial T}\right)_S \cdot \left(\frac{\partial H}{\partial T}\right)_I \tag{9.60}$$

und ebenso mit den Gln. (9.10), (9.22), (9.27) für C_H die Beziehungen

$$\varrho\,C_H = \left(\frac{\partial Q}{\partial T}\right)_H = \left(\frac{\partial E'}{\partial T}\right)_H = T\left(\frac{\partial S}{\partial T}\right)_H = -T\left(\frac{\partial H}{\partial T}\right)_S \cdot \left(\frac{\partial I}{\partial T}\right)_H \tag{9.61}$$

oder aus Gl. (9.10) direkt auch

$$\varrho\, C_H = \left(\frac{\partial Q}{\partial T}\right)_H = \left(\frac{\partial E}{\partial T}\right)_I + \left\{\left(\frac{\partial E}{\partial I}\right)_T - H\right\}\left(\frac{\partial I}{\partial T}\right)_H. \tag{9.62}$$

Nun ist nach Gl. (9.21) mit Gl. (9.28)

$$\left(\frac{\partial E}{\partial I}\right)_T = T\left(\frac{\partial S}{\partial I}\right)_T + H = -T\left(\frac{\partial H}{\partial T}\right)_I + H. \tag{9.63}$$

Aus Gl. (9.62) ergibt sich mit Gl. (9.63) und Gl. (9.60)

$$\varrho\, C_H = \left(\frac{\partial E}{\partial T}\right)_I - T\left(\frac{\partial H}{\partial T}\right)_I \left(\frac{\partial I}{\partial T}\right)_H = \varrho\, C_I - T\left(\frac{\partial H}{\partial T}\right)_I \left(\frac{\partial I}{\partial T}\right)_H \tag{9.64}$$

oder

$$\varrho(C_H - C_I) = -T\left(\frac{\partial H}{\partial T}\right)_I \left(\frac{\partial I}{\partial T}\right)_H. \tag{9.65}$$

Ferner erhalten wir aus den Gln. (9.60) und (9.61) mit den Gln. (9.28) und (9.29)

$$C_H/C_I = \frac{(\partial I/\partial H)_T}{(\partial I/\partial H)_s}. \tag{9.66}$$

Wie aus Gl. (9.65) sofort ersichtlich, unterscheiden sich C_H und C_I bei Annäherung an die CURIE-Temperatur Θ in zunehmendem Maße. Dagegen ist der relative Unterschied bei Temperaturen, die genügend weit unterhalb Θ liegen, nur gering, und man kann dort, ohne einen nennenswerten Fehler zu machen, sowohl C_I als auch C_H mit der spezifischen Wärme C gleichsetzen, die man, wie üblich, im Feld 0 mißt. Insbesondere ist für $I = 0$ stets $C_I = C_H$, da ja dann auch $(\partial I/\partial T)_H = 0$ ist.

9.6.2 Die Anomalie der spezifischen Wärme

Experimentell bestimmt man die spezifische Wärme bei konstantem Feld, im allgemeinen bei $H = 0$. Entsprechend der Aufteilung von $E(I, T)$ in einen magnetischen und einen nichtmagnetischen Anteil [Gl. (9.45)] können wir auch die spezifische Wärme in zwei Summanden aufspalten, deren einen wir allen nichtmagnetischen Vorgängen zuschreiben und mit C_0 bezeichnen wollen. Es ist also $\varrho\, C_0 = \partial \Phi/\partial T$. Damit erhalten wir aus Gl. (9.64) mit Gl. (9.45)

$$\varrho\, C_H = \varrho\, C_0 + \left(\frac{\partial U}{\partial T}\right)_I - T\left(\frac{\partial H}{\partial T}\right)_I \left(\frac{\partial I}{\partial T}\right)_H. \tag{9.67}$$

Die stets positive Differenz $\varrho\, C_m = \varrho(C_H - C_0)$ wird als Anomalie der spezifischen Wärme bezeichnet. Man kann sie anschaulich deuten als diejenige Wärmeenergie, welche zum Aufbrechen der Austauschkopplung zwischen den Elementarmagneten aufgewendet werden muß. Die Anomalie wird dementsprechend an allen Stoffen beobachtet, in denen Wechselwirkungen zwischen den Elementarmagneten bestehen, also an ferromagnetischen, ferrimagnetischen und antiferromagnetischen Stoffen. Wir wollen sie im folgenden für ferromagnetische Stoffe auf der Grundlage der WEISSschen Theorie berechnen.

Für $I > I_s$ folgt aus Gl. (9.67) mit Gl. (9.54) und Gl. (9.56)

$$\varrho\, C_m = -(H + WI)\left(\frac{\partial I}{\partial T}\right)_H \quad (I > I_s). \tag{9.68}$$

Ist dagegen $I < I_s$, so liefert die WEISSsche Theorie $(\partial H/\partial T)_I = 0$, und wir erhalten aus Gl. (9.67) mit Gl. (9.58)

$$\varrho\, C_m = -\, W I_s \frac{dI_s}{dT} = -\, (1/2)\, W \frac{dI_s^2}{dT} \qquad (I < I_s). \tag{9.69}$$

Für $H = 0$ gilt Gl. (9.69). Die Anomalie der spezifischen Wärme ist also gegeben durch

$$\varrho\, C_m = -\, (1/2)\, W \frac{dI_s^2}{dT}. \tag{9.70}$$

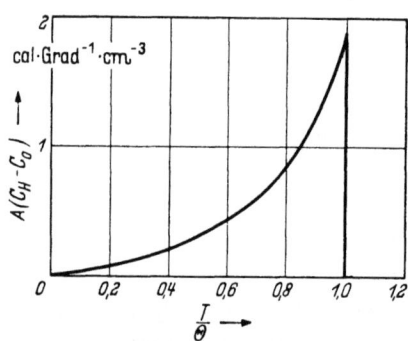

Abb. 9.3. Anomalie $A \cdot C_m$ der spezifischen Wärme pro Grammatom von Nickel nach der WEISSschen Theorie (Gl 9.70)

dI_s^2/dT nimmt nach der WEISSschen Theorie mit steigender Temperatur bis zum CURIE-Punkt monoton zu und springt unmittelbar oberhalb der CURIE-Temperatur auf den Wert Null. Da W temperaturunabhängig sein soll, erwarten wir also nach Gl. (9.70) für die Anomalie $\varrho\, C_m$ einen Verlauf, wie er in Abb. 9.3 schematisch wiedergegeben ist. Die Anomalie der spezifischen Wärme hat danach am CURIE-Punkt ein Maximum und fällt dann unstetig auf Null ab. Wir wollen nunmehr das Maximum der Anomalie berechnen. Dazu haben wir dI_s^2/dT für $T = \Theta$ abzuschätzen.

Nach Gl. (4.11) gilt für $H = 0$

$$\frac{I_s}{I_\infty} = B_J\left(\frac{3J}{J+1} \cdot \frac{I_s/I_\infty}{T/\Theta}\right). \tag{9.71}$$

In der Nähe der CURIE-Temperatur ist I_s/I_∞ und damit das Argument der BRILLOUIN-Funktion sehr klein. Für kleine Argumente können wir aber $B_J(\alpha)$ in eine Reihe entwickeln, die wir nach dem 2. Glied abbrechen

$$B_J(\alpha) \approx \alpha \frac{J+1}{3J} - \alpha^3 \frac{[(J+1)^2 + J^2](J+1)}{90\, J^3}. \tag{9.72}$$

Setzt man für α das Argument von B_J aus Gl. (9.71) ein, so folgt in dieser Näherung

$$\frac{I_s}{I_\infty} \approx \frac{I_s/I_\infty}{T/\Theta} - \left(\frac{I_s/I_\infty}{T/\Theta}\right)^3 \cdot \frac{3}{10} \cdot \frac{(J+1)^2 + J^2}{(J+1)^2} \tag{9.73}$$

und daraus

$$I_s^2 \approx I_\infty^2 \left(\frac{T}{\Theta}\right)^2 \left(1 - \frac{T}{\Theta}\right) \cdot \frac{3}{10} \cdot \frac{(J+1)^2}{(J+1)^2 + J^2}. \tag{9.74}$$

Gl. (9.74) nach T differenziert und in Gl. (9.70) eingesetzt liefert für $T = \Theta$ schließlich

$$(\varrho\, C_m)_\Theta = \frac{5}{3} \cdot \frac{W I_\infty^2}{\Theta} \cdot \frac{(J+1)^2}{(J+1)^2 + J^2}. \tag{9.75}$$

Gl. (9.75) liefert explizit die Höhe des Sprunges der spezifischen Wärme am CURIE-Punkt. Für einen Vergleich mit den experimentellen Ergebnissen ist es jedoch zweckmäßig, die Gl. (9.75) noch etwas umzuformen. Hierzu setzen wir für Θ den durch Gl. (4.9) gegebenen Ausdruck ein und berücksichtigen ferner, daß $I_\infty/\mu_B = N\,\bar{s}$ ist, wobei N die Zahl der Atome im cm³ und $\bar{s}$ die mittlere Magnetonenzahl pro Atom bedeuten. Damit ergibt sich

$$(\varrho\, C_m)_\Theta = \frac{N\, k\, \bar{s}}{g} \cdot \frac{5(J+1)}{(J+1)^2 + J^2} \qquad (9.75\,\text{a})$$

und mit den Beziehungen $A\, N/\varrho = L$ und $L\, k = R$ (A = Atomgewicht, L = LOSCHMIDTsche Zahl, R = Gaskonstante) die Anomalie pro Grammatom

$$A\, (C_m)_\Theta = \frac{\bar{s}\, R}{g} \cdot \frac{5(J+1)}{(J+1)^2 + J^2}\,. \qquad (9.75\,\text{b})$$

Für $J = 1/2$ erhält man daraus

$$A\, (C_m)_\Theta = \frac{3\,\bar{s}\, R}{g} \qquad (9.75\,\text{c})$$

und für $J = 1$

$$A\, (C_m)_\Theta = \frac{2\,\bar{s}\, R}{g}\,. \qquad (9.75\,\text{d})$$

Für die ferromagnetischen Metalle Eisen und Nickel ist $g \approx 2$. Damit wird $R/g \approx 1$ cal/Grad · Mol und wir erhalten schließlich

$$A\, (C_m)_\Theta \approx 3\,\bar{s}\ \text{cal/Grad} \cdot \text{Mol} \quad \text{für} \quad J = 1/2, \qquad (9.75\,\text{e})$$
$$A\, (C_m)_\Theta \approx 2\,\bar{s}\ \text{cal/Grad} \cdot \text{Mol} \quad \text{für} \quad J = 1.$$

9.6.3 Experimentelle Ergebnisse

In Abb. 9.4 ist die gemessene Temperaturabhängigkeit der molaren spezifischen Wärme der ferromagnetischen Elemente Eisen [17, 18], Kobalt [19], Nickel [18, 20] und Gadolinium [21] wiedergegeben. Der generelle Verlauf der

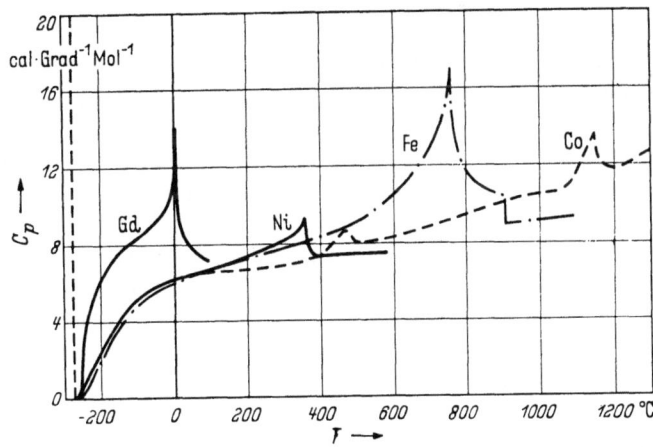

Abb. 9.4. Temperaturabhängigkeit der molaren spezifischen Wärme C_p von Eisen [17, 18], Kobalt [19], Nickel [18, 20] und Gadolinium [21].

Kurven entspricht im wesentlichen der vorausgehend entwickelten theoretischen Vorstellung (s. Abb. 9.3). Es sei noch nebenbei erwähnt, daß die Unstetigkeit der Kurve für Eisen bei 906 °C von der α—γ-Umwandlung herrührt, und daß die Kurve für Kobalt zwei Maxima aufweist, deren erstes bei 460 °C durch die ε—γ-Umwandlung bedingt ist, während das zweite Maximum bei 1150 °C der magnetischen Anomalie entspricht.

Ein quantitativer Vergleich der Meßwerte mit Gl. (9.70) ist relativ schwierig und umständlich und daher nicht sehr zuverlässig. Es wird hierzu angenommen, daß die bei konstantem Druck und konstanter Feldstärke gemessene spezifische Wärme C_{pH} (bisher einfach mit C_H bezeichnet) entsprechend der Gleichung

$$C_{pH} = C_q + C_e + (C_{pH} - C_{vH}) + C_m = C_0 + C_m$$

aus vier Anteilen:

spezifische Wärme der Gitterschwingungen C_q,
thermische Ausdehnungswärme $C_{pH} - C_{vH}$,
Elektronenwärme C_e,
magnetische Wärme C_m

zusammengesetzt ist. Die ersten drei Anteile können jeder für sich gewonnen werden[1]. Ihre Summe entspricht der Grundwärme, welche wir in Gl. (9.67) mit C_0 bezeichnet haben.

Den magnetischen Anteil erhält man danach durch Subtraktion des Terms C_0 von der gemessenen Wärme C_{pH}. Versuche, die Temperaturabhängigkeit von C_m in dieser Weise aus Meßwerten zu ermitteln und mit dem durch Gl. (9.70) mit I_s aus Gl. (9.71) gegebenen theoretischen Verlauf zu vergleichen, wurden für Nickel von LAPP [28], STONER [29] und SYKES und WILKINSON [20] und für Eisen von LAPP [30] unternommen. Wir wollen hier nicht näher darauf eingehen, sondern uns auf einen Vergleich der theoretischen Beziehung Gl. (9.75e) für die Höhe des Sprungs der spezifischen Wärme am CURIE-Punkt mit einigen Meßergebnissen an Eisen und Nickel beschränken.

Leider ist diese Prüfung mit einer gewissen Unsicherheit behaftet. Wie Abb. 9.4 und nahezu alle im folgenden noch genannten Messungen zeigen, fällt die spezifische Wärme am CURIE-Punkt nicht unstetig, wie von der Theorie gefordert, sondern durchaus stetig innerhalb eines mehr oder weniger breiten Temperaturintervalls ab. Dies ist ein weiterer (s. a. 4.4) Hinweis darauf, daß die Anwendbarkeit der WEISSschen Theorie in der Nähe der CURIE-Temperatur offenbar stark eingeschränkt ist. Da es eine in quantitativer Hinsicht befriedigende Theorie dieser Erscheinung bis heute noch nicht gibt, wird vielfach die Differenz $\Delta C = C_{\max} - C_{\min}$ zwischen dem gemessenen Höchstwert $C_{\max}$ von C_H und dem Minimum $C_{\min}$ von C_H oberhalb der CURIE-Temperatur zum Vergleich mit Gl. (9.75e) herangezogen. Oft wird auch der Verlauf von C_H oberhalb der CURIE-Temperatur rückwärts bis zur CURIE-Temperatur linear extrapoliert und die Differenz $\Delta C'$ zwischen dem so gewonnenen C_H-Wert und dem Maximalwert $C_{\max}$ mit Gl. (9.75e) verglichen. $\Delta C'$ ist im allgemeinen etwas größer als ΔC.

Die Temperaturabhängigkeit der molaren spezifischen Wärme von Eisen wurde u. a. von WEISS, PICCARD und CARRARD [31], KLINKHARDT [17], LAPP [30] und AWBERRY und GRIFFITHS [32] gemessen. Die Werte für $\Delta C = C_{\max} - C_{\min}$ und $\Delta C'$ streuen zwischen 4,3 und 6,7 cal/Grad · Mol, während man theoretisch

---

[1] Die thermische Ausdehnungswärme $C_{pH} - C_{vH}$ (Differenz zwischen der spezifischen Wärme bei konstantem Druck und bei konstantem Volumen) wird aus dem thermischen Ausdehnungskoeffizienten berechnet. Eine Trennung von C_e und C_q erhält man aus Messungen der Temperaturabhängigkeit der spezifischen Wärme bei tiefen Temperaturen, etwa zwischen 0 und 20°K (s. [22, 23, 24, 25, 26, 27]).

9.7 Wärmeentwicklung auf der Magnetisierungskurve. Magnetokalorische Effekte

aus Gl. (9.75e) mit $s = 2{,}2$ für $J = 1/2$ $A(C_m)_\Theta = 6{,}60$ cal/Grad · Mol und für $J = 1$ $A(C_m)_\Theta = 4{,}4$ cal/Grad · Mol, also durchaus vergleichbare Werte erhält.

Messungen der Temperaturabhängigkeit der molaren spezifischen Wärme von Nickel wurden von SUCKSMITH und POTTER [33], KLINKHARDT [17], LAPP [28], AHRENS [34], GREW [35], MOSER [36] und SYKES und WILKINSON [20] durchgeführt. Sieht man von den älteren Meßwerten von SUCKSMITH und POTTER ab, so liegen die experimentellen Werte für ΔC bzw. $\Delta C'$ zwischen 1,2 und 1,9 cal/Grad · Mol. Die aus Gl. (9.75e) mit $s = 0{,}6$ und $J = 1/2$ bzw. $J = 1$ berechneten Werte $A(C_m)_\Theta = 1{,}8$ bzw. 1,2 cal/Grad · Mol liegen in demselben Größenbereich. Eine nähere Diskussion dieser Zahlen erscheint hier wegen der bereits erwähnten Einschränkung der Gültigkeit der WEISSschen Theorie am CURIE-Punkt nicht von Nutzen zu sein.

Abschließend seien noch einige Messungen der Temperaturabhängigkeit der spezifischen Wärme an ferromagnetischen Legierungen genannt. Es sind dies Messungen von KAYA und NAKAYAMA [37] an Fe—Ni- und Fe—Ni—Co-Legierungen, von GREW [35] an Ni—Cu-Legierungen und von MASUMOTO, SAITO und SUGIHARA [38] an α—Fe—Cr-Legierungen.

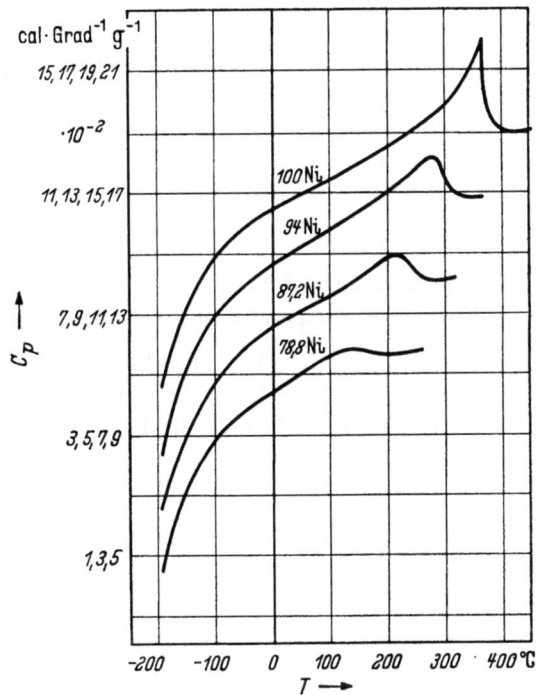

Abb. 9.5. Temperaturabhängigkeit der spezifischen Wärme C_p von Nickel und einigen Nickel-Kupfer-Legierungen. (Nach GREW [35])

Besonders lehrreich sind die Messungen von GREW [35]. Wie Abb. 9.5 zeigt nimmt die Größe der Anomalie der spezifischen Wärme ebenso wie die CURIE-Temperatur mit steigendem Kupfergehalt ab. Gleichzeitig macht sich eine zunehmende Verbreiterung des Maximums und ein immer flacherer Abfall der spezifischen Wärme bei Temperaturen oberhalb des Maximums bemerkbar. Beide Erscheinungen sind eine Folge von örtlichen Schwankungen der Legierungszusammensetzung, durch welche eine Streuung der örtlichen CURIE-Temperatur bedingt ist.

9.7 Wärmeentwicklung auf der Magnetisierungskurve. Die magnetokalorischen Effekte

9.7.1 Grundgleichungen

In 9.4 hatten wir vorausgesetzt, daß die Magnetisierungsänderungen isotherm geleitet werden, d. h. so langsam, daß jede entwickelte Wärme während des Prozesses an die bei konstanter Temperatur gehaltenen Umgebung der Probe abgeführt wird. Nunmehr wollen wir die Probe mit einer Wärmeisolation umgeben und die Magnetisierungsänderungen so schnell durchführen, daß kein Wärmeaustausch mit der Umgebung stattfinden kann, d. h. es sei $\Delta Q = 0$. Die bei einer solchen, sog. adiabatischen Zustandsänderung in der Probe entwickelte Wärme, welche wir (s. 9.2.1) pro cm³ gerechnet mit $\Delta Q'$ bezeichnen, liefert dann eine Temperaturerhöhung ΔT der Probe, die nach Gl. (9.14) durch

$$\Delta T = (1/\varrho\, C)\, \Delta Q' \tag{9.76}$$

gegeben ist. Die mit rein magnetischen Zustandsänderungen verbundenen Temperaturänderungen werden als magnetokalorische Effekte bezeichnet. Wir wollen sie im folgenden für alle möglichen reversiblen Magnetisierungsprozesse berechnen.

Für reversible adiabatische Prozesse gilt nach dem 2. Hauptsatz [Gl. (9.17)]

$$\delta Q' = T\, dS = 0, \tag{9.77}$$

d. h. solche Zustandsänderungen sind isentropisch ($S = $ const). Damit folgt aus Gl. (9.27) für die Temperaturänderung bei gegebener Feldstärkeänderung

$$\left(\frac{\partial T}{\partial H}\right)_S = -\left(\frac{\partial I}{\partial S}\right)_H = -\left(\frac{\partial I}{\partial T}\right)_H \left(\frac{\partial T}{\partial S}\right)_H \tag{9.78}$$

und daraus mit Gl. (9.61) und Gl. (9.29)

$$\left(\frac{\partial T}{\partial H}\right)_S = -\frac{T}{\varrho\, C_H} \left(\frac{\partial I}{\partial T}\right)_H = -\frac{T}{\varrho\, C_H} \left(\frac{\partial S}{\partial H}\right)_T \tag{9.79}$$

oder, wenn wir statt der Temperaturänderung mittels Gl. (9.76) die entwickelte Wärme dQ' einführen, die einfachere Form

$$\left(\frac{\partial Q'}{\partial H}\right)_S = -T\left(\frac{\partial I}{\partial T}\right)_H. \tag{9.80}$$

Ebenso ergibt Gl. (9.26) für die Temperaturänderung bei gegebener Magnetisierungsänderung

$$\left(\frac{\partial T}{\partial I}\right)_S = \left(\frac{\partial H}{\partial S}\right)_I = \left(\frac{\partial H}{\partial T}\right)_I \left(\frac{\partial T}{\partial S}\right)_I \tag{9.81}$$

und daraus mit Gl. (9.60) und Gl. (9.28)

$$\left(\frac{\partial T}{\partial I}\right)_S = \frac{T}{\varrho\, C_I} \left(\frac{\partial H}{\partial T}\right)_I = -\frac{T}{\varrho\, C_I} \left(\frac{\partial S}{\partial I}\right)_T \tag{9.82}$$

oder mittels Gl. (9.76) auch

$$\left(\frac{\partial Q'}{\partial I}\right)_S = T\left(\frac{\partial H}{\partial T}\right)_I. \tag{9.83}$$

Aus Gl. (9.79) und Gl. (9.82) erhalten wir schließlich den Zusammenhang zwischen den Temperaturänderungen bei Magnetisierungs- und bei Feldänderung und mit Gl. (9.46) den Zusammenhang beider Größen mit der inneren Energie E:

$$\left(\frac{\partial T}{\partial I}\right)_S = \frac{C_H}{C_I}\left(\frac{\partial H}{\partial I}\right)_T \left(\frac{\partial T}{\partial H}\right)_S = -\frac{1}{\varrho\, C_I}\left\{\left(\frac{\partial E}{\partial I}\right)_T - H\right\}. \tag{9.84}$$

Mit diesen Grundgleichungen können wir nunmehr die mit den verschiedenen Magnetisierungsprozessen verbundenen Temperaturänderungen berechnen. Für die meisten praktisch wichtigen Fälle kann man dabei voraussetzen, daß die

Temperaturänderung ΔT bei einem adiabatischen Magnetisierungsvorgang klein gegen T ist. Deshalb werden wir im folgenden T bei der Integration stets als Konstante betrachten.

9.7.2 Die magnetokalorischen Effekte in Ferromagneticis

Eine reversible Änderung der pauschalen Magnetisierung I in Feldrichtung setzt sich nach Gl. (9.31) im allgemeinen aus drei Anteilen zusammen: Änderung der spontanen Magnetisierung selbst, Drehung der spontanen Magnetisierung und Volumenänderung der in verschiedenen Richtungen magnetisierten Bezirke. Die beim reversiblen Durchlaufen eines Teiles der Magnetisierungskurve entwickelte Wärme ist der resultierende Effekt entsprechend diesen drei Anteilen und kann formal durch die Gleichung

$$dQ' = \sum_i \left\{ \frac{\partial Q'}{\partial I_m} dI_m + \frac{\partial Q'}{\partial \varphi} d\varphi + \frac{\partial Q'}{\partial v} dv \right\} \tag{9.85}$$

dargestellt werden. Wir wollen nunmehr die einzelnen Beiträge nacheinander berechnen.

Änderung der spontanen Magnetisierung I_m. *Der magnetokalorische Effekt in hohen Feldern.* Beginnen wir mit dem ferromagnetischen Bereich ($T < \Theta$). Die Komponente des Feldes H in Richtung der spontanen Magnetisierung I_m sei H_p. In genügend hohen Feldern können wir näherungsweise $H = H_p$ setzen. Wir gehen nunmehr von Gl. (9.82) aus. Nach der WEISSschen Theorie ist [s. Gl. (9.54)]

$$T \left(\frac{\partial H}{\partial T} \right)_I = H + WI \quad \text{für} \quad I > I_s,$$

dagegen

$$T \left(\frac{\partial H}{\partial T} \right)_I = 0 \quad \text{für} \quad I < I_s.$$

Wie wir in Kap. 4 gesehen haben, hat $W I_\infty$ die Größenordnung 10^7. Deshalb ist bis herunter zu $I/I_\infty = 10^{-2}$ stets H gegen $W I$ zu vernachlässigen. Damit erhält man aus Gl. (9.82)

$$\varrho\, C_I\, dT = 0 \quad \text{für} \quad I < I_s \tag{9.86}$$

und

$$\varrho\, C_I\, dT = (1/2)\, W\, d(I^2) \quad \text{für} \quad I > I_s. \tag{9.87}$$

Nach der WEISSschen Theorie kann nun I bei Temperaturen $T < \Theta$ für $H = 0$ jeden beliebigen Wert zwischen 0 und I_s haben. Unter dieser Voraussetzung können wir annehmen, daß das Material bereits in beliebig kleinen Feldern gesättigt ist, d. h., daß $I = I_s$ und damit auch $H_p = H$ ist. Gehen wir stets vom Feld Null aus, so liefert die Integration von Gl. (9.87) wegen Gl. (9.86)

$$\Delta T = \frac{W}{2 \varrho\, C_I} (I^2 - I_s^2), \tag{9.88}$$

also eine Temperaturerhöhung. Trägt man die gemessene Temperaturerhöhung ΔT gegen das Quadrat der Magnetisierung auf, so müssen sich nach Gl. (9.88) Geraden mit der Steigung $W/2\varrho\, C_I$ ergeben, die die Abszissenachse bei dem Wert I_s^2 treffen.

Im paramagnetischen Bereich $(T > \Theta)$ ist die Magnetisierung linear von der Feldstärke abhängig. Es gilt $H = (1/\chi) I$ mit $1/\chi = W(T-\Theta)/\Theta$. Daraus folgt

$$\left(\frac{\partial H}{\partial T}\right)_I = \frac{d}{dT}\left(\frac{1}{\chi}\right) I = \frac{W}{\Theta} I. \qquad (9.89)$$

Setzen wir diesen Wert in Gl. (9.82) ein, so ergibt sich

$$dT = \frac{T}{\varrho C_I} \frac{W}{\Theta} \cdot \frac{1}{2} d(I^2). \qquad (9.90)$$

Da die Temperaturänderungen $\Delta T \ll T$ sind, können wir T bei der Integration näherungsweise als konstant ansehen und erhalten damit durch Integration der Gl. (9.90) von $I = 0$ bis I

$$\Delta T = \frac{T}{2\Theta} \cdot \frac{W}{\varrho C_I} I^2, \qquad (9.91)$$

ΔT gegen I^2 aufgetragen liefert danach Geraden durch den Ursprung mit der Steigung $TW/(2\Theta_\varrho C_I)$.

Vergleichen wir die Aussagen der Theorie mit den Meßergebnissen von WEISS und FORRER [*35*] an Nickel in Feldern bis zu 20000 Oe (Abb. 9.6), so zeigt sich, daß ein geradliniger Verlauf von $\Delta T(I^2)$ wohl bei Temperaturen $T > \Theta$, nicht

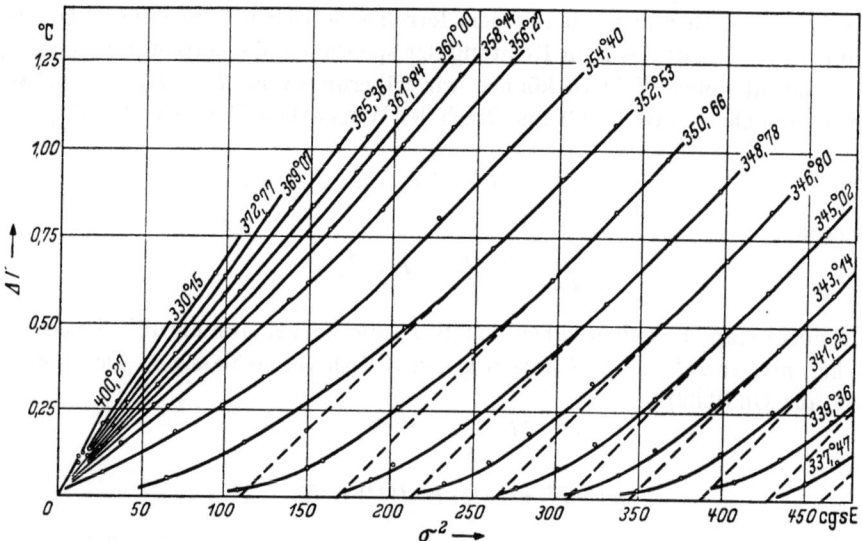

Abb. 9.6. Der magnetokalorische Effekt ΔT von Nickel als Funktion des Quadrates der spezifischen Magnetisierung $\sigma^2 = (I/\varrho)^2$. (Nach WEISS und FORRER [*39*])

aber bei Temperaturen $T < \Theta$ besteht. Unterhalb der CURIE-Temperatur haben wir vielmehr zunächst einen gekrümmten Verlauf der $\Delta T(I^2)$-Kurve, der erst bei höheren I^2-Werten in den von Gl. (9.88) geforderten geradlinigen Anstieg übergeht. Wir verstehen dies ohne weiteres damit, daß die Voraussetzungen der WEISSschen Theorie für $I < I_s$ tatsächlich nicht erfüllt sind. Dies geht unmittelbar daraus hervor, daß die Sättigung I_s eines ferromagnetischen Kristalls grundsätzlich erst bei einer endlichen Feldstärke erreicht wird. Deshalb beginnt, wie wir im folgenden noch zeigen werden, eine Vergrößerung der Magnetisierung der einzelnen Bezirke über I_s hinaus und die damit verbundene Wärmetönung bereits bevor die pauschale Magnetisierung I in Feldrichtung den Wert I_s erreicht hat. Wir sind somit berechtigt, anzunehmen, daß das auf die Abszisse extrapolierte lineare Stück der $\Delta T(I_s^2)$-Kurve den zu der betreffenden Temperatur gehörigen Wert der spontanen Magnetisierung I_s liefert. Damit gewinnt Gl. (9.88) große praktische Bedeutung, denn sie liefert, wie wir in Kap. 10 noch näher ausführen werden, die einzige zuverlässige experimentelle Methode zur Bestimmung der spontanen Magnetisierung bei höheren Temperaturen, vor allem in der Nähe der CURIE-Temperatur (WEISS und FORRER [39], POTTER [40], OLIVER und SUCKSMITH [41]). Ferner erhält man aus der Steigung der Geraden den WEISSschen Faktor W. Man findet, daß dieser in der Umgebung der CURIE-Temperatur offenbar von der Temperatur abhängt. Wir wollen hier jedoch nicht näher darauf eingehen, sondern auf eine diesbezügliche Arbeit von POTTER [40] sowie auf die Ausführungen von BECKER und DÖRING [42] verweisen.

Der magnetokalorische Effekt in schwachen und mittleren Feldern. Ist H nicht parallel zu I_m, d. h. $H \neq H_p$, wie wir allgemein in Feldern annehmen müssen, für welche die pauschale Magnetisierung I kleiner als I_s ist, dann wird I_m für den einzelnen WEISSschen Bezirk eine Funktion von H, φ und v und entsprechend

$$dI_m = \left(\frac{\partial I_m}{\partial H}\right) dH + \left(\frac{\partial I_m}{\partial \varphi}\right) d\varphi + \left(\frac{\partial I_m}{\partial v}\right) dv. \qquad (9.92)$$

Der erste Term gibt die Änderung von I_m bei konstanten φ_i und v_i. Der zugehörige magnetokalorische Effekt folgt aus Gl. (9.80)

$$\left(\frac{\partial Q'}{\partial H}\right)_S = \sum_i v_i \left(\frac{\partial Q'}{\partial H_p}\right)\left(\frac{\partial H_p}{\partial H}\right)_i = \left(\frac{\partial Q'}{\partial H_p}\right) \sum_i v_i \cos \varphi_i = \frac{I}{I_s}\left(\frac{\partial Q'}{\partial H_p}\right)_S. \qquad (9.93)$$

Für hohe Felder ist $\varphi_i = 0$, und es ergibt sich $H_p = H$ und $I = I_s$. Dieser Fall wurde bereits behandelt.

Die weiteren Betrachtungen seien auf Drehprozesse, d. h. auf das erste und zweite Glied von Gl. (9.92) beschränkt. Da es sich um schwache und mittlere Felder handelt, ist die relative Differenz zwischen I_m und I_s vernachlässigbar. Statt der Temperaturabhängigkeit von I_m kann insbesondere die als bekannt vorausgesetzte Temperaturabhängigkeit von I_s angenommen werden. Ferner wird angenommen, daß die Abweichung der Richtung von I_m in den einzelnen Bezirken von der Feldrichtung durch die Kristallenergie bedingt ist. Diese ist für kubische Kristalle durch Gl. (13.3) und für hexagonale Kristalle durch Gl. (13.9) als Funktion der kristallographischen Richtung von I_m gegeben. Hiermit liefert eine Rechnung von STONER und RHODES [14] unter der Voraussetzung, daß die Magnetisierungskurve $I/I_s(H)$ eindeutig bekannt ist [43, 44].

$$\Delta Q' = -\frac{T}{I_s}\frac{\partial I_s}{\partial T}\int I\, dH - \frac{T}{I_s}\frac{\partial I_s}{\partial T}\int H\, dI + \frac{T}{k}\frac{\partial k}{\partial T}\int H\, dI \qquad (9.94)$$

oder

$$\Delta Q' = -\frac{T}{I_s}\frac{\partial I_s}{\partial T}\int d(I \cdot H) + \frac{T}{k}\frac{\partial k}{\partial T}\int H\, dI, \qquad (9.95)$$

worin $k = |K_1|$ ist. Der erste Term in Gl. (9.94) ist positiv und entspricht der Änderung von I_m bei einer Felderhöhung ohne Richtungsänderung von I_m. Er folgt sofort aus Gl. (9.80) mit Gl. (9.93) und wurde für $I/I_s = 1$ bereits besprochen. Der zweite ebenfalls positive Term gibt den thermischen Effekt einer Änderung von I_m infolge Richtungsänderung von I_m im Feld H. Der dritte Term ist meist negativ und entspricht, wie in 9.72.2 gezeigt werden wird, dem thermischen Effekt bei reiner Drehung der Magnetisierung I_m im Anisotropiefeld der Kristallenergie ohne Änderung von I_m selbst. Danach ist die allein durch Änderung der spontanen Magnetisierung I_m entwickelte Wärme nach Gl. (9.95) einfach gegeben durch

$$\Delta Q' = -\frac{T}{I_s}\frac{\partial I_s}{\partial T}\int d(I\cdot H). \tag{9.96}$$

Von Gl. (9.96) kann man annehmen, daß sie, ungeachtet des speziellen Weges, auf dem sie gewonnen wurde, ganz allgemein und unabhängig von der Art der Magnetisierungsprozesse (Drehungen oder Wandverschiebungen) gilt, aus welchen sich die Änderung der pauschalen Magnetisierung I ergibt. Gl. (9.96) gilt insbesondere auch unabhängig davon, ob die Magnetisierungsprozesse reversibler oder irreversibler Natur sind, denn wir betrachten ja hier nur Änderungen von I_m, und diese sind stets reversibel. Da $\partial I_s/\partial T$ bei ferromagnetischen Stoffen grundsätzlich negativ ist, erhält man nach Gl. (9.96) bei Erhöhung der Magnetisierung I stets eine Erwärmung.

Reine Drehprozesse ohne Änderung von I_m. In Kap. 13 bzw. Kap. 17 werden wir die freien Energiefunktionen F_K und F_σ für das Kristall- und das Spannungsanisotropiefeld ableiten. Diese haben stets die Form

$$F = k\cdot f(\Phi), \tag{9.97}$$

worin k eine nur von der Temperatur abhängige Konstante, und Φ den Winkel bedeutet, den die Magnetisierung I_m im Falle der Kristallanisotropie mit einer vorgegebenen kristallographischen Achse, oder im Falle der Spannungsanisotropie mit der Spannungsrichtung bildet.

Um den Winkel Φ um $d\Phi$ zu ändern, muß die Arbeit

$$A = D\,d\Phi \tag{9.98}$$

aufgewendet werden. D ist das Drehmoment, welches das Anisotropiefeld auf die Magnetisierung ausübt und welches nach Gl. (13.18) mit Gl. (9.97) gegeben ist durch

$$D = -\left(\frac{\partial F}{\partial \Phi}\right)_T = -k\,\frac{\partial f(\Phi)}{\partial \Phi}. \tag{9.99}$$

Mit δA aus Gl. (9.98) (anstatt, wie bisher $\delta A = H\,dI$) folgt aus Gl. (9.83) mit Gl. (9.99) sofort

$$\Delta Q' = T\int\left(\frac{\partial D}{\partial T}\right)_\Phi d\Phi = -T\frac{\partial}{\partial T}\int\left(\frac{\partial F}{\partial \Phi}\right)_T d\Phi = -T\,\frac{\partial k}{\partial T}\Delta f(\Phi). \tag{9.100}$$

Gl. (9.100) wollen wir nun noch etwas umformen. Die spontane Magnetisierung wird aus der allein durch das Anisotropiefeld gegebenen Vorzugslage von dem Feld H unter Arbeitsleistung gegen die Anisotropieenergie herausgedreht, d. h. es ist

$$\int D\,d\Phi = \int H\,dI. \tag{9.101}$$

Mit Gl. (9.99) folgt daraus

$$\Delta f(\Phi) = -\frac{1}{k}\int H\,dI \tag{9.102}$$

und damit aus Gl. (9.100)

$$\Delta Q' = \frac{T}{k}\frac{\partial k}{\partial T}\int H\,dI \tag{9.103}$$

in Übereinstimmung mit dem dritten Term in Gl. (9.94). Die Gültigkeit von Gl. (9.103) ist auf rein reversible Drehprozesse beschränkt. Da $\partial k/\partial T$ im allgemeinen negativ ist, erhält man eine Abkühlung mit wachsendem I.

Es sei hier noch erwähnt, daß man beim Drehen eines Einkristalls in einem starken Magnetfeld infolge der periodischen Änderung der Kristallenergie periodische Erwärmungs- und Abkühlungseffekte erhält. Dieser magnetokalorische Effekt wurde von AKULOV und KIRENSKY [45] beschrieben und an einem Ni-Einkristall experimentell nachgewiesen.

Wandverschiebungsprozesse ohne Änderung von I_m. Für reversible Wandverschiebungen kann man die pauschale Magnetisierung I als Funktion der Feldstärke in der Form

$$I = \chi_r H \qquad (9.104)$$

schreiben, worin χ_r die reversible Suszeptibilität bedeutet, von welcher wir annehmen wollen, daß sie über den reversiblen Bereich von H unabhängig ist. Es wird dann

$$\left(\frac{\partial I}{\partial T}\right)_H = \frac{\partial \chi_r}{\partial T} H. \qquad (9.105)$$

Damit folgt aus Gl. (9.80)

$$\Delta Q' = -T \frac{\partial \chi_r}{\partial T} \int H \, dH = -(1/2) \, T \frac{\partial \chi_r}{\partial T} \int d(H^2) \qquad (9.106\text{a})$$

oder wegen Gl. (9.104) auch

$$\Delta Q' = -(1/2) \frac{T}{\chi_r} \frac{\partial \chi_r}{\partial T} \int d(I \cdot H) = -\frac{T}{\chi_r} \frac{\partial \chi_r}{\partial T} \int H \, dI. \qquad (9.106\text{b})$$

Diese Gleichung ist auf rein reversible Wandverschiebungen beschränkt und liefert, da $\partial \chi_r/\partial T$ stets positiv ist, bei Zunahme von I eine Abkühlung.

9.7.3 Thermische Effekte in para- und diamagnetischen Stoffen

Nach 3.2 ist für paramagnetische Stoffe $I = (C/T) \cdot H$. Damit folgt aus Gl. (9.80)

$$\Delta Q' = \frac{C}{2T} \Delta(H^2) = \frac{T}{2C} \Delta(I^2). \qquad (9.107)$$

Die Magnetisierungsänderungen sind in paramagnetischen Stoffen stets reversibel. Gl. (9.107) gilt darum uneingeschränkt, und zwar ist eine Magnetisierungserhöhung stets mit einer Erwärmung verbunden. Für diamagnetische Stoffe erhält man mit $I = \chi_0 H$ wegen der Temperaturunabhängigkeit von χ_0 (s. 3.1) aus Gl. (9.80) sofort

$$\Delta Q' = 0, \qquad (9.108)$$

d. h. es tritt hier bei Magnetisierung keine Temperaturänderung ein.

9.7.4 Experimentelle Ergebnisse

Die ersten experimentellen Untersuchungen zu der Frage, an welcher Stelle der Hystereseschleife die Hysteresewärme entsteht, und wie die Wärmeentwicklung über die Magnetisierungskurve verteilt ist, wurden von ADELSBERGER [46] durchgeführt. Diesen folgten bald weitere Messungen an Eisen von CONSTANT

[47], an verschiedenen Stahlsorten von HONDA, OKUBO und HIRONE [48], an Kohlenstoffstahl von ELLWOOD [49] und schließlich eine große Zahl neuerer Arbeiten über die ferromagnetischen Elemente Eisen, Nickel und Kobalt und eine Anzahl Legierungen. Aus diesen Arbeiten wollen wir im folgenden einige wesentliche Meßergebnisse herausgreifen und versuchen, sie mit Hilfe der vorangegangenen theoretischen Überlegungen zu deuten. Dazu seien die wichtigsten Gleichungen hier noch einmal zusammengestellt.

Grundgleichungen. Die Wärmeentwicklung infolge adiabatischer Änderung der spontanen Magnetisierung I_m ist durch Gl. (9.96)

$$\Delta Q'_m = -\frac{T}{I_s}\frac{\partial I_s}{\partial T}\int d(I \cdot H) = a \int d(I \cdot H) \qquad (9.109\text{a})$$

gegeben, und zwar unabhängig davon, ob die Änderungen der pauschalen Magnetisierung reversibel oder irreversibel sind.

Für rein reversible Drehungen der spontanen Magnetisierung gegen die Anisotropiefelder gilt nach Gl. (9.103)

$$\Delta Q'_k = \frac{T}{k}\frac{\partial k}{\partial T}\int H\, dI_{\text{rev}} = b \int H\, dI_{\text{rev}} \qquad (9.109\text{b})$$

und schließlich für reversible Wandverschiebungen nach Gl. (9.106b)

$$\Delta Q'_w = -\frac{T}{\chi_r}\frac{\partial \chi_r}{\partial T}\int H\, dI_{\text{rev}} = c \int H\, dI_{\text{rev}}. \qquad (9.109\text{c})$$

Die dimensionslosen Koeffizienten a und b können nach Messung der Temperaturabhängigkeit von I_s und k leicht berechnet werden. Ihre Zahlwerte sind für Eisen, Kobalt und Nickel bei Zimmertemperatur (290 °K) nach Angaben von STONER [15] in Tab. 9.1 zusammengestellt. b wurde dabei für reine Kristallanisotropie (k = Konstante der Kristallenergie) berechnet. Mitunter wird in den Meßergebnissen statt $\Delta Q'$ auch ΔT angegeben. Der Zusammenhang zwischen beiden Angaben ist durch Gl. (9.14) gegeben. Die Umrechnungsfaktoren $\Delta T/\Delta Q'$ (für $\Delta Q'$ in erg/cm³) findet man ebenfalls in der Tabelle.

Tabelle 9.1

Element	I_s	a	b	$\Delta T/\Delta Q'$
Fe	1720	$3{,}4 \cdot 10^{-2}$	$-0{,}58$	$2{,}8_3 \cdot 10^{-6}$
Co	1420	$0{,}8_3 \cdot 10^{-2}$	$-1{,}3$	$2{,}6_2 \cdot 10^{-6}$
Ni	485	$14{,}3 \cdot 10^{-2}$	$-4{,}5$	$2{,}5_6 \cdot 10^{-6}$

Für die ferromagnetischen Elemente Eisen, Kobalt und Nickel ist bei Zimmertemperatur nach Tab. 9.1 $a > 0$, $b < 0$. Ferner ist bei Zimmertemperatur sicher $\partial \chi_r/\partial T > 0$ und deshalb nach Gl. (9.109c) $c < 0$. Damit können wir über die reversiblen thermischen Effekte nach den Gln. (9.109a), (9.109b) und (9.109c) die folgenden qualitativen Aussagen machen:

Für die irreversiblen Vorgänge auf der Magnetisierungskurve folgt aus dem Satz von WARBURG, daß durch sie beim Durchlaufen eines vollen Magnetisierungszyklus insgesamt die Wärme $-Q = \oint H\, dI$ entsteht, die, wenn sie nicht abgeführt wird (adiabatische Leitung des Versuchs) eine Erwärmung der Probe bedingt.

Darstellung der Meßergebnisse. In Abb. 9.7 ist die Änderung der thermischen Energie von ausgeglühtem Eisen längs der Neukurve und während eines Magneti-

9.7 Wärmeentwicklung auf der Magnetisierungskurve. Magnetokalorische Effekte

Tabelle 9.2

Vorgang	Thermischer Effekt bei	
	Zunahme von I	Abnahme von I
Änderung von I_m	Erwärmung	Abkühlung
reversible Drehung von I_m	Abkühlung	Erwärmung
reversible Wandverschiebung	Abkühlung	Erwärmung

sierungszyklus als Funktion der Feldstärke nach Messungen von OKAMURA [50] dargestellt. Der Kurvenverlauf entspricht, zunächst qualitativ betrachtet, ganz unserer Erwartung (Tab. 9.2). Auf der Neukurve OA überwiegt zuerst die Abkühlung infolge von Drehprozessen und reversiblen Wandverschiebungen, und ab etwa 300 Oe dann die Erwärmung durch Vergrößerung von I_m. Durchläuft

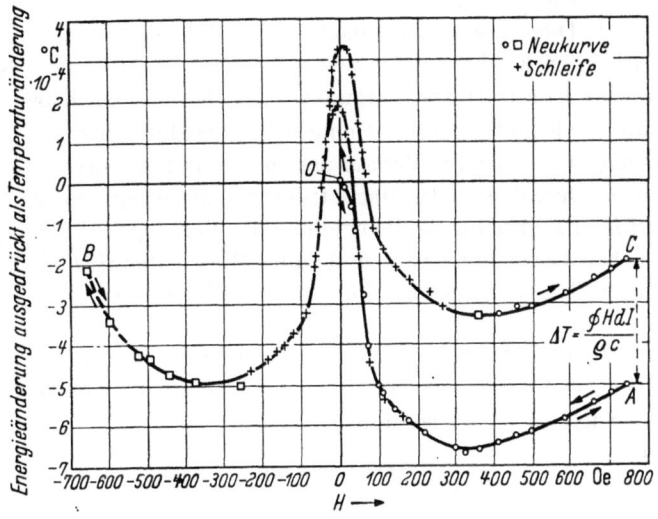

Abb. 9.7. Änderung der thermischen Energie von geglühtem Eisen längs der Neukurve sowie längs eines vollen Magnetisierungszyklus als Funktion der Feldstärke. (Nach OKAMURA [50])

man nunmehr von A aus den oberen Ast der Schleife AB, so erhält man zunächst eine Abkühlung infolge Wiederabnahme von I_m, dann infolge reversibler Drehungen und Wandverschiebungen eine Erwärmung, solange I abnimmt, Abkühlung wenn I in der entgegengesetzten Richtung durch Drehprozesse und Wandverschiebungen wieder zunimmt und schließlich wieder Erwärmung entsprechend Zunahme von I_m. Dasselbe gilt für den Verlauf der zum unteren Ast der Schleife gehörigen Energiekurve BC. Damit ist die Magnetisierungskurve geschlossen. Die thermische Kurve schließt sich dagegen nicht, sondern es bleibt insgesamt eine Erwärmung infolge der irreversiblen Magnetisierungsprozesse bestehen. Diese irreversible Temperaturerhöhung ist nach Gl. (9.11) mit Gl. (9.14) durch $\Delta T = \oint H\,dI/\varrho\,C$ gegeben. Man kann nun $\oint H\,dI$ aus der Magnetisierungskurve, und außerdem die spezifische Wärme $\varrho\,C$ unabhängig bestimmen und hat damit eine Kontrolle der thermischen Messung.

Ohne eine überlagerte Gleichfeldstärke sind die beiden Äste einer Hystereseschleife punktsymmetrisch zum Ursprung. Deshalb genügt es, die thermische

Kurve für die Neukurve und einen Ast der Schleife darzustellen. Die Temperaturdifferenz zwischen Anfangs- und Endpunkt des Schleifenastes ist dann einfach $\Delta T = (1/2\,\varrho\,C)\oint H\,dI$ entsprechend der Energiedifferenz $\Delta Q' = (1/2)\oint H\,dI$. Dabei ist es, je nachdem welche Zusammenhänge der thermischen Effekte mit der Magnetisierungskurve betrachtet werden sollen, vorteilhaft, die thermische Energie entweder als Funktion der Feldstärke, wie in Abb. 9.7, oder als Funktion der Magnetisierung darzustellen. Manche Autoren geben auch beide Darstellungen. Wir betrachten als Beispiel die Abb. 9.8b bis d. Dort ist Q' längs der Neukurve als Funktion von I und längs eines Astes der Schleife bei 351 Oe Feldaussteuerung als Funktion von I und von H für unausgeglühtes Kobalt nach Messungen von BATES und EDMONDSON [51] dargestellt. Abb. 9.8a zeigt die zugehörige Magnetisierungskurve. Außer $Q'(H)$ bzw. $Q'(I)$ wird, wie in Abb. 9.8, im allgemeinen auch der Verlauf von $\int H\,dI$ als Funktion von H bzw. I angegeben. Dies aus zwei Gründen: 1. Dient diese Größe nach Gl. (9.109b) und (9.109c) zur Berechnung der thermischen Effekte infolge reversibler Dreh- und Wandverschiebungsprozesse sowie zur Kontrolle des Endpunktes der thermischen Kurve, und 2. erhält man damit die ebenfalls in Abb. 9.8 eingezeichnete Differenzkurve $\int H\,dI - Q'$, durch welche nach Gl. (9.16) der Verlauf des magnetischen Anteils ΔE_M der inneren Energie beim Durchlaufen der Magnetisierungskurve gegeben ist. Die Bedeutung dieser Differenzkurve für die Beurteilung der Vorgänge bei Magnetisierungsänderungen haben besonders BATES und seine Mitarbeiter ([51 bis 55]) hervorgehoben. Wir wollen im folgenden kurz darauf eingehen.

Verlauf der inneren Energie längs der Magnetisierungskurve. Wie Abb. 9.8 zeigt, gewinnen wir aus den Meßergebnissen sofort die Differenzkurve $\Delta E_M = \int H\,dI - Q'$. Nach Gl. (9.16) ist nun

$$\frac{\partial}{\partial I}\left(\int H\,dI - Q'\right) = \left(\frac{\partial E}{\partial I}\right)_T. \qquad (9.110)$$

Tragen wir also $H\,dI - Q'$ gegen die Magnetisierung I auf, so ist nach Gl. (9.110) mit der Steigung dieser Kurve auch der Differentialquotient $(\partial E/\partial I)_T$ in jedem Punkt der Magnetisierungskurve bekannt. Gl. (9.110) gilt insbesondere ganz unabhängig davon, ob die Magnetisierungsprozesse reversibel oder irreversibel sind.

Wir haben in Gl. (9.45) den magnetischen Anteil der inneren Energie E mit U bezeichnet, und es ist natürlich $(\partial E/\partial I)_T = (\partial U/\partial I)_T$. Nun können wir U in der Form

$$U = U_K + U_\sigma + U_W + U_I \qquad (9.111)$$

schreiben. Darin bedeutet U_K die potentielle Energie der Magnetisierung im Kristallanisotropiefeld, U_σ die potentielle Energie der Magnetisierung im Spannungsanisotropiefeld, U_W die gesamte BLOCH-Wandenergie in einem cm³ und U_I die Streufeldenergie. Wir erhalten also aus Gl. (9.110) mit Gl. (9.111)

$$\left(\frac{\partial E}{\partial I}\right)_T = \frac{\partial}{\partial I}\left(\int H\,dI - Q'\right) = [\partial(U_K + U_\sigma + U_W + U_I)/\partial I]_T \qquad (9.112)$$

und können damit zu Aussagen über die Beteiligung dieser Energieterme in jedem Punkt der Magnetisierungskurve gelangen. Darin liegt die Bedeutung der Differenzkurve.

9.7 Wärmeentwicklung auf der Magnetisierungskurve. Magnetokalorische Effekte

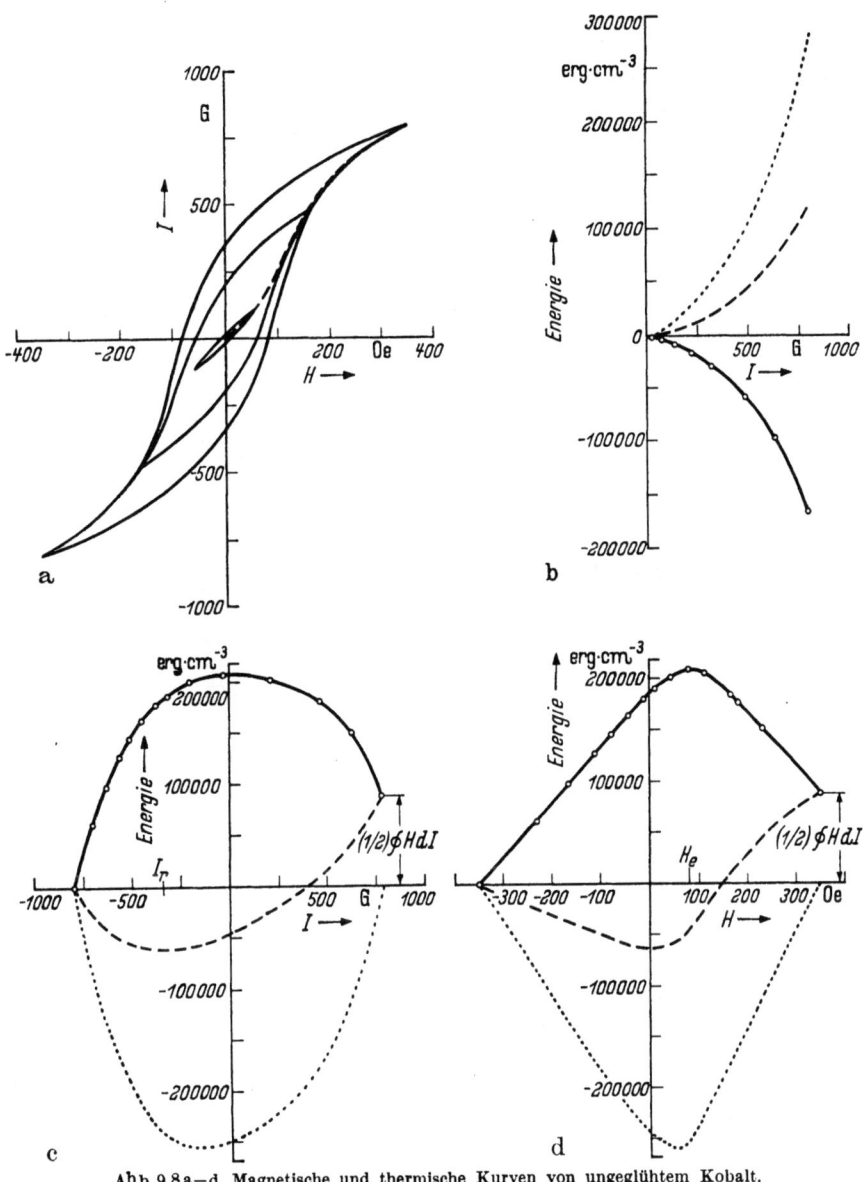

Abb. 9.8 a—d. Magnetische und thermische Kurven von ungeglühtem Kobalt.
(Nach BATES und EDMONDSON [1])

a) Hystereseschleifen bei verschiedenen Feldaussteuerungen. b) Verlauf von Q' (————), $\int H\,dI$ (— — —) und $\int H\,dI - Q'$ (·········) als Funktion der Magnetisierung I längs der Neukurve. c) Verlauf von Q' (————), $\int H\,dI$ (— — —), und $\int H\,dI - Q'$ (·········) als Funktion der Magnetisierung I längs eines Astes der Hystereseschleife bei 351 Oe Feldaussteuerung. d) wie c), jedoch als Funktion der Feldstärke H

Meßergebnisse an verschiedenen Werkstoffen. Wir werden im folgenden einige charakteristische Meßergebnisse zusammenstellen und diese anschließend unter den vorausgehend gegebenen Gesichtspunkten betrachten. In den Bildern bedeuten die durchgehenden Kurven stets Q', die gestrichelten Kurven $\int H\,dI$ und die punktierten Kurven $\int H\,dI - Q'$.

Kobalt. Die Abb. 9.8 zeigen thermische Kurven für unausgeglühtes, hartes Kobalt nach BATES und EDMONDSON [51]. Abb. 9.8b für die Neukurve als Funktion von I und die Abb. 9.8c und d für einen Ast der Hystereseschleife bei 351 Oe Feldaussteuerung als Funktion von I bzw. von H. In Abb. 9.8a ist außerdem die zugehörige Magnetisierungskurve dargestellt. Ähnliche Ergebnisse erhielten BATES und EDMONDSON [51] an ausgeglühtem Kobalt. Weitere Messungen an Kobalt haben OKAMURA [50], BATES und SHERRY [56] und TEBBLE und TEALE [57] ausgeführt.

Eisen. Grundsätzlich anders ist der Kurvenverlauf, den man nach BATES und HEALEY [53] für unausgeglühtes Armco-Eisen bei 400 Oe Feldaussteuerung (Abb. 9.9) erhält. Weitere Messungen an Eisen findet man in den genannten

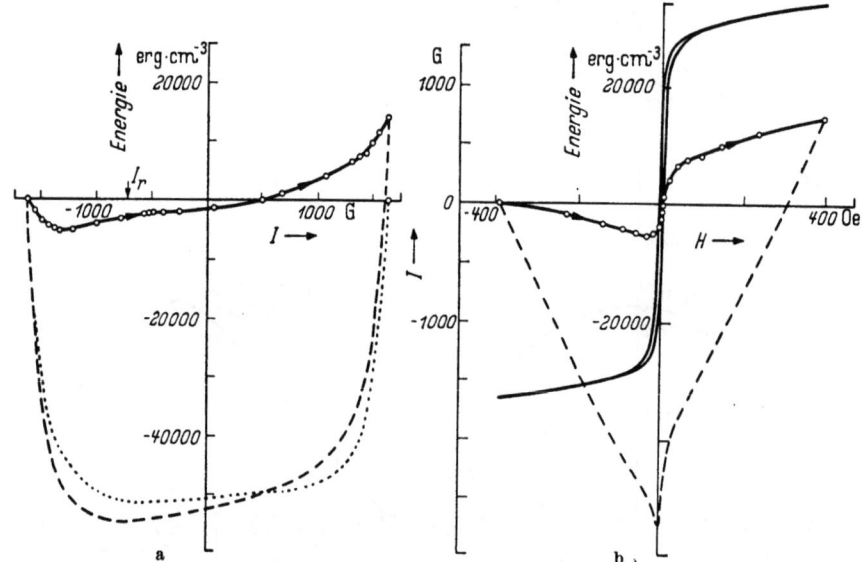

Abb. 9.9a u. b. Magnetische und thermische Kurven von ungeglühtem Armco-Eisen.
(Nach BATES und HEALEY [53])

a) Verlauf von Q' (———), $\int H\,dI$ (– – –) und $\int H\,dI - Q'$ (············) als Funktion der Magnetisierung I längs eines Schleifenastes bei 400 Oe Feldaussteuerung. b) Hystereseschleife sowie Q' (———) und $\int H\,dI$ (– – –) als Funktion der Feldstärke H längs eines Schleifenastes bei 400 Oe Feldaussteuerung

Arbeiten sowie bei BATES und HARRISON [55], HARDY und QUIMBY [58] sowie OKAMURA [50].

Nickel. Thermische Kurven von Nickel wurden von BATES und WESTON [52] (s. Abb. 9.11), BATES und DAVIS [59], OKAMURA [50], TOWNSEND [60], HARDY und QUIMBY [58], BATES und HARRISON [54], TEBBLE, WOOD und FLORENTIN [61] und bei TEBBLE und TEALE [57] gemessen.

Legierungen. Messungen an Legierungen wurden von BATES und WESTON [52], von OKAMURA [50] und von BATES und HARRISON [54] an Fe—Ni-Legierungen, von HARDY und QUIMBY [58] und OKAMURA [50] an verschiedenen Stahlsorten (hauptsächlich Kohlenstoffstahl), von BATES und HARRISON [54] an Ni—Cu-, Ni—Si-, Ni—Fe- und Ni—Mn-Legierungen, von BATES und MARSHALL [62] an Fe—Si-Legierungen, von BATES und SIMPSON [63] an Al—Ni- und Co—Pt-Dauermagnetlegierungen und von MAYER und TAGLANG [64] an der metamagnetischen Legierung $MnAu_2$ ausgeführt.

9.7 Wärmeentwicklung auf der Magnetisierungskurve. Magnetokalorische Effekte

Ferrite. Thermische Kurven für Ferrite wurden erstmals von BATES und SHERRY [65, 66] an einer Reihe von Ni—Zn-Ferriten und später von BATES und CHRISTOFFEL [67] an Ni—Zn-, Mn—Zn-, Mg—Zn- und Li—Cr-Ferriten gemessen. Abb. 9.10 gibt beispielsweise $Q'(H)$ für $Ni_{0,5}Zn_{0,5}O\ Fe_2O_3$ wieder. Die Kurve unterscheidet sich von den thermischen Kurven der metallischen, ferromagnetischen Werkstoffe im wesentlichen nur dadurch, daß nahezu keine irreversiblen Magnetisierungsprozesse auftreten. Die thermischen Kurven der Ferrite können im übrigen in derselben Weise gedeutet werden wie bei ferromagnetischen Stoffen. Die Kurvenform in Abb. 9.10 deutet z. B. darauf hin, daß die Wärmeentwicklung im wesentlichen durch Änderungen von I_m bedingt ist. Dies wird durch eine quantitative Analyse der Autoren bestätigt.

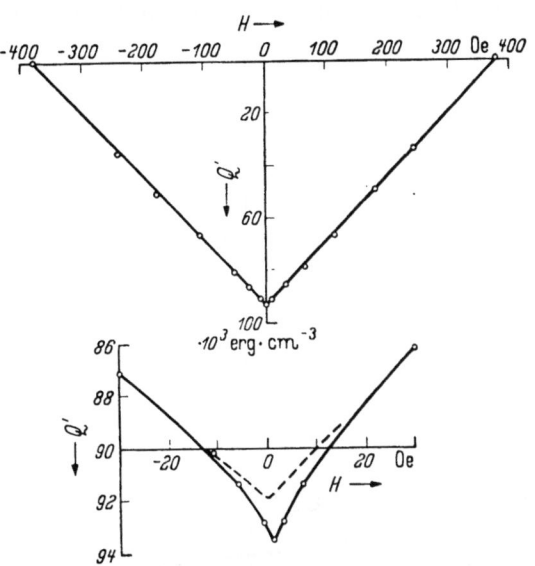

Abb. 9.10. Q' als Funktion der Feldstärke H längs eines Astes der Schleife für einen Nickel-Zink-Ferrit ($Ni_{0,5}Zn_{0,5}OFe_2O_3$). (Nach BATES und SHERRY [66])

Allgemeine Diskussion der Meßergebnisse. Betrachten wir den Gang der Wärmetönung Q'. Die Erwärmung mit zunehmender Magnetisierung in höheren Feldern, wie sie bei Eisen und Nickel in weichem wie in hartem Zustand auftritt ist entsprechend Gl. (9.109a) als Folge der Zunahme von I_m zu deuten. Dieser thermische Effekt ist grundsätzlich vorhanden. Wird er, wie bei den Messungen an Kobalt in Abb. 9.8, nicht beobachtet, so liegt dies nur daran, daß die angelegte Feldstärke nicht hoch genug war.

Einfluß der Feldaussteuerung. Der Einfluß der Feldaussteuerung ist bei Beurteilung der thermischen Kurven stets zu beachten, da sich durch Änderung des Feldstärkegebiets der gesamte Kurvencharakter oft grundsätzlich ändert. Wir zeigen dies an einem Beispiel: In Abb. 9.11 ist $Q'(I)$ für ausgeglühtes Nickel bei drei verschiedenen Feldaussteuerungen H_m dargestellt [52]. Für $H_m = 46{,}7$ Oe hat der Kurvenverlauf denselben Charakter wie bei Kobalt (Abb. 9.8c). Eine resultierende Erwärmung entsprechend einer Zunahme von I_m wird nicht beobachtet. Diese zeigt sich erst bei 192,4 Oe Feldaussteuerung andeutungsweise, und sie wird schließlich bei 411,3 Oe Feldaussteuerung deutlich ausgeprägt. Es ist deshalb im allgemeinen nicht sinnvoll, von einem charakteristischen Kurventyp für ein bestimmtes Material zu sprechen.

Einfluß von Verformung. BATES und DAVIS [59] haben rekristallisiertes Nickel unter verschieden hohen Zugspannungen plastisch gereckt und nach Entlastung jeweils $Q'(I)$ längs der Neukurve und auf der Hystereseschleife gemessen.

Mit zunehmender Verformung wird der Kurvencharakter verändert. Insbesondere nimmt die Hysteresewärme $\oint H\,dI$ stark zu. Mit Hilfe des in 9.7.5 näher erläuterten Verfahrens zur Analyse der thermischen Kurven konnten BATES und DAVIS die gemessenen Kurven im wesentlichen quantitativ deuten. Von BATES und WESTON [52] wurden ferner die thermischen Effekte an Proben unter elastischer Zugspannung studiert.

Der Verlauf der inneren Energie. Betrachten wir nunmehr die Differenzkurven $\Delta E_M = (\int H\,dI - Q')(I)$, (H) im Hinblick auf Gl. (9.112). Ausgehend vom pauschal unmagnetischen Zustand ($I = H = 0$) nehmen mit wachsender Magnetisierung I die Spannungs- und Kristallenergie U_σ bzw. U_K zu. Dementsprechend erwarten wir, daß $(\partial E/\partial I)_T$ längs der Neukurve positiv ist. Dies wird durch Messungen an Kobalt [51] (s. Abb. 9.8b) sowie an Eisen [51] vollauf bestätigt. Beschränken wir uns weiterhin auf den Einfluß von U_K und U_σ, so ist ferner zu erwarten, daß, von hohen Feldstärken herkommend, die innere Energie längs der Hystereseschleife mit sinkender Feldstärke bis zum Remanenzpunkt $I = I_r$, $H = 0$ ab- und mit wieder ansteigender Feldstärke in entgegengesetzter Richtung wieder zunimmt, d. h., daß $(\partial E/\partial I)_T$ bis zum Remanenzpunkt negativ, für $I = I_r$ Null und dann positiv ist. Ein solcher Verlauf wird z. B. für Eisen und Kobalt (Abb. 9.8c und 9.9a) auch tatsächlich gemessen. Die ΔE_M-Kurven haben im allgemeinen etwa bei $I = I_r$ ein Minimum.

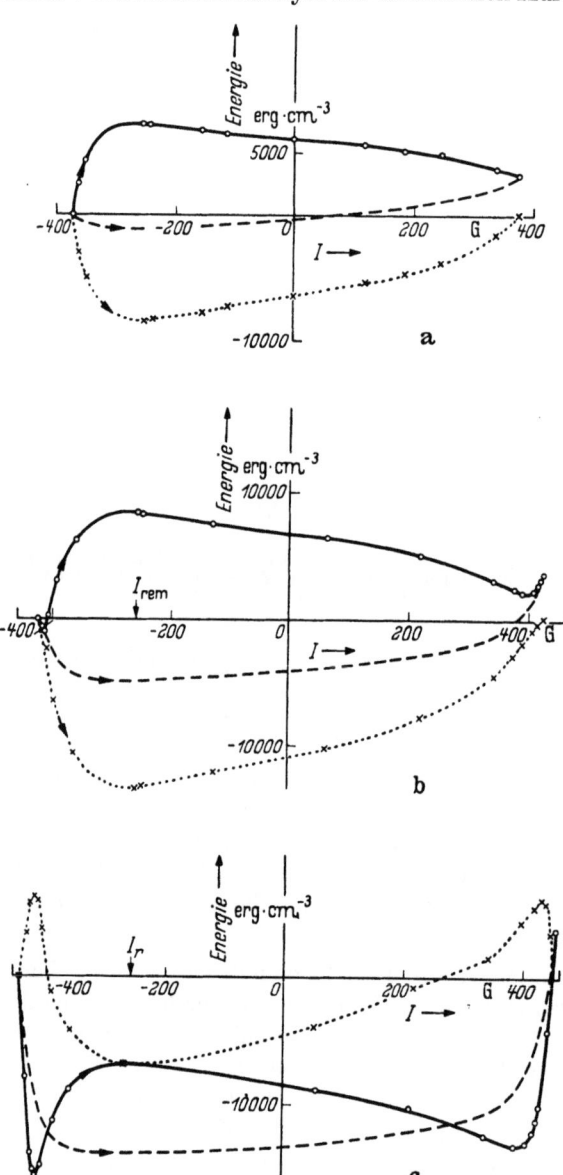

Abb. 9.11 a—c. Q' (———), $\int H\,dI$ (— — —) und $\int H\,dI - Q'$ (·········) als Funktion der Magnetisierung I längs eines Astes der Schleife für geglühtes Nickel bei verschiedenen Feldaussteuerungen:
a) $H_{\max} = 46{,}7$ Oe, b) $H_{\max} = 192{,}4$ Oe, c) $H_{\max} = 411{,}3$ Oe.
(Nach BATES und WESTON [52])

9.7.5 Quantitative Analyse der thermischen Kurven

Grundsätzliches. Die beim Durchlaufen eines Stückes der Magnetisierungskurve eintretende Änderung Q der thermischen Energie ist die Summe aus einem reversiblen und einem irreversiblen Anteil

$$Q' = Q'_{\text{rev}} + Q'_{\text{irr}}. \qquad (9.113)$$

Der reversible Anteil Q'_{rev}, d. h. die Änderung der thermischen Energie infolge reversibler Magnetisierungsänderungen, kann nach 9.7.2 prinzipiell berechnet werden. Er besteht, entsprechend den verschiedenen reversiblen Magnetisierungsprozessen, nach den Gln. (9.109) seinerseits aus drei Anteilen

$$Q'_{\text{rev}} = Q'_m + Q'_k + Q'_w. \qquad (9.114)$$

Dagegen ist der irreversible Anteil Q'_{irr} einer grundlagenmäßigen Berechnung vorläufig unzugänglich. Von ihm ist lediglich [durch den Satz von WARBURG, Gl. (9.11)] der über einen vollen Magnetisierungszyklus integrierte Gesamtbetrag

$$Q'_{\text{irr}} = Q' = \oint H\, dI \qquad (9.115)$$

gegeben, welcher gleich der resultierenden Änderung Q' der gesamten thermischen Energie bei einem Magnetisierungszyklus ist.

Danach besteht für eine quantitative Analyse der $Q'(I)$- bzw. $Q'(H)$-Kurven grundsätzlich folgende Möglichkeit. Man kann versuchen, zunächst die beiden Anteile Q'_{rev} und Q'_{irr} von Q' getrennt zu bestimmen und sodann Q'_{rev} entsprechend Gl. (9.114) in seine verschiedenen Bestandteile zu zerlegen.

Trennung von Q'_{rev} und Q'_{irr}. OKAMURA [50] hat als erster mit Hilfe einer direkten Methode versucht, den Verlauf von $Q'_{\text{rev}}(H)$ und $Q'_{\text{irr}}(H)$ für verschiedene Materialien getrennt zu ermitteln. Die seiner Methode zugrunde liegenden Annahmen erscheinen jedoch nicht voll gerechtfertigt, und seine Ergebnisse stellen daher nur eine erste Näherung des Verlaufs der beiden Effekte dar.

Eine zweite ebenfalls direkte Methode zur Trennung von Q'_{rev} und Q'_{irr} wurde von BATES und SHERRY [56] angegeben. Sie kann im Prinzip an Hand der Abb. 9.12 wie folgt beschrieben werden. Die Kurve O stellt ein Stück der Hystereseschleife dar. Bei einer Felderhöhung von H_A nach H_B wird das Kurvenstück AB durchlaufen, und man mißt hierbei die gesamte Änderung Q' der thermischen Energie. Wird danach das Feld wieder auf den Wert H_A erniedrigt, dann gelangt man, wenn auf dem Wege AB irreversible Prozesse vorgekommen sind, nicht zurück nach A, sondern nach A'. Ist die Feldänderung $\Delta H = H_B - H_A$ hinreichend klein, dann ist der Weg $A'B$ praktisch reversibel, und die längs dieses Weges gemessene Änderung der thermischen Energie stellt den reversiblen Anteil Q'_{rev} von Q' dar. Diese Methode ist praktisch nur auf Werkstoffe mit nicht zu kleiner Koerzitivkraft anwendbar, weil für Werkstoffe mit sehr kleiner Koerzitivkraft die Feldänderung H, für die der Weg $A'B$ noch als

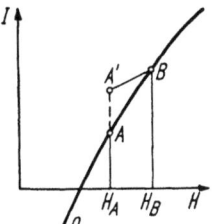

Abb. 9.12 Zur Trennung des reversiblen und des irreversiblen Anteils (Q'_{rev} bzw. Q'_{irr}) der gesamten Änderung Q' der thermischen Energie beim Durchlaufen der Magnetisierungskurve. Erläuterung im Text

reversibel angesehen werden kann, im steilen Teil der Schleife so klein wird, daß die zugehörige Wärmeentwicklung nicht mehr mit hinreichender Genauigkeit meßbar ist. Der in dieser Weise für rekristallisiertes Kobalt ermittelte Verlauf von Q', Q'_{rev} und Q'_{irr} ist in Abb. 9.13 als Funktion der Feldstärke wiedergegeben.

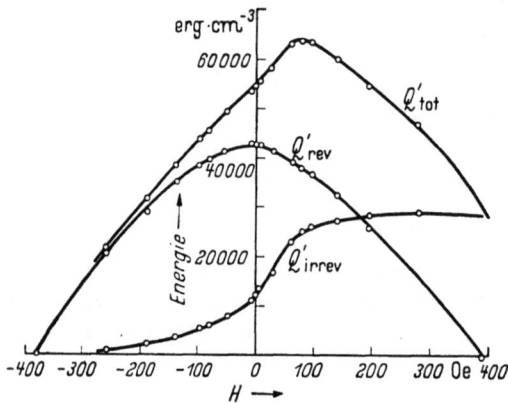

Abb. 9.13. Verlauf von Q', Q'_{rev} und Q'_{irr} längs eines Astes der Hystereseschleife von rekristallisiertem Kobalt. (Nach BATES und SHERRY [56])

Eine indirekte Methode zur Trennung von Q'_{rev} und Q'_{irr}, welche erstmals von TEBBLE, WOOD und FLORENTIN [61] und später von TEBBLE und TEALE [57] angewendet wurde, beruht auf einer unabhängigen experimentellen Bestimmung von Q'_{rev} nach der thermodynamischen Beziehung Gl. (9.80)

$$dQ'_{\text{rev}} = -T\left(\frac{\partial I}{\partial T}\right)_H dH \quad (9.116)$$

durch Messung der Magnetisierungsänderung bei einer kleinen Temperaturänderung und konstanter Feldstärke. Nach dieser Methode haben TEBBLE und TEALE [57] an rekristallisiertem Nickel den in Abb. 9.14 dargestellten Verlauf von $Q'_{\text{rev}}(H)$ und $Q'_{\text{irr}}(H)$ bestimmt.

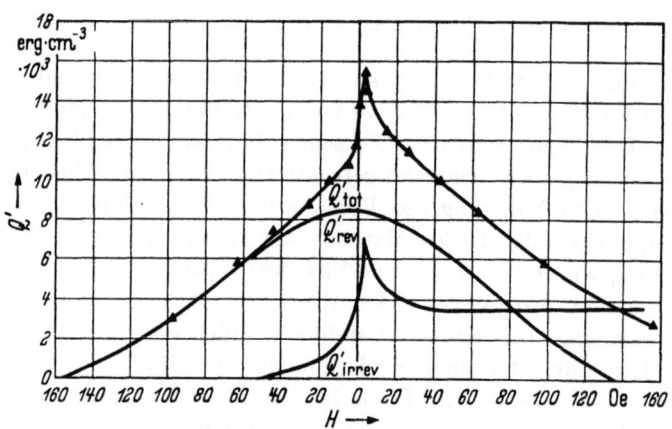

Abb. 9.14 Verlauf von Q', Q'_{rev} und Q'_{irr} längs eines Astes der Hystereseschleife von rekristallisiertem Nickel (Nach TEBBLE und TEALE [57])

Analyse des reversiblen Anteils Q'_{rev}. Wir setzen nunmehr voraus, daß die Aufteilung von Q' in Q'_{rev} und Q'_{irr} auf irgend eine Art und Weise gelungen ist. Aus Gl. (9.114) folgt mit den Gln. (9.109)

$$Q'_{\text{rev}} = Q'_m + Q'_k + Q'_w = a \int d(IH) + b'' \int H\, dI_{\text{rev}}, \quad (9.117)$$

wobei $b + c = b''$ gesetzt wurde. Der Koeffizient a kann unabhängig und verhältnismäßig genau bestimmt werden und ist in Tab. 9.1 für Eisen, Kobalt und Nickel angegeben. Damit erhält man aus der experimentellen Kurve $Q'_{\text{rev}}(H)$

9.7 Wärmeentwicklung auf der Magnetisierungskurve. Magnetokalorische Effekte

bzw. (I) den Verlauf von

$$Q''_{\text{rev}} = Q'_{\text{rev}} - a \int d(IH) = b'' \int H \, dI_{\text{rev}} \tag{9.118}$$

und daraus den Koeffizienten

$$b'' \approx \frac{\Delta Q''_{\text{rev}}}{\Delta \int H \, dI_{\text{rev}}}. \tag{9.119}$$

Es sei hier nebenbei bemerkt, daß b'' nach der aus Gl. (9.118) mit den Gln. (9.116) und (9.109a) und $(\partial I/\partial H)_T = \chi_{\text{rev}}$ folgenden Beziehung

$$\begin{aligned}b'' &= \frac{1}{H} \cdot \frac{\partial Q_{\text{rev}}}{\partial I} = \frac{(\partial Q'_{\text{rev}}/\partial H) - a\,[I + H(\partial I/\partial H)_T]}{H(\partial I/\partial H)_T} \\ &= \frac{-T(\partial I/\partial T)_H - (T/I_s)\,(\partial I_s/\partial T)\,(I + H\chi_{\text{rev}})}{H\chi_{\text{rev}}}\end{aligned} \tag{9.120}$$

auch unmittelbar ermittelt werden kann, wenn die Größen $(\partial I_s/\partial T)$ sowie $(\partial I/\partial T)_H$ und χ_{rev} als Funktion von H bzw. I bekannt sind. Wird Q''_{rev} allein durch die Rotation der Magnetisierung im Anisotropiefeld der Kristall- und Spannungsenergie bestimmt, dann muß b'' eine feldstärkeunabhängige Konstante sein, welche im Falle reiner Kristallenergie $(b'' = b)$ den durch Tab. 9.1 gegebenen Wert hat.

In Abb. 9.15 ist nach den bereits erwähnten Messungen (s. Abb. 9.13) von BATES und SHERRY [56] an geglühtem Kobalt Q''_{rev} gegen $\int H \, dI_{\text{rev}}$ aufgetragen. Danach ist b'' tatsächlich konstant und hat den Wert $b'' = -1{,}1$, welcher nahezu dem theoretischen Wert für b in Tab. 9.1 entspricht.

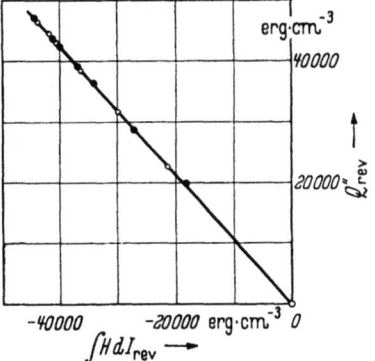

Abb. 9.15. Experimenteller Nachweis an rekristallisiertem Kobalt für die Gültigkeit der Gl. (9.118) mit konstantem Faktor $b'' = -1{,}1$. Der theoretische Wert ist nach Tabelle 9.1 $b'' = -1{,}3$. (Nach BATES und SHERRY [56])

TEBBLE und TEALE [57] haben b'' für geglühtes Nickel und Kobalt direkt nach der Gl. (9.120) bestimmt. Im Rahmen der bereits erwähnten Messungen dieser

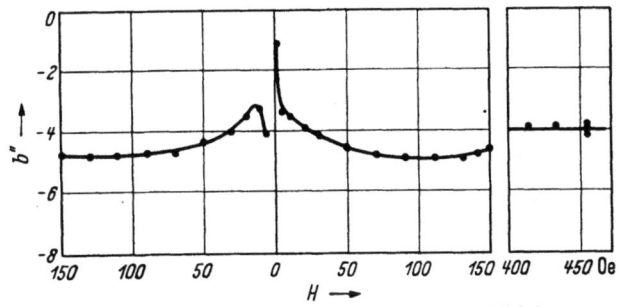

Abb. 9.16. Verlauf von b'' als Funktion der Feldstärke für rekristallisiertes Nickel gemessen bei 28 °C im Feldbereich bis 150 Oe und bei 20,5 °C zwischen 400 und 450 Oe. (Nach TEBBLE und TEALE [57])

Autoren an Nickel (Abb. 9.14) ergab sich für $b''(H)$ der in Abb. 9.16 wiedergegebene Verlauf. Danach hat b'' oberhalb etwa 50 Oe einen praktisch konstanten Wert zwischen -4 und -5, während der theoretische Wert nach Tab. 9.1 bei

$-4,5$ liegt. In der Nähe der Koerzitivkraft steigt b'' bis auf etwa -1 an. Dieser Anstieg wird von den Autoren dem in schwachen Feldern gegenüber Drehprozessen sicher überwiegenden Einfluß reversibler Wandverschiebungen zugeschrieben. Für rein reversible Wandverschiebungen ist $b'' = c$. Tatsächlich ergibt sich aus Gl. (9.109c) $c = -1,2$. nahezu in Übereinstimmung mit dem höchsten experimentellen Wert von b''. Für Kobalt fanden TEBBLE und TEALE [57], daß b'' in Feldern zwischen 20 und 400 Oe ebenfalls nahezu konstant ist und in Übereinstimmung mit den Messungen von BATES und SHERRY [56] den mittleren Wert $b'' = -1,1$ hat.

Zusammenfassend können wir auf Grund dieser Ergebnisse sagen, daß der Verlauf der reversiblen thermischen Energieänderung längs der Magnetisierungsschleife nach der Theorie von STONER und RHODES [14] im wesentlichen quantitativ verstanden werden kann.

Es sei noch bemerkt, daß früher eine Analyse der $Q'(H)$- bzw. $(Q'(I)$-Kurven mehrfach [14, 15, 16] nach der Gleichung

$$Q' = a \int d(I \cdot H) + b'' \int H \, dI = Q'_m + Q'' \tag{9.121}$$

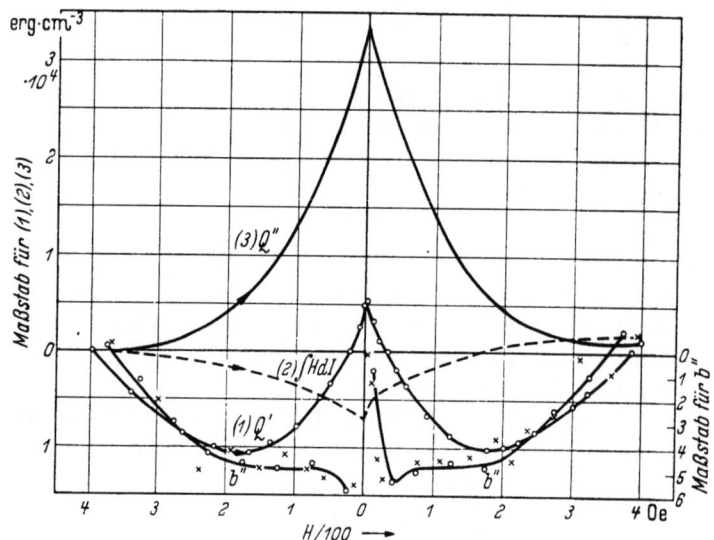

Abb. 9.17. Analyse des magnetokalorischen Effekts von geglühtem Nickel nach Gl. (9.121). (Nach STONER [15], Meßwerte nach BATES und DAVIS [59])

d. h. ohne vorherige Abtrennung des irreversiblen Anteils Q'_{irr} von Q' durchgeführt worden ist. Ein Beispiel hierfür zeigt die Abb. 9.17 [15], in welcher für ausgeglühtes Nickel der Verlauf von $Q'(H)$ nach Messungen von BATES und DAVIS [59], sowie die von STONER [15] nach Gl. (9.121) ermittelten Kurven $Q''(H)$ und $b''(H)$ wiedergegeben sind. Abb. 9.17 zeigt z. B., welch bedeutenden Anteil Q'_m an Q' hat. Ein genauer Vergleich von b'' mit der Theorie ist jedoch nach dieser Analyse nicht möglich.

Wir beschließen unsere Ausführungen über die magnetokalorischen Effekte mit einem Hinweis auf zwei ältere zusammenfassende Arbeiten von BATES [68, 69] zu diesem Thema.

9.8 Magnetostriktion

Eine allgemeine Begründung der Wirkung einer mechanischen Spannung auf die Magnetisierung, der sog. Spannungsanisotropie, welche in Kap. 17 ausführlich behandelt werden wird, gewinnen wir am einfachsten auf thermodynamischem Wege. Wir denken uns einen Stab der Länge l_0, längs dessen Achse eine mechanische Spannung σ sowie eine Feldstärke H wirke. Die pauschale Magnetisierung in Feldrichtung sei I. Hierfür ergibt sich mit

$$\delta A = H\, dI + (1/l_0)\, \sigma\, dl \tag{9.122}$$

für reversible Magnetisierungs- und Längenänderungen aus den Gln. (9.9), (9.17) und (9.19)

$$dF = -S\, dT + H\, dI + (1/l_0)\, \sigma\, dl. \tag{9.123}$$

Gehen wir zu den konjugierten Variablen H und σ über vermittels

$$\Phi = F - HI - \sigma l/l_0 \tag{9.124}$$

mit

$$d\Phi = -S\, dT - I\, dH - (1/l_0)\, l\, d\sigma. \tag{9.125}$$

$d\Phi$ ist ein vollständiges Differential. Wir erhalten damit aus Gl. (9.125) sofort die gesuchte Beziehung

$$\left\{\frac{\partial}{\partial \sigma}\left(\frac{\partial \Phi}{\partial H}\right)_\sigma\right\}_H = \left\{\frac{\partial}{\partial H}\left(\frac{\partial \Phi}{\partial \sigma}\right)_H\right\}_\sigma$$

oder

$$\left(\frac{\partial I}{\partial \sigma}\right)_H = \frac{1}{l_0}\left(\frac{\partial l}{\partial H}\right)_\sigma. \tag{9.126}$$

In Worten lautet Gl. (9.126): Nimmt die Länge l des Stabes bei konstanter Spannung σ durch eine Vergrößerung des Magnetfeldes zu, dann wird auch die pauschale Magnetisierung I des Stabes bei konstanter Feldstärke H durch eine Zugspannung ($\sigma > 0$) vergrößert.

Literatur zu Kap. 9

[1] BECKER, R., u. W. DÖRING: Ferromagnetismus, Berlin/Göttingen/Heidelberg: Springer 1939, S. 53ff.
[2] STONER, E. C.: Phil. Mag. 23 (1937) S. 833.
[3] BROWN, W. F.: Rev. Mod. Phys. 25 (1953) S. 131.
[4] BROWN, W. F.: Amer. J. Phys. 19 (1951) S. 290 u. 333.
[5] LARMOR, J.: Phil. Trans. roy. Soc., Lond. (1897); Math. u. Phys. Papers, Cambridge 1929.
[6] DEBEY, P.: Handbuch der Radiologie 6 (1925) S. 742.
[7] BLOCH, F.: Handbuch der Radiologie 6 (1934) S. 2.
[8] GUGGENHEIM, E. A.: Proc. roy. Soc., Lond. A 155 (1936) S. 70.
[9] LIVENS, G. H.: Phil. Mag. 36 (1945) S. 1.
[10] LIVENS, G. H.: Phil. Mag. 38 (1947) S. 453.
[11] LIVENS, G. H.: Proc. Cambr. Phil. Soc. 44 (1948) S. 534.
[12] STONER, E. C.: Phil. Mag. 10 (1930) S. 27.
[13] STONER, E. C.: Phil. Mag. 19 (1935) S. 565.
[14] STONER, E. C., u. P. RHODES: Phil. Mag. 40 (1949) S. 481.
[15] STONER, E. C.: Rev. Mod. Phys. 25 (1953) S. 2.

[16] WARBURG, E.: Ann. Phys., Lpz. 13 (1881) S. 141.
[17] KLINCKHARDT, H.: Ann. Phys., Lpz. 84 (1927) S. 167.
[18] EUCKEN, A., u. H. WERTH: Z. anorg. allg. Chem. 188 (1930) S. 152.
[19] UMINO, S.: Sci. Rep. Tohoku Univ. 16 (1927) S. 593.
[20] SYKES, C., u. H. WILKINSON: Proc. phys. Soc., Lond. 50 (1938) S. 834.
[21] GRIFFEL, M., R. E. SKOCHDOPOLE u. F. H. SPEDDING: Phys. Rev. 93 (1954) S. 657.
[22] KEESOM, W. H., u. C. W. CLARK: Physica, Haag 2 (1935) S. 513.
[23] CLUSIUS, K., u. J. GOLDMANN: Z. phys. Chem. Abt. B. 31 (1936) S. 256.
[24] DUYCKAERTS, G.: Physica, Haag 6 (1939) S. 401.
[25] KEESOM, W. H., u. B. KURRELMEYER: Physica, Haag 6 (1939) S. 633.
[26] DUYCKAERTS, G.: Physica, Haag 6 (1939) S. 817.
[27] STONER, E. C.: Proc. roy. Soc., Lond. 169 A (1939) S. 339.
[28] LAPP, E.: Ann. Phys., Paris 12 (1929) S. 442.
[29] STONER, E. C.: Phil. Mag. 22 (1936) S. 81.
[30] LAPP, E.: Ann. Phys., Paris 6 (1936) S. 826.
[31] WEISS, P., A. PICCARD u. A. CARRARD: Bibl. Univ. Arch. d. sci. et nat. Genève 43 (1917) S. 22, 113, 199.
[32] AWBERRY, J. H., u. E. GRIFFITHS: Proc. roy. Soc., Lond. 174 A (1940) S. 1.
[33] SUCKSMITH, W., u. H. H. POTTER: Proc. roy. Soc., Lond. 112 (1926) S. 157.
[34] AHRENS, E.: Ann. Phys., Lpz. 21 (1934) S. 169.
[35] GREW, K. E.: Proc. roy. Soc., Lond. 145 A (1934) S. 509.
[36] MOSER, H.: Phys. Z. 37 (1936) S. 737.
[37] KAYA, S., u. M. NAKAYAMA: Z. Phys. 112 (1939) S. 420.
[38] MASUMOTO, H., H. SAITO u. M. SUGIHARA: Sci. Rep. Tohoku Univ. A 5 (1953) S. 203.
[39] WEISS, P., u. R. FORRER: Ann. Phys., Paris 5 (1926) S. 153.
[40] POTTER, H. H.: Proc. roy. Soc., Lond. 146 A (1934) S. 362.
[41] OLIVER, D. J., u. W. SUCKSMITH: Proc. roy. Soc., Lond. A 219 (1953) S. 1.
[42] BECKER, R., u. W. DÖRING: Ferromagnetismus, Berlin: Springer 1939, S. 71f.
[43] GANS, R.: Ann. Phys., Lpz. 15 (1932) S. 28.
[44] GANS, R.: Phys. Z. 33 (1932) S. 929.
[45] AKULOV, N. S., u. L. W. KIRENSKY: J. phys. USSR 3 (1940) S. 31.
[46] ADELSBERGER, U.: Ann. Phys., Lpz. 83 (1927) S. 184.
[47] CONSTANT, F. W.: Phys. Rev. 32 (1928) S. 486.
[48] HOUDA, K., J. OKUBO u. T. HIRONE: Sci. Rep. Tohoku Univ. 18 (1929) S. 409.
[49] ELLWOOD, W. B.: Phys. Rev. 36 (1930) S. 1066.
[50] OKAMURA, T.: Sci. Rep. Tohoku Univ. 24 (1935) S. 745.
[51] BATES, L. F., u. A. S. EDMONDSON: Proc. phys. Soc. Lond. 59 (1947) S. 329.
[52] BATES, L. F., u. J. C. WESTON: Proc. phys. Soc., Lond. 53 (1941) S. 5.
[53] BATES, L. F., u. D. R. HEALEY: Proc. phys. Soc., Lond. 55 (1943) S. 188.
[54] BATES, L. F., u. E. G. HARRISON: Proc. phys. Soc., Lond. 60 (1948) S. 213.
[55] BATES, L. F., u. E. G. HARRISON: Proc. phys. Soc., Lond. 60 (1948) S. 225.
[56] BATES, L. F., u. N. P. S. SHERRY: Proc. phys. Soc., Lond. B 68 (1955) S. 642.
[57] TEBBLE, R. S., u. R. W. TEALE: Proc. phys. Soc., Lond. B 70 (1957) S. 51.
[58] HARDY, T. C., u. S. L. QUIMBY: Phys. Rev. 54 (1938) S. 217.
[59] BATES, L. F., u. J. H. DAVIS: Proc. phys. Soc., Lond. A 63 (1950) S. 1265.
[60] TOWNSEND, A.: Phys. Rev. 47 (1935) S. 306.
[61] TEBBLE, R. S., J. E. WOOD u. J. J. FLORENTIN: Proc. phys. Soc., Lond. B 65 (1952) S. 858.
[62] BATES, L. F., u. G. MARSHALL: Rev. Mod. Phys. 25 (1953) S. 17.
[63] BATES, L. F., u. A. W. SIMPSON: Proc. phys. Soc., Lond. B 68 (1955) S. 849.
[64] MAYER, A. J. P., u. P. TAGLANG: C. R. Acad. Sci., Paris 239 (1954) S. 1611.
[65] BATES, L. F., u. N. P. R. SHERRY: Proc. phys. Soc., Lond. B 66 (1953) S. 609.
[66] BATES, L. F., u. N. P. R. SHERRY: Proc. phys. Soc., Lond. B 68 (1955) S. 304.
[67] BATES, L. F., u. D. A. CHRISTOFFEL: Proc. Instn. electr. Engrs., Paper 2212 R, Okt. 1956.
[68] BATES, L. F.: J. Phys. Radium 10 (1949) S. 353.
[69] BATES, L. F.: J. Phys. Radium 12 (1951) S. 459.

III. Primäre ferromagnetische Eigenschaften

10. Spontane Magnetisierung und Curie-Punkt

10.1 Absolute Sättigung

10.1.1 Definitionen

Mit $I_{H,T}$ bezeichnen wir die im Feld H bei der Temperatur T gemessene Magnetisierung, und mit $I_{s,T}$ die im Feld $H = 0$ bei der Temperatur T im thermodynamischen Gleichgewicht bestehende spontane Magnetisierung (s. Kap. 4). Aus Gl. (4.6) (s. a. Abb. 4.1) folgt

$$I_{H\to\infty,T} = I_{\infty,T} = I_{s0} \tag{10.1}$$

oder in Worten: Die bei einer beliebigen Temperatur T in einem unendlich hohen Feld gemessene Magnetisierung ist gleich der spontanen Magnetisierung bei der Temperatur Null. In einem unendlich hohen Feld sind alle atomaren magnetischen Momente zur Feldrichtung und damit auch untereinander parallel ausgerichtet. $I_{s0} = I_{\infty,T}$ oder einfach I_∞ wird daher absolute Sättigung genannt.

Es ist vielfach praktisch (z. B. bei porösen Werkstoffen), das magnetische Moment auf die Masseneinheit zu beziehen. Es ist

$$\sigma_{H,T} = \frac{I_{H,T}}{\varrho_T}, \tag{10.2}$$

wobei ϱ_T die Dichte des Werkstoffs bei der Meßtemperatur T bedeutet. Insbesondere ist $\sigma_\infty = I_\infty/\varrho_0$. Multiplikation mit dem Atomgewicht A liefert das magnetische Moment pro Grammatom $\Sigma_\infty = A\sigma_\infty = A I_\infty/\varrho_0$. Damit ergibt sich für die Zahl der Bohrschen Magnetonen pro Atom

$$s = \Sigma_\infty / L\mu_B = \Sigma_\infty / 5590. \tag{10.3}$$

10.1.2 Experimentelle Bestimmung der absoluten Sättigung

Temperaturen in unmittelbarer Nähe des absoluten Nullpunkts sind ebenso wie sehr hohe Magnetfelder experimentell schwer zu realisieren. Im allgemeinen stehen Temperaturen bis herunter zur Siedetemperatur des Wasserstoffs (etwa 20°K), oder wenigstens des Stickstoffs (etwa 80°K), und Magnetfelder der Größenordnung 10 000 bis 20 000 Oe zur Verfügung. Zur Ermittlung der absoluten Sättigung geht man daher so vor, daß man die Temperaturabhängigkeit der spontanen Magnetisierung I_s bis zu möglichst tiefen Temperaturen bestimmt und den Kurvenverlauf auf $T = 0$ extrapoliert. Die Verfahren zur Messung von I_s werden wir in 10.2.1 besprechen. Die Temperaturabhängigkeit von I_s folgt bei tiefen Temperaturen annähernd (s. [116, 117, 118]) dem Blochschen Gesetz

$$I_{sT} = I_{s0}(1 - CT^n),$$

worin C eine Konstante ist und näherungsweise $n \approx 3/2$ gesetzt werden kann (s. 10.2.2).

10.1.3 Meßergebnisse

Über die absolute Sättigung σ_∞ bzw. I_∞ sowie über die Sättigungsmagnetisierung I_s bei Raumtemperatur ferro- und ferrimagnetischer Stoffe ist eine große

Zahl von Messungen bekannt, welche in verschiedenen Handbüchern, Tabellenwerken und Lehrbüchern [*1, 2, 3, 4, 5*] zusammengestellt sind. Wir geben im folgenden nur die Meßergebnisse für die ferromagnetischen Elemente, die wichtigsten ferromagnetischen Legierungen und Verbindungen sowie für einige Ferrite wieder. Eine theoretische Diskussion des Verlaufs des Sättigungsmomentes in Mischkristallsystemen werden wir in Kap. 45 geben. Die Theorie des Sättigungsmoments der Ferrite haben wir in Kap. 6 bereits ausgeführt.

Wir weisen insbesondere noch darauf hin, daß die Angabe des Sättigungsmomentes einer Legierung nur dann physikalisch vollwertig ist, wenn man gleichzeitig die Konstitution der Legierung kennt. Das Sättigungsmoment einer heterogenen Legierung beispielsweise ist für die Legierung nicht charakteristisch. Ferner ändert sich im allgemeinen das Sättigungsmoment beim Übergang vom ungeordneten Mischkristall zu einer geordneten Atomverteilung. Für die Konstitution der binären Systeme verweisen wir auf das Buch von HANSEN und ANDERKO [*68*].

Ferromagnetische Elemente und homogene Mischkristalle. Sättigungsmagnetisierung und CURIE-Temperatur der ferromagnetischen Elemente sind in Tab. 10.1 zusammengestellt.

In Abb. 10.1 ist der Verlauf der absoluten spezifischen Sättigungsmagnetisierung σ_∞ und der Dichte ϱ in den binären Systemen Eisen—Kobalt (WEISS und

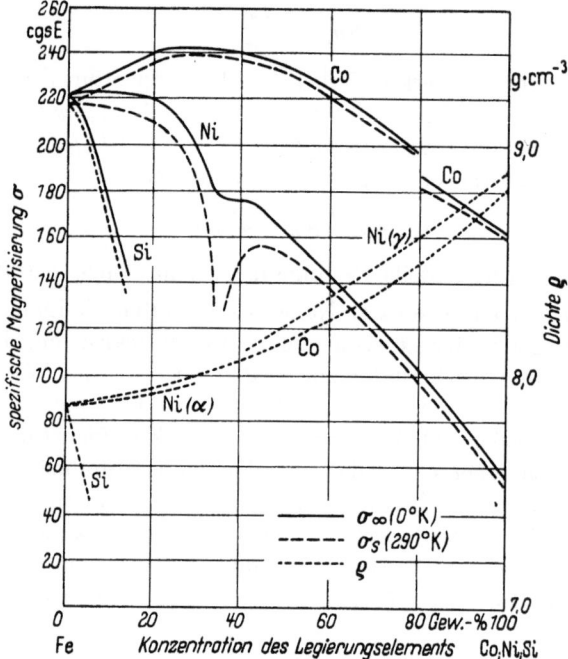

Abb. 10.1. Spezifische Magnetisierung σ_∞ bzw. σ_s und Dichte ϱ der Eisen-Kobalt-, Eisen-Nickel- und Eisen-Silizium-Legierungen

FORRER [*9*]), Eisen—Nickel (PESCHARD [*14, 15*]) und Eisen—Silizium (FALLOT [*16*]) dargestellt. Die Abb. 10.2 bis 10.4 zeigen den Verlauf von σ_∞ für verschiedene binäre Legierungen des Eisens (FALLOT [*16, 17, 18*], SADRON [*19*]), des Kobalts (SADRON [*19*], FARCAS [*20*]) und des Nickels (SADRON [*19*], MARIAN

Tabelle 10.1. Sättigungsmagnetisierung und Curie-Temperatur der ferromagnetischen Elemente

Element	σ_∞ cgs E	s μ_B	Θ °K	Θ °C	Autor
Fe	221,8	2,221	1043	770	[6]
Co (hex.)	162,6	1,715			[7]
		1,70	1070		[8]
Co (kub.)	167,3		1394	1121	[7]
		1,745	1404		[8]
Ni	57,6	0,605	431	358	[9]
Gd	253,5	7,12	289	16	[10, 11]
	253,6		289	16	[12]
Dy	—	—	105	—	[13]

Tabelle 10.2. Sättigungsmagnetisierung und Curie-Temperatur einiger ferromagnetischer Verbindungen

Verbindung	σ_∞ cgs E	s(pro Atom) μ_B	$4\pi I_s$((20°C)) GAUSS	Θ °C	Autor
Fe_2B	167,2	1,91	15100	739	[9, 36]
Fe_3C	169,3	2,015	12400	213	[37, 38]
Fe_4N	208,5	2,22	17500	488	[31, 35]
Fe_3P	—	—	—	420	[36]
Fe_7S_8	23,0	2,0	780	300	[9, 34, 36]
MnAs	141,6	3,3	8400	45	[28]
MnBi	74,8	3,5	7800	360	[27]
Mn_4N	—	0,2	2300	465	[29, 30, 31]
MnSb	111,7	3,5	8900	314	[28]
Mn_2Sb	45,2	0,94	2900	277	[28]
CrTe	74,6	2,4	3100	66	[32, 33]

[21], HAHN und KNELLER [22]). Abb. 10.5 gibt einen Überblick über den Gang der Sättigungsmagnetisierung in dem ternären System Eisen—Kobalt—Nickel (KASÉ [23], ELMEN [24, 25], MASUMOTO [26]). In Tab. 10.2 sind ferner die Sättigung und die CURIE-Temperatur für eine Reihe wichtiger ferromagnetischer Verbindungen angegeben.

Wir bemerken hier noch, daß es eine große Zahl ferromagnetischer Legierungen aus nichtferromagnetischen Elementen gibt.

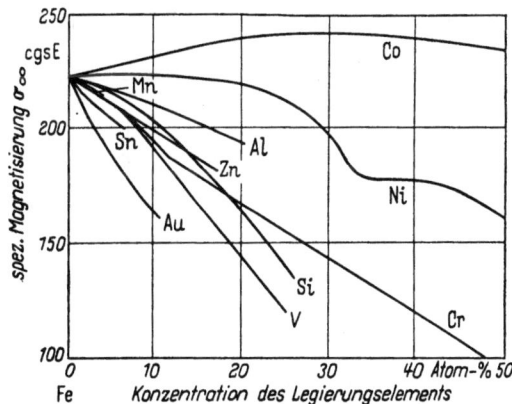

Abb. 10.2. Spezifische Magnetisierung einiger binärer Eisen-Legierungen

Die bekanntesten Legierungen dieser Art sind die HEUSLER-Legierungen (Cu—Mn—Al, Ag—Mn—Al; näheres hierüber s. [1] bis [4]).

Einfluß der Ordnung. Beim Übergang vom ungeordneten Mischkristall zu einer geordneten Atomanordnung ändert sich im allgemeinen die Sättigungsmagnetisierung. Einen zusammenfassenden Überblick über den Einfluß einer Ordnung auf die magnetischen Eigenschaften hat SMOLUCHOWSKI [52] gegeben.

Bei Bildung der Ordnung FeCo nimmt das Sättigungsmoment s nach GOLDMAN und SMOLUCHOWSKI [39, 40] um etwa 4% zu.

Die Sättigungsmagnetisierung I_s bei Raumtemperatur der Legierung FeNi$_3$ steigt beim Übergang vom ungeordneten zum geordneten Zustand nach GRABBE [41] um 5,8%, nach TAOKA und OHTSUKA [42] (Glühtemperatur 490 °C) um 4,5% und nach GERSTNER [43] (Glühtemperatur 460 °C) um 7,5% an. Auf 0 °K extrapoliert liefern die Messungen von TAOKA und OHTSUKA einen Anstieg um 4,9%.

Die Legierung Ni$_3$Mn ist im ungeordneten Zustand nur schwach, im geordneten Zustand dagegen stark ferromagnetisch (KAYA und KUSSMANN [44]). Nach Messungen von HAHN und KNELLER [22] steigt die absolute Sättigung I_∞ von 55 Gauß im ungeordneten Zustand auf 870 Gauß im geordneten Zustand an.

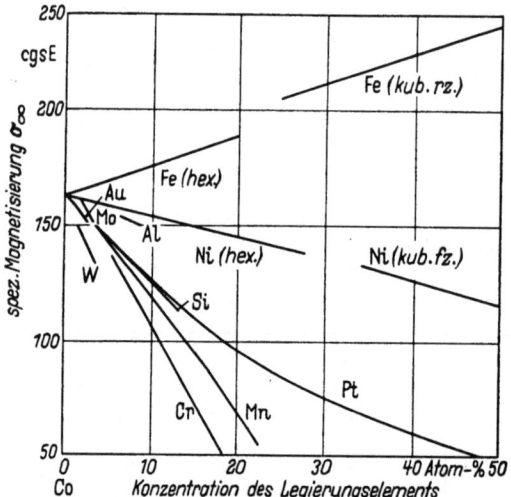

Abb. 10.3. Spezifische Magnetisierung einiger binärer Kobalt-Legierungen

Ferrite. In Tab. 10.3 sind Meßwerte der Sättigung und der CURIE-Temperatur für einige reine Ferrite zusammengestellt. Die Theorie der Sättigungsmomente der Ferrite ist in Kap. 6 ausgeführt worden.

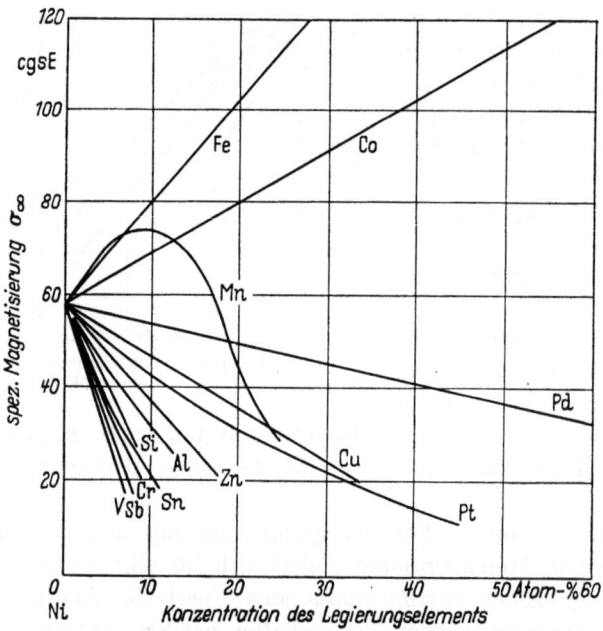

Abb. 10.4. Spezifische Magnetisierung einiger binärer Nickel-Legierungen

Gemenge und heterogene Legierungen. Die Sättigungsmomente der Bestandteile eines Gemenges bzw. der verschiedenen Phasen einer heterogenen Legierung überlagern sich ungestört. Die pauschale Sättigung eines Gemenges bzw. einer heterogenen Legierung aus n Phasen mit den Sättigungsmomenten $\sigma_{i\infty}$ und den Gewichtsanteilen c_i ist also

$$\sigma_\infty = \sum_{i=1}^{n} c_i\, \sigma_{i\infty} \tag{10.4}$$

Tabelle 10.3. *Sättigungsmagnetisierung und Curie-Temperatur einiger Ferrite (nach Smit und Wijn [45])*

Ferrit	Röntgendichte g/cm³	s (pro Molekül) μ_B	$4\pi I_s$ (20 °C) Gauß	Θ °C	
$MnFe_2O_4$	5,00	5,0	5200	300	
$FeFe_2O_4$	5,24	4,1	6000	585	
$CoFe_2O_4$	5,29	3,8	5000	520	
$NiFe_2O_4$	5,38	2,3	3400	585	
$CuFe_2O_4$	5,35	1,3–2,5[1]	1700[1]	455	
$MgFe_2O_4$	4,52	0,9–2,2[1]	1400[1]	440	
$Li_{0,5}Fe_{2,5}O_4$	4,75	2,6	3900	670	
$CdFe_2O_4$	—	0	0	—	antiferromagnetisch
$ZnFe_2O_4$	—	0	0	—	

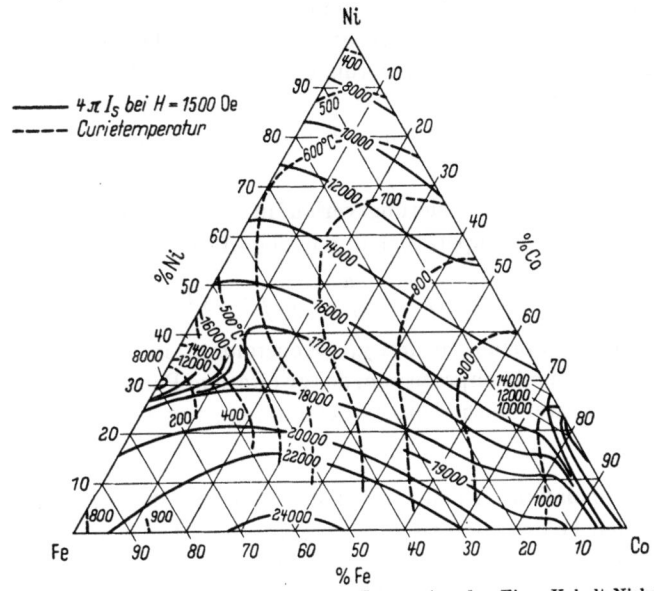

Abb. 10.5. Sättigungmagnetisierung $4\pi I_s$ und CURIE-Temperatur der Eisen-Kobalt-Nickel-Legierungen

10.2 Temperaturabhängigkeit der spontanen Magnetisierung

10.2.1 Meßverfahren

Allgemeines. In der WEISS-LANGEVINschen Molekularfeldtheorie des Ferromagnetismus bleiben Anisotropiekräfte unberücksichtigt. Die spontane Magne-

---

[1] Hängt von der Wärmebehandlung ab (s. 6.2.1, Abschn. Einfluß der Wärmebehandlung, sowie Abb. 6.3).

tisierung I_{sT} ist nach dieser Theorie als die im äußeren Feld $H = 0$, allein unter der Wirkung des molekularen Feldes H_w und der Temperaturbewegung im thermodynamischen Gleichgewicht befindliche Magnetisierung definiert, welche durch ein beliebig kleines Feld in jede beliebige Richtung im Kristall gedreht werden kann. Tatsächlich bedarf es stets einer endlichen Feldstärke, um die spontane Magnetisierung in einem Kristall gegen die praktisch immer vorhandenen Anisotropiekräfte einheitlich auszurichten. Gleichzeitig wird aber bei Temperaturen $T > 0\,°\mathrm{K}$ die spontane Magnetisierung infolge Ausrichtung thermisch fehlgeordneter Spins durch das äußere Feld H über ihren Gleichgewichtswert I_{sT} im Feld $H = 0$ hinaus vergrößert. Dieser als Paraprozeß bezeichnete Vorgang wird in 35.2 näher besprochen werden. Die Überlagerung beider Vorgänge ist in Abb. 10.6 veranschaulicht. Der Magnetisierungsverlauf infolge reiner Drehung der spontanen Magnetisierung in den Anisotropiefeldern ist durch Kurve (a) gegeben. Diese Kurve mündet bei hinreichend hohen Feldern praktisch in die Waagerechte $I = I_s$ ein. Dagegen zeigt die dem Paraprozeß entsprechende Magnetisierungskurve [Kurve (b)] auch in den höchsten experimentell erreichbaren Feldern keine Sättigung. Überlagerung der Kurven (a) und (b) liefert die Kurve (c), welche die Magnetisierungskurve in hohen Feldern darstellt.

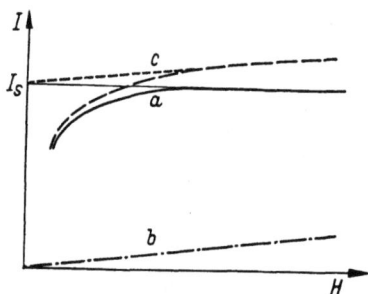

Abb. 10.6. Schematischer Verlauf der Magnetisierungskurve in hohen Feldern (a) bei reiner Drehung der spontanen Magnetisierung in den Anisotropiefeldern, (b) für reinen Paraprozeß und (c) bei Überlagerung der Anteile (a) und (b)

Nach 35.1 kann der Magnetisierungsverlauf in hohen Feldern bei Temperaturen $T < 0{,}5\,\Theta$ (Θ = CURIE-Temperatur) durch den Ausdruck [s. Gl. (35.1)]

$$I = I_{sT}\left(1 - \frac{a}{H} - \frac{b}{H^2}\right) + \chi_0 H \qquad (10.5)$$

beschrieben werden, worin a, b und χ_0[1] Konstanten sind. Das erste Glied in Gl. (10.5) entspricht den Drehprozessen, das zweite dem Paraprozeß. Aus Gl. (10.5) ergeben sich sofort zwei Methoden zur Bestimmung von I_{sT} bei tiefen Temperaturen.

Lineare Extrapolation. Nach Gl. (10.5) steigt die Magnetisierungskurve in hinreichend hohen Feldern praktisch linear mit H an. Die in Abb. 10.6 angedeutete Extrapolation des linearen Kurvenbereichs auf $H = 0$ liefert I_{sT}. Wie z. B. Messungen von WEISS und FORRER [46] an Nickel in Feldern bis 20000 Oe zeigen, ist die Magnetisierungskurve bei Temperaturen $T > 0{,}5\,\Theta$, wahrscheinlich infolge einer merklichen Feldabhängigkeit von χ_0, auch in den höchsten erreichten Feldern noch gekrümmt. Dort ist dieses Extrapolationsverfahren also nicht mehr anwendbar.

Extrapolation nach dem Einmündungsgesetz [Gl. (10.5)]. Sind die verfügbaren Feldstärken nicht groß genug um den linearen Bereich der Magnetisie-

---

[1] Rein empirische Beschreibung in mittleren Feldern und bei tiefen Temperaturen.

rungskurve zu erreichen, dann kann man die Konstanten a, b und χ_0 näherungsweise bestimmen und damit I_{sT} nach Gl. (10.5) ermitteln [9, 11, 16, 19].

Die wesentliche Unsicherheit dieses Verfahrens sowie des vorhergehenden Verfahrens besteht darin, daß hierbei die Suszeptibilität χ_0 des Paraprozesses als feldstärkeunabhängig vorausgesetzt wird, während wir nach der Theorie erwarten, daß sich χ_0 entsprechend Gl. (35.6) in hohen Feldern ($H \gg 4\pi I_\infty$) proportional zu $1/\sqrt{H}$ ändert.

Bestimmung von I_{sT} aus dem H-T-Diagramm. Aus der WEISS-LANGEVINschen Molekularfeldtheorie folgt ein rein magnetisches Verfahren zur Bestimmung von I_{sT}, welches bei allen Temperaturen bis nahe an die CURIE-Temperatur anwendbar ist. Führt man in Gl. (4.5) mit α aus Gl. (4.4) vermittels Gl. (4.9) die CURIE-Temperatur Θ ein, so folgt für $J = 1/2$

$$\frac{I}{I_\infty} = \text{tgh}\left(\frac{I/I_\infty + H/WI_\infty}{T/\Theta}\right)$$

oder nach T/Θ aufgelöst

$$\frac{T}{\Theta} = \frac{I/I_\infty + H/WI_\infty}{\text{tgh}^{-1}(I/I_\infty)} = a + bH. \tag{10.6}$$

Trägt man also für einen festen Magnetisierungswert I_1 die Temperatur T gegen die Feldstärke H auf, dann ergibt sich nach Gl. (10.6) eine Gerade, welche die Temperaturachse ($H = 0$) bei derjenigen Temperatur T_1 trifft, für welche die als Parameter gewählte Magnetisierung I_1 gleich der spontanen Magnetisierung I_{sT_1} ist. In Abb. 10.7 ist beispielsweise eine von WEISS und FORRER [46] an Nickel gemessene Schar von $H(T)$-Kurven wiedergegeben. Bei schwachen Feldern weichen die Kurven erwartungsgemäß von dem durch Gl. (10.6) geforderten linearen Verlauf ab, denn im Bereich der Drehprozesse gegen die Anisotropie-

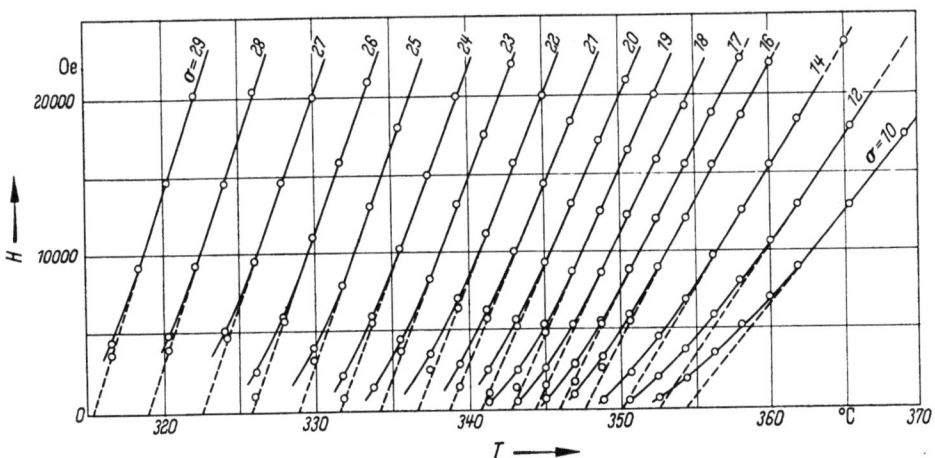

Abb. 10.7. $H(T)_{\sigma\,=\,\text{konst}}$-Kurven von Nickel in der Nähe der CURIE-Temperatur. (Nach WEISS und FORRER [46])

kräfte gilt die WEISS-LANGEVINsche Theorie nicht. Die zu den jeweiligen I-Werten gehörigen Temperaturen erhält man, wie in Abb. 10.7 angedeutet, durch Extrapolation der linearen Kurventeile im Bereich hoher Felder auf $H = 0$.

Magnetokalorischer Effekt. Wie in 9.7.2 näher ausgeführt wurde, kann die spontane Magnetisierung auch aus dem magnetokalorischen Effekt in hohen Feldern bestimmt werden. Während die Genauigkeit des magnetischen Verfahrens 10.2.1 bei Annäherung an die CURIE-Temperatur abnimmt, erreicht das magnetokalorische Verfahren in der Nähe des CURIE-Punkts seine höchste Empfindlichkeit und stellt dort die einzige zuverlässige Methode zur Ermittlung von I_{sT} dar.

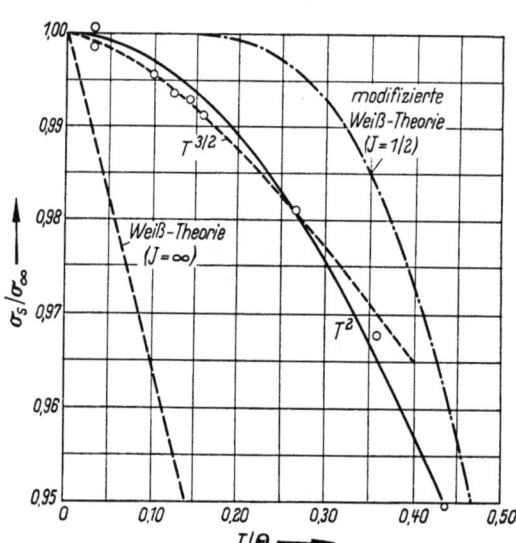

Abb. 10.8. Temperaturabhängigkeit der spontanen Magnetisierung von Nickel bei tiefen Temperaturen. (Nach FALLOT [16])

Einen zusammenfassenden Überblick über die verschiedenen Methoden zur Bestimmung von I_{sT} haben z. B. SUCKSMITH, CLARK, OLIVER und THOMPSON [54] gegeben.

10.2.2 Temperaturabhängigkeit der spontanen Magnetisierung bei tiefen Temperaturen

Die Temperaturabhängigkeit der spontanen Magnetisierung folgt bei tiefen Temperaturen in erster Näherung einem Potenzgesetz der Form

$$I_{sT} = I_\infty (1 - CT^m). \tag{10.7}$$

Für den Exponenten ergibt sich aus dem Collective-Electron-Modell von STONER [47] (s. a. [53]) der Wert $n = 2$, während verschiedene Spinwellentheorien (BLOCH [48], s. a. [49, 119, 120]) $n = 3/2$ liefern (s. a. Kap. 11). Mehrere sehr eingehende experimentelle Untersuchungen [16, 50, 51] an Eisen und Nickel haben gezeigt, daß die Meßergebnisse bei Temperaturen $T < 0{,}25\,\Theta$ besser durch ein $T^{3/2}$-Gesetz als durch ein T^2-Gesetz wiedergegeben werden. Wie aus Abb. 10.8 hervorgeht, folgt z. B. die von FALLOT [16] gemessene Temperaturabhängigkeit der spontanen Magnetisierung von Nickel bis $T/\Theta = 0{,}25$ innerhalb der Meßgenauigkeit einem $T^{3/2}$-Gesetz, während ein T^2-Gesetz bereits nicht mehr voll befriedigt. Einen grundsätzlich anderen Verlauf liefert die Molekularfeldtheorie sowohl für $J = \infty$ als auch für $J = 1/2$.

Für den Faktor C ergaben die Messungen die Werte $C = 0{,}11/\Theta$ bis $0{,}12/\Theta$ [16] für Eisen und $C = 0{,}13/\Theta$ bis $0{,}14/\Theta$ [16] bzw. $C = 0{,}11/\Theta$ [51] für Nickel.

FONER und THOMPSON [114] haben $\sigma_s(T)$ an einem Nickel-Einkristall zwischen 4,2 und 290 °K gemessen. Die Messungen wurden von WOHLFARTH [115] diskutiert. Neuerdings haben PUGH und ARGYLE [116, 117, 118] für verschiedene kristallographische Richtungen eines Ni-Einkristalls $I_{H=\text{konst}}(T)$ zwischen 4,2 und 100 °K in Feldern bis zu 10000 Oe gemessen. Eine von FONER und THOMPSON angegebene Anomalie der $I_H(T)$-Kurven vei 8 °K wurde dabei nicht bestätigt. Die Ergebnisse von PUGH und ARGYLE befinden sich in guter Übereinstimmung mit dem aus der Spinwellentheorie folgenden Verlauf von $I_H(T)$, wenn man dort ein effektives Feld der Form $H_\text{eff} = H_A + H_i + H_a$ annimmt (s. a. [119, 120]). Dabei ist H_A anisotrop und entspricht dem theoretischen Kristallenergiefeld, H_a ist das für die Entmagnetisierung der Probe korrigierte angelegte Feld und H_i entspricht einem isotropen Feld der Größenordnung 16000 Oe, dessen Herkunft bisher unbekannt ist.

10.2.3 Temperaturabhängigkeit der spontanen Magnetisierung im gesamten ferromagnetischen Bereich

Genaue Messungen der Temperaturabhängigkeit der spontanen Magnetisierung bis zur CURIE-Temperatur verlangen wegen der Notwendigkeit verschiedener Meßverfahren bei tiefen und hohen Temperaturen einen relativ großen experimentellen Aufwand und wurden deshalb nur vereinzelt ausgeführt. In Abb. 10.9 sind Meßergebnisse für Eisen [6], Kobalt [7], Nickel [46] und eine Nickel–Kupfer-Legierung [55] (27,5% Cu) wiedergegeben.

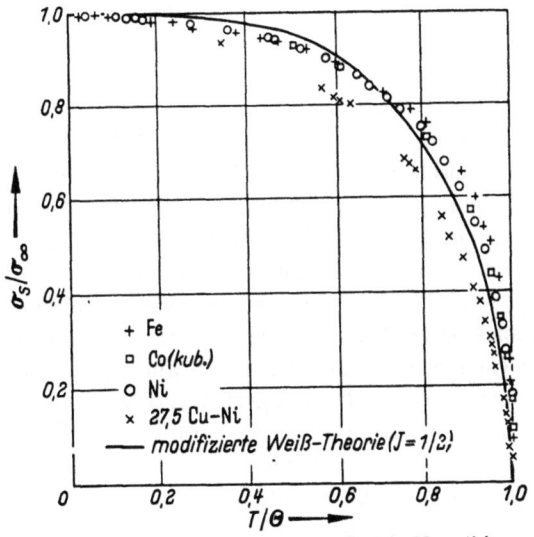

Abb. 10.9. Temperaturabhängigkeit der spontanen Magnetisierung von Eisen [6], Kobalt [7], Nickel [46] und der Legierung 72,5% Ni, 27,5% Cu [55]

Wie Abb. 10.10 zeigt, sind die nach den verschiedenen Methoden 10.2.1 bestimmten $I_s(T)$-Kurven einer Nickel–Kupfer-Legierung (27,5% Cu) [55] in der Nähe der CURIE-Temperatur etwas voneinander verschieden. Nach den Messungen von WEISS und FORRER [46] dagegen liefern die Methoden 10.2.1 bei Nickel bis zur CURIE-Temperatur innerhalb der Meßgenauigkeit gleiche I_s-Werte.

Die Temperaturabhängigkeit der spontanen Magnetisierung ist vielfach ein wertvolles Hilfsmittel zur Untersuchung der Kinetik von Vorgängen in ferromagnetischen Festkörpern, wie z. B. Entmischungsvorgänge, Bildung einer Ordnung u. dgl. Da hierbei meist relativ große Magnetisierungsänderungen eintreten, ist eine genaue Bestimmung der spontanen Magnetisierung

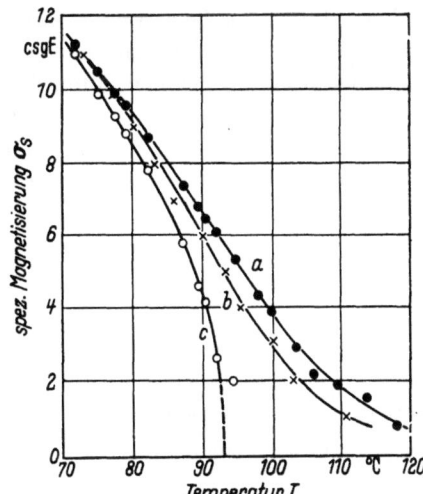

Abb. 10.10. Temperaturabhängigkeit der spontanen Magnetisierung der Legierung 72,5% Ni, 27,5% Cu in der Nähe der CURIE-Temperatur. (a) Bestimmt aus $\sigma(H)$-Kurven, (b) aus $H(T)$-Kurven und (c) aus dem magnetokalorischen Effekt.
(Nach OLIVER und SUCKSMITH [55])

gar nicht notwendig. Im allgemeinen genügt es bereits, als Näherung der $I_s(T)$-Kurve die Temperaturabhängigkeit der Magnetisierung bei einer konstanten Feldstärke zu messen, welche nur so hoch sein sollte, daß das Material bei allen Temperaturen etwa gesättigt ist. Es wäre ungünstig, eine viel höhere Feldstärke anzuwenden, weil dadurch die Abweichung der bei konstanter Feldstärke gemessenen $I(T)$-Kurve von der $I_s(T)$-Kurve insbesondere in der Nähe der CURIE-Temperatur sehr erheblich werden kann.

10.2.4 Temperaturabhängigkeit der Sättigungsmagnetisierung homogener Mischkristalle

Aus Abb. 10.9 geht hervor, daß die reduzierte Magnetisierungs-Temperaturkurve einer Nickel—Kupfer-Legierung mit 27,5% Cu weniger stark gekrümmt ist als die Magnetisierungs-Temperaturkurven der ferromagnetischen Elemente. Eine geringere Krümmung der $I_s(T)$-Kurve als bei reinen Elementen ist offenbar ein typischer Legierungseffekt. Diesbezügliche Untersuchungen von WENT [56] an einer großen Zahl homogener binärer Nickel-Legierungen haben ergeben, daß die Krümmung der $I_s(T)$-Kurve mit wachsender Menge des zulegierten Elements ohne Ausnahme monoton abnimmt.

Nach WENT [57] ist dieser Legierungseffekt eine Folge von Schwankungen des molekularen Feldes, welche durch Konzentrationsschwankungen in kleinen Bereichen bedingt sind (s. hierzu auch [58, 59]). Diese Deutung wird durch den experimentellen Befund gestützt, daß die Krümmung der $I_s(T)$-Kurve der Legierung Ni_3Fe im geordneten Zustand merklich stärker ist als im ungeordneten Zustand. Durch die Ausbildung einer Ordnung werden mikroskopische Konzentrationsschwankungen weitgehend ausgeglichen.

10.2.5 Temperaturabhängigkeit der Sättigungsmagnetisierung heterogener Legierungen

Bei heterogenen Legierungen mit mehreren ferromagnetischen Phasen überlagern sich die $I_s(T)$-Kurven der verschiedenen Phasen ungestört. Da verschiedene Phasen im allgemeinen unterschiedliche CURIE-Temperatur haben, zeigt die resultierende $I_s(T)$-Kurve einen Stufenverlauf, wie er in Abb 10.11 beispielsweise für eine Legierung mit drei ferromagnetischen Phasen schematisch dargestellt ist.

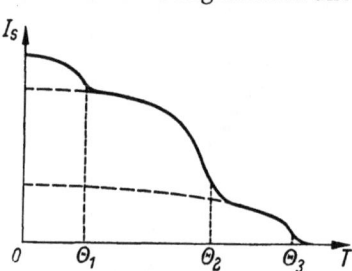

Abb. 10.11 Temperaturabhängigkeit der spontanen Magnetisierung einer Legierung mit drei verschiedenen ferromagnetischen Phasen und entsprechend drei CURIE-Punkten Θ_1, Θ_2 und Θ_3. (Schematisch)

Die Zahl der CURIE-Punkte ist gleich der Zahl der gegenwärtigen ferromagnetischen Phasen. Ist die Zusammensetzung der Legierung bekannt, dann kann man aus den CURIE-Temperaturen vielfach auf die ungefähre Zusammensetzung der Phasen schließen. Kennt man die Zusammensetzung der Phasen, dann kann man aus den entsprechend Abb. 10.11 auf 0 °K extrapolierten Magnetisierungsintensitäten der Phasen näherungsweise ihre Mengenverhältnisse berechnen, vorausgesetzt natürlich, daß die absolute Sättigung der reinen Phasen bekannt ist. Die Messung der $I_s(T)$-Kurven stellt damit in vielen Fällen ein bequemes Hilfsmittel zur Erforschung der Konstitution von Legierungssystemen und zur Verfolgung der Kinetik von Ausscheidungsvorgängen dar, worauf insbesondere GERALCH [60, 61, 62] und HOSELITZ [63] hingewiesen haben.

10.3 Curie-Temperatur

10.3.1 Ferromagnetische und paramagnetische Curie-Temperatur

Die CURIE-Temperatur Θ ist als diejenige Temperatur definiert, unterhalb welcher spontane Magnetisierung thermodynamisch stabil ist. Dementsprechend kann man Θ nach der in 4.2 behandelten WEISSschen Molekularfeldtheorie experimentell auf zweierlei Weise bestimmen: 1. Durch Extrapolation der Temperaturabhängigkeit der spontanen Magnetisierung $I_s(T)$ auf $I_s = 0$, und 2. durch Extrapolation der CURIE-WEISS-Geraden $(1/\chi)(T)$ auf $\chi \to \infty$. Beide Methoden sollten nach der Theorie von WEISS dieselbe CURIE-Temperatur liefern (gestrichelte Kurve in Abb. 10.12). Wie jedoch die Erfahrung gezeigt hat, ist dies tatsächlich niemals der Fall (s. z. B. [64]). Wir bezeichnen deshalb die Temperatur, bei der I_s verschwindet, als ferromagnetische CURIE-Temperatur Θ_f, und die Temperatur, bei der die Extrapolation der CURIE-WEISS-Geraden die Temperaturachse schneidet als paramagnetische CURIE-Temperatur Θ_p. Entsprechend der durchgehend gezeichneten Kurve in Abb. 10.12 ist $\Theta_p > \Theta_f$.

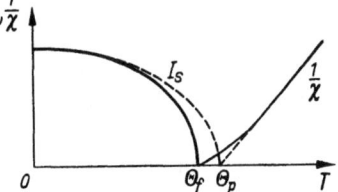

Abb. 10.12. Zur Definition der ferromagnetischen (Θ_f) und der paramagnetischen (Θ_p) CURIE-Temperatur; —— experimenteller, – – – theoretischer Verlauf von I_s bzw. $1/\chi$ (schematisch)

Die magnetische Umwandlung am CURIE-Punkt zeigt nach vielen, genauen Messungen keinerlei Temperaturhysterese. Wird eine solche beobachtet, dann kann man mit Sicherheit darauf schließen, daß sich beim Aufheizen über die CURIE-Temperatur die Konstitution des Werkstoffs verändert hat (Bildung einer Ordnung, Phasenumwandlung, Ausscheidung u. dgl.).

Wenn wir im folgenden von der CURIE-Temperatur sprechen, so ist stets die ferromagnetische CURIE-Temperatur Θ_f gemeint.

10.3.2 Experimentelle Bestimmung der ferromagnetischen Curie-Temperatur

Magnetische Verfahren. Mit Hilfe der in 10.2.1 beschriebenen Verfahren kann der Verlauf von $I_s(T)$ in der Nähe der CURIE-Temperatur gemessen und auf $I_s = 0$ extrapoliert werden. Etwas sicherer ist die Extrapolation auf $I^2 = 0$ im allgemeinen durchzuführen, wofür man I_s^2 bzw. σ_s^2 als Funktion der Temperatur aufträgt.

Ein anderes magnetisches Verfahren haben KUSSMANN und SCHULZE [65] angewendet. Nach Abb. 10.13 durchläuft die Temperaturabhängigkeit der Anfangssuszeptibilität χ_a bei reinen Metallen und homogenen Legierungen kurz vor der CURIE-Temperatur ein meist steiles und hohes Maximum (HOPKINSON-Maximum, s. a. 32.7.1) und fällt danach fast senkrecht ab. Die Extrapolation dieses Steilabfalls auf $\chi_a = 0$ liefert ebenfalls Θ.

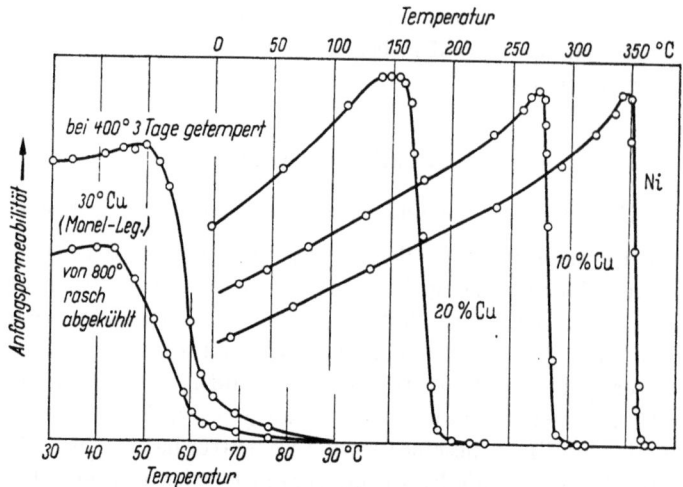

Abb. 10.13. Temperaturabhängigkeit der Anfangspermeabilität einiger Nickel-Kupfer-Legierungen. (Nach Kussmann und Schulze [65])

Nichtmagnetische Verfahren. Als Folge des Verschwindens der spontanen Magnetisierung hat die Temperaturabhängigkeit verschiedener physikalischer Eigenschaften bei der Curie-Temperatur eine Anomalie. Wir nennen hier den elektrischen Widerstand ϱ bzw. dessen Temperaturkoeffizient $\partial \varrho / \partial T$, den Elastizitätsmodul E, die Magnetostriktion λ, den thermischen Ausdehnungskoeffizient α, den magnetokalorischen Effekt ΔT und die spezifische Wärme C_p. Ihre Temperaturabhängigkeit in der Umgebung der Curie-Temperatur ist beispielsweise für Nickel in Abb. 10.14 schematisch dargestellt. Chevenard und Crussard [66] fanden bei Eisen—Nickel-Legierungen eine Anomalie der Querkontraktionszahl am Curie-Punkt.

Gerlach [67] hat nachgewiesen, daß bei reinem Nickel das Maximum der Anomalie einiger der oben genannten Eigenschaften sowie der spontanen und der wahren Magnetisierung und der Anfangssuszeptibilität innerhalb der Meßgenauigkeit bei der gleichen Temperatur auftritt. Dies stimmt bereits bei einem normalen technischen Gehalt an Verunreinigungen (0,1 bis 0,5%) nicht mehr, und erst recht nicht bei Legierungen, wie z. B. eine Arbeit von Kussmann und Schulze [65] zeigt, in welcher für einige Kupfer—Nickel-Legierungen die aus der Temperaturabhängigkeit der Anfangssuszeptibilität und des Temperaturkoeffizienten des elektrischen Widerstandes ermittelten Curie-Temperatur miteinander verglichen wurden. Und zwar liegt die magnetisch bestimmte Curie-Temperatur stets höher. Die Diskrepanz ist durch den verschiedenartigen Einfluß von Konzentrationsschwankungen auf die beiden untersuchten Eigenschaften bedingt [67].

Curie-Bereich. Die spontane Magnetisierung sowie die verschiedenen hiervon abhängigen Materialeigenschaften ändern sich beim Übergang vom ferromagnetischen in den paramagnetischen Temperaturbereich nicht plötzlich bei einer bestimmten Temperatur, sondern allmählich innerhalb eines, je nach Reinheitsgrad der Probe mehr oder weniger breiten Temperaturgebiets, das wir als Curie-Bereich bezeichnen.

Der CURIE-Bereich hat auch bei den reinsten bisher untersuchten Metallen endliche Breite. Dies kann qualitativ so verstanden werden, daß die ferromagnetische Spinordnung bei der CURIE-Temperatur nicht vollständig verschwindet. Die sehr steile Temperaturabhängigkeit der spontanen Magnetisierung nahe der CURIE-Temperatur entspricht dem Verschwinden der ferromagnetischen Fern-

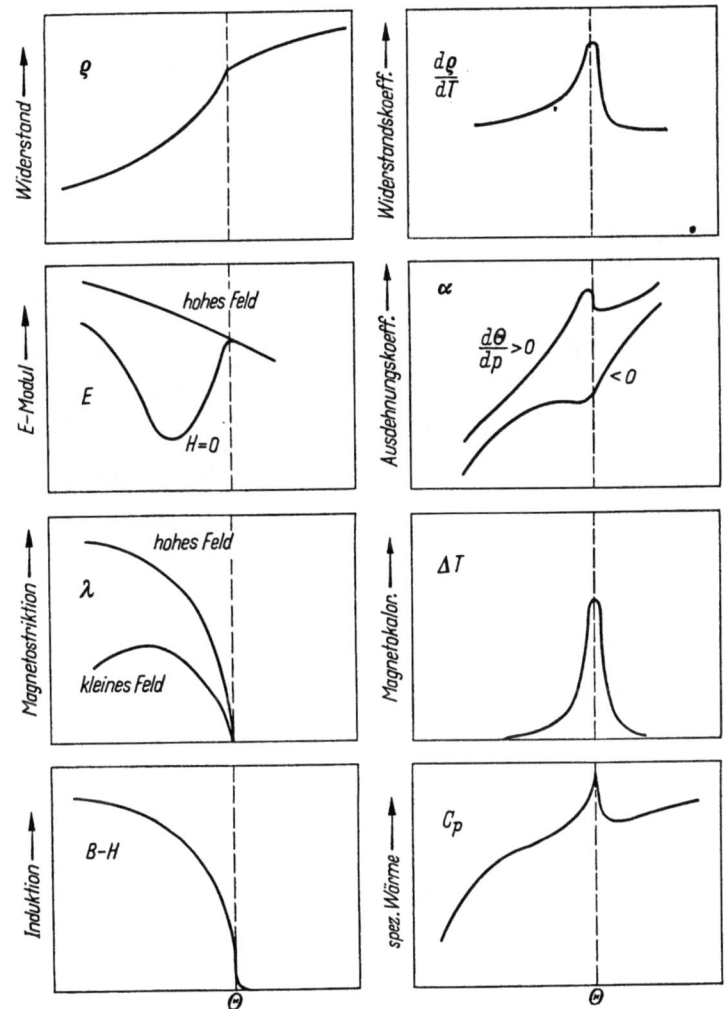

Abb. 10.14. Schematische Darstellung der Temperaturabhängigkeit verschiedener physikalischer Eigenschaften von Nickel in der Umgebung der CURIE-Temperatur. (Nach BOZORTH [4])

ordnung. Es bleibt jedoch noch eine Nahordnung innerhalb kleiner Bereiche bestehen, welche erst allmählich mit steigender Temperatur zerstört wird. Wir werden in Kap. 45 näher darauf eingehen.

Bei homogene Mischkristalle bildenden Legierungen nimmt die Breite des CURIE-Bereichs mit wachsender Konzentration der zulegierten Elemente im allgemeinen zu, wie Abb. 10.13 am Beispiel der Nickel—Kupfer-Legierungen deutlich zeigt. Dies ist auf zunehmende Schwankungen des molekularen Feldes zurückzuführen, welche durch unvermeidliche Konzentrationsschwankungen in kleinen Bereichen bedingt sind. Durch eine Glühbehandlung, welche geeignet ist, die Konzentrationsschwankungen auszugleichen (Homogenisierung), nimmt die Breite des CURIE-Bereichs ab.

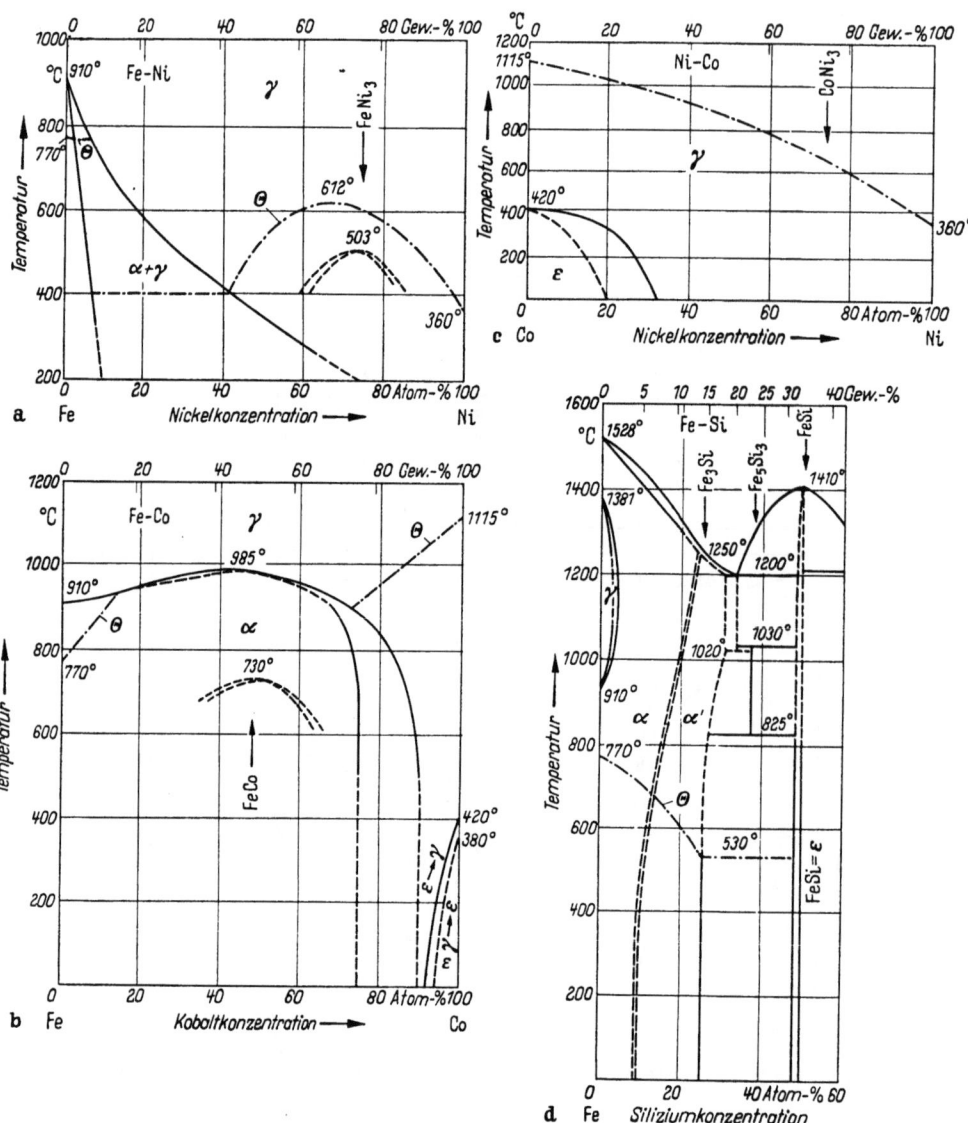

Abb. 10.15 a–d. Konzentrationsabhängigkeit der CURIE-Temperatur in den binären Systemen Fe-Ni (a), Fe-Co (b), Ni-Co (c) und Fe-Si (d). (Nach HANSEN und ANDERKO [68])

Besonders deutlich werden die Verhältnisse in dem Extremfall merklicher Konzentrationsschwankungen in Bereichen, deren Durchmesser groß gegen den Atomabstand ist (Seigerungen). Da nach den Abb. 10.15, 10.16 und 10.17 die CURIE-Temperatur von der Konzentration abhängt, können wir uns in diesem Fall das Material in eine große Anzahl kleiner Kristallgebiete unterteilt denken, deren CURIE-Temperaturen über ein mehr oder weniger breites Temperaturgebiet verteilt sind. Die Temperaturabhängigkeit der pauschalen spontanen Magnetisierung eines derartigen Werkstoffs verläuft infolgedessen sehr viel flacher und weniger gekrümmt als bei reinen Metallen und homogenen Legierungen. Durch Erzeugung hinreichend starker Konzentrationsschwankungen kann man Werkstoffe erhalten, deren Sättigungsmagnetisierung in einem breiten Temperaturbereich annähernd linear von der Temperatur abhängt. Solche Werkstoffe können bei geeigneter Höhe der mittleren CURIE-Temperatur als Temperaturkompensationswerkstoffe für Dauermagnetsysteme dienen.

10.3.3 Meßergebnisse

Die Angabe der CURIE-Temperatur einer Legierung stellt nur dann eine physikalisch vollwertige Information dar, wenn gleichzeitig die Konstitution der Legierung im ferromagnetischen Temperaturbereich bekannt ist. Die CURIE-Temperatur einer heterogenen Legierung beispielsweise ist nur für die ferromagnetische Phase, nicht aber für die pauschale Legierungszusammensetzung charakteristisch.

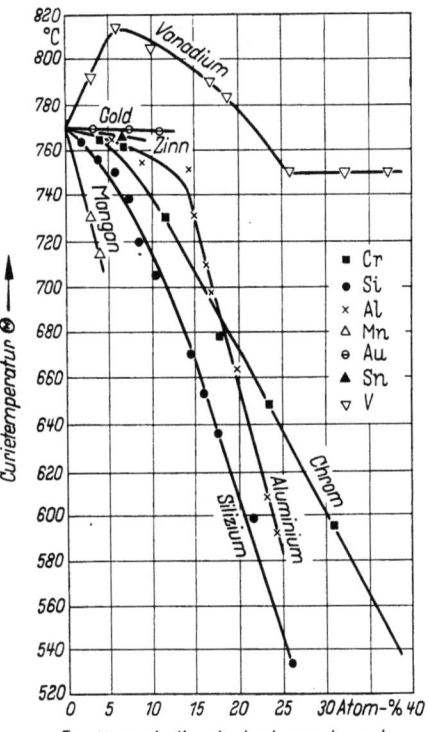

Abb. 10.16. Konzentrationsabhängigkeit der CURIE-Temperatur einiger binärer Eisen-Legierungen. (Nach FALLOT [16, 17] s. a. BOZORTH [4])

Ferner wird die CURIE-Temperatur bei Bildung oder Verschwinden einer Ordnung im allgemeinen verändert. Schließlich kann durch eine Phasenumwandlung im ferromagnetischen Bereich, wenn die Hochtemperaturphase nicht ferromagnetisch ist, eine zu niedrige „CURIE-Temperatur" vorgetäuscht werden. Wir werden im folgenden für alle diese Fälle Beispiele besprechen. Im übrigen beschränken wir uns darauf, den Verlauf der CURIE-Temperatur für eine Reihe technisch wichtiger binärer Legierungssysteme anzugeben. Für Angaben der CURIE-Temperatur in weiteren binären Systemen wird auf das Buch „Constitution of Binary Alloys" von HANSEN und ANDERKO [68] verwiesen.

Ferromagnetische Elemente und homogene Mischkristalle. Die CURIE-Temperatur der ferromagnetischen Elemente ist in Tab. 10.1 angegeben worden.

Im Bereich homogener Mischkristalle ist die CURIE-Temperatur stets konzentrationsabhängig. In Abb. 10.15 ist der Verlauf der CURIE-Temperatur in den Systemen Eisen—Nickel, Eisen—Kobalt, Nickel—Kobalt und Eisen—Silizium nach den Angaben von HANSEN und ANDERKO [68] wiedergegeben. Die Abb. 10.16 und 10.17 zeigen die Konzentrationsabhängigkeit der CURIE-Temperatur einiger binärer Eisen-Legierungen (FALLOT [16, 17]) bzw. Nickel-Legierungen (MARIAN [21]).

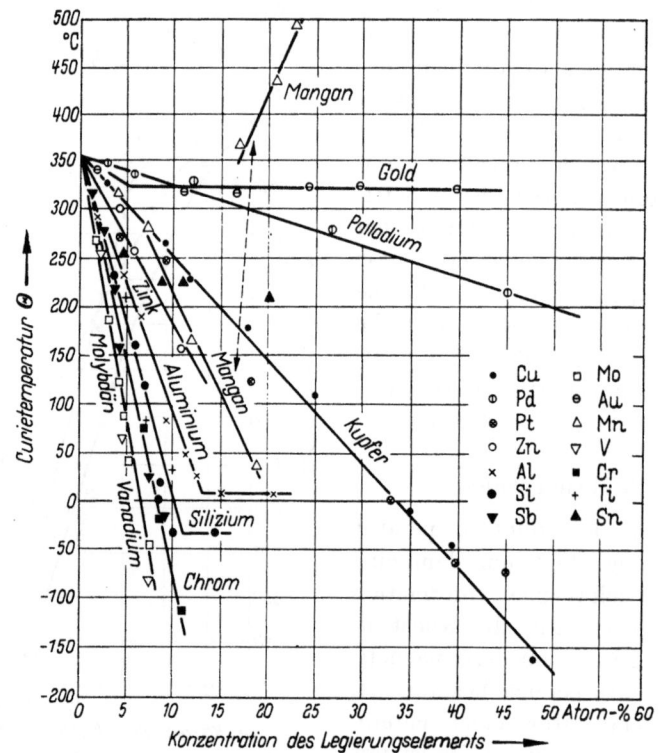

Abb. 20.17. Konzentrationsabhängigkeit der CURIE-Temperatur einiger binärer Nickel-Legierungen. (Nach MARIAN [21], s. a. BOZORTH [4])

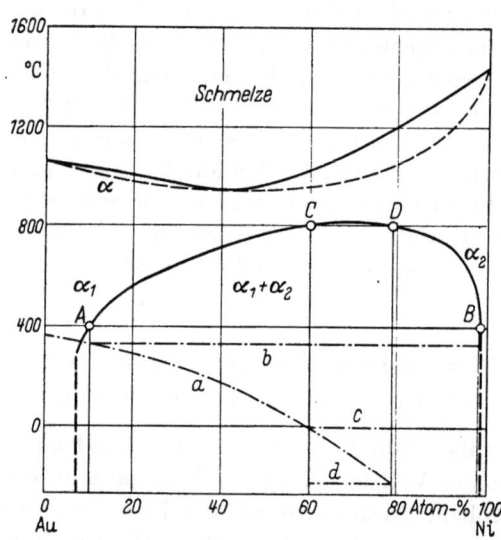

Abb. 10.18. Zustandsdiagramm der Nickel-Gold-Legierungen.
—·—·— Verlauf der CURIE-Temperatur (zur Erläuterung siehe Text)

Verlauf der Curie-Temperatur in mehrphasigen Gebieten. In einem mehrphasigen Gebiet treten so viele CURIE-Temperaturen in Erscheinung, wie ferromagnetische Phasen zugegen sind. In dem einer Glühtemperatur entsprechenden Gleichgewichtszustand sind die CURIE-Temperaturen innerhalb des mehrphasigen Gebiets konstant, d. h. unabhängig von der Konzentration der Ausgangslegierungen.

Als Beispiel besprechen wir die Verhältnisse in dem in Abb. 10.18 dargestellten System Nickel—Gold. Für die aus dem Bereich homogener Mischkristalle

(etwa von 900 °C) abgeschreckten Legierungen erhält man eine monotone Abnahme der Curie-Temperatur mit der Goldkonzentration [Kurve (a) in Abb. 10.18].
In dem einer Glühtemperatur von 400 °C entsprechenden Gleichgewicht bestehen die Legierungen im Konzentrationsbereich der Mischungslücke aus einer nickelreichen ferromagnetischen Phase A und einer goldreichen unmagnetischen Phase B. Da die ferromagnetische Phase in diesem Konzentrationsbereich stets die gleiche Zusammensetzung hat, erhält man dort eine konstante, konzentrationsunabhängige Curie-Temperatur (Kurve b). In dem einer Glühtemperatur von 800 °C entsprechenden Gleichgewicht ist sowohl die nickelreiche Phase C als auch die goldreiche Phase D ferromagnetisch. Die Legierungen im Konzentrationsbereich zwischen C und D besitzen also zwei Curie-Temperaturen ($\sim 0°$ und -230 °C), welche innerhalb dieses Konzentrationsbereichs konstant sind [Kurven (c) und (d)].

Phasenänderungen im ferromagnetischen Bereich. Findet unterhalb der Curie-Temperatur eine Phasenumwandlung statt, dann kann die Curie-Temperatur der Tieftemperaturphase nicht unmittelbar bestimmt werden. Betrachten wir als einfachstes Beispiel den Fall einer nicht ferromagnetischen Hochtemperaturphase, wie er etwa im System Eisen—Kobalt für Legierungen zwischen 14,5 und 72,3 At.-% Kobalt (s. Abb. 10.15) gegeben ist. Innerhalb dieses Konzentrationsbereichs verschwindet der Ferromagnetismus bei der $\alpha \to \gamma$-Umwandlung, bevor die Curie-Temperatur der α-Phase erreicht wird. Dieser „scheinbare Curie-Punkt" ist daran kenntlich, daß die $I_s(T)$-Kurve entsprechend Abb. 10.19 bei der Umwandlungstemperatur plötzlich abbricht.

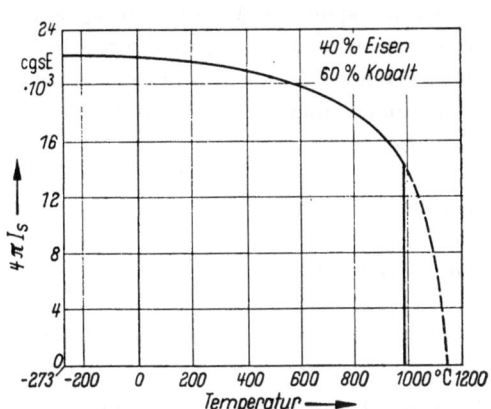

Abb. 10.19. Temperaturabhängigkeit der Sättigungsmagnetisierung $4\pi I_s$ der Legierung 40% Fe, 60% Co

Ferner zeigen Phasenumwandlungen im Gegensatz zur ferromagnetischen Umwandlung im allgemeinen Temperaturhysterese.

Einfluß einer Ordnung auf die Curie-Temperatur. Für die Änderung der Curie-Temperatur bei Bildung einer Ordnung besteht keine feste Regel. Es sind sowohl Fälle bekannt, in denen die Curie-Temperatur im geordneten Zustand höher liegt als im ungeordneten, als auch Fälle, in denen es umgekehrt ist.

Bei Ni_3Mn ist die Curie-Temperatur nach Messungen von Hahn und Kneller [22] -45 °C in ungeordnetem und 500 °C im geordneten Zustand. Taoka und Ohtsuka [42] geben für Ni_3Fe im ungeordneten Zustand $\Theta = 585$ °C und in geordnetem Zustand $\Theta = 710$ °C an. In beiden Fällen ist die Curie-Temperatur im geordneten Zustand nicht direkt meßbar, weil sie höher liegt als die kritische Ordnungstemperatur T_k (für Ni_3Mn $T_k \approx 500$ °C, für Ni_3Fe $T_k \approx 550$ °C). Die angegebenen Curie-Temperaturen wurden mit Hilfe der theoretischen $I_s(T)$-

Kurve für $J = 1/2$ extrapoliert. Nach Messungen von KUSSMANN und Gräfin v. RITTBERG [69] steigt die CURIE-Temperatur von Fe_3Pt bei Bildung der Ordnung um etwa 100° an.

KUSSMANN und NITKA [70] sowie MARIAN [21] haben übereinstimmend gezeigt, daß die CURIE-Temperatur von Ni_3Pt mit zunehmender Ordnung absinkt. Dasselbe gilt nach Messungen von FALLOT [16] für Fe_3Al.

10.4 Spontane Magnetisierung und Curie-Temperatur dünner Schichten und kleiner Teilchen

Die Erfahrung hat gezeigt, daß Ferromagnetismus ebenso wie Antiferromagnetismus oder Ferrimagnetismus nur in kristallinen Stoffen vorkommen. Es besteht nunmehr die Frage, aus wie vielen Atomen ein Kristallgitter mindestens bestehen muß und welche geometrische Anordnung (ein-, zwei- oder dreidimensionales Gitter) der Atome gegeben sein muß, damit bei einer bestimmten Temperatur Ferromagnetismus auftritt. Ferromagnetismus ist gekennzeichnet durch spontane Magnetisierung und CURIE-Temperatur. Man hat also zu untersuchen, wie sich die spontane Magnetisierung bzw. die CURIE-Temperatur ändert, wenn man einen ferromagnetischen Kristall in einer, zwei oder allen drei Dimensionen kleiner macht, d. h. wie sich für eine konstante Temperatur bei Verkleinerung der Kristallabmessungen der Übergang vom Ferromagnetismus zum Paramagnetismus vollzieht.

Das genannte Problem ist in einer Reihe theoretischer ([48, 71 bis 78]) und experimenteller ([79 bis 108]) Arbeiten behandelt worden. Die Ergebnisse dieser Arbeiten sind jedoch so uneinheitlich, daß sichere Aussagen vorläufig noch nicht möglich erscheinen.

10.4.1 Dünne Schichten

Quantitative Messungen der Abhängigkeit der ferromagnetischen Eigenschaften von den Probenabmessungen wurden hauptsächlich an dünnen, vielkristallinen Schichten ausgeführt. Die Abmessungen solcher Schichten haben in zwei Richtungen die konstante Größenordnung 1 cm, während die Schichtdicke variiert wird. Die Schichtdicke kann in mannigfacher Weise (s. z. B. [109]) bestimmt werden. Über die Herstellung und die Eigenschaften dünner ferromagnetischer Schichten ist verschiedentlich ([79 bis 93], [109, 110, 112]) berichtet worden.

In Abb. 10.20 ist die von verschiedenen Autoren ([81, 82, 83, 86, 92, 93]) gemessene spontane Magnetisierung von aufgedampften und von elektrolytisch niedergeschlagenen Nickelschichten bei Raumtemperatur als Funktion der Schichtdicke wiedergegeben.

Abb. 10.21 zeigt die in verschiedenen Arbeiten ([81, 83, 87, 88, 93]) angegebene Abhängigkeit der CURIE-Temperatur von der Dicke aufgedampfter oder elektrolytisch niedergeschlagener Nickelschichten. Die in der Abbildung eingezeichneten theoretischen Kurven sind von KLEIN und SMITH [74] (s. a. GLASS und KLEIN [77]) nach der Spinwellentheorie von BLOCH und von VALENTA [76] nach einem Molekularfeldansatz berechnet worden. Eine ausführliche Diskussion der genannten theoretischen Arbeiten hat THOMAS [110] in einer zusammenfassenden Arbeit über dünne Schichten gegeben.

10.4 Magnetisierung und Curie-Temperatur dünner Schichten und kleiner Teilchen

Die Spinwellentheorie ist nur bei tiefen Temperaturen, d. h. in der Nähe des absoluten Nullpunktes, nicht aber in der Nähe der Curie-Temperatur anwendbar. Es erscheint daher zunächst überraschend, daß die meisten Meßergebnisse in Abb. 10.21 relativ gut mit der aus den Ergebnissen der Spinwellentheorie extrapolierten Abhängigkeit der Curie-Temperatur von der Schichtdicke übereinstimmen. Lediglich Neugebauer [93] fand im Gegensatz zu den übrigen Messungen

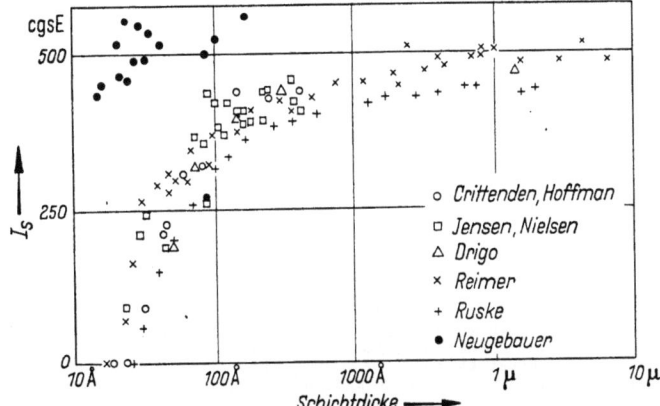

Abb. 10.20. Sättigungsmagnetisierung I_s von Nickelschichten bei Raumtemperatur als Funktion der Schichtdicke. Nach verschiedenen Autoren [*81, 82, 83, 86, 92, 93*]

und zu der Theorie von Klein und Smith, daß im Höchstvakuum aufgedampfte Ni-Schichten mit Schichtdicken bis herunter zu etwa 20 Å in Übereinstimmung mit der Theorie von Valenta innerhalb der Meßgenauigkeit die gleiche Temperaturabhängigkeit der spontanen Magnetisierung I_s und damit auch die gleiche Curie-Temperatur haben wie Ni-Blockmaterial. Erst bei noch dünneren Schichten wird eine geringere Krümmung der $I_s(T)$-Kurven sowie eine geringe Erniedrigung der Curie-Temperatur (bei einer 14 Å-Schicht etwa 50°) beobachtet. Diese dünnsten Schichten verhalten sich jedoch wenigstens teilweise superparamagnetisch und sind deshalb in den angewendeten Feldern von 10 000 Oe wahrscheinlich noch nicht gesättigt (s. hierzu auch [*100*]).

Eine Erklärung für diese Diskrepanz zwischen den Meßergebnissen verschiedener Autoren ist wahrscheinlich in den Herstellungsbedingungen der Schichten zu finden. Alle Meßergebnisse außer denen von Neugebauer wurden an elektrolytisch abgeschiedenen oder in einem Vakuum von bestenfalls 10^{-5} Torr aufgedampften Schichten gewonnen. Neugebauer hat dagegen zur Wahrung größtmöglicher Reinheit der Schicht das Aufdampfen und die Messungen im Höchstvakuum von etwa 10^{-9} Torr ausgeführt. Man vermutet daher, daß die aus der Mehrzahl der Meßergebnisse folgende Übereinstimmung des Verhaltens dünner Schichten mit der Theorie von Klein und Smith gar nicht reell ist, sondern durch alle möglichen Verunreinigungen, wie Oxyde, Gaseinschlüsse und dgl. vorgetäuscht wird, während die von Neugebauer hergestellten Schichten tatsächlich das Verhalten der reinen Metallschicht zeigen. Diese Vermutung wird durch Untersuchungen von Hellenthal [*111*] gestützt, nach welchen die Curie-Temperatur dünner Schichten mit abnehmender Schichtdicke um so weniger abnimmt, je weniger die Schicht gestört ist. Ferner fand Neugebauer [*93*], daß die Ni-

Schichten in einer Sauerstoffatmosphäre von nur 10^{-8} Torr Druck bereits innerhalb kurzer Zeit bis zu einer Tiefe von etwa 15 Å oxydiert werden. Das Ergebnis

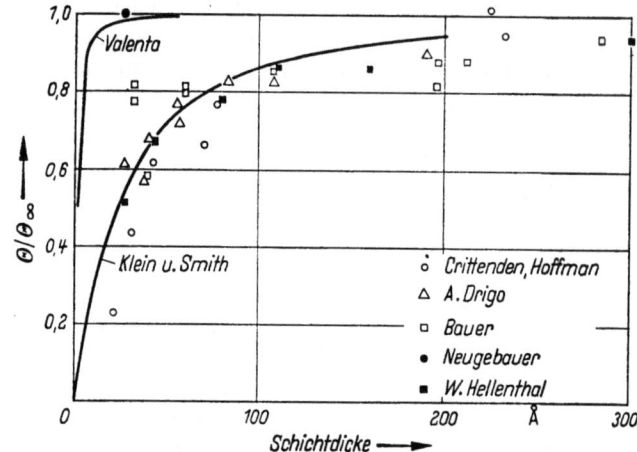

Abb. 10.21. CURIE-Temperatur von Nickelschichten als Funktion der Schichtdicke. Nach verschiedenen Autoren [*81, 83, 87, 88, 93*]. ——— Theoretische Kurven nach KLEIN u. SMITH [*74*] sowie VALENTA [*76*]. (Die Theorie liefert die CURIE-Temperatur als Funktion der Zahl der Atomlagen im Kristall. In Abb. 20.21 ist der Abstand zwischen zwei Atomlagen mit 2 Å entsprechend dem Abstand zweier (111)-Ebenen bei Nickel angenommen worden)

von NEUGEBAUER kann allerdings noch nicht als volle Bestätigung der Theorie von VALENTA angesehen werden. Hierzu sind, wie aus Abb. 10.21 hervorgeht, Messungen an noch dünneren Schichten erforderlich.

10.4.2 Kleine Teilchen

Als kleine Teilchen bezeichnen wir ein- oder vielkristalline Partikel, bei denen, im Gegensatz zu dünnen Schichten, alle drei Längenabmessungen klein und wenigstens größenordnungsmäßig untereinander vergleichbar sind.

Eine Untersuchung des Einflusses der Kristallabmessungen auf die spontane Magnetisierung und CURIE-Temperatur ist bei kleinen Teilchen sehr viel komplizierter als bei dünnen Schichten, weil bei den meisten verfügbaren Versuchswerkstoffen bereits weit unterhalb der CURIE-Temperatur Alterung, d. h. eine Zunahme der Teilchengröße eintritt. Bei den ohne Alterung erreichbaren Temperaturen wäre aber die spontane Magnetisierung auch bei einer CURIE-Punktserniedrigung um 50% praktisch noch unverändert, so daß diese gar nicht nachgewiesen werden kann [*100*]. Insofern stellt der in einer Reihe von Arbeiten ([*97, 101* bis *107*]) geführte experimentelle Nachweis, daß die spontane Magnetisierung von Eisen- oder Kobaltteilchen in Quecksilber (Amalgam) oder Kobaltausscheidungen in Kupfer bis herunter zu Teilchendurchmessern von 8 Å unterhalb Raumtemperatur (300 °K) konstant ist, keinen sicheren Beweis dafür dar, daß die CURIE-Temperatur bei Teilchen dieser Größe nicht kleiner ist als bei Blockmaterial.

Die Diskussion muß also auf Messungen an solchen Werkstoffen beschränkt werden, bei denen die CURIE-Temperatur der kleinen Teilchen ohne Änderung der Teilchengröße erreicht werden kann. Derartige Messungen wurden u. a. von BIEDERMANN und KNELLER [*98*], FRICKE [*99*], KNELLER [*100*], HAHN [*101*] und SCHULTZE [*108*] ausgeführt.

10.4 Magnetisierung und Curie-Temperatur dünner Schichten und kleiner Teilchen

Während nach Messungen von Hahn [101] an kleinen auf Silikagel niedergeschlagenen Nickelteilchen die Curie-Temperatur bei 35 Å Teilchendurchmesser noch gleich groß ist wie bei Nickel-Blockmaterial, fand Schultze [108] für das gleiche Versuchsmaterial, daß die Curie-Temperatur unterhalb etwa 150 Å Teilchendurchmesser mit abnehmender Teilchengröße beschleunigt abnimmt und bei einem Teilchendurchmesser von 25 Å nur noch 340 °K, d. h. etwa 50% der Curie-Temperatur von Nickel-Blockmaterial beträgt. Kneller [100] fand, daß die Curie-Temperatur von geordneten, ferromagnetischen „Ni_3Mn-Ausscheidungen" mit dem mittleren Durchmesser von 23 Å in ungeordneter, paramagnetischer Nickel–Mangan-Matrix bei 270 °K liegt, während das vollkommen geordnete Ni_3Mn-Blockmaterial die Curie-Temperatur 740 °K hat. Wie jedoch Bean und Livingston [113] richtig bemerkten, ist dies kein unbedingt sicherer Beweis für eine Teilchengrößenabhängigkeit der Curie-Temperatur, weil nicht unmittelbar nachgewiesen werden konnte, inwieweit diese Curie-Punktserniedrigung durch unvollständige Ordnung der Teilchen oder tatsächlich durch die geringe Teilchengröße bedingt war.

Einen schlüssigen qualitativen Nachweis für das Bestehen einer Abhängigkeit der Curie-Temperatur scheinen dagegen die in Abb. 10.22 dargestellten Messun-

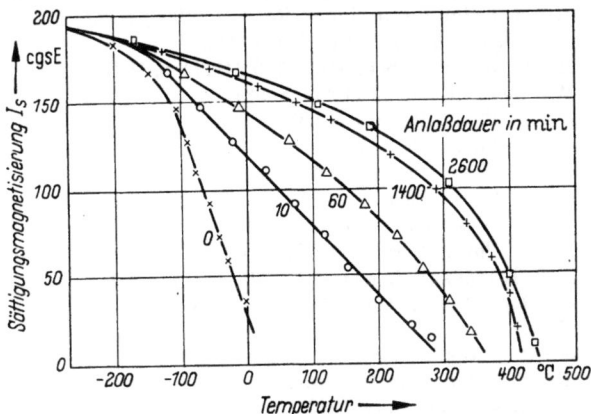

Abb. 10.22. Temperaturabhängigkeit der Sättigungsmagnetisierung I_s der Legierung 6 Fe, 32 Ni, 62 Cu nach dem Abschrecken von 1000 °C und nachfolgender Glühung bei 600 °C während verschiedener Zeiten. (Nach Fricke [99])

gen von Fricke [99] an einer Eisen–Nickel–Kupfer-Legierung (6 Fe, 32 Ni, 62 Cu) zu bieten. Ähnliche Ergebnisse erhielten auch Biedermann und Kneller [98] an einer Eisen–Nickel–Kupfer-Legierung mit etwas anderer Zusammensetzung. Biedermann und Kneller [98] haben gezeigt, daß sich Legierungen der oben genannten Zusammensetzung bereits während des Abschreckens aus dem Gebiet homogener Mischkristalle vollständig in eine unmagnetische, kupferreiche und in eine ferromagnetische, eisen-nickelreiche Phase entmischen, wobei die ferromagnetische Phase in sehr feindisperser Form in der kupferreichen Matrix verteilt ist. Während einer folgenden Glühung bei 600 °C ändert sich die Zusammensetzung der beiden Phasen praktisch nicht. Dies hat man unmittelbar aus der Tatsache zu schließen, daß die absolute Sättigung der Legierung konstant bleibt. Es nimmt lediglich die Teilchengröße der ferromagnetischen Gefügebestandteile zu, und, wie Abb. 10.22 zeigt, steigt parallel dazu die Curie-Temperatur an. Sie erreicht bei einer Dicke von 100 bis 200 Å der plattenförmigen Ausscheidungen einen Grenzwert, welcher gerade der Curie-Temperatur von Blockmaterial mit der Zusammensetzung der ferromagnetischen Phase entspricht.

Es erscheint jedoch nicht gerechtfertigt, aus diesen wenigen, z. T. problematischen und z. T. auch widerspruchsvollen Meßergebnissen allgemeine Schlüsse über eine Abhängigkeit der Curie-Temperatur von der Kristallgröße abzuleiten.

Literatur zu Kap. 10

[1] Gmelins Handbuch der Anorganischen Chemie „Magnetische Werkstoffe", Weinheim/Bergstr.: Verlag Chemie 1959.
[2] Landolt-Börnstein: Bd. II/9. Berlin/Göttingen/Heidelberg: Springer 1961.
[3] American Institute of Physics Handbook, New York: McGraw-Hill Book Co. 1957.
[4] Bozorth, R. M.: Ferromagnetism, New York: D. van Nostrand Co. 1951.
[5] Pawlek, F.: „Magnetische Werkstoffe", Berlin/Göttingen/Heidelberg: Springer 1952.
[6] Potter, H. H.: Proc. roy. Soc., Lond. A 146 (1934) S. 362.
[7] Myers, H. P., u. W. Sucksmith: Proc. roy. Soc., Lond. A 207 (1951) S. 427.
[8] Meyer, A. J. P., u. P. Taglang: C. R. Acad. Sci., Paris 231 (1950) S. 612.
[9] Weiss, P., u. R. Forrer: Ann. Phys., Paris 12 (1929) S. 279.
[10] Urbain, G., R. Weiss u. F. Trombe: C. R. Acad. Sci., Paris 200 (1935) S. 2132.
[11] Trombe, F.: Ann. Phys., Paris 7 (1937) S. 385.
[12] Elliot, Legvold u. Spedding: Phys. Rev. 91 (1953) S. 28.
[13] Trombe, F.: J. Phys. Radium 12 (1951) S. 222.
[14] Peschard, M.: C. R. Acad. Sci., Paris 180 (1925) S. 1837.
[15] Peschard, M.: Rev. Metall. 22 (1925) S. 581.
[16] Fallot, M.: Ann. Phys., Paris 6 (1936) S. 305.
[17] Fallot, M.: Ann. Phys., Paris 7 (1937) S. 420.
[18] Fallot, M.: Ann. Phys., Paris 10 (1938) S. 291.
[19] Sadron, C.: Ann. Phys., Paris 17 (1932) S. 371.
[20] Farcas, T.: Ann. Phys., Paris 8 (1937) S. 146.
[21] Marian, V.: Ann. Phys., Paris 7 (1937) S. 459.
[22] Hahn, R., u. E. Kneller: Z. Metallkde. 49 (1958) S. 426.
[23] Kasé, T.: Sci. Rep. Tohoku Univ. 16 (1927) S. 491.
[24] Elmen, G. W.: J. Franklin Inst. 206 (1928) S. 317.
[25] Elmen, G. W.: J. Franklin Inst. 207 (1929) S. 583.
[26] Masumoto, H.: Sci. Rep. Tohoku Univ. 18 (1929) S. 195.
[27] Guillaud, C.: Thesis Strasbourg 1943.
[28] Guillaud, C.: Ann. Phys., Paris 4 (1949) S. 671.
[29] Guillaud, C., u. J. Wyart: C. R. Acad. Sci., Paris 219 (1944) S. 203.
[30] Guillaud, C., u. J. Wyart: C. R. Acad. Sci., Paris 222 (1946) S. 71.
[31] Guillaud, C.: C. R. Acad. Sci., Paris 223 (1946) S. 1110.
[32] Guillaud, C., u. S. Barbezat: C. R. Acad. Sci., Paris 222 (1946) S. 386.
[33] Guillaud, C.: C. R. Acad. Sci., Paris 222 (1946) S. 1224.
[34] Haraldsen, H.: Z. anorg. allg. Chem. 246 (1941) S. 169, 195.
[35] Guillaud, C., u. H. Creveaux: C. R. Acad. Sci., Paris 222 (1946) S. 1170.
[36] Bozorth, R. M.: in "American Institute of Physics Handbook", New York: McGraw-Hill Book Co. 1957.
[37] Stäblein, F., u. K. Schroeter: Z. angew. allg. Chem. 174 (1928) S. 193.
[38] Guillaud, C.: C. R. Acad. Sci., Paris 219 (1944) S. 614.
[39] Goldman, J. E., u. R. Smoluchowski: Phys. Rev. 75 (1949) S. 310.
[40] Goldman, J. E.: J. Appl. Phys. 20 (1949) S. 1131.
[41] Grabbe, E. M.: Phys. Rev. 57 (1940) S. 728.
[42] Taoka, T., u. T. Ohtsuka: J. phys. Soc., Japan 9 (1954) S. 712.
[43] Gerstner, D.: Diss. Stuttgart 1959.
[44] Kaya, S., u. A. Kussmann: Z. Phys. 72 (1931) S. 293.
[45] Smit, J., u. P. J. Wijn: Adv. in Electronics and Electron Physics 6 (1954) S. 69.

[46] WEISS, P., u. R. FORRER: Ann. Phys., Paris 5 (1926) S. 153.
[47] STONER, E. C.: Proc. roy. Soc., Lond. A 165 (1938) S. 372.
[48] BLOCH, F.: Z. Phys. 61 (1930) S. 206.
[49] VAN KRANENDONK, S., u. J. H. VAN VLECK: Rev. Mod. Phys. 30 (1958)S. 1.
[50] KONDORSKIJ, E., u. L. N. FEDOTOV: Izvest. Akad. Nauk SSSR, Ser. Fiz. 14 (1652) S. 432.
[51] FONER, S., u. E. D. THOMPSON: J. Appl. Phys. 30 (1959) S. 229.
[52] SMOLUCHOWSKI, R.: J. Phys. Radium 12 (1951) S. 389.
[53] STONER, E. C.: J. Phys. Radium 12 (1951) S. 372.
[54] SUCKSMITH, W., C. A. CLARK, D. J. OLIVER u. J. E. THOMSON: Rev. Mod. Phys. 25 (1953) S. 34.
[55] OLIVER, D. J., u. W. SUCKSMITH: Proc. roy. Soc., Lond. A 219 (1953) S. 1.
[56] WENT, J. J.: Physica, Haag 17 (1951) S. 98.
[57] WENT, J. J.: Physica, Haag 17 (1951) S. 596.
[58] FOKKER, A. D.: Physica, Haag 8 (1941) S. 109, 159.
[59] NÉEL, L.: J. Phys., Paris 5 (1934) S. 104.
[60] GERLACH, W.: Z. Metallkde. 28 (1936) S. 80.
[61] GERLACH, W.: Z. Metallkde. 29 (1937) S. 124.
[62] GERLACH, W.: Z. Metallkde. 40 (1949) S. 281.
[63] HOSELITZ, K.: „Ferromagnetic Properties of Mtals and Alloys" S. 140ff., Oxford 1952.
[64] FORRER, R.: J. Phys. Radium 1 (1930) S. 49.
[65] KUSSMANN, A., u. A. SCHULZE: Phys. Z.S38 (1937) S. 42.
[66] CHEVENARD, P., u. C. CRUSSARD: C. R. Acad. Sci., Paris 215 (1942) S. 58.
[67] GERLACH, W.: Z. Elektrochem. 45 (1939) S. 151.
[68] HANSEN, M., u. K. ANDERKO: „Constitution of Binary Alloys", New York 1958.
[69] KUSSMANN, A., u. G. Gfrn. v. RITTBERG: Ann. Phys. Lpz. 7 (1950) S. 173.
[70] KUSSMANN, A., u. H. NITKA: Phys. Z. 39 (1938) S. 373.
[71] WEISS, P. R.: Phys. Rev. 74 (1948) S. 1493.
[72] EKSTEIN, H.: Phys. Rev. 80 (1950) S. 122.
[73] KLEIN, M. I., u. R. S. SMITH: Phys. Rev. 79 (1950) S. 214.
[74] KLEIN, M. I., u. R. S. SMITH: Phys. Rev. 81 (1951) S. 378.
[75] HEBER, G.: Ann. Phys., Lpz. 11 (1953) S. 48.
[76] VALENTA, L.: Czechosl. J. Phys. 7 (1957) S. 127, 136.
[77] GLASS, S. I., u. M. I. KLEIN: Phys. Rev. 109 (1958) S. 288.
[78] KNAPPWOST, A., u. G. RUST: Z. phys. Chem. 21 (1959) S. 163.
[79] KÖNIG, H.: Naturwiss. 33 (1946) S. 71.
[80] KÖNIG, H.: Optik 3 (1948) S. 101.
[81] DRIGO, A.: Nuovo Cim. 8 (1951) S. 498.
[82] JENSEN, H. H., u. A. NIELSEN: Trans. Danish. Acad. Techn. Sci. (A. T. S.) 2 (1953) S. 1.
[83] CRITTENDEN, E. C., u. R. W. HOFFMANN: Rev. Mod. Phys. 25 (1953) S. 310; J. Phys. Radium 17 (1956) S. 270.
[84] REINER, L.: Habil. Schrift. Univ. Münster 1956.
[85] REINCKE, W.: Z. Phys. 137 (1954) S. 169.
[86] REIMER, L.: Z. Naturforsch. 12a (1957) S. 550; Z. Geophys. 24 (1958) S. 53.
[87] HELLENTHAL, W.: Z. Metallforsch. 13a (1958) S. 566.
[88] BAUER, H. I.: Z. Phys. 153 (1958/59) S. 484.
[89] GOUREAUX, G., u. A. COLOMBANI: C. R. Acad. Sci., Paris 246 (1958) S. 741.
[90] GOUREAUX, G., u. A. COLOMBANI: C. R. Acad. Sci., Paris 246 (1958) S. 1979.
[91] COLOMBANI, A., G. GOUREAUX u. P. HUET: J. Phys. Radium 20 (1959) S. 303.
[92] RUSKE, W.: Ann. Phys., Lpz. 2 (1959) S. 274.
[93] NEUGEBAUER, C. A.: Phys. Rev. 116 (1959) S. 1441 (s. a. [112]); J. Appl. Phys. 31. (1960), S. 152 S; Sci. Rep. No. 2, US Air Force Contract No. AF-19 (604)-5566.
[94] MAYER, A., u. E. VOGT: Z. Naturforsch. 7a (1952) S. 334.
[95] MAYER, A., u. E. VOGT: Kolloid-Z. 125 (1952) S. 174.
[96] KNAPPWOST, A.: Naturwiss. 42 (1955) S. 459.
[97] BEAN, C. P., u. I. S. JACOBS: J. Appl. Phys. 27 (1956) S. 1448.
[98] BIEDERMANN, E., u. E. KNELLER: Z. Metallkde. 47 (1956) S. 760.

[99] FRICKE, H.: (1956), s. [100].
[100] KNELLER, E.: Z. Phys. 152 (1958) S. 574.
[101] VOGT, E., W. HENNING u. A. HAHN: Berichte der Arbeitsgemeinschaft Ferromagnetismus, Stuttgart: Riederer 1958.
[102] KNAPPWOST, A., u. A. ILLENBERGER: Naturwiss. 45 (1958) S. 238.
[103] BECKER, J. J.: Trans. A. I. M. E., 209 (1957) S. 59.
[104] LUBORSKY, F. E.: Phys. Rev. 109 (1958) S. 40.
[105] LUBORSKY, F. E.: J. Appl. Phys. 29 (1958) S. 309.
[106] BEAU, C. P., D. S. LIVINSTON u. J. RODBELL: J. Phys. Radium 20 (1959) S. 298.
[107] CAHN, J. W., I. S. JACOBS u. P. E. LAWRENCE: J. Appl. Phys. 30 (1959) S. 120.
[108] SCHULTZE, D.: Naturwiss. 47 (1960) S. 128.
[109] MAYER, H.: „Physik dünner Schichten", Stuttgart: Wiss. Verlags. Ges. 1950 u. 1955.
[110] THOMAS, H.: Berichte der Arbeitsgemeinschaft Ferromagnetismus (1959) S. 86.
[111] HELLENTHAL, W.: Phys. Verh. 10 (1959) S. 132.
[112] Symposium on Structure and Properties of Thin Films, New York: J. Wiley & Sons 1959 S. 358.
[113] BEAN, C. P., u. J. D. LIVINGSTON: J. Appl. Phys. 30 (1959) S. 120.
[114] FONER, S., u. E. D. THOMPSON: J. Appl. Phys. 30 (1959) S. 229.
[115] WOHLFARTH, E. P.: Berichte der Arbeitsgemeinschaft Ferromagnetismus (1959) S. 9.
[116] PUGH, E. W., u. B. E. ARGYLE: J. Appl. Phys. 32 (1961) S. 334 S.
[117] PUGH, E. W., u. B. E. ARGYLE: Bull. Am. Phys. Soc. 6 (1961) S. 125.
[118] PUGH, E. W., u. B. E. ARGYLE: J. Appl. Phys. 33 (1962) im Druck.
[119] DYSON, F. J.: Phys. Rev. 102 (1956) S. 1217.
[120] GOSSARD, A. C., V. JACCARINO u. J. P. REMEIKA: Phys. Rev. Letters 7 (1961) S. 122.

11. Austauschenergie

Zur mathematischen Behandlung aller Fälle, in denen die Magnetisierungsrichtung örtlich veränderlich ist, wie z. B. in einer BLOCH-Wand, brauchen wir einen quantitativen Ausdruck für die Arbeit, welche gegen die Kopplungskräfte zwischen ferromagnetisch gekoppelten Elementarmomenten geleistet wird, wenn man die Momente aus ihrer parallelen Lage heraus um vorgegebene Winkel gegeneinander verdreht, oder allgemeiner ausgedrückt, einen Ausdruck für die freie Energie einer Anordnung ferromagnetisch gekoppelter Momente als Funktion der Winkel zwischen den Momentenrichtungen. Dieser Anteil der gesamten freien Energie eines ferromagnetischen Gitters, der nur vom Winkel zwischen den Momentenrichtungen, nicht aber von deren Lage im Kristallgitter abhängt, wird als Austauschenergie bezeichnet.

Ein prinzipielles Verständnis der zur Erklärung des außerordentlich starken molekularen Feldes notwendigen Kopplungskräfte zwischen den atomaren Momenten ist, wie HEISENBERG [1] gezeigt hat, nur mit Hilfe der Quantentheorie möglich. Wir werden darauf in Kap. 45 näher eingehen. Hier wollen wir lediglich die für das vorliegende Problem wesentlichen Ergebnisse einer quantenmechanischen Behandlung der ferromagnetischen Kopplungserscheinungen vorwegnehmen, und daraus, einer übersichtlichen Darstellung von KITTEL [2] folgend, eine einfache Näherungsgleichung der Austauschenergie für den praktisch wichtigen Fall ableiten, daß benachbarte Momente nur kleine Winkel miteinander bilden, wie beispielsweise in einer BLOCH-Wand. Am einfachsten gelingt dies auf der Grundlage des HEITLER-LONDON-HEISENBERG-Modells, in welchem die für den Ferromagnetismus maßgebenden Elektronen als fest an die einzelnen Atome gebunden angesehen werden. Wie HERRING [3, 5] gezeigt hat (s. hierzu auch WOHLFARTH [5]), ist eine quantitative Behandlung des BLOCH-Wandproblems jedoch auch an Hand des Bandmodells (collective-electron-model [6] bis [12]) möglich.

11.1 Ableitung der Austauschenergie

Wir nehmen im folgenden an, daß das magnetische Moment der Atome im wesentlichen durch die Spinmomente und nicht durch Bahnmomente bestimmt ist. Diese Annahme wird für die Übergangsmetalle und deren Legierungen durch die Ergebnisse gyromagnetischer Versuche gerechtfertigt. Entsprechend dem HEITLER-LONDON-HEISENBERG-Modell wird der ferromagnetische Stoff durch ein Atomgitter mit der totalen Spinquantenzahl S pro Atom dargestellt. $2S$ ist nach 2.3.4 stets eine ganze Zahl und gleich der Zahl der unkompensierten Spinmomente im Atom.

Im allgemeinen findet man, daß die effektive Magnetonenzahl pro Atom

$$n_{\text{eff}} = \frac{\text{Sättigungsmagnetisierung } I_\infty}{\text{Zahl der Atome pro Volumeneinheit} \times \mu_B}$$

nicht ganzzahlig ist. Dies stellt jedoch keine prinzipielle Einschränkung der Gültigkeit der vorliegenden Betrachtungen dar. Wie VAN VLECK [13] gezeigt hat, kann durch eine geringfügige Abwandlung des HEISENBERG-Moodells auch eine nicht ganzzahlige mittlere Magnetonenzahl pro Atom zwanglos in die Theorie einbezogen werden.

Das für unser Problem wesentliche Ergebnis der quantenmechanischen Behandlung des Vielelektronenproblems kann etwa in folgender Weise zusammengefaßt werden: In dem Ausdruck für die Wechselwirkungen zwischen benachbarten Atomen tritt ein Term elektrostatischen Ursprungs auf, welcher, je nachdem das Vorzeichen eines darin enthaltenen Energieintegrals J_0 (Austauschintegral) positiv oder negativ ist, auf eine parallele oder antiparallele Kopplung zwischen benachbarten Spinmomenten führt. Nach DIRAC [14] ist die effektive Kopplungsenergie zwischen den resultierenden Spinmomenten zweier Atome i und j infolge der Austauschwechselwirkung äquivalent einer potentiellen Energie, welche bis auf einen hier unwichtigen, konstanten Term durch

$$V_{ij} = -2 J_{0ij} S_i S_j \tag{11.1}$$

gegeben ist. Hierin bedeuten J_{0ij} das Austauschintegral und S_i, S_j die Spinmomente der Atome i, j gemessen in Vielfachen von $h/2\pi$.

Das durch Gl. (11.1) gegebene Potential ist isotrop, d. h. unabhängig von der kristallographischen Richtung der Spinmomente. Dies entspricht der experimentellen Erfahrung, wonach die spontane Magnetisierung von der kristallographischen Richtung innerhalb der bisherigen Meßgenauigkeiten unabhängig ist.

Für $S_i = S_j = 1/2$ (entsprechend einem Elektronenspin pro Atom) ergibt sich aus dem Kosinusgesetz für den Ausdruck $2 S_i S_j$ der Wert $+1/2$ für parallele und $-3/2$ für antiparallele Spineinstellung. Damit ist das Austauschintegral nach Gl. (11.1) folgendermaßen definiert. Hat J_0 positives Vorzeichen (ferromagnetische Kopplung), dann ist die potentielle Energie zweier gekoppelter Elektronenspins bei paralleler Einstellung um den Betrag $2J_0$ niedriger als bei antiparalleler

Einstellung. Gl. (11.1) ist ein fundamentales Ergebnis der Quantentheorie. Sie bildet den Ausgangspunkt der weiteren Rechnungen.

Für die praktische Anwendung sind, wie bereits erwähnt, im wesentlichen nur solche Spinanordnungen von Interesse, in denen benachbarte Spins lediglich kleine Winkel miteinander bilden. Hierfür kann man die Spinmatrizen S_i, S_j näherungsweise auf klassische Vektoren abbilden und damit Gl. (11.1) in der Form

$$w_A = - \sum_{i>j} 2 J_{0ij} S^2 \cos \varphi_{ij} \qquad (11.2)$$

schreiben. Die Summe ist über alle gekoppelten Spins zu erstrecken. φ_{ij} bedeutet den Winkel zwischen den nunmehr im klassischen Sinn zu verstehenden Spinmomentvektoren der Atome i und j.

Nehmen wir an, daß nur die Wechselwirkungen zwischen nächsten Nachbarn Bedeutung haben, und daß diese alle unter sich gleich sind, dann vereinfacht sich Gl. (11.2) zu

$$w_A = - 2 J_0 S^2 \sum_{i>j} \cos \varphi_{ij}. \qquad (11.3)$$

Diese Annahme stellt eine sehr einschneidende Forderung dar, welche anderweitig zu erheblichen Schwierigkeiten führt, worauf wir jedoch hier nicht weiter eingehen wollen.

Da die Winkel zwischen benachbarten Spins als klein ($\varphi_{ij} \ll 1$) vorausgesetzt wurden, folgt aus Gl. (11.3) bis auf ein konstantes Glied

$$w_A \approx J_0 S^2 \sum_{i>j} \varphi_{ij}^2 \qquad (11.4)$$

und speziell für die Austauschenergie eines gekoppelten Spinpaares

$$\Delta w_A \approx J_0 S^2 \varphi^2. \qquad (11.5)$$

Zu einem viel gebrauchten Ausdruck der Austauschenergiedichte gelangt man, ausgehend von Gl. (11.3) in folgender Weise: α_{jx}, α_{jy}, α_{jz} seien die Richtungskosinus des Spinmoments im Gitterpunkt r_j. Damit lassen sich die Richtungskosinus α_{ix}, α_{iy}, α_{iz} des benachbarten Spinmoments im Gitterpunkt r_i in eine TAYLOR-Reihe entwickeln:

$$\alpha_{ix} \approx \alpha_{jx} + \{x_{ij}(\partial/\partial x_{ij}) + y_{ij}(\partial/\partial y_{ij}) + z_{ij}(\partial/\partial z_{ij})\} \alpha_{jx} \\ + 1/2 \{x_{ij}^2(\partial^2/\partial x_{ij}^2) + y_{ij}^2(\partial^2/\partial y_{ij}^2) + z_{ij}^2(\partial^2/\partial z_{ij}^2)\} \alpha_{jx}, \qquad (11.6)$$

mit $\alpha_j = i \alpha_{jx} + j \alpha_{jy} + k \alpha_{jz}$ erhält man durch Aufsummieren über die acht nächsten Nachbarn eines Atoms in einem kubisch raumzentrierten Gitter mit der Gitterkonstante a

$$w_A \approx -2 J_0 S^2 a^2 \sum_j (\alpha_j \cdot \nabla^2 \alpha_j). \qquad (11.7)$$

Mit Hilfe der Beziehung

$$2 \alpha_{jx} \nabla^2 \alpha_{jx} = \nabla^2(\alpha_{jx}^2) - 2(\nabla \alpha_{jx})^2$$

und wegen

$$\nabla^2(\alpha_j^2) = \nabla^2(1) = 0$$

kann man Gl. (11.7) in die Form

$$w_A \approx 2 J_0 S^2 a^2 \sum_j \{(\nabla \alpha_{jx})^2 + (\nabla \alpha_{jy})^2 + (\nabla \alpha_{jz})^2\} \qquad (11.8)$$

bringen. Rechnet man die Summe aus und beachtet, daß jede Gitterzelle zwei Atome enthält und daß keine Kopplung doppelt gezählt wird, dann ergibt sich schließlich die Austauschenergiedichte

$$F_A = A\left[(\nabla \alpha_1)^2 + (\nabla \alpha_2)^2 + (\nabla \alpha_3)^2\right] \tag{11.9a}$$

mit

$$A = 2J_0 S^2/a. \tag{11.9b}$$

11.2 Das Austauschintegral

Mit den Gln. (11.4) bzw. (11.5) und (11.9) haben wir zwei einfache Abschätzformeln für die Austauschenergie gewonnen. Nunmehr besteht noch die Aufgabe, das in diesen Gleichungen auftretende Austauschintegral J_0 bzw. die Konstante A zu bestimmen. Ein Weg zur Lösung dieser Aufgabe ist der, daß man versucht, J_0 zu solchen leicht meßbaren magnetischen Eigenschaften in Beziehung zu setzen, die stark von J_0 abhängig sind, wie z. B. die CURIE-Temperatur oder die Temperaturabhängigkeit der spontanen Magnetisierung. Da eine genaue statistische Theorie des Ferromagnetismus nicht existiert, ist dies jedoch vorläufig nur in mehr oder weniger roher Näherung möglich. Zuverlässiger erscheint die direkte Bestimmung der Konstante A aus Messungen der BLOCH-Wandenergie (s. Kap. 20) oder aus magnetischen Resonanzexperimenten.

Versuchen wir zunächst über die WEISSsche Molekularfeldtheorie einen Zusammenhang von J_0 mit der CURIE-Temperatur herzustellen. Das Spinmoment eines beliebigen Atoms im Gitter sei mit den Spinmomenten von z Nachbaratomen gekoppelt. Die Spinquantenzahl jedes Atoms sei S; das Austauschintegral J_0 werde der Einfachheit halber für jede Kopplung als gleich groß angenommen. Zeigen x der z gekoppelten Spins nach Norden und y nach Süden (es ist $z = x + y$), dann erhält man aus Gl. (11.3) für die Austauschenergie der Anordnung, je nachdem der Spin des Zentralatoms nach Süden oder nach Norden zeigt,

$$w_A = \pm\, 2(x - y) S^2 J_0. \tag{11.10}$$

Setzt man nunmehr voraus, daß die relative Magnetisierung der z Atome die relative Magnetisierung des gesamten Materials repräsentiert

$$\frac{x - y}{z} \approx \frac{I}{I_\infty}, \tag{11.11}$$

dann folgt

$$w_A \approx \pm\, 2z S^2 J_0 \frac{I}{I_\infty}. \tag{11.12}$$

Andererseits ist (s. Kap. 4) die potentielle Energie eines Spinmoments der Quantenzahl S im WEISSschen Feld $H_w = WI$ bei antiparalleler bzw. paralleler Einstellung zu diesem

$$w_{\text{pot}} = \pm\, 2S\mu_B \cdot WI. \tag{11.13}$$

Die Gln. (11.12) und (11.13) drücken voraussetzungsgemäß dasselbe aus. Mit der Gl. (11.12) haben wir zunächst eine formale Begründung für den Ansatz (4.3) gegeben, wonach das WEISSsche Feld proportional zur Magnetisierung I ist. Durch Gleichsetzen der rechten Seiten der Gln. (11.12) und (11.13) erhält man eine Beziehung zwischen dem WEISSschen Faktor W und dem Austauschintegral

$$W = \frac{z J_0 S}{\mu_B I_\infty} \tag{11.14}$$

und daraus mit Gl. (4.11) ($J = S$, $g = 2$) das Austauschintegral J_0 als Funktion der CURIE-Temperatur

$$J_0 = \frac{3\,k\,\Theta}{2\,z\,S(S+1)}\,. \tag{11.15}$$

Gl. (11.15) stellt nur eine sehr rohe Abschätzung für J_0 dar. Besonders zweifelhaft ist offenbar der Übergang von Gl. (11.10) nach Gl. (11.12). Die Voraussetzung, welche zu der Gl. (11.11) führt, ist um so eher erfüllt, je größer z ist. Sie trifft dagegen für kleine z sicher nicht zu. Im allgemeinen wird angenommen, daß Austauschwechselwirkungen nur zwischen nächsten Nachbarn bestehen. Gerade dann ist aber z sehr klein, z. B. $z = 8$ für kubisch raumzentrierte und $z = 12$ für kubisch flächenzentrierte Gitter. Bei derartig kleinen z-Werten ist es notwendig, örtliche Schwankungen der Kopplungsenergie bzw. des molekularen Feldes in Betracht zu ziehen. Ausgedehnte theoretische Untersuchungen hierüber wurden insbesondere von NÉEL [15, 16, 17] unternommen. Sie liefern eine wenigstens qualitative Erklärung für die beobachteten Abweichungen von der WEISSschen Molekularfeldtheorie in der Nähe der CURIE-Temperatur (Verlauf der Suszeptibilität (s. 4.4) und der spezifischen Wärme (s. 9.6) oberhalb der ferromagnetischen CURIE-Temperatur).

Setzt man in Gl. (11.15) für z die Zahl der nächsten Nachbarn ein, dann ergibt sich z. B. für ein kubisch raumzentriertes Gitter ($z = 8$) mit $S = 1/2$ $J_0 = 0{,}25\,k\,\Theta$ und mit $S = 1$ $J_0 = 0{,}1\,k\,\Theta$.

Eine Zusammenstellung weiterer Beziehungen zur Abschätzung von J_0 hat KITTEL [2] angegeben.

WEISS [18] erhielt mit einer Erweiterung der BETHE-PEIERLS-Methode

$$\begin{aligned}J_0 &= 0{,}54\,k\,\Theta \quad \text{(einfach kub. Gitter, } S = 1/2), \\ J_0 &= 0{,}34\,k\,\Theta \quad \text{(kub. rztr. Gitter,} \quad S = 1/2), \\ J_0 &= 0{,}15\,k\,\Theta \quad \text{(kub. rztr. Gitter,} \quad S = 1).\end{aligned} \tag{11.16}$$

LIFSCHITZ [19] berechnete das effektive Austauschintegral J_0 nach der Gleichung (s. 20.2.1)

$$J_0 = (\alpha/2SC)^{2/3} \cdot (k/2S). \tag{11.17}$$

Hierin bedeutet C den experimentellen Wert der BLOCHschen Konstante in dem Gesetz

$$I_s = I_\infty(1 - CT^{3/2})$$

für die Temperaturabhängigkeit der spontanen Magnetisierung bei tiefen Temperaturen. Ferner ist $\alpha = 0{,}1174$ für einfach kubische, $\alpha = 0{,}0587$ für kubisch raumzentrierte und $\alpha = 0{,}0294$ für kubisch flächenzentrierte Gitter. Experimentelle Werte für C sind nach FALLOT [22] $C = 3{,}5 \cdot 10^{-6}$ für Eisen und $C = 8{,}6 \cdot 10^{-6}$ für Nickel.

Mit den Gln. (11.15), (11.16) und (11.17) haben wir drei Beziehungen zur Abschätzung des Austauschintegrals J_0. Für Eisen beispielsweise ergibt sich aus Gl. (11.15) $J_0 = 100\,k$, aus Gl. (11.16) $J_0 = 160\,k$ und aus Gl. (11.17) $J_0 = 205\,k$.

Abschließend erwähnen wir noch eine Gleichung für die Austauschenergiedichte in kubischen Gittern, welche von STONER und WOHLFARTH [23] (s. a. [24]) speziell für den in einer BLOCH-Wand vorkommenden Magnetisierungsverlauf abgeleitet wurde. Bei Beschränkung auf Wechselwirkungen zwischen nächsten Nachbarn und unter der Voraussetzung, daß die Magnetisierung stets senkrecht auf einer der kubischen Achsen, sagen wir der x-Achse, steht, und daß sich ihre Richtung nur parallel zur x-Achse ändert, ergibt sich

$$F_A = G k \Theta I_s^2 \frac{a_1^5 \cdot n^{1/3}}{(q \mu_B)^2} \left(\frac{d\Phi}{dx}\right)^2$$
$$= G k \Theta \left(\frac{I_s}{I_\infty}\right)^2 \frac{n^{1/3}}{a_1} \left(\frac{d\Phi}{dx}\right)^2 \qquad (11.18)$$
$$= A \left(\frac{d\Phi}{dx}\right)^2.$$

Hierin sind, wie üblich, k die BOLTZMANN-Konstante, Θ die CURIE-Temperatur, I_s die spontane Magnetisierung und $I_\infty = q \mu_B / a_1^3$ die absolute Sättigung. G ist ein Zahlfaktor der Größenordnung 0,1. Genauer erhält man $G = 1/12 = 0,084$ für einfach kubische, $G = 2^{2/3}/16 = 0,099$ für kubisch raumzentrierte und $G = 4^{2/3}/24 = 0,105$ für kubisch flächenzentrierte Gitter. n bedeutet die effektive Magnetonenzahl pro Atom ($n = 2,2$ für Eisen und $n = 0,605$ für Nickel) und $a_1^3 = a^3/\zeta$ (a = Gitterkonstante, ζ = Zahl der Atome pro Elementarzelle) ist das Atomvolumen.

Die nach Gl. (11.18) berechneten Absolutwerte für A sind nicht genauer als die mit Hilfe der Gln. (11.15) bis (11.18) nach Gl. (11.9b) abgeschätzten A-Werte. Durch Gl. (11.18) ist nach STONER und WOHLFARTH sehr wahrscheinlich eine untere Grenze für A gegeben. Der tatsächliche Wert von A kann um einen Faktor 2 bis 3 größer sein. Dagegen liefert Gl. (11.18) im Gegensatz zu den anderen hier erwähnten Abschätzformeln verhältnismäßig zuverlässige Relativwerte für A. Wir bemerken insbesondere, daß A nach Gl. (11.18) wie I_s^2 von der Temperatur abhängt.

Verschiedentlich wurde die Konstante A auch direkt aus Resonanzversuchen [26, 27, 28] sowie aus BLOCH-Wandenergiemessungen [29] (s. a. Kap. 20) bestimmt. In Tab. 11.1 sind die auf verschiedenen Wegen ermittelten A-Werte einiger Stoffe zusammengestellt.

Tabelle 11.1. Austauschenergiekonstante A einiger ferromagnetischer Stoffe

Material	A in 10^{-7} erg cm^{-1}	bestimmt aus	Literatur
Fe	8,3	Gl. (11.18)	[24]
	9,8	Gl. (11.9b) mit J_0 aus Gl. (11.15)	
	11,7	—	[15]
	14,8	Gl. (11.9b) mit J_0 aus Gl. (11.16)	[2]
	20	Gl. (11.9b) mit J_0 aus Gl. (11.17)	
	20	exp.	[26]
	33 ± 5	exp.	[27]
Ni	3,4	Gl. (11.18)	[24]
Co	10,3		[24]
80 Ni 20 Fe	10 ± 2	exp.	[28]
81 Ni 19 Fe	5,5	exp.	[28]
83 Ni 17 Fe	9,5	exp.	[28]
86 Ni 14 Fe	9,1 ± 1	exp.	[28]
65 Ni 35 Fe	10 ± 2	exp.	[29]

Literatur zu Kap. 11

[1] HEISENBERG, W.: Z. Phys. 49 (1928) S. 619.
[2] KITTEL, CH.: Rev. Mod. Phys. 21 (1949) S. 541.
[3] HERRING, C.: Phys. Rev. 85 (1952) S. 1003.
[4] HERRING, C.: Phys. Rev. 87 (1952) S. 60.
[5] WOHLFARTH, E. P.: Proc. phys. Soc., Lond. A 65 (1952) S. 1053.
[6] BLOCH, F.: Z. Phys. 57 (1939) S. 545.
[7] SLATER, J. C.: Phys. Rev. 49 (1936) S. 537, 931.
[8] SLATER, J. C.: Phys. Rev. 52 (1937) S. 198.
[9] STONER, E. C.: Proc. roy. Soc., Lond. 165 A (1938) S. 372.
[10] STONER, E. C.: Proc. roy. Soc., Lond. 169 A (1939) S. 339.
[11] STONER, E. C.: Proc. Leeds Phil. Soc., Lond. 3 (1938) S. 457.
[12] STONER, E. C.: Phil. Mag. 25 (1938) S. 899.
[13] VAN VLECK, J. H.: Rev. Mod. Phys. 17 (1945) S. 28; Annales de l'Institut Henri POINCARÉ: 10 (1947) S. 57, 190.
[14] DIRAC, P. A. M.: The principles of quantum mechanics, New York: Oxford University Press 1935, Second edition, Chapter X.
[15] NÉEL, L.: Ann. Physique 17 (1932) S. 5.
[16] NÉEL, L.: J. Phys. Radium 5 (1934) S. 104.
[17] NÉEL, L.: Le Magnétisme, Vol II, 65, 1940 Paris; Institut International de Coopération Intellectuelle (Konferenzbericht aus Straßburg 1939).
[18] WEISS, P. R.: Phys. Rev. 74 (1948) S. 1493.
[19] LIFSCHITZ, E.: J. Phys. U. S. S. R. 8 (1944) S. 377 (s. CH. KITTEL: Rev. Mod. Phys. 1949).
[20] BLOCH, F.: Z. Phys. 61 (1930) S. 206.
[21] MÖLLER, C.: Z. Phys. 82 (1933) S. 559.
[22] FALLOT, M.: Ann. Phys., Lpz. 6 (1936) S. 305.
[23] STONER, E. C., u. E. P. WOHLFARTH: Phil. Trans. roy. Soc., Lond. A 244 (1948) S. 599.
[24] STONER, E. C.: Rep. Progr. in Physics 13 (1950) S. 83.
[25] NÉEL, L.: Cah. Physique 25 (1944) S. 1.
[26] RODBELL, D. S.: J. Appl. Phys. 30 (1959) S. 1875.
[27] RADO, G. T., u. J. K. WEERTMANN: J. Phys. Chem. Solids 11 (1959) S. 315.
[28] SEAVEY, M. H., u. P. E. TANNENWALD: J. Appl. Phys. 30 (1959) S. 2275.
[29] BEAN, C. P.: Proc. Pittsburgh Conf. on Magnetism and Magnetic Materials (1955) S. 365.

12. Überblick über die Anisotropieerscheinungen

Die Austauschenergie hängt nach Gl. (11.1) bzw. Gl. (11.9a) nur vom Winkel zwischen benachbarten Spinmomenten, nicht aber von deren kristallographischer Orientierung ab. Sie ist isotrop. Spontane Magnetisierung und CURIE-Temperatur sind also unabhängig von der Magnetisierungsrichtung im Gitter.

Bei Austauschkopplung zwischen einem ferromagnetischen und einem antiferromagnetischen Gitter liefert die Austauschenergie, wie wir in Kap. 15 sehen werden, eine vektorielle Anisotropie, die sog. Austauschanisotropie.

Die an einem ungestörten Kristall längs der Neukurve $I(H)$ bis zur Sättigung gemessene Magnetisierungsarbeit $\int H \, dI$ ist bei Magnetisierung in verschiedenen kristallographischen Richtungen im allgemeinen verschieden groß. Sie ist beispielsweise bei Eisen für eine $\langle 111 \rangle$-Richtung am größten und für eine $\langle 100 \rangle$-Richtung am kleinsten. Das bedeutet nach Gl. (9.32), daß die freie Energie des ungestörten Kristallgitters von der kristallographischen Orientierung der spontanen Magnetisierung abhängt. Diese als Kristallanisotropie bezeichnete Erscheinung werden wir in Kap. 13 behandeln.

Gleichzeitig mit der Ausbildung spontaner Magnetisierung beim Abkühlen eines ursprünglich beispielsweise kubischen Kristalls unter die CURIE-Temperatur verliert der Kristall seine kubische Symmetrie. Er verzerrt sich spontan. Eine homogen magnetisierte Einkristallkugel wird beim Abkühlen unter die CURIE-Temperatur zum Ellipsoid. Diese Erscheinung wird als Magnetostriktion bezeichnet. Die spontane Verzerrung des Gitters tritt ein, weil die freie Energie des spontan magnetisierten Gitters nicht im kubischen, sondern in einem gegenüber diesem verzerrten Zustand des Gitters am kleinsten wird. Wir werden die Magnetostriktion in Kap. 16 behandeln.

Wegen der Magnetostriktion ist, wie wir in Kap. 17 zeigen werden, die freie Energie eines elastisch verzerrten Gitters von der Lage des Vektors der spontanen Magnetisierung gegenüber den Achsen des Hauptspannungsellipsoids abhängig. Wir nennen diese Erscheinung Spannungsanisotropie.

In Legierungen ist die Bindungsenergie zwischen gleichartigen und zwischen ungleichartigen Atomen im allgemeinen in unterschiedlicher Weise von der Richtung der Bindung gegenüber der Richtung der spontanen Magnetisierung abhängig. Bei einer für den Ablauf von Platzwechselvorgängen hinreichend hohen Temperatur bildet sich daher eine Nahordnung mit einachsiger Symmetrie, derart, daß hierfür die freie Energie in bezug auf die während der Ordnungsbildung bestehende Magnetisierungsrichtung am kleinsten wird. Nach dem Einfrieren der Nahordnung bei tiefen Temperaturen besitzt das Legierungsgitter deshalb eine einachsige magnetische Anisotropie, welche wir als Diffusionsanisotropie bezeichnen.

Bei plastischer Verformung eines Legierungskristalls entsteht infolge Änderung der Nachbarschaftsverhältnisse längs der Gleitebenen die sog. Verformungsanisotropie, welche in gleicher Weise verstanden werden kann wie die Diffusionsanisotropie. Diffusions- und Verformungsanisotropie werden wir gemeinsam in Kap. 14 behandeln.

Auf Grund der unsymmetrischen Umgebung von Atomen an der Oberfläche liefert die Theorie eine magnetische Oberflächenanisotropie.

Bei nicht kugelförmigen Körpern ist der geometrische Entmagnetisierungsfaktor nicht isotrop und deshalb die Streufeldenergie von der Lage der Magnetisierung in der Probe abhängig. Diese unmittelbar aus der Magnetostatik folgende Anisotropie wird als Formanisotropie bezeichnet. Wir behandeln sie in Kap. 19.

Die Symmetrieverhältnisse aller hier aufgezählten Anisotropieerscheinungen mit Ausnahme der Austauschanisotropie und der Formanisotropie können, einer Darstellung von NÉEL [1] (s. a. [2, 3, 4]) folgend, in einfacher Weise aus einem geeigneten Ansatz für die Kopplungsenergie w zwischen benachbarten Atomen abgeleitet werden.

Es sei r der Abstand zweier gekoppelter Atome und φ der Winkel, welchen die spontane Magnetisierung mit der Verbindungslinie der Atommittelpunkte einschließt. Die Kopplungsenergie w ist eine Funktion von r und φ. w kann aus Symmetriegründen in eine Reihe der Form

$$w = g_1(r) P_2(\cos \varphi) + g_2(r) P_4(\cos \varphi) + \cdots \qquad (12.1)$$

entwickelt werden. Hierin bedeuten die P_n die einfachen LEGENDREschen Kugelfunktionen und die $g_i(r)$ Koeffizienten, welche nur von r abhängen. Da der

Betrag dieser Terme mit wachsendem Atomabstand sehr rasch abnimmt, wollen wir die Rechnung auf Wechselwirkungen zwischen nächsten Nachbarn beschränken. Diese Näherung ist lediglich für den hier unwesentlichen, rein magnetischen Dipol-Dipol-Kopplungsterm $-3\,\mu^2/r^3$ sicher nicht zulässig.

Mit r_0 bezeichnen wir den Abstand zwischen nächst benachbarten Atomen und setzen ferner $r = r_0 + \delta r$. Damit kann man die Energie w in der Form

$$w = (-3\mu^2/r^3 + l + m\,\delta r)\,(\cos^2 \varphi - 1/3)$$
$$+ (p + q\,\delta r)(\cos^4 \varphi - (30/35)\cos^2 \varphi + 3/35) + \cdots \quad (12.2)$$

schreiben mit Beschränkung auf Glieder 1. Ordnung in δr entsprechend der linearen Elastizitätstheorie. l, m, p, q sind Funktionen von r_0. Gl. (12.2) bildet den Ausgangspunkt für die folgende Diskussion der Anisotropieeffekte und der Magnetostriktion.

Wir setzen der Einfachheit halber kubische Symmetrie voraus und bezeichnen mit γ_1, γ_2, γ_3 die Richtungskosinus der Verbindungsgeraden zwischen den Mittelpunkten benachbarter Atome und mit α_1, α_2, α_3 die Richtungskosinus der spontanen Magnetisierung I_s, beide bezogen auf die kubischen Achsen. Es ist dann

$$\cos \varphi = \sum_i \alpha_i \gamma_i.$$

Im folgenden suchen wir stets einen Ausdruck für die freie Energiedichte. Hierzu müssen wir zunächst die mittlere Energie $\overline{w}$ einer Bindung berechnen. Dies geschieht durch Mittelung über alle in dem jeweils betrachteten Gitter möglichen Bindungen eines beliebigen Atoms mit seinen sämtlichen nächsten Nachbarn, d. h. bei konstanten α_i durch Mittelung über alle möglichen γ_i. Die dazu notwendigen Mittelwerte verschiedener Produkte aus den γ_i sind in Tab. 12.1 für kubische Gitter zusammengestellt.

Tabelle 12.1. Nach Néel [1]

Bezeichnung	Isotrope Verteilung der Bindungen	Einfache kub. Gitter $n=6$	kub. rz. $n=8$	kub. fz. $n=12$
$s_2 = \overline{\gamma_i^2}$	1/3	1/3	1/3	1/3
$s_4 = \overline{\gamma_i^4}$	1/5	1/3	1/9	1/6
$s_{22} = \overline{\gamma_i^2 \gamma_j^2}$	1/15	0	1/9	1/12
$s_6 = \overline{\gamma_i^6}$	1/7	1/3	1/27	1/12
$s_{42} = \overline{\gamma_i^4 \gamma_j^2}$	1/35	0	1/27	1/24
$s_{222} = \overline{\gamma_1^2 \gamma_2^2 \gamma_3^2}$	1/105	0	1/27	0

Die Energiedichte F erhält man schließlich durch Multiplikation von $\overline{w}$ mit der Zahl $nL/2V_A$ der Bindungen in 1 cm³. Dabei ist L die LOSCHMIDTsche Zahl, n die Zahl der nächsten Gitternachbarn und V_A das Atomvolumen.

Literatur zu Kap. 12

[1] Néel, L.: J. Phys. Radium 15 (1954) S. 225.
[2] Néel, L.: C. R. Acad. Sci., Paris 237 (1953) S. 146 B.
[3] Néel, L.: C. R. Acad. Sci., Paris 237 (1953) S. 1613.
[4] Néel, L.: C. R. Acad. Sci., Paris 238 (1954) S. 305.

13. Kristallanisotropie

Die freie Energie eines ungestörten ferromagnetischen Kristalls hängt von der Richtung der spontanen Magnetisierung bezüglich der Kristallachsen ab. Diese Erscheinung wird als Kristallanisotropie bezeichnet. Die Kristallanisotropie kommt unmittelbar in einer Orientierungsabhängigkeit der Magnetisierungsarbeit zum Ausdruck. Wie Abb. 13.1 für Einkristalle aus Eisen [1], Nickel [2] und Kobalt [3] zeigt, ist die durch Gl. (9.8) (s. a. Abb. 9.1) definierte Magnetisierungsarbeit

$$A = \int_0^{I_s} H \, dI$$

von der kristallographischen Richtung abhängig, in welcher der Kristall magnetisiert wird. Diejenigen Richtungen, in welchen die Magnetisierungsarbeit am kleinsten wird, sind die Richtungen der kleinsten freien Energie. Sie werden kristallo-

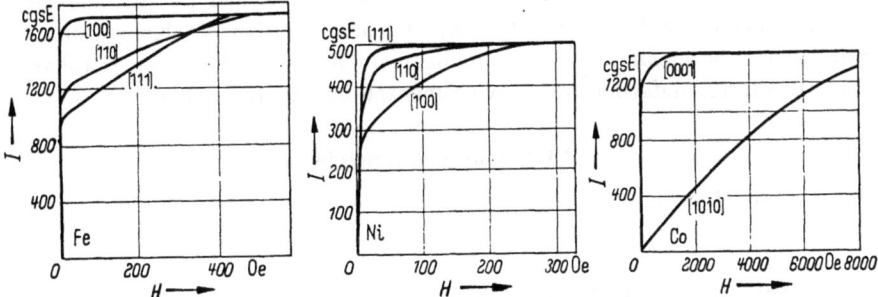

Abb. 13.1. Magnetisierungskurven von Eisen-, Nickel- und Kobalt-Einkristallen gemessen in den Hauptrichtungen. (Nach HONDA und KAYA [1] und KAYA [2, 3])

graphische Vorzugsrichtungen, Richtungen leichtester Magnetisierbarkeit oder einfach leichte Richtungen genannt. Es sind dies stets niedrig indizierte Richtungen, so z. B. (Abb. 13.1) für Eisen die $\langle 100 \rangle$-Richtungen, für Nickel die $\langle 111 \rangle$-Richtungen und für Kobalt die hexagonale Achse [001]. In diesen Richtungen stellt sich bei Abwesenheit äußerer Einwirkungen die spontane Magnetisierung eines Kristalls ein. Die Richtungen größter Magnetisierungsarbeit bzw. höchster freier Energie sind im allgemeinen ebenfalls niedrig indizierte Richtungen (bei Eisen z. B. die $\langle 111 \rangle$-, bei Nickel die $\langle 100 \rangle$-Richtungen). Sie werden als schwere Richtungen bezeichnet.

13.1 Die Kristallenergiefunktion F_K.

13.1.1 Allgemeines

Wir bezeichnen die Kristallenergiedichte, d. h. die Kristallenergie pro Volumeneinheit mit dem Symbol F_K.

Wie wir in 16.31 zeigen werden, ändert das Kristallgitter bei einer Änderung der Richtung der spontanen Magnetisierung seine Form. Es ist deshalb notwendig, zwischen der Kristallenergie F_K^σ im frei deformierbaren Gitter (bei konstanter Spannung) und der Kristallenergie F_K' bei konstanter Gitterform [d. h. bei konstanter Verzerrung entsprechend $\delta r = 0$ in Gl. (12.2)] zu unterscheiden. Im allgemeinen besteht jedoch zwischen F_K^σ und F_K^ε kein großer Unterschied, so daß wir für die meisten praktischen Anwendungen $F_K^\sigma \approx F_K^\varepsilon = F_K$ setzen können.

F_K ist eine Funktion der kristallographischen Richtung $\alpha_1, \alpha_2, \alpha_3$ der spontanen Magnetisierung

$$F_K = F_K(\alpha_1, \alpha_2, \alpha_3).$$

Dabei bedeuten $\alpha_1, \alpha_2, \alpha_3$ die Richtungskosinus der spontanen Magnetisierung gegen ein gitterfestes Koordinatensystem, welches für kubische Kristalle mit den kubischen Achsen identifiziert wird.

Eine quantitativ befriedigende Theorie der Kristallenergie existiert bisher nicht. Über die Funktion F_K kann man daher lediglich aussagen, daß sie die Symmetrie des Gitters haben muß. Eine mathematische Formulierung für F_K gewinnt man durch einen der jeweiligen Gittersymmetrie entsprechenden Potenzreihenansatz in den α_i. Dieser Ansatz kann grundsätzlich nur gerade Potenzen der α_i enthalten, weil kristallographisch gleichwertige Richtungen auch energetisch gleichwertig sind. Die Koeffizienten der einzelnen Glieder der Potenzreihe haben die Dimension einer Energiedichte (erg/cm³) und werden als Konstanten der Kristallenergie bezeichnet. Sie sind im allgemeinen von der Temperatur abhängig und können in manigfacher Weise experimentell bestimmt werden.

13.1.2 Kubische Kristalle

Wegen der Beziehung

$$\alpha_1^2 + \alpha_2^2 + \alpha_3^2 = 1 \tag{13.1}$$

ist das Glied 2. Ordnung in den α_i winkelunabhängig und kann deshalb weggelassen werden. Mit der Beziehung

$$(\alpha_1^2 + \alpha_2^2 + \alpha_3^2)^2 = 1 = \alpha_1^4 + \alpha_2^4 + \alpha_3^4 \\ + 2(\alpha_1^2 \alpha_2^2 + \alpha_2^2 \alpha_3^2 + \alpha_3^2 \alpha_1^2) \tag{13.2}$$

erhält man schließlich die für kubische Kristalle seit langem [4], [5] bekannte Form der Kristallenergiefunktion

$$F_K = K_0 + K_1(\alpha_1^2 \alpha_2^2 + \alpha_2^2 \alpha_3^2 + \alpha_3^2 \alpha_1^2) + K_2 \alpha_1^2 \alpha_2^2 \alpha_3^2 + \cdots \tag{13.3}$$

Glieder höherer Ordnung als die in Gl. (13.3) geschriebenen sind zur Beschreibung der Meßergebnisse normalerweise nicht notwendig und vielfach genügt sogar bereits das Glied 4. Ordnung. Der winkelunabhängige Term K_0 ist an sich überflüssig. Wir werden ihn lediglich zur experimentellen Bestimmung der Kristallenergiekonstanten aus der Magnetisierungsarbeit rein formal gebrauchen, weil im Realkristall die Magnetisierungsarbeit in einer leichten Richtung nicht verschwindet.

Gehen wir von Gl. (12.2) mit $\delta r = 0$ (konstante Verzerrung) aus, so gelangen wir ebenfalls zu einer der Gl. (13.3) analogen Form, allerdings ohne das Glied 6. Ordnung, weil wir die Potenzreihe in Gl. (12.2) bereits nach dem Glied 4. Ordnung abgebrochen haben. Man sieht sofort, daß das Glied 2. Ordnung verschwindet, weil man bei Mittelung der Energie w über alle möglichen Bindungen in kubischen Kristallen stets $\overline{\cos^2 \varphi} = \overline{\Sigma^2 \alpha_i \gamma_i} = 1/3$ erhält. Läßt man alle von den α_i unabhängigen Glieder fort, so ergibt sich wegen

$$\overline{\cos^4\varphi} = \overline{\Sigma^4 \alpha_i \gamma_i} = s_4 + (6s_{22} - 2s_4)(\alpha_1^2\alpha_2^2 + \alpha_2^2\alpha_3^2 + \alpha_3^2\alpha_1^2)$$

$$F_K^\varepsilon = \overline{w}\frac{n}{2}\frac{L}{V_A} = K_1^\varepsilon(\alpha_1^2\alpha_2^2 + \alpha_2^2\alpha_3^2 + \alpha_3^2\alpha_1^2), \tag{13.4}$$

worin K_1^ε den Wert

$$K_1^\varepsilon = \frac{cLp}{V_A} \quad \text{mit} \quad c = \frac{n}{2}(6s_{22} - 2s_4) \tag{13.5}$$

hat.

Wie wir in 16.31 zeigen werden, findet man dagegen für die Energiedichte im frei deformierbaren Gitter (bei konstanter Spannung)

$$F_K^\sigma = (K_1^\varepsilon + K_1')(\alpha_1^2\alpha_2^2 + \alpha_2^2\alpha_3^2 + \alpha_3^2\alpha_1^2) \tag{13.6}$$

mit K_1' wie in Gl. (13.5) und

$$K_1' = \frac{9}{4}[(c_{11} - c_{12})\lambda_{100}^2 - 2c_{44}\lambda_{111}^2], \tag{13.7}$$

worin c_{11}, c_{12} und c_{44} die Elastizitätsmodulen und λ_{100}, λ_{111} die Magnetostriktionskonstanten bedeuten. Die Gln. (13.6) und (13.7) sind praktisch deshalb wichtig, weil man experimentell stets die Energiedichte des frei deformierbaren Kristalls, d. h. die Summe $K_1^\sigma = K_1' + K_1'$ bestimmt. Setzt man die in Kap. 16 gegebenen Zahlwerte in Gl. (13.7) ein, dann zeigt sich, daß meistens $K_1' \ll K_1^\varepsilon$ ist.

13.1.3 Hexagonale Kristalle

Die Kristallenergiedichte hexagonaler Kristalle hat nach MASON [6] die Form

$$F_K = K_0 + K_1 \sin^2\varphi + K_2 \sin^4\varphi + K_3 \sin^6\varphi + K_4 \sin^6\varphi \cos 6\psi, \tag{13.8}$$

worin φ den Winkel der Magnetisierung gegen die hexagonale Achse [001] und ψ den Winkel gegen eine Nebenachse [100] bedeuten. Gl. (13.8) findet beispielsweise bei Pyrrhotit (s. 6.5.2) Anwendung. Dagegen hat hexagonales Kobalt in der Basisebene praktisch keine Anisotropie. F_K ist also lediglich eine Funktion von φ. Wie wir später sehen werden, genügt zur Darstellung der Meßergebnisse an Kobalt der einfachere Ausdruck

$$F_K = K_0 + K_1 \sin^2\varphi + K_2 \sin^4\varphi. \tag{13.9}$$

13.1.4 Tetragonale Kristalle

Nach GUILLAUD [7] ist für den tetragonalen Kristall Mn_2Sb die Kristallenergie in der Form

$$F_K = K_0 + K_1 \sin^2\vartheta + K_2 \sin^4\vartheta + K_3 \cos^2\alpha \cos^2\beta \tag{13.10}$$

darstellbar. Hierin bedeuten ϑ den Winkel zwischen der Magnetisierung und der tetragonalen Achse [001], α und β die Winkel, welche die Magnetisierung mit den Nebenachsen [100] und [010] einschließt.

13.1.5 Leichte und schwere Richtungen

Kubische Kristalle. Solange nur der K_1-Term in Gl. (13.3) Bedeutung hat, sind, je nachdem $K_1 > 0$ oder $K_1 < 0$ ist, die ⟨100⟩- oder die ⟨111⟩-Richtungen leichte Richtungen, die $\langle 111\rangle$- oder die $\langle 100\rangle$-Richtungen schwere Richtungen und die $\langle 110\rangle$-Richtungen mittlere Richtungen.

Sind dagegen der K_1- und der K_2-Term von gleicher Größenordnung, dann können je nach Vorzeichen und Größenverhältnis der Konstanten auch die $\langle 110\rangle$-Richtungen leichte oder schwere Richtungen werden. Einen Überblick gewinnt man an Hand des folgenden von BOZORTH [8] aufgestellten Schemas.

K_1	+	+	+	−	−	−
K_2	$+\infty$ bis $-9/4\,K_1$	$-9/4\,K_1$ bis $-9\,K_1$	$-9\,K_1$ bis $-\infty$	$-\infty$ bis $9/4\,|K_1|$	$9/4\,|K_1|$ bis $9\,|K_1|$	$9\,|K_1|$ bis $+\infty$
Leichteste Richtung	[100]	[100]	[111]	[111]	[110]	[110]
Mittlere Richtung	[110]	[111]	[100]	[110]	[111]	[100]
Schwerste Richtung	[111]	[110]	[110]	[100]	[100]	[111]

Hexagonale Kristalle. Für hexagonale Kristalle, wie Kobalt, ist nach Gl. (13.9) die hexagonale Achse leichte Richtung solange die Summe $K_1 + K_2 > 0$ ist. Wird $K_1 + K_2 < 0$, dann liegt die leichte Richtung in der Basisebene.

13.2 Graphische Darstellung der Kristallenergie

Wir setzen in räumlichen Polarkoordinaten die Länge des Radiusvektors in Richtung $\alpha_1, \alpha_2, \alpha_3$ gleich $F_K(\alpha_1, \alpha_2, \alpha_3)$. Seine Spitze beschreibt dann als Funk-

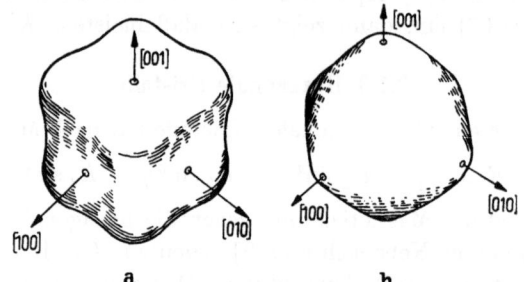

Abb. 13.2a u. b. Kristallenergiefläche, (a) wenn die $\langle 100\rangle$- und (b) wenn die $\langle 110\rangle$-Richtungen leichte Richtungen sind. (Nach BOZORTH [15])

tion der α_i eine Fläche im Raum. Diese Energiefläche ist für kubische Gitter [Gl. (13.3)] bei Beschränkung auf das Glied 4. Ordnung in Abb. 13.2a für $K_1 > 0$

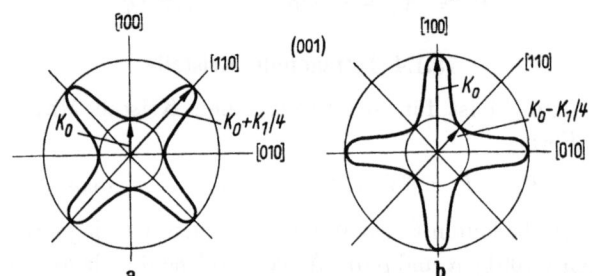

Abb. 13.3a u. b. Schnittfiguren der Kristallenergieflächen mit der (001)-Ebene. (a) wenn die $\langle 100\rangle$- und (b) wenn die $\langle 111\rangle$-Richtungen leichte Richtungen sind

und in Abb. 13.2b für $K_1 < 0$ dargestellt und vermittelt ein anschauliches Bild der Kristallenergiefunktion, insbesondere der Lage der leichten und schweren Richtungen.

Einen raschen Überblick über eine solche Energiefläche verschafft man sich durch einige leicht konstruierbare ebene Schnittfiguren der in Abb. 13.2 dargestellten Raumflächen mit niedrig indizierten Gitterebenen. Solche Schnittfiguren sind beispielsweise in Abb. 13.3 für die (001)-Ebene schematisch wiedergegeben. Man überzeugt sich leicht, daß für $K_1 > 0$ die $\langle 100 \rangle$-Richtungen und für $K_1 < 0$ die $\langle 111 \rangle$-Richtungen die leichten Richtungen sind.

Eine sehr übersichtliche graphische Darstellung der freien Energiefunktion gewinnt man auch durch stereographische Projektion der Kurven konstanter Kristallenergie. Dies zeigt die Abb. 13.4 nach BOZORTH und

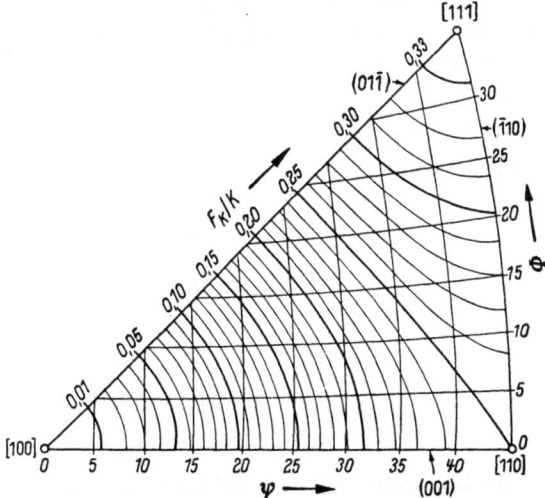

Abb. 13.4. Stereographische Projektion der Linien gleicher Kristallenergie für einen kubischen Kristall mit leichten Richtungen parallel zu $\langle 100 \rangle$-Richtungen. (Nach BOZORTH und WILLIAMS [9])

WILLIAMS [9] für die reduzierte Kristallenergie F_K/K_1 eines kubischen Kristalls mit $K_1 > 0$ und $K_2 = 0$.

13.3 Experimentelle Bestimmung der Konstanten der Kristallenergie

Die Konstanten K_i der Kristallenergie können an Einkristallen mit Hilfe verschiedener Methoden experimentell bestimmt werden, und zwar aus der reversiblen Magnetisierungsarbeit, aus Magnetisierungskurven, aus Drehmomentenkurven, aus dem Gesetz der Einmündung in die magnetische Sättigung und aus ferromagnetischen Resonanzversuchen. Wir wollen diese Methoden im folgenden kurz besprechen.

13.3.1 Reversible Magnetisierungsarbeit

Es sei
$$A_{\alpha_1 \alpha_2 \alpha_3} = \int_0^{I_s} H \, dI \tag{13.11}$$

die (reversible) Magnetisierungsarbeit, welche zu leisten ist, um einen Kristall in der Richtung $\alpha_1, \alpha_2, \alpha_3$ zu sättigen. Aus Gl. (9.36) folgt, daß $A_{\alpha_i} - A_{\alpha'_i} = \Delta F$ ist, d. h. die Differenz der Magnetisierungsarbeiten in zwei verschiedenen kristallographischen Richtungen ist gleich der Differenz der freien Energiedichte zwischen dem Zustand, in welchem die spontane Magnetisierung in der α_i-Richtung, und dem Zustand, in welchem die Magnesitierung in der α'_i-Richtung liegt. Wie wir später sehen werden, liefert neben der Kristallenergie z. B. auch die Spannungsenergie, welche von unvermeidbaren Gitterstörungen, wie Versetzungen u. dgl. herrührt, einen Beitrag zur Magnetisierungsarbeit. Ist der Beitrag der anderen Anisotropiefelder entweder klein gegen die Kristallenergie, oder von beliebiger Größe, aber isotop, d. h. gleich groß in allen kristallographischen Richtungen, dann wird $A_{\alpha_i} - A_{\alpha'_i} = \Delta F_K$. In gut ausgeglühten Einkristallen ist praktisch immer die zweite und vielfach auch die erste Bedingung erfüllt, und wir können dann die Kristallenergiekonstanten aus der Magnetisierungsarbeit in verschiedenen kristallographischen Richtungen bestimmen.

Wir gehen von den α_i zu MILLERschen Indizes über und beginnen mit *kubischen Kristallen*. Es sei A_{hkl} die Magnetisierungsarbeit in der [$h\,k\,l$]-Richtung. Die Richtungskosinus der [100]- und der [110]-Richtung sind 1, 0, 0 bzw. $1/\sqrt{2}$, $1/\sqrt{2}$, 0. Damit folgt aus Gl. (13.3)

$$A_{110} - A_{100} = F_{K110} - F_{K100} = K_1/4 \tag{13.12}$$

und in analoger Weise

$$A_{111} - A_{100} = K_1/3 + K_2/27 \tag{13.13}$$

oder umgekehrt

$$K_0 = A_{100},$$
$$K_1 = 4(A_{110} - A_{100}), \tag{13.14}$$
$$K_2 = 27(A_{111} - A_{100}) - 36(A_{110} - A_{100}).$$

Für *hexagonale Kristalle* erhält man aus Gl. (13.9) wegen $\sin^2\varphi = 0$ für die [001]-Richtung (hexagonale Achse) und $\sin^2\varphi = 1$ für eine beliebige Richtung in der Basisebene (z. B. [100])

$$A_{001} = K_0, \tag{13.15}$$
$$A_{100} = K_0 + K_1 + K_2$$

und schließlich für *das tetragonale Kristallgitter* von Mn_2Sb aus Gl. (13.10)

$$A_{001} = K_0,$$
$$A_{100} = A_{010} = K_0 + K_1 + K_2, \tag{13.16}$$
$$A_{110} = K_0 + K_1 + K_2 + K_3/4,$$

oder

$$A_{100} - A_{001} = K_1 + K_2, \tag{13.17}$$
$$A_{110} - A_{100} = K_3/4.$$

Eine Trennung von K_1 und K_2 kann für tetragonale und hexagonale Kristalle z. B. aus dem Verlauf der Magnetisierungskurve in einer schweren Richtung erhalten werden (13.3.2).

13.3.2 Bestimmung der Kristallenergiekonstanten aus der Magnetisierungskurve

Für höhere Felder im Gebiet rein reversibler Drehprozesse gegen die Kristallenergie kann die Magnetisierungskurve von Einkristallen für die kristallographischen Hauptrichtungen leicht berechnet werden (s. Kap. 28). Die Gleichung der Magnetisierungskurve enthält die Konstanten der Kristallenergie. Durch Probieren werden diese so bestimmt, daß die berechnete Magnetisierungskurve die Meßwerte am besten annähert. Diese Methode findet insbesondere für hexagonale und tetragonale Kristalle zur Trennung der Konstanten K_1 und K_2 Anwendung.

Eine besonders elegante Methode zur Bestimmung der Konstanten K_1 und K_2 solcher hexagonaler Kristalle, für welche K_3 und K_4 verschwinden, haben SUCKSMITH und THOMPSON [10] angegeben. Ist die hexagonale Achse leichte Richtung, so lautet die Gleichung der Magnetisierungskurve für eine Feldrichtung in der Basisebene (senkrecht zur hexagonalen Achse)

$$2K_1(I/I_s) + 4K_2(I/I_s)^3 = HI_s.$$

Daraus erhält man sofort

$$\frac{2K_1}{I_s^2} + \frac{4K_2}{I_s^4} I^2 = \frac{H}{I}.$$

Trägt man also H/I als Funktion von I^2 auf, so erhält man eine Gerade, deren Steigung die Konstante K_2 und deren Ordinatenabschnitt die Konstante K_1 liefert, wenn I_s bekannt ist.

Abschließend sei noch erwähnt, daß man die Kristallenergiekonstanten auch aus Messungen der Normalkomponente der Magnetisierung in hohen Feldern bestimmen kann [11].

13.3.3 Drehmomentenkurven

Wird eine dünne, kreisrunde Einkristallscheibe (flaches Rotationsellipsoid) in einem homogenen Magnetfeld gelagert, dessen Richtung in der Scheibenebene liegt, dann wirkt auf die Volumeneinheit der Kristallscheibe ein mechanisches Drehmoment

$$L = -dF/d\varphi \qquad (13.18)$$

um eine Achse senkrecht zur Scheibenebene, wobei φ den Winkel zwischen der Magnetisierungsrichtung und einer beliebigen kristallographischen Richtung in der Scheibenebene und F die freie Energiedichte (Anisotropieenergie) bedeuten. Ist die Kristallanisotropie stark verglichen mit etwa vorhandenen anderen Anisotropiefeldern, dann ist $F \approx F_{\bar{K}}$, und man kann aus Messungen von L als Funktion von φ die Konstanten K_i der Kristallenergie bestimmen.

Das Drehmoment L als Funktion der Kristallscheibenorientierung wird mit einem Torsionsmagnetometer gemessen, wie es z. B. von TARASOV und BITTER [12], WILLIAMS [13] und TARASOV [14] beschrieben wurde. Das Magnetometer von TARASOV ist schematisch in Abb. 13.5 dargestellt. Die Einkristallscheibe wird von einem Torsionsfaden aus Phosphorbronze zwischen den Polen eines Elektromagneten gehalten. Das obere Ende des Torsionsfadens ist in einer Halterung eingespannt, die starr mit diesem Gestell verbunden ist. Das untere Ende des Torsionsfadens trägt eine runde Scheibe mit einer linearen Skala S. Beim Einschalten des Feldes ist der Kristall bestrebt, sich

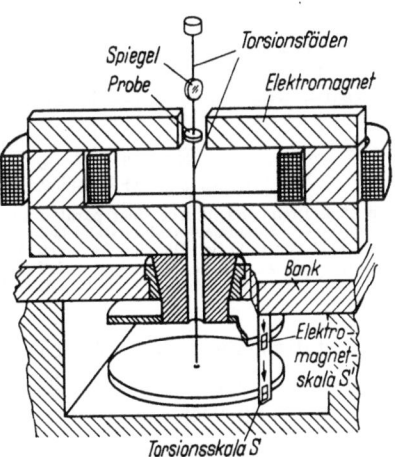

Abb. 13.5. Torsionsmagnetometer zur Messung von Drehmomentkurven. Erläuterung im Text. (Nach BOZORTH [15])

so einzustellen, daß eine Richtung leichtester Magnetisierbarkeit parallel zum Feld liegt. Dieses Drehmoment wird kompensiert, indem man die Skala S am unteren Ende des Torsionsfadens so weit dreht, bis der Kristall wieder die mit Hilfe eines Spiegels kontrollierbare frühere Orientierung (ohne Feld) besitzt. Der zugehörige Skalenwert sei S_2, der Skalenwert ohne Feld S_1; $S_2 - S_1$ ist ein Maß für das von dem Torsionsfaden übertragene Drehmoment L. Die Kristallorientierung gegenüber der Feldrichtung wird durch Drehen des Elektromagneten auf dem Gestell verändert und steht mit der Winkelskala S' unter Kontrolle. In dieser Weise erhält man zunächst das Drehmoment L als Funktion der Feldrichtung im Kristall. Soweit das Prinzip. Heute verwendet man im allgemeinen automatische Torsionswaagen mit einem Koordinatenschreiber, welcher direkt das Drehmoment L als Funktion der Feldrichtung im Kristall schreibt [104].

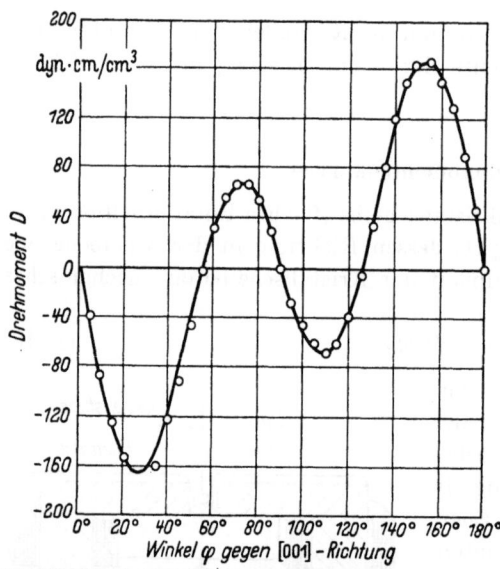

Abb. 13.6. Drehmomentkurve einer parallel zur (110)-Ebene geschnittenen Siliziumeisen-Einkristallscheibe, gemessen in einem Feld von 5800 Oe. Die einigezeichnete Kurve ist nach Gl. (13.20) mit $K_1 = 2{,}87 \cdot 10^5 \mathrm{erg/cm^3}$ und $K_2 = 1{,}0 \cdot 10^5 \mathrm{erg/cm^3}$ berechnet worden. (Nach WILLIAMS [16])

Um die Konstanten K_i aus Gl. (13.18) bestimmen zu können, muß man jedoch das Drehmoment als Funktion der Magnetisierungsrichtung im Kristall kennen. Diese fällt für $H = \infty$ stets mit der Feldrichtung zusammen. Man hat deshalb für jede Kristallorientierung das Drehmoment L auf $H = \infty$ zu extrapolieren, am besten, indem man L gegen $1/H$ aufträgt [9, 14, 15, 18].

Zur Bestimmung der Konstanten K_i verwendet man im allgemeinen Einkristallscheiben, deren Ebene mit einer niedrig indizierten kristallographischen Ebene zusammenfällt. Abb. 13.6 zeigt eine typische Drehmomentenkurve. Sie wurde von WILLIAMS [16] an einer parallel zu einer (110)-Ebene geschnittenen Einkristallscheibe von 1,77 cm Durchmesser und 0,222 cm Dicke aus Silizium-Eisen (mit 3,85% Si) in einem Feld von 5800 Oe gemessen. φ ist der Winkel zwischen der Magnetisierung und der [001]-Richtung.

Mit F_K aus Gl. (13.3) liefert Gl. (13.18) für kubische Kristalle bei Magnetisierung parallel zu einer (100)-Ebene das Drehmoment

$$L_{100} = -(K_1/2) \sin 4\varphi \qquad (13.19)$$

und bei Magnetisierung in einer (110)-Ebene das Moment

$$L_{110} = -(K_1/8)(2\sin 2\varphi + 3\sin 4\varphi)$$
$$+ (K_2/64)(\sin 2\varphi - 4\sin 4\varphi - 3\sin 6\varphi) \qquad (13.20)$$

13.3. Experimentelle Bestimmung der Konstanten der Kristallenergie

als Funktion des Winkels φ zwischen der spontanen Magnetisierung I_s und der [001]-Richtung. Aus Gl. (13.19) folgt für die Steigung der $L_{100}(\varphi)$-Kurve bei $\varphi = 0$

$$(dL_{100}/d\varphi)_{\varphi = 0} = -2K_1$$

und für die Maxima und Minima der Kurve bei $\varphi = 22,5°, 67,5°, \ldots$

$$(L_{100})_{\max} = \pm K_1/2.$$

Man erhält also K_1 beispielsweise aus einer Messung des Maximalwertes von $L(\varphi)$ in der (100)-Ebene. Hat man in dieser Weise K_1 bestimmt, dann kann man die Konstante K_2 z. B. durch beste Anpassung der Funktion (13.20) an die in der (110)-Ebene gemessene Drehmomentenkurve ermitteln. Die in Abb. 13.6 eingezeichnete Kurve wurde von WILLIAMS nach Gl.(13.20) mit $K_1 = 2{,}87 \cdot 10^5$ erg/cm^3 und $K_2 = 1{,}0 \cdot 10^5$ erg/cm^3 berechnet und gibt die gemessene Kurve praktisch innerhalb der Meßgenauigkeit wieder.

Die zur Auswertung gemessener Drehmomentenkurven notwendigen Funktionen $L_{hkl}(\varphi)$ wurden von BOZORTH [8] für verschiedene Ebenen $(h\,k\,l)$ und verschiedene Bezugrichtungen $[h_0\,k_0\,l_0]$ berechnet und sind in Tab. 13.1 zusammengestellt.

Tabelle 13.1. $L_{hkl}(\varphi) = dF_K/d\varphi$ *für kubische Kristalle nach Bozorth [8].* φ *wird in der* $(h\,k\,l)$*-Ebene gegen die* $[h_0\,k_0\,l_0]$*-Richtung gemessen*

(hkl)	$[h_0 k_0 l_0]$	$dF_K/d\varphi$
100	001	$K_1(\sin 4\varphi)/2$
100	011	$K_1(-\sin 4\varphi)/2$
110	001	$K_1(2\sin 2\varphi + 3\sin 4\varphi)/8 + K_2(\sin 2\varphi + 4\sin 4\varphi - 3\sin 6\varphi)/64$
110	110	$K_1(-2\sin 2\varphi + 3\sin 4\varphi)/8 + K_2(-\sin 2\varphi + 4\sin 4\varphi + 3\sin 6\varphi)/64$
110	111	$K_1(-2\sin 2\varphi - 7\sin 4\varphi)/24 + K_1(\cos 2\varphi - \cos 4\varphi)/3 \cdot \sqrt{2})$ $+ K_2(-3\sin 2\varphi - 28\sin 4\varphi - 23\sin 6\varphi)/576$ $+ K_2(3\cos 2\varphi - 8\cos 4\varphi + 5\cos 6\varphi)/(144 \cdot \sqrt{2})$
111	110	$K_2(\sin 6\varphi)/18$
111	112	$K_2(-\sin 6\varphi)/18$

TARASOV und BITTER [12] haben bei Beschränkung auf den K_1-Term in Gl. (13.3) die allgemeine Drehmomentenfunktion $L(\varphi)$ bei $H = \infty$ für beliebige Orientierung der Scheibenebene berechnet. An Hand dieser Funktion kann z. B. aus der gemessenen Drehmomentenkurve einer Scheibe mit unbekannter Orientierung diese ermittelt werden. Drehmomentenkurven bei endlichen Feldstärken wurden u. a. von SCHLECHTWEG [17] berechnet.

Eine vielkristalline Kreisscheibe erfährt in einem zur Sättigung hinreichenden Feld nur dann ein Drehmoment, wenn die Orientierungen der Kristallite nicht isotrop verteilt sind. Dies ist im allgemeinen der Fall, d. h. fast jeder Werkstoff besitzt eine gewisse mehr oder weniger stark ausgeprägte Textur (Verformungs- oder Rekristallisationstextur). Der Zusammenhang zwischen Textur und Drehmomentenkurve ist verschiedentlich untersucht worden [8, 19, 20]. Man kann damit aus gemessenen Drehmomentenkurven entweder bei bekannter Kristallenergie auf die Art der Textur schließen [21], oder nach röntgenographischer estimmung der Textur die Konstanten der Kristallenergie berechnen [8].

13.3.4 Einmündungsgesetz

Für ein sorgfältig spannungsfrei geglühtes vielkristallines Material mit isotroper Orientierungsverteilung der Kristallite ist die Konstante C_3 des Einmündungsgesetzes durch Gl. (35.12) gegeben:

$$C_3 = \frac{0{,}5}{I_s} \cdot \frac{16}{105} K_1^2. \qquad (13.21)$$

Wie wir in Kap. 35 sehen werden, kann man C_3 experimentell bestimmen und damit aus Gl. (13.21) [siehe auch Gl. (35.13)] K_1 berechnen. Auf diesem Wege haben Néel [22] K_1 von Nickel bei Zimmertemperatur und Kneller [23] die Temperaturabhängigkeit der Konstante K_1 von Nickel zwischen $-130°$ und $+150\,°C$ in befriedigender Übereinstimmung mit Einkristallmessungen ermittelt. Das Vorzeichen von K_1 erhält man allerdings mit dieser Methode nicht, weil K_1 in Gl. (13.21) nur quadratisch vorkommt.

13.3.5 Ferromagnetische Resonanz

Für eine dünne Einkristallplatte eines kubischen Kristalls lautet die Resonanzbedingung bei Beschränkung auf den K_1-Term nach Kittel [24]

$$\nu_0 = \frac{\gamma}{2\pi} \{ [H_z + (N_y + N_y^e - N_z) I_s] \times [H_z + (N_x + N_x^e - N_z) I_s]\}^{1/2} \qquad (13.22)$$

mit $N_y = 4\pi$, $N_{\tilde{x}} = N_z = 0$.

Die Ableitung von Gl. (13.22) sowie die Bedeutung der einzelnen Größen werden in Kap. 42 ausführlich erläutert.

Ist die Plattenebene parallel zu einer (100)-Ebene des Kristalls, dann gilt nach Kittel [24, 25]

$$N_x^e = (2 K_1/I_s^2) \cos 4\varphi, \qquad (13.23)$$
$$N_y^e = (K_1/2 I_s^2)(3 + \cos 4\varphi)$$

und wenn die Plattenebene parallel zu einer (110)-Ebene liegt, nach Bickford [26, 27]

$$N_x^e = (K_1/I_s^2)(2 - \sin^2 \varphi - 3 \sin^2 2\varphi),$$
$$N_y^e = (2 K_1/I_s^2)(1 - 2 \sin^2 \varphi - (3/8) \sin^2 2\varphi). \qquad (13.24)$$

Es wurde vorausgesetzt, daß das statische Feld H_z sowie das Hochfrequenzfeld H_x in der Plattenebene liegen. H_z sei außerdem so groß, daß die statische Magnetisierung homogen ist und die Richtung von H_z hat. φ ist der Winkel zwischen der Magnetisierung (z-Achse) und der [100]-Richtung.

In Gl. (13.22) sind γ und K_1 zunächst unbekannt. Man erhält diese beiden Größen (s. a. Kap. 42), indem man bei konstanter Frequenz ν_0 das statische Resonanzfeld H_z für zwei verschiedene Kristallorientierungen φ mißt. Als Kristallorientierungen wählt man dazu zwei Hauptrichtungen des Kristalls. Man legt also z. B. bei Messung in einer (100)-Ebene das Feld H_z einmal parallel zu einer [100]- und einmal parallel zu einer [110]-Richtung. In diesen beiden Richtungen verschwindet nämlich das Drehmoment der Kristallenergie, so daß auch für kleinere Resonanzfelder H_z die Magnetisierung voraussetzungsgemäß in der z-Richtung liegt.

13.3. Experimentelle Bestimmung der Konstanten der Kristallenergie

Eine erste experimentelle Bestätigung von Gl. (13.22) haben KIP und ARNOLD [28] für eine Einkristallplatte aus Eisen-Silizium mit 3,85% Si gegeben, deren Ebene parallel zu einer (100)-Ebene des Kristalls geschnitten war. Sie fanden den Wert $K_1 = 3,5 \cdot 10^5$ erg/cm³ in guter Übereinstimmung mit dem von WILLIAMS [16] aus einer Drehmomentenkurve (Abb. 13.6) an einem Einkristall etwa derselben Zusammensetzung bestimmten Wert.

In Abb. 13.7 ist das Resonanzfeld H_z als Funktion der Kristallorientierung in der (100)- bzw. der (110)-Ebene eines synthetischen Magnetiteinkristalls (Fe$_3$O$_4$) bei konstanter Frequenz $\nu_0 = 24\,000$ MHz und konstanter Temperatur $T = 22\,°C$

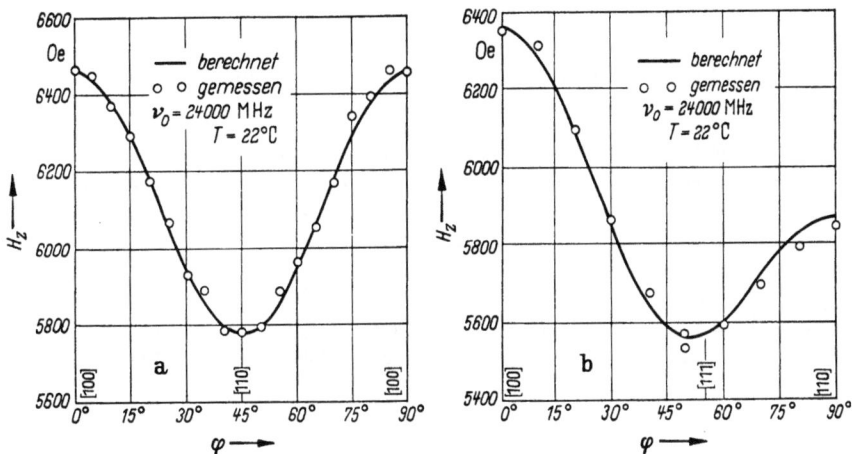

Abb. 13.7 a u. b. Resonanzfeldstärke H_z als Funktion der Kristallorientierung gemessen an einem synthetischen Magnetit-Einkristall (Fe$_3$O$_4$) (a) in einer (100)-Ebene und (b) in einer (110)-Ebene. Die eingezeichneten Kurven wurden (a) nach Gl. (13.22) und Gl. (13.23) mit $g = 2,07$, $K_1 = -1,10 \cdot 10^5$ erg/cm³ und $I_s = 470$ cgsE und $N_y - N_z = 0,91$ und (b) nach Gl. (13.22) und Gl. (13.24) mit $g = 2,10$, $K_1 = -1,12 \cdot 10^5$ erg/cm³, $I_s = 470$ cgsE und $N_y - N_z = 0,91$ berechnet. (Nach BICKFORD [27])

nach Messungen von BICKFORD [27] dargestellt. Die eingezeichneten Kurven wurden mit den experimentellen Werten γ und K_1 nach Gl. (13.22) mit (13.23) bzw. (13.24) berechnet und stimmen in ihrem Verlauf gut mit den Meßwerten überein.

Entsprechende Messungen an natürlichem Magnetit haben HIRONE, WATANABE, MIZUNO und TSUYA [29] bei Frequenzen $\nu_0 = 4560$ und 9400 MHz sowie OKUMARA und TORIZUKA [30] bei Frequenzen von $\nu_0 = 4615$ und 9317 MHz bei Zimmertemperatur ausgeführt. Aus diesen Messungen geht insbesondere hervor, daß der gemessene Verlauf des Resonanzfeldes H_z als Funktion der Kristallorientierung um so stärker von dem nach Gl. (13.22) berechneten Verlauf abweicht, je kleiner die Frequenz und damit das Resonanzfeld ist. Dies rührt daher, daß die statische Magnetisierung in zu schwachen Resonanzfeldern nicht vollständig in Feldrichtung (z-Richtung) ausgerichtet wird.

Aus den Gln. (13.22) bis (13.24) und Gl. (13.3) ergibt sich, daß das Resonanzfeld bei konstanter Frequenz in der leichtesten Richtung am kleinsten wird. In dieser Weise erhält man das Vorzeichen von K_1. So ist nach Abb. 13.7 für Magnetit bei 20 °C die [111]-Richtung leichteste Richtung, also $K_1 < 0$. Nach BIRKS [31] ist bei Ferriten die Resonanzmethode der statischen Messung von K_1 vorzuziehen.

13.4 Meßergebnisse

Im folgenden sind Meßwerte der Kristallenergiekonstanten für die wichtigsten ferromagnetischen Elemente, Legierungen und Verbindungen zusammengestellt. Die Bestimmungsmethode ist jeweils vermerkt. Es bedeutet

a) Magnetisierungsarbeit,
b) Magnetisierungskurve,
c) Drehmomentenkurve,
d) Einmündungsgesetz,
e) Ferromagnetische Resonanz.

13.4.1 Eisen

In Tab. 13.2 sind Raumtemperaturwerte der Konstanten K_1 und K_2 zusammengestellt.

Tabelle 13.2. Kristallenergiekonstanten von Eisen bei Raumtemperatur

K_1 in 10^4 erg/cm³	K_2 in 10^4 erg/cm³	Methode	Bestimmung von	nach Messungen von
47,8	—	b	[11] (1933)	[1] (1926)
42,8	23,5	b	[11] (1933)	[1] (1926)
42,7	—17	a	[32] (1936)	[32] (1936)
44,2	14	a	[32] (1936)	[32] (1936)
44,5	—	a	[37] (1936)	[37] (1936)
42,1	15	a	[33] (1937)	[32] (1936)
52,9	—	c	[34] (1939)	[34] (1939)
45	20	b	[35] (1937)	[36] (1928)
48 ± 1	0 ± 5	c	[99] (1959)	[99] (1959)
46	—	c	[101] (1959)	[101] (1959)

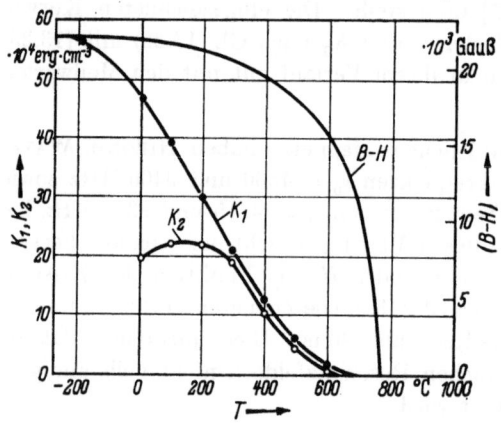

Abb. 13.8. Temperaturabhängigkeit der Kristallenergiekonstanten K_1 und K_2 von Eisen. (Nach BOZORTH [35])

Die Temperaturabhängigkeit von K_1 und K_2 wurde von BOZORTH [35] nach Messungen von HONDA, MASUMOTO und KAYA [36] berechnet und ist in Abb. 13.8 dargestellt. Dort ist außerdem vergleichsweise der Verlauf der spontanen Magnetisierung mit der Temperatur eingezeichnet. Einige weitere Werte von K_1 und K_2 bei höheren Temperaturen wurden von PIETY [32] nach der Methode a) bestimmt. GRAHAM [99] hat K_1 und K_2 nach der Methode c) zwischen 77 und 300 °K gemessen (s. Tab. 13.7).

13.4.2 Kobalt

Tab. 13.3 gibt einige Raumtemperaturwerte für K_1, K_2 und $K_1 + K_2$ des hexagonalen Kobalts.

13.4 Meßergebnisse

Tabelle 13.3. Kristallenergiekonstanten von Kobalt bei Raumtemperatur

K_1 in 10^4 erg/cm³	K_2 in 10^4 erg/cm³	$K_1 + K_2$ in 10^4 erg/cm³	Methode	Bestimmung von	nach Messungen von
437	107,9	544	b	[11] (1933)	[38] (1928)
414	101	515	b	[11] (1933)	[38] (1928)
398	198	596	b	[35] (1937) [15] (1951)	[39] (1931)
528	95	623	b	[10] (1954)	[10] (1954)
—	—	620	a	[10] (1954)	[10] (1954)
420	190	610	b	[10] (1954)	[39] (1931)
430	120	550	c	[40] (1954)	[40] (1954)

Die Temperaturabhängigkeit der Kristallenergiekonstanten von hexagonalem Kobalt wurde von BOZORTH [35] und später von SUCKSMITH und THOMPSON [10] aus den von HONDA und MASUMOTO [39] gemessenen Magnetisierungskurven berechnet. SUCKSMITH und THOMPSON [10] haben ferner an Kobalt-Einkristallen Magnetisierungskurven zwischen −176 °C und der CURIE-Temperatur, mit Ausnahme des Umwandlungsgebietes zwischen 400° und 500 °C, gemessen und daraus nach dem in 13.3.2 beschriebenen Verfahren die Temperaturabhängigkeit von K_1 und K_2 bestimmt. Die Ergebnisse sind in Abb. 13.9 dargestellt.

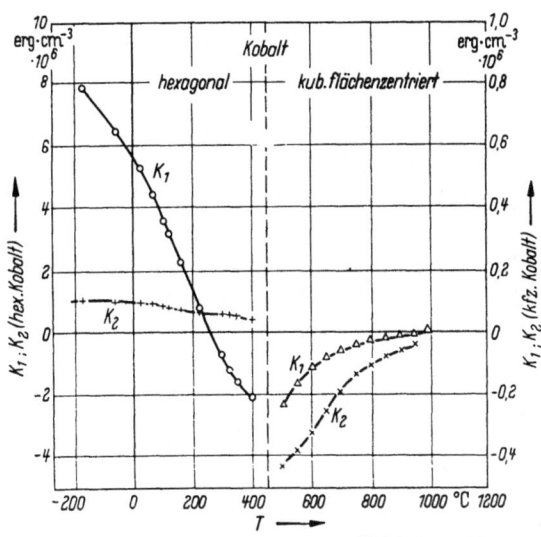

Abb. 13.9. Temperaturabhängigkeit der Kristallenergiekonstanten K_1 und K_2 von Kobalt. (Nach SUCKSMITH und THOMPSON [10])

Auffallend ist eine starke Ähnlichkeit zwischen der Temperaturabhängigkeit der Kristallenergie des kubisch flächenzentrierten Kobalts und der des ebenfalls kubisch flächenzentrierten Nickels. Die Konstante K_1 hat für beide Metalle dasselbe Vorzeichen, und ihre Temperaturabhängigkeit kann nach den Messungen von SUCKSMITH und THOMPSON [10] ebenfalls durch eine empirische Beziehung der Form

$$K_1 = K_{10}\, e^{-\alpha T^2} \qquad (13.25)$$

mit Konstanten K_{10} und α dargestellt werden, wie sie BRUKHATOV und KIRENSKY [41] früher schon für Nickel angegeben haben. Die Konstante K_{10} hat für kubisches Kobalt den Wert $K_{10} = -2{,}54 \cdot 10^6$ erg/cm³.

13.4.3 Nickel

Raumtemperaturwerte für K_1 und K_2 sind in Tab. 13.4 gesammelt.

Tabelle 13.4. Kristallenergiekonstanten von Nickel bei Raumtemperatur

K_1 in 10^4 erg/cm³	K_2 in 10^4 erg/cm³	Methode	Bestimmung von	nach Messungen von
−5,12	0	b	[46] (1932)	[2] (1928)
−4,0	0	b	[11] (1933)	[47] (1928)
−4,7	0	b	[11] (1933)	[47] (1928)
−5,8	0	b	[11] (1933)	[47] (1928)
−5,0	—	b	[48] (1934)	[2] (1928)
−3,44	5,3	b	[33] (1937)	[45] (1935)
−4,74	—	c	[41] (1937)	[41] (1937)
−4,8	—	a, c	[49] (1939)	[49] (1939)
−5,9	—		[50]	[50]
−4,3	—	d	[22] (1948)	[22] (1948)
−4,1	—	b	[52] (1952)	[52] (1952)
−5,9	—	c	[53] (1953)	[53] (1953)
−4,2	—	d	[23] (1956)	[23] (1956)
−4,26 ± 0,01	10,9 ± 1,1	b	[100] (1955)	[100] (1955)
−5,6	—	c	[101] (1959)	[101] (1959)

Die Temperaturabhängigkeit von K_1 wurde von BRUKHATOV und KIRENSKY [41] zwischen 77,4 und 354 °K und von KIRENSKY [42] zwischen 90 °K und der CURIE-Temperatur nach der Methode c) bestimmt. Diese Daten wurden bei tieferer Temperatur durch eine Messung von WILLIAMS und BOZORTH [43] bei 20 °K und durch eine Messung von REICH [44] (Methode e)) bei 4,2 °K ergänzt. Die Meßwerte sind in Abb. 13.10 graphisch dargestellt.

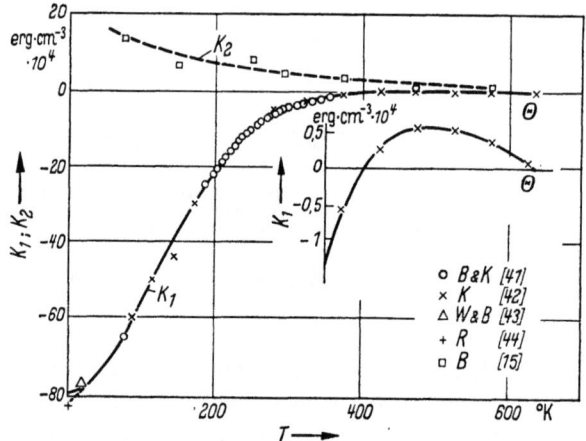

Abb. 13.10. Temperaturabhängigkeit der Kristallenergiekonstanten K_1 und K_2 von Nickel

Nach BRUKHATOV und KIRENSKY [41] und KIRENSKY [42] ist die Temperaturabhängigkeit von K_1 bis etwa 350 °K in der Form Gl. (13.25) mit den Konstanten $K_{10} = 80 \cdot 10^4$ erg/cm³ und $\alpha = 3,4 \cdot 10^{-5}$ Grad^{-2} darstellbar. Nach den Messungen von KIRENSKY [42] wechselt K_1 bei etwa 400 °K das Vorzeichen. Zu demselben Ergebnis gelangte BOZORTH [15] an Hand von Meßergebnissen von HONDA, MASUMOTO und SHIRAKAWA [45].

Vorläufige Werte von K_2 wurden ebenfalls von BOZORTH [15] aus den Messungen von HONDA, MASUMOTO und SHIRAKAWA [45] berechnet. Sie sind in Abb. 13.10 graphisch dargestellt. Danach sind etwas unterhalb 400 °K wahrscheinlich die

⟨110⟩-Richtungen leichte Richtungen, oberhalb 400 °K dagegen die ⟨100⟩-Richtungen (s. 13.1.5). REICH [44] bestimmte nach der Methode e) bei 4,2 °K den Wert $K_2 = -14 \cdot 10^4$ erg/cm³. Ist dieser Wert richtig, dann müßte K_2 nach Abb. 13.11 zwischen 77 °K und 4,2 °K das Vorzeichen wechseln.

13.4.4 Eisen-Nickel-Legierungen

Die Abhängigkeit der Konstante K_1 von der Zusammensetzung wurde für kleine Nickelkonzentrationen im Bereich der α-Legierungen von TARASOV [54] bei Zimmertemperatur nach der Methode c) an kaltgewalzten, vielkristallinen Proben unter der Annahme bestimmt, daß die Walztextur unabhängig vom Nickelgehalt ist. Entsprechend Abb. 13.11 nimmt danach K_1 bis 16 At.-% Ni linear mit dem Nickelgehalt ab.

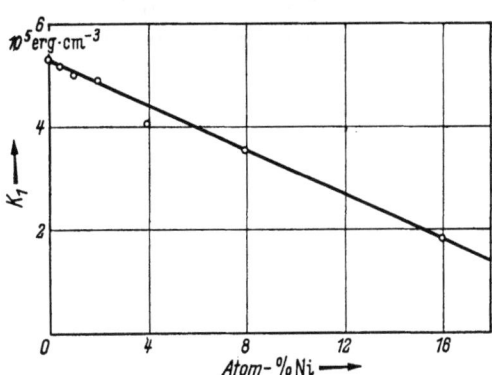

Abb. 13.11. Kristallenergiekonstante K_1 von eisenreichen Eisen-Nickel-Legierungen bei Raumtemperatur als Funktion der Nickelkonzentration. (Nach TARASOV [54])

Im Bereich der γ-Legierungen (30 bis 100% Ni) wurde K_1 als Funktion der Zusammensetzung von PUZEI [102], WILLIAMS und BOZORTH [49], von BOZORTH und WALKER [55, 56] und von HALL [101] ebenfalls bei Zimmertemperatur nach der Methode c) bestimmt. Wie Abb. 13.12 zeigt, ist K_1 im Existenzbereich der Ordnungsphase FeNi₃ stark von der Abkühlungsgeschwindigkeit zwischen 600° und 300 °C (also in dem Temperaturbereich, in welchem sich die Ordnungsphase ausbildet) abhängig. In Abb. 13.13 ist beispielsweise für die Legierung 74 Gew.-% Ni, 26 Gew.-% Fe K_1 als Funktion der Abkühlungsgeschwindigkeit dargestellt. Die Zusammensetzung, bei welcher die Kristallenergie verschwindet, ist demnach ebenfalls durch die Abkühlungsgeschwindigkeit bestimmt. Sie ergibt sich zu 63, 67, 75 Gew.-% Ni für die Abkühlungsgeschwindigkeiten 2, 55, 10⁵ °C/Stunde.

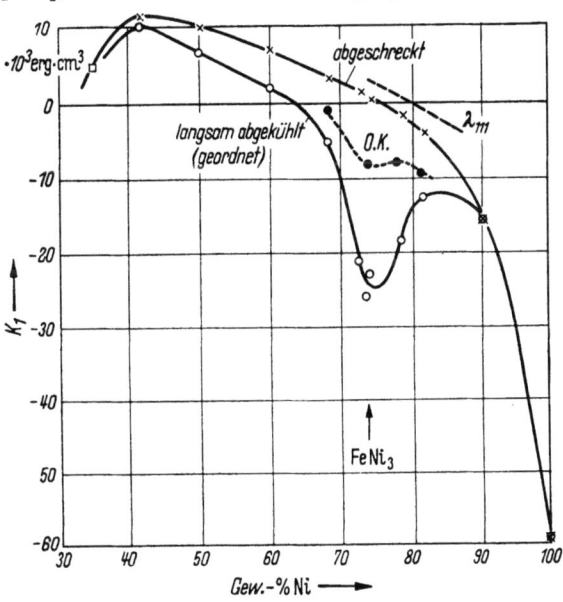

Abb. 13.12. Kristallenergiekonstante K_1 der kubisch flächenzentrierten Eisen-Nickel-Legierungen bei Raumtemperatur nach dem Abschrecken und nach langsamer Abkühlung. Die Abkühlgeschwindigkeiten waren ~ 10⁵ bzw. 2,5°/h von 600 auf 300 °C. Die gestrichelte Linie (O. K.) entspricht einer Abkühlgeschwindigkeit von 55°/h. (Nach BOZORTH und WALKER [56])

Tabelle 13.5. Temperaturabhängigkeit der Kristallenergiekonstanten von Eisen—Nickel-Legierungen nach Kleis [57]

Zusammensetzung Fe	Ni	Temp. °C	K_1 in 10^4 erg/cm³	K_2 in 10^4 erg/cm³
10	90	14	−0,72	−2,4
		150	−0,32	−1,2
		300	0	−0,8
30	70	14	0,68	−1,5
		150	0,24	−0,5
		300	0	0
		454	0	0
35	65	14	1,44	−7,0
		150	1,28	−4,8
		298	0,96	−3,2
		490	0,48	−1,1
50	50	14	3,32	−18,3
		150	2,76	−10,8
		300	1,84	−6,8

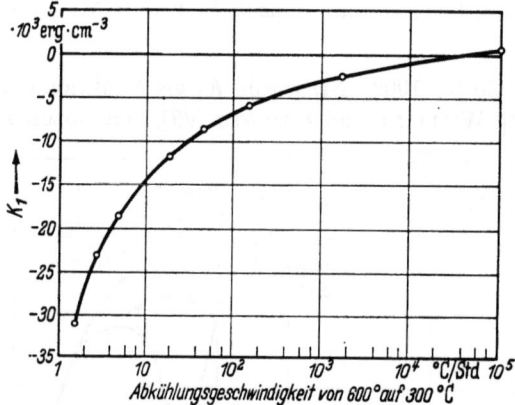

Abb. 13.13. Kristallenergiekonstante K_1 der Legierung 74% Ni, 26% Fe bei Raumtemperatur als Funktion der Abkühlungsgeschwindigkeit zwischen 600 und 300 °C. (Nach BOZORTH und WALKER [56])

Den größten Unterschied ΔK_1 zwischen K_1 im ungeordneten (abgeschreckt) und im geordneten (langsam abgekühlt) Zustand findet man bei 73%Ni. Er beträgt etwa 25000 erg/cm³.

Die Temperaturabhängigkeit von K_1 und K_2 wurde für einige Legierungen von KLEIS [57] nach der Methode a) ermittelt. Die Daten sind in Tab. 13.5 zusammengestellt. Für Eisen—Nickel-Legierungen zwischen 50 und 90% Ni ist danach K_2 stets negativ.

13.4.5 Eisen-Kobalt-Legierungen

Die Konstanten K_1 und K_2 wurden für die raumzentrierten Legierungen von MCKEEHAN [33] aus Raumtemperaturmessungen von SHIH [58] als Funktion der Zusammensetzung bestimmt. Ferner hat HALL [101] die Konstante K_1 einiger raumzentrierter Legierungen in verschiedenen Ordnungszuständen gemessen. Die Ergebnisse sind in Abb. 13.14 wiedergegeben.

13.4.6 Nickel-Kobalt-Legierungen

Abb. 13.15 zeigt den Verlauf von K_1 und K_2 bei Raumtemperatur als Funktion der Zusammensetzung. Die Konstanten wurden z. T. von MCKEEHAN [33] aus den von SHIH [59] gemessenen Magnetisierungskurven berechnet und z. T. von HALL [101] aus Drehmomentenkurven ermittelt. YAMAMOTO [60] bestimmte den Betrag von K_1 an vielkristallinen Ni–Co-Legierungen im Konzentrationsbereich zwischen 0 und 65% Co nach der Gleichung

$$K_1 = I_s \cdot H_s / 4$$

H_s ist die Feldstärke, bei welcher magnetische Sättigung erreicht wird. Es besteht befriedigende Übereinstimmung mit den Einkristallmessungen.

13.4.7 Eisen–Nickel–Kobalt-Legierungen

McKeehan [33] hat für eine Reihe kubisch flächenzentrierter Legierungen dieses Systems die Konstanten K_1 und K_2 bei verschiedenen Temperaturen nach der Methode a) ermittelt. Die Ergebnisse sind in Tab. 13.6 zusammengefaßt. Die Tabellenwerte sind auf eine Stelle genauer angegeben, als es der Meßgenauigkeit entspricht.

Abb. 13.16 [33] gibt unter Verwendung der in Tab. 13.6 und in den Abschnitten 13.4.4 bis 13.4.6 angegebenen Werte einen Überblick über den Verlauf von K_1 bei Raumtemperatur im ternären System Eisen–Kobalt–Nickel. Der Verlauf der Linien $K_1 = 0$ ist nur durch die eingezeichneten Meßwerte bestimmt und dementsprechend unsicher.

13.4.8 Binäre Eisenlegierungen

Eisen–Aluminium-Legierungen. Die Kristallenergiekonstante K_1 wurde von Gengnagel [103] und von Hall [101] an geordneten und an ungeordneten Legierungen bei Raumtemperatur gemessen. Die Ergebnisse von Hall sind in Abb. 13.17 wiedergegeben. Sie stimmen im wesentlichen mit den Messungen von Gengnagel überein.

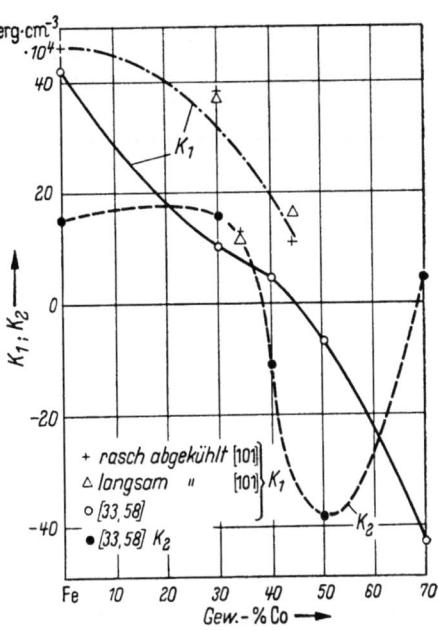

Abb. 13.14. Verlauf der Kristallenergiekonstanten K_1 und K_2 bei Raumtemperatur im System Eisen–Kobalt. (Nach McKeehan [33], Shih [58] und Hall [101])

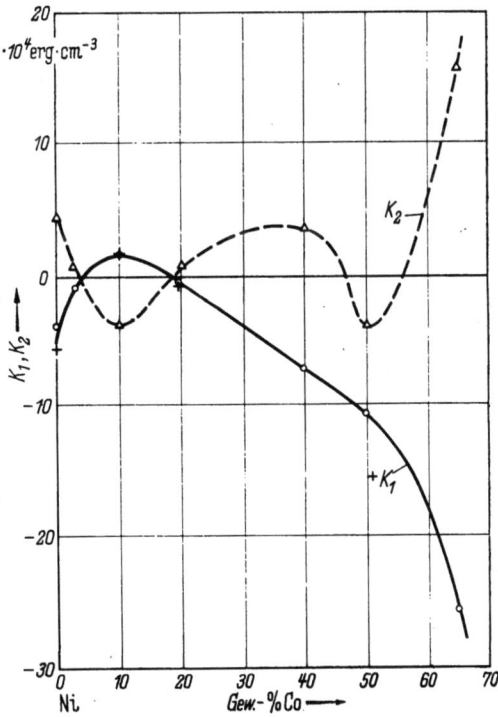

Abb. 13.15. Verlauf der Kristallenergiekonstanten K_1 und K_2 bei Raumtemperatur im System Nickel-Kobalt. Nach McKeehan [33] und Shih [58] (○○○, △△△), Hall [101] (+++)

Tabelle 13.6. Temperaturabhängigkeit der Kristallenergiekonstanten von Eisen—Nickel—Kobalt-Legierungen nach McKeehan [33]

Fe	Zusammensetzung Co	Ni	Temp. °C	K_1 in 10^4 erg/cm	K_2 in 10^4 erg/cm³
10	10	80	22	−0,20	−3,9
			200	−0,20	−2,0
			400	−0,16	0,6
			516	−0,32	2,1
10	20	70	22	−2,90	1,7
			200	−2,52	7,0
			398	−1,38	2,9
			598	0,00	−0,6
20	15	65	22	0,91	−11,2
			201	−0,08	−1,8
			398	−0,32	0,2
10	30	60	22	−3,80	−8,2
			203	−1,75	−5,0
			397	−1,17	−3,7
15	25	60	22	−2,64	3,4
			201	−1,03	−4,5
			398	−0,33	−1,5
10	40	50	22	−7,21	−0,4
			205	−5,43	4,1
			398	−0,87	−10,2
25	25	50	22	0,35	1,6
			205	0,38	0,2
			398	−0,25	2,2
50	10	40	22	6,10	−16,4
			200	1,87	0,4
			398	0,74	−5,9

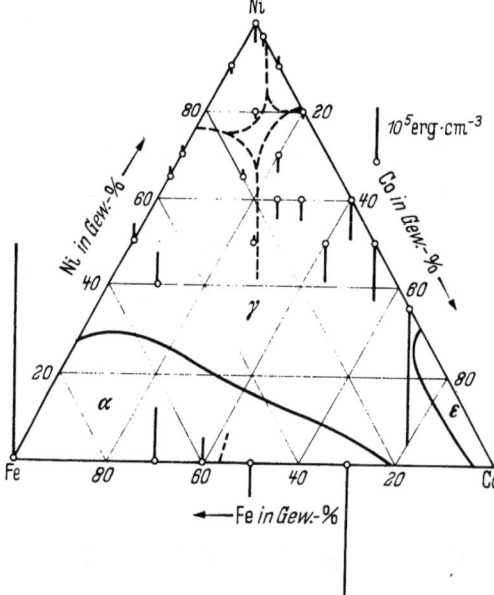

Abb. 13.16. Verlauf der Kristallenergiekonstante K_1 bei 20 °C im System Eisen—Nickel—Kobalt. Längs der gestrichelten Linien ist $K_1 = 0$. (Nach McKeehan [33])

Eisen—Silizium-Legierungen. Systematische Untersuchungen der Anisotropieeigenschaften von Legierungen bis 7,5 Gew.-% Si wurden von Tarasov [34] und von Hall [101] nach der Methode c) ausgeführt. Nach Tarasov läßt sich der Einfluß des Si-Gehaltes auf K_1 in zwei Gleichungen ausdrücken:

$$K_1 \cdot 10^{-5} = 5{,}29 - 0{,}279\, A$$
$$(A < 9{,}86)$$

$$K_1 \cdot 10^{-5} = 4{,}43 - 0{,}1915\, A$$
$$(A > 9{,}86)$$

mit A = Atom-% Silizium oder

$$K_1 \cdot 10^{-5} = 5{,}29 - 0{,}532\, G \qquad (G < 5{,}20)$$

$$K_1 \cdot 10^{-5} = 4{,}21 - 0{,}324\, G \qquad (G > 5{,}20)$$

mit G = Gew.-% Silizium. Die Ergebnisse von TARASOV und HALL sind zusammen mit Meßwerten anderer Autoren in Abb. 13.18 graphisch dargestellt.

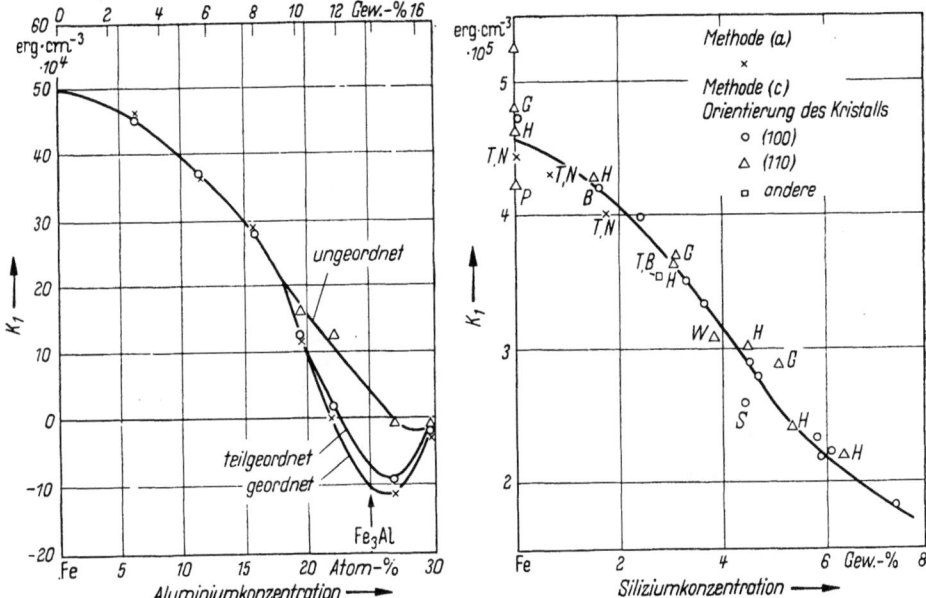

Abb. 13.17. Kristallenergiekonstante K_1 der Eisen–Aluminium-Legierungen bei Raumtemperatur. Nach HALL [101].

Abb. 13.18. Kristallenergiekonstante K_1 von Eisen–Silizium-Legierungen bei Raumtemperatur nach Messungen verschiedener Autoren [12, 16, 17, 32, 34, 62, 63]

Die Temperaturabhängigkeit der Konstanten K_1 und K_2 wurde von GRAHAM [99] an zwei Legierungen zwischen 77 und 300 °K gemessen. Die Ergebnisse sind in Tab. 13.7 zusammengestellt.

Tabelle 13.7. *Temperaturabhängigkeit der Kristallenergiekonstanten K_1 und K_2 einiger Eisen–Silizium-Legierungen.* Nach Graham [99]

Si-Gehalt in Gew.-%	Temperatur in °K	K_1 in 10^4 erg/cm³	K_2 in 10^4 erg/cm³
0	77	52,0 ± 1,0	0 ± 5
	195	50,5 ± 1,0	0 ± 5
	300	48,0 ± 1,0	0 ± 5
3,1 ± 1	77	42,5 ± 1,0	nicht bestimmt
	195	40,5 ± 1,0	
	300	36,5 ± 1,0	
5,1 ± 1	77	35,5 ± 1,0	−5 ± 5
	195	32,5 ± 1,0	−5 ± 5
	300	28,5 ± 1,0	−5 ± 5

Weitere binäre Eisenlegierungen. Unter der Voraussetzung, daß alle Legierungen, deren Daten verglichen werden sollen, dieselben Textureigenschaften haben, kann man den Verlauf des Betrages der Kristallenergie in einer solchen Legierungsreihe qualitativ ermitteln, indem man an dem vielkristallinen Material die Magnetisierungsarbeit A abzüglich des Spannungsanisotropieanteils bestimmt. In dieser Weise hat WENT [64] den Verlauf des Kristallenergieanteils E_K der Magnetisierungsarbeit an einer Reihe binärer Eisenlegierungen bei Raumtemperatur untersucht. Seine Ergebnisse sind in Abb. 13.19 dargestellt. Das Vorzeichen von K_1 (bzw. E_K als Maß für K_1) wurde von Einkristallmessungen übernommen.

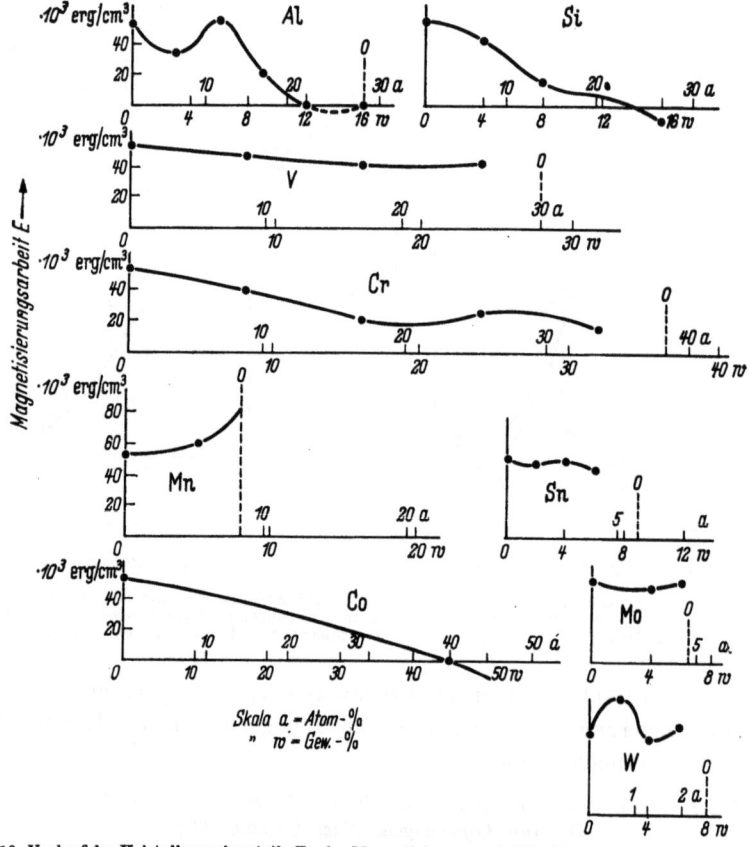

Abb. 13.19. Verlauf des Kristallenergieanteils E_K der Magnetisierungsarbeit bei Raumtemperatur für einige binäre Eisenlegierungen. (Nach WENT [64])

13.4.9 Binäre Nickel-Legierungen

Nickel—Kupfer-Legierungen. Die Temperaturabhängigkeit von K_1 wurde von WILLIAMS und BOZORTH [49] an drei Nickel—Kupfer-Legierungen (13, 24 und 37% Cu) bei Temperaturen zwischen —190 und 20 °C gemessen. Der Logarithmus von K_1 gegen das Quadrat der absoluten Temperatur aufgetragen ergibt, wie Abb. 13.20 zeigt, für alle drei Legierungen gerade Linien. Dementsprechend ist $K_1(T)$ auch für Nickel—Kupfer-Legierungen in der Form Gl. (13.25) darstellbar, wie bei Nickel und kubischem Kobalt.

13.4.10 Mehrstofflegierungen

Eisen—Aluminium—Silizium-Legierungen. Abb. 13.21 zeigt den von WENT [64] (in gleicher Weise wie in 13.4.8 beschrieben) ermittelten Verlauf des Kristallenergieanteils E_K der Magnetisierungsarbeit in der Eisenecke des Dreistoffsystems Eisen—Aluminium—Silizium.

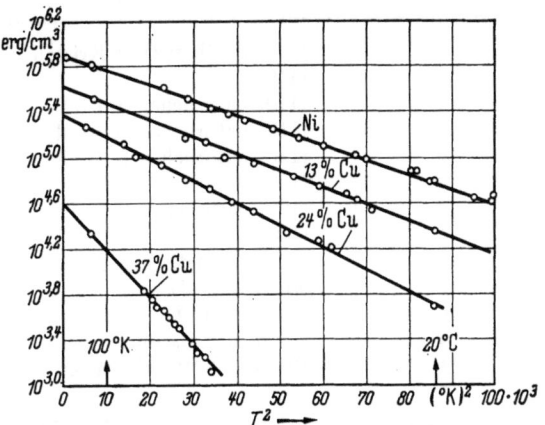

Abb. 13.20. Temperaturabhängigkeit der Kristallenergiekonstante K_1 einiger Nickel—Kupfer-Legierungen. (Nach WILLIAMS und BOZORTH [49])

Weitere magnetisch weiche Legierungen. In Tab. 13.8 ist die von HALL [101] aus Drehmomentenkurven ermittelte Kristallenergiekonstante K_1 einiger weichmagnetischer Legierungen angegeben.

Tabelle 13.8. *Konstante K_1 einiger weichmagnetischer Legierungen bei Raumtemperatur. Nach Hall [101]*

Legierung	K_1 in 10^4 erg/cm³
44,7 Ni—25,4 Co—Fe	−1,1
1,96 Mo—80,6 Ni—Fe	−0,3
4,75 Mo—79,2 Ni—Fe	−0,15
3 Mo—15,4 Al—Fe	−2,9

CuMnAl (Heusler-Legierung). Für diese Legierung berechnete BOZORTH [65] aus Meßwerten von POTTER [66] bei Raumtemperatur $K_1 = -90 \cdot 10^4$ erg/cm³.

Mishima-Legierungen. Aus Drehmomentenkurven haben NESBITT und HEIDENREICH die Legierungen Alnico

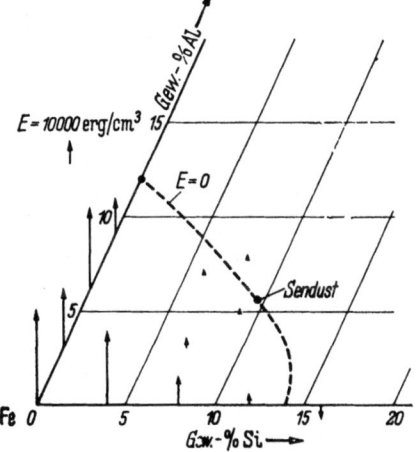

Abb. 13.21. Kristallenergieante il E_K der Magnetisierungsarbeit bei Raumtemperatur im System Eisen—Silizium—Aluminium. Längs der gestrichelten Linie ist $K_1 = 0$. (Nach WENT [64])

V (8% Al, 14% Ni, 24% Co, 3 Cu, Rest Fe) [67] und Fe_2NiAl [68] in verschiedenen Abschreck- und Anlaßzuständen die Konstanten der Kristallenergie berechnet.

13.4.11 Ferrite

Fe_3O_4 *(Magnetit).* In Tab. 13.9 sind die von verschiedenen Autoren bestimmten Raumtemperaturwerte von K_1 zusammengestellt.

DANAN [69] beobachtete nach längerem Glühen der Kristalle bei 530 °C eine Zunahme des aus der Magnetisierungsarbeit berechneten K_1-Wertes (s. Tab. 13.9) und führte diese Erscheinung auf den Abbau von Eigenspannungen zurück.

Tabelle 13.9. Kristallenergiekonstante K_1 von Magnetit bei Raumtemperatur

K_1 in 10^4 erg/cm³	Bestimmungs- methode	Probenmaterial und Werkstoffzustand	Autor
−11,0	e	(100) synthetischer Kristall	[27] (1950)
−11,2	e	(110)	
−14,9	e	(110) natürlicher Kristall	[29] (1950)
−12,4	e	(110) natürlicher Kristall	[30] (1950)
− 9,3	e	(110) natürlicher Kristall	[30] (1950)
− 9,3	e	(100)	
−14,0	c	(100) natürlicher Kristall	
−14,0	c	(110)	[70] (1953)
−12,7	c	(110) synthetischer Kristall	
− 8,7	a	vor dem Anlassen	
−10,5	a	20ʰ bei 530 °C angelassen	[69] (1954)
− 7,3	a	vor dem Anlassen	
−11,2	a	20ʰ bei 530 °C angelassen	
−14,0	c	—	[101] (1959)

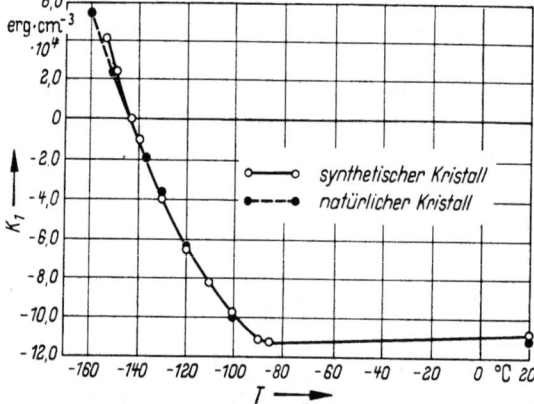

Abb. 13.22. Temperaturabhängigkeit der Kristallenergiekonstante K_1 von Magnetit (Fe₃O₄). (Nach BICKFORD [27])

Die Temperaturabhängigkeit von K_1 wurde von BICKFORD [27] (s. a. [26]) an einem natürlichen und an einem synthetischen Kristall nach der Methode e) gemessen und ist in Abb. 13.22 wiedergegeben.

Beim Abkühlen unter −160 °C geht das kubische Gitter in ein orthorhombisches Gitter über. Dabei bildet sich die c-Achse stets parallel zu einer der Würfelkanten des kubischen Gitters aus; und zwar wird offenbar jeweils die Würfelkantenrichtung, in welcher die spontane Magnetisierung während der Umwandlung liegt, zur c-Achse. Deshalb kann man in einem Einkristall durch ein während der Abkühlung angelegtes Magnetfeld erreichen, daß die c-Achse nach der Umwandlung im ganzen Kristall dieselbe Richtung, und zwar die Richtung von der der Feldrichtung am nächsten benachbarten kubischen Achse hat. Für einen so behandelten Kristall hat die Kristallenergiedichte die Form [70]

$$F_K = K_{1a}\sin^2\varphi_a + K_{2a}\sin^4\varphi_a + K_{1b}\sin^2\varphi_b + K_{2b}\sin^4\varphi_b \\ + K_{1c}\sin^2\varphi_c + K_{2c}\sin^4\varphi_c, \quad (13.26)$$

worin die $\varphi_a, \varphi_b, \varphi_c$ die Winkel zwischen der spontanen Magnetisierung und den orthorhombischen Achsen bedeuten. Die Konstanten wurden von WILLIAMS, BOZORTH und GOERTZ [70] nach der Methode c) bei −196 °C bestimmt. Es ergab sich

$$K_{1a} = 89 \cdot 10^4 \text{ erg/cm}^3 \qquad K_{2a} = -40 \cdot 10^4 \text{ erg/cm}^3,$$
$$K_{1b} = -62 \cdot 10^4 \text{ erg/cm}^3 \qquad K_{2b} = 12 \cdot 10^4 \text{ erg/cm}^3,$$
$$K_{1c} = 37 \cdot 10^4 \text{ erg/cm}^3 \qquad K_{2c} = 62 \cdot 10^4 \text{ erg/cm}^3.$$

Die Genauigkeit beträgt etwa $10 \cdot 10^4$ erg/cm³.

Weitere kubische Ferrite. In Tab. 13.10 sind K_1-Werte für einige kubische Ferrite zusammengestellt.

Die Temperaturabhängigkeit von K_1 bzw. von K_1 und K_2 wurde von OKAMURA, KOJIMA und TORIZUKA [76] und OKAMURA und KOJIMA [75] an einem Kobalt-Zink-Ferrit ($Co_{0,7}$ $Zn_{0,3}$ Fe_2O_4), von OKAMURA und KOJIMA [83] an Kupfer-Ferrit ($CuO \cdot Fe_2O_3$), von HEALY [79] an Nickel-Ferrit ($NiO \cdot Fe_2O_3$) und von YAGER, GALT und MERRIT [82] an zwei Nickel-Eisen-Ferriten jeweils nach Methode e) ermittelt und ist für drei erstgenannten Stoffe in den Abb. 13.23 bis 13.25 dargestellt.

Von BICKFORD, BROWNLOW und PENOYER [85] wurde zwischen 120 und 450 °K die Temperaturabhängigkeit von K_1 und K_2 an Magnetit mit geringen Kobaltzusätzen $Co_x Fe_{3-x} O_4$ mit $x = 0{,}01$ und $x = 0{,}04$ nach der Methode c) gemessen.

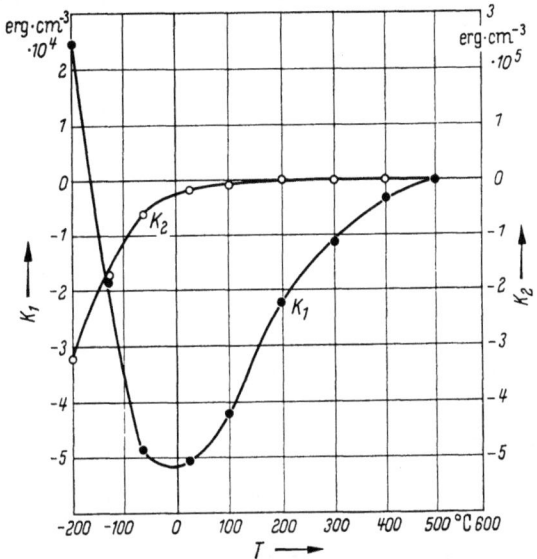

Abb. 13.23. Temperaturabhängigkeit der Kristallenergiekonstanten K_1 und K_2 von $NiOFe_2O_3$. (Nach HEALY [79])

Nach SHENKER [86] ist die Temperaturabhängigkeit der Konstante K_1 von $Co_{1,01} Fe_{2,00} O_{3,62}$ durch die Gleichung $K_1 = (19{,}6 \cdot 10^6) 10^{(-8{,}27 \cdot 10^{-6} \cdot T^2)}$ gegeben.

Andere Autoren haben nach der Methode e) die Temperaturabhängigkeit von K_1/I_s bzw. K_1/I_s und K_2/I_s an Mangan-Ferrit [87], Mangan- und Mangan—Zink-Ferrit [88], Nickel-Ferrit [89], Mangan-Ferrit mit Kobaltzusatz [90] sowie an einem Yttrium—Eisen-Granat [91] bestimmt (weitere Literatur über Granate s. Kap. 6).

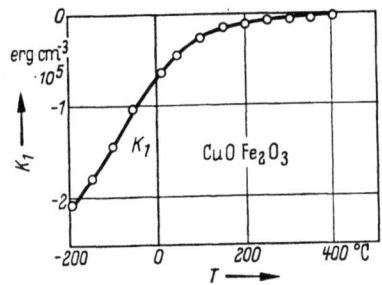

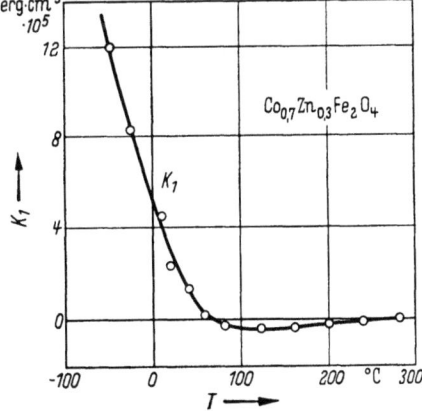

Abb. 13.24. Temperaturabhängigkeit der Kristallenergiekonstante K_1 von $CuOFe_2O_3$. (Nach OKAMURA und KOJIMA [83])

Abb. 13.25. Temperaturabhängigkeit der Kristallenergiekonstante K_1 von $Co_{0,7}Zn_{0,3}Fe_2O_4$. (Nach OKAMURA und KOJIMA [75] sowie OKAMURA, KOJIMA und TORIZUKA [76])

In Abb. 13.26 ist K_1 für einige Ferrite als Funktion des Spinmomentes der zweiwertigen Metallionen dargestellt. Nach WENT und WIJN [92] besteht eine

Tabelle 13.10. *Kristallenergiekonstante* K_1 *einiger kubischer Ferrite*

Zusammensetzung	K_1 bei 20°C in 10^4 erg/cm³	K_1 bei -196°C in 10^4 erg/cm³	Meßmethode	Bemerkungen	Autor
$MnO \cdot Fe_2O_3$	$-2,8$	$-18,7$	(c)	—	[71]
$Mn_{0,98}Fe_{1,86}O_4$	$-3,4$	$-24,0$	(c)	Beide Proben von	[71]
	$-3,3$	$-23,3$	(e)	demselben Kristall	[72]
$Mn_{0,45}Zn_{0,55}Fe_{2,0}O_4$	$-0,38$	—	(c)	—	[73]
$FeO \cdot Fe_2O_3$			s. Tab. 13.11 und 13.12		
$Co_{0,8}Fe_{2,2}O_4$	390	—	(c)	von 400°C abgeschreckt	[71]
$Co_{0,8}Fe_{2,2}O_4$	290	440	(c)	3 Tage bei 150°C gealtert	[71]
$Co_{1,1}Fe_{1,9}O_4$	180	—	(c)	—	[71]
$Co_{1,1}Fe_{2,2}O_4$	380	1750	(c)	—	[74]
$Co_{0,3}Zn_{0,2}Fe_{2,2}O_4$	150	—	(c)	—	[71]
$Co_{0,3}Mn_{0,4}Fe_{2,0}O_4$	110	—	(c)	—	[71]
$Co_{0,7}Zn_{0,3}Fe_{2,0}O_4$	23,6	—	(e)	—	[75, 76]
$NiO \cdot Fe_2O_3$	$-6,0$	—	(e)	—	[77]
$NiO \cdot Fe_2O_3$	$-6,2$	—	(a)	—	[78]
$NiO \cdot Fe_2O_3$	$-5,1$	2,0	(e)	—	[79]
$NiO \cdot Fe_2O_3$	$-6,27$	$-8,7$	(e)	—	[80]
$Ni_{0,8}Fe_{2,2}O_4$	$-3,9$	$-4,2$	(c)	Beide Proben von	[71]
$Ni_{0,8}Fe_{2,2}O_4$	$-4,3$	$-7,4$	(e)	demselben Kristall	[81]
$Ni_{0,75}Fe_{2,25}O_4$	$-4,9$	—	(e)	—	[82]
$Ni_{0,95}Fe_{2,05}O_4$	$-6,8$	—	(e)	—	[82]
$Ni_{0,7}Co_{0,002}Fe_{2,2}O_4$	$-1,8$	$-12,5$	(c)	—	[71]
$Ni_{0,7}Co_{0,004}Fe_{2,2}O_4$	$-1,0$	$-19,6$	(c)	—	[71]
$Ni_{0,47}Co_{0,05}Fe_{1,4}O_4$	$-4,3$	$-2,8$	(c)	—	[74]
$CuO \cdot Fe_2O_3$	$-6,0$	-21	(e)	—	[83]
$MgO \cdot Fe_2O_3$	$-2,5$	—	(e)	—	[84]

gewisse Berechtigung zu der Annahme, daß in vielkristallinen, gesinterten Ferriten im Gebiet der Anfangspermeabilität μ_A Drehprozesse vorherrschen. Dementsprechend kann man nach WEISZ [93] den Betrag K_1 aus der Gleichung [siehe Gl. (32.23)]

$$\mu_A - 1 = c(I^2/|K_1|) \quad (13.27)$$

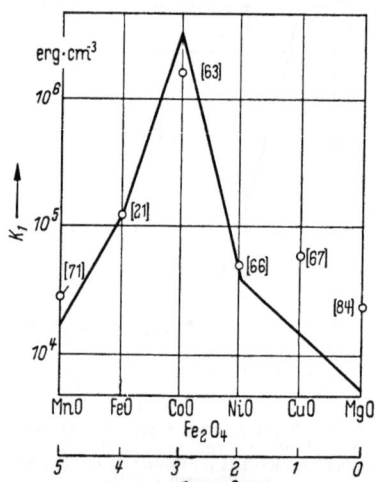

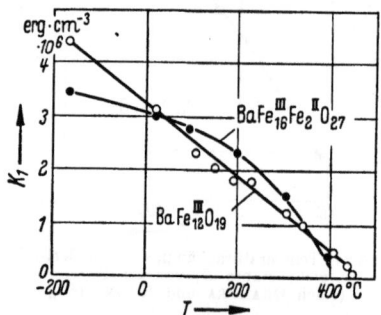

Abb. 13.26. Kristallenergiekonstante K_1 einiger Ferrite als Funktion der Zahl s der unkompensierten Spinmomente des zweiwertigen Metallions. Die eingezeichnete Kurve wurde nach Gl. (13.27) berechnet.

Abb. 13.27. Temperaturabhängigkeit der Kristallenergiekonstante K_1 von zwei hexagonalen Bariumferriten. (Nach WENT, RATHENAU, GORTER und VAN OOSTERHOUT [94, 95])

abzuschätzen. Der aus dieser Gleichung von WEISZ mit Meßwerten für μ_A und der experimentell bestimmten Konstante $c = 21$ berechnete Verlauf von K_1 ist vergleichsweise in Abb. 13.26 eingetragen und paßt sich z. T. recht gut an die gemessenen Werte an.

Hexagonale Ferrite. Die Kristallenergiedichte der als Dauermagnetwerkstoffe bekannten hexagonalen Ferrite $BaO \cdot 6 Fe_2O_3$ und $BaO \cdot 2 Fe_3O_4 \cdot 6 Fe_2O_3$ wird durch die Gl. (13.9) beschrieben. Eine Anisotropie in der Basisebene besteht nach den bisherigen Messungen nicht.

Die Temperaturabhängigkeit von K_1 wurde für die beiden genannten Ferrite von WENT, RATHENAU, GORTER und VAN OOSTERHOUT [94, 95] angegeben und ist in Abb. 13.27 dargestellt.

Andere ferromagnetische Verbindungen. Abb. 13.28 zeigt die Temperaturabhängigkeit von $K = A_{110} - A_{001} = K_1 + K_2 + K_3/4$ [s. Gl. (13.16)] für den tetragonalen Kristall Mn_2Sb, und Abb. 13.29 die Temperaturabhängigkeit von $K = A_{001} - A_{110} = K_1 + K_2$ [s. Gl. (13.15)] für den hexagonalen Kristall MnBi nach Messungen von GUILLAUD [7]. WILLIAMS, SHERWOOD und BOOTHBY [96] geben für MnBi bei Raumtemperatur die Werte $K_1 = 9{,}1 \cdot 10^6$ erg/cm³ und $K_2 = 2{,}6 \cdot 10^6$ erg/cm³ an.

Zementit (Fe_3C) hat orthorhombische Struktur. Leichteste Richtung ist die c-Achse. In der Basisebene sei a die leichte, b die schwere Richtung. Nach Messungen von BLUM und PAUTHENET [97] ist bei 20,4 °K $A_a - A_c = 3{,}68 \cdot 10^6$ erg/cm³, $A_b - A_c = 6{,}97 \cdot 10^6$ erg/cm³, und bei 290 °K $A_a - A_c = 1{,}18 \cdot 10^6$ erg/cm³ und $A_b - A_c = 3{,}94 \cdot 10^6$

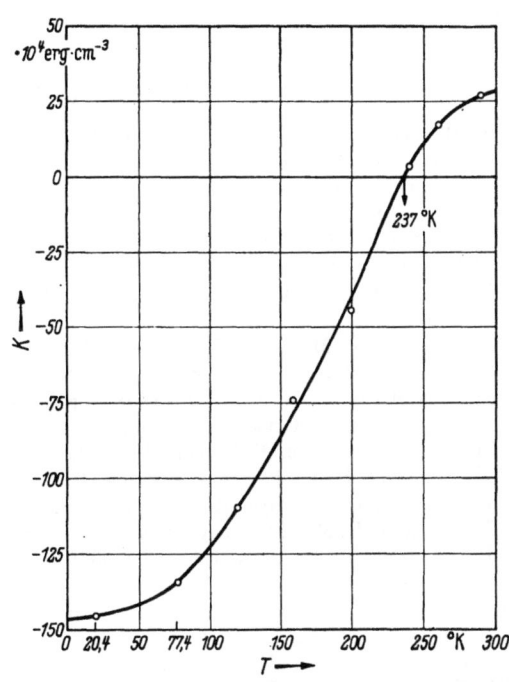

Abb. 13.28. Temperaturabhängigkeit von $K = K_1 + K_2 + K_3/4$ (siehe Gl. (13.16)) für Mn_2Sb. (Nach GUILLAUD [7])

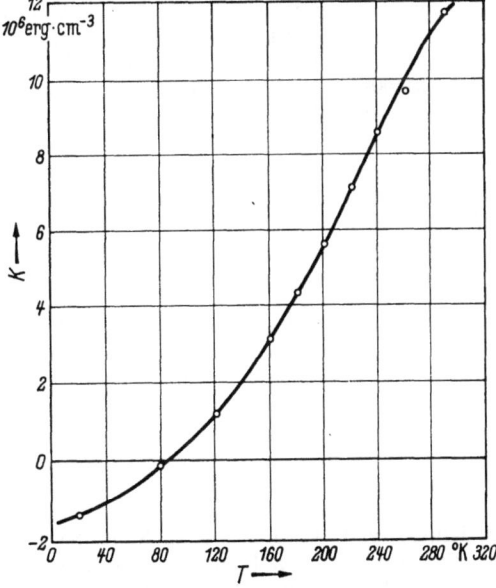

Abb. 13.29. Temperaturabhängigkeit von $K = K_1 + K_2$ (siehe Gl. (13.15)) für MnBi. (Nach GUILLAUD [7])

erg/cm^3. Untersuchungen der magnetischen Eigenschaften von Pyrrhotit (Fe_7S_8) durch KAYA und MIYAHARA [98] ergaben, daß dort im Gegensatz zu Kobalt und den hexagonalen Ferriten eine ausgeprägte sechszählige Anisotropie in der Basisebene besteht. [110] ist leichte, [100] schwere Richtung in der Basisebene (001).

Literatur zu Kap. 13

[1] HONDA, K., u. S. KAYA: Sci. Rep. Tohoku Univ. 15 (1926) S. 721.
[2] KAYA, S.: Sci. Rep. Tohoku Univ. 17 (1928) S. 639.
[3] KAYA, S.: Sci. Rep. Tohoku Univ. 17 (1928) S. 1157.
[4] MAHAJANI, G.: Trans. roy. Soc., Lond. 228 A (1929) S. 63.
[5] AKULOV, N. S.: Z. Phys. 54 (1929) S. 582.
[6] MASON, W. P.: Phys. Rev. 96 (1954) S. 302.
[7] GUILLAUD, CH.: Diss. Straßburg 1943. — GUILLAUD, CH.: Ann. Phys., Paris 4 (1949) S. 671.
[8] BOZORTH, R. M.: Phys. Rev. 50 (1936) S. 1076.
[9] BOZORTH, R. M., u. H. J. WILLIAMS: Phys. Rev. 59 (1941) S. 827.
[10] SUCKSMITH, W., u. J. E. THOMPSON: Proc. roy. Soc., Lond. A 225 (1954) S. 362.
[11] GANS, R., u. E. CZERLINSKY: Ann. Phys., Lpz. 16 (1933) S. 625.
[12] TARASOV, L. P., u. F. BITTER: Phys. Rev. 52 (1937) S. 353.
[13] WILLIAMS, H. J.: Rev. Sci. Instrum. 8 (1937) S. 56.
[14] TARASOV, L. P.: Phys. Rev. 56 (1939) S. 1224.
[15] BOZORTH, R. M.: Ferromagnetism, New York: D. van Nostrand Comp. 1951.
[16] WILLIAMS, H. J.: Phys. Rev. 52 (1937) S. 747.
[17] SCHLECHTWEG, H.: Ann. Phys., Lpz. 27 (1936) S. 573.
[18] KOUVEL, J. S., u. C. D. GRAHAM: J. Appl. Phys. 28 (1957) S. 340.
[19] AKULOV, N. S., u. N. BRUKHATOV: Ann. Phys., Lpz. 15 (1932) S. 741.
[20] MUSSMANN, H., u. H. SCHLECHTWEG: Ann. Phys., Lpz. 38 (1940) S. 215.
[21] MÖBIUS, H. E., u. F. PAWLEK: Arch. Eisenhüttenw. 29 (1958) S. 423.
[22] NÉEL, L.: J. Phys. Radium 9 (1948) S. 193.
[23] KNELLER, E.: Beiträge zur Theorie des Ferromagnetismus und der Magnetisierungskurve, herausgeg. von W. KÖSTER, Berlin/Göttingen/Heidelberg: Springer 1956.
[24] KITTEL, CH.: Phys. Rev. 73 (1948) S. 155.
[25] KITTEL, CH.: Phys. Rev. 76 (1949) S. 743.
[26] BICKFORD, L. R.: Phys. Rev. 76 (1949) S. 137.
[27] BICKFORD, L. R.: Phys. Rev. 78 (1950) S. 449.
[28] KIP, A. F., u. R. D. ARNOLD: Phys. Rev. 75 (1949) S. 1556.
[29] HIRONE, R., H. WATANABE, J. MIZUNO u. N. TSUYA: Sci. Rep. Tohoku Univ. A 2 (1950) S. 774.
[30] OKAMURA, T., u. Y. TORIZUKA: Sci. Rep. Tohoku Univ. A 2 (1950) S. 822.
[31] BIRKS, J. B.: Phys. Rev. 99 (1955) S. 1821.
[32] PIETY, R. J.: Phys. Rev. 50 (1936) S. 1173.
[33] MCKEEHAN, L. W.: Phys. Rev. 51 (1937) S. 136.
[34] TARASOV, L. P.: Phys. Rev. 56 (1939) S. 1231.
[35] BOZORTH, R. M.: J. Appl. Phys. 8 (1937) S. 575.
[36] HONDA, K., H. MASUMOTO u. S. KAYA: Sci. Rep. Tohoku Univ. 17 (1928) S. 111.
[37] KAYA, S., u. H. TAKAKI: Sci. Rep. Tohoku Univ. (HONDA) (1936) S. 314.
[38] KAYA, S.: Sci. Rep. Tohoku Univ. 17 (1928) S. 1165.
[39] HONDA, K., u. H. MASUMATO: Sci. Rep. Tohoku Univ. 20 (1931) S. 323.
[40] BOZORTH, R. M.: Phys. Rev. 96 (1954) S. 311.
[41] BRUKHATOV, N. L., u. L. V. KIRENSKY: Z. Phys. Sowjet. 12 (1937) S. 602.
[42] KIRENSKY, L. V.: Dokl. Acad. Nauk. SSSR 64 (1949) S. 53.
[43] WILLIAMS, H. J., u. R. M. BOZORTH: Phys. Rev. 56 (1939) S. 837.
[44] REICH, K. H.: Phys. Rev. 101 (1956) S. 1647.
[45] HONDA, K., H. MASUMOTO u. Y. SHIRAKAWA: Sci. Rep. Tohoku Univ. 24 (1935) S. 391.

[46] GANS, R., u. E. CZERLINSKY: Schriften der Königberger gelehrten Gesellschaft, Naturwiss. 9 (1932) S. 1.
[47] SUCKSMITH, W., H. H. POTTER u. L. BROADWAY: Proc. roy. Soc., Lond. A 117 (1928) S. 476.
[48] MCKEEHAN, L. W.: Trans. AIME. 111 (1934) S. 11.
[49] WILLIAMS, H. J., u. R. M. BOZORTH: Phys. Rev. 55 (1939) S. 673.
[50] WILLIAMS, H. J., u. R. M. BOZORTH: unveröffentlicht. Siehe [15].
[52] YAMAMOTO, M.: Sci. Rep. Tohoku Univ. A 4 (1952) S. 14.
[53] BOZORTH, R. M., u. J. G. WALKER: Phys. Rev. 89 (1953) S. 624.
[54] TARASOV, L. P.: Phys. Rev. 56 (1939) S. 1245.
[55] BOZORTH, R. M., u. J. G. WALKER: Phys. Rev. 83 (1951) S. 871.
[56] BOZORTH, R. M., u. J. G. WALKER: Phys. Rev. 89 (1953) S. 624.
[57] KLEIS, J. D.: Phys. Rev. 50 (1936) S. 1178.
[58] SHIH, J. W.: Phys. Rev. 46 (1934) S. 139.
[59] SHIH, J. W.: Phys. Rev. 50 (1936) S. 376.
[60] YAMAMOTO, M.: Sci. Rep. Tohoku Univ. A 4 (1952) S. 14.
[61] YAMAMOTO, M.: J. phys. Soc., Japan 10 (1955) S. 725.
[62] BECK, K.: Vierteljahresschrift der naturforschenden Ges. in Zürich 63 (1918) S. 116.
[63] TAKAKI, H., u. Y. NAKAMURA: J. phys. Soc., Japan 9 (1954) S. 748.
[64] WENT: in J. L. SNOEK, „New Developments in Ferromagnetic Materials", Elsevier Publ. Comp. 1949.
[66] POTTER, H. H.: Proc. phys. Soc., Lond. 41 (1929) S. 135.
[67] NESBITT, E. A., u. R. D. HEIDENREICH: J. Appl. Phys. 23 (1952) S. 366.
[68] NESBITT, E. A., u. R. D. HEIDENREICH: Rev. Mod. Phys. 25 (1953) S. 322.
[69] DANAN, H.: C. R. Acad. Sci., Paris 238 (1954) S. 1304.
[70] WILLIAMS, H. J., R. M. BOZORTH u. M. GOERTZ: Phys. Rev. 91 (1953) S. 1107.
[71] BOZORTH, R. M., E. F. TILDEN u. A. J. WILLIAMS: Phys. Rev. 99 (1955) S. 1788.
[72] GESCHWIND, S., u. J. F. DILLON: s. [71].
[73] GALT, J. K., W. A. YAGER, J. P. REMEIKA u. F. R. MERRIT: Phys. Rev. 81 (1951) S. 470.
[74] SHENKER, H.: Diss. Univ. of Maryland 1955.
[75] OKAMURA, T., u. Y. KOJIMA: Phys. Rev. 85 (1952) S. 690.
[76] OKAMURA, T., Y. KOJIMA u. Y. TORIZUKA: Sci. Rep. Tohoku Univ. A 4 (1952) S. 72.
[77] YAGER, W. A., J. K. GALT, F. R. MERRIT u. E. A. WOOD: Phys. Rev. 79 (1950) S. 214.
[78] GALT, J. K., B. T. MATHIAS u. J. P. REMEIKA: Phys. Rev. 79 (1950) S. 391.
[79] HEALY, D. W.: Phys. Rev. 86 (1952) S. 1009.
[80] YAGER, W. A., J. K. GALT, F. R. MERRIT u. E. A. WOOD: Phys. Rev. 80 (1950) S. 744.
[81] BOZORTH, R. M., B. B. CETLIN, J. K. GALT, F. R. MERRIT u. W. A. YAGER: Phys. Rev. 99 (1955) S. 1898.
[82] YAGER, W. A., J. K. GALT u. F. R. MERRIT: Phys. Rev. 99 (1955) S. 1203.
[83] OKAMURA, T., u. Y. KOJIMA: Phys. Rev. 86 (1952) S. 1040.
[84] RADO, G. T., V. J. FOLEN u. W. H. EMERSON: Proc. Instn. electr. Engrs., Paper No. 2174 R, Okt. 1956.
[85] BICKFORD, L. R., J. M. BROWNLOW u. R. F. PENOYER: Proc. Instn. electr. Engrs., Paper No. 2188 S, Okt. 1956.
[86] SHENKER, H.: Phys. Rev. 107 (1957) S. 1246.
[87] DILLON, J. F., S. GESCHWIND u. V. JACCARINO: Phys. Rev. 100 (1955) S. 750.
[88] TANNENWALD, P. E.: Phys. Rev. 100 (1955) S. 1713.
[89] HEALY, D. W., u. R. A. JOHNSON: Phys. Rev. 104 (1956) S. 634.
[90] TANNENWALD, P. E., u. M. H. SEAVEY: Proc. Instn. Radio Engrs. 44 (1956) S. 1343.
[91] DILLON, J. F.: Phys. Rev. 105 (1957) S. 759.
[92] WENT, J. J., u. H. P. J. WIJN: Phys. Rev. 82 (1951) S. 269.
[93] WEISZ, R. S.: Phys. Rev. 96 (1954) S. 800.
[94] WENT, J. J., G. W. RATHENAU, E. W. GORTER u. G. W. VAN OOSTERHOUT: Phys. Rev. 86 (1952) S. 424.
[95] WENT, J. J., G. W. RATHENAU, E. W. GORTER u. G. W. VAN OOSTERHOUT: Philips techn. Rdsch. 13 (1952) S. 361.
[96] WILLIAMS, H. J., R. C. SHERWOOD u. O. L. BOOTHBY: J. Appl. Phys. 28 (1957) S. 445.

[97] BLUM, P., u. R. PAUTHENET: C. R. Acad. Sci., Paris 237 (1953) S. 1501.
[98] KAYA, S., u. S. MIYAHARA: Sci. Rep. Tohoku Univ. 27 (1939) S. 450.
[99] GRAHAM, C. D.: J. Appl. Phys. 30 (1959) S. 317; Phys. Rev. 112 (1958) S. 1117.
[100] NAKAMURA, Y.: J. phys. Soc., Japan 10 (1955) S. 937.
[101] HALL, R. C.: J. Appl. Phys. 30 (1959) S. 816.
[102] PUZEI, I. M.: Proc. Akad. Sci., (USSSR), Phys. Rev. 16 (1952) S. 549.
[103] GENGNAGEL, H.: Naturwiss. 44 (1957) S. 630.
[104] PENOYER, R. F.: Rev. Sci. Instr. 30 (1959) S. 711.

14. Diffusionsanisotropie

14.1 Grundsätzliches

Wie wir in Kap. 12 gesehen haben, kann die Bindungsenergie zwischen zwei benachbarten Atomen eines ferromagnetischen Kristalls entsprechend Gl. (12.2) in Form einer Reihe

$$w = (l + m\, \delta r)(\cos^2 \varphi - 1/3) + \cdots \tag{14.1}$$

dargestellt werden, wobei φ den Winkel zwischen der spontanen Magnetisierung I_s und der Richtung $\gamma_1, \gamma_2, \gamma_3$, der Verbindungslinie zwischen den Atommittelpunkten, $\delta r = r - r_0$ die Differenz zwischen dem tatsächlichen und einem mittleren Atomabstand und l und m Konstanten bedeuten, die von der Art der gekoppelten Atome und im allgemeinen auch von der Temperatur abhängig sind.

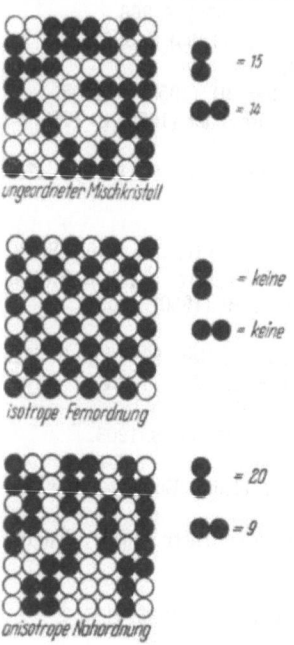

Abb. 14.1. Verschiedene Atomanordnungen in einer AB-Legierung. (Nach C. D. GRAHAM [25])

In einem binären Mischkristall aus den Komponenten A und B mit den Konzentrationen c_A und c_B ($c_A + c_B = 1$) kann danach die Konstante l, je nach Art der gekoppelten Atome, die Werte l_{AA}, l_{BB} und l_{AB} annehmen. Nach hinreichend langer Glühung bei einer Temperatur T_1, bei welcher die Atome ihre Plätze wechseln können, sind in einem dia- oder paramagnetischen Kristall die verschiedenen Bindungen isotrop verteilt. Oder in anderen Worten, das Verhältnis der Anzahl der AA- zu BB- zu AB-Bindungen ist im Mittel in allen Richtungen gleich groß und allein durch die Konzentrationen c_A, c_B gegeben. In einem ferromagnetischen Kristall dagegen trifft dies, wie NÉEL [1, 2] sowie TANIGUCHI und YAMAMOTO [3] etwa gleichzeitig und unabhängig voneinander erkannt haben, im allgemeinen nicht zu, denn dort ist die Energie w jeder Bindung nach Gl. (14.1) von ihrer Orientierung φ gegenüber der Richtung der spontanen Magnetisierung abhängig. Man findet, daß die durch Permutation zweier Atome bedingte, elementare Energieänderung Δw für eine vorgegebene Richtung $\gamma_1, \gamma_2, \gamma_3$ der Bindungen und bei vorgegebener Magnetisierungsrichtung, je nach der Konfiguration von A- und B-Atomen, entweder Null oder

$$\Delta w = \pm (l_{AA} + l_{BB} - 2l_{AB})(\cos^2 \varphi - 1/3) \tag{14.2}$$

ist. Ist nun in einer Legierung $\Delta w \neq 0$, dann wird dementsprechend bei einer Temperatur T_1 die Lage von I_s durch Platzwechselvorgänge energetisch stabilisiert. Es entsteht eine magnetisch induzierte Nahordnung (welche man sich im Prinzip entsprechend Abb. 14.1 vorzustellen hat), durch welche eine einachsige magnetische Anisotropie bedingt ist, deren Achse parallel zur Magnetisierungsrichtung liegt. Kühlt man nunmehr die Legierung auf eine Temperatur T_0 ab, bei welcher keine merkliche Diffusion mehr möglich ist, dann friert die Nahordnung ein und liefert eine permanente einachsige Kristallanisotropie, welche wir im Hinblick auf ihre Entstehung als Diffusionsanisotropie bezeichnen wollen. Die magnetisch induzierte Nahordnung nennen wir nach NÉEL „orientierte Überstruktur". Sie unterscheidet sich ursächlich und phänomenologisch grundsätzlich von den normalen, isotropen Überstrukturen. Eine normale Überstruktur besteht in einer „isotropen" Konfiguration der A- und B-Atome. Sie wirkt also der Ausbildung einer Orientierungsüberstruktur entgegen.

14.2 Berechnung der Diffusionsanisotropie

NÉEL [1, 2] sowie TANIGUCHI und YAMAMOTO [3] (s. a. TANIGUCHI [4, 5], CHIKAZUMI [6]) haben die Diffusionsanisotropie berechnet. Beide Rechnungen liefern im wesentlichen vergleichbare Ergebnisse.

Im folgenden geben wir, der Darstellung von NÉEL [2] folgend, die Rechnung für den einfachen Fall wieder, daß die Konzentration c_B der Legierungskomponente B klein ist. Hierbei braucht man nämlich nur die $B-B$-Bindungen zu betrachten, weil ein B-Atom, das nur von A-Atomen umgeben ist, eine isotrope Lage hat und folglich keinen Beitrag zu der Anisotropie liefert.

Es sei n die Zahl der nächsten Gitternachbarn eines Atoms, l_1 die Energieänderung $l_1 = l_{AA} + l_{BB} - 2 l_{AB}$ bei einer erhöhten Temperatur T_1, bei welcher eine merkliche Diffusion stattfindet und $\alpha_1, \alpha_2, \alpha_3$ die Richtungskosinus von I_s. Entsprechend n nächsten Nachbarn kann eine $B-B$-Bindung n verschiedene Richtungen $\gamma_1, \gamma_2, \gamma_3$ einnehmen. Ihre freie Energie ist $l_1 (\cos^2 \varphi - 1/3)$ mit

$$\cos \varphi = \Sigma \alpha_i \gamma_i. \tag{14.3}$$

Die Wahrscheinlichkeit dafür, daß eine $B-B$-Bindung die Richtung $\gamma_1, \gamma_2, \gamma_3$ hat, ist im thermischen Gleichgewicht bei der Temperatur T_1 gegeben durch

$$W(\gamma) = \frac{\exp\left[-(l_1/k T_1)(\cos^2 \varphi - 1/3)\right]}{\sum_n \exp\left[-(l_1/k T_1)(\cos^2 \varphi - 1/3)\right]}. \tag{14.4}$$

Ist $l_1 \ll k T_1$, dann kann man hierfür einfacher schreiben

$$W(\gamma) = (1/n)\left[1 - (l_1/k T_1)(\cos^2 \varphi - 1/3)\right]. \tag{14.5}$$

Der während einer hinreichend langen Glühung bei der Temperatur T_1 eingestellte thermische Gleichgewichtszustand wird durch rasches Abkühlen auf eine Temperatur T_0 eingefroren. Sodann wird die Magnetisierung I_s in eine Richtung $\beta_1, \beta_2, \beta_3$ gedreht. Wir setzen

$$\cos \eta = \Sigma \beta_i \gamma_i. \tag{14.6}$$

Ferner sei l_0 die Energieänderung $l_0 = l_{AA} + l_{BB} - 2 l_{AB}$ bei der Temperatur T_0. Damit ergibt sich für die freie Energie einer Bindung

$$w = l_0 \sum_n W(\gamma)(\cos^2 \eta - 1/3). \tag{14.7}$$

Mit der Zahl $z = n c_B^2 L / 2 V_A$ (L = LOSCHMIDTsche Zahl, V_A = Atomvolumen) erhält man schließlich die Anisotropieenergiedichte

$$F_D = \frac{n c_B^2 L}{2 V_A} \overline{w} = \frac{n c_B^2 l_0 l_1 L}{2 V_A k T_1} (1/9 - \overline{\cos^2 \varphi \cos^2 \eta})$$
$$= \frac{n c_B^2 L_0 L_1}{2 V_A R T_1} (1/9 - \overline{\cos^2 \varphi \cos^2 \eta}), \tag{14.8}$$

worin $\overline{\cos^2 \varphi \cos^2 \eta}$ den Mittelwert von $\cos^2 \varphi \cos^2 \eta$ bezüglich aller möglichen Orientierungen $\gamma_1, \gamma_2, \gamma_3$ der B—B-Bindungen und $L k = R$ die Gaskonstante bedeuten. Ferner haben wir $L l_0 = L_0$ und $L l_1 = L_1$ gesetzt. Man findet

$$\overline{\cos^2 \varphi \cos^2 \eta} = (s_4 - s_{22}) \sum \alpha_i^2 \beta_i^2 + 4 s_{22} \sum_{i<j} \alpha_i \alpha_j \beta_i \beta_j + s_{22}. \tag{14.9}$$

Die Mittelwerte s_{22} und s_4 sind in Tab. 12.1 für kubische Gitter zusammengestellt. Man erhält damit für den Ausdruck $1/9 - \overline{\cos^2 \varphi \cos^2 \eta}$ die in Tab. 14.1 wiedergegebenen Werte.

Tabelle 14.1. $1/9 - \overline{\cos^2 \varphi \cos^2 \eta}$ für kubische Gitter

Gittertypus	$1/9 - \overline{\cos^2 \varphi \cos^2 \eta}$
Isotrope Verteilung der Bindungen	$2/45 - (2/15) \sum^2 \alpha_i \beta_i$
Einfach kubisch	$1/9 - (1/3) \sum \alpha_i^2 \beta_i^2$
Kubisch raumzentriert	$-4/9 \sum_{i \neq j} \alpha_i \alpha_j \beta_i \beta_j$
Kubisch flächenzentriert	$1/36 - (1/12) \sum \alpha^2 \beta_i^2 - (4/12) \sum_{i \neq j} \alpha_i \alpha_j \beta_i \beta_j$

Bei Abwesenheit eines äußeren Feldes ist ein ferromagnetischer Stoff in WEISSsche Bezirke unterteilt. Während der Glühung bei der Temperatur T_1 wird dann überall, auch innerhalb der BLOCH-Wände, die lokale Magnetisierungsrichtung stabilisiert. Dies führt, wie wir in 24.3.3 und 32.7.5 sehen werden, z. B. zu einer Erniedrigung der Anfangspermeabilität und einer charakteristischen Formänderung der Hystereseschleife, liefert aber keinen makroskopisch meßbaren Anisotropieeffekt. Führt man dagegen die Glühung bei T_1 in einem hinreichend starken Magnetfeld aus, in welchem die spontane Magnetisierung überall parallel ausgerichtet ist, dann besteht nach dem Einfrieren in dem gesamten Probekörper eine einheitliche, einachsige Anisotropie, welche einer etwa vorhandenen kubischen Anisotropie überlagert ist und z. B. durch Analyse von Drehmomentenkurven ermittelt werden kann, wie wir im folgenden noch zeigen werden. Die Hystereseschleife erhält dabei Rechteckform und die maximale Permeabilität wird stark erhöht, wie zuerst von KELSALL [7] sowie BOZORTH und DILLINGER [8, 9] an Permalloy bemerkt worden ist.

Ein besonders einfaches Ergebnis erhält man bei isotroper Verteilung der Bindungen. Hierfür liefert Gl. (14.8) mit Tab. 14.1 einen Ausdruck analog zu Gl.(13.9)

$$F_D = -K_D \Sigma^2 \alpha_i \beta_i = -K_D \cos^2 \Phi, \tag{14.10}$$

worin Φ den dem Winkel zwischen der Feld- bzw. Magnetisierungsrichtung $\alpha_1, \alpha_2, \alpha_3$ während der Bildung der orientierten Überstruktur und der Magnetisierungsrichtung $\beta_1, \beta_2, \beta_3$ nach dem Einfrieren der orientierten Überstruktur bedeutet. Dieser Fall ist im Mittel in einem im Magnetfeld geglühten Vielkristall mit isotroper Orientierungsverteilung der Kristallite realisiert.

In Einkristallen sind die Verhältnisse z. T. unübersichtlicher. Schreiben wir Gl. (14.8) mit Gl. (14.9) in der Form

$$F_D = -\frac{n\,c_B^2\,L_0\,L_1}{2\,V_A\,R\,T_1}\left(k_1 \sum \alpha_i^2 \beta_i^2 + k_2 \sum_{i \neq j} \alpha_i \alpha_j \beta_i \beta_j\right), \qquad (14.11)$$

wobei die Koeffizienten k_1, k_2 durch Tab. 14.1 gegeben sind, dann ergibt sich z.B. für den Fall, daß die spontane Magnetisierung stets in der (110)-Ebene liegt [10]

$$F_D = -K_D \cos^2(\theta - \theta_0), \qquad (14.12)$$

worin

$$K_D^2 = K_{D_0}^2 (p_0 + p_1 \cos 2\theta_T + p_2 \cos^2 2\theta_T) \qquad (14.13)$$

ist mit

$$p_0 = (1/64)\,(4k_1^2 + 4k_1 k_2 + 17 k_2^2),$$
$$p_1 = (1/32)\,(12 k_1^2 - 4 k_1 k_2 - k_2^2), \qquad (14.14)$$
$$p_2 = (3/64)\,(12 k_1^2 - 4 k_1 k_2 - 5 k_2^2)$$

und ferner

$$\operatorname{ctg} 2\theta_0 = q_1/\sin 2\theta_T + q_2 \operatorname{ctg} 2\theta_T \qquad (14.15)$$

mit

$$q_1 = 1/2 - k_2/4 k_1, \qquad (14.16)$$
$$q_2 = 3/2 + k_2/4 k_1,$$

θ_T ist dabei der Winkel zwischen der [100]-Richtung und der Magnetisierungsrichtung $\alpha_1, \alpha_2, \alpha_3$, während der Einstellung der Nahordnung bei der Temperatur T_1.

Für größere Konzentrationen c_B ergibt die Rechnung von Néel [2], daß man bei idealen Mischkristallen in erster Näherung in Gl. (14.8) einfach c_B^2 durch $c_A^2 c_B^2 = c_A^2 (1 - c_A^2)$ ersetzen kann, wenn $l_1/k\,T_1 \ll 1$ ist, wie auch bei der Ableitung von Gl. (14.8) vorausgesetzt worden war. Für nicht ideale Mischkristalle erhält man [2] kompliziertere Ausdrücke für K_D.

In 16.3.1 wird gezeigt werden, daß man die Faktoren $L\,l_0 = L_0$ und $L\,l_0 = L_1$ aus experimentellen Werten der Magnetostriktionskonstante und der Elastizitätsmoduln bestimmen kann. Damit ergibt sich nach Néel [2] für K_D in Eisen–Nickel-Legierungen mit $T_1 = 800\,°K$ und $c_A = 1/2$ die Größenordnung 10^3 bis 10^5 erg/cm^3 in Übereinstimmung mit experimentellen Werten.

Wie wir in 41.4 noch näher ausführen werden, stellt sich der Gleichgewichtswert $K_D(T, \infty)$ von K_D bei der Temperatur T nach einem Zeitgesetz der Form

$$K_D(T, t) = K_D(T, \infty)\,(1 - e^{-t/\tau}) \qquad (14.17)$$

ein. Hierin bedeuten $K_D(T, t)$ den Wert von K_D nach der Zeit t, $K_D(T, \infty)$ den Gleichgewichtswert nach unendlich langer Glühung und τ die Relaxationszeit, welche nach der Gleichung

$$\tau = \tau_\infty\,e^{\frac{Q}{RT}} \qquad (14.18)$$

von der Temperatur abhängt. Q ist die Aktivierungsenergie des relevanten Platzwechselvorganges und R die Gaskonstante. Die durch Gl. (14.17) gegebene Zeitabhängigkeit der Diffusionsanisotropiekonstante gibt Anlaß zu den bekannten Erscheinungen der Diffusions- oder RICHTER-Nachwirkung, die wir in 41.4 behandeln werden. Eine kurze zusammenfassende Übersicht über diese Zusammenhänge gab NÉEL [22].

14.3 Experimentelle Ergebnisse

Diffusionsanisotropie wird an einer ganzen Reihe von Legierungen beobachtet, so z. B. an Eisen—Nickel-, Eisen—Kobalt-, Nickel—Kobalt-, Eisen—Nickel—Kobalt-, Eisen—Aluminium [23] und Eisen—Silizium-Legierungen sowie an kohlenstoffhaltigem Eisen und Siliziumeisen. Wir beschränken uns im folgenden auf die Diskussion einiger neuer Untersuchungen an Eisen—Nickel-Legierungen, welche einen unmittelbaren Vergleich mit der Theorie erlauben.

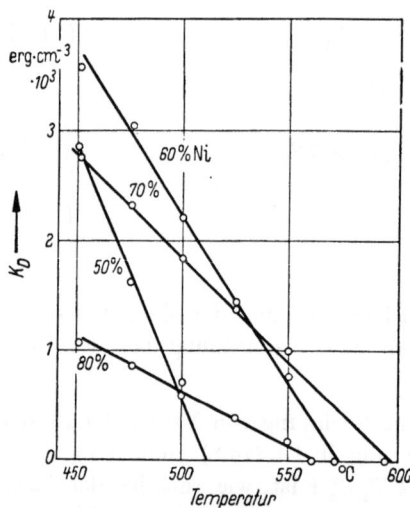

Abb. 14.2. Der bei Raumtemperatur gemessene Gleichgewichtswert der Diffusionsanisotropiekonstante K_D von Eisen-Nickel-Legierungen als Funktion der Glühtemperatur T_1. (Nach FERGUSON [11])

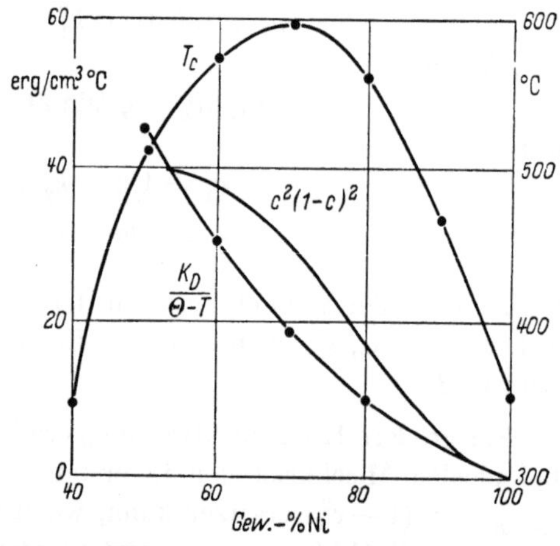

Abb. 14.3. $K_D/(\Theta - T)$ und CURIE-Temperatur $\Theta = T_c$ für Eisen—Nickel-Legierungen als Funktion der Nickelkonzentration. (Nach FERGUSON [11])

FERGUSON [11] hat an vielkristallinen Eisen—Nickel-Legierungen zwischen 50 und 100% Ni K_D bei Raumtemperatur als Funktion der Legierungszusammensetzung, der Glühtemperatur T_1 und der Glühzeit t im Magnetfeld mit Hilfe von Drehmomentenkurven gemessen.

Die Zeitabhängigkeit $K_D(T_1, t)$ konnte durch Gl. (14.17) mit einer einzigen Relaxationszeit τ beschrieben werden. Für Q/R in Gl. (14.18) ergab sich $Q/R = 35\,000\,°K$.

Nach Abb. 14.2 ist der Gleichgewichtswert von K_D innerhalb der Meßgenauigkeit proportional zu $(\Theta - T_1)$ ($\Theta =$ CURIE-Temperatur). Da nach Messungen von VOLKOV und CHICHERNEKOV [12] die Sättigungsmagnetostriktion λ_s näherungsweise proportional zu $(\Theta - T)$ und zu I_s^2, und ferner L_1 in Gl. (14.8) näherungsweise proportional zu λ_s ist, bestätigt dieses Ergebnis sowohl die Gl. (14.8)

(NÉEL [2]), als auch die entsprechende Gleichung von TANIGUCHI [4], nach welcher K_D proportional zu $I_s^2(T_1)/T_1$ ist. T_1 kann in dem schmalen Temperaturgebiet, in welchem die Untersuchungen ausgeführt wurden, näherungsweise als konstant angesehen werden.

In Abb. 14.3 ist $K_D/(\Theta - T)$ als Funktion der Nickelkonzentration c dargestellt. Die Abweichung von dem theoretischen Verlauf (Proportionalität zu $c^2(1-c^2)$) für ideale Mischkristalle kann von der Konzentrationsabhängigkeit der Magnetostriktion und der elastischen Konstanten sowie davon herrühren, daß die Mischkristalle tatsächlich nicht ideal sind, obwohl die tiefsten Glühtemperaturen T_1 noch oberhalb der Ordnungsumwandlungstemperatur dieser Legierungen liegen.

CHIKAZUMI [10] hat an einer parallel zu einer (110)-Ebene geschnittenen, von 650 °C im Magnetfeld abgekühlten Einkristallscheibe der Zusammensetzung FeNi$_3$ die Drehmomentenkurve für verschiedene Abkühlgeschwindigkeiten und verschiedene kristallographische Richtungen des Magnetfeldes während der Abkühlung gemessen. Die integrierten Drehmomentenkurven (Energiekurven) können in der Form (s. a. Tab. 13.1) und Gl. (14.12)

$$F = F_K + F_D$$
$$= K_1\{\sin^4\Theta/4 + \sin^2\Theta\cos^2\Theta\}$$
$$+ K_2\sin^4\Theta\cos^2\Theta/4 - K_D\cos^2$$
$$\cdot(\Theta - \Theta_0)$$

dargestellt werden. Θ ist hierin der Winkel zwischen der Magnetisierungsrichtung und der [100]-Richtung. Abb. 14.4

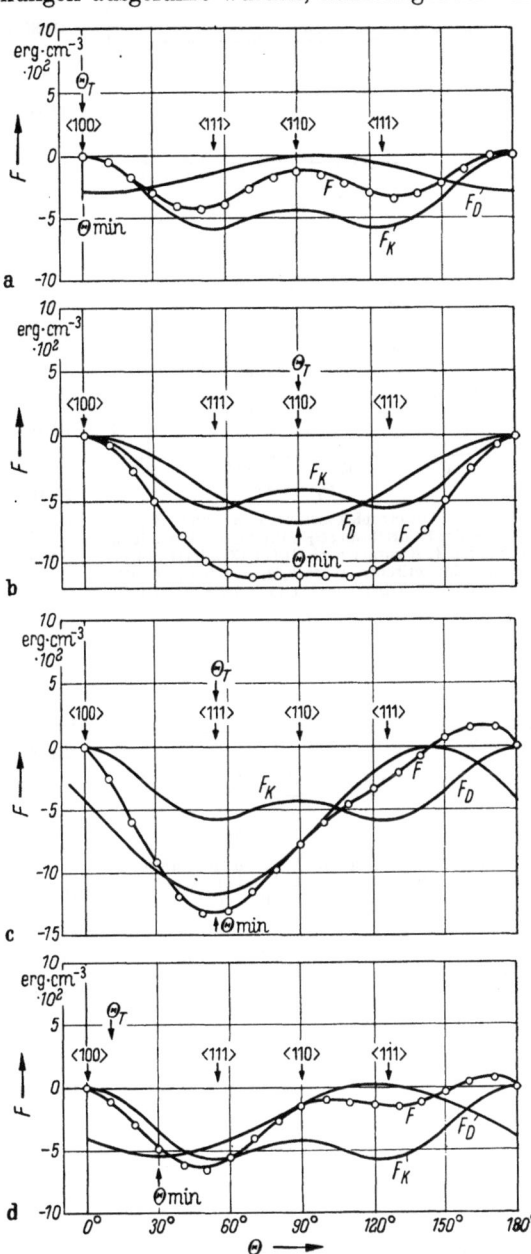

Abb. 14.4a—d. Energiekurven $F(\Theta)$ bei Raumtemperatur einer parallel zur (110)-Ebene geschnittenen Einkristallscheibe aus FeNi$_3$ nach langsamer Abkühlung von 650 °C in einem Magnetfeld parallel zu verschiedenen kristallographischen Richtungen Θ_T in der Scheibenebene. Die $F(\Theta)$-Kurven sind jeweils in die Kristallenergiekurve $F_K(\Theta)$ und die Diffusionsanisotropieenergiekurve $F_D(\Theta)$ zerlegt. Θ ist der Winkel zwischen der Magnetisierungsrichtung und einer [100]-Richtung. Nach CHIKAZUMI [10])

zeigt einige Energiekurven für gleiche Abkühlgeschwindigkeit (14°/min) und verschiedene Richtungen Θ_T des Magnetfeldes während der Abkühlung, sowie den Verlauf der mittels FOURIER-Analyse bestimmten Anteile F_K und F_D.

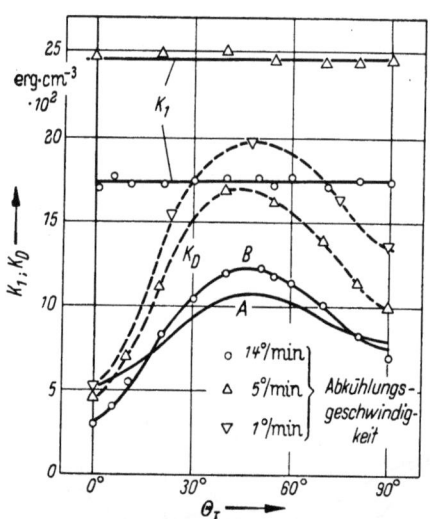

Abb. 14.5. Anisotropiekonstanten K_1 und K_D als Funktion der Feldrichtung Θ_T während der Abkühlung. Die Kurven A, B wurden nach Gl. (14.13) mit (Gl. 14.14) für den theoretischen Wert $k_2/g_1 = 4$ bzw. für den Wert $k_2/k_1 = 8,5$ berechnet. (Nach CHIKAZUMI [10])

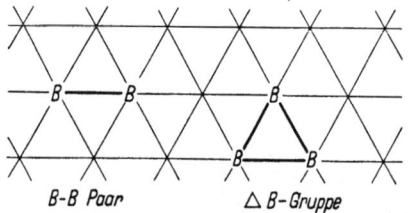

Abb. 14.6. Zwei Typen von B-Atomkonfigurationen in der (111)-Ebene eines kubisch flächenzentrierten Gitters. (Nach CHIKAZUMI [10])

Man sieht, daß K_D von der Richtung Θ_T des Magnetfeldes während der Abkühlung abhängt. In Abb. 14.5 ist K_D als Funktion von Θ_T für verschiedene Abkühlgeschwindigkeiten dargestellt. Dort ist ferner die nach Gl. (14.13) mit Gl. (14.14) für ein kubisch flächenzentriertes Gitter ($k_2/k_1 = 4$, s. Tab. 14.1) berechnete $K_D(\Theta_T)$-Kurve eingezeichnet. CHIKAZUMI fand, daß man z. B. die bei einer Abkühlungsgeschwindigkeit von 14°/min gemessene Kurve innerhalb der Meßgenauigkeit ebenfalls durch Gl. (14.13), aber mit dem Verhältnis $k_2/k_1 = 8,5$ darstellen kann. Er konnte ferner zeigen, daß man diese Abweichung von der weiter oben ausgeführten Theorie quantitativ damit erklären kann, daß außer $B-B$-Bindungen auch eine plausible Anzahl von $B-B-B$-Gruppen entsprechend Abb. 14.6 vorkommt.

In Abb. 14.7 ist $\Delta\Theta = \Theta_0 - \Theta_T$, d. h. der Winkel zwischen der Achsenrichtung Θ_0 der Diffusionsanisotropie und der Feldrichtung Θ_T während der Abkühlung als Funktion von Θ_T dargestellt. Die nach Gl. (14.15) und Gl. (14.16) mit dem experimentellen Koeffizientenverhältnis $k_2/k_1 = 8,5$ berechnete Kurve paßt sich ausgezeichnet an die Meßwerte an.

Auch an verschiedenen Ferriten wurden Diffusionsanisotropie sowie alle damit im Zusammenhang stehenden Erscheinungen beobachtet. Nach eingehenden Untersuchungen von IIDA, SEKIZAWA und AIYAMA [13, 14] an Kobalt-Ferriten wird dort die Diffusionsanisotropie wahrscheinlich durch eine Nahordnung von Kationen und

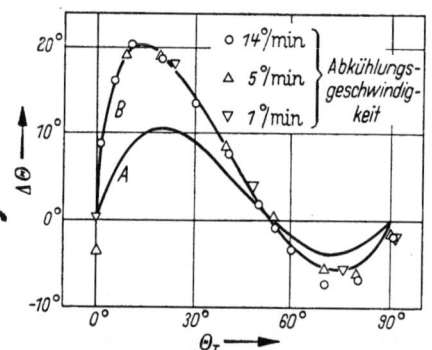

Abb. 14.7. Winkel $\Delta\Theta = \Theta_0 - \Theta_T$ zwischen der Achsenrichtung der Diffusionsanisotropie und der Feldrichtung Θ_T während der Abkühlung als Funktion von Θ_T. Die Kurven A, B wurden nach Gl. (14.13) mit Gl. (14.14) für den theoretischen Wert $k_2/k_1 = 4$ bzw. den experimentellen Wert $k_2/k_1 = 8,5$ (s. a. Abb. 14.4) berechnet. (Nach CHIKAZUMI [10])

Kationenleerstellen bedingt. Die Stärke der Anisotropie ist wesentlich vom Sauerstoffgehalt abhängig.

14.4 Walzanisotropie

Durch starkes Kaltwalzen (98 bis 99%) und anschließende Rekristallisation entsteht in flächenzentrierten Eisen—Nickel-Legierungen eine Würfeltextur, d. h. eine (100)-Ebene liegt in der Walzebene und eine [100]-Richtung parallel zur Walzrichtung. Wie CONRADT, DAHL und SIXTUS [15] gezeigt haben, hat das Material die auf Grund der Textur zu erwartende kubische Anisotropie.

Wird das Material anschließend nochmals kalt gewalzt (40 bis 60%), dann bleibt die Würfeltextur erhalten, aber es entsteht eine einachsige magnetische Anisotropie, die sog. Walzanisotropie, deren leichte Richtung senkrecht zur Walzrichtung liegt. Entsprechend mißt man in der Walzrichtung eine nahezu lineare und reversible Magnetisierungskurve. Die Permeabilität ist über einen größeren Feldstärkebereich praktisch konstant. Man bezeichnet ein solches, z. B. für Pupinspulen geeignetes Material demgemäß als Isoperm.

Die Walzanisotropie wurde 1934 von SIX, SNOEK und BURGERS [16] entdeckt und insbesondere von CONRADT, DAHL und SIXTUS [15] sowie von RATHENAU und SNOEK [17] eingehender untersucht.

Bereits CONRADT, DAHL und SIXTUS [15, 18] vermuteten, daß die Walzanisotropie durch eine bei dem Walzvorgang induzierte Überstruktur bedingt wird. In neuester Zeit ist man zu dem Schluß gelangt (s. hierzu a. CHIKAZUMI [6]), daß die Walzanisotropie genau dieselbe Ursache hat wie die Diffusionsanisotropie, nämlich eine Orientierungsüberstruktur. Die Frage ist nur noch, aus welchem Grunde eine solche Orientierungsüberstruktur bei dem Walzvorgang gebildet wird. NÉEL [19, 2] sowie TANIGUCHI und YAMAMOTO [3] waren zunächst der Meinung, daß die anisotrope Überstruktur durch die anisotropen Spannungsverhältnisse beim Walzen entsteht. Eingehende Untersuchungen von CHIKAZUMI [20, 21] an $FeNi_3$-Einkristallen deuten jedoch darauf hin, daß nicht Spannungen, sondern die Änderung der Nachbarschaftsverhältnisse längs der Gleitebenen beim plastischen Gleiten zu der orientierten Nahordnung führen. Es sei hier noch erwähnt, daß die Walzanisotropie auch an Fe—Al-Legierungen beobachtet wird [24].

Literatur zu Kap. 14

[1] NÉEL, L.: C. R. Acad. Sci., Paris 237 (1953) S. 1613.
[2] NÉEL, L.: J. Phys. Radium 15 (1954) S. 525.
[3] TANIGUCHI, S., u. Y. YAMAMOTO: Sci. Rep. Tohoku Univ. A 6 (1954) S. 330.
[4] TANIGUCHI, S.: Sci. Rep. Tohoku Univ. A 7 (1955) S. 269.
[5] TANIGUCHI, S.: Sci. Rep. Tohoku Univ. A 8 (1956) S. 173.
[6] CHIKAZUMI, S.: J. phys. Soc., Japan 10 (1955) S. 842.
[7] KELSALL, G. A.: Physica, Haag 5 (1934) S. 169.
[8] DILLINGER, J. F., u. R. M. BOZORTH: Physica, Haag 6 (1935) S. 279.
[9] BOZORTH, R. M., u. J. F. DILLINGER: Physica, Haag 6 (1935) S. 285.
[10] CHIKAZUMI, S.: J. phys. Soc., Japan 11 (1956) S. 551.
[11] FERGUSON, E. T.: J. Appl. Phys. 29 (1958) S. 252.
[12] VOLKOV, D. E., u. V. E. CHICHERNEKOV: J. Exp. Theoret. Phys. USSSR 27 (1954) S. 208.
[13] IIDA, S., H. SEKIZAWA u. Y. AIYAMA: J. phys. Soc., Japan 10 (1955) S. 907.
[14] IIDA, S., H. SEKIZAWA u. Y. AIYAMA: J. phys. Soc., Japan 13 (1958) S. 58.

[15] CONRADT, H. W., O. DAHL u. K. J. SIXTUS: Z. Metallkde. 32 (1940) S. 231.
[16] SIX, W., J. L. SNOEK u. W. G. BURGERS: De Ingenieur 49 (1934) S. E 195.
[17] RATHENAU, G. W., u. J. L. SNOEK: Physica, Haag 8 (1941) S. 555.
[18] CONRADT, H. W., u. K. J. SIXTUS: Z. techn. Phys. 23 (1942) S. 39.
[19] NÉEL, L.: C. R. Acad. Sci., Paris 238 (1954) S. 305.
[20] CHIKAZUMI, S.: J. phys. Soc., Japan 12 (1957) S. 1259.
[21] CHIKAZUMI, S.: J. Appl. Phys. 29 (1958) S. 346.
[22] NÉEL, L.: J. Appl. Phys. 30 (1959) S. 3 S.
[23] BIRKENBEIL, H. J., u. R. W. CAHN: J. Appl. Phys. 32 (1961) S. 362 S.
[24] CHIKAZUMI, S.: J. Appl. Phys. 31 (1960) S. 158 S.
[25] GRAHAM, C. D.: in „Magnetic Properties of Metals and Alloys", S. 288, ASM, Cleveland, Ohio (1959).

15. Austauschanisotropie

15.1 Allgemeines

Die Austauschanisotropie ist die Folge von Austauschkopplung zwischen einem ferromagnetischen und einem antiferromagnetischen Gitter. Sie wurde von MEIKLEJOHN und BEAN [1, 2] an kleinen (~200 Å Durchmesser) oberflächlich oxydierten Kobaltteilchen entdeckt. Jedes Teilchen besteht aus einem ferromagnetischen Kobaltkern in einer antiferromagnetischen Kobaltoxydhülle. Oberhalb der NÉEL-Temperatur T_c des Kobaltoxyds (293 °K) verhalten sich solche Teilchen wie reine Kobaltpartikel. Unterhalb T_c besteht eine Austauschwechselwirkung zwischen Kern und Hülle.

Die Austauschanisotropie kann an einem Preßkörper aus oberflächlich oxydierten Kobaltteilchen mit statistischer Orientierungsverteilung beobachtet werden, wenn man das Material von einer Temperatur $T_1 > T_c$ in einem starken Magnetfeld auf eine Temperatur $T_2 < T_c$ abgekühlt hat. Die nachfolgend wiedergegebenen Meßergebnisse wurden an einer von 300 °K auf 77 °K im Magnetfeld abgekühlten Probe ($T_c = 293$ °K) gewonnen.

15.2 Charakteristische Eigenschaften

Die Austauschkopplung liefert eine vektorielle Anisotropie, d. h. kristallographisch gleichwertige Richtungen sind nicht mehr gleichwertig, sondern es besteht nur eine einzige leichte Richtung, wie man sich an Hand der schematischen Abb. 15.1 anschaulich klarmachen kann. Infolgedessen ist entsprechend Abb. 15.2 die Drehmomentenkurve $L(\varphi)$ proportional zu $\sin \varphi$ und nicht zu $\sin 2\varphi$, wie bei der einachsigen Anisotropie des reinen Kobalts. Die freie Energiefunktion hat damit die Form

$$F_V = -K_V \cos \varphi \qquad (15.1)$$

entsprechend einer einzigen leichten Richtung für $\varphi = 0$. MEIKLEJOHN und BEAN [1] berechneten aus Drehmomentenkurven $K_V = 5 \cdot 10^6$ erg/cm³.

Infolge der vektoriellen Anisotropie erhält man ferner für eine im Magnetfeld abgekühlte Probe eine asymmetrische Magnetisierungsschleife, wie sie in Abb. 15.3 wiedergegeben ist (s. a. [4]). Eine ohne Magnetfeld abgekühlte Probe liefert dagegen, infolge statistischer Orientierungsverteilung der leichten Richtungen der einzelnen Teilchen, eine symmetrische Schleife.

Sehr charakteristisch für das Vorhandensein von Austauschanisotropie ist, daß die Rotationshysterese (s. Kap. 38) in hohen Feldern nicht verschwindet im Gegensatz zu dem Verhalten bei anderen Anisotropien. Dies beweist Abb. 15.4 [3], in welcher der Rotationshystereseverlust als Funktion der Feldstärke einmal für eine Temperatur $T > T_c$ und einmal für eine Temperatur $T < T_c$ darge-

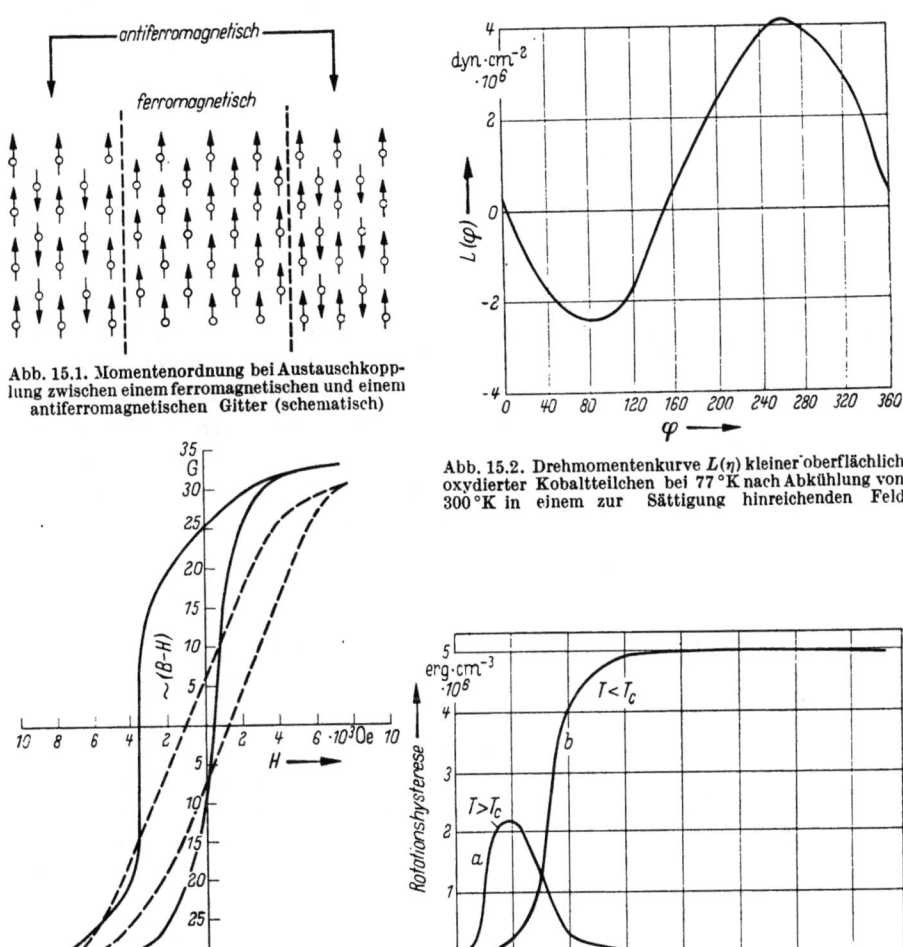

Abb. 15.1. Momentenordnung bei Austauschkopplung zwischen einem ferromagnetischen und einem antiferromagnetischen Gitter (schematisch)

Abb. 15.2. Drehmomentenkurve $L(\eta)$ kleiner oberflächlich oxydierter Kobaltteilchen bei 77 °K nach Abkühlung von 300 °K in einem zur Sättigung hinreichenden Feld

Abb. 15.3. Hystereseschleife kleiner oberflächlich oxydierter Kobaltteilchen bei 77 °K; (———) in einem zur Sättigung hinreichenden Feld, (— — —) ohne Feld abgekühlt

Abb. 15.4. Rotationshysterese von 200 Å-Kobaltteilchen mit Kobaltoxydhülle (a) bei 300 °K und (b) bei 77 °K

stellt ist. Bei $T > T_c$ verschwindet der Rotationshystereseverlust bei einer Feldstärke $H \approx 2K_1/I_s \approx 8000$ Oe, bei einer Temperatur $T < T_c$ dagegen nicht. Ähnliche Ergebnisse erhielt MEIKLEJOHN [3] an kleinen, oberflächlich oxydierten Eisenteilchen. Abb. 15.5 zeigt den bei hoher Feldstärke ($H > 2K_1/I_s$) an Co—CoO- und Fe—FeO-Teilchen gemessenen Rotationshystereseverlust als Funktion der Temperatur. Die Rotationshysterese verschwindet jeweils bei der NÉEL-Temperatur T_c der Oxydschale (s. Tab. 5.1). Für weitere Ergebnisse an

Co—CoO-Teilchen siehe [5]. GREINER, CROLL u. SULICH fanden Austauschanisotropie im System Fe—FeS [19].

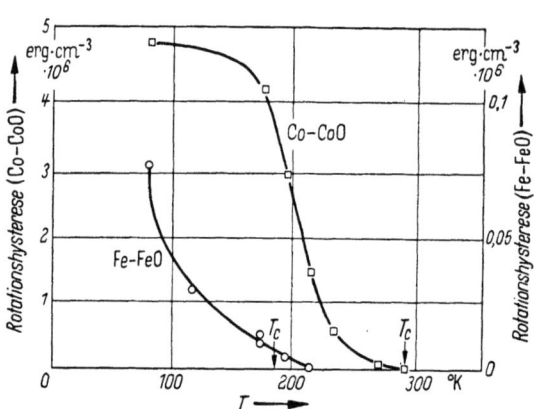

Abb. 15.5. Temperaturabhängigkeit der Rotationshysterese von Fe-FeO- und Co-CoO-Teilchen bei 10500 bzw. 15000 Oe

Ein für die Existenz von Austauschanisotropie (vektorieller Anisotropie) charakteristisches magnetisches Verhalten (d. h. (1) nicht verschwindender Rotationshystereseverlust in Feldern $H \gg 2 K I_s$ sowie (2) eine wie $\sin \varphi$ verlaufende Drehmomentkurve $L(\varphi)$ und (3) eine asymmetrische Hystereseschleife nach Magnetfeldkühlung durch einen gewissen Temperaturbereich hindurch) wurde von KOUVEL et al. ferner an einer Reihe ungeordneter Legierungen der Systeme Ni-Mn (insbesondere Ni_3Mn) [6bis9], (Ni, Fe)$_3$Mn [10], Co-Mn [11], Cu-Mn [12], Ag-Mn [12], Fe-Al [13], Mn-Cr-Sb [14] und von MEIKLEJOHN [15] an rostfreiem Stahl (17—19% Cr, 9—13% Ni, 4% Zusätze, Rest Fe) bei tiefen Temperaturen ($\sim$ 4,2 °K) bzw. nach Abkühlungen der Proben in einem Magnetfeld der Größenordnung 10^4 Oe von 300 bis 4.2 °K und darunter beobachtet.

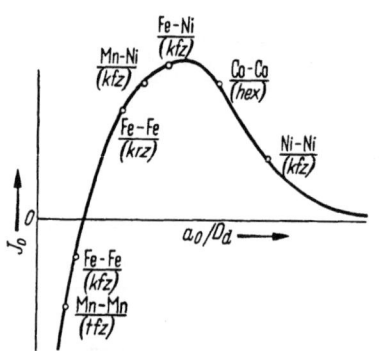

Abb. 15.6. Austauschintegral J_0 als Funktion des Verhältnisses $v =$ Gitterabstand a_0/Durchmesser der 3d-Schale D_d (siehe auch Abb. 45.3)

Bei genauerer Betrachtung der experimentellen Ergebnisse erscheinen die Verhältnisse bei den ungeordneten Legierungen wesentlich verwickelter zu sein als bei dem einfachen, für Co-CoO-Teilchen diskutierten Modell mit einer ferromagnetischen und einer Antiferromagnetischen Phase. Rein qualitativ erklären die Autoren das beobachtete Verhalten mit der Koexsitenz ferromagnetischer und antiferromagnetischer Kopplungen im Mischkristallgitter. Als Ursache hierfür wird das Bestehen statistischer Konzentrationsschwankungen angesehen, welche örtlich veränderliche Nachbarschaftsverhältnisse der Atome bedingen. U. a. gestützt durch Messungen der Druckabhängigkeit der spontanen Magnetisierung [16] erscheint eine tiefergehende qualitative Deutung an Hand der schematischen BETHE-SLATER-Kurve in Abb. 15.6 möglich und vernünftig. In Abb. 15.6 ist der Austauschkoeffizient J_0 ($J_0 > 0$ für ferromagnetische und < 0 für antiferromagnetische Kopplung) als Funktion des Quotienten a_0/D_d, d. h. des Abstandes a_0 zweier nächst benachbarter Atome dividiert durch den Durchmesser D_d der 3d-Schale dargestellt. Hiernach hängt das Vorzeichen des Kopplungskoeffizienten offenbar stark von dem Abstand der gekoppelten Atome, d. h. vom Gittertypus und der Gitterkonstante sowie ferner von der Art der Nachbarn ab.

Es wird z. B. angenommen, daß in ungeordneten Mn-Cu-Legierungen die Kopplung zwischen nächst benachbarten Mn-Atomen antiferromagnetisch, zwischen übernächst benachbarten Mn-Atomen dagegen ferromagnetisch ist. Ferner entnimmt man aus Abb. 15.6, daß in Ni$_3$Mn die nächst benachbarten Ni-Ni- und Ni-Mn-Kopplungen ferromagnetisch, die Kopplungen zwischen nächst benachbarten Mn-Atomen dagegen antiferromagnetisch sind. In geordnetem Ni$_3$Mn treten demgegenüber keine Mn-Mn-Paare auf. Ni$_3$Mn ist dementsprechend im geordneten Zustand auch ferromagnetisch [17] (s. a. [18]).

Literatur zu Kap. 15

[1] MEIKLEJOHN, W. H., u. C. P. BEAN: Phys. Rev. 102 (1956) S. 1413.
[2] MEIKLEJOHN, W. H., u. C. P. BEAN: Phys. Rev. 105 (1957) S. 904.
[3] MEIKLEJOHN, W. H.: J. Appl. Phys. 29 (1958) S. 454.
[4] AHARONI, A., E. H. FREI u. S. SHTRIKMAN: J. Appl. Phys. 30 (1959) S. 79 S.
[5] DARNELL, F. J.: J. Appl. Phys. 32 (1961) S. 186 S.
[6] KOUVEL, J. S., C. D. GRAHAM u. J. J. BECKER: J. Appl. Phys. 29 (1958) S. 518.
[7] KOUVEL, J. S., u. C. D. GRAHAM: J. Appl. Phys. 30 (1959) S. 312 S.
[8] KOUVEL, J. S., u. C. D. GRAHAM: J. Phys. Chem. Solids 11 (1959) S. 220.
[9] KOUVEL, J. S., C. D. GRAHAM u. I. S. JACOBS: J. Phys. Rad. 20 (1959) S. 198.
[10] KOUVEL, J. S.: J. Phys. Chem. Solids 16 (1960) S. 152.
[11] KOUVEL, J. S.: J. Phys. Chem. Solids 16 (1960) S. 107.
[12] KOUVEL, J. S.: J. Appl. Phys. 31 (1960) S. 142 S.
[13] KOUVEL, J. S.: J. Appl. Phys. 30 (1959) S. 312 S.
[14] PRY, R. H., J. S. KOUVEL u. E. S. MIKSCH: J. Appl. Phys. 31 (1960) S. 162 S.
[15] MEIKLEJOHN, W. H.: J. Appl. Phys. 32 (1961) S. 274 S.
[16] KOUVEL, J. S., u. R. H. WILSON: J. Appl. Phys. 32 (1961) S. 435.
[17] KAYA, S., u. A. KUSSMANN: Z. Physik 72 (1931) S. 293.
[18] HAHN, R., u. E. KNELLER: Z. Metallkunde 49 (1958) S. 426.
[19] GREIER, J. H., I. M. CRALL u. M. SULICH: J. Appl. Phys. 32 (1961) S. 188 S.

16. Magnetostriktion

Unter Magnetostriktion verstehen wir alle von Magnetisierungsänderungen herrührenden Änderungen der geometrischen Abmessungen eines Körpers.

Eine allgemeine Dimensionsänderung eines Körpers kann in zwei Anteile zerlegt werden: Eine voluminvariante Gestaltsänderung und eine gestaltsinvariante Volumenänderung. Die magnetisch bedingte Gestaltsänderung wird nach ihrem Entdecker als JOULE-Magnetostriktion [1, 2] oder oft einfach als Magnetostriktion im engeren Sinne bezeichnet. Wir wollen sie, wo Verwechslungen möglich sind, Gestaltsmagnetostriktion nennen. Die magnetisch bedingten Volumenänderungen werden unter dem Begriff Volumenmagnetistriktion zusammengefaßt.

16.1 Volumenmagnetostriktion

16.1.1 Allgemeines

Die bei einer Magnetisierungsänderung eintretende Volumenänderung setzt sich im allgemeinen aus drei Anteilen verschiedener Herkunft zusammen:

$$\Delta V/V = (\Delta V/V)_I + (\Delta V/V)_K + (\Delta V/V)_F. \tag{16.1}$$

Der **Magnetisierungsanteil** $(\Delta V/V)_I$ hängt nur vom Betrag der wahren Magnetisierung I_m ab und kann mit diesem zu- oder abnehmen (positives oder negatives Vorzeichen). Eine Volumenänderung $(\Delta V/V)_I$ mißt man demnach sowohl bei einer Temperaturänderung (Änderung der spontanen Magnetisierung) als auch bei einer isothermen Änderung der wahren Magnetisierung durch ein äußeres Feld. In hohen Feldern, wenn keine Richtungsänderungen der wahren Magnetisierung mehr auftreten, ändert sich das Volumen im allgemeinen linear mit der Feldstärke (erzwungene Magnetostriktion). Mit ω_I bezeichnen wir die relative Volumenänderung $(\Delta V/V)_I$ beim isothermen Übergang vom nicht ferromagnetischen zum ferromagnetischen Gitter.

Der **Kristallanteil** $(\Delta V/V)_K$ beschreibt die Abhängigkeit des Kristallvolumens von der kristallographischen Richtung $\alpha_1, \alpha_2, \alpha_3$ der spontanen Magnetisierung. $\omega_K(\alpha_i)$ ist die relative Volumenänderung, die man an einer Probe mit dem Entmagnetisierungsfaktor Null beim Übergang von einem Zustand, in welchem die spontane Magnetisierung überall in leichten Richtungen liegt, zur Sättigung in der Richtung α_i mißt. $\omega_K(\alpha_i)$ kann positiv oder negativ sein.

Der **Formeffekt** $(\Delta V/V)_F$ folgt aus der Tatsache, daß die magnetostatische Energie eines Körpers in seinem eigenen entmagnetisierenden Feld von seinem Volumen abhängt. Entsprechend tritt der Formeffekt nur bei Proben mit nicht verschwindendem Entmagnetisierungsfaktor auf. Die um den Kristallanteil verminderte Volumenänderung beim Übergang vom ideal unmagnetischen zum gesättigten Zustand bezeichnen wir mit dem Symbol ω_F. ω_F ist stets positiv.

Die durch diese magnetischen Volumeneffekte bedingten relativen Längenänderungen sind im allgemeinen um ein bis zwei Größenordnungen kleiner als die Gestaltsmagnetostriktion und gegen letztere praktisch vernachlässigbar. Lediglich der Magnetisierungsanteil erreicht in einigen Werkstoffen abnorm hohe Werte, welche zu wichtigen technischen Anwendungen führen.

16.1.2 Der Magnetisierungsanteil

ω_I ist nur vom Betrag der spontanen bzw. wahren Magnetisierung I_s bzw. I_m abhängig (für $H = 0$ ist $I_m = I_s$). Nach NÉEL [3] gilt näherungsweise

$$\omega_I \approx k\, I_m^2, \tag{16.2}$$

worin k eine Konstante bedeutet, die sowohl positiv (Invarlegierungen) als auch negativ (Nickel) sein kann. Aus Gl. (16.2) folgt

$$(\partial \omega_I/\partial H)_T = 2k\, I_m (\partial I_m/\partial H)_T. \tag{16.3}$$

Die Suszeptibilität des Paraprozesses $\chi_p = (\partial I_m/\partial H)_T$ (s. 35.2) ist hinreichend weit unterhalb der CURIE-Temperatur näherungsweise von der Feldstärke unabhängig. Dies bedeutet, daß sich dann in hohen Feldern, wenn die Magnetisierung I_m überall in Feldrichtung ausgerichtet ist, das Volumen linear mit der Feldstärke ändert

$$\Delta \omega_I = 2k\, I_m \chi_p \cdot H. \tag{16.4a}$$

Gl. (16.4a) entspricht der von BECKER [4] abgeleiteten Gleichung

$$\Delta \omega_I = \frac{I_m \cdot \varepsilon}{K} \cdot H, \tag{16.4b}$$

worin ε eine Konstante und K den durch die Beziehung $1/K = \varkappa = -(1/V) \cdot (dV/dp)$ definierten Kompressionsmodul bedeuten. H ist stets das effektive Feld ($H = H_a - N I_m$).

Den linearen Anstieg des Volumens in hohen Feldern zeigt Abb. 16.1 nach einer Messung von KORNETZKI [5] an Elektrolyteisen bei Raumtemperatur. Der nichtlineare Verlauf von $(\Delta V/V)(H)$ unterhalb 1000 Oe wird, wie wir später sehen werden, durch den Form- und den Kristallanteil bedingt (s. a. Abb. 16.12). Einer relativen Volumenänderung $\Delta V/V$ entspricht eine relative Längenänderung $\Delta l/l \approx \Delta V/3V$. In Abb. 16.1 sind vergleichsweise $\Delta V/3V$ sowie die an demselben Material parallel zur Magnetisierungsrichtung gemessene relative Längenänderung $\Delta l/l$ als Funktion von H eingezeichnet. Beide Kurven verlaufen in hohen Feldern linear und parallel.

Aus den Gln. (16.2) und (16.3) erhält man für den Volumeneffekt ω_I die Beziehung

$$\omega_I = \frac{I_m}{2} \cdot \frac{(\partial \omega_I/\partial H)_T}{(\partial I_m/\partial H)_T}, \quad (16.5)$$

in welcher auf der rechten Seite alle Größen der Messung zugänglich sind, so daß ω_I nach Gl. (16.5) experimentell bestimmt werden kann. Für Nickel bei Raumtemperatur erhält man beispielsweise mit $(\partial I_m/\partial H)_T = 1{,}3 \cdot 10^{-4}$ [20] und $(\partial \omega_I/\partial H)_T = -0{,}55 \cdot 10^{-10}$ [18] $\omega_I \approx -1 \cdot 10^{-4}$. Vergleichsweise liefern Messungen des thermischen Ausdehnungskoeffizienten [35] (s. Abb. 16.7) $\omega_I = -3{,}24 \cdot 10^{-4}$.

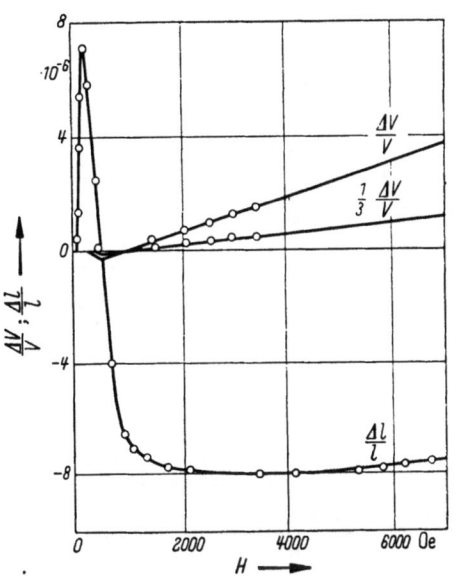

Abb. 16.1. Longitudinale Längenänderung $\Delta l/l$ und Volumenänderung $\Delta V/V$ längs der Neukurve von Elektrolyteisen. (Nach KORNETZKI [5])

Über die Möglichkeiten zur Messung von $(\partial I_m/\partial H)_T$ wird im Kap. 35 berichtet werden. Hier interessieren uns in erster Linie die Methoden zur Bestimmung der wichtigen Größe $(\partial \omega_I/\partial H)_T$.

1. Man erhält $(\partial \omega_I/\partial H)_T$ direkt als Steigung der in hohen Feldern gemessenen Geraden $(\Delta V/V)(H)$ (s. Abb. 16.1). Die hauptsächliche Fehlerquelle dieser Methode ist die überlagerte Wärmeausdehnung infolge des unvermeidbaren magnetokalorischen Effekts (s. 9.7.2) bei einer Änderung von I_m. Deshalb hat DÖRING [7] entsprechend Abb. 16.2 die isotherme Volumenänderung $(\partial \omega_I/\partial H)_T$ von Nickel bei höheren Temperaturen in der Weise ermittelt, daß er die Volumenänderung im Feld adiabatisch gemessen und von der beobachteten Größe $(\partial \omega_I/\partial H)_{ad}$ die thermische Volumenänderung $3\alpha_H \cdot \Delta T$ infolge der magnetokalorischen Temperaturerhöhung ΔT (welche aus Messungen von WEISS und FORRER [8] bekannt ist) abgezogen hat. $\alpha_H = (1/l)(\partial l/\partial T)_H$ ist der Temperaturausdehnungskoeffizient bei konstanter Feldstärke. Vielfach wird $(\partial \omega_I/\partial H)_T$ auch aus der Längenänderung $(\Delta l/l)_T$ in Feldrichtung bei hohen Feldstärken bestimmt.

2. Aus der Thermodynamik leitet man in ähnlicher Weise wie die Gl. (9.126) die Beziehung

$$\left(\frac{\partial \omega_I}{\partial H}\right)_{p,T} = -\frac{1}{V_0}\left(\frac{\partial (V \cdot I)}{\partial p}\right)_{H,T} = -\gamma_0 \left(\frac{\partial \sigma}{\partial p}\right)_{H,T} \quad (16.6)$$

für die Druckabhängigkeit der Magnetisierung ab, worin V_0 das Probenvolumen und γ_0 die Dichte beim Ausgangsdruck (im allgemeinen 1 at) und σ das magnetische Moment pro Masseneinheit bedeuten. Die Druckabhängigkeit der Magnetisierung wurde an verschiedenen Stoffen von EBERT und KUSSMANN [9], JONES und STACEY [10], EBERT und KUSSMANN [11], GUGAN [179] und von KONDORSKIJ und SEDOV [180], [181] gemessen. Der Druckkoeffizient $(\partial \sigma/\partial p)_{H,T}$ hängt von der Feldstärke und vom Druck ab. Aus dem Endwert des Druckkoeffizienten in hohen Feldern kann man nach Gl. (16.6) $(\partial \omega_I/\partial H_{p,T})$ berechnen.

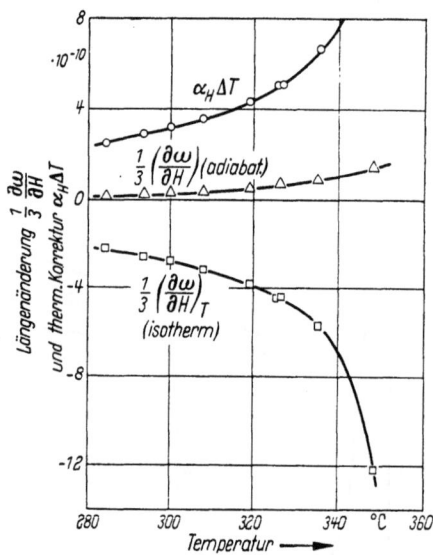

Abb. 16.2. Zur Ermittelung der Temperaturabhängigkeit der isothermen Volumenänderung $(\delta \omega/\delta H)_T$ von Nickel aus der gemessenen adiabatischen Volumenänderung $(\delta \omega/\delta H)_{ad}$ und dem thermischen Ausdehnungskoeffizienten α_H bei konstanter Feldstärke. (Nach DÖRING [7])

3. Es ist

$$\Delta \omega = (\Delta l/l)_{||} + 2(\Delta l/l)_{\perp}, \quad (16.7)$$

worin $(\Delta l/l)_{||}$, $(\Delta l/l)_{\perp}$ die relative Längenänderung parallel bzw. senkrecht zur Feldrichtung bedeuten. Diese zuerst von MASIYAMA [12] angewendete Methode zur Bestimmung der Volumenänderung aus den Änderungen der Probenabmessungen hat neuerdings dadurch besondere Bedeutung gewonnen, daß kleine Längenänderungen mit Hilfe von Dehnungsmeßstreifen [13, 14, 15] verhältnismäßig bequem gemessen werden können (resistance strain gauges).

Die vorliegenden Meßergebnisse für $(\partial \omega_I/\partial H)_T$ sind nicht sehr zahlreich und wegen der Kleinheit des Effekts und des störenden Einflusses der magnetokalorischen Wärmetönung zum Teil recht unsicher. In Tab. 16.1 sind Raumtemperaturwerte für einige Metalle und Legierungen zusammengestellt.

$(\partial \omega_I/\partial H)_T$ hat für die reinen Metalle Eisen, Kobalt und Nickel bei Raumtemperatur die Größenordnung 10^{-10} bis 10^{-9} Oe^{-1}. Der Betrag von $(\partial \omega_I/\partial H)_T$ steigt bei Annäherung an die CURIE-Temperatur stark an (s. z. B. Abb. 16.2).

Für eine Reihe von Legierungen erreicht $(\partial \omega_I/\partial H)_T$ bei Raumtemperatur abnorm hohe Werte der Größenordnung 10^{-8} Oe^{-1} und darüber. Es sind dies z. B. γ-Eisen—Nickel-Legierungen in der Umgebung von 35 Gew.-% Ni, Eisen—Platin-Legierungen mit etwa 55 Gew.-% Pt sowie die Legierung 36 Fe, 55 Co, 9 Cr. Alle diese Legierungen haben eine verhältnismäßig niedrige CURIE-Temperatur.

In Abb. 16.3a ist für die Eisen—Nickel-Legierungen die relative Volumenänderung $\Delta V/V$ bei einer Feldänderung von Null auf 1050 Oe als Funktion der Nickelkonzentration dargestellt. Die durch eine Kurve verbundenen Meßpunkte (Kreise) wurden von MASIYAMA [12] nach der Methode (1.) bestimmt. Die übrigen in

Abb. 16.3 dargestellten Werte wurden von MASIYAMA (Kreuze) nach der Methode (3.) und von BECKER und DÖRING [21] (Dreiecke) aus Meßwerten des Druckkoeffizienten der Magnetisierung [9] nach Gl. (16.6) [Methode (2.)] berechnet. Die Übereinstimmung mit den direkten Messungen ist befriedigend. Die Gestalts- und Volumenmagnetostriktion der Eisen—Nickel-Legierungen war früher schon von NAGAOKA und HONDA [22] gemessen worden. Neuere Untersuchungen von KOUVEL und WILSON [182] haben gezeigt, daß Abb. 16.3a insofern etwas irreführend ist, als dort der Zustand der Legierungen unberücksichtigt blieb. Wie eine Zusammenstellung von Messungen von $(1/\sigma_s)(\delta\sigma/\delta_p)$ in Abb. 16.3b in Verbindung mit Gl. (16.6) zeigt, besteht eine abnorm hohe Volumen-

Tabelle 16.1. *Raumtemperaturwerte von $(\partial\omega_I/\partial H)_T$ für einige Metalle und Legierungen*

Substanz (Konzentr. in Gew.-%)	$(\partial\omega_I/\partial H)_T$ in 10^{-10} Oe^{-1}	Autor
Fe	6,4	[5] (1934)
	6,5	[5] (1934)
	6,05	[5] (1934)
	10	[9] (1937)
	5,3	[16] (1937)
	5,0	[16] (1937)
	5,0	[16] (1937)
Co	5	[5] (1934)
	6	[17] (1954)
Ni	2	[6] (1935)
	1,3	[9] (1937)
	0,96	[16] (1937)
	0,90	[16] (1937)
	0,98	[16] (1937)
	−0,55	[18] (1954)
20 Ni—Fe	20	
30 Ni—Fe	300	[12] (1931)
40 Ni—Fe	32	
50 Ni—Fe	4	
3 Al—Fe	8	
8,1 Al—Fe	8	
11,9 Al—Fe	7	[172] (1957)
15 Al—Fe	14	
16,9 Al—Fe	30	
57 Pt—Fe	1200	[45] (1950)
3,5 Si—Fe	12	[173] (1955)
5,5 Si—Fe	12	
Fe_3O_4	−0,7	[6] (1935)

Abb. 16.3a u. b. a) Volumenänderung der Eisen-Nickel-Legierungen in einem Feld von 1050 Oe nach verschiedenen Meßverfahren. Erläuterung im Text. (Nach [12] (○ ○ ○, + + +) und [21] (△ △ △). b) Verlauf von $-(1/\sigma_s)(\delta\sigma/\delta p)$ im System Eisen-Nickel als Funktion der Ni-Konzentration. EBERT und KUSSMANN [9] (○) GUGAN [179] (□), KONDORSKIJ und SEDOV [180] (△) und KOUVEL und WILSON [182] (●). Nach KOUVEL und WILSON [182]

---
[1] $(\partial\omega_I/\partial H)$ ist für Nickel bei Raumtemperatur wahrscheinlich negativ [10, 18, 19].

magnetostriktion in der Umgebung von 30% Ni nur für die kfz. Phase, während die Volumenmagnetostriktion der krz. Legierungen gleicher Zusammensetzung sehr klein ist. KOUVEL und WILSON konnten auf Grund der magnetischen Kopplungsverhältnisse in beiden Gittern eine qualitative Erklärung für diese Ergebnisse geben.

Weitere Messungen der Volumenmagnetostriktion wurden von MASIYAMA [23] im System Eisen—Kobalt und von v. AUWERS [24] im System Eisen—Kobalt—Nickel ausgeführt.

16.1.3 Druckabhängigkeit der spontanen Magnetisierung und der Curie-Temperatur

Nach Gl. (16.6) ist die spezifische spontane Magnetisierung σ_s eines ferromagnetischen Stoffs mit nicht verschwindender Volumenmagnetostriktion vom Druck abhängig. Die Änderung von σ_s bei einer Temperatur $T > 0\,°K$ mit dem hydrostatischen Druck ist nach KORNETZKI [25, 26] entsprechend Abb. 16.4 wahrscheinlich die Folge einer Änderung der CURIE-Temperatur mit dem Druck bei konstanter absoluter Sättigung σ_{s0}[1].

Unter der Voraussetzung, daß σ_s entsprechend Gl. (4.11) eine eindeutige Funktion von T/θ, d. h. daß $\sigma_s = f(T/\theta)$ ist, folgt

$$T\left(\frac{\partial \sigma_s}{\partial T}\right) = -\Theta\left(\frac{\partial \sigma_s}{\partial \Theta}\right). \qquad (16.8)$$

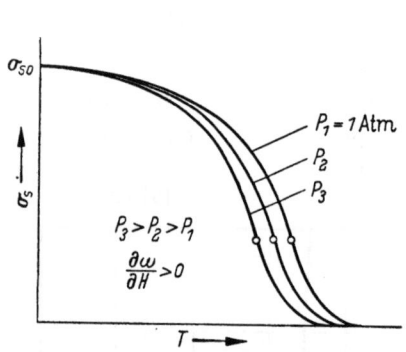
Abb. 16.4. Druckabhängigkeit der Temperaturabhängigkeit der spontanen Magnetisierung. (Schematisches Bild nach KORNETZKI [25, 26])

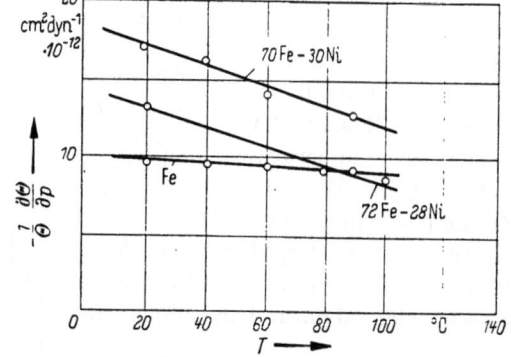
Abb. 16.5. Druckkoeffizient der CURIE-Temperatur von Eisen und zwei Eisen—Nickel-Legierungen als Funktion der Temperatur. (Nach KORNETZKI [25])

Damit erhält man für die Volumenabhängigkeit der spezifischen Magnetisierung

$$\frac{\partial \sigma_s}{\partial \omega} = \frac{\partial \sigma_s}{\partial \Theta} \cdot \frac{\partial \Theta}{\partial \omega} = -\frac{T}{\Theta}\left(\frac{\partial \sigma_s}{\partial T}\right)_V \cdot \frac{\partial \Theta}{\partial \omega} \qquad (16.9)$$

oder

$$\frac{1}{\Theta} \cdot \frac{\partial \Theta}{\partial \omega} = \frac{\partial \sigma_s/\partial \omega}{T(\partial \sigma_s/\partial T)_V}. \qquad (16.10)$$

Mit der Kompressibilität $\varkappa = 1/K = -(1/V)\,(\partial V/\partial p)$ (K = Kompressionsmodul) ergibt sich

$$\frac{\partial \sigma_s}{\partial \omega} = -\frac{1}{\varkappa}\left(\frac{\partial \sigma_s}{\partial p}\right) = \frac{1}{\varkappa}\left(\frac{\partial \omega}{\partial H}\right) \qquad (16.11)$$

---

[1] Nach neueren Untersuchungen s. z. B. [181, 182] trifft dies tatsächlich nicht zu, sondern es ist auch $(1/\sigma_{s0})\,(\delta\sigma_{s0}/\delta p) \neq 0$.

und

$$\frac{1}{\Theta} \cdot \frac{\partial \Theta}{\partial \omega} = -\frac{1}{\varkappa} \cdot \frac{1}{\Theta} \frac{\partial \Theta}{\partial p}. \tag{16.12}$$

Ferner ist wegen $\sigma_s = f(V, T)$

$$\left(\frac{\partial \sigma_s}{\partial T}\right)_V = \left(\frac{\partial \sigma_s}{\partial T}\right)_P - \left(\frac{\partial \sigma_s}{\partial V}\right)_T \left(\frac{\partial V}{\partial T}\right)_P = \left(\frac{\partial \sigma_s}{\partial T}\right)_P - \frac{\partial \sigma_s}{\partial \omega} \cdot 3\alpha, \tag{16.13}$$

worin α den linearen Ausdehnungskoeffizient $\alpha = (1/l) \cdot (\partial l/\partial T)$ bedeutet.
Mit den Gln. (16.11) bis (16.13) folgt schließlich aus Gl. (16.10)

$$\frac{1}{\Theta} \cdot \frac{\partial \Theta}{\partial p} = \frac{1}{T} \cdot \frac{\partial \omega/\partial H}{(\partial \sigma_s/\partial T)_p - (3\alpha/\varkappa)(\partial \omega/\partial H)}. \tag{16.14}$$

Auf der rechten Seite von Gl. (16.14) sind alle Größen der Messung zugänglich und $(1/\Theta) \cdot (\partial \Theta/\partial p)$ kann damit nach Gl. (16.14) berechnet werden [25].

Andererseits kann man die Änderung der Curie-Temperatur durch Druck direkt messen. Wie wir in 10.3 gesehen haben, ist eine genaue Bestimmung der Curie-Temperatur praktisch unmöglich, weil die bei vielen Stoffen weniger als 1°/1000 at betragende Änderung der Curie-Temperatur innerhalb der Meßgenauigkeit von θ liegt. Deshalb bestimmt man die Änderung der Curie-Temperatur zweckmäßigerweise entsprechend Abb. 16.4 als Parallelverschiebung der $\sigma_s(T)$- bzw. der $I_s(T)$-Kurve in der Umgebung des steilsten Abfalls dieser Kurve, oder ganz allgemein aus der Parallelverschiebung der Temperaturabhängigkeit irgendeiner physikalischen Eigenschaft, die von dem Betrag der spontanen Magnetisierung abhängt (Kornetzki [26] nach Messungen von Ebert und Kussmann [11], s. a. [33]).

In Abb. 16.5 ist der von Kornetzki [25] für verschiedene Temperaturen zwischen 20° um 100 °C nach Gl. (16.14) berechnete Druckkoeffizient der Curie-Temperatur $(1/\theta) \cdot (\partial \theta/\partial p)$ für Eisen und zwei Eisen–Nickel-Legierungen als Funktion der Temperatur dargestellt. Danach ist $\partial \theta/\partial p$ von der Temperatur abhängig. Dies folgt auch aus direkten Messungen, welche gute Übereinstimmung mit den berechneten Werten liefern [26]. Deshalb muß man $\partial \theta/\partial p$ entweder bei der Curie-Temperatur Θ oder bei verschiedenen Temperaturen $T < \theta$ bestimmen und auf die Curie-Temperatur extrapolieren, um die tatsächliche Änderung der Curie-Temperatur zu erhalten. Einige Meßwerte sind in Tab. 16.2 zusammengestellt.

Smoluchowski [34] hat die Zusammenhänge zwischen der Volumenmagnetostriktion und der Änderung der spontanen Magnetisierung und der Curie-Temperatur durch Druck auf der Grundlage der Molekularfeldtheorie diskutiert.

16.1.4 Der lineare Ausdehnungskoeffizient ferromagnetischer Stoffe

Allgemeines. ω_I hängt nach Gl. (16.2) nur von I_m bzw. I_s ab. Da sich I_s mit der Temperatur ändert, haben wir zu erwarten, daß bei ferromagnetischen Stoffen mit nicht verschwindendem ω_I der normalen thermischen Volumenänderung eine magnetische Volumenänderung überlagert ist (Dehlinger [170]), welche sich im Verlauf der Temperaturabhängigkeit des thermischen Ausdehnungskoeffizienten $\alpha = (1/l) \cdot (\partial l/\partial T) = (1/3V) \cdot (\partial V/\partial T)$ bemerkbar macht.

Tabelle 16.2. Änderung der Curie-Temperatur durch hydrostatischen Druck

Material	θ in °C	$\partial\theta/\partial p$ in °C/at	Autor	
Fe	770	$(-5 \text{ bis } -10) \cdot 10^{-3}$	[25, 26]	(1936) (1943)
Fe	770	$(0 \pm 0,1) \cdot 10^{-3}$	[27]	(1954)
Co	1120	$(0 \pm 0,1) \cdot 10^{-3}$	[27]	(1954)
Ni	360	$+0,006 \cdot 10^{-3}$	[28]	(1938)
Ni	360	$+0,05 \cdot 10^{-3}$	[29]	(1940)
Ni	360	$(+0,35 \pm 0,02) \cdot 10^{-3}$	[27]	(1954)
Gd	16	$(-1,2 \pm 0,05) \cdot 10^{-3}$	[27]	(1954)
30 Ni 70 Fe	100	$(-4 \text{ bis } -5) \cdot 10^{-3}$	[26, 11]	(1943) (1938)
30 Ni 70 Fe	100	$(-4 \text{ bis } -5) \cdot 10^{-3}$	[25]	(1936)
30 Ni 70 Fe	80	$(-5,8 \pm 0,2) \cdot 10^{-3}$	[27]	(1954)
36 Ni 64 Fe	210	$(-3,6 \pm 0,1) \cdot 10^{-3}$	[27]	(1954)
68 Ni 32 Fe	606	$(-0,1 \pm 0,1) \cdot 10^{-3}$	[27]	(1954)
70 Ni 30 Cu	20	$+0,065 \cdot 10^{-3}$	[30]	(1937)
68 Ni 29 Cu 1,6 Fe 1 Mn	20	$+0,03 \cdot 10^{-3}$	[31]	(1941)
96 Fe 4 Si	733	$(-0,1 \pm 0,1) \cdot 10^{-3}$	[27]	(1954)
90 Fe 10 Si	615	$(+0,2 \pm 0,2) \cdot 10^{-3}$	[27]	(1954)
Cd—Mg-Ferrit	—	$\pm 0,5 \cdot 10^{-3}$	[32]	(1940)
$Mn_{0,5}Zn_{0,5}Fe_2O_4$	90	$(+0,9 \pm 0,04) \cdot 10^{-3}$	[27]	(1954)
$La_{0,75}Sr_{0,25}MnO_3$	80	$(+0,6 \pm 0,04) \cdot 10^{-3}$	[27]	(1954)

Da I_m von der Temperatur und der Feldstärke abhängt, ist auch das Volumen eines ferromagnetischen Kristalls eine Funktion der Temperatur und der Feldstärke: $V = V(T, H)$. Mit $\alpha_H = (1/3 V) (\partial V/\partial T)_H$ bezeichnen wir den bei konstanter Feldstärke H (insbesondere bei $H = 0$) beobachteten linearen Ausdehnungskoeffizienten. Ferner denken wir uns, etwa bei Erwärmung durch ständige Erhöhung der Feldstärke, die Magnetisierung konstant gehalten und messen dann den linearen Ausdehnungskoeffizienten $\alpha_I = (1/3 V) \cdot (\partial V/\partial T)_I$ bei konstanter Magnetisierung. Es versteht sich, daß wir mit I die wahre Magnetisierung im Feld H meinen. Da sich I nicht ändert, erhalten wir auch keine magnetische Volumenänderung. α_I entspricht also dem normalen thermischen Ausdehnungskoeffizienten.

Im Feld $H = 0$ ändert sich I_s als Funktion der Temperatur am stärksten in der Nähe der CURIE-Temperatur. Entsprechend Abb. 16.6 erwarten wir daher am CURIE-Punkt eine Anomalie von α_H. Und zwar wird α_H anomal groß oder klein, je nachdem ω_I negativ oder positiv ist. Die schraffierte Fläche zwischen den Kurven $\alpha_H(T)$ und $\alpha_I(T)$ ist gleich einem Drittel der gesamten magnetischen Volumenänderung

$$(1/3)\,\omega_I = \int_{T=0}^{\infty} (\alpha_H - \alpha_I)\,dT. \tag{16.15}$$

Da man die Kurve $\alpha_I(T)$ mindestens näherungsweise berechnen kann, haben wir damit eine weitere Bestimmungsmethode für ω_I.

Es ist $V = V(T, H)$. Da ferner H als Funktion von I und T aufgefaßt werden kann, erhalten wir für den Zusammenhang zwischen α_I und α_H die Differentialidentität

$$\alpha_H = \alpha_I - \frac{1}{3V}\left(\frac{\partial V}{\partial H}\right)_T \left(\frac{\partial H}{\partial T}\right)_I = \alpha_I - \frac{1}{3}\left(\frac{\partial \omega_I}{\partial H}\right)_T \left(\frac{\partial H}{\partial T}\right)_I. \tag{16.16}$$

Da $(dH/dT)_I$ stets positiv ist, folgt hieraus, daß $\alpha_H \gtreqless \alpha_I$ wird, je nachdem $(\partial \omega_I/\partial H)_T \lesseqgtr 0$ ist. $(\partial \omega_I/\partial H)_T$ ist eine an vielen Stoffen gemessene Größe (s. Tab. 16.1), mit deren Hilfe wir uns danach rasch einen Überblick über die bei verschiedenen Stoffen zu erwartende Anomalie des Temperaturausdehnungskoeffizienten am CURIE-Punkt verschaffen können. Für Nickel beispielsweise ist $(\partial \omega_I/\partial H)_T < 0$ und dementsprechend, wie die Meßdaten von WILLIAMS [35] in Abb. 16.7 zeigen, α_H am CURIE-Punkt abnorm groß. In Abb. 16.7 ist ferner die von DÖRING [7] nach Gl. (16.16) mit den von WEISS und FORRER [8] bestimmten Werten für $(\partial H/\partial T)_I$ berechnete Kurve $\alpha_I(T)$ dargestellt, welche den zu erwartenden stetigen Verlauf zeigt. Die Temperaturabhängigkeit von α_H wurde für Nickel ferner von NIX und McNAIR [36], von CHEVENARD [37] und

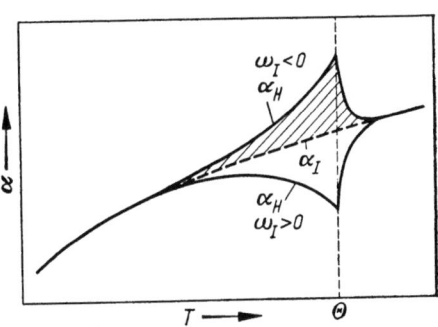

Abb. 16.6. Temperaturabhängigkeit des thermischen Ausdehnungskoeffizienten α_H bei konstanter Feldstärke in der Umgebung der CURIE-Temperatur (schematisch)

röntgenographisch von OWEN und YATES [38] in grundsätzlicher Übereinstimmung mit der Messung von WILLIAMS bestimmt.

Aus Gl. (16.16) folgt, daß der (normalerweise im Feld Null gemessene) Ausdehnungskoeffizient α_H bei positiver Volumenmagnetostriktion ω_I Null oder sogar negativ werden kann, wenn das Produkt $(\partial \omega_I/\partial H)_T \cdot (\partial H/\partial T)_I$ hinreichend groß ist. Wie wir früher am Beispiel des Nickels gesehen haben, nimmt $(\partial H/\partial T)_I$ bei Annäherung an die CURIE-Temperatur langsam ab (Abb. 10.7), während der Betrag von $(\partial \omega_I/\partial H)_T$ (s. z. B. Abb. 16.2) steil ansteigt. Der Wert des Produkts ist also von der Temperatur abhängig, und

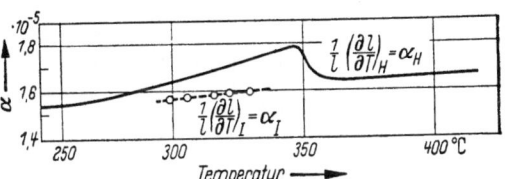

Abb. 16.7. Gemessene [35] Temperaturabhängigkeit von α_H und berechnete [7] Temperaturabhängigkeit von α_I für Nickel in der Umgebung der CURIE-Temperatur

eine mögliche Kompensation der normalen Temperaturausdehnung α_I wird deshalb auf ein bestimmtes Temperaturgebiet beschränkt sein. Dies geht auch aus Abb. 16.6 ohne weiteres hervor.

Invarlegierungen. Ein verschwindender, z. T. sogar negativer Ausdehnungskoeffizient innerhalb eines begrenzten Temperaturbereichs ist bei einer Reihe von Legierungen, den sog. Invarlegierungen verwirklicht. Es sind dies die bereits erwähnten Legierungen, bei denen $(\partial \omega_I/\partial H)_T$ positiv und extrem groß ist. Die Invarlegierungen finden ausgedehnte technische Anwendung in der Feinmechanik und insbesondere in der Uhrentechnik sowie als eine Komponente von Thermo-Bimetallen. Ferner ist es unter Ausnützung des magnetischen Volumeneffekts gelungen, Legierungen zu entwickeln, welche einen kleinen, innerhalb eines weiten Temperaturbereiches konstanten Ausdehnungskoeffizienten haben und damit als Glaseinschmelzlegierungen von großer technischer Wichtigkeit sind.

In Abb. 16.8 sind die Isothermen des Ausdehnungskoeffizienten α_H der reversiblen Eisen—Nickel-Legierungen nach Messungen von CHEVENARD [37] dargestellt. α_H hat in der Umgebung von Raumtemperatur für 36% Ni ein absolutes Minimum, verschwindet jedoch nicht ganz. Der Verlauf des mittleren Ausdehnungskoeffizienten α_H zwischen 20 und 100 °C im System Eisen—Nickel wurde ferner von SCHULZE [40] und von MASUMOTO [41] bestimmt. SCHULZE findet $\alpha_{H\min} = 2{,}29 \cdot 10^{-6}$ für 36% Ni und MASUMOTO $\alpha_{H\min} = 1{,}30 \cdot 10^{-6}$ für 36,5% Ni. Da die CURIE-Temperatur durch Verunreinigungen oder Zusätze an Mn, Cr, Cu, C usw. verändert wird, und andererseits die Temperatur, bei welcher α_H am kleinsten wird, von der CURIE-Temperatur abhängt (Abb. 16.6), ist der Nickelgehalt

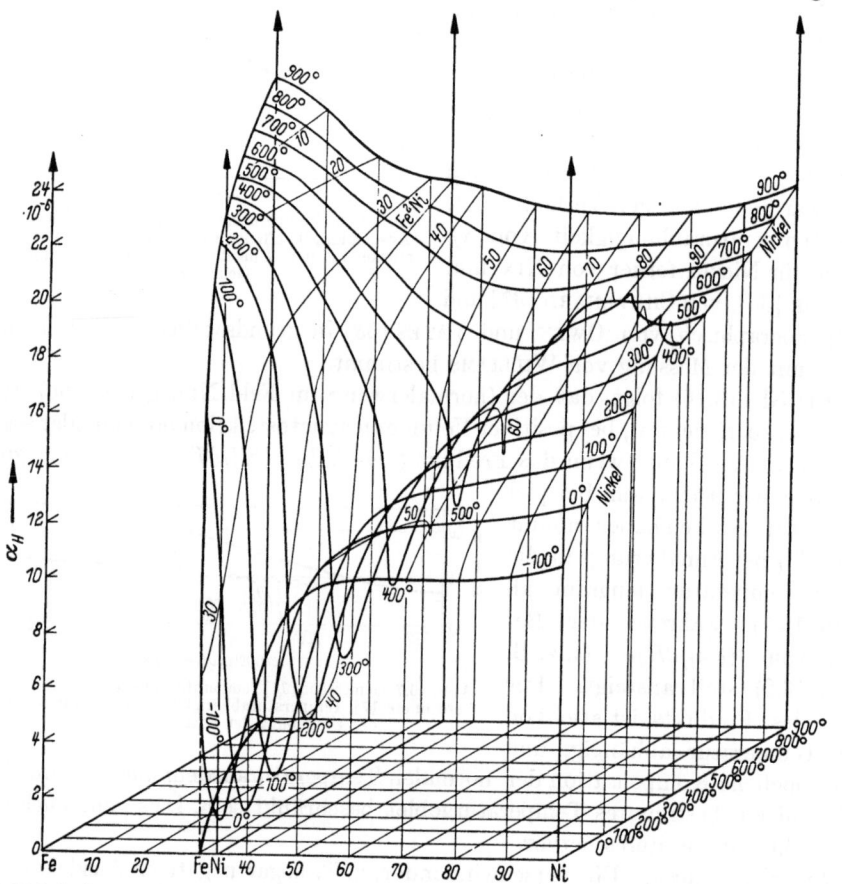

Abb. 16.8. Isothermen des Ausdehnungskoeffizienten α_H der Eisen—Nickel-Legierungen. (Nach CHEVENARD [37])

derjenigen Invarlegierung, die bei Raumtemperatur den kleinsten Ausdehnungskoeffizienten besitzt, durch den Gehalt an solchen Verunreinigungen näher bestimmt.

Es ist auf zweierlei Weise mit Erfolg versucht worden, den Ausdehnungskoeffizienten des Fe—Ni-Invars noch weiter zu vermindern. 1. Die Gestaltsmagnetostriktion von Invar ist positiv. Schafft man also durch geeignete Kaltverformung und Wärmebehandlung eine Vorzugslage der spontanen Magnetisierung, dann kommt in dieser Richtung beim Erwärmen zu dem Volumeneffekt noch eine Kontraktion infolge der Abnahme der Gestaltsmagnetostriktion mit steigender Temperatur hinzu. In dieser Weise kann α_H zum Verschwinden gebracht und sogar auf negative Werte herabgedrückt werden. Allerdings ist α_H in einem so behandelten Material nicht mehr isotrop. 2. Durch einen genügenden Zusatz von Kobalt (5%) ist es MASUMOTO [41] gelungen, α_H noch weiter zu verkleinern und für einige Legierungen (63,5 Fe, 32,5 Ni, 4 Co; 63,5 Fe, 31,5 Ni, 5 Co; 63,5 Fe, 30,5 Ni, 6 Co; 64 Fe, 31 Ni, 5 Co, 0,35 Mn) zwischen etwa 20 und 60 °C unter $1 \cdot 10^{-7}$ herunterzudrücken. Diese Legierungen werden als Super-Invar bezeichnet.

Die Invarlegierungen auf Fe—Ni-Basis sind durchweg γ-Legierungen (flächenzentriert). Sie wandeln sich bei Abkühlung z. T. nur wenig unterhalb Raum-

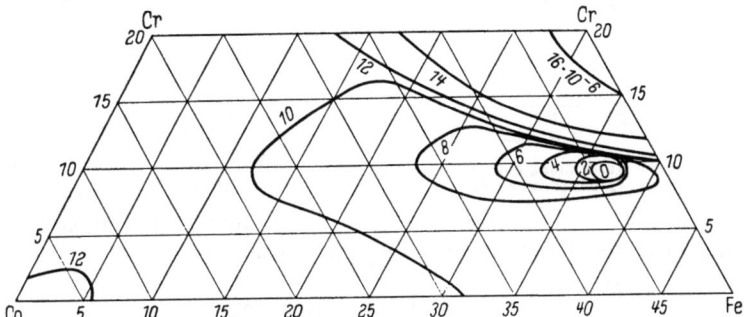

Abb. 16.9. Konzentrationsabhängigkeit von α_H bei Raumtemperatur im System Eisen—Kobalt—Chrom. (Nach MASUNMOTO [42])

temperatur irreversibel in die α-Phase (raumzentriert) um und verlieren dabei ihre Invareigenschaften.

Im System Fe—Co—Cr fand MASUMOTO [42] eine Legierungsgruppe, deren Lage im System aus Abb. 16.9 hervorgeht, und für die α_H in der Umgebung von Raumtemperatur verschwindet und z. T. sogar negativ wird. Diese Legierungen haben gegenüber den Eisen—Nickel-Invaren den Vorteil, keine allotrope Umwandlung zu zeigen. Wegen ihrer hohen Widerstandsfähigkeit gegen Korrosion werden sie als STAINLESS-Invar bezeichnet.

Weitere Invarlegierungen wurden im System Eisen—Platin (20 bis 30 At.-% Pt, KUSSMANN und Mitarbeiter [43, 44, 45], MASUMOTO und KOBAYASHI [46]) sowie in dem quasibinären System MnAs—MnSb (KÖSTER und BRAUN [171]) gefunden.

Glas kann erst oberhalb einer bestimmten Temperatur, der sog. Transformationstemperatur (infolge von Erweichung) Spannungen rasch ausgleichen. Die Transformationstemperatur liegt bei den üblichen Gläsern bei etwa 300 °C, bei Hartgläsern höher; der Ausdehnungskoeffizient ist annähernd konstant. Dementsprechend müssen Glaseinschmelzlegierungen bis zur Transformationstemperatur einen konstanten Ausdehnungskoeffizienten haben, der mit dem des Glases übereinstimmt. Verwendung finden hierzu Eisen—Nickel-Legierungen [47] (z. T. mit geringen Zusätzen) sowie Eisen—Kobalt—Nickel-Legierungen [48], bei welchen das Gebiet linearer Ausdehnung teilweise bis über 500 °C reicht. Eine für Glaseinschmelzlegierungen charakteristische Ausdehnungskurve ist in Abb. 16.10 wiedergegeben. Der Knickpunkt liegt bei der CURIE-Temperatur.

Abschließend seien noch einige weitere Meßergebnisse für α_H genannt. α_H wurde von ESSER und EUSTERBROOK [39] zwischen 0 und 1000 °C an Elektrolyteisen sowie an einigen Eisen—Kohlenstoff-Legierungen, von SCHULZE [49] zwischen 20 und 100 °C in den Systemen Fe—Si, Fe—Al und Fe—Mn und von SCHULZE [40] sowie MASUMOTO [41] zwischen 20 und 500 °C bzw. 30 und 100 °C in den Systemen Fe—Co, Fe—Ni und Co—Ni gemessen. Weitere Messungen wurden von CHEVENARD [37] im System Fe—Ni—Co ausgeführt.

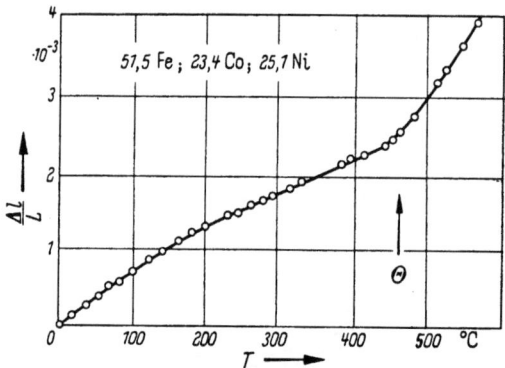

Abb. 16.10. Thermische Ausdehnung einer Glaseinschmelzlegierung. (Nach SCOTT [48])

16.1.5 Der Kristallenergieanteil

Nach BECKER [50] besteht zwischen dem Kristallenergieanteil ω_K und der relativen Volumenabhängigkeit $\varkappa_K = (1/K_1)\,(\partial K_1/\partial \omega)_T$ der Kristallenergie K_1 die Beziehung

$$\omega_K = -\frac{\varkappa_K K_1}{K} \cdot s \quad \text{für Eisen (leichte Richtung [100])} \tag{16.17a}$$

und

$$\omega_K = -\frac{\varkappa_K K_1}{K}(s - 1/3) \quad \text{für Nickel (leichte Richtung [111]),} \tag{16.17b}$$

worin K_1 die Konstante der Kristallenergie, K der Kompressionsmodul und $s = \alpha_1^2 \alpha_2^2 + \alpha_2^2 \alpha_3^2 + \alpha_3^2 \alpha_1^2$ (α_i sind die Richtungskosinus der spontanen Magnetisierung I_s bezüglich der kubischen Achsen) sind. ω_K, K_1 und K sind der Messung zugänglich und gestatten mit Hilfe der Gln. (16.17) die Berechnung der Volumenabhängigkeit der Kristallenergie. Nach KORNETZKI [5] ist für Eisen bei Raumtemperatur $\omega_K \approx -5 \cdot 10^{-7}$, $K_1 = 4{,}5 \cdot 10^5$ erg/cm³, $K = 1{,}6 \cdot 10^{12}$ dyn/cm² und für quasiisotropes polykristallines Material $s = 1/5$. Damit wird $\varkappa_K = -5 K \omega_K/K_1 = 8{,}9$. Dies bedeutet, daß bei einer Volumenvergrößerung von 1% K_1 um 8,9% anwachsen würde (s. a. [21]).

16.1.6 Der Formeffekt

Der Formeffekt ist von den quantenmechanischen Wechselwirkungen im Gitter unabhängig. Er folgt einfach aus der Tatsache, daß die Energie eines ferromagnetischen Körpers in seinem entmagnetisierenden Feld vom Volumen und der Form der Versuchsprobe abhängt. So wird z. B. ein im pauschal unmagnetischen Zustand kugelförmiger Körper beim Aufmagnetisieren zu einem Rotationsellipsoid mit der langen Achse parallel zur Magnetisierungsrichtung.

Der Formeffekt wurde von BECKER [50] (s. a. [21, 51] für isotropes und von CARR und SMOLUCHOWSKI [52] für anisotropes Material berechnet. Bei isotropem Material ergibt sich für die Volumenänderung

$$(\Delta V/V)_F = (1/2K)\,NI^2 \tag{16.18a}$$

und ferner für die Längenänderung in Feldrichtung

$$(\Delta l/l)_\| = (1/2)\,NI^2\,(1/3K + a/2G) \tag{16.18b}$$

und quer zur Feldrichtung

$$(\Delta l/l)_\perp = (1/2)\, NI^2\, (1/3K - a/4G).\qquad(16.18\mathrm{c})$$

Hierin bedeuten N den Entmagnetisierungsfaktor, I die pauschale Magnetisierung in Feldrichtung, G den Schubmodul, K den Kompressionsmodul und a einen von der Probenform abhängigen und für Sphäroide exakt berechenbaren Zahlfaktor, welcher in Tab. 16.3 für langgestreckte Rotationsellipsoide angegeben ist.

Im Anfangsteil der Neukurve magnetisch weicher Werkstoffe ist das innere Feld

$$H_i = H - NI \approx 0$$

praktisch Null, und wir erhalten damit aus Gl. (16.18a)

$$(\Delta V/V)_F = (1/2)\cdot(H^2/KN).\qquad(16.19)$$

Tabelle 16.3. Faktor a für Rotationsellipsoide. Nach Becker und Döring [21]

Achsenverhältnis	N	a
1	4,19	0,80
2	2,18	1,07
5	0,70	1,38
10	0,255	1,53
20	0,085	1,63
30	0,043	1,68

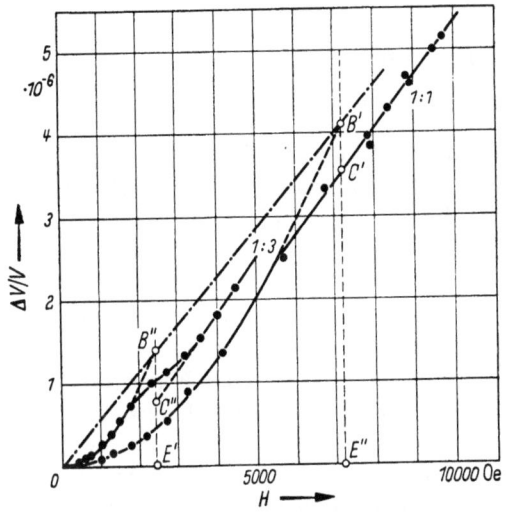

Abb. 16.11. Volumenänderung $\Delta V/V$ von Elektrolyteisen als Funktion der Feldstärke für eine Kugelprobe und für ein Rotationsellipsoid mit dem Achsenverhältnis 1 : 3. (Nach KORNETZKI [5])

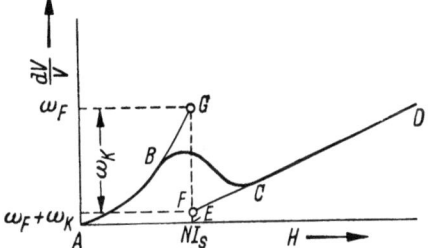

Abb. 16.12. Analyse der Feldabhängigkeit der Volumenänderung $\Delta V/V$. (Nach BECKER [50])

Danach hat man in schwachen Feldern ein quadratisches Anwachsen des Volumens mit der Feldstärke zu erwarten. Dies wird durch Meßergebnisse von KORNETZKI [5] in Abb. 16.11 bestätigt. Aus dem Verlauf der Parabel kann der Kompressionsmodul K nach Gl. (16.19) in guter Übereinstimmung mit anderen Meßwerten berechnet werden [5].

16.1.7 Feldabhängigkeit der Volumenmagnetostriktion

Wie BECKER [50] gezeigt hat, kann man den Verlauf der Volumenmagnetostriktion als Funktion der Feldstärke an Hand der Gln. (16.1), (16.4), (16.17) und (16.19) in einfacher Weise verstehen und entsprechend Abb. 16.12 näherungsweise analysieren. Die rückwärtige Verlängerung des linearen Anstiegs von $\Delta V/V$ in hohen Feldern schneidet die Gerade $H = NI_s$ in einem Punkt F. Unter der Voraussetzung, daß sich die spontane Magnetisierung in Feldern $H \leqq N I_s$ nicht ändert (also $\partial \omega_I / \partial H \approx 0$ für $H \leqq N I_s$), gibt die Ordinate $\overline{EF}$ des Punktes F die Summe $\omega_K + \omega_F$ des Kristall- und des Formeffekts. Die Extrapolation des parabolischen Anfangsverlaufs bis zum Schnitt mit der Geraden $H = N I_s$ im Punkt G liefert den Formeffekt ω_F (Strecke $\overline{EG}$). Damit ist der Kristalleffekt ω_K durch die Strecke $\overline{FG}$ gegeben. Zwischen der Anfangsparabel AB im Gebiet der Wandverschiebungen und der Geraden CD im Bereich reversibler Änderungen der spontanen Magnetisierung liegt ein Übergangsgebiet BC, in welchem im wesentlichen reversible Drehprozesse ablaufen, die den Kristalleffekt liefern.

Die Konstruktion in Abb. 16.12 ist nicht exakt, weil sich, wie wir aus kalorischen Messungen schließen müssen (s. 9.7.2), die spontane Magnetisierung und damit ω_I tatsächlich auch im Gebiet der Wandverschiebungen, also unterhalb NI_s bereits ändert und weil außerdem im Gebiet der reversiblen Drehprozesse (BC) I_s nicht linear mit H anwächst.

16.2 Die Gestaltsmagnetostriktion

16.2.1 Allgemeines

Wird ein oberhalb der CURIE-Temperatur exakt kugelförmiger Einkristall in einem Magnetfeld, das hinreichend groß ist um den Kristall im ferromagnetischen Bereich zu sättigen, auf eine Temperatur T unterhalb der CURIE-Temperatur abgekühlt, dann verliert er, wie in Abb. 16.13 angedeutet, seine Kugelgestalt und wird zum Ellipsoid. Diese durch das Auftreten spontaner Magnetisierung bedingte, spontane Gestaltsänderung kann durch die relative Längenänderung $\lambda = \Delta l/l$ der Kugeldurchmesser (abzüglich der Längenänderungen infolge Temperaturausdehnung und Volumenmagnetostriktion) beschrieben werden. λ ist eine Funktion der Richtung $\beta_1, \beta_2, \beta_3$ des betrachteten Durchmessers und der Magnetisierungsrichtung $\alpha_1, \alpha_2, \alpha_3$,

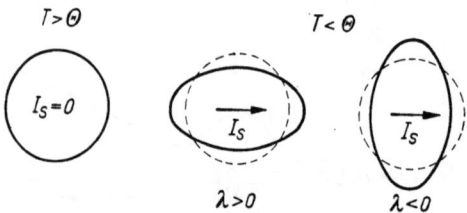

Abb. 16.13. Spontane Deformation einer ferromagnetischen Einkristallkugel beim Abkühlen unter die CURIE-Temperatur in einem Magnetfeld (schematisch stark übertrieben gezeichnet)

jeweils z. B. bezogen auf die Kristallachsen. λ ist unter konstanten Richtungsbedingungen im allgemeinen von der Temperatur abhängig.

Kühlt man den Kristall ohne ein äußeres Magnetfeld unter die CURIE-Temperatur θ ab, dann ändert jeder WEISSsche Bezirk seine Gestalt, wie oben beschrieben. Im ideal entmagnetisierten Zustand sind jedoch die Magnetisierungsrichtungen der Bezirke statistisch auf alle leichten Richtungen verteilt. Deshalb erhält man bei einem Kristall mit kubischer Symmetrie im Mittel keine Gestaltsänderung, wie wir an Hand der schematischen Abb. 16.14 a und b sofort einsehen. Wird nunmehr der Kristall bei konstanter Temperatur T durch ein äußeres Magnetfeld gesättigt (Abb. 16.14c), dann ergibt sich die gleiche Gestaltsänderung gegenüber dem pauschal unmagnetischen Zustand, wie beim Abkühlen des Kristalls im Magnetfeld auf die Temperatur T gegenüber dem paramagnetischen Zustand oberhalb θ. Ein Unterschied besteht lediglich in den Volumenänderungen. Dies gilt jedoch nur für Einkristalle mit kubischer Symmetrie sowie für Vielkristalle.

Die Gestaltsmagnetostriktion kann allgemein beschrieben werden durch die bei einer festen Temperatur gemessenen Gestaltsänderung beim Übergang von einer definierten Ausgangsverteilung der Magnetisierung zur Sättigung in einer vorgegebenen kristallographischen Richtung. Die zwar weitgehend historisch bedingte aber heute noch fast allgemein übliche Beschreibung der Gestaltsmagnetostriktion geht von der sog. Sättigungsmagnetostriktion aus. Als Sättigungsmagnetostriktion $\lambda_{\alpha\beta}$ wird die beim isothermen Magnetisieren eines ferromagnetischen Kristalls bis zur Sättigung in einer Richtung $\alpha_1, \alpha_2, \alpha_3$, parallel zu einer Richtung $\beta_1, \beta_2, \beta_3$ gemessene relative Längenänderung $(\Delta l/l)_{\alpha\beta}$ bezeichnet, wenn die Magnetisierung des Körpers im Ausgangszustand gleichmäßig auf alle kristallographischen Vorzugsrichtungen (z. B. bei Eisen die $\langle 100\rangle$-, bei Nickel die $\langle 111\rangle$ Richtungen) verteilt war (ideal entmagnetisierter Zustand). Ent-

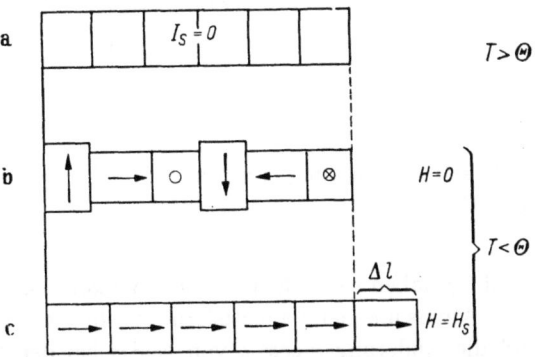

Abb. 16.14 a—c. Spontane Formänderung eines Einkristallstabes mit kubischer Gittersymmetrie beim Abkühlen unter die CURIE-Temperatur ohne und mit Magnetfeld in Stabachsenrichtung (schematisch)

sprechend Abb. 16.13 bezeichnet man die Magnetostriktion als positiv, wenn die Längenänderung parallel zur Magnetisierungsrichtung $\lambda_{\|} > 0$ ist, als negativ, wenn $\lambda_{\|} < 0$ ist. Der Betrag von λ hat je nach Material und Magnetisierungsrichtung Werte zwischen Null und 10^{-4}.

Nach Abb. 16.14 überlegt man sich sofort, daß die bei konstanter Temperatur z. B. parallel zur Feldrichtung gemessene Längenänderung $\Delta l/l$ von der mittleren Magnetisierung I und damit auch von der Feldstärke abhängt. Sie erreicht ihren Sättigungswert λ, wenn das Material magnetisch gesättigt ist. Während die Form der Kurven $(\Delta l/l)(I)$ bzw. $(\Delta l/l)(H)$ vom Werkstoffzustand abhängt (Eigenspannungen usw.), ist der Sättigungswert λ in einer vorgegebenen kristallographischen Richtung, vorausgesetzt daß er vom ideal entmagnetisierten Zustand ausgehend gemessen wurde, für eine Probe mit verschwindendem Entmagnetisierungsfaktor eine nur von der Temperatur abhängige Materialkonstante.

16.2.2 Ableitung der Gestaltsmagnetostriktion für kubische Gitter (nach Néel [53])

Entsprechend der in 16.2.1 gegebenen Definition der Gestaltsmagnetostriktion wollen wir im folgenden aus dem allgemeinen Ansatz Gl. (12.2) rein phänomenologisch die spontane Gestaltsänderung berechnen, die man erhält, wenn die spontane Magnetisierung von dem Zustand isotroper Richtungsverteilung über alle leichten Richtungen reversibel und isotherm in die Richtung $\alpha_1, \alpha_2, \alpha_3$ gedreht wird.

Die Verzerrung eines Gitters wird in allgemeiner Weise durch die 6 Komponenten des symmetrischen Verzerrungstensors (A_{ik}) $(i, k = 1, 2, 3)$ beschrieben.

Als unverzerrt ($A_{ik} = 0$) definieren wir ein kubisches Gitter mit dem gleichen Volumen wie dasjenige magnetisch verzerrte Gitter, in welchem die spontane Magnetisierung durchweg in leichten Richtungen liegt. Im unverzerrten Gitter habe die Verbindungsgerade der Mittelpunkte des Ursprungsatoms und eines benachbarten Atoms die Richtung $\gamma_1, \gamma_2, \gamma_3$ gegen die kubischen Achsen. Nach der Gestaltsänderung ist dann die Lage des Atoms durch die neuen Richtungskosinus

$$\gamma'_1 = c(\gamma_1 + A_{11}\gamma_1 + A_{12}\gamma_2 + A_{13}\gamma_3),$$
$$\gamma'_2 = c(\gamma_2 + A_{21}\gamma_1 + A_{22}\gamma_2 + A_{23}\gamma_3), \qquad (16.20)$$
$$\gamma'_3 = c(\gamma_3 + A_{31}\gamma_1 + A_{32}\gamma_2 + A_{33}\gamma_3)$$

gegeben. Für c erhält man wegen $\gamma'^2_1 + \gamma'^2_2 + \gamma'^2_3 = 1$ in erster Näherung

$$c = 1 - \Sigma A_{ik}\gamma_i\gamma_k. \qquad (16.21)$$

In derselben Näherung ergibt sich für die Änderung δr des Abstandes des Atoms vom Ursprung

$$\delta r = r_0 \Sigma A_{ik}\gamma_i\gamma_k. \qquad (16.22)$$

Mit φ haben wir in Kap. 12 den Winkel zwischen dem Ortsvektor des betrachteten Atoms und der Magnetisierungsrichtung bezeichnet. Es ist also $\cos\varphi = \Sigma \alpha_i\gamma_i$ und die Änderung $\delta \cos^2\varphi$ von $\cos^2\varphi$ bei der Verzerrung A_{ik}

$$\delta \cos^2\varphi = \Sigma^2 \alpha_i\gamma'_i - \Sigma^2 \alpha_i\gamma_i$$
$$= 2 \Sigma \alpha_i\gamma_i \Sigma A_{ik}\alpha_i\gamma_k - 2 \Sigma^2 \alpha_i\gamma_i \Sigma A_{ik}\gamma_i\gamma_k. \qquad (16.23)$$

Mit δr und $\delta \cos^2\varphi$ aus den Gln. (16.22) und (16.23) folgt zunächst die Änderung der Wechselwirkungsenergie eines Atompaares

$$\delta w = l^* \delta \cos^2\varphi + m(\cos^2\varphi - 1/3)\delta r, \, [1] \qquad (16.24)$$

wobei wir uns auf das erste Glied des Energieausdrucks Gl. (12.2) beschränkt haben. Wie in Kap. 12 ausgeführt worden ist, erhalten wir daraus die Änderung der magnetoelastischen Energiedichte F_M durch Mittelung über alle möglichen γ_i bei festen α_i und Multiplikation dieses Mittelwerts $\overline{\delta w}$ mit der Zahl der Bindungen in 1 cm³ $nL/2V_A$ (n = Zahl der nächsten Nachbarn, L = LOSCHMIDTsche Zahl, V_A = Volumen eines Grammatoms). Man findet schließlich

$$F_M = B_1(A_{11}\alpha_1^2 + A_{22}\alpha_2^2 + A_{33}\alpha_3^2)$$
$$+ 2B_2(A_{12}\alpha_1\alpha_2 + A_{23}\alpha_2\alpha_3 + A_{31}\alpha_3\alpha_1) \qquad (16.25)$$
$$+ B_3(A_{11} + A_{22} + A_{33}).$$

Die Koeffizienten B_1, B_2, B_3 sind die sog. magnetoelastischen Kopplungskonstanten. Sie sind mit den Bezeichnungen der Tab. 12.1 durch die Beziehungen

$$B_1 = (nL/2V_A)[2l^*(s_{22} + s_2 - s_4) + mr_0(s_4 - s_{22})],$$
$$B_2 = (nL/2V_A)[2l^*(s_2 - 2s_{22}) + 2mr_0 s_{22}], \qquad (16.26)$$
$$B_3 = (nL/2V_A)(mr_0 - 2l)s_{22}$$

gegeben.

---
[1] Um Verwechslungen mit dem Symbol für die Länge l auszuschließen, bezeichnen wir die in Kap. 12 eingeführte Energiegröße l im folgenden mit dem Symbol l^*.

16.2 Die Gestaltsmagnetostriktion

Die elastische Energiedichte des verzerrten Kristalls ist

$$F_{el} = 1/2\, c_{11}(A_{11}^2 + A_{22}^2 + A_{33}^2)$$
$$+ 2c_{44}(A_{12}^2 + A_{23}^2 + A_{31}^2) \qquad (16.27)$$
$$+ c_{12}(A_{11}A_{22} + A_{22}A_{33} + A_{33}A_{11}),$$

worin die c_{ik} die VOIGTschen Elastizitätskonstanten bedeuten.

Im Gleichgewicht stellt sich diejenige Verzerrung A_{ik} ein, für welche die Gesamtenergiedichte (Kristallenergie + magnetoelastische Energiedichte (Kristallenergie + magnetoelastische Energie + elastische Energie)

$$F = F_K + F_M + F_{el} \qquad (16.28)$$

als Funktion der A_{ik} bei konstanter Magnetisierungsrichtung am kleinsten ist, d. h. wir erhalten die 6 Komponenten des Verzerrungstensors A_{ik} im Gleichgewicht aus dem insgesamt 6 Gleichungen entsprechenden Ausdruck

$$\partial F/\partial A_{ik} = 0. \qquad (16.29)$$

Man findet

$$A_{ii} = \frac{B_1[c_{12} - \alpha_i^2(c_{11} + 2c_{12})]}{(c_{11} - c_{12})(c_{11} + 2c_{12})},$$
$$A_{ik} = -\frac{B_2\,\alpha_i\,\alpha_k}{2\,c_{44}}. \qquad (16.30)$$

Die relative Längenänderung einer Strecke l mit der Richtung $\beta_1, \beta_2, \beta_3$ bezüglich der kubischen Achsen ist nach Gl. (16.22)

$$\delta l/l = \Sigma A_{ik}\beta_i\beta_k. \qquad (16.31)$$

Setzen wir in Gl. (16.31) die A_{ik} aus Gl. (16.30) ein und berücksichtigen ferner, daß per definitionem $\delta l/l = 0$ sein soll, wenn die spontane Magnetisierung gleichmäßig auf alle leichten Richtungen verteilt ist, dann ergibt sich schließlich unter Vernachlässigung von Gliedern, welche nicht von den α_i abhängen und folglich hier nicht interessieren

$$\delta l/l = -\frac{B_1}{c_{11} - c_{12}}(\alpha_1^2\beta_1^2 + \alpha_2^2\beta_2^2 + \alpha_3^2\beta_3^2 - 1/3)$$
$$-\frac{B_2}{c_{44}}(\alpha_1\alpha_2\beta_1\beta_2 + \alpha_2\alpha_3\beta_2\beta_3 + \alpha_3\alpha_1\beta_3\beta_1). \qquad (16.32)$$

Mißt man die Längenänderung in Richtung der spontanen Magnetisierung, so ist $\beta_i = \alpha_i$. Für eine Würfelkantenrichtung [100] liefert Gl. (16.32) mit $\alpha_1 = 1$, $\alpha_2 = \alpha_3 = 0$

$$(\delta l/l)_{100} = \lambda_{100} = -\frac{2B_1}{3(c_{11} - c_{12})} \qquad (16.33)$$

und für eine Würfeldiagonale [111] mit $\alpha_1 = \alpha_2 = \alpha_3 = 1/\sqrt{3}$

$$(\delta l/l)_{111} = \lambda_{111} = -\frac{B_2}{3c_{44}}. \qquad (16.34)$$

λ_{100} und λ_{111} sind die Magnetostriktionskonstanten. Für sie ergibt sich beispielsweise im kubisch flächenzentrierten Gitter aus den Gln. (16.33) und (16.34) mit (16.26)

$$\lambda_{100} = -\frac{nL}{36\,V_A(c_{11}-c_{12})}(6l^* + m\,r_0),$$
$$\lambda_{111} = -\frac{nL}{36\,V_A \cdot c_{44}}(2l^* + m\,r_0). \tag{16.35}$$

Andererseits erhält man für die fundamentalen Konstanten $L \cdot l^*$ und $L\,m\,r_0$

$$L\,l^* = \frac{9\,V_A}{n}[c_{44}\,\lambda_{111} - (c_{11} - c_{12})\,\lambda_{100}],$$
$$L\,m\,r_0 = \frac{18\,V_A}{n}[(c_{11}-c_{12})\,\lambda_{100} - 3c_{44}\,\lambda_{111}]. \tag{16.36}$$

λ_{100} und λ_{111} sind ohne weiteres der Messung zugänglich. Mit den Meßwerten für Nickel $\lambda_{100} = -54 \cdot 10^{-6}$, $\lambda_{111} = -27 \cdot 10^{-6}$, $c_{11} = 2{,}5 \cdot 10^{12}$ dyn/cm², $c_{12} = 1{,}6 \cdot 10^{12}$ dyn/cm² und $c_{44} = 1{,}185 \cdot 10^{12}$ dyn/cm² findet man

$$L\,l^* = 0{,}8 \cdot 10^8 \text{ erg} \quad \text{und} \quad L\,m\,r_0 = 4{,}6 \cdot 10^8 \text{ erg}.$$

Setzen wir nunmehr die A_{ik} aus Gl. (16.30) in den Ausdruck

$$F = F_K + F_M + F_{el}$$

für die gesamte, von der Richtung der spontanen Magnetisierung abhängige Energiedichte ein, so ergibt sich, wenn wir noch die B in den λ ausdrücken, mit F_K aus Gl. (13.3) ($K_0 = K_2 = 0$) die bereits früher ohne Herleitung angegebene Gleichung (13.6) für die Anisotropieenergiedichte im frei deformierbaren Gitter

$$F_K^\sigma = (K_1^e + K_1')\,(\alpha_1^2\alpha_2^2 + \alpha_2^2\alpha_3^2 + \alpha_3^2\alpha_1^2) \tag{16.37}$$

mit

$$K_1' = \frac{9}{4}[(c_{11} - c_{12})\,\lambda_{100}^2 - 2c_{44}\,\lambda_{111}^2]. \tag{16.38}$$

Die obigen Magnetostriktionsgleichungen wurden zum erstenmal von BECKER und DÖRING [21] abgeleitet. Eine ähnliche Darstellung hat KITTEL [54] gegeben.

16.2.3 Mathematische Darstellung der Magnetostriktion in verschiedenen Kristallsystemen

Kubische Kristalle. Ausgehend von der Annahme, daß die spontane Verzerrung des Gitters von magnetischen Dipol-Dipol-Wechselwirkungen zwischen den Elementarmagneten herrührt, haben AKULOV [55], BECKER [56] und POWELL [57] für die Magnetostriktion in kubischen Kristallen eine Gleichung mit zwei Konstanten [vergleichbar mit Gl. (16.32)] abgeleitet. Die berechneten Magnetostriktionskonstanten sind jedoch um rund eine Größenordnung kleiner als die gemessenen Werte. Dies berechtigt zu dem Schluß, daß die magnetische Dipol-Dipol-Wechselwirkung nicht in erster Linie Ursache der Magnetostriktion ist. Eine befriedigende Theorie der Magnetostriktion, welche es erlaubt, die Magnetostriktionskonstanten der verschiedenen ferromagnetischen Stoffe grundsätzlich zu berechnen, existiert bis heute nicht. Die Konstanten müssen daher, ebenso wie die Konstanten der Kristallenergie, experimentell bestimmt werden.

Für die Orientierungsabhängigkeit der Magnetostriktion kubischer Kristalle berechneten GANS und von HARLEM [58, 59] mit Hilfe reiner Symmetriebetrachtungen einen Ausdruck mit sechs empirischen Konstanten. Dieser Ausdruck ist dem folgenden, von BECKER und DÖRING [21] angegebenen Ausdruck für die Sättigungsmagnetostriktion äquivalent

$$\begin{aligned}\lambda_{\alpha\beta} = &\, h_1(\alpha_1^2\beta_1^2 + \alpha_2^2\beta_2^2 + \alpha_3^2\beta_3^2 - 1/3) \\ &+ 2h_2(\alpha_1\alpha_2\beta_1\beta_2 + \alpha_2\alpha_3\beta_2\beta_3 + \alpha_3\alpha_1\beta_3\beta_1) \\ &+ h_4(\alpha_1^4\beta_1^2 + \alpha_2^4\beta_2^2 + \alpha_3^4\beta_3^2 + (2/3)\,s - 1/3) \\ &+ 2h_5(\alpha_1\alpha_2\alpha_3^2\beta_1\beta_2 + \alpha_2\alpha_3\alpha_1^2\beta_2\beta_3 + \alpha_3\alpha_1\alpha_2^2\beta_3\beta_1) \\ &+ h_3 \cdot s \qquad \text{(leichte Richtungen } \langle 100\rangle\text{)} \\ &+ h_3(s - 1/3) \qquad \text{(leichte Richtungen } \langle 111\rangle\text{),}\end{aligned} \qquad (16.39)$$

von welchem wir nunmehr ausgehen wollen. Die Konstanten h_1 bis h_5 sind experimentell zu bestimmen; ferner bedeutet

$$s = \alpha_1^2\alpha_2^2 + \alpha_2^2\alpha_3^2 + \alpha_3^2\alpha_1^2, \qquad (16.40)$$

und α_i, β_i sind, wie üblich, die Richtungskosinus der Magnetisierungs- bzw. Beobachtungsrichtung bezüglich der kubischen Achsen.

$\lambda_\parallel$, $\lambda_\perp$ sei die Magnetostriktion parallel bzw. senkrecht zur Magnetisierungsrichtung. Dann ist

$$\lambda_\parallel + 2\lambda_\perp = \omega_K \qquad (16.41)$$

der Kristallanteil (s. 16.15) der Volumenmagnetostriktion. Gl. (16.39] liefert

$$\begin{aligned}\omega_K &= 3h_3 s \qquad (\langle 100\rangle \text{ leichte Richtung}), \\ \omega_K &= 3h_3(s - 1/3) \qquad (\langle 111\rangle \text{ leichte Richtung}).\end{aligned} \qquad (16.42)$$

Für polykristallines, quasiisotropes Material erhält man durch Mittelung von s über alle Raumrichtungen $\bar{s} = 1/5$, und damit

$$\begin{aligned}\omega_K &= 3/5\, h_3 \qquad (\langle 100\rangle \text{ leichte Richtung}), \\ \omega_K &= -\,2/5\, h_3 \qquad (\langle 111\rangle \text{ leichte Richtung}).\end{aligned} \qquad (16.43)$$

Nach 16.15 hat h_3 z. B. für Eisen die Größenordnung 10^{-6} bis 10^{-7}, während die übrigen Konstanten $h_{1,2,4,5}$ von der Größenordnung 10^{-5} sind. Der h_3-Term kann daher bei Betrachtung der Gestaltsmagnetostriktion im allgemeinen vernachlässigt werden.

Für die longitudinale Magnetostriktion ($\alpha_i = \beta_i$) in den kristallographischen Hauptrichtungen erhält man mit $\alpha_1 = 1$, $\alpha_2 = \alpha_3 = 0$

$$\lambda_{100} = (2/3)\,h_1 + (2/3)\,h_4, \qquad (16.44)$$

mit $\alpha_1 = \alpha_2 = 1/\sqrt{2}$, $\alpha_3 = 0$

$$\lambda_{110} = (1/6)\,h_1 + (1/2)\,h_2 + (1/12)\,h_4 \qquad (16.45)$$

und mit $\alpha_1 = \alpha_2 = \alpha_3 = 1/\sqrt{3}$

$$\lambda_{111} = (2/3)\,h_2 + (2/9)\,h_5. \qquad (16.46)$$

Setzen wir in Gl. (16.39) $h_3 = h_4 = h_5 = 0$, so erhalten wir die in 16.2.2 abgeleitete einfachere Gl. (16.32)

$$\begin{aligned}\lambda_{\alpha\beta} = &\,(3/2)\,\lambda_{100}(\alpha_1^2\beta_1^2 + \alpha_2^2\beta_2^2 + \alpha_3^2\beta_3^2 - 1/3) \\ &+ 3\lambda_{111}(\alpha_1\alpha_2\beta_1\beta_2 + \alpha_2\alpha_3\beta_2\beta_3 + \alpha_3\alpha_1\beta_3\beta_1)\end{aligned} \qquad (16.47)$$

mit nur zwei Konstanten, welche vielfach schon zur Beschreibung der Meßergebnisse hinreicht. Weiter vereinfachend setzen wir schließlich $\lambda_{100} = \lambda_{111} = \lambda_s$ und bezeichnen λ_s als isotrope Sättigungsmagnetostriktion. Aus Gl. (16.47) ergibt sich dann

$$\lambda_\vartheta = (3/2)\,\lambda_s(\cos^2\vartheta - 1/3) \tag{16.48}$$

mit $\cos\vartheta = \alpha_1\beta_1 + \alpha_2\beta_2 + \alpha_3\beta_3$. Gl. (16.48) ist für Einkristalle im allgemeinen eine schlechte Näherung und insbesondere dann praktisch unbrauchbar, wenn λ_{100} und λ_{111} stark voneinander verschieden sind oder gar entgegengesetztes Vorzeichen haben, wie z. B. bei Eisen. Nur in wenigen Ausnahmefällen, so z. B. bei 60Ni-40Fe-Permalloy ist $\lambda_{100} = \lambda_{111}$.

In einem vielkristallinen Material mit isotroper Orientierungsverteilung der Kristallitachsen ist die Magnetostriktion durch Gl. (16.48) gegeben. Für die Konstante λ_s berechneten BECKER und DÖRING [21] aus Gl. (16.39)

$$(3/2)\,\lambda_s = (2/5)\,h_1 + (3/5)\,h_2 + (12/35)\,h_4 + (3/35)\,h_5 \tag{16.49}$$

und bei Beschränkung auf zwei Konstanten aus Gl. (16.47) mit $\overline{\alpha_i^4} = \bar{s} = 1/5$

$$\lambda_s = (1/5)\,(2\lambda_{100} + 3\lambda_{111}). \tag{16.50}$$

Lassen wir nunmehr die spezielle Voraussetzung fallen, daß im pauschal unmagnetischen Ausgangszustand die spontane Magnetisierung gleichmäßig auf alle leichten Richtungen verteilt ist, dann erhält Gl. (16.48) die allgemeinere Form für Vielkristalle

$$\lambda_\vartheta = (3/2)\,\lambda_s(\cos^2\vartheta - \overline{\cos^2\vartheta_0}), \tag{16.48a}$$

worin $\overline{\cos^2\vartheta_0}$ den Mittelwert von $\cos^2\vartheta$ im Ausgangszustand bedeutet. Bei isotroper Richtungsverteilung ist $\overline{\cos^2\vartheta} = 1/3$ und Gl. (16.48a) geht in Gl. (16.48) über.

Hexagonale Kristalle (leichte Richtung [001], wie in Kobalt): Für die Sättigungsmagnetostriktion hexagonaler Kristalle, wie Kobalt, berechneten BITTER [60] und MASON [61] (s. a. MASON und LEWIS [62]) den Ausdruck

$$\begin{aligned}\lambda_{\alpha\beta} = &\lambda_A\,[(\alpha_1\beta_1 + \alpha_2\beta_2)^2 - (\alpha_1\beta_1 + \alpha_2\beta_2)\,\alpha_3\beta_3]\\ &+ \lambda_B\,[(1-\alpha_3^2)(1-\beta_3^2) - (\alpha_1\beta_1 + \alpha_2\beta_2)^2]\\ &+ \lambda_C\,[(1-\alpha_3^2)\,\beta_3^2 - (\alpha_1\beta_1 + \alpha_2\beta_2)\,\alpha_3\beta_3]\\ &+ 4\lambda_D(\alpha_1\beta_1 + \alpha_2\beta_2)\,\alpha_3\beta_3.\end{aligned} \tag{16.51}$$

Die α_i, β_i sind die Richtungskosinus der spontanen Magnetisierung bzw. der Beobachtungsrichtung in bezug auf ein rechtwinkliges Koordinatensystem, dessen z-Achse mit der hexagonalen Achse [001], und dessen x-Achse mit einer [110]-Richtung zusammenfällt.

Für die longitudinale Magnetostriktion erhält man mit $\alpha_i = \beta_i$ wegen $\alpha_1^2 + \alpha_2^2 + \alpha_3^2 = 1$ sofort

$$\lambda_\| = \lambda_A\,[(1-\alpha_3^2)^2 - (1-\alpha_3^2)\,\alpha_3^2] + 4\lambda_D(1-\alpha_3^2)\,\alpha_3^2. \tag{16.52}$$

$\lambda_\|$ ist danach nur von α_3, dem Kosinus des Winkels zwischen der hexagonalen Achse des Kristalls und der Magnetisierungsrichtung (Feldrichtung) abhängig.

Nennen wir diesen Winkel ϑ, so wird

$$\lambda_{\|} = \lambda_A (\sin^4 \vartheta - \sin^2 \vartheta \cos^2 \vartheta) + 4\lambda_D \sin^2 \vartheta \cos^2 \vartheta. \qquad (16.53)$$

Liegt die Magnetisierung überall in der leichten Richtung ($\alpha_3 = 0$), dann ist verabredungsgemäß $\lambda_{\|} = 0$.

Aus Gl. (16.51) berechnet man die Volumenmagnetostriktion $\omega_K = \lambda_{\|} + 2\lambda_\perp$ [s. Gl. (16.41)] des Einkristalls

$$\omega_K = (\lambda_A + \lambda_B + \lambda_C) \sin^2 \vartheta. \qquad (16.54)$$

Für die Kristallenergiedichte bei konstanter Spannung fand MASON in derselben Näherung wie Gl. (16.51)

$$\begin{aligned}F_K^\sigma &= [K_1^\varepsilon + (1/2) c_{44}(-\lambda_A - \lambda_C + 4\lambda_D)^2] \cdot \sin^2 \vartheta \\ &\quad + [K_2^\varepsilon + (1/2) c_{11}(\lambda_A^2 + \lambda_B^2) + 2c_{12}\lambda_A \lambda_B \\ &\quad + 2c_{13}(\lambda_A + \lambda_B)\lambda_C + (1/2) c_{33} \lambda_C^2 \\ &\quad - c_{44}(-\lambda_A - \lambda_C + 4\lambda_D)^2] \sin^4 \vartheta \\ &= (K_1^\varepsilon + K_1') \sin^2 \vartheta + (K_2^\varepsilon + K_2') \sin^4 \vartheta,\end{aligned} \qquad (16.55)$$

worin K_1^ε und K_2^ε die Konstanten der Kristallenergie bei konstanter Verzerrung bedeuten.

Die longitudinale Sättigungsmagnetostriktion des quasiisotropen Polykristalls ergibt sich aus Gl. (16.53) mit $\overline{\sin^4 \vartheta} = 8/15$ und $\overline{\sin^2 \vartheta \cos^2 \vartheta} = 2/15$ zu

$$\lambda_{\|} = (2/5) \lambda_A + (8/15) \lambda_D. \qquad (16.56)$$

Für die transversale Sättigungsmagnetostriktion (gemessen quer zur Richtung der spontanen Magnetisierung) erhält man

$$\lambda_\perp = (2/15) \lambda_A + (1/3) (\lambda_B + \lambda_C) - (4/15) \lambda_D. \qquad (16.57)$$

Mit den Gln. (16.56) und (16.57) folgt die Volumenmagnetostriktion bei Magnetisierung des Polykristalls bis zur Sättigung:

$$\lambda_{\|} + 2\lambda_\perp = \omega_K = (2/3) (\lambda_A + \lambda_B + \lambda_C). \qquad (16.58)$$

Eine höhere Näherung für $\lambda_{\alpha\beta}$ mit neun Konstanten wurde ebenfalls von MASON [61] berechnet. MASON hat ferner Formeln für tetragonale und orthorhombische Kristalle angegeben. DÖRING und SIMON [183] (s. a. [184]) haben die Richtungsabhängigkeit der Magnetostriktion mit Hilfe eines gruppentheoretischen Verfahrens für alle Kristallklassen berechnet.

16.2.4 Abhängigkeit der Gestaltsänderung von der Magnetisierung und der Feldstärke

Allgemeines. In der Einführung haben wir uns überlegt, daß die, z. B. ausgehend vom ideal entmagnetisierten Zustand, an einem Kristall makroskopisch meßbare isotherme Gestaltsänderung von der pauschalen Magnetisierung abhängig ist. Erst bei magnetischer Sättigung stellt sich bei Einkristallen die durch die Gln. (16.39) bzw. (16.47) und (16.51) gegebene Gestaltsänderung $\lambda_{\alpha\beta}$ ein. Wir wollen nun zeigen, wie man die in Richtung des Feldes H bzw. der pauschalen

Magnetisierung I gemessene Längenänderung $(\Delta l/l)_{||}$ längs der Neukurve als Funktion der pauschalen Magnetisierung berechnet. Die Abhängigkeit von der Feldstärke ist dann durch den Zusammenhang zwischen I und H, d. h. die Magnetisierungskurve gegeben. Wie wir später sehen werden (Kap. 24), ergeben sich unterhalb der technischen Sättigung Magnetisierungsänderungen durch Wandverschiebungen und Drehprozesse. Da die Gestaltsänderung nur von der Lage der Achse des Vektors der spontanen Magnetisierung, nicht aber von dessen Richtung (+) oder (−) abhängt, können wir sofort sagen, daß Drehprozesse stets mit einer Gestaltsänderung verbunden sind, Wandverschiebungsprozesse dagegen nur dann, wenn die Magnetisierungsrichtungen beiderseits der Wand einen von 180° verschiedenen Winkel einschließen (z. B. 90°, 71°, 109° usw.).

Ein günstiger Umstand, welcher überhaupt eine einigermaßen übersichtliche Darstellung der Verhältnisse erlaubt, besteht darin, daß Wandverschiebungen, insbesondere bei großer Kristallenergie, im allgemeinen energetisch leichter als Drehprozesse und infolgedessen im wachsenden Feld im wesentlichen vor letzteren ablaufen. Man kann deshalb die verschiedenartigen Rechnungen für Wandverschiebungen und Drehprozesse getrennt ausführen und die Lösungen stetig aneinanderschließen.

Wandverschiebungen. Magnetisiert man einen Eisen-Einkristall in einer leichten Richtung [100], dann treten überhaupt nur Wandverschiebungen auf. Es handelt sich also um einen einheitlichen Magnetisierungsvorgang, und man könnte danach annehmen, daß die verschiedentlich vom pauschal unmagnetischen Zustand ausgehend gemessenen $\Delta l/l(I)$-Kurven miteinander vergleichbar sind.

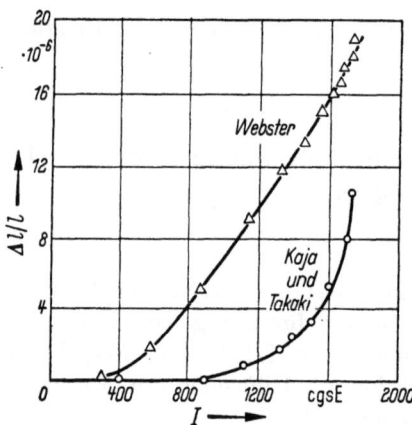

Abb. 16.15. Longitudinale Längenänderung $\Delta l/l$ von Eisen-Einkristallen parallel zu einer [100]-Richtung. (Nach WEBSTER [63] und KAYA und TAKAKI [64])

Die Messungen von WEBSTER [63] und von KAYA und TAKAKI [64] in Abb. 16.15 zeigen jedoch, daß dies in keiner Weise zutrifft. Sie beleuchten damit die ganze Unsicherheit, die einer Rechnung für den Bereich der Wandverschiebungen grundsätzlich anhaftet. Die Differenz im Endbetrag von $\Delta l/l$ folgt allein aus der unterschiedlichen Verteilung der Magnetisierung über die leichten Richtungen im Ausgangszustand, während der Verlauf von $\Delta l/l(I)$ außerdem wesentlich von der Verteilung von 90°- und 180°-Wandverschiebungen auf die verschiedenen Magnetisierungsbereiche abhängt. Beide Gegebenheiten sind mit wenigen Ausnahmen einer quantitativen Bestimmung bisher praktisch unzugänglich.

AKULOV [65] ging bei seiner Rechnung von der Annahme aus, daß alle 180°-Wandverschiebungen im wachsenden Feld vor den 90°-Wandverschiebungen ablaufen. Legt man für den pauschal unmagnetischen Zustand Gleichverteilung der Magnetisierung über alle leichten Richtungen zugrunde, so ändert sich danach bei Magnetisierung in der [100]-Richtung die Länge der Probe bis $I = I_s/3$ nicht. Mit dem Einsetzen von 90°-Wandverschiebungen folgt sodann ein linearer Anstieg von $\Delta l/l$ mit I bis zur Sättigung I_s. Demgegenüber setzte HEISENBERG [66] energetische Gleichwertigkeit von 90°- und 180°-Wandverschiebungen voraus und nahm an, daß die Verteilung der Magnetisierung über die leichten Richtungen nach den Gesetzen der Statistik durch die mit der jeweiligen pauschalen Magnetisierung I in Feldrichtung verträgliche wahrscheinlichste Verteilung gegeben ist. Beide Annahmen stellen offenbar Extremfälle dar, und, wie ein Vergleich der Theorie mit den Meßergebnissen von WEBSTER [63] in Abb. 16.16 zeigt, liegt der tatsächliche Sachverhalt zwischen ihnen.

Für die [110]- und die [111]-Richtungen gelten im Gebiet reiner Wandverschiebungen ähnliche Betrachtungen. Man findet z. B., daß sich in der [111]-Richtung durch Wandverschiebungen überhaupt keine Längenänderung ergibt,

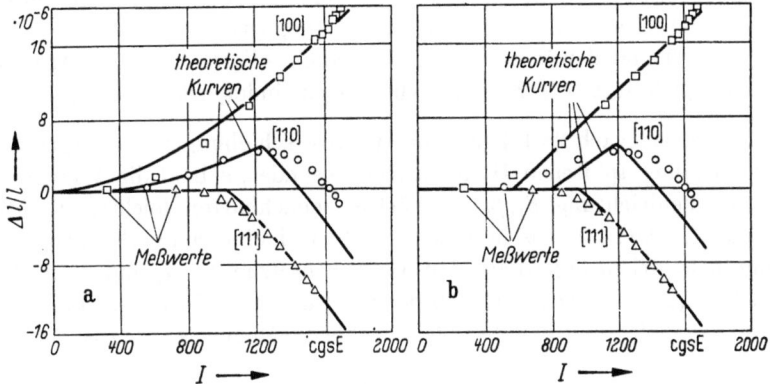

Abb. 16.16 a u. b. Longitudinale Längenänderung $\Delta l/l$ von Eisen-Einkristallen parallel zu den kristallographischen Hauptrichtungen. Die eingezeichneten Kurven wurden (a) nach der Theorie von HEISENBERG [66] und (b) nach Theorie von AKULOV [65] berechnet. (Nach BOZORTH [168])

weil diese Richtung symmetrisch von drei gleichwertigen, leichten Richtungen umgeben ist.

Die statistische Theorie der Magnetisierungskurve im Gebiet der Wandverschiebungen wurde von BROWN [67, 68] auf der Grundlage des HEISENBERGschen Ansatzes fortentwickelt und von FOWLER [69] auf den Fall des Nickels ([111] leichte Richtungen) erweitert. Die Meßergebnisse z. B. an Nickel werden, wie aus Abb. 16.27 hervorgeht, insbesondere bei tiefen Temperaturen, wo entsprechend Abb. 13.10 die Kristallenergie groß ist, durch die statistische Theorie gut wiedergegeben. Einen allgemeinen Überblick über die statistische Theorie gab TAKAGI [70].

Eine vollständige Lösung des Problems ist für die praktisch gegebenen Proben mit endlichen Abmessungen durch die statistische Theorie jedoch nicht zu erwarten, denn wie theoretische Arbeiten von NÉEL [71, 72] sowie eine große Anzahl von experimentellen Untersuchungen der Bezirksstruktur von Einkristallen gezeigt haben, sind die tatsächliche Bezirksstruktur und ihre Änderungen im Feld wesentlich von den Probeabmessungen abhängig. Auf diesen Grundlagen hat erstmals LEE [73] an Eisen- und Eisen—Silizium-Einkristallen spezieller Form und Orientierung, für welche die Bezirksstruktur mit einiger Sicherheit rechnerisch erfaßt werden kann, mit Erfolg versucht, den Verlauf von $\Delta l/l$ als Funktion der Magnetisierung direkt aus der Änderung der Bezirksstruktur mit der Feldstärke zu berechnen. Er hat damit erstmals den Weg eingeschlagen, der letztlich begangen werden muß, um zu einer voll befriedigenden Lösung des Problems zu gelangen. Eine nähere Diskussion dieser Rechnung werden wir in Kap. 28 bringen, wenn wir die dazu notwendigen theoretischen Grundlagen besitzen.

Überlegen wir uns noch, daß die Neukurven der Längenänderung $(\Delta l/l)\,(H)$ bzw. $(\Delta l/l)\,(I)$ den Ursprung stets mit horizontaler Tangente verlassen [21]. Aus thermodynamischen Überlegungen wurde früher (in 9.8) die Gl. (9.126)

$$(1/l)\,(\partial l/\partial H) = \partial I/\partial \sigma \tag{16.59}$$

abgeleitet. Da bezüglich einer elastischen Spannung σ entgegengesetzte Magnetisierungsrichtungen energetisch gleichwertig sind, kann ein pauschal unmagnetischer Körper bei einer beliebigen hiermit verträglichen Magnetisierungsverteilung, z. B. durch eine Zugspannung, nicht magnetisiert werden, d. h. es ist $(\partial I/\partial \sigma)_{H=0} = 0$ und damit nach Gl. (16.59) auch $(\partial l/\partial H)_{H=0} = 0$. Da ferner die Anfangssuszeptibilität $(\partial I/\partial H)_{H=0}$ nicht verschwindet, ist $(\partial l/\partial I)_{H=0} = 0$.

Drehprozesse. Nach 28.1.4 sind die Wandverschiebungen bei Magnetisierung in einer kristallographischen Hauptrichtung beendet, sobald die Magnetisierung in den der Feldrichtung $\beta_1, \beta_2, \beta_3$, nächst benachbarten leichten Richtungen $\alpha_1, \alpha_2, \alpha_3$ liegt. Die nach Abschluß der Wandverschiebungen vorhandene Längenänderung in Feldrichtung erhält man durch Einsetzen der α_i und β_i in die Gleichungen für $\lambda_{\alpha\beta}$, vorausgesetzt, daß der ideal unmagnetische Zustand den Ausgangspunkt der Messung bildete. Die zugehörige Magnetisierung ist

$$I = I_s \cos \vartheta$$

mit $\cos \vartheta = \alpha_1 \beta_1 + \alpha_2 \beta_2 + \alpha_3 \beta_3$.

Bei weiterer Feldvergrößerung wird die spontane Magnetisierung reversibel aus diesen leichten Richtungen heraus und gegen die Feldrichtung hin gedreht. Die zu den Drehprozessen gehörige Längenänderung ist bei nicht verschwindenden Magnetostriktionskonstanten stets von Null verschieden und kann mit einiger Sicherheit berechnet werden. Man erhält $(\Delta l/l)_{\|}$ als Funktion von I, indem man in die Gleichungen für $\lambda_{\alpha\beta}$ die β_i für die jeweils vorgegebene Feldrichtung einsetzt und dann $\lambda_{\alpha\beta}$ als Funktion von $\cos \vartheta = \alpha_1 \beta_1 + \alpha_2 \beta_2 + \alpha_3 \beta_3$ darstellt, wobei die α_i veränderlich sind. Setzt man $\cos \vartheta = I/I_s$, dann ergibt sich schließlich $(\Delta l/l)_{\|}\,(I)$. AKULOV [65] und HEISENBERG [66] (s. a. BECKER und DÖRING [21]) haben die Rechnung für Eisen mit den Feldrichtungen [110] und [111] durchgeführt.

Feldrichtung [110]: Mit $\beta_1 = \beta_2 = 1/\sqrt{2}$, $\beta_3 = 0$, $\alpha_1 = 1$, $\alpha_2 = \alpha_3 = 0$ erhält man aus Gl. (16.47) zunächst die Längenänderung nach Ablauf der Wandverschiebungen unter Voraussetzung idealer Magnetisierungsverteilung im Ausgangszustand

$$\Delta l/l = (1/4)\,\lambda_{100},$$

welche bei der Magnetisierung $I = I_s/\sqrt{2}$ erreicht wird. Für die bei weiterer Feldsteigerung folgenden Drehprozesse liefert Gl. (16.47) mit $\beta_1 = \beta_2 = 1/\sqrt{2}$ und $\beta_3 = 0$

$$\Delta l/l = -(1/2)\,\lambda_{100} + (3/4)\,\lambda_{100}\,(\alpha_1^2 + \alpha_2^2) + (3/2)\,\lambda_{111}\,\alpha_1 \alpha_2. \tag{16.60}$$

16.2 Die Gestaltsmagnetostriktion

Unter Einführung des Winkels ϑ zwischen Feld- und Magnetisierungsrichtung vermittels $\alpha_1 = \cos(45° - \vartheta)$, $\alpha_2 = \cos(45° + \vartheta)$ $\alpha_3 = 0$ ergibt sich daraus

$$\Delta l/l = (1/4)\lambda_{100} + (3/4)\lambda_{111}(\cos^2\vartheta - \sin^2\vartheta) \tag{16.61}$$

oder mit $\cos\vartheta = I/I_s$

$$\Delta l/l = (1/4)\lambda_{100} + (3/4)\lambda_{111}(2I^2/I_s^2 - 1) \quad (\text{für } I > I_s/\sqrt{2}). \tag{16.62}$$

Für die gesamte Längenänderung bis zur Sättigung erhält man aus Gl. (16.47) mit $\alpha_1 = \alpha_2 = \beta_1 = \beta_2 = 1/\sqrt{2}$, $\beta_3 = 0$

$$\lambda_{110} = (\lambda_{100} + 3\lambda_{111})/4. \tag{16.63}$$

Feldrichtung [111]: Magnetisiert man in einer [111]-Richtung, so erhält man zunächst Wandverschiebungen bis zur Magnetisierung $I = I_s/\sqrt{3}$. Dabei tritt keine Längenänderung ein, wie man durch Einsetzen von $\alpha_1 = 1$, $\alpha_2 = \alpha_3 = 0$, $\beta_1 = \beta_2 = \beta_3 = 1/\sqrt{3}$ in Gl. (16.47) bestätigt. Im Bereich der dann einsetzenden Drehprozesse ist mit obigen Werten für die β_i

$$\Delta l/l = \lambda_{111}(\alpha_1\alpha_2 + \alpha_2\alpha_3 + \alpha_3\alpha_1).$$

Mit $\cos\vartheta = \alpha_1\beta_1 + \alpha_2\beta_2 + \alpha_3\beta_3 = (\alpha_1 + \alpha_2 + \alpha_3)/\sqrt{3}$, also $\cos^2 = 1/3(1 - 2(\alpha_1\alpha_2 + \alpha_2\alpha_3 + \alpha_3\alpha_1))$ folgt daraus

$$\Delta l/l = (1/2)\lambda_{111}(3I^2/I_s^2 - 1) \quad \text{für } I > I_s/\sqrt{3} \tag{16.64}$$

die gesuchte Längenänderung als Funktion der Magnetisierung.

Nach Gl. (16.62) und (16.64) ist im Bereich der Drehprozesse die Längenänderung in Feldrichtung proportional zum Quadrat der Magnetisierung I in Feldrichtung. Dieses Ergebnis wird durch Messungen von SCHULZE [74] an einem Eiseneinkristall und einem Nickeleinkristall innerhalb der Meßgenauigkeit bestätigt.

Einen Vergleich der Theorie mit den Meßergebnissen von KAYA und TAKAKI [64] zeigt Abb. 16.17. Danach sowie nach den Abb. 16.15 und 16.16 ist bei Eisen $\lambda_{100} > 0$ und $\lambda_{111} < 0$. Für die Messung in der [110]-Richtung wurde die Ordinate der theoretischen Kurve in Abb. 16.17 bei 1300 G dem Meßwert angepaßt, weil die Lage dieser Kurve wegen der unbekannten Ausgangsverteilung der Magnetisierung unbekannt ist.

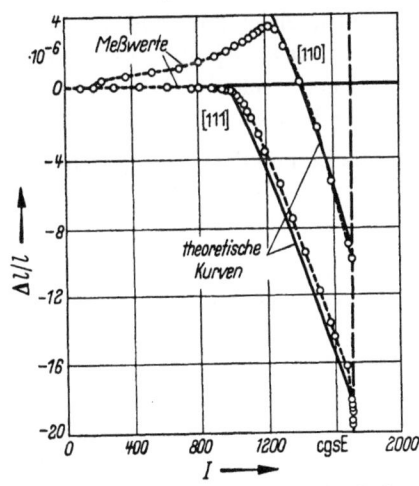

Abb. 16.17. Vergleich der im Bereich der Drehprozesse berechneten mit der von KAYA und TAKAKI [64] gemessenen longitudinalen Längenänderung $\Delta l/l$ von Eisen-Einkristallen parallel zu einer [110]- und einer [111]-Richtung. (Nach BECKER und DÖRING [21])

Betrachten wir abschließend noch die Längenänderung von vielkristallinen, kubischen Werkstoffen als Funktion der Magnetisierung. Vereinfachend legen wir die im allgemeinen nur unvollkommene zutreffende Annahme zugrunde, daß alle Wandverschiebungen vor Beginn der Drehprozesse ablaufen (s. hierzu 28.1). Nach Ablauf der Wandverschiebungen liegt dann die Magnetisierung in jedem Kristalliten in der der Feldrichtung nächst benachbarten leichten Richtung. Für diesen Zustand ergibt sich unter der Voraussetzung isotroper Orientierungsverteilung der Kristallite [21] die Magnetisierung

$$I = I_s \overline{\cos \vartheta} = 0{,}835\, I_s \qquad \text{([100]-leichte Richtung)} \qquad (16.65\text{a})$$

$$I = I_s \overline{\cos \vartheta} = (\sqrt{3}/2)\, I_s = 0{,}866\, I_s \qquad \text{([111]-leichte Richtung)} \qquad (16.65\text{b})$$

und die Längenänderung in Feldrichtung gegenüber dem ideal entmagnetisierten Zustand

$$(\Delta l/l)_{\parallel} = (3/2)\, \lambda_{100} (\overline{\cos^2 \vartheta} - 1/3) = (\sqrt{3}/\pi)\, \lambda_{100} = 0{,}55\, \lambda_{100} \qquad (16.65\text{c})$$

([100] leichte Richtung)

$$(\Delta l/l)_{\parallel} = (3/2)\, \lambda_{111} (\overline{\cos^2 \vartheta} - 1/3) = (2/\pi)\, \lambda_{111} = 0{,}637\, \lambda_{111} \qquad (16.65\text{d})$$

([111] leichte Richtung)

ϑ bedeutet den Winkel zwischen der spontanen Magnetisierung und der Feldrichtung.

Da $\overline{\cos^2 \vartheta} \approx (\overline{\cos \vartheta})^2$ ist, erwarten wir, daß sich $(\Delta l/l)_{\parallel}$ im Verlauf der folgenden Drehprozesse linear mit I^2 ändert. Dies wird durch zahlreiche Messungen von SCHULZE [74] an Nickel bestätigt.

Bei Eisen ist λ_{100} positiv und λ_{111} negativ. Leichte Richtungen sind die $\langle 100 \rangle$-Richtungen. Wir erwarten demnach, daß dort $(\Delta l/l)_{\parallel}$ als Funktion von I [entsprechend den Gln. (16.65)] zunächst zunimmt, bei $I = 0{,}835\, I_s$ einen Höchstwert erreicht und dann bei Beginn der Drehprozesse wieder abnimmt. Da $|\lambda_{100}|$ und $|\lambda_{111}|$ etwa gleich groß sind, ist der durch Gl. (16.50) gegebene Sättigungswert λ_s negativ. Das bedeutet, daß $(\Delta l/l)_{\parallel}$ zwischen $I = 0{,}835\, I_s$ und $I = I_s$ das Vorzeichen wechselt. Diese seit langem bekannte Erscheinung wird als VILLARI-Umkehr bezeichnet (s. Abb. 16.23).

Das Einmünden der Magnetostriktion in die Sättigung wurde von DYAKOV [76], LEE [77, 79], NÉEL [78], KORNETZKI [80] sowie RÜDIGER und SCHLECHTWEG [81] theoretisch und experimentell untersucht.

Einfluß mechanischer Spannung auf den Verlauf der Längenänderung mit der Feldstärke und der Magnetisierung. Einen tieferen Einblick in die Verhältnisse (insbesondere bezüglich des Einflusses der Anfangsverteilung der Magnetisierungsrichtung), durch die der Verlauf der Längenänderung als Funktion der Magnetisierung bestimmt ist, gewinnt man durch künstliche Darstellung definierter Anfangsverteilungen. Dies gelingt beispielsweise durch Anlegen einer äußeren elastischen Spannung an die Proben. Wie in Kap. 17 begründet werden wird, entsteht bei nicht verschwindender Magnetostriktion durch eine elastische Spannung eine Anisotropie von der Art, daß sich unter Zugspannung bei $\lambda > 0$ die spontane Magnetisierung bevorzugt parallel zu der Richtung der Spannung und bei $\lambda < 0$ senkrecht dazu einstellt. Unter Druckspannung ist es umgekehrt. Da in allen Proben grundsätzlich unregelmäßige Eigenspannungen bestehen, und da außerdem die Kristallanisotropie im allgemeinen nicht verschwindet, ist die Einstellung der Magnetisierung bezüglich der äußeren Spannungsrichtung stets unvollständig.

Sie wird um so vollständiger, je größer die äußere Spannung und je kleiner die Eigenspannungen und die Kristallenergie sind.

In Nickel hat die Magnetostriktion in allen kristallographischen Richtungen gleiches, und zwar negatives Vorzeichen und kann näherungsweise als isotrop angesehen werden. Gehen wir bei vielkristallinem Nickel von isotroper Richtungsverteilung der Magnetisierung im unmagnetischen Zustand aus, so ergibt sich nach Gl. (16.48a) mit $\overline{\cos^2 \vartheta_0} = 1/3$ als Sättigungswert der Längenänderung in Feldrichtung ($\cos \vartheta = 1$) $\lambda_{||} = \lambda_s$. Durch eine Zugspannung in Feldrichtung erhält nun die Magnetisierung die Tendenz, sich senkrecht zur Feld- bzw. Meßrichtung einzustellen. Dadurch wird $\overline{\cos^2 \vartheta_0}$ kleiner, und wir erwarten, daß dementsprechend $\lambda_{||}$ mit wachsender Zugspannung zunimmt. Im Grenzfall bei sehr großer Zugspannung steht die Magnetisierung schließlich für $H = 0$ im ganzen Material senkrecht auf der Spannungsrichtung. Es ist dann $\overline{\cos^2 \vartheta_0} = 0$ und nach Gl. (16.48a) $\lambda_{||} = (3/2)\lambda_s$. Wir erwarten also, daß $\lambda_{||}$ bei Nickel unter Zugspannung maximal auf das 3/2-fache des Wertes ansteigt, den man ohne Zugspannung mißt. Bei großer Zugspannung können wir ferner annehmen, daß $\cos \vartheta$ im ganzen Material gleich groß ist. Dann gilt $\overline{\cos^2 \vartheta} = (\cos \vartheta)^2 = I^2/I_s^2$, und wir erhalten, ausgehend von vollständiger Querstellung der

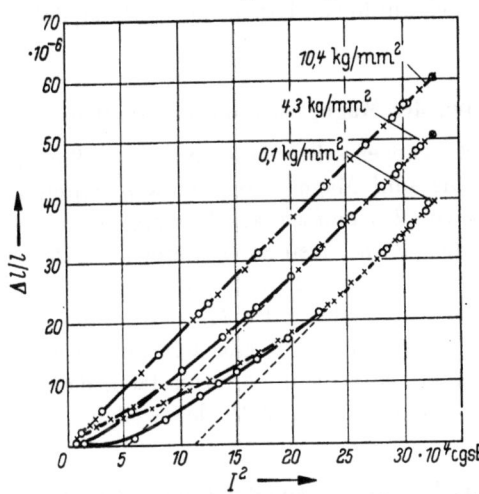

Abb. 16.18. Longitudinale Längenänderung $(\Delta l/l)_{||}$ von vielkristallinem Nickel als Funktion des Quadrates der Magnetisierung gemessen unter verschiedenen Zugspannungen parallel zur Meßrichtung. (Nach KIRCHNER [82])

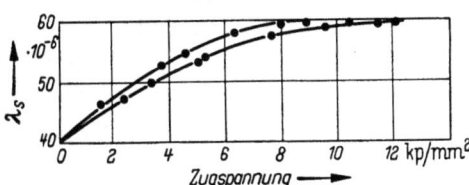

Abb. 16.19. Sättigungsmagnetostriktion λ_s von vielkristallinem Nickel als Funktion der angelegten Zugspannung. Messung an drei verschiedenen Proben des gleichen Materials. (Nach KIRCHNER [82])

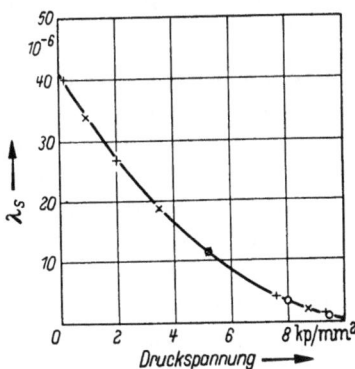

Abb. 16.20. Sättigungsmagnetostriktion λ_s von vielkristallinem Nickel als Funktion der angelegten Druckspannung. Verschiedene Zeichen nach verschiedenen Messungen. (Nach KIRCHNER [82])

Magnetisierung im Feld Null, für $(\Delta l/l)_{||}$ als Funktion von I

$$(\Delta l/l)_{||} = (3/2)\lambda_s \cos^2 \vartheta = (3/2)\lambda_s I^2/I_s^2$$

eine lineare Abhängigkeit der Längenänderung von I^2. Dies wird durch eine Meßreihe von KIRCHNER [82] in Abb. 16.18 sowie durch eine Messung von SCHULZE

[74] vollauf bestätigt. $\lambda_{||}$ nimmt mit wachsender Spannung σ von $40 \cdot 10^{-6}$ auf $60 \cdot 10^{-6}$ bei $\sigma = 10{,}4$ kp/mm² zu und $(\Delta l/l)_{||}$ steigt bei dieser Spannung innerhalb der Meßgenauigkeit linear mit I^2/I_s^2 an. Wie uns ferner Abb. 16.19 zeigt, erreicht der Sättigungswert $\lambda_{||}$ mit wachsender Zugspannung tatsächlich einen konstanten Endwert, der gleich dem 3/2-fachen des bei $\sigma = 0$ gemessenen Wertes ist.

Umgekehrt wird unter Druckspannung bei Nickel die Magnetisierung in Spannungsrichtung gezwungen. Mit wachsender Druckspannung nimmt also $\overline{\cos^2 \vartheta_0}$ zu und deshalb nach Gl. (16.48a) ab, bis bei genügend großer Spannung schließlich $\overline{\cos^2 \vartheta_0} = 1$ wird. Dann aber können nur noch 180°-Wandverschiebungen ablaufen und man erhält während der Magnetisierung keine Längenänderung mehr ($\lambda_{||} = 0$). Nach Abb. 16.20 steht auch diese Überlegung im Einklang mit den Meßergebnissen von KIRCHNER [82]. Ist $\lambda_s > 0$, wie bei Eisen—Nickel-Legierungen, so gilt bezüglich der Wirkung von Zug- und Druckspannung gerade das Umgekehrte wie bei Nickel. Auch dies wurde von KIRCHNER an Hand einiger Versuchsreihen bestätigt.

16.2.5 Experimentelle Bestimmung der Magnetostriktionskonstanten

Auf Grund der vorangehenden Ausführungen sehen wir sofort ein, daß es im allgemeinen nicht möglich ist, z. B. die fünf Magnetostriktionskonstanten in Gl. (16.39) etwa gemäß der Definition von $\lambda_{\alpha\beta}$ einfach aus Messungen von $\lambda_{\alpha\beta}$ in fünf verschiedenen kristallographischen Richtungen zu bestimmen, in denen keines der Glieder verschwindet, denn der Ausgangszustand wird nur selten dem vorausgesetzten Zustand idealer Richtungsverteilung der Magnetisierung entsprechen, und wir besitzen außerdem keine direkte Möglichkeit uns hierüber Kenntnis zu verschaffen. Die Messungen sind deshalb so anzusetzen, daß der Ausgangszustand eliminiert wird. Die hierzu üblichen Methoden wollen wir im folgenden besprechen.

Bestimmung von λ_s an Vielkristallen. Um die nur von der Temperatur abhängige Materialkonstante λ_s, die sich nach Gl. (16.49) bzw. (16.50) aus den Einkristallkonstanten ergibt, an einem Vielkristall bestimmen zu können, müssen wir voraussetzen, daß die Orientierungsverteilung der Kristallitachsen isotrop ist (was sich etwa röntgenographisch feststellen läßt). Ist dies der Fall, dann kann man in einer festen Richtung einmal den Sättigungswert $\lambda_l = \lambda_{||}$ bei Magnetisierung in dieser Richtung und einmal $\lambda_t = \lambda_\perp$ bei Magnetisierung senkrecht zu dieser Richtung messen und erhält damit nach Gl. (16.48a) λ_s unabhängig von $\overline{\cos^2 \vartheta_0}$ aus der Gleichung

$$\lambda_s = (2/3)\,(\lambda_l - \lambda_t). \tag{16.66}$$

Bestimmung der Einkristallkonstanten h_1 bis h_5 kubischer Kristalle. Bei der Beschreibung der Methoden zur Bestimmung der Magnetostriktionskonstanten können wir uns hier auf kubische Kristalle beschränken. Die in anderen Kristallsystemen anwendbaren Methoden sind im Prinzip analog.

Ein in neuerer Zeit vielfach verwendetes Verfahren wurde von BOZORTH und HAMMING [85] beschrieben. Aus einem Einkristall wird ein flaches Rotationsellipsoid (Diskus) hergestellt, dessen Kreisebene (im folgenden einfach Ebene genannt) parallel zu einer solchen kristallographischen Ebene liegt, in welcher keiner der Richtungskosinus α_i in allen Richtungen verschwindet, weil sonst einige Glieder in Gl. (16.39) identisch Null sind, und damit eine Bestimmung aller Konstanten unmöglich wird. Eine solche Ebene ist z. B. eine (110)-Ebene, nicht dagegen eine (100)-Ebene. Ein solcher Diskus wird, wie in Abb. 16.21 veranschaulicht, in ein Magnetfeld gebracht, dessen Richtung in der Diskusebene liegt, und das stark genug ist um den Kristall in allen Richtungen dieser Ebene zu sättigen. Die Längenänderung wird in einer festen kristallographischen Richtung $\beta_1, \beta_2, \beta_3$ beispielsweise in einer [100]- oder einer [111]-Richtung (s. Abb. 16.21) nach der z. B. von GOLDMAN [13, 14, 15] beschriebenen Methode mittels eines auf den Kristall geklebten Dehnungsmeßstreifens [84] gemessen.

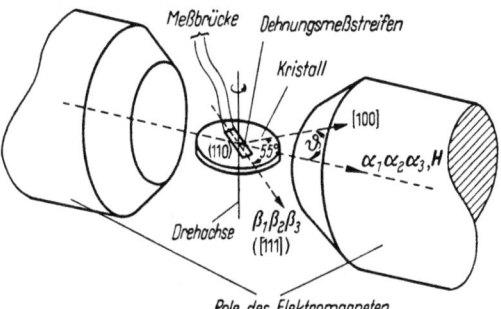

Abb. 16.21. Schematische Skizze der Versuchsanordnung zur Messung der Einkristall-Magnetostriktionskonstanten mit Hilfe von Dehnungsmeßstreifen

$\alpha_1, \alpha_2, \alpha_3$ sei die Magnetisierungsrichtung, ϑ der Winkel zwischen der [100]-Richtung und der Magnetisierungsrichtung. Ferner bezeichnen wir mit λ_0 den Sättigungswert der Längenänderung gemessen in Richtung β_i bei Magnetisierung in der [100]-Richtung ($\vartheta = 0$) und mit λ_ϑ die ebenfalls in der Richtung β_i gemessene Längenänderung bei Magnetisierung in einer Richtung mit $\vartheta \neq 0$, jeweils ausgehend vom pauschal unmagnetischen Zustand.

Zu Beginn der Messung liegt der Kristall mit der [100]-Richtung in Feldrichtung und ist magnetisch gesättigt. Drehen wir nunmehr den Kristall bei konstantem Feld um seine Achse, so liefert die Dehnungsmeßstreifenanordnung die Differenz $\lambda_\vartheta - \lambda_0$ als Funktion des Drehwinkels ϑ. Die Differenz $\lambda_\vartheta - \lambda_0$ ist von der Magnetisierungsverteilung im pauschal unmagnetischen Zustand unabhängig. Andererseits kann man nun $(\lambda_\vartheta - \lambda_0)(\vartheta)$ für eine jeweils vorgegebene Meßrichtung $\beta_1, \beta_2, \beta_3$ mit noch unbestimmten Konstanten h_i berechnen. Die beste durch Variation der Konstanten h_i erzielbare Anpassung der berechneten an die gemessene Kurve liefert die Konstanten h_1 bis h_5.

In Tab. 16.4 sind die von BOZORTH und HAMMING für die wichtigsten kristallographischen Ebenen und Meßrichtungen berechneten Funktionen $\lambda_\vartheta(\vartheta)$ und $(\lambda_\vartheta - \lambda_0)(\vartheta)$ zusammengestellt, wobei ϑ stets den Winkel zwischen der Magnetisierungsrichtung und einer [100]-Richtung in der Meßebene bedeutet.

Eine weitere Methode, die Magnetostriktionskonstanten unabhängig von der Anfangsverteilung der Magnetisierung zu bestimmen, ist die Messung der Differenz $(\lambda_l - \lambda_t)$ der Längenänderungen in einer Richtung bei longitudinaler (λ_l) und bei transversaler (λ_t) Magnetisierung in verschiedenen kristallographischen Ebenen als Funktion des Winkels φ zwischen der Meßrichtung und einer festen kristallographischen Richtung in der jeweiligen Ebene und anschließender Vergleich mit den aus Gl. (16.39) für die entsprechenden Ebenen berechneten Funktionen $(\lambda_l - \lambda_t)(\varphi)$. In dieser Weise haben zuerst BECKER und DÖRING [21] und später MASON [86] die Einkristallkonstanten h_1, h_2, h_4 und h_5 (h_3 vernachlässigt) von Nickel aus den Messungen von MASIYAMA [87] ermittelt.

Tabelle 16.4. Richtungsabhängigkeit der Gestaltsmagnetostriktion kubischer Kristalle (nach Bozorth und Hamming [85])

Ebene	Meßrichtung	Magnetostriktion
(100)	[001]	$\lambda_\vartheta = h_1(1+3\cos 2\vartheta)/6 + h_3(1-\cos 4\vartheta)/8$ $+ h_4(3+12\cos 2\vartheta + \cos 4\vartheta)/8$ $\lambda_0 = 2h_1/3 + 2h_4/3$ $\lambda_\vartheta - \lambda_0 = h_1(-1+\cos 2\vartheta)/2 + h_3(1-\cos 4\vartheta)/8$ $+ h_4(-13 + 12\cos 2\vartheta + \cos 4\vartheta)/24$
(100)	[011]	$\lambda_\vartheta = h_1/6 + h_2(\sin 2\vartheta)/2 + h_3(1-\cos 4\vartheta)/8 + h_4(3+\cos 4\vartheta)/24$ $\lambda_0 = h_1/6 + h_4/6$ $\lambda_\vartheta - \lambda_0 = h_2(\sin 2\vartheta)2 + h_3(1-\cos 4\vartheta)/8 + h_4(-1+\cos 4\vartheta)/24$
(110)	[001]	$\lambda_\vartheta = h_1(1+3\cos 2\vartheta)/6 + h_3(7-4\cos 2\vartheta - 3\cos 4\vartheta)/32$ $+ h_4(9+20\cos 2\vartheta + 3\cos 4\vartheta)/48$ $\lambda_0 = 2h_1/3 + 2h_4/3$ $\lambda_\vartheta - \lambda_0 = h_1(-1+\cos 2\vartheta)/2 + h_3(7-4\cos 2\vartheta - 3\cos 4\vartheta)/32$ $+ h_4(-23+20\cos 2\vartheta + 3\cos 4\vartheta)/48$
(110)	[110]	$\lambda_\vartheta = h_1(-1-3\cos 2\vartheta)/12 + h_2(1-\cos 2\vartheta)/4$ $+ h_3(7-4\cos 2\vartheta - 3\cos 4\vartheta)/32$ $+ h_4(-9-20\cos 2\vartheta - 3\cos 4\vartheta)/96 + h_5(1-\cos 4\vartheta)/16$ $\lambda_0 = -h_1/3 - h_4/3$ $\lambda_\vartheta - \lambda_0 = h_1(1-\cos 2\vartheta)/4 + h_2(1-\cos 2\vartheta)/4$ $+ h_3(7-4\cos 2\vartheta - 3\cos 4\vartheta)/32$ $+ h_4(23-20\cos 2\vartheta - 3\cos 4\vartheta)/96 + h_5(1-\cos 4\vartheta)/16$
(110)	[111]	$\lambda_\vartheta = h_2(1-\cos 2\vartheta + 2\sqrt{2}\sin 2\vartheta)/6 + h_3(7-4\cos 2\vartheta - 3\cos 4\vartheta)/32$ $+ h_5(1+2\sqrt{2}\sin 2\vartheta - \sqrt{2}\sin 4\vartheta - \cos 4\vartheta)/24$ $\lambda_0 = 0$ $\lambda_\vartheta - \lambda_0 = \lambda_\vartheta$

λ_l, λ_t und die Differenz $\lambda_l - \lambda_t$ wurden von BOZORTH und HAMMING [85] für einige ausgezeichnete Richtungen in den Ebenen (100), (110) und (111) berechnet.

Erfolgt die Messung an einer Probe mit endlichem Entmagnetisierungsfaktor in der Meßrichtung, dann muß bei dieser Methode der Formeffekt (s. 16.1.6) berücksichtigt werden. Der Formeffekt wurde von CARR und SMOLUCHOWSKI [52] für Einkristalle berechnet.

Haben λ_{100} und λ_{111} entgegengesetztes Vorzeichen, dann kann man, wie YAMAMOTO und MIYASAWA [88] gezeigt haben, diese Einkristallkonstanten auf Grund einfacher Überlegungen auch an Vielkristallen näherungsweise ermitteln.

16.3 Meßwerte der Gestaltsmagnetostriktion

16.3.1 Eisen

Messungen der Konstanten h_1 bis h_5 liegen für Eisen nicht vor. Dagegen wurden die Konstanten λ_{100} und λ_{111} verschiedentlich an Einkristallen bei Raumtemperatur bestimmt. Die Werte sind in Tab. 16.6 zusammengestellt.

Die von CARR [90] gemessenen Werte sind vom Ausgangszustand unabhängig und damit wahrscheinlich am zuverlässigsten. Die Unterschiede zwischen den übrigen Werten sind vermutlich durch verschiedene Magnetisierungsverteilung im Ausgangszustand bedingt. Bei den Messungen von WEBSTER [63] sowie HONDA und MASIYAMA [89] war die maximale Feldstärke von etwa 600 Oe zu klein, um die

Tabelle 16.5. Raumtemperaturwerte der Magnetostriktionskonstanten von Eisen

$\lambda_s \cdot 10^6$ berechnet nach Gl. (16.50)	$\lambda_{100} \cdot 10^6$	$\lambda_{111} \cdot 10^6$	Autor
−2,6	19,5	−17	[*63*] (1925)
−3,4	17,1	−17	[*89*] (1926)
−1,8	16,5	−14	[*74*] (1933)
−1,1	25,6	−18,9	[*64*] (1936)
−1,0	26,4	−19,2	[*91*] (1937)
−4,5	20,3	−21,1	[*90*] (1951)
−1,4	20,0	−15,7	[*174*] (1959)

Kristalle in der schweren Richtung [111] zu sättigen. Die eingetragenen λ_{111}-Werte wurden daher entsprechend Gl. (16.64) über I^2 linear bis I_s^2 extrapoliert.

TAKAKI [*91*] hat die Temperaturabhängigkeit von λ_{100} und λ_{111} zwischen Raumtemperatur und 750 °C aus der longitudinalen Längenänderung $(\Delta l/l)_{||}$ $= (\Delta l/l)_{\text{Sätt.}} - (\Delta l/l)_{\text{Rem.}}$ beim Übergang vom gesättigten zum remanenten Zustand bestimmt. Eine gewisse Kontrolle der im Remanenzpunkt bestehenden Magnetisierungsverteilung ist durch die gute Übereinstimmung der theoretischen mit den gemessenen Remanenzwerten gegeben. Die bei Raumtemperatur an die von CARR [*90*] bestimmten Magnetostriktionskonstanten angepaßten Kurven $\lambda_{100}(T)$ und $\lambda_{111}(T)$ sind in Abb. 16.22 dargestellt. Die von TAKAKI [*91*] bei Raumtemperatur gemessenen Konstanten können aus Tab. 16.5 entnommen werden.

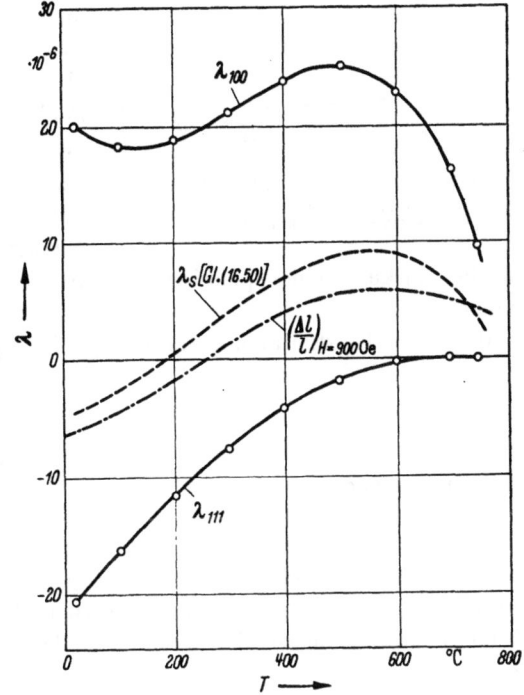

Abb. 16.22. Temperaturabhängigkeit der Magnetostriktionskonstanten λ_{100} und λ_{111} sowie der daraus nach Gl. (16.50) berechneten Sättigungsmagnetostriktion λ_s von Eisen nach Messungen von TAKAKI [*91*]. Die Meßwerte wurden bei Raumtemperatur an die von CARR [*90*] bestimmten Konstanten angepaßt. Die $(\Delta l/l)_{H=900\,\text{Oe}}$-Kurve wurde von HONDA und SHIMIZU [*93*] gemessen

Unter der Vielzahl von Raumtemperaturmessungen der Feld- bzw. Magnetisierungsabhängigkeit der Längenänderung von vielkristallinem Eisen ist nur in zwei Fällen (WEIL und REICHEL [*92*] und STAUSS [*175*]) tatsächlich Sättigung erreicht worden. Wir entnehmen der Abb. 16.23 den Sättigungswert $\lambda_s = -8{,}75 \cdot 10^{-6}$. STAUSS erhielt $\lambda_s = -(11 \pm 2) \cdot 10^{-6}$. Beide Werte sind wesentlich größer als die nach Gl. (16.50) aus den Einkristallkonstanten in Tab. 16.5 berechneten λ_s-Werte.

Einen ungefähren Begriff von der Temperaturabhängigkeit der Sättigungsmagnetostriktion λ_s des Vielkristalls geben von HONDA und SHIMIZU [*93*] bei Temperaturen bis zum CURIE-Punkt gemessene $(\Delta l/l)_{||}(H)$-Kurven. Die aus diesen

Messungen entnommene Kurve $(\Delta l/l)_{\|}$ (T) für die höchste erreichte Feldstärke $H = 900$ Oe ist in Abb. 16.22 eingezeichnet. Sie hat einen ganz ähnlichen Verlauf wie die mit den Einkristallkonstanten nach Gl. (16.50) berechneten Kurve $\lambda_s (T)$.

$(\Delta l/l)_{\|}$ (H) und $(\Delta l/l)_{\|}$ (I) längs der Neukurve und z. T. auch über einen ganzen Magnetisierungszyklus wurde bei Raumtemperatur an verschiedenen Eisensorten und nach verschiedenen Vorbehandlungen der Proben in einer Reihe von Arbeiten [94, 93, 95, 96, 97, 98, 99, 12, 100, 23, 101, 102] gemessen.

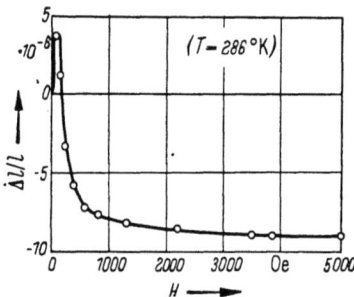

Abb. 16.23. $(\Delta l/l)_{\|}(H)$ für vielkristallines Eisen bei Raumtemperatur (286 °K). (Nach WEIL und REICHEL [92])

DIETSCH und FRICKE [103], MASIYAMA [12, 23] und FRICKE [104] haben die transversale Längenänderung $(\Delta l/l)_\perp$ als Funktion der Feldstärke bzw. der Magnetisierung bei Raumtemperatur gemessen.

Der Einfluß einer Zugspannung auf den Verlauf von $(\Delta l/l)_{\|}$ (H) wurde von HONDA und SHIMIZU [83] untersucht. DIETSCH [100] hat die Wirkung einer plastischen Verformung auf den Verlauf von $(\Delta l/l)_{\|}$ (H) studiert.

Mit den Elastizitätskonstanten [105] $c_{11} = 2{,}41 \cdot 10^{12}$, $c_{12} = 1{,}46 \cdot 10^{12}$, $c_{44} = 1{,}12 \cdot 10^{12}$ dyn/cm² sowie den Konstanten $\lambda_{100} \approx 20 \cdot 10^{-6}$ und $\lambda_{111} \approx -21 \cdot 10^{-6}$ erhält man aus Gl. (16.38)

$$K_1' = -1{,}35 \cdot 10^3 \text{ erg/cm}^3$$

für Raumtemperatur.

16.3.2 Kobalt

Die Einkristallkonstanten von hexagonalem Kobalt bei Raumtemperatur wurden von BOZORTH [17] (s. a. BOZORTH und SHERWOOD [106]) in Feldern bis 22000 Oe, groß genug um den Kristall in allen Richtungen zu sättigen, bestimmt. Es ist

$$\lambda_A = -45 \cdot 10^{-6}, \qquad \lambda_B = -95 \cdot 10^{-6},$$
$$\lambda_C = +110 \cdot 10^{-6}, \qquad \lambda_D = -100 \cdot 10^{-6}.$$

Mit den Elastizitätskonstanten des hexagonalen Kobalts [107] $c_{11} = 3{,}071 \cdot 10^{12} \pm 0{,}5\%$, $c_{12} = 1{,}650 \cdot 10^{12} \pm 0{,}5\%$, $c_{13} = 1{,}027 \cdot 10^{12} \pm 1{,}5\%$, $c_{33} = 3{,}581 \cdot 10^{12} \pm 0{,}5\%$, $c_{44} = 0{,}755 \cdot 10^{12} \pm 0{,}5\%$ dyn/cm² erhält man aus Gl. (16.55)

$$K_1' \approx 8 \cdot 10^4 \text{ erg/cm}^3,$$
$$K_2' \approx -0{,}2 \cdot 10^4 \text{ erg/cm}^3.$$

Außer BOZORTH hat NISHIYAMA [108] an Kobalt-Einkristallen den Verlauf von $(\Delta l/l)_{\|}$ und $(\Delta l/l)_\perp$ als Funktion der Feldstärke in verschiedenen kristallographischen Richtungen in den Ebenen (100) und (001) gemessen. Es besteht qualitative Übereinstimmung mit den Messungen von BOZORTH. Ein quantitativer Vergleich ist jedoch nicht möglich, weil die Kristalle in den maximal erreichten Feldern von etwa 6500 Oe in keinem Fall gesättigt waren.

Die Temperaturabhängigkeit von $(\Delta l/l)_{\|}$ ist von HONDA und SHIMIZU [93] zwischen $-200\,°\mathrm{C}$ und der CURIE-Temperatur in Feldern bis 900 Oe gemessen worden. Dabei wurde zwar keine Sättigung erreicht, doch gibt der Verlauf von $(\Delta l/l)_{H=\text{konst}}(T)$ in Abb. 16.24 wenigstens einen qualitativen Begriff von der Temperaturabhängigkeit von λ_s. Danach ist λ_s für hexagonales Kobalt negativ, für kubisches Kobalt $(T > 450\,°\mathrm{C})$ dagegen offenbar positiv. λ_s verschwindet etwa bei der $\varepsilon-\gamma$-Umwandlungstemperatur.

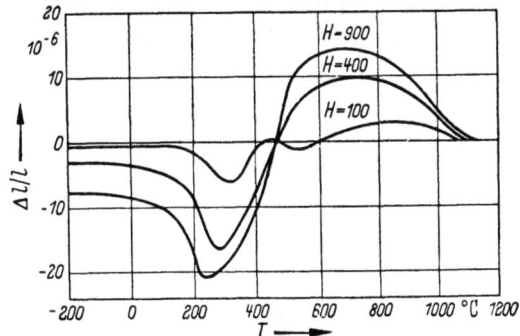

Abb. 16.24. Temperaturabhängigkeit von $(\Delta l/l)_{\|}$ von geglühtem Kobalt bei verschiedenen Feldstärken. (Nach HONDA und SHIMIZU [93])

Weitere Messungen von $(\Delta l/l)_{\|}(H)$ bei Raumtemperatur haben MASUMOTO [109], SCHULZE [98, 99], NISHIAMA [108], MASIYAMA [23, 110] und LEE [102] längs der Neukurve, und SCHULZE [111] sowie MASIYAMA [101] längs eines vollen Magnetisierungszyklus (u. a. auch an Einkristallen) ausgeführt. Der Quereffekt $(\Delta l/l)_{\perp}(H)$ wurde von MASIYAMA [23, 110] und von FRICKE [104] untersucht.

16.3.3 Nickel

Die Einkristallkonstanten h_1 bis h_5 von Nickel wurden bei Raumtemperatur von verschiedenen Autoren bestimmt. Die Werte sind in Tab. 16.7 zusammengestellt. Die mit diesen Werten nach den Gln. (16.44) bis (16.46) berechneten Konstanten λ_{100}, λ_{110} und λ_{111} sowie die nach Gl. (16.49) berechnete Sättigungsmagnetostriktion λ_s des Vielkristalls sind ebenfalls in Tab. 16.6 eingetragen.

Tabelle 16.6. *Magnetostriktionskonstanten von Nickel bei Raumtemperatur*

h_1 $\times 10^{-6}$	h_2 $\times 10^{-6}$	h_3 $\times 10^{-6}$	h_4 $\times 10^{-6}$	h_5 $\times 10^{-6}$	λ_{100} Gl. (44) $\times 10^{-6}$	λ_{110} Gl. (45) $\times 10^{-6}$	λ_{111} Gl. (46) $\times 10^{-6}$	λ_s Gl. (49) $\times 10^{-6}$	Berechnet von	nach Messungen von
-24	-47	—	-51	$+52$	-50	$-31{,}8$	$-19{,}7$	-34	[21] (1939)	[87] (1928)
-40	-46	—	-36	$+54$	$-50{,}7$	$-32{,}7$	$-18{,}7$	-34	[86] (1951)	[87] (1928)
$-68{,}8$ $(\pm 3{,}8)$	$-36{,}5$ $(\pm 1{,}9)$	$-2{,}8$ $(\pm 3{,}1)$	$-7{,}5$ $(\pm 5{,}2)$	$+7{,}7$ $(\pm 3{,}1)$	$-50{,}8$	$-30{,}4$	$-22{,}6$	-34	[85] (1953)	[85] (1953)

HALL [174] hat direkt die Konstanten λ_{100} und λ_{111} gemessen. Es ergab sich bei $20\,°\mathrm{C}$ $\lambda_{100} = -58{,}3 \cdot 10^{-6}$ und $\lambda_{111} = -24{,}3 \cdot 10^{-6}$.

Erwähnt seien ferner noch einige ohne Berücksichtigung des Ausgangszustandes ausgeführte Messungen der longitudinalen und der transversalen Magnetostriktion λ_l bzw. λ_t in den kristallographischen Hauptrichtungen [87, 113, 74, 112].

Abb. 16.25 zeigt die Temperaturabhängigkeit von λ_{100} und λ_{111} nach Messungen von CORNER und HUNT [112] sowie CORNER und HUTCHINSON [176].

In Abb. 16.26 ist die Temperaturabhängigkeit von λ_s nach direkten Messungen von DÖRING [7], KIRKHAM [114], SUCKSMITH [115] und DYAKOV [116] an vielkristallinem Nickel sowie die nach Gl. (16.50) mit den λ_{100}- und λ_{111}-Werten von CORNER und HUNT sowie CORNER und HUTCHINSON berechnete Temperaturabhängigkeit von λ_s dargestellt.

HONDA und SHIMIZU [93] haben $(\Delta l/l)_{H = \text{konst}}(T)$ zwischen $-200\,°C$ und der CURIE-Temperatur in Feldern bis 900 Oe gemessen. Die Kurve für $H = 900$ Oe zeigt eine Abnahme von $|\lambda_s|$ unterhalb $-100°$. Dagegen steigt nach Messungen von WENT [117] λ_s unterhalb Raumtemperatur mit fallender Temperatur monoton an, wie die nach Gl. (16.50) berechneten Werte.

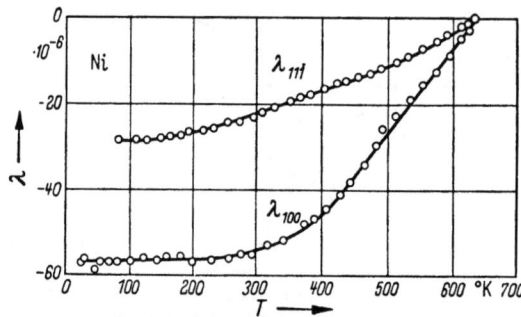

Abb. 16.25. Temperaturabhängigkeit von λ_{100} und λ_{111} von Nickel. (Nach CORNER und HUNT [112] sowie CORNER und HUTCHINSON [176])

Nach den Messungen von DÖRING, KIRKHAM und SUCKSMITH gilt unterhalb etwa 150°C bis Raumtemperatur die empirische Beziehung $I_s^2/\lambda_s =$ Konst. Raumtemperaturwerte von λ_s wurden an vielkristallinem Material von verschiedenen Autoren gemessen [94, 93, 95, 97, 109, 12, 110, 74, 7, 114, 13, 117, 175]. Als Mittelwert dieser Messungen erhält man $\lambda_s = -35 \cdot 10^{-6}$ in guter Übereinstimmung mit dem aus den Einkristallkonstanten h_1 bis h_5 berechneten Wert.

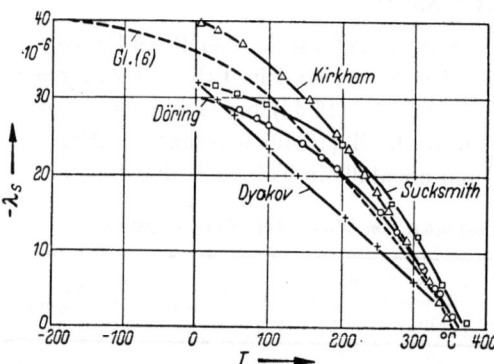

Abb. 16.26. Temperaturabhängigkeit der Sättigungsmagnetostriktion λ_s von vielkristallinem Nickel nach Messungen von DÖRING [7], KIRKHAM [114], SUCKSMITH [115] und DYAKOV [116]. Die gestrichelte Kurve wurde nach Gl. (16.50) mit Meßwerten von CORNER und HUNT [112] sowie CORNER und HUTCHINSON [176] berechnet

CORNER und HUNT [112] haben an Einkristallen $(\Delta l/l)_{\|}$ als Funktion der Feldstärke und der Magnetisierung in einer [100]- und in einer [111]-Richtung zwischen $-150\,°C$ und der CURIE-Temperatur gemessen. Wie die Abb. 16.27 zeigt, wird insbesondere bei tiefen Temperaturen, wo nach Abb. 13.10 die Kristallenergie groß ist und man folglich annehmen kann, daß Wandverschiebungen und Drehprozesse getrennt und nacheinander ablaufen, der gemessene Verlauf von $(\Delta l/l)_{\|}(H)$ durch die statistische Theorie von HEISENBERG [66] befriedigend wiedergegeben. Die Theorie wurde von FOWLER [69] auf den Fall des Nickels erweitert.

Der Verlauf von $(\Delta l/l)_{\|}(H)$ bzw. $(\Delta l/l)_{\|}(I)$ längs der Neukurve wurde an vielkristallinem Material in mehreren Arbeiten [94, 93, 95, 96, 98, 109, 97, 99, 100, 12, 110, 74] bei Raumtemperatur und von HONDA und SHIMIZU [93], DÖRING [7] und KIRKHAM [114] auch innerhalb eines größeren Temperaturintervalls gemessen. Die Messungen von SCHULZE [74] zeigen insbesondere, daß $(\Delta l/l)_{\|}$ im Gebiet höherer Magnetisierungen, wo im wesentlichen Drehprozesse zu erwarten sind, entsprechend der Theorie linear von I^2 abhängt. Der Verlauf von $(\Delta l/l)_{\|}(H)$ und

$(\Delta l/l)_\parallel$ (I) längs eines vollen Magnetisierungszyklus wurde von DIETSCH [100], SCHULZE [111] und von MASIYAMA [101] untersucht.

MASIYAMA [12, 110] und FRICKE [104] haben die transversale Längenänderung $(\Delta l/l)_\perp$ als Funktion der Feldstärke gemessen.

Der Einfluß einer elastischen Spannung auf den Verlauf von $(\Delta l/l)_\parallel$ (I) wurde von SCHULZE [74] und KIRCHNER [82] untersucht und bereits in 16.3.3 besprochen.

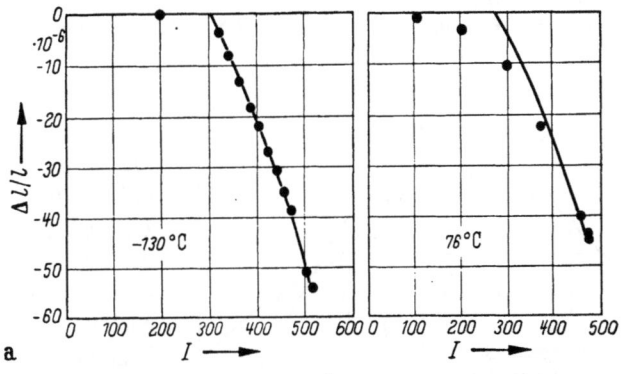

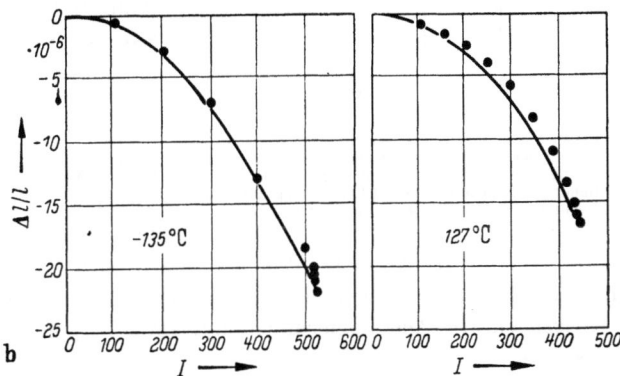

Abb. 16.27 a u. b. $(\Delta l/l)_\parallel (I)$ gemessen an Nickel-Einkristallen (a) parallel zu einer [100]-Richtung bei −130 °C und bei 76 °C und (b) parallel zu einer [111]-Richtung bei −135 °C und bei 127 °C. Die eingezeichneten Kurven wurden nach der Theorie von HEISENBERG [66] und FOWLER [69] berechnet. (Nach CORNER und HUNT [112])

Schließlich hat DIETSCH [100] den Einfluß plastischer Verformung auf die $(\Delta l/l)_\parallel (H)$ Kurve studiert.

Mit den Elastizitätskonstanten [118, 119] $c_{11} = 2{,}50 \cdot 10^{12}$, $c_{12} = 1{,}60 \cdot 10^4$, $c_{44} = 1{,}185 \cdot 10^{12}$ dyn/cm² sowie $\lambda_{100} = -50 \cdot 10^{-6}$ und $\lambda_{111} = -20 \cdot 10^{-6}$ erhält man aus Gl. (16.38) den Raumtemperaturwert

$$K_1' = 2{,}9 \cdot 10^3 \text{ erg/cm}^3$$

16.3.4 Eisen—Nickel-Legierungen

Die Einkristallkonstanten h_1 bis h_5 wurden bisher in diesem System nur an einer Legierung mit 78 Gew.-% Ni bei Raumtemperatur, einmal im abgeschreckten Zustand (ungeordnet) und einmal im Zustand nach langsamer Abkühlung (geordnet) bestimmt [85] und sind in Tab. 16.7 wiedergegeben. Die daraus berechneten Konstanten λ_{100}, λ_{110}, λ_{111} und λ_s sind ebenfalls in Tab. 16.7 eingetragen.

Tabelle 16.7. *Magnetostriktionskonstanten einer Eisen—Nickel-Legierung mit 78 Gew.-% Nickel bei Raumtemperatur (nach Bozorth und Hamming [85])*

$h_1 \cdot 10^6$	$h_2 \cdot 10^6$	$h_3 \cdot 10^6$	$h_4 \cdot 10^6$	$h_5 \cdot 10^6$	$\lambda_{100} \cdot 10^6$ Gl. (44)	$\lambda_{110} \cdot 10^6$ Gl. (45)	$\lambda_{111} \cdot 10^6$ Gl. (46)	$\lambda_s \cdot 10^6$ Gl. (49)	Zustand
13,7 (±1,0)	2,6 (±0,5)	−0,3 (±0,8)	1,1 (±1,4)	−0,1 (±0,8)	9,9	3,7	1,7	4,95	abgeschreckt
20,9 (±0,7)	2,8 (±0,3)	1,7 (±0,5)	−1,4 (±1,0)	−0,2 (±0,5)	13,0	5,0	1,8	6,35	langsam abgekühlt

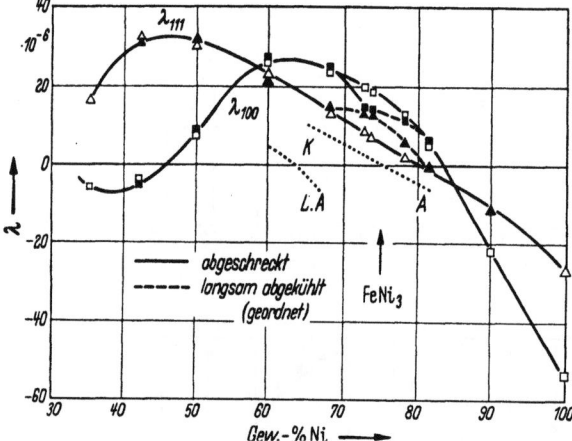

Abb. 16.28. Magnetostriktionskonstanten λ_{100} und λ_{111} der kubisch flächenzentrierten Eisen—Nickel-Legierungen nach dem Abschrecken und nach langsamer Abkühlung. Die punktierten Linien geben den Nulldurchgang der Kristallenergie für abgeschreckte (A) und langsam abgekühlte (L. A). Legierungen. (Nach Bozorth und Walker [120])

Lichtenberger [113], Bozorth und Walker [120] und Hall [174] haben den Verlauf von λ_{100} und λ_{111} als Funktion der Nickelkonzentration zwischen 35 und 100% Nickel gemessen. Die Ergebnisse von Bozorth und Walker sind in Abb. 16.28 dargestellt. Sie stimmen mit den Messungen von Hall gut überein. Besonders zu bemerken ist, daß λ_{100} einmal bei etwa 45% Ni und noch einmal nahezu bei derselben Konzentration wie λ_{111} (80% Ni) verschwindet. Wie wir später sehen werden, zeigen Legierungen dieser Zusammensetzungen ein Maximum der Permeabilität und ein Minimum der Koerzitivkraft. Die Legierungen mit etwa 58% und 85% Ni sind magnetostriktiv isotrop.

Die Ausbildung der Ordnungsphase FeNi$_3$ im Bereich zwischen 70 und 80% Ni ist mit einer Verkleinerung von λ_{100} und einer Vergrößerung von λ_{111} verbunden. Der Verlauf von λ_{100} und λ_{111} ist für diesen Konzentrationsbereich in Abb. 16.29 noch einmal vergrößert dargestellt.

Der Einfluß der Ordnung auf die Sättigungsmagnetostriktion λ_s des Vielkristalls wurde von Goldman [121] sowie von Taoka und Ohtsuka [122] an einer Legierung der Zusammensetzung FeNi$_3$ (76,5 Gew.-% Ni) bei Raumtemperatur untersucht. Abb. 16.30 gibt die Temperaturabhängigkeit von λ_s für die Legierung FeNi$_3$ in verschiedenen Ordnungszuständen [122] wieder. Beim Aufheizen einer geordneten Probe nimmt die Magnetostriktion bei der Entordnungstemperatur (490 °C) von $5{,}8 \cdot 10^{-6}$ auf $2{,}9 \cdot 10^{-6}$ ab.

Abb. 16.31 zeigt die von Masiyama [12] an vielkristallinen Proben bei Raumtemperatur längs der Neukurve gemessene longitudinale Längenänderung $(\Delta l/l)_H = \text{const}$ bei einer Feldstärke $H = 1050$ Oe sowie die mit den von Bozorth und Walker [120] gemessenen Konstanten λ_{100} und λ_{111} nach Gl. (16.50) berechneten λ_s-Werte als Funktion der Nickelkonzentration. Die Meßwerte von

MASIYAMA geben annähernd einen Begriff von dem Verlauf von λ_s im Eisen—Nickel-System. Sie stimmen oberhalb 50% Nickel gut mit den aus Einkristallkonstanten berechneten λ_s-Werten überein.

Neben dem Longitudinaleffekt $(\Delta l/l)_\parallel$ hat MASIYAMA [12] auch den Transversaleffekt $(\Delta l/l)_\perp$ als Funktion der Feldstärke untersucht. Abb. 16.32 gibt schließlich die $(\Delta l/l)_\parallel(H)$-Kurven der von MASIYAMA untersuchten Legierungen wieder. Analoge Messungen des Longitudinaleffekts haben MASUMOTO und NARA [97] sowie SCHULZE [98, 99] im ganzen Eisen—Nickel-System und MC KEEHAN und CIOFFI [96] für Legierungen mit mehr als 46% Ni ausgeführt. Die dabei angewendeten Feldstärken reichten jedoch vielfach nicht zur Sättigung der Proben aus.

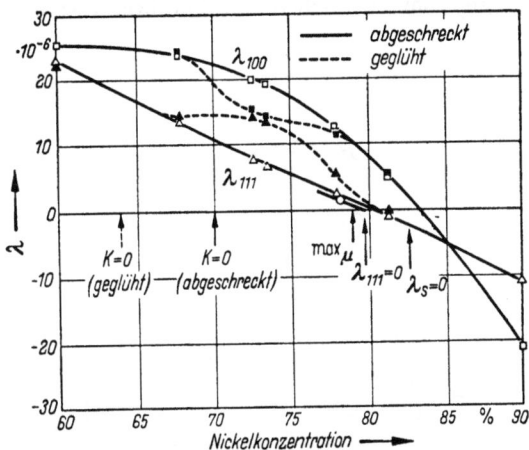

Abb. 16.29. Magnetostriktionskonstanten λ_{100} und λ_{111} der Eisen—Nickel-Legierungen zwischen 60 und 90% Nickel. (Nach BOZORTH und WALKER [120])

Der Verlauf von $(\Delta l/l)(I)$ und $(\Delta l/l)(H)$ über einen vollen Magnetisierungszyklus wurde an einigen Fe—Ni-Legierungen von MASIYAMA [123] gemessen.

Systematische Daten über die Temperaturabhängigkeit der Magnetostriktion von Eisen—Nickel-Legierungen sind von HONDA und SHIMIZU [95] angegeben worden. Wir fassen die Ergebnisse für die reversiblen flächenzentrierten Legierungen in Tab. 16.8 zusammen.

VOLKOV und CHECHERNIKOV [124] sowie BJELOW und PANINA [166] haben die Temperaturabhängigkeit von λ_s einiger Eisen—Nickel-Legierungen in der Nähe der CURIE-Temperatur gemessen.

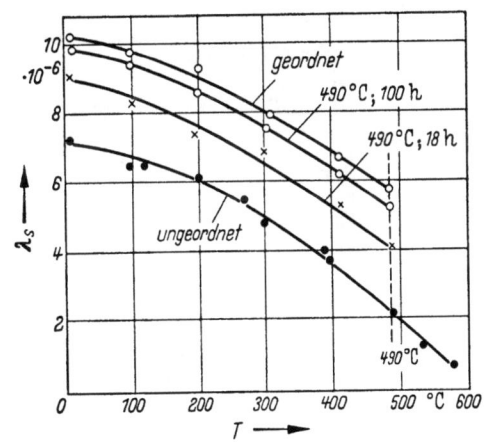

Abb. 16.30. Temperaturabhängigkeit der Sättigungsmagnetostriktion λ_s von Ni$_3$Fe in verschiedenen Ordnungszuständen. (Nach TAOKA und OHTSUKA [122])

Die Wirkung von Zug- und Druckspannungen auf den Verlauf von $(\Delta l/l)(H)$ und $(\Delta l/l)(I)$ ist generell bereits besprochen worden (16.2.4). Für Eisen—Nickel-Legierungen sind diesbezügliche Untersuchungen von HONDA und SHIMIZU [83], MCKEEHAN und CIOFFI [96] und KIRCHNER [82] zu nennen.

Interessant und leicht zu verstehen ist die Änderung des Verlaufs von $(\Delta l/l)(I)$ bzw. $(\Delta l/l)(H)$, wenn man Legierungen mit Nickelkonzentrationen zwischen 50 und 90% von einer Temperatur oberhalb der CURIE-Temperatur in einem Magnetfeld von einigen Oe langsam abkühlt. Wie in Kap. 14 gezeigt worden ist, bildet sich dabei die der normalen Kristallanisotropie mit kubischer Symmetrie überlagerte, einachsige Diffusionsanisotropie aus, welche, ganz unabhängig vom Vorzeichen von λ in ihrer Wirkung etwa vergleichbar mit einer Zug-

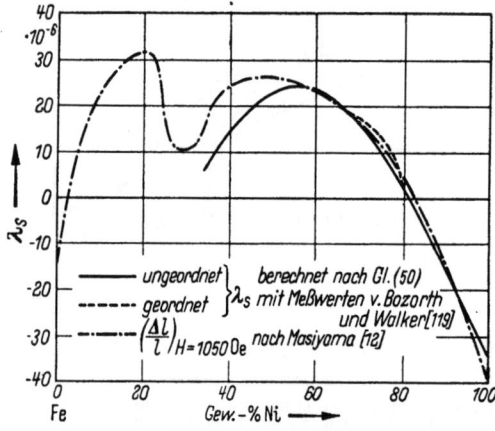

Tabelle 16.8. *Temperaturabhängigkeit der Sättigungsmagnetostriktion von vielkristallinen Eisen—Nickel-Legierungen*

Gew.-% Ni	$\lambda_s \cdot 10^6$	
	~20 °C	−186 °C
36	20,3	30,5
46	25,4	30,7
50	24,3	26,8
70	11,6	12,6

Abb. 16.31. λ_s der vielkristallinen Eisen—Nickel-Legierungen bei Raumtemperatur nach Messungen von MASIYAMA[12] $(\Delta l/l)_{H=1050\,\text{Oe}}$ sowie die nach Gl. (16.50) mit den von BOZORTH und WALKER [120] bestimmten Konstanten λ_{100} und λ_{111} berechneten λ_s-Werte

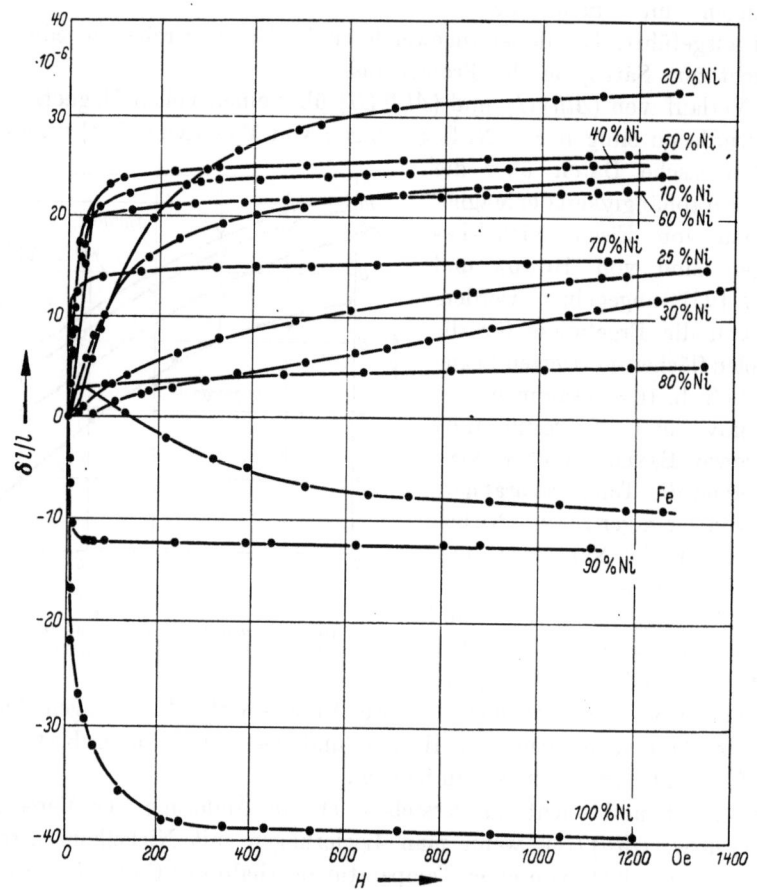

Abb. 16.32. $(\Delta l/l)_{\|}(H)$ der vielkristallinen Eisen—Nickel-Legierungen bei Raumtemperatur. (Nach MASIYAMA [12])

spannung bei $\lambda_s > 0$, eine Vorzugslage der Magnetisierung parallel oder antiparallel zu der Richtung des während der Abkühlung angelegten Feldes liefert. Rein phänomenologisch gesehen ist der Einfluß der Magnetfeldglühung auf den Verlauf von $(\Delta l/l)\,(I)$ derselbe, wie wir ihn in 16.2.4 bei mechanischen Spannungen bereits kennengelernt haben. Es entspricht also, $\lambda_s > 0$ vorausgesetzt, ein longitudinales Feld während der Abkühlung einer Zugspannung und ein transversales Feld einer Druckspannung.

Damit verstehen wir ohne weiteres die Ergebnisse diesbezüglicher Untersuchungen an 68-Permalloy von WILLIAMS, BOZORTH und CHRISTENSEN [125] in

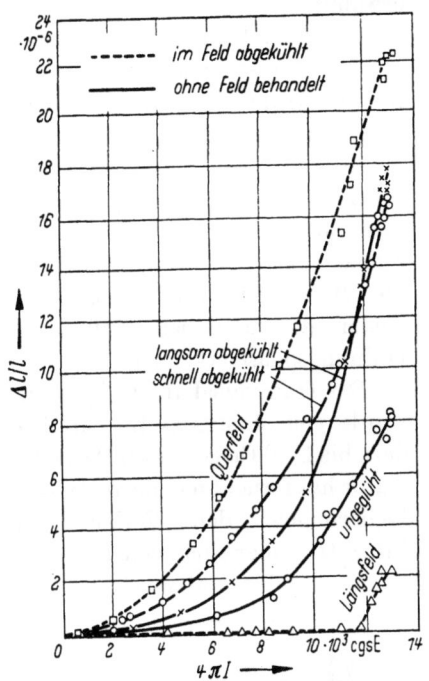

Abb. 16.33. Einfluß verschiedener Wärmebehandlungen mit und ohne Magnetfeld auf den Verlauf von $(\Delta l/l)_{||}(I)$ bei 68-Permalloy. (Nach BOZORTH, WILLIAMS und CHRISTENSEN [125])

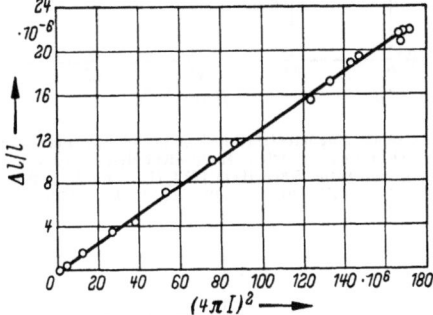

Abb. 16.34. $(\Delta l/l)_{||}$ als Funktion von $(4\pi\,I)^2$ für eine in einem senkrecht zur Meßrichtung gerichteten Magnetfeld geglühte Eisen—Nickel-Legierung. (Nach BOZORTH, WILLIAMS und CHRISTENSEN [125])

Abb. 16.33. Ferner erwarten wir, daß nach Abkühlung im transversalen Feld $(\Delta l/l)_{||}$, genau wie bei Nickel unter starker Zugspannung, linear von I^2 abhängt. Dies wurde durch Messungen [125] in Abb. 16.34 bestätigt.

16.3.5 Eisen—Kobalt-Legierungen

Die Einkristallkonstanten λ_{100} und λ_{111} wurden von HALL [174] im Konzentrationsbereich zwischen 0 und 45 Gew.-% Kobalt bestimmt. Die Meßergebnisse sind in Abb. 16.35 zusammen mit Meßwerten von URQUHART und GOLDMAN [127] für die Legierung mit 70 Gew.-% Co wiedergegeben.

MASIYAMA [23] und WILLIAMS [128] haben an einer Reihe vielkristalliner Eisen—Kobalt-Legierungen $(\Delta l/l)_{||}(H)$ in Feldern bis etwa 1300 Oe gemessen. Abb. 16.36 zeigt den von MASIYAMA bestimmten Verlauf von $(\Delta l/l)_{H=\text{konst}}$ im System Eisen—Kobalt für verschiedene Feldstärken. Die bei $H = 1100$ Oe gemessenen $(\Delta l/l)$-Werte können näherungsweise als λ_s-Werte angesehen werden. Sie stimmen, wie aus Abb. 16.36 ersichtlich, sehr gut mit den λ_s-Werten überein, die mit den von HALL [174] gemessenen Einkristallkonstanten nach Gl. (16.50) berechnet wurden. Weitere Messungen der Einkristallkonstanten und der Sätti-

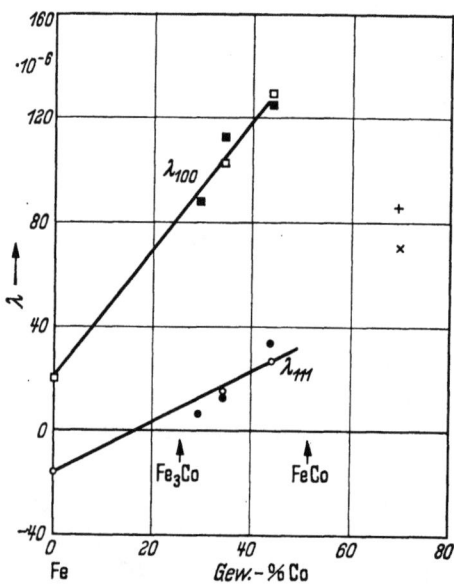

Abb. 16.35. Magnetostriktionskonstanten λ_{100} und λ_{111} der kubisch raumzentrierten Eisen–Kobalt-Legierungen bei Raumtemperatur. Nach HALL [174] (□ ○ rasch, ■ ● langsam abgekühlt) und URQUHART und GOLDMAN [127] (+ λ_{100}, × λ_{111})

gungsmagnetostriktion wurden von URQUHART [129] bzw. von AZUMI [130] ohne Angabe von Zahlwerten erwähnt.

Die Ausbildung der Ordnungsphase FeCo ist nach GOLDMAN und SMOLUCHOWSKI [14] bei der Legierung mit 50 at.-% Co mit einer Erhöhung der Sättigungsmagnetostriktion λ_s von $65 \cdot 10^{-6}$ im ungeordneten Zustand auf $92 \cdot 10^{-6}$ im geordneten Zustand verbunden. Dagegen lassen die Messungen von HALL [174] keinen systematischen Einfluß der Ordnungsphase erkennen.

Der Transversaleffekt $(\Delta l/l)_\perp (H)$ wurde von MASIYAMA [23] in Feldern bis 1300 Oe gemessen. Derselbe Autor hat ferner an einigen Fe–Co-Legierungen den Verlauf von $(\Delta l/l)_\parallel (H)$ über einen vollen Magnetisierungszyklus untersucht [123].

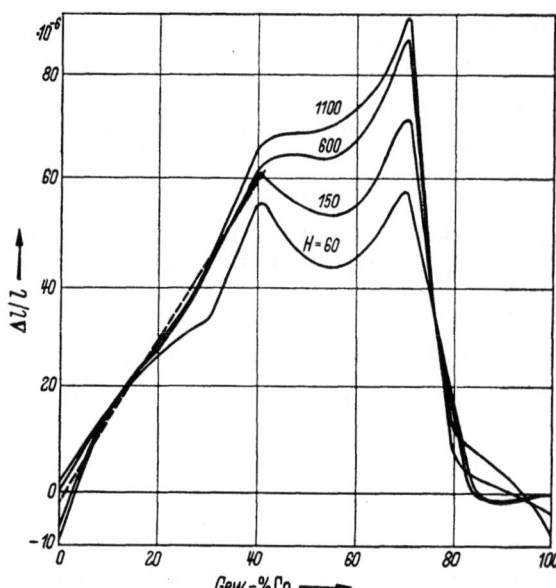

Abb. 16.36. Verlauf von $(\Delta l/l)_\parallel$ im System Eisen–Kobalt bei Raumtemperatur für verschiedene Feldstärken (Nach MASIYAMA [23]). Die gestrichelte Kurve wurde mit den von HALL [174] gemessenen Einkristallkonstanten nach Gl. (16.50) berechnet.

16.3.6 Nickel–Kobalt-Legierungen

Die Magnetostriktionskonstanten λ_{100} und λ_{111} der kubisch flächenzentrierten Nickel–Kobalt-Legierungen sind bei Raumtemperatur von YAMAMOTO und

NAKAMICHI [126] sowie von HALL [174] an Einkristallen und von YAMAMOTO und MIYASAWA [88] aus den in Abb. 16.38 dargestellten Vielkristallmessungen derselben Autoren [131] bestimmt worden. Die Meßergebnisse sind in Abb. 16.37 wiedergegeben. Zwischen den Einkristallmessungen besteht ausgezeichnete Übereinstimmung.

Der Verlauf von $(\Delta l/l)_{\parallel}(H)$ und z. T. auch von $(\Delta l/l)_{\parallel}(I)$ längs der Neukurve wurde von SCHULZE [98] in Feldern bis 250 Oe, von MASUMOTO [109] bis 600 Oe, von MASIYAMA [111] bis 1300 Oe, von LEE [102] bis 600 Oe und von YAMAMOTO und MIYASAWA [131] bis 900 Oe jeweils für eine größere Anzahl von Legierungen im ganzen System Ni—Co gemessen. In Abb. 16.38 sind die Ergebnisse von YAMAMOTO und MIYASAWA für die γ-Legierungen wiedergegeben.

Die Konzentrationsabhängigkeit von λ_s bei Raumtemperatur ist in Abb. 16.39 dargestellt. Die Meßwerte von MASIYAMA entsprechen im ganzen System der bei 1100 Oe, die von YAMAMOTO und MIYASAWA im γ-Gebiet der bei 900 Oe gemessenen Längenänderung. Die im ε-Gebiet angegebenen λ_s-Werte wurden über I/I_s extrapoliert, wobei sich zeigt, daß diese Legierungen auch bei 1100 Oe noch nicht annähernd gesättigt sind, während im γ-Gebiet die bei 900 und bei 1100 Oe gemessenen Längenänderungen befriedigend übereinstimmen. Ferner sind λ_s-Raumtemperaturmeßwerte von WENT [117] in Abb. 16.39 eingezeichnet, welche sehr gut mit den nach Gl. (16.50) mit den Konstanten λ_{100} und λ_{111} aus Abb. 16.37 [126], [174] berechneten λ_s-Werten übereinstimmen.

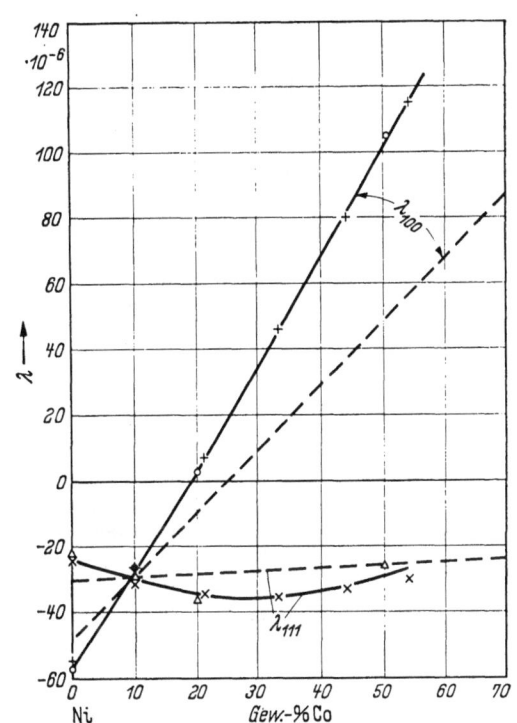

Abb. 16.37. Die Magnetostriktionskonstanten λ_{100} und λ_{111} der kubisch flächenzentrierten Nickel—Kobalt-Legierungen bei Raumtemperatur. Nach YAMAMOTO und NAKAMICHI [126] (+++, ×××), HALL [174] (○○○, △△△) und YAMAMOTO und MIYASAWA [88] (— — —)

Die Feldabhängigkeit des Transversaleffekts $(\Delta l/l)_{\perp}(H)$ [110] sowie der Verlauf von $(\Delta l/l)_{\parallel}(H)$ längs eines vollen Magnetisierungszyklus [123] wurden von MASIYAMA untersucht.

WENT [117] hat an einigen Ni—Co-Legierungen die Temperaturabhängigkeit von λ_s zwischen Raumtemperatur und —183 °C untersucht und fand, daß λ_s für Legierungen mit mehr als 10% Co in diesem Temperaturbereich konstant ist. VOLKOV, CHECHERNIKOV und TSEITLIN [145] haben $\lambda_s(T)$ in der Nähe der CURIE-Temperatur gemessen.

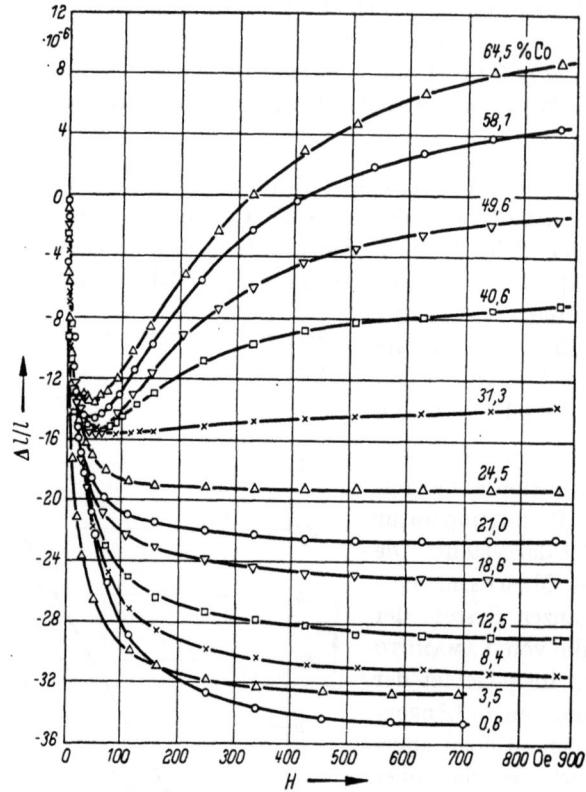

Abb. 16.38. $(\Delta l/l)_{||}(H)$ der kubisch flächenzentrierten Nickel–Kobalt-Legierungen bei Raumtemperatur. (Nach YAMAMOTO und MIYASAWA [*131*])

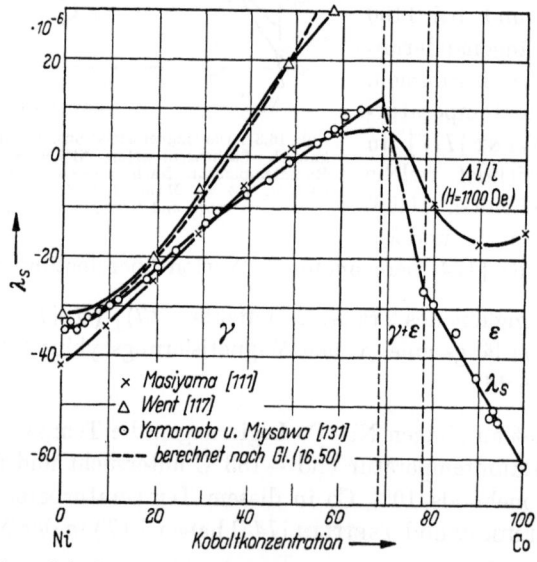

Abb. 16.39. Verlauf von λ_s im System Nickel–Kobalt bei Raumtemperatur. (Nähere Erläuterung im Text)

16.3.7 Binäre Eisenlegierungen

Eisen—Aluminium-Legierungen. Die Magnetostriktionskonstanten λ_{100} und λ_{111} wurden bei Raumtemperatur im Konzentrationsbereich zwischen 6 und 30 At.-% Aluminium (3 und 17 Gew.-%) von HALL [*172*] an langsam abgekühlten (geordneten) Legierungen und von GENGNAGEL [*177*] an geordneten und an ungeordneten Legierungen bestimmt. In Abb. 16.40 sind die Ergebnisse von HALL wiedergegeben.

Der Verlauf von λ_s bei Raumtemperatur als Funktion der Aluminium-Konzentration wurde

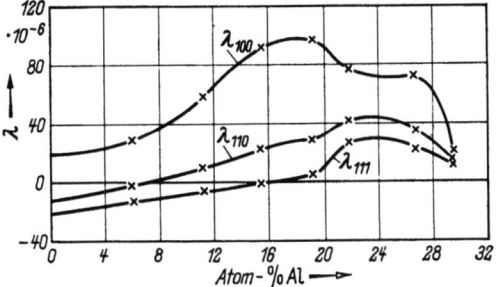

Abb. 16.40. Die Magnetostriktionskonstanten λ_{100}, λ_{110} und λ_{111} der Eisen—Aluminium-Legierungen bei Raumtemperatur. Nach HALL [*172*]

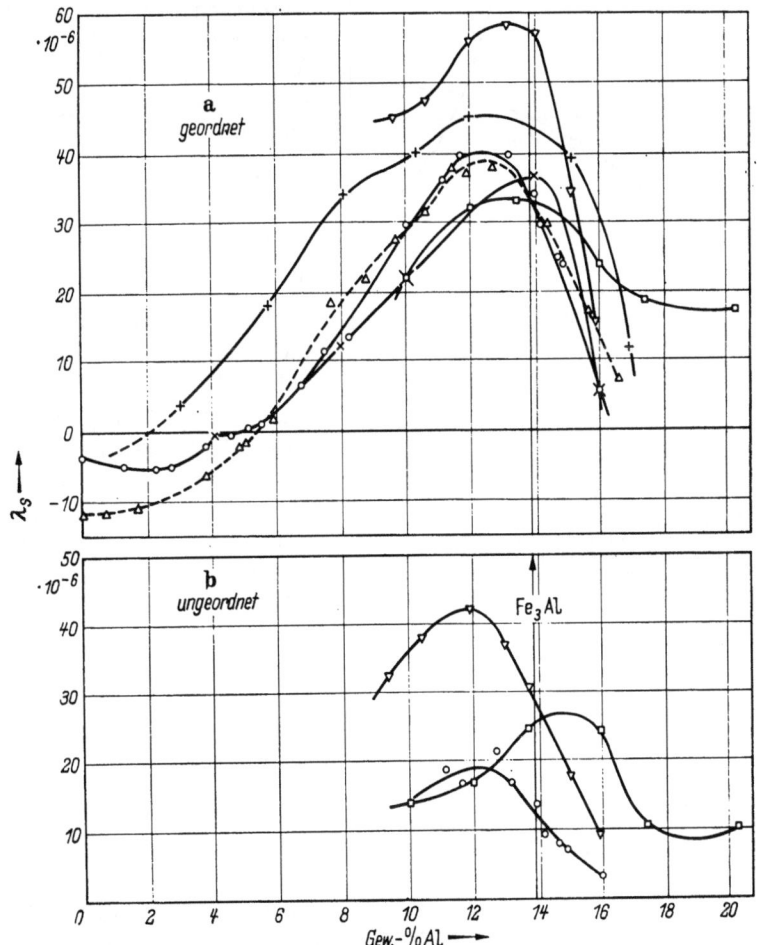

Abb. 16.41. Verlauf von λ_s im System Eisen—Aluminium bei Raumtemperatur nach Messungen verschiedener Autoren (× M, S & N [*70*], △ H, M, S & K [*71*], ○ M & S [*73*], □ S, G & H [*72*], + H [*13*], ▽ G [*69*]). (Nähere Erläuterung s. Text)

im Bereich zwischen 0 und 20 Gew.-% Al von MESSKIN, SOMIN und NEKHAMPKIN [136], HONDA, MASUMOTO, SHIRAKAWA und KOBAYASHI [137], HALL [172], STANLEY, GOLDMAN und HASSEL [138], MASUMOTO und SAITO [139] und von GENGNAGEL [177] an geglühten (geordneten) und in den drei letztgenannten Arbeiten außerdem an abgeschreckten (ungeordneten) Legierungen gemessen. Die Ergebnisse sind in Abb. 16.41 zusammengefaßt und zeigen, daß λ_s im geordneten Zustand z. T. erheblich größer ist als im ungeordneten Zustand. Wie aus weiteren Untersuchungen von MASUMOTO und SAITO hervorgeht, ist der Verlauf von λ_s außerdem wesentlich von der Abschrecktemperatur abhängig, auch wenn diese höher ist als die Ordnungsumwandlungstemperatur (etwa 550 °C).

In verschiedenen Arbeiten [99, 137, 139] wurde ferner der Verlauf von $(\Delta l/l)_{||}$ als Funktion der Feldstärke gemessen.

Eisen—Silizium-Legierungen. CARR und SMOLUCHOWSKI [52] haben die Einkristallkonstanten λ_{100} und λ_{111} für Legierungen bis 8 Gew.-% Si bestimmt. Weitere Daten wurden von TAKAKI und NAKAMURA [132, 133], von TAKAKI und TSUJI [134], von SHTURKIN [135] und von HALL [174] angegeben. Sie stimmen mit Ausnahme der λ_{100}-Werte von TAKAKI und NAHAMURA gut mit den Messungen von CARR und SMOLUCHOWSKI überein, wie eine Zusammenstellung aller Meßwerte in Abb. 16.42 zeigt.

Die von SHTURKIN [135] an Eisen mit 3,5 Gew.-% Silizium gemessene Temperaturabhängigkeit der Einkristallkonstanten λ_{100} und λ_{111} ist in Abb. 16.43 wiedergegeben.

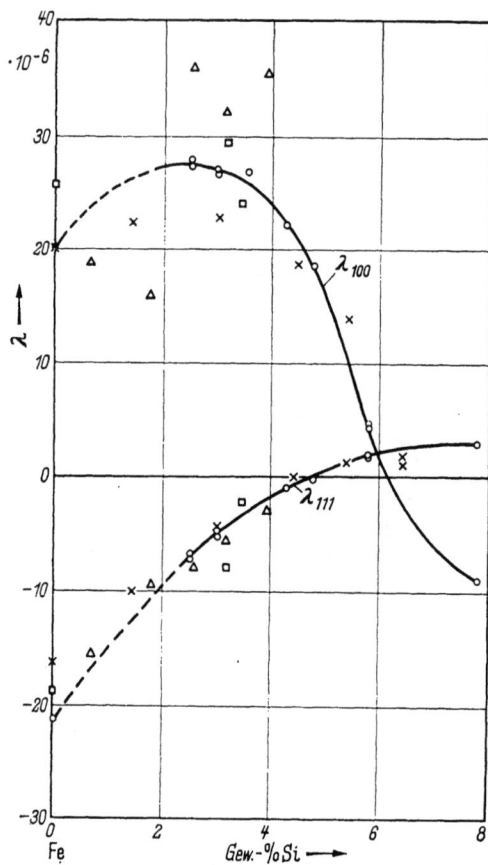

Abb. 16.42. Magnetostriktionskonstanten λ_{100} und λ_{111} der Eisen—Silizium-Legierungen bei Raumtemperatur im geordneten (○ C & S [52], △ T & N [132, 133], □ andere Autoren [64, 90, 134, 135]) und im ungeordneten Zustand (× H [174])

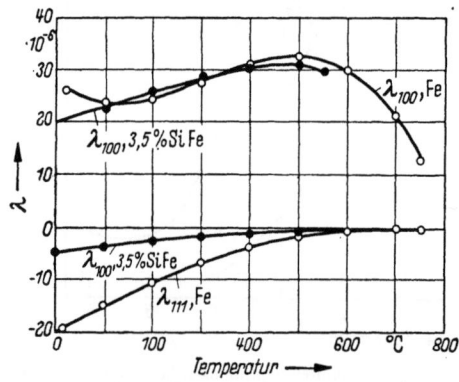

Abb. 16.43. Temperaturabhängigkeit von λ_{100} und λ_{111} für Eisen (TAKAKI [91]) und 3,5% Silizium-Eisen (SHTURKIN [135])

SCHULZE [99] hat an vielkristallinen Fe—Si-Proben mit Si-Konzentrationen bei 6 und 8 Gew.-% Si $(\Delta l/l)_{\|}(H)$ gemessen. Die Endwerte bei der höchsten erreichten Feldstärke von 250 Oe sind in Abb. 16.44 mit der aus den λ_{100}- und λ_{111}-Werten von CARR und SMOLUCHOWSKI nach Gl. (16.50) berechneten Sättigungsmagnetostriktion λ_s und mit den von MESSKIN, SOMIN und NEKHAMPKIN [136] gemessenen λ_s-Werten verglichen.

Weitere binäre Eisen-Legierungen. Die Längenänderung $(\Delta l/l)_{\|}$ als Funktion der Feldstärke und z. T. auch als Funktion der Magnetisierung wurde bei Raumtemperatur an vielkristallinen, binären Eisenlegierungen von DORSEY [140] (Fe—C), SCHULZE [99] (Fe—Ni, Si, Al, Mn), MESSKIN, SOMIN und NEKHAMPKIN [136] (Fe—Si, Al, Mo, Ti, W, P) und WENT (Fe—Ni, Co, Si, Al, V, Cr, Mn, Sn, Mo, W) untersucht. Die in den Arbeiten [140, 99, 136] bei den jeweils höchsten er-

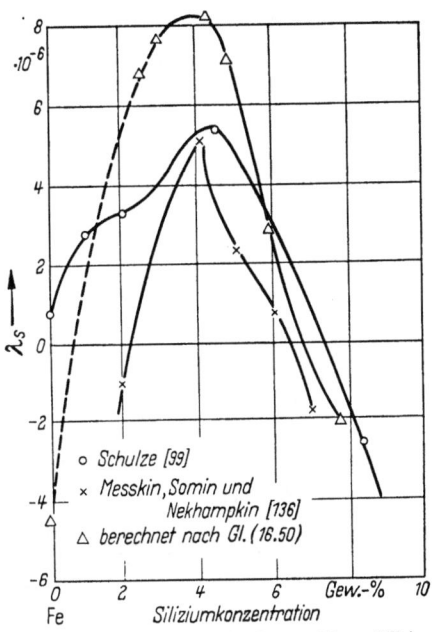

Abb. 16.44. Verlauf von λ_s im System Eisen—Silizium bei Raumtemperatur. Nähere Erläuterung im Text

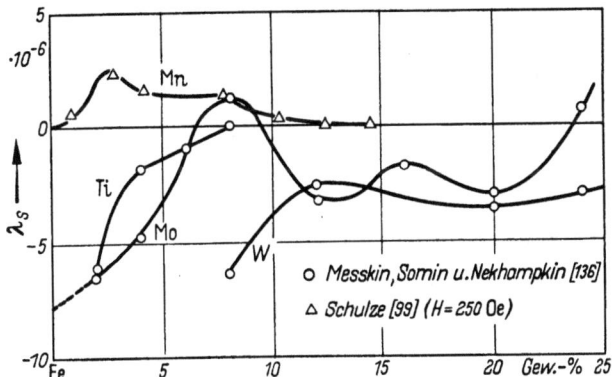

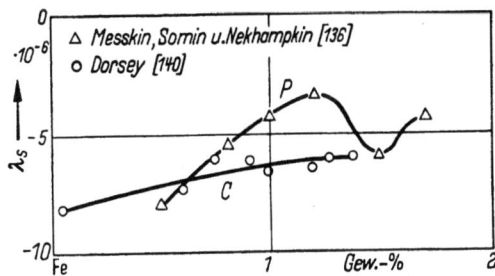

Abb. 16.45. λ_s einiger binärer Eisen-Legierungen bei Raumtemperatur

reichten Feldstärken gemessenen Längenänderungen, welche mit Ausnahme von [99] als Sättigungswerte λ_s angesehen werden können, sind, soweit noch nicht

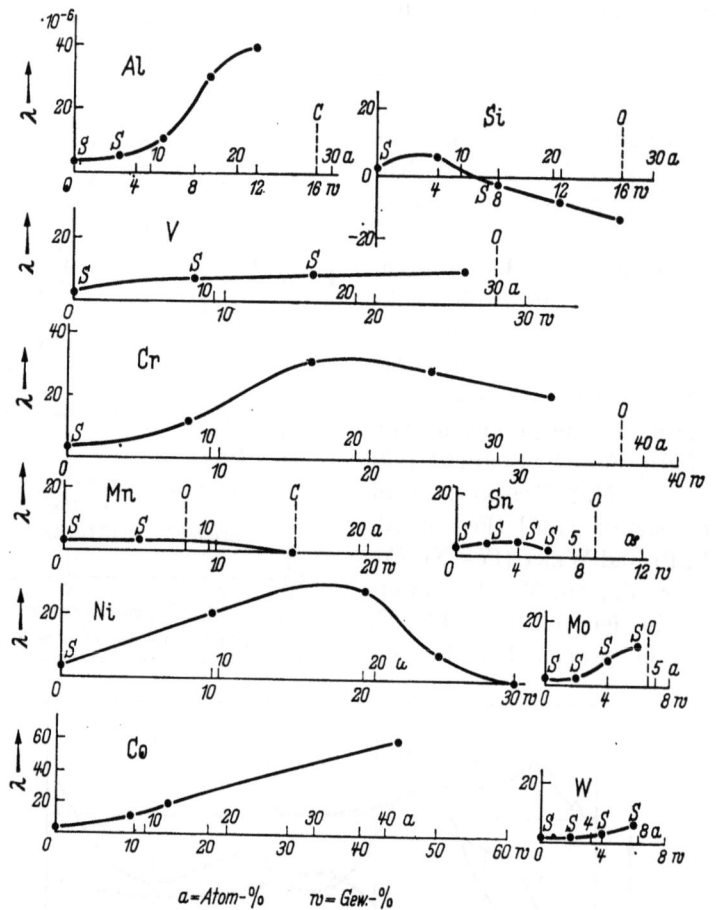

Abb. 16.46. Sättigungsmagnetostriktion λ_L parallel zur leichten Richtung für einige binäre Eisenlegierungen bei Raumtemperatur. (Nach WENT [141])

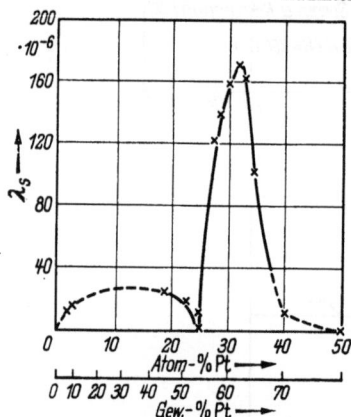

Abb. 16.47. λ_s der Eisen–Platin-Legierungen bei Raumtemperatur. (Nach KUSSMANN und Grfn. V. RITTBERG [45])

besprochen, in Abb. 16.45 als Funktion der Legierungszusammensetzung dargestellt. WENT [141] hat dagegen versucht, aus Vielkristallmessungen jeweils den λ-Wert in der leichten Richtung (λ_L) zu bestimmen. Seine Ergebnisse in Abb. 16.46 sind, wie ein Vergleich mit solchen Systemen zeigt, in denen die Einkristallkonstanten gemessen wurden, allerdings nur als Richtwerte anzusehen. RÜDIGER [142] hat für eine Legierung mit etwa 25% Cr und 75% Fe die Einkristallkonstanten $\lambda_{100} = 137{,}3 \cdot 10^{-6}$ und $\lambda_{111} = -1{,}07 \cdot 10^{-6}$ bei Raumtemperatur bestimmt. In Abb. 16.47 ist der Verlauf von λ_s im System Fe—Pt nach Messungen von KUSSMANN und Gräfin v. RITTBERG [45] an abgeschreckten Legierungen wiedergegeben. λ_s erreicht bei etwa 32 At.-% Pt den höchsten bisher an einem metallischen Werkstoff gemessenen Wert von nahezu $180 \cdot 10^{-6}$. Die Ausbildung der Ordnungsphase Fe_3Pt beim Anlassen der Legierungen ist mit einer Abnahme von λ_s um 30 bis 50% verbunden. Die in der Umgebung von 25 At.-% Pt in diesem System auftretende Volumenmagnetostriktion ist ebenfalls abnorm groß.

16.3.8 Binäre Nickel-Legierungen

Tabelle 16.9. *Sättigungsmagnetostriktion vielkristalliner Nickel-Legierungen (nach Went [117])*

Zusammensetzung in At.-%				Sättigungsmagnetostriktion $\lambda_s \cdot 10^6$			CURIE-Temperatur in °K	Wärme-behandlung
Ni	Co	X	Rest	290°K	90°K	0°K		
99,3	0,5	—	0,2	−32,5	−35	−36	630	
91,0	0,4	8,3 Al	0,3	− 7,1	−14,5	−16	410	
87,0	0,5	12,5 Al	0	0	− 8,0	− 9,2	295	
84,3	0,5	15,1 Al	0,1	0	− 5,0	− 8,5	195	
94,9	1,0	4,1 Si	0,2	−15,5	−22	−22,5	516	
89,5	1,0	9,2 Si	0,3	− 1,2	− 7,0	− 9,5	367	
95,3	0,7	3,5 V	0,5	−15,5	−23	−24	492	
93,0	0,4	6,4 V	0,2	− 1,7	−11,5	−14	325	1 Std. 700°C langsam abgekühlt
89,7	0,4	9,6 V	0,3	0	− 1,2	− 2,2	123	
98,1	0,5	1,1 Cr	0,3	−26	−32	−33	590	
94,3	0,5	4,05 Cr	0,2	− 8,5	−18	−19	430	
89,8	0,5	9,3 Cu	0,4	−24	−32	−33	536	
80,7	0,6	18,7 Cu	0	−12,5	−21,5	−23	450	
71,3	0,4	28,1 Cu	0,2	− 3,2	−13,5	−14,5	347	
97,5	0,5	1,85 Mo	0,2	−22,5	−29,5	−30	550	
94,4	0,5	5,0 Mo	0,1	− 3,5	−12	−14	355	
97,6	0,5	1,4 Sn	0,5	−27,5	−32,5	−33	587	
96,4	0,5	3,0 Sn	0,1	−22	−29	−30	537	
94,7	0,4	4,9 Sn	0	−15,5	−23	−23,5	482	
97,1	0,75	1,65 W	0,5	−22,5	−29	−30	485	
95,6	0,8	3,35 W	0,3	−11,5	−18	−19	437	
93,5	0,9	5,05 W	0,5	− 2,5	−11,5	−13	400	
93,2	0,5	6,0 Mn	0,3	−18,5	−24,5	−24,5	570	1 Std. 800°C langsam abgekühlt geordnet 2 Std. 450°C
87,9	0,5	11,4 Mn	0,2	− 8,0	−13,5	−13,5	482	
83,3	0,8	13,7 Mn	2,0	− 0,6	− 7,6	− 9	400	
78,8	0,3	19,7 Mn	1,2	+ 1,3	− 0,5	− 0,7		
77,1	0	22,7 Mn	0,2	+ 1,8	− 0,5	− 1,3	—	
83,3	0,8	13,7 Mn	2,0	− 0,85	− 7,4	− 7,8		
78,8	0,3	19,7 Mn	1,2		0	− 0,6		ungeordnet ½ Std. 800°C abgeschreckt
77,1	0	22,7 Mn	0,2		− 0,15	− 0,25		
80		20 Pd		−39,0	−45,0	−46	575	
90		10 Pd		−35,0	−40,0	−41		
85,6	0,5	10,0 Fe 3,9 Cr	0	− 4,9	− 6,0	− 6,0	624	
85,1	0,5	10,1 Fe 3,9 W	0,4	− 2,2	− 3,1	− 3,2	603	
65		16 Pd 19 Fe		0	+ 0,7		775	

In Abb. 16.48 ist der von YAMAMOTO und NAKAMICHI [126] gemessene Verlauf der Magnetostriktionskonstanten λ_{100} und λ_{111} im System Nickel—Kupfer wiedergegeben.

WENT [117] hat für verschiedene vielkristalline Nickel-Legierungen die Sättigungsmagnetostriktion λ_s bei Raumtemperatur und bei 90 °K gemessen. Seine Ergebnisse sind in Tab. 16.9 (S. 263) zusammengefaßt.

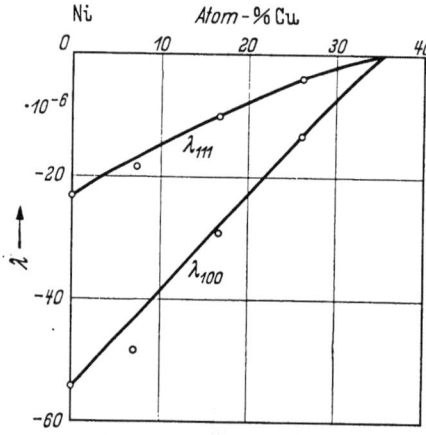

Abb. 16.48. Magnetostriktionskonstanten λ_{100} und λ_{111} der Nickel—Kupfer-Legierungen. Nach YAMAMOTO und NAKAMICHI [126]

SCHULZE [143] fand an einigen Proben aus Monel-Metall (65 bis 70% Ni, etwa 30% Cu, Rest Fe, Mn und Zn) im weichen Zustand, je nach Menge der Zusatzelemente λ_s zwischen $-1,2$ und $-3,5 \cdot 10^{-6}$. DIETSCH [100] hat den Verlauf von $(\Delta l/l)_{||}(H)$ bzw. $(\Delta l/l)_{||}(I)$ für eine 2,2 proz. Ni—Be-Legierung im abgeschreckten und im vergüteten Zustand, unverformt und nach verschieden starkem plastischen Recken gemessen. TAOKA und OHTSUKA [144] haben $(\Delta l/l)_{||}(I)$ an der Legierung Ni$_3$Mn in verschiedenen Ordnungszuständen und bei verschiedenen Temperaturen zwischen Raumtemperatur und 500 °C gemessen. Abb. 16.49 zeigt die Temperaturabhängigkeit von λ_s bei verschiedenen Ordnungszuständen. VOLKOV und CHECHERNIKOV [124] sowie VOLKOV, CHECHERNIKOV und TSEITLIN [145] haben die Temperaturabhängigkeit von λ_s für Nickel—Kupfer- und Nickel—Mangan-Legierungen in der Nähe der CURIE-Temperatur bestimmt.

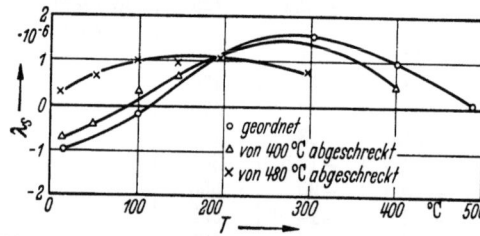

Abb. 16.49. Temperaturabhängigkeit der Sättigungsmagnetostriktion λ_s von Ni$_3$Mn in verschiedenen Ordnungszuständen. (Nach TAOKA und OHTSUKA [144])

16.3.9 Magnetisch weiche ternäre Legierungen

In Tab. 16.10 sind die von HALL [174] gemessenen Magnetostriktionskonstanten einiger magnetischer weicher Legierungen zusammengefaßt.

AUSTIN [146] und McLENNAN [147] haben an verschiedenen HÄUSLER-Legierungen (Mn—Cu—Al) $(\Delta l/l)_{||}(H)$ gemessen.

Abb. 16.50 zeigt die Linien gleicher Magnetostriktion im System Eisen—Nickel—Kupfer nach Messungen von v. AUWERS und NEUMANN [148].

Tabelle 16.10. *Magnetostriktionskonstanten λ_{100} und λ_{111} einiger magnetisch weicher ternärer Legierungen bei Raumtemperatur. Nach Hall [174]*

Zusammensetzung in Gew.-%	$10^6 \times \lambda_{100}$	$10^6 \times \lambda_{111}$
44,7 Ni—25,4 Co—Fe	22,8	10,4
1,96 Mo—80,6 Ni—Fe	2,8	—0,7
4,75 Mo—79,2 Ni—Fe	4,8	1,3
3 Mo—15,4 Al—Fe	21,0	11,8

Der von WENT [141] in der Eisenecke des Systems Eisen—Aluminium—Silizium bestimmte Verlauf der Kurve $\lambda_L = 0$ (λ_L = Magnetostriktionskonstante der

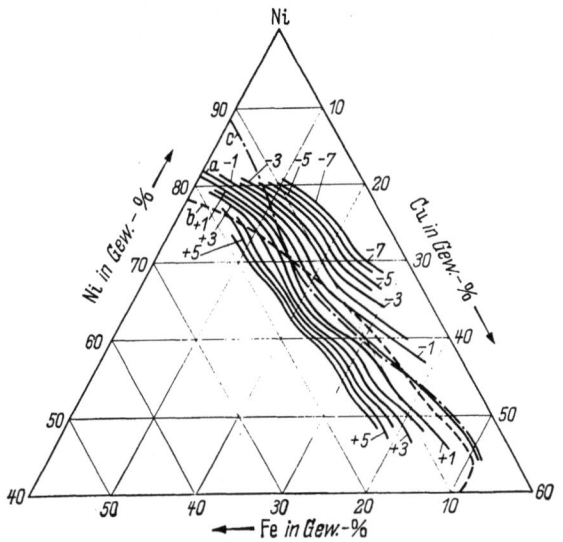

Abb. 16.50. Linien gleicher Sättigungsmagnetostriktion im System Eisen—Nickel—Kupfer bei Raumtemperatur; a $\lambda_s = 0$; b Linie höchster Anfangspermeabilität nach dem Abschrecken; c Linie höchster Anfangspermeabilität nach langsamer Abkühlung. (Nach v. AUWERS und NEUMANN [148])

leichten Richtung) ist in Abb. 16.51 wiedergegeben. WENT hat ferner den Verlauf von $\lambda_L = 0$ im System Eisen—Kobalt—Silizium ermittelt.

16.3.10 Dauermagnetlegierungen

Die Frage, ob und inwieweit bei Dauermagnetlegierungen Proportionalität zwischen der Koerzitivkraft und der Gestaltsmagnetostriktion besteht, d. h. die Frage, ob die hohe Koerzitivkraft solcher Legierungen ganz oder teilweise auf Spannungsanisotropie zurückgeführt werden kann, veranlaßte NESBITT [149, 150] zu einer umfassenden Untersuchung der Magnetostriktion vielkristalliner Dauermagnetlegierungen.

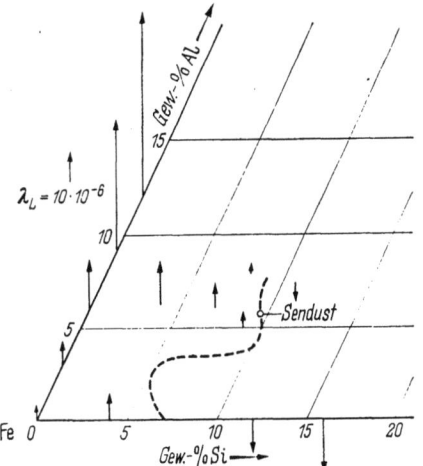

Abb. 16.51. Verlauf der Magnetostriktion λ_L parallel zur leichten Richtung im System Eisen—Silizium—Aluminium bei Raumtemperatur. Längs der gestrichelten Kurve ist $\lambda_L = 0$. (Nach WENT [141])

In Abb. 16.52 ist die relative Längenänderung $\Delta l/l$ für verschiedene Legierungen als Funktion der Feldstärke H dargestellt. Abb. 16.53 vermittelt einen Überblick über den Einfluß der Wärmebehandlung auf die Magnetostriktion von Alnico 5 (8 Al, 14 Ni, 24 Co, 3 Cu, Rest Fe). Der Einfluß einer Magnetfeldabkühlung auf die Magnetostriktion ist phänomenologisch analog wie bei den Eisen—Nickel-Legierungen (s. 16.3.4), wiewohl die Ursache der durch die Magnet-

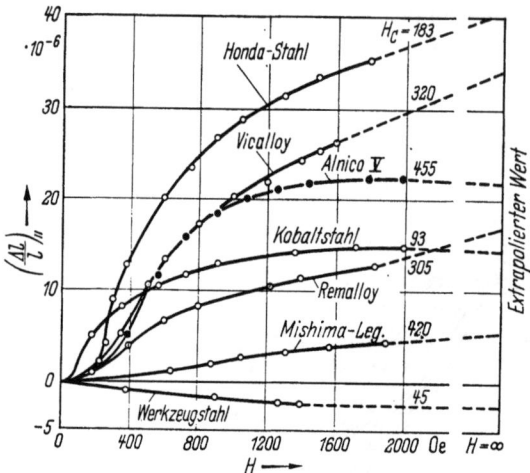

Abb. 16.52. $(\Delta l/l)_{||}$ (H) einiger Dauermagnetlegierungen bei Raumtemperatur. (Nach NESBITT [149])

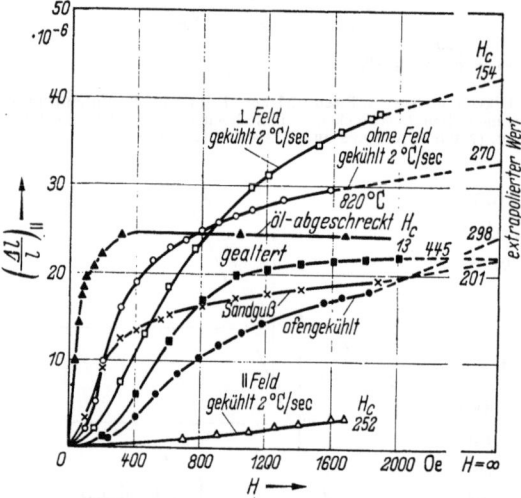

Abb. 16.53. $(\Delta l/l)_{||}$ (H) von Alnico V bei Raumtemperatur nach verschiedenen Wärmebehandlungen. (Nach NESBITT [149])

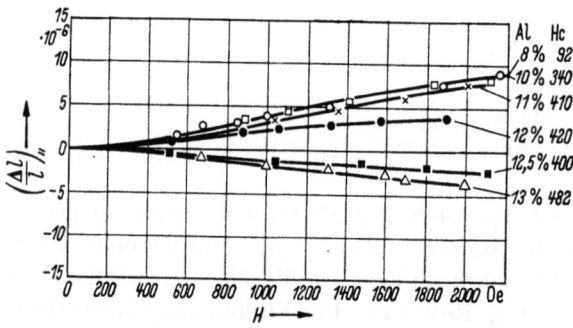

Abb. 16.54. $(\Delta l/l)_{||}$ (H) bei Raumtemperatur für einige Mishima-Legierungen (Fe—Ni—Al) mit konstanter Nickelkonzentration von 29%. (Nach NESBITT [149])

feldabkühlung bedingten einachsigen Anisotropie bei Alnico 5 eine gerichtete Ausscheidung (s. Kap. 27.), bei Eisen—Nickel-Legierungen dagegen eine Orientierungsüberstruktur ist. Wie bereits HOSELITZ und MCCAIG [151, 152] und MCCAIG [153] feststellten, ist das magnetostriktive Verhalten magnetfeldabgekühlter Alnico-Legierungen mit der Vorstellung verträglich, daß die Magnetisierung im Feld Null (Ausgangszustand) parallel zu den der Feldrichtung während der Abkühlung nächst benachbarten leichten Richtungen liegt.

Abb. 16.54, in welcher die Magnetostriktion für eine Reihe von MISHIMA-Legierungen (Fe—Ni—Al) mit konstantem Nickel-Gehalt von 29% und unterschiedlichem Verhältnis Eisen:Aluminium wiedergegeben ist, zeigt, daß die Magnetostriktion dieser Legierungen absolut sehr klein ist und im Verlauf der Reihe durch Null geht, während die Koerzitivkraft aller Legierungen in der Umgebung von 400 Oe liegt. Dies kann als ein hinreichender Beweis dafür angesehen werden, daß in diesen Legierungen die Spannungsanisotropie nicht als Ursache für die Koerzitivkraft in Frage kommt. Dasselbe gilt offenbar auch für Alnico 5, welches ebenfalls der Gruppe der MIsHIMA-Legierungen (Fe—Ni—Al-Basis) angehört. Dagegen besteht bei den kohlenstoffhaltigen Magnetstählen Proportionalität zwischen Magnetostriktion und Koerzitivkraft, entsprechend der Tatsache, daß bei diesen Werkstoffen die Spannungsanisotropie primäre Ursache der Koerzitivkraft ist. Abb. 16.55 gibt die Temperaturabhängigkeit der Sättigungsmagnetostriktion (gemessen bei 1500 Oe) von Alcomax III (8 Al, 14 Ni, 24 Co, 3,5 Cu, 2 Nb, Rest Fe) und von Ticonal (8 Al, 14 Ni, 24 Co, 3 Cu, Rest Fe) (nach Messungen von McCaig [154]) wieder. Die Proben befanden sich im Gußzustand bzw. im Zustand nach Luftabkühlung ohne Magnetfeld. Die Genauigkeit der Messungen betrug 10—15%.

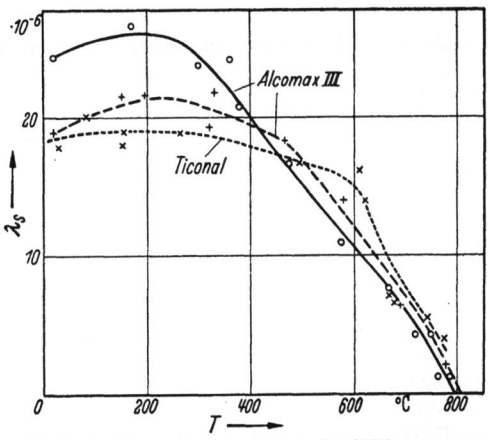

Abb. 16.55. Temperaturabhängigkeit der Sättigungsmagnetostriktion λ_s von Alcomax III und von Ticonal. (Nach McCaig [154])

16.3.11 Ferrite

In Tab. 16.11 sind die bei Raumtemperatur gemessenen Magnetostriktionskonstanten λ_{100} und λ_{111} für einige Ferrite zusammengestellt. Die außerdem angegebene Sättigungsmagnetostriktion λ_s wurde daraus nach Gl. (16.50) berechnet.

Tabelle 16.11. Magnetostriktionskonstanten einiger Ferrite bei Raumtemperatur

Zusammensetzung	$10^6 \cdot \lambda_{100}$	$10^6 \cdot \lambda_{111}$	$10^6 \cdot \lambda_s$	Autor
Fe_3O_4	− 15,1	54,7	27	[174]
	− 19	81	41	[155]
	− 16,7	90,6	48	[156]
	− 19,5	77,6	39	[156]
	− 19,4	86,4	44	[156]
$Co_{0,8}Fe_{2,1}O_4$	−515	45	−179	[157]
$Co_{0,8}Fe_{2,2}O_4$	−590	120	−164	[158]
$Co_{1,1}Fe_{1,9}O_4$	−250	—	—	[158]
$Co_{0,3}Zn_{0,2}Fe_{2,2}O_4$	−210	110	− 18	[158]
$Co_{0,3}Mn_{0,4}Fe_2O_4$	−200	65	− 40	[158]
$Ni_{0,8}Fe_{2,2}O_4$	− 36	− 4	− 17	[157, 158]
$Mn_{0,98}Fe_{1,86}O_4$	− 35	− 1	− 15	[158]
$Mn_{0,6}Zn_{0,1}Fe_{2,1}O_4$	− 14	14	3	[158]

Bozorth und Walker [157] haben an einem Nickelferrit $Ni_{0,7}Fe_{2,2}O_4$ die Konstanten $h_1 = -54 \cdot 10^{-6}$, $h_2 = -4 \cdot 10^{-6}$, $h_3 = -54 \cdot 10^{-6}$ bestimmt. Ihre Meßergebnisse können näherungsweise auch mit zwei Konstanten $\lambda_{100} = -36 \cdot 10^{-6}$ und $\lambda_{111} = -4 \cdot 10^{-6}$ beschrieben werden. Bickford, Pappis und Stull [156] fanden bei natürlichem Magnetit (Fe_3O_4) die Konstanten $h_1 = -15,3 \cdot 10^{-6}$, $h_2 = 142,4 \cdot 10^{-6}$, $h_3 = -9,43 \cdot 10^{-6}$, $h_4 = -9,70 \cdot 10^{-6}$, $h_5 = -50,5 \cdot 10^{-6}$ und bei einem synthetischen Magnetit $h_1 = -24,5 \cdot 10^{-6}$, $h_2 = 123,3 \cdot 10^{-6}$,

$h_3 = -0{,}40 \cdot 10^{-6}$, $h_4 = -4{,}76 \cdot 10^{-6}$, $h_5 = -20{,}1 \cdot 10^{-6}$. Die entsprechenden Konstanten λ_{100} und λ_{111} der ersten Näherung sind in Tab. 16.11, Zeile 2 und 3 wiedergegeben

Tabelle 16.12. *Sättigungsmagnetostriktion λ_s einiger vielkristalliner Ferrite bei Raumtemperatur*

Zusammensetzung	$10^6 \cdot \lambda_s$	Autor
$Mn \cdot Fe_2O_4$	-5	[159]
$Fe \cdot Fe_2O_4$	40	[161]
$(CoO)_{0,35}(Fe_2O_3)_{0,65}$	-60	[162]
$(CoO)_{0,38}(Fe_2O_3)_{0,62}$	-80	[162]
$(CoO)_{0,41}(Fe_2O_3)_{0,59}$	-90	[162]
$(CoO)_{0,44}(Fe_2O_3)_{0,56}$	-110	[162]
$(CoO)_{0,48}(Fe_2O_3)_{0,52}$	-110	[162]
$Co \cdot Fe_2O_4$	-110	[160]
$Ni \cdot Fe_2O_4$	-26	[159]
$Cu \cdot Fe_2O_4$	-10	[161]
$Mg \cdot Fe_2O_4$	-6	[159]
$Li_{0,5}Fe_{2,5}O_4$	-1	[159]

Die Temperaturabhängigkeit der Konstanten λ_{100} und λ_{111} wurde von DOMENICALI [163] sowie von BICKFORD, PAPPIS und STULL [156] für Magnetit (Fe_3O_4) zwischen 90 bzw. 120 °K und Raumtemperatur ermittelt. Nach den Messungen von BICKFORD und Mitarbeitern haben λ_{100} und λ_{111} in dem untersuchten Temperaturgebiet entgegengesetztes Vorzeichen und sind in erster Näherung von der Temperatur unabhängig. Im Mittel ergaben sich die Werte $\lambda_{100} \approx -20 \cdot 10^{-6}$ und $\lambda_{111} \approx 80 \cdot 10^{-6}$.

Werte der Sättigungsmagnetostriktion λ_s einiger vielkristalliner Ferrite bei Raumtemperatur sind in Tab. 16.12 wiedergegeben. Danach ist λ_s in allen Ferriten außer Magnetit negativ.

Aus Messungen von VAUTIER [160] geht hervor, daß $|\lambda_s|$ bei $(CoO_{0,44})(Fe_2O_3)_{0,56}$ mit fallender Temperatur zunimmt. Sättigung wird erst in Feldern der Größenordnung 10^4 Oe erreicht. WEIL, GALLEY und POENSIN [164] haben an $CoFe_2O_4$-Vielkristallen die longitudinale und die transversale Längenänderung als Funktion der Magnetisierung in Feldern bis 9000 Oe bei Raumtemperatur und bei $-167\,°C$ gemessen.

Wie bereits früher erwähnt (s. 14.3) besitzen die Kobalt-Ferrite, ähnlich wie die flächenzentrierten Eisen—Nickel-Legierungen, nach dem Abkühlen (von etwa 400 °C) im Magnetfeld einachsige Diffusionsanisotropie. Die leichten Richtungen sind parallel zur Feldrichtung während der Wärmebehandlung. Entsprechend unseren Überlegungen in 16.3.4 erwarten wir also, daß die Längenänderung bei Magnetisierung parallel zur Vorzugsrichtung klein, bei Magnetisierung senkrecht zur Vorzugsrichtung dagegen sehr groß ist. Dies wird durch diesbezügliche Versuchsergebnisse von VAUTIER [160, 162] sowie von BOZORTH und WALKER [157] bestätigt. BOZORTH und WALKER haben an einem Ferrit der Zusammensetzung $Co_{0,8}Fe_{2,1}O_4$ (nach Abkühlung von 400 °C in einem Magnetfeld von 10 000 Oe parallel zu einer [100]-Richtung) senkrecht zur leichten Richtung der Diffusionsanisotropie $\lambda = -710 \cdot 10^{-6}$ und parallel dazu $\lambda = 70 \cdot 10^{-6}$ gemessen. Diese an Kobalt-Ferrit gemessenen Magnetostriktionswerte sind größer als alle bisher an irgendeinem anderen Werkstoff gefundenen magnetischen Längenänderungen. Der Einfluß einer Wärmebehandlung im Magnetfeld auf die Magnetostriktion von Ferriten wurde ferner von BOZORTH, TILDEN und WILLIAMS [158] sowie von VAUTIER [165] untersucht.

Abschließend erwähnen wir noch zwei Artikel von LEE [167, 51] sowie einen Artikel von CARR [178], welche einen kurzen Überblick über das Gebiet der magnetostriktiven Erscheinungen vermitteln.

Literatur zu Kap. 16

[1] JOULE, J. P.: Phil. Mag. 28 (1842) S. 206.
[2] JOULE, J. P.: Phil. Mag. 30 (1847) S. 76, 225.
[3] NÉEL, L.: Le Magnetisme, Straßburg 1939.
[4] BECKER, R.: Z. Phys. 87 (1934) S. 547.
[5] KORNETZKI, M.: Z. Phys. 87 (1934) S. 560.
[6] KORNETZKI, M.: Z. Phys. 97 (1935) S. 662.
[7] DÖRING, W.: Z. Phys. 103 (1936) S. 560.
[8] WEISS, P., u. R. FORRER: Ann. Phys., Paris 5 (1926) S. 153.
[9] EBERT, H., u. A. KUSSMANN: Phys. Z. 38 (1937) S. 437.
[10] JONES, G. O., u. F. D. STACEY: Proc. phys. Soc., Lond. B 66 (1953) S. 255.
[11] EBERT, H., u. A. KUSSMANN: Phys. Z. 39 (1938) S. 598.
[12] MASIYAMA, Y.: Sci. Rep. Tohoku Univ. 20 (1931) S. 574.
[13] GOLDMAN, J. E.: Phys. Rev. 72 (1947) S. 529.
[14] GOLDMAN, J. E., u. R. SMOLUCHOWSKI: Phys. Rev. 75 (1949) S. 140.
[15] GOLDMAN, J. E.: J. Phys. Radium 12 (1951) S. 471.
[16] SNOEK, J. L.: Physica, Haag 4 (1937) S. 853.
[17] BOZORTH, R. M.: Phys. Rev. 96 (1954) S. 311.
[18] AZUMI, K., u. J. E. GOLDMAN: Phys. Rev. 93 (1954) S. 630.
[19] PATRICK, L.: Phys. Rev. 93 (1954) S. 384.
[20] POLLEY, H.: Ann. Phys., Lpz. 36 (1939) S. 625.
[21] BECKER, R., u. W. DÖRING: Ferromagnetismus, Berlin: Springer 1939.
[22] NAGAOKA, H., u. K. HONDA: J. Phys. 3 (1904) S. 613.
[23] MASIYAMA, Y.: Sci. Rep. Tohoku Univ. 21 (1932) S. 394.
[24] v. AUWERS, O.: Phys. Z. 34 (1933) S. 824.
[25] KORNETZKI, M.: Z. Phys. 98 (1936) S. 289.
[26] KORNETZKI, M.: Phys. Z. 44 (1943) S. 296.
[27] PATRICK, L.: Phys. Rev. 93 (1954) S. 384.
[28] DEBOER, J., u. A. MICHELS: Physica, Haag 5 (1938) S. 775.
[29] SLATER, J. C.: Phys. Rev. 58 (1840) S. 54.
[30] MICHELS, A., A. JASPERS, J. DEBOER u. J. STRIJLAND: Physica, Haag 4 (1937) S. 1007.
[31] MICHELS, A., u. J. STRIJLAND: Physica, Haag 8 (1941) S. 53.
[32] Carnegie Instr. Wash. Year Book 1939.
[33] MICHELS, A., u. S. R. DE GROOT: Physica, Haag 16 (1950) S. 249.
[34] SMOLUCHOWSKI, R.: Phys. Rev. 59 (1941) S. 309.
[35] WILLIAMS, C.: Phys. Rev. 46 (1934) S. 1011.
[36] NIX, F. C., u. D. MCNAIR: Phys. Rev. 60 (1941) S. 597.
[37] CHEVENARTD, P.: Revue de Métallurgie 25 (1928) S. 14.
[38] OWEN, E. A., u. E. L. YATES: Phil. Mag. 21 (1936) S. 809.
[39] ESSER, H., u. H. EUSTERBROOK: Arch. Eisenhüttenw. 14 (1941) S. 341.
[40] SCHULZE, A.: Phys. Z. 28 (1927) S. 669.
[41] MASUMOTO, H.: Sci. Rep. Tohoku Univ. 20 (1931) S. 101.
[42] MASUMOTO, H.: Sci. Rep. Tohoku Univ. 23 (1934) S. 265.
[43] KUSSMANN, A.: Phys. Z. 38 (1937) S. 41.
[44] KUSSMANN, A., M. AUWÄRTER u. G. Gräfin v. RITTBERG: Ann. Phys., Lpz. 4 (1949) S. 174.
[45] KUSSMANN, A., u. G. Gräfin v. RITTBERG: Ann. Phys., Lpz. 7 (1950) S. 173.
[46] MASUMOTO, H., u. T. KOBAYASHI: Sci. Rep. Tohoku Univ. A 2 (1950) S. 856.
[47] PAWLEK, F.: Magnetische Werkstoffe, Berlin/Göttingen/Heidelberg: Springer 1952, S. 286, Tab. 30.
[48] SCOTT, H.: Trans. AIMME 89 (1930) S. 506.
[49] SCHULZE, A.: Z. techn. Phys. 9 (1928) S. 338.
[50] BECKER, R.: Z. Phys. 87 (1934) S. 547.
[51] LEE, E. W.: Reports on Progress in Physics 18 (1955) S. 184.
[52] CARR, W. J., u. R. SMOLUCHOWSKI: Phys. Rev. 83 (1951) S. 1236.
[53] NÉEL, L.: J. Phys. Radium 15 (1954) S. 225.
[54] KITTEL, CH.: Rev. Mod. Phys. 21 (1949) S. 541.

[55] AKULOV, N. S.: Z. Phys. 52 (1928) S. 389.
[56] BECKER, R.: Z. Phys. 62 (1930) S. 253.
[57] POWELL, F. C.: Proc. Cambridge Phil. Soc. 27 (1931) S. 561.
[58] GANS, R., u. J. v. HARLEM: Ann. Phys., Lpz. 15 (1932) S. 516.
[59] GANS, R., u. J. v. HARLEM: Ann. Phys., Lpz. 16 (1933) S. 162.
[60] BITTER, F.: Introduction to Ferromagnetism, New York: McGraw-Hill 1937.
[61] MASON, W. P.: Phys. Rev. 96 (1954) S. 302.
[62] MASON, W. P., u. J. A. LEWIS: Phys. Rev. 94 (1954) S. 1439.
[63] WEBSTER, W. L.: Proc. roy. Soc., Lond. 109 A (1925) S. 570.
[64] KAYA, S., u. H. TAKAKI: Anniversari Volume dedicated to KOTARO HONDA, Sendai 1936, S. 314.
[65] AKULOV, N. S.: Z. Phys. 69 (1931) S. 78.
[66] HEISENBERG, W.: Z. Phys. 69 (1931) S. 287.
[67] BROWN, W. F.: Phys. Rev. 52 (1937) S. 325.
[68] BROWN, W. F.: Phys. Rev. 53 (1938) S. 482.
[69] FOWLER, R. W.: Statistical Mechanics, Cambridge: University Press 1936, S. 520.
[70] TAKAGI, M.: Sci. Rep. Tohoku Univ. 28 (1939) S. 20.
[71] NÉEL, L.: J. Phys. Radium 5 (1944) S. 241.
[72] NÉEL, L.: J. Phys. Radium 5 (1944) S. 265.
[73] LEE, F. W.: Proc. phys. Soc., Lond. A 68 (1955) S. 65.
[74] SCHULZE, A.: Z. Phys. 82 (1933) S. 674.
[75] SCHULZE, A.: Z. Phys. 50 (1928) S. 448.
[76] DYAKOV, G. P.: C. R. Acad. Sci., URSS 76 (1951) S. 201.
[77] LEE, E. W.: Proc. phys. Soc., Lond. A 67 (1954) S. 381.
[78] NÉEL, L.: J. Phys. Radium 15 (1954) S. 376.
[79] LEE, E. W.: Proc. phys. Soc., Lond. B 65 (1952) S. 162.
[80] KORNETZKI, M.: Z. Phys. 87 (1933) S. 560.
[81] RÜDIGER, O., u. H. SCHLECHTWEG: Ann. Phys., Lpz. 39 (1941) S. 1.
[82] KIRCHNER, H.: Ann. Phys., Lpz. 27 (1936) S. 49.
[83] HONDA, K., u. S. SHIMIZU: Phil. Mag. 4 (1902) S. 338.
[84] FINK, K.: Grundlagen und Anwendungen des Dehnungsmeßstreifens, Düsseldorf: Verlag Stahleisen m. b. H. 1952.
[85] BOZORTH, R. M., u. R. W. HAMMING: Phys. Rev. 89 (1953) S. 865.
[86] MASON, W. P.: Phys. Rev. 82 (1951) S. 715.
[87] MASIYAMA, Y.: Sci. Rep. Tohoku Univ. 17 (1928) S. 945.
[88] YAMAMOTO, M., u. R. MISYASAWA: Sci. Rep. Tohoku Univ. A 5 (1953) S. 113.
[89] HONDA, K., u. Y. MASIYAMA: Sci. Rep. Tohoku Univ. 15 (1926) S. 755.
[90] CARR, W. J.: unveröffentlicht, s. [52].
[91] TAKAKI, H.: Z. Phys. 105 (1937) S. 92.
[92] WEIL, L., u. K. REICHEL: J. Phas. Radium 15 (1954) S. 72.
[93] HONDA, K., u. S. SHIMIZU: Phil. Mag. 6 (1903) S. 392.
[94] NAGAOKA, H., u. K. HONDA: Phil. Mag. 4 (1902) S. 45.
[95] HONDA, K., u. S. SHIMIZU: Phil. Mag. 10 (1905) S. 548.
[96] MCKEEHAN, L. W., u. P. P. CIOFFI: Phys. Rev. 28 (1926) S. 146.
[97] MASUMOTO, H., u. S. NARA: Sci. Rep. Tohoku Univ. 16 (1927) S. 333.
[98] SCHULZE, A.: Z. techn. Phys. 8 (1927) S. 495.
[99] SCHULZE, A.: Z. Phys. 50 (1928) S. 448.
[100] DIETSCH, G.: Z. techn. Phys. 12 (1931) S. 380.
[101] MASIYAMA, Y.: Sci. Rep. Tohoku Univ. 26 (1937) S. 1.
[102] LEE, E. W.: J. Iron & Steel Inst. 171 (1952) S. 160.
[103] DIETSCH, G., u. W. FRICKE: Phys. Z. 32 (1931) S. 640.
[104] FRICKE, W.: Z. Phys. 80 (1933) S. 324.
[105] KIMURA, R., u. K. OHNO: Sci. Rep. Tohoku Univ. 23 (1934) S. 359.
[106] BOZORTH, R. M., u. R. C. SHERWOOD: Phys. Rev. 94 (1954) S. 1439.
[107] MCSKIMIN, H. J.: J. Appl. Phys. 26 (1955) S. 406.
[108] NICHIYAMA, Z.: Sci. Rep. Tohoku Univ. 18 (1929) S. 341.
[109] MASUMOTO, H.: Sci. Rep. Tohoku Univ. 16 (1927) S. 321.

[110] MASIYAMA, Y.: Sci. Rep. Tohoku Univ. 22 (1933) S. 338.
[111] SCHULZE, A.: Ann. Phys., Lpz. 11 (1931) S. 937.
[112] CORNER, W. D., u. G. H. HUNT: Proc. phys. Soc., Lond. A 68 (1955) S. 133.
[113] LICHTENBERGER, F.: Ann. Phys., Lpz. 15 (1932) S. 45.
[114] KIRKHAM, D.: Phys. Rev. 52 (1937) S. 1162.
[115] SUCKSMITH, W.: B. E. A. I. R. A., Report N/T 51 (1951).
[116] DYAKOV, G. P.: Z. Bull. Acad Sci. URSS Phys. Ser. (Engl. Übers.) 11 (1947) S. 667.
[117] WENT, J. J.: Physica, Haag 17 (1951) S. 98.
[118] BOZORTH, R. M., W. P. MASON u. J. J. MCSKIMIN: Bell. Syst. Rech. J. 30 (1951) S. 970.
[119] BOZORTH, R. M., W. P. MASON, J. H. MCSKIMIN u. J. G. WALKER: Phys. Rev. 75 (1949) S. 1954.
[120] BOZORTH, R. M., u. J. G. WALKER: Phys. Rev. 89 (1953) S. 624.
[121] GOLDMAN, J. E.: Phys. Rev. 76 (1949) S. 471.
[122] TAOKA, T., u. T. OHTSUKA: T. phys. Soc., Japan 9 (1954) S. 712.
[123] MASIYAMA, Y.: Sci. Rep. Tohoku Univ. 26 (1937) S. 65.
[124] VOLKOV, D. I., u. V. I. CHECHERNIKOV: Zh. éksper. teor. Fiz. 27 (1954) S. 208.
[125] WILLIAMS, H. J., R. M. BOZORTH u. H. CHRISTENSEN: Phys. Rev. 59 (1941) S. 1005.
[126] YAMAMOTO, M., u. T. NAKAMICHI: J. phys. Soc., Japan 13 (1958) S. 228.
[127] URQUHART, H. M. A., u. J. E. GOLDMAN: Phys. Rev. 87 (1952) S. 210.
[128] WILLIAMS, S. R.: Rev. Sci. Instrum. 3 (1932) S. 675.
[129] URQUHART, H. M. A.: Phys. Rev. 91 (1953) S. 434.
[130] AZUMI, K.: Phys. Rev. 91 (1953) S. 434.
[131] YAMAMOTO, M., u. R. MIYASAWA: Sci. Rep. Tohoku Univ. A 5 (1953) S. 22.
[132] TAKAKI, H., u. Y. NAKAMURA: J. phys. Soc., Japan 9 (1954) S. 507.
[133] TAKAKI, H., u. Y. NAKAMURA: J. phys. Soc., Japan 9 (1954) S. 748.
[134] TAKAKI, H., u. T. TSUJI: J. phys. Soc., Japan 11 (1956) S. 1153.
[135] SHTURKIN, D. A.: C. R. Acad. Sci. USSR 58 (1947) S. 581.
[136] MESSKIN, V. S., B. E. SOMIN u. A. S. NEKHAMPKIN: J. techn. Phys., USSR 11 (1941) S. 918.
[137] HONDA, K., H. MASUMOTO, Y. SHIRAKAWA u. T. KOBAYASHI: Sci. Rep. Tohoku Univ. A 1 (1949) S. 341.
[138] STANLEY, J. K., J. E. GOLDMANN u. W. HASSEL: Phys. Rev. 83 (1951) S. 870.
[139] MASUMOTO, H., u. H. SAITO: Sci. Rep. Tohoku Univ. A 4 (1952) S. 338.
[140] DORSEY, H. G.: Phys. Rev. 30 (1910) S. 698.
[141] WENT, J. J.: in J. L. SNOEK „New Developments in Ferromagnetic Materials" Elsevier Publ. Co. Inc. 1949, S. 14ff.
[142] RÜDIGER, O.: Metallforsch. 2 (1947) S. 270.
[143] SCHULZE, A.: Z. Metallkde. 20 (1928) S. 403.
[144] TAOKA, T., u. T. OHTSUKA: J. phys. Soc., Japan 9 (1954) S. 723.
[145] VOLKOV, D. I., V. I. CHECHERNIKOV u. V. B. TSEITLIN: Vestnik Moskau Univ. Nr. 2 (1956) S. 21.
[146] AUSTIN, L. W.: Berichte d. deut. Phys. Ges. 6 (1904) S. 211.
[147] MCLENNAN, J. C.: Phys. Rev. 24 (1907) S. 449.
[148] V. AUWERS, O., u. H. NEUMANN: Wiss. Veröffentlich. Siemens 14 (1935) S. 93/108.
[149] NESBITT, E. A.: J. Appl. Phys. 21 (1950) S. 879.
[150] NESBITT, E. A.: Phys. Rev. 78 (1950) S. 638.
[151] HOSELITZ, K., u. M. MCCAIG: Proc. phys. Soc., Lond. B 62 (1949) S. 163.
[152] HOSELITZ, K., u. M. MCCAIG: Physica, Haag 15 (1949) S. 241.
[153] MCCAIG, M.: Proc. phys. Soc., Lond. B 62 (1949) S. 652.
[154] MCCAIG, M.: Nature 169 (1952) S. 889.
[155] GOLDMAN, J. E.: Phys. Rev. 72 (1947) S. 529.
[156] BICKFORD, L. R., J. PAPPIS u. J. L. STULL: Phys. Rev. 99 (1955) S. 1210.
[157] BOZORTH, R. M., u. J. G. WALKER: Phys. Rev. 88 (1952) S. 1209.
[158] BOZORTH, R. M., E. F. TILDEN u. A. J. WILLIAMS: Phys. Rev. 99 (1955) S. 1788.
[159] SMIT, J., u. H. P. J. WIJN: Adv. in Electronics and Electron Physics VI (1954) S. 69.
[160] VAUTIER, R.: C. R. Acad. Sci., Paris 235 (1952) S. 417.
[161] BOZORTH, R. M.: Amer. Instn. Physics. Handbook 5—223, Table 5 h-19.

[162] VAUTIER, R.: C. R. Acad. Sci., Paris 235 (1952) S. 356.
[163] DOMENICALI, C. A.: Phys. Rev. 78 (1950) S. 458.
[164] WEIL, L., M. GALLEY u. P. POENSIN: C. R. Acad. Sci., Paris 231 (1950) S. 224.
[165] VAUTIER, R.: C. R. Acad. Sci., Paris 242 (1956) S. 2814.
[166] BJELOW, K. P., u. I. K. PANINA: Dokl. Acad. Nauk USSR 111 (1956) S. 985.
[167] LEE, E. W.: Sci. Progr. 41 (1953) S. 58.
[168] BOZORTH, R. M.: „Ferromagnetism", New York 1951.
[169] FINK, K.: Grundlagen und Anwendungen der Dehnungsmeßstreifen, Düsseldorf 1952.
[170] DEHLINGER, U.: Z. Metallkde. 28 (1936) S. 194.
[171] KÖSTER, W., u. E. BRAUN: Ann. Phys., Lpz. 7 (1959) S. 66.
[172] HALL, R. C.: J. Appl. Phys. 28 (1957) S. 707.
[173] CALHOUN, B. A., u. W. J. CARR: Conf. on Magnetism and Magnetic Materials, Pittsburgh, Okt 1955, S. 107.
[174] HALL, R. C.: J. Appl. Phys. 30 (1959) S. 816.
[175] STAUSS, H. E.: J. Appl. Phys. 29 (1958) S. 182.
[176] CORNER, W. D., u. F. HUTCHINSON: Proc. phys. Soc., London 72 (1958) S. 1049.
[177] GENGNAGEL, H.: Naturwiss. 45 (1958) S. 81.
[178] CARR jr., W. J.: in „Magnetic Properties of Metals and Alloys", S. 220ff., ASM, Cleveland, Ohio (USA) 1959.
[179] GUGAN, D.: Proc. Phys. Soc. (London) 72 (1958) S. 1013.
[180] KONDORSKIJ, E. I., u. V. L. SEDOV: J. Phys. Rad. 20 (1959) S. 185.
[181] KONDORSKIJ, E. I., u. V. L. SEDOV: J. Appl. Phys. 31 (1960) S. 331 S.
[182] KOUVEL, J. S., u. R. H. WILSON: J. Appl. Phys. 32 (1961) S. 435.
[183] DÖRING, W., u. G. SIMON: Ann. Phys. 5 (1960) S. 373.
[184] DÖRING, W., u. G. SIMON: Ann. Phys. 6 (1961) S. 144.

17. Spannungsanisotropie

Nach der früher aus der Thermodynamik abgeleiteten Gl. (9.126) wird in einem Kristall mit nicht verschwindender Magnetostriktion ($dl/dH \neq 0$) die Lage der spontanen Magnetisierung durch eine äußere Spannung beeinflußt. Wir wollen im folgenden für kubische Kristalle die freie Energiedichte eines durch gegebene äußere Spannungen elastisch verzerrten Kristalls als Funktion der Richtung $\alpha_1, \alpha_2, \alpha_3$ der spontanen Magnetisierung berechnen (siehe z. B. BECKER und DÖRING [1]).

Der Spannungszustand eines Kristalls wird durch sechs Komponenten π_{ik} ($i, k = 1, 2, 3$) eines symmetrischen Spannungstensors beschrieben. Die Komponenten des zugehörigen Verzerrungstensors sind

$$A_{ii}^{(\pi)} = \frac{1}{c_{11} - c_{12}} \pi_{ii} - \frac{c_{12}}{(c_{11} - c_{12})(2 c_{12} + c_{11})} (\pi_{11} + \pi_{22} + \pi_{33}),$$
$$A_{ik}^{(\pi)} = \frac{1}{2 c_{44}} \pi_{ik}. \tag{17.1}$$

Die $A_{ik}^{(\pi)}$ sind diejenigen Verzerrungen, welche bei Abwesenheit spontaner Magnetisierung alleine infolge der äußeren Spannungen bestehen würden. In einem ferromagnetischen Kristall mit nicht verschwindender Magnetostriktion haben wir hierzu noch die durch Gl. (16.30) gegebenen, spontanen, d. h. auch ohne äußere Spannungen bestehenden, magnetostriktiven Verzerrungen

$$A_{ii}^{(\lambda)} = -\frac{B_1 \alpha_i^2}{c_{11} - c_{12}}$$
$$A_{ik}^{(\lambda)} = -\frac{B_2 \alpha_i \alpha_k}{2 c_{44}} \tag{17.2}$$

zu addieren.

Die gesamte freie Energiedichte F ist nach Gl. (16.28) mit $F_K^{(e)}$ aus Gl. (13.3), F_M aus Gl. (16.25) und F_{el} aus Gl. (16.27)

$$\begin{aligned}F &= F_K^{(e)} + F_M + F_{el} \\ &= K_1(\alpha_1^2\alpha_2^2 + \alpha_2^2\alpha_3^2 + \alpha_3^2\alpha_1^2) \\ &+ B_1(A_{11}\alpha_1^2 + A_{22}\alpha_2^2 + A_{33}\alpha_3^2) \\ &+ 2B_2(A_{12}\alpha_1\alpha_2 + A_{23}\alpha_2\alpha_3 + A_{31}\alpha_3\alpha_1) \\ &+ B_3(A_{11} + A_{22} + A_{33}) \\ &+ 1/2\, c_{11}(A_{11}^2 + A_{22}^2 + A_{33}^2) \\ &+ 2c_{44}(A_{12}^2 + A_{23}^2 + A_{31}^2) \\ &+ c_{12}(A_{11}A_{22} + A_{22}A_{33} + A_{33}A_{11}).\end{aligned} \qquad (17.3)$$

Setzen wir in Gl. (17.3) $A_{ik} = A_{ik}^{(\lambda)} + A_{ik}^{(\pi)}$ und für $A_{ik}^{(\lambda)}, A_{ik}^{(\pi)}$ die durch Gl. (17.1) bzw. (17.2) gegebenen Werte ein, so ergibt sich für die Anisotropieenergie des elastisch verzerrten Gitters, wenn wir alle Terme weglassen, die nicht von der Richtung der spontanen Magnetisierung abhängen und daher hier nicht interessieren.

$$\begin{aligned}F &= \left(K_1 + \frac{B_1^2}{c_{11} - c_{12}} - \frac{B_2^2}{2c_{44}}\right)(\alpha_1^2\alpha_2^2 + \alpha_2^2\alpha_3^2 + \alpha_3^2\alpha_1^2) \\ &+ \frac{B_1}{c_{11} - c_{12}}(\pi_{11}\alpha_1^2 + \pi_{22}\alpha_2^2 + \pi_{33}\alpha_3^2) \\ &+ \frac{B_2}{c_{44}}(\pi_{12}\alpha_1\alpha_2 + \pi_{23}\alpha_2\alpha_3 + \pi_{31}\alpha_3\alpha_1).\end{aligned} \qquad (17.4)$$

Führen wir in Gl. (17.4) vermittels der Gln. (16.33) und (16.34) statt B_1 und B_2 nunmehr λ_{100} und λ_{111} ein, dann erhält das 1. Glied die bereits bekannte Form der Kristallenergie bei konstanter Spannung [s. Gl. (16.37) und (16.38)]

$$F_K^{(\sigma)} = \left\{K_1 + \frac{9}{4}[(c_{11} - c_{12})\lambda_{100}^2 - 2c_{44}\lambda_{111}^2]\right\}(\alpha_1^2\alpha_2^2 + \alpha_2^2\alpha_3^2 + \alpha_3^2\alpha_1^2), \qquad (17.5)$$

während das 2. und 3. Glied zusammen

$$\begin{aligned}F_\sigma &= -\frac{3}{2}\lambda_{100}(\pi_{11}\alpha_1^2 + \pi_{22}\alpha_2^2 + \pi_{33}\alpha_3^2) \\ &\quad -\frac{3}{2}\lambda_{111}(2\pi_{12}\alpha_1\alpha_2 + 2\pi_{23}\alpha_2\alpha_3 + 2\pi_{31}\alpha_3\alpha_1)\end{aligned} \qquad (17.6)$$

ergibt und den gesuchten Anisotropieenergieanteil darstellt, welcher von den äußeren Spannungen herrührt. Wir nennen F_σ die Spannungsenergie. F_σ ist die vom Spannungszustand abhängige Arbeit, welche aufgewendet werden muß, um in 1 cm³ die Magnetisierung aus einer gegebenen Nullage bei konstanten Spannungen isotherm und reversibel in die Richtung $\alpha_1, \alpha_2, \alpha_3$ zu drehen. In einem elastisch verzerrten Kristall ist also die Lage der leichten Richtungen entsprechend Gl. (17.4) durch das Minimum der Summe $F_K + F_\sigma$ aus der Kristallenergie bei konstanter Spannung [Gl. (17.5)] und der Spannungsenergie Gl. (17.6) bestimmt und hängt in komplizierter Weise von $K_1, \lambda_{100}, \lambda_{111}$ und den π_{ik} ab.

Eine homogene Spannung σ in der Richtung $\gamma_1, \gamma_2, \gamma_3$ bezüglich der kubischen Achsen hat die Komponenten $\pi_{ik} = \sigma \gamma_i \gamma_k$. Setzen wir diese in Gl. (17.6) ein, so folgt

$$F_\sigma = -\frac{2}{3} \sigma \{\lambda_{100}(\alpha_1^2 \gamma_1^2 + \alpha_2^2 \gamma_2^2 + \alpha_3^2 \gamma_3^2)$$
$$+ \lambda_{111}(2\alpha_1 \alpha_2 \gamma_1 \gamma_2 + 2\alpha_2 \alpha_3 \gamma_2 \gamma_3 + 2\alpha_3 \alpha_1 \gamma_3 \gamma_1)\}. \quad (17.7)$$

F_σ hängt danach bei vorgegebener Magnetisierungs- und Spannungsrichtung nur von den Produkten $\lambda_{100} \cdot \sigma$ und $\lambda_{111} \cdot \sigma$ ab. Dies bedeutet, daß sich ein Werkstoff mit positiven Magnetostriktionskonstanten λ_{100} und λ_{111} unter Zugspannung ($\sigma > 0$) genau so verhält, wie ein Werkstoff mit negativen Konstanten λ_{100} und λ_{111} unter Druckspannung ($\sigma < 0$) und umgekehrt.

Setzen wir weiter vereinfachend $\lambda_{111} = \lambda_{100} = \lambda_s$, so ergibt sich aus Gl. (17.7)

$$F_\sigma = -\frac{3}{2} \lambda_s \sigma \cos^2 \varphi, \quad (17.8)$$

worin $\cos \varphi = \alpha_1 \gamma_1 + \alpha_2 \gamma_2 + \alpha_3 \gamma_3$, den Kosinus des Winkels zwischen Magnetisierungs- und Spannungsrichtung bedeutet.

Wenn Spannungsenergie und Kristallenergie gleiche Größenordnung haben, dann hängt die Lage der leichten Richtungen, wie bereits erwähnt, entsprechend Gl. (17.4) in komplizierter Weise von K_1, λ_{100}, λ_{111} und den π_{ik} bzw. von σ ab. Einfache und übersichtliche Verhältnisse bestehen dagegen, wenn einer der beiden Energieterme klein gegen den anderen ist.

Bei überwiegender Kristallenergie stellt sich die Magnetisierung in diejenigen Vorzugsrichtungen der Kristallenergie ein, in welchen die Spannungsenergie am kleinsten ist. So liegt z. B. in einem Werkstoff mit $K_1 > 0$ und $\lambda_{100} > 0$ (Eisen) unter Zugspannung die Magnetisierung in den der Spannungsrichtung nächst benachbarten [100]-Richtungen. Aus Gl. (17.7) folgt bei überwiegender Kristallenergie für den Fall $K_1 > 0$ mit $\alpha_1 = 1$, $\alpha_2 = \alpha_3 = 0$,

$$F_\sigma = -\frac{3}{2} \lambda_{100} \sigma \cos^2 \varphi \quad (17.9)$$

und für den Fall $K_1 < 0$ mit $\alpha_1 = \alpha_2 = \alpha_3 = 1/\sqrt{3}$, wenn wir von winkelunabhängigen Gliedern absehen,

$$F_\sigma = -\frac{3}{2} \lambda_{111} \sigma \cos^2 \varphi. \quad (17.10)$$

Bei überwiegender Kristallenergie darf man also unabhängig von der Anisotropie der Magnetostriktion mit der einfachen Gl. (17.8) rechnen und hat dort nur für λ die Magnetostriktionskonstante der leichten Richtung einzusetzen.

Ist andererseits die Spannungsenergie groß gegen die Kristallenergie, so erhält man bei einfacher Zug- oder Druckspannung die leichten Richtungen aus Gl. (17.7) vermittels $\partial F_\sigma/\partial \alpha_i = 0$ mit der Nebenbedingung $\alpha_1^2 + \alpha_2^2 + \alpha_3^2 - 1 = 0$. Ist insbesondere $\lambda_{100} = \lambda_{111} = \lambda$, so folgt aus Gl. (17.8) eine einfach übersehbare Anisotropie, welche in Abb. 17.1 für die Fälle $\lambda > 0$ und $\lambda < 0$ bei Zugspannung ($\sigma > 0$) in ebenen Polarkoordinaten graphisch veranschaulicht ist. Bei $\lambda > 0$ gibt es zwei zueinander antiparallele leichte Richtungen parallel zur Spannungsrichtung. Die Anisotropie ist einachsig wie die Kristallanisotropie des Kobalts oder die Diffusionsanisotropie. Bei $\lambda < 0$ sind dagegen, bezüglich der Spannungsenergie, alle Richtungen senkrecht zur Spannungsrichtung energetisch gleichwertige Vorzugsrichtungen (Vorzugsebene).

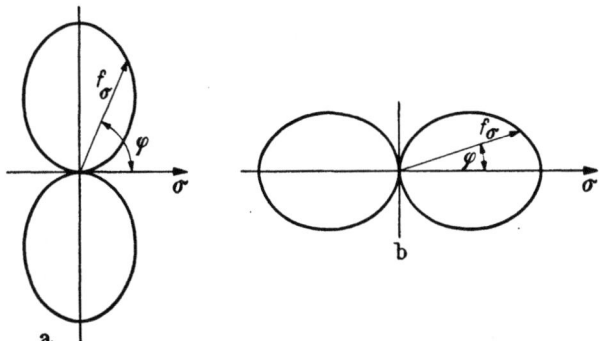

Abb. 17.1 a u. b. Graphische Darstellung der Spannungsanisotropie bei Zugspannung (a) für positive und (b) für negative Magnetostriktion

Literatur zu Kap. 17

[1] BECKER, R., u. W. DÖRING: Ferromagnetismus, Berlin: Springer 1939.

18. Oberflächenanisotropie

Bei der Ableitung der Kristallenergie F_K (s. 13.1.2) aus Gl. (12.2) haben wir festgestellt, daß das Glied 2. Ordnung in $\cos \varphi$ bei kubischer Symmetrie des Gitters verschwindet, weil sich bei Mittelung der Energie w über alle im kubischen Gitter möglichen Bindungen zwischen nächsten Nachbarn stets $\overline{\cos^2 \varphi} = 1/3$ ergibt. Dies gilt jedoch nicht für Atome an der Oberfläche, denn dort besteht, wie man leicht einsieht, bezüglich der Bindungen mit nächsten Nachbarn keine kubische Symmetrie mehr. Damit folgt die Kristallenergie an der Oberfläche des Gitters in erster Näherung aus dem l-Term in $g_1(r)$ [s. Gl. (12.1) und (12.2)]. Diese „Oberflächenenergie" wurde von NÉEL [1, 2] in folgender Weise berechnet.

Die Wechselwirkungsenergie eines Oberflächenatoms mit seinen nächsten Nachbarn ist nach Gl. (12.2)

$$w_s = \frac{1}{2} \sum l \cos^2 \varphi \qquad \left(\cos \varphi = \sum_{i=1}^{3} \alpha_i \gamma_i \right), \qquad (18.1)$$

wobei die Summe über alle Bindungen mit nächsten Nachbarn zu erstrecken ist. Unter der Annahme, daß l für alle möglichen Bindungen denselben Wert hat, folgt aus Gl. (18.1), daß w_s eine Funktion der Magnetisierungsrichtung bezüglich der Kristalloberfläche sowie der Lage der Kristalloberfläche bezüglich der Kristallachsen ist. w_s mit der Zahl N der auf 1 cm³ Oberfläche entfallenden Atome multipliziert ergibt die Oberflächenenergiedichte γ_s. Die von NÉEL für einige wichtige geometrische Fälle berechneten Ausdrücke für w_s und γ_s sind in der Tab. 18.1 zusammengestellt. Dort bedeutet Θ den Winkel zwischen der spontanen Magnetisierung und der äußeren Oberflächennormalen, und $\alpha_1, \alpha_2, \alpha_3$ wie bisher die Richtungskosinus der Magnetisierung bezüglich der kubischen Achsen.

Tabelle 18.1. Oberflächenenergie kubischer Kristalle

Gittertypus	Ebene der Oberfläche	w_s	s
kubisch flächenzentriert	(111)	$-(l/2)\cos^2\Theta$	$-(l/r_o^2\sqrt{3})\cos^2\Theta$
	(100)	$-(l/2)\cos^2\Theta$	$-(l/2\,r_o^2)\cos^2\Theta$
	(011)	$+(l/8)(\alpha_2-\alpha_3)^2$	$+(l/4\,r_o^2\sqrt{2})(\alpha_2-\alpha_3)^2$
kubisch raumzentriert	(111)	0	0
	(100)	0	0
	(011)	$-(2/3)\,l\,\alpha_2\alpha_3$	$-(l/r_o^2\sqrt{2})\alpha_2\alpha_3$

Nach Gl. (16.36) hat das Produkt $L\,l$ für Nickel die Größenordnung 10^6 erg. Mit $L = 6\cdot10^{23}$, $r_0 = 2{,}5$ Å erhält man z. B. für eine Oberfläche parallel einer (100)-Ebene nach Tab. 18.1

$$\gamma_s = -\frac{l}{2\,r_0}\cos^2\Theta \approx -0{,}13\cos^2\Theta.$$

γ_s hat also für Nickel die Größenordnung $0{,}1$ erg/cm² und ist damit viel zu klein, um in Blockmaterial einen meßbaren Einfluß auf die Magnetisierung ausüben zu können. Da das Volumen eines Kristalls proportional zu D^3, seine Oberfläche dagegen proportional D^2 ist (D = mittlerer Kristalldurchmesser), haben wir für kleine ferromagnetische Teilchen einen solchen Einfluß zu erwarten. Wie wir in 22.4 sehen werden, erreicht die Oberflächenenergie für Teilchen von etwa 100 Å Durchmesser dieselbe Größe wie die Kristallenergie oder die magnetostatische Energie und ist deshalb dort mit in Betracht zu ziehen. Derartige Teilchengrößen entsprechen gerade der Größe der ferromagnetischen Gefügebestandteile in Dauermagnetlegierungen wie Alnico oder Eisen—Nickel—Kupfer-Legierungen sowie der Korngröße in Pulvermagneten.

Literatur zu Kap. 18
[1] Néel, L.: C. R. Acad. Sci., Paris 237 (1953) S. 1468.
[2] Néel, L.: J. Phys. Radium 15 (1954) S. 225.

19. Magnetostatische Energie und Formanisotropie

19.1 Energie eines Dauermagneten in einem äußeren Feld

Nach Gl. (1.7) hat ein Dauermagnet mit der homogenen Magnetisierung I (Moment pro Volumeneinheit) in einem homogenen Magnetfeld H die potentielle Energie

$$F_H = -\boldsymbol{I}\boldsymbol{H} = -I H \cos\varphi, \qquad (19.1)$$

H ist das innere, effektive Feld und φ der Winkel zwischen Feld- und Magnetisierungsrichtung.

19.2 Streufeldenergie

Nach Gl. (1.67) bzw. (1.76) entstehen Streufelder überall dort, wo div $\boldsymbol{I}$ bzw. Div $\boldsymbol{I}$ von Null verschieden ist. Die Streufeldenergie ist nach Gl. (1.61) gegeben durch

$$E_I = (1/8\pi)\int H_I^2\,dV, \qquad (19.2)$$

wobei das Integral über den gesamten Raum zu erstrecken ist. Das örtliche Streufeld H_I erhält man aus Gl. (1.65) mit Gl. (1.69) bzw. Gl. (1.78). Die Berechnung der Streufeldenergie ist im allgemeinen recht kompliziert. Wir werden im folgenden die Streufeldenergiedichte F_I für einige besonders einfache und zum Verständnis der magnetischen Bezirkstruktur und der Formanisotropie wichtige Fälle angeben.

19.2.1 Energie eines Dauermagneten in seinem eigenen entmagnetisierenden Feld

Da das Feld H_I in der Magnetostatik wirbelfrei [Gl. (1.63)] und ferner die Induktion B ein quellenfreier Vektor ist [Gl. (1.64)], gilt bei Integration über den gesamten Raum

$$\int \boldsymbol{B} \boldsymbol{H}_I \, dV = 0$$

oder mit Gl. (19.2) und Gl. (1.30)

$$E_I = (1/8\pi) \int H_I^2 \, dV = -(1/2) \int \boldsymbol{H}_I \boldsymbol{I} \, dV. \tag{19.3}$$

Hat nun der Dauermagnet speziell die Form eines Ellipsoids, und ist ferner seine Magnetisierung I homogen, dann ist nach 8.3.1 auch das entmagnetisierende Feld H_I im Inneren des Magneten homogen und einfach gegeben durch [Gl. (8.17)]

$$\boldsymbol{H}_I = -N \boldsymbol{I}. \tag{19.4}$$

Damit können wir das zweite Integral in Gl. (19.3) sofort lösen und erhalten für die magnetostatische Energie des Dauermagneten in seinem eigenen Feld

$$E_I = (1/2) N I^2 V, \tag{19.5}$$

worin V das Volumen des Magneten und N, wie auch im folgenden, stets den geometrischen Entmagnetisierungsfaktor (s. 8.3) in der Richtung von I bedeutet. Die freie Energiedichte ist schließlich

$$F_I = (1/2) N I^2. \tag{19.6}$$

Für ein allgemeines Ellipsoid mit den Halbachsen a, b, c und bei beliebiger Richtung $\alpha_a, \alpha_b, \alpha_c$ von I bezüglich dieser Achsen (α = Richtungskosinus) folgt aus Gl. (19.6)

$$F_I = (1/2) I^2 (N_a \alpha_a^2 + N_b \alpha_b^2 + N_c \alpha_c^2), \tag{19.7}$$

N_a, N_b, N_c sind die Entmagnetisierungsfaktoren in den Hauptachsenrichtungen. Die Gln. (19.5), (19.6) und (16.7) gelten gleichermaßen für einen ellipsoidförmigen Hohlraum in homogen magnetisierter Umgebung.

19.2.2 Homogen magnetisiertes Ellipsoid in homogen magnetisierter Umgebung

Befindet sich entsprechend Abb. 19.1a ein Ellipsoid mit der Magnetisierung I_1 in antiparallel magnetisierter Umgebung mit der Magnetisierung I_2, so ist die Energiedichte im Ellipsoid

$$F_I = (1/2) N (I_1 + I_2)^2. \tag{19.8}$$

Für ein langgestrecktes Rotationsellipsoid mit den Achsen $2a = l$ und $2b = 2c = d$ ($l \gg d$) ist nach Gl. (8.29) in Richtung der langen Achse l

$$N = 4\pi \frac{d^2}{l^2} (\ln(2l/d) - 1) \tag{19.9}$$

und damit insbesondere für $I_1 = I_2 = I$

$$F_I = 8\pi \frac{d^2}{l^2} I^2 (\ln(2l/d) - 1). \tag{19.10}$$

Für eine Kugel erhält man aus Gl. (19.8) mit $N = 4\pi/3$, $I_1 = I_2 = I$

$$F_I = (8\pi/3)\, I^2. \tag{19.11}$$

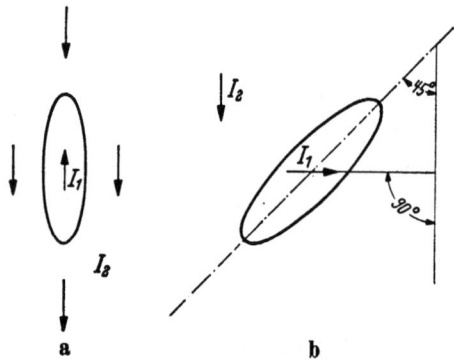

Abb. 19.1 a u. b. Zur Berechnung der magnetostatischen Energie homogen magnetisierter Ellipsoide in homogen magnetisierter Umgebung

Liegt ein Rotationsellipsoid $(a, b = c)$, wie in Abb. 19.1b gezeichnet, unter einem Winkel von 45° gegen die Magnetisierungsrichtung der Umgebung, und ist seine Magnetisierung senkrecht zur Magnetisierung der Umgebung, so ergibt sich

$$F_I = (1/4)\,[N_a(I_1 + I_2)^2 + N_b(I_1 - I_2)^2]. \tag{19.12}$$

Ist insbesondere wieder $2a = l \gg 2b = 2c = d$ und $I_1 = I_2 = I$, so folgt

$$F_I = N_a\, I^2 = 4\pi \frac{d^2}{l^2} I^2 (\ln(2l/d) - 1). \tag{19.13}$$

19.2.3 Streufeldenergie des magnetisierten Halbraumes

Für den in parallele, antiparallel zueinander und senkrecht zur Oberfläche magnetisierte Platten der Dicke D aufgeteilten Halbraum (wie in Abb. 19.2a veranschaulicht) berechneten NÉEL [1] sowie KITTEL [2] die Streufeldenergiedichte pro cm² der Oberfläche des Halbraumes

$$\gamma_I = 0{,}8525 \cdot I^2 D, \tag{19.14}$$

worin I die Magnetisierung in den Platten bedeutet.

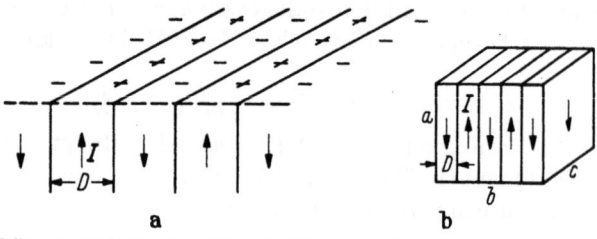

Abb.19.2 a u.b. a) Halbraum und b) Quader mit lamellenförmigen, antiparallel zueinander magnetisierten Bezirken

Betrachten wir einen Quader mit den Kanten a, b, c, welcher entsprechend Abb. 19.2b in gleich dicke, antiparallel zueinander magnetisierte Platten mit Magnetisierung I parallel zur Kante a aufgeteilt ist. Die Zahl der Platten sei n, also die Plattendicke $D = b/n$. Aus Gl. (19.14) ergibt sich damit für die gesamte Streufeldenergie des Quaders näherungsweise (Faktor 2, weil der Kristall zwei ladungsbelegte Oberflächen hat)

$$E_I \approx 2 \cdot 0{,}85 \cdot I^2 b^2 c \cdot 1/n. \tag{19.15}$$

E_I wird danach um so kleiner, je größer die Zahl der Platten ist.

Eine Anordnung wie in Abb. 19.3, bei welcher die Oberfläche schachbrettartig mit Polen entgegengesetzter Vorzeichen belegt ist, hat nach KITTEL [3] die Flächenenergiedichte

$$\gamma_I = 0{,}53 \cdot I^2 \cdot D. \tag{19.16}$$

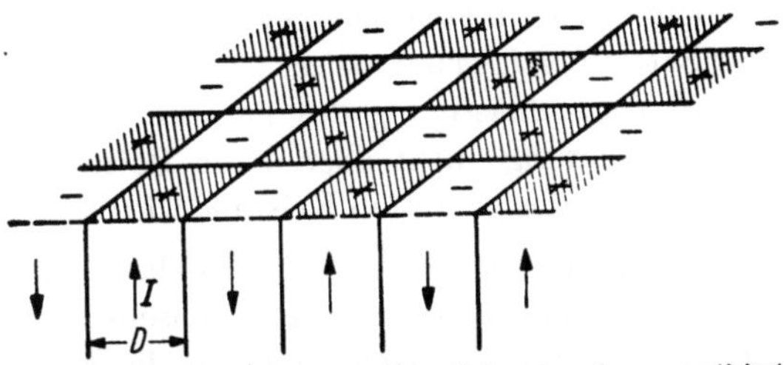

Abb. 19.3. Halbraum mit prismatischen, antiparallel zueinander magnetisierten Bezirken

19.2.4 Streufeldenergie bei endlicher Kristallenergie

In Abb. 19.4 liegt die Oberfläche des Halbraumes in der $x-y$-Ebene. X, Y, Z seien die leichten Richtungen (z. B. [100]-Richtungen für Eisen). Ist die Kristallenergie unendlich groß ($K_1 = \infty$), dann liegt die Magnetisierung I parallel zur Y-Richtung, und man erhält aus Gl. (19.14) für die magnetostatische Oberflächenenergiedichte (weil hier die Komponente der Magnetisierung senkrecht zur Oberfläche $I \sin \theta$ ist)

$$\gamma_I = 0{,}8525 \, I^2 \sin^2 \theta \cdot D. \tag{19.17}$$

Bei endlicher Kristallenergie wird dagegen die Magnetisierung durch das entmagnetisierende Feld, welches senkrecht zur Oberfläche in das Innere des Materials gerichtet ist, etwas aus der Y-Richtung herausgedreht. Für diesen Fall berechnete SHOCKLEY [4] (s. a. WILLIAMS, BOZORTH und SHOCKLEY [5]) unter der Voraussetzung kleiner Winkel θ

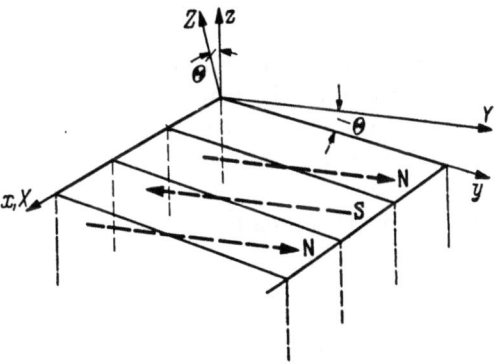

Abb. 19.4. Zur Veranschaulichung des μ^*-Effekts

$$\gamma_I = 0{,}85 \cdot I^2 \sin^2 \theta \cdot D \cdot 2/(1 + \mu^*), \tag{19.18}$$

worin μ^* die effektive Permeabilität eines WEISSschen Bezirks senkrecht zur leichten Richtung bedeutet und für kleine Auslenkungen der Magnetisierung aus der leichten Richtung durch

$$\mu^* = 1 + 4\pi \, I^2 / 2 K_1 \tag{19.19}$$

gegeben ist. Für Eisen bei Raumtemperatur beispielsweise ergibt sich mit $I = 1700$ G, $K_1 = 4{,}5 \cdot 10^5$ erg/cm³ $\mu^* \approx 41$, d. h. nach Gl. (19.18), daß γ_I nach dieser sog. μ^*-Korrektur tatsächlich nur etwa 1/20 des durch Gl. (19.17) für unendlich große Kristallenergie gegebenen Wertes beträgt.

19.3 Formanisotropie

Unterschreiten die Linearabmessungen eines ferromagnetischen Kristalls eine gewisse kritische Größe, dann bilden sich, wie wir in Kap. 22 sehen werden, aus energetischen Gründen keine BLOCH-Wände mehr. Ein hinreichend kleiner Kristall stellt also einen isolierten WEISSschen Bezirk dar. Er ist, wenn wir von der Oberflächenanisotropie absehen, auch ohne ein äußeres Feld in einer energetischen Vorzugsrichtung spontan bis zur Sättigung I_s magnetisiert. Durch ein äußeres Magnetfeld wird, bei Vernachlässigung des Paraprozesses, nur die Richtung der Magnetisierung, nicht aber deren Betrag geändert; die Magnetisierung I_s des gesamten Kristalls wird starr gedreht.

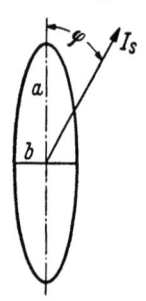

Abb. 19.5. Zur Berechnung der Formanisotropie

Ein unterkritisch kleiner Kristall habe entsprechend Abb. 19.5 die Form eines langgestreckten Rotationsellipsoids mit Halbachsen $a > b = c$. Hierfür ist nach Gl. (19.7) die Energiedichte im entmagnetisierenden Feld als Funktion der Magnetisierungsrichtung $\alpha_a, \alpha_b, \alpha_c$ bezüglich der Ellipsoidachsen gegeben durch

$$F_I = (1/2)\, I_s^2 (N_a \alpha_a^2 + N_b \alpha_b^2 + N_c \alpha_c^2) = (1/2)\, I_s^2 (N_a \cos^2 \varphi + N_b \sin^2 \varphi), \quad (19.20\text{a})$$

worin φ den Winkel zwischen der Magnetisierungsrichtung und der langen Achse a des Ellipsoids bedeutet. Formen wir die letzte Gleichung noch etwas um und lassen wir ferner winkelunabhängige Glieder weg, dann ergibt sich schließlich für die Formanisotropieenergie der Ausdruck

$$F_I = (1/2)\, I_s^2 (N_b - N_a) \sin^2 \varphi. \quad (19.20\text{b})$$

Durch die geometrische Form des Kristalls ist also eine einachsige Anisotropie bedingt, welche als Formanisotropie bezeichnet wird. Gemäß unserer Voraussetzung ($a > b = c$) ist nach Gl. (8.25) $N_a < N_b = N_c = 2\pi - (1/2) N_a$. F_I ist also am kleinsten für $\varphi = 0$ (leichte Richtung der Formanisotropie) und am größten für $\varphi = \pi/2$ (schwere Richtung). Die Energiedifferenz zwischen leichter und schwerer Richtung beträgt

$$\Delta F_I = F_I(\varphi = \pi/2) - F_I(\varphi = 0) = (1/2)\, I_s^2 (N_b - N_a). \quad (19.21)$$

ΔF_I verschwindet für eine Kugel ($N_a = N_b = N_c$) bei Magnetisierung in allen Ebenen und für ein Rotationsellipsoid ($N_a \gtrless N_b = N_c$) bei Magnetisierung parallel zur Äquatorialebene. Eine Kugel besitzt also überhaupt keine Formanisotropie, ein Rotationsellipsoid nur in Ebenen, die nicht parallel zur Äquatorialebene liegen. Dies geht auch unmittelbar aus Gl. (19.20a) hervor, wonach F_I für $N_a = N_b = N_c$ wegen $\alpha_a^2 + \alpha_b^2 + \alpha_c^2 = 1$ von der Magnetisierungsrichtung unabhängig und für $N_b = N_c$, wie in unserem Beispiel, nur vom Winkel $(90 - \varphi)$ zwischen der Magnetisierungsrichtung und der Äquatorialebene abhängt.

Für ein langgestrecktes Rotationsellipsoid ($a \gg b = c$) erhält man mit $N_a \approx 0$, $N_b \approx N_c \approx 2\pi$

$$\Delta F_I = \pi\, I_s^2. \quad (19.22)$$

Vergleichsweise ist die Energiedifferenz zwischen leichter und schwerer Richtung bei Kristallanisotropie nach Gl. (13.3) mit $K_2 = 0$

$$\Delta F_K = K_1/3 \quad (19.23)$$

und bei Spannungsanisotropie nach Gl. (17.8)

$$\Delta F_\sigma = (3/2)\,\lambda\,\sigma. \qquad (19.24)$$

Für Eisen ergibt sich mit $I_s = 1700$ G, $K_1 = 4{,}5 \cdot 10^5$ erg/cm³, $\lambda_{100} = 20 \cdot 10^{-6}$ und $\sigma = 10^9$ dyn/cm² (~ 10 kp/cm²) $\Delta F_I = 9 \cdot 10^6$ erg/cm³, $\Delta F_K = 1{,}5 \cdot 10^5$ erg/cm³ und $\Delta F_\sigma = 3 \cdot 10^4$ erg/cm³. Die Formanisotropie kann demnach wesentlich stärker als die Kristall- oder Spannungsanisotropie werden.

In einem nicht kugelförmigen, unterkritisch kleinen Kristall mit endlicher Kristall- und Spannungsanisotropie erhält man die leichten Richtungen aus den drei Gleichungen

$$\frac{\partial F}{\partial \alpha_i} = \frac{\partial}{\partial \alpha_i}(F_I + F_K + F_\sigma) = 0 \qquad (i = 1, 2, 3) \qquad (19.25)$$

mit der Nebenbedingung $\alpha_1^2 + \alpha_2^2 + \alpha_3^2 = 1$ bei vorgegebener Spannungsrichtung und vorgegebener Orientierung der Ellipsoidachsen gegen die Kristallachsen. Die α_i sind die Richtungskosinus der Magnetisierung bezüglich der Kristallachsen.

Literatur zu Kap. 19

[1] Néel, L.: J. Phys. Radium 5 (1944) S. 241, 265.
[2] Kittel, C.: Phys. Rev. 70 (1946) S. 965.
[3] Kittel, C.: Rev. Mod. Phys. 21 (1949) S. 541.
[4] Shockley, W.: Phys. Rev. 73 (1948) S. 1246.
[5] Williams, H. J., R. M. Bozorth u. W. Shockley: Phys. Rev. 75 (1949) S. 155.

Magnetische Struktur

20. Theorie der Bloch-Wand

20.1 Allgemeines

Als Bloch-Wand bezeichnen wir die Grenzschicht zwischen zwei in verschiedenen Richtungen (I_{s1} und I_{s2}) spontan magnetisierten Kristallbereichen. Wie zuerst Bloch [1] im Jahre 1932 gezeigt hat, ändert sich die Magnetisierungsrichtung beim Übergang von I_{s1} in einem Bezirk (1) nach I_{s2} in einem benachbarten Bezirk (2) nicht in einem einzigen Sprung von einer Netzebene zur nächsten, sondern entsprechend Abb. 20.1 in vielen kleinen Sprüngen im Bereich einer größeren Anzahl von Netzebenen. Als Grund für eine derartige Struktur der Wand wird die spätere Rechnung ergeben, daß mit wachsender Wanddicke die Austauschenergie ab-, die Anisotropieenergie dagegen zunimmt. Das Minimum der Gesamtenergie erhält man folglich für eine Übergangsschicht von endlicher Dicke. Eine Wanddicke kann praktisch dadurch definiert werden, daß innerhalb der Wand die Magnetisierungsrichtung von den Magnetisierungsrichtungen in den angrenzenden Bezirken merklich verschieden sein soll. Die Wanddicke ist von dem Größenverhältnis Austauschenergie zu Anisotropieenergie abhängig und bewegt sich in den Größenordnungen 10^{-6} bis 10^{-4} cm, d. h. etwa 50 bis 5000 Atomabständen.

Die Bildungsenergie für 1 cm² Wandfläche ist wegen der Streufeldenergie weitgehend von der geometrischen Lage der Wandebene relativ zu den durch die

Anisotropie bestimmten Magnetisierungsrichtungen in den angrenzenden Bezirken abhängig. Sie hängt ferner von dem Verlauf der Magnetisierungsrichtung in der Wand ab. Diesbezügliche Untersuchungen von NÉEL [2] haben ergeben, daß diese sog. Wandgeometrie im wesentlichen durch die Forderung nach Verschwinden der magnetostatischen Energie bestimmt wird. Damit gliedert sich die theoretische Behandlung der BLOCH-Wand in zwei Teilprobleme: 1. Bestimmung der Wandgeometrie und 2. Berechnung von Wandenergie und Wanddicke für die geometrisch ausgezeichneten Wandtypen.

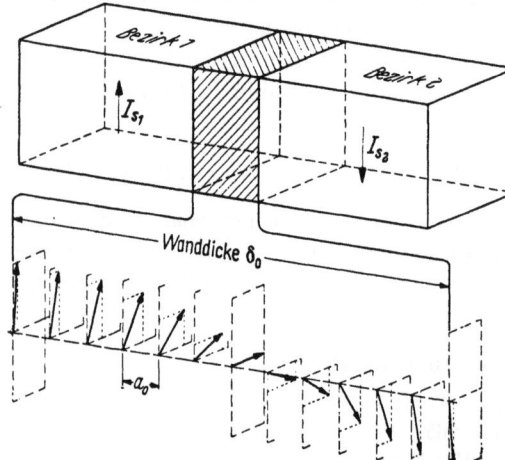

Abb. 20.1. Magnetisierungsverlauf in einer 180°-Wand

20.2 Wandgeometrie

20.2.1 Ebene Wände

In einem ungestörten Kristall liegt die Magnetisierung bei Feld Null in jedem Bezirk in einer der durch die Kristallanisotropie vorgegebenen leichten Richtungen. Nach Gl. (1.76) ist die Flächendivergenz Div H und damit die magneto-statische Energie beim Übergang der Magnetisierung von der Richtung I_{s1} im Bezirk (1) in die Richtung I_{s2} im benachbarten Bezirk (2) dann Null, wenn die Komponente $I_n = n I_s$ der Magnetisierung senkrecht zur Wandebene beim Durchgang durch die Wand konstant bleibt. Die Wandgeometrie im ungestörten Kristall ist also durch die Gleichung

$$I_n = n I_s = n I_{s1} = n I_{s2} = \text{konst.} \qquad (20.1)$$

oder

$$n(I_s - I_{s1}) = n(I_s - I_{s2}) = n(I_{s1} - I_{s2}) = 0 \qquad (20.2)$$

zusammen mit der Forderung, daß I_{s1} und I_{s2} parallel zu leichten Richtungen sind, vollständig bestimmt. n ist ein Einheitsvektor senkrecht zur Wandebene, der Wandnormalenvektor, und I_s ganz allgemein der Vektor der Magnetisierung innerhalb der Wand oder innerhalb der Bezirke (1) und (2).

Wir bezeichnen (s. Abb. 20.2) mit θ den Winkel zwischen I_s und der Wandnormale n ($\theta = \arccos(n I_s/I_s)$), und mit Φ den Winkel zwischen der Projektion I_p von I_s auf die Wandebene und irgend

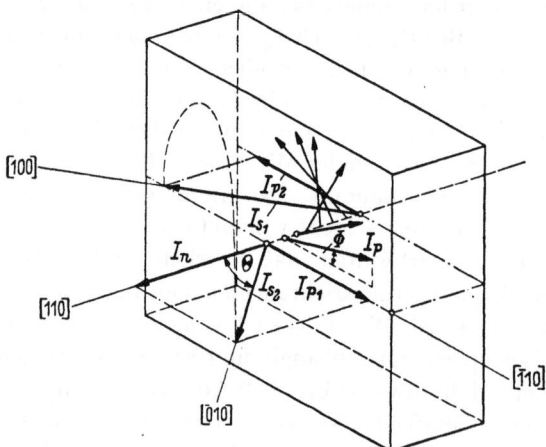

Abb. 20.2. Magnetisierungsverlauf in einer W (90°; [110])-Wand

einer festen Bezugsrichtung in der Wandebene. Innerhalb der Wand ist dann I_s eine Funktion von (θ, Φ). Die Anfangs- und Endlage von I_s in den angrenzenden Bezirken sind speziell $I_{s1} = I_s(\theta, \Phi_1)$ und $I_{s2} = I_s(\theta, \Phi_2)$. Die Forderung Gl. (20.1) bzw. (20.2) ist identisch mit der Forderung $\theta =$ konst.

Überlegen wir uns nunmehr, welche Wandtypen z. B. in kubischen Kristallen mit $K_1 > 0$ (Eisen) möglich sind. Leichte Richtungen sind die $\langle 100\rangle$-Richtungen. Der Winkel zwischen den Magnetisierungsrichtungen I_{s1} und I_{s2} benachbarter Bezirke kann also entweder 90° oder 180° betragen. Der Wandtypus wird nach diesem Winkel benannt.

Alle 90°-Wände verhalten sich wie diejenigen Wände, in denen die Magnetisierungsrichtung entsprechend Abb. 20.3a von der [100]-Richtung in die [010]-Richtung gedreht wird. Eine mögliche Lage der Wand ist, wie in Abb. 20.2 dar-

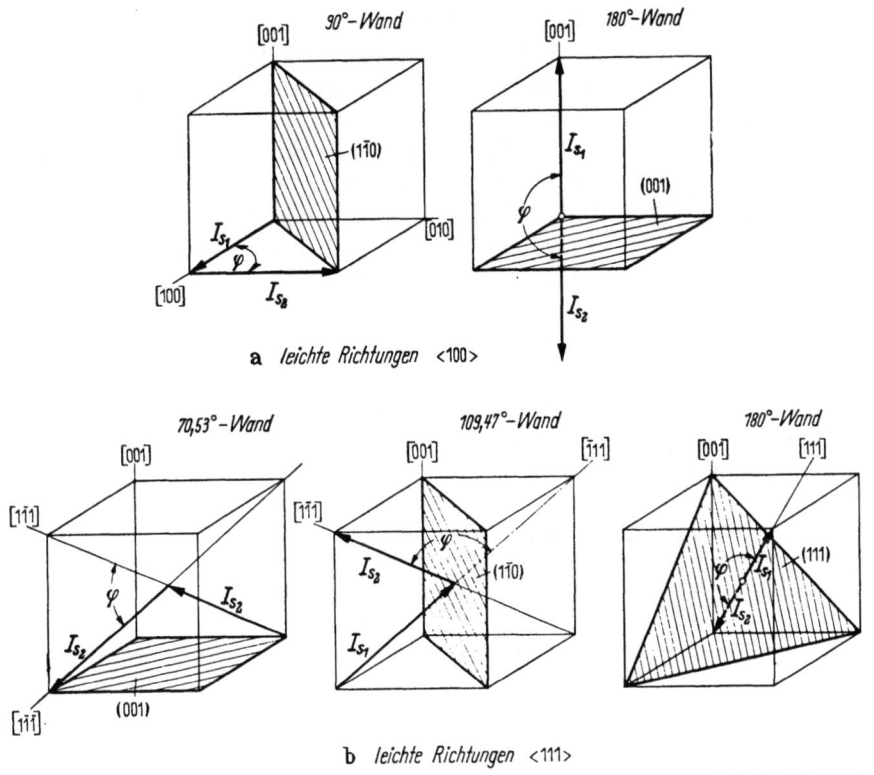

Abb. 20.3a u. b. Wandgeometrie in kubischen Kristallen. Die schraffierten Ebenen sind die Wandnormalenebenen. Die Pfeile geben die Magnetisierungsrichtung beiderseits der Wand an

gestellt, mit Wandebene parallel zu der (110)-Ebene, also Wandnormalenrichtung in [110]-Richtung. In diesem Fall ist $\theta = \pi/4$ offenbar durch die ganze Wand hindurch konstant, wenn sich die Spitze des Vektors I_s, wie in Abb. 20.2 angedeutet, auf einer Schraubenlinie bewegt. Mit θ ist auch die Normalkomponente I_n konstant, während sich die Parallelkomponente I_p von $\Phi = -\pi$ nach $\Phi = 0$ dreht (Bezugsrichtung in der Wandebene ist $[1\bar{1}0]$).

An Hand von Abb. 20.3a überlegt man sich jedoch leicht, daß diese Wandorientierung nicht die einzige ist, welche die Bedingung $I_n =$ konst. erfüllt, sondern daß alle ebenen Wände, deren Normalen in der $(1\bar{1}0)$-Ebene liegen, ebenfalls dieser Forderung genügen. Wir nennen die $(1\bar{1}0)$-Ebene die Normalenebene der 90°-Wände. Die möglichen Normalenrichtungen sind alle $[11\,l]$-Richtungen. Wir sehen also, daß eine Wand durch den Winkel φ zwischen I_{s1} und I_{s2} allein noch nicht eindeutig charakterisiert ist. Man hat vielmehr z. B. noch die Normalenrichtung dazu anzugeben. Zur Bezeichnung der Wände führen wir eine symbolische Schreibweise ein. Wir schreiben $W(\varphi, [h\,k\,l])$ und meinen damit eine Wand, in welcher sich die Magnetisierungsrichtung um den Winkel φ ändert, und deren Normale in der $[h\,k\,l]$-Richtung liegt. Die in Abb. 20.2 dargestellte Wand ist also durch den Ausdruck $W(90°, [110])$ gegeben.

Alle 180°-Wände verhalten sich wie diejenigen Wände, in welchen die Magnetisierungsrichtung von [001] nach $[00\bar{1}]$ übergeht. Wie man an Hand der Abb. 20.1 sofort sieht, kommen nur solche Wände in Betracht, für welche $\theta = 0$, also $I_s = I_p$ und $I_n \equiv 0$ ist. Diese Bedingung erfüllen entsprechend Abb. 20.3a alle Wände, deren Normalen in der (001)-Ebene liegen.

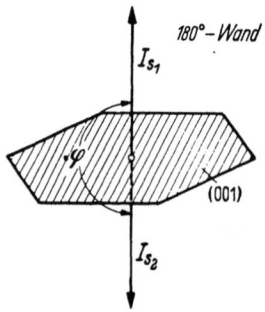

Abb. 20.4. Wandgeometrie in hexagonalem Kobalt. Die Wandnormalenebene ist schraffiert gezeichnet

Bei $K_1 < 0$ (Nickel) sind die $\langle 111 \rangle$-Richtungen leichte Richtungen. Für φ ergeben sich entsprechend Abb. 20.3 die Möglichkeiten $\varphi = 70{,}53°, 109{,}47°$ und $180°$.

Bei hexagonalem Kobalt sind die leichten Richtungen parallel zur hexagonalen Achse [001]. Es gibt dort also nur 180°-Wände.

Die Wandtypen, die in Nickel und Kobalt die Bedingungsgleichungen (20.1) bzw. (20.2) erfüllen, überlegt man sich an Hand der Abb. 20.3b und 20.4.

Die verschiedenen Wandtypen für kubische und hexagonale Kristalle sind in Tab. 20.1 zusammengestellt.

Tabelle 20.1. Blochwandtypen in kubischen und hexagonalen Kristallen

Kristallsystem	Vorzeichen von K_1	Leichte Richtungen	Winkel zwischen I_{s1} und I_{s2}	Anfangslage von I_s	Endlage von I_s	Normalenebene	Normalenrichtungen	Wandsymbol
kub.	$K_1 > 0$	$\langle 100 \rangle$	$90° = \pi/2$	[100]	[010]	$(1\bar{1}0)$	$[\bar{1}\,\bar{1}\,l]$ und $[1\,1\,l]$	$W(90°, [1\,1\,l])$
	$K_1 < 0$	$\langle 111 \rangle$	$180° = \pi$	[001]	$[00\bar{1}]$	(001)	$[h\,k\,0]$	$W(180°, [h\,k\,0])$
			$70{,}53°$	$[1\bar{1}1]$	$[1\bar{1}\bar{1}]$	(001)	$[h\,k\,0]$	$W(70{,}53°, [h\,k\,0])$
			$109{,}47°$	$[\bar{1}11]$	$[1\bar{1}1]$	$(1\bar{1}0)$	$[1\,1\,l]$ und $[\bar{1}\,\bar{1}\,l]$	$W(109{,}47°, [1\,1\,l])$
			$180°$	[111]	$[\bar{1}\bar{1}\bar{1}]$	(111)	$[h\,k\,l]$ in (111)-Ebene	$W(180°, [h\,k\,l])$
hex.	$K_1 > 0$	$\langle 001 \rangle$	$180°$	[001]	$[00\bar{1}]$	(001)	$[h\,k\,0]$	$W(180°, [h\,k\,0])$

Abschließend sei noch bemerkt, daß wir bei der vorstehenden Diskussion die Wirkung der Kristallanisotropie innerhalb der Wände der Einfachheit halber zunächst vernachlässigt haben. Strenggenommen sind die Gln. (20.1) und (20.2) nur für solche Wände erfüllt, in denen die Magnetisierung in einer Hauptebene (bei kubischen Kristallen z. B. (100), (110)) bleibt. Solche Wände sind energetisch bevorzugt. Es treten jedoch auch vielfach Wände auf, bei denen das nicht der Fall ist (z. B. $W(90°; [110])$, siehe Abb. 20.2). Die gleiche Einschränkung gilt auch für die im folgenden behandelte Wandkrümmung.

20.2.2 Gekrümmte Wände

Wir hatten bisher stillschweigend angenommen, daß die BLOCH-Wände eben sind. Dies trifft auch im allgemeinen für unverspannte Kristalle bei Abwesenheit eines äußeren Feldes zu. Doch müssen wir damit rechnen, daß unter der Einwirkung von mechanischen Spannungen oder einem äußeren Magnetfeld gekrümmte Wände vorkommen, obwohl derartige Wandkrümmungen in Magnetpulverbildern nur selten beobachtet wurden. Aus den Abb. 20.3 und 20.4 geht

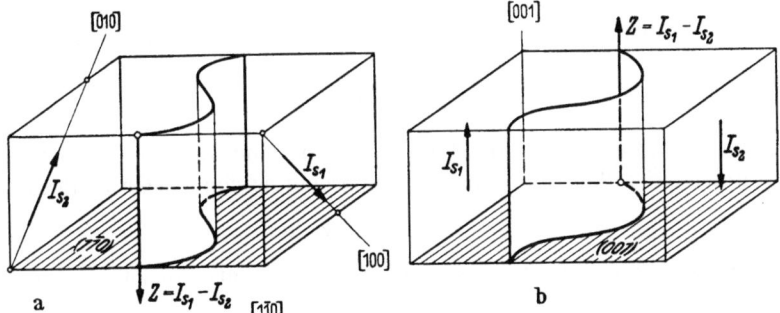

Abb. 20.5a u. b. Geometrie der gekrümmten streufeldfreien 90°-Wand (a) und 180°-Wand (b) in kubischen Kristallen mit leichten Richtungen parallel zu [100]-Richtungen

hervor, daß alle Wandkrümmungen, bei denen die Wandnormale in der ausgezeichneten Normalebene bleibt, ohne Verletzung der Bedingungen Gl. (20.1) bzw. (20.2) möglich sind. Da es in jedem Fall nur eine Normalebene gibt, ist die Krümmung immer zylindrisch, wobei die Zylinderachse z senkrecht auf der Normalebene steht. Nach den Abb. 20.5a und b, in welchen gekrümmte 90°- und 180°-Wände in einem kubischen Kristall mit $K_1 > 0$ dargestellt sind, ist diese Bedingung für z stets dann erfüllt, wenn

$$z = I_{s1} - I_{s2} \qquad (20.3)$$

ist.

20.3 Elementare Abschätzung von Wandenergie und Wanddicke

Nachdem nunmehr die Wandgeometrie bekannt ist, können wir zum zweiten Teil der Aufgabe, der Berechnung von Wandenergie und Wanddicke für die verschiedenen Wandtypen übergehen. Vor Ausführung der genaueren Rechnung wollen wir uns an Hand einer elementaren Abschätzung [3] von Energie und Dicke einer ebenen 180°-Wand in Eisen (s. Abb. 20.1) zunächst einen Überblick über den Gang der Rechnung verschaffen.

In Eisen ist $K_1 > 0$. Die Magnetisierung beiderseits der Wand liege in der [001]- bzw. der [00$\bar{1}$]-Richtung. [100] sei die Wandnormalenrichtung. Wir haben also eine $W(180°, [100])$ Wand.

Nach Gl. (11.5) ist die Austauschenergie für ein Paar gekoppelte Spins, die den Winkel φ einschließen

$$\Delta w_A = J_0 S^2 \varphi^2. \qquad (20.4)$$

φ_0 sei der Winkel zwischen I_{s1} und I_{s2}. Der Übergang von der einen Magnetisierungsrichtung in die andere erfolge (s. Abb. 20.1) in n winkelgleichen Schritten. Dann ist der Winkel zwischen benachbarten Spins $\varphi = \varphi_0/n$, und man erhält für die Austauschenergie einer Kette von $n+1$ Atomen quer durch die Wand

$$w_A = n \Delta w_A = J_0 S^2 \cdot \varphi_0^2/n. \tag{20.5}$$

Bezeichnen wir mit a den Atomabstand, so entfallen auf 1 cm² Wandfläche $1/a^2$ solcher Ketten. Damit ergibt sich für die Austauschenergie pro Flächeneinheit der Wand

$$\gamma_A = w_A/a^2 = J_0 S^2 \varphi_0^2/n\, a^2. \tag{20.6}$$

Innerhalb der Wand liegt die Magnetisierung nicht in einer leichten Richtung. Die dadurch bedingte Kristallenergie ist von der Größenordnung der Anisotropiekonstante K_1 multipliziert mit dem auf ein cm² Wandfläche entfallenden Wandvolumen

$$\gamma_K = K_1 \cdot n \cdot a. \tag{20.7}$$

Nehmen wir ferner an, daß in der [001]-Richtung eine Zugspannung σ wirke, so kommt zu der Kristallenergie noch Spannungsenergie von der Größenordnung

$$\gamma_\sigma = (3/2)\, \lambda_{100}\, \sigma \cdot n \cdot a \tag{20.8}$$

hinzu. Kristall- und Spannungsenergie fassen wir als Anisotropieenergie γ_a zusammen

$$\gamma_a = \gamma_K + \gamma_\sigma = (K_1 + (3/2)\, \lambda_{100}\, \sigma)\, n \cdot a. \tag{20.9}$$

Nach Gl. (20.9) wird die Anisotropieenergie um so kleiner, je dünner die Wand, d. h. je kleiner n ist, während umgekehrt die Austauschenergie entsprechend Gl. (20.6) mit wachsendem n abnimmt und eine Vergrößerung der Wanddicke begünstigt (s. Abb. 20.6). Im Gleichgewicht stellt sich diejenige Wanddicke $\delta = n_w \cdot a$ ein, für die die Gesamtenergie γ, welche näherungsweise gleich der Summe aus Anisotropieenergie γ_a und Austauschenergie γ_A gesetzt werden kann, als Funktion von n zum Minimum wird.

Mit Gl. (20.6) und (20.9) wird die Gesamtenergie

$$\gamma = \gamma_A + \gamma_a = J_0 S^2 \varphi_0^2/n\, a^2 + (K_1 + (3/2)\, \lambda_{100}\, \sigma)\, n \cdot a. \tag{20.10}$$

γ ist als Funktion von n ein Minimum für

$$d\gamma/dn = -J_0 S^2 \varphi_0^2/n^2\, a^2 + (K_1 + (3/2)\, \lambda_{100}\, \sigma) \cdot a = 0.$$

Hieraus folgt die Gleichgewichtsdicke der Wand

$$n_w = [J_0 S^2 \varphi_0^2/(K_1 + (3/2)\, \lambda_{100}\, \sigma)\, a^3]^{1/2}. \tag{20.11}$$

Setzt man $n = n_w$ aus Gl. (20.11) in Gl. (20.10) ein, so ergibt sich die zugehörige Wandenergie

$$\gamma_w = 2\, [J_0 S^2 \varphi_0^2 (K_1 + (3/2)\, \lambda_{100}\, \sigma)/a]^{1/2}. \tag{20.12}$$

Die wesentlichen Ergebnisse dieser vereinfachten Rechnung sind, daß: 1. Die Gleichgewichtswanddicke n_w, gemessen in Atomabständen, gleich der Wurzel aus dem Verhältnis Austauschenergiedichte zu Anisotropieenergiedichte ist und daß 2. im Gleichgewicht Austauschenergie und Anisotropieenergie gerade gleich groß sind, wie auch unmittelbar aus Abb. 20.6 hervorgeht.

Die wesentlichen Vereinfachungen der vorliegenden Rechnung waren die willkürliche Annahme winkelgleicher Schritte bei der Drehung der Magnetisierung in der Wand und Vernachlässigung der magnetostriktiven Eigenspannungen und der Winkelabhängigkeit der Anisotropieenergie. Wie die folgende genauere Rechnung zeigen wird, ist die Auswirkung dieser Vereinfachungen auf den Wandenergiebetrag gering, groß dagegen auf die Wanddicke.

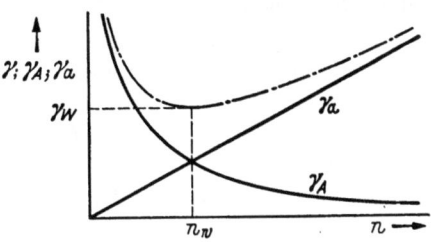

Abb. 20.6. Zur Berechnung der Gleichgewichtsdicke einer BLOCH-Wand. (Erläuterung im Text)

Schätzen wir nunmehr noch die Größenordnungen der Wanddicke und Wandenergie für eine 180°-Wand in Eisen ab. Es ist $\varphi_0 = \pi$. Aus Gl. (11.15) ergibt sich ferner mit $S = 1$ und $z = 8$ $J_0 S^2 \pi^2 \approx k\,\theta$. Mit $k = 1,4 \cdot 10^{-16}$ erg/grad, $\theta \approx 1000\,°\mathrm{K}$, $K_1 \approx 5 \cdot 10^5$ erg/cm³, $a = 2{,}86 \cdot 10^{-8}$ cm und $\sigma = 0$ erhalten wir aus Gl. (20.11) die Wanddicke

$$n_w \approx 100 \text{ Atomabstände}$$
$$\approx 300 \text{ Å}$$

und aus Gl. (20.12) die Wandenergie

$$\gamma_w \approx 1{,}5 \text{ erg/cm}^2.$$

20.4 Genauere Berechnung der Wandenergie und der Wanddicke

Die erste Abschätzung von Wandenergie und Wanddicke hat BLOCH [1] unternommen. In der Folgezeit wurde die Theorie der BLOCH-Wand von LANDAU und LIFSCHITZ [4], NÉEL [2], LIFSCHITZ [5] und LILLEY [6] weiterentwickelt und vervollständigt. Während LANDAU und LIFSCHITZ die Rechnung für Kristalle wie Kobalt mit einachsiger Anisotropie durchführten, behandelten NÉEL und LIFSCHITZ kubische Kristalle mit leichten Richtungen parallel zu den ⟨100⟩-Richtungen entsprechend $K_1 > 0$. Schließlich hat LILLEY, ausgehend von etwas allgemeineren Grundgleichungen, welche eine Behandlung grundsätzlich aller möglichen Wandtypen $W(\varphi, [h\,k\,l])$ gestatten, die Rechnung auch auf den wichtigen Fall kubischer Kristalle, wie Nickel, mit leichten Richtungen parallel zu ⟨111⟩-Richtungen erweitert. Eine ausführliche Darstellung der allgemeinen Grundlagen haben KITTEL [3] und STONER [7] gegeben.

20.4.1 Grundgleichungen

Wir schreiben die freie Energie pro Volumeneinheit der Wand in der Form

$$F_w = F_A + F_a, \tag{20.13}$$

worin F_A die Austauschenergiedichte und F_a die Anisotropieenergiedichte bedeutet, welche sich entsprechend

$$F_a = F_K + F_\sigma \tag{20.14}$$

aus der Spannungsenergie F_σ und der Kristallenergie F_K zusammensetzt. Ferner sei θ wieder der Winkel zwischen I_s und der Wandnormale n und Φ der

Winkel zwischen der Projektion von I_s auf die Wandfläche und irgendeiner festen Bezugsrichtung in der Wandebene (s. z. B. Abb. 20.2). Anfangs- und Endlage der Magnetisierung I_s in den angrenzenden WEISSschen Bezirken seien durch (θ, Φ_1) und (θ, Φ_2) gegeben.

Wir führen nunmehr entsprechend der Darstellung von LILLEY [6] reduzierte Energiedichten F'_a, F'_K, F'_σ ein und schreiben damit analog zu Gl. (20.14)

$$F'_a = F'_K + F'_\sigma. \tag{20.15}$$

Ferner setzen wir

$$F'_a = \alpha\, f_a, \quad F'_K = \alpha\, f_K, \quad F'_\sigma = \beta\, f_\sigma. \tag{20.15a}$$

F'_K, F'_σ folgen aus F_K, F_σ durch Subtraktion konstanter Terme der Art, daß $F'_K = F'_\sigma = 0$ und damit auch $F'_a = 0$ ist, wenn die Magnetisierung I_s in den leichten Richtungen (θ, Φ_1) bzw. (θ, Φ_2) beiderseits der Wand liegt. f_K, f_σ enthalten im wesentlichen die winkelabhängigen Glieder und α, β sind die Konstante der Kristallenergie bzw. der Spannungsenergie.

Betrachten wir eine Wand in der yz-Ebene mit Normale in Richtung Ox. Oy sei die Bezugsrichtung, gegen welche der Winkel Φ gemessen wird. Für den Winkel $\delta\psi$ zwischen den Spinrichtungen benachbarter Atomebenen ergibt sich $\delta\psi = \sin\theta\, \delta\Phi$. Damit wird die Austauschenergiedichte nach Gl. (11.18)

$$F_A = A\left(\frac{d\psi}{dx}\right)^2 = A\sin^2\theta\left(\frac{d\Phi}{dx}\right)^2 \tag{20.16}$$

und wir erhalten zusammen mit Gl. (20.15) die Wandenergie

$$\gamma = \int_{-\infty}^{+\infty}(F_A + F'_a)\,dx = \int_{-\infty}^{+\infty}\left[A\sin^2\theta\left(\frac{d\Phi}{dx}\right)^2 + \alpha\, f_a\right]dx. \tag{20.17}$$

Die Variationsrechnung ergibt in einfacher Weise, daß γ einen Minimalwert annimmt, wenn an jedem Punkt innerhalb der Wand die lokale Austauschenergiedichte gleich der lokalen Anisotropieenergiedichte ist:

$$\alpha\, f_a = A\sin^2\theta\left(\frac{d\Phi}{dx}\right)^2. \tag{20.18}$$

Aus Gl. (20.18) folgt

$$dx = \sqrt{\frac{A}{\alpha}}\cdot\frac{\sin\Theta\, d\Phi}{\sqrt{f_a}}. \tag{20.19}$$

Dies liefert in Gl. (20.17) eingesetzt die Wandenergie

$$\gamma_w = 2\sqrt{A\cdot\alpha}\cdot\sin\theta\int_{\Phi_1}^{\Phi_2}\sqrt{f_a}\,d\Phi. \tag{20.20}$$

Wir führen nunmehr die Größen

$$\delta_0 = \sqrt{\frac{A}{\alpha}} \quad \text{und} \quad \gamma_0 = \sqrt{A\cdot\alpha} \tag{20.21}$$

als Längeneinheit längs der Wandnormale bzw. als Einheit der Energie pro cm² Wandfläche ein und schreiben damit die Gln. (20.19) und (20.20)

$$\frac{dx}{\delta_0} = \frac{\sin\Theta}{\sqrt{f_a}}\,d\Phi \tag{20.22}$$

und
$$\frac{\gamma_w}{\gamma_0} = 2\sin\Theta \int_{\Phi_1}^{\Phi_2} \sqrt{f_a}\, d\Phi. \tag{20.23}$$

Die Gln. (20.19) und (20.20) bzw. (20.22) und (20.23) sind die allgemeinen Ausgangsgleichungen zur Berechnung von Wanddicke und Wandenergie.

20.4.2 Berechnung von Wandenergie und Wanddicke für eine 180°-Wand vom Typ W(180°, [100]) in Eisen

Wandenergie. Für eine Wand vom Typus $W(180°, [100])$ ist $\theta = 90° = \pi/2$, also $\sin\theta = 1$. Wir vernachlässigen nunmehr zunächst die Spannungsenergie, setzen also $F_a = F_K$. Die Kristallenergie ist nach Gl. (13.3) mit $K_0 = K_2 = 0$

$$F_K = K_1(\alpha_1^2\alpha_2^2 + \alpha_2^2\alpha_3^2 + \alpha_3^2\alpha_1^2). \tag{20.24}$$

Die Wand liege in der xy-Ebene. $0x$ sei Wandnormale, $0y$ die Bezugsrichtung in der Wandebene, gegen welche der Winkel Φ gemessen wird. $\boldsymbol{I}_{s1}$ sei parallel $0y$, $\boldsymbol{I}_{s2}$ parallel $0(-y)$. Φ ändert sich also von 0 bis π.

Mit $\alpha_1 = 0$, $\alpha_2 = \cos\Phi$ und $\alpha_3 = \sin\Phi$ ergibt sich aus Gl. (20.24) die reduzierte Energie

$$\alpha f_a = \alpha f_K = (F_K)_\Phi - (F_K)_{\Phi_1} = (F_K)_\Phi - (F_K)_{\Phi_2} = K_1 \sin^2\Phi \cos^2\Phi \tag{20.25}$$

und es ist definitionsgemäß

$$\alpha = K_1 \quad \text{und} \quad f_a = f_K = \sin^2\Phi \cos^2\Phi. \tag{20.26}$$

Damit erhalten wir aus Gl. (20.20) die Wandenergie

$$\gamma_w = 2\sqrt{AK_1} \int_0^\pi |\sin\Phi \cos\Phi|\, d\Phi = 2\sqrt{AK_1} = 2\gamma_0. \tag{20.27}$$

Wanddicke. Gl. (20.19) liefert mit Gl. (20.26) und $\sin\theta = 1$

$$\frac{dx}{\sqrt{\dfrac{A}{K_1}}} = \frac{d\Phi}{\cos\Phi \sin\Phi}. \tag{20.28}$$

Die Integration ergibt

$$\frac{x - x_0}{\sqrt{A/K_1}} = \ln\left(\frac{\operatorname{tg}\Phi}{\operatorname{tg}\Phi_0}\right). \tag{20.29}$$

Wir setzen $x_0 = 0$ für $\Phi_0 = 45° = \pi/4$ und erhalten wegen $\operatorname{tg}\pi/4 = 1$ schließlich die Funktion

$$\frac{x}{\sqrt{A/K_1}} = \frac{x}{\delta_0} = \ln \operatorname{tg}\Phi, \tag{20.30}$$

welche in Abb. 20.7 im Bereich $0 < \Phi < \pi/2$ dargestellt ist und den Verlauf des Winkels Φ längs der Wandnormale wiedergibt. Wir bemerken hierbei zweierlei:

1. Φ erreicht im endlichen weder den Wert Null, noch den Wert $\pi/2$. Man erhält also gar keine scharf definierte Wanddicke.

2. Gl. (20.30) liefert nur den Verlauf von Φ für eine Drehung von $\boldsymbol{I}_s$ zwischen $\Phi > 0$ und $\Phi < 90°$, also nur für die eine Hälfte der 180°-Wand. Diese setzt sich offenbar aus zwei 90°-Wänden vom Typus $W(90°, [100])$ zusammen. Es besteht jedoch keine Möglichkeit aus Gl. (20.28) bzw. Gl. (20.30) irgendwelche Aussagen

über den Abstand dieser beiden 90°-Wände zu machen. Die Dicke einer 180°-Wand vom Typus $W(180°, [100])$ ist nach unserer bisherigen Rechnung also überhaupt nicht angebbar.

Befassen wir uns zunächst mit Punkt 2. Die Unbestimmbarkeit der Wanddicke der 180°-Wand rührt daher, daß wir den Einfluß der Magnetostriktion vernachlässigt haben. Bei Eisen ist $\lambda_{100} > 0$. Deshalb ist jeder Bereich, in welchem I_s in einer [100]-Richtung (leichten Richtung) liegt, in dieser Richtung gedehnt. In dem Bereich zwischen den 90°-Wänden liegt I_s ebenfalls in einer leichten Richtung (z-Richtung). Die magnetostriktive Dehnung ist dort jedoch senkrecht zu der Dehnung in den angrenzenden Bezirken. Ein solcher Zwischenbezirk kann also nur unter Aufwand von Spannungsenergie bestehen und verschwindet

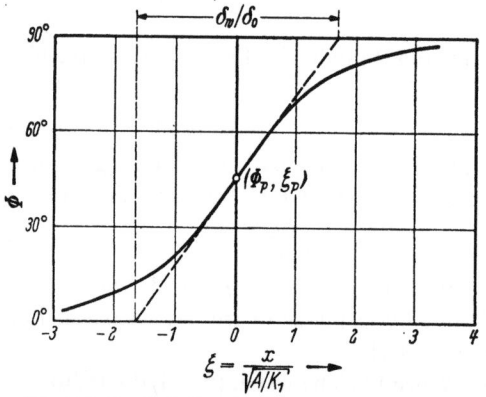

Abb. 20.7. Zur Definition der Dicke δ_w einer 90°-Wand

daher spontan, wobei sich die beiden 90°-Wände unter Verringerung der Spannungsenergie zu einer 180°-Wand vereinigen. Das Problem der magnetostriktiven Eigenspannungen in BLOCH-Wänden und in deren Umgebung wurde insbesondere von RIEDER [27] eingehend behandelt.

Wir wollen hier, einer einfachen Darstellung von LIFSCHITZ [5] (s. a. KITTEL [3]) folgend, den Einfluß der Magnetostriktion auf Wandenergie und die Wanddicke abschätzen.

20.4.3 Einfluß der Magnetostriktion

In den Bezirken beiderseits der Wand liegt die Magnetisierung in den Richtungen $\pm y$. Infolge der Magnetostriktion bestehen dort nach Gl. (16.30) mit $\alpha_1 = \alpha_3 = 0$, $\alpha_2 = 1$ die Verzerrungen

$$A_{yy} = - B_1(c_{11} + c_{12})/[(c_{11} - c_{12})(c_{11} + 2c_{12})],$$
$$A_{xx} = A_{zz} = B_1 c_{12}/[(c_{11} - c_{12})(c_{11} + 2c_{12})], \qquad (20.31)$$
$$A_{xy} = A_{yz} = A_{zx} = 0,$$

worin B_1 nach Gl. (16.33) gegeben ist durch

$$B_1 = - (3/2)(c_{11} - c_{12}) \lambda_{100}. \qquad (20.32)$$

Nehmen wir an, daß das Material in der Wand in erster Näherung in dem Verzerrungszustand der angrenzenden Bezirke gehalten wird, so ergibt sich aus Gl. (16.25) für die innerhalb der Wand durch Herausdrehen der Magnetisierung aus den leichten Richtungen $\pm y$ bedingte, zusätzliche magnetoelastische Energie

$$\Delta F_M = F'_\sigma = B_1(\alpha_2^2 A_{yy} + \alpha_3^2 A_{zz}) - B_1 A_{yy} = B_1(\alpha_2^2 - 1) A_{yy} + \alpha_3^2 A_{zz} \qquad (20.33)$$

oder mit $\alpha_2 = \cos \Phi$, $\alpha_3 = \sin \Phi$

$$F'_\sigma = B_1 \sin^2 \Phi (A_{zz} - A_{yy}). \qquad (20.34)$$

20.4 Genauere Berechnung der Wandenergie und der Wanddicke

Mit den Werten für B_1, A_{zz} und A_{yy} aus den Gln. (20.31) und (20.32) folgt daraus schließlich

$$F'_\sigma = (9/4)(c_{11} - c_{12})\lambda_{100}^2 \sin^2 \Phi. \qquad (20.35)$$

Es ist also $\beta = (9/4)(c_{11} - c_{12})\lambda_{100}^2$ und $f_\sigma = \sin^2 \Phi$, und wir erhalten mit $\alpha = K_1$ und $f_K = \sin^2 \Phi \cos^2 \Phi$ [Gl. (20.26)] aus Gl. (20.15) mit (20.15a)

$$f_a = \sin^2 \Phi \cos^2 \Phi + P \sin^2 \Phi, \qquad (20.36)$$

worin

$$P = 9 \cdot (c_{11} - c_{12})\lambda_{100}^2 / 4 K_1 \qquad (20.37)$$

ist. Damit liefert Gl. (20.20) die Wandenergie

$$\gamma_w = 2\sqrt{AK_1} \int_0^\pi (\sin^2 \Phi \cos^2 \Phi + P \sin^2 \Phi)^{1/2} d\Phi$$

$$= 2\sqrt{AK_1} \left\{ \sqrt{1+P} + P \sinh^{-1}\left(1/\sqrt{P}\right) \right\}. \qquad (20.38)$$

Für Eisen bei Raumtemperatur erhält man mit $c_{11} = 2{,}41 \cdot 10^{12}$, $c_{12} = 1{,}46 \cdot 10^{12}$ dyn/cm², $\lambda_{100} = 2 \cdot 10^{-5}$ und $K_1 = 5 \cdot 10^5$ erg/cm³

$$P = 1{,}7 \cdot 10^{-3}$$

und damit aus Gl. (20.38)

$$\gamma_w = 2{,}02 \cdot \sqrt{AK_1}.$$

Wie ein Vergleich mit Gl. (20.27) zeigt, ist demnach der Einfluß der Magnetostriktion auf die Wandenergie bei Eisen vernachlässigbar.

Zur Berechnung der Wanddicke setzen wir jetzt f_a aus Gl. (20.36) in Gl. (20.22) ein

$$\frac{dx}{\sqrt{A/K_1}} = \frac{d\Phi}{(\sin^2 \Phi \cos^2 \Phi + P \sin^2 \Phi)^{1/2}}. \qquad (20.39)$$

Rechnen wir x vom Wandmittelpunkt ($\Phi = 90°$) aus, so liefert die Integration von Gl. (20.39)

$$\frac{x}{\sqrt{A/K_1}} = -\frac{1}{\sqrt{1+P}} \sinh^{-1}\left\{\sqrt{\frac{1+P}{P}} \operatorname{ctg} \Phi\right\}. \qquad (20.40)$$

Diese Funktion ist in Abb. 20.8 für $P = 1{,}7 \cdot 10^{-3}$ (Eisen) dargestellt. Sie zeigt für $P > 0$ keine Aufspaltung in zwei getrennte 90°-Wände mehr, wie die Funktion Gl. (20.30). Entsprechend hat die Steigung der Funktion $\Phi(x/\sqrt{A/K_1})$ für $\Phi = 90°$

$$d\Phi/d(x/\sqrt{A/K_1}) = \sqrt{P}, \qquad (20.41)$$

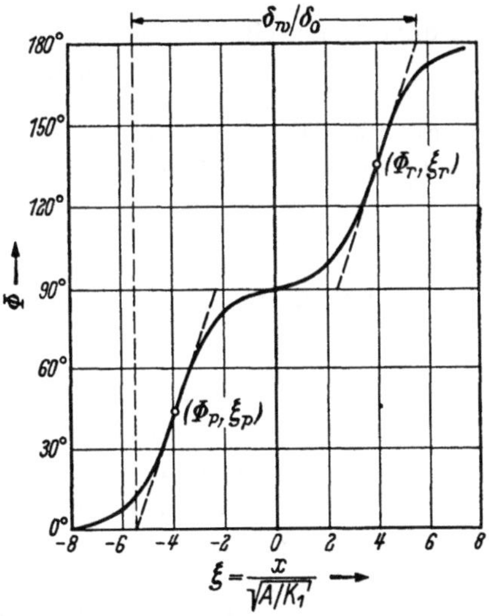

Abb. 20.8. Zur Definition der Dicke δ_w einer 180°-Wand

welche unmittelbar aus Gl. (20.39) folgt, einen endlichen Wert, solange $P \neq 0$ ist. Dagegen ergibt sich aus Gl. (20.40) wie aus Gl. (20.30), daß Φ die Grenzen des Winkelbereichs (hier 0 und π) für endliche Werte x nicht erreicht. Damit kommen wir auf die Frage nach einer praktischen Definition der Wanddicke zurück.

20.4.4 Definition der Wanddicke nach Lilley [6]

Zur Messung von Längen parallel zu der Wandnormale führen wir den dimensionslosen Parameter

$$\xi = x\big/\sqrt{A/K_1} = x/\delta_0 \tag{20.42}$$

ein. Aus Gl. (20.30) und Abb. 20.7 geht hervor, daß die Kurve $\Phi(\xi)$ für eine 90°-Wand einen Wendepunkt (Φ_P, ξ_P) besitzt und zu diesem symmetrisch ist. Dasselbe gilt aus Gründen der Gittersymmetrie für alle 90°-Wände in kubischen Kristallen wie Eisen mit leichten Richtungen $\langle 100 \rangle$, sowie für alle 70,53°- und 109,47°-Wände in kubischen Kristallen wie Nickel mit leichten Richtungen $\langle 111 \rangle$ und für alle 180°-Wände in Kobalt. Dabei ist stets $\Phi_p = (\Phi_1 + \Phi_2)/2$. Für diese Wandtypen definieren wir die effektive Wanddicke δ_w, wie für unser Beispiel in Abb. 20.7 dargestellt, durch

$$\delta_w/\delta_0 = (\Phi_2 - \Phi_1)(d\xi/d\Phi)_P. \tag{20.43}$$

Die $\Phi(\xi)$-Kurven aller 180°-Wände in kubischen Kristallen (mit Ausnahme der Wände vom Typus $W(180°, [110])$ in Kristallen mit leichten Richtungen parallel zu $\langle 100 \rangle$ besitzen drei Wendepunkte (Φ_p, ξ_p), (Φ_q, ξ_q), (Φ_r, ξ_r). Entsprechend unserem Beispiel in Abb. 20.8 definieren wir die effektive Wanddicke vermittels

$$\delta_w/\delta_0 = (\xi_r - \xi_p) + \Phi_p(d\xi/d\Phi)_p + (\pi - \Phi_r)(d\xi/d\Phi)_r, \tag{20.44}$$

wobei wir mit den Indizes p, r den ersten bzw. dritten Wendepunkt gekennzeichnet haben.

Für die 90°-Wand in Abb. 20.7 ist nach Gl. (20.28) $(d\xi/d\Phi)_p = 2$, $\Phi_2 - \Phi_1 = \pi/2$ und damit nach Gl. (20.43)

$$\delta_w/\delta_0 = \pi = 3{,}141.$$

Für die 180°-Wand in Abb. 20.8 ergibt sich mit $(\xi_r - \xi_p) = 7{,}76$, $\Phi_p = (\pi - \Phi_r) = \pi/4$, $(d\xi/d\Phi)_p = (d\xi/d\Phi)_r \approx 2$ aus Gl. (20.44)

$$\delta_w/\delta_0 = 10{,}9.$$

20.4.5 Wandenergie und Wanddicke in kubischen Kristallen und in Kobalt

Lilley [6] hat, ausgehend von den Gln. (20.22) und (20.23), die reduzierte Wanddicke δ_w/δ_0 und die reduzierte Wandenergie γ_w/γ_0 für eine große Zahl verschiedener Wandtypen mit und ohne Berücksichtigung der magnetoelastischen Energie, bei Wänden, bei denen die Magnetisierung nicht in einer Hauptebene bleibt, jedoch ohne Berücksichtigung der Streufeldenergie berechnet. Seine Ergebnisse sind für einige besonders wichtige Wandtypen in den Tab. 20.2 und 20.3 zusammengestellt. Wurde der Einfluß der Magnetostriktion berücksichtigt, so ist dies durch (λ) angedeutet.

Wir bemerken insbesondere, daß ohne Berücksichtigung der Magnetostriktion die Wanddicke δ_w nur dann ∞ wird, d. h. daß sich nur dann eine Aufspaltung in zwei Teilwände mit einem Zwischenbezirk ergibt, wenn die Magnetisierung in der Wand durch eine leichte Richtung läuft. Weicht z. B. die Wandnormale einer 180°-Wand in Eisen nur um 1° von der [100]-Richtung ab, dann erhält man auch

20.4 Genauere Berechnung der Wandenergie und der Wanddicke

Tabelle 20.2. Relative Wandenergie γ_w/γ_0 nach Lilley [6]

Kristallstruktur	Leichte Richtungen	Wandtypus	γ_w/γ_0 für die Normalenrichtung			
			[001]	[110]	[111]	[112]
kub.	$\langle 100 \rangle$ (Fe)	90°	1,0000	1,7274	1,1852	—
		180°	2,0000	2,7603	—	—
		180° (λ)	2,02	2,77	—	—
	$\langle 111 \rangle$ (Ni)	70,53°	0,5443	0,4611	—	—
		109,47°	1,0887	1,3680	1,2903	—
		180°	—	1,8292	—	2,0040
		180° (λ)	—	2,19	—	2,27
hex.	$\langle 001 \rangle$ (Co)	180°			4,0000	

Tabelle 20.3. Relative Wanddicke δ_w/δ_0 nach Lilley [6]

Kristallstruktur	Leichte Richtungen	Wandtypus	δ_w/δ_0 für die Normalenrichtung			
			[001]	[110]	[111]	[112]
kub.	$\langle 100 \rangle$ (Fe)	90°	3,1416	3,9738	3,1416	—
		180°	∞	5,6018	—	—
		180° (λ)	10,87	5,59	—	—
	$\langle 111 \rangle$ (Ni)	70,53°	3,8476	4,2642	—	—
		109,47°	∞	3,3093	3,8476	—
		180°	—	∞	—	7,9161
		180° (λ)	—	7,91	—	4,45
hex.	$\langle 001 \rangle$ (Co)	180°			3,1416	

bei Vernachlässigung der Magnetostriktion bereits eine endliche Wanddicke welche nach Rechnungen von LILLEY $\delta_w = 12,6258\,\delta_0$ beträgt.

Abschließend sind in Tab. 20.4 die mit den Austauschenergiekonstanten A aus Tab. 11.1 berechneten Einheiten der Wandenergie γ_0 und der Länge δ_0 für Eisen, Nickel und Kobalt zusammengestellt.

Tabelle 20.4. γ_0 und δ_0 für die ferromagnetischen Elemente Eisen, Kobalt und Nickel

Element	A in 10^{-7} erg/cm	K_1 in 10^5 erg/cm³	γ_0 in erg/cm²	δ_0 in 10^{-8} cm
Fe	8,3	5,3	0,66	125
Ni	3,4	0,5	0,13	260
Co	10,3	43	2,1	50

Vergleichen wir damit die Wandenergie bzw. Wanddicke einer 180°-Wand in Eisen, Nickel und Kobalt. Es ergibt sich für γ_w in erg/cm² 1,8, 0,28, 8,4 und für δ_w in 10^{-8} cm 700, 2060, 160.

Während die Relativwerte γ_w/γ_0 und δ_w/δ_0 als verhältnismäßig genau angesehen werden können, haftet den Absolutwerten γ_w bzw. γ_0 und δ_w bzw. δ_0 die durch die Schwierigkeiten einer zuverlässigen Abschätzung der Austauschenergie bedingte Unsicherheit an, welche auch in der starken Streuung der von verschiedenen Autoren angegebenen A-Werte für Eisen zum Ausdruck kommt.

20.5 Experimentelle Bestimmung der Wandenergie

γ_w hängt nach Gl. (20.20) unmittelbar von der Austauschenergiedichte A ab. Da die Anisotropieenergie leicht unabhängig ermittelt werden kann, kommt eine Messung von γ_w einer experimentellen Bestimmung der wichtigen Konstante A gleich. Darin besteht die große Bedeutung einer zuverlässigen Messung der Wandenergie. Sie setzt, wie aus dem vorhergehenden ohne weiteres klar wird, eine Versuchsanordnung voraus, bei welcher der Wandtypus sicher bekannt ist. Es sind verschiedene Methoden zur Messung der Wandenergie bekannt geworden.

Die erste Methode von Döring [8, 9] (s. a. [10]) werden wir in 20.6 noch ausführlicher behandeln. Sie beruht darauf, daß für große Ummagnetisierungskeime die Differenz $H_w - H_0$ zwischen der Startfeldstärke H_w des unbegrenzten Wachstums und der Grenzfeldstärke H_0 umgekehrt proportional zu dem leicht bestimmbaren Keimdurchmesser d ist [Gl. (26.34)]. Der Proportionalitätsfaktor enthält an Materialkonstanten nur die Sättigungsmagnetisierung I_s und die Wandenergie γ_w. Da I_s ohne weiteres als bekannt vorausgesetzt werden darf, kann man γ_w aus der Steigung der Kurve $H_w(1/d)$ berechnen. Diesbezügliche Versuche wurden von Döring und Haake [10] an Permalloydrähten unter verschiedenen Zugspannungen ausgeführt. Wie wir in 26.6 sehen werden, stimmen die experimentell bestimmten γ_w-Werte gut mit den theoretischen Erwartungswerten überein. Für die Legierung 60 Ni, 40 Fe ergibt sich die Konstante der Austauschenergie $A = 6{,}6 \cdot 10^{-7}$ erg/cm.

Eine zweite Methode zur Messung von γ_w haben Bean und DeBlois [28] angegeben. In einem langen, unter Zugspannung stehenden Eisen-Nickel-Draht mit positiver Magnetostriktion wird nach vorhergehender magnetischer Sättigung in einer Richtung ein zur Drahtachse konzentrischer zylindrischer Bezirk mit Magnetisierung in der entgegengesetzten Richtung erzeugt (s. 26.4). Ohne ein äußeres Feld verschwindet dieser Bezirk unter dem Druck der umgebenden 180°-Wand (collapsing domain wall method). Durch ein Magnetfeld parallel zur Magnetisierung des Bezirks kann der Oberflächenspannung der Wand die Waage gehalten werden. Ist r der Radius des Wandzylinders, dann gilt im Gleichgewicht

$$2 H_B I_s 2\pi r \cdot dr = \gamma_w 2\pi \cdot dr. \tag{20.45}$$

Nach Messung von H_B und r erhält man aus dieser Gleichung γ_w und damit die Konstante der Austauschenergie, für welche sich z. B. bei 65 Ni, 35 Fe $A \approx 10 \cdot 10^{-7}$ erg/cm ergab.

Eine weitere Methode zur Messung von γ_w ist von Williams und Shockley [11] angeregt, bisher anscheinend jedoch nicht angewendet worden.

20.6 Wände in dünnen Schichten

Die vorausgehenden Rechnungen haben ergeben, daß Wandenergie und Wanddicke lediglich von dem Wandtypus und von Materialkonstanten abhängen. Dies trifft jedoch nur unter der bisher stillschweigend gemachten Voraussetzung zu, daß die Ausdehnung der Wände in ihrer Ebene groß gegen die Wanddicke ist, so daß die durch die freien Magnetpole an den Wandkanten bedingte Streufeldenergie bei der Berechnung der Wandenergie vernachlässigt werden kann. Haben dagegen, wie dies z. B. in dünnen Schichten tatsächlich vorkommt, die Abmessungen der Wandfläche in einer Richtung die Größenordnung der Wanddicke, dann leistet die Streufeldenergie einen erheblichen Betrag zur Wandenergie [*12*, *13*], und Wanddicke und Wandenergie sind wesentlich von den Abmessungen der Wandfläche abhängig.

Der Einfluß der Streufeldenergie auf die Wandenergie kann an Hand der folgenden einfachen Abschätzung von NÉEL [*12*] plausibel gemacht werden. Wir betrachten entsprechend Abb. 20.9 eine 180°-Wand in einer Schicht der Dicke D. Die Magnetisierung in den Bezirken sei parallel und die Wandfläche senkrecht zur Schichtebene. δ sei die Wanddicke.

Die Wand in Abb. 20.9a ist nach 20.2.1 [Gl. (20.1)] im Inneren vollkommen streufeldfrei. Die Polbelegungsdichte an der Oberfläche ändert sich innerhalb

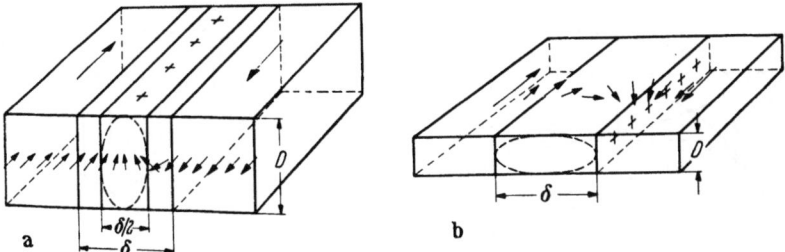

Abb. 20.9.a u. b. Zur Berechnung der Wandenergie in dünnen ferromagnetischen Schichten (a) bei Drehung der Magnetisierung senkrecht zur Wandebene und (b) bei Drehung der Magnetisierung in der Wandebene

eines Streifens der Breite δ kontinuierlich zwischen den Werten ~ 0 und I_s bzw. ~ 0 und $-I_s$. Zur Berechnung der magnetostatischen Energie nähern wir die Wand zunächst durch zwei parallele Polstreifen der Breite $\delta/2$ mit der konstanten Belegungsdichte $+I_s$ bzw. $-I_s$ und dem gegenseitigen Abstand D an. Diese Anordnung können wir schließlich entsprechend Abb. 20.9a näherungsweise durch einen praktisch unendlich langen elliptischen Zylinder mit den Achsen $\delta/2$ und D ersetzen, welcher parallel zur D-Achse die homogene Magnetisierung I_s besitzt. Hierfür erhält man die magnetostatische Energie pro Flächeneinheit der Wand

$$\gamma_I = (1/2)\, N I_s^2 \cdot \delta/2 = \frac{2\pi(\delta^2/4)\, I_s^2}{\delta/2 + D} \qquad (20.46)$$

(N = Entmagnetisierungsfaktor des Zylinders parallel zur D-Achse) oder, wenn $\delta \ll D$ ist, einfacher

$$\gamma_I \approx \frac{\pi\, \delta^2 \cdot I_s^2}{2\, D}. \qquad (20.47)$$

Dieser Term ist zu der Gesamtenergie in Gl. (20.10) hinzuzufügen. Setzen wir dort $n\,a = \delta$, so ist die Gesamtenergie unter Einbeziehung der magnetostatischen Energie

$$\gamma' = \gamma_A + \gamma_a + \gamma_I = (I_0\, S^2\, \varphi_0^2/a)\,(1/\delta) + (K_1 + 3/2\, \lambda_{100}\, \sigma)\, \delta + (\pi\, I_s^2/2D)\, \delta^2 \qquad (20.48)$$

oder mit den Gleichgewichtswerten δ_w und γ_w aus Gl. (20.11) bzw. (20.12)

$$\gamma' = \frac{\gamma_w}{2}\left[\frac{\delta_w}{\delta} + \frac{\delta}{\delta_w} + Q\left(\frac{\delta}{\delta_w}\right)^2\right], \qquad (20.49)$$

wobei wir

$$Q = \frac{8\pi \, \delta_w \, I_s^2}{\gamma_w \, D} \tag{20.49a}$$

gesetzt haben. Aus

$$d\gamma'/d\delta = 0$$

erhält man die Gleichgewichtswerte γ'_w und δ'_w unter Einbeziehung der magnetostatischen Energie. Für eine Eisenschicht ($I_s = 1700$) der Dicke $D = 5 \cdot 10^{-5}$ cm ergeben sich beispielsweise $\delta'_w/\delta_w = 0{,}21$ und $\gamma'_w/\gamma_w = 3{,}6$, also bereits wesentlich andere Werte als in Blockmaterial.

Generell findet man, daß nach Gl. (20.48) bzw. (20.49) γ'_w etwa pro-

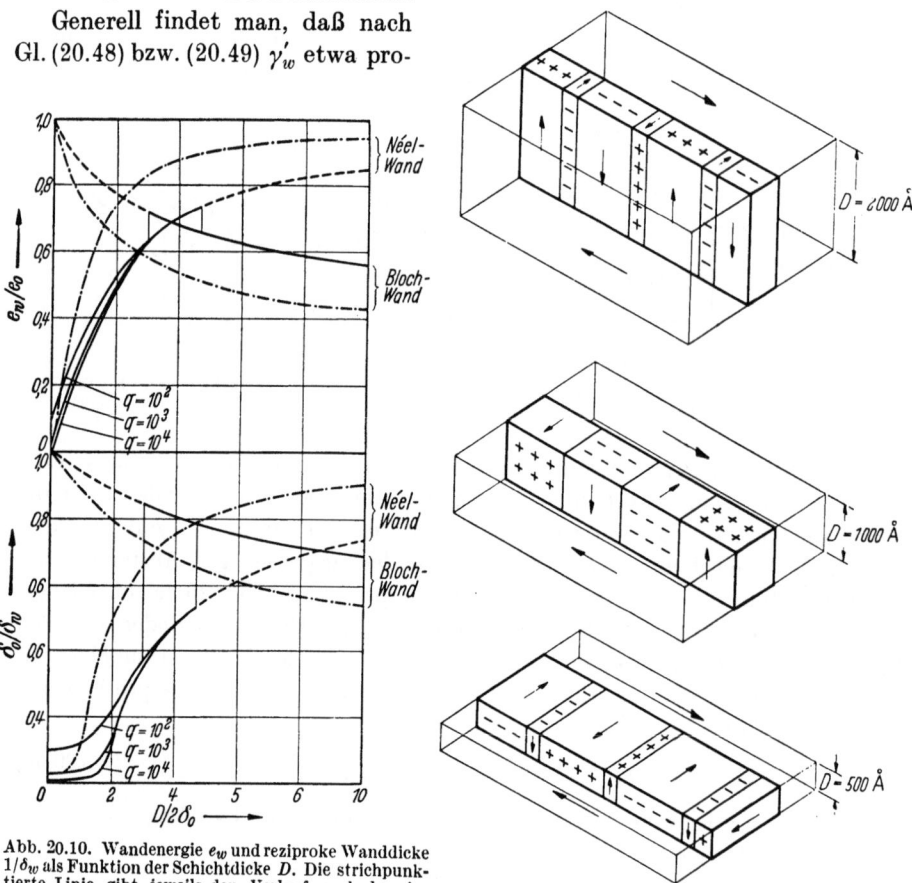

Abb. 20.10. Wandenergie e_w und reziproke Wanddicke $1/\delta_w$ als Funktion der Schichtdicke D. Die strichpunktierte Linie gibt jeweils den Verlauf nach der einfachen Theorie von Néel für $q = 10^3$. Es ist $q = 2\pi I_s^2 K_1$. Nach Dietze und Thomas [31].

Abb. 20.11. Struktur einer 180°-Wand (Bloch-Linien) in Schichten unterschiedlicher Dicke (schematisch).

portional zu $Q^{1,3}$ ist. γ'_w nimmt jedoch nicht unbegrenzt zu, wenn D gegen Null geht, sondern es ändert sich allmählich der Magnetisierungsverlauf in der Wand. Und zwar bleibt schließlich, wenn $\delta \gg D$ wird, die Magnetisierung entsprechend Abb. 20.9b auch in der Wand parallel zur Schichtebene. Eine solche Wand wird als Néel-Wand bezeichnet. Ersetzen wir die Wand in Abb. 20.9b wiederum näherungsweise durch einen elliptischen Zylinder mit den Achsen $\delta/2$ und D, welcher nunmehr jedoch parallel zur δ-Achse magnetisiert ist, dann wird die magnetostatische Energie pro Flächeneinheit der Wand

$$\gamma_I = (1/2)\, N I_s^2 \cdot \delta/2 = \frac{2\pi(\delta/2)\, D\, I_s^2}{\delta/2 + D}. \qquad (20.50)$$

oder, wenn $\delta \gg D$ ist

$$\gamma_I \approx 2\pi D I_s^2, \qquad (20.51)$$

d. h. γ_I wird bei hinreichend dünnen Schichten unabhängig von der Wanddicke δ. Die Wanddicke behält dort also den Wert $\delta_w' = \delta_w$, während die Wandenergie nach der Gleichung

$$\gamma_w' = \gamma_w + 2\pi D I_s^2 \qquad (20.52)$$

mit abnehmender Schichtdicke gegen γ_w abnimmt. Die Wandenergie γ_w' durchläuft also als Funktion der Schichtdicke D ein Maximum (s. Abb. 20.10), welches bei der kritischen Schichtdicke

$$D_m \approx \frac{1{,}8\,\sqrt{A}}{I_s} \qquad (20.53\text{a})$$

liegt. Eine etwas andere Berechnung der magnetostatischen Energie (KACZER [15], STEPHANI [16]) liefert kein wesentlich anderes Ergebnis. Eine genauere Rechnung von DIETZE und THOMAS [31] ergibt dagegen die in Abb. 20.10 dargestellten Abhängigkeiten der Wandenergie e_w (hier bezogen auf die Längeneinheit der Wand und der Wanddicke δ_w von der Schichtdicke für BLOCH- und NÉEL-Wände. Energien und Längen sind dort mit den Größen $e_0 = 4{,}04 \cdot D\sqrt{2\pi I_s^2 A}$ bzw. $\delta_0 = 1{,}287\sqrt{A/2\pi I_s^2}$ reduziert. Die kritische Schichtdicke ist

$$D_m = 3{,}9\,\frac{\sqrt{A}}{I_s} \qquad (20.53\text{b})$$

und die zugehörige (maximale) Wandenergie

$$e_{wm} = 7{,}0 \cdot D \cdot I_s \cdot \sqrt{A}. \qquad (20.54)$$

In Schichten mit $D > D_m$ ist die BLOCH-Wand, in Schichten mit $D < D_m$ die NÉEL-Wand stabil. Für Eisen beispielsweise erhält man aus Gl. (20.53b) mit $A \approx 2 \cdot 10^{-6}$ erg/cm und $I_s = 1700$ cgsE $D_m \approx 325$ Å.

Verschiedene experimentelle Untersuchungen [17 bis 24] der Wandstruktur dünner Eisen-Nickel-Schichten mit Hilfe der in 21.2.1 beschriebenen Magnetpulvermethode haben gezeigt, daß der Magnetisierungsverlauf in der Wand in Wirklichkeit vielfach komplizierter ist als bei obiger Rechnung angenommen wurde. Den genannten Versuchsergebnissen ist zu entnehmen, daß nur bei sehr dünnen Schichten ($D < 200$ Å) offenbar reine NÉEL-Wände entsprechend Abb. 20.9b und nur bei Blockmaterial ($D > 10000$ Å) reine BLOCH-Wände entsprechend Abb. 20.9a bestehen. Im Übergangsbereich, bei Schichtdicken zwischen 200 und 10000 Å, findet man dagegen komplizierter gebaute Wandgebilde, welche offenbar durch verschiedenartige Kombination der beiden in Abb. 20.9 gezeigten Wandtypen entstehen und deshalb stabiler sind als diese, weil durch deren Kombination die magnetostatische Energie herabgesetzt wird. Das hierbei geltende Prinzip können wir an Hand der schematischen Abb. 20.11 verstehen. Die BLOCH-Wand bzw. NÉEL-Wand kann danach ihrerseits als eine „dünne Schicht" aufgefaßt werden, deren magnetostatische Energie durch eine geeignete

„Bezirkstruktur" (s. Kap. 21 und Kap. 22) vermindert wird [*23, 24, 25, 26*]. Stabil ist eine solche kombinierte Wand allerdings nur so lange, wie die hierbei gewonnene magnetostatische Energie den erhöhten Aufwand an Austauschenergie deckt.

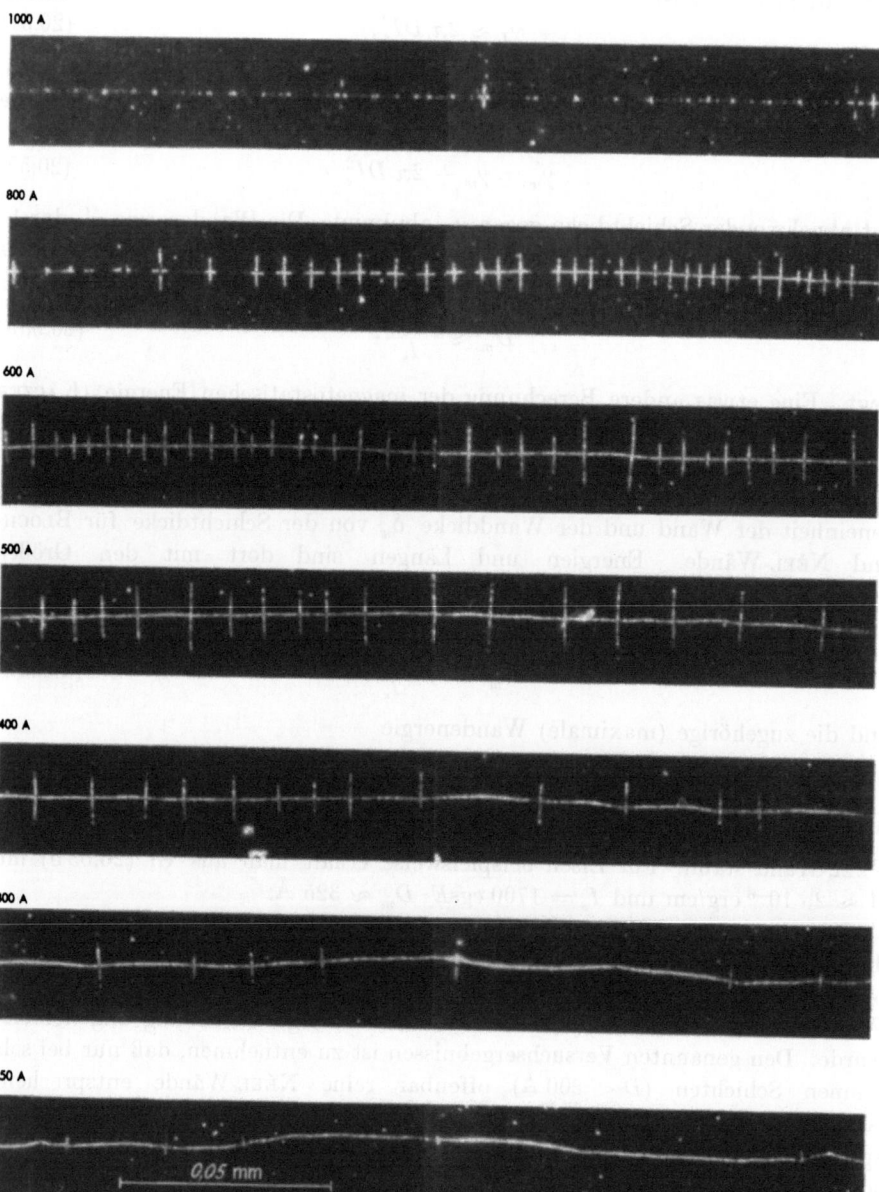

Abb. 20.12. Magnetpulverbild einer 180°-Wand in einer keilförmigen 80 Ni 20 Fe-Schicht. (Nach METHFESSEL MIDDELHOEK und THOMAS [*23*])

Abb. 20.12 zeigt die von METHFESSEL, MIDDELHOEK und THOMAS [*23, 24*] beobachtete Schichtdickenabhängigkeit der Struktur einer 180°-Wand in einer keilförmigen 80 Ni 20 Fe-Schicht. Die Wand verläuft parallel zur Richtung des maximalen Schichtdickengradienten, welche infolge eines während des Aufdampfens der Schicht gegenwärtigen Magnetfeldes (s. 22.6) in dieser Richtung gleichzeitig magnetische Vorzugsrichtung ist. Abb. 20.13 gibt eine schematische Interpretation [29, 18, 23, 24, 30] des Magnetisierungsverlaufs in der Wand und in deren Umgebung, welche zusammen mit Abb. 20.11 ohne weiteres verständlich ist. Besonders auffallend ist der im Schichtdickenbereich zwischen 300 und 800 Å auftretende, als Stacheldrahtwand (cross-tie wall) bezeichnete Wandtypus. Magnetpulverbilder einer solchen Wand sind in Abb. 20.14 nochmals in verschiedenen Vergrößerungen wiedergegeben. Die „Querbalken" (crossties) sind nach Abb. 20.13 offenbar eine Folge der Wirkung des Streufeldes der alternierend polarisierten NÉEL-Wandstücke auf die Magnetisierung in der Umgebung der Wand.

Sehr interessant und aufschlußreich sind u. a. auch die von METHFESSEL, MIDDELHOEK und

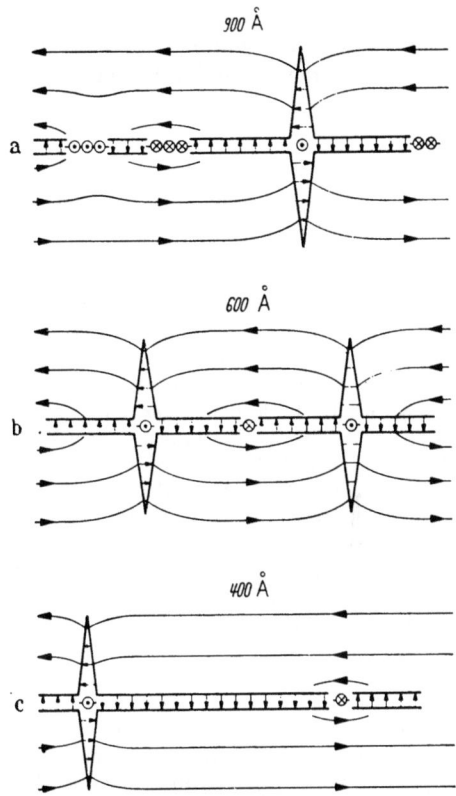

Abb. 20.13 a—c. Magnetisierungsverlauf in der Umgebung von „Stacheldrahtwänden" bei verschiedenen Schichtdicken (schematisch). (Nach METHFESSEL, MIDDELHOEK und THOMAS [23, 24])

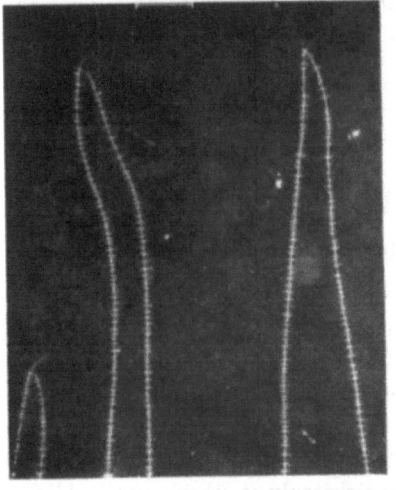
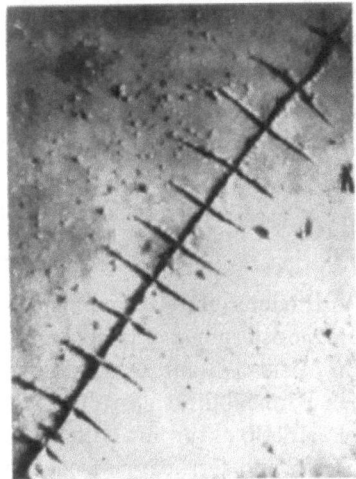

Abb. 20.14 a u. b. „Stacheldrahtwände" in einer (a) 800 Å und (b) 300 Å dicken 80 Ni 20 Fe-Schicht. (Nach METHFESSEL, MIDDELHOEK und THOMAS [23] und MOON [19])

THOMAS [*29, 23, 24*] in der Umgebung von Kratzspuren beobachteten Wandstrukturen, welche zum Teil durch die bei der plastischen Verformung der Schicht in der Umgebung der Kratzspur erzeugte Spannungsanisotropie bedingt sind. Der Kürze halber kann hier jedoch nicht näher darauf eingegangen werden.

Literatur zu Kap. 20

[*1*] BLOCH, F.: Z. Phys. 74 (1932) S. 295.
[*2*] NÉEL, L.: Cah. Physique 25 (1944) S. 1.
[*3*] KITTEL, CH.: Rev. Mod. Phys. 21 (1949) S. 541.
[*4*] LANDAU, L., u. E. LIFSCHITZ: Phys. Z. Sowjet. 8 (1935) S. 153.
[*5*] LIFSCHITZ, E.: J. Phys. USSR 8 (1944) S. 337.
[*6*] LILLEY, B. A.: Phil. Mag. 41 (1950) S. 792.
[*7*] STONER, E. C.: Rep. Progr. in Physics 13 (1950) S. 83.
[*8*] DÖRING, W.: Z. Phys. 108 (1938) S. 137.
[*9*] DÖRING, W.: in R. BECKER: „Probleme der technischen Magnetisierungskurve", S. 26—41, Berlin: Springer 1938.
[*10*] DÖRING, W., u. H. HAAKE: Phys. Z. 39 (1938) S. 865.
[*11*] WILLIAMS, H. J., u. W. SHOCKLEY: Phys. Rev. 75 (1949) S. 178.
[*12*] NÉEL, L.: C. R. Acad. Sci., Paris 241 (1955) S. 533.
[*13*] BIEDERMANN, E., u. E. KNELLER: Z. Metallkde. 47 (1956) S. 289.
[*14*] HUBER, E. E., D. O. SMITH u. J. B. GOODENOUGH: J. Appl. Phys. 29 (1958) S. 294.
[*15*] KACZER, J.: Czech. J. Phys. 7 (1957) S. 557.
[*16*] STEPHANI, H.: Wiss. Z. d. Fr. Schiller-Univ. Jena 7 (1957/58) S. 373.
[*17*] WILLIAMS, H. J., u. R. C. SHERWOOD: J. Appl. Phys. 28 (1957) S. 548.
[*18*] HUBER, E. H., D. O. SMITH u. J. B. GOODENOUGH: J. Appl. Phys. 29 (1958) S. 294.
[*19*] MOON, R. M.: J. Appl. Phys. 30 (1959) S. 82.
[*20*] FULLER, H. W., u. H. RUBINSTEIN: J. Appl. Phys. 30 (1959) S. 84.
[*21*] HALE, M. E., H. W. FULLER u. H. RUBINSTEIN: J. Appl. Phys. 30 (1959) S. 789.
[*22*] FULLER, C. E.: J. Appl. Radium 20 (1959) S. 310.
[*23*] METHFESSEL, S., S. MIDDELHOECK u. H. THOMAS: IBM-Journal of Research and Development 4 (1960) S. 96.
[*24*] METHFESSEL, S., S. MIDDELHOEK u. H. THOMAS: J. Appl. Phys. 31 (1960) S. 302 S.
[*25*] DEBLOIS, R. W., u. C. D. GRAHAM: J. Appl. Phys. 29 (1958) S. 931.
[*26*] SHTRICKMAN, U. D. TREVES: J. Appl. Phys. 31 (1960) S. 147 S.
[*27*] RIEDER, G.: Abh. der Braunschweig. Wiss. Ges. 11 (1959) S. 20.
[*28*] BEAN, C. P., u. R. W. DE BLOIS: „Magnetic Properties of Metals and Alloys", S. 18, ASM, Cleveland, Ohio (USA) (1959).
[*29*] MIDDELHOEK, S.: Berichte der Arbeitsgemeinschaft „Ferromagnetismus" S. 119 (1959).
[*30*] THOMAS, H.: Berichte der Arbeitsgemeinschaft „Ferromagnetismus", S. 86 (1959).
[*31*] DIETZE, H.-D., u. H. THOMAS: Z. Physik 163 (1961) S. 523.

21. Magnetische Struktur großer Kristalle

21.1 Grundsätzliches

Die Aufteilung eines ferromagnetischen Kristalls in Bezirke mit unterschiedlicher Magnetisierungsrichtung ist, wie bereits in Kap. 4 ausgeführt, im Jahre 1907 von WEISS [*1*] zur Deutung des pauschal unmagnetischen Zustandes und der hohen Permeabilität postuliert worden. Inzwischen wurde die Existenz einer solchen Bezirksstruktur mit Hilfe verschiedener Methoden an einer Vielzahl ferromagnetischer und ferrimagnetischer Stoffe direkt nachgewiesen. Wir wollen uns zunächst kurz überlegen, warum eine Bezirkstruktur überhaupt gebildet wird und anschließend die Gesetzmäßigkeiten untersuchen, durch welche ihre Form bestimmt ist.

21.1 Grundsätzliches

Die energetische Begründung dafür, daß eine Bezirkstruktur bei Abwesenheit eines äußeren Feldes stabiler ist als der Zustand einheitlicher Magnetisierungsrichtung im ganzen Kristall, wurde 1935 von LANDAU und LIFSCHITZ [2] gegeben. Sie besteht kurz gesagt darin, daß durch eine geeignete Bezirksaufteilung die magnetostatische Energie um mehr reduziert wird als andere Energieanteile dabei anwachsen. Wir überlegen uns dies an Hand der Abb. 21.1 wie folgt:

Die entmagnetisierende Energie eines homogen magnetisierten Würfels mit der Kantenlänge 1 cm hat nach Gl. (19.5) die Größenordnung $E_I \approx I_s^2$. Unterteilt man den Würfel entsprechend Abb. 21.1b in zwei gleich große, antiparallel zueinander magnetisierten Bezirke, dann nimmt E_I etwa auf die Hälfte, bei Unter-

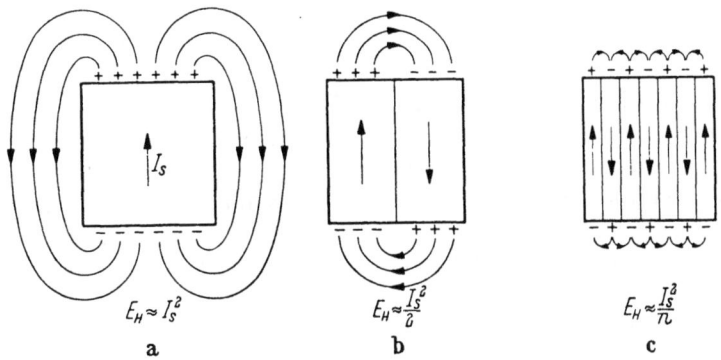

Abb. 21.1. a—c Zur energetischen Begründung der Stabilität einer Bezirkstruktur

teilung in vier Bezirke alternierender Magnetisierungsrichtung etwa auf ein Viertel usw., und allgemein bei Unterteilung in n gleich dicke, jeweils antiparallel zueinander magnetisierte Platten (Abb. 21.1c) nach Gl. (19.15) auf den n-ten Teil, d. h. auf $E_I \approx (1/n) I_s^2$ ab. Die entmagnetisierende Energie kann also durch eine entsprechend feine Unterteilung beliebig klein gemacht werden.

E_I ist jedoch nicht der einzige Energieanteil, der sich mit der Plattenzahl ändert. Wie wir in Kap. 20 gesehen haben, ist zur Bildung von 1 cm² BLOCH-Wand zwischen zwei antiparallel zueinander magnetisierten Bezirken eine Energie γ_w der Größenordnung 1 erg notwendig. Durch Hinzufügen eines weiteren Bezirks wird folglich zwar die entmagnetisierende Energie verkleinert, es muß jedoch Energie zur Bildung der neu hinzukommenden BLOCH-Wand aufgewendet werden. Die Anzahl der Bezirke kann spontan so lange wachsen, solange ein Energiegefälle vorhanden ist, d. h. solange die Gesamtenergie E_{ges} bestehend aus der entmagnetisierenden Energie E_I und der Wandenergie E_w durch Hinzufügen eines weiteren Bezirks abnimmt. Im Gleichgewicht stellt sich schließlich diejenige Zahl n_0 der Bezirke ein, für welche die Gesamtenergie als Funktion von n zum Minimum wird.

Für n Bezirke ist die magnetostatische Energie des Würfels nach Gl. (19.15)

$$E_I = (1/n) I_s^2 \tag{21.1}$$

und die Wandenergie, da der Querschnitt des Würfels gerade 1 cm² ist

$$E_w = (n-1)\gamma_w, \tag{21.2}$$

worin γ_w die zur Bildung von 1 cm² Wandfläche notwendige Energie bedeutet. Die Gesamtenergie

$$E_{\text{ges}} = E_I + E_w = (1/n)\,I_s^2 + (n-1)\,\gamma_w \qquad (21.3)$$

ist ein Minimum für

$$\partial E_{\text{ges}}/\partial n = -(1/n^2)\,I_s^2 + \gamma_w = 0. \qquad (21.4)$$

Daraus ergibt sich die Zahl n_0 der Bezirke im Gleichgewicht

$$n_0 = \sqrt{I_s^2/\gamma_w} \qquad (21.5)$$

und hiermit aus Gl. (21.3) schließlich die zugehörige Gesamtenergie

$$E_{0\,\text{ges}} = 2\,I_s\sqrt{\gamma_w}. \qquad (21.6)$$

Nehmen wir die Zahlwerte $I_s = 10^3$ cgsE und $\gamma_w = 1$ erg/cm² an, so erhalten wir $n_0 = 10^3$ und die Gesamtenergie des unterteilten Würfels $E_{0\,\text{ges}} = 2 \cdot 10^3$ erg. Die Energie des homogen magnetisierten Würfels ist demgegenüber $E_{\text{ges}} = E_I \approx I_s^2 = 10^6$ erg. Durch die Unterteilung in Bezirke hat also die Gesamtenergie wegen der damit verbundenen Verkleinerung der magnetostatischen Energie um rund einen Faktor 10^3 abgenommen. Die Ausbildung einer Bezirkstruktur ist also eine Folge der räumlichen Begrenzung des Ferromagnetikums. In einem homogenen, unendlich ausgedehnten Kristall würde keine Bezirkstruktur entstehen.

In unserem speziellen Beispiel wurden durch die Unterteilung des Kristalls in Bezirke nur E_I und E_w verändert. Im allgemeinen muß man jedoch auch Änderungen der übrigen magnetischen Energieanteile: Kristallenergie E_K, gegebenenfalls Diffusionsanisotropieenergie E_D, Spannungsenergie E_σ, Austauschenergie E_A sowie die potentielle Energie E_H in einem äußeren Feld mit in Betracht ziehen. Zu dieser Terminologie ist noch zu bemerken, daß sich nach Kap. 20 die Wandenergie γ_w aus Kristall-, Spannungs- und Austauschenergie zusammensetzt. Es ist jedoch praktisch, die Wandenergie als besonderen Energieterm zu behandeln und die darin enthaltenen Energieanteile bei E_K, E_σ und E_A nicht extra mitzuzählen.

Beschränken wir uns auf den einfachsten Fall eines ungestörten, homogenen Kristalls, dann nimmt bei der Bildung der Bezirkstruktur nur E_I[1] ab, während alle übrigen Energieterme entweder zunehmen oder (mit Ausnahme von E_w) konstant bleiben. Eine spontane Unterteilung des Ferromagnetikums in WEISSsche Bezirke kann also stets dann, aber auch nur dann stattfinden, wenn die dadurch gewonnene magnetostatische Energie die Zunahme aller übrigen Energieterme überwiegt, so daß eine Abnahme der Gesamtenergie

$$E_{\text{ges}} = E_I + E_w + E_K + E_D + E_\sigma + E_A + E_H \qquad (21.7)$$

resultiert.

Mit unserem Beispiel haben wir nachgewiesen, daß durch die speziell angenommene Bezirkstruktur in Abb. 21.1c die Gesamtenergie gegenüber dem homo-

---

[1] In Kristallen mit Eigenspannungen oder mit örtlich veränderlicher Diffusionsanisotropie kann auch E_σ bzw. E_D durch Bildung von WEISSschen Bezirken reduziert werden, d. h. die Abnahme der magnetostatischen Energie ist in Realkristallen, welche stets Eigenspannungen haben, zwar die hauptsächliche, aber nicht unbedingt die einzige Ursache für die Ausbildung der Bezirkstruktur.

21.1 Grundsätzliches

gen magnetisierten Zustand reduziert wird, und wir haben ferner für diese spezielle Struktur das Minimum der Energie berechnet. Es wurde jedoch bisher nicht untersucht, ob diese Struktur überhaupt stabil ist, d. h. ob sie dem thermodynamischen Gleichgewichtszustand entspricht.

Das thermodynamische Gleichgewicht ist durch die Forderung bestimmt, daß die durch Gl. (21.7) gegebene Gesamtenergie den kleinstmöglichen Wert annimmt. Die Frage, durch was für eine Struktur diese Forderung erfüllt wird, bleibt jedoch nach diesem Kriterium zunächst vollkommen offen. Hierin liegt die prinzipielle Schwierigkeit einer theoretischen Vorhersage der Gleichgewichtsstruktur eines vorgegebenen Kristalls.

Nehmen wir beispielsweise an, der in obigem Beispiel behandelte Würfel sei ein kubischer Einkristall mit den $\langle 100 \rangle$-Richtungen parallel zu den Würfelkanten. Die $\langle 100 \rangle$-Richtungen seien leichte Richtungen. Für diesen Kristall kann sich die bereits diskutierte Struktur (Abb. 21.1c) mit untereinander parallelen, plattenförmigen Bezirken ohne Aufwand an Kristall-, Spannungs- und Austauschenergie bilden. In dem vorher berechneten Gleichgewichtszustand dieser Struktur verbleiben jedoch Wandenergie und magnetostatische Energie jeweils von der Größenordnung 10^3 erg. Für die in Abb. 21.2a dargestellte Bezirksanordnung beträgt demgegenüber die Wandenergie nur etwa 2,8 erg, während die magnetostatische Energie überhaupt verschwindet und ebenfalls weder Kristall- noch Austauschenergie vorkommen. Dagegen treten, wie wir in 21.3.3 (s. a. Kap. 23) sehen werden, bei dieser Anordnung magnetostriktive Eigenspannungen auf, welche durch den Übergang zu

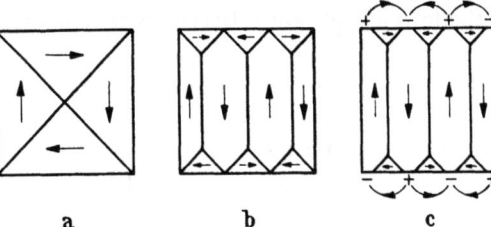

Abb. 21.2a—c. Bezirkstrukturen in kubischen Kristallen

einer Struktur entsprechend Abb. 21.2b unter Aufwand an Wandenergie reduziert werden können. Bei sehr großer Magnetostriktion λ_{100} und kleiner Sättigungsmagnetisierung I_s ergibt sich unter Umständen die kleinste Gesamtenergie auch für eine Kombination aus den Strukturen Abb. 21.1c und Abb. 21.2b, wie sie in Abb. 21.2c dargestellt ist.

Bereits an Hand dieses einfachen Beispiels ist damit klar geworden, daß man die Gleichgewichtsstruktur praktisch nur in der Weise ermitteln kann, daß man eine Reihe günstig erscheinender Anordnungen mit gegebenen Materialkonstanten λ, I_s usw. durchrechnet. Eine gewisse Auswahl günstiger Bezirksanordnungen folgt daraus, daß die Wandenergie und die Energie der magnetostriktiven Eigenspannungen im allgemeinen klein gegen die übrigen Energieterme in Gl. (21.7) sind. Im wesentlichen kommen daher nur solche Bezirkstrukturen in Betracht, durch welche unter weitgehender Vermeidung von Kristall- und Austauschenergie die magnetostatische Energie möglichst stark reduziert wird.

Nach dieser Vorbereitung können wir den Begriff des großen Kristalls definieren. Wir verstehen darunter einen homogenen Kristall, dessen Linearabmessungen so groß sind, daß seine Gesamtenergie durch Unterteilung in WEIsssche Bezirke reduziert wird. Das Gegenstück bilden die sog. kleinen Kristalle oder

Einbereichkristalle (oft auch Eindomänenteilchen genannt), deren Magnetostatik wir in Kap. 22 zusammen mit den dünnen Schichten behandeln werden.

Abschließend bleibt noch zu erwähnen, daß sich die durch das absolute Minimum von E_{ges} gegebene Gleichgewichtsstruktur nur in einem ideal störungsfreien Kristall und bei Vorhandensein von wachstumsfähigen Ummagnetisierungskeimen (s. 26.2) spontan einstellen würde. Infolge der unvermeidlichen Gitterstörungen in Realkristallen sowie von Keimbildungsschwierigkeiten entsprechen dagegen die tatsächlich beobachteten Bezirkstrukturen oft nicht dem Gleichgewicht.

Die hier erwähnten Probleme der Magnetostatik des Ferromagnetismus wurden nach Erscheinen der grundlegenden Arbeit von LANDAU und LIFSHZITZ zunächst so gut wie nicht beachtet. Erst etwa 10 Jahre später hat NÉEL [3, 4] derartige Überlegungen wieder aufgegriffen und die Theorie der Bezirkstrukturen in ihren wesentlichen Grundzügen entwickelt.

21.2 Methoden zur visuellen Beobachtung Weißscher Bezirke
21.2.1 Magnetpulvermethode

Allgemeines. Von den verschiedenen heute bekannten Verfahren, mit deren Hilfe WEISSsche Bezirke direkt beobachtet werden können, ist die Magnetpulvermethode, vielfach auch BITTER-Streifenmethode genannt, das wichtigste Hilfsmittel zur Erforschung der magnetischen Struktur.

Wir betrachten eine ebene Oberfläche eines in Bezirke unterteilten Kristalls. Enthält die Oberfläche wenigstens eine leichte Richtung, dann liegt die Magnetisierung in den Bezirken parallel zur Oberfläche in dieser leichten Richtung.

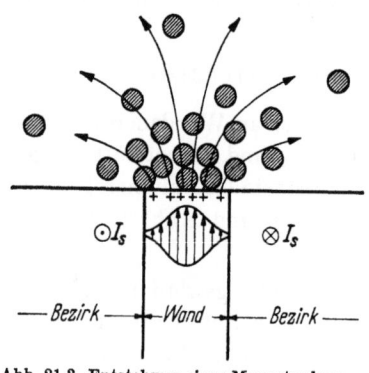

Abb. 21.3. Entstehung eines Magnetpulvermusters

Lediglich dort wo eine BLOCH-Wand auf die Oberfläche trifft, hat die Magnetisierung, wie aus Abb. 21.3 hervorgeht, eine Komponente senkrecht zur Oberfläche, welche Anlaß zu einem Streufeld gibt. Der Schnitt einer BLOCH-Wand mit der Oberfläche erscheint als ein mit magnetischen Ladungen belegter Streifen. Bringt man auf die Oberfläche eine Suspension bzw. eine kolloidale Lösung kleiner ferromagnetischer Teilchen, so wirkt auf diese Teilchen in dem inhomogenen Streufeld der BLOCH-Wandstreifen eine Kraft in Richtung der höchsten Feldstärke in der Mitte der Wandstreifen. Dort sammeln sich die Teilchen an, und dadurch wird das Schnittmuster der Bezirkstruktur mit der Oberfläche sichtbar. Das ist der Grundgedanke der Magnetpulvermethode, welcher auf v. HAMOS und THIESSEN [5, 6] sowie auf BITTER [7, 8] zurückgeht. Die in einer Reihe darauffolgender Arbeiten [9] bis [18] an mechanisch polierten Oberflächen beobachteten Magnetpulvermuster waren verhältnismäßig kompliziert und konnten damals nicht gedeutet werden. Bei dem mechanischen Polieren wird, wie bereits KAYA [16] bemerkt hatte, das innere Kristallgefüge mit einer dünnen, stark gestörten Oberflächenschicht (BEILBY-Schicht [19]) überdeckt. ELMORE [20] entfernte diese

Oberflächenschicht mit Hilfe des von JAQUET [*21, 22*] angegebenen elektrolytischen Polierverfahrens und konnte damit den für die weitere Entwicklung der Methode entscheidenden Nachweis erbringen, daß die vorher beobachteten, komplizierten Magnetpulvermuster nur an mechanisch polierten Oberflächen auftreten und lediglich für die Oberflächenschicht charakteristisch sind, während nach Abtragen dieser Schicht grundlegend andere Muster gebildet werden (s. a. [*23*]). Mit Hilfe der ELMORE-Methode beobachtete WILLIAMS [*24, 25, 26*] 1946/47 erstmals auf (100)-Oberflächen kubischer Kristalle (Fe + 3,8% Si) übersichtliche Strukturen, welche ganz offenbar im Zusammenhang mit der Gittersymmetrie standen und sich in einfacher Weise deuten ließen. Diese Strukturen bestätigten vollauf die theoretischen Voraussagen von LANDAU und LIFSCHITZ sowie NÉEL und stellen den ersten direkten und überzeugenden Nachweis für die Existenz und die theoretisch postulierten Eigenschaften der WEISSschen Bezirke dar.

Einige kurz darauf folgende Arbeiten [*27*] bis [*31*], von denen insbesondere diejenigen von WILLIAMS, BOZORTH und SHOCKLEY [*27*] und von WILLIAMS und SHOCKLEY [*28*] hervorzuheben sind, haben die Methode der BITTER-Streifen in ihren wesentlichen verfahrenstechnischen Grundlagen auf den heutigen Stand gehoben.

Theorie der Magnetpulvermethode. In den gebräuchlichen Suspensionen bzw. Kolloiden hat der mittlere Teilchendurchmesser nach Untersuchungen von ELMORE [*32, 33*] die Größenordnung 10^{-5} bis 10^{-6} cm. Die Verteilung derartig kleiner Teilchen in der Lösung wird durch die BROWNsche Temperaturbewegung sowie durch die auf die Teilchen wirkenden Magnetfelder bestimmt. KITTEL [*76*] nahm an, daß sie im thermischen Gleichgewicht durch die BOLTZMANNsche Verteilungsfunktion gegeben ist. Bezeichnet man mit c_0, c_H die Teilchenkonzentration im Feld Null bzw. im Feld H und mit μ das Moment eines Teilchens, so gilt also

$$c_H = c_0 \, e^{\frac{\mu H}{kT}} \, . \tag{21.8}$$

Nehmen wir zunächst an, daß die Teilchen Einbereichkristalle sind, was für die Teilchen in den üblichen Suspensionen auch tatsächlich zutrifft. Ihr magnetisches Moment ist dann $\boldsymbol{\mu} = \boldsymbol{I}_s \cdot V$ (I_s = Magnetisierung des Teilchens, V = Teilchenvolumen). Ist θ der Winkel zwischen $\boldsymbol{\mu}$ und $\boldsymbol{H}$, so wird $\boldsymbol{\mu} \, \boldsymbol{H} = \mu \cdot H \cos \theta$. Dies in Gl. (21.8) eingesetzt und c_H über alle Winkel θ gemittelt ergibt

$$c_H = c_0 \frac{\sinh(\mu H/kT)}{\mu H/kT} \, . \tag{21.9}$$

Die Funktion Gl. (21.9) steigt für Werte $\mu H/kT > 3$ steil an. Damit sich also im Gleichgewicht ein merklicher Konzentrationsunterschied zwischen zwei benachbarten Bereichen der Lösung einstellt, muß die Differenz ΔH der Feldstärken in diesen Bereichen die Forderung

$$\mu \, \Delta H > 3kT \tag{21.10}$$

erfüllen.

Die Ungleichung (21.10) ist die allgemeine Bedingung für eine Koagulation der Teilchen entgegen der Temperaturbewegung. Sie sagt jedoch noch nichts über das Verhalten der Teilchen in den von der Kristalloberfläche ausgehenden

Streufeldern aus, denn außer diesen sind auch noch die von den Teilchen selbst ausgehenden Felder wirksam. Dieser Einfluß der magnetischen Wechselwirkungen zwischen den Teilchen wurde von BERGMANN [35] untersucht.

Kugelähnliche Mehrbereichkristalle tragen ebenso wie ausgeflockte Aggregate von Einbereichkristallen nur wenig zu dem Pulvermuster bei, weil ihr von den Streufeldern an der Kristalloberfläche induziertes Moment $\mu = \chi \Delta H V$ wegen der geringen effektiven Suszeptibilität $\chi \approx 1/N \approx 3/4\pi$ (N = Entmagnetisierungsfaktor) im allgemeinen kleiner als der durch die Bedingung (21.10) geforderte Wert ist. Auf Grund der Bedingung (21.10) berechnete BERGMANN unter der Voraussetzung kugelförmiger Teilchen eine obere Teilchendurchmessergrenze

$$d_e = 3(2k\,T/\pi^2\,I_s^2), \qquad (21.11)$$

oberhalb welcher die Teilchen infolge ihrer magnetischen Wechselwirkungen untereinander spontan ausflocken, und eine untere Durchmessergrenze

$$d_w = 3\,[2k\,T(1 + \pi\,I_w^2/K_w)/(2\pi\,I_s\,I_w\,\delta_w)]^{1/2}, \qquad (21.12)$$

unterhalb welcher keine Ansammlung der Teilchen im Streufeld der BLOCH-Wand mehr stattfindet, weil die BROWNsche Bewegung überwiegt. Hierin bedeuten I_s die spontane Magnetisierung des Pulverteilchens und I_w, K_w, δ_w die spontane Magnetisierung, Kristallenergiekonstante und BLOCH-Wanddicke der Probe. Die Bedingung dafür, daß BITTER-Streifen gebildet werden, ist offenbar

$$d_e > d_w. \qquad (21.13)$$

Setzt man hier die Gln. (21.11) und (21.12) ein, dann folgt daraus für die spontane Magnetisierung der Pulverteilchen die Bedingung

$$I_s < \frac{4}{\pi\,k\,T}\left(\frac{I_w\,\delta_w}{1 + \pi\,I_w^2/K_w}\right)^3. \qquad (21.14)$$

Der Durchmesser d der Teilchen muß außerdem die Bedingung

$$d_e > d > d_w \qquad (21.15)$$

erfüllen. Für Fe_3O_4-Teilchen auf einem Eisen- oder Nickelkristall ergibt sich beispielsweise

$$d_e \approx 9{,}9 \cdot 10^{-7} \text{ cm},$$
$$d_w \approx 5{,}7 \cdot 10^{-7} \text{ cm}.$$

Teilchen dieser Größenordnung sind tatsächlich Einbereichkristalle, wie bei der Rechnung vorausgesetzt worden war. Ferner besteht nach Gl. (21.14) die Bedingung

$$I_s < 1{,}3 \cdot 10^4 \text{ cgs}E.$$

Diese Bedingung ist für Fe_3O_4-Teilchen erfüllt, so daß eine kolloide Lösung von Fe_3O_4 nach der Theorie zur Erzeugung von BITTER-Streifen auf Eisen und Nickel geeignet erscheint, was durch die experimentelle Erfahrung auch vollauf bestätigt wird. Für 50 Fe 50 Ni-Permalloy dagegen ergibt sich aus Gl. (21.14) die Bedingung

$$I_s < 63 \text{ cgs}E.$$

Dieser Wert ist wesentlich kleiner als die spontane Magnetisierung von Fe_3O_4 ($I_s = 470$ cgs$E$). Tatsächlich ist es mit Fe_3O_4-Suspensionen bisher auch nicht gelungen, auf unverspanntem Permalloy BITTER-Streifen herzustellen.

Kolloidale Lösung. Ein heute vielfach in Gebrauch befindliches Kolloid für BITTER-Streifenuntersuchungen hat ELMORE [36] angegeben. Es ist dies eine kolloidale Lösung von Fe_3O_4 in Seifenwasser. Die Fe_3O_4-Teilchen werden mit NaOH aus einer Lösung von $FeCl_2$ und $FeCl_3$ ausgefällt.

Präparation der Kristalloberfläche. Die Magnetpulvermethode gibt ein Bild der Bezirkstruktur an der Kristalloberfläche. Das Ziel solcher Untersuchungen ist jedoch in den meisten Fällen, aus der Oberflächenstruktur auf die Struktur im Inneren des Kristalls zu schließen. Dies ist nur unter ganz bestimmten Bedingungen bezüglich der Oberflächenbeschaffenheit und der kristallographischen Orientierung der Oberfläche möglich.

Durch mechanisches Polieren entsteht, wie bereits erwähnt, an der Oberfläche eine dünne, vermutlich amorphe oder mikrokristalline Schicht mit starken inneren Spannungen (BEILBY-Schicht). Auf mechanisch polierten Oberflächen kubischer

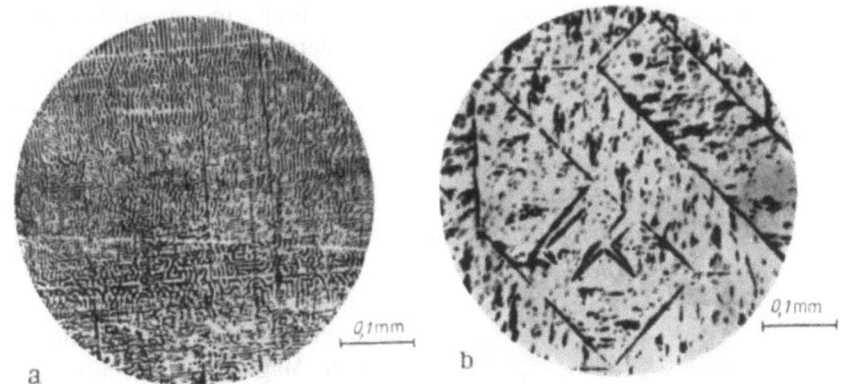

Abb. 21.4a u. b. Änderung des Magnetpulvermusters auf einer (100)-Oberfläche eines 4% Silizium—Eisen-Einkristalls durch elektrolytisches Abtragen der beim mechanischen Polieren entstandenen Oberflächenschicht. Die Dicke der abgetragenen Schicht ist (a) 6 und (b) 28 μm. (Nach CHIKAZUMI und SUZUKI [37])

Kristalle beobachtet man stets die sog. Labyrinthmuster. Ein solches ist in Abb. 21.4a für eine (100)-Oberfläche eines Einkristalls aus Fe + 4% Si wiedergegeben. Erst in neuerer Zeit ist es CHIKAZUMI und SAZUKI [37] gelungen, derartige Muster in Einzelheiten zu deuten und ihre Entstehung zu begründen (s. 21.6). Die komplizierte Struktur ist durch Eigenspannungen in der Oberflächenschicht bedingt.

Erst nach Beseitigung der Oberflächenschicht erhält man, wie zuerst ELMORE [20] erkannt hat, die der ungestörten Kristalloberfläche entsprechende Bezirkstruktur. Man kann dies auf zweierlei Weise erreichen. Entweder man glüht den Kristall bei hohen Temperaturen, wobei die Eigenspannungen im wesentlichen abgebaut werden, oder man trägt die Oberflächenschicht, welche je nach Intensität der mechanischen Behandlung $5 \cdot 10^{-4}$ bis $20 \cdot 10^{-4}$ cm dick ist, durch elektrolytisches Polieren ab. Letzteres Verfahren ist aus verschiedenen Gründen vorzuziehen und allgemein üblich. Abb. 21.4b zeigt, wie dabei das Labyrinthmuster verschwindet und die einfache, für (100)-Oberflächen von Eisen charakteristische Bezirkstruktur zutage tritt.

Wir werden später sehen, daß auch nach Abtragen der mechanisch verspannten Oberflächenschicht die sichtbare Bezirkstruktur nur dann einfach und für

Rückschlüsse auf die Struktur im Inneren des Kristalls geeignet ist, wenn die Oberflächenebene mindestens eine leichte Richtung enthält. Ist dies nicht der Fall, dann bilden sich zur Vermeidung von Streufeldern komplizierte Oberflächenstrukturen aus, welche die normalerweise einfachen Strukturen im Kristallinneren nicht mehr erkennen lassen.

Ermittlung der Magnetisierungsrichtung. Die wesentlichen Methoden zur Feststellung der Magnetisierungsrichtung in Magnetpulverbildern wurden bereits von WILLIAMS, BOZORTH und SHOCKLEY [27] angegeben.

Auch nach dem elektrolytischen Polieren ist die Oberfläche noch mehr oder weniger wellig. Ferner kann man durch Überstreichen der Oberfläche mit einem Glaspinsel in verschiedenen Richtungen noch zusätzliche Kratzspuren erzeugen.

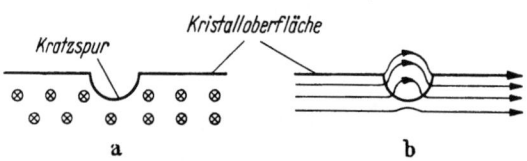

Abb. 21.5a u. b. Zur Erläuterung der Kratzspurentechnik zur Ermittlung der Achsenrichtung der Magnetisierung

Aus Abb. 21.5 ist ersichtlich, daß Streufelder an derartigen Kratzspuren im wesentlichen nur dann entstehen, wenn diese nahezu senkrecht zur Magnetisierungsrichtung verlaufen. Nur solche Kratzspuren werden also durch Ansammlung von Kolloidteilchen deutlich sichtbar werden, wie dies Abb. 21.6 [38] für eine einfache Struktur auf einer (100)-Oberfläche eines Siliziumeisenkristalls zeigt. Aus der Richtung der sichtbaren Kratzspuren kann danach die Lage der Magnetisierung sofort abgelesen werden. Nunmehr bleibt noch festzustellen, welche Richtung die Magnetisierung hat.

Berührt man die Oberfläche mit dem Plus-Pol eines nadelförmigen Permanentmagneten, so werden an der Kristalloberfläche negative Ladungen induziert, von welchen spießförmige Bezirke ausgehen, die der Magnetisierungsrichtung entgegen gerichtet sind. Kehrt sich die Spießrichtung um, wenn die Spitze des Permanentmagneten in den Nachbarbezirk geschoben wird, dann ist die zwischenliegende Wand eine 180°-Wand.

Abb. 21.6. Bezirksmuster auf einer (100)-Oberfläche eines Silizium—Eisen-Kristalls. Die Magnetisierung in den Bezirken liegt parallel zu $\langle 100 \rangle$-Richtungen. (Nach BOZORTH [91])

Eine weitere einfache Methode zur Feststellung der Magnetisierungsrichtung ist die Beobachtung von Strukturänderungen bei Anwendung eines äußeren Magnetfeldes. In einem Magnetfeld wachsen diejenigen Bezirke, deren Magnetisierung im Feld die kleinere potentielle Energie $F_H = -HI_s \cos \varphi$ ($\varphi =$ Winkel zwischen Magnetisierungs- und Feldrichtung) hat, auf Kosten der Bezirke mit der größeren potentiellen Energie. Damit kann für die von ELSCHNER und ANDRÄ [39] auf einem Kobaltkristall beobachteten Pulverbilder in Abb. 21.7 sofort die Magnetisierungsrichtung der Bezirke angegeben werden.

In einem äußeren Magnetfeld, das wesentlich stärker ist als das Streufeld in der Umgebung des Schnittes einer BLOCH-Wand mit der Oberfläche ($H \gg 20$ Oe), sind die Teilchen der kolloiden Lösung im wesentlichen in Richtung des äußeren Magnetfeldes ausgerichtet. Sie konzentrieren sich deshalb nur an den Stellen der Oberfläche, an denen die Richtung der von der Oberfläche ausgehenden Streufelder mit ihrer Magnetisierungsrichtung, d. h. mit der Richtung des äußeren Feldes übereinstimmt [40, 41, 42].

Ist entsprechend Abb. 21.8a die Oberfläche eines Kristalls schwach gegen diejenige leichte Richtung geneigt, in der die Magnetisierung liegt, dann erhält man parallele, mit Magnetpolen alternierenden Vorzeichens belegte Streifen. An den BLOCH-Wänden sind die Streufelder am stärksten, und man beobachtet im Feld $H = 0$ ein Muster entsprechend Abb. 21.9a.

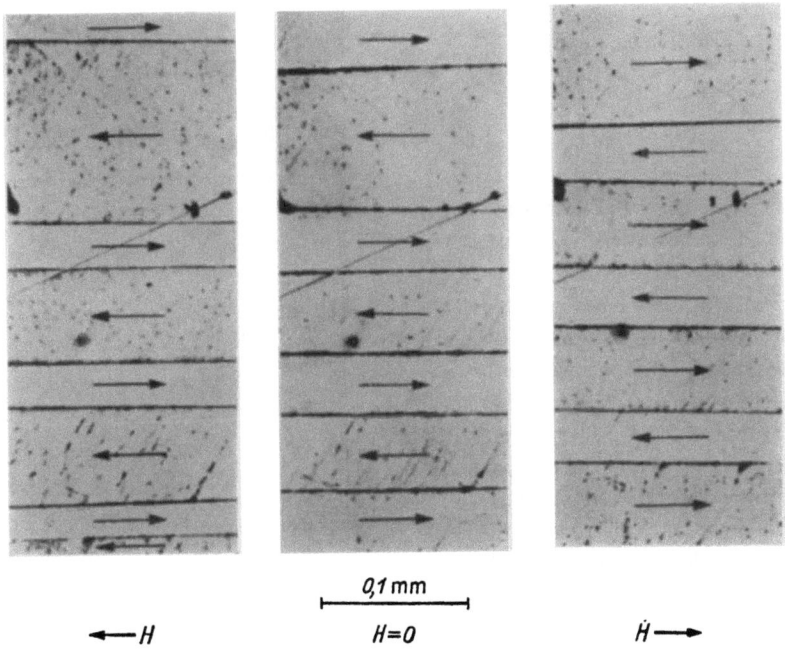

Abb. 21.7. 180°-Wandmuster auf einem Kobaltkristall bei verschiedenen Feldstärken und Feldrichtungen.
(Nach ELSCHNER und ANDRÄ [39])

Wird nunmehr ein Feld in der x-Richtung, also parallel zur Oberfläche und senkrecht zu den BLOCH-Wandebenen angelegt, dann bleibt die BLOCH-Wandstruktur unverändert, weil H überall senkrecht auf I_s steht. Die Streufeldrichtung stimmt jedoch, wie ein Schnitt durch Abb. 21.8a parallel zur x–z-Ebene in Abb. 21.8b zeigt, nur an jeder zweiten BLOCH-Wand mit der Richtung von H überein, d. h. in dem Oberflächenmuster verschwindet nach dem oben dargelegten Prinzip die eine Hälfte der BLOCH-Wandlinien (Abb. 21.9b) Damit ist bei bekannter Neigungsrichtung der Oberfläche auch die Magnetisierungsrichtung in den Bezirken bekannt. Kehrt man die Feldrichtung um, dann verschwindet, wie Abb. 21.9c bestätigt, die andere Hälfte der BLOCH-Wandlinien, während die vorher ausgelöschten Wände wieder in Erscheinung treten.

Stößt das Magnetfeld wie in Abb. 21.8c senkrecht aus der Oberfläche heraus, dann sammeln sich die Teilchen gleichmäßig über all den WEISSschen Bezirken an, in welchen die Komponente der Magnetisierung senkrecht zur Oberfläche in Feldrichtung liegt. Diese WEISSschen Bezirke erscheinen dann entsprechend Abb. 21.10a als dunkle Streifen. Wird die Feldrichtung umgekehrt, dann muß entsprechend Abb. 21.8d das komplementäre Muster erscheinen, wie Abb. 21.10b auch bestätigt. Das letztgenannte Verfahren ist insbesondere zur Deutung komplizierter Sekundärstrukturmuster von großem Nutzen.

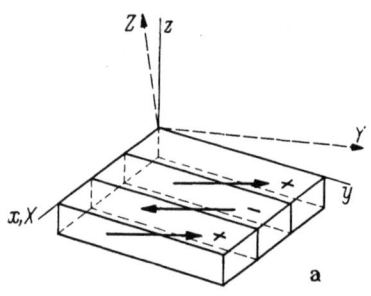

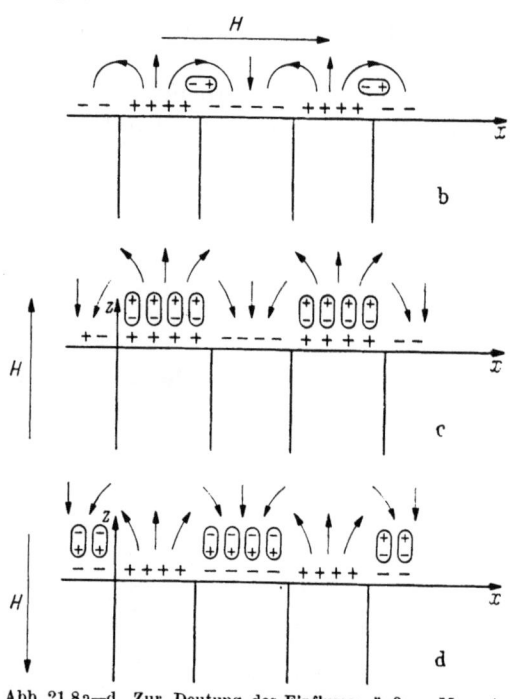

Abb. 21.8a—d. Zur Deutung des Einflusses äußerer Magnetfelder auf das Magnetpulvermuster

Weiteres über Pulvermethoden. In ähnlicher Weise wie mit flüssigen Suspensionen kann die Bezirkstruktur an Kristalloberflächen auch mit Hilfe von Aerosolen sichtbar gemacht werden. Wie bereits WILLIAMS, BOZORTH und SHOCKLEY [27] gezeigt haben, setzt sich feiner Carbonyleisenstaub ebenfalls bevorzugt an Stellen größter Streufelddichte an der Kristalloberfläche ab und liefert ein analoges Muster wie die Kolloide. Ferner beobachteten ANDRÄ und SCHWABE [43] (s. a. ELSCHNER und ANDRÄ [39]) die Struktur von Kobalt mit Hilfe von trockenem Eisenoxydpulver. Der Vergleich mit einem Kolloidmuster zeigt jedoch, daß dieses ein höheres Auflösungsvermögen besitzt.

ANDRÄ [44] gelang es, mit Hilfe einer Suspension von Eisenoxydpulver in Paraffinöl die Bezirkstruktur von Kobalt bis zu Temperaturen von 400 °C zu beobachten und zu zeigen, daß bei der Temperatur des Vorzeichenwechsels der Kristallenergie (s. Abb. 13.10) die dabei zu erwartende Strukturänderung eintritt.

Es wurde mehrfach versucht, unter Anwendung besonders feindisperser Kolloide die Feinstruktur der Pulvermuster unter dem Elektronenmikroskop zu beobachten. ECKARDT und ELSCHNER [45] zeigten erstmals eine elektronenmikroskopische Aufnahme der magnetischen Struktur von Siliziumeisen mit Hilfe eines Lackabdrucks der Oberfläche, auf welcher das von dem Kolloid gebildete Muster eingetrocknet worden war. CRAIK [46, 47] entwickelte ein Kolloid, welches nach dem Eintrocknen von der Kristalloberfläche abgelöst und unmittelbar als elektronenmikroskopisches Präparat verwendet werden kann. Nach einer kritischen Diskussion der durch die elektronenmikroskopische Untersuchung von Magnetpulvermustern gegebenen Möglichkeiten gibt SCHWARTZE [*48*] für das Auflösungsvermögen der Magnetpulvermethode $2 \cdot 10^{-5}$ cm an. Es ist ohne weiteres klar, daß das Auflösungsvermögen der BITTER-Methode letztlich durch die untere Größengrenze [s. Gl. (21.12)] der Kolloidteilchen begrenzt ist.

21.2.2 Andere Methoden zur Beobachtung der magnetischen Struktur

Magnetooptischer Kerr-Effekt. Fällt linear polarisiertes Licht auf eine Metalloberfläche, dann ist der reflektierte Strahl im allgemeinen elliptisch polarisiert. Nur wenn die Polarisationsebene (Ebene des elektrischen Vektors) parallel oder senkrecht zur Einfallsebene liegt, ist auch das reflektierte Licht linear polarisiert. Dies trifft jedoch nur bei Abwesenheit eines Magnetfeldes zu. Besteht in der reflektierenden Oberfläche spontane Magnetisierung, dann ist das reflektierte Licht auch unter oben genannten speziellen Einfallsbedingungen elliptisch polarisiert (KERR-Effekt). Die Elliptizität des reflektierten Lichts ist jedoch sehr gering, so daß der Effekt in erster Näherung als eine Drehung der

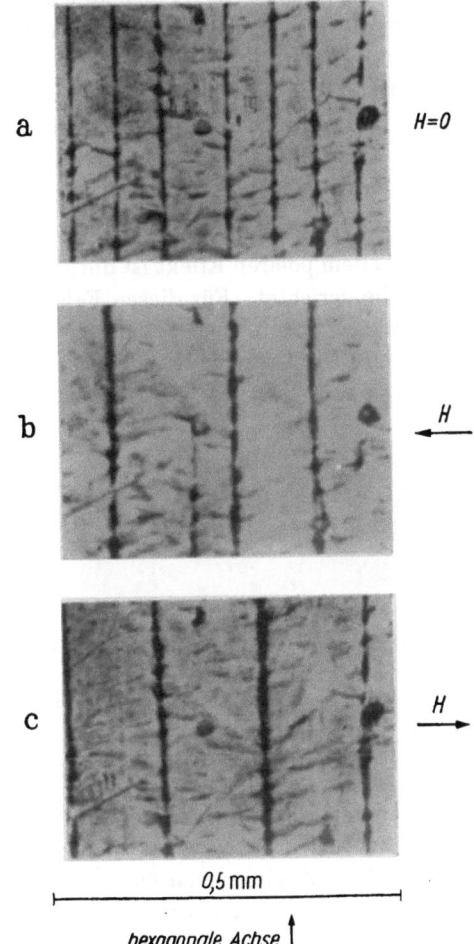

Abb. 21.9 a—c. Magnetpulvermuster auf Kobalt a) ohne äußeres Feld, b) und c) mit äußerem Feld parallel zur Oberfläche und senkrecht zur Magnetisierungsrichtung. (Nach MEE [*41*])

Abb. 21.10. Magnetpulvermuster auf Kobalt mit äußerem Magnetfeld senkrecht zur Oberfläche (a) aus dem Kristall heraus und (b) in den Kristall hineinweisend. (Nach MEE [*41*])

Polarisationsebene angesehen werden kann. Die Drehung der Polarisationsebene hängt von der Größe und Richtung der Magnetisierung an der reflektierenden Oberfläche ab. Beobachtet man das reflektierte Licht durch einen geeignet orientierten Analysator, so erscheinen Bezirke mit unterschiedlicher Magnetisierungsrichtung in verschiedener Helligkeit. Dadurch wird die Bezirkstruktur sichtbar. Der KERREffekt hat gegenüber der Magnetpulvermethode den Vorteil, daß damit Strukturänderungen trägheitslos verfolgt werden können. Er hat den Nachteil, daß er wegen der Kleinheit des Effekts nur sehr kontrastarme Bilder liefert.

Wir unterscheiden drei verschiedene Fälle:

1. Bei dem polaren Effekt ist die Magnetisierung senkrecht zur reflektierenden Oberfläche gerichtet. Für diesen Fall ist der KERR-Effekt am stärksten und im Gegensatz zu den folgend genannten Fällen auch bei senkrechtem Lichteinfall vorhanden. Die Drehung der Polarisationsebene beträgt bei Eisen etwa 20 Winkelminuten.

Abb. 21.11. Bezirkstruktur von MnBi aufgenommen mit Hilfe des Kerreffekts. Vergr. 700×. (Nach ROBERTS und BEAN [55])

2. Bei dem longitudinalen (meridionalen) Effekt liegt die Magnetisierung parallel zur reflektierenden Oberfläche und zur Einfallsebene. Dieser Effekt ist für einen Einfallswinkel von 60° am stärksten und beträgt dort für Eisen etwa 5 Winkelminuten, ist also um etwa einen Faktor 4 kleiner als der polare Effekt.

3. Bei dem transversalen (äquatorialen) Effekt liegt die Magnetisierung parallel zur reflektierenden Oberfläche und senkrecht zur Einfallsebene. Der Effekt ist von der gleichen Größenordnung wie der longitudinale Effekt. Alle anderen geometrischen Anordnungen sind Kombinationen dieser Fälle.

WILLIAMS, FORSTER und WOOD [49, 50] beobachteten auf einer senkrecht zur hexagonalen Achse eines Kobaltkristalls geschnittenen Oberfläche mit Hilfe des polaren Effekts Strukturbilder, welche durchaus mit Magnetpulverbildern vergleichbar sind. FOWLER und FREYER [51, 52, 53] ist es sogar gelungen, mit Hilfe des viel schwächeren longitudinalen Effekts auf einer (100)-Fläche eines Fe—Si-Kristalls sowie auf einer Prismenfläche eines Co-Kristalls befriedigende Strukturbilder herzustellen. Der longitudinale und der transversale Effekt wurden ferner von LEE und Mitarbeitern [54] untersucht.

Sehr viel kontrastreichere Bilder als bei Metallen erhielten ROBERTS und BEAN [55] und später auch ANDRÄ [56] auf MnBi-Kristallen. Eines dieser Bilder ist in Abb. 21.11 wiedergegeben.

Durch einen besonderen Kunstgriff ist es KRANZ und DRECHSEL [57] gelungen, auch auf Metalloberflächen (Siliziumeisen) für die visuelle Beobachtung hinreichend kontrastreiche KERR-Bilder zu erzeugen. Die polierte Metalloberfläche wird mit einer dünnen ZnS-Schicht bedampft und der KERR-Effekt mit linear polarisiertem, monochromatischen Licht beobachtet. Durch Mehrfachreflexion in der ZnS-Schicht ergibt sich eine Verstärkung der KERR-Drehung.

FOWLER und FREYER [58] sowie FOWLER, FREYER und STEVENS [59] haben mit Hilfe des longitudinalen KERR-Effektes an dünnen, aufgedampften Nickel-Eisen-Schichten (Schichtdicke 500 bis 20000 Å) verhältnismäßig kontrastreiche Bilder der Bezirkstruktur erhalten (s. a. 22.6).

Faraday-Effekt. Bei Durchstrahlung eines ferromagnetischen Stoffes mit polarisiertem Licht wird die Polarisationsebene gedreht, wenn die Magnetisierung eine Komponente parallel zum Lichtstrahl hat. Der Drehwinkel der Polarisationsebene ist dem Lichtweg in der Materie und der Komponente der Magnetisierung parallel zum Lichtstrahl proportional. Der Drehsinn ist der Magnetisierungsrichtung durch eine Rechtsschraube zugeordnet.

Metallschichten sind bis zu Schichtdicken von einigen hundert Å und die ferromagnetischen Granate sogar bis zu Schichtdicken der Größenordnung 0,1 mm für sichtbares Licht durchlässig. An solchen Schichten kann die Bezirkstruktur mit Hilfe des FARADAY-Effekts sichtbar gemacht werden. Hierbei entstehen wesentlich kontrastreichere Bilder als beim KERR-Effekt, denn die Drehung der Polarisationsebene beträgt beispielsweise bei senkrechter Durchstrahlung einer 1000 Å dicken Eisenschicht, welche parallel zum Lichtstrahl gesättigt ist, etwa 2° gegenüber 20' beim polaren KERR-Effekt.

Mit dem FARADAY-Effekt haben FOWLER und FRYER [60] die Bezirkstruktur einer 500 Å dicken Eisen–Nickel-Schicht bei Lichteinfall unter 45° (weil die Magnetisierung parallel zur Plattenebene liegt) und WILLIAMS und Mitarbeiter [61] die Struktur von etwa 1000 Å dicken MnBi-Schichten bei senkrechtem Lichteinfall (leichte Richtung senkrecht zur Schichtebene) beobachtet.

Besonders interessant sind derartige Untersuchungen an Granaten, weil diese bis zu Schichtdicken von etwa 0,1 mm für sichtbares Licht durchlässig sind, so daß man dort praktisch die innere Bezirkstruktur von Blockmaterial studieren kann. DILLON [62, 63] hat die optischen Eigenschaften einiger Granate beschrieben. Abb. 21.12 zeigt typische Strukturbilder eines Yttrium–Eisen-Granats bei senkrechter Durchstrahlung. Je nach der gegenseitigen Einstellung von Polarisator und Analysator kann man die parallel zum Lichtstrahl (senkrecht zur Schichtebene) magnetisierten Bezirke auf Grund des FARADAY-Effekts oder die senkrecht zum Lichtstrahl (parallel zur Schichtebene) magnetisierten Bezirke infolge der magnetischen Doppelbrechung erkennen.

Elektronenoptische Methoden. GERMER [64], SCHEIDLER [65], MARTON [66], MARTON und LACHENBRUCH [67], MARTON, SIMPSON und VAN BRONKHORST [68, 69], BLACKMAN und GRÜNBAUM [70, 71, 72] sowie SPIVAK, KANAVINA, SBITNIKOVA und DOMBROWSKAYA [73] haben mit Hilfe verschiedener elektronenoptischer Methoden die Streufelder an der Oberfläche von Kobaltkristallen nachgewiesen. Derartige elektronenoptische Verfahren erscheinen jedoch nicht geeignet, ein so anschauliches Bild der magnetischen Struktur zu vermitteln, wie die BITTER-Streifenmethode oder die magnetooptischen Effekte.

Dagegen ist es BOERSCH und Mitarbeitern [*128*] mit Hilfe einer elektronenmikroskopischen Schlierenmethode [*129*] gelungen, eine scharfe und sehr kontrastreiche Abbildung der Bezirkstruktur dünner ferromagnetischer Schichten (Schichtdicke etwa 250 Å) bei direkter Durchstrahlung der Schichten im Elektronenmikroskop zu erhalten. Die dabei erzielte Vergrößerung war etwa 2000fach. Eine weitere Entwicklung dieses Verfahrens zur Untersuchung der Feinstruktur WEISSscher Bezirke sowie von BLOCH- bzw. NÉEL-Wänden in dünnen Schichten erscheint erfolgversprechend.

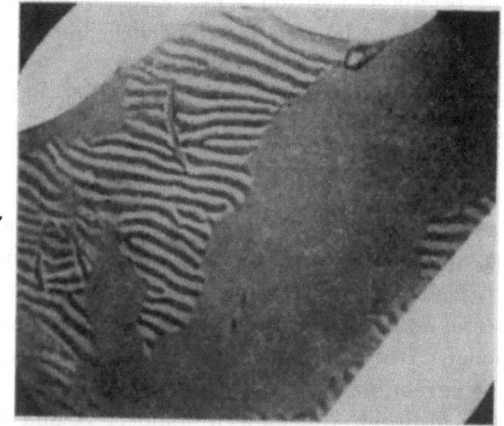

Abb. 21.12 a u. b. Bezirkstruktur eines 0,0025 cm dicken Yttrium—Eisen—Granat-Kristalls mit Oberflächen parallel zu (110)-Ebenen bei senkrechter Durchstrahlung für zwei verschiedene Einstellungen von Polarisator und Analysator. (Nach DILLON [*63*])

Wie SPIVAK, DOMBROWSKAYA und SEDOV [*74*] gezeigt haben, kann man die Bezirkstruktur auch mit Hilfe von Photoelektronen sichtbar machen.

Sondenmethoden. KACZÉR [*75*] hat die Streufelder an der Oberfläche mit einer feinen, in einer Induktionsspule schwingenden Permalloysonde untersucht und die Ergebnisse mit Pulverbildern verglichen. Eine Übersicht über die verschiedenen Methoden zur visuellen Betrachtung magnetischer Felder hat KÖNIG [*126*] gegeben.

21.3 Berechnung einfacher Bezirkstrukturen

21.3.1 Allgemeines

In 21.1 haben wir festgestellt, daß die Bezirkstruktur eine Folge der räumlichen Begrenzung des Ferromagnetikums ist und nur dann gebildet werden kann, wenn durch die mit dem Auftreten der Bezirkaufteilung verbundene Reduktion der magnetostatischen Energie die Gesamtenergie erniedrigt wird. Daraus folgt, daß die Bezirkstruktur keine unveränderliche, durch Materialkonstanten und Kristallsymmetrie gegebene Eigenschaft eines großen ferromagnetischen Kristalls darstellt, sondern wesentlich von Form und Größe des Kristalls abhängt.

Die Bezirkstruktur ist nach Gl. (21.7) im ungehemmten Gleichgewicht durch die Forderung bestimmt, daß die Gesamtenergie des Kristalls E_{ges} den kleinstmöglichen Wert hat. Im folgenden beschränken wir uns auf die Magnetostatik, indem wir durchweg $H = 0$ und damit $E_H = 0$ setzen. Wie bereits erwähnt, ist es bisher nicht gelungen, das Variationsproblem

$$\delta E_{\text{ges}} = 0 \tag{21.16}$$

welches rein rechnerisch die Gleichgewichtsstruktur liefert, allgemein zu lösen. Wir müssen deshalb auf Grund gewisser Auswahlregeln zunächst Annahmen über die Art der Bezirkstruktur machen, und können hierfür dann das Minimum der Energie als Funktion der verfügbaren Parameter berechnen, wie wir im folgenden an einigen Beispielen zeigen werden. Welche Bezirkstruktur das absolute Minimum der Energie liefert, ist vielfach nur durch Probieren zu entscheiden.

Zur Formulierung der Auswahlregeln ist es zweckmäßig die Struktur begrifflich in eine Primär- oder Volumenstruktur und eine Sekundär- oder Oberflächenstruktur aufzuteilen.

Als Primärstruktur bezeichnen wir die meist einfache Struktur im Kristallinneren, welche gewissermaßen das Skelett der Bezirksaufteilung bildet.

Die bei der Primärstruktur an den verschiedenen Kristalloberflächen (an Hohlräumen im Kristallinnern sowie an der Pronenoberfläche) auftretenden Streufelder werden, wie die Rechnung zeigt und die Beobachtung bestätigt, durch kleine, nur wenig in das Kristallinnere hereinragende Bezirke geeigneter Form und Lage weitgehend vermieden. Die Gesamtheit dieser Bezirke bezeichnen wir als Sekundärstruktur.

Bei dieser Aufteilung der Strukturen in Primär- und Sekundärstruktur darf jedoch nicht übersehen werden, daß beide eng miteinander verknüpft sind. Letztlich ist die räumliche Begrenzung, d. h. die Oberfläche des Ferromagnetikums der Grund für die Bildung einer Bezirkstruktur überhaupt, und die Abmessungen der Primärbezirke sind weitgehend durch die Möglichkeiten der Sekundärstruktur bestimmt. Die Bezeichnungen „primär" und „sekundär" dürfen also nicht als Reihenfolge in der Bedeutung der Strukturbestandteile gewertet werden und sind insofern auch nicht so treffend, wie etwa die (allerdings nicht gebräuchlichen) Alternativbezeichnungen Volumen- und Oberflächenstruktur.

Damit können wir die Auswahlregeln folgendermaßen formulieren:

1. Die Primärbezirke nehmen den größten Teil des Kristallvolumens ein. Deshalb muß die Primärstruktur der Forderung genügen, daß

$$(E_D =) E_K = E_\sigma = 0$$

ist und außerdem, daß durch ihr Vorhandensein keine magnetostatische Energie im Kristallinneren bedingt ist.

2. Das Volumen der Sekundärbezirke ist verglichen mit dem Gesamtvolumen des Kristalls nur klein. Deshalb kann ihre Entstehung bei entsprechender Verminderung der magnetostatischen Energie auch mit einem Aufwand an Anisotropieenergie verbunden sein.

3. Zur Bildung jedes neuen Bezirks muß Wandenergie aufgewendet werden. Die Wandenergie ist jedoch verhältnismäßig klein. Deshalb gilt die Regel: In erster Linie werden Streufelder vermieden, gegebenenfalls auch unter Bildung vieler Bezirke. Jedoch ist die Zahl der Bezirke letzten Endes durch die Wandenergie begrenzt.

4. Bezüglich der Austauschenergie gilt mit Ausnahme besonderer Fälle (z. B. ein Ringkern mit Vorzugsrichtung längs des Ringumfangs)

$$E_A = 0,$$

d. h. die Magnetisierung verläuft innerhalb der Bezirke geradlinig.

Unsere bisherigen Betrachtungen in diesem Kapitel bezogen sich ausschließlich auf Einkristalle. Die im technischen Gebrauch befindlichen Werkstoffe sind dagegen durchweg vielkristallin. Es ist deshalb wichtig zu wissen, inwieweit unsere Ergebnisse an Einkristallen auf Vielkristalle anwendbar sind. Wir unterscheiden zwischen zwei Gruppen vielkristalliner Werkstoffe: 1. Solche mit einer bevorzugten Kornorientierung, und 2. solche mit regelloser Kornorientierung.

Zu der ersten Gruppe gehören z. B. Eisen—Silizium-Bleche mit Goss-Textur oder Würfeltextur, Nickel—Eisen-Bleche mit Würfeltextur usw. Solche Werkstoffe verhalten sich in bezug auf die Bezirkaufteilung ähnlich wie Einkristalle, d. h. die Korngrenzen stellen praktisch keine Grenzen für Weisssche Bezirke dar.

Für ein Material der Gruppe 2. mit regelloser Kornorientierung und daher im allgemeinen großen Winkeln zwischen den leichten Richtungen benachbarter Körner, kann man in erster Näherung die generelle Regel annehmen, daß sich jedes Korn für sich bezüglich seiner Bezirkstruktur ähnlich wie ein von seiner Umgebung isolierter Einkristall verhält.

21.3.2 Einachsige Kristalle

Wir betrachten entsprechend Abb. 21.13 eine Einkristallplatte der Dicke L, deren Begrenzungsebenen senkrecht zur leichten Richtung geschnitten sind (etwa Kobalt mit Begrenzungsebenen senkrecht zur hexagonalen Achse). Für eine solche Platte wollen wir nunmehr unter verschiedenen Annahmen über die Art der Bezirkstruktur die Bezirksgröße, für welche die Gesamtenergie E_{ges} am kleinsten ist, sowie den zugehörigen Minimalwert der Gesamtenergie berechnen. Wir folgen hierbei im wesentlichen einer Darstellung von KITTEL [76].

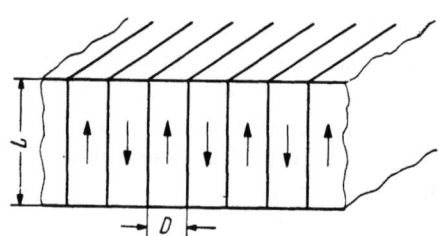

Abb. 21.13. Bezirkstruktur einer Einkristallplatte der Dicke L mit durchgehenden lamellenförmigen Bezirken der Dicke D

1. Die Bezirke seien parallele Platten der Dicke D wie in Abb. 21.13 gezeichnet. Wir beziehen die verschiedenen Energieterme der Gl. (21.7) auf einen cm^2 der einen Kristalloberfläche und berücksichtigen, daß die Kristallplatte zwei Oberflächen hat. Es ergibt sich [s. a. Gl. (19.14)]

$$E_I = 2\gamma_I = 1{,}7 \cdot I_s^2 \cdot D,$$
$$E_w = \gamma_w \cdot L/D,$$
$$E_D = E_K = E_\sigma = E_A = E_H = 0$$

und damit die Gesamtenergie

$$E_{\text{ges}} = E_I + E_w = 1{,}7 \cdot I_s^2 \cdot D + \gamma_w L/D, \tag{21.17}$$

welche ein Minimum hat, wenn

$$dE_{\text{ges}}/dD = 1{,}7\, I_s^2 - \gamma_w\, L/D^2 = 0$$

ist. Daraus folgt die Gleichgewichtsdicke D_0 der Bezirke

$$D_0 = \sqrt{\frac{\gamma_w L}{1{,}7 \cdot I_s^2}}. \qquad (21.18)$$

D_0 aus Gl. (21.18) in Gl. (21.17) eingesetzt ergibt die zugehörige Energie E_0

$$E_0 = 2 \sqrt{1{,}7\, I_s^2\, \gamma_w\, L}.$$

Die Energiedichte ist mithin

$$F_0 = E_0/L = 2\sqrt{1{,}7 \cdot I_s^2\, \gamma_w/L}. \qquad (21.19)$$

Die graphische Darstellung des Minimalproblems in Abb. 21.14 ergibt ein ganz analoges Bild, wie wir es seinerzeit in Abb. 20.6 bei der Behandlung des BLOCH-Wandproblems gefunden hatten. Entsprechend Gl. (21.17) nimmt E_I mit wachsender Plattendicke D zu, E_w dagegen ab. Der Minimalwert der Gesamtenergie ergibt sich dort, wo die Wandenergie gleich der magnetostatischen Energie ist.

Um die Größenordnungen abzuschätzen, setzen wir $L = 1$ cm. Mit den Materialkonstanten des Kobalts $I_s = 1400$ cgsE und $\gamma_w = 8{,}4$ erg/cm² (s. 20.45) erhält man

$$D_0 \approx 1{,}5 \cdot 10^{-3}\ \text{cm}$$

und

$$E_0/L = F_0 \approx 10^4\ \text{erg/cm}^3.$$

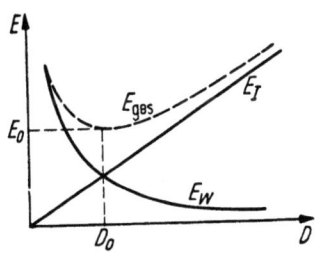

Abb. 21.14. Zur Berechnung der Gleichgewichtsdicke D_0 der Bezirke für die Struktur in Abb. 21.15

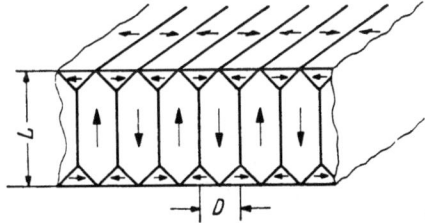

Abb. 21.15. Bezirkstruktur einer Einkristallplatte mit lamellenförmigen Primärbezirken und einer Sekundärstruktur an der Oberfläche zur Vermeidung von Streufeldern

Ohne eine Bezirksaufteilung wäre die Energiedichte $F = F_I = 2\pi I_s^2 \approx 10^7$ erg/cm³ gewesen.

2. Die Primärstruktur bestehe wiederum aus parallelen Platten, die jedoch an der Oberfläche entsprechend Abb. 21.15 zur Vermeidung von Streufeldern durch Sekundärbezirke abgeschlossen sind. Die magnetostatische Energie E_I verschwindet bei dieser Anordnung. Dagegen besteht in den Sekundärbezirken nach Gl. (13.9) pro cm³ die Kristallenergie $K = K_1 + K_2$, weil dort die Magnetisierung senkrecht zur leichten Richtung liegt ($\sin^2 \varphi = 1$). Vernachlässigen wir den Mehraufwand an Wandenergie für die Sekundärbezirke (wegen $L \gg D$), so

ergibt sich für die Energieterme in Gl. (21.7) pro cm² einer Oberfläche gerechnet

$$E_w = \gamma_w L/D,$$

$$E_K = 2(D^2/4)(1/D) K = (D/2) K,$$

$$E_D = E_I = E_\sigma = E_A = E_H = 0.$$

Die Gesamtenergie $E_{\text{ges}} = E_w + E_K$ wird zum Minimum, wenn

$$dE_{\text{ges}}/dD = -\gamma_w L/D^2 + K/2 = 0$$

ist. Daraus folgt

$$D_0 = \sqrt{(2\gamma_w \cdot L)/K}, \qquad (21.20)$$

$$E_0 = \sqrt{2\gamma_w \cdot L \cdot K}$$

und mithin die Energiedichte

$$F_0 = E_0/L = \sqrt{(2\gamma_w K)/L}. \qquad (21.21)$$

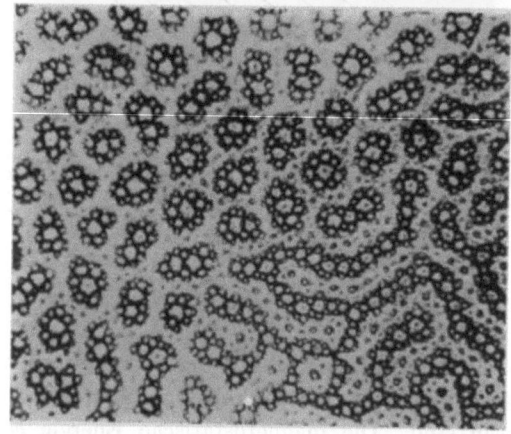

Abb. 21.16a u. b. Magnetpulvermuster auf einem Kobalt-Kristall. Oberfläche a) parallel und b) senkrecht zur hexagonalen Achse

Vergleichen wir nunmehr Gl. (21.19) und Gl. (21.21), so zeigt sich, daß es von der Größe des Verhältnisses I_s^2/K abhängt, welche der beiden Strukturen im Gleichgewicht ist. Und zwar stellt sich die Anordnung mit freien Polen (Abb. 21.13) oder diejenige mit geschlossenem Fluß (Abb. 21.15) ein, je nachdem ob

$$6{,}8\, I_s^2 \lessgtr 2K \qquad (21.22)$$

ist. Für Kobalt findet man mit $I_s = 1400$ cgsE, $K = K_1 + K_2 = 6{,}3 \cdot 10^6$ erg/cm³

$$6{,}8\, I_s^2 = 13{,}6 \cdot 10^6 \approx 2K$$
$$= 12{,}6 \cdot 10^6.$$

Es wäre also hiernach für Kobalt nicht zu entscheiden, welche der beiden Anordnungen stabiler ist. In Wirklichkeit erhält man keiner der beiden Strukturen.

Auf einer parallel zur leichten Richtung [001] geschnittenen Oberfläche eines Kobaltkristalls bildet sich, wie Abb. 21.16a [38] zeigt, ein Muster von untereinander parallelen Linien, den Schnittlinien von 180°-Wänden mit der Oberfläche. Dies deutet darauf hin, daß im Inneren eines Kobaltkristalls tatsächlich eine Primärstruktur entsprechend

Abb. 21.13 mit parallel geschichteten, plattenförmigen Bezirken besteht. Dagegen erhält man auf einer Oberfläche parallel zur Basisebene, also senkrecht zu der leichten Richtung, das überaus komplizierte, in Abb. 21.16b wiedergegebene Muster. Dieses Muster ist nach ANDRÄ [77] entsprechend der schematischen Abb. 21.17 so zu verstehen, daß sich an der Oberfläche dolchförmige Sekundärbezirke ausbilden, welche nur ein kurzes Stück in den Kristall hereinragen. Man überzeugt sich leicht, daß dadurch ohne wesentlichen Aufwand an Wandenergie und, im Gegensatz zu der Struktur in Abb. 21.15, ohne Aufwand an Kristallenergie die magnetostatische Energie erheblich vermindert wird.

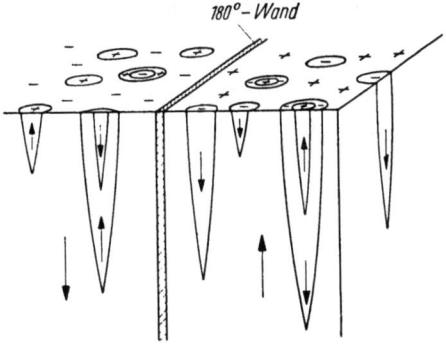

Abb. 21.17. Zur Deutung des Musters in Abb. 21.16b. (Nach ANDRÄ [77])

GOODENOUGH [78] hat insbesondere die an Oberflächen senkrecht zur leichten Richtung einachsiger Kristalle auftretenden Bereichstrukturen theoretisch untersucht und zum Teil gedeutet.

21.3.3 Kubische Kristalle

Wir nehmen an, daß die $\langle 100 \rangle$-Richtungen leichte Richtungen sind und betrachten eine Einkristallplatte der Dicke L, deren Oberflächen parallel zu der (001)-Ebene liegen. Für die Struktur in Abb. 21.15 sind die Kristallenergie und die magnetostatische Energie Null. Dagegen besteht bei nicht verschwindender Magnetostriktion in den Sekundärbezirken eine Spannungsenergiedichte der Größenordnung

$$F_\sigma = (1/2)\, c_{11}\, \lambda_{100}^2. \tag{21.23}$$

Damit ergibt sich für die Energieterme in Gl. (21.7) jeweils, bezogen auf 1 cm² einer Oberfläche und unter Vernachlässigung der zusätzlichen Wandenergie an den Sekundärbezirken

$$E_w = \gamma_w\, L/D,$$
$$E_\sigma = (1/2)\, c_{11}\, \lambda_{100}^2 (D^2/4)(2/D) = (1/4)\, c_{11}\, \lambda_{100}^2 \cdot D,$$
$$E_D = E_I = E_K = E_A = E_H = 0.$$

Die Gesamtenergie wird zum Minimum, wenn

$$dE_{\text{ges}}/dD = d(E_w + E_\sigma)/dD = -\gamma_w\, L/D^2 + (1/4)\, c_{11}\, \lambda_{100}^2 = 0$$

ist. Daraus folgt

$$D_0 = \sqrt{\frac{4\, \gamma_w\, L}{c_{11}\, \lambda_{100}^2}} \tag{21.24}$$

und

$$E_0 = \sqrt{\gamma_w\, L\, c_{11}\, \lambda_{100}^2}$$

bzw.

$$F_0 = E_0/L = \sqrt{\gamma_w\, c_{11}\, \lambda_{100}^2/L}. \tag{21.25}$$

Ebenso wie in hexagonalen Kristallen ist natürlich auch in kubischen Kristallen die in Abb. 21.13 dargestellte reine primäre Struktur ohne Oberflächenbezirke möglich. Ein Vergleich von Gl. (21.19) mit Gl. (21.25) ergibt, daß man die Struktur in Abb. 21.13 oder die Struktur in Abb. 21.15 erhält, je nachdem

$$6,8\ I_s^2 \lessgtr c_{11}\ \lambda_{100}^2$$

ist. Für Eisen findet man mit $I_s = 1700$ cgsE, $c_{11} = 2,41 \cdot 10^{12}$ dyn/cm² und $\lambda_{100} = 20 \cdot 10^{-6}$

$$6,8\ I_s^2 = 20 \cdot 10^6 > c_{11}\ \lambda_{100}^2 = 10^3.$$

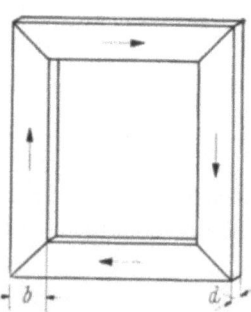

Abb. 21.18. Magnetische Struktur eines Siliziumeisen-Rahmeneinkristalls mit Rahmenschenkeln parallel zu ⟨100⟩-Richtungen

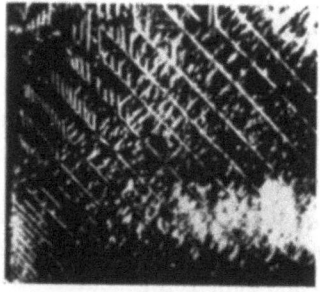

Abb. 21.19. Magnetpulverbild auf einer Ecke eines Siliziumeisen-Rahmeneinkristalls mit Oberfläche parallel zu einer (100)-Ebene und Kanten parallel zu ⟨110⟩-Richtungen. (Nach WILLIAMS, BOZORTH und SHOCKLEY [27])

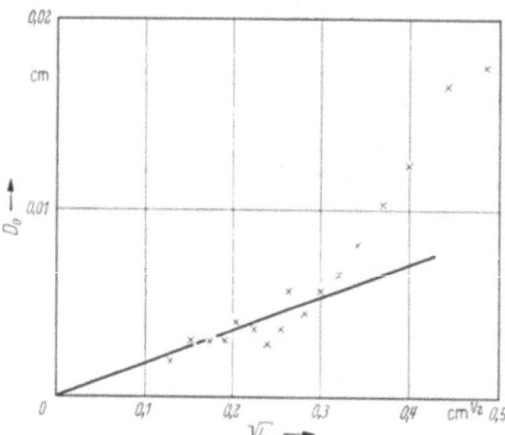

Abb. 21.20. Dicke D_0 der Bezirke in Abb. 21.19 als Funktion der Wurzel aus ihrer Länge L. (Nach WILLIAMS, BOZORTH und SHOCKLEY [27])

Wir haben dort also die in Abb. 21.15 gezeigte Struktur zu erwarten. Dies wird durch eine Magnetpulveraufnahme von WILLIAMS [38] in Abb. 21.6 tatsächlich bestätigt.

Für kubische Kristalle, die durch andere kristallographische Ebenen [z. B. (111)] begrenzt werden, wurde die Gleichgewichtsgröße der Bezirke von MARTIN [79] berechnet.

In einem Einkristallrahmen, dessen Schenkel parallel zu ⟨100⟩-Richtungen sind, kann man, wenn die Schenkel lang und dünn sind, die Spannungsenergie vernachlässigen, weil dann, im Gegensatz zu einem massiven Block, die eingeprägten magnetostriktiven Verzerrungen praktisch keine Spannungen erzeugen. Die Gesamtenergie ist unter dieser Voraussetzung sicher für die in Abb. 21.18 dargestellte Struktur am kleinsten. Diese Struktur wurde tatsächlich auch von WILLIAMS und SHOCKLEY [28] auf einem Einkristallrahmen aus Siliziumeisen (3,8% Si) mit den Abmessungen 1,9 × 1,3 cm², $b = 0{,}102$ cm und

$d = 0{,}074$ cm nach dem Abkühlen von einer Temperatur oberhalb der CURIE-Temperatur beobachtet.

Die Dicke D_0 der plattenförmigen Bezirke ist von den Kristallabmessungen abhängig. Und zwar ergab sich in allen drei bisher besprochenen Fällen [Gln. (21.18), (21.20) und (21.24)], daß D_0 proportional zu der Wurzel aus der Dicke L der Kristallplatte ist. Abb. 21.19 zeigt die Bezirkstruktur auf einer Ecke eines Siliziumeisenkristalls (3,8% Si), dessen Oberfläche parallel zu einer (100)-Ebene, und dessen Seitenflächen parallel zu (110)-Ebenen sind [27]. Die plattenförmigen Bezirke sind unter 45° gegen die senkrecht zur Bildebene gelegenen Kristallbegrenzungen magnetisiert. Die Dicke D_0 der Platten nimmt entsprechend der Theorie mit wachsender Plattenlänge L zu. Abb. 21.20 zeigt, daß D_0 etwa bis $L = 0{,}3$ cm tatsächlich proportional zu $\sqrt{L}$ ist. Eine weitere experimentelle Bestätigung dieser Beziehung lieferten STREET und HALL [80].

21.4 Sekundärstrukturen

21.4.1 Sekundärstrukturen an nichtferromagnetischen Einschlüssen

Jeder unmagnetische Einschluß bedeutet eine Grenzfläche im Inneren des Kristalls, an welcher Streufelder auftreten. Ist der Durchmesser d der Fremdkörper klein gegen oder vergleichbar mit der BLOCH-Wanddicke δ_w, dann ist die

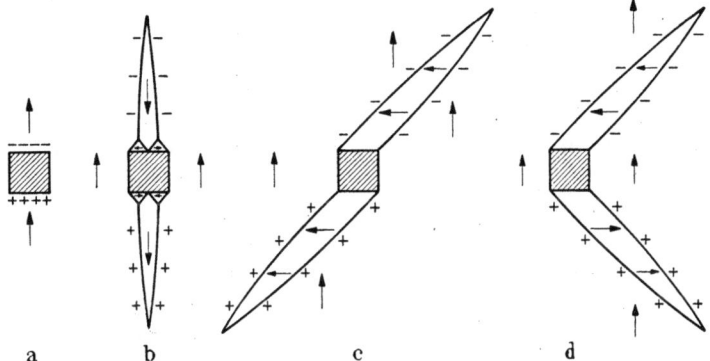

Abb. 21.21a–d. Sekundärstrukturen an einem unmagnetischen Einschluß im inneren eines WEISSschen Bezirks

energetisch günstigste Lage einer BLOCH-Wand diejenige, in welcher sie möglichst viele Fremdkörper enthält. Ist dagegen d groß gegen δ_w, jedoch klein gegen die Abmessungen der Primärbezirke, dann bilden sich, wie NÉEL [4] 1944 aus theoretischen Überlegungen folgerte, an den Einschlüssen dolchförmige Sekundärbezirke zur Vermeidung von magnetostatischer Energie. Diese Voraussage von NÉEL wurde drei Jahre später von WILLIAMS [25] mit Hilfe der Magnetpulvermethode in glänzender Weise bestätigt. In der Folgezeit konnten praktisch alle von NÉEL angegebenen Sekundärstrukturen an Fremdkörpern beobachtet werden.

Wir betrachten einen unmagnetischen Einschluß in einem homogen magnetisierten Bezirk (Abb. 21.21) eines kubischen Kristalls, dessen leichte Richtungen die $\langle 100 \rangle$-Richtungen sind. Ohne Sekundärstruktur treten an der Oberfläche des Einschlusses frei Magnetpole auf (Abb. 21.21a), durch welche magnetostatische Energie der Größenordnung $I_s^2 V$ (V = Volumen des Einschlusses) bedingt ist.

Wie die spätere Rechnung zeigen wird, kann die magnetostatische Energie durch verschiedene energetisch etwa gleichwertige Sekundärstrukturen entsprechend den Abb. 21.21b bis d unter geringem Aufwand an Wand- und Spannungsenergie erheblich erniedrigt werden, wobei die Gesamtenergie je nach Größe des Einschlusses um einen Faktor 30 bis 100 abnimmt. Diese Art von Sekundärbezirken wird vielfach als Zipfelmütze (Spike) bezeichnet. Während die Sekundärstrukturen in Abb. 21.21c und d nur in kubischen Kristallen vorkommen, ist die Struktur in Abb. 21.21b auch in einachsigen Kristallen möglich.

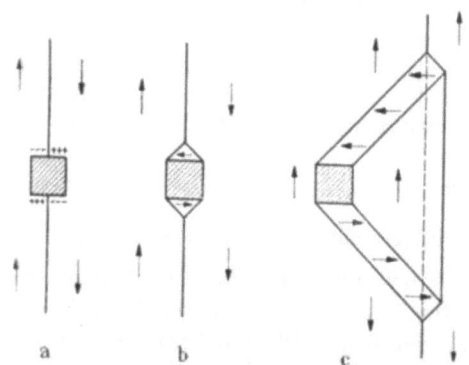

Abb. 21.22a—c. Sekundärstrukturen an einem unmagnetischen Einschluß in der Nähe einer 180°-Wand

Wird ein unmagnetischer Einschluß entsprechend Abb. 21.22a von einer BLOCH-Wand geschnitten, so ist die magnetostatische Energie zwar nur noch etwa halb so groß wie ohne die Wand, aber immer noch von der Größenordnung $I_s^2 V$. Dagegen verschwindet die magnetostatische Energie für die Sekundärstrukturen in Abb. 21.22b bzw. 21.22c.

Sekundärstrukturen an Einschlüssen kann man mit Hilfe der Magnetpulvermethode auf Kristalloberflächen an kleinen Löchern oder an zufällig von der Oberfläche geschnittenen Fremdkörpern beobachten. Abb. 21.23 [25] (s. a. [81]) zeigt Sekundärstrukturen wie in Abb. 21.21c bzw. d auf einer (100)-Oberfläche eines Siliziumeisenkristalls (3,8% Si). Anordnungen entsprechend Abb. 21.22b und c wurden z. B. von BATES und MEE [82] an Siliziumeisen (3% Si) beobachtet. Eine im Prinzip analoge Sekundärstruktur photographierte STEPHAN [83] auf einer (110)-Oberfläche eines Nickelkristalls.

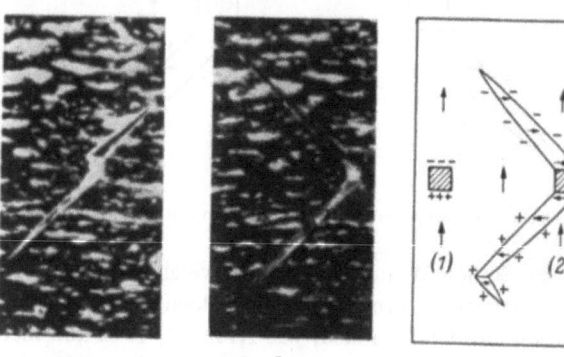

Abb. 21.23a—c. NÉEL-Zipfelmützen an Löchern auf einer (100)-Oberfläche eines 3,8%-Siliziumeisenkristalls. (Nach WILLIAMS [25])

In kubischen Kristallen kommt die Sekundärstruktur in Abb. 21.21c bzw. d häufig vor. Da die Wände der Zipfelmützen wegen ihrer endlichen Länge nicht genau 90°-Wände sind, treten an ihrer Oberfläche freie Magnetpole auf. Mit wachsender Länge der Zipfelmützen nimmt die damit verbundene magnetostatische Energie offenbar ab, die gesamte Wandenergie dagegen zu. Wir wollen nunmehr die Länge einer solchen Zipfelmütze berechnen [4, 84, 85], die sich im ungehemmten Gleichgewicht einstellt.

Um für die magnetostatische Energie der Sekundärstruktur einen geschlossenen Ausdruck zu erhalten, nähern wir die Gestalt der Zipfelmütze durch ein halbes gestrecktes Rotationsellipsoid mit der Länge l und dem größten Durchmesser d an. Das Volumen des halben Ellipsoids ist $V = \pi l d^2/6$, seine Oberfläche $O \approx \pi^2 l d/4$. Damit können wir die Energieterme in Gl. (21.7) angeben:

Aus Gl. (19.13) folgt, wenn wir dort $2l$ statt l einsetzen, die magnetostatische Energie

$$E_I = F_I \cdot V = (\pi^2/6)\, a\, I_s^2\, (d^4/l)\, [\ln(4l/d) - 1]. \qquad (21.26)$$

Hierin bedeutet a den Faktor der μ^*-Korrektur für endliche Kristallenergie, welcher nach Gl. (19.18) die Größenordnung $a \approx 1/(1 + 2\pi I_s^2/K_1)$ hat. Die Wandenergie ist

$$E_w = \bar{\gamma}_{w\,90°} \cdot O \approx (\pi^2/4)\, \bar{\gamma}_{w\,90°}\, l\, d, \qquad (21.27)$$

worin $\bar{\gamma}_{w\,90°}$ die mittlere Wandenergie einer 90°-Wand gemittelt über alle Wandnormalenlagen (s. Abb. 20.3a) zwischen der [110]- und [001]-Richtung ist.

Die Spannungsenergie ist

$$E_\sigma = (3\pi/8)\, l\, d^2 (c_{11} - c_{12})\, \lambda_{100}^2, \qquad (21.28)$$

während Kristall- und Austauschenergie verschwinden

$$E_K = E_A = 0. \qquad (21.29)$$

Schließlich nehmen wir an, daß parallel bzw. antiparallel zur Magnetisierung des umgebenden Primärbezirks ein Magnetfeld der Stärke H bestehe. Die potentielle Energie ist dann

$$E_H = \pm H I_s \cdot V = \pm (\pi/6)\, H I_s\, l\, d^2. \qquad (21.30)$$

(+ parallel, − antiparallel).

Der größte Durchmesser d der Zipfelmütze ist gleich dem Durchmesser des Einschlusses und durch diesen fest vorgegeben. Wir haben daher das Minimum der Gesamtenergie E_z als Funktion von l zu suchen. Dieses folgt aus

$$\partial E_z/\partial l = (\partial/\partial l)(E_I + E_w + E_K + E_\sigma + E_A + E_H) = 0$$

oder mit den Gln. (21.26) bis (21.30)

$$\frac{l_0^2}{d^2} = \frac{(\pi/6)\, a\, d I_s^2 (\ln(4 l_0/d) - 2)}{(\pi/4)\, \bar{\gamma}_{w\,90°} + (3/8)\, d(c_{11} - c_{12})\, \lambda_{100}^2 \pm (1/6)\, H I_s\, d}. \qquad (21.31)$$

Hieraus erhält man die Gleichgewichtslänge l_0 der Zipfelmütze bei vorgegebenem Durchmesser d des Einschlusses. Eine genauere Untersuchung von Gl. (21.31) hinsichtlich der Existenz und der Eigenschaften ihrer Lösungen ergibt [85], daß Gl. (21.31) nur dann reelle Lösungen für l_0 besitzt, wenn

$$d \geq d^* = \frac{e^5 (\pi/4)\, \bar{\gamma}_{w\,90°}}{(4\pi/3)\, a\, I_s^2 - (3/8)(c_{11} - c_{12})\, \lambda_{100}^2\, e^5 \mp (1/6)\, H I_s\, e^5} \qquad (21.32)$$

ist. Und zwar erhält man für $d > d^*$ stets zwei Werte l_0, die für $d = d^*$ zusammenfallen. Dem größeren der beiden Werte l_0 entspricht ein Minimum der freien Energie. Dieser Wert stellt also die gesuchte Gleichgewichtslänge des Sekundärbezirks dar, während der kleinere Wert zu einem Maximum der freien Energie führt und deshalb hier nicht interessiert. Unter Vernachlässigung des Spannungsenergiebeitrages berechnete BRENNER [85] für Eisen Gleichgewichtswerte l_0 für verschiedene Durchmesser d und verschiedene Feldstärken H. BRENNER [85] untersuchte ferner die Frage nach dem kleinsten Einschlußdurchmesser $d_{\min}$, für welchen eine Sekundärstruktur entsprechend Abb. 21.25c bzw. d mit zwei Zipfelmützen noch energetisch stabil ist (s. a. GOODENOUGH [86]).

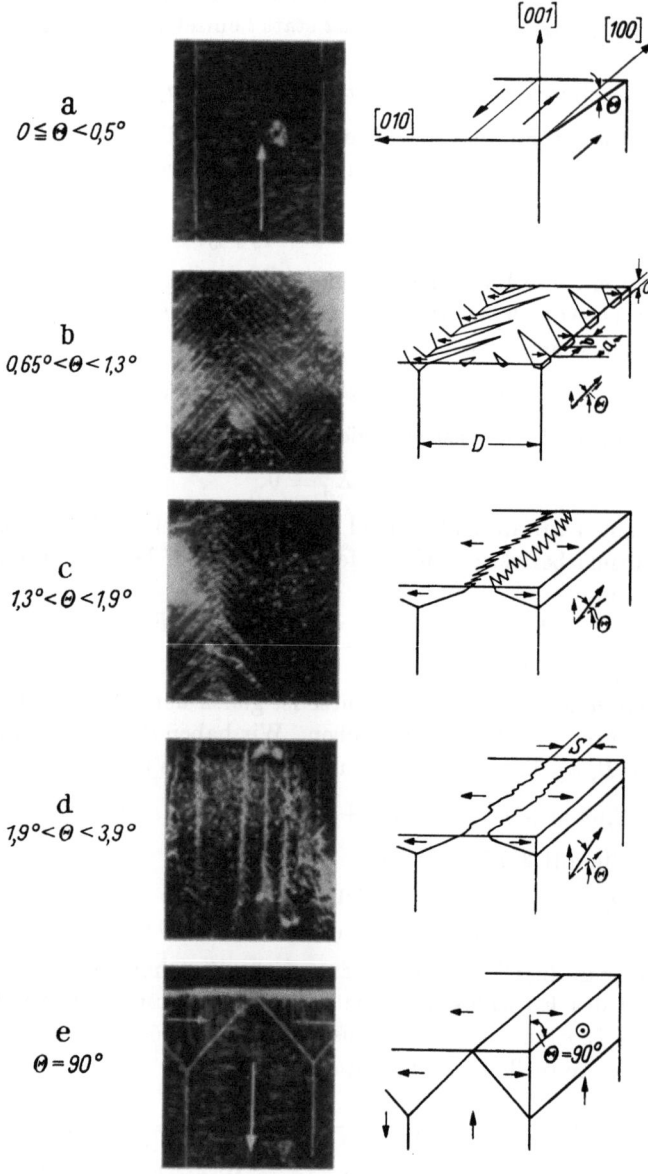

Abb. 21.24a—e. Magnetpulverbilder auf einem Siliziumeisenkristall bei verschiedenen Neigungswinkeln der Oberfläche gegen die (001)-Ebene. Die Oberfläche wird um die [010]-Richtung gedreht. Erläuterung im Text. (Nach WILLIAMS, BOZORTH und SHOCKLEY [27])

21.4.2 Sekundärstrukturen an der Kristalloberfläche

Bei Kristalloberflächen, die keine leichte Richtung enthalten, hat die Magnetisierung auch in den Bezirken eine Komponente senkrecht zur Oberfläche. Die dadurch bedingte magnetostatische Energie gibt Anlaß zur Bildung einer

Sekundärstruktur. Derartige Sekundärstrukturen sind nur dann einfach und einer quantitativen Deutung zugänglich, wenn die Oberfläche schwach gegen die leichten Richtungen geneigt ist.

Als Beispiel betrachten wir eine durch Drehung um die [010]-Richtung um den kleinen Winkel θ gegen die (001)-Ebene geneigte Oberfläche eines quaderförmigen Siliziumeisenkristalls (leichte Richtungen $\langle 100 \rangle$), dessen längste Kante parallel zur [100]-Richtung liegt. Abb. 21.24 zeigt eine Folge von Magnetpulverbildern [27], wie man sie mit wachsendem Neigungswinkel θ etwa auf einer leicht gekrümmten Oberfäche erhällt. WILLIAMS, BOZORTH und SHOCKLEY [27] geben hierzu folgende Deutung. Für $0 < \theta < 0{,}5°$ findet man keine Sekundärstruktur (Abb. 21.24a). Zwischen 0,5° und 0,65° bildet sich die sog. „Tannenbaumstruktur" (Abb. 21.24b), deren „Stämme" 180°-Wände sind. Die Äste deuten bergab. Durch diese Struktur wird ein Teil des aus der geneigten Oberfläche austretenden Flusses in der Oberfläche geschlossen.

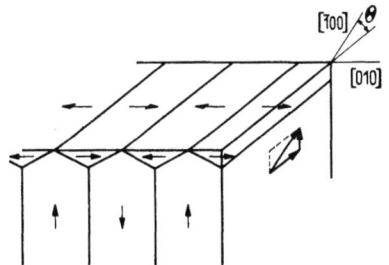

Abb. 21.25. Streufeldfreie Sekundärstruktur an einer um die [010]-Richtung gegen die (001)-Ebene gedrehten Oberfläche eines Siliziumeisenkristalls

Mit weiter wachsendem Neigungswinkel werden die „Äste" am Stamm immer dichter und wachsen oberhalb $\theta = 1{,}3°$ schließlich zusammen, wobei der Stamm, die Spur der 180°-Wand, verschwindet (Abb. 21.24c). Bei Neigungswinkeln $1{,}9° < \theta < 3{,}9°$ ist zwischen den nahezu prismatischen Sekundärbezirken nur noch ein schmaler mit Magnetpolen belegter Streifen übrig, dessen Breite s mit zunehmendem Winkel θ kleiner wird (Abb. 21.24d). In dieser Weise erhält man einen kontinuierlichen Übergang zu der von uns bereits rechnerisch behandelten Sekundärstruktur (s. Abb. 21.6 und Abb. 21.15) mit vollständig geschlossenem magnetischen Fluß in Abb. 21.24e.

An Hand der in 20.2 aufgestellten Grundgleichungen der Wandgeometrie überlegt man sich leicht, daß es für jeden Neigungswinkel eine Sekundärstruktur der Form Abb. 21.25 gibt, bei welcher nahezu keine magnetostatische Energie auftritt. Die Rechnung zeigt jedoch [27], daß für kleine Winkel θ die Anordnungen der Abb. 21.24b bis d infolge eines geringen Aufwandes an Wand- und Spannungsenergie trotz der dabei verbleibenden magnetostatischen Energie eine geringere Gesamtenergie haben.

Sekundärstrukturen an schwach gegen die (110)-Ebene geneigten Oberflächen von Nickelkristallen (leichte Richtungen $\langle 111 \rangle$) wurden von YAMAMOTO und IWATA [89] und von STEPHAN [90] (s. a. [39]) untersucht.

Die Form der Oberflächenstruktur ist nicht nur vom Neigungswinkel, sondern auch von der Neigungsrichtung abhängig [39, 87, 88].

An Oberflächen, die stark gegen diejenigen kristallographischen Ebenen geneigt sind ($\theta > 5°$), welche leichte Richtungen enthalten [Eisen (100) und (110), Nickel (110)], findet man im allgemeinen sehr komplizierte Sekundärstrukturen, die bisher nur zum Teil gedeutet werden konnten. Eine solche Struktur zeigt beispielsweise Abb. 21.26 [83] für eine (111)-Oberfläche eines Nickelkristalls. Weitere Pulverbilder an stark geneigten Oberflächen haben z. B. ELMORE [23] für Eisen, WILLIAMS, BOZORTH und SHOCKLEY [27], ELSCHNER und ANDRÄ [39] sowie NILAN und PAXTON [86] und BOZORTH [91] für Siliziumeisen, BITTER [8], ELMORE [92], ELSCHNER und ANDRÄ [39] und HALL [93] für Kobalt und YAMAMOTO und IWATA [89] für Nickel veröffentlicht.

Abb. 21.26. Magnetpulvermuster auf einer (111)-Oberfläche eines Nickelkristalls. (Nach STEPHAN [83])

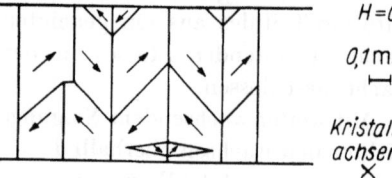

Abb. 21.27. Primärstruktur mit 90°-Wänden an einer (100)-Oberfläche eines 3,8% -Siliziumeisenkristalls. (Nach WILLIAMS, BOZORTH und SHOCKLEY [27])

21.5 Primärstruktur ferromagnetischer Kristalle

Enthält die Oberfläche eines Kristalls wenigstens eine leichte Richtung, dann hat die Magnetisierung keine Komponente senkrecht zur Oberfläche. Die magnetostatische Energie ist also Null, und es besteht kein Anlaß zur Bildung einer Sekundärstruktur. Nur in solchen Fällen erstreckt sich die Primärstruktur im Kristallinneren bis an die Oberfläche, und ihre Spuren können dort beobachtet werden. Wir betrachten im folgenden einige Pulverbilder, wie sie an verschiedenen Werkstoffen auf derartigen Oberflächen beobachtet wurden.

Abb. 21.6 [38] zeigt 180°-Wände und Abb. 21.27 [27] 90°-Wände auf (100)-Oberflächen von Siliziumeisen (3,8% Si). Die Primärstruktur besteht aus parallelen Platten. In Abb. 21.28 [96] ist das Pulverbild von 180°- und 70,53°-Wänden auf einer (110)-Oberfläche von Nickel wiedergegeben. Auch hier besteht die Primärstruktur offenbar aus parallelen plattenförmigen Bereichen. Das Bild wurde, wie aus der beigefügten Skizze ersichtlich, auf einem Rahmeneinkristall beobachtet. Die Primärstruktur von Kobalt haben wir an Hand der Abb. 21.7 und 21.16 bereits besprochen. Weitere Pulverbilder auf Oberflächen, die die leichten Richtungen enthalten, wurden in zahlreichen Arbeiten an Siliziumeisen [27, 39, 81, 82, 94, 95, 97, 98,] Kobalt [8, 92, 42] und Nickel [89, 99] wiedergegeben.

Alle hier gezeigten Pulverbilder entsprechen den Strukturen bei Abwesenheit eines äußeren Feldes ($H = 0$). Gelegentlich waren Hilfsfelder verwendet worden, um, wie in 21.2.1 besprochen, die Strukturen kontrastreicher erscheinen zu lassen, ohne sie jedoch zu verändern.

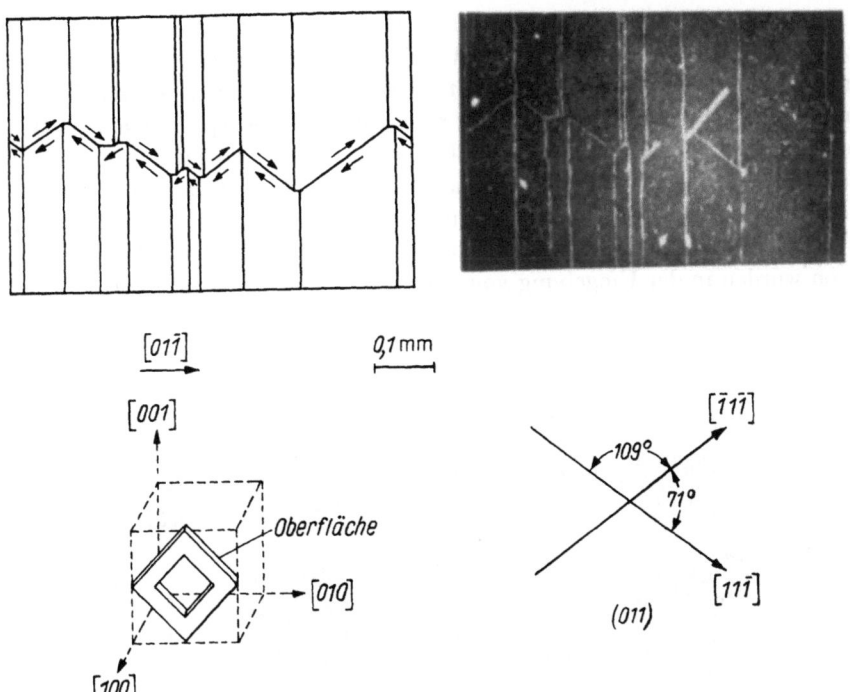

Abb. 21.28. Primärstruktur mit 70,53°-Wänden an einer (110)-Oberfläche eines Nickelkristalls. (Nach WILLIAMS und WALKER [96])

21.6 Einfluß mechanischer Spannungen auf die Bezirkstrukturen

Unter der Wirkung einer äußeren mechanischen Spannung stellt sich diejenige Struktur ein, welche unter Einbeziehung der Spannungsenergie die kleinste freie Energie hat. Je nach den vorliegenden Verhältnissen kann man mit wachsender Druck- bzw. Zugspannung ein reversibles Anwachsen der Bezirke mit der kleinsten Spannungsenergie auf Kosten der Bezirke mit größerer Spannungsenergie, oder die im allgemeinen von Keimen im Inneren oder am Rande des Kristalls ausgehende Bildung einer neuen Struktur beobachten.

Abb. 21.29 [27] zeigt eine Reihe von Pulverbildern derselben Stelle auf einer (100)-Oberfläche eines Siliziumeisenkristalls (3,8% Si) bei wachsender und wieder abnehmender Zugspannung parallel zur Magnetisierungsrichtung der Primärstruktur. In den Sekundärbezirken liegt die Magnetisierung senkrecht zur Zugrichtung (s. Abb. 21.24b). Da $\lambda_{100} > 0$ ist, nimmt die Spannungsenergie der Sekundärbezirke mit wachsender Zugspannung zu. Infolgedessen schrumpft mit wachsender Zugspannung die Sekundärstruktur reversibel ein und verschwindet schließlich (Abb. 21.29a bis d). Sie kehrt mit abnehmender Zugspannung wieder (Abb. 21.29d bis f). Unter Druckspannung gleicher Richtung wächst umgekehrt das Volumen der Sekundärstruktur auf Kosten der Primärbezirke [27]. Ähnliche Versuche an Siliziumeisen führten u. a. ELSCHNER und ANDRÄ [39] aus.

Die Bildung neuer Strukturen unter der Wirkung äußerer mechanischer Spannungen wurde von DIJKSTRA und MARTIUS [100] an kornorientiertem Siliziumeisenblech (Goss-Blech) und von GREINER [127] an 50 Fe, 50 Ni-Drähten untersucht.

STEPHAN [*101*] beobachtete an (100)-Oberflächen von Siliziumeisenkristallen (4% Si) eine besondere Musterart, die durch mosaikartige zusammengesetzte Bereiche paralleler Zickzackwandspuren charakterisiert ist. Dieses Zickzackwandmuster ist offenbar typisch für mechanische Eigenspannungen, entweder infolge rascher Abkühlung des Kristalls von höheren Temperaturen, oder infolge plastischer Kaltverformung der Kristalloberfläche. Abb. 21.30a gibt ein solches Muster auf einem von 470 °C abgeschreckten Einkristall wieder. Die Magnetisierungsrichtungen sind in Abb. 21.30b angegeben. Ähnliche Zickzackwandspuren wurden in der Umgebung von Eindrücken eines Mikrohärteprüfers gefun-

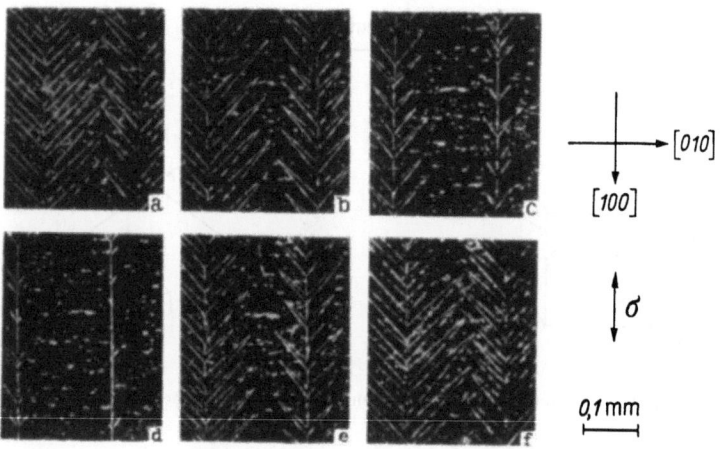

Abb. 21.29. Magnetpulvermuster auf einer (100)-Oberfläche eines 3,8%-Siliziumeisenkristalls bei verschiedenen Zugspannungen. a) bis d) von Null bis zu einem Maximalwert zunehmende Spannung. d) bis f) wieder auf Null abnehmende Spannung. (Nach WILLIAMS, BOZORTH und SHOCKLEY [*27*])

den (s. a. ELSCHNER [*81*], dort Abb. 8). Etwa gleichzeitig und unabhängig davon zeigten CHIKAZUMI und SUZUKI [*37*], daß solche Zickzackwände in der Umgebung einer starken Kratzspur auf der Kristalloberfläche auftreten (Abb. 21.31). Insbesondere haben STEPHAN [*101*] und CHIKAZUMI und SUZUKI [*37*] unabhängig voneinander nachgewiesen, daß das seit langem bekannte, für mechanisch polierte Oberflächen charakteristische Labyrinthmuster (s. Abb. 21.4a) ein Zickzackwandmuster analog Abb. 21.30 ist. Das Labyrinthmuster ist lediglich sehr viel feiner als das an einem abgeschreckten Kristall beobachtete Muster und bedarf deshalb zur Sichtbarmachung seiner Feinstruktur einer stärkeren optischen Vergrößerung und eines sehr feindispersen, verdünnten Kolloids.

Nach CHIKAZUMI und SUZUKI [*37*] liegt dem Zickzackwandmuster die in Abb. 21.32 wiedergegebene Bezirkstruktur zu Grunde (vgl. Abb. 21.31). Die Zickzackwände sind danach 90°-Wände. Ihre mittlere Richtung ist stets parallel zu $\langle 100 \rangle$-Richtungen. Die genannten Autoren geben für die Bildung solcher Wände folgende Begründung: Die Energie γ_w einer 90°-Wand ist nach 20.4.5, Tab. 20.2 von der Wandnormalenrichtung abhängig. γ_w ist am größten für eine $W(90°, [110])$-Wand und am kleinsten für eine $W(90°, [001])$-Wand. Wie die Rechnung zeigt, kann deshalb γ_w, die Energie pro cm² der mittleren Fläche einer Zickzackwand, kleiner werden als γ_w für eine ebene $W(90°, [110])$-Wand. γ_w hat ein Minimum, wenn der Zickzackwinkel ψ (s. Abb. 21.32) 106° beträgt. Der stabile Zustand einer 90°-Wand in einem spannungsfreien kubischen Kristall mit $K_1 > 0$ ist also die Zickzackform mit $\psi = 106°$. Messungen des Winkels ψ ergaben, daß ψ in einiger Entfernung von Eigenspannungszentren, wie etwa Kratzfurchen auf der Oberfläche, tatsächlich zwischen 103° und 109° liegt und bei Annäherung an eine Kratzfurche abnimmt. CHIKAZUMI und SUZUKI konnten zeigen, daß diese Abnahme von ψ durch Eigenspannungen bedingt ist. Nach einer einfachen Rechnung kann man aus dem Winkel ψ den Betrag der Eigenspannungen abschätzen. Ebenso ist die Dicke D der Bezirke (Abb. 21.32) eine Funktion der Eigenspannungen. Die Rechnung ergibt in Übereinstimmung mit der Beobachtung, daß D ebenfalls mit wachsenden Eigenspannun-

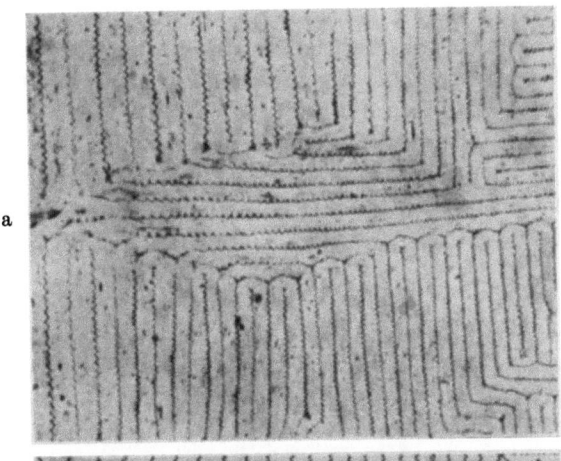
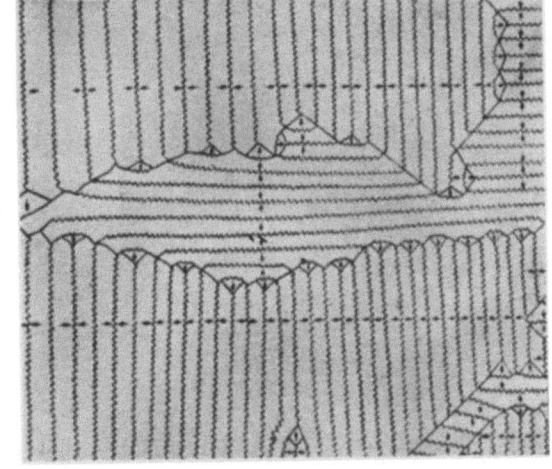

Abb. 21.30 a u. b. a) Magnetpulvermuster auf einer (100)-Oberfläche eines von 470 °C abgeschreckten 4%-Siliziumeisenkristalls; b) Magnetisierungsverlauf. (Nach STEPHAN [101])

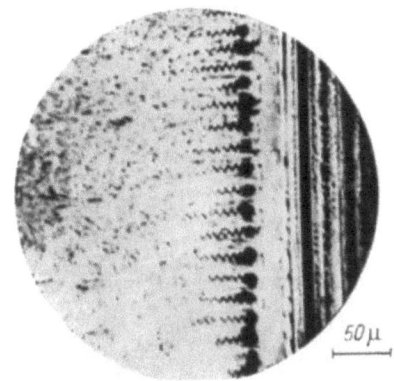

Abb. 21.31. Zickzackwände in der Nähe einer parallel zur [010]-Richtung verlaufenden Kratzspur. (Nach CHIKAZUMI und SUZUKI [37])

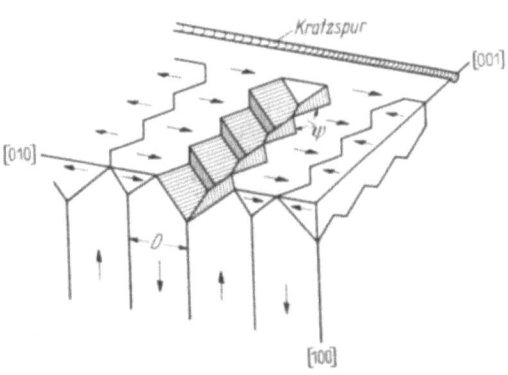

Abb. 21.32. Deutung des Musters in Abb. 21.31. (Nach CHIKAZUMI und SUZUKI [37])

gen, also bei Annäherung an die Kratzspur abnimmt. Auch aus der Größe D, welche an der Oberfläche als Breite der Zickzackbänder in Erscheinung tritt, können somit die Eigenspannungen abgeschätzt werden. STEPHAN [102] sowie SUDA [103] haben gezeigt, daß das Labyrinthmuster unter der Wirkung äußerer Spannungen verschwindet.

WILLIAMS und BOZORTH [104] sowie DIJKSTRA und MARTIUS [105] beobachteten insbesondere auf Nickelkristallen stark gekrümmte BLOCH-Wandspuren in der Nähe von plastisch verformten Materialbereichen.

21.7 Werkstoffe mit Orientierungsüberstruktur

Wie in Kap. 14 näher ausgeführt wurde, wird in geeigneten Legierungen bei einer hinreichend hohen Temperatur die Magnetisierungsrichtung durch Ausbildung einer Orientierungsüberstruktur stabilisiert. Beim anschließenden Abkühlen

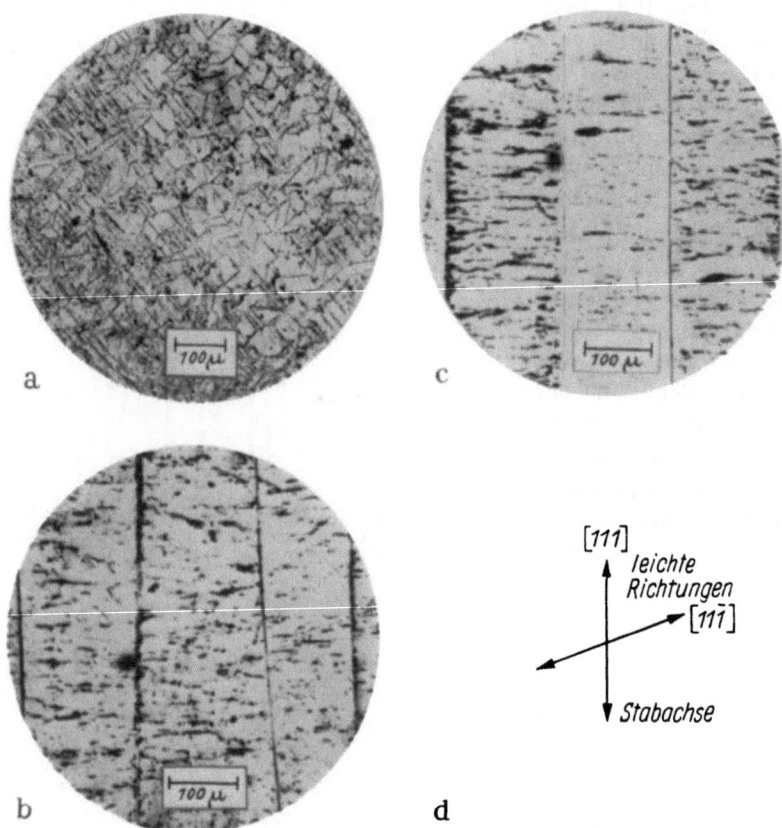

Abb. 21.33 a—d. Bezirkstruktur auf (110)-Oberfläche eines 40% Co-60% Ni-Einkristalls (a) nach langsamer Abkühlung von 470 °C, (b) nach Luftabschreckung von 850 °C und (c) nach Abkühlung von 850 °C in einem Magnetfeld parallel zu einer [111]-Richtung. (Nach YAMAMOTO, TANIGUCHI und AOYAGI [106])

auf eine hinreichend tiefe Temperatur friert die Orientierungsüberstruktur ein. Dadurch kann, wenn beim Abkühlen kein Vorzeichenwechsel der Kristallenergie stattfindet, die bei hoher Temperatur stabilisierte magnetische Bezirkstruktur bei Raumtemperatur konserviert und mit Hilfe der BITTER-Streifenmethode beobachtet werden.

In Abb. 21.33a ist die von YAMAMOTO, TANIGUCHI und AOYAGI [106] auf einer (110)-Oberfläche eines von hohen Temperaturen langsam abgekühlten 40Co—60Ni-Einkristalls beobachtete Struktur wiedergegeben. Sie zeigt die für Kristalle mit leichten Richtungen parallel zu $\langle 111 \rangle$-Richtungen charakteristischen Formen. Auffallend ist jedoch, wie auch BOZORTH und WALKER [107] an einer Legierung mit 60 Co, 40 Ni feststellten, daß die Struktur verglichen mit Nickel (s. z. B. Abb. 21.28) ungewöhnlich kompliziert ist, und daß die Bezirke sehr klein sind. Abb. 21.33b zeigt demgegenüber eine einfache Struktur mit 180°-Wänden parallel zur Probenachse und großen Bezirken wie bei Nickel, welche man an derselben Oberfläche erhält, wenn die Probe von 850° abgeschreckt wird. Die komplizierte Struktur in Abb. 21.33a ist also nicht, wie man denken könnte, auf die Beschaffenheit der Oberfläche zurückzuführen, sondern charakteristisch für das langsam abgekühlte Material. Bei hohen Temperaturen in der Nähe der CURIE-Temperatur ist offenbar diese komplizierte Struktur stabil. Sie friert bei langsamer Abkühlung durch die Ausbildung der Orientierungsüberstruktur ein und bleibt dadurch bei Raumtemperatur erhalten. Schreckt man dagegen die Probe ab, dann wird die Orientierungsüberstruktur unterdrückt und man erhält bei Raumtemperatur die einfache Struktur, die sich dort im ungehemmten Gleichgewicht bildet.

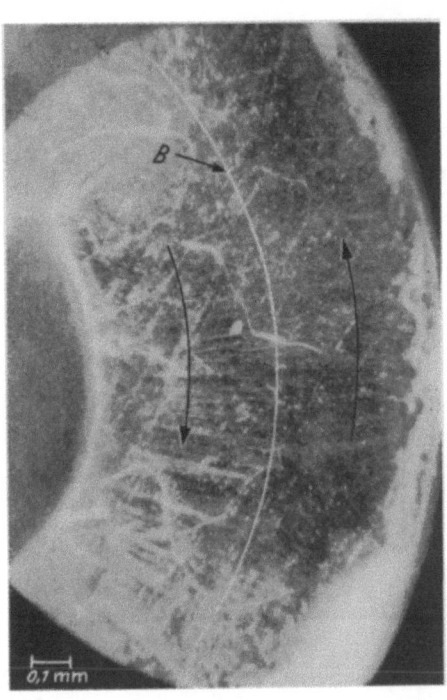

Abb. 21.34. Ringförmige 180°-BLOCH-Wand in einem von 1000 °C in einem Magnetfeld von 15 Oe parallel zum Ringumfang abgekühlten Ringkern aus 45%, Ni—30% Fe—25% Co-Perminvar. (Nach WILLIAMS und GOERTZ [108])

Nach langsamer Abkühlung in einem Magnetfeld hat die Legierung 40Co, 60Ni bei Raumtemperatur einachsige Anisotropie wie Kobalt, und es können nur 180°-Wände parallel zur Feldrichtung während des Abkühlens bestehen. Abb. 21.33c zeigt die Struktur nach Abkühlung von 850° in einem Magnetfeld parallel zu einer [111]-Richtung. Sie ist analog zu der Struktur, welche sich nach dem Abschrecken von 850° ergeben hatte.

WILLIAMS und GOERTZ [108] (s. a. [109]) beobachteten auf der Oberfläche eines Ringkerns aus 45 Ni—30 Fe—25 Co-Perminvar nach einstündiger Glühung bei 1000° und anschließender langsamer Abkühlung in einem parallel zum Ringumfang gerichteten Magnetfeld von 15 Oe die in Abb. 21.34 wiedergegebene Struktur mit einer parallel zum Ringumfang verlaufenden 180°-BLOCH-Wand, welche den Ringkern in zwei ringförmige Bezirke aufteilt. Die Magnetisierungsschleife des Kerns ist rechteckig. Die Maximalpermeabilität beträgt $\mu_{max}=415\,000$.

Interessante Pulverbilder erhielt CHIKAZUMI [*110*] auf einer (110)-Oberfläche eines Ni₃Fe-Einkristalls in verschiedenen Ordnungszuständen. FAHLENBRACH [*111*] hat den Einfluß der Magnetfeldglühung auf die magnetischen Eigenschaften von Rahmeneinkristallen aus Siliziumeisen mit Hilfe der Magnetpulverbildern untersucht.

21.8 Dauermagnetlegierungen und andere Werkstoffe

21.8.1 Alnico-Dauermagnetlegierungen

Rasch abgekühlte Legierungen. Auf Dauermagnetlegierungen vom Alnico-Typus werden nach raschem Abkühlen von hohen Temperaturen große WEISSsche Bezirke beobachtet. Durch eine geeignete Wärmebehandlung im Magnetfeld,

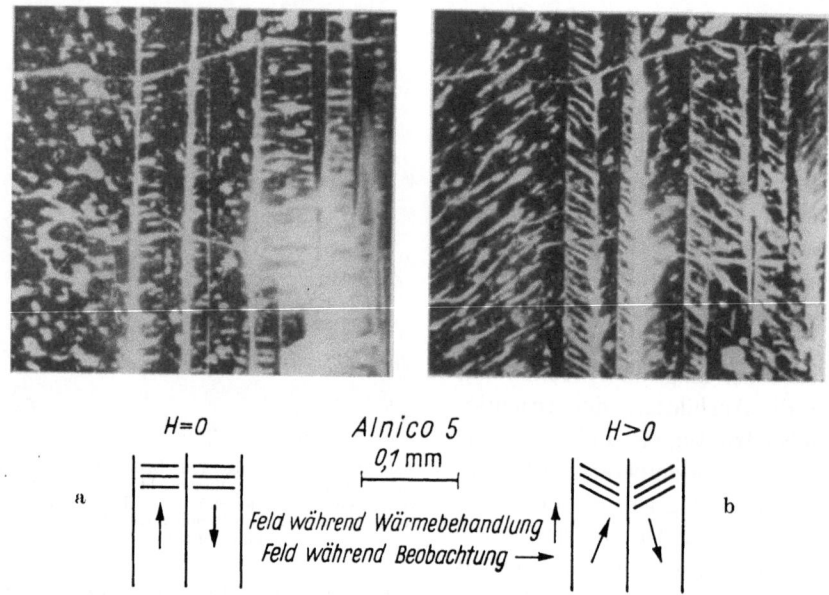

Abb. 21.35a u. b. Direkte Beobachtung von Rotation der Magnetisierung in Alnico 5 bei Magnetisierung senkrecht zu der Feldrichtung während der Wärmebehandlung. (Nach BOZORTH [*91*])

welche noch nicht zu Dauermagneteigenschaften führt, kann man in diesen Legierungen eine einachsige Anisotropie mit Vorzugsrichtung parallel zur Feldrichtung während des Abkühlens herstellen. Die Anisotropie wird hier allerdings nicht durch eine Orientierungsüberstruktur, sondern durch eine gerichtete Ausscheidung erzeugt. Die dadurch bedingte magnetische Struktur ist jedoch analog wie bei den Legierungen mit Orientierungsüberstruktur.

In Abb. 21.35a [*91*] ist die Struktur von Alnico 5 nach Abkühlung im Magnetfeld wiedergegeben. Die Legierung wurde von 1300 °C mit 2 Grad/sek. auf 800 °C abgekühlt und dann in Öl abgeschreckt. Ab 900 °C war bis Zimmertemperatur ein Magnetfeld eingeschaltet. In diesem Zustand hat das Material keine Dauermagneteigenschaften. Die Koerzitivkraft hat die Größenordnung 10 Oe. Man beobachtet 180°-Wände, welche parallel zur Feldrichtung während der Abkühlung liegen.

In einem Magnetfeld senkrecht zur Richtung des Magnetfeldes während der Abkühlung können die Wände nicht verschoben werden, weil die Lage der Magnetisierung in allen Bezirken energetisch gleichwertig ist. Folglich wird die Magnetisierung aus den leichten Richtungen reversibel herausgedreht. Dies ist in Abb. 21.35b an der Neigung der Kratzspuren deutlich sichtbar. Ähnliche Bilder an Alnico 5 veröffentlichen NESBITT und WILLIAMS [112].

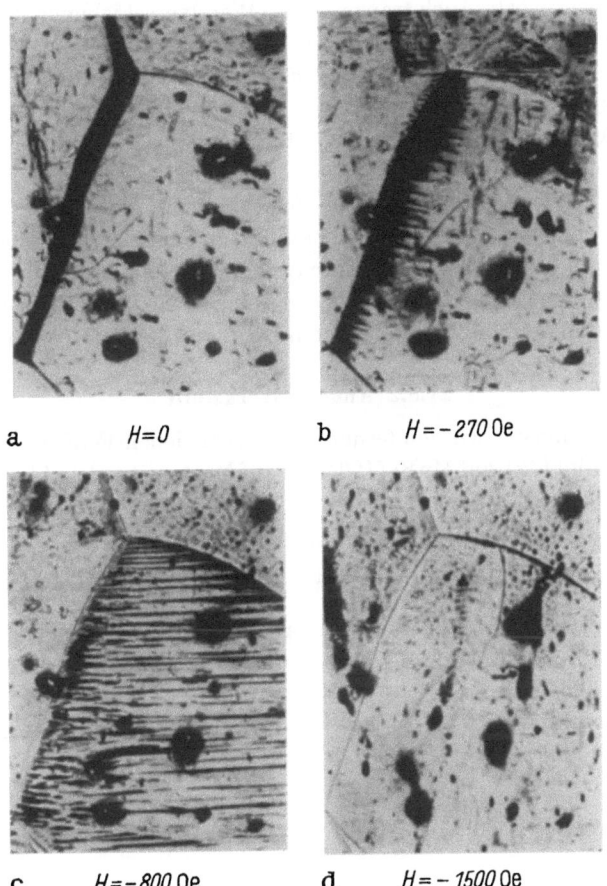

Abb. 21.36a—d. Magnetpulvermuster auf Alnico ($H_c \approx$ 670 Oe) im Verlauf der Ummagnetisierung. (Nach ANDRÄ [116])

Legierungen im Dauermagnetzustand. Durch hinreichend langsames Abkühlen im Magnetfeld, oder durch langsames Abkühlen im Magnetfeld und anschließende Alterung bei Temperaturen zwischen 550 und 650 °C erhalten die Alnico-Legierungen ihre bekannten anisotropen Dauermagneteigenschaften. Diese sind sehr wahrscheinlich die Folge einer Unterteilung des Gefüges in ferromagnetische Einbereichteilchen, welche infolge ihrer Formanisotropie hohe Koerzitivkraft haben (s. hierzu z. B. FAHLENBRACH [113], KRONENBERG [114]).

Alnico-Legierungen mit optimalen Dauermagneteigenschaften ($H_c \approx$ 650 Oe, $B_R \approx$ 12500 G) zeigen im remanenten Zustand keinerlei BITTER-Streifen an der Oberfläche. Wie zuerst NESBITT und WILLIAMS [112] und später in wesentlich ausführlicheren Untersuchungen KUSSMANN und WOLLENBERGER [115] sowie

ANDRÄ [116] festgestellt haben, entstehen (Abb. 21.36) in einem der remanenten Magnetisierung entgegengerichteten Feld der Größenordnung 200 Oe an Korngrenzen und anderen Kristallstörungen nadelförmige Bereiche, welche mit steigendem Feld bevorzugt in der Längsrichtung rasch anwachsen, schließlich das ganze Material überziehen, wenn das Feld die Größenordnung der Koerzitivkraft erreicht, und wieder verschwinden, wenn in der entgegengesetzten Richtung Sättigung erreicht wird. Auch transversale „Wandverschiebungen", d. h. Dickenwachstum der Keime wurde von ANDRÄ beobachtet. Nach NESBITT und WILLIAMS [112] sind diese in den Pulverbildern sichtbaren „Bezirke" als Gruppen gleichgerichteter Einbereichteilchen anzusehen. Danach ist in ungestörten Gefügebereichen die zur Ausbreitung einer Gruppe untereinander parallel gerichteter Teilchen notwendige Feldstärke wahrscheinlich wegen der magnetischen Wechselwirkungen zwischen den Teilchen geringer als das Feld, das man braucht, um die Magnetisierung eines einzelnen Teilchens in parallel magnetisierter Umgebung umzukehren, d. h. um einen Ummagnetisierungskeim zu bilden. Die Keime werden offenbar an Gefügestörungen, wie Korngrenzen, Schlackeneinschlüsse u. dgl. gebildet, weil die Keimbildung dort durch innere Streufelder begünstigt wird.

21.8.2 Andere Werkstoffe

Magnetpulvermuster wurden ferner auf verschiedenen Ferriten [117, 118], auf Mn_2Sb und MnSb [119], auf MnBi [120] und auf Martensitnadeln [121] beobachtet.

21.9 Bezirkstrukturen in Vielkristallen

21.9.1 Werkstoffe mit bevorzugter Kornorientierung

In Werkstoffen mit bevorzugter Kornorientierung, wie etwa Goss-Blech (Walzebene (110), Walzrichtung [001]) sind die Winkel zwischen benachbarten Körnern nur klein. Wie Abb. 21.37a zeigt, werden die BLOCH-Wände durch die Korngrenzen praktisch nicht gestört. Die plattenförmigen Bezirke erstrecken

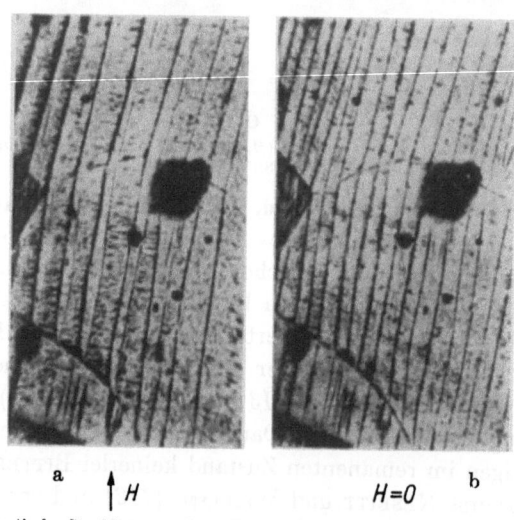

Abb. 21.37a u. b. Magnetische Struktur von Goss-Blech. Die BLOCH-Wände gehen ungestört durch die Korngrenze hindurch. (Nach ELSCHNER und ANDRÄ [39])

sich meist über mehrere Körner. In einem Magnetfeld werden die Wände parallel verschoben (Abb. 21.37b). Ein solches Material verhält sich bezüglich seiner Bereichstruktur ähnlich wie ein Einkristall.

21.9.2 Werkstoffe mit statistisch regelloser Kornorientierung

Bei mittleren Winkeln zwischen den kristallographischen Achsen benachbarter Körner finden, wie aus Abb. 21.38 [*91*] hervorgeht, hin und wieder Bezirke eine Fortsetzung im Nachbarkorn. Im allgemeinen Fall ist die Komponente der Magnetisierung senkrecht zur Korngrenze in benachbarten Körnern verschieden groß (Abb. 21.39 — Korngrenze $A-B$). Die dadurch bedingte magnetostatische Energie gibt Anlaß zur Bildung einer Sekundärstruktur mit dolchförmigen Bezirken. Nur wenn die Korngrenze so verläuft, daß die Normalkomponente der Magnetisierung in beiden Körnern gleich

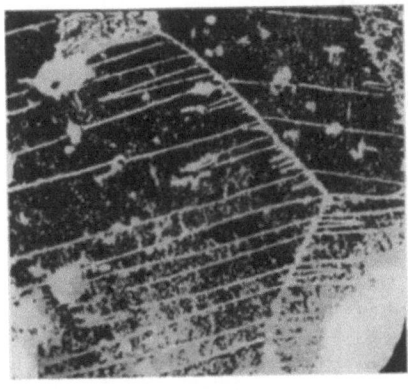

Abb. 21.38. Verlauf von BLOCH-Wänden an Korngrenzen in vielkristallinem, kornorientiertem Siliziumeisen. (Nach BOZORTH [*91*])

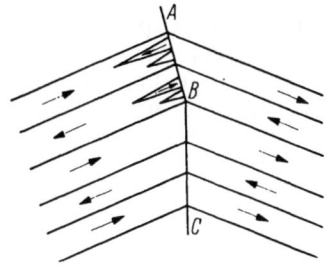

Abb. 21.39. Schematisches Bild zum Verhalten der Magnetisierung an Korngrenzen. (Nach SHOCKLEY [*122*])

groß ist (Abb. 21.39 — Korngrenze $B-C$) treten an der Korngrenze keine Streufelder auf. Die Korngrenze bildet eine unverschiebliche „Quasi-BLOCH-Wand"

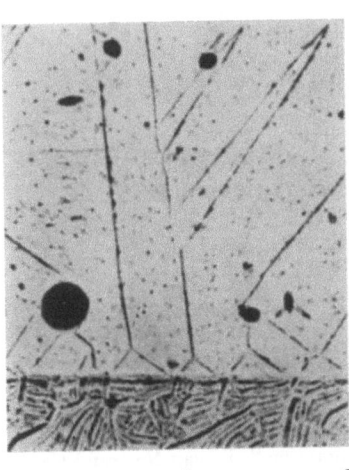
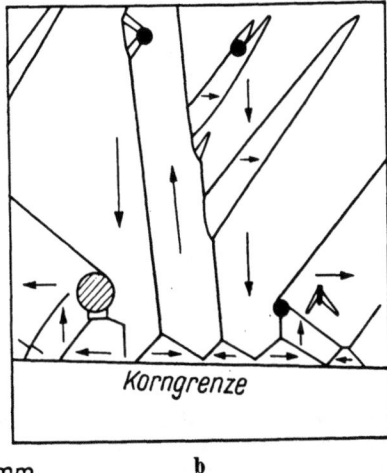

Abb. 21.40a u. b. a) BLOCH-Wandstruktur an einer Großwinkelkorngrenze in Siliziumeisen und b) Deutung der Struktur. (Nach ELSCHNER und ANDRÄ [*39*])

ohne Sekundärstruktur [*40*]. Ist der Winkel zwischen den Achsen benachbarter Körner groß, und hat die Korngrenze keine symmetrische Lage, wie die Grenze $B-C$ in Abb. 21.39, dann bildet sich in jedem Korn eine mehr oder weniger selbständige Bezirkstruktur aus, in erster Näherung so, wie wenn die Körner für sich isoliert vorlägen. Dies zeigt Abb. 21.40 [*39*] für eine Korngrenze in vielkristallinem Siliziumeisen.

Das Verhalten der Bereichstruktur an Korngrenzen wurde ferner von MARTIUS, GOW und CHALMERS [*123, 124*] und von MARTIUS und GOW [*125*] an Nickel-Bikristallen untersucht. ELMORE [*92*] hat weitere Pulverbilder auf vielkristallinem Kobalt veröffentlicht.

Literatur zu Kap. 21

[*1*] WEISS, P.: J. Phys., Paris 6 (1907) S. 661.
[*2*] LANDAU, L., u. E. LIFSCHITZ: Phys. Z. Sowjet. 8 (1935) S. 153.
[*3*] NÉEL, L.: J. Phys. Radium 5 (1944) S. 241, 265.
[*4*] NÉEL, L.: Cah. Physique 25 (1944) S. 21.
[*5*] VON HAMOS, L., u. P. A. THIESSEN: Z. Phys. 71 (1931) S. 442.
[*6*] VON HAMOS, L., u. P. A. THIESSEN: Z. Phys. 75 (1932) S. 562.
[*7*] BITTER, F.: Phys. Rev. 38 (1931) S. 1903.
[*8*] BITTER, F.: Phys. Rev. 41 (1932) S. 507.
[*9*] AKULOV, N. S., u. M. DEGTIAR: Ann. Phys. 15 (1932) S. 750.
[*10*] MCKEEHAN, L. W., u. W. C. ELMORE: Phys. Rev. 46 (1934) S. 226.
[*11*] MCKEEHAN, L. W., u. W. C. ELMORE: Phys. Rev. 46 (1934) S. 529.
[*12*] BECKER, R., u. H. W. F. FREUNDLICH: Z. Phys. 80 (1933) S. 292.
[*13*] SIXTUS, K. J.: Phys. Rev. 44 (1933) S. 46.
[*14*] SIXTUS, K. J.: Phys. Rev. 45 (1934) S. 565.
[*15*] KAYA, S.: Z. Phys. 89 (1934) S. 796.
[*16*] KAYA, S.: Z. Phys. 90 (1934) S. 551.
[*17*] SOLLER, T.: Z. Phys. 106 (1937) S. 485.
[*18*] ELMORE, W. C., u. L. W. MCKEEHAN: Trans. Amer. Instr. Mining Met. Engrs. 120 (1936) S. 236.
[*19*] LUNN, B.: Z. Metallkde. 45 (1954) S. 92.
[*20*] ELMORE, W. C.: Phys. Rev. 51 (1937) S. 982.
[*21*] JAQUET, P.: C. R. Acad. Sci., Paris 201 (1935) S. 1473.
[*22*] JAQUET, P.: C. R. Acad. Sci., Paris 202 (1936) S. 403.
[*23*] ELMORE, W. C.: Phys. Rev. 62 (1942) S. 486.
[*24*] WILLIAMS, H. J.: Phys. Rev. 70 (1946) S. 106.
[*25*] WILLIAMS, H. J.: Phys. Rev. 71 (1947) S. 646.
[*26*] WILLIAMS, H. J.: Phys. Rev. 72 (1947) S. 529.
[*27*] WILLIAMS, H. J., R. M. BOZORTH u. W. SHOCKLEY: Phys. Rev. 75 (1949) S. 155.
[*28*] WILLIAMS, H. J., u. W. SHOCKLEY: Phys. Rev. 75 (1949) S. 178.
[*29*] BOZORTH, R. M.: Electr. Engng. 68 (1949) S. 471.
[*30*] BOZORTH, R. M.: Physica, Haag 15 (1949) S. 207.
[*31*] WILLIAMS, H. J.: Electr. Engng. 69 (1950) S. 817.
[*32*] ELMORE, W. C.: Phys. Rev. 58 (1940) S. 640.
[*33*] ELMORE, W. C.: Phys. Rev. 54 (1938) S. 1092.
[*34*] KITTEL, CH.: Phys. Rev. 76 (1949) S. 1527.
[*35*] BERGMANN, W. H.: Z. angew. Phys. 8 (1956) S. 559.
[*36*] ELMORE, W. C.: Phys. Rev. 54 (1938) S. 309.
[*37*] CHIKAZUMI, S., u. K. SUZUKI: J. phys. Soc., Japan 10 (1955) S. 523.
[*38*] WILLIAMS, H. J.: s. R. M. BOZORTH „Ferromagnetism", D. van Nostrand Comp. 1951.
[*39*] ELSCHNER, B., u. W. ANDRÄ: Fortschr. d. Physik III (1955) S. 163.
[*40*] NÉEL, L.: J. Phys. Radium 5 (1944) S. 265.
[*41*] MEE, C. D.: Proc. phys. Soc., Lond. A 63 (1950) S. 922.

[42] BATES, L. F.: J. Phys. Radium 12 (1951) S. 322.
[43] ANDRÄ, W., u. W. SCHWABE: Ann. Phys., Lpz. 17 (1955) S. 55.
[44] ANDRÄ, W.: Ann. Phys., Lpz. 17 (1956) S. 233.
[45] ECKARDT, A., u. B. ELSCHNER: Naturwiss. 39 (1952) S. 566.
[46] CRAIK, D. J.: Proc. phys. Soc., Lond. B 69 (1956) S. 647.
[47] CRAIK, D. J., u. P. M. GRIFFITHS: Brit. J. Appl. Phys. 9 (1958) S. 279.
[48] SCHWARTZE, W.: Ann. Phys., Lpz. 19 (1956) S. 322.
[49] WILLIAMS, H. J., F. G. FOSTER u. E. A. WOOD: Phys. Rev. 82 (1951) S. 119.
[50] WILLIAMS, H. J., F. G. FOSTER u. A. E. WOOD: Phys. Rev. 82 (1951) S. 773.
[51] FOWLER, C. A., u. E. M. FRYER: Phys. Rev. 86 (1952) S. 426.
[52] FOWLER, C. A., u. E. M. FRYER: Phys. Rev. 94 (1954) S. 52.
[53] FOWLER, C. A., u. E. M. FRYER: Phys. Rev. 95 (1954) S. 564.
[54] LEE, E. W., D. R. CALLABY u. A. C. LYNCH: Proc. phys. Soc., Lond. 72, II (1958) S. 233.
[55] ROBERTS, B. W., u. C. P. BEAN: Phys. Rev. 96 (1954) S. 1494.
[56] ANDRÄ, W.: Ann. Phys., Lpz. 17 (1956) S. 78.
[57] KRANZ, J. W. DRECHSEL: Z. Phys. 150 (1958) S. 632.
[58] FOWLER, C. A., u. E. M. FRYER: Phys. Rev. 100 (1955) S. 746.
[59] FOWLER, C. A., E. M. FRYER u. J. R. STEVENS: Phys. Rev. 104 (1956) S. 645.
[60] FOWLER, C. A., u. E. M. FRYER: Phys. Rev. 104 (1956) S. 552.
[61] WILLIAMS, H. J., R. C. SHERWOOD, F. G. FOSTER u. E. M. KELLEY: J. Appl. Phys. 28 (1957) S. 1181.
[62] DILLON, J. E.: Bull. Amer. Phys. Soc. Ser. II 2 (1957) S. 238.
[63] DILLON, J. E.: J. Appl. Phys. 29 (1958) S. 539.
[64] GERMER, L. H.: Phys. Rev. 62 (1942) S. 295.
[65] SCHNEIDLER, G.: Arbeitstag. Festkörperphysik 1954 in Dresden, Leipzig: J. A. Barth 1955, S. 181.
[66] MARTON, L.: Phys. Rev. 73 (1948) S. 1475.
[67] MARTON, L., u. S. H. LACHENBRUCH: Phys. Rev. 76 (1949) S. 460.
[68] MARTON, L., J. A. SIMPSON u. A. VAN BRONKHORST: Phys. Rev. 79 (1950) S. 215.
[69] MARTON, L., J. A. SIMPSON u. A. VAN BRONKHORST: Phys. Rev. 80 (1950) S. 122.
[70] BLACKMAN, M., u. E. GRÜNBAUM: Nature 178 (1956) S. 584.
[71] BLACKMAN, M., u. E. GRÜNBAUM: Nature 180 (1957) S. 1189.
[72] BLACKMAN, M., u. E. GRÜNBAUM: Proc. roy. Soc., Lond. 241 (1957) S. 508.
[73] SPIVAK, G. V., N. G. KANAVINA, I. S. SBITNIKOVA u. T. N. DOMBROVSKAYA: Dokl. Acad. Nauk SSSR 105 (1955) S. 706.
[74] SPIVAK, G. V., T. N. DOMBROWSKAYA u. N. N. SEDOV: Dokl. Acad. Nauk SSSR 113 (1957) S. 78.
[75] KACZÉR, J.: Czech. J. Phys. 5 (1955) S. 239.
[76] KITTEL, CH.: Rev. Mod. Phys. 21 (1949) S. 541.
[77] ANDRÄ, W.: Ann. Phys., Lpz. 15 (1955) S. 135.
[78] GOODENOUGH, J. B.: Phys. Rev. 102 (1956) S. 356.
[79] MARTIN, D. H.: Proc. phys. Soc., Lond. B 70 (1957) S. 77.
[80] STREET, R., u. E. O. HALL: Proc. phys. Soc., Lond. B 68 (1955) S. 1033.
[81] ELSCHNER, E.: Ann. Phys., Lond. 13 (1953) S. 290.
[82] BATES, L. F., u. C. D. MEE: Proc. phys., Soc. Lond. A 65 (1952) S. 140.
[83] STEPHAN, W.: s. [39].
[84] DIJKSTRA, L. J., u. C. WERT: Phys. Rv. 79 (1950) S. 979.
[85] BRENNER, R.: Z. angew. Phys. 7 (1955) S. 391.
[86] GOODENOUGH, J. B.: Phys. Rev. 95 (1954) S. 917.
[87] NILAN, T. G., u. W. S. PAXTON: Phys. Rev. 97 (1955) S. 834.
[88] BATES, L. F., u. P. F. DAVIS: Proc. phys. Soc., Lond. B 69 (1956) S. 1109.
[89] YAMAMOTO, M., u. T. IWATA: Sci. Rep. Univ. Tohoku A 5 (1953) S. 433.
[90] STEPHAN, W.: Exp. techn. Phys. 3 (1955) S. 1.
[91] BOZORTH, R. M.,: J. phys. Radium 12 (1951) S. 308.
[92] ELMORE, W. C.: Phys. Rev. 53 (1938) S. 757.
[93] HALL, E. O.: Proc. phys. Soc., Lond. B 70 (1957) S. 254.
[94] YING, C. F., S. L. LEVY u. R. TRUELL: Phys. Rev. 86 (1952) S. 133.

[95] YING, C. F., S. L. LEVY u. R. TRUELL: J. Appl. Phys. 23 (1952) S. 1339.
[96] WILLIAMS, H. J., u. J. G. WALKER: Phys. Rev. 83 (1951) S. 634.
[97] ELSCHNER, B.: Ann. Phys. 11 (1953) S. 45.
[98] SHUR, YA. S., u. V. R. ABELS: Dokl. Acad. Nauk SSSR Vol. 104 (1955) S. 209.
[99] YAMAMOTO, M., u. T. IWATA: Phys. Rev. 81 (1951) S. 887.
[100] DIJKSTRA, L. J., u. M. MARTIUS: Rev. Mod. Phys. 25 (1953) S. 146.
[101] STEPHAN, W.: Ann. Phys., Lpz. 15 (1955) S. 337.
[102] STEPHAN, W.: Exper. Tech. der Phys. 4 (1956) S. 153.
[103] SUDA, P.: Czech. J. Phys. 6 (1956) S. 300.
[104] WILLIAMS, H. J., u. R. M. BOZORTH: Phys. Rev. 85 (1952) S. 713.
[105] DIJKSTRA, u. M. MARTIUS: Phys. Rev. 85 (1952) S. 714.
[106] YAMAMOTO, M., S. TANIGUCHI u. K. AOYAGI: Phys. Rev. 102 (1956) S. 1295.
[107] BOZORTH, R. M., u. J. G. WALKER: Phys. Rev. 79 (1950) S. 888.
[108] WILLIAMS, H. J., u. M. GOERTZ: J. Appl. Phys. 23 (1952) S. 316.
[109] WILLIAMS, H. J., u. M. GOERTZ: Phys. Rev. 86 (1952) S. 599.
[110] CHIKAZUMI, S.: Phys. Rev. 85 (1952) S. 918.
[111] FAHLENBRACH, H.: Techn. Mitt. Krupp 13 (1955) S. 84.
[112] NESBITT, E. A., u. H. J. WILLIAMS: Phys. Rev. 80 (1950) S. 112.
[113] FAHLENBRACH, H.: Techn. Mitt. Krupp 12 (1954) S. 177.
[114] KRONENBERG, K.: Z. Metallkde. 45 (1954) S. 440.
[115] KUSSMANN, A., u. J. H. WOLLENBERGER: Z. angew. Phys. 8 (1956) S. 213.
[116] ANDRÄ, W.: Ann. Phys., Lpz. 19 (1956) S. 10.
[117] PEARSON, R. F.: Proc. phys. Soc., Lond. B 70 (1957) S. 441.
[118] PAULUS, M.: C. R. Acad. Sci., Paris 245 (1957) S. 2227.
[119] PERTHEL, R., u. W. ANDRÄ: Ann. Phys., Lpz. 19 (1956) S. 265.
[120] ELLIS, E. C., H. J. WILLIAMS u. R. C. SHERWOOD: J. Appl. Phys. 28 (1957) S. 1215.
[121] ANDRÄ, W.: Ann. Phys., Lpz. 15 (1954) S. 31.
[122] SHOCKLEY, W.: J. Phys. Radium 12 (1951) S. 321 Diskussionsbemerkung.
[123] MARTIUS, U. M., K. V. GOW u. B. CHALMERS: Phys. Rev. 82 (1951) S. 106.
[124] MARTIUS, U. M., K. V. GOW u. B. CHALMERS: Phys. Rev. 85 (1952) S. 713.
[125] MARTIUS, U. M., K. V. GOW: Canad. J. Phys. 33 (1955) S. 225.
[126] KÖNIG, H.: Naturwiss. 41 (1954) S. 341.
[127] GREINER, CH.: Berichte der Arbeitsgemeinschaft „Ferromagnetismus" (1959) S. 51.
[128] BOERSCH, H.: Berichte der Arbeitsgemeinschaft „Ferromagnetismus" (1959) S. 78.
[129] BOERSCH, H., u. H. RAITH: Naturwiss. 46 (1959) S. 574.

22. Magnetische Struktur kleiner Teilchen und dünner Schichten

22.1 Grundsätzliches

Man überzeugt sich leicht, daß mit kleiner werdenden Linearabmessungen eines ferromagnetischen Kristalls der relative Anteil der Wandenergie an der Gesamtenergie E_w/E_{ges} zunimmt. Dies führt schließlich dazu, daß unterhalb einer gewissen kritischen Größe des Kristalls, welche wesentlich von der Kristallform abhängt, die Gesamtenergie durch eine Unterteilung in Bezirke nicht mehr erniedrigt, sondern erhöht wird. Dann aber kann sich im thermodynamischen Gleichgewicht keine Bezirksstruktur mehr ausbilden, und der ganze Kristall ist homogen spontan magnetisiert. Er besteht aus einem einzigen WEISSschen Bezirk, stellt also einen idealen Dauermagneten dar.

Diese Überlegung wurde erstmals 1930 von FRENKEL und DORFMAN [1] angestellt. Die Annahme einer um einen Faktor 50 zu großen Wandenergie führte jedoch zu viel zu großen kritischen Teilchenabmessungen. Die erste größenordnungsmäßig richtige Abschätzung der kritischen Teilchengröße hat KITTEL [2]

1946 für verschiedene Kristallformen veröffentlicht. Wenig später folgten ähnliche Abschätzungen von NÉEL [3] sowie von STONER und WOHLFARTH [4, 5]. In allgemeinerer Form wurde das Problem von KONDORSKIJ [44, 45] behandelt, und BROWN [46] hat den Weg zu einer strengen Lösung gezeigt.

Einen ersten experimentellen Hinweis auf die permanente Magnetisierung kleiner ferromagnetischer Teilchen erbrachte 1938 ELMORE [6] mit der Feststellung, daß die Magnetisierungskurve kolloider Lösungen von Fe_3O_4 und γ-Fe_2O_3 mit Teilchendurchmessern zwischen $1 \cdot 10^{-6}$ und $2 \cdot 10^{-6}$ cm der LANGEVIN-Funktion $L(\alpha)$ des klassischen, paramagnetischen Gases folgt (s. 27.3.2). In einem Einbereichpartikel kann die Ummagnetisierung nicht durch den energetisch leichten Vorgang der Wandverschiebungen ablaufen, sondern nur durch kohärente oder inkohärente Drehung der Magnetisierung des Teilchens. Dadurch sind außerordentlich hohe Koerzitivkräfte bedingt, welche zu einer wichtigen technischen Anwendung kleiner Teilchen auf dem Gebiet der Dauermagnetwerkstoffe führen (s. Kap. 27).

Wir wollen nunmehr, im wesentlichen den Darstellungen von KITTEL [2, 7] folgend, für zwei verschiedene Teilchenformen die kritischen Abmessungen abschätzen, unterhalb welchen die Energie im Falle homogener Magnetisierung des Teilchens kleiner ist als für andere Magnetisierungsanordnungen mit geringerer Streufeldenergie. Diese Abschätzung ist anschaulich. Sie stellt jedoch keine strenge Lösung des Problems dar. Eine solche wird erst durch die mikromagnetische Behandlung gegeben (BROWN [46], FREI, SHTRIKMAN u. TREVES [47]).

22.2 Kugelförmige Teilchen

Das Teilchen sei ein Einkristall. Der Kugelradius sei R. Einige in kleinen Teilchen denkbare Anordnungen der Magnetisierung sind in Abb. 22.1 zusammengestellt. Ist R kleiner als der kritische Radius R_0, dann ist das Teilchen voraussetzungsgemäß homogen in einer leichten Richtung magnetisiert [Anordnung (a)]. Es besteht nur magnetostatische Energie E_I. Diese ist nach Gl. (19.5)

$$E_{(a)} = E_I = \frac{1}{2}\left(\frac{4\pi}{3}\right)^2 I_s^2 R^3. \tag{22.1}$$

Für $R > R_0$ werden die einfachen Bezirksanordnungen (b) bis (d) in Betracht gezogen.

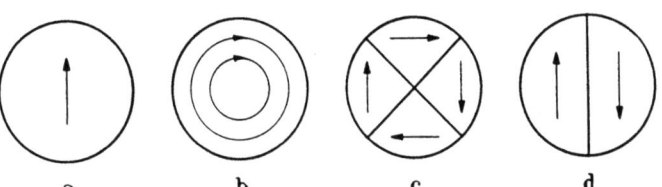

a　b　c　d
Abb. 22.1a—d. Magnetisierungsanordnungen in kleinen kugelförmigen Teilchen

22.2.1 Schwache Kristallanisotropie

Bei schwacher Kristallanisotropie ist die Wanddicke δ_w groß, und es ergibt sich, daß die kritische Teilchengröße $2R_0 < \delta_w$ wird. In diesem Fall ist oberhalb der kritischen Teilchengröße eine Anordnung mit zirkularer Magnetisierung entsprechend Abb. 22.1b denkbar. Hierbei ist die magnetostatische Energie E_I

exakt Null. Nicht verschwinden dagegen die Kristallenergie E_K, die Spannungsenergie E_σ und die Austauschenergie E_A. Es sei u die Koordinate parallel zur Magnetisierungsrichtung. Dann ist die Austauschenergie im Abstand $a_0 < r < R$ vom Kugelmittelpunkt nach Gl. (11.18)

$$F_A = A \left(\frac{\partial \Phi}{\partial u}\right)^2 = A/r^2. \tag{22.2}$$

Durch Integration über die ganze Kugel findet man die Austauschenergie

$$E_A = 4\pi A \int_{a_0}^{R} \frac{\sqrt{R^2 - r^2}}{r} dr$$
$$\approx 4\pi A R \left(\ln \frac{2R}{a_0} - 1\right), \tag{22.3}$$

a_0 bedeutet den kleinsten Atomabstand. Ist nun der Teilchendurchmesser $2R_0$ wesentlich kleiner als die Wanddicke δ_w, dann kann man die Anisotropieenergie gegen die Austauschenergie vernachlässigen. Wir sehen dies folgendermaßen ein: In der BLOCH-Wand ist nach Gl. (20.18) die Austauschenergie gleich der Anisotropieenergie. Wird aber, wie im Falle $2R_0 < \delta_w$ die Änderung der Spinrichtung pro Längeneinheit $\frac{\partial \Phi}{\partial u}$ infolge der Teilchenbegrenzung größer als in der BLOCH-Wand, dann überwiegt die Austauschenergie, und wir können die Energie $E_{(b)}$ der Anordnung (b) näherungsweise gleich der Austauschenergie setzen

$$E_{(b)} \approx E_A \approx 4\pi A R \left(\ln \frac{2R}{a_0} - 1\right); \tag{22.4}$$

Der kritische Teilchenradius R_0 folgt aus $E_{(b)} = E_{(a)}$. Mit Gl. (22.1) und Gl. (22.4) ergibt sich

$$\frac{2\pi}{9} I_s^2 R_0^2 = A \left(\ln \frac{2R_0}{a_0} - 1\right). \tag{22.5a}$$

Danach ist R_0 näherungsweise umgekehrt proportional zu I_s. Für Eisen findet man mit $A = 0{,}8 \cdot 10^{-6}$ erg/cm und $I_s = 1700$ cgs E $R_0 \approx 10^{-6}$ cm und die zugehörige Energie $E_{(a)} = E_{(b)} \approx 34 \cdot 10^{-12}$ erg. Eine der Gl. (22.5a) äquivalente Gleichung hat NÉEL [3] angegeben. Die mikromagnetische Behandlung des Problems [46, 47] liefert für ein Rotationsellipsoid mit der kleinen Halbachse R den kritischen Radius

$$R_0 = \frac{C}{I_s} \sqrt{\frac{A}{N_R}}. \tag{22.5b}$$

N_R bedeutet den Entmagnetisierungsfaktor parallel zur kleinen Halbachse. Die Konstante C ändert sich von 2,60 (für einen Zylinder, $N_R = 2\pi$) bis 2,95 (für eine Kugel, $N_R = 4\pi/3$). Für Eisen ergibt sich $R_0 = 0{,}78 \cdot 10^{-6}$ cm.

22.2.2 Starke Kristallanisotropie

Es ist ohne weiteres klar, daß Strukturen entsprechend Abb. 22.1c für kubische und entsprechend Abb. 22.1d für einachsige Kristallsymmetrie nur dann zur Berechnung des kritischen Teilchenradius R_0 in Frage kommen, wenn dieser wesentlich größer als die BLOCH-Wanddicke δ_w ist. Dies kann bei großer Kristallenergie der Fall sein. Ferner hängt δ_w nach 20.6 stark von der Teilchengröße ab.

Die Energie der Anordnung (c) für kubische Symmetrie ist im wesentlichen durch die Wandenergie

$$E_{(c)} \approx E_W = 2\pi R^2 \gamma_{w\,90°} \qquad (22.6)$$

bestimmt. Die verbleibende magnetostatische Energie E_I sowie die Spannungsenergie E_σ werden vernachlässigt. Der kritische Teilchenradius folgt aus $E_{(a)} = E_{(c)}$. Mit den Gln. (22.1) und (22.6) finden wir

$$R_0 = \frac{9}{4\pi} \frac{\gamma_{w\,90°}}{I_s^2}. \qquad (22.7)$$

Für Eisen mit $\gamma_{w\,90°} \approx 1{,}1 \text{ erg/cm}^2$ [1] und $I_s = 1700$ G ist zwar die Energie $E_{(c)} = E_w \approx 7 \cdot 10^{-12}$ erg der Anordnung (c) für ein Teilchen mit $R = 10^{-6}$ cm geringer als die Energie $E_{(b)}$ der Anordnung (b), aber aus Gl. (22.7) erhält man den kritischen Radius $R_0 = 0{,}3 \cdot 10^{-6}$ cm, und dieser ist kleiner als die BLOCH-Wanddicke δ_w der 90°-Wand ($\delta_w \approx 5 \cdot 10^{-6}$ cm). Infolgedessen ist diese Rechnung für Eisen nicht anwendbar, sondern nur für Werkstoffe mit wesentlich höherer Kristallenergie. Die kritische Teilchengröße für Eisen folgt daher aus Gl. (22.5) und nicht aus Gl. (22.7).

Bei der Struktur (d) für einachsige Kristallsymmetrie bestehen nur Wandenergie E_w und magnetostatische Energie E_I. Die Gesamtenergie ist

$$E_{(d)} = E_w + E_I = \pi R^2 \gamma_{w\,180°} + \frac{1}{2} \cdot \frac{1}{2} \left(\frac{4\pi}{3}\right)^2 I_s^2 R^3, \qquad (22.8)$$

$E_{(d)} = E_{(a)}$ liefert mit den Gln. (22.1) und (22.8) den kritischen Teilchenradius

$$R_0 = \frac{9\,\gamma_{w\,180°}}{4\pi\,I_s^2}. \qquad (22.9)$$

Für MnBi ergibt sich mit $\gamma_{w\,180°} = 12 \text{ erg/cm}^2$ [1], $I_s = 600$ G $R_0 \approx 2{,}5 \cdot 10^{-5}$ cm, während die Wanddicke nur $\delta_w \approx 10^{-6}$ cm beträgt. Hier ist also die Voraussetzung $R_0 \gg \delta_w$ erfüllt, und Gl. (22.9) liefert nach diesem Modell die richtige kritische Teilchengröße.

Einen eindeutigen experimentellen Beweis für die Existenz von Einbereichpartikeln erbrachten KITTEL, GALT und CAMPBELL [8] durch Messung des Feldes H_s, welches zur magnetischen Sättigung einer Probe notwendig ist, die aus einer sehr verdünnten festen Suspension kleiner kugelförmiger ferromagnetischer Teilchen in einer unmagnetischen Matrix besteht. Bei der verwendeten Verdünnung kann die Magnetisierung jedes Teilchens als unabhängig von seiner Umgebung angesehen werden.

Sind die Teilchen Einbereichpartikel, dann hat H_s die Größenordnung $H_{s1} \approx 2K_1/I_s$. Besteht dagegen in den Teilchen eine Bezirkstruktur, dann muß H_s bei nicht verschwindender Anisotropie jedenfalls größer als das entmagnetisierende Feld des Teilchens sein, d. h. $H_{s2} > \frac{4\pi}{3} I_s$. Für Nickel ergibt sich mit $K_1 = 5 \cdot 10^4$ erg/cm³ und $I_s = 500$ cgsE, $H_{s1} \approx 200$ Oe und $H_{s2} > 2100$ Oe. Das Feld um eine Probe mit Einbereichpartikeln zu sättigen ist also wesentlich kleiner als für eine Probe mit Vielbereichpartikeln.

Experimentell ergab sich für 0,1%ige Suspensionen kugelförmiger Nickelteilchen in Paraffin $H_s = 550 \pm 50$ Oe bei einem mittleren Teilchendurchmesser

---

[1] Dieser Wert ist sicher viel zu klein (s. 20.6).

von 200 ± 50 Å, dagegen $H_s = 2100 \pm 100$ Oe bei einem Teilchendurchmesser von etwa 80000 Å. Der kritische Teilchendurchmesser für Nickel ist nach Gl. (22.5b) mit $A = 3{,}4 \cdot 10^{-7}$ erg/cm etwa 157 Å. Die Teilchen mit 200 Å Durchmesser sollten also praktisch Einbereichpartikel sein, und H_s ist, in Übereinstimmung mit der Theorie, auch tatsächlich wesentlich kleiner als für die großen Vielbereichpartikel mit 80000 Å Durchmesser.

Zusammenfassend stellen wir fest, daß zur Magnetisierung von Vielbereichpartikeln die Energie des entmagnetisierenden Feldes vom äußeren Feld geliefert werden muß, während dieser Energiebetrag bei Einbereichpartikeln von der Austauschenergie aufgebracht wird.

22.3 Nadeln

Wir denken uns entsprechend Abb. 22.2 eine Nadel mit den Abmessungen $L \times D \times D$. Oberhalb der kritischen Dicke $(D > D_0)$ kann man nach KITTEL [2] eine Bezirkstruktur wie in Abb. 22.2a annehmen. Eine ähnliche Struktur wurde an Eisen-Whiskers tatsächlich beobachtet [9]. Setzen wir der Einfachheit halber $E_K = E_\sigma = 0$ und vernachlässigen wir ferner die Wandenergie der Abschlußbezirke, so ist die Energie dieser Anordnung einfach

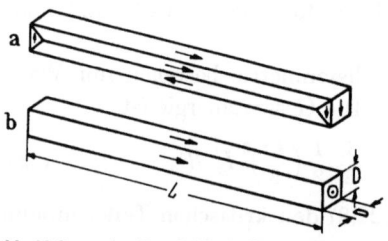

Abb. 22.2a u. b. Streufeldfreie Magnetisierungsanordnung in einer dünnen ferromagnetischen Nadel

$$E_{(a)} = E_w \approx \gamma_W \cdot L \cdot D. \tag{22.10}$$

Für $D < D_0$ ist die Nadel homogen in Richtung der Achse mit dem kleinsten Entmagnetisierungsfaktor magnetisiert. Wir erhalten nach Gl. (19.5)

$$E_{(b)} = \frac{1}{2} N I_s^2 \cdot L \cdot D^2. \tag{22.11}$$

Die kritische Nadeldicke D_0 ergibt sich aus $E_{(a)} = E_{(b)}$ und ist

$$D_0 = \frac{2 \gamma_w}{N I_s^2}. \tag{22.12}$$

Den Entmagnetisierungsfaktor N können wir näherungsweise gleich dem eines langen dünnen Rotationsellipsoids mit den Achsen D und L setzen. Nach Gl. (8.29) ist

$$N = 4\pi \cdot \frac{D^2}{L^2} \left(\ln \frac{2L}{D} - 1 \right).$$

Die kritische Dicke D_0 hängt also von dem Achsenverhältnis D/L ab. Diese Rechnung gilt selbstverständlich nur unter der Voraussetzung, daß die kritische Dicke D_0 groß gegen die BLOCH-Wanddicke δ_w ist. Die mikromagnetische Lösung für die Nadel ist wiederum durch Gl. (22.5b) gegeben.

22.4 Einfluß der Oberflächenanisotropie

Nach Kap. 18 ist die Energie der Oberflächenanisotropie in vielen wichtigen Fällen in der Form

$$\gamma_s = K_s \cos^2 \Theta \tag{22.13}$$

darstellbar, worin Θ den Winkel zwischen der spontanen Magnetisierung und der äußeren Oberflächennormalen bedeutet. Die Konstante K_s hat die Größenordnung 0,1 bis 1 erg/cm². Wie eine einfache Abschätzung zeigt, hat damit γ_s in großen Kristallen keinen merklichen Einfluß auf die Magnetisierung. Der Anteil von γ_s an der Gesamtenergie wächst jedoch mit abnehmender Teilchengröße an und erreicht in Teilchen, deren Abmessungen 100 Å oder kleiner sind, die Größenordnung der Kristallenergie oder der magnetostatischen Energie. Die Oberflächenanisotropie ist also bei der Berechnung der magnetischen Eigenschaften kleiner Teilchen mit in Betracht zu ziehen.

Derartige kleine Teilchen finden wir z. B. als ferromagnetische Gefügekomponente in ausscheidungshärtbaren Dauermagnetlegierungen. Im einfachsten Fall sind die ferromagnetischen Ausscheidungen ebene, zueinander parallele Lamellen, die durch unmagnetische Matrixlamellen voneinander getrennt sind. Schätzen wir nunmehr einer Rechnung von Néel [10] folgend die Dicke D solcher Lamellen ab, für welche die Oberflächenanisotropie gleich der Formanisotropie ist. Die Dicke D von Matrix- und Ausscheidungslamellen sei gleich. I_s sei die Sättigungsmagnetisierung des ferromagnetischen Gefügebestandteils. Die mittlere magnetostatische Energiedichte als Funktion des Winkels Θ zwischen I_s und der Lamellennormalen ist

$$F_I = \frac{\pi}{2} I_s^2 \cos^2 \Theta. \tag{22.14}$$

Für die Energiedichte der Oberflächenanisotropie ergibt sich aus Gl. (22.13)

$$F_s = \frac{K_s \cos^2 \Theta}{D}. \tag{22.15}$$

Beide Energiedichten sind gleich, wenn

$$D = \frac{2 K_s}{\pi I_s^2} \tag{22.16}$$

ist. Mit $K_s = 1$ erg/cm² und $I_s = 10^3$ cgsE ergibt sich $D \approx 10^{-6}$ cm = 100 Å. Für diese Lamellendicke ist bei positivem K_s die gesamte, effektive Anisotropie doppelt so groß wie die Formanisotropie, bei negativem K_s dagegen Null. Lamellendicken der Größenordnung 100 Å und kleiner wurden z. B. von Biedermann und Kneller [21] röntgenographisch an Eisen-Nickel-Kupfer-Dauermagnetlegierungen gemessen.

22.5 Der Übergang vom kleinen isolierten Teilchen zum kompakten Ferromagnetikum — Ferromagnetische Schwämme

22.5.1 Kalt gepreßtes Pulver

Kleine Teilchen können nur dann als magnetisch unabhängig voneinander angesehen werden, wenn sie in sehr geringer Konzentration in einer unmagnetischen Matrix eingebettet und durch diese vollständig voneinander getrennt sind. In einem geschütteten Pulver bestehen starke magnetische Wechselwirkungen zwischen den Teilchen, welche beim kalten Pressen des Pulvers mit wachsender Dichte des Materials weiter zunehmen (Néel [12]). Jedoch bleiben die Teilchen dabei Einbereichpartikel und es bilden sich nirgends Bloch-Wände (Abb. 22.3a).

22.5.2 Gesintertes Pulver

Erhitzt man geschüttetes Pulver oder eine kalt gepreßte Probe auf eine hinreichend hohe Temperatur, dann sintern die Teilchen zusammen. Der Vorgang beginnt mit der Bildung von Brücken an den Berührungsstellen der Teilchen (Abb. 22.3b). Wird die Rekristallisationstemperatur nicht überschritten, dann bleibt dabei die Form der Teilchen sowie ihre Orientierung erhalten. Wenn eine Brücke eine gewisse Dicke erreicht hat (einige 10 Å), bildet sich in ihr ein BLOCH-Wandelement, in welchem die Spinrichtung stetig von der Magnetisierungsrichtung des einen Kornes in die des benachbarten übergeht (Abb. 22.3c) [*13, 14, 15*].

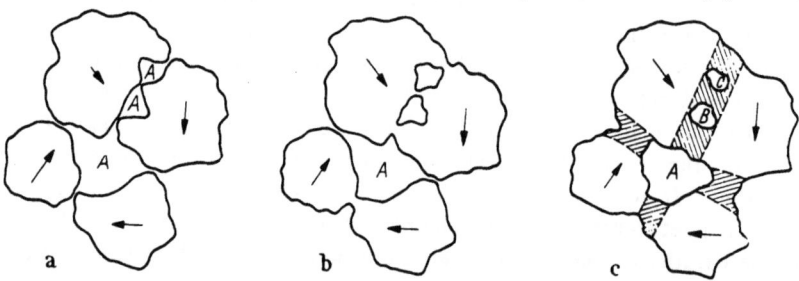

Abb. 22.3a—c. Ferromagnetischer Schwamm bei verschiedenen Sintergraden. Erläuterung im Text. (Nach WEIL [*14*])

Zwischen unregelmäßigen Körnern können sich auch mehrere Brücken bilden, deren jede dann ein Wandelement mit gleichem Richtungsübergang enthält. Betrachten wir umgekehrt in diesem Fall primär die Wand, so können wir auch sagen, daß die beiden Körner durch eine Wand getrennt sind, welche die zwischen den Brücken verbleibenden Hohlräume (B und C in Abb. 22.3c) enthält. Wir bezeichnen ein solches Gebilde als einen ferromagnetischen Schwamm. Seine magnetischen Eigenschaften hängen weitgehend von der Größe der Brücken ab, wobei alle Zwischenzustände von dem Beginn der Brückenbildung an bis zum zusammenhängenden Ferromagnetikum mit der normalen BLOCH-Wandstruktur großer Kristalle denkbar sind und auch tatsächlich vorkommen. Löcher, die zwischen unabhängigen Teilchen bestehen (A in Abb. 22.3) sind bei der Bestimmung der Koerzitivkraft von gepreßten Pulvern und Schwämmen als „wirksam" anzusehen. Löcher, die sich in der BLOCH-Wand zwischen zusammengewachsenen Teilchen befinden (B und C in Abb. 22.3) sind dagegen „unwirksam".

Die magnetischen Eigenschaften solcher Schwämme, insbesondere deren Koerzitivkraft, wurden hauptsächlich von NÉEL und WEIL (s. z. B. [*13, 14, 15*]) theoretisch und experimentell untersucht.

22.6 Magnetische Struktur dünner Schichten

Wir sprechen von einer dünnen ferromagnetischen Schicht, wenn die Schichtdicke kleiner als etwa die zehnfache BLOCH-Wanddicke des Blockmaterials ist. Unter dieser Voraussetzung reichen im allgemeinen alle BLOCH-Wände von der einen Schichtoberfläche zur anderen (s. Abb. 22.5), so daß die magnetische Struktur auf einer Oberfläche vollständig beobachtet werden kann. Die Linearabmessungen der nachfolgend erwähnten Schichten haben in der Schichtebene die Größenordnung 1 cm. Die Schichtdicken liegen zwischen etwa 50 und einigen

1000 Å. Der Entmagnetisierungsfaktor ist also parallel zur Schichtebene stets sehr klein und senkrecht dazu nahezu gleich 4π.

Dünne Schichten werden auf einem geeigneten Träger aufgedampft oder elektrolytisch abgeschieden. Sie sind je nach Herstellungsbedingungen einkristallin oder vielkristallin (mit oder ohne Kristalltextur). Fast alle bisher untersuchten Schichten waren vielkristallin. Die Korngröße ist sehr viel kleiner als bei Blockmaterial. Sie bewegt sich zwischen 100 und 1000 Å. Die Körner reichen also bei dünnen Schichten fast immer durch die Schicht hindurch. Bei dickeren Schichten sind nur wenige Körner aufeinander gepackt.

Folgende Anisotropieerscheinungen sind zur Beurteilung des magnetischen Verhaltens dünner Schichten in Betracht zu ziehen:

1. Die Kristallanisotropie des Schichtmaterials.
2. Die von einer Orientierungsüberstruktur herrührende einachsige Anisotropie (s. Kap. 14), wie man sie entweder durch Aufdampfen der Schicht in einem Magnetfeld, oder durch Magnetfeldtempern einer ohne Magnetfeld aufgedampften Schicht erhält [19, 20, 25, 28, 40, 41]. Dieser Effekt ist in erster Linie bei Legierungen zu erwarten [21]. Er tritt jedoch auch bei reinen Metallen auf und wird dort wahrscheinlich durch nahgeordnete Verteilungen von Fremdatomen oder Leerstellen sowie durch anisotrope Zusammenlagerungen von Fremdatome längs bevorzugter Netzebenen [22, 23] verursacht. Hierfür spricht, daß in sehr reinen und im Höchstvakuum aufgedampften Eisenschichten durch Tempern im Magnetfeld keine einachsige Anisotropie erzeugt werden kann (nach noch unveröffentlichten Versuchen). Es ist wahrscheinlich, daß Verunreinigungen auch in Legierungsschichten von Bedeutung für die Entstehung der einachsigen Anisotropie sind [22, 23]. Eine zeitliche Änderung oder ein Umtempern ist in dünnen Schichten, wahrscheinlich wegen des insbesondere durch Fremdatome extrem stark gestörten Gitteraufbaus der Schichten, bei wesentlich tieferen Temperaturen (z. B. bei Raumtemperatur) möglich als in Blockmaterial [25, 42, 43].
3. Spannungsanisotropie in Werkstoffen mit nicht verschwindender Magnetostriktion, z. B. bedingt durch Eigenspannungen infolge unterschiedlichen termischen Ausdehnungsverhaltens von Schichtträger und Schicht [24, 26].
4. Die Formanisotropie der Schicht. Diese begünstigt wegen des großen Entmagnetisierungsfaktors senkrecht zur Schichtebene jede Magnetisierungsrichtung parallel zur Schichtebene.
5. SMITH [21] sowie KNORR und HOFFMANN [26] fanden, daß auch durch schräges Aufdampfen von Permalloy- bzw. Eisenschichten eine einachsige magnetische Anisotropie entsteht, deren Vorzugsrichtung parallel zur Schichtebene und senkrecht zur Einfallsebene des Aufdampfstrahles gelegen ist. Die Energiedichte erreicht die Größenordnung 10^4 bis 10^5 erg/cm³ [48, 49]. Zur Erklärung dieser „Einfallswinkel-Anisotropie" sind verschiedene Ursachen diskutiert worden [24, 26, 27, 48, 49, 50, 51].

Betrachten wir zunächst vielkristalline Schichten mit regelloser Kornorientierung. Hier sind zwei Fälle zu unterscheiden: 1. Kristallenergie $K < 2\pi I_s^2$ und 2. $K > 2\pi I_s^2$.

Ist die Kristallenergie $K < 2\pi I_s^2$ (magnetostatische Energie bei Magnetisierung senkrecht zur Schichtebene), dann liegt die Magnetisierung bevorzugt parallel zur Schichtebene. Dies ist bei Eisen-, Kobalt-Nickel- und Eisen-Nickel-

Schichten der Fall. Hat die gesamte Schicht außerdem einachsige Anisotropie mit Vorzugsrichtung in der Schichtebene, dann verhält sie sich magnetisch ähnlich wie ein einachsiger Einkristall, und zwar um so mehr, je kleiner K ist. Wie Abb. 22.4 für eine Eisenschicht und eine Kobaltschicht [28] und Abb. 22.5 für eine 20 Fe 80 Ni-Schicht [29] (s. a. [28, 30, 31, 32, 33] sowie Abb. 20.14a) zeigen, bestehen in solchen Schichten im allgemeinen langgestreckte, durch glatte Wände begrenzte, antiparallel zueinander magnetisierte Bezirke. Bei Magnetisierung parallel zur Vorzugsrichtung der Schicht erfolgt die Ummagnetisierung durch Keimbildung (bevorzugt an der Schichtkante) und Ausbreitung der Keime durch Wandverschiebungen.

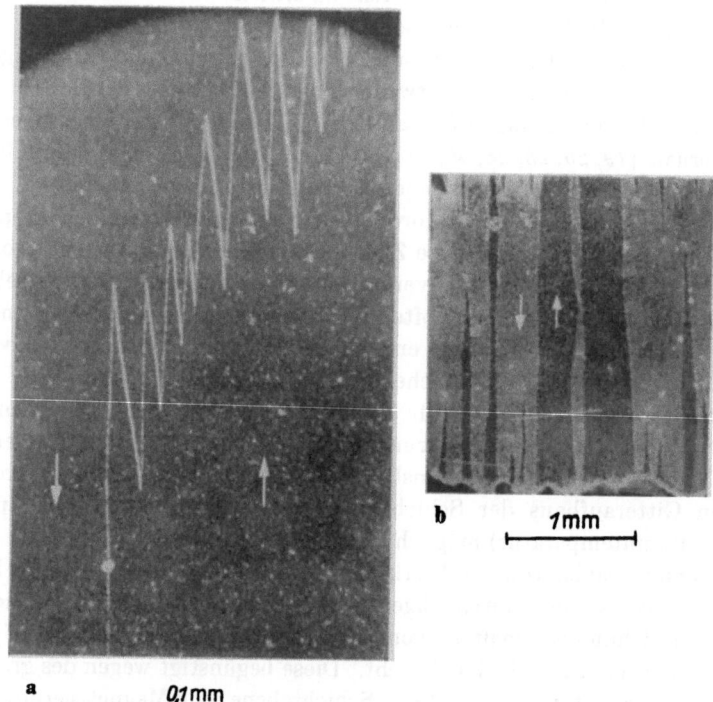

Abb. 22.4a u. b. Bezirkstruktur einer vielkristallinen, 2000 Å dicken (a) Eisenschicht und (b) Kobaltschicht. Vorzugsrichtung vertikal. Nach WILLIAMS und SHERWOOD [28]

Dieses Verhalten einer vielkristallinen Schicht mit regelloser Kornorientierung können wir folgendermaßen verstehen: Die Magnetisierung folgt den, wegen der außerordentlich kleinen Korndurchmesser sehr kurzwelligen Richtungsschwankungen der Kristallanisotropie nicht. Ihr Verlauf wird durch die magnetostatische Energie und die Austauschenergie geglättet. Dadurch ergeben sich glatte Wände, deren Dicke im wesentlichen durch Streufeldanisotropie (s. 20.6) begrenzt wird.

Im remanenten Zustand nach Sättigung einer Schicht parallel zu einer um einen größeren Winkel gegen die Vorzugsrichtung geneigten Richtung beobachtet man häufig sehr komplizierte Bezirkstrukturen mit vielen fadenförmigen Wandspuren (Zur Erklärung siehe Kap. 27.). Ein Charakteristikum solcher Strukturen ist das paarweise Auftreten von Wänden, wie es z. B. in Abb. 22.6 von WILLIAMS und SHERWOOD [28] auf einer 147 Å dicken Molybdän-Permalloy-Schicht beobachtet wurde. Diese Doppelwände wurden von KACZÉR [34, 35] und BEHRINGER [36] theoretisch behandelt. Ein Gleichgewichtsabstand der Wände ergibt sich kurz gesagt dadurch, daß sich zwei BLOCH-Wände mit z. B. gleichem Drehsinn der Magnetisierung in beiden Wänden unter der Wirkung der Austauschenergie gegenseitig abstoßen, infolge ihrer magnetostatischen Wechselwirkungen dagegen anziehen. Für Wände mit entgegengesetztem Drehsinn der Magnetisierung ist es umgekehrt. Durch ein hinreichend starkes (kritisches) Magnetfeld parallel zu der Magnetisierungsrichtung in dem Zwischenbereich werden die Wände auseinandergetrieben.

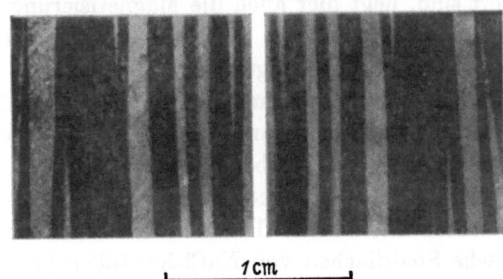

Abb. 22.5. Bezirkstruktur einer vielkristallinen 5000 Å dicken Permalloyschicht beobachtet auf Vorder- und Rückseite der Schicht. Vorzugsrichtung vertikal. Nach FOWLER et. al. [29]

Die in einer dünnen Schicht beobachtete Bezirkstruktur ist im allgemeinen nicht im thermodynamischen Gleichgewicht. Da der Entmagnetisierungsfaktor parallel zur Schichtebene sehr klein ist, wären im Gleichgewicht nur ganz wenige Wände stabil. Eine in einer leichten Richtung gesättigte Schicht bleibt nach Abschalten des Feldes abgesehen von den Randbezirken im allgemeinen frei von BLOCH-Wänden.

Abb. 22.6. Bezirkstruktur mit Doppelwänden, beobachtet auf einer 200 Å dicken Eisenschicht. Leichte Richtung horizontal. Nach WILLIAMS und SHERWOOD [28]

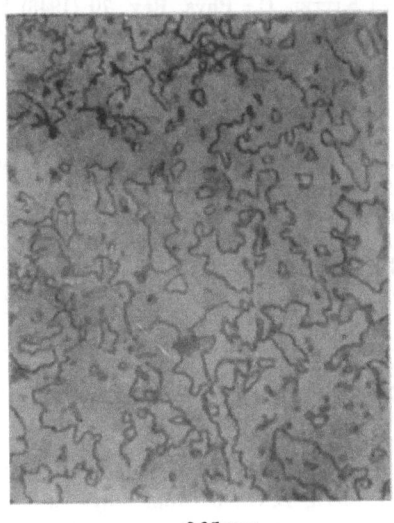

Abb. 22.7. Bezirkstruktur einer etwa 1000 Å dicken MnBi-Schicht. Nach WILLIAMS et al. [37]

Bei dünnen Schichten ohne magnetische Vorzugsrichtung (isotrope Schichten) ist die Struktur oft viel komplizierter als in anisotropen Schichten. Die Begrenzungen der Bezirke sind unregelmäßig gezackt. Jedoch erfolgt auch hier die Ummagnetisierung im wesentlichen durch Wandverschiebungen.

Ist $K > 2\pi I_s^2$, wie z. B. bei MnBi, dann hat die Kristallenergie wesentlichen Einfluß auf die Magnetisierungsrichtung in der Schicht. Abb. 22.7 zeigt die

Bezirkstruktur einer etwa 1000 Å dicken MnBi-Schicht, beobachtet mit Hilfe des FARADAY-Effekts bei Lichteinfall senkrecht zur Schichtebene [37]. MnBi hat hexagonale Struktur. Die Hauptsache ist magnetische Vorzugsrichtung. Da die Hauptachsen der erwähnten Probe bevorzugt senkrecht zur Schichtebene orientiert sind, liegt hier auch die Magnetisierung der Bezirke trotz des hohen Entmagnetisierungsfaktors im Mittel senkrecht zu Schichtebene. Die parallel zur Schichtnormale gesättigte Schicht bleibt auch nach Abschalten des Feldes homogen in dieser Richtung magnetisiert. Sie zeigt Einbereichverhalten. Die kritische Schichtdicke hierfür wurde von KITTEL [2] und später etwas genauer von MALEK und KAMBERSKY [38] berechnet.

ELSCHNER und UNANGST [39] haben 850 bis 1000 Å dicke, einkristalline Eisenschichten untersucht. Die Schichten wurden durch Aufdampfen bei 540 °C auf frische Spaltflächen von NaCl-Kristallen hergestellt. Die Schichtebene ist parallel zu einer (100)-Ebene. Dementsprechend liegen zwei senkrecht zueinander orientierte Vorzugsrichtungen in der Schichtebene. Dies kommt auch in der magnetischen Struktur der Schichten, welche im wesentlichen durch 90°-Wände gebildet wird, unmittelbar zum Ausdruck.

Literatur zu Kap. 22

[1] FRENKEL, J., u. J. DORFMAN: Nature 126 (1930) S. 274.
[2] KITTEL, C.: Phys. Rev. 70 (1946) S. 965.
[3] NÉEL, L.: C. R. Acad. Sci., Paris 224 (1947) S. 1488.
[4] STONER, E. C., u. E. P. WOHLFARTH: Nature 160 (1947) S. 650.
[5] STONER, E. C., u. E. P. WOHLFARTH: Phil. Trans. roy. Soc., Lond. A 240 (1948) S. 599.
[6] ELMORE, W. C.: Phys. Rev. 54 (1938) S. 1092.
[7] KITTEL, C.: Rev. Mod. Phys. 21 (1949) S. 541.
[8] KITTEL, C., J. K. GALT u. W. E. CAMPBELL: Phys. Rev. 77 (1950) S. 725.
[9] COLEMAN, R. V., u. G. G. SCOTT: J. Appl. Phys. 29 (1958) S. 526.
[10] NÉEL, L.: J. Phys. Radium 15 (1954) S. 225.
[11] BIEDERMANN, E., u. E. KNELLER: Z. Metallkde. 47 (1956) S. 289.
[12] NÉEL, L.: C. R. Acad. Sci., Paris 224 (1947) S. 1550.
[13] WEIL, L.: J. phys. Radium 12 (1951) S. 437.
[14] WEIL, L.: J. Phys. Radium 12 (1951) S. 520.
[15] WEIL, L.: Rev. Mod. Phys. 25 (1953) S. 324.
[16] KONDORSKY, E.: Dokl. Akad. Nauk SSSR 82 (1952) S. 365.
[17] KONDORSKY, E.: Izvest. Akad. Nauk SSSR 16 (1952) S. 398.
[18] BROWN, jr., W. F.: Phys. Rev. 105 (1957) S. 1479.
[19] BLOIS, M. S. jr.: J. Appl. Phys. 26 (1955) S. 975.
[20] CONGER, R. L.: Phys. Rev. 98 (1955) S. 1752.
[21] SMITH, D. O.: J. Appl. Phys. 30 (1959) S. 264 S.
[22] HEIDENREICH, R. D., E. A. NESBITT u. R. D. BURBANK: J. Appl. Phys. 30 (1959) S. 995.
[23] NESBITT, E. A., u. R. D. HEIDENREICH: J. Appl. Phys. 30 (1959) S. 1000.
[24] FINEGAN, J. D., u. R. W. HOFFMAN: J. Appl. Phys. 30 (1959) S. 597.
[25] MITCHELL, E. N.: J. Appl. Phys. 29 (1958) S. 286.
[26] KNORR, T. G., u. R. W. HOFFMAN: Phys. Rev. 113 (1959) S. 1039.
[27] EVANS, D. M., u. H. WILMAN: Acta Cryst. 5 (1952) S. 731.
[28] WILLIAMS, H. J., u. R. C. SHERWOOD: J. Appl. Phys. 28 (1957) S. 548.
[29] FOWLER jr., C. A., E. M. FRYER u. J. R. STEVENS: Phys. Rev. 104 (1956) S. 645.
[30] FOWLER jr., C. A., u. E. M. FRYER: Phys. Rev. 100 (1955) S. 746.
[31] FOWLER jr., C. A., u. E. M. FRYER: Phys. Rev. 104 (1956) S. 552.
[32] METHFESSEL, S., S. MIDDELHOEK u. H. THOMAS: IBM Journ. of Research and Development.

[33] THOMAS, H.: Berichte der Arbeitsgemeinschaft „Ferromagnetismur" (1959) S. 86.
[34] KACZÉR, J.: J. Appl. Phys. 29 (1958) S. 569.
[35] KACZÉR, J.: Czech. Z. Phys. 8 (1958) S. 278.
[36] BEHRINGER, R. E.: J. Appl. Phys. 29 (1958) S. 1380.
[37] WILLIAMS, H. J., R. C. SHERWOOD, F. G. FOSTER u. E. M. KELLEY: J. Appl. Phys. 28 (1957) S. 1191.
[38] MALEK, Z., u. V. KAMBERSKY: Czech. J. Phys. 8 (1958) S. 416.
[39] ELSCHNER, B., u. D. UNANGST: Z. Naturforschg. 11a (1956) S. 98.
[40] ANDRÄ, W., Z. MALEK, W. SCHÜPPEL u. O. STEMME: Naturwiss. 46 (1959) S. 257.
[41] SCHÜPPEL, W., u. Z. MALEK: Naturwiss. 46 (1959) S. 423.
[42] ANDRÄ, W., u. O. STEMME: Berichte der Arbeitsgemeinschaft „Ferromagnetismus" (1959) S. 104.
[43] MALEK, Z., u. W. SCHÜPPEL: Berichte der Arbeitsgemeinschaft „Ferromagnetismus" (1959) S. 109.
[44] KONDORSKIJ, E.: Dokl. Akad. Nauk SSSR 82 (1952) S. 365.
[45] KONDORSKIJ, E.: Izvest. Akad. Nauk SSSR., Ser. Fiz. 16 (1952) S. 398.
[46] BROWN, W. F. jr.: Phys. Rev. 105 (1957) S. 1479.
[47] FREI, SHTRIKMAN u. TREVES: Phys. Rev. 106 (1957) 446.
[48] PUGH, E. W., E. L. BOYD u. J. F. FREEDMAN: IBM-J. Res. Dev. 4 (1960) S. 163.
[49] PUGH, E. W., J. MATISOO, D. E. SPELIOTIS u. E. L. BOYD: J. Appl. Phys. 31 (1960) S. 293 S.
[50] COHEN, M. S., E. E. HUBER, G. P. WEISS u. D. O. SMITH: J. Appl. Phys. 31 (1960) S. 291 S.
[51] SMITH, D. O.: J. Appl. Phys. 32 (1961) S. 70 S.

V. Elementare Magnetisierungsprozesse

23. Eigenspannungen

Wir haben schon des öfteren den Begriff der inneren Spannungen oder Eigenspannungen gebraucht und bisher ihre Anwesenheit in Realkristallen als grundsätzliche Gegebenheit vorausgesetzt, ohne uns Rechenschaft über deren mögliche Ursachen und Eigenschaften abzulegen. Angesichts der großen Bedeutung der magnetoelastischen Wechselwirkungen bei nahezu allen Magnetisierungsvorgängen erscheint aber eine genauere Kenntnis der Eigenspannungen für die Entwicklung quantitativer Vorstellungen über den Ablauf von Magnetisierungsvorgängen unerläßlich. Wir wollen uns deshalb hier einen Überblick über die für uns wichtigen Eigenschaften des Eigenspannungszustandes verschaffen.

23.1 Allgemeines über Eigenspannungen

In der Elastizitätstheorie unterscheiden wir äußere oder Lastspannungen und innere oder Eigenspannungen.

Lastspannungen entstehen durch äußere Kräfte (vor allem Lasten), welche über den Rand und das Volumen des betrachteten elastischen Körpers verteilt sein können. Sind keine Eigenspannungen zugegen, dann ist für jede beliebige Verteilung der äußeren Kräfte ein bestimmter Spannungszustand eindeutig gegeben. Die nach dem HOOKEschen Gesetz zugeordneten Verzerrungen erfüllen für den ganzen Körper die sog. Kompatibilitätsbedingungen. D. h. physikalisch folgendes: Zerschneiden wir den verspannten Körper in beliebig geformte Volumenelemente und entspannen jedes Volumenelement für sich, dann lassen sich die entspannten Volumnenelemente wieder lückenlos zusammensetzen und ergeben den entspannten makroskopischen Körper. Mathematisch sind die Kompatibilitätsbedingungen diejenigen Bedingungen, die zwischen den Komponenten eines symmetrischen Tensors bestehen müssen, damit dieser ein Deformator ist, d. h. mit Hilfe eines Vektorfeldes beschrieben werden kann.

Bestehen in einem Körper Eigenspannungen, dann sind diese Bedingungen nicht erfüllt. Wir überlegen uns dies an Hand eines einfachen Gedankenversuchs: In Abb. 23.1 a ist ein quaderförmiger ferromagnetischer Kristall mit vier Bezirken dargestellt. Der Einfachheit halber nehmen wir die BLOCH-Wände als ebene, mathematische Flächen an. Zerschneiden wir diesen Kristall bei festgehaltener Magnetisierung längs der BLOCH-Wände, dann wird sich, wenn wir z. B. positive Magnetostriktion annehmen, entsprechend Abb. 23.1b jeder Bezirk magnetostriktiv in Magnetisierungsrichtung dehnen und in Querrichtung kontrahieren und dabei seine Form ersichtlich derart ändern, daß ein lückenloses Zusammenfügen der Bezirke zu einem kompakten Kristall ohne äußeren Zwang nicht mehr möglich ist. Man sieht dies deutlich an den 45°-Schnittflächen, deren Winkel sich so verändert haben, daß die Schnittflächen nicht mehr parallel sind. Um die Bezirke wieder lückenlos zusammenfügen zu können, müssen wir vielmehr an jedem Bezirk zunächst äußere Kräfte anbringen, die ihm seine frühere Gestalt im Kristallverband wiedergeben. Die diesen Kräften in jedem Bezirk zugeordneten Lastspannungen sind aber offenbar gerade die Eigenspannungen, denn diese Spannungen bleiben nach dem Zusammensetzen der Schnittstücke, Verschweißen der Schnittflächen und Wegnehmen der äußeren Kräfte im Kristall bestehen.

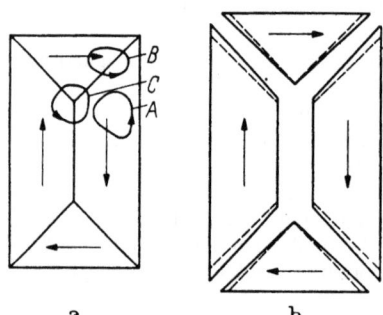

Abb. 23.1a u. b. Zur Erläuterung des Eigenspannungszustandes

Die durch die äußeren Kräfte verursachten Verzerrungen erfüllen in jedem Bezirk voraussetzungsgemäß die Kompatibilitätsbedingungen. Haben wir aber die vorgespannten Bezirke wieder zusammengefügt und an den Schnittflächen verschweißt, so daß die äußeren Spannungen weggenommen werden können, dann besteht in dem Kristall ein Verzerrungszustand, für den die Kompatibilitätsbedingungen, wie wir oben gesehen haben, nicht erfüllt sind. Eine kompatible Verzerrung der einzelnen Schnittelemente kann also zu einer inkompatiblen Verzerrung des makroskopischen Kristalls führen.

Ein geeignetes Maß für das „Nichtzusammenpassen" der Schnittelemente ist nach KRÖNER [1] die sog. Inkompatibilität des Verzerrungsfeldes. Sie stellt ein eindeutiges Kriterium für das Bestehen innerer Spannungen dar. Es gilt der Satz, daß innere Spannungen stets mit der Nichterfüllung der Kompatibilitätsbedingungen verbunden sind. Die Inkompatibilitäten können sowohl überall im Material vorhanden, als auch längs Flächen, Linien oder in Punkten konzentriert sein.

Eine Lokalisierung sowie eine quantitative Aussage über die Größe der Inkompatibilität erhalten wir nach KRÖNER [2], MORIGUTI [3] und ESHELBY [4] folgendermaßen: Wir denken uns den unter Betracht stehenden Körper in Stücke zerschnitten, die nach Entspannung sicher keine Eigenspannungen mehr enthalten und summieren dann längs eines beliebigen, geschlossenen Umlaufs alle Winkeländerungen $d\vartheta$, die an den von dem Umlauf durchstoßenden Schnittflächen auftreten würden, wenn wir die einzelnen Schnittstücke entspannen ließen. Das Integral $\oint d\vartheta$ längs des Umlaufs ist dann gleich der über die von dem Umlauf umrandeten Fläche integrierten Inkompatibilität Ink $\varepsilon = \eta$ des Verzerrungstensors ε:

$$\oint d\vartheta = \int \text{Ink } \varepsilon \, d\mathbf{F} = \int \eta \, d\mathbf{F}. \tag{23.1}$$

Wird der Umlauf ganz innerhalb eines Materialbereichs geführt, der keine inkompatiblen Verzerrungen enthält, so z. B. innerhalb eines der Schnittstücke, dann ist natürlich $\oint d\vartheta = 0$ und damit auch Ink $\varepsilon = 0$.

Es besteht eine weitgehende Analogie der Theorie der Eigenspannungen zu der Theorie der Magnetfelder stationärer Ströme [1], aus welcher uns das zu Gl. (23.1) analoge Durchflutungsgesetz $\oint \mathbf{H} \cdot d\mathbf{s} = \int \text{rot } \mathbf{H} \cdot d\mathbf{F} = \int \mathbf{j} \cdot d\mathbf{F}$ (1.8) wohl bekannt ist, wobei Ink $\varepsilon = \eta$ der Stromdichte $\mathbf{j}$ entspricht. Der Operator „Ink" angewendet auf den Tensor ε erscheint hier als das Analogon zu dem Operator „rot" angewendet auf den Vektor $\mathbf{H}$.

Kehren wir nunmehr zu unserem Beispiel in Abb. 23.1 zurück. Nehmen wir an, es handle sich um einen idealen Kristall, der keine Gitterbaufehler hat, dann sind die vier Schnittstücke in Abb. 23.1b nach Entspannung sicher frei von Eigenspannungen. Für den Umlauf A ergibt sich also $\oint d\vartheta = 0$. Dasselbe Ergebnis erhalten wir für den Umlauf B, denn hier wird ein und dieselbe Schnittebene zweimal in entgegengesetzter Richtung durchstoßen. Die Winkeländerungen sind entgegengesetzt gleich und ihre Summe Null. Dagegen hat $\oint d\vartheta$ für den Umlauf C einen endlichen Wert, welcher offenbar unabhängig von der Größe der umrandeten Fläche ist, wenn diese nur die (senkrecht zur Bildebene verlaufende) Schnittlinie der beiden 90°-Wände mit der 180°-Wand enthält. Die Kompatibilitätsbedingungen sind also in unserem Beispiel überall im Kristall außer längs dieser beiden Schnittlinien erfüllt. Ist $\eta(\mathbf{r})$ als Ortsfunktion bekannt, so kann man daraus mit Hilfe der sog. Spannungsfunktionen [2, 5, 6] die Eigenspannungen berechnen.

23.2 Entstehung von Eigenspannungen

Nachdem wir nunmehr die wesentlichsten Eigenschaften des Eigenspannungszustandes kennengelernt haben, wollen wir uns kurz überlegen, in welcher Weise Eigenspannungen entstehen können.

Wir unterscheiden drei Hauptgruppen von Eigenspannungen:

1. Magneto- und elektrostriktive Spannungen, 2. thermische Spannungen und 3. Werdegangspannungen.

Die magnetostriktiven Spannungen haben wir bereits in unserem obigen Beispiel kennengelernt. Elektrostriktive Spannungen sind in analoger Weise durch eingeprägte elektrostriktive Verzerrungen bedingt.

Thermische Spannungen entstehen infolge von inhomogener Temperaturausdehnung, wenn man einen elastischen Körper in ein inhomogenes Temperaturfeld bringt.

Unter Werdegangspannungen verstehen wir alle Eigenspannungen, die sich irgendwie aus der Vorgeschichte eines Materials ergeben. Hierzu gehören in erster Linie Spannungen, die nach plastischer Verformung zurückbleiben. Sie sind für die magnetischen Eigenschaften metallischer Werkstoffe von größter Bedeutung. Ferner nennen wir Gußspannungen, die sich bei der Kristallisation eines Stoffes aus der Schmelze ergeben, weil Schmelze und Kristall verschiedene Dichte haben, sowie Kristallwachstumsspannungen, die durch Gitterfehler bedingt sind, welche während der Kristallisation aus der Schmelze eingebaut werden. Ebenfalls große Bedeutung haben schließlich Eigenspannungen, welche in Mischkristallen durch alle möglichen Vorgänge im festen Zustand entstehen. Wir nennen hierzu Eigenspannungen, die durch Änderung der Raumverhältnisse bei Umwandlungen entstehen, wie etwa bei der Umwandlung von Austenit in Martensit, und ferner Ausscheidungsspannungen, die sich dann ergeben, wenn Ausscheidung und Matrix verschiedene Gitterkonstanten haben.

23.3 Plastische Verformung. Versetzungen und ihr Eigenspannungsfeld

Wenden wir uns nunmehr den für uns wichtigsten Eigenspannungen zu, die nach plastischer Verformung in einem Material zurückbleiben, und machen uns ein Bild ihrer Entstehung und ihren Eigenschaften.

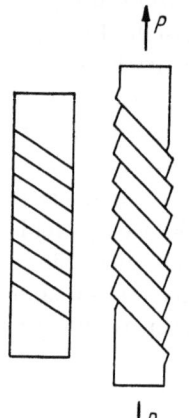

Abb. 23.2. Plastische Verformung eines stabförmigen Einkristalls

Rein geometrisch ergibt sich eine plastische Formänderung sowohl durch Translation als auch durch Zwillingsbildung. Der wichtigere der beiden Vorgänge ist die Translation. Sie besteht in einem gegenseitigen Abgleiten von Kristallbereichen längs ausgezeichneter kristallographischer Ebenen (Gleitebenen) und ist geometrisch durch die Angabe von Gleitebene und Gleitrichtung eindeutig bestimmt. Aus Abb. 23.2 ersieht man ohne weiteres, wie sich ein Kristallstab unter Zuglast durch parallele Abgleitung vieler kleiner Kristallbereiche makroskopisch verlängert, wobei sein vorher kreisförmiger Querschnitt infolge Drehung der Gleitebenen gegen die Stabachse elliptisch wird.

An Hand der Abb. 23.3 wollen wir uns nun überlegen, wie ein elementarer Gleitschritt vor sich geht, der unter der Wirkung einer Schubkraft τ vom Zustand (a) zum Zustand (d) führt, in welchem der obere Kristallteil längs der xy-Ebene

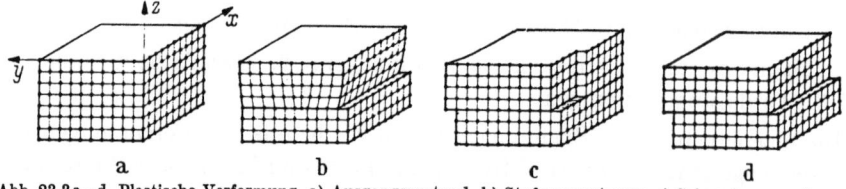

Abb. 23.3 a—d. Plastische Verformung. a) Ausgangszustand, b) Stufenversetzung, c) Schraubenversetzung, d) Endzustand

(Gleitebene) um einen Atomabstand gegen den unteren abgeglitten ist. Ein starres Abgleiten der beiden Kristallteile gegeneinander kommt nicht in Frage, weil die zum Auslösen dieses Gleitvorgangs notwendige kritische Schubspannung um etwa einen Faktor 10^3 größer ist als die tatsächlich gemessenen Werte. Man erreicht den Übergang von (a) nach (d) bei einer wesentlich geringeren Schubspannung, wenn ein eindimensionaler Gitterfehler der Art (b) in y-Richtung oder der Art (c) in x-Richtung durch den Kristall wandert.

Derartige linienförmige Gitterfehler heißen Versetzungen. Die in Abb. 23.3b wiedergegebene sog. Stufenversetzung [7, 8, 9] ist durch eine in den oberen Kristallteil eingeschobene Netzebene charakterisiert, welche in der Gleitebene endet, also in dem unteren Teil des Kristalls keine Fortsetzung hat. Bei der in Abb. 23.3c dargestellten Schraubenversetzung bilden die „Netzebenen" eine Schraubenfläche um die Versetzungslinie. Wir symbolisieren die Stufenversetzung durch das Zeichen ⊥ bzw. ⊤, wobei der waagerechte Strich die Gleitebene, der senkrechte Strich die Lage der eingeschobenen Netzebene wiedergibt. Schraubenversetzungen werden durch die Zeichen ⊙ bzw. ⊗ entsprechend der Pfeilspitze bzw. der Fiederung des Pfeils dargestellt (Pfeilrichtung parallel zu der positiven Versetzungslinienrichtung).

Zur quantitativen Beschreibung einer Versetzung führen wir um die Versetzungslinie entsprechend Abb. 23.4 im Rechtsschraubensinn um eine vorher festgelegte positive Richtung einen sog. BURGERS-Umlauf B' aus, dessen Anfangs- und Endpunkt zusammenfallen (a). Der zugehörige Bildweg B in einem ungestörten Kristallbereich (b) schließt sich nicht. Der vom Endpunkt zum Anfangspunkt von B zurückführende Vektor ist der BURGERS-Vektor [10] b. b ist bei einer Stufenversetzung senkrecht, bei einer Schraubenversetzung parallel zur Versetzungslinie gerichtet. Der Betrag $|b|$ heißt Versetzungsstärke. Sie beträgt in unserem Beispiel Abb. 23.4 gerade 1 Atomabstand.

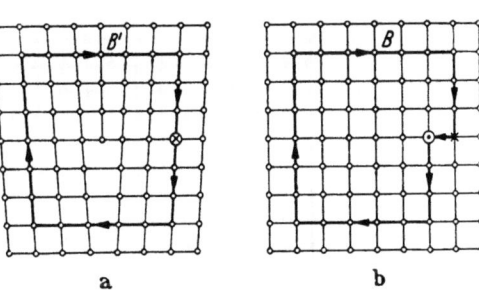

Abb. 23.4a u. b. Zur Definition des BURGERS-Vektors

Die von b und einem Linienelement dL der Versetzungslinie aufgespannte Fläche mit dem Normalenvektor

$$n = \frac{b \times dL}{|b \times dL|} \qquad (23.2)$$

ist die Gleitebene. Sie ist für eine Stufenversetzung eindeutig definiert, für Schraubenversetzungen dagegen vieldeutig, wobei jede Ebene Gleitebene sein kann, die die Versetzungslinie enthält. Ohne Volumenänderung kann sich eine Versetzung nur innerhalb ihrer Gleitebene bewegen (volumenkonservative Bewegung). Gleitebenen sind in erster Linie die dichtest besetzten Netzebenen im Gitter, Gleitrichtungen die dichtest besetzten Gittergeraden. Zwei parallele in derselben oder in zwei sich schneidenden Gleitebenen befindliche Versetzungen mit den BURGERS-Vektoren b_1 und b_2 können zu einer einzigen Versetzung mit dem BURGERS-Vektor $b = b_1 + b_2$ zusammentreten.

Stufen- und Schraubenversetzungen sind nicht verschiedene Versetzungstypen, sondern lediglich spezielle Orientierungen von Kristallversetzungen [10].

Eine allgemeine ebene Versetzungslinie erhalten wir folgendermaßen: Wir denken uns im Inneren eines ungestörten Kristalls im Bereich der in Abb. 23.5a schraf-

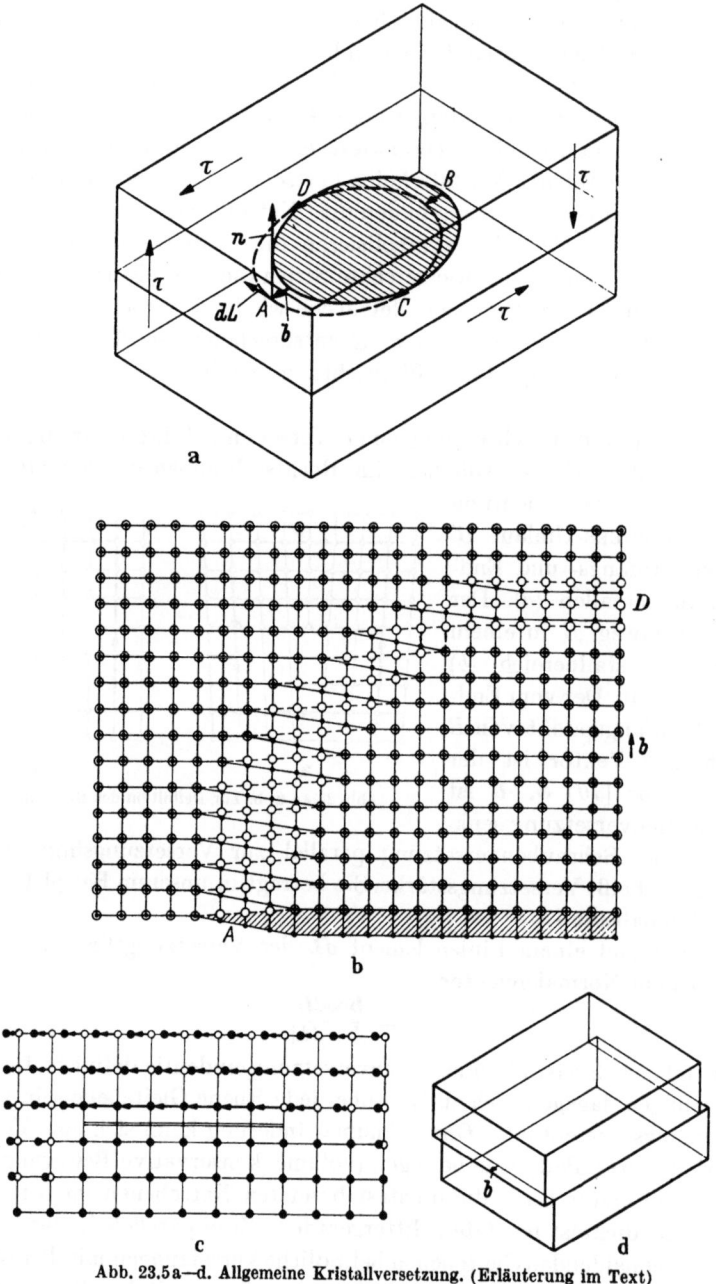

Abb. 23.5a—d. Allgemeine Kristallversetzung. (Erläuterung im Text)

fierten Fläche parallel zu einer Netzebene die Oberseite des Kristalls von der Unterseite gelöst, gegen die Unterseite um die Strecke b (1 Atomabstand) in die Lage der gestrichelt umrandeten Fläche verschoben und wieder mit der Unterseite verschweißt. Durch diese Operation ist eine ebene Versetzungslinie mit dem BURGERS-Vektor b entstanden, welche in den Punkten A und B Stufencharakter und in den Punkten C und D Schraubencharakter hat. In den Zwischengebieten, so z. B. von A nach D ändert sich, wie aus Abb. 23.5b hervorgeht, der Versetzungscharakter allmählich von der Stufe zur Schraube. In Abb. 23.5c ist ein Schnitt durch den Kristall längs der die Punkte A und B enthaltenden Ebene senkrecht zu der schraffierten Ebene dargestellt, welcher zeigt, wie durch die Verschiebung um 1 Atomabstand parallel zum Schnitt $A-B$ das bekannte Bild zweier Stufenversetzungen mit entgegengesetztem Vorzeichen entsteht.

Greifen an dem Kristall äußere Kräfte an, so ist die auf die Versetzung wirkende Kraftkomponente in der Gleitebene, unabhängig von dem Charakter der Versetzung, pro Längeneinheit der Versetzungslinie gleich dem Produkt aus der Versetzungsstärke b und der im Gleitsystem herrschenden Schubspannung τ:

$$K = \frac{n \times dL}{|n \times dL|} b \tau^1, \qquad (23.3)$$

dL ist das Versetzungslinienelement, n der Normalenvektor der Gleitebene. Der Vektor dL ist positiv in der positiven Versetzungslinienrichtung, n ist positiv in Richtung des Kristallteils, welcher beim Gleitvorgang in Richtung des BURGERS-Vektors bewegt wird. K wirkt also immer senkrecht zur Versetzungslinie.

Unter der in Abb. 23.5a angenommenen Schubspannung bläht sich demnach der Versetzungsring auf und wandert in seiner Ebene allseitig aus dem Kristall heraus, wobei der Kristall seine Form plastisch ändert, indem die Oberseite um die Strecke b gegen die Unterseite abgleitet (Abb. 23.5d).

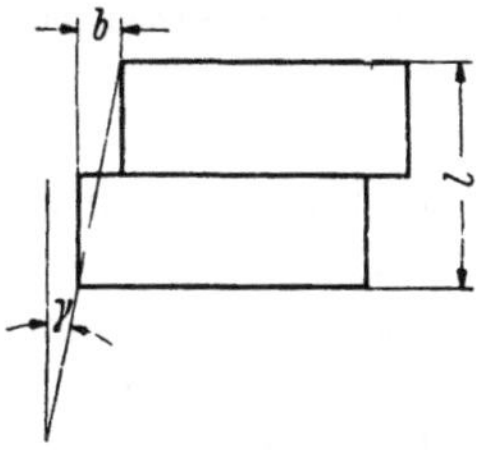

Die plastische Formänderung messen wir als Scherung γ oder Abgleitung a. Nach Abb. 23.6 ist

$$\gamma = a = b/l. \qquad (23.4)$$

Abb. 23.6. Zur Definition der Abgleitung

An einer makroskopischen Formänderung ist stets eine große Zahl von Versetzungen beteiligt. Für die praktische Anwendung gebrauchen wir daher die Formel

$$a = NFb, \qquad (23.5)$$

welche die Abgleitung angibt, die N Versetzungen pro Volumeinheit desselben Gleitsystems mit der jeweiligen Versetzungsstärke b erzeugen, wenn sie die Fläche F ihrer Gleitebene überstreichen.

Längs einer Versetzungslinie ist der BURGERS-Vektor b nach Richtung und Betrag konstant. Eine Versetzungslinie kann ferner, ganz analog wie ein Wirbel in einer Flüssigkeit, nirgends im Kristall beginnen oder endigen. Sie ist entweder im Kristall geschlossen oder sie erstreckt sich von Kristalloberfläche zu Kristalloberfläche.

Wir sehen z. B. nach Abb. 23.3 ohne weiteres ein, daß eine Versetzung in ihrer Umgebung Anlaß zu einem Eigenspannungsfeld gibt. Die Eigenspannungen

---

[1] Die in einem Spannungsfeld σ auf ein Linienelement dL einer Versetzung mit dem BURGERS-Vektor b wirkende Kraft dK ist allgemein durch die Formel von PEACH und KOEHLER [11] $dK = dL \times \sigma \cdot b$ gegeben.

können außerhalb eines kleinen Ausschließungsbereichs in der unmittelbaren Umgebung einer Versetzungslinie, den wir als einen Zylinder mit Radius r_0 um den Versetzungskern annehmen ($r_0 = 1$ bis 3 Atomabstände), nach der linearen Elastizitätstheorie berechnet werden. Der Eigenspannungszustand in der Umgebung einer Stufenversetzung entspricht etwa dem in einem Hohlzylinder mit Innenradius r_0 bestehenden Spannungszustand, wenn man den Hohlzylinder, wie in Abb. 23.7a veranschaulicht, längs einer Mantellinie aufschneidet, eine Netzebene herausnimmt und anschließend die Schnittflächen wieder zusammenfügt. Der Inkompatibilitätstensor η für Versetzungen wurde von KRÖNER [1] berechnet. Das Spannungsfeld einer Schraubenversetzung erzeugen wir entsprechend

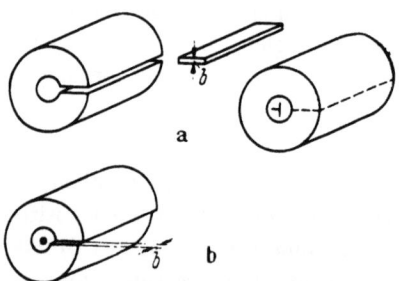 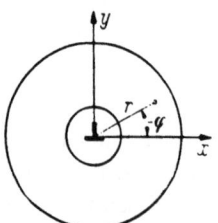

Abb. 23.7a u. b. Zur Berechnung des Eigenspannungsfeldes (a) einer Stufenversetzung und (b) einer Schraubenversetzung

Abb. 23.8. Zur Erläuterung von Gl. (23.7)

Abb. 23.7b durch Aufschneiden des Hohlzylinders und Zusammenkleben der Schnittflächen nach gegenseitiger Verschiebung längs der Zylinderachse um die Strecke b.

Das Eigenspannungsfeld einer linearen Stufenversetzung wurde von BURGERS [12] berechnet. Für eine Versetzung in einem unendlich ausgedehnten Körper ergeben sich die Spannungskomponenten (s. Abb. 23.8)

$$\sigma_{xx} = -\frac{b}{2\pi} \cdot \frac{G}{1-\nu} \cdot \frac{y}{r^2} \left\{ \left(1 + \frac{2x^2}{r^2}\right) - \frac{r_0^2}{r^4}(3x^2 - y^2) \right\},$$

$$\sigma_{yy} = -\frac{b}{2\pi} \cdot \frac{G}{1-\nu} \cdot \frac{y}{r^2} \left\{ \left(1 - \frac{2x^2}{r^2}\right) + \frac{r_0^2}{r^4}(3x^2 - y^2) \right\},$$

$$\sigma_{xy} = \frac{b}{2\pi} \cdot \frac{G}{1-\nu} \cdot \frac{x}{r^2} \left\{ \left(1 - \frac{2y^2}{r^2}\right) - \frac{r_0^2}{r^4}(x^2 - 3y^2) \right\}.$$

$$\sigma_{zz} = \nu(\sigma_{xx} + \sigma_{yy}),$$

$$\sigma_{xz} = 0,$$

$$\sigma_{yz} = 0,$$

(23.6)

oder mit $r = \sqrt{x^2 + y^2}$, $\varphi = \text{arc tg}\,(y/x)$ in Zylinderkoordinaten

$$\sigma_{rr} = -\frac{b}{2\pi} \frac{G}{1-\nu} \frac{\sin\varphi}{r} \left(1 - \frac{r_0^2}{r^2}\right).$$

$$\sigma_{\varphi\varphi} = -\frac{b}{2\pi} \frac{G}{1-\nu} \frac{\sin\varphi}{r} \left(1 + \frac{r_0^2}{r^2}\right).$$

$$\sigma_{r\varphi} = \frac{b}{2\pi} \frac{G}{1-\nu} \frac{\cos\varphi}{r} \left(1 - \frac{r_0^2}{r^2}\right).$$

$$\sigma_{zz} = -2\nu \frac{b}{2\pi} \frac{G}{1-\nu} \frac{\sin\varphi}{r}.$$

(23.7)

Aus Gl. (23.7) ersehen wir, daß das Spannungsfeld einer Stufenversetzung in größerer Entfernung vom Versetzungskern wie $1/r$ abklingt.

Der Spannungshof einer Schraubenversetzung ist rotationssymmetrisch. In Zylinderkoordinaten ist nur die Spannungskomponente

$$\sigma_{\varphi z} = \frac{G\,b}{2\pi} \cdot \frac{1}{r} \qquad (23.8)$$

von Null verschieden, welche ebenfalls wie $1/r$ abnimmt. G ist der Schubmodul, ν die Querkontraktionszahl und b die Versetzungsstärke.

Unter der Versetzungsenergie verstehen wir die gesamte in dem Eigenspannungsfeld der Versetzung aufgespeicherte elastische Energie. Ihre Größe divergiert logarithmisch mit der äußeren Begrenzung des Integrationsgebietes. Eine vernünftige, den tatsächlichen Verhältnissen angepaßte Einschränkung des Integrationsgebietes (Abschneideradius etwa 10^4 Atomabstände) führt zu dem Richtwert der Versetzungsenergie

$$E \approx G\,b^2 \qquad (23.9)$$

pro cm Versetzungslänge. In diesem Energiebetrag ist die nichtelastische Energie des Ausschließungsbereichs (Abstand $r < r_0$ vom Versetzungskern) nicht mit enthalten. Ihr Beitrag zur Versetzungsenergie ist nach Schätzungen jedoch nur etwa $1/10$ der elastischen Energie.

Aus Gl. (23.9) folgt die Regel, daß sich parallele Versetzungen mit gleichem Vorzeichen abstoßen, solche mit entgegengesetztem Vorzeichen anziehen. Betrachten wir hierzu zwei Versetzungen mit den BURGERS-Vektoren b_1 und b_2. Diese stoßen sich ab oder ziehen sich an, je nachdem $b_1^2 + b_2^2$ kleiner oder größer als $b_3^2 = (b_1 + b_2)^2 = b_1^2 + b_2^2 + 2b_1 b_2$, oder einfacher, je nachdem $b_1 b_2$ größer oder kleiner als Null ist. Umgekehrt gilt natürlich für die Stabilität einer Versetzung der Satz: Läßt sich ein BURGERS-Vektor b_3 in zwei geometrisch mögliche BURGERS-Vektoren b_1 und b_2 zerlegen, so daß das Produkt $b_1 b_2$ positiv ist, dann ist die Versetzung mit dem BURGERS-Vektor b_3 instabil.

Hiermit wollen wir diesen kurzen Überblick über die für uns wichtigen Eigenschaften der Versetzungen abschließen und für ein genaueres Studium der Theorie der Versetzungen auf einen zusammenfassenden Handbuchartikel von SEEGER [16] verweisen.

Kehren wir nunmehr zu der Abb. 23.5 zurück. Solange sich ein Stück der Versetzungslinie im Kristall befindet, bestehen in diesem Eigenspannungen. Ist jedoch der Versetzungsring ganz aus dem Kristall herausgewandert, dann ist der Kristall frei von Eigenspannungen und hat lediglich seine Form geändert. Wie ist demgegenüber nun die Erfahrungstatsache zu verstehen, daß bereits vor der plastischen Verformung in jedem Einkristall Versetzungen und folglich Eigenspannungen bestehen, und daß die Eigenspannungen durch plastische Verformung zunehmen, d. h. eine Verfestigung des Materials eintritt?

Versetzungen können bei Abwesenheit einer äußeren Schubspannung im thermodynamischen Gleichgewicht nicht auftreten. Dennoch sind im sorgfältigst präparierten, unverformten Einkristall Versetzungen in großer Zahl vorhanden. Dies geht schon aus der Tatsache hervor, daß die kritische Schubspannung um einen Faktor 10^2 bis 10^3 unter dem Wert liegt, welcher zur thermischen Erzeugung einer Versetzung notwendig wäre. Diese im thermodynamischen Ungleichgewicht befindlichen Versetzungen sind bereits während des Kristallwachstums entstanden und verdanken ihre Existenz dem Umstand, daß während der Kristallisation Zustände durchlaufen werden, welche oft weit vom thermodynamischen Gleichgewicht entfernt sind. Ihre Dichte wird für Metalle zwischen 10^6 und 10^8 Versetzungslinien pro cm^2 geschätzt.

Werden nunmehr äußere Kräfte angebracht, dann setzen sich die Versetzungen in Bewegung. Würden sie sich nicht gegenseitig in ihrer Bewegung behindern und auch keine neuen Versetzungen entstehen, dann wären die anfänglich vorhandenen Versetzungen nach einer gewissen Abgleitung von der Größenordnung 1 ($a = N \cdot F \cdot b = 10^8 \cdot 1 \cdot 10^{-8}$) aus dem Kristall ausgewandert und die Fließspannung wäre auf den Wert der theoretischen Schubfestigkeit (bei Zimmertemperatur etwa 0,02 G), d. h. die Spannung, die zur thermischen Erzeugung einer

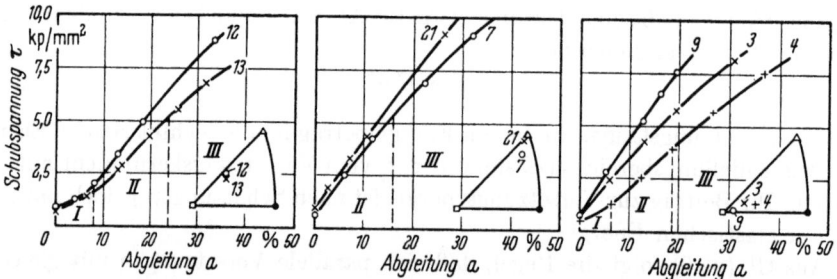

Abb. 23.9. Verfestigungskurven einiger Nickel-Einkristalle mit unterschiedlicher Orientierung. (Nach DIEHL [15])

Versetzung notwendig ist, angestiegen. Tatsächlich erhält man jedoch wesentlich größere Abgleitungen bei niedrigeren Schubspannungen. Das kommt daher, daß während der plastischen Verformung durch einen von FRANK und READ [14] beschriebenen Mechanismus neue Versetzungen in großer Anzahl im Kristall entstehen. Diese wandern jedoch nicht alle aus dem Kristall aus, sondern behindern sich mit wachsender Anzahl infolge ihrer Spannungsfelder und gegenseitigen Durchschneidungen in zunehmendem Maße gegenseitig und stauen sich in den Gleitebenen auf. Um sie wieder in Bewegung zu setzen, werden immer höhere Fließspannungen notwendig; der Kristall verfestigt sich. Der Zusammenhang zwischen der Fließspannung und der Abgleitung heißt Verfestigungskurve. In Abb. 23.9 ist z. B. eine Reihe solcher Verfestigungkurven wiedergegeben, wie sie von DIEHL [15] an Nickel-Einkristallen verschiedener Orientierung gemessen wurden. Während der plastischen Verformung wächst die Versetzungsliniendichte von 10^6 bis 10^8 auf Werte der Größenordnung 10^{10} bis 10^{12} Linien/cm^2 an. Parallel dazu nehmen auch die Eigenspannungen im Kristall zu.

Mit diesen allgemeinen Hinweisen müssen wir uns im Rahmen dieses Buches begnügen und verweisen für eine genauere Ausführung der Theorie der plastischen Verformung und der Verfestigung auf einen zusammenfassenden Handbuchartikel von SEEGER [16].

23.4 Einteilung der Eigenspannungen

Im Hinblick auf den unterschiedlichen Einfluß verschiedenartiger Spannungszustände auf die Magnetisierungsvorgänge ist es nützlich, eine gewisse Einteilung der Spannungen vorzunehmen, wie sie von DEHLINGER und GLOCKER [17] (s. a. [18]) vorgeschlagen und seitdem allgemein üblich geworden ist. Wir unterscheiden danach Spannungen 1., 2. und 3. Art.

Unter *Spannungen 1. Art* verstehen wir Eigen- oder Lastspannungen, die nicht unbedingt in der ganzen Probe, wohl aber über makroskopische Materialbereiche, so etwa über viele Körner eines Polykristalls hinweg konstant sind. Hierzu gehören die durch einfachen äußeren Zug oder Druck hervorgerufenen, im ganzen ein- oder vielkristallinen Probekörper homogenen Spannungen. Ferner Eigenspannungen verschiedener Herkunft, z. B. Gußspannungen oder Eigenspannungen, wie sie nach verschiedenen Kaltverformungsverfahren, etwa nach dem Walzen oder Ziehen eines Drahtes (Druckspannung in der Randzone und Zugspannung im Kern) zurückbleiben. Nach neueren Messungen von MACHERAUCH [19] an Aluminium treten Eigenspannungen 1. Art auch beim Recken vielkristalliner Proben in der Oberflächenzone auf. Röntgenographisch äußern sich Spannungen 1. Art (beim Vielkristall) in einer Verschiebung der Linien (s. z. B. GLOCKER [20]).

Als *Spannungen 2. Art* bezeichnen wir Eigenspannungen, die in mikroskopischen Bereichen, etwa in einem ganzen Kristallkorn oder wenigstens in größeren Bereichen eines Korns konstant, in makroskopischen Bereichen jedoch veränderlich sind. Wir nennen hierzu Eigenspannungen, die nach plastischer Verformung von Vielkristallen wegen der (oftmals starken) Orientierungsabhängigkeit der Streckgrenze zurückbleiben und innerhalb eines Korns annähernd konstant sind (Theorie von GREENOUGH [21]). Die Spannungen 2. Art ergeben röntgenographisch sowohl eine Linienverschiebung als auch eine Linienverbreiterung [20] (s. a. [22] bis [25]). Es sind die Spannungen 2. Art, die im Sinne der Spannungstheorie von BECKER, KERSTEN und KONDORSKIJ den wesentlichen Einfluß auf die Magnetisierungsvorgänge ausüben.

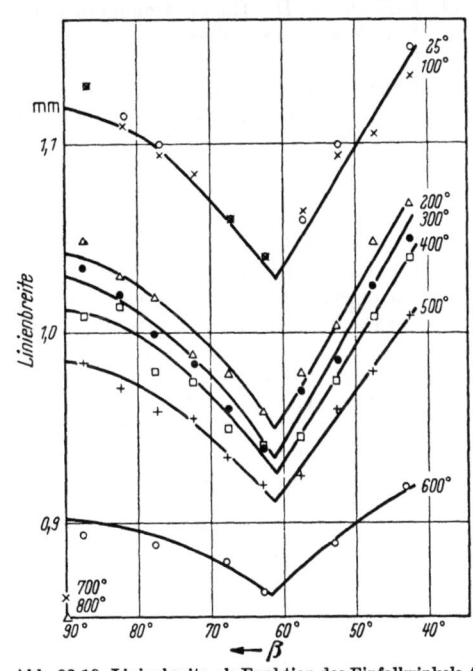

Abb. 23.10. Linienbreite als Funktion des Einfallwinkels β für 20% kaltgerecktes Nickel nach Glühung bei verschiedenen Temperaturen. (Nach REIMER [26])

Die *Spannungen 3. Art* sind in mikroskopischen Bereichen inhomogen. Hierzu gehören in erster Linie die Spannungshöfe von Versetzungen und ferner Ausscheidungsspannungen, wie sie bei Kalt- und Warmaushärtung auftreten. Durch Spannungen 3. Art sind Verbreiterung und Intensitätsänderungen der Röntgenlinien bedingt.

Spannungen der drei genannten Arten sind im Realkristall meist gleichzeitig vorhanden und überlagern sich linear. Ihre Trennung ist im allgemeinen schwierig, jedoch z. T. möglich. So lassen sich nach REIMER [26] die Beiträge der Spannungen 2. und 3. Art zur Verbreiterung der Röntgenlinien durch Variation des Strahleneinfallswinkels β auf Grund der Tatsache trennen, daß die zusätzliche Linienverbreiterung infolge von Spannungen 2. Art bei $\beta = 60°$ verschwindet. Die dort vorhandene Linienverbreiterung gegenüber der Grundlinienbreite h_0 des spannungsfreien Materials ist also auf Spannungen 3. Art zurückzuführen. In Abb. 23.10 ist die Linienbreite des (420)-Rückstrahlreflexes von 20% kaltgerecktem Nickel als Funktion des Einfallswinkels β nach Glühung der Probe bei verschieden hohen Temperaturen dargestellt. Es ist $h_{90°} - h_{60°}$ der Verbreiterungsanteil der Spannungen 2. Art und $h_{60°} - h_0$ h_0 ($=$ Grundlinienbreite) der Verbreiterungsanteil der Spannungen 3. Art. Aus Abb. 23.10 ersehen wir, daß bei Glühung unterhalb 400° die Spannungen 2. Art praktisch unverändert bleiben, während die Spannungen 3. Art bereits erheblich abnehmen.

Literatur zu Kap. 23

[1] KRÖNER, E.: Z. angew. Phys. 7 (1955) S. 249.
[2] KRÖNER, E.: „Kontinuumstheorie der Versetzungen und der Eigenspannungen", Berlin/Göttingen/Heidelberg: Springer 1958.
[3] MORIGUTI, S.: Oyo Sugaku Rikigaku (Appl. Math. Mech.) 1 (1947) S. 29—36, 87—90.
[4] ESHELBY, J. D.: The Continuum of Lattice Defects, Solid State Physics III, 79—144, New York: Acad. Press Inc. 1956.
[5] KRÖNER, E.: Z. Phys. 139 (1954) S. 175.
[6] KRÖNER, E.: Z. Phys. 141 (1955) S. 386.
[7] TAYLOR, G. I.: Proc. roy. Soc., Lond. 145 (1934) S. 362.
[8] OROWAN, E.: Z. Phys. 89 (1934) S. 634.
[9] POLANYI, M.: Z. Phys. 89 (1934) S. 660.
[10] BURGERS, J. M.: Proc. Kon. Ned. Acad. Wetensch. 42 (1939) S. 293, 378.
[11] PEACH, M., u. J. S. KOEHLER: Phys. Rev. 80 (1950) S. 436.
[12] BURGERS, J. M.: Proc. Ned. Acad. Wetensch. 42 (1939) S. 378.
[13] SEEGER, A.: Handbuch d. Physik Bd. VII, Teil I; herausgeg. v. S. FLÜGGE, Berlin/Göttingen/Heidelberg: Springer 1955.
[14] FRANK, F. C., u. W. T. READ: Phys. Rev. 79 (1950) S. 722.
[15] DIEHL, J.: s. H. DIERTICH u. E. KNELLER: Z. Metallkde. 47 (1956) S. 672.
[16] SEEGER, A.: Handbuch d. Physik Bd. VII, Teil II; herausgege. v. S. FLÜGGE, Berlin/Göttingen/Heidelberg: Springer 1958.
[17] DEHLINGER, U.: s. R. GLOCKER: „Materialprüfung mit Röntgenstrahlen" 1. Aufl., Berlin: Springer 1936.
[18] DEHLINGER, U.: Z. Metallkde. 34 (1942) S. 197.
[19] MACHERAUCH, E.: Persönl. Mittlg.
[20] GLOCKER, R.: „Materialprüfung mit Röntgenstrahlen", 4. Aufl., Berlin/Göttingen/Heidelberg: Springer 1958.
[21] GREENOUGH, G. B.: Proc. roy. Soc., Lond. A 197 (1949) S. 556.
[22] DEHLINGER, U., u. A. KOCHENDÖRFER: Z. Kristallogr. 101 (1939) S. 134.
[23] DEHLINGER, U., u. A. KOCHENDÖRFER: Z. Metallkde. 31 (1939) S. 231.
[24] KOCHENDÖRFER, A.: Z. Kristallogr. 101 (1939) S. 149.
[25] KOCHENDÖRFER, A.: Z. Kristallogr. 105 (1944) S. 393.
[26] REIMER, L.: Z. angew. Phys. 6 (1954) S. 489.

24. Elementarprozesse der Magnetisierungsänderungen

24.1 Allgemeines

In Kap. 21 haben wir die Bezirkstruktur großer Kristalle betrachtet, die sich im äußeren Feld Null [$E_H = 0$ in Gl. (21.7)] einstellt. Unter der Voraussetzung ungehemmter Gleichgewichtseinstellung ist diese Struktur durch die Forderung

$\delta E_{\text{ges}} = 0$ [Gl. (21.16)] eindeutig bestimmt und hat, wie man durch eine energetische Betrachtung bestätigt, die Eigenschaft, daß die pauschale Magnetisierung I in jeder Richtung Null ist. Sie entspricht also dem pauschal unmagnetischen Zustand im Ursprung des I–H-Diagramms.

Durch ein äußeres Feld wird das Gleichgewicht verschoben, denn zu der Gesamtenergie [Gl. (21.7)] kommt der Term E_H hinzu. Die Struktur ändert sich, und zwar wegen $F_H^{'} = -HI_s \cos \varphi$ [Gl. (19.1)] derart, daß dabei eine resultierende Magnetisierung I in Richtung des Feldes entsteht.

Wir wollen nunmehr zunächst die Bezirkstruktur außer acht lassen und in diesem Paragraphen die Elementarvorgänge betrachten, durch welche eine solche Strukturänderung vor sich gehen kann.

Wie BECKER [1] 1932 zusammenfassend festgestellt hat, lassen sich grundsätzlich alle Vorgänge, die zu einer Magnetisierungsänderung führen, auf zwei Elementarprozesse zurückführen[1]: 1. Wandverschiebung und 2. Drehung.

Wandverschiebung. Wir denken uns beispielsweise eine Struktur mit parallelen 180°-Wänden, wie sie in Abb. 24.1a dargestellt ist. Im Felde $H = 0$ sind die Bezirke gleich dick. Es ist $E_H = 0$. In einem äußeren Feld H verschieben sich die Wände derart, daß das Volumen $V_{\uparrow\uparrow}$ der in Feldrichtung magnetisierten Bezirke auf Kosten des Volumens $V_{\uparrow\downarrow}$ der antiparallel zur Feldrichtung magnetisierten Bezirke zunimmt, wodurch eine resultierende Magnetisierung in Feldrichtung entsteht. Dabei wird die potentielle Energie

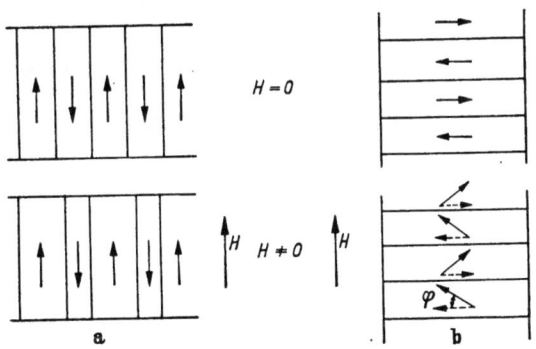

Abb. 24.1a u. b. Elementarprozesse der Magnetisierung; a) Wandverschiebung, b) Drehung

$$E_H = -HI_s(V_{\uparrow\uparrow} - V_{\uparrow\downarrow})$$

gewonnen. Daß Wandverschiebungsprozesse tatsächlich in dieser einfachen Weise ablaufen können, zeigen die Magnetpulverbilder in Abb. 21.7 für einen Co-Kristall.

Drehung. Wirkt das von außen angelegte Feld beispielsweise senkrecht zur Ebene der BLOCH-Wände (Abb. 24.1b), dann ist die potentielle Energie E_H der Magnetisierung in allen Bezirken gleich groß. Wandverschiebungen würden also keinen Gewinn an potentieller Energie liefern. In diesem Fall wird die Magnetisierung um einen Winkel φ reversibel aus ihren durch die Kristallanisotropie gegebenen Vorzugslagen in den einzelnen Bezirken heraus gegen die Feldrichtung hin gedreht, und dabei pro cm³ des Kristalls die potentielle Energie

$$E_H = -HI_s \sin \varphi$$

gewonnen. Die pauschale Magnetisierung in Feldrichtung wächst dabei auf den Wert $I_s \sin \varphi$ an. Ein Magnetpulverbild, in welchem derartige Drehprozesse direkt sichtbar werden, ist in Abb. 21.35 wiedergegeben worden.

---

[1] Abgesehen vom Paraprozeß.

Während Drehprozesse zuerst 1930 von BECKER [2] für den Fall von Spannungsanisotropie diskutiert und berechnet wurden (s. a. [3]), geht der Gedanke des Wandverschiebungsprozesses auf LANGMUIR (1930) sowie auf Arbeiten von SIXTUS und TONKS [4, 5] (1930/31) zurück. Die erste theoretische Behandlung des Wandverschiebungsproblems gab BLOCH [6] (1932).

Wären diese Elementarprozesse durchweg reversibel, dann könnte man bei gegebener Probenform für jede Feldstärke auf Grund der Bedingung $\delta E_{ges} = 0$ die im Gleichgewicht befindliche Struktur und damit die pauschale Magnetisierung in Feldrichtung eindeutig angeben. Die Magnetisierung wäre dann eine eindeutige Funktion der Feldstärke. In Wirklichkeit zeigt jedoch die Magnetisierungskurve großer ferromagnetischer und ferrimagnetischer Kristalle nahezu immer Hysterese, denn ein Teil der Elementarprozesse ist irreversibel. Die im Verlauf der Magnetisierungskurve durchlaufenen Strukturen befinden sich also nicht im ungehemmten Gleichgewicht und sind daher für eine gegebene Feldstärke auch nicht eindeutig bestimmt.

Eine systematische Behandlung der reversiblen Elementarprozesse vom Standpunkt der Thermodynamik aus wurde in Kap. 9 gegeben.

24.2 Reversible Drehung der Magnetisierung

24.2.1 Parameterdarstellung der Magnetisierungskurve bei reversiblen Drehungen

Der Drehprozeß werde isotherm und reversibel geleitet. Wir gehen daher von dem thermodynamischen Potential F' aus. Nach Gl. (9.20) ist bei Vernachlässigung der Streufeldenergie (s. Kap. 28).

$$F' = F - HI, \qquad (24.1)$$

worin I die Komponente der Magnetisierung in Feldrichtung bedeutet. Erfolgt die Drehung gegen Kristall- und Spannungsenergie, so ist die freie Energiedichte F gegeben durch

$$F = F_K + F_\sigma. \qquad (24.2)$$

Damit erhält man nach Gl. (9.40) die Gleichgewichtslage der Magnetisierung als Funktion der Feldstärke H aus der Gleichung

$$\partial F'/\partial I = \partial F/\partial I - H = \partial (F_K + F_\sigma)/\partial I - H = 0 \qquad (24.3)$$

oder

$$H = \partial F/\partial I \qquad (24.4\text{a})$$

und ferner aus Gl. (24.1) [s. Gl. (9.38)]

$$I = -\partial F'/\partial H. \qquad (24.4\text{b})$$

Die Gln. (24.4a) und (24.4b) bilden die gesuchte Parameterdarstellung der Magnetisierungskurve.

24.2.2 Berechnung der Magnetisierungskurve bei reversibler Drehung gegen die Kristallenergie

Zur Erläuterung obiger etwas abstrakt erscheinender Darstellung wollen wir im folgenden ein einfaches Beispiel durchrechnen. Wir betrachten einen kubischen

Kristall mit $K_1 > 0$ und vernachlässigbar kleinem K_2. Der Einfachheit halber setzen wir $F_\sigma = 0$. Die spontane Magnetisierung I_s liege im Feld Null in der [100]-Richtung (s. Abb. 24.2) und die Feldrichtung sei parallel zur (001)-Ebene unter einem Winkel $\varphi_0 < 45°$ gegen die [100]-Richtung geneigt. Unter diesen Voraussetzungen ist das Problem besonders einfach, weil der Vektor der spontanen Magnetisierung I_s während der Drehung in der (001)-Ebene bleibt.

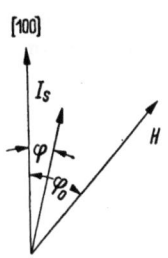

Abb. 24. 2. Zur Berechnung der Magnetisierungskurve bei Drehung der Magnetisierung in der (001)-Ebene

Nach Gl. (13.3) ist

$$F_K = K_1(\alpha_1^2 \alpha_2^2 + \alpha_2^2 \alpha_3^2 + \alpha_3^2 \alpha_1^2). \tag{24.5}$$

Bezeichnen wir den Winkel zwischen I_s und der [100]-Richtung mit φ, so ergibt sich mit $\alpha_1 = \cos \varphi$, $\alpha_2 = \sin \varphi$ und $\alpha_3 = 0$

$$F_K = \frac{K_1}{8}(1 - \cos 4\varphi) \tag{24.6}$$

und damit nach Gl. (24.1) und (24.2)

$$F' = \frac{K_1}{8}(1 - \cos 4\varphi) - H I_s \cos(\varphi_0 - \varphi). \tag{24.7}$$

Die Gleichgewichtsbedingung Gl. (24.3) lautet

$$\partial F'/\partial I = (\partial F'/\partial \varphi)(\partial \varphi/\partial I) = (\partial \varphi/\partial I)[(K_1/2) \sin 4\varphi - H I_s \sin(\varphi_0 - \varphi)] = 0. \tag{24.8}$$

Wegen $(\partial \varphi/\partial I) \neq 0$ erhalten wir mithin die Parameterdarstellung der Magnetisierungskurve

$$H = \frac{K_1 \sin 4\varphi}{2 I_s \sin(\varphi_0 - \varphi)} \tag{24.9a}$$

$$I = I_s \cos(\varphi_0 - \varphi). \tag{24.9b}$$

Wir können Gl. (24.9) noch eine etwas allgemeinere, für den praktischen Gebrauch besonders nützliche Form geben, indem wir bedenken, daß im Zähler von Gl. (24.9a) einfach die Größe $\partial F_K/\partial \varphi$ steht

$$H = \frac{\partial F_K/\partial \varphi}{2 I_s \sin(\varphi_0 - \varphi)}, \tag{24.10a}$$

$$I = I_s \cos(\varphi_0 - \varphi). \tag{24.10b}$$

$\partial F_K/\partial \varphi$ wurde von BOZORTH [7] für eine Reihe verschiedener Ausgangslagen $[h_0 k_0 l_0]$ der Magnetisierung bei Drehung in verschiedenen Ebenen $(h k l)$ berechnet und in Tab. 13.1 tabelliert.

Wie wir in Kap. 28 sehen werden, stimmen die für kristallographische Hauptrichtungen berechneten Magnetisierungskurven [8 bis 12] gut mit den an Einkristallen im Bereich rein reversibler Drehprozesse gemessenen Magnetisierungskurven überein. Für andere Magnetisierungsrichtungen werden die Verhältnisse durch den Einfluß des entmagnetisierenden Feldes wesentlich komplizierter.

Irreversible Drehprozesse finden wir in großen Kristallen z. B. bei Anwendung eines rotierenden Feldes [13] sowie in Einbereichkristallen [14].

In verschiedenen Arbeiten wurde die Suszeptibilität reversibler Drehprozesse im Potentialfeld der Kristallanisotropie bzw. der Spannungsanisotropie für die Grenzfälle sehr schwacher Felder [15] bis [19] und sehr starker Felder [20, 17, 21, 18] (s. zusammenfassend auch [22]) berechnet.

24.3 Wandverschiebung

24.3.1 Grundsätzliches

Die Bezirkstruktur eines Kristalls ist im Gleichgewicht, wenn die Gesamtenergie E_{ges} ein Minimum hat. Ein notwendiges Kriterium hierfür ist die Forderung, daß die Variation δE_{ges} der Gesamtenergie verschwindet [s. Gl. (21.7) und (21.16)]

$$\delta E_{ges} = \delta(E_w + E_I + E_K + E_D + E_\sigma + E_A + E_H) = 0, \qquad (24.11)$$

d. h., daß bei jeder virtuellen (gedachten) Änderung der Struktur etwa durch Verschiebung einer BLOCH-Wand um eine Strecke δx die Summe aller damit verknüpften Energieänderungen verschwindet. Da es uns im Hinblick auf die spätere Anwendung zur Berechnung der Magnetisierungskurve auf die Abhängigkeit des Gleichgewichts von der Feldstärke H ankommt, spalten wir in Gl. (24.11) die potentielle Energie E_H ab und fassen alle übrigen, die Feldstärke nicht enthaltenden Glieder zu der Energiegröße E zusammen. Es ist also

$$E = E_w + E_I + E_K + E_D + E_\sigma + E_A. \qquad (24.12)$$

Bezeichnen wir das Volumen eines WEISSschen Bezirks i mit v_i und den Winkel zwischen der Magnetisierungsrichtung dieses Bezirks und der Feldrichtung mit φ_i, so ist die potentielle Energie gegeben durch

$$E_H = -H I_s \sum_i v_i \cos \varphi_i, \qquad (24.13)$$

wobei die Summe über alle Bezirke des Kristalls zu erstrecken ist. Mit Gl. (24.12) und (24.13) kann man die Gleichgewichtsbedingung Gl. (24.11) in der Form

$$H I_s \sum \cos \varphi_i \, \delta v_i + H I_s \sum v_i \, \delta \cos \varphi_i = \delta E \qquad (24.14)$$

schreiben. Das erste Glied auf der linken Seite von Gl. (24.14) entspricht einer Volumenänderung der Bezirke bei konstanter Magnetisierungsrichtung, also einer reinen Verschiebung der BLOCH-Wände, während das zweite Glied eine Drehung der Magnetisierung in den Bezirken bei konstantem Volumen bedeutet. Setzen wir $\delta v_i = 0$, so ist Gl. (24.14) ersichtlich gleichwertig mit Gl. (24.3). Diesen Fall der reversiblen Drehprozesse haben wir in 24.2 bereits behandelt. Wir setzen nunmehr $\delta \cos \varphi_i = 0$ und erhalten die Grundgleichung der Wandverschiebungsprozesse

$$H I_s \sum \cos \varphi_i \, \delta v_i = \delta E. \qquad (24.15)$$

Das allgemeine Variationsproblem [Gl. (24.15)] ist praktisch nur in besonders einfachen Ausnahmefällen und auch dort nur näherungsweise lösbar. Im allgemeinen geht man daher so vor, daß man das Verhalten einer BLOCH-Wand beim Überstreichen eines näherungsweise als Würfel mit der Kantenlänge L angenommenen Bezirks, eines sog. „Grundbereichs", betrachtet, und hieraus durch geeignete Mittelwertsbildung über alle Grundbereiche auf das makroskopische magnetische Verhalten des Versuchsmaterials zu schließen versucht.

Wir nehmen ein rechtwinkliges Koordinatensystem x, y, z mit Achsen parallel zu den Würfelkanten des Grundbereichs an. Die unter Betracht stehende Wand sei eine ebene 180°-Wand parallel zur y—z-Ebene. Entsprechend Abb. 24.3 bestehe die virtuelle Verrückung in einer starren Parallelverschiebung der Wand längs der Koordinate x senkrecht zur Wand um die Strecke δx. Aus Gl. (24.15) ergibt sich hierfür

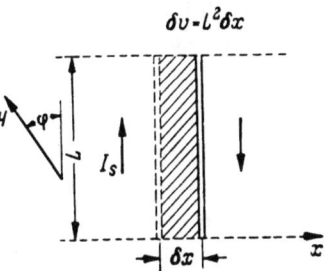

Abb. 24.3. Zur Berechnung der Gleichgewichtsfeldstärke $H(x)$ bei Wandverschiebungen

$$2 H(x) I_s \cos\varphi\, L^2\, \delta x = \delta E \qquad (24.16)$$

oder

$$H(x) = \frac{1}{2 L^2 I_s \cos\varphi} \left(\frac{\partial E}{\partial x}\right)_x. \qquad (24.17)$$

Nach Gl. (24.17) ist die Feldstärke, welche die Wand an der Stelle x im Gleichgewicht zu halten vermag, bestimmt durch den Gradienten der freien Energiefunktion $E(x)$ an dieser Stelle. Es besteht also die Aufgabe mit Hilfe unserer Kenntnis der Eigenschaften von Realkristallen die Funktion $E(x)$ aus den Kristalleigenschaften zu berechnen.

Um dieses Problem richtig zu verstehen, müssen wir zunächst die verschiedenen Energieterme in Gl. (24.12) genauer betrachten, als es für unsere bisherigen Anwendungen in Kap. 21 und 22 notwendig war.

Die Anisotropieenergie ist infolge von stets vorhandenen örtlichen Schwankungen der Spannungsenergie und gegebenenfalls auch der Diffusionsanisotropieenergie ortsabhängig. Deshalb ist die Wandenergie γ_w in einem vorgegebenen Kristall auch nicht, wie bisher angenommen worden war (Kap. 20), allein durch die kristallographische Lage der Wand bestimmt, sondern außerdem vom Ort der Wand im Kristall abhängig. Unmagnetische Einschlüsse (Ausscheidungen) in der BLOCH-Wand vermindern entsprechend ihrem Volumen das Wandvolumen und damit die Wandenergie. Da die Ausscheidungsdichte örtlich schwankt, ergibt sich auch hieraus eine Ortsabhängigkeit von γ_w. Alle derartigen durch Kristallfehler bedingten Änderungen der Wandenergie bezeichnen wir als Oberflächenspannungseffekte.

Trennt eine BLOCH-Wand zwei Bereiche, in denen die Vorzugslagen der Diffusions- oder der Spannungsanisotropie unterschiedliche Richtung haben, dann ändert sich die Anisotropieenergie E_D bzw. E_σ beim Verschieben der Wand in dem gesamten, von der Wand übertrichenen Kristallvolumen. Ferner ist die magnetostatische Energie E_I von Streufeldern, wie sie z. B. durch Richtungsschwankungen der Magnetisierung infolge von Richtungsschwankungen der Vorzugslage innerhalb des Grundbereichs bedingt sein können, von der Lage der BLOCH-Wand abhängig. Alle derartigen, bei der Bewegung einer BLOCH-Wand auftretenden Energieänderungen, die nicht die Wandenergie betreffen, fassen wir als Volumeneffekte zusammen.

Die verschiedenartigen Oberflächenspannungs- und Volumeneffekte wirken im allgemeinen Fall in komplizierter Weise zusammen und ergeben eine mehr oder weniger statistisch regellose Funktion $E(x)$, die sog. charakteristische Funktion des Grundbereichs, von der ein beliebig herausgegriffenes Stück etwa die in Abb. 24.4a dargestellte Form haben möge. Wegen der stets endlichen Anfangspermeabilität aller ferromagnetischen Stoffe können wir annehmen, daß $E(x)$ ein stetiger Kurvenzug ist, dessen Teile durch Kurven von mindestens 2. Ordnung wiedergegeben werden können, so daß die 1. Ableitungen überall stetig sind.

Abb. 24.4b zeigt den Verlauf der 1. Ableitung (dE/dx), durch welche nach Gl. (24.17) für eine gegebene Feldstärke die Gleichgewichtslage der Wand bestimmt ist. Ob das Gleichgewicht stabil ist hängt von dem Vorzeichen der 2. Ableitung (d^2E/dx^2) ab. Bei $(d^2E/dx^2) < 0$ ist das Gleichgewicht unabhängig von der angelegten Feldstärke stets instabil. Ist dagegen $(d^2E/dx^2) > 0$ und die Bedingung Gl. (24.17) erfüllt, dann besteht ein stabiles Gleichgewicht.

Für $H = 0$ liegt eine Wand (s. Abb. 24.4b) an der Stelle x_0 [$(dE/dx)_{x_0} = 0$, $(d^2E/dx^2)_{x_0} > 0$] im stabilen Gleichgewicht. In einem stetig wachsenden Feld H wird die Wand bis zur Stelle x_1 reversibel verschoben [$(d^2E/dx^2)_{x_0 < x < x_1} > 0$],

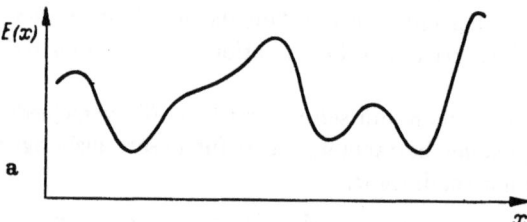

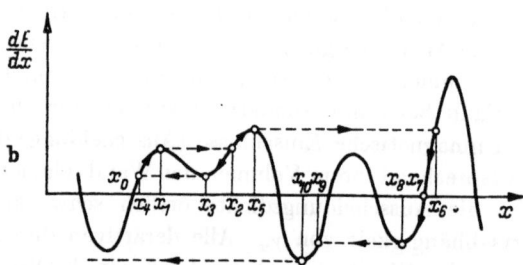

Abb. 24.4a u. b. a) Verlauf der freien Energie $E(x)$ und b) des Gradienten dE/dx der freien Energie bei Bewegung einer ebenen BLOCH-Wand längs der Ortskoordinate x senkrecht zur Wandfläche

d. h. jede Lage der Wand in diesem Intervall ist bei Erfüllung der Bedingung Gl. (24.17) eine stabile Gleichgewichtslage. Bei x_1 hat (dE/dx) ein Maximum. d^2E/dx^2 wechselt das Vorzeichen und wird negativ, die folgenden Wandlagen sind also instabil. Die Wand springt ohne weitere Erhöhung der Feldstärke mit einer Geschwindigkeit, die im wesentlichen durch Wirbelströme bestimmt wird, irreversibel bis an die Stelle x_2, wo sie entsprechend Abb. 24.4b wieder eine stabile Gleichgewichtslage erreicht. Ein solcher irreversibler Sprung der Wand wird als BARKHAUSEN-Sprung bezeichnet. Schaltet man in x_2 das Feld ab, dann läuft die Wand spontan rückwärts, und zwar bis x_3 reversibel, von x_3 bis x_4 irreversibel und schließlich von x_4 reversibel nach x_0 zurück. Erhöht man dagegen in x_2 das Feld weiter, so verschiebt sich die Wand von x_2 bis x_5 reversibel und springt dann irreversibel bis x_6 usw. Schaltet man das Feld in x_6 ab, dann läuft die Wand reversibel nach x_7 zurück und bleibt dort liegen. In einem stetig wachsenden Gegenfeld nimmt sie von dort aus den in Abb. 24.4b bezeichneten Weg $x_7 \ldots x_{10} \ldots$

Die mikroskopischen, irreversiblen Wandsprünge ergeben das makroskopische Bild einer „Wandreibung". Die Wand kehrt nach Abschalten des Feldes nicht in die Anfangslage zurück, sondern in die nächst benachbarte Gleichgewichtslage für $H = 0$. Die irreversiblen Wandsprünge sind also eine Ursache der Hysterese.

Die zu einem Ort x, an welchem dE/dx ein Maximum durchläuft und ein irreversibler Wandsprung beginnt, gehörige Feldstärke

$$H_0(x) = \frac{1}{2\, L^2\, I_s\, \cos \varphi} \left(\frac{dE}{dx}\right)_{\max} \tag{24.18a}$$

heißt Grenzfeldstärke. Der über die gesamte Versuchsprobe gemittelte maximale Betrag der Grenzfeldstärke eines Grundbereichs

$$H_c = \sqrt{\overline{H_{0\,\max}^2}} \tag{24.18b}$$

ist die Koerzitivkraft, eine der wichtigsten Meßgrößen der Magnetisierungskurve, welche wir in Kap. 31 eingehend behandeln werden.

Bevor wir uns einer theoretischen Abschätzung der charakteristischen Funktion aus den Kristalleigenschaften zuwenden, wollen wir einen Zusammenhang unserer obigen Betrachtungen mit dem Experiment schaffen, indem wir zeigen, daß es in einfachen Fällen prinzipiell möglich ist, die Funktion $E(x)$ bzw. deren 1. Ableitung dE/dx unmittelbar zu messen. Hierzu bedarf es einer Versuchsanordnung, bei der die Bewegung einer einzelnen BLOCH-Wand als Funktion der Feldstärke beobachtet werden kann. Derartige Versuche wurden zuerst von WILLIAMS und SHOCKLEY [23] (s. a. [24]) und später von STEWART [25, 26] unternommen. Die Autoren verwendeten Rahmeneinkristalle aus Siliziumeisen mit einer entsprechend Abb. 24.5 parallel zum Rahmenumfang verlaufenden 180°-BLOCH-Wand. Abb. 24.6 [23] zeigt, wie die 180°-Wand mit zunehmender Feldstärke parallel verschoben wird. Zwischen der auf dem Pulverbild direkt beobachteten Lage der Wand und der resultierenden Magnetisierung längs des Rahmenumfangs be-

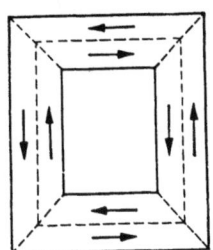

Abb. 24.5. Bezirkstruktur eines Rahmeneinkristalls aus Siliziumeisen mit Rahmenschenkeln parallel zu $\langle 100 \rangle$-Richtungen

steht erwartungsgemäß ein linearer Zusammenhang (Abb. 24.7 [23]). Während WILLIAMS und SHOCKLEY mit wachsender Feldstärke eine makroskopische stetige Bewegung der Wand beobachteten (über eine Induktionsspule und einen Verstärker konnten lediglich kleine BARKHAUSEN-Sprünge registriert werden), erhielt STEWART, wie die Magnetisierungskurve in Abb. 24.8 für einen ähnlichen Rahmenkristall zeigt (gestrichelte Linie) einen großen BARKHAUSEN-Sprung. Dabei lief die Wand so langsam, daß sie durch eine rasche Felderniedrigung unmittelbar nach Beginn des Sprunges wieder zum Stehen gebracht werden konnte. Durch erneute Felderhöhung kam die Wand wieder in Bewegung und ließ sich beim nächsten Sprung in gleicher Weise wieder bremsen. In dieser Weise wurde die ausgezogene Kurve in Abb. 24.8 gemessen. Sie ist eine Annäherung an die quasireversible Magnetisierungskurve. Da in jeder Gleichgewichtslage der Wand dE/dx nach Gl. (24.17) eindeutig durch die Feldstärke bestimmt und die Magnetisierung bei dem verwendeten Rahmenkristall eine lineare Funktion des Ortes x der 180°-Wand auf einer Koordinate senkrecht zu ihrer Ebene ist, stellt die ausgezogene Kurve in Abb. 24.8 nichts anderes als die Funktion $(dE/dx)(x)$ für den betreffenden Einkristallrahmen dar. Ein Kriterium dafür, daß eine solche quasireversible Magnetisierungskurve tatsächlich reversibel durchlaufen wurde, ist das Verschwinden der Hysterese, d. h. der von der Magnetisierungsschleife umrandeten Fläche. Daß dies bei dem Experiment von STEWART nicht zutrifft, liegt wahrscheinlich weitgehend an der experimentellen Schwierigkeit einer trägheitslosen Einregelung der Feldstärke auf den jeweiligen Gleichgewichtswert. Die von STEWART gemessene Magnetisierungskurve ist insofern nur als eine Annäherung an die tatsächliche Kurve $dE/dx\,(x)$ anzusehen. Die Bedeutung dieses Experiments liegt jedoch in der Demonstration einer prinzipiellen Möglichkeit zur Messung der charakteristischen Funktion.

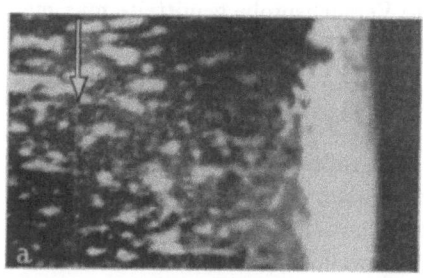
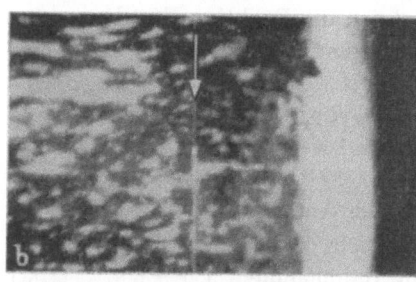

Abb. 24.6. Parallelverschiebung der 180°-Wand in einem Rahmeneinkristall aus Siliziumeisen mit der in Abb. 24.5 gezeigten Bezirkstruktur. (Nach WILLIAMS und SHOCKLEY [23])

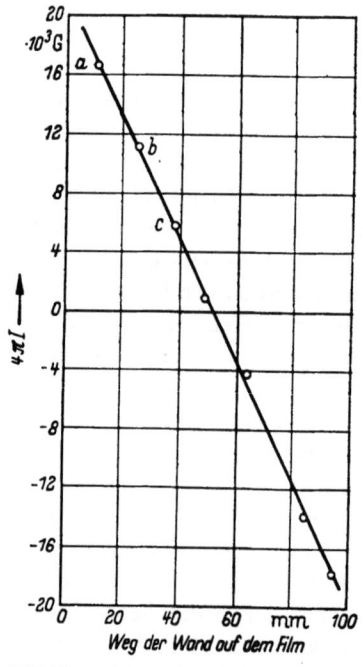

Abb. 24.7. Magnetisierung als Funktion der Lage der 180°-BLOCHwand in einem Rahmeneinkristall aus Siliziumeisen mit einer Bezirkstruktur entsprechend Abb. 24.5. (Nach WILLIAMS und SHOCKLEY [23]). Die Wandlagen a), b) und c) entsprechen den Abb. 24.6a bis 24.6c

Wir wollen nunmehr die Wechselwirkungen einer BLOCH-Wand mit den verschiedenartigen Störungen des Realkristalls im einzelnen behandeln. Grundsätzlich ist zu sagen, daß jede Abweichung vom Idealkristall ein Hindernis für die BLOCH-Wandbewegung darstellt. Eine gewisse Einteilung der verschiedenartigen Störungen ergibt sich im Hinblick auf den jeweils vorgegebenen Werkstoff. Danach unterscheiden wir Störungen, die im reinen Metall, Störungen, die speziell in Mischkristallen und Störungen, die speziell in heterogenen Werkstoffen auftreten. Zu dieser Einteilung ist zu bemerken, daß Störungen, die in reinen Metallen maßgebend sind, wie etwa örtliche Schwankungen des Eigenspannungszustandes, natürlich auch in Mischkristallen und in heterogenen Werkstoffen auftreten.

Dagegen haben wir z. B. in reinen gegossenen Metallen nicht damit zu rechnen, daß unmagnetische Einschlüsse die hauptsächliche Ursache der Wandreibung sind.

24.3.2 Ebene Wandverschiebungen im reinen Metall

Als Störungen im reinen Metall kommen im wesentlichen örtliche Schwankungen der Eigenspannungen nach Betrag und Richtung (etwa in der Umgebung von Versetzungen) sowie örtliche Richtungsschwankungen der Vorzugslagen der Kristallanisotropie, wie sie z. B. an Kleinwinkelkorngrenzen gegeben sind, in Frage. Durch beiderlei Störungen sind Richtungsschwankungen der spontanen Magnetisierung innerhalb des Grundbereichs, und damit innere Streufelder bedingt, welche zu einem Volumeneffekt führen. Ferner ergeben die Schwankungen von Betrag und Richtung der Eigenspannungen einen Oberflächenspannungseffekt.

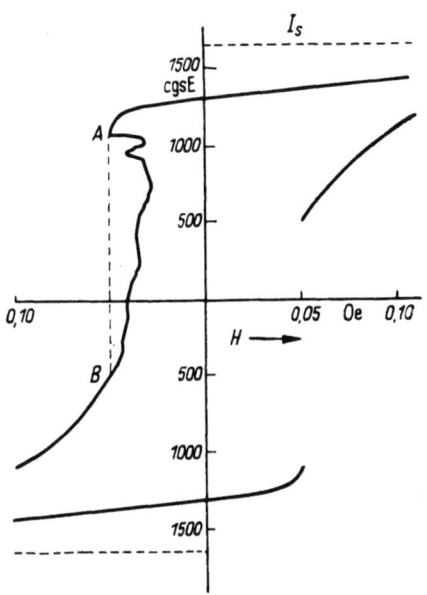

Abb. 24.8. Direkte Messung der Funktion $(dE/dx)(x)$ an einem Rahmeneinkristall aus Siliziumeisen. (Nach STEWART [25])

Oberflächenspannungseffekt der Eigenspannungen. Die Theorie der Wandreibung durch Schwankungen der Wandenergie infolge örtlich veränderlicher Eigenspannungen wurde zuerst von KONDORSKIJ [27] zur Abschätzung der Koerzitivkraft ausgeführt und insbesondere von KERSTEN [28] weiterentwickelt und vervollständigt. Zur Erläuterung des Prinzips genügt es, wenn wir hier die Grundgleichung für den einfachsten Fall einer 180°-Wand ableiten. Wir setzen ebene Spannungsverteilung voraus, d. h. die Spannung σ sei nur in der Bewegungsrichtung x der Wand veränderlich. Unter σ verstehen wir die Hauptspannungsdifferenz $\sigma = \sigma_1 - (1/2)(\sigma_2 + \sigma_3)$ am Ort x der Wand. Ferner beschränken wir uns auf den Fall, daß die mittlere „Wellenlänge l" der Spannungsschwankungen groß gegen die BLOCH-Wanddicke δ_w ist[1]. Die Magnetostriktion sei isotrop ($\lambda_{ijk} = \lambda_s$).

Bei Gegenwart von Eigenspannungen ist die Wanddicke einer 180°-Wand nach Gl. (20.11) näherungsweise

$$\delta_w = n_w \cdot a = [A/(K_1 + 3/2\, \lambda_s\, \sigma(x))]^{1/2} \qquad (24.10)$$

und die Wandenergie nach Gl. (20.12)

$$\gamma_w = 2\,[A\,(K_1 + 3/2\, \lambda_s\, \sigma(x))]^{1/2} = 2\,(K_1 + 3/2\, \lambda_s\, \sigma(x)) \cdot \delta_w. \qquad (24.20)$$

wobei wir $\pi^2 J_0 S^2/a = A$ (Austauschenergiedichte) gesetzt haben. Mit der Größe der Eigenspannungen ist nach Gl. (24.20) auch die Wandenergie vom Ort x der

---
[1] Von KERSTEN [28] wurde auch der Fall $l \ll \delta_w$ behandelt.

Wand abhängig. Aus Gl. (24.20) folgt

$$\frac{dE}{dx} = \frac{dE_w}{dx} = (3/2) L^2 \lambda_s \delta_w \left(\frac{d\sigma}{dx}\right) = L^2 \frac{d\gamma_w}{dx} \qquad (24.21)$$

und man erhält damit aus Gl. (24.17)

$$H(x) = \frac{3}{4} \cdot \frac{\lambda_s \delta_w}{I_s \cos\varphi} \cdot \left(\frac{d\sigma}{dx}\right) \qquad (24.22)$$

die Grundgleichung der sog. „Spannungstheorie" der Wandverschiebungen.

Volumeneffekt der Eigenspannungen bei 90°-Wänden. Betrachten wir zunächst den von BECKER [*29*] (s. a. BECKER und DÖRING [*22*]) diskutierten Fall der parallelen Verschiebung einer ebenen 90°-Wand in einem kubischen Kristall mit kleinen Eigenspannungen und großer Kristallenergie, deren Vorzugsrichtungen die ⟨100⟩-Richtungen seien ($K_1 > 0$). Wir nehmen ein Koordinatensystem x, y, z an, dessen Achsen mit den kubischen Achsen zusammenfallen mögen. $\pi_{11}, \pi_{22}, \pi_{33}$ seien die Komponenten des Spannungstensors in den Achsenrichtungen und es sei stets $\pi_{11}, \pi_{22} > \pi_{33}$. Dann ist, positive Magnetostriktion λ_{100} vorausgesetzt, die leichteste Magnetisierungsrichtung die x- oder die y-Richtung, je nachdem $\pi_{11} - \pi_{22} \gtreqless 0$ ist. Die Spannungsenergiedichte in den drei Achsenrichtungen ergibt sich aus Gl. (17.6) zu

$$\begin{aligned} F_{\sigma x} &= -(3/2) \lambda_{100} \pi_{11}, \\ F_{\sigma y} &= -(3/2) \lambda_{100} \pi_{22}, \\ F_{\sigma z} &= -(3/2) \lambda_{100} \pi_{33}. \end{aligned} \qquad (24.23)$$

Die Differenz der Energiedichten

$$F_{\sigma x} - F_{\sigma y} = (3/2) \lambda_{100} (\pi_{22} - \pi_{11}) \qquad (24.24)$$

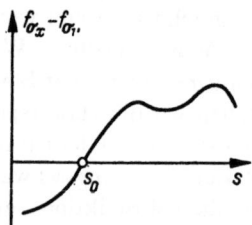

Abb. 24.9. Zur Berechnung des Volumeneffekts der Eigenspannungen bei Bewegung einer 90°-Wand

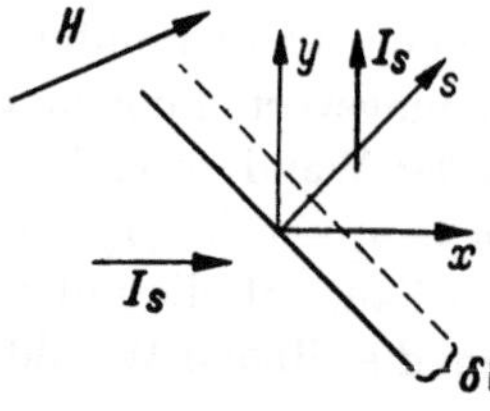

Abb. 24.10. Zur Berechnung des Volumeneffekts der Eigenspannungen bei Bewegung einer 90°-Wand

in den beiden als leichte Richtungen in Frage kommenden Richtungen x und y sei entsprechend Abb. 24.9 vom Ort s der Wand längs einer Koordinate s senkrecht zur Wandebene veränderlich. Unter der Wirkung eines Feldes H in der Richtung $\alpha_1, \alpha_2, 0 = \alpha_3$ (α_i = Richtungskosinus gegen die kubischen Achsen) befindet sich die in Abb. 24.10 dargestellte Wand im Gleichgewicht, wenn

$$H I_s (\alpha_1 - \alpha_2) \, dv = (3/2) \lambda_{100} (\pi_{22} - \pi_{11}) \cdot dv \qquad (24.25)$$

ist. Für $H = 0$ ist die Wand an einer Stelle s_0 in Gleichgewicht, an welcher $F_{\sigma x} - F_{\sigma y} = 0$ ist. Für eine kleine Verschiebung Δs in der Umgebung von s_0 können wir $\pi_{22} - \pi_{11} = \Delta s \, \text{grad} \, (\pi_{22} - \pi_{12})/s_0$ setzen und erhalten damit aus

Gl. (24.25) schließlich die Gleichgewichtsbedingung

$$H(s) = \frac{(3/2)|\lambda_{100}|}{I_s(\alpha_1 - \alpha_2)} \Delta s \text{ grad } (\pi_{22} - \pi_{11})/_{s_0}. \qquad (24.26)$$

Volumeneffekt bei 180°-Wandverschiebungen. In jedem Realkristall ist die magnetische Vorzugslage und damit die Magnetisierungsrichtung infolge verschiedenartiger Gitterstörungen, wie inhomogene Spannungen, Kleinwinkelkorngrenzen usw örtlich veränderlich. An Hand der Abb. 24.11 überlegt man sich, daß dadurch in gewissen Materialbereichen div $I \neq 0$ bzw. Div $I \neq 0$ wird, also nach Gl. (1.67) bzw. Gl. (1.76) innere Streufelder bedingt sind. Entsprechend Abb. 24.12 denken wir uns diese Streufeldquellen in Form unregelmäßig begrenzter, räumlich zu denkender Inseln statistisch im Werkstoff verteilt. Ein kugelförmiger, mit Oberflächenladungen belegter Bereich (div $I = 0$, Div $I \neq 0$ an der Kugeloberfläche) stellt beispielsweise einen magnetischen Dipol dar (Abb. 24.13a). Wird dieser Bereich von einer 180°-Wand durchschnitten, so wird er zum Quadrupol (Abb. 24.13b), und seine magnetostatische Energie ist nach Kap. 19 nur noch halb so groß wie die des Dipols. Nach diesem Prinzip ist (s. Abb. 24.12) auch die magnetostatische Energie E_I des mit Ladungsinseln belegten Grundbereichs vom Ort der 180°-Wand abhängig. E_I durchläuft Maxima und Minima, wenn sich die Wand durch das Material bewegt. Durch inhomogene Eigenspannungen ist als nicht nur der bereits behandelte Oberflächenspannungs-

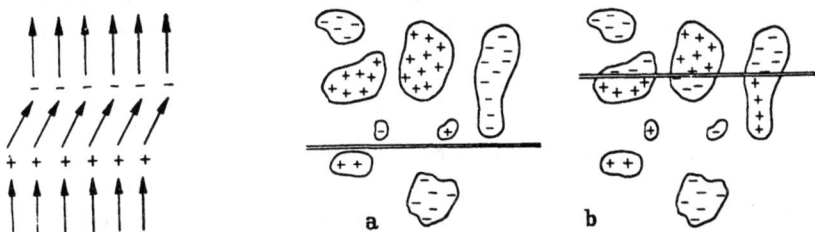

Abb. 24.11. Entstehung von inneren Streufeldern infolge von Schwankungen der Magnetisierungsrichtung im Kristall

Abb. 24.12a u. b. Zur Erläuterung des Volumeneffekts der Streufelder bei Verschiebung von 180°-Wänden

effekt, sondern auch vorliegender Volumeneffekt bedingt, welcher von NÉEL [30, 31, 32] zur Abschätzung der Koerzitivkraft in Betracht gezogen worden ist. Es ist $E(x) = E_w(x) + E_I(x)$. Welcher dieser beiden Effekte überwiegt, hängt weitgehend von der Störungsverteilung ab und ist im allgemeinen nicht ohne weiteres zu entscheiden.

Wechselwirkung zwischen Versetzungen und Bloch-Wänden. Ist die Magnetostriktion eines Materials von Null verschieden, dann bestehen in diesem Material zwischen BLOCH-Wänden und Versetzungen im allgemeinen elastische Wechselwirkungen. Wir überlegen uns dies an Hand eines einfachen Beispiels: Entsprechend Abb. 24.14 denken wir uns eine 180°-BLOCH-Wand parallel zur x–z-Ebene und parallel dazu eine Stufenversetzung in z-Richtung mit BURGERS-Vektor in x-Richtung. Die Magnetisie-

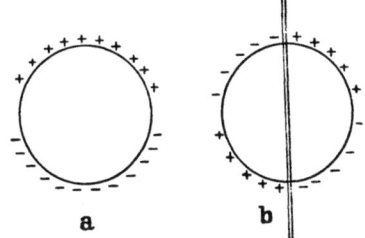

Abb. 24.13a u. b. Zur Erklärung des Volumeneffekts der Streufelder bei Verschiebung von 180°-Wänden

rung in den Bezirken beiderseits der Wand liege in der $(+z)$- bzw. $(-z)$-Richtung. In der Wand hat dann die Magnetisierung eine Komponente in x-Richtung. Deshalb besteht, wenn wir positive Magnetostriktion annehmen, in der Wand eine magnetostriktive Druckspannung parallel zur x-Richtung. Andererseits herrscht auf der rechten Seite der Gleitebene der Versetzung, auf welcher die Netzebene eingeschoben ist, Druckspannung, auf der linken Seite dagegen Zugspannung parallel zur x-Richtung. Demnach ist die Gesamtenergie der Eigenspannungsfelder von Versetzung und BLOCH-Wand geringer, wenn die Wand auf der linken Seite der Gleitebene liegt, als wenn sie auf der rechten Seite der Gleitebene liegt. Auf die in Abb. 24.14 angenommene Wand wirkt also eine Kraft in der $(-y)$-Richtung. Allgemein hängen Kraft und Kraftverlauf von der Orientierung der Versetzung und vom Typus und der Orientierung der Wand ab.

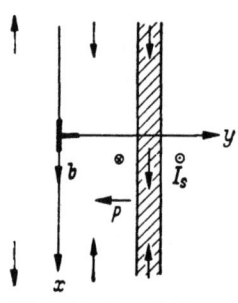

Abb. 24.14. Zur Erklärung der Wechselwirkung zwischen Versetzungen und BLOCH-Wänden

Die Kraftwirkung zwischen Versetzung und BLOCH-Wand in einem elastisch und magnetostriktiv isotropen Material wurde von VICENA [33, 34] und von RIEDER [35] mit vergleichbaren Ergebnissen berechnet.

Zur Erläuterung betrachten wir ein einfaches Beispiel: Nach RIEDER erfährt eine zur x–z-Ebene parallele Wand im Spannungsfeld einer Stufenversetzung in z-Richtung mit BURGERS-Vektor in x-Richtung pro cm Versetzungslinienlänge eine Kraft in y-Richtung von der Größe

$$P_y = (3/2)\, \lambda_s\, G\, b\, \sin^2 \theta (\cos 2\Phi - 1). \tag{24.27}$$

Hierin bedeuten λ_s die Magnetostriktionskonstante, G den Schubmodul, b die Versetzungsstärke, θ (s. a. Kap. 20) den konstanten Winkel zwischen Magnetisierung und BLOCH-Wandnormale und Φ den in der Wand veränderlichen Winkel zwischen der Projektion der Magnetisierung auf die Wandebene und der z-Achse. Es wurde insbesondere angenommen, daß Φ in der Wand von $\Phi = 0$ nach $\Phi = \pi$ übergeht.

Berechnen wir nunmehr den Verlauf der Kraft $P_y(y)$ längs der y-Achse für eine $W(90°, [110])$-Wand. Hierfür ist $\theta = \pi/4$. Nehmen wir den Ursprung des Koordinatensystems auf der Versetzungslinie an, so gilt ferner [36]

$$\Phi = -\operatorname{arc\,ctg}\left[\left(\frac{5}{8}\right)^{1/2} \sinh(y/\delta_0)\right]. \tag{24.28}$$

Setzen wir diesen Wert für Φ in Gl. (24.27) ein, so folgt

$$P_y = (3/4)\, \lambda_s\, G\, b\, \left\{\cos\left(2\operatorname{arc\,ctg}\left[\left(\frac{5}{8}\right)^{1/2} \sinh\left(\frac{y}{\delta_0}\right)\right]\right) - 1\right\}. \tag{24.29}$$

Die Kraft P_y ist also in unserem Beispiel nach $-y$ gerichtet. Sie kehrt ihr Vorzeichen mit dem Vorzeichen der Versetzung und ebenso mit dem Vorzeichen der Magnetostriktion um, ist dagegen unabhängig von dem Schraubungssinn der Magnetisierung in der Wand. In Abb. 24.15 ist die normierte Kraft $-P_y/(3/4)\lambda_s G \cdot b$ als Funktion der normierten Koordinate y/δ_0 [$\delta_0 = \sqrt{A/K_1}$ Gl. (20.21)] dargestellt. Nehmen wir lauter parallele Stufenversetzungen mit gleichem BURGERS-Vektor und dem Linienabstand l (l hat in unverformten Kristallen die Größenordnung

10⁻⁴ cm) an, dann ist die Kraft auf 1 cm² der BLOCH-Wand gleich P_y/l. Nun ist die Kraft gleich dem negativen Gradienten der potentiellen Energie, d. h. es ist $P_y/l = -dE/dy$. Damit erhalten wir entsprechend Gl. (24.17) für eine Wand der Fläche L^2

$$H(y) \cdot I_s (\beta_1 - \beta_2) L^2 = dE/dy = -(P_y/l) L^2 \qquad (24.30)$$

oder

$$H(y) = \frac{P_y}{(\beta_1 - \beta_2) I_s l}, \qquad (24.31)$$

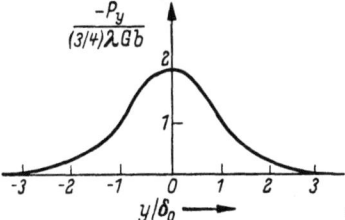

Abb. 24.15. Normierte Kraft zwischen Stufenversetzung und 90°-Wand als Funktion des mit der BLOCH-Wanddicke normierten Abstandes der Wand von der Versetzung

worin β_1 und β_2 die Kosinus der Winkel zwischen der Feldrichtung und der Magnetisierung beiderseits der Wand bedeuten. Nach Abb. 24.15 hat die Kraft $-P_y$ bei $y = 0$ ihren Maximalwert $P_{y\,max} = (3/2)\, \lambda_s\, G \cdot b$. Eine von $y = -\infty$ kommende Wand wird also bis $y = 0$ reversibel verschoben und läuft von da ab irreversibel weiter.

24.3.3 Ebene Wandverschiebungen in Legierungen mit Orientierungsüberstruktur

Wie wir in Kap. 14 gesehen haben, wird in verschiedenen Legierungen bei einer für eine merkliche Diffusion hinreichend hohen Temperatur T_1 überall, auch innerhalb der BLOCH-Wände, die bei dieser Temperatur bestehende Magnetisierungsrichtung durch Bildung einer Orientierungsüberstruktur stabilisiert. Um nach Einstellung des thermodynamischen Gleichgewichts bei T_1 und Einfrieren der Überstruktur bei einer tieferen Temperatur T_0 eine BLOCH-Wand um die Strecke x' senkrecht zu ihrer Ebene zu verschieben, muß gegen die Diffusionsanisotropie Arbeit geleistet werden. Wir wollen nunmehr den von der Diffusionsanisotropie herrührenden Anteil $E(x')$ der Energiefunktion unter den folgenden Voraussetzungen berechnen:

1. Die Kristallenergie K_1 sei groß gegen die Diffusionsanisotropieenergie K_D, d. h. die Geometrie des Magnetisierungsverlaufs (Verlauf der Magnetisierung in der BLOCH-Wand usw.) sei praktisch allein durch die Kristallenergie bestimmt.

2. Beim Übergang von der Temperatur T_1 zur Temperatur T_0 ändere die Kristallenergie weder ihr Vorzeichen noch ihren Betrag, d. h. der Magnetisierungsverlauf bleibe insbesondere in der BLOCH-Wand beim Abkühlen von T_1 auf T_0 unverändert.

Diese Voraussetzungen sind von einschneidender Bedeutung. Sie sind beide bei Eisen mit gelöstem Kohlenstoff erfüllt, bei Eisen-Nickel-Legierungen dagegen nicht. Das Verhalten der Eisen-Nickel-Legierungen kann daher nach den Ergebnissen der folgenden Rechnungen zwar im Prinzip, nicht aber quantitativ verstanden werden.

Berechnung der Energiefunktion $E(x')$. Wir berechnen im folgenden die Energiefunktion $E(x')$ für eine 90°- und eine 180°-Wand in einem kubischen Gitter, dessen leichte Richtungen die $\langle 100 \rangle$-Richtungen sind.

Die Achsen des Koordinatensystems seien parallel zu den kubischen Achsen. Wir betrachten Wände, deren Ebene parallel zur $y-z$-Ebene liegt und nehmen de

Einfachheit halber an, daß die Magnetisierung nirgends eine Komponente parallel zur x-Richtung habe. Dies trifft für Wände vom Typus $W(90°, [100])$ oder $W(180°, [100])$ zu. Hierfür ist $\theta = \pi/2 =$ konst. und die Richtung von I_s ist durch den nur von x abhängigen Winkel $\Phi(x)$ zwischen I_s und etwa der y-Achse eindeutig bestimmt.

Bei der Temperatur T_1 liege die betrachtete Wand am Ort $x = 0$. Der Verlauf von $\Phi(x)$ ist dann für eine 90°-Wand nach Gl. (20.30) durch

$$\operatorname{tg} \Phi = e^{x/\delta_0} \tag{24.32}$$

und für eine 180°-Wand [s. a. Gl. (20.40)] durch

$$\operatorname{tg} \Phi = g \sinh(x/\delta_0^*) \tag{24.33}$$

gegeben. Hierin bedeuten (s. Kap. 20) $\delta_0 = \sqrt{A/K_1}$, $\delta_0^* = \delta_0/\sqrt{1+P}$ und $g = \sqrt{P/(1+P)}$. Für Eisen beispielsweise ist bei Raumtemperatur $\delta_0 \approx \delta_0^* \approx 1250$ Å und $g \approx 4{,}1 \cdot 10^{-2}$. Der Verlauf von $\Phi(x)$ wurde in Abb. 20.7 für die 90°-Wand und in Abb. 20.8 für die 180°-Wand wiedergegeben. Abweichend von Abb. 20.8 und Gl. (20.40) ist lediglich festgesetzt worden, daß sich der Winkel Φ in der 180°-Wand nicht von $\Phi = 0$ bis $\Phi = 180°$, sondern von $\Phi = -90°$ bis $\Phi = +90°$ ändert, wenn x von $-\infty$ bis $+\infty$ läuft.

Der durch Gl. (24.32) bzw. (24.33) gegebene Magnetisierungsverlauf wird durch Platzwechselvorgänge bei der Temperatur T_1 stabilisiert und sodann die Orientierungsüberstruktur beim Abkühlen auf die Temperatur T_0 eingefroren. Verschiebt man danach die Wand von $x = 0$ nach $x = x'$, dann geht an jeder Stelle x die Richtung der Magnetisierung von Φ nach Φ' über, wobei (unter der Voraussetzung, daß der Magnetisierungsverlauf allein durch die Kristallenergie bestimmt wird) für die 90°-Wand

$$\operatorname{tg} \Phi' = e^{\dfrac{x-x'}{\delta_0}} \tag{24.34}$$

und für die 180°-Wand

$$\operatorname{tg} \Phi' = g \sinh\left(\frac{x-x'}{\delta_0^*}\right) \tag{24.35}$$

ist. Hierbei wird gegen die Diffusionsanisotropieenergie Arbeit geleistet, welche über die gesamte Wanddicke von $x = -\infty$ bis $x = +\infty$ integriert die gesuchte Energiefunktion $E(x')$ darstellt.

Wir bezeichnen, wie in Kap. 14, mit $\alpha_1, \alpha_2, \alpha_3$ die Richtung der Magnetisierung an der Stelle x bei Einstellung der Nahordnung, und mit $\beta_1, \beta_2, \beta_3$ die Magnetisierungsrichtung an derselben Stelle x nach Verschiebung der Wand um die Strecke x', jeweils bezogen auf die kubischen Achsen. Damit ergibt sich aus Gl. (14.8) mit Gl. (14.9) für die Änderung ΔF_D der Anisotropieenergiedichte F_D an der Stelle x beim Verschieben der Wand von $x = 0$ nach $x = x'$

$$\begin{aligned}\Delta F_D &= F_D(x, x') - F_D(x, 0) \\ &= -\frac{n\, c_B^2\, L_0 L_1}{2\, V_A\, R\, T_1}\left\{(s_4 - s_{22})\left(\sum \alpha_i^2 \beta_i^2 - \sum \alpha_i^4\right)\right. \\ &\quad \left. + 4 s_{22}\left(\sum_{i \neq j} \alpha_i \alpha_j \beta_i \beta_j - \sum_{i \neq j} \alpha_i^2 \alpha_j^2\right)\right\}.\end{aligned} \tag{24.36}$$

Die Werte s_{22} und s_4 sind in Tab. 12.1 für kubische Kristalle zusammengestellt. Für das angenommene Koordinatensystem ist nun $\alpha_1 = \beta_1 = \cos(\pi/2) = 0$, $\alpha_2 = \cos\Phi$, $\beta_2 = \cos\Phi'$, $\alpha_3 = \sin\Phi$, $\beta_3 = \sin\Phi'$. Hiermit folgt aus den Gln. (24.32) bis (24.35) nach bekannten Beziehungen

$$\alpha_2 = \cos\Phi = \frac{1}{\sqrt{1+e^{2x/\delta_0}}}, \qquad \alpha_3 = \sin\Phi = \frac{e^{x/\delta_0}}{\sqrt{1+e^{2x/\delta_0}}},$$
$$\beta_2 = \cos\Phi' = \frac{1}{\sqrt{1+e^{2(x-x')/\delta_0}}}, \qquad \beta_3 = \sin\Phi' = \frac{e^{(x-x')/\delta_0}}{\sqrt{1+e^{2(x-x')/\delta_0}}}$$
(24.37)

für die 90°-Wand, und

$$\alpha_2 = \cos\Phi = \frac{1}{\sqrt{1+g^2\sinh^2(x/\delta_0^*)}}, \qquad \alpha_3 = \sin\Phi = \frac{g\sinh(x/\delta_0^*)}{\sqrt{1+g^2\sinh^2(x/\delta_0^*)}},$$
$$\beta_2 = \cos\Phi' = \frac{1}{\sqrt{1+g^2\sinh^2\left(\frac{x-x'}{\delta_0^*}\right)}}, \qquad \beta_3 = \sin\Phi' = \frac{g\sinh\left(\frac{x-x'}{\delta_0^*}\right)}{\sqrt{1+g^2\sinh^2\left(\frac{x-x'}{\delta_0^*}\right)}}$$
(24.38)

für die 180°-Wand. Setzt man diese Werte für α_i, β_i in Gl. (24.36) ein, dann erhält man ΔF_D als Funktion von x und x'. Die Integration von ΔF_D von $x = -\infty$ bis $x = +\infty$ liefert schließlich die gesuchte Energiefunktion

$$E(x') = \int_{-\infty}^{+\infty} \Delta F_D(x, x')\,dx. \tag{24.39}$$

Bloch-Wandbewegung in Eisen mit gelöstem Kohlenstoff. Als Anwendungsbeispiel für die vorausgegangene Rechnung betrachten wir die von NÉEL [37] (s. a. SCHREIBER [38, 39]) behandelte Bewegung von BLOCH-Wänden in α-Eisen mit gelöstem Kohlenstoff. Der energetisch günstigste Aufenthaltsort von Einlagerungsatomen wie Kohlenstoff in dem kubisch raumzentrierten α-Eisengitter wird in der Mitte der Würfelkanten angenommen. Die längs einer mit einem Kohlenstoffatom besetzten Würfelkante bestehende Kette Fe—C—Fe kann also, wie in einem einfach kubischen Gitter drei geometrisch verschiedene Lagen α_1, α_2, α_3 einnehmen. Bei Abwesenheit von spontaner Magnetisierung sind alle drei Lagen energetisch gleichwertig. Besteht jedoch spontane Magnetisierung z. B. in der x-Richtung, so ist nach NÉEL [37] die Energie von Kohlenstoffatomen auf Würfelkanten senkrecht zur Magnetisierungsrichtung (y- oder z-Kante) um einen Energiebetrag der Größenordnung $e_0 \approx 0,6 \cdot 10^{-15}$ erg pro Atom geringer als auf Würfelkanten parallel zur Richtung von I_s (x-Kanten). Platzwechsel der Kohlenstoffatome finden zwischen angrenzenden Würfelkanten statt. Die Relaxationszeit des Platzwechselvorgangs ist nach der ARRHENIUS-Beziehung

$$\tau(T) = \tau_\infty e^{\frac{Q}{RT}} \tag{24.40}$$

stark temperaturabhängig und hat mit $Q \approx 18\,000$ cal/Mol und $\tau_\infty \approx 50 \cdot 10^{-15}$ sek bei 0 °C ($T = 273$ °K) die Größenordnung $\tau = 10$ sek.

Wir denken uns nunmehr das thermische Gleichgewicht bei $T_1 = 273$ °K eingestellt und danach bei derselben Temperatur $T_0 = T_1$ eine BLOCH-Wand in einer sehr kurzen Zeit $t \ll \tau(T_1)$, innerhalb welcher die Orientierungsüberstruktur der Einlagerungsatome praktisch unverändert bleibt, aus ihrer Gleichgewichtslage bei $x = 0$ nach $x = x'$ verschoben. Unter den gemachten Voraussetzungen ist $l_0 = l_1 = e_0$ (s. Kap. 14). Die Zahl der mit einem Kohlenstoffatom besetzten Würfelkanten in 1 cm³ ist gleich der Zahl $n_0 = c L/V_A$ der Kohlenstoffatome im cm³ (c = Konzentration der Kohlenstoffatome, L = LOSCHMIDTsche Zahl, V_A = Atomvolumen). Ferner ist nach Tab. 12.1 für das einfach kubische Gitter $s_4 = 1/3$, $s_{22} = 0$. Damit ergibt sich aus Gl. (24.36), wenn wir dort $n c_B^2 L/2 V_A$ durch n_0 ersetzen

$$\Delta F_D = -\frac{e_0^2 n_0}{3 k T_1} (\sum \alpha_i^2 \beta_i^2 - \sum \alpha_i^4)$$
$$= \frac{e_0^2 n_0}{3 k T_1} (1 - 2 \cos^2 \Phi \sin^2 \Phi - \cos^2 \Phi \cos^2 \Phi - \sin^2 \Phi \sin^2 \Phi'). \quad (24.41)$$

Mit den durch die Gln. (24.37) und (24.38) gegebenen Werten für $\cos \Phi$ usw. liefert die Integration Gl. (24.39) für eine 90°-Wand

$$E(x') = E_0 \delta_0 [(x'/\delta_0) \operatorname{ctgh}(x'/\delta_0) - 1] \quad (24.42)$$

und für eine 180°-Wand

$$E(x') = 2 E_0 \delta_0 \left\{ \frac{\frac{x'}{\delta_0} \operatorname{ctgh}\left(\frac{x'}{\delta_0}\right) - \ln\left(\frac{1}{g^2}\right)}{1 - \frac{g^4}{4} \cosh^2\left(\frac{x'}{\delta_0}\right)} + \ln\left(\frac{1}{g^2}\right) - 1 \right\}, \quad (24.43)$$

wobei wir $e_0^2 n_0/(3 k T_1) = E_0$ gesetzt haben.

In Abb. 24.16a ist der Verlauf der normierten Energie $E(x')/E_0 \delta_0$ als Funktion der normierten Wandauslenkung x'/δ_0 für beide Wandtypen dargestellt. Bei kleinen Auslenkungen der Wand ($x' \leq \delta_0$) ist die Energie eine quadratische Funktion von x'. Für die 90°-Wand erhält man aus Gl. (24.42)

$$E(x') = (1/3) E_0 \delta_0 (x'/\delta_0)^2 \quad (x' < \delta_0), \quad (24.44)$$

und für die 180°-Wand aus Gl. (24.43)

$$E(x') = (2/3) E_0 \delta_0 (x'/\delta_0)^2 \quad (x' < \delta_0). \quad (24.45)$$

Bei großen Wandauslenkungen x' geht das Potential der 90°-Wand in einen linearen Verlauf

$$E(x') = E_0 \delta_0 \left(\frac{x'}{\delta_0} - 1\right) \quad (24.46)$$

über, während das Potential der 180°-Wand den konstanten Grenzwert

$$\lim_{x' \to \infty} E(x') = 2 E_0 \delta_0 [\ln(1/g^2) - 1] \quad (24.47)$$

erreicht. Kurven $E(x')$ wurden von TANIGUCHI [57] für verschiedene Wandtypen im einfach kub., kub. rz. und kub. fz. Gitter berechnet.

Aus Gl. (24.17) erhält man mit Gl. (24.42) und unter der vereinfachenden Annahme, daß das Feld in einem der an die Wand grenzenden Bezirke dieselbe Richtung wie die Magnetisierung hat, für die Gleichgewichtsfeldstärke der 90°-Wand

$$H(x') = \frac{1}{I_s} \cdot \frac{dE(x')}{dx'} = \frac{E_0}{I_s} \frac{\sinh\left(\frac{2 x'}{\delta_0}\right) - 2\left(\frac{x'}{\delta_0}\right)}{\cosh\left(\frac{2 x'}{\delta_0}\right) - 1}. \quad (24.48)$$

Hieraus folgt die Grenzfeldstärke

$$H_0(x') = H_{0D} = E_0/I_s. \qquad (24.49)$$

In Abb. 24.16b ist der Verlauf von $H(x')/H_{0D}$ als Funktion von x'/δ_0 für die 90°- und die 180°-Wand wiedergegeben [39]. Danach gilt Gl. (24.48) bis $x'/\delta_0 = 4$ unver-

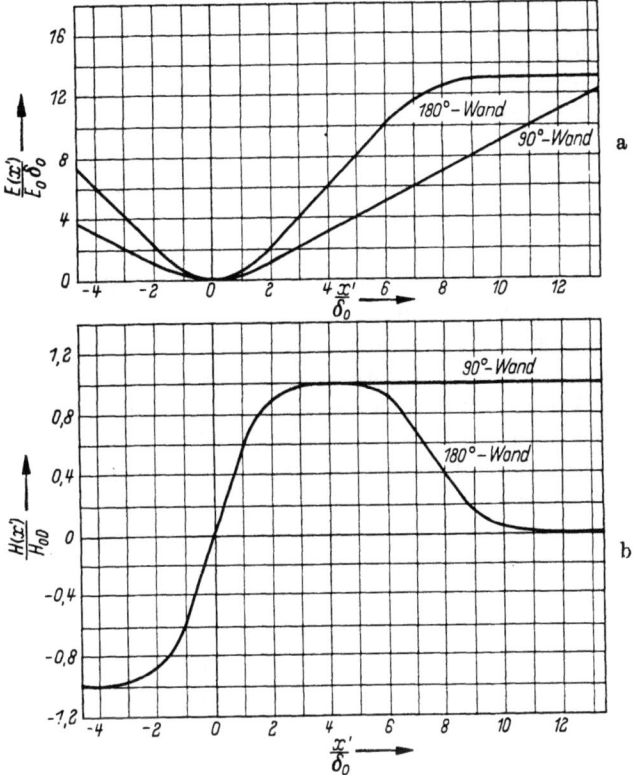

Abb. 24.16a u. b. a) Freie Energie und b) Gleichgewichtsfeldstärke einer durch Diffusionsanisotropie stabilisierten 90°- und 180°-BLOCH-Wand als Funktion der mit der Wanddicke normierten Wandauslenkung. (Nach SCHREIBER [39])

ändert auch für 180°-Wände. Insbesondere ist die Grenzfeldstärke H_{0D} für die 180°-Wand ebenfalls durch Gl. (24.49) gegeben.

Da nach Gl. (24.40) die Relaxationszeit $\tau(T_1)$ für die Ausbildung der Orientierungsüberstruktur bei der angenommenen Temperatur $T_1 = 273$ °K nur etwa 10 sek beträgt, bleibt $H(x')$ nicht konstant, wenn die Wand am Ort $x = x'$ festgehalten wird, sondern nimmt im Laufe der Zeit gegen Null ab, während sich die Orientierungsüberstruktur auf die neue Wandlage einstellt und diese stabilisiert. Dies ist die bekannte und wichtige Erscheinung der Diffusionsnachwirkung (RICHTER-Nachwirkung), die wir in 41.4 ausführlich behandeln werden.

24.3.4 Wandverschiebungen in heterogenen Werkstoffen (Fremdkörpertheorie)

Überblick. Wir beschränken uns hier auf den einfachsten und gleichzeitig praktisch wichtigsten Fall solcher heterogener Werkstoffe, die lediglich aus zwei Phasen, einer ferromagnetischen und einer nichtferromagnetischen Phase bestehen. Zwischen den beiden Extremfällen derartiger Werkstoffe, einem zusammenhängenden ferromagnetischen Material (Matrix) mit vollständig voneinander isolierten nichtferromagnetischen Ausscheidungen bzw. Einschlüssen, und einer zusammenhängenden nichtferromagnetischen Matrix mit magnetisch voneinander unabhängigen ferromagnetischen Ausscheidungen oder Einschlüssen ist ein kontinuierlicher Übergang denkbar und, wie ein Blick auf die Vielzahl heterogener ferromagnetischer Legierungen zeigt, auch tatsächlich gegeben. Einer quantitativen Behandlung der Magnetisierungsvorgänge sind jedoch praktisch nur die beiden Extremfälle, und auch diese nur unter erheblich vereinfachenden Annahmen zugänglich.

Beginnen wir mit ferromagnetischen Einschlüssen in unmagnetischer Matrix. Sind die Einschlüsse Einbereichteilchen (für die kritische Kristallgröße siehe Kap. 22), dann können sich keine BLOCH-Wände bilden. Die Ummagnetisierung erfolgt durch Rotation. Die Theorie derartiger Werkstoffe wird in Kap. 27 behandelt werden. Sind dagegen die Einschlüsse hinreichend groß, so daß sich in ihnen BLOCH-Wände bilden können, dann haben wir es mit einem Aggregat großer homogener ferromagnetischer Kristalle zu tun, wobei das magnetische Verhalten jedes einzelnen Einschlusses durch die bereits besprochenen Störungen in homogenen Kristallen sowie durch die Form des Einschlusses und, bei einkristallinen Einschlüssen, auch durch deren kristallographische Orientierung gegen die Feldrichtung bestimmt ist.

Im folgenden wollen wir den anderen Extremfall behandeln und in diesem Abschnitt untersuchen, in welcher Weise die Bewegung einer BLOCH-Wand in einer homogenen, ferromagnetischen Matrix durch unmagnetische Einschlüsse (Fremdkörper) beeinflußt wird, oder genauer, wie die freie Energie eines solchen Werkstoffs von der Lage einer BLOCH-Wand bezüglich der Einschlüsse abhängt.

Überlegen wir uns dies zunächst qualitativ: Befindet sich ein Einschluß mit Durchmesser $d < \delta_w$ (BLOCH-Wanddicke) entsprechend Abb. 24.17a außerhalb der BLOCH-Wand in einem homogen magnetisierten Bezirk, so bildet er einen magnetischen Dipol. Die freie Energie ist gleich der Energie der BLOCH-Wand plus der magnetostatischen Energie des Dipols. Befindet sich der Einschluß dagegen in der BLOCH-Wand (Abb. 24.17b), dann besteht die magnetostatische Energie aus einem Dipol- und einem Quadrupolanteil und ist kleiner als die des reinen Dipols. Ferner ist die gesamte Wandenergie näherungsweise um den Energieinhalt des von dem Einschluß eingenommenen Wandvolumens verkleinert. Die von der Lage der BLOCH-Wand abhängige Energie setzt sich demnach aus einem Streufeld- und einem Oberflächenspannungsanteil zusammen, und die Gesamtenergie ist am geringsten, wenn sich der Einschluß in der BLOCH-Wand befindet. Die Wand wird an dem Fremdkörper festgehalten. Die Lage einer BLOCH-Wand ist also dort stabil, wo sie mehr Einschlüsse enthält als in allen benachbarten Lagen.

Sind die Linearabmessungen der Einschlüsse dagegen groß gegen die BLOCH-Wanddicke ($d \gg \delta_w$), dann bildet sich nach 21.4.1 zur Verringerung der magnetostatischen Energie an den Einschlüssen eine Sekundärstruktur aus, deren Gesamtenergie von der Lage der BLOCH-Wände abhängig ist.

Nach diesen zunächst rein qualitativen Feststellungen haben wir zu erwarten, daß die freie Energie als Funktion der Lage einer Wand in einem charakteristischen Bereich von der Menge der Einschlüsse, deren Größe, Form und Verteilung abhängen wird.

Bereits im Jahre 1929 hat Köster [40] experimentell festgestellt, daß fein verteilte Ausscheidungen einen Einfluß auf die Permeabilität und die Koerzitivkraft haben und damals schon erkannt, daß dieser Einfluß von der Größe, Form und räumlichen Anordnung der Ausscheidungen abhängt. Einer Anregung von Schottky [41] folgend stellte Kersten 1943[42, 43] (s. a. [44, 45]) erstmals quantitative Beziehungen zwischen der Menge und Größe der Einschlüsse und der Anfangspermeabilität sowie der Koerzitivkraft auf (Fremdkörpertheorie). Kersten ging damals von der Annahme aus, daß der Oberflächenspannungseffekt die dominierende Wechselwirkung zwischen Bloch-Wänden und unmagnetischen Einschlüssen darstellt, eine Annahme, die, wie wir später sehen werden, für Einschlüsse, deren Durchmesser d klein gegen die Bloch-Wanddicke δ_w ist, auch tatsächlich zutrifft. Bei größeren Einschlüssen kann dagegen, wie Néel [46] gezeigt hat, der Einfluß der magnetostatischen Energie nicht mehr vernachlässigt wer-

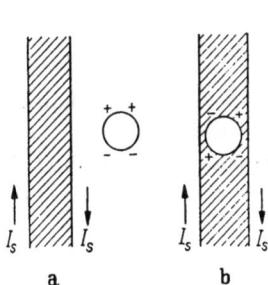
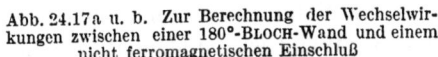
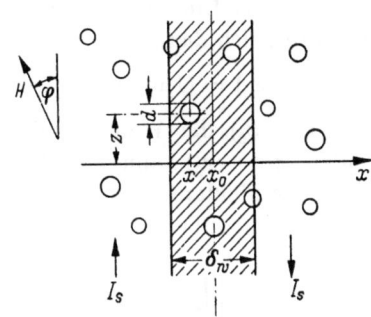

Abb. 24.17a u. b. Zur Berechnung der Wechselwirkungen zwischen einer 180°-Bloch-Wand und einem nicht ferromagnetischen Einschluß

Abb. 24.18. Zur Berechnung der freien Energiefunktion in einem Werkstoff mit nicht ferromagnetischen Einschlüssen

den. Für $d \approx \delta_w$ erreichen die damit verbundenen Energieänderungen sogar ein Vielfaches des Oberflächenspannungseffektes und sind praktisch allein bestimmend. Ausgehend von der Néelschen Theorie der Sekundärstrukturen [46] an großen Einschlüssen ($d \gg \delta_w$) haben schließlich Kondorskij [47], Dijkstra und Wert [48] und Brenner [49] die Theorie der Wechselwirkungen zwischen Sekundärstrukturen und Bloch-Wänden entwickelt, welche Abschätzungen der Koerzitivkraft für große Einschlüsse ($d \gg \delta_w$) liefert.

Nach diesem orientierenden Überblick wollen wir nunmehr die charakteristische Funktion $E(x)$ bzw. den Verlauf der Gleichgewichtsfeldstärke $H(x)$ für einen kubischen Kristall mit kugelförmigen unmagnetischen Einschlüssen des einheitlichen Durchmessers d berechnen [48]. Die Würfelkanten seien leichte Richtungen. Der charakteristische Bereich sei ein Würfel mit Kanten der Länge L parallel zu den kubischen Achsen. Wir legen die Achsen des Koordinatensystems x, y, z ebenfalls parallel zu den kubischen Achsen und betrachten entsprechend Abb. 24.18 eine starre, ebene 180°-Wand parallel zur $y-z$-Ebene an der Stelle x_0 die sich in einem Feld H in der $+x$-Richtung bewegt. Die Wechselwirkungsenergie zwischen der Wand und einem Einschluß mit Mittelpunkt an der Stelle x, y, z hängt dann nur von dem Abstand $x-x_0$ des Einschlusses von der Mittelebene der Wand ab. Wir führen deshalb eine Funktion $q(x-x_0)$ ein, welche die gesamte Energieerniedrigung des Systems infolge Wechselwirkung der Wand an der Stelle x_0 mit einem Fremdkörper an der Stelle x, y, z darstellen soll. Unterscheiden wir die einzelnen Einschlüsse durch den Index i, dann ergibt sich nach Gl. (24.17) die Gleichgewichtsfeldstärke $H(x_0)$, aus der Gleichung

$$2H(x_0) I_s \cos\varphi\, L^2 = \sum_i \partial q(x_i - x_0)/\partial x_0, \qquad (24.50)$$

worin man die Summe $\sum_i$ über alle Einschlüsse zu erstrecken hat, für die $q(x_i - x_0) \neq 0$ ist.

Die Funktion $q(x - x_0)$ berechnen wir einer Darstellung von DIJKSTRA und WERT [48] folgend für die beiden Extremfälle kleiner ($d \gg \delta_w$) und großer Einschlüsse ($d \gg \delta_w$).

Kleine Einschlüsse ($d \ll \delta_w$). Ist $d \ll \delta_w$, so können wir annehmen, daß die Richtung von I_s weder in den Bezirken, noch in der BLOCH-Wand durch die Gegenwart des Einschlusses verändert wird. Für den Oberflächenspannungsanteil ergibt sich dann

$$q(x - x_0) = (1/6) \cdot \pi \cdot d^3 \cdot \varepsilon(x - x_0) \quad \text{für} \quad |x - x_0| < (1/2)\, \delta_w, \qquad (24.51)$$

worin $\varepsilon(x - x_0)$ die Wandenergiedichte an der Stelle x innerhalb der Wand bedeutet. $\varepsilon(x - x_0)$ kann nach Kap. 20 berechnet werden.

Den Streufeldanteil erhalten wir folgendermaßen. Im Gebiet homogener Magnetisierung außerhalb der Wand stellt ein Einschluß einen Dipol dar und hat die magnetostatische Energie

$$E_D = (1/2) \cdot (4\pi/3)\, I_s^2 \cdot V, \qquad (24.52)$$

worin $V = \pi d^3/6$ das Volumen des Einschlusses bedeutet. Innerhalb der Wand ist die Magnetisierungsrichtung (Φ = Winkel zwischen I_s und etwa der z-Achse) längs der x-Achse veränderlich und kann für jede Stelle x nach Kap. 20 berechnet werden. In der unmittelbaren Umgebung von x zerlegen wir entsprechend Abb. 24.19 die Magnetisierung I_s in die Komponenten I_n und I_p senkrecht und parallel zur Magnetisierungsrichtung im Punkt x. Im Bereich kleiner Winkeländerungen $\Delta\Phi$ gilt näherungsweise

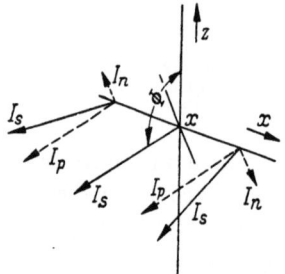

Abb. 24.19. Zur Berechnung der magnetostatischen Energie eines nicht ferromagnetischen Einschlusses in einer BLOCH-Wand

$$I_p = I_s\left[1 - \frac{1}{2}\left(\Delta x \cdot \frac{d\Phi}{dx}\right)^2\right], \qquad I_n = I_s\, \Delta x\, \frac{d\Phi}{dx}. \qquad (24.53)$$

Nach Abb. 24.19 ist ohne weiteres einzusehen, daß an einem Einschluß mit Mittelpunkt an der Stelle x I_p einen Dipol und I_n einen Quadrupol bildet. Durch Mittelung von I_p und I_n über Δx erhält man mit der bekannten Regel $E_\text{Quadrupol} \approx 1/2\, E_\text{Dipol}$ die zugehörigen Energiewerte

$$\begin{aligned} E'_D &= (2\pi/3)\, I_s^2\, V \left[1 - \frac{1}{12}\left(\frac{d\Phi}{dx}\right)\, d^2\right], \\ E'_Q &= (\pi/48)\, I_s^2\, V \left(\frac{d\Phi}{dx}\right)^2 d^2. \end{aligned} \qquad (24.54)$$

Damit ergibt sich

$$q(x-x_0) = E_D - (E_D' + E_Q') = \pi\, V(1/18 - 1/48)\, l_s^2\, d^2 (d\Phi/dx)^2, \quad (24.55)$$

worin $d\Phi/dx$ durch Gl. (20.39) gegeben ist.

Schwabe [*50*] hat die entsprechenden Rechnungen für rotationselliptische Einschlüsse ausgeführt, deren Abmessungen klein gegen die Bloch-Wanddicke sind.

Große Einschlüsse ($d \gg \delta_w$). Ist $d \gg \delta_w$, dann bilden sich z. B. entsprechend Abb. 21.25 an den Einschlüssen Sekundärstrukturen, durch welche magnetostatische Energie nahezu vollkommen vermieden wird. Mit diesen Sekundärstrukturen tritt die Bloch-Wand, wie in Abb. 21.26 veranschaulicht, in Wechselwirkung. Wird die Wand aus der Anfangslage Abb. 21.26b nach rechts bewegt,

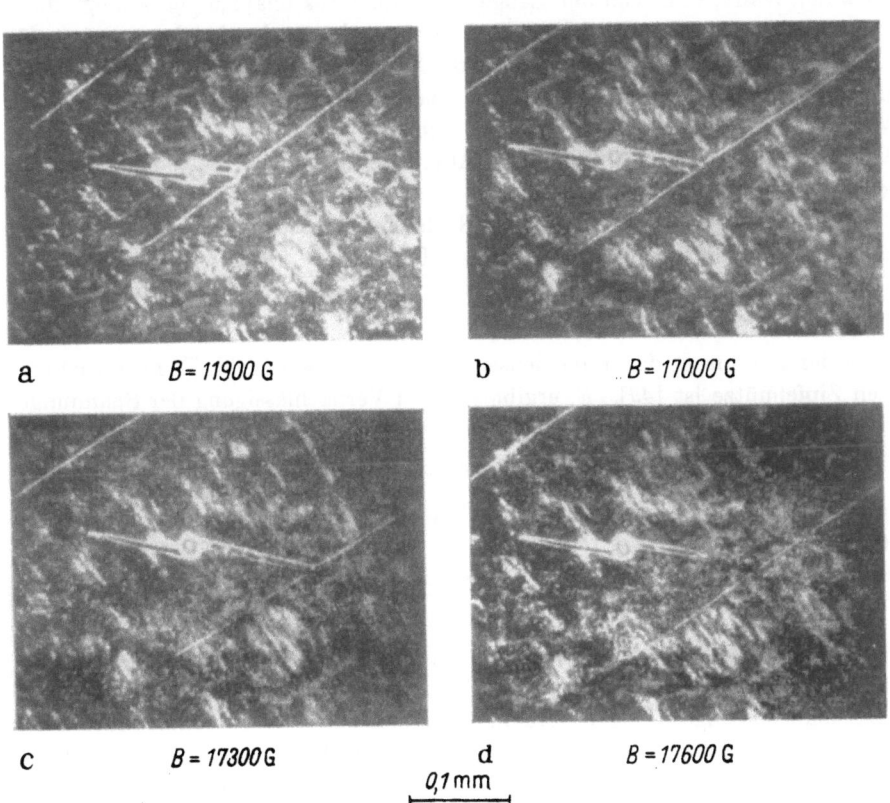

Abb. 24.20a—d. Magnetpulverbilder des Schlauchziehprozesses. (Nach Elschner [*51*])

dann zieht sie pro Einschluß zunächst einen oder zwei „Wandschläuche" hinter sich her (Abb. 21.26c), welche bei einer später noch zu bestimmenden Länge l_p abreißen und zu Zipfelmützen mit der durch Gl. (21.31) gegebenen Gleichgewichtslänge l_0 zusammenschrumpfen. Dieser erstmals von Kondorskij [*47*] diskutierte Elementarvorgang des sog. „Schlauchziehens" kann mit Hilfe der Magnetpulvermethode beobachtet werden. Eine von Elschner [*51*] auf einem Siliziumeisenkristall photographierte Bilderserie ist in Abb. 24.20 wiedergegeben.

In einem kubischen Kristall mit leichten Richtungen parallel zu [100]-Richtungen hängen die Schläuche unter einem Winkel von 45° an der BLOCH-Wand. Bei einer Verrückung der Wand um die Strecke δx ändert sich also die Länge jedes Schlauches um $\sqrt{2}\,\delta x$, wobei für einen Schlauch mit kreisförmigem Querschnitt vom Durchmesser d die Energie $\delta E \approx \pi\, d\gamma_{w\,90°} \cdot \sqrt{2}\,\delta x$ aufzuwenden ist (die potentielle Energie der Magnetisierung innerhalb des Schlauches im Feld wurde hierbei vernachlässigt).

Damit ergibt sich nach Gl. (24.16) die Feldstärke H_0, die notwendig ist um einen Schlauch zu ziehen, aus

$$2 H_0\, I_s\, L^2 \approx \pi\, d\, \gamma_{w\,90°}\, \sqrt{2} = \text{konst}, \qquad (24.56)$$

wobei wir der Einfachheit halber $\cos \varphi = 1$ gesetzt haben. H_0 ist danach vom Ort x der Wand, d. h. von der Länge des Schlauches unabhängig, solange diese kleiner als die Abreißlänge l_p ist. Der Vorgang des Schlauchziehens liefert für einen einzelnen Schlauch also keine endliche Anfangssuszeptibilität. Die Wand ruht für $H < H_0$ und bewegt sich beim Überschreiten von H_0 sofort irreversibel. Wird das Feld abgeschaltet, bevor der Schlauch abgerissen ist, dann kehrt die Wand spontan in ihre Anfangslage (Abb. 21.26b) zurück, nach Abreißen des Schlauches jedoch nicht mehr.

Die theoretische Abreißlänge l_p des Schlauches erhält man aus der Forderung, daß die Energie des Schlauches bei dieser Länge

$$E_s \approx \pi\, l_p \cdot d^2 \left(\bar{\gamma}_{w\,90°} + \frac{H\,I_s}{4} d\right) \qquad (24.57)$$

gleich der Energie E_z der unter denselben Verhältnissen (Feld, Temperatur) stabilen Zipfelmütze ist [49]. E_z ergibt sich bei Vernachlässigung der Spannungsenergie mit den Gln. (21.26), (21.27) und (21.30) zu

$$E_z \approx (\pi/6)\, l_0\, d(3\pi\, \bar{\gamma}_{w\,90°} + 2 H I_s d + \pi\, a\, I_s^2\, d^3 / l_0^2), \qquad (24.58)$$

worin die Gleichgewichtslänge l_0 aus Gl. (21.31) eingesetzt zu denken ist. Die Bedingung $E_s = E_z$ liefert schließlich

$$l_p = l_0 \frac{6\pi\, \bar{\gamma}_{w\,90°} + 4 H I_s d + 2\pi a\, I_s^2 d^3/l_0}{12\, \bar{\gamma}_{w\,90°} + 3 H I_s d}. \qquad (24.59)$$

Nähert sich andererseits die 180°-Wand während ihrer Bewegung durch den Kristall einem Einschluß, so kann sie, wie BRENNER [49] sehr richtig bemerkt, auch von Schläuchen angesprungen werden, indem sich eine oder zwei Zipfelmützen der Wand entgegendehnen. Der größte Abstand der Wand von einem Einschluß, bei dem ein solches Anspringen stattfinden kann, die sog. Anspringlänge l_a ergibt sich ebenfalls aus Gl. (24.59), wenn man dort $H = -H$ setzt. Für kleine Feldstärken ist demnach $l_a \approx l_p$.

Betrachten wir nunmehr eine in $+x$-Richtung bewegte 180°-Wand an der Stelle x_0, so können wir also annehmen, daß alle $N_p(x_0)$ Einschlüsse, die sich in einem Abstand $0 \leq x - x_0 \leq l_p \sqrt{2}$ hinter der Wand bzw. in der Wand ($x \leq x_0$), und alle $N_a(x_0)$ Einschlüsse, die sich im Abstand $0 < x - x_0 < l_a \sqrt{2}$ vor der Wand ($x > x_0$) befinden, wenigstens durch einen Schlauch mit der Wand in Wechselwirkung stehen. Also zieht die an Ort x_0 befindliche Wand N_p Schläuche hinter sich her und wird von N_a Schläuchen nach vorwärts gezogen. Die Feldstärke H_θ.

die mindestens notwendig ist, um die Wand an der Stelle x_0 in $+x$-Richtung zu verschieben, folgt dann nach Gl. (24.56) aus

$$2 H_0(x_0) I_s L^2 = \pi d \bar{\gamma}_{w\,90°} \sqrt{2} (N_p - N_a)$$

und ist

$$H_0(x_0) = \frac{\pi d \bar{\gamma}_{w\,90°} \sqrt{2}\,(N_p - N_a)}{2 I_s L^2}. \qquad (24.60)$$

Der Verlauf der Differenz $(N_p - N_a)(x_0)$ längs des Weges der Wand hängt von der Einschlußdichte und von der räumlichen Verteilung der Einschlüsse ab

Für ein kubisches „Einschlußgitter" mit der Kantenlänge $s > (l_a + l_p)/\sqrt{2}$ und zwei Kanten parallel zur BLOCH-Wand ergibt sich $N_p = L^2/s^2$, $N_a = 0$ und damit für die Grenzfeldstärke in $+x$-Richtung

$$H_0 = \frac{\pi d \bar{\gamma}_{w\,90°}}{\sqrt{2}\, I_s s^2},$$

oder wenn wir vermittels $d^3/s^3 \approx \alpha$ den Volumenanteil der Einschlüsse einführen

$$H_0 = \frac{\pi \bar{\gamma}_{w\,90°}}{\sqrt{2}\, I_s d} \alpha^{2/3}. \qquad (24.61)$$

Gl. (24.61) ist äquivalent der von KONDORSKIJ [47] für kubische Kristalle abgeleiteten Gleichung für die Grenzfeldstärke des Schlauchziehens. Für $H = 0$ ist in diesem Fall die Wand an jeder Stelle im Gleichgewicht, wo sie eine „Netzebene" des Einschlußgitters enthält. Die Anfangssuszeptibilität ist Null.

Nehmen wir dagegen völlig regellose Verteilung der Einschlüsse mit der mittleren Einschlußdichte von $\bar{n}$ Einschlüssen pro cm³ an, wobei der mittlere Abstand der Einschlüsse $\bar{s} = 1/\sqrt[3]{\bar{n}} \ll (l_p + l_a)$ sei, dann können wir, solange die Näherung $l_p \approx l_a$ gilt die Differenz $N_p - N_a$ einfach gleich der mittleren Schwankung der Zahl der Einschlüsse in dem Volumen $L^2 l_p/\sqrt{2}$ setzen, welche größenordnungsmäßig durch $N_p - N_a \approx \sqrt{L^2 l_p \cdot \bar{n}}$ gegeben ist. Damit erhalten wir nach Gl.(24.60) die mittlere Grenzfeldstärke

$$\bar{H}_0 \approx \frac{\pi d \bar{\gamma}_{w\,90°} \sqrt{2}}{2 L I_s} \sqrt{l_p \bar{n}}$$

oder mit dem Volumenanteil $\alpha = \bar{n} \pi d^3/6$ der Einschlüsse

$$\bar{H}_0 \approx \sqrt{3\pi}\, \frac{\bar{\gamma}_{w\,90°} \sqrt{l_p}}{L I_s d^{1/2}} \alpha^{1/2}. \qquad (24.62)$$

Die Anwendbarkeit der Gln. (24.61) und (24.62) ist sehr beschränkt, denn die Annahme regelloser Verteilung der Einschlüsse ist ebenso willkürlich wie die eines kubischen Einschlußgitters (s. z. B. SCHWABE [50]). Die der praktischen Erfahrung wiedersprechende Folgerung aus der Theorie, daß die Anfangssuszeptibilität verschwindet, rührt daher, daß wir die BLOCH-Wand als starr angenommen haben. Wie wir im nächsten Abschnitt sehen werden, wird die BLOCH-Wand unter der Wirkung eines Feldes gewölbt, und man erhält damit auch für das Modell des Schlauchziehens eine endliche Anfangssuszeptibilität.

24.3.5 Krümmung der Bloch-Wand

Allgemeines. Bei den bisherigen Betrachtungen über Wandverschiebungen haben wir stets vorausgesetzt, daß die BLOCH-Wände starr und eben sind. Wie jedoch Rechnungen von NÉEL [31] gezeigt haben, ist eine im Gleichgewicht befindliche Wand in einem gestörten Kristall im allgemeinen gekrümmt. In 20.2.2 haben wir uns bereits überlegt, daß zylindrische Wandkrümmungen bei Einhaltung der geometrischen Bedingung Gl. (20.3) bezüglich der Lage der Magnetisierung beiderseits der Wand ohne Aufwand an magnetostatischer Energie möglich sind. Andere Wandkrümmungen als die nach Gl. (20.3) ausgezeichneten Zylinderkrümmungen können im allgemeinen vernachlässigt werden (s. z. B. [31, 52]). Die Wand hat demnach etwa die Form eines unregelmäßigen Wellblechs, dessen Krümmungen jedoch nicht starr, sondern während der Bewegung der Wand von Ort zu Ort veränderlich sind. Ist insbesondere der Quotient I_s^2/K_1 klein, d. h. die Kristallenergie groß, dann ist die Lage der Magnetisierung beiderseits der Wand und damit nach Gl. (20.3) die Lage der Zylinderachsen kristallographisch festgelegt.

Die jeweilige Gleichgewichtsform der Wand kann für ein gegebenes Feld H bei Kenntnis von Art und räumlicher Verteilung der Gitterstörungen grundsätzlich berechnet werden. Man stellt dazu die Wandfläche etwa in Form einer FOURIER-Reihe dar und bestimmt das Minimum der freien Energie als Funktion der Lagekoordinate x_0 des betrachteten Wandstücks und der FOURIER-Koeffizienten. Die Rechnung bedingt jedoch bereits in einfachen Fällen einen erheblichen mathematischen Aufwand (s. z. B. [31, 48]) und soll hier übergangen werden.

Kleine Wandkrümmungen in schwachen Feldern (Theorie von Kersten). Eine von KERSTEN [53, 54] diskutierte, stark vereinfachte und idealisierte Betrachtungsweise kleiner Wandwölbungen in schwachen Feldern hat sich insbesondere zur Abschätzung der Anfangssuszeptibilität und des ΔE-Effekts als brauchbar erwiesen. Wir wollen die Grundzüge dieser Theorie im folgenden kurz wiedergeben.

Wir betrachten eine beliebige BLOCH-Wand und nehmen an, daß diese bei kleinen Feldstärken infolge irgend welcher Gitterstörungen, längs einzelner, paralleler Mantellinien im Gitter praktisch festhafte, in den Bereichen zwischen diesen Fixierlinien dagegen frei beweglich sei. Haben die Haftlinien gerade die durch Gl. (20.3) gegebene Zylinderachsenrichtung, dann kann sich die Wand zwischen den Haftlinien unter der Wirkung eines Feldes ohne Aufwand an magnetostatischer Energie reversibel zylindrisch auswölben. Dieser Sachverhalt ist in Abb. 24.21 für das Beispiel einer 90°-Wand schematisch dargestellt.

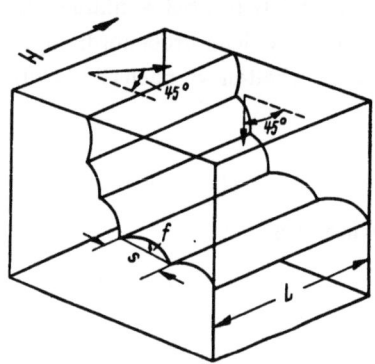

Abb. 24.21. Zur Berechnung der BLOCH-Wandwölbung. (Nach KERSTEN [53])

Die in Abb. 24.21 wiedergegebene Wand befindet sich nach Gl. (24.5) bei der angenommenen Feldrichtung im Gleichgewicht, wenn

$$H I_s \sqrt{2} \cdot \delta V = \delta(\gamma_{w\,90°} \cdot F) \tag{24.63}$$

ist, wobei wir mit δV die Volumenänderung des unter Feld wachsenden Bezirks und mit F die Wandfläche bezeichnet haben. Unter Vernachlässigung der Abhängigkeit der Wandenergie γ_w von der kristallographischen Orientierung der Wand (s. Kap. 20) vereinfacht sich die rechte Seite von Gl. (24.63) zu $\delta(\bar\gamma_{w\,90°} \cdot F) \approx \bar\gamma_{w\,90°}\,\delta F$, worin $\bar\gamma_{w\,90°}$ einen mittleren Betrag der Wandenergie bedeutet. Bezeichnen wir den mittleren Abstand der Haftlinien mit s und den Biegepfeil der Wandwölbung mit f, dann ergibt sich unter Benützung bekannter Näherungsformen für schwach gekrümmte Parabelbögen statt der tatsächlich vorliegenden Kreisbögen

$$V = (2/3)\,s \cdot L \cdot f \quad \text{und} \quad F = s\,L(1 + (8/3)\cdot f^2/s^2) \tag{24.64}$$

und damit aus Gl. (24.63) die Gleichgewichtsfeldstärke

$$H = \frac{8}{\sqrt{2}}\,\frac{\bar\gamma_{w\,90°}\,f}{I_s \cdot s^2} \tag{24.65}$$

als Funktion des Biegepfeils f.

Die Fixierung einer BLOCH-Wand längs einer Mantellinie kann sowohl durch linienförmige bzw. quasilinienförmige Gitterstörungen in der BLOCH-Wandebene, wie Versetzungen oder in einer Reihe angeordnete Ausscheidungen, als auch durch einzelne unmagnetische Einschlüsse bedingt sein, denn die BLOCH-Wand besitzt entsprechend der Bedingung (20.3) zur Vermeidung von Streufeldern eine mehr oder weniger hohe Biegesteifigkeit (Streufeldsteifigkeit in Richtung der ausgezeichneten Zylinderachse), und wölbt sich deshalb zwischen zwei punktförmigen Haftstellen ebenso zylindrisch aus wie zwischen linienförmigen Haftstellen. Bildlich gesprochen verhält sich die BLOCH-Wand wie eine spanische Wand (RIEDER [35]), welche nur eine zylindrische Krümmung anzunehmen vermag, gleichgültig, ob man sie über ein Gitter aus parallelen Stäben oder über einzelne Stützpunkte legt. Ein gewisses Maß für die Streufeldsteifigkeit der Wand ist der Quotient I_s^2/K_1, und zwar ist die Streufeldsteifigkeit um so größer, je kleiner I_s^2/K_1, d. h. praktisch je größer K_1 ist. Der Vorgang der Wandwölbung unter Aufwand an Streufeldenergie bei Abweichung der Haftlinienrichtung von der durch Gl. (20.3) vorgegebenen Richtung wurde von DIETZE [52] für den Fall endlicher Kristallenergie mit Hilfe der μ^*-Methode von WILLIAMS, BOZORTH und SHOCKLEY [56] (s. a. 19.2.4) behandelt.

Literatur zu Kap. 24

[1] BECKER, R.: Phys. Z. 33 (1932) S. 905.
[2] BECKER, R.: Z. Phys. 62 (1930) S. 253.
[3] BECKER, R.: Wiss. Veröff. Siemens-Werk 11 (1932) S. 10.
[4] SIXTUS, K. J., u. L. TONKS: Phys. Rev. 35 (1930) S. 1441.
[5] SIXTUS, K. J., u. L. TONKS: Phys. Rev. 37 (1931) S. 930.
[6] BLOCH, F.: Z. Phys. 74 (1932) S. 295.
[7] BOZORTH, R. M.: Phys. Rev. 50 (1936) S. 1076.
[8] AKULOV, N. S.: Z. Phys. 67 (1931) S. 794.
[9] AKULOV, N. S.: Z. Phys. 69 (1931) S. 78.
[10] HEISENBERG, W.: Z. Phys. 69 (1931) S. 287.
[11] GANS, R., u. E. CZERLINSKI: Schriften der Königsberger Gelehrten Ges. 9 (1932) S. 1.
[12] GANS, R., u. E. CZERLINSKI: Ann. Phys. 16 (1933) S. 625.
[13] SCHLECHTWEG, H.: Ann. Phys. 27 (1936) S. 573.
[14] STONER, E. C., u. E. P. WOHLFARTH: Phil. Trans. roy. Soc., Lond. A 240 (1948) S. 599.

[15] KERSTEN, M.: Z. techn. Phys. 12 (1931) S. 665.
[16] KERSTEN, M.: Z. Phys. 71 (1931) S. 553.
[17] GANS, R.: Ann. Phys. 15 (1932) S. 28.
[18] BECKER, R., u. H. POLLEY: Ann. Phys. 37 (1940) S. 534.
[19] THIESSEN, G.: Ann. Phys. 38 (1940) S. 153.
[20] AKULOV, N. S.: Z. Phys. 69 (1931) S. 822.
[21] GANS, R.: Phys. Z. 33 (1932) S. 15.
[22] BECKER, R., u. W. DÖRING: Ferromagnetismus, Berlin: Springer 1939.
[23] WILLIAMS, H. J., u. W. SHOCKLEY: Phys. Rev. 75 (1949) S. 178.
[24] WILLIAMS, H. J., u. W. SHOCKLEY: Phys. Rev. 78 (1950) S. 341.
[25] STEWART, K. H.: Proc. phys. Soc., Lond. A 63 (1950) S. 761.
[26] STEWART, K. H.: J. Phys. Radium 12 (1951) S. 325.
[27] KONDORSKIJ, E.: Phys. Z. Sowjet. 11 (1937) S. 597.
[28] KERSTEN, M.: in „Problem d. Tech. Magnetisierungskurve" S. 42ff. herausgeg. v. R. BECKER, Berlin: Springer 1938.
[29] BECKER, R.: Phys. Z. 33 (1932) S. 905.
[30] NÉEL, L.: C. R. Acad. Sci., Paris 223 (1946) S. 198.
[31] NÉEL, L.: Ann. Univ. Grenoble 22 (1946) S. 299.
[32] NÉEL, L.: Physica, Haag 15 (1949) S. 225.
[33] VICENA, F.: Czech. J. Phys. 4 (1954) S. 419.
[34] VICENA, F.: Czech. J. Phys. 5 (1955) S. 480.
[35] RIEDER, G.: Z. angew. Phys. 9 (1957) S. 187.
[36] LILLEY, B. A.: Phil. Mag. 41 (1950) S. 792.
[37] NÉEL, L.: J. Phys. Radium 13 (1952) S. 249.
[38] SCHREIBER, F.: Z. angew. Phys. 9 (1957) S. 203.
[39] SCHREIBER, F.: Z. angew. Phys. 8 (1956) S. 539.
[40] KÖSTER, W.: Z. anorg. allg. Chem. 179 (1929) S. 297.
[41] SCHOTTKY, W., u. R. BECKER: „Probleme der Technischen Magnetisierungskurve" Berlin: Springer 1938, S. 88.
[42] KERSTEN, M.: Diss. Stuttgart 1942, „Grundlagen einer Theorie der ferromagnet. Hysterese und der Koerzitivkraft", Stuttgart: S. Hirzel 1943.
[43] KERSTEN, M.: Phys. Z. 44 (1943) S. 63.
[44] KERSTEN, M.: Z. Phys. 124 (1948) S. 714.
[45] KERSTEN, M.: Z. phys. Chem. 198 (1951) S. 89.
[46] NÉEL, L.: Cah. Physique 25 (1944) S. 21.
[47] KONDORSKIJ, E.: Dokl. Akad. Nauk USSR 68 (1949) S. 37.
[48] DIJKSTRA, L. J., u. C. WERT: Phys. Rev. 79 (1950) S. 979.
[49] BRENNER, R.: Z. angew. Phys. 7 (1955) S. 391.
[50] SCHWABE, E.: Ann. Phys. 11 (1953) S. 99.
[51] ELSCHNER, B.: Ann. Phys., Lpz. 13 (1953) S. 290.
[52] DIETZE, H. D.: Tech. Mitt. Krupp 15, Heft 1, April 1957, S. 23.
[53] KERSTEN, M.: Z. angew. Phys. 8 (1956) S. 313.
[54] KERSTEN, M.: Z. angew. Phys. 8 (1956) S. 382.
[55] KERSTEN, M.: Z. angew. Phys. 8 (1956) S. 496.
[56] WILLIAMS, H. J., R. M. BOZORTH u. W. SHOCKLEY: Phys. Rev. 75 (1949) S. 155.
[57] TANIGUCHI, S.: Sci. Rep. Tôhoku Univ. A 8 (1956) S. 173.

25. Experimentelle Untersuchung irreversibler Magnetisierungsprozesse. Der Barkhausen-Effekt

25.1 Einführung

In 24.3.1 (s. Abb. 24.4) haben wir uns überlegt, daß eine BLOCH-Wand unter der Wirkung eines kontinuierlich wachsenden Feldes immer abwechselnd ein Stück weit reversibel bewegt wird, d. h. eine kontinuierliche Folge von Gleich-

25.1 Einführung

gewichtszuständen durchläuft, und eine Strecke irreversibel vorrückt. Die irreversible Bewegung der Wand erfolgt ohne weitere Felderhöhung und mit verhältnismäßig hoher Geschwindigkeit, welche in Metallen im wesentlichen durch Wirbelströme bestimmt ist. Wir haben demnach zu erwarten, daß die Magnetisierungskurve $I(H)$ überall dort, wo irreversible Wandverschiebungen zur Magnetisierungsänderung beitragen, keine glatte Kurve ist, sondern entsprechend Abb. 25.1 die Form einer unregelmäßigen Treppe hat. Um diese Treppe sichtbar zu machen, bedarf es, wie wir später sehen werden, bei normalen Werkstoffen einer etwa 10^9fachen Vergrößerung der in üblicher Größe aufgezeichneten Magnetisierungskurve.

Eine makroskopische Magnetisierungsänderung ΔI_T setzt sich also nach der Gleichung

$$\Delta I_T = \Delta I_R + \Delta I_B = \chi_{\text{rev}} \cdot \Delta H + \Delta I_B \tag{25.1}$$

aus einem reversiblen Anteil $\Delta I_R = \chi_{\text{rev}} H$ und einem irreversiblen Anteil ΔI_B zusammen. Durch Differenzieren folgt

$$\chi_T = \chi_R + \chi_B. \tag{25.2}$$

χ_T ist nach Abb. 24.1 die mittlere Steigung der Treppe, welche sich aus der Neigung χ_R der Stufentritte und der mittleren Steigung χ_B zusammensetzt, die sich durch die irreversiblen Sprünge alleine ergibt.

Die irreversiblen Magnetisierungssprünge können trotz ihrer Kleinheit in normalen Werkstoffen leicht mit Hilfe der in Abb. 25.2 dargestellten Versuchsanordnung qualitativ nachgewiesen werden. Die bei einer Feldänderung in dem Probedraht ablaufenden diskontinuierlichen Magnetisierungsänderungen induzieren in der Induktionsspule Spannungsimpulse, welche über einen Verstärker in einem Lautsprecher — je nach Geschwindigkeit der Feldänderung — als einzelne Knacke oder als Prasseln oder Rauschen hörbar werden. Auf diesem Wege hat BARKHAUSEN [1] im Jahre 1919 den ersten Hinweis auf den Ablauf diskontinuierlicher Ma-

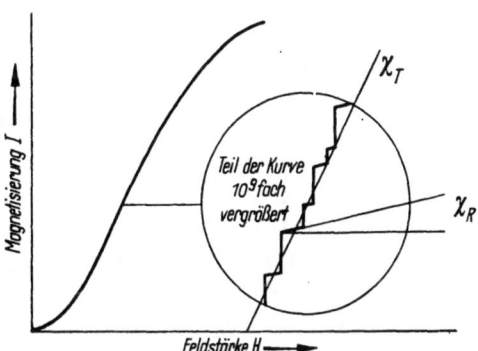

Abb. 25.1. Magnetisierungskurve im Bereich der irreversiblen Wandverschiebungen

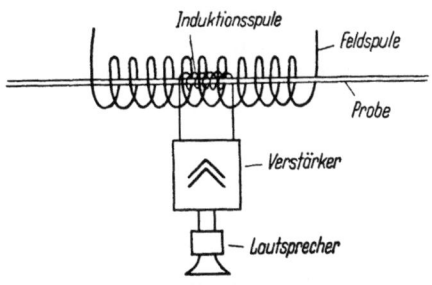

Abb. 25.2. Experimenteller Nachweis der BARKHAUSEN-Sprünge

gnetisierungssprünge während des Magnetisierungsprozesses entdeckt, welche seitdem als BARKHAUSEN-Sprünge bezeichnet werden. Statt auf einen Lautsprecher kann man die verstärkten Spannungsimpulse auch auf die senkrechten Platten eines Kathodenstrahloszillographen geben. Bei geeigneter waagerechter

Zeitablenkung erhält man dann ein sog. BARKHAUSEN-Oszillogramm (Abb. 25.3), in welchem die einzelnen Sprünge als Zacken unterschiedlicher Höhe und Verteilung sichtbar sind. Wenden wir uns nunmehr der quantitativen Analyse des BARKHAUSEN-Effekts zu.

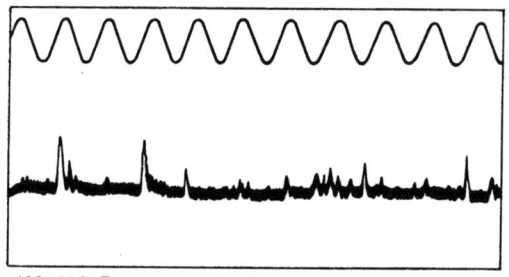

Abb. 25.3. BARKHAUSEN-Oszillogramm, Eichfrequenz 60 Hz. (Nach TYNDALL [2])

Für die Entwicklung einer quantitativen Vorstellung von den irreversiblen Magnetisierungsänderungen ist insbesondere von Interesse 1. die bei den einzelnen Sprüngen ummagnetisierten, d. h. von einzelnen Wänden irreversibel überstrichenen Volumina sowie deren Häufigkeitsverteilung zu kennen, 2. zu wissen, in welchem Bereich der Magnetisierungskurve die irreversiblen Wandverschiebungen auftreten und 3. festzustellen, wie groß der Anteil ΔI_B der Magnetisierungsänderungen infolge von BARKHAUSEN-Sprüngen an der gesamten Magnetisierungsänderung ΔI_T längs der Magnetisierungskurve ist [s. Gl. (25.1)].

25.2 Größe und Größenverteilung der Barkhausen-Sprünge

25.2.1 Allgemeines

TYNDALL [2] machte als erster davon Gebrauch, daß die Flußänderung $\Delta\Phi$ infolge eines BARKHAUSEN-Sprungs proportional zu der Fläche unter der zugehörigen Zacke im Oszillogramm ist. Zur Abschätzung des dabei ummagnetisierten Volumens v wird angenommen, daß gleich große, innerhalb eines gewissen effektiven Probenvolumens V ablaufende Sprünge dieselbe Flußänderung, Sprünge außerhalb des effektiven Volumens dagegen keine Flußänderung in der Induktionsspule erzeugen. Ist die Induktionsspule unmittelbar auf die Drahtprobe gewickelt, dann wird V ungefähr gleich dem Materialvolumen innerhalb der Spule sein. Eine genauere Bestimmung des effektiven Volumens haben BOZORTH und DILLINGER [3] durchgeführt. Wird nun in dem von einer 180°-Wand bei einem Sprung überstrichenen Volumen v die Magnetisierung gerade von der Gegenfeldrichtung in Feldrichtung gewendet, dann verhält sich die dadurch hervorgerufene Flußänderung $\Delta\Phi$ zu der Flußänderung $8\pi I_s q$ (q = Drahtquerschnitt) bei Ummagnetisierung der ganzen Probe wie v zu V, also

$$\frac{\Delta\Phi}{8\pi I_s q} = \frac{v}{V}, \qquad (25.3)$$

wobei sich die Flußänderung $\Delta\Phi$ entweder aus dem Oszillogramm, oder, wie wir weiter unten sehen werden, aus dem Zeitintegral des induzierten Stromes ergibt. TYNDALL [2] bestimmte in dieser Weise an Siliziumeisen (4,2% Si) die Größe vieler Sprünge und gibt als mittlere Flußänderung der größten Sprünge $\Delta\Phi \approx 0{,}003$ e. m. E. entsprechend einem ummagnetisierten Volumen der Größenordnung 10^{-6} cm³ an. Sprungvolumina der gleichen Größenordnung wurden von BOZORTH [4] und von FÖRSTER und WETZEL [5] in analoger Weise an verschiedenen Werkstoffen beobachtet. Die meisten Sprünge sind jedoch sehr viel kleiner.

Eine äquivalente Methode zur Bestimmung von $\Delta\Phi$ ist die Messung des Stromintegrals $\int i\,dt$ eines Sprunges am Verstärkerausgang. Das Stromintegral ist entsprechend

$$\int i\,dt = A\,\Delta\Phi \tag{25.4}$$

ebenfalls proportional zu der Flußänderung, wobei die Konstante A aus der Wirkung einer bekannten Flußänderung experimentell ermittelt werden kann.

Ein genügend träger Strommesser liefert das Stromintegral über viele Sprünge. Aus dem mittleren Stromwert folgt dann in einem stetig wachsenden Magnetfeld unmittelbar die Flußänderung pro Zeiteinheit infolge der BARKHAUSEN-Sprünge, denn die reversiblen Flußänderungen werden nicht miterfaßt, weil der Verstärker sehr kleine Frequnzen nicht verstärkt.

Dieses Verfahren hat den Vorteil gegenüber der Auswertung des Oszillogramms, daß hierbei auch die vielen kleinen Sprünge bis zur unteren Empfindlichkeitsgrenze des Verstärkers mit erfaßt werden. Wichtig ist nur, daß man einen Breitbandverstärker verwendet, der die Impulsform unverzerrt wiedergibt. Die Methode wurde erstmals von BOZORTH [4] angewendet, um den irreversiblen Anteil der Magnetisierungsänderung längs der Hystereseschleife zu bestimmen (s.! 25. 3).

25.2.2 Die „mittlere" Größe der Barkhausen-Sprünge

Wie bereits PREISACH [6] festgestellt hat, ist die Größe der BARKHAUSEN-Sprünge, ganz entsprechend unserer Vorstellung von der charakteristischen Funktion, keine Materialkonstante, sondern hängt weitgehend von der Vorgeschichte des Werkstoffs ab und streut auch bei ein und demselben Werkstoff längs der Schleife sehr stark.

BOZORTH und DILLINGER [3] haben den Verlauf des mittleren Volumens v der irreversibel ummagnetisierten Bereiche längs der Hystereseschleife unter-

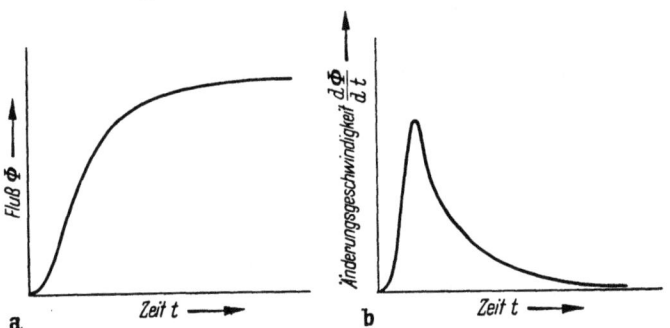

Abb. 25.4a u. b. Schematischer Verlauf des magnetischen Flusses (a) und der Änderungsgeschwindigkeit $d\Phi/dt$ des Flusses (b) bei einem BARKHAUSEN-Sprung

sucht. Die Theorie ihrer Versuchsführung ist wie folgt. Der zeitliche Ablauf der Flußänderung $\Phi(t)$ (s. Abb. 25.4a) ist durch das Abklingen der Wirbelströme bestimmt. Es ist daher vernünftig anzunehmen, daß die Form des in der Induktionsspule induzierten Spannungsimpulses $u(t)$ und des am Verstärkerausgang gemessenen Stromimpulses $i(t)$, welche beide proportional zu $d\Phi/dt$ (s. Abb.25.4b) sind, für alle BARKHAUSEN-Sprünge im gleichen Werkstoff ungefähr gleich ist.

Für einen Sprung des Volumens v folgt dann aus den Gln. (25.3) und (25.4) unter den dabei gemachten Voraussetzungen der zeitliche Verlauf des Stromes

$$i(t) = A\, d\Phi/dt = A\, \frac{8\pi I_s q}{V} v\, f(t), \qquad (25.5)$$

worin $f(t)$ wegen Gl. (25.3) die Bedingung $\int\limits_{-\infty}^{+\infty} f(t)\, dt = 1$ erfüllen muß. Laufen in der Zeiteinheit n Sprünge ab, dann ist der lineare Mittelwert des Stromes

$$\bar{i} = A\, q\, \overline{dB/dt} = A\, \frac{8\pi I_s q}{V} \bar{v}\, n. \qquad (25.6)$$

Andererseits kann man durch Messung der Stromwärme den quadratischen Mittelwert des Stromes bestimmen, welcher nach Gl. (25.5) den Wert

$$\overline{i^2} = \left(\frac{A\, 8\pi I_s q}{V}\right) \overline{v^2}\, n \int\limits_{-\infty}^{+\infty} f^2(t)\, dt \qquad (25.7)$$

hat. Durch Kombination der Gln. (25.6) und (25.7) fällt die unbekannte Zahl n heraus, und man erhält

$$\frac{\overline{v^2}}{\bar{v}} = \frac{V\, \overline{i^2}}{A^2 q^2\, 8\pi I_s \overline{(dB/dt)} \int\limits_{-\infty}^{+\infty} f^2(t)\, dt}. \qquad (25.8)$$

Die Theorie der Wirbelströme liefert $\int\limits_{-\infty}^{+\infty} f^2(t)\, dt = 2\varrho/q\mu_r$ (ϱ = spezifischer Widerstand, μ_r = reversible Permeabilität). dB/dt erhält man aus Messungen von $\mu = \overline{dB/dH}$ und der Änderungsgeschwindigkeit des Feldes dH/dt. Auf Grund einer von TYNDALL [2] ausgeführten Auszählung der Größenverteilung der Sprünge setzen BOZORTH und DILLINGER $\overline{v}^2 = 0{,}7\, \overline{v^2}$. Mit $V = l \cdot q$ folgt schließlich

$$\bar{v} = \frac{0{,}7}{16\pi} \cdot \frac{l\, \overline{i^2}\, \mu_r}{A^2 I_s \varrho\, (dB/dH)\, (dH/dt)}. \qquad (25.9)$$

Hierin sind alle Größen auf der rechten Seite der Messung zugänglich. Die Länge l des Probenbereichs, in welchem BARKHAUSEN-Sprünge die Induktionsspule beeinflussen, ist nicht gleich der Spulenlänge, sondern noch von μ_r abhängig und wurde experimentell bestimmt.

BOZORTH und DILLINGER haben nach Gl. (25.9) für Eisen und Nickel sowie einige Eisen-Nickel-Legierungen längs eines Astes der Magnetisierungsschleife den Verlauf von $\bar{v}(H)$ ermittelt, welcher z. B. für Eisen in Abb. 25.5 wiedergegeben ist und ein Maximum in der Nähe von H_c hat. Die größten Werte $\bar{v}$ wurden an der Legierung 50 Fe 50 Ni gefunden und betragen im Maximum etwa $4 \cdot 10^{-8}$ cm³, während für Eisen $\bar{v}$ den Wert 10^{-9} cm³ kaum überschreitet. Mit einer versuchstechnisch z. T. abgewandelten, prinzipiell jedoch analogen Methode haben FÖRSTER und WETZEL [5] $\bar{v}(H)$ an einer großen Zahl verschiedener Eisen- und Nickelproben gemessen. Die Untersuchungen waren insbesondere auf den Einfluß von Verformung und Wärmebehandlung auf den BARKHAUSEN-Effekt gerichtet. Die beobachteten Größenordnungen von $\bar{v}$ stimmen mit den von BOZORTH und DILLINGER gefundenen Werten überein. BUSH und TEBBLE [7] fanden auf anderem Wege ebenfalls vergleichbare Kurven $\bar{v}(H)$.

Die Bedeutung des so bestimmten Mittelwerts $\bar{v}(H)$ ist jedoch, wie BUSH und TEBBLE [7] feststellen, insofern problematisch, als es sich nur um einen Mittelwert derjenigen Sprünge handelt, deren Größe oberhalb der Empfindlichkeitsgrenze des Verstärkers liegt. Die Berücksichtigung aller BARKHAUSEN-Sprünge kann zu einem ganz anderen Verlauf von $\bar{v}(H)$ führen. TEBBLE, SKIDMORE und

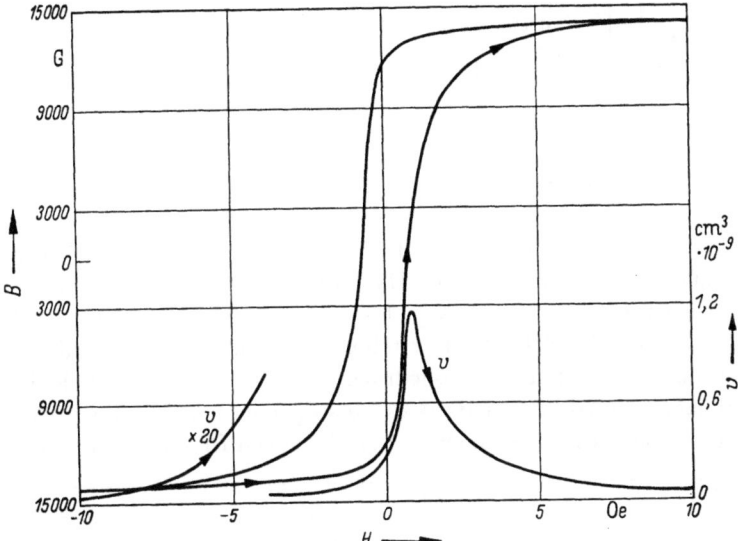

Abb. 25.5. Mittleres Volumen $\bar{v}$ der BARKHAUSEN-Sprünge längs eines Astes der Magnetisierungsschleife von Eisen. (Nach BOZORTH und DILLINGER [3])

CORNER [8] schlugen daher vor, für Vergleichszwecke als „Mittelwert" ein Volumen v_m in der Weise zu definieren, daß die praktisch meßbare Summe aller BARKHAUSEN-Sprünge mit $v > v_m$ gerade die Hälfte der irreversiblen Magnetisierungsänderung, d. h. $(1/2)(\Delta I_T - \Delta I_R)$ ergibt. Diese Mittelwertsbildung setzt die Kenntnis der Größenverteilung der BARKHAUSEN-Sprünge voraus, deren experimentelle Bestimmung wir nachfolgend besprechen wollen.

25.2.3 Größenverteilung der Barkhausen-Sprünge

Die Größenverteilung der BARKHAUSEN-Sprünge wurde erstmals (1948) von BUSH und TEBBLE [7] und wenig später (1950) in analoger Weise von TEBBLE, SKIDMORE und CORNER [8] gemessen. Das Ziel der genannten Arbeiten war, längs eines gegebenen Teiles der Magnetisierungskurve die verstärkertechnisch größtmögliche Anzahl von BARKHAUSEN-Sprüngen zu registrieren, deren Zahl und Größe zu messen und damit den Beitrag der diskontinuierlichen Magnetisierungsänderung zur gesamten Magnetisierungsänderung abzuschätzen.

Ein vereinfachtes Blockschaubild der Versuchsanordnung ist in Abb. 25.6 wiedergegeben. Die kontinuierliche Feldänderung wird elektronisch gesteuert. Die verstärkten Spannungsimpulse durchlaufen einen Spannungsamplitudendiskriminator (Impulshochpaß), durch welchen nur diejenigen Impulse zum Zählgerät gelangen, die eine am Diskriminator stufenweise einstellbare Mindestimpulsgröße ΔS überschreiten. Das Gerät wurde mittels bekannter Magnetisierungs-

392   25. Experimentelle Untersuchung irreversibler Magnetisierungsprozesse

änderungen in der Induktionsspule geeicht, d. h. die zu jeder Diskriminitoreinstellung ΔS gehörige BARKHAUSEN-Sprunghöhe ΔM wurde experimentell bestimmt. Über ähnliche, nach dem gleichen Prinzip arbeitende Versuchsanordnungen haben KRANZ [9], WOTRUBA [10] und JOST [11] berichtet.

Abb. 25.6. Blockschaltbild zur Messung der Größenverteilung von BARKHAUSEN-Sprüngen. (Nach BUSH und TEBBLE [7])

TEBBLE, SKIDMORE und CORNER [8] untersuchten hart gezogenes Eisen, ein infolge spezieller Wärmebehandlung besonders grobkristallines Eisen und weichgeglühtes Nickel. Die Proben hatten die Form dünner Drähte von 7,5 cm Länge und etwa 0,04 cm Durchmesser. Die Hystereseschleifen der drei Proben sind in Abb. 25.7 wiedergegeben. Der Gang des Versuchs ist folgender: Nach mehrachem Durchlaufen der Schleife (Herstellung des zyklischen Zustandes) wird bei fester Diskriminatoreinstellung, ausgedrückt in ΔM, ein Ast der Schleife durchlaufen und dabei die Zahl N der BARKHAUSEN-Sprünge gezählt, die größer als ΔM sind. Dieser Versuch wird mehrfach bei verschiedenen Diskriminatoreinstellungen

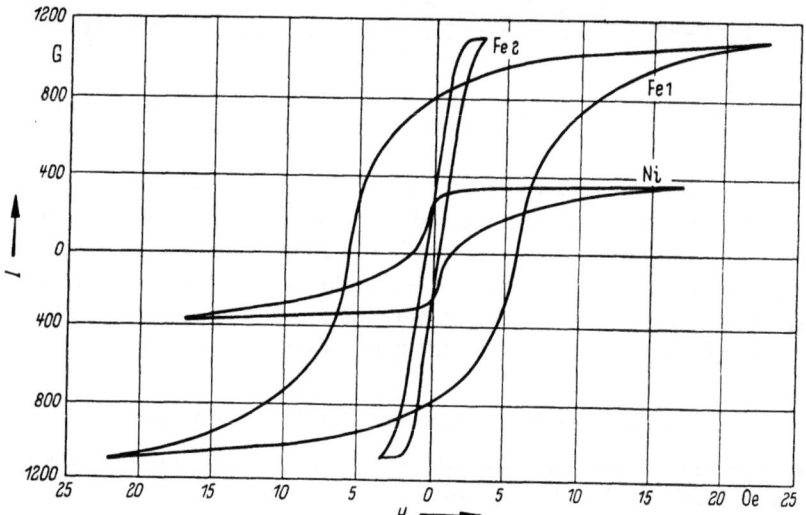

Abb. 25.7. Magnetisierungsschleife von kalt verformtem Eisen (Fe 1), grobkörnigem Eisen (Fe 2) und geglühtem Nickel (Ni). (Nach TEBBLE, SKIDMORE und CORNER [8])

ΔM durchgeführt und liefert eine Kurve $N(\Delta M)$, welche die Zahl N der Sprünge größer als ΔM als Funktion der unteren, durch die Diskriminatoreinstellung gegebenen Grenze ΔM darstellt. Diese sog. Sprungzahl-Niveaukurve bildet den experimentellen Ausgangspunkt für alle weiteren Untersuchungen und ist für die drei Proben in Abb. 25.8 wiedergegeben. Die niedrigste Diskriminatoreinstellung von $\Delta M = 0{,}3 \cdot 10^{-6}$ e. m. E. lag hinreichend weit oberhalb des Rauschspannungspegels der Apparatur. Die Feldänderungsgeschwindigkeit dH/dt muß sehr klein sein, damit keine Überlappung der Impulse vorkommt, wobei mehrere Impulse fälschlicherweise als ein Impuls gezählt werden können. Sie betrug $0{,}2 \cdot 10^{-4}$ bis $20 \cdot 10^{-4}$ Oe/sek.

Differentiation der Sprungzahl-Niveaukurven liefert unmittelbar die in Abb. 25.9 dargestellten Größenverteilungskurven $dN/d(\Delta M)$ als Funktion von

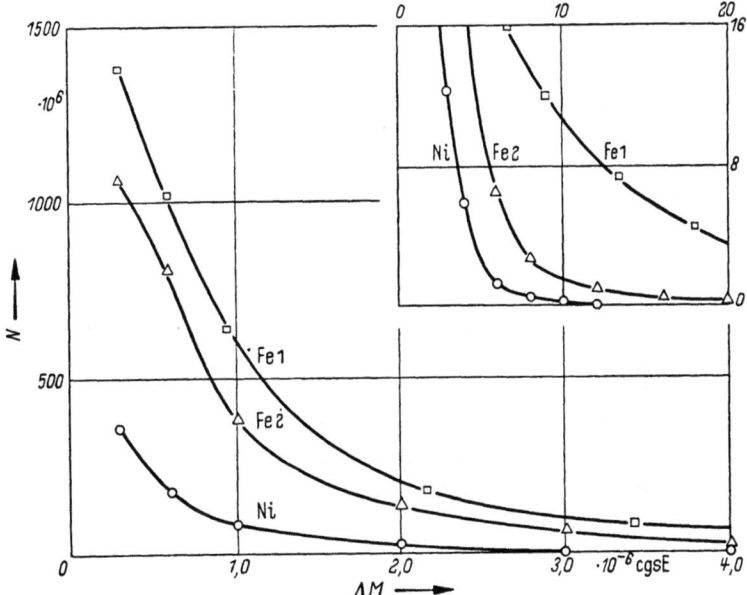

Abb. 25.8. Die Sprungzahl-Niveau [$N(\Delta M)$]-Kurven der Eisen- und Nickelproben in Abb. 25.7 geben die Zahl der BARKHAUSEN-Sprünge pro cm³ mit einem magnetischen Moment größer als ΔM. (Nach TEBBLE, SKIDMORE und CORNER [8])

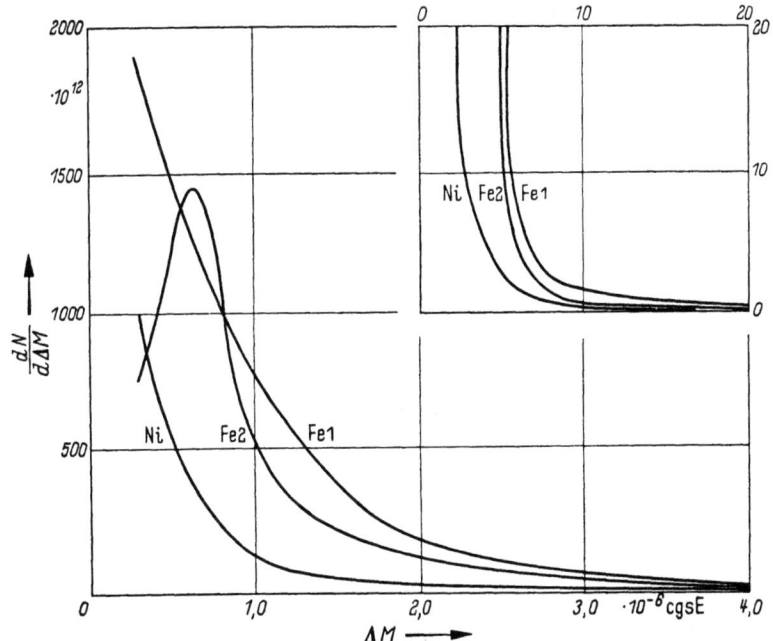

Abb. 25.9. Größenverteilungskurven $dN/d\Delta M$ als Funktion der Sprunggröße ΔM für die Eisen- und Nickelproben in Abb. 25.7. (Nach TEBBLE, SKIDMORE und CORNER [8])

ΔM. Es ist auffallend, daß die Verteilungskurven unsymmetrisch sind und, mit Ausnahme der für die grobkristalline Eisenprobe Fe 2 ermittelte Kurve, in dem untersuchten Größenbereich von ΔM gar kein Maximum durchlaufen, sondern mit abnehmender Sprunggröße ΔM bis zu den kleinsten registrierten Sprüngen stetig ansteigen. Während TEBBLE [12] dieses Ergebnis (an Hand eines allerdings sehr speziellen Modells) durch die Natur der Wechselwirkungen zwischen BLOCH-Wänden und Gitterstörungen zu erklären versuchte, hat KRANZ [9] auf Grund ähnlicher experimenteller Ergebnisse die Möglichkeit diskutiert, daß diese Abweichung von einer statistischen Verteilung der Sprunggrößen zugunsten großer Sprünge davon herrührt, daß einzelne Sprünge auf Grund magnetostatischer Wechselwirkungen Kaskaden weiterer Sprünge auslösen (s. a. 25.3.1), welche infolge des begrenzten Auflösungsvermögens der Apparatur als ein großer Sprung registriert wurden. KRANZ stützt die Annahme gekoppelter Sprünge mit dem Versuchsergebnis, daß die gemessene Größenverteilung der Sprünge innerhalb weiter Grenzen der Feldänderungsgeschwindigkeit von dieser unabhängig ist.

Durch Multiplikation jeder Ordinate einer Verteilungskurve mit dem zugehörigen Abszissenwert ΔM erhält man schließlich eine Beitragskurve $[dN/d(\Delta M)]\Delta M$ als Funktion von ΔM, welche den auf den Größenbereich $d(\Delta M)$ entfallenden Beitrag der diskontinuierlichen zur gesamten Magnetisierungsänderung angibt. In Abb. 25.10 sind die relativen, d. h. die auf die gesamte Magnetisierungsände-

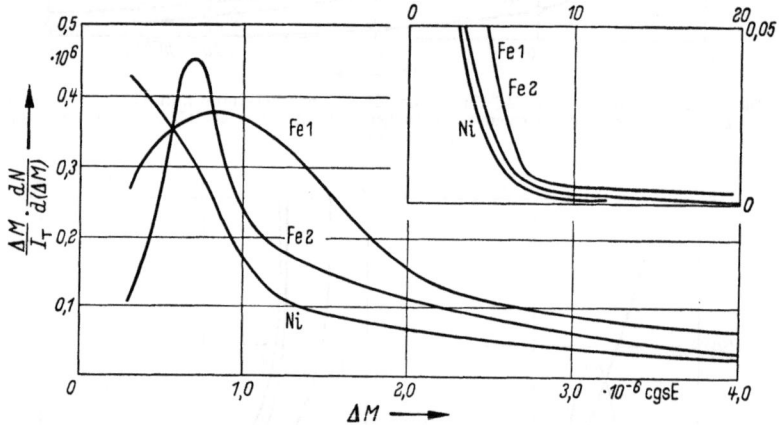

Abb. 25.10. Relative Beitragskurven $(dN/d\Delta M)(\Delta M/I_T)$ als Funktion der Sprunggröße ΔM für die Eisen- und Nickelproben in Abb. 25.7. Die Kurven geben den relativen Beitrag der diskontinuierlichen Magnetisierungsänderungen im Größenbereich $\Delta M + d\Delta M$ zur gesamten Magnetisierungsänderung. (Nach TEBBLE, SKIDMORE und CORNER [8])

rung ΔI_T bezogenen Betragskurven $[dN/d(\Delta M)]\Delta M/\Delta T_T$ als Funktion von ΔM für die drei von TEBBLE, SKIDMORE und CORNER untersuchten Proben wiedergegeben.

Die gesamte Magnetisierungsänderung ΔI_B infolge der bei der Messung registrierten BARKHAUSEN-Sprünge ist durch die Fläche unter der Beitragskurve

$$\Delta I_B = \int_{\Delta M_{min}}^{\Delta M_{max}} \Delta M (dN/d(\Delta M)) \, d(\Delta M) = \int_{\Delta M_{min}}^{\Delta M_{max}} \Delta M \, dN \quad (25.10)$$

gegeben, welche einfach gleich der Fläche zwischen der Sprungzahl-Niveaukurve und der N-Achse ist.

Für den weiter oben definierten „Mittelwert" ΔM_m bzw. v_m, welcher die

Tabelle 25.1. *„Mittlere" Größe der Barkhausen-Sprünge in drei Proben (nach Tebble, Skidmore und Corner [8])*

Probe	$\dfrac{\Delta M_m}{\cdot 10^{-8} e\, mE}$	$\dfrac{v_m}{\cdot 10^{-10}\,\mathrm{cm}^3}$	$\dfrac{n_v}{\cdot 10^{11}\,\mathrm{Atome}}$
Hartgezogenes Eisen (Fe 1)	1,6	4,6	6,5
Grobkörniges Eisen (Fe 2)	0,7	2,0	2,8
Nickel (Ni)	0,4	4,1	4,8

Sprunggrößen angibt, oberhalb der die BARKHAUSEN-Sprünge gerade die Hälfte der indirekt gemessenen diskontinuierlichen Magnetisierungsänderung (1/2) $(\Delta I_T - \Delta I_R)$ liefern, ergaben sich die in Tab. 25.1 zusammengestellten Werte. n_v ist die entsprechende „mittlere Zahl" der an einem Sprung beteiligten Atome. Auf die Vielzahl experimenteller Einzelheiten sowie eine zur Durchführung der Versuche notwendige experimentelle und theoretische Untersuchung der Impulsformen infolge der BARKHAUSEN-Sprünge kann hier nicht eingegangen werden. Es sei dafür auf die Originalarbeiten verwiesen.

Sehr aufschlußreich sind die von JOST [11] auf eine Anregung von BITTEL hin ausgeführten Untersuchungen über den Einfluß der Feldaussteuerung und des Entmagnetisierungsfaktors der Probe auf die Größe, Größenverteilung und zeitliche Folge der BARKHAUSEN-Sprünge in Eisen-Nickel-Drähten von 1 mm Durchmesser.

Danach ist für das Auftreten einer bestimmten Sprunggröße ΔM eine Mindestfeldaussteuerung erforderlich. Der Autor schließt hieraus auf eine Korrelation zwischen der Höhe und dem Abstand der BLOCH-Wandhindernisse.

Mit wachsendem Entmagnetisierungsfaktor verschiebt sich die Größenverteilung der BARKHAUSEN-Sprünge zugunsten kleinerer Sprungvolumina. Ferner treten bei großem Entmagnetisierungsfaktor kleine zeitliche Abstände zwischen aufeinanderfolgenden Sprüngen seltener auf als bei einer Folge statistisch unabhängiger Impulse zu erwarten wäre.

Während jedes Sprunges wird das entmagnetisierende Feld um einen vom Entmagnetisierungsfaktor der Probe abhängigen Betrag vergrößert, und gleichzeitig das effektive Feld um diesen Betrag geschwächt. Es ist plausibel, daß deshalb Wände bei großem Entmagnetisierungsfaktor im Mittel nach kürzeren Sprungwegen stecken bleiben als bei kleinem Entmagnetisierungsfaktor. Da ferner das äußere Feld zeitlich linear anwächst, vergeht eine gewisse Zeit, bis das effektive Feld nach Ablauf eines BARKHAUSEN-Sprungs und der damit verbundenen sprungartigen Erhöhung des entmagnetisierenden Feldes wieder seinen Wert bei Beginn des Sprungs erreicht hat. Während dieser „Sperrzeit" ist die Auslösung weiterer Sprünge weniger wahrscheinlich, und dadurch wird auch die Wahrscheinlichkeit kleiner Sprungzeiten mit wachsendem Entmagnetisierungsfaktor kleiner als bei einer statistischen Impulsfolge. Die für einen bestimmten Entmagnetisierungsfaktor aus der Änderungsgeschwindigkeit des Außenfeldes und einer vorgegebenen Sprunggröße berechnete Sperrzeit [13] hat tatsächlich die nach den Experimenten zu erwartende Größenordnung.

25.2.4 Richtungsverteilung der Sprünge

Neben der Größe der BARKHAUSEN-Sprünge ist auch die Richtung von Interesse, in welcher sich die Magnetisierung dabei ändert.

Eine Methode, um die Richtung einzelner, diskontinuierlicher Magnetisierungsänderungen zu bestimmen, wurde von MCKEEHAN, BECK und CLASH [14, 15, 16] entwickelt. Eine von zwei unter 90° gekreuzten Induktionsspulen umgebene Einkristallscheibe aus Siliziumeisen (3,2% Si) rotiert mit konstanter Geschwindigkeit in einem konstanten, parallel zur Scheibenebene gerichteten Magnetfeld. Die infolge von BARKHAUSEN-Sprüngen in den gekreuzten Spulen induzierten Impulskomponenten werden getrennt verstärkt und je auf ein Plattenpaar eines Kathodenstrahloszillographen gegeben. Jeder BARKHAUSEN-Sprung erzeugt dann je nach Größe einen von der Mitte des Bildschirms ausgehenden kürzeren oder längeren Strich, dessen Richtung die Richtung der Magnetisierungsänderung in der Einkristallscheibe angibt. Die Ergebnisse zeigen bei höheren Feldstärken eine schwach ausgeprägte Häufung von 180°-Magnetisierungsänderungen in den $\langle 100 \rangle$-Richtungen. Bei den größten BARKHAUSEN-Sprüngen wurden gelegentlich auch Zick-Zackbahnen beobachtet, welche darauf hindeuten, daß durch einen BARKHAUSEN-Sprung verschiedene z. T. andersgerichtete Sprünge ausgelöst wurden.

Ähnliche Beobachtungen machten FÖRSTER und WETZEL [5] bei gleichzeitiger oszillographischer Registrierung der longitudinalen und der zirkularen Komponente von BARKHAUSEN-Sprüngen in einem tordierten Nickeldraht (MATTEUCCI-Effekt).

Eine statistische Untersuchung der Richtungsverteilung wurde von BOZORTH und DILLINGER [17] durchgeführt. Die Autoren haben an geglühtem und an kalt

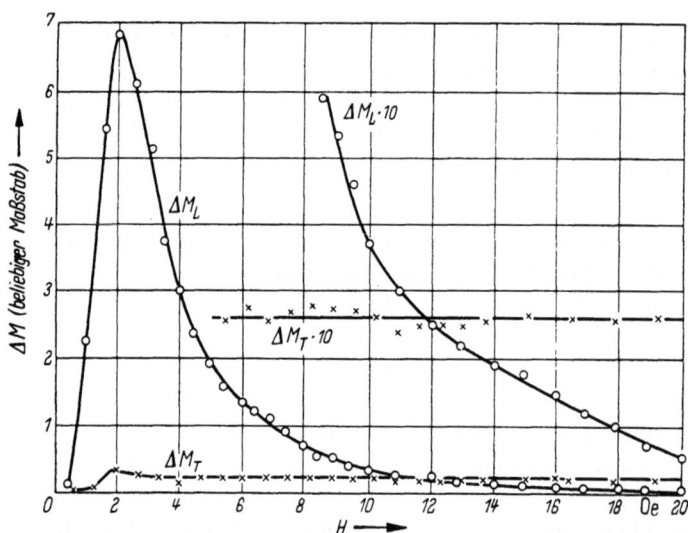

Abb. 25.11. Mittlere Größe der longitudinalen und der transversalen Magnetisierungsänderungen ΔM_L bzw. ΔM_T längs der Magnetisierungskurve von geglühtem Eisen. (Nach BOZORTH und DILLINGER [17])

verformtem Eisen sowie an einer Perminvarlegierung längs der Neukurve und auf der Schleife in gleicher Weise, wie in 25.2.2 beschrieben, die mittlere Größe v bzw.

$\overline{\Delta M}$ der diskontinuierlichen Magnetisierungsänderungen longitudinal ($\bar{v}_L$ bzw. $\overline{\Delta M}_L$) und transversal ($\bar{v}_T$ bzw. $\overline{\Delta M}_T$) zur Feldrichtung gemessen. Die Ergebnisse sind für die Neukurve des geglühten Eisens in Abb. 25.11 wiedergegeben, aus welcher hervorgeht, daß in schwachen Feldern die longitudinale, in stärkeren Feldern die transversale Komponente überwiegt. Die Autoren schließen daraus, daß die Magnetisierungsänderungen in höheren Feldern z. T. große Winkel gegen die Feldrichtung bilden, während in schwachen Feldern solche 180°-Wandverschiebungen überwiegen, bei denen die Magnetisierungsrichtung nur schwach gegen die Feldrichtung geneigt ist.

25.3 Beitrag der diskontinuierlichen Magnetisierungsänderungen zur gesamten Magnetisierungsänderung

25.3.1 Proben mit vernachlässigbar kleinem Entmagnetisierungsfaktor

Schon PREISACH [6] kam auf Grund experimenteller Untersuchungen zu der Ansicht, daß im steilsten Teil der Magnetisierungskurve praktisch die gesamte, üblicherweise ballistisch gemessene Magnetisierungsänderung ΔI_T durch BARKHAUSEN-Sprünge zustande kommt, während sich die Magnetisierung in den flacheren Teilen der Kurve vorwiegend reversibel ändert.

Dieses Ergebnis wurde durch sehr viel genauere Messungen von BOZORTH [4] an Permalloy, Eisen und Nickel gestützt. BOZORTH bestimmte den irreversiblen Anteil ΔB_B der Induktionsänderungen bzw. die irreversible Permeabilität $dB_B/dH = \mu_B$ längs eines Schleifenastes nach einer im Prinzip bereits in 25.2.1 beschriebenen Methode aus dem mittleren Induktionsstromwert am Verstärkerausgang, und ferner ballistisch die totale Permeabilität μ_T. Aus verstärkertechnischen Gründen befanden sich auf der Probe zwei räumlich getrennte Induktionsspulen mit entgegengesetztem Wicklungssinn. Die eine „Halbwelle" der Impulse wurde am Verstärkerausgang durch einen Gleichrichter unterdrückt. Bei hoher Feldänderungsgeschwindigkeit dH/dt überlappen und kompensieren sich die Impulse beider Spulen zum Teil, so daß μ_B zu klein gemessen wird. Mit abnehmendem dH/dt steigt μ_B an und erreicht, wie für hartes Permalloy (81% Ni) gezeigt wird, auf $dH/dt = 0$ extrapoliert, im steilsten Teil der Magnetisierungskurve praktisch den ballistischen Wert μ_T. Aus diesem Ergebnis schloß BOZORTH, daß BARKHAUSEN-Sprünge, deren Größe unterhalb der Empfindlichkeitsgrenze des Verstärkers liegt ($v < 10^{-13}$ cm³), keinen wesentlichen Beitrag zur Gesamtmagnetisierung leisten.

Die bisher genaueste Analyse der Magnetisierungskurve bezüglich der Beiträge von reversiblen und irreversiblen Magnetisierungsänderungen haben TEBBLE, SKIDMORE und CORNER [8] gegeben. Aus der nach der Impulszählmethode von BUSH und TEBBLE [7] gewonnenen Zahl-Niveaukurve (s. 25.2.3) erhält man, wie bereits ausgeführt, die Beitragskurve der BARKHAUSEN-Sprünge $\Delta M\,[dN/d(\Delta M)]$ als Funktion von ΔM. Die Fläche unter der Beitragskurve, integriert vom kleinsten bis zum größten gezählten Impuls liefert nach Gl. (25.10) den Anteil ΔI_B der tatsächlich registrierten BARKHAUSEN-Sprünge an der gesamten Magnetisierungsänderung ΔI_T. Ferner wurde die reversible Suszeptibilität χ_R längs der Schleife gemessen. Die Integration

$$\Delta I_R = \int \chi_R \cdot dH \qquad (25.11)$$

liefert mit entsprechenden Grenzen den reversiblen Anteil ΔI_R. Die Summe $\Delta I_B + \Delta I_R$ ist in Tab. 25.2 mit der ballistisch gemessenen Gesamtmagnetisierungsänderung ΔI_T verglichen.

Tabelle 25.2. Beitrag der diskontinuierlichen und der reversiblen Magnetisierungsprozesse (ΔI_B und ΔI_R) zur gesamten Magnetisierungsänderung ΔI_T (nach Messungen von Tebble, Skidmore und Corner [8])

Material	Feldaussteuerung (Oe)	Bereich von ΔM (10^{-6} cgsE)	Beitrag und (prozentualer Anteil an ΔI_T)				
			ΔI_T (cgsE)	dH/dt (10^{-4} Oe sek^{-1})	ΔI_B (cgsE)	ΔI_R (cgsE)	$\Delta I_B + \Delta I_R$ (cgsE)
Hartgezogenes Eisen	18,6	0,3—35	2150	1—20	1844 (86)	180 (8,4)	1024 (94)
Grobkörniges Eisen	3,0	0,3—20	2180	0,2—4	1250 (57)	110 (4,9)	1400 (62)
Geglühtes Nickel	14,9	0,3—12	700	1—20	326 (47)	115 (16,4)	441 (63)

Für hart gezogenes Eisen ist die gemessene Summe $\Delta I_B + \Delta I_R$ 94% von ΔI_T. Extrapolation von $\Delta M_{\min} = 0{,}3 \cdot 10^{-6}$ cgsE auf $\Delta M = 0$ liefert weitere 4%, also insgesamt 98%. Dagegen zeigen die Ergebnisse für grobkörniges Eisen, daß 38% von ΔI_T durch die gezählten Sprünge nicht erklärt werden. Durch Extrapolation auf $\Delta M = 0$ erniedrigt sich der Fehlbetrag nur unwesentlich. Eine mögliche Ursache dieser Diskrepanz, welche viel größer als der wahrscheinliche Meßfehler von ΔI_B (etwa 5%) ist, kann das „schauerartige" Auftreten der Sprünge sein, d. h. die bereits erwähnte (s. 25.2.3) Tatsache, daß der Ablauf eines Sprunges durch magnetische Koppelung gelegentlich eine Gruppe weiterer Sprünge auslöst. Diese Fehlerquelle kann auch durch geringste Feldänderungsgeschwindigkeiten ($dH/dt = 0{,}2 \cdot 10^{-4}$ Oe sek^{-1}) nicht ganz ausgeschlossen werden. In der Tat ergab die visuelle Beobachtung im Oszillogramm, daß die grobkörnige Eisenprobe im Gegensatz zu der hart gezogenen Probe und der Nickelprobe ein merkliches Auftreten solcher Schauer zeigt, Dies kommt auch in dem über einen weiten Bereich sehr steilen Verlauf der Magnetisierungskurve dieser Probe zum Ausdruck (s. Abb. 25.7).

Der von der Messung nicht erfaßte Fehlbetrag von 37% von ΔI_T bei der Nickelprobe wird wahrscheinlich zum großen Teil durch die Sprünge $\Delta M < 0{,}3 \cdot 10^{-6}$ cgsE gedeckt. Eine zuverlässige Extrapolation ist jedoch hier nicht möglich, weil die Beitragskurve (s. Abb. 25.10) kein Maximum besitzt.

Ebenso große und größere Differenzen zwischen dem gemessenen und dem tatsächlichen Beitrag ΔI_B der diskontinuierlichen Magnetisierungsänderungen fanden TEBBLE und NEWHOUSE [18] auch bei späteren Versuchen an Einkristallen aus Fe + 4,3% Si und aus Nickel. Diese Differenzen sind in gleicher Weise wie bei den Vielkristallen zu erklären.

Die Feldabhängigkeit des reversiblen und des irreversiblen Beitrages geht aus Abb. 25.12 hervor. Hier sind $dI_B/dH = \chi_B$, $dI_R/dH = \chi_R$ und $dI_T/dH = \chi_T$ als Funktion der Feldstärke für die von TEBBLE, SKIDMORE und CORNER untersuchte Nickelprobe dargestellt.

Alle drei Kurven zeigen bei etwa derselben Feldstärke ein Maximum. Diese Feldstärke stimmt manchmal (z. B. bei der harten Eisenprobe), wie jedoch Abb. 25.21 zeigt, nicht notwendigerweise mit der Koerzitivkraft H_c überein.

25.3.2 Einfluß des Entmagnetisierungsfaktors

TEBBLE und NEWHOUSE [*18*] haben gezeigt, daß mit wachsendem Entmagnetisierungsfaktor der Proben das Verhältnis $\Delta I_R/\Delta I_B$ bzw. χ_R/χ_B der reversiblen zum irreversiblen Anteil der Magnetisierungsänderungen zunimmt, und daß ferner sowohl der Absolutwert der irreversiblen Suszeptibilität $dI_B/dH = \chi_B$ als auch (s. a. Kap. 11) die mittlere Größe der BARKHAUSEN-Sprünge ΔM_m abnimmt. Bei Einkristallproben aus Siliziumeisen (4,3% Si) und aus Nickel mit dem ungefähren Entmagnetisierungsfaktor 0,05 bis 0,1 betrug die reversible Suszeptibilität χ_R im steilen Teil der Kurve z. T. bereits 80% von χ_T und mehr, verglichen

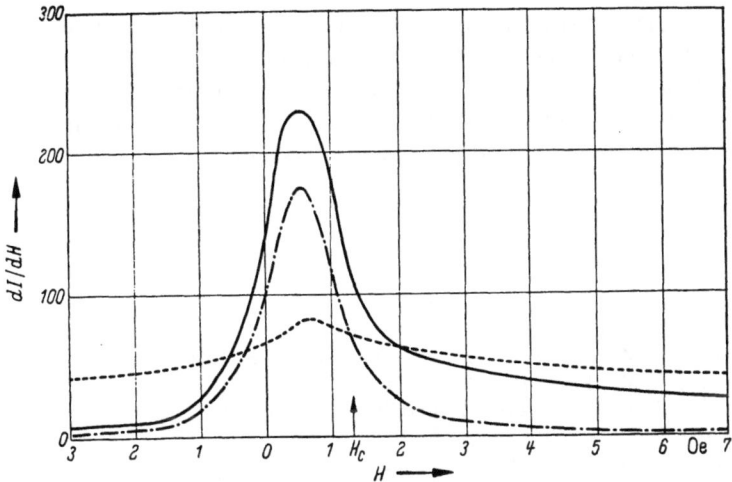

Abb. 25.12. $(dI/dH)(H)$-Kurven für geglühtes Nickel; (———) dI_T/dH, (— · — · —) dI_B/dH, (— — —) dI_R/dH (Nach TEBBLE, SKIDMORE und CORNER [*8*])

mit 2 bis 5% bei Proben mit verschwindendem Entmagnetisierungsfaktor (s. z. B Abb. 25.12). Nach unserer Kenntnis von der Bezirkstruktur kann dieses Ergebnis folgendermaßen verstanden werden. Die Bezirkstruktur ist eine Folge der räumlichen Begrenzung des Ferromagnetikums. Sie bildet sich zur Vermeidung der Streufelder an der Oberfläche. Je größer also der Entmagnetisierungsfaktor einer Probe ist, desto stärker sind die BLOCH-Wände an solche Lagen gebunden, für welche die Streufeldenergie am kleinsten ist, und desto geringer ist im Verhältnis dazu der Einfluß der Gitterstörungen. Die allein durch die äußere Probenbegrenzung bestimmte Struktur ist aber weitgehend reversibel veränderlich. Irreversible Prozesse sind, wie aus Kap. 24 hervorgeht, im wesentlichen durch die Gitterstörungen bedingt. Je kleiner also deren Einfluß auf die Bezirkstruktur verglichen mit dem Einfluß der Probenbegrenzung wird, desto größer wird der Anteil der reversiblen Vorgänge bei Magnetisierungsänderungen.

Eine allgemeine Diskussion des BARKHAUSEN-Effektes auf Grund der oben erwähnten Arbeiten hat STONER [*19, 20*] durchgeführt.

25.4 Abhängigkeit des Barkhausen-Effekts von der Temperatur und von Werkstoffeigenschaften

Die Temperaturabhängigkeit des BARKHAUSEN-Effekts wurde von TAKAGI [21] an Nickel und Eisen-Nickel-Legierungen untersucht. Danach nimmt die Größe der diskontinuierlichen Magnetisierungsänderungen mit wachsender Temperatur ab.

GORDON [22] untersuchte den Einfluß der Wärmebehandlung auf die „mittlere Stärke" des BARKHAUSEN-Geräuschs von Eisen-Nickel-Legierungen im Konzentrationsbereich zwischen 35 und 99,5% Nickel. In dem Konzentrationsbereich zwischen 50 und 90% Ni, in welchem Diffusionsanisotropie auftritt, ist die „mittlere Intensität" des BARKHAUSEN-Geräuschs stark von der Wärmebehandlung abhängig. Sie ist nach langem Tempern am größten und in abgeschreckten Proben am kleinsten und scheint ganz roh etwa umgekehrt proportional zur Anfangspermeabilität zu sein.

KOCH [23, 24] und HOFBAUER und KOCH [25] haben den BARKHAUSEN-Effekt in Eisen und Nickel unter dem Einfluß von Torsionsschwingungen sowie unter Torsion und gleichzeitigem Wechselstromfluß durch die Proben studiert.

WOTRUBA [26, 27] hat den Einfluß plastischer Verformung auf den BARKHAUSEN-Effekt in Mumetall und in Nickel untersucht.

Literatur zu Kap. 25

[1] BARKHAUSEN, H.: Phys. Z. 20 (1919) S. 401.
[2] TYNDALL, E. P. T.: Phys. Rev. 24 (1924) S. 439.
[3] BOZORTH, R. M., u. J. F. DILLINGER: Phys. Rev. 35 (1930) S. 733.
[4] BOZORTH, R. M.: Phys. Rev. 34 (1929) S. 772.
[5] FÖRSTER, F., u. H. WETZEL: Z. Metallkde. 33 (1941) S. 115.
[6] PREISACH, F.: Ann. Phys., Lpz. 3 (1929) S. 737.
[7] BUSH, H. D., u. R. S. TEBBLE: Proc. phys. Soc., Lond. 60 (1948) S. 370.
[8] TEBBLE, R. S., I. C. SKIDMORE u. W. D. CORNER: Proc. phys. Soc., Lond. A 63 (1950) S. 739.
[9] KRANZ, J.: Z. Phys. 139 (1954) S. 619.
[10] WOTRUBA, K.: Czech. J. Phys. 5 (1955) S. 98.
[11] JOST, K.: Z. Phys. 147 (1957) S. 520.
[12] TEBBLE, R. S.: Proc. phys. Soc., Lond. B 68 (1955) S. 1017.
[13] BITTEL, H.: Forschungsber. Wirtsch.-Verkehrsmin. Nordrhein-Westfalen Nr. 251, 1956.
[14] BECK, F. J., u. L. W. MCKEEHAN: Phys. Rev. 42 (1932) S. 714.
[15] MCKEEHAN, L. W., u. R. F. CLASH: Phys. Rev. 45 (1934) S. 839.
[16] CLASH, R. F., u. F. J. BECK: Phys. Rev. 47 (1935) S. 158.
[17] BOZORTH, R. M., u. J. F. DILLINGER: Phys. Rev. 41 (1932) S. 345.
[18] TEBBLE, R. S., u. V. L. NEWHOUSE: Proc. phys. Soc., Lond. B 66 (1953) S. 633.
[19] STONER, E. C.: Rep. on Progress in Physica 13 (1950) S. 83.
[20] STONER, E. C.: Rev. Mod. Phys. 25 (1953) S. 2.
[21] TAKAGI, M.: Sci. Rep. Tôhoku Univ. 26 (1937) S. 55.
[22] GORDON, D. I.: Rev. Mod. Phys. 25 (1953) S. 56.
[23] KOCH, K. M.: Naturwiss. 31 (1943) S. 233.
[24] KOCH, R. M.: Z. Phys. 122 (1944) S. 706.
[25] HOFBAUER, TH., u. R. M. KOCH: Z. Phys. 130 (1951) S. 409.
[26] WOTRUBA, K.: Czech. J. Phys. 4 (1954) S. 375.
[27] WOTRUBA, K.: Czech. J. Phys. 6 (1956) S. 468.
[28] BOZORTH, R. M., u. J. F. DILLINGER: Nature 127 (1931) S. 777.

26. Mechanismus der Ummagnetisierung

26.1 Grundsätzliches

Nachdem wir in Kap. 24 und 25 die Elementarprozesse der Magnetisierungsänderungen kennengelernt haben, wollen wir uns nunmehr überlegen, auf welche Weise die Magnetisierung einer zunächst in einem sehr starken Feld in einer Richtung gesättigten Probe bei kontinuierlicher Feldumkehr in die entgegengesetzte Richtung gelangt. Es ergeben sich hierbei im wesentlichen zwei Teilprobleme, die weitgehend unabhängig voneinander behandelt werden können:

1. Die Höhe der Energieschwelle, welche zur Einleitung des Ummagnetisierungsprozesses überwunden werden muß. Die dazu notwendige Gegenfeldstärke wird als Startfeldstärke H_s bezeichnet.

2. Der geometrische und zeitliche Ablauf des Ummagnetisierungsprozesses nach Überschreiten des Startfeldes. Hierdurch ist die technisch sehr wichtige Schaltzeit τ_s des Ummagnetisierungsprozesses bestimmt.

Bei der Behandlung beider Fragen haben wir grundsätzlich zwischen Einbereichkristallen und großen Kristallen bzw. Vielkristallen zu unterscheiden. Eine gewisse Mittelstellung nehmen die dünnen Schichten ein. Den Ummagnetisierungsvorgang in Einbereichkristallen und dünnen Schichten werden wir in Kap. 27 behandeln.

In großen Kristallen bzw. Vielkristallen geschieht die Ummagnetisierung durch Bildung von Keimen entgegengesetzter Magnetisierung und folgendes Wachstum dieser Keime durch Wandverschiebungen. Dasselbe Verhalten zeigen dünne Schichten unter bestimmten Bedingungen.

Theoretisch erhält man für das in einem ungestörten Kristall zur Keimbildung notwendige Startfeld dieselbe Größenordnung wie für kohärente Drehung der Magnetisierung, d. h. im Falle von Kristallanisotropie $H_s \approx K_1/I_s$ (BROWN [12]). Das wären für Eisen etwa 500 Oe. Tatsächlich mißt man an technischem Eisen Koerzitivkräfte der Größenordnung 1 Oe. Dieser Sachverhalt kann qualitativ dadurch erklärt werden, daß die Keimbildung durch die Streufelder an unvermeidlichen Störungen, wie Ausscheidungen, Versetzungen, Korngrenzen und Rauhigkeiten der Kristalloberfläche stark erleichtert wird.

Die Form der bis zur vollständigen Sättigung ausgesteuerten Magnetisierungsschleife eines großen Kristalls oder Vielkristalls hängt wesentlich von der Größe des zur Keimbildung notwendigen äußeren Startfeldes H_s verglichen mit der in 24.3 definierten, zur irreversiblen Bewegung einer BLOCH-Wand erforderlichen Grenzfeldstärke H_0 ab. Betrachten wir hierzu zwei Extremfälle:

1. Ummagnetisierungskeime werden spontan, d. h. ohne Hilfe des äußeren Feldes gebildet. In diesem Fall wird der Ablauf der Ummagnetisierung durch die örtlich stark schwankenden Grenzfeldstärken H_0 bestimmt, und man erhält eine normale Magnetisierungsschleife entsprechend Abb. 26.1a.

2. Es bestehen keine Voraussetzungen für spontane Keimbildung und das Startfeld H_s sei größer als die größte Grenzfeldstärke $H_{0\,max}$. Nach Überschreiten der Startfeldstärke erfolgt die Ummagnetisierung dann in einem einzigen großen BARKHAUSEN-Sprung. Handelt es sich außerdem um einen Einkristall und ist das Feld parallel zu einer leichten Richtung, dann erhält man eine Rechteck-

schleife (Abb. 26.1b). Der zeitliche Ablauf und die Geometrie des großen BARK-HAUSEN-Sprungs wird in metallisch leitenden Kristallen in erster Linie durch Wirbelströme und in Ferriten durch Spinrelaxation bestimmt.

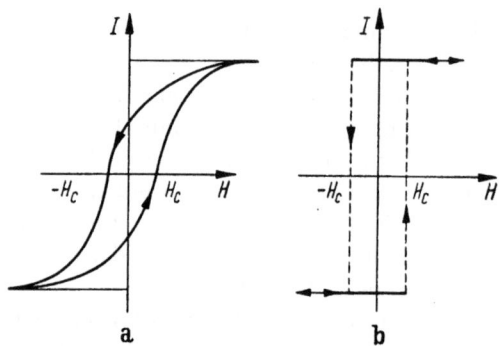

Abb. 26.1a u. b. Hystereseschleifen. a) normale Hystereseschleife, b) Rechteckschleife eines vielkristallinen Werkstoffs bei spontaner Keimbildung

Wir wollen im folgenden das Problem der Keimbildung und des zeitlichen Ablaufs von BARKHAUSEN-Sprüngen in großen Kristallen behandeln.

26.2 Keimbildung

Die verhältnismäßig geringe Koerzitivkraft großer Einkristalle und vielkristalliner Proben deutet darauf hin, daß die Ummagnetisierung durch Wandverschiebungen vor sich geht. Voraussetzung hierfür ist das Bestehen einer Bezirkstruktur mit 180°-Wänden. In hohen Feldern im Zustand vollkommener Sättigung sind sicher keine Bezirke mehr vorhanden. Es besteht daher die Frage, wie stabile Bereiche mit antiparalleler Magnetisierung bei Felderniedrigung bis auf Null und folgender Feldumkehr entstehen. Das erste Stadium ist die Bildung von Ummagnetisierungskeimen, in denen die Magnetisierung antiparallel zur Magnetisierungsrichtung der Umgebung liegt. Das zweite Stadium ist das Wachstum dieser Keime. Das Problem der Keimbildung ist analog wie etwa bei der Kondensation eines übersättigten Dampfes. Wegen des anfänglich sehr großen Verhältnisses Oberfläche zu Volumen ist zur Bildung eines stabilen Keims eine hohe Energieschwelle zu überwinden, welche die Keimbildung in schwachen Feldern im ungestörten Gitter sehr unwahrscheinlich macht [13]. Keime bilden sich daher bevorzugt an Gitterstörungen verschiedener Art, wie unmagnetische Einschlüsse bzw. Ausscheidungen, Korngrenzen usw. sowie an der Materialoberfläche, wo die Keimbildungsschwierigkeiten infolge innerer Streufelder weitgehend herabgesetzt sind. Dies zeigen zahlreiche Beobachtungen von Keimbildungsvorgängen mit Hilfe der Magnetpulvertechnik, wie sie z. B. von BOZORTH [14] (s. Abb. 21.55), WILLIAMS und GOERTZ [15], BATES und MARTIN [16], MARTIN [17], SOMMERKORN [18, 19], GREINER [20], NILAN und PAXTON [21] u.a. ausgeführt wurden.

Eine systematische theoretische Untersuchung der Voraussetzung für die Keimbildung und das Keimwachstum hat GOODENOUGH [22, 23] (s. a. [24]) unternommen. Die wesentlichsten Ergebnisse können folgendermaßen zusammengefaßt werden:

Wir bezeichnen mit H_{si} die Startfeldstärke, welche notwendig ist, um in einem Bereich i im Material einen stabilen Keim zu erzeugen und mit H_{wi} die kritische Wachstumsfeldstärke, welche mindestens bestehen muß, um den Keim irreversibel über seine Umgebung auszubreiten. H_{wi} hängt im wesentlichen von den magnetischen Ladungsverhältnissen in der Umgebung des Keims und von der Wandenergie ab und ist größer als H_0. Die positive Richtung dieser Feldgrößen sei die Magnetisierungsrichtung im Keim.

Ist überall $H_{si} > 0$, dann befindet sich die Magnetisierung im remanenten Zustand überall in der, der vorhergehenden Sättigungsrichtung nächst benachbarten, leichten Richtung. Ist dagegen an einigen Stellen $H_{si} < 0$, dann entstehen bereits beim Übergang von der Sättigung zur Remanenz irreversible Bereiche mit entgegengesetzter Magnetisierung, wodurch die remanente Magnetisierung I_R erniedrigt wird. Voraussetzung für hohe Remanenz ist also $H_{si} > 0$.

Ist $H_{si} \gg H_{wi}$ und streuen die H_{si}-Werte über ein breites Feldstärkegebiet, so ergibt sich eine makroskopisch stetige Magnetisierungsschleife (Abb. 26.1a). Sind dagegen alle $H_{si} > H_{wi}$, dann findet die Ummagnetisierung in einem einzigen großen BARKHAUSEN-Sprung statt, der bei der kleinsten Feldstärke H_{si} ausgelöst wird. Vor Auslösung des Sprunges können nur reversible Drehprozesse ablaufen. Ist die Feldrichtung außerdem Vorzugsrichtung, dann erhält man eine Rechteckschleife (Abb. 26.1b).

Als Stellen bevorzugter Keimbildung hat GOODENOUGH kugelähnliche Einschlüsse, lamellenförmige Ausscheidungen, Korngrenzen und die Probenoberfläche untersucht.

Kugelähnliche Einschlüsse kommen nur dann für die Keimbildung in Frage, wenn ihr Durchmesser $d > d_{\min}$ ist (s. 21.4.1), d. h. wenn sie groß genug sind, um Anlaß zur Bildung einer Sekundärstruktur zu geben. Die Sekundärstruktur bildet sich im allgemeinen spontan noch vor Erreichen der Remanenz. Sie stellt in einem einachsigen Material bereits einen Keim dar. Dort ist also $H_s < 0$. Dagegen ist nach den Untersuchungen von GOODENOUGH zur Ablösung der Sekundärstruktur vom Einschluß in weichmagnetischen Werkstoffen eine Feldstärke $H_w > H_c$ notwendig (H_c = Koerzitivkraft). Bei kubischen Kristallen bedarf es im allgemeinen einer „Phasenumwandlung" der Sekundärstruktur, damit ein Ummagnetisierungskeim entsteht. Die hierzu notwendige Feldstärke H_s ist nach Rechnungen von GOODENOUGH positiv und im allgemeinen größer als 10 Oe. Aus diesen Ergebnissen schließt GOODENOUGH, daß kugelähnliche Einschlüsse in weichmagnetischen Werkstoffen praktisch keinen Beitrag zur Bildung von 180°-Wänden liefern, wie sie zur Magnetisierungsumkehr notwendig sind. Dagegen vertreten BATES und MARTIN [25] nach ausführlichen experimentellen Untersuchungen derartiger Phasenumwandlungsmechanismen an Einschlüssen in Siliziumeisen die Ansicht, daß unmagnetische Einschlüsse u. a. auch als Quellen von Ummagnetisierungskeimen in Frage kommen.

Eine Korngrenze trennt zwei Gebiete unterschiedlicher kristallographischer Orientierung. Verläuft die Korngrenze nicht symmetrisch zu den leichten Richtungen in den angrenzenden Körnern, dann bestehen entsprechend Abb. 26.2 auf der Korngrenze magnetische Flächenladungen, deren Dichte σ_m nach Gl. (1.77) durch

$$\sigma_m = -\operatorname{Div} \boldsymbol{I} = I_s(\cos\theta_1 - \cos\theta_2) \tag{26.1}$$

gegeben ist (θ_1, θ_2 sind die Winkel, welche die Magnetisierung der Bezirke mit der Korngrenzennormale bildet [s. a. Abb. 26.2]). Die damit verbundene magnetostatische Oberflächenenergiedichte beträgt [23]

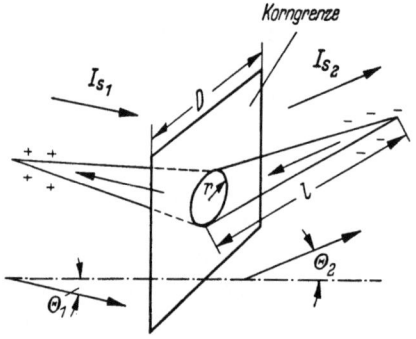

Abb. 26.2. Zur Behandlung der Keimbildung an Korngrenzen

$$\gamma_I \approx (\pi/3)\,\sigma_m^2\,L, \qquad (26.2)$$

worin L den mittleren Korndurchmesser bedeutet. Wie wir bereits in Kap. 21 (s. a. Abb. 21.38 und 21.39) bemerkt haben, wird die magnetostatische Energie durch Ausbildung dolchförmiger Sekundärbezirke an der Korngrenze herabgesetzt. Die zur Bildung eines solchen Sekundärbezirks notwendige Feldstärke H_s ist nach GOODENOUGH näherungsweise

$$H_s \approx \frac{3\,[(3\pi\,l/2\,r)\,\gamma_{w180°} - \gamma_I\,D^2/\pi\,r^2]}{4\,I_s\,l\,(\cos\alpha_1 + \cos\alpha_2)}. \qquad (26.3)$$

Hierin bedeuten entsprechend Abb. 26.2 l die Länge, r den Radius des als rotationselliptisch angenommenen Sekundärbezirks und α_1, α_2 die Winkel zwischen dem äußeren Feld H und den Magnetisierungsrichtungen in den angrenzenden Körnern. Ferner wurde angenommen, daß die Sekundärbezirke an der Kornoberfläche periodisch auftreten, wobei im Mittel auf die Fläche D^2 ein Bezirk entfällt.

Als wesentliches Ergebnis folgt aus Gl. (26.3), daß $H_s \gtreqless 0$ sein kann, je nachdem $(3\pi\,l/2r)\,\gamma_{w180°} \gtreqless \gamma_I\,D^2/\pi\,r^2$, oder mit Gl. (26.1) und (26.2), je nachdem

$$(3\pi\,l/2r)\,\gamma_{w180°} \gtreqless (D^2/3r^2)\,I_s^2\,L\,(\cos\theta_1 - \cos\theta_2)^2 \qquad (26.4)$$

ist. Typische Werte sind $l/r = 10$ bis 30, $D/r = 3$. Damit erhält man aus Gl. (26.4)

$$I_s^2\,L\,(\cos\theta_1 - \cos\theta_2)^2 \lesseqgtr 50\,\gamma_{w180°}. \qquad (26.4a)$$

Die Bedingung für hohe Remanenz lautet $H_s > 0$. Erfüllung dieser Bedingung kann nach Gl. (26.4a) dadurch erreicht werden, daß man die Differenz $(\cos\theta_1 - \cos\theta_2)$ möglichst klein macht. Die hierzu zur Verfügung stehenden Mittel sind Herstellung einer Korntextur, Anwendung von Zug- (bei $\lambda > 0$) bzw. Druckspannung (bei $\lambda < 0$) und, bei geeigneten Legierungen Herstellung einer Diffusionsanisotropie durch Abkühlung im Magnetfeld. Besonders günstig hierfür sind die Verhältnisse in Ferriten, weil dort I_s klein und $\gamma_{w180°}$ z. T. verhältnismäßig groß ist.

Die rechnerische Behandlung der Keimbildung an plattenförmigen Ausscheidungen verläuft im wesentlichen analog.

Ebenso und aus demselben Grunde wie an den Korngrenzen entstehen an der Probenoberfläche überall dort dolchförmige Ummagnetisierungskeime, wo die Magnetisierung eine Komponente senkrecht zur Oberfläche hat (s. Abb. 21.16 und Abb. 21.17). Wäre also das Innere der Probe frei von Störungen aller Art, dann würde die Magnetisierungsumkehr von der Oberfläche ausgehen.

Beim Wachstum der Ummagnetisierungskeime werden die Ladungsverhältnisse an der Grenzfläche (Korngrenze oder Oberfläche) verändert und dabei die magnetostatische Energie vergrößert. Die dadurch bedingte Wachstumsfeldstärke H_w ist allgemein um so größer, je größer die Ladungsdichte an der Grenzfläche ist. Für Keime an Korngrenzen ergibt sich mit kleinen Winkeln $\alpha_1, \alpha_1, \theta_1$ und θ_2 näherungsweise

$$H_w \approx (1/6)\,\pi\,I_s(\cos\theta_1 - \cos\theta_2)^2. \qquad (26.5)$$

An der Probenoberfläche ist die Ladungsdichte σ_m und damit H_w im allgemeinen viel größer als an den Korngrenzen. Deshalb ist nach Gl. (26.5) die Probenoberfläche nur dann eine wichtige Quelle beweglicher 180°-Wände, wenn H_s an den Korngrenzen größer ist als H_w für Keime, die an der Probenoberfläche gebildet wurden. Die Korngrenzen sind daher nach GOODENOUGH allgemein als die wichtigste Quelle wachstumsfähiger Ummagnetisierungskeime anzusehen. Diese Ansicht wird u. a. durch Magnetpulverbilder von GREINER [20] gestützt.

26.3 Voraussetzungen für große Barkhausen-Sprünge

Nach 26.2 ist die Bedingung für einen großen BARKHAUSEN-Sprung, daß alle $H_{si} > H_{wi}$ sind. Wir haben also zu erwarten, daß große BARKHAUSEN-Sprünge durch alle Maßnahmen erzielt werden können, welche die Keimbildung erschweren.

In magnetisch weichen Werkstoffen geht die Ummagnetisierung bevorzugt von den Korngrenzen aus. Die dort zur Bildung eines Keimes notwendige Startfeldstärke H_s wird nach Gl. (26.3) mit Gl. (26.1) und (26.2) um so größer, je kleiner der Betrag der Differenz $(\cos\theta_1 - \cos\theta_2)$ ist. Sie erreicht ihren höchstmöglichen Wert für $(\cos\theta_1 - \cos\theta_2) = 0$, also wenn die Magnetisierung im remanenten Zustand in der ganzen Probe einheitliche Richtung hat. Wir können dies auf verschiedenartige Weise erreichen:

1. Durch Zugspannung (bei $\lambda_s > 0$), Druckspannung (bei $\lambda_s < 0$) oder Torsion,

2. bei geeigneten Legierungen durch Abkühlen im Magnetfeld (Einstellung einer Diffusionsanisotropie),

3. durch Herstellung sehr dünner Drähte (Formanisotropie),

4. durch bevorzugte Kornorientierung (Walz- und Rekristallisationstexturen) und schließlich

5. in Einkristallen.

Wesentliche Voraussetzung für die Anwendbarkeit der Methoden 1. und 2. ist entweder geringe Kristallenergie oder eine bevorzugte Kornorientierung.

Zur Vermeidung anderweitiger Keimbildung in der Probe ist das Material ferner möglichst frei von Verunreinigungen, Ausscheidungen u. dgl. zu halten. Zur Erschwerung der Keimbildung an der Probenoberfläche soll die Magnetisierung möglichst überall parallel zur Oberfläche liegen. Die allgemeinen Bedingungen hierfür sind Vorzugsrichtung parallel zur Oberfläche, glatte Oberfläche und verschwindender Entmagnetisierungsfaktor (langer, dünner Draht oder geschlossener Kreis).

Unter den verschiedenen, oben genannten Voraussetzungen sind große BARKHAUSEN-Sprünge an einer Vielzahl von Werkstoffen beobachtet worden.

Erstmals wurden große Unstetigkeiten in der Magnetisierungskurve von FORRER [26] im Jahre 1926 an einem Nickeldraht gefunden, welcher sich in einem

„Quasieigenspannungszustand" befand. Wird ein Draht plastisch gebogen und dann elastisch, etwa durch Einführen in eine Kapillarröhre, gerade gerichtet, dann steht die eine Hälfte des Drahtes unter Druck-, die andere unter Zugspannung. Bei Nickel ist $\lambda_s < 0$. Also bestehen in der unter Druckspannung stehenden Drahthälfte geeignete Bedingungen für einen großen BARKHAUSEN-Sprung. Diese Erklärung für den FORRERschen Versuch wurde später (1931) von KERSTEN [27] gegeben. Auf Grund systematischer Untersuchungen der Eisen-Nickel-Legie-

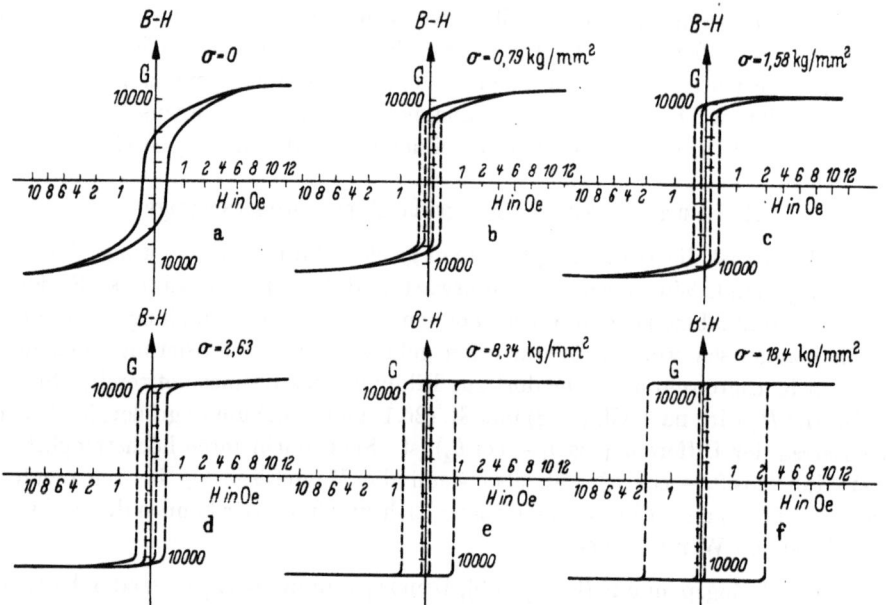

Abb. 26.3a—f. Hystereseschleifen von Permalloy bei verschiedenen Zugspannungen. (Nach PREISACH [29])

rungen konnte PREISACH [28, 29] zum erstenmal durchsichtige und reproduzierbare Versuchsbedingungen angeben, unter denen große BARKHAUSEN-Sprünge auftreten. Als Proben verwendete PREISACH lange, dünne Drähte, welche längs ihrer Achse magnetisiert wurden. Abb. 26.3 zeigt, wie sich die an einer Permalloyprobe mit positiver Magnetostriktion gemessene Magnetisierungsschleife mit wachsender Zugspannung allmählich aufrichtet und zu einer Rechteckschleife wird, deren Breite mit der Zugspannung zunimmt. Für $\lambda_s < 0$ (Nickelgehalt $> 81\%$) wird andererseits die Schleife bei Anwendung einer Zugspannung flacher. Dagegen treten unter Torsion unabhängig vom Vorzeichen der Magnetostriktion große BARKHAUSEN-Sprünge auf. Dasselbe gilt für Drähte, die, wie oben beschrieben, elastisch gebogen waren.

An einem Werkstoff mit Diffusionsanisotropie wurde eine Rechteckschleife zuerst von BOZORTH, DILLINGER und KELSALL [30] beobachtet, und zwar an einem 0,015 cm dicken Draht aus 65-Permalloy, welcher von 700° in einem Magnetfeld von 15 Oe langsam abgekühlt worden war. Ausgedehnte Untersuchungen über die Beeinflussung der Schleifenform durch Magnetfeldabkühlung wurden von DILLINGER und BOZORTH [31] an Ringen aus verschiedenen Perminvarlegierungen ausgeführt. Nach Abkühlung im Magnetfeld wurden an allen untersuchten Legierungen große BARKHAUSEN-Sprünge beobachtet. Ebenso fanden WILLIAMS und GOERTZ [15] eine Rechteckschleife an einem Ringkern aus Perminvar (43 Ni, 34 Fe, 23 Co) mit Diffusionsanisotropie in Richtung des Ringumfangs (s. Abb. 21.34). Magnetpulverbilder zeigten hier, daß die Keimbildung erwartungsgemäß von Fremdkörpereinschlüssen und von der Ringoberfläche ausgeht. Durch eine kleine Kerbe an der Ringoberfläche wurde die Breite der Schleife von 0,06 auf 0,03 Oe herabgesetzt, ein Beweis dafür, daß die Keimbildung durch Beschädigung der Oberfläche wesentlich erleichtert wird.

BOZORTH und DILLINGER [32] fanden, daß an sehr dünnen Eisendrähten (Durchmesser 0,01 bis 0,0017 cm) auch ohne Zugspannung Rechteckschleifen auftreten. Hier wird die Magnetisierung offenbar durch die Formanisotropie des Drahtes in die Drahtachsenrichtung gezwungen. Dieser Effekt ist dann zu erwarten, wenn der Drahtdurchmesser in die Größenordnung des Durchmessers der WEISSschen Bezirke kommt, welcher ganz roh zu 0,001 cm angenommen werden kann.

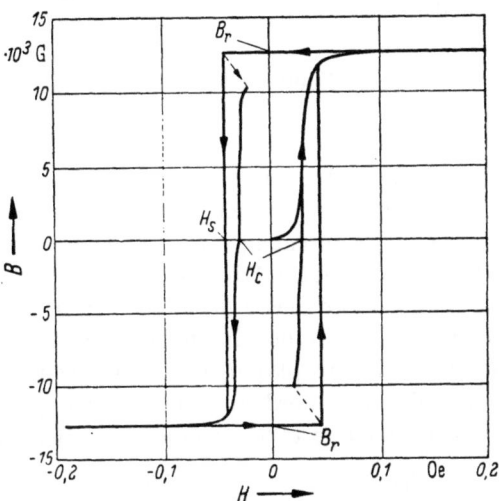

Abb. 26.4. Zur Definition von Startfeldstärke H_s und Grenzfeldstärke H_0. Die innere Schleife wird gemessen, wenn das Startfeld nur kurzzeitig wirkt. (Nach BOZORTH [40])

Sehr lange, dünne Einkristalle sind schwer oder gar nicht zu erhalten. Große BARKHAUSEN-Sprünge können daher nur an Rahmeneinkristallen beobachtet werden, deren Schenkel parallel zu leichten Richtungen sind (s. Abb. 24.5). Große BARKHAUSEN-Sprünge an Einkristallrahmen wurden von BOZORTH [33] (Reinsteisen), von STEWART [34, 35] und von WILLIAMS, SHOCKLEY und KITTEL [36] (Siliziumeisen) und von GALT und Mitarbeitern [37, 38, 39] (Ferrite) gemessen.

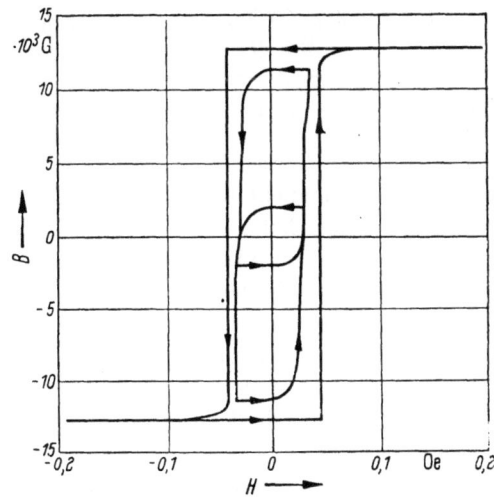

Abb. 26.5. Hystereseschleifen von 68-Permalloy bei großer und bei kleiner Feldaussteuerung. (Nach BOZORTH [40])

Wird, wie in 24.3.1 beschrieben, die Feldstärke unmittelbar nach Auslösung des BARKHAUSEN-Sprungs verringert, dann kann entsprechend Abb. 26.4 die von Keimbildungsschwierigkeiten unbeeinflußte Schleife gemessen werden, wie STEWART [34, 35], BOZORTH [40] und WILLIAMS und GOERTZ [15] gezeigt haben. Die dabei gemessene Koerzitivkraft H_c ist kleiner als H_s und entspricht der für das Material charakteristischen mittleren Grenzfeldstärke H_0 für irreversible Wandverschiebungen.

Wie schon PREISACH [28] erkannt hat, werden große BARKHAUSEN-Sprünge nur nach vollständiger Sättigung des Materials beobachtet. Bei unvollständiger Sättigung der Schleife bleiben Ummagnetisierungskeime in großer Anzahl bestehen, und man erhält entsprechend Abb. 26.5 eine makroskopisch kontinuierliche Schleife.

26.4 Eigenschaften und Ablauf großer Barkhausen-Sprünge

26.4.1 Sixtus-Tonks-Versuch

Experimentelles. Die Natur und der zeitliche Ablauf der von PREISACH an Permalloydrähten unter Zugspannung beobachteten großen BARKHAUSEN-Sprünge wurden, einer Anregung von LANGMUIR folgend, von SIXTUS und TONKS in einer Reihe grundlegender Arbeiten [41] bis [44] eingehend untersucht. Die wesentlichen Ergebnisse dieser Arbeiten sind in einem Vortrag von SIXTUS [45] zusammengefaßt. Sie werden durch Arbeiten von PREISACH [29], DIJKSTRA und SNOEK [46, 47] und COLE [48] ergänzt und erweitert.

Die Versuchsanordnung war im Prinzip stets die gleiche. Sie ist in Abb. 26.6 schematisch dargestellt. In einer etwa 100 cm langen (SIXTUS und TONKS 65 cm, DIJKSTRA und SNOEK 250 cm) Feldspule F befindet sich ein dünner Permalloydraht (Radius $a = 0,001$ bis $0,03$ cm) unter bekannter Zugspannung σ. Im remanenten Zustand ist der Draht in einer Richtung magnetisch gesättigt.

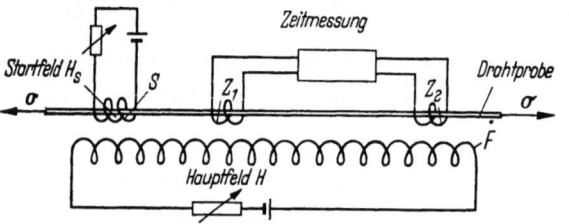

Abb. 26.6. Versuchsanordnung zum SIXTUS-TONKS-Versuch

In einer kurzen Feldspule S in der Nähe des einen Drahtendes wird durch ein der remanenten Magnetisierung entgegengerichtetes Startfeld H_s ein Ummagnetisierungskeim erzeugt. Dieser Keim breitet sich mit endlicher Geschwindigkeit längs des Drahtes aus, wenn das Hauptfeld H parallel zu H_s einen unteren Grenzwert H_0 überschreitet. H_0 ist die Grenzfeldstärke, welche mindestens notwendig ist, um eine 180°-Wand gegen die Hysteresereibung irreversibel durch das Material zu treiben und ist, wie in 24.3 gezeigt wurde, durch die Materialeigenschaften bestimmt. H_0 ist von der Größenordnung der Koerzitivkraft H_c. Ist $H < H_0$, dann bleibt der Keim auch bei beliebig hohen Feldern H_s in der Startspule stecken.

Die axiale Geschwindigkeit v, mit der sich die Ummagnetisierungsfront längs der Drahtachse bewegt, wird über zwei kurze Induktionsspulen z_1, z_2 gemessen, welche in bekanntem Abstand voneinander auf den Draht gewickelt sind.

Die Form, welche die Grenzfläche (BLOCH-Wand) zwischen den antiparallel magnetisierten Drahtteilen während ihrer stationären Bewegung durch den Draht hat, kann aus dem zeitlichen Verlauf der in einer Induktionsspule beim Durchgang der Wand induzierten Spannung ermittelt werden. Nach den Messungen von SIXTUS und TONKS [41] hat die Ummagnetisierungsfront die Form einer langen konischen Tüte und bewegt sich, wie aus Abb. 26.7 hervorgeht, in Richtung der Tütenöffnung. Die Länge l der Tüte ist im wesentlichen vom Drahtdurchmesser abhängig. Das Achsenverhältnis l/a (a = Drahtdurchmesser) der Tüte ist nur wenig veränderlich und hat die Größenordnung 1000 bis 4000. An einem belie-

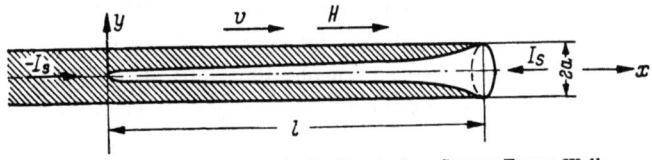

Abb. 26.7. Schnitt durch die Front einer SIXTUS-TONKS-Welle

bigen Querschnitt des Drahtes findet man bei Durchgang der Ummagnetisierungsfront also keine unstetige Flußänderung der Größe $8\pi^2 a^2 I_s$, wie bei Bewegung einer ebenen Wand, sondern eine kontinuierliche Flußänderung entsprechend dem allmählichen Vordringen der Wand von der Drahtoberfläche gegen die Drahtmitte. Die hierzu benötigte Durchdringungszeit δt stellt eine weitere Meßgröße dar. Man sieht sofort, daß zwischen den charakteristischen Größen v, l und δt des Problems die Beziehung

$$v\,\delta t = l \qquad (26.6)$$

besteht.

Typische Meßergebnisse für v als Funktion von H sowie für H_0 und H_s als Funktion der Zugspannung σ sind in den Abb. 26.8 und 26.9 wiedergegeben.

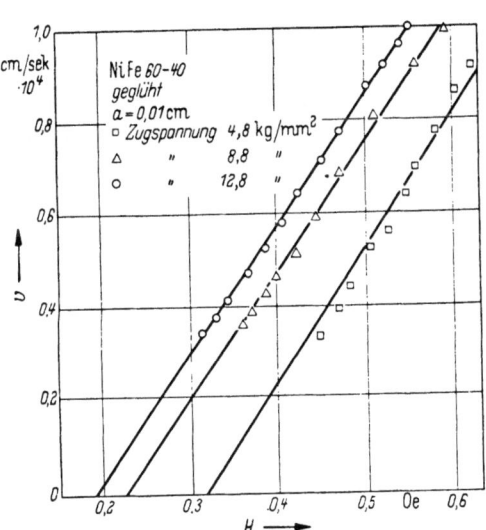

Abb. 26.8. Geschwindigkeit der SIXTUS-TONKS-Welle in einem 0,02 cm dicken, geglühten Eisen–Nickel-Draht mit 60% Nickel unter verschiedenen Zugspannungen als Funktion des treibenden Feldes. (Nach DIJKSTRA und SNOEK [46])

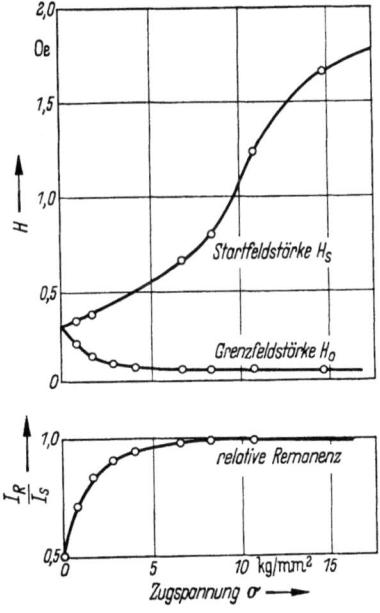

Abb. 26.9. Verlauf von Grenzfeldstärke H_0, Startfeldstärke H_s und relativer Remanenz eines Eisen–Nickel-Drahtes mit 78,5% Nickel als Funktion der Zugspannung. (Nach PREISACH [29])

Startfeldstärke H_s und Grenzfeldstärke H_0. H_s und H_0 sind von der Legierungszusammensetzung, dem Werkstoffzustand, der Temperatur und der Zugspannung σ abhängig.

H_0 nimmt stets mit wachsender Zugspannung σ zunächst ab und erreicht entweder einen konstanten Endwert (Abb. 26.9), oder steigt bei höheren Zugspannungen (wahrscheinlich infolge plastischer Verformung, also Änderung des Werkstoffzustandes) wieder an. H_s kann mit steigender Spannung σ sowohl zu- [29] als auch abnehmen [45] oder zunächst ab- und dann zunehmen [29] und umgekehrt [45]. Natürlich ist bei diesen Versuchen stets $H_s > H_0$.

Wie PREISACH [29] gezeigt hat, ist sowohl die Größe als auch der Verlauf von H_s und H_0 mit σ bei ein und derselben Legierung weitgehend vom Werkstoffzustand des Probedrahtes (kalt verformt, geglüht, langsam oder schnell abgekühlt) abhängig. Die kleinsten Werte für H_0 wurden nach Abkühlen eines 60 Ni—40 Fe-Drahtes im Magnetfeld erhalten [46].

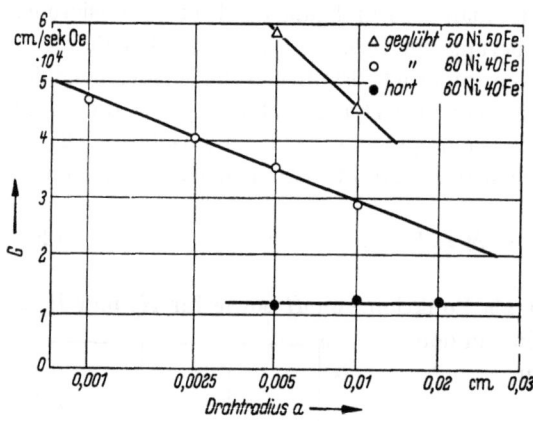

Abb. 26.10. Konstante G als Funktion des Drahtradius für verschiedene Eisen—Nickel-Proben. (Nach DIJKSTRA und SNOEK [46])

Nach Abb. 26.8 besteht zwischen der axialen Geschwindigkeit v der Ummagnetisierungswelle und dem Hauptfeld H die erstmals von SIXTUS und TONKS angegebene, lineare Beziehung

$$v = G(H - H_0). \quad (26.7)$$

Diese einfache, lineare Beziehung wurde mit wenigen Ausnahmen (s. z. B. [45]) an allen bisher untersuchten Werkstoffen gefunden.

Die Konstante G. Die Konstante G mit der Dimension cm·sek^{-1} Oe^{-1} ist ersichtlich von der angelegten Zugspannung praktisch unabhängig. Sie ist dagegen mit dem Drahtradius a, der Temperatur, der Legierungszusammensetzung und dem Werkstoffzustand veränderlich.

Die Abhängigkeit vom Drahtradius zeigt Abb. 26.10. Bei weichgeglühten Proben nimmt G mit wachsendem Drahtradius a ab. Bei der hart gezogenen Probe ist dagegen G von a unabhängig [46]. Nach Abb. 26.11 nimmt G linear mit der Temperatur T zu [46]. Durch Kaltverformung

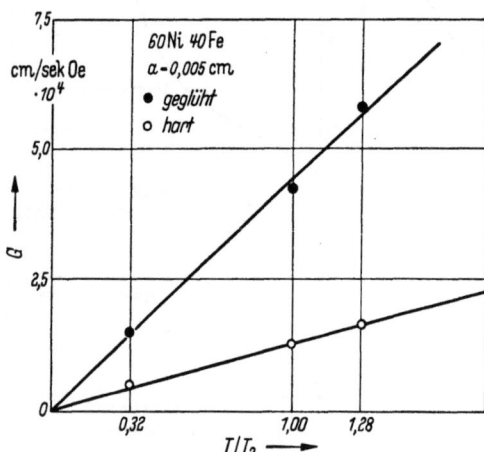

Abb. 26.11. Temperaturabhängigkeit der Konstante G eines 0,01 cm dicken Eisen—Nickel-Drahtes mit 60% Nickel im geglühten und im hart gezogenen Zustand. (Nach DIJKSTRA und SNOEK [46])

wird G stark erniedrigt. In weichgeglühtem Material hat G in 60 Ni—40 Fe-Permalloy die Größenordnung $30 \cdot 10^3$ bis $50 \cdot 10^3$ cm sek^{-1} Oe^{-1}, in hart gezogenem Material dagegen nur $10 \cdot 10^3$ cm sek^{-1} Oe^{-1}. Der höchste Wert $G = 78 \cdot 10^3$ cm sek^{-1} Oe^{-1} wurde an einem Draht aus 60 Ni—40 Fe-Permalloy von 0,005 cm Radius nach Abkühlung von 1000 °C in einem Längsfeld gemessen. G ist ganz allgemein um so größer, je größer die Anfangspermeabilität μ_a ist.

Die Länge l der Ummagnetisierungsfront. l ist nach den bisherigen Untersuchungen als einzige Größe vom Werkstoffzustand weitgehend unabhängig. Dagegen hängt l vom Drahtradius a ab, und zwar derart, daß das Achsenverhältnis l/a für eine Legierung praktisch konstant bleibt. Die Größenordnung von l/a schwankt zwischen 1000 und 4000.

Die Experimente haben allgemein gezeigt, daß oberhalb eines ,,kritischen Drahtradius", der zwischen 0,02 und 0,03 cm liegt, keine definierte Ummagnetisierungswelle mehr hergestellt werden kann. Eine mögliche Erklärung hierfür haben DIJKSTRA und SNOEK [46] gegeben.

26.4.2 Theorie der bewegten Bloch-Wand

Bei der Bewegung einer BLOCH-Wand in einem elektrischen Leiter treten infolge der damit verbundenen zeitlichen Induktionsänderung Wirbelströme und damit Wirbelstromverluste auf. Die dabei pro cm³ des von der Wand überstrichenen Volumens in Wärme umgesetzte Energie sei E_W. Ferner führen die Spins in der bewegten Wand eine gedämpfte Präzessionsbewegung aus. Die dabei pro cm³ des von der Wand überstrichenen Volumens in Wärme umgesetzte Energie bezeichnen wir mit E_r. Schließlich ist die Hysteresereibung zu überwinden. Dabei geht bei einer 180°-Wand pro cm³ überstrichenem Volumen die Energie $2 I_s H_0$ (H_0 = Grenzfeldstärke) ebenfalls als Wirbelstromverlust verloren. Die zur Deckung dieser Verluste vom äußeren treibenden Feld H gelieferte potentielle Energie ist pro cm³ des von einer 180°-Wand überstrichenen Volumens $2 H I_s$ (wenn H parallel zu I_s in einem der an die Wand grenzenden Bezirke liegt). Im stationären Gleichgewicht, d. h. bei gleichförmiger Bewegung der Wand, gilt also

$$2 I_s H = 2 I_s H_0 + E_W + E_r. \tag{26.8}$$

Wir können die Wirkung der Wirbelstrom- und der Spinrelaxationsverluste auf die BLOCH-Wand auch als dem äußeren, treibenden Feld entgegengerichtete Felder auffassen und dementsprechend vermöge der Gleichungen

$$H_W = E_W/2 I_s \quad \text{und} \quad H_r = E_r/2 I_s \tag{26.9}$$

eine effektive Wirbelstromfeldstärke H_w bzw. Spinrelaxationsfeldstärke H_r definieren. Damit schreibt sich die Gleichgewichtsbedingung der gleichförmig bewegten Wand

$$H = H_0 + H_W + H_r. \tag{26.10}$$

Beispielsweise für eine ebene 180°-Wand senkrecht zur Achse eines Drahtes mit kreisförmigem Querschnitt berechneten BECKER und DÖRING [49]

$$H_W = \frac{8 \pi^2 I_s a v}{c^2 \varrho} = v/G_W. \tag{26.11}$$

Hierin bedeuten a Drahtradius, ϱ spezifischer Widerstand, c Lichtgeschwindigkeit und v die Geschwindigkeit der Wand in Richtung der Drahtachse, also senkrecht zur Wandfläche.

Aus der LANDAU-LIFSCHITZ-Bewegungsgleichung [50] der Magnetisierung unter der Wirkung der Spinrelaxationsdämpfung [Gl. (42.22)] ergibt sich nach Rechnungen von BECKER [51] (s. z. B. [39, 52]) für das Spinrelaxationsfeld

$$H_r = \frac{\lambda v}{2 I_s \gamma^2} \sqrt{\frac{\alpha}{A}} \int_0^\pi \sqrt{f_a}\, d\Phi = v/G_r.$$ (26.12)

Es sind λ die durch Gl. (41.48) definierte Spinrelaxationsfrequenz, $\gamma = ge/2\,mc$ das magnetomechanische Verhältnis und A die Konstante der Austauschenergie. Die Anisotropieterme α, f_a und der Winkel Φ wurden in 20.4 definiert. Für reine Kristallanisotropie ist insbesondere $\alpha = K_1$ und im Falle einer 180°-Wand

$$\int_0^\pi \sqrt{f_a}\, d\Phi = 2.$$

Aus Gl. (26.10) folgt mit Gl. (26.11) und (26.12) die Geschwindigkeit v der Wand im stationären Gleichgewicht

$$v = G(H - H_0)$$ (26.13)

mit

$$1/G = 1/G_W + 1/G_r,$$ (26.14)

also gerade die Beziehung $v(H)$, welche sich empirisch aus den SIXTUS-TONKS-Versuchen ergeben hatte.

Zur Behandlung des Verhaltens der BLOCH-Wände in Wechselfeldern in Kap. 41 werden wir die Bewegungsgleichung der BLOCH-Wand zugrunde legen, welche für eine 180°-Wand mit der Feldrichtung parallel zur Richtung der Magnetisierung in einem der angrenzenden Bezirke und unter Vernachlässigung der Wandmasse die Form

$$\beta \dot{x} + \alpha x = 2 H I_s$$ (26.15)

hat. x ist der Abstand der Wand von ihrer Gleichgewichtslage im Feld Null, β der pauschale Dämpfungs- oder Reibungsparameter und α die durch die Anfangspermeabilität bestimmte elastische Bindungskonstante der Wand. β setzt sich additiv aus einem Wirbelstromanteil β_W und einem Spinrelaxationsanteil β_r zusammen, d. h. es ist $\beta = \beta_W + \beta_r$ (s. 41.2.3).

Gl. (26.15) gilt nur für kleine reversible Wandauslenkungen. In Feldern der Größenordnung der Koerzitivkraft verschwindet der Term αx, und das Feld H ist durch das effektive treibende Feld $H - H_0$ zu ersetzen. Damit geht Gl. (26.15) die Form der Gl. (26.13) über

$$\dot{x} = v = (2 I_s/\beta)(H - H_0)$$ (26.16)

und wir erhalten für den Zusammenhang zwischen der Konstante G und dem Reibungsparameter

$$\beta = \beta_W + \beta_r = 2 I_s/G = 2 I_s(1/G_W + 1/G_r).$$ (26.17)

Physikalisch bedeuten βv die Reibungskraft und βv^2 die Verlustleistung pro cm² BLOCH-Wandfläche.

26.4.3 Schaltzeit

Wir betrachten eine Rechteckschleife entsprechend Abb. 26.12, welche nicht bis zur Sättigung ausgesteuert zu sein braucht. Als Schaltzeit τ_s definierten

MENYUK und GOODENOUGH [24] diejenige Zeit, innerhalb welcher die Induktion B vom Remanenzwert B_r im Feld Null bei momentanem Einschalten eines Gegenfeldes der Stärke $H_m > H_c$ auf den Wert $-B(H_m)$ übergeht.

Die Ummagnetisierung der Probe erfolge durch 180°-Wandverschiebungen. Ist die Schleife nicht bis zur Sättigung ausgesteuert, dann sind bei B_r Ummagnetisierungskeime vorhanden. Nimmt man an, daß die Wand innerhalb einer vernachlässigbar kurzen Zeit ihre durch Gl. (26.16) gegebene stationäre Geschwindigkeit v erreicht und daß eine Wand im Mittel die Strecke d zurücklegt, dann ergibt sich für die Schaltzeit

$$\tau_s = \beta\, d/[2\, I_s(H_m - H_0)]. \qquad (26.18)$$

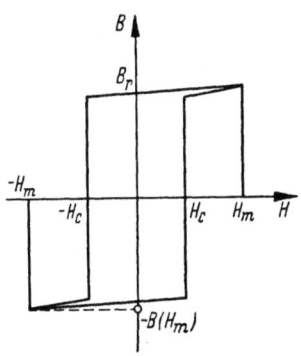

Abb. 26.12.
Zur Definition der Schaltzeit

Die Schaltzeit hat für magnetische Speicherelemente in Rechenautomaten u. dgl. Bedeutung. Da unter optimalen Schaltbedingungen $H_m - H_0$ als vorgegeben angesehen werden kann, ergibt sich aus Gl. (26.18) als geeignetes Gütemaß für Speicherkernwerkstoffe der als Schaltkoeffizient S_s bezeichnete Ausdruck

$$S_s = \tau_s (H_m - H_0) = \beta\, d/2\, I_s. \qquad (26.19)$$

Wegen $\beta = \beta_W + \beta_r$ besteht S_s aus einem Wirbelstromanteil S_{sW} und einem Spinrelaxationsanteil S_{sr}. Das S_s möglichst klein sein soll, verwendet man für Speicherkerne entweder sehr dünne Metallbänder oder Ferrite, bei welchen der Wirbelstromanteil S_{sW} praktisch verschwindet. Für diesen Fall ergibt sich aus Gl. (26.19) mit Gl. (26.17), (26.12) und Gl. (20.21)

$$S_s \approx S_{sr} \approx \frac{\lambda\, d}{2\, I_s \gamma^2 \delta_0}, \qquad (26.20)$$

worin δ_0 die durch Gl. (20.21) definierte Wanddicke bedeutet. An dünnem Supermalloyband wurde der Schaltkoeffizient $S_s = 5 \cdot 10^{-7}$ Oe sek gemessen. Mit dem aus ferromagnetischen Resonanzversuchen (s. Kap. 42) bestimmten Wert für λ ergibt sich damit aus Gl. (26.20) $d/\delta_0 \approx 500$. Setzt man für den Fall starrer Drehung der gesamten Magnetisierung $d/\delta_0 = 1$, so folgt aus Gl. (26.20) $S_s \approx 10^{-9}$ Oe sek. Eine etwas genauere theoretische Abschätzung [10] für den Drehprozeß liefert $S_s \approx 10^{-8}$ Oe sek.

26.4.4 Anwendung der Theorie auf den Sixtus-Tonks-Versuch

Wie wir in 26.4.2 gesehen haben, liefert die Theorie tatsächlich die empirisch gefundene Gl. (26.7). Für einen quantitativen Vergleich von Ergebnissen des SIXTUS-TONKS-Versuchs mit der Theorie muß jedoch berücksichtigt werden, daß die Wellenfront nicht eben ist, wie bei der Ableitung von Gl. (26.11) angenommen wurde, sondern daß sie die in Abb. 26.7 dargestellte Form hat. Nähert man die Wandform durch eine konische Tüte mit dem Achsenverhältnis $k = l/a$ an, so ergibt sich [46]

$$H_W = \frac{64\, \pi^2\, I_s\, a}{9\, k\, c^2\, \varrho} v = v/G_W. \qquad (26.21)$$

Mit den Werten $4\pi I_s = 14000$ G, $\varrho = 28 \cdot 10^{-18}$ sek, $c = 3 \cdot 10^{11}$ cm sek^{-1}, $k = 2 \cdot 10^3$ und $a = 0{,}01$ cm erhält man aus Gl. (26.21) $G_W \approx 6 \cdot 10^4$ cm sek^{-1} Oe^{-1}, und mit $\alpha = K_1$, $\sqrt{K_1/A} = 10^5$ cm^{-1}, $\int_0^\pi \sqrt{f_a}\,d\Phi = 2$, $\lambda = 10^9$ sek^{-1}, $4\pi I_s = 14000$ G, $\gamma = 2 \cdot 10^7$ sek^{-1} Oe^{-1} aus Gl. (26.12) $G_r \approx 5 \cdot 10^3$ cm sek^{-1} Oe^{-1}. Danach hat G_W die für G gemessene Größenordnung (s. Abb. 26.10). Dagegen ist G_r um rund eine Größenordnung kleiner, und man würde deshalb nach Gl. (26.14) erwarten, daß v durch die Spinrelaxation bestimmt ist. Gl. (26.12) wurde für eine Wand abgeleitet, die sich in Richtung ihrer Normalen bewegt. G_r ist proportional zu $\sqrt{A/\alpha}$. Diese Größe ist nach Gl. (20.21) ein Maß für die Wanddicke in der Normalenrichtung. Bei dem SIXTUS-TONKS-Versuch bewegt sich die Wand jedoch (s. Abb. 26.7) nahezu senkrecht zu ihrer Normalenrichtung. In dieser Richtung ist aber die effektive Wanddicke und damit auch G_r mindestens um einen Faktor 10 bis 100 größer als in der Normalenrichtung. In dieser Weise glauben WILLIAMS, SHOCKLEY und KITTEL [36] die außerordentlich hohen, bei den SIXTUS-TONKS-Versuchen gemessenen Geschwindigkeiten der Ummagnetisierungsfront theoretisch erklären zu können.

Die experimentell gefundene lineare Temperaturabhängigkeit von G (s. Abb. 26.11) ergibt sich für G_W aus Gl. (26.21) wegen der Proportionalität von G_W zu ϱ. Bezüglich der Temperaturabhängigkeit von G_r können mangels einer befriedigenden Theorie für λ keine theoretischen Aussagen gemacht werden. Die gefundene Abhängigkeit der Größe G vom Drahtradius a folgt ebenfalls aus Gl. (26.21). Dagegen wurde bisher nicht geklärt, wodurch die starke Beeinflußbarkeit von G durch Kaltverformung bedingt ist.

Das Wirbelstromfeld H_W ist längs eines Drahtdurchmessers nicht konstant, sondern nimmt von der Oberfläche zur Drahtmitte hin zu. Deshalb bewegt sich die Wand an der Drahtoberfläche beim Anlaufen schneller als in der Drahtmitte, und die Ummagnetisierungsfront nimmt die in Abb. 26.7 dargestellte Tütenform an [42].

26.4.5 Bewegung ebener Bloch-Wände in Rahmeneinkristallen

Wie schon erwähnt, haben verschiedene Autoren [33 bis 36] große BARKHAUSEN-Sprünge an metallischen Rahmeneinkristallen mit einfacher Bezirkstruktur untersucht. Im Prinzip sind die hierbei ausgeführten Versuche ähnlich wie die SIXTUS-TONKS-Experimente, bieten jedoch gegenüber diesen den wesentlichen Vorteil, daß sich, wie WILLIAMS, SHOCKLEY und KITTEL [36] gezeigt haben, die Anordnung der Wirbelströme mathematisch exakt berechnen läßt, wodurch ein quantitativ zuverlässiger Vergleich zwischen Theorie und Experiment möglich wird.

WILLIAMS, SHOCKLEY und KITTEL untersuchten die Bewegung der 180°-Wand in einem Rahmeneinkristall aus Siliziumeisen mit allen Oberflächen parallel zu (100)-Ebene und einer Bezirkstruktur entsprechend Abb. 24.5. Die äußeren Abmessungen des Rahmens waren $1{,}34 \times 1{,}71$ cm², der Querschnitt der Schenkel $0{,}114 \times 0{,}152$ cm².

In schwachen Feldern [$(H - H_0) < 0{,}003$ Oe] bleibt entsprechend Abb. 26.13a die Wand bei ihrer Bewegung durch den Kristall eben. Das Kriterium für ebene

Wandbewegung ist, daß die Zunahme der Oberflächenspannung (Wandenergie) bei einer merklichen Wandkrümmung groß ist verglichen mit der von dem treibenden Feld gelieferten Energie. Für die Geschwindigkeit v der Wand als Funktion der Feldstärke H ergibt sich die SIXTUS-TONKS-Beziehung Gl. (26.7) bzw. (26.13) mit $H_0 = 0,003$ Oe und G von der Größenordnung 4 bis 5 cm sek^{-1} Oe^{-1}. G ist also um einen Faktor 10^3 kleiner als bei den SIXTUS-TONKS-Versuchen. Dies kommt daher, daß hier der Wandquerschnitt und damit die Wirbelstromverluste wesentlich größer sind als bei dünnen Drähten. Für Siliziumeisen erhält man $G_r = 600$ cm sek^{-1} Oe^{-1}. Dieser Wert ist viel höher als der gemessene G-Wert, welcher hier praktisch

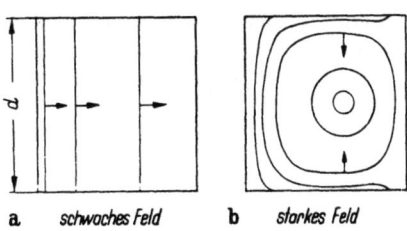

Abb. 26.13a u. b. Bewegung einer BLOCH-Wand in einem Einkristall (a) in einem schwachen und (b) in einem starken treibenden Feld. (Nach WILLIAMS, SHOCKLEY und KITTEL [36])

allein durch Wirbelströme bestimmt wird. Die Rechnung liefert dafür

$$G_W = \pi \varrho\, c^2/32 \cdot B_s \cdot d, \qquad (26.22)$$

worin d die Breite des Rahmenschenkels (s. Abb. 26.13) und $B_s = 4\pi I_s$ ist. G wurde bei drei verschiedenen Temperaturen bestimmt. Der Vergleich mit den aus Gl. (26.22) berechneten Werten in Abb. 26.14 ergibt eine verhältnismäßig gute Übereinstimmung von Rechnung und Experiment.

Durch die Wirbelströme wird die Wand in der Mitte stärker gebremst als an der Kristalloberfläche. Unter der Wirkung starker Felder (5 bis 80 Oe) wird sie daher entsprechend Abb. 26.13b gekrümmt und bildet schließlich einen Zylinder, welcher sich infolge der Oberflächenspannung zusammenzieht und verschwindet. Auch dieser Vorgang kann mathematisch exakt behandelt werden [36].

Ähnliche Versuche wurden von GALT und Mitarbeitern [37] bis [39] an Ferrit-Rahmenkristallen ausgeführt. Auch hier gilt die SIXTUS-TONKS-Beziehung

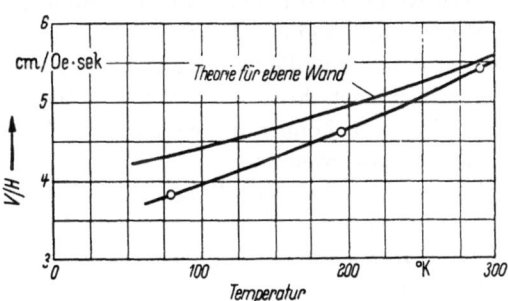

Abb. 26.14. Vergleich der bei kleinen Feldstärken an einem Siliziumeisen-Rahmeneinkristall gemessenen mit der nach Gl. (26.22) berechneten Temperaturabhängigkeit der Konstante G. (Nach WILLIAMS, SHOCKLEY und KITTEL [36])

Gl. (26.7) bzw. (Gl. 26.13). Für Fe_3O_4 ergab sich $H_0 = 0,06$ Oe und $G = 1900$ cm sek^{-1} Oe^{-1}. G hat die Größenordnung, die wir bei Permalloy für den Spinrelaxationseffekt G_r abgeschätzt hatten. Tatsächlich ist der spezifische Widerstand der von GALT untersuchten Ferrite so hoch, daß der Einfluß der Wirbelströme auf die Wandbewegung sicher vernachlässigt werden kann. Die Geschwindigkeit der Wand wird hier praktisch allein durch die Spinrelaxationsverluste bestimmt. Mit dem gemessenen Wert G kann daher umgekehrt aus Gl. (26.12) die unbekannte Relaxationsfrequenz λ berechnet werden. Für Fe_3O_4 fand GALT $\lambda = 3,5 \cdot 10^8$ sek^{-1} und für $NiFe_2O_3$ $\lambda = 2,2 \cdot 10^7$ sek^{-1}.

26.5 Große Ummagnetisierungskeime

Bei den oben beschriebenen Versuchen von Sixtus und Tonks wurde der Ummagnetisierungsvorgang dadurch eingeleitet, daß in einer Startspule bei Überschreiten des Startfeldes H_s ein Ummagnetisierungskeim erzeugt wurde, welcher sich dann in einem hinreichend großen Hauptfeld $H > H_0$ längs des Drahtes ausbreitet. Sixtus [53] stellte nun fest, daß bei nur kurzzeitigem Überschreiten der Startfeldstärke H_s (Rechteckimpuls) in der Startspule zwar ein Keim entsteht, dieser aber nach Abschalten des Zusatzfeldes in der Startspule nicht weiter zu wachsen vermag, auch wenn das Hauptfeld $H > H_0$ ist. Derartige „eingefrorene" Keime bleiben beliebig lange im Draht erhalten. Ihre Größe und Form kann durch Messung des Spannungsstoßes beim Abziehen einer kurzen Induktionsspule von verschiedenen Stellen längs des Keimes leicht festgestellt werden. Aus der Größe des Spannungsstoßes folgt die Flußänderung, welche bis auf Korrekturen einfach gleich $8\pi I_s q$ ist, wobei q den Keimquerschnitt an der Stelle bedeutet, von welcher die Spule abgezogen wurde. Abb. 26.15 zeigt den Verlauf von q über der Länge der drei größten von Sixtus in dieser Weise ausgemessenen Keime. Die Keime sind danach sehr lang und dünn. Die Länge des größten Keimes beträgt 13 cm bei einem Durchmesser von etwa 0,01 cm. Besonders bemerkenswert ist dabei, daß die Keime viel länger als die nur etwa 1 cm lange Startspule sind und demnach ihre Enden weit außerhalb des Einflußbereichs des Zusatzfeldes liegen. Dennoch können die Keime nach Abschalten des Zusatzfeldes im Hauptfeld nicht weiterwachsen.

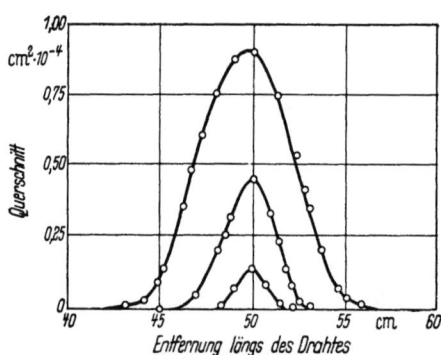

Abb. 26.15. Querschnittsverlauf bei drei großen eingefrorenen Ummagnetisierungskeimen in einem geglühten Eisen–Nickel-Draht mit 15% Nickel. (Nach Sixtus [53])

Es besteht danach die Frage, weshalb die großen Keime im Hauptfeld nicht wachsen können und insbesondere, wie das Zusatzfeld in der Startspule indirekt das Längenwachstum ermöglichen kann.

Eine vollständige Klärung fand diese Frage erst durch eine quantitative theoretische Behandlung des Keimwachstumsproblems durch Döring [54, 55], die wir im folgenden kurz wiedergeben wollen.

Eine Zunahme dV des Keimvolumens V ist sowohl mit einer Vergrößerung dF der Oberfläche F, wozu der Energieaufwand $\gamma_w dF$ notwendig ist, als auch mit einer Änderung dE_I der magnetostatischen Energie E_I verbunden. Ferner rückt die den Keim begrenzende Bloch-Wand im Material irreversibel vor, wobei der Energiebetrag $2H_0 I_s dV$ als Wirbelstromverlust verlorengeht. Ein Keim kann demnach nur dann anwachsen, wenn diese Energiebeträge durch die von dem äußeren Feld zugeführte potentielle Energie $2H I_s dV$ mindestens gedeckt werden. d. h. wenn

$$2HI_s dV > 2H_0 I_s dV + \gamma_w dF + dE_I \qquad (26.23)$$

ist.

26.5 Große Ummagnetisierungskeime

Bei langen, dünnen Keimen unterscheiden wir zwei wesentlich voneinander verschiedene Arten des Wachstums: Das Wachstum der Länge l des Keims und das Wachstum seiner Dicke d. Das Dickenwachstum wird im wesentlichen durch die damit verbundene Zunahme der magnetostatischen Energie (Abnahme von l/d) behindert. Beim Längenwachstum nimmt zwar die magnetostatische Energie ab (der Entmagnetisierungsfaktor nimmt mit wachsendem l/d ab), die Oberfläche jedoch sehr stark zu. Das Längenwachstum wird demnach durch die Oberflächenspannung gehemmt. Natürlich können auch l und d gleichzeitig wachsen. Da jedoch bei diesen beiden Wachstumsarten das Vorrücken der Wand an ganz verschiedenen Stellen der Keimoberfläche stattfindet, einmal im wesentlichen nur an den Spitzen und das andere Mal nur an der Seite, kann ein gleichzeitiges Wachsen von l und d nur dann stattfinden, wenn sowohl für das Längenwachstum bei festgehaltener Dicke als auch für das Dickenwachstum bei festgehaltener Länge die Ungleichung (26.23) erfüllt ist. Wir können also die beiden Wachstumsarten als unabhängig voneinander ansehen.

Der Keim habe die Gestalt eines langgestreckten Rotationsellipsoids mit der Länge l und dem größten Durchmesser d. Hierfür ist das Volumen

$$V = (\pi/6)\, l\, d^2 \tag{26.24}$$

und die Oberfläche für $l/d \gg 1$ näherungsweise

$$F \approx (\pi^2/4)\, l\, d. \tag{26.25}$$

Für die magnetostatische Energie folgt aus Gl. (19.8)

$$E_I = (1/2)\, N\, I_s^2\, V \tag{26.26}$$

mit dem Entmagnetisierungsfaktor N nach Gl. (19.9)

$$N = \frac{4\pi}{k^2} (\ln 2k - 1), \tag{26.27}$$

wobei wir $l/d = k$ gesetzt haben.

Wir fragen nunmehr nach den Keimabmessungen, bei denen ein Längenwachstum stattfinden kann. Dazu setzen wir in Gl. (26.23) das Gleichheitszeichen und differenzieren nach l

$$2(H - H_0)\frac{\partial V}{\partial l} = \gamma_w \frac{\partial F}{\partial l} + \frac{\partial E_I}{\partial l}. \tag{26.28}$$

Mit den Gln. (26.24) bis (26.27) ergibt sich daraus eine Beziehung zwischen d und l

$$d \equiv d_{LW} = \frac{\beta}{H - H_0} \cdot \frac{1}{1 + \dfrac{4\pi I_s}{H - H_0} \cdot \dfrac{\ln 2k - 2}{k^2}} \tag{26.29}$$

mit $\beta = 3\pi \gamma_w/4 I_s$, welche in Abb. 26.16 für vorgegebene Werte H, H_0 und γ_w in der l–d-Ebene aufgetragen ist (Kurve COD) und die Grenzkurve des Längenwachstums darstellt. Bei den gegebenen Werten H, H_0 und γ_w kann im l–d-Gebiet oberhalb dieser Kurve Längenwachstum stattfinden, unterhalb nicht. In gleicher Weise erhalten wir aus der Gleichung

$$2(H - H_0)\frac{\partial V}{\partial d} = \gamma_w \frac{\partial F}{\partial d} + \frac{\partial E_I}{\partial d} \tag{26.30}$$

die Gleichung der Grenzkurve des Dickenwachstums (Kurve AOB in Abb. 26.16):

$$d \equiv d_{DW} = \frac{\beta}{2(H-H_0)} \cdot \frac{1}{1 - \frac{8\pi I_s}{H-H_0} \cdot \frac{\ln 2k - 1{,}25}{k^2}} \cdot \qquad (26.31)$$

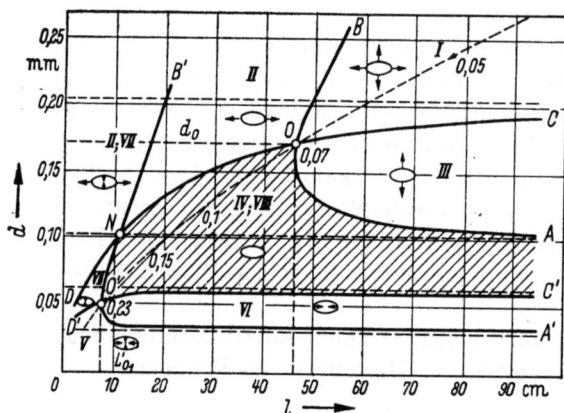

Die beiden Grenzkurven bilden das sog. Wachstumsdiagramm. Sie schneiden sich in einem Punkt 0 und teilen die d–l-Ebene zunächst in vier Bereiche I bis IV. Wie man sich leicht überlegt, können im Bereich I sowohl l als auch d, im Bereich II nur l, im Bereich III nur d und im Bereich IV weder l noch d wachsen. Der Bereich IV ist also der Bereich der eingefrorenen Keime.

Abb. 26.16. Wachstums- und Schrumpfungsdiagramm. Keime, deren Bildpunkte in das schraffierte Gebiet fallen, sind bei den vorgegebenen Werten von $H = 0{,}15$ Oe, $H_0 = 0{,}08$ Oe und $\gamma_w = 0{,}69$ erg/cm² stabil. Durch Pfeile an den Keimsymbolen ist angedeutet, welche Gestaltsänderungen die Keime in den einzelnen Bereichen der l–d-Ebene erfahren. (Nach DÖRING [54, 55] und GREINER [57])

Die Grenzen der in Abb. 26.16 dargestellten Bereiche sind bei ein und demselben Werkstoff ($\gamma_w =$ konst., $H_0 =$ konst.) nur von der Feldstärke H, d. h. von $H-H_0$ abhängig. Eine Feldstärkeerhöhung bewirkt im wesentlichen eine ähnliche Verkleinerung der ganzen Figur. Man erhält deshalb bereits einen guten Überblick über die Feldabhängigkeit des Diagramms, wenn man den geometrischen Ort $d_0(l_0)$ des Punktes Q als Funktion der Feldstärke kennt. Dieser ergibt sich durch Gleichsetzen der Gln. (26.29) und (26.31)

$$\frac{k_0^2}{\ln 2 k_0 - 1{,}4} = \frac{20 \pi I_s}{H-H_0}, \qquad (26.32\text{a})$$

wobei

$$k_0 = l_0/d_0 \qquad (26.32\text{b})$$

und

$$d_0 = \frac{5}{6} \cdot \frac{\beta}{H-H_0} \cdot \frac{\ln 2 k_0 - 1{,}4}{\ln 2 k_0 - 1{,}5} \approx \frac{5}{6} \frac{\beta}{H-H_0} \qquad (26.32\text{c})$$

ist.

Die Kurve $d_0(l_0)$ ist in Abb. 26.16 gestrichelt eingezeichnet. Man sieht, daß Keime, die sich bei einer vorgegebenen Feldstärke H im Bereich IV befinden, mit wachsender Feldstärke je nach Anfangslage zunächst in den Bereich II oder III und schließlich in den Bereich I gelangen, in welchem zunächst ein Wachstum von l bzw. d und schließlich ein gleichzeitiges, unbegrenztes Wachstum von l und d möglich ist.

In analoger Weise, wie wir die Wachstumsbedingungen energetisch abgeleitet haben, überlegen wir uns, daß zunächst eingefrorene Keime bei genügender Erniedrigung der Feldstärke H unter dem Druck der Oberflächenspannung und der magnetostatischen Energie zu schrumpfen beginnen. Die Bedingung hierfür lautet

$$2HI_s dV + 2H_0 I_s dV < \gamma_w dF + dE_I. \qquad (26.33)$$

Ein Vergleich von Gl. (26.33) mit Gl. (26.23) zeigt uns, daß man die Grenzkurven der Längen- bzw. Dickenschrumpfung einfach aus Gl. (26.28) bzw. (26.30) erhält, wenn man dort H_0 durch $-H_0$ ersetzt. Ihre Gleichungen $d = d_{LS}(H, k)$ bzw. $d = d_{DS}(H, k)$ sind also durch die Gln. (26.29) bzw. (26.31) mit $-H_0$ statt H_0 gegeben und liefern in Abb. 26.16 die Kurven $C' O' D'$ bzw. $A' O' B'$. Diese schneiden sich im Punkt O', welcher auf der durch die Gln. (26.32) gegebenen Ortskurve des Punktes O im Feldstärkeabstand $2H_0$ liegt. Rein geometrisch hat das durch die Kurven $C' O' D'$ und $A' O' B'$ gegebene Schrumpfungsdiagramm dieselbe Form wie das Wachstumsdiagramm bei der Feldstärke $H + 2H_0$. Die vier Grenzkurven des Wachstums und der Schrumpfung teilen nach Abb. 26.16 die l–d-Ebene in insgesamt acht Bereiche auf. Die zu den verschiedenen Bereichen gehörigen Wachstums- bzw. Schrumpfungsvorgänge sind in der Abbildung symbolisch dargestellt. Das Gebiet der „eingefrorenen Keime" ist schraffiert gezeichnet. Wäre $H_0 = 0$, dann würden die Grenzkurven des Wachstums und der Schrumpfung ersichtlich zusammenfallen und es gäbe keine eingefrorenen Keime. Ihre Existenz ist also auf die stets endliche Größe von H_0 zurückzuführen.

Eine genauere Diskussion des Wachstumsdiagramms im Zusammenhang mit den experimentellen Ergebnissen hat DÖRING [54, 55] (s. a. [49]) durchgeführt, während die Keimschrumpfung in diesen Arbeiten nur theoretisch behandelt wurde, weil seinerzeit hierzu noch keine Experimente vorlagen. Diese wurden erst in neuerer Zeit von OGAWA [56] und von GREINER [57] unternommen und bestätigen ebenfalls die Theorie von DÖRING. Eine ausführliche Darstellung des kombinierten Wachstums- und Schrumpfungsdiagramms unter Einbeziehung der wesentlichen experimentellen Ergebnisse hat GREINER [57] gegeben.

26.6 Experimentelle Bestimmung der Wandenergie (DÖRING [54])

Aus Abb. 26.16 geht hervor, daß ohne Felderhöhung nur diejenigen Keime einen großen BARKHAUSEN-Sprung auslösen können, die im Bereich II oberhalb der Geraden $d = d_0$ oder im Bereich III liegen, denn nur diese Keime gelangen bei $H =$ konst aus den Gebieten einseitigen Wachstums in den Bereich I des unbegrenzten Wachstums. Diejenige Feldstärke H, die notwendig ist, um einen eingefrorenen Keim in einen Bereich zu bringen, aus welchem heraus er einen großen BARKHAUSEN-Sprung auslösen kann, nennen wir Wachstumsfeldstärke H_w (s. a. 26.2). Zur Berechnung von H_w haben wir zwei Fälle zu unterscheiden:

1. Der darstellende Punkt des Keimes liegt unterhalb der Ortskurve des Punktes O. In diesem Fall gelangt der Keim bei Felderhöhung stets in den Bereich III und startet die Ummagnetisierung bei derjenigen Feldstärke H_w, bei der der Kurvenast OA durch seinen Zustandspunkt hindurchgeht.

2. Der darstellende Punkt liegt oberhalb der Ortskurve von O. Ein solcher Keim kann erst bei der Feldstärke H_w einen BARKHAUSEN-Sprung auslösen, für die sein Durchmesser $d > d_0$ geworden ist. In diesem Fall ist also H_w nur von der Keimdicke d abhängig. Nach Gl. (26.32c) gilt angenähert

$$H_w - H_0 = \frac{5\pi \gamma_w}{8 I_s} \cdot \frac{1}{d}. \qquad (26.34)$$

Der zweite Fall ist bei den großen Ummagnetisierungskeimen, wie sie von SIXTUS [53] erzeugt wurden, stets verwirklicht. Und zwar müssen diese Keime (soweit sie wesentlich länger als die Startspule sind), wie eine einfache Überlegung zeigt [54, 55, 49], die wir hier der Kürze halber übergehen wollen, auf dem Kurvenast OD liegen, der dem während ihrer Entstehung im Zusatzfeld H_s vorhandenen Hauptfeld H entspricht. DÖRING [54] konnte zeigen, daß dies bei den größten von SIXTUS ausgemessenen Keimen auch tatsächlich der Fall war. Bei diesen Keimen ist also zu erwarten, daß H_w entsprechend Gl. (26.34) der reziproken Keimdicke proportional ist. Dies wird sowohl durch die Versuchsergebnisse von SIXTUS [53] als auch, wie Abb. 26.17 zeigt, durch spätere Versuche von DÖRING und HAAKE [58] an 40Fe—60Ni-Permalloydraht von 0,03 cm Durchmesser bestätigt. Abweichende Versuchsergebnisse und deren Deutung wurden von GREINER [57] diskutiert.

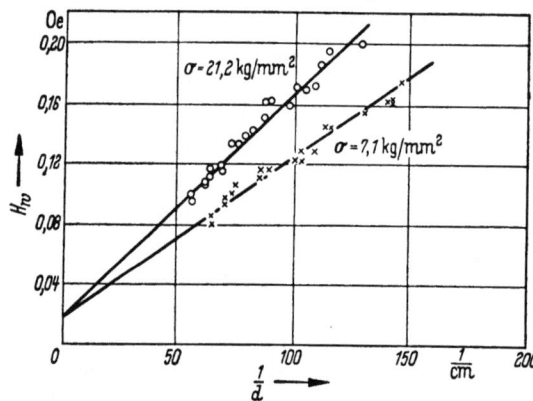

Abb. 26.17. Wachstumsfeldstärke H_w als Funktion der reziproken Keimdicke $1/d$ bei zwei verschiedenen Zugspannungen σ für einen 0,03 cm dicken 40% Fe—60% Ni-Draht. (Nach DÖRING und HAAKE [59])

Der Proportionalitätsfaktor in Gl. (26.34) enthält an Materialkonstanten außer der Sättigungsmagnetisierung I_s, welche als bekannt vorausgesetzt werden kann, nur noch die Wandenergie γ_w. Diese kann also nach Gl. (26.34) aus der Steigung der Geraden in Abb. 26.17 ermittelt werden. Die in dieser Weise von DÖRING und HAAKE für verschiedene Zugspannungen σ bestimmten γ_w-Werte sind in Abb. 26.18 als Funktion der Spannung σ dargestellt. Wir wollen nunmehr diese Werte benützen, um die Konstante A der Austauschenergie für die 40Fe—60Ni-Legierung zu berechnen [49]. Die Kristallenergie dieser Legierung ist sehr gering. Sie hat nach Abb. 13.13 die Größenordnung $K_1 = 5 \cdot 10^3$ erg cm^{-3} und kann für Zugspannungen $\sigma > 5 \cdot 10^8$ dyn cm^{-2}

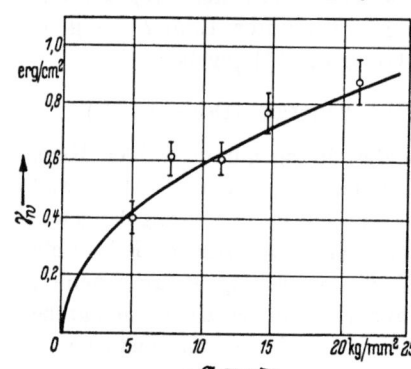

Abb. 26.18. Wandenergie γ_w in 40% Fe—60% Ni als Funktion der Zugspannung σ. Die eingezeichnete Kurve wurde nach Gl. (26.35) berechnet. (Nach DÖRING und HAAKE [59])

(~ 5 kp/mm^2) gegen die Spannungsenergie vernachlässigt werden. Mit $\alpha = \beta = (3/2) \lambda_s \sigma$, $f_a = f_\sigma = \sin^2 \Phi$ [s. Gl. (20.15)] und $\theta = \pi/2$ erhalten wir aus Gl. (20.20) die Energie einer 180°-Wand

$$\gamma_w = 2 \sqrt{6 A \lambda_s} \sqrt{\sigma}. \tag{26.35}$$

Die Meßwerte in Abb. 26.18 passen sich gut an die dort eingezeichnete Kurve $\gamma_w = 0{,}195 \cdot 10^{-4} \sqrt{\sigma}$ (σ in dyn · cm^{-2}) an. Nach Gl. (26.35) ist also $2 \sqrt{6 A \lambda_s}$

$= 9{,}195 \cdot 10^{-4}$ und daraus mit $\lambda_s = 24 \cdot 10^{-6}$ (Abb. 16.45) $A = 6{,}6 \cdot 10^{-7}$ erg cm^{-1}. Wie ein Vergleich mit Tab. 11.1 zeigt, ist dies ein Wert von durchaus vernünftiger Größe. Er liegt zwischen den Werten für Eisen und für Nickel. Die Meßergebnisse von Döring und Haake werden durch neuere Messungen von Greiner [57] an der gleichen Legierung quantitativ bestätigt, so daß dem vorstehend berechneten Wert für A einige Sicherheit zukommt.

Literatur zu Kap. 26

[12] Brown, W. F.: Rev. Mod. Phys. 17 (1945) S. 15.
[13] Ekstein, H., u. T. Gilbert: Phys. Rev. 79 (1950) S. 214.
[14] Bozorth, R. M.: J. Phys. Radium 12 (1951) S. 308.
[15] Williams, H. J., u. M. Goertz: J. Appl. Phys. 23 (1952) S. 316.
[16] Bates, L. F., u. D. H. Martin: Proc. phys. Soc., Lond. A 66 (1953) S. 162.
[17] Martin, D. H.: Proc. phys. Soc. B 66 (1953) S. 712.
[18] Sommerkorn, G.: Techn. Mitt. Krupp 13 (1955) S. 71.
[19] Sommerkorn, G.: Naturwiss. 40 (1953) S. 219.
[20] Greiner, C.: Ann. Phys., Lpz. 16 (1955) S. 176.
[21] Nilan, R. G., u. W. S. Paxton: Phys. Rev. 97 (1955) S. 834.
[22] Goodenough, J. G.: Phys. Rev. 91 (1953) S. 434.
[23] Goodenough, J. G.: Phys. Rev. 95 (1954) S. 917.
[24] Menyuk, N., u. J. G. Goodenough: J. Appl. Phys. 26 (1955) S. 8.
[25] Bates, L. F., u. D. H. Martin: Proc. phys. Soc., Lond. B 69 (1956) S. 145.
[26] Forrer, R.: J. Phys. Radium 7 (1926) S. 109.
[27] Kersten, M.: Z. Phys. 71 (1931) S. 553.
[28] Preisach, F.: Ann. Phys., Lpz. 3 (1929) S. 737.
[29] Preisach, F.: Phys. Z. 33 (1932) S. 913.
[30] Bozorth, R. M., J. F. Dillinger u. G. A. Kelsall: Phys. Rev. 45 (1934) S. 742.
[31] Dillinger, J. F., u. R. M. Bozorth: Physics 6 (1935) S. 279, 285.
[32] Bozorth, R. M., u. J. F. Dillinger: Nature 127 (1931) S. 777.
[33] Bozorth, R. M.: J. Appl. Phys. 8 (1937) S. 575.
[34] Stewart, K. H.: Proc. phys. Soc., Lond. A 63 (1950) S. 761.
[35] Stewart, K. H.: J. Phys. Radium 12 (1951) S. 325.
[36] Williams, H. J., W. Shockley u. Ch. Kittel: Phys. Rev. 80 (1950) S. 1090.
[37] Galt, J. K.: Phys. Rev. 83 (1951) S. 208.
[38] Galt, J. K.: Phys. Rev. 85 (1952) S. 664.
[39] Galt, J. K., J. Andrus u. H. G. Hopper: Rev. Mod. Phys. 25 (1953) S. 93.
[40] Bozorth, R. M.: „Ferromagnetismus", New York: D. van Nostrand Book Co. 1951.
[41] Sixtus, K. J., u. L. Tonks: Phys. Rev. 37 (1931) S. 930.
[42] Sixtus, K. J., u. L. Tonks: Phys. Rev. 42 (1932) S. 419.
[43] Tonks, L., u. K. J. Sixtus: Phys. Rev. 43 (1933) S. 70.
[44] Tonks, L., u. K. J. Sixtus: Phys. Rev. 43 (1933) S. 931.
[45] Sixtus, K. J.: in „Probleme der technischen Magnetisierungskurve" herausgeg. v. R. Becker, Berlin: Springer 1938.
[46] Dijkstra, L. J., u. J. L. Snoek: Philips Res. Repts. 4 (1949) S. 334.
[47] Dijkstra, L. J., u. J. L. Snoek: Nature 161 (1948) S. 886.
[48] Cole, R. W.: J. Appl. Phys. 27 (1956) S. 1104.
[49] Becker, R., u. W. Döring: „Ferromagnetismus", Berlin: Springer 1939.
[50] Landau, L., u. E. Lifschitz: Phys. Z. Sowjet. 8 (1935) S. 153.
[51] Becker, R.: J. Phys. Radium 12 (1951) S. 332.
[52] Kittel, Ch.: Phys. Rev. 80 (1950) S. 918.
[53] Sixtus, K. J.: Phys. Rev. 48 (1935) S. 425.
[54] Döring, W.: Z. Phys. 108 (1938) S. 137.
[55] Döring, W.: in „Probleme der technischen Magnetisierungskurve" herausgeg. v. R. Becker, Berlin: Springer 1938.
[56] Ogawa, S.: Sci. Rep. Tôhoku Univ. A 1 (1949) S. 53.
[57] Greiner, Ch.: Ann. Phys., Lpz. 12 (1953) S. 89.
[58] Döring, W., u. H. Haake: Phys. Z. 39 (1938) S. 865.

VI. Die statische Magnetisierungskurve

27. Magnetisierungskurve kleiner Teilchen und dünner Schichten

27.1 Allgemeines

In Kap. 22 wurden die kritischen geometrischen Abmessungen ferromagnetischer Kristalle für energetische Stabilität homogener spontaner Magnetisierung im gesamten Kristall abgeschätzt. Kleinere Kristalle werden, sofern sie noch ferromagnetisch sind (s. 10.4), als Einbereich- oder Eindomänenpartikel, größere Kristalle als Vielbereichpartikel bezeichnet.

Ferromagnetische Einbereichpartikel können auf chemischem Wege z. B. durch Reduktion leicht zersetzlicher organischer Salze wie Formiate, durch elektrolytisches Abscheiden von in Quecksilber praktisch unlöslichen Metallen (Eisen, Kobalt) in einer Quecksilberkathode oder durch Ausscheidung einer ferromagnetischen Phase aus übersättigter fester Lösung dargestellt werden.

Es ist im allgemeinen nicht möglich, die magnetischen Eigenschaften eines einzelnen Kristalls in dem im folgenden betrachteten Teilchengrößenbereich (Durchmesser $< 10^{-5}$ cm) zu messen. Wir haben es vielmehr stets mit Aggregaten einer großen Anzahl kleiner Kristalle zu tun, die mehr oder weniger gleichmäßig in einer dia- oder paramagnetischen Matrix verteilt und durch diese magnetisch voneinander getrennt sind. Wir bezeichnen mit I, I_s die Magnetisierungskomponente in Feldrichtung bzw. spontane Magnetisierung eines homogenen ferromagnetischen Teilchens und mit $\tilde{I}, \tilde{I}_s$ die mittlere Magnetisierung bzw. mittlere Sättigungsmagnetisierung des heterogenen Materials, d. h. der kleinen Teilchen plus Zwischensubstanz. Es bestehen die Beziehungen

$$\tilde{I}_s = I_s \sum v_i / V = p I_s$$

und

$$\tilde{I} = I_s \sum v_i \cos \vartheta_i / V = p I_s \overline{\cos \vartheta}, = p I$$

worin v_i das Volumen eines ferromagnetischen Teilchens, ϑ_i den Winkel zwischen der Magnetisierung des Teilchens und der Feldrichtung, V das Gesamtvolumen der Probe und $p = \sum v_i / V$ den ferromagnetischen Volumenanteil (Packungsfaktor) bedeuten. Wesentliche Aufgabe der Theorie der kleinen Teilchen ist die Erklärung des Verhaltens von Koerzitivkraft und Remanenz eines Teilchenaggregats.

Herstellung und Aufbau dünner ferromagnetischer Schichten wurden bereits in 22.6 behandelt. Hauptprobleme der Theorie sind die Erklärung der beim Aufdampfen oder Tempern der Schichten in einem Magnetfeld entstehende einachsige magnetische Anisotropie (s. 22.6), die Beeinflußbarkeit der Magnetisierungskurve, der Mechanismus der Ummagnetisierung (Schaltprozeß) und dessen Dynamik.

27.2 Thermische Schwankungen. Teilchengrößenspektrum

Wir betrachten eine Gruppe identischer, fest eingebetteter und magnetisch voneinander unabhängiger Einbereichteilchen mit dem Volumen v und mit einachsiger Anisotropie. Die Anisotropieenergiedichte kann entsprechend Gl. (13.9) bzw. (19.20) (Kristall- bzw. Formanisotropie) in der Form $f = K \sin^2 \varphi$ dargestellt werden. Bei Umkehr der Magnetisierungsrichtung eines Teilchens durch kohärente Rotation der Magnetisierung muß die Energieschwelle $\Delta E = K v$ überwunden werden. Dies gelingt bei Temperatur $T = 0$ nur mit Hilfe eines äußeren Feldes. Bei endlicher Temperatur $T \neq 0$ besteht dagegen, wie NÉEL [1, 2, 3] gezeigt hat, infolge thermischer Schwankungen der Magnetisierungsrichtung (eine Art BROWNsche Rotationsbewegung der Magnetisierung des Teilchens) eine zu dem Ausdruck $\exp(-K v/k T)$[1] proportionale, endliche Wahrscheinlichkeit dafür, daß die Magnetisierung auch ohne ein äußeres Feld die Energieschwelle ΔE überwindet und ihre Richtung spontan umkehrt.

Im thermodynamischen Gleichgewicht ist für $H = 0$ die resultierende Magnetisierung der Teilchengruppe $\tilde{I} = 0$. Deshalb kann der Vorgang der spontanen Magnetisierungsumkehr durch eine Relaxationszeit τ_0 beschrieben werden, welche durch das zeitliche Abklingen der Remanenz $\tilde{I}_R$ nach der Gleichung

$$\tilde{I}_R(t) = \tilde{I}_R(0)\, e^{-t/\tau_0} \tag{27.1}$$

definiert ist. Hierzu sind $\tilde{I}_R(0)$ die Remanenz zur Zeit $t = 0$, d. h. unmittelbar nach Abschalten des Sättigungsfeldes und $\tilde{I}_R(t)$ die Remanenz nach Ablauf der Zeit t. Eine Abschätzung der Relaxationszeit ergibt (NÉEL [1], BROWN [4])

$$\tau_0^{-1} = f_0 \exp(-K v/kT) = f_0 \exp(-v I_s H_C/2kT),\text{[2]} \tag{27.2}$$

wobei f_0 einen nur wenig veränderlichen Frequenzfaktor der Größenordnung 10^9 sek^{-1} (Larmorfrequenz des Magnetisierungsvektors im Anisotropiefeld des Teilchens) bedeutet. Wie die nach Gl. (27.2) beispielsweise für Eisenteilchen mit $H_C = 1000$ Oe und $I_s = 1700$ G berechnete [3] Tab. 27.1 zeigt, ist die Relaxationszeit τ_0 sehr rasch mit v/T veränderlich. τ_0 nimmt auf den 10^{10}-fachen Wert zu, wenn v/T nur auf den zweifachen Wert ansteigt.

Tabelle 27.1

τ_0 in sek	10^{-1}	10	10^3	10^5	10^7	10^9
v/T in 10^{-21} cm^3/°K	3,2	3,9	4,7	5,4	6,2	7,0

Das magnetische Verhalten kleiner Teilchen hängt von dem Verhältnis der zu einer Messung benötigten Zeit t_0 zur Relaxationszeit τ_0 ab. Wir unterscheiden drei Fälle:

1. Ist $\tau_0/t_0 < 1$, dann mißt man stets den thermodynamischen Gleichgewichtswert der resultierenden Magnetisierung der Teilchengruppe. Es ist $\tilde{I}_R = 0$ und damit auch $H_C = 0$. Die Teilchengruppe verhält sich wie ein paramagnetisches Gas aus Riesenmolekülen mit dem Moment $v I_s$. Man bezeichnet dieses Verhalten als Superparamagnetismus [5] (Näheres hierzu s. 27.3). Mit $t_0 = 1$ sek liefert die Forderung $\tau_0/t_0 = 1$ mit Gl. (27.2) die Beziehung

$$\Delta E = K v_p = 20 k T \tag{27.3}$$

---

[1] Bei kubischer Anisotropie ist die Energieschwelle zwischen benachbarten leichten Richtungen einzusetzen. Nach Gl. (13.3) ist $\Delta E = K v/4$ für $K > 0$ und $\Delta E = K v/12$ für $K < 0$.

[2] In der zweiten Gl. (27.2) wurde vermittels der Beziehung $H_C = 2K/I_s$ (s. 27.4.3) die Koerzitivkraft H_C der Teilchen bei Abwesenheit thermischer Schwankungen eingeführt.

aus welcher man die obere Volumengrenze v_p für superparamagnetisches Verhalten unter den genannten Bedingungen erhält.

2. Für $\tau_0/t_0 \gg 1$ ist die Magnetisierungsrichtung der Teilchen praktisch als vollkommen stabil anzusehen, d. h. man findet eine zeitliche konstante Remanenz. Die sicher hinreichende Forderung $\tau_0 \geq 10^9$ sek ergibt mit Gl. (27.2) die Beziehung

$$\Delta E = K v_s \geq 40 \, kT \tag{27.4}$$

aus welcher die untere Grenze v_s des Teilchenvolumens für zeitunabhängige Remanenz folgt.

3. Ist etwa $1 \text{ sek} < \tau_0 < 10^9 \text{ sek}$, dann beobachtet man das in 41.3 behandelte magnetische Kriechen.

Die Bedeutung der Beziehungen Gl. (27.3) und (27.4) ist in der schematischen Abb. 27.1 für zwei Temperaturen veranschaulicht. Teilchen, deren Bildpunkte (K, v) links von einem der schraffierten Bereiche liegen, sind bei der entsprechenden Temperatur superparamagnetisch, Teilchen, deren Bildpunkte rechts liegen, haben stabile Remanenz. Innerhalb der schraffierten Gebiete besteht magnetisches Kriechen. Durch die Linie $v_0 \approx (4\pi/3) R_0^3$ (für R_0 s. Kap. 22) ist die Grenze für Einbereichpartikel angedeutet. Ein Schnitt durch das Diagramm in Abb. 27.1 bei $K = $ Konst. liefert das in Abb. 27.2 für eine Temperatur schematisch dargestellte Teilchengrößenspektrum für die Remanenz. Abweichend von Abb. 27.1 ist hier die Teilchengröße durch den Teilchendurchmesser $D \approx (6v/\pi)^{1/3}$ charakterisiert, entsprechend der vielfach zutreffenden Annahme annähernd kugelförmiger Teilchen.

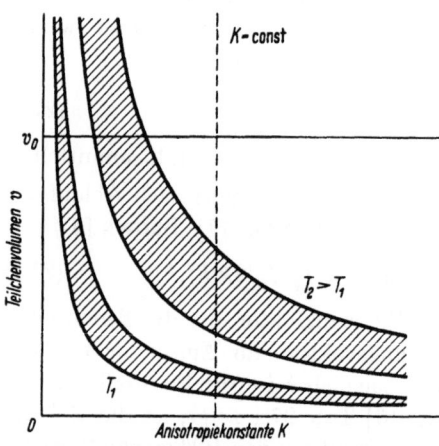

Abb. 27.1. v-K-Zustandsdiagramm kleiner Kristalle für zwei Temperaturen (schematisch). Erläuterung im Text. (Nach NÉEL [2])

Der Einfluß eines äußeren Feldes H auf die Relaxationszeit τ_0 wurde von NEEL [1] und von BROWN [4] behandelt. Wir vernachlässigen hier den geringen

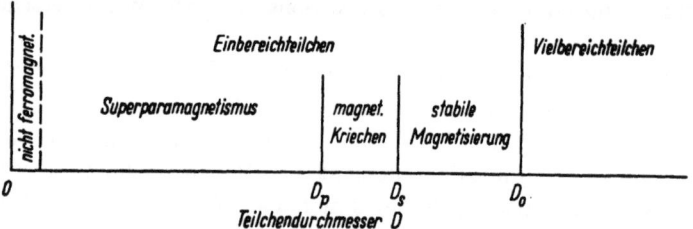

Abb. 27.2. Teilchengrößenspektrum des magnetischen Verhaltens bei konstanter Anisotropie und Temperatur (Schnitt durch Abb. 27.1 bei $K = $ konst., s. a. Text)

Einfluß von H auf f_0 und betrachten lediglich den Exponentialfaktor. Für ein Feld H parallel zur Achsenrichtung eines Teilchens ist die Gesamtenergie des Teilchens mit dem Moment $v I_s$ als Funktion des Winkels φ zwischen Magnetisierungs- und Achsenrichtung $E(\varphi) = K v \sin^2 \varphi \pm v I_s H \cos \varphi$. Für die Höhe der bei

Ummagnetisierung durch kohärente Rotation zu überwindenden Energieschwelle folgt daraus [6]

$$\varDelta E = K v (1 \pm H I_s/2K)^2 \qquad (27.5)$$

d. h. die Energieschwelle wird mit zunehmendem Feld erhöht oder erniedrigt, je nachdem H parallel oder antiparallel zur Magnetisierungsrichtung liegt. Die entsprechende Änderung des Diagramms Abb. 27.1 ergibt sich durch Einsetzen von $\varDelta E$ aus Gl. (27.5) in Gl. (27.3) bzw. Gl. (27.4).

27.3 Superparamagnetismus

27.3.1 Allgemeines

Ein Aggregat ferromagnetischer Einbereichpartikel verhält sich superparamagnetisch, wenn die resultierende Magnetisierung I in einem Feld H vor Abschluß der Messung ihren thermodynamischen Gleichgewichtswert annimmt (s. Kap. 3). Das thermodynamische Gleichgewicht kann sich bei fest eingebetteten Teilchen durch thermische Schwankungen der Magnetisierungsrichtung (s. vorhergehender Abschnitt) und bei Suspensionen ferromagnetischer Teilchen in einer Flüssigkeit durch BROWNsche Rotation der Teilchen selbst einstellen. Im zweitgenannten Fall ist die Einstellzeit τ_0 im wesentlichen durch die Viskosität der Flüssigkeit bestimmt.

Superparamagnetismus wurde zuerst von ELMORE [7] an kolloidalen Suspensionen von Eisenoxydteilchen und später an verschiedenen Substanzen (Eisen- und Kobaltamalgamen, Nickelkatalysatoren auf Silikagel, Kobalt- und Eisenausscheidungen in Kupfer, Nickel-Mangan-Legierungen) beobachtet und untersucht [8] bis [31], [38]. Zusammenfassende Berichte wurden von BEAN und LIVINGSTON [6] sowie von WOHLFARTH [32] gegeben.

27.3.2 Magnetisierungskurve

Die potentielle Energie eines ferromagnetischen Einbereichteilchens mit dem Moment $\mu = v I_s$ in einem Feld H ist nach Gl. (1.27) bzw. Gl. (19.1) $E_H = - v I_s H \cos \varphi$, wobei φ der Winkel zwischen Feld- und Magnetisierungsrichtung ist.

Bei verschwindender Anisotropie ($K v \ll k T$) stellt sich in einer Gruppe kleiner Teilchen im thermodynamischen Gleichgewicht eine BOLTZMANN-Verteilung der Winkel φ ein. Die Magnetisierungskurve der Teilchengruppe ist hierfür gegeben durch die LANGEVIN-Funktion [Gl. (3.20)]

$$\tilde{I}/\tilde{I}_s = \operatorname{ctgh} \alpha - 1/\alpha = L(\alpha) \quad \text{mit} \quad \alpha = \mu H/kT = v I_s H/kT \qquad (27.6)$$

mit den Näherungen

$$\tilde{I}/\tilde{I}_s \approx v I_s H/3kT \quad \text{für} \quad \alpha \ll 1 \quad \text{(schwache Felder)} \qquad (27.6\mathrm{a})$$

und

$$\tilde{I}/\tilde{I}_s \approx 1 - kT/v I_s H \quad \text{für} \quad \alpha \gg 1 \quad \text{(starke Felder)}. \qquad (27.6\mathrm{b})$$

Der Einfluß der Anisotropie der Teilchen auf die Magnetisierungskurve hängt von dem Verhältnis $K v/k T$ ab. Für starke Anisotropie ($K v \gg k T$) ergibt sich eine andere Verteilung der Winkel φ als für verschwindende Anisotropie

($Kv \ll kT$). Bei starker einachsiger Anisotropie ($Kv \gg kT$, $K > 0$) und H parallel zu den Teilchenachsen geht die Näherung Gl. (27.6a) für $\alpha \ll 1$ über in vI_sH/kT, während die Näherung für $\alpha \gg 1$ [Gl. (27.6b)] für alle Werte Kv/kT gültig bleibt. Bei statistischer Verteilung der Teilchenachsen bleiben dagegen beide Näherungen Gln. (27.6a, b) erhalten. Das gleiche gilt bei kubischer Symmetrie der Anisotropie für alle Feldrichtungen und alle Werte Kv/kT [31].

Die Kriterien für Superparamagnetismus sind demnach: 1. Es besteht keine Hysterese ($\tilde{I}_R = 0$ und $H_C = 0$) und 2. die resultierende Magnetisierung $\tilde{I}$ hängt, bei Berücksichtigung der Temperaturabhängigkeit von I_s, nur von dem Quotienten H/T ab. Abb. 27.3 zeigt ein derartiges Verhalten z. B. für Kobaltausscheidungen von 27 Å Durchmesser in Kupfer [17].

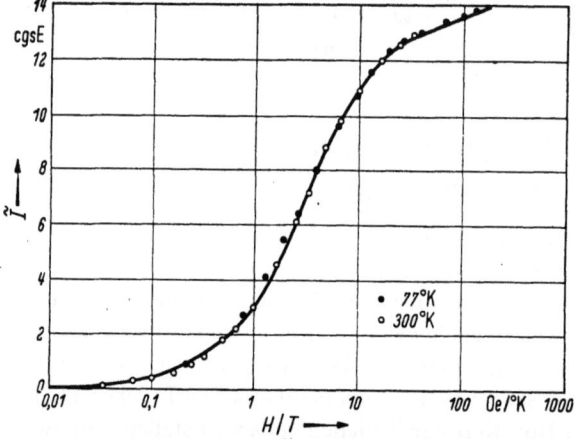

Abb. 27.3. Magnetisierungskurve $\tilde{I}(H/T)$ von superparamagnetischen 27 Å 10Cu 90Co-Ausscheidungen in einer 2Co 98Cu-Legierung bei 77° und 300°K. Da sich I_s der Ausscheidungen in diesem Temperaturgebiet praktisch nicht ändert, ist dort die Magnetisierung eine eindeutige Funktion von H/T. (Nach BECKER [17])

Das Volumen kleiner Teilchen ist in Wirklichkeit niemals einheitlich. Der Einfluß einer Streuung der Teilchenvolumina auf die Form der Magnetisierungskurve ist von ELMORE [7], BECKER [17], CAHN [18], KNELLER [24, 26] sowie von VOGT und Mitarbeitern [19, 27, 31] behandelt worden. Wie Abb. 27.4 zeigt, ist die Magnetisierungskurve bei endlicher Teilchengrößenstreuung schwächer gekrümmt als die Funktion $L(\alpha)$ [Gl. (27.6)]. Ihr Verlauf kann sowohl unter der Annahme

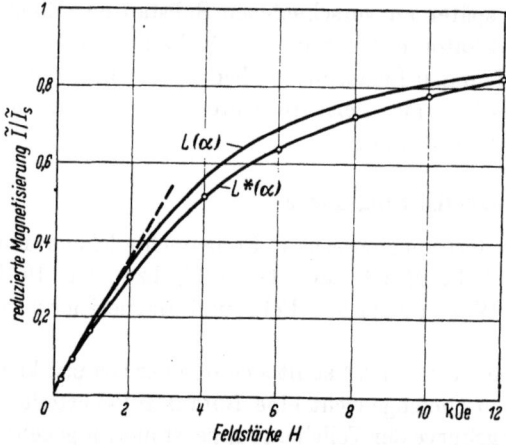

Abb. 27.4. Vergleich der bei 20°C gemessenen Magnetisierungskurve ($\tilde{I}/\tilde{I}_s$) (H) einer von 1000° abgeschreckten und 20 Std. bei 480°C gealterten 29,3Mn 70,7Ni-Legierung (s. 27.5.4) mit der einfachen LANGEVIN-Funktion $L(\alpha)$ (einheitliche Teilchengröße,'s. Gl.(27.6)) und der für eine Rechteckverteilung der Teilchenvolumina mit der Streubreite 1,3 v_0 (v_0 = mittleres Teilchenvolumen) berechneten Kurve $L^*(\alpha)$. (Nach HAHN und KNELLER [24, 26])

einer GAUSSschen Verteilungsfunktion als auch einer einfachen Rechteckverteilung innerhalb der Meßgenauigkeit angenähert werden. Die Anpassung an die Experimente ist demnach offenbar nicht sehr empfindlich gegen die genaue Form der Verteilungsfunktion der Teilchenvolumina.

Wir haben bisher stets angenommen, daß zwischen den Teilchen keine erheblichen magnetischen Wechselwirkungen bestehen. Dies trifft vielfach nicht zu.

VOGT und Mitarbeiter [27] (s. a. BIEDERMANN und KNELLER [162]) haben versucht, die magnetischen Wechselwirkungen zwischen den Teilchen dadurch zu beschreiben, daß sie statt des angelegten Feldes H die effektive Feldstärke $H_{\text{eff}} = H + c\,\tilde{I}$ (LORENTZ-Feld) in das Argument der LANGEVIN-Funktion eingesetzt haben. c hat dabei die Größenordnung des Entmagnetisierungsfaktors einer Kugel ($c \approx 4\pi/3$). Obwohl dieser Ansatz theoretisch kaum begründet werden kann, ergab sich damit eine plausible Interpretation der Meßergebnisse.

27.3.3 Anwendungen

Obige Überlegungen liefern als wichtigste Anwendung eine Methode zur Bestimmung des Volumens superparamagnetischer Teilchen bis herunter zu Durchmessern der Größenordnung 10 Å (magnetische Granulometrie) [7, 8, 11, 13, 14, 17, 19, 24, 26, 27, 31, 33]. In den Gl. (27.6a, b) sind alle Größen außer dem Teilchenvolumen v direkt meßbar. Damit kann v entweder aus Gl. (27.6a) oder aus Gl. (27.6b) berechnet werden.

Bei Bestehen endlicher Teilchengrößenstreuung erhält man durch einfache Rechnung [19, 27, 31] aus den Gln. (27.6a, b) die Beziehungen

$$\tilde{I} = N\bar{v}I_s - NkT/H \quad \text{für} \quad \alpha \gg 1 \quad \text{(starke Felder)}$$
$$\tilde{I} = (I_s^2/3kT)N\overline{v^2}H \quad \text{für} \quad \alpha \ll 1 \quad \text{(schwache Felder)} \tag{27.7}$$

wobei N die Zahl der Teilchen in 1 cm³ bedeutet. Trägt man für hinreichend hohe Felder $\tilde{I}$ als Funktion von T/H auf, dann erhält man entsprechend Gl. (27.7) eine Gerade, deren Steigung die Zahl N und deren Ordinatenabschnitt damit den Mittelwert $\bar{v}$, definiert durch $\Sigma N_i v_i = N\bar{v}$, liefern ($N_i$ = Zahl der Teilchen mit dem Volumen v_i in 1 cm³). Ist N bekannt, dann kann man mit der Anfangssteigung der Magnetisierungskurve nach Gl. (27.7) den Mittelwert $\overline{v^2}$, definiert durch $\Sigma N_i v_i^2 = N\overline{v^2}$, berechnen. Durch die beiden Mittelwerte $\bar{v}$ und $\overline{v^2}$ ist bei Annahme eines Verteilungsfunktionstyps (z. B. GAUSS- oder Rechteckverteilung) der Verlauf dieser Funktion bestimmt.

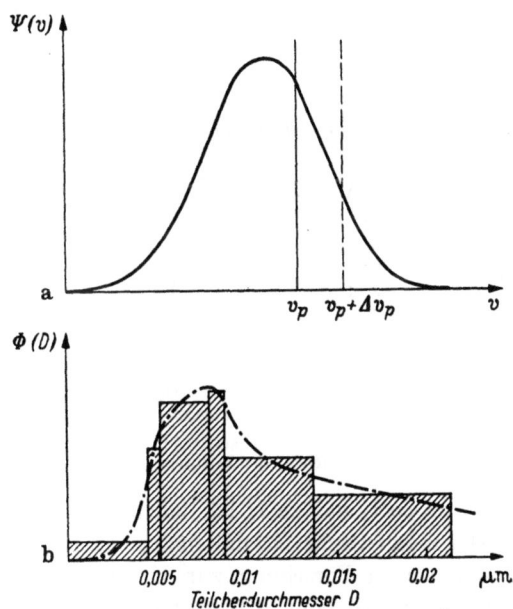

Abb. 27.5a u. b. a) Zur direkten Bestimmung der Verteilungsfunktion der Volumina superparamagnetischer Teilchen aus der Temperaturabhängigkeit der Remanenz (Erläuterung im Text). b) Verteilungsfunktion der Ausscheidungsvolumina in einer bei 300°C gealterten 1Co 99Cu-Legierung, bestimmt mit Hilfe der Remanenzmethode. (Nach WEIL [33] Ψ, Φ sind die Verteilungsfunktionen)

Es ist jedoch auch möglich, die tatsächliche Verteilungsfunktion direkt zu bestimmen [11, 14, 19, 31, 33]: Zwischen dem Grenzvolumen v_p für superparamagnetisches Verhalten und der Temperatur besteht bei $K = $ konst. und vorgegebener Meßzeit $t_0 = \tau_0$ eine Beziehung der Form Gl. (27.3). Für $t_0 = 100$ sek gilt z. B. $v_p K = v_p H_C I_s = 25\ kT$ ($H_C = $ Koerzitivkraft bei $T = 0$). Steigt nun die Temperatur von einem Wert T auf $T + \Delta T$ an, dann nimmt nach dieser Beziehung v_p auf $v_p + \Delta v_p$ zu. Teilchen mit einem Volumen $v > v_p$ liefern nach der Zeit t_0 eine Remanenz $\tilde{I}_R$, und diese nimmt bei der Temperaturerhöhung um ΔT von $\tilde{I}_R$ auf $\tilde{I}_R - \Delta I_R$ ab (s. Abb. 27.5a). Macht man nun die (bei statistischer Richtungsverteilung der Teilchenachsen richtige) Annahme, daß $\tilde{I}_R$ gleich der halben Sättigungsmagnetisierung der Teilchen mit $v > v_p$ ist, dann gibt $2\Delta \tilde{I}_R/\tilde{I}_s$ den Volumenanteil der Teilchen im Größenintervall zwischen v_p und $v_p + \Delta v_p$. Damit kann aus der Temperaturabhängigkeit $\tilde{I}_R(T)$ der jeweils nach der Zeit t_0 gemessenen Remanenz die ganze Verteilungsfunktion ermittelt werden. Abb. 27.5b zeigt das Ergebnis einer derartigen Messung von WEIL [33] an einer bei 300 °C gealterten 1% Co—Cu-Legierung.

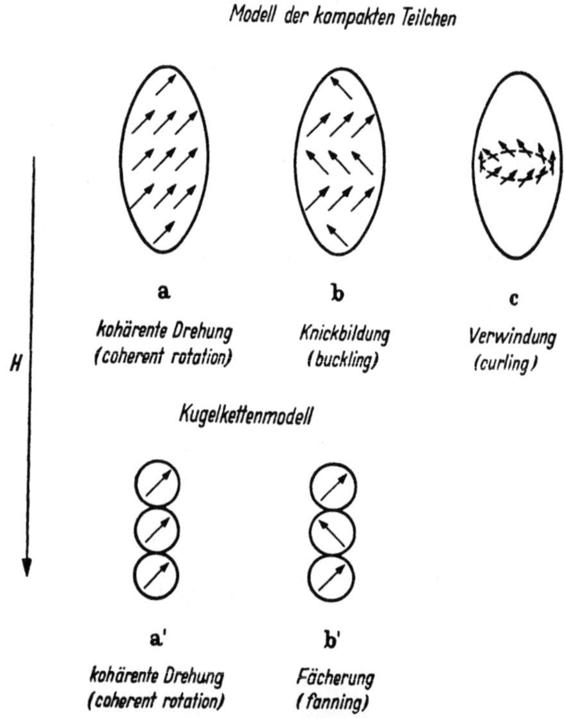

Eine wesentliche Voraussetzung für die Anwendbarkeit der magnetischen Granulometrie ist, daß die Temperaturabhängigkeit der spontanen Magnetisierung I_s in kleinen Teilchen den gleichen Verlauf hat wie in Blockmaterial und damit als bekannt vorausgesetzt werden kann (s. a. 10.4). Diese Frage kann durch Messung der Temperaturabhängigkeit der Anfangssuszeptibilität $\chi_A = \tilde{I}/H$ für $\alpha \ll 1$, welche nach Gl. (27.6a) bzw. Gl. (27.7) proportional zu I_s^2 ist, leicht nachgeprüft werden [28, 24, 26, 6].

Abb. 27.6. Ummagnetisierungsmechanismen in formanisotropen Eindomänenteilchen. Zur Erläuterung s. Text

Die magnetische Granulometrie ist ein wichtiges Hilfsmittel in der metallphysikalischen Forschung zur Untersuchung der Kinetik von Ausscheidungen (z. B. Co in Cu) oder z. B. der Bildungskinetik der Ordnung in der Legierung Ni_3Mn [23]. Ni_3Mn ist im geordneten Zustand ferromagnetisch und im ungeordneten Zustand paramagnetisch [34, 23] (s. a. [35, 36, 37]). Die geordneten Bereiche stellen also ferromagnetische Ausscheidungen in paramagnetischer Matrix dar.

Ein weiteres wichtiges Anwendungsgebiet der Theorie des Superparamagnetismus ist der Gesteinsmagnetismus (Paleomagnetismus) [2, 3, 6].

27.4 Teilchen mit endlicher Koerzitivkraft und Remanenz

27.4.1 Ummagnetisierungsprozeß

Der geometrisch einfachste Ummagnetisierungsprozeß eines Eindomänenteilchens in einem Gegenfeld ist die kohärente Rotation der Magnetisierung (Abb. 27.6a). Messungen an langgestreckten Eisenteilchen haben jedoch ergeben, daß deren Koerzitivkraft viel kleiner ist als der Wert, den man auf Grund ihrer Formanisotropie für kohärente Rotation berechnet. JACOBS und BEAN [39] haben an Hand eines einfachen Kugelkettenmodells (s. Abb. 27.6) gezeigt, daß die irreversible Magnetisierungsänderung bei inkohärenter Rotation (Abb. 27.6b, „fanning") in wesentlich schwächeren Feldern abläuft als bei kohärenter Drehung (Abb. 27.6a). Für kompakte Teilchen ist dieses „Ausknicken" („buckling") der Magnetisierung in Abb. 27.6b veranschaulicht. Eine weitere Möglichkeit inkohärenter Magnetisierungsänderung, welche unter bestimmten Bedingungen ebenfalls zu kleineren Koerzitivkräften führt als die kohärente Rotation, ist die „Verwindung" („curling", s. Abb. 27.6c).

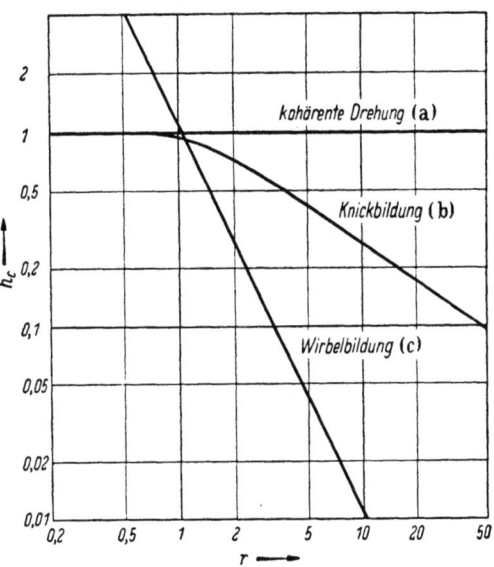

Abb. 27.7. Koerzitivkraft unendlich langer Zylinder bei verschiedenen Ummagnetisierungsmechanismen. Erläuterung s. Text und Abb. 27.6. (Nach FREI, SHTRIKMAN und TREVES [43])

Die Frage nach dem Verhalten der Magnetisierung in einem Gegenfeld wurde in allgemeinster Form von BROWN [40] untersucht. Eine teilweise Lösung des mathematisch sehr komplizierten Problems ergab für ein langgestrecktes Rotationsellipsoid in einem Gegenfeld parallel zur langen Achse a, daß die Ummagnetisierung kohärent oder inkohärent abläuft, je nachdem die kleine Halbachse b kleiner oder größer als $b_c = (\alpha/I_s)(A/N_b)^{1/2}$ ist (es sind $\alpha \approx 2$, A die Konstante der Austauschenergie und N_b der Entmagnetisierungsfaktor parallel zur kleinen Achse). Ein äquivalentes Ergebnis erhielt KONDORSKIJ [41, 42] auf etwas anderem Wege.

FREI, SHTRIKMAN und TREVES [43] (s. a. [44]) berechneten für alle drei Modi der Ummagnetisierung (Abb. 27.6a, b, c) die Koerzitivkraft H_c eines unendlich langen Zylinders mit Radius R in einem Feld parallel zur Zylinderachse. Das Ergebnis ist mit den reduzierten Koordinaten $h_c = H_c/2\pi I_s$ und $r = R/(A^{1/2}/I_s)$ in Abb. 27.7 dargestellt. Tatsächlich läuft stets der Prozeß ab, der die kleinste Koerzitivkraft liefert.

Alle möglichen Kristallgitterstörungen sowie unregelmäßige Abweichungen von der Ellipsoidform begünstigen die inkohärente Drehung, und zwar im allgemeinen den „Buckling-Prozeß". Dies bedeutet für die Grenzkurve des „Curling-

Prozesses" in Abb. 27.7 eine Verschiebung nach rechts. Eine eingehendere Diskussion des Problems der Ummagnetisierung hat WOHLFARTH [32] gegeben.

27.4.2 Kohärente Rotation in Teilchen mit einachsiger Anisotropie
(Theorie von STONER und WOHLFARTH [45, 46, 47] und NÉEL [48])

Vorausgesetzt wird ein Aggregat identischer Teilchen mit einachsiger Anisotropie, ohne magnetische Wechselwirkungen zwischen den Teilchen, in welchen die Ummagnetisierung durch kohärente Rotation erfolgen soll.

Mit den Winkelbeziehungen in Abb. 27.8 ist das thermodynamische Potential f' (s. 9.43) eines langgestreckten rotationselliptischen Teilchens ($N_b > N_a$) mit reiner Formanisotropie [f_I aus Gl. (19.20)] in einem äußeren Feld H

$$f' = f_I + f_H = (1/2) I_s^2 (N_a \cos^2 \varphi + N_b \sin^2 \varphi) - H I_s \cos \psi. \qquad (27.8)$$

Aus der Bedingung, daß f' ein Minimum annimmt, erhält man nach einigen Umformungen die Parameterdarstellung der Magnetisierungskurve des Teilchens [45]

$$\begin{aligned}(1/2) \sin 2(\psi - \Theta) + h \sin \psi &= 0 \\ I/I_s - \cos \psi &= 0\end{aligned} \qquad (27.9)$$

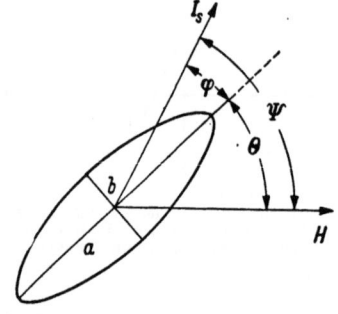

Abb. 27.8. Zur Berechnung der Magnetisierungskurve rotationselliptischer Eindomänenteilchen bei kohärenter Rotation

mit der reduzierten Feldstärke $h = H/(N_b - N_a) I_s$. Für Kristallanisotropie $f_K = K \sin^2 \varphi$ oder Spannungsanisotropie $f_\sigma = -(3/2) \lambda_s \sigma \cos^2 \varphi$ ist $h = H I_s/2K$ bzw. $h = H I_s/3\lambda_s \sigma$ einzusetzen. In Abb. 27.9 sind einige für verschiedene Winkel Θ zwischen Feld- und Achsenrichtung des Teilchens berechnete Magnetisierungskurven wiedergegeben. Gleiche Kurven ergeben sich auch für ein Aggregat von Teilchen mit parallelen Achsenrichtungen. Für eine Gruppe von Teilchen mit isotroper Verteilung der Achsenrichtungen erhält man die Magnetisierungskurve in Abb. 27.10.

Für die reduzierte Koerzitivkraft ergibt sich bei Feldrichtung parallel zur Achsenrichtung der Teilchen (maximale Koerzitivkraft)

$$H_C = 1 \qquad (27.10)$$

und bei gleichmäßiger Verteilung der Achsenrichtungen über alle Raumrichtungen

$$h_C = 0{,}479. \qquad (27.11)$$

Damit ist die Koerzitivkraft bei Formanisotropie ($N_b > N_a$)

$$H_C = (N_b - N_a) I_s \quad \text{bzw.} \quad H_C = 0{,}479 (N_b - N_a) I_s \qquad (27.12)$$

mit dem Höchstwert $H_C = 2\pi I_s$ bzw. $0{,}96 \pi I_s$ für unendlich lange Ellipsoide. Der Faktor ($N_b - N_a$) ist in Abb. 27.11 als Funktion des Achsenverhältnisses a/b dargestellt. Bei Kristallanisotropie erhält man

$$H_C = 2K/I_s \quad \text{bzw.} \quad H_C = 0{,}96 \, K/I_s \qquad (27.13)$$

und bei Spannungsanisotropie

$$H_C = 3\lambda_s \sigma/I_s \quad \text{bzw.} \quad H_C = 1{,}44 \lambda_s \sigma/I_s. \tag{27.14}$$

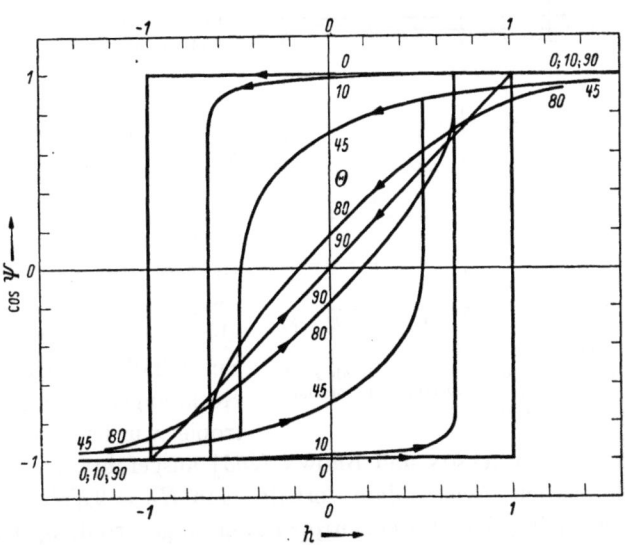

Abb. 27.9. Theoretische Magnetisierungskurven langgestreckter, rotationselliptischer Eindomänenteilchen bei kohärenter Rotation als Funktion des Winkels θ zwischen Teilchenachse und Magnetfeldrichtung. (Nach STONER und WOHLFARTH [45])

Tabelle 27.2. *Koerzitivkraft von Eisen-Kobalt- und Nickelteilchen bei kohärenter Rotation*

Werkstoff	$2\pi I_s$	Koerzitivkraft H_C in Oe				
		Maximalwert		isotrope Richtungsverteilung		
		$2K/I_s$	$3\lambda_s\sigma/I_s$	$0{,}96\pi I_s$	$0{,}96 K/I_s$	$1{,}44\lambda_s\sigma/I_s$
Fe	10700	520	180	5100	165*	85
Co	8800	8000	900	4200	3800	430
Ni	3150	180	4200	1500	60*	2000

* Berechnet nach Gl. (27.15).

In Tab. 27.2 sind die nach den Gln. (27.12) bis (27.14) für Eisen-, Kobalt- und Nickelteilchen berechneten Koerzitivkräfte miteinander verglichen. Für σ wurde jeweils der Wert 100 kp/mm² $\approx 10^{10}$ dyn/cm² eingesetzt.

Tatsächlich ist die Form kleiner Teilchen im allgemeinen nicht einheitlich. Bei vorherrschender Formanisotropie hat man dementsprechend mit einer Streuung des Anisotropiefaktors $(N_b - N_a)$ zu rechnen, deren Ein-

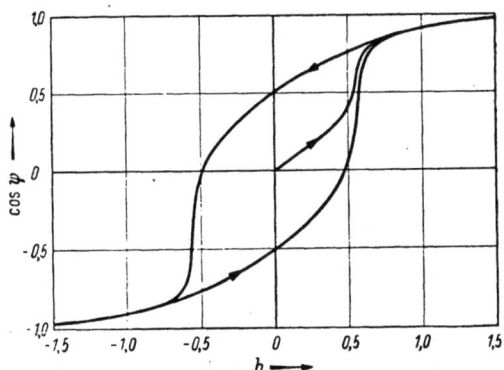

Abb. 27.10. Magnetisierungskurve einer Gruppe identischer, formanisotroper Eindomonenteilchen bei statistischer Richtungsverteilung der Teilchenachsen. (Nach STONER und WOHLFARTH [45])

fluß auf die Koerzitivkraft bzw. Magnetisierungskurve von Néel [48], Wohlfarth [49] und Osmond [50] theoretisch behandelt wurde. Experimentelle Untersuchungen hierüber wurden von Johnson und Brown [82] ausgeführt.

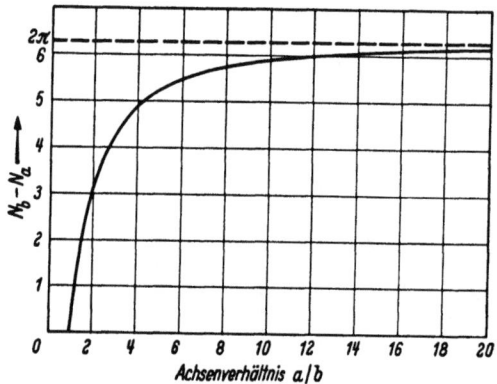

Abb. 27.11. Formanisotropiefaktor $\Delta N = N_b - N_a$ als Funktion des Achsenverhältnisses a/b langgestreckter rotationselliptischer Teilchen

27.4.3 Kohärente Rotation in Teilchen mit mehrachsiger Anisotropie

Für Teilchen mit mehrachsiger Anisotropie ist die Berechnung der Magnetisierungskurve, abgesehen von einigen einfachen Spezialfällen, relativ kompliziert. Rechnungen für kubische Anisotropie wurden von Néel [51], Prache [52] und von Johnson und Brown [265] ausgeführt. Ist das Feld parallel zu einer kubischen Achse, dann erhält man $H_C = 2K/I_s$ wie bei einachsigen Teilchen [Gl. (27.13)]. Bei isotroper Richtungsverteilung der kubischen Achsen ergibt sich dagegen [51]

$$H_C = 0{,}64\, K/I_s. \tag{27.15}$$

Stoner und Wohlfarth [45] haben ihre Rechnungen auch auf die Formanisotropie von allgemeinen Ellipsoiden ausgedehnt. Andere nicht einachsige Anisotropieverhältnisse wurden von Wohlfarth [53], Dzyaloschinski [54], Wohlfarth und Tonge [55], Tonge und Wohlfarth [56] sowie von Johnson und Brown [57] behandelt. In den drei letztgenannten Arbeiten wurde insbesondere auch das praktisch wichtige Problem der Mischungen aus einachsigen Anisotropien bzw. aus einachsigen und kubischen Anisotropien im einzelnen Teilchen untersucht.

27.4.4 Inkohärente Rotation

Zur Behandlung der inkohärenten Rotation in Teilchen mit endlicher Länge haben Jacobs und Bean [39] ein Kugelkettenmodell (s. Abb. 27.6) angenommen und hierfür die Magnetisierungskurve für beliebige Kugelzahlen berechnet. In Abb. 27.12 sind die für die Mechanismen Abb. 27.6a, a' und b' für Teilchen mit dem Achsenverhältnis 2 bzw. für zwei Kugeln berechneten Magnetisierungskurven bei parallel zum Feld ausgerichteten und bei isotrop orientierten Teilchen miteinander verglichen. In Tab. 27.3 wurde ferner die für verschiedene Achsenverhältnisse der Teilchen berechnete Koerzitivkraft einer Gruppe parallel zum Feld ausgerichteter Eisenteilchen für die drei genannten Ummagnetisierungsmechanismen tabelliert.

Die inkohärente Rotation liefert danach, in wenigstens qualitativer Übereinstimmung mit experimentellen Ergebnissen (Abb. 27.13 [39]) an langgestreckten Eisenteilchen, eine gegenüber kohärenter Rotation stark erniedrigte Koerzitivkraft.

27.4 Teilchen mit endlicher Koerzitivkraft und Remanenz

Tabelle 27.3. *Koerzitivkraft von Eineinbereichteilchen mit unterschiedlichem Achsenverhältnis bei verschiedenen Ummagnetisierungsmechanismen nach Jacobs und Bean* [39]

Achsenverhältnis	H_C in Oe Ummagnetisierungsmechanismus (Abb. 27.6)		
	a	a'	b'
1	0	0	0
2	5160	2700	900
3	7260	3820	1400
4	8340	4430	1690
5	8980	4810	1870
∞	10800	6470	2700

Abb. 27.14a zeigt die für die Mechanismen Abb. 27.6a, a' und b' berechnete Koerzitivkraft von Teilchen mit dem Achsenverhältnis 2 als Funktion des Winkels θ zwischen Teilchenachse und Feldrichtung. Vergleichbare Kurven ergeben sich (s. FREI, SHTRIKMAN und TREVES [43]) auch für unendlich lange Zylinder

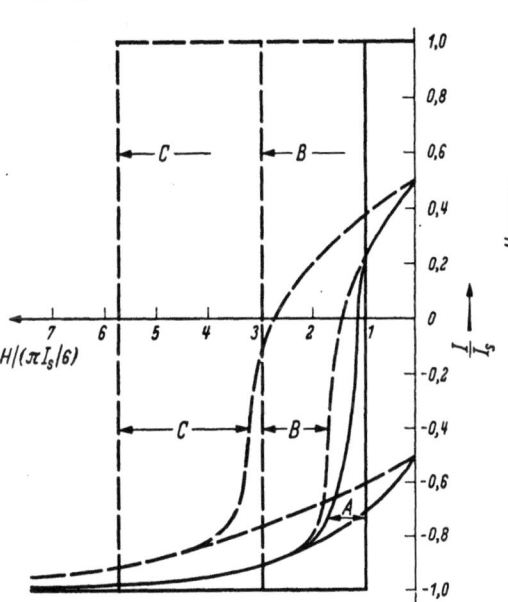

Abb. 27.12. Magnetisierungskurve von parallel ausgerichteten und von statistisch orientierten, formanisotropen Eindomänenteilchen bei verschiedenen Ummagnetisierungsmechanismen (A = Fächerung (Abb. 27.6b'), B = parallele Rotation für ein Zweikugelmodell (Abb. 27.6a'), C = kohärente Rotation in einem Rotationsellipsoid mit dem Achsenverhältnis 1:2 (Abb. 27.6a). (Nach JACOBS und BEAN [39])

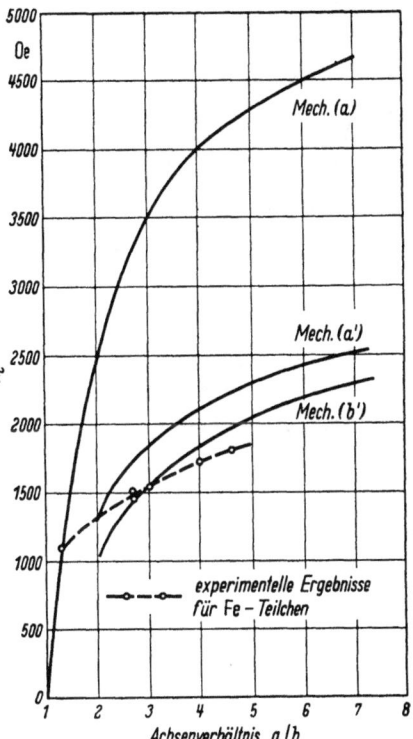

Abb. 27.13. Koerzitivkraft rotationselliptischer Eindomänenteilchen als Funktion der Elongation der Teilchen berechnet für verschiedene Ummagnetisierungsmechanismen in Abb. 27.6 und gemessene Werte an langen Eisenteilchen. (Nach JACOBS und BEAN [39])

bei verschiedenen reduzierten Zylinderradien $r = R/(A^{1/2}/I_s)$. Bei kohärenter Drehung (a, a') nimmt H_C mit wachsendem Winkel θ monoton ab, bei dem Mechanismus b' dagegen zunächst zu, weil die Drehung zunächst inkohärent ist, während bei größeren Neigungswinkeln kohärente Drehung erzwungen wird. Wie Abb. 27.14b zeigt, beobachtet man auch tatsächlich an langgestreckten Teilchen ein entsprechendes Maximum der $H_C(\theta)$-Kurve, welches zunächst als ein eindeutiges Kriterium für inkohärente Rotation bei kleinen Winkeln θ angesehen wurde. WOHLFARTH [59] hat jedoch gezeigt, daß man auch bei kohärenter Rotation eine $H_C(\theta)$-Kurve mit Maximum erhalten kann, wenn die Teilchenachsen nicht alle parallel zueinander liegen, sondern entsprechend den tatsächlichen Verhältnissen eine bestimmte Richtungsverteilung um eine Vorzugsrichtung aufweisen. Die $H_C(\theta)$-Kurve für Ticonal XX scheint dagegen durchaus für kohärente Rotation zu sprechen.

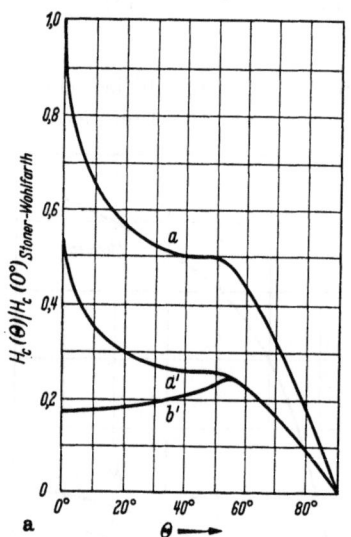
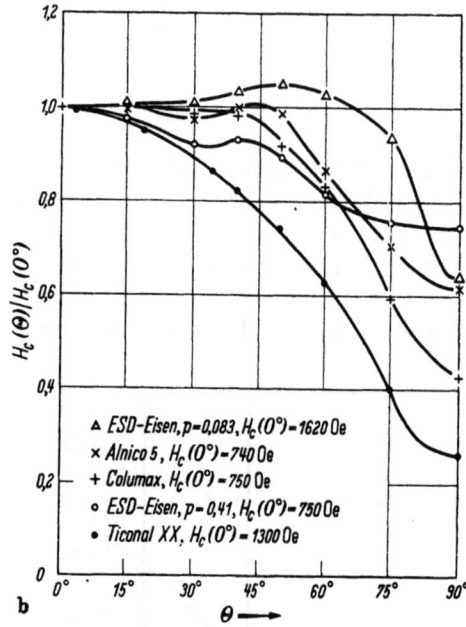

Abb. 27.14a u. b. Koerzitivkraft von Eindomänenteilchen als Funktion des Winkels θ zwischen Achsenrichtung der Teilchen und Feldrichtung.
a) Berechnet für die Ummagnetisierungsmechanismen in Abb. 27.6 (JACOBS und LUBORSKY [58]).
b) Gemessene Kurven. (Nach LUBORSKY, MENDELSOHN u. PAINE [137, 103, 266, 267]).

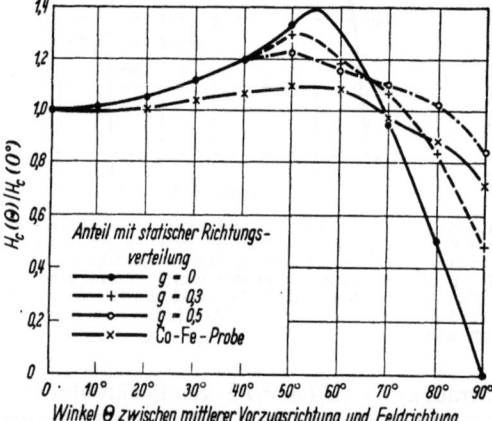

Abb. 27.15. Berechnete Koerzitivkraft von Gruppen von Eindomänenteilchen als Funktion des Winkels θ zwischen Feldrichtung und mittlerer Vorzugsrichtung für verschiedene Mischungen aus parallel zum Feld ausgerichteten und statistisch orientierten Zwei-Kugel-Teilchen sowie Meßergebnisse an einer ESD-Co—Fe-Probe. (Nach JACOBS und LUBORSKY [69])

Ein Kriterium für unvollständige Ausrichtung der Teilchenachsen ist das Bestehen einer endlichen Transversalkoerzitivkraft $H_{C\perp}(\theta=90°)$ [58, 59]. Die $H_C(\theta)$-Kurven in Abb. 27.15 wurden für 2-Kugelteilchen mit inkohärenter Rotation unter der Annahme verschiedener Mischungen ausgerichteter und statistisch orientierter Teilchen berechnet [58]. Sie zeigen, daß $H_{C\perp}$ mit wachsendem Anteil statistisch orientierter Teilchen rasch zunimmt und bereits für eine 50%ige Mischung nahezu die Parallelkoerzitivkraft $H_{C\parallel}(\theta=0°)$ erreicht.

BEAN und MEIKLEJOHN [60] haben die Rotationshysterese W_r (siehe Kap. 38) für einachsige Einbereichpartikel berechnet. Mit Hilfe der Feldabhängigkeit $W_r(H)$ kann das Spektrum der kritischen Felder von Teilchenmischungen untersucht werden [61, 58]. Der Wert des Rotationshystereseintegrals $J_r = \int_0^\infty (W_r/I_s)\, d(1/H)$ wird für den Ummagnetisierungsmechanismus und den Ausrichtungsgrad der Teilchen als charakteristisch angesehen ($J_r^{'} \approx 0{,}4$ für kohärente und $J_r > 1$ für inkohärente Rotation [58, 62]) und scheint daher ein geeignetes Kriterium für den Ummagnetisierungsmechanismus zu liefern.

27.4.5 Wechselwirkungen. Einfluß der Packungsdichte

In allen praktisch wichtigen, aus kleinen Teilchen aufgebauten Substanzen (Pulvermagnete, Dauermagnetlegierungen) sind die ferromagnetischen Teilchen so dicht gepackt, daß starke magnetische Wechselwirkungen zwischen ihnen bestehen, welche wesentlichen Einfluß auf die pauschal gemessenen magnetischen Eigenschaften haben können.

Eine erste theoretische Behandlung des Problems durch NÉEL [48] führte zu der Gleichung

$$H_C(p) = H_C(0)\,(1-p), \tag{27.16}$$

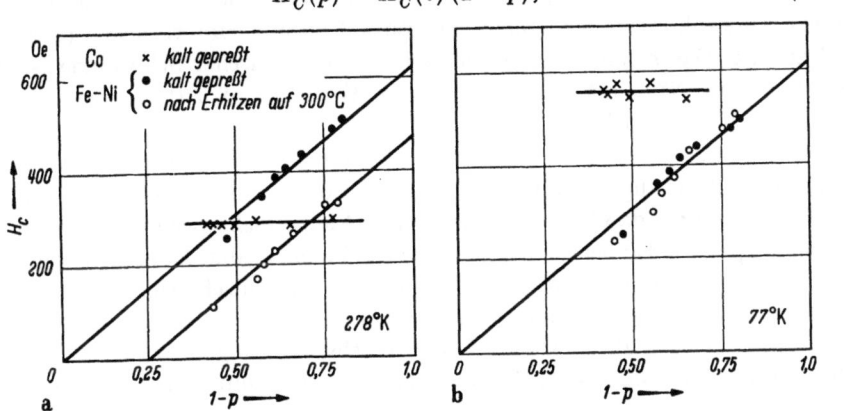

Abb. 27.16 a u. b. Koerzitivkraft von kalt gepreßtem und von bei 300 °C gesintertem 48,8 Fe, 51,2 Ni-Pulver sowie von kaltgepreßtem Co-Pulver als Funktion der Packungsdichte, gemessen a) bei 287 °K und b) bei 77 °K. Nach WEIL [69]

worin p den ferromagnetischen Volumenanteil (Packungsfaktor) bedeutet. Andere Rechnungen von SHOCKLEY und KITTEL (s. [63]), KONDORSKIJ [64], NÉEL [65] und WOHLFARTH [66] führten unter verschiedenen speziellen Voraussetzungen zu äquivalenten und auch zu anderen Beziehungen. Eine kritische Diskussion dieser Arbeiten gab WOHLFARTH [66] (s. a. [32]). Das allgemeine qualitative Ergebnis ist, daß man einen erheblichen Einfluß der magnetischen Wechselwirkungen nur dann zu erwarten hat, wenn die Anisotropie der Teilchen vorwiegend Formanisotropie ist, keinen oder nur geringen Einfluß dagegen bei vorwiegender Kristallanisotropie.

Für kaltgepreßte Eisen-, Nickel-, Eisen—Kobalt- und Eisen—Nickel-Pulver, deren Koerzitivkraft mit Sicherheit im wesentlichen auf Formanisotropie zurückzuführen ist, wird die Packungsdichteabhängigkeit der Koerzitivkraft durch Gl. (27.16) befriedigend beschrieben [67 bis 72] (Abb. 27.16, Kurve a). Dagegen ist die Koerzitivkraft erwartungsgemäß praktisch unabhängig von der Packungsdichte, wenn die Kristallanisotropie überwiegt, wie z. B. bei Kobalt- oder MnBi-Pulver [68, 69, 70] (Abb. 27.16, Kurve c). Sehr interessant sind in diesem Zusammenhang auch Messungen von MORRISH und Mitarbeitern [73, 74, 75] an Fe_3O_4- und γ-Fe_2O_3-Teilchen. Nach MORRISH und YU [73] ist die Koerzitivkraft von nadelförmigen Fe_3O_4-Teilchen linear von der Packungsdichte abhängig. Extrapolation der $H_C(p)$-Geraden auf $p = 1$ liefert jedoch nicht $H_C = 0$ entsprechend Gl. (27.16), sondern $H_C \approx 160$ Oe. Die Koerzitivkraft von nicht nadelförmigen Fe_3O_4-Teilchen ist dagegen nahezu unabhängig von der Packungsdichte und ungefähr gleich 120 Oe. Man gewinnt danach den Eindruck, daß bei nadelförmigen Magnetitteilchen einer packungsdichteunabhängigen Kristallanisotropiekoerzitivkraft von 120 bis 160 Oe eine packungsdichteabhängige Formanisotropiekoerzitivkraft überlagert ist.

Wird das in Abb. 27.16 als Beispiel betrachtete, kalt gepreßte Eisen–Nickel-Pulver schwach gesintert, dann verschiebt sich bei Raumtemperatur (287 °K) die $H_C(p)$-Gerade annähernd parallel nach unten und geht nicht mehr durch den Ursprung (Abb. 27.16, Kurve b), während bei 77 °K ihre Lage praktisch unverändert bleibt. WEIL [69, 70] führt dieses Verhalten gesinterter Pulver (ferromagnetischer Schwamm) auf den bei höheren Temperaturen merklichen Einfluß thermischer Schwankungen der ,,Blochwandstücke" in den Sinterbrücken (s. hierzu 22.5) zurück. Das magnetische Verhalten ferromagnetischer Schwämme ist insbesondere von NÉEL [76, 77, 78] und von WEIL [79, 69, 70] theoretisch und experimentell untersucht worden.

KONDORSKIJ [80, 81] (s. a. [74]) bemerkte, daß durch Wechselwirkungen auch die kritische Teilchengröße für Einbereichverhalten beeinflußt werden kann, und zwar in dem Sinne, daß Teilchen, die isoliert Vielbereichteilchen sind, beim Zusammenpressen zu Einbereichteilchen werden können. Man kann sich weiterhin überlegen, daß die Relaxationszeit τ_0 für spontane thermische Ummagnetisierung (s. 27.2) sicher von der Packungsdichte abhängt.

Als eine weitere Folge magnetischer Wechselwirkungen zwischen Teilchen [110, 109, 112, 113, 66, 114, 111] sowie als Folge von unmagnetischen Löchern

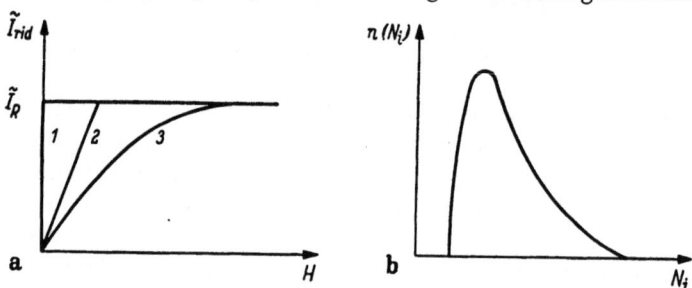

Abb. 27.17a u. b. a) Anhysteretische Remanenzkurve $\tilde{I}_{rid}(H)$ bei 1. verschwindendem, 2. endlichem und einheitlichem und 3. uneinheitlichem inneren Entmagnetisierungsfaktor N_i und b) Verteilungsfunktion $n(N_i)$ des inneren Entmagnetisierungsfaktors N_i für Kurve (a, 3). (Schematisches Bild.) (Nach WOHLFARTH [108])

in Teilchen [114] findet man experimentell, daß die Anfangssteigung $(\tilde{I}_{id}/H)_{H\to 0}$ der mit dem geometrischen Entmagnetisierungsfaktor der Probe rückgescherten (s. 8.4) anhysteretischen Magnetisierungskurve $\tilde{I}_{id}(H)$ [105, 106, 107] (s. 7.2) bzw. die Steigung $\tilde{I}_{rid}/H$ der ebenso rückgescherten anhysteretischen Remanenzkurve $\tilde{I}_{rid}(H)$ [108] (Remanenz nach Abschalten des Gleichfeldes H längs der anhysteretischen Magnetisierungskurve als Funktion von H [109]) von Teilchengruppen (Pulver, Dauermagnetlegierungen) nicht unendlich ist. Diese Tatsache wird formal durch die Annahme eines endlichen inneren Entmagnetisierungsfaktors $N_i = (H/\tilde{I}_{id})_{H \to 0} \approx H/\tilde{I}_{rid}$ (s. 8.3) beschrieben. Hätte N_i in einer Probe überall den gleichen Wert, dann wäre die Steigung der Remanenzkurve $\tilde{I}_{rid}(H)$ bis zur Sättigungsremanenz $\tilde{I}_{rid}(\infty) = \tilde{I}_R$ konstant (Kurve 2 in Abb. 27.17a). Wie jedoch WOHLFARTH [108] gezeigt hat, mißt man tatsächlich eine gekrümmte Kurve (Kurve 3 in Abb. 27.17a), welcher eine Verteilungsfunktion $n(N_i)$ der Entmagnetisierungsfaktoren entsprechend Abb. 27.17b zuzuordnen ist. $n(N_i)\,dN_i$ bezeichnet den relativen Volumenanteil mit Entmagnetisierungsfaktoren zwischen N_i und $N_i + \Delta N_i$, d. h. es ist $\int_0^\infty n(N_i)\,dN_i = 1$.

27.4.6 Teilchengrößenabhängigkeit von Koerzitivkraft und Remanenz

Für Gruppen identischer Teilchen erwarten wir bei konstanter Temperatur $T \ne 0$ die in Abb. 27.18 dargestellte Abhängigkeit der Koerzitivkraft H_C und der Remanenz $\tilde{I}_R$ vom Teilchendurchmesser D (bzw. Teilchenvolumen $v = (\pi/6)D^3$). $H_{C0}, \tilde{I}_{r0}$ bedeuten hier die Koerzitivkraft [s. Gln. (27.12) bis (27.14)] bzw. Remanenz für Einbereichteilchen bei Abwesenheit thermischer Schwankungen. D_p ist der durch Gl. (27.3) für die Meßzeit $t_0 = 1$ sek definierte kritische Durchmesser für superparamagnetisches Verhalten.

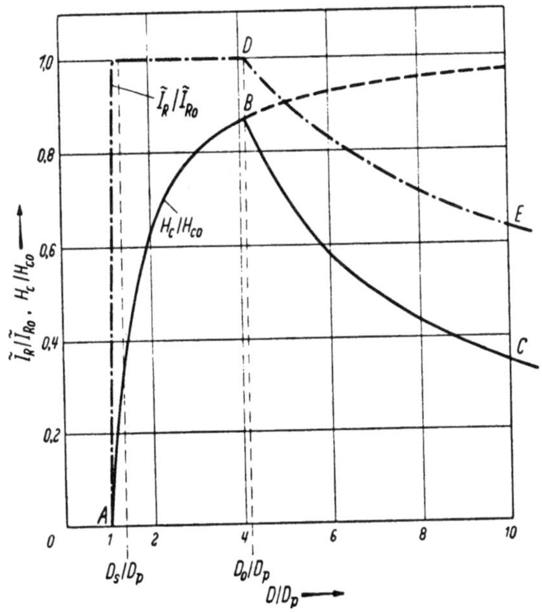

Für $D < D_p$ besteht Superparamagnetismus (s. 27.3), d. h. es ist $\tilde{I}_R = 0$ und damit auch $H_C = 0$.

Für $D_p < D < D_0$ ($D_0 =$ kritischer Teilchendurchmesser für Einbereichverhalten, s. Kap. 22) ergibt sich bei einer Meßzeit von $t_0 \approx 1$ sek aus Gl. (27.2) mit Gl. (27.3) und Gl. (27.5) unter den in 27.2 gemachten Voraussetzungen die reduzierte Koerzitivkraft (s. a. Kap. 6)

Abb. 27.18. Remanenz $\tilde{I}_R/\tilde{I}_{R0}$ und Koerzitivkraft H_C/H_{C0} von einachsigen, mit ihren Achsen parallel ausgerichteten und identischen Teilchen als Funktion des reduzierten Teilchendurchmessers D/D_p

$$\frac{H_C}{H_{C0}} = \frac{H_C}{2K/I_s} = 1 - \left(\frac{20kT}{Kv}\right)^{1/2} = 1 - \left(\frac{v_p}{v}\right)^{1/2} = 1 - \left(\frac{120kT}{\pi K D^3}\right)^{1/2} = 1 - \left(\frac{D_p}{D}\right)^{3/2}$$
(27.17)

als Funktion von D bzw. v (Kurve AB in Abb. 27.18). Die Remanenz erhält man in diesem Durchmesserbereich aus Gl. (27.1) mit $t = t_0$ und τ_0 aus Gl. (27.2) bzw. Tab. 27.1 (Kurve AD in Abb. 27.18). Wir bemerken insbesondere, daß $\tilde{I}_R$ bereits bei $D/D_p = 1{,}03$ bzw. $v/v_p = 1{,}1$ den Wert $0{,}9\, I_{R0}$ erreicht, während H_C erst bei $D/D_p \approx 5$ bzw. $v/v_p \approx 125$ auf den Wert $0{,}9\, H_{C0}$ angestiegen ist.

Nach Überschreiten der kritischen Größe D_0 für Eindomänenverhalten ($D > D_0$) nehmen Koerzitivkraft und Remanenz mit wachsender Teilchengröße ab (Kurven BC und DE in Abb. 27.18). Dieses Verhalten wird auf die Bildung von Blochwänden oder anderer inhomogener Magnetisierungskonfigurationen (s. Abb. 22.1) zurückgeführt. Zahlreiche Messungen [*83, 84, 85, 86, 87, 68, 88, 89, 90, 101*] liefern für die Koerzitivkraft in erster Näherung die Beziehung $H_C = \text{Konst}/D$. Die theoretische Behandlung des Ummagnetisierungsvorgangs in kleinen Vielbereichteilchen erscheint vorerst überaus schwierig. Verschiedene diesbezügliche Arbeiten 91 bis 100 haben bisher zu keinem endgültigen Ergebnis geführt. Die Statik des Problems besteht in der Berechnung der Magnetisierungsanordnung mit der kleinsten freien Energie unter Berücksichtigung von Kristallenergie, Austauschenergie und magnetostatischer Energie, welche in kleinen Teilchen auch wesentlich zur Wandenergie beiträgt (s. Kap. 22). Die Dynamik der Ummagnetisierung wird hauptsächlich durch die Keimbildung von Blochwänden bzw. Bildung von Ummagnetisierungskeimen und die Bewegung der Wände bestimmt. Ist D_0 nur wenig größer als D_p, dann spielen hierbei wahrscheinlich thermische Schwankungen eine erhebliche Rolle. Das Problem erscheint lösbar, wenn der Magnetisierungsverlauf im wesentlichen durch Kristallenergie bestimmt wird, d. h. wenn die Wanddicke klein gegen die kritische Teilchengröße ist, wie in MnBi. Erhebliche Schwierigkeiten findet man dagegen bei Eisen-, Kobalt- und Nickelteilchen im Übergangsgebiet zwischen Eindomänenteilchen und großen Kristallen, weil hier Zustände mit durchweg inhomogener Magnetisierung zu erwarten sind. Einen ausführlicheren Überblick über die theoretischen Arbeiten hat WOHLFARTH [*32*] gegeben.

Verschiedene Messungen an Eisen- und Eisen—Kobalt-Pulvern [*85, 86, 87, 90*] liefern mindestens qualitativ die auf Grund der Theorie zu erwartende Teilchengrößenabhängigkeit von H_C bzw. $\tilde{I}_R$. Die mittlere Teilchengröße kann magnetisch (s. 27.33) aus der Benetzungswärme mit organischen Flüssigkeiten [*102*], Gasadsorption, Röntgenlinienverbreiterung [*85*] sowie mit Hilfe des Elektronenmikroskops [*90, 103*] bestimmt werden (s. a. [*104*]). In Abb. 27.19 sind die von LUBORSKY und PAINE [*90*] (mit Ergänzungen und Korrekturen) bei 76 °K an Eisen- und Eisen—Kobalt-Teilchen gemessenen Koerzitivkraft und

Tabelle 27.4. Vergleich experimenteller und theoretischer Daten kleiner Teilchen aus Eisen und Eisen—Kobalt, nach Luborsky und Paine [90]

Werkst.	D_p in Å		D_0 in Å		Maximale Koerzitivkraft in Oe		
	theor. aus $Kv = 25kT$	exp. aus $H_C = 0$	theor. aus $D_0 = \sqrt{A}/I_s$	exp. aus H_{Cmax}	Formel	theor.	exp.
Fe	45	20	170	215	Lit. [57]	880	930
Fe—Co	40	15	165	255	$0{,}47\, NI_s$	1270	1350
Co (hex)	40	25	342	100	K/I_s	5600	1400

Remanenz als Funktion des mittleren Teilchendurchmessers dargestellt. Tab. 27.4 gibt einen Vergleich zwischen den gemessenen und berechneten Größen für 76 °K.

Die Messungen in Abb. 27.19 zeigen, daß $\tilde{I}_R$ den Höchstwert entsprechend der Theorie (s. Abb. 27.18) durchweg bei wesentlich kleineren D-Werten erreicht als H_C. Ferner ist das Maximum der Remanenzkurve erwartungsgemäß wesentlich breiter als das Maximum der Koerzitivkraftkurve. Der Höchstwert $H_{C\max}$ von H_C wird für Eisen bei etwa $10 D_p$ und für Eisen—Kobalt bei etwa $17 D_p$ erreicht. Man kann deshalb nach Abb. 27.18 erwarten, daß $H_{C\max}$ nicht wesentlich von dem berechneten H_{C0}-Wert verschieden ist. Dies findet man in Tab. 27.4 bestätigt. Die Abnahme der Koerzitivkraft für $D > D_0$ folgt dem D^{-1}-Gesetz.

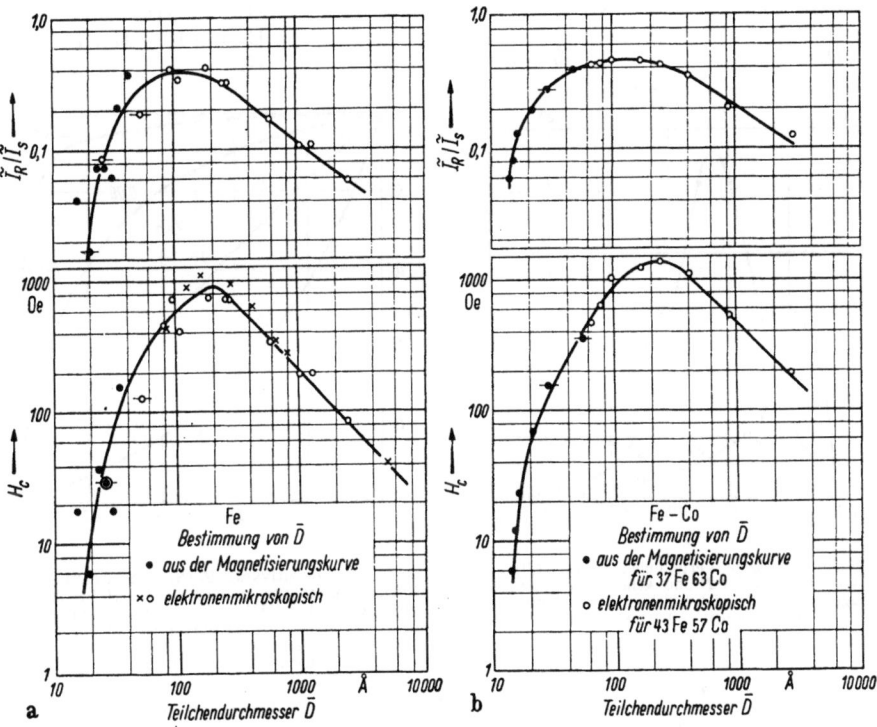

Abb. 27.19 a u. b. Gemessene Teilchengrößenabhängigkeit der Koerzitivkraft H_C und Remanenz $\tilde{I}_R/\tilde{I}_s$ von Fe- und Fe—Co-Teilchen. $\bar{D}$ ist der aus dem mittleren Teilchenvolumen ermittelte Durchmesser. (Nach LUBORSKY und PAINE [103])

Prinzipielle Abweichungen von der in Abb. 27.18 gezeigten theoretischen $H_C(D)$-Kurve sind im wesentlichen auf eine praktisch unvermeidbare Streuung der Teilchendurchmesser (s. 27.47) in einer Probe und, soweit Formanisotropie vorherrscht, auch auf eine Streuung der Teilchenform und damit der Anisotropie zurückzuführen. Abb. 27.20 zeigt beispielsweise die von LUBORSKY et al. [103] an einer Probe aus 60Fe40Co-Teilchen elektronenmikroskopisch bestimmten Verteilungskurven für Durchmesser D und Achsenverhältnis m. Ferner ist noch zu bemerken, daß in Abb. 27.18 parallele Ausrichtung der Teilchen vorausgesetzt worden ist.

27.4.7 Mischungen von Teilchen unterschiedlicher Größe

Wegen der praktisch immer endlichen Streubreite b der Teilchendurchmesser in einer Probe (s. Abb. 27.20) durchläuft man bei einer Messung der Magnetisierungskurve als Funktion des mittleren Teilchendurchmessers stets Gebiete, in denen Mischungen aus Teilchen der drei Kategorien: Superparamagnetisch (I), Eindomänenteilchen mit stabiler Magnetisierung (II) und Vieldomänenteilchen (III) bestehen. Tab. 27.5 gibt einen Überblick über die Mischungen, die man unter bestimmten Verhältnissen bekommt. Es ist dabei zu beachten, daß D_p nach Abb. 27.1 sehr stark von Anisotropie und Temperatur abhängt.

Tabelle 27.5. Mögliche Mischungen in Gruppen kleiner Teilchen

$D_0 > D_p$	$0 < b < (D_0 - D_p)$	I + II, II + III
	$b > (D_0 - D_p)$	I + II, I + II + III, II + III
$D_0 < D_p$	$b > 0$	I + III

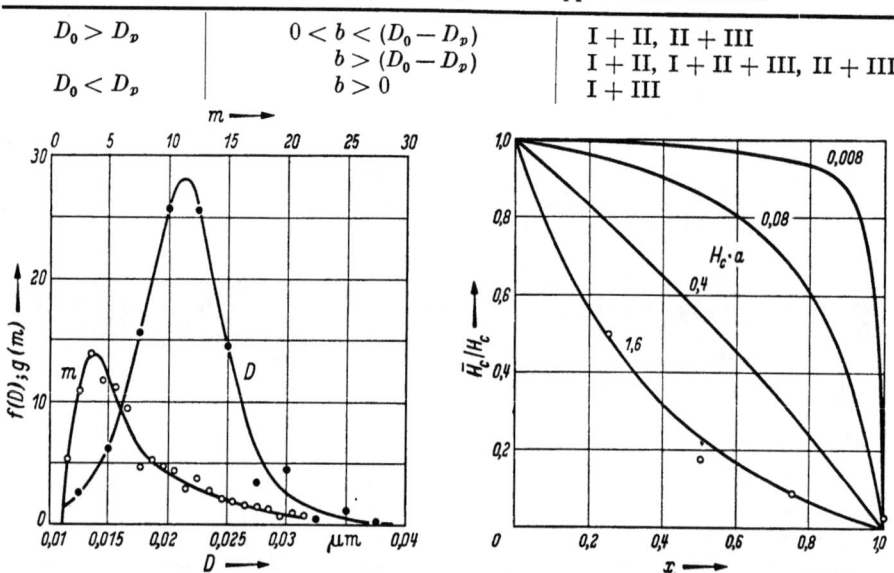

Abb 27.20. Gemessene Verteilungsfunktion $f(D)$ bzw. $g(m)$ von Durchmesser D und Achsenverhältnis m für ein Aggregat von Fe—Co-Teilchen. Nach LUBORSKY, MENDELSOHN und PAINE [103]

Abb. 27.22. Koerzitivkraft $\bar{H}_C/H_C$ von Mischungen aus stabilen (II) und superparamagnetischen (I) bzw. großen Vielbereichteilchen (III) als Funktion des Volumenanteils von (I) bzw. (III). Parameter ist der Faktor $H_C\,a$ (s. Text). Eingetragene Meßergebnisse an einer (II+I)-Mischung nach MEIKLEJOHN [86]

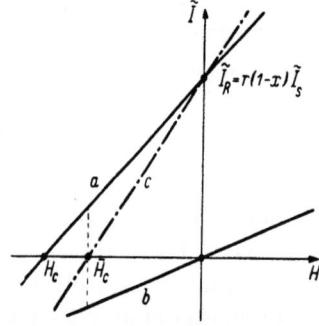

Abb. 27.21. Zur Berechnung der Koerzitivkraft von Teilchenmischungen nach Gl. (27.19). a = Entmagnetisierungskurve des stabilen Anteils (II), b = Magnetisierungskurve des Anteils (I) oder (III), $c = a + b$ = resultierende Magnetisierungskurve der Mischung

Die Magnetisierungskurve von Teilchenmischungen wurde von BROWN [12], MEIKLEJOHN [86], KNELLER [26] und HAHN und KNELLER [26] behandelt. Bei Vernachlässigung der Wechselwirkungen zwischen den Teilchen erhält man die Magnetisierungskurve $\tilde{I}(H)$ der Mischung einfach durch Überlagerung der Magnetisierungskurven $\tilde{I}_n(H)$ der Mischungskomponenten

$$\tilde{I}(H) = \sum_n \tilde{I}_n(H). \qquad (27.18)$$

Für die resultierende Koerzitivkraft H_C binärer Mischungen (I + II oder II + III) erhält man aus Abb. 27.21 unter den dort gemachten Voraussetzungen bezüglich der Linearität der Magnetisierungskurven [26]

$$\overline{H}_C = \frac{H_C}{1 + (H_C/r)\,[x/(1-x)]\,a}, \qquad (27.19)$$

worin H_C die Koerzitivkraft des Anteils II, x den Volumenanteil von I oder III und $r = \tilde{I}_R/(1-x)\,\tilde{I}_s$ die reduzierte Remanenz von II bedeuten. Die Formel kann ohne weiteres auf Mischungen I + II + III erweitert werden. Für a ergibt sich $a = v\,I_s/3kT$ für eine Mischung I + II und $a = 1/N I_s$ für eine Mischung II + III mit großen Vielbereichteilchen, wobei N den Entmagnetisierungsfaktor der Vielbereichteilchen bedeutet. Es ist vereinfachend angenommen worden, daß $N I_s \gg K/I_s$ ist, und daß die Hysterese von III vernachlässigt werden kann. In Abb. 27.22 ist $(\overline{H}_C/H_C)(x)$ mit $r = 0{,}5$ für vier verschiedene Werte $H_C\,a$ dargestellt und mit Meßwerten von MEIKLEJOHN [86] an Mischungen aus I + II-Teilchen aus Eisen verglichen.

Die Remanenz $\tilde{I}_R$ einer Mischung I + II ist gleich der Remanenz des Anteils II. Das gleiche gilt annähernd für eine Mischung II + III mit großen Vielbereichteilchen. Für Mischungen mit kleinen Vielbereichteilchen (D wenig größer als D_0) dagegen kann $\tilde{I}_R$ nicht ohne weiteres angegeben werden.

27.4.8 Remanenz und Anfangssuszeptibilität

Die reduzierte Remanenz $\tilde{j}_R = \tilde{I}_R/\tilde{I}_s$ einer Gruppe voneinander unabhängiger, einachsiger Einbereichteilchen erhält man für beliebige Richtungsverteilungen der Teilchenachsen aus Gl. (30.2) (s. a. GANS [115], WOHLFARTH [59]). Bei isotroper Richtungsverteilung der Teilchenachsen ergibt sich $\tilde{j}_R = 0{,}5$ für einachsige und $\tilde{j}_R = 0{,}831$ bzw. $0{,}866$ für kubische Teilchen mit $K > 0$ bzw. $K < 0$ [115]. $\tilde{j}_R$ ist unabhängig davon, ob eine Streuung der Teilchenform (d. h. der Anisotropieenergie) besteht und ebenfalls unabhängig von dem Ummagnetisierungsmechanismus (kohärente oder inkohärente Drehung). Die Remanenz bei gemischten einachsigen sowie gemischten kubischen und einachsigen Anisotropien wurde von WOHLFARTH und TONGE [55, 56] berechnet. Der Einfluß magnetischer Wechselwirkungen zwischen den Teilchen kann nicht ohne weiteres vorausgesagt werden (s. z. B. WOHLFARTH [56]). Der Einfluß thermischer Schwankungen wurde bereits in 27.2 behandelt.

Von besonderem Interesse sind das Verhalten der Remanenz als Funktion der magnetischen Vorgeschichte [z. B. Remanenz $\tilde{j}_r(H)$ als Funktion des angelegten Gleichfeldes H, anhysteretische Remanenz $\tilde{j}_{r\,id}(H)$ s. 27.4.5, usw.] sowie die z. T. berechenbaren Beziehungen zwischen den auf verschiedene Weise erhaltenen Remanenzwerten (WOHLFARTH [53, 116, 117, 118], KONDORSKIJ [119], JOHNSON und BROWN [82, 120, 121], STARCEVA und SHUR [122], VALENTA [123], RIMBERT [124]). Für eine Gruppe identischer einachsiger Teilchen mit statistischer Richtungsverteilung der Achsen erhält man [116] (s. a. Abb. 27.10)

$$\begin{aligned}\tilde{j}_r(h) &= 0 \quad \text{für} \quad h < 1/2 \\ \tilde{j}_r(h) &= 1/2 \quad \text{für} \quad h > 1.\end{aligned} \qquad (27.20)$$

wobei h das in 27.4.2 definierte reduzierte Feld bedeutet. Da h nach 27.4.2 unmittelbar mit der Anisotropiekonstante bzw. mit der Koerzitivkraft zusammenhängt, kann eine Streuung dieser Größen aus der $\tilde{j}_r(h)$-Kurve ermittelt werden [*82, 120, 121*].

Die Anfangssuszeptibilität χ_A einer Gruppe einachsiger Teilchen ergibt sich aus Gl. (27.9) [*45*] (s. a. [*115*]) zu

$$\chi_A = h\, I_s/H \quad \text{bzw.} \quad \chi_A = (2/3)\, h\, I_s/H \qquad (27.21)$$

für ausgerichtete Teilchen senkrecht zur Vorzugsrichtung bzw. für isotrope Richtungsverteilung der Teilchenachsen. h eingesetzt ergibt

$$\chi_A = 1/(N_b - N_a) \quad \text{bzw.} \quad \chi_A = (2/3)/(N_b - N_a) \qquad (27.21\,\text{a})$$

bei Formanisotropie und

$$\chi_A = I_s^2/2K \quad \text{bzw.} \quad \chi_A = I_s^2/3K \qquad (27.21\,\text{b})$$

bei Kristallanisotropie. Gl. (27.21 b) gilt auch für kubische Anisotropie.

Nach allen vorhergehenden Überlegungen ist es klar, daß man bei einem Werkstoff mit relativ großer Kristallenergie nicht ohne weiteres entscheiden kann, ob die gemessenen Hystereseeigenschaften vorwiegend von Form- oder von Kristallanisotropie herrühren. Vergleiche von Größe und Temperaturabhängigkeit der Koerzitivkraft mit der theoretischen Erwartung können wegen der Einflüsse von Teilchengrößenstreuung und thermischer Schwankungen nicht generell als Kriterien dienen. Brauchbare Kriterien sind in erster Linie die Abhängigkeit der Koerzitivkraft von der Packungsdichte (s. 27.4.5) sowie die Größe des Verhältnisses K/I_s^2 ($K/I_s^2 \gg 1$: Kristallanisotropie; $K/I_s^2 \ll 1$: Formanisotropie). Messungen hierzu: [*8, 67, 68, 69, 70, 71, 72, 84, 85, 86, 88, 89, 103, 125, 126, 127, 128, 129, 130, 131*].

27.5 Werkstoffe

27.5.1 Allgemeines

Die Werkstoffe, deren magnetische Eigenschaften nach der vorausgehend dargestellten Theorie der kleinen Teilchen zu verstehen sind, können in drei Gruppen eingeteilt werden:

1. Pulvermagnete, d. h. mit oder ohne Bindemittel gepreßte Körper aus chemisch oder elektrolytisch hergestellten ferro- oder ferrimagnetischen Eindomänenteilchen.

2. Ausscheidungshärtbare Legierungen, d. h. Legierungen, die bei hohen Temperaturen homogene Mischkristalle bilden und sich bei tiefen Temperaturen in zwei oder mehrere hinreichend feindisperse Phasen mit wesentlich voneinander verschiedenen magnetischen Eigenschaften entmischen, wobei mindestens eine Phase ferromagnetisch ist. Im einfachsten Fall bestehen solche heterogenen Legierungen aus einer feindispersen ferromagnetischen Phase in para- oder diamagnetischer Matrix, wie z. B. Cu–Co-Legierungen mit Kobaltgehalten bis zu 5%, oder die kfz. Fe–Ni–Cu- und Co–Ni–Cu-Legierungen. Die technisch wichtigsten Legierungen dieser Gruppe, die Alni- und Alnico-Legierungen, haben eine kompliziertere Struktur.

3. Homogene ordnungsfähige Legierungen, bei denen entweder die geordnete Phase ferromagnetisch und die ungeordnete Phase paramagnetisch ist, oder bei denen beide Phasen ferromagnetisch sind und wesentlich voneinander verschiedene magnetische Eigenschaften haben. Hierzu gehören die Ni—Mn-Legierungen mit 25 bis 40% Mn und sehr wahrscheinlich auch die Fe—Pt- und die Co—Pt-Legierungen.

In diesen drei Werkstoffgruppen sind die meisten technisch wichtigen Dauermagnetwerkstoffe enthalten. Eine eingehende Behandlung dieser magnetisch harten Werkstoffe würde weit über den Rahmen dieses Buches hinausführen. Für ein tiefergehendes Studium dieses Fragenkomplexes verweisen wir deshalb auf die Bücher von Bozorth [138], Pawlek [139] und Vonsovskij [140] sowie auf eine Reihe zusammenfassender Artikel von Hoselitz [141], Dannöhl [142], Edwards [143], Wohlfarth [32] und Anselin [144], wobei insbesondere die ganz vorzügliche, besonders gründliche und kritische Arbeit von Wohlfarth [32] sowie die von Edwards [143] und Anselin [144] gegebenen, weitgehend vollständigen Tabellen moderner Dauermagnetwerkstoffe hervorgehoben seien. Im folgenden wollen wir lediglich einige einfache und für die einzelnen Werkstoffgruppen besonders charakteristische Beispiele besprechen.

27.5.2 ESD-Pulvermagnete

ESD (Elongated Single Domain)-Pulvermagnete bestehen aus stark formanisotropen Eisen- oder Eisen—Kobalt-Einbereichteilchen, welche mit ihren langen Achsen möglichst parallel zueinander ausgerichtet und in eine nichtferromagnetische Matrix (z. B. Blei) eingebettet sind (s. Abb. 27.23). In dem von Luborsky, Paine und Mendelsohn [103, 132, 133, 134, 135] entwickelten Herstellungsverfahren solcher Magnete werden die Teilchen in einer Quecksilberkathode elektrolytisch abgeschieden, thermisch nachgeformt und zur gegenseitigen magnetischen Isolation mit einer Zinnhaut überzogen. Hierauf folgen Ausrichtung der Teilchen in einem Magnetfeld, Verdichtung der ferromagnetischen Substanz unter Druck und Ersatz der Quecksilbermatrix z. B. durch eine Bleimatrix, wobei gleichzeitig der Packungsfaktor bestimmt wird. Das Produkt wird schließlich zu einem groben Pulver zermahlen und dieses unter einem wiederausrichtenden Feld in die endgültige Form gepreßt. Die ESD-Pulvermagnete sind also die Synthese eines Dauermagneten aus Einbereichteilchen.

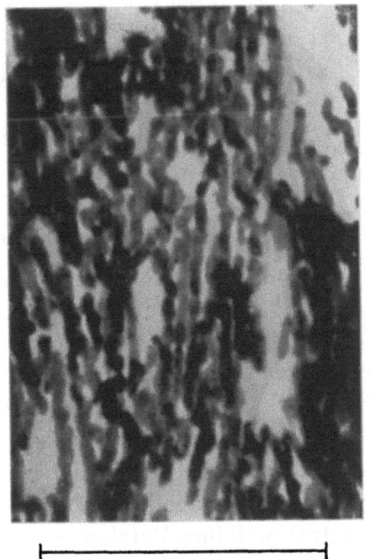

Abb. 27.23. Elektronenmikroskopisches Bild ausgerichteter ESD-Fe—Co-Teilchen. (Nach Luborsky, Mendelsohn und Paine [103])

Das prinzipielle Ergebnis eingehender Untersuchungen des magnetischen Verhaltens von ESD-Magneten (Luborsky, Mendelsohn und Paine [103, 132, 133, 134, 136, 137]) ist in Abb. 27.24 zusammengefaßt. Abb. 27.24a zeigt die

Abhängigkeit von Koerzitivkraft H_C und Remanenz $\tilde{B}_R$ von der Packungsdichte $p = \tilde{B}_s/B_s$ ($\tilde{B}_s$, B_s = Sättigungsinduktion der Mischung bzw. der massiven ferromagnetischen Substanz) bei einem konstanten Ausrichtungsgrad $g = \tilde{B}_R/\tilde{B}_s = 0{,}9$, und in Abb. 27.24 b ist das maximale Energieprodukt $(B \cdot H)_m$ als Funktion der Packungsdichte p für verschiedene Ausrichtungsgrade g dargestellt. Die Winkelabhängigkeit von H_C ist bereits in Abb. 27.14 b bzw. Abb. 27.15 wiedergegeben worden.

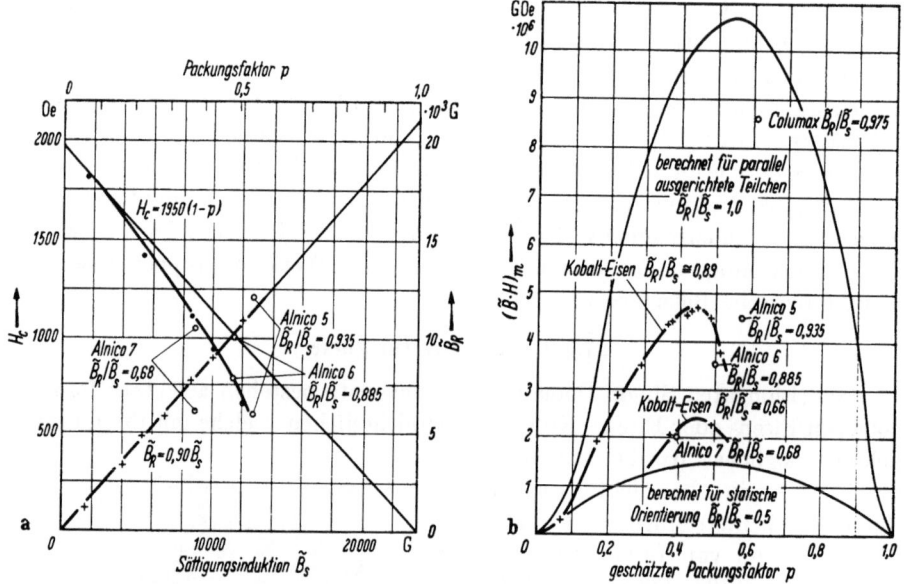

Abb. 27.24a u. b. a) Koerzitivkraft H_C und Remanenz $\tilde{B}_R$ und b) maximales Energieprodukt $(\tilde{B} \cdot H)_m$ von ESD Fe—Co-Magneten als Funktion der Packungsdichte p. Zum Vergleich sind einige Meßwerte an anderen Dauermagnetwerkstoffen eingetragen. (Nach LUBORSKY, MENDELSOHN und PAINE [103])

27.5.3. Ausscheidungshärtbare Legierungen

Allgemeines. In Abb. 27.25 sind zwei einfache Legierungssysteme (Cu—Co [148, 149] und Fe—Ni—Cu [150, 151]) wiedergegeben, in denen sich bei geeigneter Wahl von Legierungszusammensetzung und Wärmebehandlung jeweils eine ferromagnetische Phase in nichtferromagnetischer Matrix ausscheidet. Obwohl die Cu—Co-Legierungen keine und die Fe—Ni—Cu-Legierungen nur geringe technische Bedeutung haben, erscheinen diese beiden Legierungssysteme für eine Diskussion der ausscheidungshärtbaren Legierungen besser geeignet zu sein als die technisch überragend wichtigen Alnico-Legierungen (Fe—Ni—Al—Co—Cu + Zusätze), weil ihre Metallurgie einfach und übersichtlich ist. Die Alnico-Legierungen sind dagegen komplexe Fünf- bis Sechsstoffsysteme, für welche trotz zahlreicher aufwendiger Untersuchungen (Literatur: s. WOHLFARTH [32]) bisher kein eindeutiges Bild von Struktur, Zusammensetzung und Zahl der im Verlauf der Wärmebehandlung gegenwärtigen Phasen gewonnen werden konnte.

In Cu—Co-Legierungen mit weniger als 5% Co bilden sich anfangs kohärente, kobaltreiche Ausscheidungen in praktisch reiner Kupfermatrix. Die Gitterkonstante des kfz. Kupfergitters ist $a = 3{,}55$ Å, und die der Ausscheidungen

$a = 3{,}61$ Å [152]. Die Ausscheidungen sind zunächst fast kugelförmig. Im Verlauf des weiteren Wachstums und wahrscheinlich unter einem gewissen Verlust von Kohärenz entwickelt sich eine Tendenz zur Bildung allgemeiner Ellipsoide mit einem größten Achsenverhältnis von etwa 1,1, wobei die von den längsten Achsen aufgespannte Ebene parallel zu [100]-Ebenen des Matrixgitters liegt [17, 145, 146]. Das Ausscheidungsverhalten der Cu–Co-Legierungen ist an Hand verschiedener Messungen [152, 17, 153, 22, 14, 33] des Verlaufs von mechanischer Härte, Streckgrenze, elektrischem Widerstand ϱ, Sättigungsmagnetisierung I_s, Koerzitivkraft H_C, Remanenz $\tilde{I}_R$, mittlerer Teilchendurchmesser D und Teilchengrößenspektrum $\Phi(D)$ während isothermer Glühung von homogenen, abgeschreckten Proben untersucht worden. $\tilde{I}_s$ und ϱ nehmen schon nach relativ kurzer Glühzeit (abh. von der Glühtemp., bei 600 °C nach etwa 20 min.) konstante Werte an, d. h. die Ausscheidung ist bereits im Anfangsstadium der Alterung vollständig

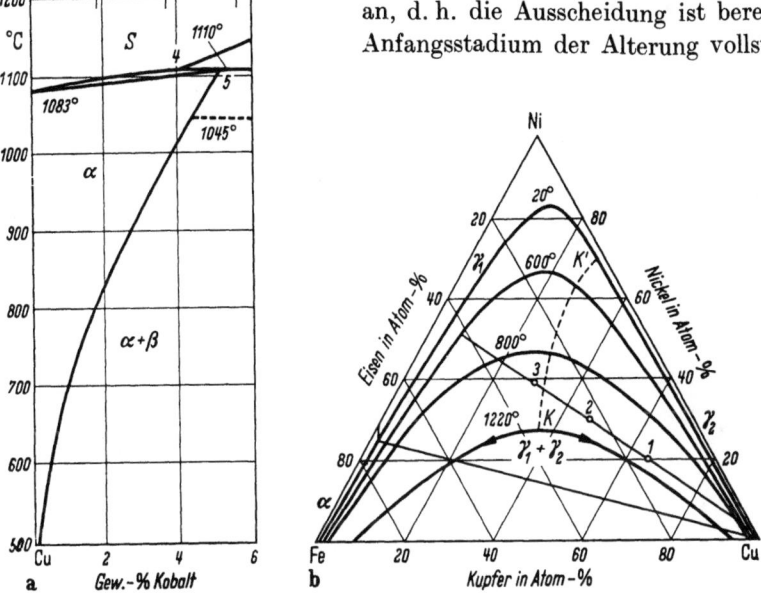

Abb. 27.25 a u. b. Zustandsschaubild der Systeme a) Cu–Co [148, 149] und b) Fe–Ni–Cu [150, 151]. Bezüglich der eingezeichneten Legierungen siehe Text sowie Abb. 27.26 und Abb. 27.27.

abgeschlossen. Der mittlere Teilchendurchmesser D hat in diesem Stadium die Größenordnung 10 bis 20 Å. Im Verlauf weiterer Glühung nimmt lediglich die mittlere Teilchengröße zu und entsprechend die Teilchenzahl ab. D wächst etwa linear mit dem Logarithmus der Glühzeit an. Tatsächlich besteht ein breites Spektrum von Teilchengrößen, so daß stets Mischungen von superparamagnetischen und stabilen Eindomänenteilchen bzw. von stabilen Eindomänen- und Vieldomänenteilchen vorhanden sind. H_C, z. B. bei -77 °C gemessen, ist zunächst Null, steigt nach längerer Glühzeit (bei einer Glühtemperatur von 600 °C nach etwa 500 min.) an und durchläuft ein Maximum von 200 bis 300 Oe, entsprechend einem Wachstum der Teilchen vom superparamagnetischen über den thermisch stabilen Eindomänenbereich zu Vielbereichteilchen. Ein entsprechendes Verhalten zeigt die Remanenz. Mechanische Härte und Streckgrenze steigen auch nach beendeter Ausscheidung mit wachsendem Teilchendurchmesser weiter an und durchlaufen bei Teilchendurchmessern der Größenordnung 100 Å ein Maximum. Eine Abhängigkeit der Koerzitivkraft von der Packungsdichte kann wegen des geringen verfügbaren Konzentrationsbereichs (5% Co) nicht beobachtet werden.

Die aushärtungsfähigen kfz. Legierungen im System Fe—Ni—Cu (s. 27.25b) bilden bei hinreichend hohen Temperaturen homogene Mischkristalle und zerfallen bei tiefen Temperaturen in eine Fe—Ni-reiche ferromagnetische und eine Cu-reiche nicht ferromagnetische Phase, deren Zusammensetzungen jeweils durch die Endpunkte der zu einer Legierung und Temperatur gehörigen Konode (wie in Abb. 27.25b für drei Legierungen und 600 °C eingezeichnet) gegeben sind. Beide Phasen sind im Gleichgewicht kfz. Die Dauermagneteigenschaften dieser Legierungen wurden zuerst von DAHL et al. [154] und NEUMANN [155] beschrieben. Spätere eingehende Untersuchungen von Struktur [156, 157, 158, 159, 160, 161, 162] und magnetischen Eigenschaften [162, 163] in verschiedenen Sta-

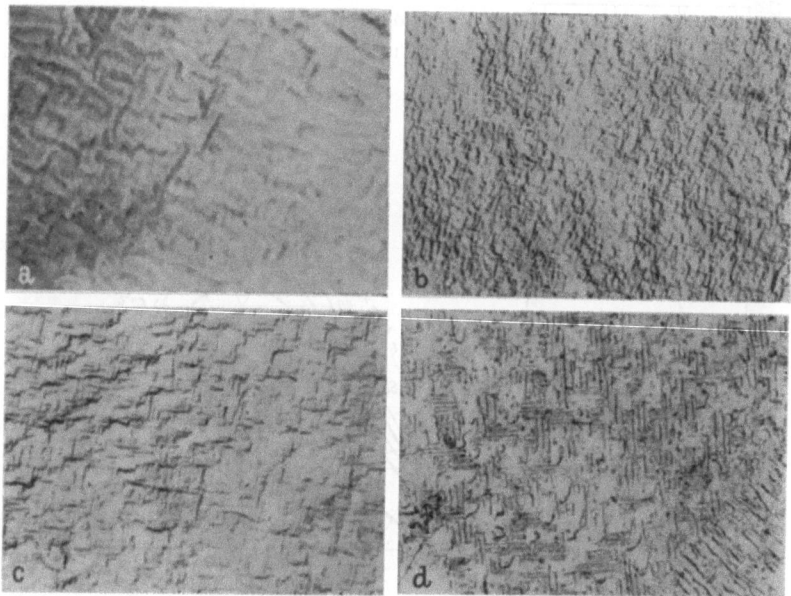

Abb. 27.26a—d. Struktur der Legierung 47Cu, 30Ni, 23Fe nach dem Abschrecken von 1025 °C und verschieden langer Glühung bei 600 °C: a) 15 Std., b) 80 Std., c) 320 Std. und d) 1280 Std. (Vergr.: a) 40 000fach, b—d) 10 000fach) (Nach BIEDERMANN und KNELLER [162])

dien des Legierungszerfalls ergeben folgendes Bild von dessen Ablauf [162]: Die Legierungen entmischen sich sehr rasch. Alle Proben, für die (wenigstens näherungsweise) Messungen der absoluten Sättigung $\tilde{I}_{s0}$ vorliegen, waren bereits nach dem Abschrecken fast vollständig entmischt. Dies wurde aus der Tatsache geschlossen, daß $\tilde{I}_{s0}$ während der Alterung praktisch konstant bleibt [162, 24] (s. a. Abb. 10.22). Die Versuchsergebnisse deuten darauf hin, daß nach dem Abschrecken kohärente, kugelähnliche Clusters beider Phasen mit Durchmessern der Größenordnung 100 Å in statistischer Verteilung bestehen. In keiner der abgeschreckten Legierungen wurde unterhalb Raumtemperatur vollständiger Superparamagnetismus beobachtet, sondern lediglich partielles thermisches Kriechen (s. 41.3) [162]. Im wesentlichen veranlaßt durch die von der Gitterkonstantendifferenz der Gleichgewichtsphasen herrührenden Eigenspannungen findet im weiteren Verlauf der Alterung eine „Umkristallisation" der Clusters zu Paketen ziemlich regelmäßig parallel geschichteter, tetragonal verzerrter, alternierend Fe—Ni- und Cu-reicher Plättchen statt. Die Ausdehnung der Plättchen in ihrer Ebene ist etwa gleich dem 5- bis 10fachen Durchmesser. Die Dicke der Plättchen nimmt im Verlauf der weiteren Glühung unter zunehmendem Verlust an Kohärenz (Abnahme der Tetragonalität des Gitters) zu. Die Periodizitätslänge q der Schichtung (Dicke von einem Fe—Ni- + einem Cu-reichen Plättchen) kann zunächst röntgenographisch [157, 158, 160, 162] und später auch elektronenmikroskopisch [162] (s. Abb. 27.26) gemessen werden. Aus q und dem durch die Lage einer Legierung auf der zugehörigen Konode gegebenen Mengenverhältnis der beiden Phasen ergibt sich die Dicke der ferromagnetischen Plättchen. Abb. 27.27 zeigt den Verlauf von H_C und q während isothermer (600°) Aushärtung von drei auf einer Konode gelegenen Fe—Ni—Cu-Legierungen (s. Abb. 27.25b), welche sich nur durch das Mengenverhältnis, nicht aber durch die Zusammensetzung der beiden Zerfallsprodukte unterscheiden. Im Maximum der Koerzitivkraft ist das Verhältnis von Dicke zu Durchmesser der ferromagnetischen Plättchen etwa 1:10. Nach BIEDERMANN und KNELLER [162] rührt die hohe Koerzitivkraft wahrscheinlich von der Formanisotropie der Plättchen in ihren Ebenen her. Der Anstieg von H_C bis zum Maximum ist bei diesen

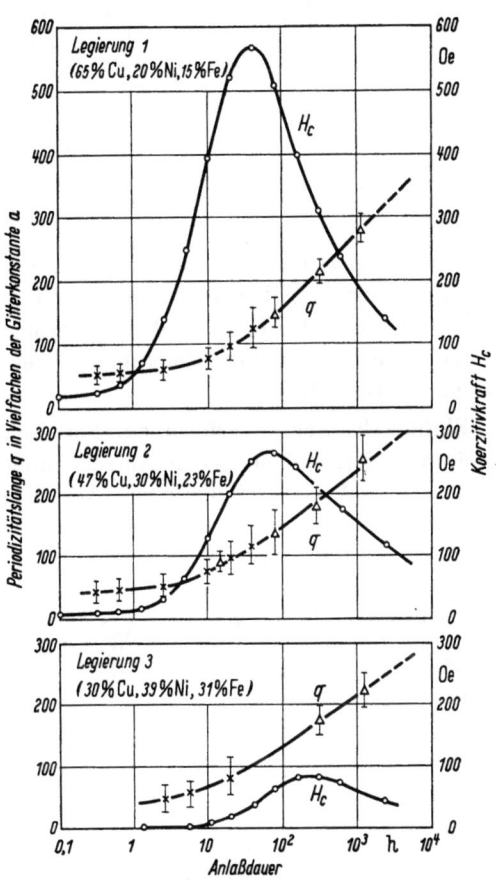

Abb. 27.27. Abhängigkeit der Periodizitätslänge q und Koerzitivkraft H_C verschiedener, auf einer Konode gelegener (s. Abb. 27.25), von 1025°C abgeschreckter Cu—Ni—Fe-Legierungen von der Glühzeit bei 600°C (× röntgeno) graphisch, Δ elektronenmikroskopisch gemesse.n).
(Nach BIEDERMANN und KNELLER [162])

Legierungen nicht durch den Übergang von superparamagnetischen zu thermisch stabilen Teilchen bedingt, wie bei den Cu—Co-Legierungen, sondern durch eine allmähliche Zunahme der Formanisotropie der Plättchen, während der auf das Maximum folgende Abfall von H_C in gleicher Weise wie bei den Cu—Co-Legierungen durch den Übergang von Einbereich- zu Vielbereichteilchen zu deuten ist. In Abb. 27.28 [163] ist die Abhängigkeit der Koerzitivkraft der Legierung Cu_4FeNi_3 von der Glühzeit für drei verschiedene Temperaturen wiedergegeben.

Damit ist gezeigt worden, daß ferromagnetische Eindomänenteilchen in nicht ferromagnetischer Matrix auch durch eine geeignete Wärmebehandlung ausscheidungsfähiger Legierungen erzeugt werden können. Es verbleibt nunmehr noch die Aufgabe, die leichten Richtungen der Ausscheidungen parallel zu einer gewünschten Richtung auszurichten. Dies gelingt, wie nachfolgend besprochen werden wird,

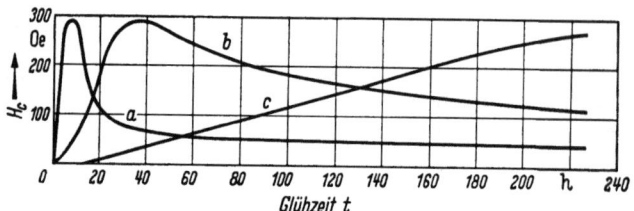

Abb. 27.28. Koerzitivkraft H_C der Legierung Cu_4FeNi_3 als Funktion der Glühzeit bei a 750 °C, b 650 °C und c 550 °C. Nach SUCKSMITH [163]

1. durch plastische Verformung (und evtl. nachfolgende Wärmebehandlung) der Legierungen, und in bestimmten Fällen auch durch

2. Glühen oder Abkühlen der Legierungen in einem Magnetfeld. Besonders weitgehende Ausrichtung erhält man hierbei in gerichtet erstarrten, einkristallartigen Werkstoffen.

Einfluß plastischer Verformung. Plastische Verformung einer Legierung mit kohärenten ferromagnetischen Ausscheidungen liefert stets magnetische Anisotropie. Diese Anisotropie kann zwei Ursachen haben: 1. Homogene oder heterogene Verformung der Ausscheidungen (s. Abb. 27.29 [164]) und 2. Ausbildung einer Verformungstextur. Eine Trennung beider Effekte erscheint praktisch möglich. Da entsprechende Experimente bisher nicht ausgeführt wurden, wollen wir aus den vorliegenden Versuchsergebnissen [22, 162, 165, 166, 167, 168, 169, 170, 171] solche herausgreifen, bei denen wahrscheinlich der Einfluß der Verformung der Ausscheidungen überwiegt. LIVINGSTON und BECKER [22] haben vielkristalline Proben aus 2% Co—Cu in verschiedenen Ausscheidungsstadien (verschiedene mittlere Durchmesser der Ausscheidungen) durch Recken und durch einseitigen Druck plastisch verformt und die an Hand von Torsionskurven bestimmte magnetische Anisotropie als Funktion der plastischen Längenänderung gemessen. Es bildet sich in beiden Fällen eine einachsige Anisotropie der Form $E = K \sin^2 \theta$, wobei θ der Winkel zwischen Magnetisierungs- und Verformungsrichtung ist. K ist beim Recken positiv und beim Stauchen negativ. Abb. 27.30 zeigt das Ergebnis der Stauchversuche. Die Autoren haben gezeigt, daß es sich bei der verformungsinduzierten Anisotropie um Formanisotropie handelt. Unter der Annahme, daß die ursprünglich fast kugelförmigen Co-Ausscheidungen ebenso wie die Probe verformt werden, berechnet man die Anisotropiekonstante $K = (1/2) \Delta N I^2$, wobei ΔN die Differenz der Entmagnetisierungsfaktoren längs

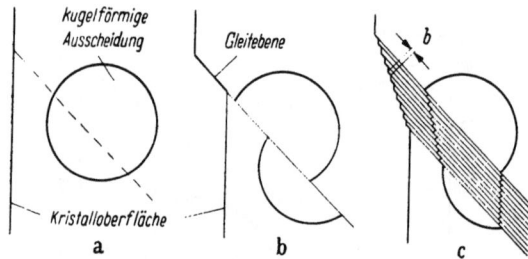

Abb. 27.29 a—c. Schematisches Modell der Formänderung einer kohärenten, kugelförmigen Ausscheidung bei plastischer Verformung: a) unverformt, b) bei inhomogener und c) bei homogener Gleitung. (Nach KNELLER [164])

der kurzen und längs der langen Achse der nach der Verformung rotationselliptischen Teilchen bedeutet. Wie Abb. 27.30 zeigt, werden die Versuchsergebnisse durch diese einfache Theorie bis etwa 30% Längenänderung gut angenähert. Die Abweichungen bei stärkerer Verformung können plausibel erklärt werden (s. [*22*]). Wir erwähnen hier noch, daß plastische Verformung das einzige Mittel ist, mit dem in Fe—Ni—Cu-Legierungen eine an isotrope Richtungsverteilung der Teilchenachsen erzeugt werden kann. Magnetfeldglühung ist in diesen Legierungen unwirksam (s. nächsten Abschnitt). Technisch werden die Fe—Ni—Cu-Legierungen gewalzt und anschließend geglüht.

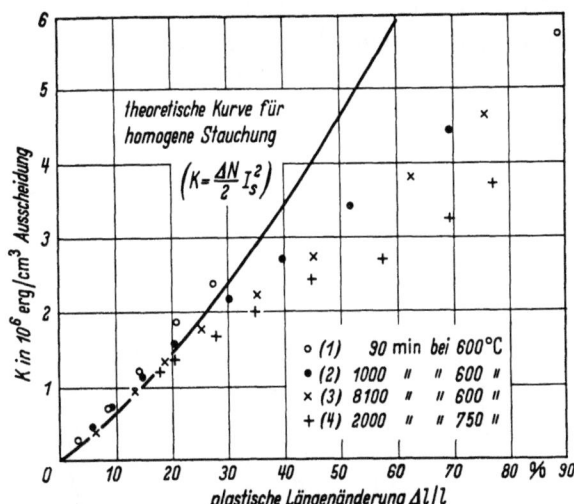

Abb. 27.30. Magnetische Anisotropie als Funktion der plastischen Stauchung $\frac{\Delta l}{l}$ für verschiedene 2 Co—Cu-Proben mit den folgenden magnetisch abgeschätzten mittleren Teilchendurchmessern: (1) 38 Å, (2) 68 Å (3) 200 Å und (4) 1000 Å. (Nach LIVINGSTON und BECKER [*22*])

Größte Koerzitivkraft und Remanenz werden in der Walzrichtung gemessen [*165*] (s. a. [*164*]).

Magnetfeldglühung. Ein während des Ausscheidungsprozesses angelegtes Magnetfeld erzeugt in einer Reihe von Legierungen eine einachsige magnetische Anisotropie mit Vorzugsrichtung parallel zu der Feldrichtung während des Ausscheidungsprozesses. Dieser Effekt wurde 1938 von OLIVER und SHEDDEN [*172*] an einer Legierung vom Alnico-Typus entdeckt. Nachfolgende diesbezügliche Untersuchungen ergaben, daß eine Magnetfeldglühung außer bei den Alnico-Legierungen auch bei Cu—Co- [*173, 174, 147, 175, 176, 153, 177*], Cu—Fe- [*178*] und Fe-β-Messing-Legierungen [*179*] wirksam ist, nicht dagegen bei den Cu—Ni—Fe- und den Cu—Ni—Co-Legierungen.

Anisotrope Alnico-Legierungen erhält man nach Abkühlen von 1300 °C auf Raumtemperatur mit einer Geschwindigkeit von 1 bis 3 °C/sek in einem Magnetfeld von wenigstens 2000 Oe (bei kleineren Feldern ist die Anisotropie geringer [*180*]) und folgende Alterung während rund 12 Stunden bei etwa 600 °C ohne Magnetfeld. Wie Abb. 27.31 zeigt, werden dadurch Koerzitivkraft und Remanenz erhöht und die Magnetisierungsschleife aufgerichtet. Das maximale Energieprodukt $(B \cdot H)_m$ nimmt von etwa $2 \cdot 10^6$ GOe auf mehr als $5 \cdot 10^6$ GOe zu [*181*]. Nach Versuchen von NESBITT und WILLIAMS [*182*] an Alnico 5 (s. Abb. 27.31) ist das Magnetfeld fast ausschließlich im Temperaturbereich der Keimbildung der Ausscheidungen (890 bis 790 °C) wirksam. Es ist nahezu unwesentlich, ob während des folgenden Wachstums der Ausscheidungen bei 790 bis 550 °C noch ein Magnetfeld besteht oder nicht. Wie bereits erwähnt, gibt es bis heute keine zuverlässige Strukturanalyse der Alnico-Legierungen im Zustand höchster Koerzitivkraft. Im Elektronenmikroskop beobachtet man eine Struktur, die auf 200 bis 300 Å dicke und etwa 1000 Å lange stäbchenförmige Teilchen hindeutet, deren lange Achsen parallel zu den [100]-Richtungen der krz. Matrix liegen. Nach einer Wärmebehandlung ohne Magnetfeld sind die Stabachsen gleichmäßig auf alle [100]-Richtungen verteilt. Ein Magnetfeld während der Wärmebehandlung bewirkt, daß die Stäbchen nur parallel zu den der Feldrichtung nächst benachbarten [100]-Richtungen wachsen, während andere Achsenrichtungen unterdrückt sind

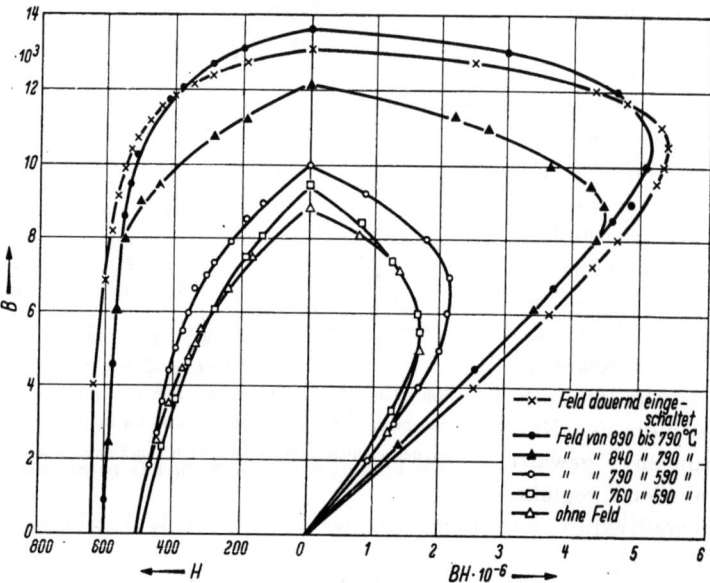

Abb. 27.31. Wirkung eines Magnetfeldes von etwa 1000 Oe auf die Entmagnetisierungskurve und das Energieprodukt von Alnico 5. Wärmebehandlung wie angegeben plus Alterung bei 600 °C bis zum Erreichen optimaler magnetischer Eigenschaften. (Nach NESBITT und WILLIAMS [182])

[183]. Eine weitere Verbesserung der magnetischen Eigenschaften mit Energieprodukten über $10 \cdot 10^6$ GOe [184] erreicht man in einkristallartig erstarrten Proben mit Magnetfeldglühung parallel zu einer [100]-Richtung der Probe. Besonders schöne elektronenmikroskopische Bilder der Struktur eines solchen Materials sind in Abb. 27.32 [185] wiedergegeben.

Die Magnetfeldausscheidung in 2% Co—Cu ist insbesondere von MITUI [176] (s. a. [173, 174]) und BECKER [153, 177] untersucht worden. Es bildet sich eine einachsige Anisotropie der Form $E = K_u \sin^2 \theta$ (θ = Winkel zwischen Feldrichtung während der Ausscheidung und Magnetisierungsrichtung während der Messung). Abb. 27.33 zeigt die Zeitabhängigkeit von K_u (bei Raumtemperatur gemessen) im Verlauf isothermer Glühung in einem Feld von 3000 Oe und Abb. 27.34 die Feldabhängigkeit der Höchstwerte von K_u für isotherme Glühung bei verschiedenen Temperaturen. K_u durchläuft danach bei isothermer Feldglühung ein Maximum, das zeitlich zwischen dem Maximum der Remanenz und dem der Koerzitivkraft liegt und mit wachsendem Feld und abnehmender Temperatur höher wird.

Die Feldabhängigkeit von K_u sowie die Abhängigkeit des bei konstantem Feld erhaltenen Maximalwertes von K_u von der Glühtemperatur sind im wesentlichen damit zu verstehen, daß sich die Ausscheidungen bei der Glühtemperatur durchweg superparamagnetisch verhalten.

Bezüglich des Mechanismus der Magnetfeldglühung in den Co—Cu-Legierungen gewinnt man an Hand der vorliegenden Ergebnisse folgendes Bild: Im Größenbereich von Eindomänenausscheidungen besteht grundsätzlich eine Tendenz zur Bildung elongierter Teilchen mit der langen Achse parallel zur Magneti-

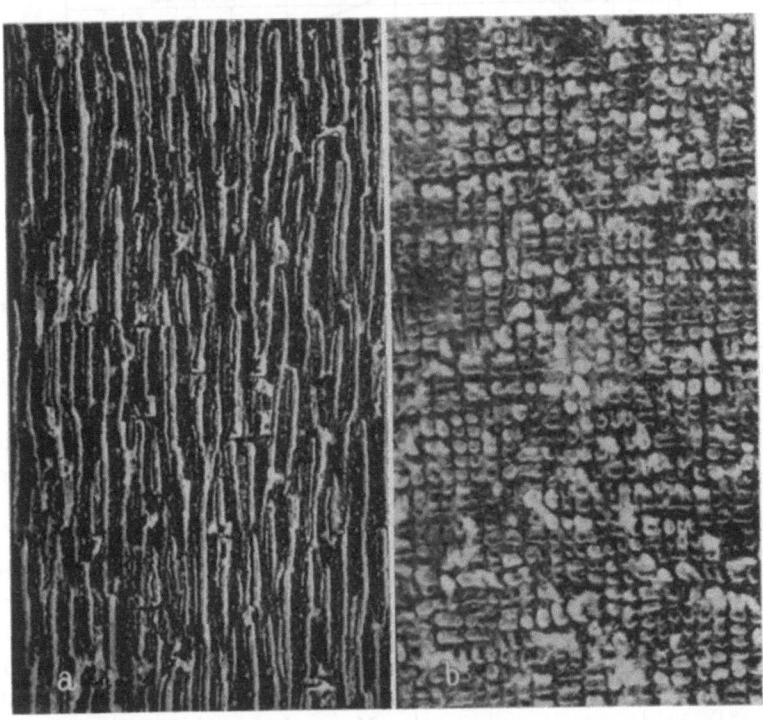

Abb. 27.32a u. b. Struktur von gerichtet erstarrtem, magnetfeldgeglühtem Ticonal X im Zustand optimaler magnetischer Eigenschaften. Bildebene a) parallel und b) senkrecht zur Feldrichtung während der Wärmebehandlung. Vergr. 64000×. (Nach DE JONG, SMEETS und HAANSTRA [185])

sierungsrichtung der Teilchen, weil dabei die magnetostatische Energie vermindert wird. Dieser Tendenz entgegen wirkt die Oberflächenspannung, welche für sphärische Teilchen am kleinsten ist. Es gibt demnach für jede Teilchengröße eine Gleichgewichtsform, deren Exzentrizität proportional zu $V^{1/3} I_s^2/\sigma$ (V = Teilchenvolumen, σ = Oberflächenspannung) ist [186]. Das Magnetfeld verändert diese Teilchenform nicht, sondern richtet lediglich die Magnetisierung der Teilchen und damit deren Achsen aus. Tatsächlich konnte BECKER [153] auch zeigen, daß die Feldabhängigkeit des Rotationshystereseverlustes, welche lediglich von der Teilchenform, nicht aber von der Orientierung der Teilchenachsen abhängt, für eine mit und eine ohne Magnetfeld geglühte Probe praktisch gleich ist (Abb. 27.35).

Wesentliche Voraussetzung für das Auftreten des Magnetfeldglüheffektes in Co—Cu-Legierungen ist, wie bei Alnico-Legierungen, daß das Feld von Anbeginn der Ausscheidung an wirkt. Im Gegensatz zu Alnico-Legierungen verschwindet die Anisotropie der Co—Cu-Legierungen jedoch rasch, wenn man das Feld nach abgeschlossener Ausscheidung zu irgendeinem Zeitpunkt während des folgenden Teilchenwachstumsprozesses abschaltet. Dieses Verhalten kann durch den Einfluß thermischer Schwankungen auf die Magnetisierungsrichtung der (im Gegensatz zu Alnico) nur schwach formanisotropen (maximales Achsenverhältnis etwa 1,2) Co-Ausscheidungen erklärt werden.

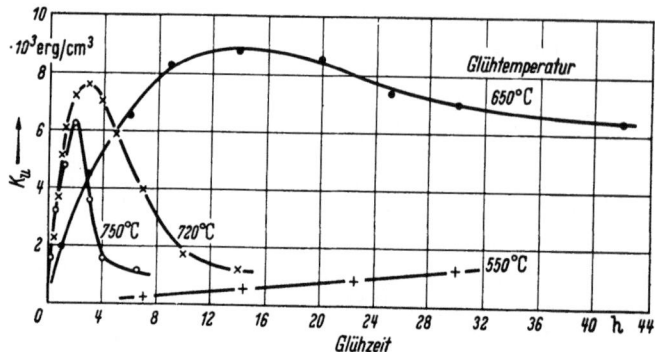

Abb. 27.33. Magnetfeldinduzierte Anisotropieenergie K_u (bei Raumtemperatur) in 2Co 98Cu als Funktion der Glühzeit in einem Magnetfeld von 3000 Oe. (Nach MITUI [176])

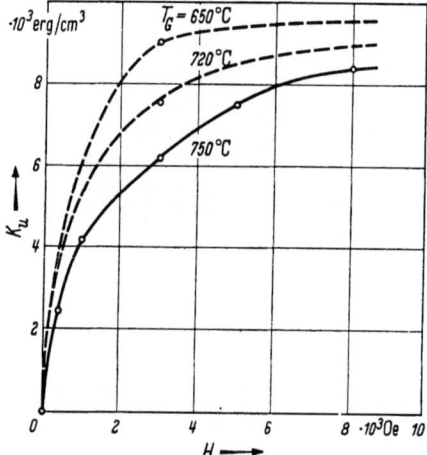

Abb. 27.34. Feldabhängigkeit des Höchstwertes von K_u (bei Raumtemperatur) in 2Co 98Cu für isotherme Glühung bei verschiedenen Temperaturen T_G. (Nach MITUI [176])

Eigenartig ist, daß die Anisotropie bei isothermer Feldglühung ein Maximum durchläuft. Offenbar gibt es eine kritische Teilchengröße, oberhalb welcher die Teilchenform wieder gegen die Kugelgestalt tendiert, und zwar entsprechend Abb. 27.33 um so rascher, je höher die Temperatur ist.

Die für das Auftreten eines Magnetfeldglüheffektes allgemein als notwendig erkannte Voraussetzung, daß das Magnetfeld während des Anfangsstadiums der Ausscheidung gegenwärtig sein muß, liefert zusammen mit den Erkenntnissen des letzten Abschnittes ein grundsätzliches Kriterium dafür,

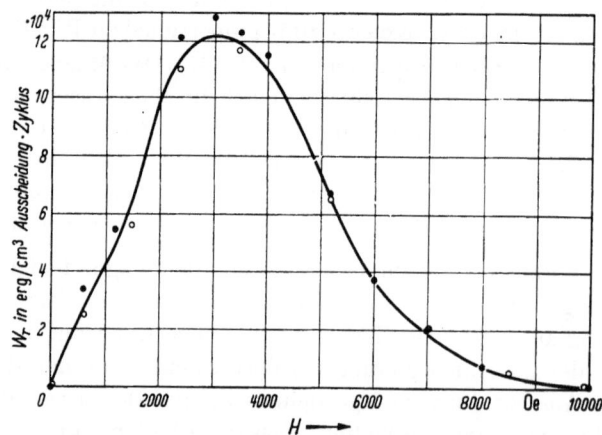

Abb. 27.35. Rotationshystereseverlust W_r als Funktion des Meßfeldes H für 2Co 98Cu nach 30 Min. Alterung bei 650 °C —●—●— in einem Magnetfeld von 1000 Oe und —○—○— ohne Feld. (Nach BECKER [153])

ob eine Legierung den Effekt überhaupt zeigen kann. Die CURIE-Temperatur der Ausscheidung muß höher liegen als die Temperaturgrenze des heterogenen Zustandsgebiets, denn wenn die Ausscheidungen während des Keimbildungsstadiums paramagnetisch sind, ist ein Feld unwirksam. Aus diesem Grund wird der Effekt bei den Fe−Ni−Cu- und den Co−Ni−Cu-Legierungen nicht beobachtet.

27.5.4 Homogene ordnungsfähige Legierungen

Als Beispiel dieser Werkstoffgruppe betrachten wir die Ni−Mn-Legierungen. Legierungen mit weniger als 40% Mn bilden homogene Mischkristalle. Im Legierungsbereich zwischen etwa 15 und 40% Mn findet man die Ordnungsphase Ni_3Mn. Wie seit langem bekannt ist [187], sind Legierungen mit mehr als 25% Mn im geordneten Zustand stark ferromagnetisch ($\tilde{I}_{s0} \approx 900$ cgsE, CURIE-Temperatur etwa 750°K für Ni_3Mn [23]), im ungeordneten Zustand dagegen bei Raumtemperatur und darüber praktisch paramagnetisch[1]. Die geordnete Phase entsteht unterhalb etwa 800°K (die Umwandlungstemperatur ist etwas legierungsabhängig), ausgehend von statistisch verteilten Keimen, und bildet im Anfangsstadium kleine ferromagnetische Teilchen in paramagnetischer Matrix. Daher findet man im Verlauf der Ordnungsbildung grundsätzlich alle Eigenschaften (Superparamagnetismus, ein Maximum der Koerzitivkraft von etwa 400 Oe, einen starken Anstieg der Koerzitivkraft bei plastischer Verformung usw. [23, 171]), welche wir bei den ausscheidungsfähigen Legierungen kennen gelernt haben. Ein prinzipieller Unterschied gegenüber den ausscheidungsfähigen Legierungen ergibt sich lediglich aus der Tatsache, daß die „Ausscheidung" der Ordnung „unbegrenzt" ist, d. h. daß im Gleichgewicht die ganze Legierung aus „Ausscheidungssubstanz" besteht. Das bedeutet, daß beständig superparamagnetische Teilchen nachgebildet werden können, während andere Teilchen bereits Vielbereichgröße erreicht haben. Die Folge ist ein extrem breites Teilchengrößenspektrum, d. h. magnetisch eine Mischung aus superparamagnetischen und thermisch stabilen Einbereichteilchen und Vielbereichteilchen. Die teilgeordneten Legierungen sind als Dauermagnetlegierungen nicht geeignet, denn ihre Koerzitivkraft erreicht aus den genannten Gründen keine extrem hohen Werte, und die Remanenz ist wegen des großen superparamagnetischen Anteils stets relativ niedrig (s. 27.4.7).

27.6 Dünne Schichten

27.6.1 Allgemeines

Man spricht von weichmagnetischen oder von hartmagnetischen Schichten, je nachdem ihre Koerzitivkraft groß oder klein ist. Das magnetische Verhalten der harten Schichten versteht man bis heute kaum. Wahrscheinlich finden die Prinzipien der Theorie der kleinen Teilchen bis zu einem gewissen Grade Anwendung. Im folgenden wollen wir ausschließlich die weichmagnetischen Schichten behandeln.

---

[1] Bei tiefen Temperaturen haben die ungeordneten Ni-Mn-Legierungen ungewöhnliche magnetische Eigenschaften (Austauschanisotropie) [188, 189, 190], auf die wir hier der Kürze halber nicht eingehen können.

Wie in 26.1 bereits erwähnt, nimmt das magnetische Verhalten weichmagnetischer dünner Schichten eine Art Mittelstellung zwischen den typischen Eigenschaften von Eindomänenteilchen und von großen Vieldomänenkristallen ein. Es hängt von den Schichteigenschaften und Versuchsbedingungen ab, ob eine Schicht durch Wandverschiebungen, inkohärente oder kohärente Rotation ummagnetisiert wird. Unter bestimmten Bedingungen können sich Schichten wie einachsige Eindomänenteilchen verhalten: Sie bleiben in zwei zueinander antiparallelen Richtungen in der Schichtebene auch ohne ein äußeres Feld gesättigt und werden durch kohärente Rotation ummagnetisiert. Die Schaltzeit hat dabei die Größenordnung 10^{-9} sek, während Wandverschiebungen Schaltzeiten bis zu einigen 10^{-3} sek liefern. Im Gegensatz zu Eindomänenteilchen beträgt die Koerzitivkraft der Schichten jedoch nur einige Oe. Auf solchen Eigenschaften beruht die große potentielle Bedeutung dünner Schichten als Speicherelemente in Rechenautomaten.

Das besondere magnetische Verhalten dünner Schichten ergibt sich im wesentlichen aus ihrer geringen Dicke und ihrer speziellen Formanisotropie ($f_I \approx 0$ für I_s parallel, und $f_I \approx 2\pi I_s^2$ für I_s senkrecht zur Schichtebene) in Verbindung mit einer einachsigen Anisotropie in der Schichtebene. Spontane Magnetisierung und CURIE-Temperatur wurden in 10.4.1 und der Aufbau, die Anisotropieeigenschaften und die magnetische Struktur wurden in 22.6 behandelt. Auf dieser Grundlage soll nunmehr das statische und das dynamische Magnetisierungsverhalten dünner Schichten untersucht werden. Wir müssen uns dabei auf eine kurze Darstellung der prinzipiell wesentlichen Ergebnisse beschränken und verweisen für ein genaueres Studium auf einige zusammenfassende Artikel [*191, 192, 193*], einen Konferenzbericht [*269*] (sehr reichhaltig), eine fast vollständige Sammlung von Meßergebnissen [*194*] sowie auf die Originalliteratur.

27.6.2 Statische Magnetisierungskurve

Theorie für kohärente Rotation. Die statische Magnetisierungskurve ist wohl zuerst von SLONCZEWSKI [*195*] (s. a. [*191, 192*]) auf der Basis der Theorie von STONER und WOHLFARTH [*45*] berechnet worden. Die Schichtebene sei parallel zur $x-y$-Ebene. Die Schicht sei stets homogen spontan magnetisiert. Ein äußeres Feld H ändere also nur die Richtung des Magnetisierungsvektors I_s. Auf Grund des hohen Entmagnetisierungsfaktors senkrecht zur Schichtebene wird angenommen, daß das entmagnetisierende Feld die Magnetisierung I_s stets in der Schichtebene hält. Es wird ferner angenommen, daß die Schicht eine induzierte einachsige Anisotropie (s. 22.6) der Form $f_K = K \sin^2 \varphi$ mit der leichten Richtung parallel zur x-Achse hat. φ sei der Winkel zwischen I_s und der x-Achse (s. Abb. 27.36a). Unter diesen Voraussetzungen ist die freie Energiedichte in einem Feld H

$$f = K \sin^2 \varphi - \boldsymbol{H} \boldsymbol{I}_s \qquad (27.22)$$

$$= K \sin^2 \varphi - H_x I_s \cos \varphi - H_y I_s \sin \varphi.$$

Die Gleichgewichtsrichtungen von I_s ergeben sich aus

$$\partial f/\partial \varphi = 2K \sin \varphi \cos \varphi + H_x I_s \sin \varphi - H_y I_s \cos \varphi = 0. \qquad (27.23)$$

Für einen gegebenen Winkel φ stellt Gl. (27.23) eine Gerade in der $x-y$-Ebene dar. Die Geradenschar ist in Abb. 27.36b veranschaulicht. Jeder Punkt (H_x, H_y) auf einer solchen Geraden stellt ein Feld dar, in welchem eine zu der Geraden parallele Magnetisierungsrichtung (angedeutet durch Pfeile) im Gleichgewicht ist. Jede dieser Gleichgewichtsgeraden hat zwei Teile. Einem Teil entsprechen stabile

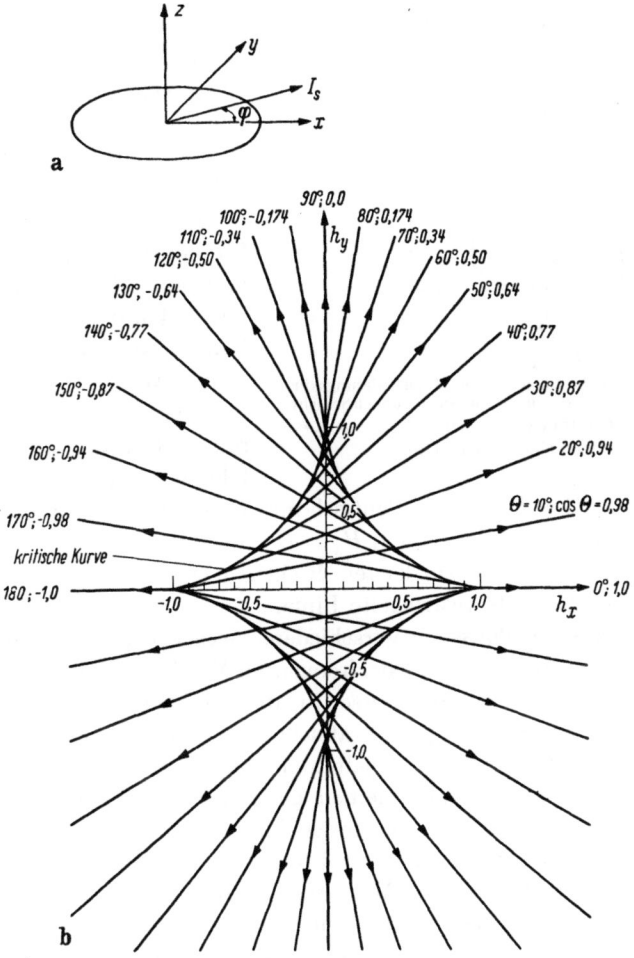

Abb. 27.36a u. b. a) Zur Berechnung der statischen Magnetisierungskurve einer dünnen Schicht. b) Feldabhängigkeit der Magnetisierungsrichtung (angedeutet durch Pfeile) in einer einachsigen dünnen Schicht. $h_x = H_x/(2K/I_s)$, $h_y = H_y/(2K/I_s)$. (Nach SLONCZEWSKI [195])

($\partial^2 f/\partial \varphi^2 > 0$), dem anderen (in Abb. 27.36b nicht gezeichnet) instabile ($\partial^2 f/\partial \varphi^2 < 0$) Gleichgewichte. In einem durch $\partial^2 f/\partial \varphi^2 = 0$ bestimmten kritischen Feld gehen die Gleichgewichte ineinander über. Den geometrischen Ort der Bildpunkte dieser kritischen Felder erhält man durch Eliminieren von φ aus Gl. (27.23) und der Gleichung

$$\partial^2 f/\partial \varphi^2 = 2K(\cos^2 \varphi - \sin^2 \varphi) + H_x I_y \cos \varphi + H_y I_s \sin \varphi = 0. \quad (27.24)$$

Die kritische Kurve hat die Gleichung

$$H_x^{2/3} + H_y^{2/3} = H_K^{2/3} \quad \text{mit} \quad H_K = 2K/I_s. \quad (27.25)$$

Sie ist in Abb. 27.36b in reduzierten Koordinaten $h_x = H_x/H_K$, $h_y = H_y/H_K$ dargestellt und hat physikalisch folgende Bedeutung: Für jeden Punkt außerhalb der kritischen Kurve gibt es eine stabile Lage φ von I_s, für jeden Punkt innerhalb zwei stabile Lagen φ. Welche von zwei stabilen Lagen von I_s eingenommen wird, hängt in einfacher Weise von der magnetischen Vorgeschichte ab. H_K wird als Anisotropiefeld bezeichnet. Die Gleichgewichtsgeraden tangieren die kritische Kurve im kritischen Punkt (Theorie der Enveloppen).

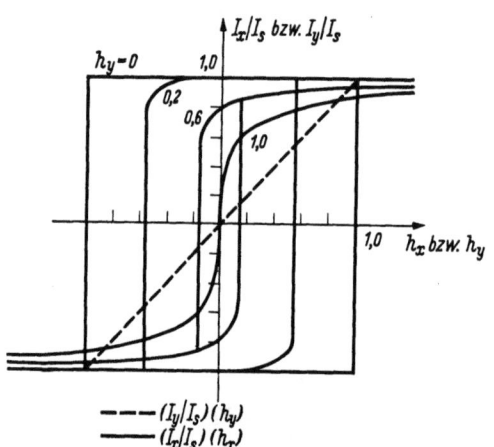

Abb. 27.37. Theoretische longitudinale Magnetisierungskurven $(I_x/I_s)(h_x)_{h_y}$ = konst. einer einachsigen dünnen Schicht. Gestrichelt ist ferner die transversale Kurve $(I_y/I_s)(h_y)_{h_x=0}$ eingezeichnet. (Nach SMITH [191])

Magnetisierungskurven $I_x(H_x)$ für konstante Werte von H_y kann man aus Abb. 27.36b leicht graphisch konstruieren. Einige solche Kurven sind in Abb. 27.37 dargestellt. Wie man sieht, geht die statische Koerzitivkraft für kohärente Rotation $h_r = H_r/H_K$ von 1 bis 0, wenn h_y von 0 bis 1 ansteigt. Die Funktion $H_r(H_y)$ ist identisch mit der kritischen Kurve und durch die Gl. (27.25) gegeben, in welcher man $H_x = H_r$ zu setzen hat. Für die Magnetisierungskurve $I_y(H_y)$ parallel zur harten Richtung ergibt sich bei $H_x = 0$ die in Abb. 27.37 eingezeichnete gestrichelte Linie.

Experimentelle Ergebnisse. Verschiedene experimentelle Untersuchungen statisch bzw. quasistatisch (in niederfrequenten Wechselfeldern von z. B. 50 Hz) geführter Ummagnetisierungsprozesse in dünnen Permalloyschichten deuten darauf hin, daß bei $H_y \lesseqgtr H_K$ im statischen Fall keine kohärente irreversible Rotation stattfindet. Die Filme schalten entweder nur durch Bildung von Ummagnetisierungskeimen (im allgemeinen an den Schichtkanten, s. [196]) und folgende Wandverschiebungen, oder durch eine partielle Rotation, welche in einer komplizierten Bezirksstruktur endet, und folgende Wiederauflösung dieser Struktur durch Wandverschiebungen. METHFESSEL, MIDDELHOEK und THOMAS [197] haben in einer ausgezeichneten Arbeit über dieses Thema die Magnetisierungskurve $I_x(H_x)$ sowie den Verlauf von dI_x/dt als Funktion von H_x in einem 50 Hz-Wechselfeld bei verschiedenen statischen Querfeldern H_y an einer Reihe 80Ni-20Fe-Schichten mit unterschiedlichem Verhältnis H_C/H_K (H_C = Koerzitivkraft parallel zur leichten Richtung für $H_y = 0$) gemessen. Die $dI_x/dt(H_x)$-Messungen in Abb. 27.38a bis c zeigen sowohl für Rotationsprozesse charakteristische, kontinuierliche Änderungen von I_x, als auch BARKHAUSEN-Spektren, wie sie für irreversible Wandverschiebungen charakteristisch sind (s. z. B. [252]). Durch das jeweilige Feld H_x, bei welchem die Signale gemessen werden, sind ein kritisches Feld H_p für die (partielle) Rotation und ein kritisches Feld H_w für Wandverschiebungen gegeben. Die kritischen Feldwerte H_p und H_w sind in Abb. 27.38a' bis c' im H_x–H_y-Diagramm dargestellt. Bei Querfeldern H_y, für welche $H_w < H_r$ ist, schalten die Filme selbstverständlich durch Wandverschiebungen. Bemerkenswert ist dagegen, daß dies auch der Fall ist, wenn $H_w > H_r$ wird. In keinem Fall schalten die Filme bei dem theoretischen kritischen Feld H_r durch kohärente Rotation. METHFESSEL et al. konnten dieses eigenartige Verhalten (an Hand eingehender Untersuchungen der Bezirkstruktur im Verlauf des Umschaltprozesses) durch das Zusammenwirken von Anisotropieschwankungen innerhalb der Schicht und Austausch- und Streufeldkopplung der Magnetisierung in verschiedenen Schichtbereichen plausibel erklären. THOMAS [270] hat neuerdings die Theorie

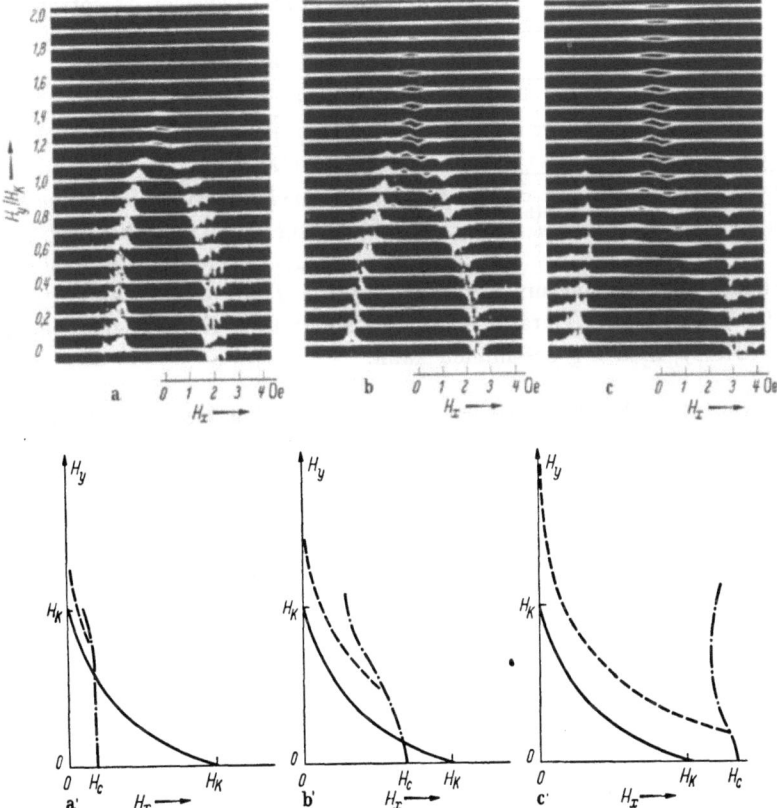

Abb. 27.38a—c. a) bis c): dI_x/dt für 80Ni 20Fe-Schichten als Funktion des (50-Hz-Wechsel-) Schaltfeldes H_x parallel zur leichten Richtung bei verschiedenen statischen Transversalfeldern H_y; a) Schichtdicke 1100 Å, $H_C = 1,9$ Oe, $H_K = 10,0$ Oe, $H_C/H_K = 0,2$; b) Schichtdicke 510 Å, $H_C = 2,6$ Oe, $H_K = 3,8$ Oe, $H_C/H_K = 0,7$; c) Schichtdicke 380 Å, $H_C = 3,25$ Oe, $H_K = 2,4$ Oe, $H_C/H_K = 1,3$.
a') bis c'): Kritische Kurven $H_y(H_w)$ für Wandbewegung (—·—·—) und $H_y(H_p)$ für partielle Rotation (— — — — —), gemessen an den Permalloyschichten a) bis c). Ferner ist jeweils die theoretische kritische Kurve $H_y(H_r)$ für kohärente Rotation eingezeichnet. (Nach METHFESSEL MIDDELHOEK und THOMAS [197])

des Problems vollständig ausgeführt. Bisher gibt es jedoch zu wenige und z. T. auch andersartige [198, 191, 200] Meßergebnisse, so daß man nicht sicher feststellen kann, ob das oben beschriebene Verhalten wirklich charakteristisch für das statische Schaltverhalten dünner Permalloyschichten ist.

Die parallel zur harten Richtung (y-Richtung) gemessene Magnetisierungskurve $I_y(H_y)$ ist für $H_x = 0$ und $H_{y\,\text{max}} > H_K$ nicht hysteresefrei, wie die theoretische Kurve in Abb. 27.37, sondern zeigt stets Hysterese und kann sogar fast rechteckig werden wie in der leichten Richtung (s. z. B. [191, 198]). Dies ist so zu erklären, daß sich die Magnetisierung (im wesentlichen wegen der unvermeidlichen

Schwankungen der Anisotropierichtung) bei Erniedrigung von H_y unter den Wert $2K/I_s$ in einzelnen Teilen der Schicht in Uhrzeigerrichtung und in anderen Teilen der Schicht im Gegenuhrzeigersinn dreht. Dabei wird eine Vielzahl kleiner, nadelförmiger Bezirke gebildet (s. z. B. Abb. 22.6). Man kann leicht einsehen, daß eine solche Struktur, wie sie in Abb. 27.39 schematisch dargestellt ist, im Gleichgewicht zwischen Anisotropieenergie und Wandenergie eine stabile Remanenz liefert [*199*]. Die Anisotropieenergie nimmt mit wachsendem Winkel φ zu, die Wandenergie dagegen ab. Besteht ein hinreichend starkes Querfeld H_x, dann fällt der oben genannte Grund für eine Bezirksaufspaltung weg, und die $I_y(H_y)$-Kurve mit $H_{y\,max} > H_K$ ist fast hysteresefrei.

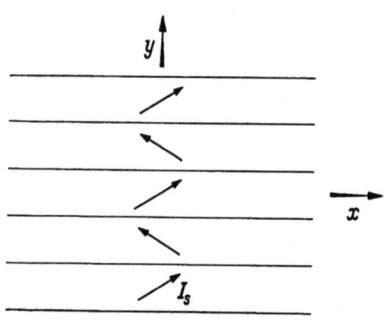

Abb. 27.39. Bezirkstruktur einer einachsigen Schicht im remanenten Zustand nach Magnetisierung quer zur leichten Richtung

Für kleine Feldaussteuerungen $H_{y\,max}$ ist die $I_y(H_y)$-Kurve stets (auch bei $H_x = 0$) eine reversible Gerade, aus deren Steigung $I_y/H_y = I_s/H_K$ [folgt sofort aus Gl. (27.23)] man H_K bestimmen kann.

27.6.3 Abhängigkeit der statischen Eigenschaften von Herstellungsbedingungen Meßtemperatur, Schichtdicke und Werkstoff

Die statischen Eigenschaften Koerzitivkraft H_C und Remanenz I_R (in anisotropen Schichten beide stets parallel zur leichten Richtung gemessen) sowie die reversible Magnetisierungsarbeit U_{rev} sind bei konstanter Meßtemperatur T_m und konstanter Schichtdicke D abhängig von folgenden Parametern:

Herstellungsverfahren (Elektrolyse, Aufdampfen, Kathodenzerstäubung [*201*])

Unterlage (Eigenspannungen, Rauhigkeit)

Wärmebehandlung (Korngröße, Fehlstellendichte)

Magnetfeld während der Herstellung (Anisotropiefeld H_K)

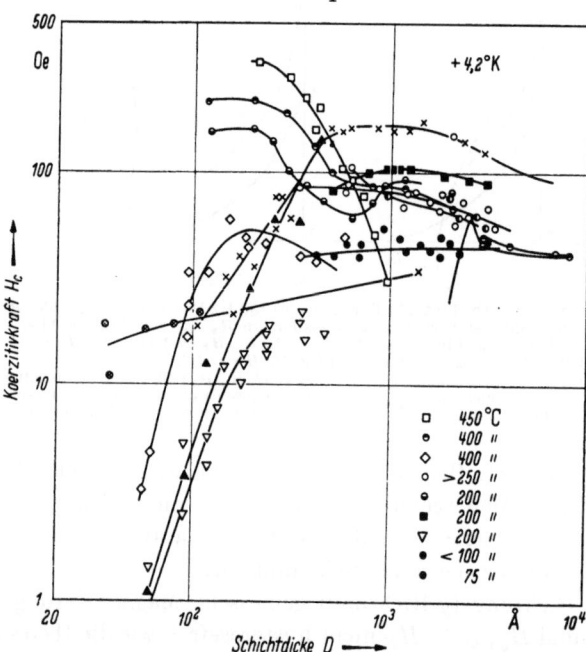

Abb. 27.40. Statische Koerzitivkraft aufgedampfter Nickel-Schichten als Funktion der Schichtdicke. Die Parameter geben die Temperatur der Unterlage während des Aufdampfens an. Zusammengestellt von JAGGI. METHFESSEL und SOMMERHALDER [*194*] nach verschiedenen Messungen [*204, 210, 211, 212, 225, 226, 227, 228*]

und speziell bei aufgedampften Schichten ferner von
Unterlagentemperatur (Korngröße, Fehlstellendichte)
Vakuum (Verunreinigungen).
Außerdem findet man thermische und chemische Alterung nach Abschluß des Herstellungsprozesses (s. z. B. [202]).

Jeder dieser Parameter kann die magnetischen Eigenschaftswerte wesentlich (gelegentlich um einige 100%) ändern, wobei die Gründe für die Änderung vielfach nicht sicher bekannt sind. Ebenso ist der Verlauf der magnetischen Eigenschaftswerte als Funktion von Meßtemperatur, Schichtdicke und Legierung aus z. T. ebenfalls nicht sicher bekannten Gründen stark von diesen Parametern abhängig. Es ist deshalb z. Z. praktisch kaum möglich, auch nur für einen einzigen Werkstoff generelle Aussagen über diese Abhängigkeiten zu machen oder gar eine allgemeine Theorie dafür anzugeben. Als Beispiel ist in Abb. 27.40 die Schichtdickenabhängigkeit von H_C für aufgedampfte Nickelschichten wiedergegeben. Es ist hiernach sowie nach Messungen der Temperaturabhängigkeit von H_C verschieden dicker Schichten [203, 204] und der Abhängigkeit des Verlaufs von $H_C(D)$ von der Reinheit der Schichten [205] wahrscheinlich, daß die starke Abnahme von H_C unterhalb 100 Å Schichtdicke von thermischen Schwankungen (Übergang einzelner Körner oder Korngruppen zu Superparamagnetismus)

Tabelle 27.6. Literatur zur Abhängigkeit der magnetischen Eigenschaften elektrolytisch niedergeschlagener (el.) und aufgedampfter (a.) dünner Schichten aus verschiedenen Werkstoffen als Funktion der Schichtdicke. Nach einer Zusammenstellung von JAGGI, METHFESSEL *und* SOMMERHALDER [194]

Werkstoff	Verfahren	Magnetisierung I_s	CURIE-Temperatur θ	Koerzitivkraft H_C	Remanenz I_R	Magnetis. Arbeit U_{rev}
Fe	el.	[206, 218]	[218]	[202, 206, 207, 208, 209, 210]	[208, 217]	[217]
	a.	[211, 219, 214, 220]	—	[211, 212, 213, 210, 214, 215, 216]	[211, 212, 214]	[214]
Co	el.	[212, 218]	—	[221, 208, 253]	[221, 208]	—
	a.	[211]	—	[211]	[211]	—
Ni	el.	[218, 217, 224]	[207, 218]	[208, 210, 222, 223, 224, 202]	[208, 217, 224]	[217]
	a.	[229, 230, 231, 232, 233, 234]	[230, 234, 235, 236, 237, 238, 239, 233]	[211, 212, 225, 226, 227, 210, 228, 204]	[211, 212, 225, 217]	[217]
Fe—Ni	el.	—	—	[268, 240, 241]	[268]	—
	a.	[249, 250, 251]	—	[242, 243, 244, 245, 246, 247, 248]	—	—

herrührt. Im übrigen begnügen wir uns damit, in dem vorstehenden Schema eine Übersicht über die vorhandenen Messungen magnetischer Eigenschaften dünner Schichten als Funktion der Schichtdicke zu geben.

27.6.4 Dynamisches Verhalten

Grundgleichungen. Die Grundzüge einer Theorie des dynamischen Verhaltens dünner Schichten sind von SMITH [191] und von GOODENOUGH und SMITH [192] behandelt worden. Diesen Arbeiten folgend schreiben wir die Bewegungsgleichung der Magnetisierung in der Schicht in der Form [s. a. Gl. (41.50)]

$$d\boldsymbol{I}_s/dt = \gamma \boldsymbol{D} - (\lambda/I_s^2)(\boldsymbol{I}_s \times \boldsymbol{D}), \qquad (27.26)$$

worin $\boldsymbol{D}$ das gesamte auf die Magnetisierung wirkende Drehmoment bedeutet. Die übrigen Definitionen sind wie für Gl. (41.50). Die Verwendung der LANDAU-LIFSHITZ-Gleichung ist zulässig, weil die Dämpfung hinreichend klein ist, d. h. $(\lambda/\gamma I_s) \boldsymbol{I}_s \times \boldsymbol{D} \ll \boldsymbol{D}$ bzw. $\lambda \gg \gamma I_s$. $\boldsymbol{D}$ erhält man aus der freien Energiedichte f der Schicht. In räumlichen Polarkoordinaten ergibt sich (s. Abb. 27.41)

$$\boldsymbol{D} = \boldsymbol{e}_r \times \operatorname{grad} f = \boldsymbol{e}_\varphi (\partial f/\partial \vartheta) - \boldsymbol{e}_\vartheta (1/\sin \vartheta)(\partial f/\partial \varphi) \qquad (27.27)$$

$$\boldsymbol{I}_s = \boldsymbol{e}_r I_s$$

mit (s. Abb. 27.41)

$$f = K \sin^2(\varphi - \alpha) - H_x I_s \sin \vartheta \cos \varphi - H_y I_s \sin \vartheta \sin \varphi + 2\pi I_s^2 \cos^2 \vartheta. \qquad (27.28)$$

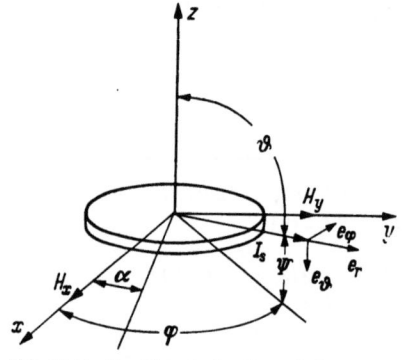

Abb. 27.41. Zur Theorie des dynamischen Verhaltens dünner Schichten

Der letzte Term in Gl. (27.28) [vgl. Gl. (27.22)] bedeutet die magnetostatische Energie bei Bestehen einer Komponente von $\boldsymbol{I}_s$ senkrecht zur Schichtebene. $\boldsymbol{e}_r, \boldsymbol{e}_\varphi, \boldsymbol{e}_\vartheta$ sind Einheitsvektoren in den Koordinatenrichtungen. Da sich $\boldsymbol{I}_s$ wegen des großen Entmagnetisierungsfaktors senkrecht zur Schichtebene nur wenig aus der Schichtebene herausdreht, ist es vorteilhaft, den Winkel $\psi = \pi/2 - \vartheta$ einzuführen. Hiermit und mit $\boldsymbol{D}$ aus Gl. (27.27) folgen aus Gl. (27.26) die simultanen Differentialgleichungen

$$(d\varphi/dt) I_s \cos \psi = -\gamma (\partial f/\partial \psi) - (\lambda/I_s)(1/\cos \psi)(\partial f/\partial \varphi) \qquad (27.29\mathrm{a})$$

$$(d\psi/dt) I_s = -\gamma (1/\cos \psi)(\partial f/\partial \varphi) + (\lambda/I_s)(\partial f/\partial \psi), \qquad (27.29\mathrm{b})$$

welche die Dynamik des kohärenten Rotationsschaltprozesses in dünnen Schichten beschreiben.

Setzen wir im Hinblick auf die starke Formanisotropie einer dünnen Schicht $\sin \psi = \psi$ und $\cos \psi = 1$, und machen wir ferner von den Tatsachen Gebrauch, daß $\lambda \ll \gamma I_s$ und $4\pi I_s \gg 2K/I_s$ ist, dann ergibt sich durch Differentiation von Gl. (27.29b) nach der Zeit und Substitution von ψ aus Gl. (27.29a) eine Differentialgleichung in φ alleine

$$d^2\varphi/dt^2 + 4\pi \lambda (d\varphi/dt) + 4\pi \gamma^2 (\partial f/\partial \varphi) = 0. \qquad (27.30)$$

Eine Separierung der Variablen ψ gelingt leider nicht.

27.6 Dünne Schichten

Ferromagnetische Resonanz. H_x sei ein Gleichfeld und $H_y = \hat{H}_y e^{j\omega t}$ ein hochfrequentes Wechselfeld (s. 42.1.1). In Blockmaterial würde I_s auf einem Konus um H_x präzessieren. In dünnen Schichten entartet der Konus wegen des großen Entmagnetisierungsfaktors senkrecht zur Schichtebene zu einer sehr flachen Ellipse. Deshalb kann für dünne Schichten der Vorgang näherungsweise durch die eindimensionale Bewegungsgleichung Gl. (27.30) beschrieben werden. Für kleine Amplituden $\hat{H}_y$ erhält man unter Verwendung von Gl. (27.30) mit Gl. (27.28)

$$\frac{1}{8\pi\gamma^2 K}(d^2\varphi/dt^2) + \frac{\lambda}{2\gamma^2 K}\cdot(d\varphi/dt) + (h_x + 1) = h_y(t) = \hat{h}_y e^{j\omega t} \quad (27.31)$$

mit $h_x = H_x/H_K$, $h_y = H_y/H_K$. Die bekannte Lösung von Gl. (27.31) liefert die Resonanzfrequenz

$$f_0 = \gamma\,[(I_s/\pi)(H_x \pm H_K)]^{1/2} \quad (27.32)$$

wobei das $\pm$-Zeichen für $\alpha = 0$ bzw. $= 90°$ gilt. In einem normalen Resonanzexperiment wird die Resonanzspannung als Funktion des Gleichfeldes H_x gemessen, d. h. f_0 ist die unabhängige Variable und f_k die konstante Anregungsfrequenz. Hierfür erhält man die Beziehung

$$\lambda = \gamma^2 I_s\,(\Delta H_x)/4\pi f_K \quad (27.33)$$

zwischen dem Dämpfungsparameter λ und der Halbwertsbreite ΔH_x der Resonanzlinie (s. 42.2.2).

Resonanzexperimente an dünnen Permalloyschichten sind in verschiedenen Arbeiten [249, 254, 255, 191, 192] ausgeführt worden. Typische Meßergebnisse an einem Film mit $H_k = 2{,}1$ Oe sind in Abb. 27.42 für $f_k = 250$ MHz und 1500 MHz wiedergegeben. Die Ergebnisse sind im wesentlichen im Einklang mit der Theorie. Insbesondere beträgt der Abstand zwischen den Resonanzmaxima für $\alpha = 0$ und $\alpha = 90°$ $3{,}6$ Oe $\approx 2H_K = 4{,}2$ Oe.

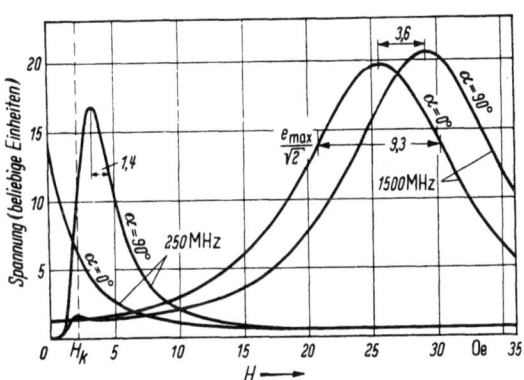

Abb. 27.42. Experimentelle Resonanzkurven einer Permalloyschicht (gemessen bei 250 MHz und 1500 MHz). (Nach SMITH [191])

Impulsschalten. Die leichte Richtung sei im folgenden stets parallel zur x-Achse. In einem Schaltexperiment besteht ein schwaches Gleichfeld H_y. H_x ist zunächst Null und die Schicht ist in der durch Gl. (27.23) mit Gl. (27.24) für $H_x = 0$ bestimmten Gleichgewichtsrichtung gesättigt. Ausgehend von diesem Zustand wird die Schicht durch ein Impulsfeld H_x geschaltet. Ebenso kann eine Schicht aus dem Zustand $H_x = H_y = 0$ durch ein gegen die x-Achse um einen Winkel α geneigtes Impulsfeld H_s geschaltet werden. Die Flußänderungen parallel zur x- und y-Achse werden mit Hilfe gekreuzter Induktionsschleifen gemessen. Die Anstiegszeit des Impulsfeldes soll kleiner als oder höchstens gleich der Relaxationszeit (10^{-10} bis 10^{-8} sek) der Meßanordnung sein, mit der der Induktionsstoß gemessen wird. Sind H_x und H_y bzw. α und H_s hinreichend groß, dann schaltet die Schicht durch kohärente Rotation.

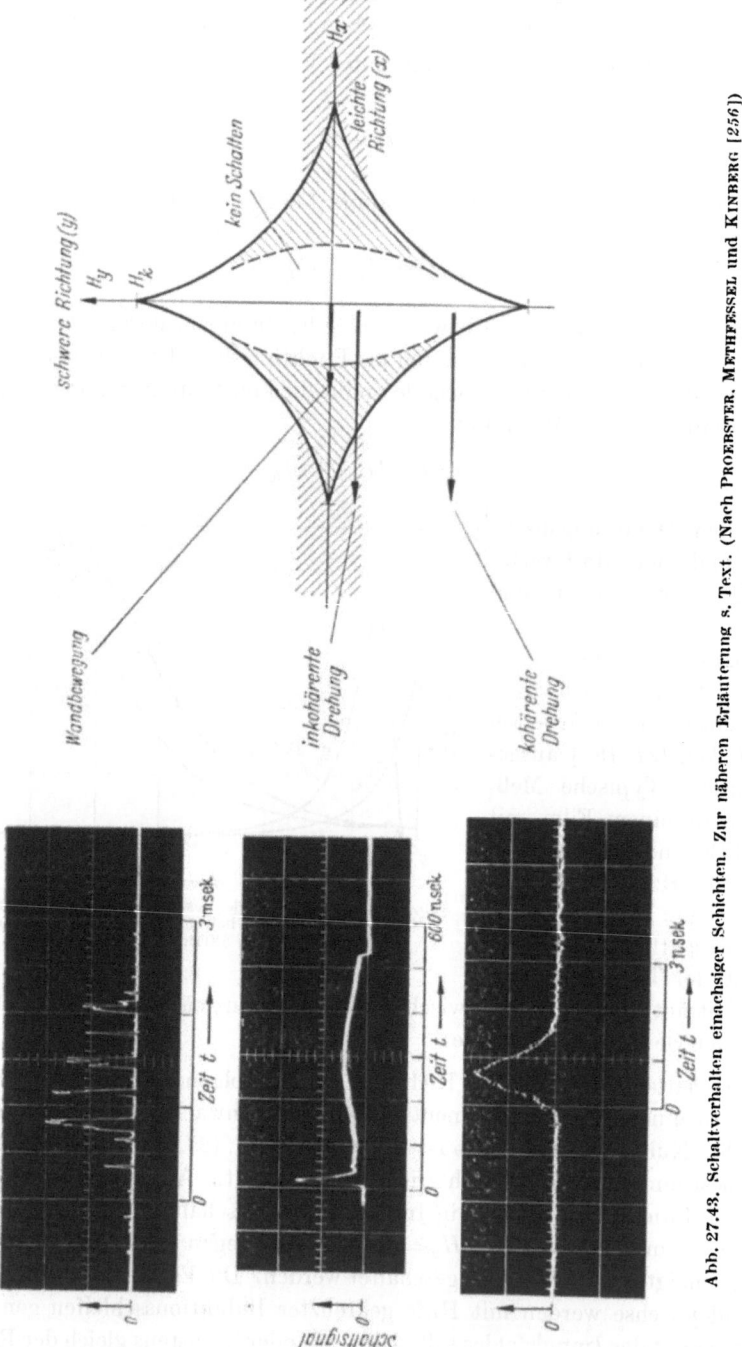

Abb. 27.43. Schaltverhalten einachsiger Schichten. Zur näheren Erläuterung s. Text. (Nach PROEBSTER, METHFESSEL und KINBERG [256])

Eine schematische Übersicht über die in verschiedenen Bereichen der H_x-H_y-Ebene ablaufenden Schaltprozesse und die zugehörigen charakteristischen Oszillogramme der longitudinal induzierten Spannung gibt Abb. 27.43 [256].

Der reine Wandschaltprozeß nimmt die längste Zeit in Anspruch. Aus einem Experiment [257] geht hervor, daß die Wandbeweglichkeit $v/(H-H_0)$ ($v=$ Wandgeschwindigkeit, $H_0=$ kritische Feldstärke) roh proportional zu $\varrho/I_s D$ ($\varrho=$ spezifischer elektrischer Widerstand, $D=$ Schichtdicke) ist, d. h. [s a. Gl. (26.11) und Gl. (26.13)] praktisch ausschließlich durch Wirbelstromdämpfung bestimmt zu werden scheint.

Das Oszillogramm für inkohärente Rotation zeigt (s. hierzu auch [198, 258, 259, 260, 262, 261] eine schmale Rotationsimpulszacke, auf welche ein langer, wahrscheinlich von Wandverschiebungen herrührender Impuls folgt. Es ist plausibel, daß bei entgegengesetzter und bei verschieden schneller Rotation in verschiedenen Schichtbereichen Wände entstehen können, welche sich im weiteren Verlauf des Schaltprozesses bewegen und schließlich wieder verschwinden. Genauere Aufschlüsse über den Magnetisierungsverlauf bei inkohärenter Rotation kann man durch gleichzeitige Beobachtung von longitudinal und transversal induzierter Spannung gewinnen [262, 260].

Der schnellste Schaltprozeß ist die kohärente Rotation. Das induzierte Schaltsignal ist aus den Gln. (27.29) zu berechnen. Eine befriedigende Lösung dieser

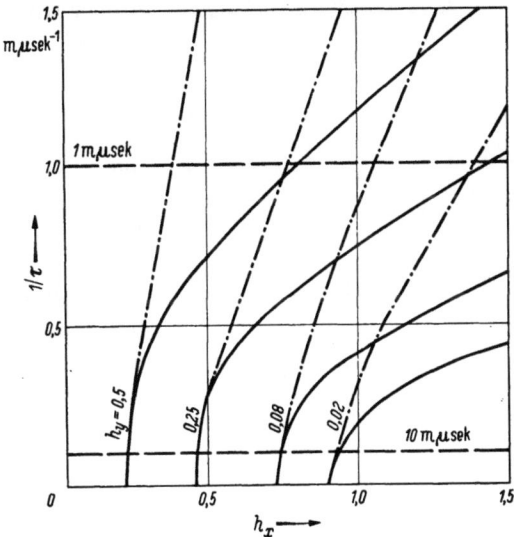

Abb. 27.44. Reziproke Schaltzeit τ^{-1} dünner Schichten als Funktion des Schaltfeldes h_x parallel zur leichten Richtung, berechnet (———) nach der genauen Theorie und (—·—·—) nach der viskosen Näherung. Parameter ist das Transversalfeld h_y. (Nach SMITH [191])

Differentialgleichungen gelingt nur mit Hilfe elektronischer Rechenautomaten. Die wesentlichsten Ergebnisse der Lösung können jedoch, wie SMITH [191, 192] gezeigt hat, bereits mit Hilfe einer einfachen Näherung gewonnen werden. Setzt man in Gl. (27.30) $d^2\varphi/dt^2 = 0$, dann ergibt sich für die Bewegung der Magnetisierung eine Art viskoses Fließen, d. h. $d\varphi/dt$ ist stets proportional zu dem momentanen Drehmoment $\boldsymbol{D}_\psi = -\boldsymbol{e}_\psi(\partial f/\partial \varphi)$:

$$d\varphi/dt = -(\gamma^2/\lambda)(\partial f/\partial \varphi). \qquad (27.34)$$

Aus Gl. (27.34) folgt schließlich die Schaltzeit

$$(\Delta t)_q = (\lambda/\gamma^2) \int_{q_1}^{q_2} \frac{d\varphi}{(\partial f/\partial \varphi)}. \qquad (27.35)$$

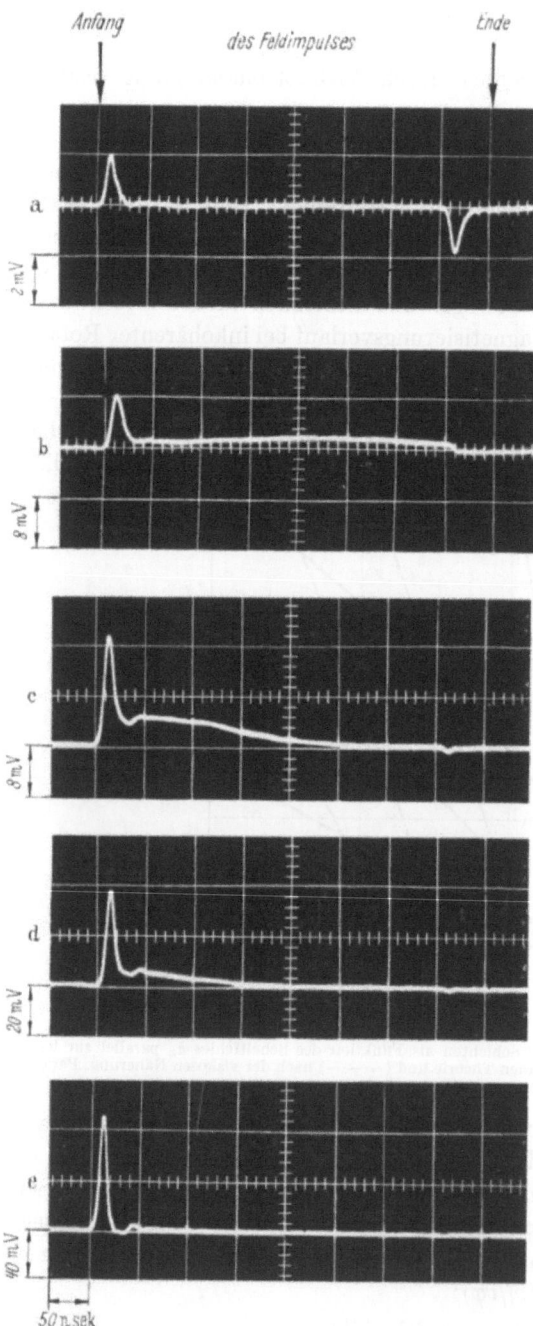

Wie Abb. 27.44 für ein typisches Beispiel zeigt, ist die nach Gl. (27.35) berechnete Schaltzeit stets kleiner als die exakt berechnete Schaltzeit. Für nicht zu kleine Querfelder h_y besteht jedoch gute Übereinstimmung beider Lösungen bis herunter zu Schaltzeiten von etwa 10^{-8} sek. Als ein wichtiges Ergebnis sowohl der Näherungslösung als auch der exakten Lösung findet man, daß die Schaltzeit um so größer wird, je kleiner das Querfeld H_y, d. h. das anfängliche Drehmoment ist, das H_x auf $\mathbf{I}_s$ ausübt. Für $H_y = 0$ wird das Drehmoment Null, und die Schaltzeit für alle H_x unendlich. Ferner gehört zu jedem H_y ein Mindestimpulsfeld H_{x0}, unterhalb welchem kein Rotationsschalten mehr stattfindet. H_{x0} steigt mit abnehmendem H_y an.

In Abb. 27.45 sind typische Oszillogramme des Schaltprozesses in einer 1500 Å dicken 80 Ni 20 Fe-Schicht mit $H_C = 1{,}7$ Oe, $H_K = 3{,}0$ Oe für $H_y = 0{,}5$ Oe

Abb. 27.45a—e. Longitudinales Schaltsignal für konstantes Querfeld $H_y = 0{,}5$ Oe und verschiedene Impulsfelder H_x, gemessen an einer 1500 Å dicken 80 Ni 20 Fe-Schicht mit $H_C = 1{,}7$ Oe, $H_K = 3{,}0$ Oe. Die Schaltfelder in (a) bis (e) sind $H_x = 1{,}6$ Oe, 2,9 Oe, 3,2 Oe, 3,6 Oe und 5,0 Oe. Nach DIETRICH (PROEBSTER und WOLF [259])

und für verschiedene Impulsfelder H_x nach DIETRICH, PROEBSTER und WOLF [259] wiedergegeben. Für $H_x < H_C$ beobachtet man nur eine reversible Auslenkung von I_s. Mit steigendem Schaltfeld H_x findet man zunächst den für inkohärente Rotation typischen, aus einer Rotationszacke und einem folgenden längeren

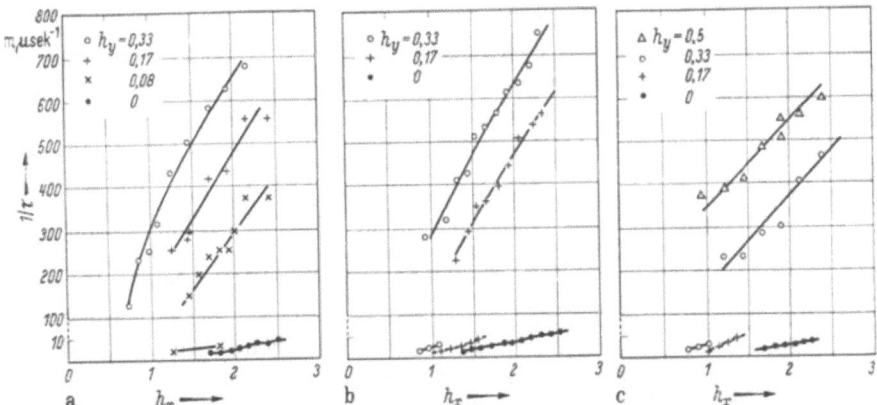

Abb. 27.46a—c. Reziproke Schaltzeit τ^{-1} für Rotations- und Nachimpuls als Funktion des Schaltfeldes $h_x = H_x/H_K$, gemessen an verschieden dicken 80 Ni 20 Fe-Schichten. Parameter ist das Querfeld $h_y = H_y/H_K$. a) Schichtdicke 1100 Å, $H_C = 1,8$ Oe, $H_K = 3,0$ Oe; b) Schichtdicke 1500 Å, $H_C = 1.7$ Oe, $H_K = 3,0$ Oe; c) Schichtdicke 2500 Å, $H_C = 1,2$ Oe, $H_K = 3,0$ Oe. (Nach DIETRICH, PROEBSTER und WOLF [259])

Nachimpuls bestehenden Spannungsverlauf. Der Nachimpuls wird mit wachsendem H_x kürzer und die Rotationszacke wird höher. Schließlich verschwindet der Nachimpuls und es verbleibt nur der einer kohärenten Rotation entsprechende kurze Impuls. Wie DIETRICH, PROEBSTER und WOLF [258, 259] mit Hilfe eines speziell konstruierten Oszilloskops mit einem Auflösungsvermögen von $0,35 \cdot 10^{-9}$ sek gezeigt haben, ist der Rotationsimpuls tatsächlich nur 1 bis $2 \cdot 10^{-9}$ sek lang (s. Abb. 27.43). Daß der Impuls in Abb. 27.45 länger erscheint, liegt nur an der Trägheit der verwendeten Apparatur. In Abb. 27.46 ist die reziproke Schaltzeit $1/\tau$ (reziproke Impulsdauer) von Rota-

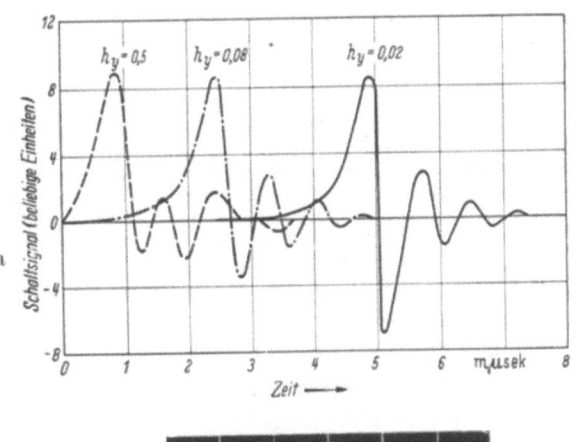

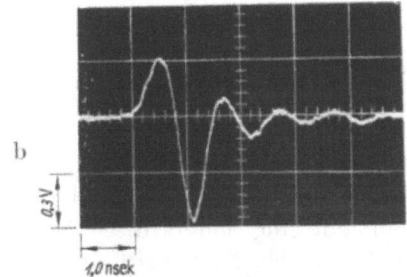

Abb. 27.47 a u. b. a) Longitudinales Schaltsignal berechnet für $\lambda = 0$, h_y ein Gleichfeld, h_x eine Stufenfunktion der Sprunghöhe 1,0, $\lambda = 10^8$ Hz und $H_K = 3$ Oe. (Nach SMITH [191].) b) Transversal beobachtetes Signal gedämpfter Magnetisierungsschwingungen in einer 1300 Å dicken 80 Ni 20 Fe-Schicht mit $H_C = 1,75$ Oe, $H_K = 2,5$ Oe. (Nach DIETRICH, PROEBSTER und WOLF [258, 259])

tionsimpuls und Nachimpuls verschiedener Permalloyschichten für verschiedene Querfelder $h_y = H_y/H_K$ als Funktion des Schaltfeldes $h_x = H_x/K_K$ dargestellt. Die oberen Kurven sind mit den theoretischen Kurven in Abb. 27.44 zu vergleichen und mit diesen qualitativ verträglich. Weitere Meßergebnisse über die Schaltzeit sind [*191, 192, 198, 260, 263*].

Die für ein repräsentatives Beispiel von SMITH [*191, 192*] exakt berechneten longitudinalen Schaltsignalkurven in Abb. 27.47a zeigen, daß I_s nach dem Umschalten freie gedämpfte Schwingungen um die neue Gleichgewichtslage ausführt, wenn die Dämpfung, wie in dem Beispiel, unterkritisch ist $[(2\pi\lambda)^2 < 4\pi I_s \gamma^2 (H_x \pm H_K)$, wenn $H_y \ll H_x$ ist]. Solche gedämpften Schwingungen sind von DIETRICH, PROEBSTER und WOLF [*258, 259*] mit einer transversal zur Schaltrichtung orientierten Induktionsspule tatsächlich beobachtet worden (Abb. 27.47b). Freie gedämpfte Schwingungen von I_s wurden später von WOLF [*264*] an Permalloyschichten untersucht. Bei diesen Experimenten wird I_s im Ausgangszustand parallel zu H_x ausgerichtet.

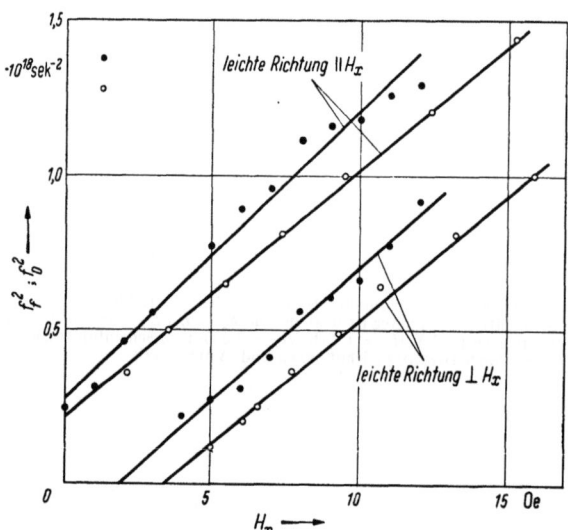

Abb. 27.48. Quadrat der Resonanzfrequenz (f_0^2) erzwungener und der Eigenfrequenz (f_f^2) freier gedämpfter Schwingungen der Magnetisierung als Funktion des Gleichfeldes H_x, gemessen an einer 1180 Å dicken 80Ni 20Fe-Schicht mit H_C = 1,8 Oe, H_K = 3,0 Oe. (Nach WOLF [*264*])

tet. Sodann wird ein kleines Querfeld H_y eingeschaltet. I_s führt danach gedämpfte Schwingungen um die neue um den Winkel $H_y/(H_x \pm H_K)$ ($\pm$ für $\alpha = 0$ bzw. $\alpha = 90°$, s. Abb. 27.41) gegen H_x geneigte Gleichgewichtslage aus, welche mit Hilfe einer transversalen Induktionsspule beobachtet werden können. Die Theorie dieses Vorgangs folgt ohne weiteres aus Gl. (27.30) mit Gl. (27.28). Man findet die Resonanzfrequenz

$$f_f = \gamma \left[(I_s/\pi)(H_x \pm H_K) \right]^{1/2} - \lambda^2, \qquad (27.36)$$

wobei $\pm$ für $\alpha = 0$ bzw. 90° zu setzen ist. Die Frequenz der freien Schwingungen nimmt danach mit H_x zu, während die Abklingzeit $\tau = 1/2\pi$ konstant ist. Gl. (27.36) gilt für unterkritisch gedämpfte Schwingungen $[\lambda^2 < (\gamma^2 I_s/\pi)(H_x \pm H_K)]$. In Abb. 27.48 sind f_f^2 und vergleichsweise die an der gleichen Probe aus Resonanzexperimenten ermittelte Resonanzfrequenz f_0^2 für erzwungene Schwingungen [s. Gl. (27.32)] als Funktion von H_x für H_x parallel und senkrecht zur leichten Richtung dargestellt.

Literatur zu Kap. 27

[1] NÉEL, L.: Compt. Rend. Acad. Sci. Paris 228 (1949) S. 664.
[2] NÉEL, L.: Ann. Geophisique 5 (1949) S. 99.
[3] NÉEL, L.: Rev. mod. Physics 25 (1953) S. 293.
[4] BROWN, W. F.: J. Appl. Phys. 30 (1959) S. 1305.
[5] BEAN, C. P.: J. Appl. Phys. 26 (1955) S. 1381.
[6] BEAN, C. P., u. J. D. LIVINGSTON: J. Appl. Phys. 30 (1959) S. 120.
[7] ELMORE, W. C.: Physic. Rev. 54 (1938) S. 1092.
[8] MAYER, A., u. E. VOGT: Z. Naturforsch. 7a (1952) S. 334.
[9] MAYER, A., u. E. VOGT: Kolloid. Z. 125 (1952) S. 174.
[10] HEUKELOM, BROEDER, u. VAN REIJEN: J. Chim. physique 51 (1954) S. 474.
[11] WEIL, L.: J. Chim. physique 51 (1954) S. 715.
[12] BEAN, C. P.: J. Appl. Phys. 26 (1955) S. 1381.
[13] BEAN, C. P., u. I. S. JACOBS: J. Appl. Phys. 27 (1956) S. 1448.
[14] WEIL, L., u. L. GRUNER: Compt. Rend. Acid. Sci. Paris 243 (1956) S. 1629.
[15] WEIL, L., L. GRUNER u. DESCHAMPS: Compt. Rend. Acad. Sci. Paris 244 (1957) S. 2143.
[16] KNAPPWOST, A.: Z. Elektrochem. 61 (1957) S. 1328.
[17] BECKER, J. J.: J. Met. 209 (1957) S. 59.
[18] CAHN, J. W.: Trans. AIME 209 (1957) S. 1309.
[19] HENNING, W., u. E. VOGT: Z. Naturforsch. 12a (1957) S. 754.
[20] KNAPPWOST, A.: Z. physik. Chem. 12 (1957) S. 30.
[21] BECKER, J. J.: J. Appl. Phys. 28 (1958) S. 317.
[22] LIVINGSTON, J. D., u. J. J. BECKER: Trans. AIME 212 (1958) S. 316.
[23] HAHN, R., u. E. KNELLER: Z. Metallkde. 49 (1958) S. 426.
[24] KNELLER, E.: Z. Physik 152 (1958) S. 574.
[25] LOTHIAN, B. W., A. C. ROBINSON u. W. SUCKSMITH: Philos. Mag. 3 (1958) S. 999.
[26] KNELLER, E.: Proc. Conf. Solid. State Phys., Brüssel 1958, S. 210ff. Academic Press (London) 1960.
[27] VOGT, E., W. HENNING u. A. HAHN: Berichte der Arbeitsgemeinschaft Ferromagnetismus 1958, S. 43ff. Stuttgart: Riederer Verlag 1959.
[28] KNAPPWOST, A., u. A. ILLENBERGER: Naturwiss. 45 (1958) S. 238.
[29] BERKOWITZ, A. E., u. P. J. FLANDERS: J. Appl. Phys. 30 (1959) S. 111.
[30] BERKOWITZ, A. E., u. W. J. SCHUELE: J. Appl. Phys. 30 (1959) S. 134.
[31] HENNING, W., u. E. VOGT: J. Physique Radium 20 (1959) S. 277.
[32] WOHLFARTH, E. P.: Advances in Physics (Philos. Mag. Suppl.) 8 (1959) S. 87.
[33] WEIL, L.: PIERRE WEISS) Conf. Proc. S. 147, Straßburg 1957.
[34] KAYA, S., u. A. KUSSMANN: Z. Physik 72 (1931) S. 293.
[35] KOUVEL, J. S., C. D. GRAHAM u. J. J. BECKER: J. Appl. Phys. 29 (1958) S. 518.
[36] KOUVEL, J. S., C. D. GRAHAM u. I. S. JACOBS: J. Phys. Rad. 20 (1959) S. 198.
[37] KOUVEL, J. S., u. C. D. GRAHAM: J. Appl. Phys. 30 (1959) S. 312.
[38] HENNING, W.: Z. Naturforsch. 13a (1958) S. 897.
[39] JACOBS, J. S., u. C. P. BEAN: Physic. Rev. 100 (1955) S. 1060.
[40] BROWN, W. F.: Physic. Rev. 105 (1957) S. 1479.
[41] KONDORSKIJ, E.: Dokl. Akad. Nauk SSSR 80 (1952) S. 197.
[42] KONDORSKIJ, E.: Dokl. Akad. Nauk SSSR 82 (1952) S. 365.
[43] FREI, E. H., S. SHTRIKMAN u. D. TREVES: Physic. Rev. 106 (1957) S. 446.
[44] AHARONI, A., u. S. SHTRIKMAN: Physic. Rev. 109 (1958) S. 1522.
[45] STONER, E. C., u. E. P. WOHLFARTH: Philos. Trans. Roy. Soc. London 240 (1948) S. 599.
[46] STONER, E. C., u. E. P. WOHLFARTH: Nature, London 160 (1947) S. 650.
[47] STONER, E. C.: Proc. physic. Soc. London 52 (1940) S. 175.
[48] NÉEL, L.: Compt. Rend. Acad. Sci. Paris 224 (1947) S. 1550.
[49] WOHLFARTH, E. P.: Research 7 (1954) S. 18.
[50] OSMOND, W. P.: Proc. physic. Soc. London B 67 (1954) S. 875.
[51] NÉEL, L.: Compt. Rend. Acad. Sci. Paris 224 (1947) S. 1488.
[52] PRACHE, P. M.: Structures Granulaires Ferromagnétiques, Paris (1957).
[53] WOHLFARTH, E. P.: Philos. Mag. 46 (1955) S. 1155.

[54] DZYALOSHINSKY, I.: J. physic. Chem. Solids 4 (1958) S. 241.
[55] WOHLFARTH, E. P., u. D. G. TONGE: Philos. Mag. 2 (1957) S. 1333.
[56] TONGE, D. G., u. E. P. WOHLFARTH: Philos. Mag. 3 (1958) S. 536.
[57] JOHNSON, C. E., u. W. F. BROWN: J. Appl. Phys. 30 (1959) S. 320.
[58] JACOBS, I. S., u. F. E. LUBORSKY: J. Appl. Phys. 28 (1957) S. 467.
[59] WOHLFARTH, E. P.: J. Appl. Phys. 30 (1959) S. 117.
[60] BEAN, C. P., u. W. H. MEIKLEJOHN: Bull. Amer. Phys. Soc. 1 (1956) S. 148.
[61] BERKOWITZ, A. E., u. P. J. FLANDERS: Franklin Inst. Rept. No F-2482 (1957).
[62] SHTRIKMAN, S., u. D. TREVES: J. Physique Radium 20 (1959) S. 286.
[63] KITTEL, C.: Rev. mod. Physics 21 (1949) S. 541.
[64] KONDORSKIJ, E.: Dokl. Akad. Nauk SSSR 80 (1951) S. 197.
[65] NÉEL, L.: Appl. Sci. Res. B, 4 (1954) S. 13.
[66] WOHLFARTH, E. P.: Proc. Roy. Soc. London A 232 (1955) S. 208.
[67] WEIL, L.: Compt. Rend. Acad. Sci. Paris 225 (1947) S. 229.
[68] WEIL, L.: Physique Radium 12 (1951) S. 437.
[69] WEIL, L.: J. Physique Radium 12 (1951) S. 520.
[70] WEIL, L.: Rev. mod. Physics 25 (1953) S. 324.
[71] LIHL, F.: Acta Physica Austriaca 4 (1950) S. 360.
[72] LIHL, F.: Acta Physica Austriaca 7 (1953) S. 239.
[73] MORRISH, A. H., u. S. P. YU: J. Appl. Phys. 26 (1955) S. 1049.
[74] MORRISH, A. H., u. L. A. K. WATT: Physic. Rev. 105 (1957) S. 1476.
[75] MORRISH, A. H., u. L. A. K. WATT: J. Appl. Phys. 29 (1958) S. 1029.
[76] NÉEL, L.: Cah. Physique 25 (1944) S. 1.
[77] NÉEL, L.: Compt. Rend. Acad. Sci. Paris 228 (1949) S. 1210.
[78] NÉEL, L.: J. Physique Radium 11 (1950) S. 60.
[79] WEIL, L.: Compt. Rend. Acad. Sci. Paris 231 (1950) S. 829.
[80] KONDORSKIJ, E.: Dokl. Akad. Nauk SSSR 16 (1952) S. 398.
[81] KONDORSKIJ, E.: Izv. Akad. Nauk SSSR 16 (1952) S. 398.
[82] JOHNSON, C. E., u. W. F. BROWN: J. Appl. Phys. 29 (1958) S. 313.
[83] GOTTSCHALK, V. H.: Physics 6 (1935) S. 127.
[84] GUILLAUD, C.: Diss. Straßburg (1943).
[85] BERTAUT, F.: Compt. Rend. Acad. Sci. Paris 229 (1949) 417.
[86] MEIKLEJOHN, W. H.: Rev. mod. Physics 25 (1953) S. 302.
[87] BERTAUT, F.: Diss. Grenoble (1953).
[88] GUILLAUD, C.: J. Physique Radium 12 (1951) S. 492.
[89] GUILLAUD, C.: Mém. Soc. Ing. Civ. France 104 (1951) S. 538.
[90] LUBORSKY, F. E., u. T. O. PAINE: J. Appl. Phys. 31 (1960) S. S. 68 und persönl. Mittlgn. von F. E. LUBORSKY.
[91] KITTEL, C.: Physic. Rev. 73 (1948) S. 810.
[92] WOHLFARTH, E. P.: Research 7, Correspondence (1954) S. 18.
[93] RATHENAU, G. W., J. SMITH u. A. J. STUIJTS: Z. Physik 133 (1952) S. 250.
[94] GUILLAUD, C.: J. Rech. C. N. R. S. 2 (1949) S. 267.
[95] DIJKSTRA, L. J.: „Relation of Properties to Microstructure" S. 209ff., Cleveland A. S. M. 1954.
[96] NÉEL, L.: J. Physique Radium 17 (1956) S. 250.
[97] KITTEL, C., u. J. K. GALT: Adv. Solid State Phys. 3 (1956) S. 437.
[98] AMAR, H.: J. Appl. Phys. 28 (1957) S. 732.
[99] AMAR, H.: J. Appl. Phys. 29 (1958) S. 542.
[100] AMAR, H.: Physic. Rev. 111 (1958) S. 149.
[101] TORKAR, K., O. SCHEIKL u. H. EGGHART: Arch. Eisenhüttenw. 29 (1958) S. 139.
[102] WEIL, L.: Compt. Rend. Acad. Sci. Paris 227 (1948) S. 48.
[103] LUBORSKY, F. E., L. I. MENDELSOHN u. T. O. PAINE: J. Appl. Phys. 28 (1957) S. 344.
[104] FRANKLIN, A. D., R. CAMPBELL u. J. WEINMAN: J. Appl. Phys. 24 (1953) S. 1040.
[105] NÉEL, L., R. FORRER, N. JANET u. R. BAFFIE: Cah. Physique 17 (1943) S. 1.
[106] BULGAKOV, N. V.: Dokl. Akad. Nauk SSSR 70 (1950) S. 205.
[107] GOULD, J. E., u. M. MCCAIG: Proc. physic. Soc. London B 67 (1954) S. 584.
[108] WOHLFARTH, E. P.: Philos. Mag. 5 (1960) S. 717.

[109] WOHLFARTH, E. P.: Philos. Mag. 2 (1957) S. 719.
[110] NÉEL, L.: Cah. Physique 17 (1943) S. 47.
[111] DANIEL, E. D., u. I. LEVINE: J. Acoust. Soc. Amer. 32 (1960) 1, S. 258.
[112] OSMOND, W. P.: Proc. physic. Soc. B 66 (1953) S. 265.
[113] WOHLFARTH, E. P.: J. Appl. Phys. 30 (1959) S. 1465.
[114] BROWN, W. F., u. A. H. MORRISH: Physic. Rev. 105 (1957) S. 1198.
[115] GANS, R.: Ann. Physik 15 (1932) S. 28.
[116] WOHLFARTH, E. P.: Research 8 (1955) S. 42.
[117] WOHLFARTH, E. P.: J. Appl. Phys. 29 (1958) S. 595.
[118] WOHLFARTH, E. P.: J. Physique Radium 20 (1959) S. 295.
[119] KONDORSKIJ, E.: J. Phys. USSR 2 (1940) S. 161.
[120] JOHNSON, C. E., u. W. F. BROWN: J. Appl. Phys. 29 (1958) S. 1699.
[121] JOHNSON, C. E., u. W. F. BROWN: J. Appl. Phys. 30 (1959) S. 136.
[122] STEARCEVA, I. E., u. J. S. SHUR: Fiz. Met. Metalloved 3 (1956) S. 190.
[123] VALENTA, L.: J. Phys. Rad. 20 (1959) S. 414.
[124] RIMBERT, F.: Compt. Rend. Acad. Sci. Paris 242 (1956) S. 890.
[125] WEIL, L., S. MARFOURE u. F. BERTAUT: J. Physique Radium 9 (1948) S. 203.
[126] PAWLEK, F.: Z. Metallkde. 41 (1950) S. 451.
[127] WEIL, L.: Compt. Rend. Acad. Sci. Paris 228 (1949) S. 1581.
[128] GUILLAUD, C.: Compt. Rend. Acad. Sci. Paris 229 (1949) S. 818.
[129] ADAMS, E., W. M. HUBBARD u. A. M. SYELES: J. Appl. Phys. 23 (1952) S. 1207.
[130] ADAMS, E.: Rev. mod. Physics 25 (1953) S. 306.
[131] WEIL, L.: Compt. Rend. Acad. Sci. Paris 227 (1948) S. 1347.
[132] PAINE, T. O., L. I. MENDELSOHN u. F. E. LUBORSKY: Physic. Rev. 100 (1955) S. 1055.
[133] MENDELSOHN, L. I., F. E. LUBORSKY u. T. O. PAINE: J. Appl. Phys. 26 (1955) S. 1274
[134] LUBORSKY, F. E., L. I. MENDELSOHN u. T. O. PAINE: Conf. on Magnetism and Magnetic Material, Boston (1956) S. 133ff.
[135] LUBORSKY, F. E., T. O. PAINE u. L. I. MENDELSOHN: Powder Metallurgy 4 (1959) S. 57.
[136] FALK, R. B., G. D. HOPPER u. R. J. STUDDERS: J. Appl. Phys. 30 (1959) S. 132.
[137] LUBORSKY, F. E., u. T. O. PAINE: J. Appl. Phys. 31 (1960) S. 66.
[138] BOZORTH, R. M.: „Ferromagnetism", New York (1951).
[139] PAWLEK, F.: „Magnetische Werkstoffe", Berlin (1952).
[140] VONSOVSKI, S. V.: „Moderne Lehre vom Magnetismus", Berlin (1956).
[141] HOSELITZ, K.: J. Physique Radium 12 (1951) S. 448.
[142] DANNÖHL, W.: Stahl und Eisen 73 (1953) S. 65.
[143] EDWARDS, A.: Electr. Energy 1 (1957) S. 146, 178.
[144] ANSELIN, F.: Cobalt, No. 3, 17, No. 4, 29 (1959).
[145] BEAN, C. P., I. D. LIVINGSTON u. D. S. RODBELL: Acta Met. 5 (1957) S. 682.
[146] RODBELL, D. S.: J. Appl. Phys. 29 (1958) S. 311.
[147] MITUI, T.: J. phys. Soc. Japan 10 (1955) S. 905.
[148] TAMMANN, G., u. W. OELSEN: Z. anorg. allg. Chem. 186 (1930) S. 257.
[149] HASHIMOTO, U.: Nippon Kinzoku Gakkai-Si 1 (1937) S. 19.
[150] KÖSTER, W., u. W. DANNÖHL: Z. Metallkde. 27 (1935) S. 220.
[151] BRADLEY, A. J., W. COX u. H. J. GOLDSCHMIDT: J. Inst. Metals 67 (1941) S. 189.
[152] BATE, G., D. SCHOEFIELD u. W. SUCKSMITH: „Soft Magnetic Materials" S. 9ff., London: Pergamon, 1953.
[153] BECKER, J. J.: Trans. Amer. Inst. Min. Metallurg. Engrs. 212 (1958) S. 138.
[154] DAHL, O., J. PFAFFENBERGER u. N. SCHWARTZ: Metallwirtsch. 14 (1953) S. 665.
[155] NEUMANN, H.: Metallwirtsch. 14 (1935) S. 778.
[156] BRADLEY, A. J.: Proc. physic. Soc., London 52 (1940) S. 80.
[157] DANIEL, V., u. H. LIPSON: Proc. Roy. Soc. London A 181 (1943) S. 368.
[158] DANIEL, V., u. H. LIPSON: Proc. Roy. Soc. London A 182 (1944) S. 378.
[159] GEISLER, A. H.: Trans. Amer. Soc. Met. 43 (1951) S. 70.
[160] HARGREAVES, M. E.: Acta Cryst. 4 (1951) S. 301.
[161] GUINIER, A.: Acta Met. 3 (1955) S. 510.
[162] BIEDERMANN, E., u. E. KNELLER: Z. Metallkde. 47 (1956) S. 289, 760.
[163] SUCKSMITH, W.: E. R. A. Rep. N/C/T 26 (1945).

[164] KNELLER, E.: „Berichte der Arbeitsgemeinschaft Ferromagnetismus", S. 33 (1958).
[165] NEUMANN, H., A. BÜCHNER u. H. REINBOTH: Z. Metallkde. 29 (1937) S. 173.
[166] WEIL, L., L. GRUNER u. A. DESCHAMPS: Compt. Rend. Acad. Sci. Paris 244 (1957) S. 2143.
[167] WEIL, L., u. R. CONTE: Madison Conf. Proc. (1957) S. 571.
[168] WEIL, L.: Z. physik. Chem. 16 (1958) S. 368.
[169] WEIL, L.: J. Physique Radium 20 (1959) S. 282.
[170] LOWTHIAN, B. W., A. C. ROBINSON u. W. SUCKSMITH: Philos. Mag. 3 (1958) S. 999.
[171] HAHN, R., u. E. KNELLER: Z. Metallkde. 49 (1958) S. 480.
[172] OLIVER, D. A., u. J. W. SHEDDEN: Nature, London 142 (1938) S. 209.
[173] MIYAHARA, S., u. T. MITUI: J. Phys. Soc. Japan 7 (1952) S. 534.
[174] MIYAHARA, S., u. T. MITUI: J. Faculty of Science, Hokkaido Univ. 4 (1953) S. 275.
[175] MITUI, T., u. S. MIYAHARA: J. Phys. Soc. Japan 10 (1955) S. 1023.
[176] MITUI, T.: J. Phys. Soc. Japan 13 (1958) S. 549.
[177] BECKER, J. J.: J. Appl. Phys. 29 (1958) S. 317.
[178] MITUI, T.: J. Phys. Soc. Japan 11 (1956) S. 895.
[179] BERKOWITZ, A., u. P. J. FLANDERS: Acta Met. 8 (1960) S. 823.
[180] HOSELITZ, L., u. MCCAIG: Proc. physic. Soc. London 65 (1952) S. 229.
[181] JONAS, B., u. H. J. MEERKAMP V. EMBDEN: Philips Techn. Rev. 6 (1941) S. 8.
[182] NESBITT, E. A., u. A. J. WILLIAMS: Proc. Boston Conf. S. 184 (1957).
[183] GEISLER, A. H.: Trans. Amer. Soc. Mat. 43 (1951) S. 70.
[184] LUTEIJN, A. I., u. K. J. DE VOS: Philips, Res. Repts. 11 (1956) S. 489.
[185] DE JONG, J. J., M. G. SMEETS u. H. B. HAANSTRA: J. Appl. Phys. 29 (1958) S. 297.
[186] NÉEL, L.: Compt. Rend. Acad. Sci. Paris 225 (1947) S. 109.
[187] KAYA, S., u. A. KUSSMANN: Z. Physik 72 (1931) S. 293.
[188] KOUVEL, J. S., C. D. GRAHAM u. J. J. BECKER: J. Appl. Phys. 29 (1958) S. 518.
[189] KOUVEL, J. S., C. D. GRAHAM u. I. S. JACOBS: J. Phys. Radium 20 (1959) S. 198.
[190] KOUVEL, J. S., u. C. D. GRAHAM: J. Appl. Phys. 30 (1959) S. 312.
[191] SMITH, D. O.: J. Appl. Phys. 29 (1958) S. 264.
[192] GOODENOUGH, J. B., u. D. O. SMITH: „Magnetics Properties of Metals and Alloys" S. 112, Publ. by Amer. Soc. Met., Cleveland, Ohio (1959).
[193] THOMAS, H.: Berichte der Arbeitsgemeinschaft Ferromagnetismus (1959) S. 86.
[194] JAGGI, R., S. METHFESSEL u. R. SOMMERHALDER: Landolt Börnstein, 6. Aufl., Bd. II/9, Berlin/Göttingen/Heidelberg: Springer (in Vorbereitung).
[195] SLONCZEWSKI, J. C.: Unveröffentl. Bericht IBM Research Center, New York (Okt. 1956).
[196] METHFESSEL, S., S. MIDDELHOEK u. H. THOMAS: Conf. on Magnetism and Magnetic Materials, New York (1960) Nr. 118.
[197] METHFESSEL, S., S. MIDDELHOEK u. H. THOMAS: IBM-Research. Rept. R. Z. 61, June 27 (1960).
[198] OLSON, C. D., u. A. V. POHM: J. Appl. Phys. 29 (1958) S. 274.
[199] THOMAS, H.: Persönl. Mitteilung.
[200] SMITH, D. O., u. G. P. WEISS: J. Appl. Phys. 29 (1958) S. 290.
[201] Kay, E.: Conf. on Magnetism and Magnetic Materials, New York (1960) Nr. 38.
[202] ELENBAAS, W., u. W. F. VAN PEYPE: Z. Physik 76 (1932) S. 829.
[203] ITTERBEEK, A. VAN, u. A. DUPRE: J. Phys. Radium 19 (1958) S. 113.
[204] HELLENTHAL, W.: Z. Naturforsch. 14a (1959) S. 722.
[205] BEHRNDT, K.: Persönl. Mitteilung.
[206] TYNDALL, E. P. T.: Physic. Rev. 30 (1927) S. 681.
[207] PROCOPIU, S.: J. Physique Radium 5 (1934) S. 199.
[208] DRIGO, A., u. M. PIZZO: Nuovo Cimento 6 (1949) S. 327.
[209] TOBALINA, A.: An. Real. Soc. Esp. Fis y Quim. (A) 45 (1949) S. 5.
[210] REIMER, I.: Z. Naturforsch. 11a (1956) S. 649.
[211] SORENSEN, A. J.: Physic. Rev. 24 (1924) S. 658.
[212] EDWARDS, R. L.: Physic. Rev. 29 (1927) S. 321.
[213] FÉLICI, N.: Cah. Physique No. 21, Mai 1944, p. 1.
[214] ZAVETA, K.: Czech. J. Phys. 6 (1956a) S. 473.
[215] REIMER, L.: Z. Physik 148 (1957) S. 527.

[216] Jaggi, R., u. C. Schüler: Helv. phys. Acta 32 (1959) S. 486.
[217] Reimer, L.: Z. Naturforsch. 12a (1957) S. 550.
[218] Drigo, A.: Nuovo Cimento 8 (1951) S. 498.
[219] Reincke, W.: Z. Physik 137 (1954) S. 169.
[220] Rosette, K. H., u. R. W. Hoffman: Proc. Int. Conf. Bolton Landing N. Y. 1959, S. 370.
[221] Tyndall, E. P. T., u. W. W. Wertzbaugher: Physic. Rev. 35 (1930) S. 292.
[222] Reimer, L.: Z. Naturforsch. 10a (1955) S. 1030.
[223] Reimer, L.: Z. Geophysik 24 (1958) S. 53.
[224] Ruske, W.: Ann. Physik 2 (1958) S. 274.
[225] Miller, K. J.: Physic. Rev. 32 (1928) S. 689.
[226] Collins, L. E., u. O. S. Heavens: Philos. Mag. 45 (1954) S. 283.
[227] Hoffman, R. W., u. A. M. Eich: Conference on Magnetism and Magnetic Materials, Boston 1956, S. 78.
[228] Conte, R., u. L. Weil: J. Physique Radium 20 (1959) S. 319.
[229] Griffiths, J. H. E.: Physica 17 (1951) S. 253.
[230] Crittenden jr., E. C., u. R. W. Hoffman: Rev. mod. Physics 25 (1953) S. 310.
[231] Jensen, H. H., u. A. Nielsen: Trans. Dan. Akad. Techn. Sci. No. 2 (1953) S. 1.
[232] Hellenthal, W.: Z. Physik 151 (1958) S. 421.
[233] Neugebauer, C. A.: Physic. Rev. 116 (1959) S. 1441, vgl. J. Appl. Phys. Suppl. 31 (1960) S. 152.
[234] Crittenden jr., E. C., u. R. W. Hoffman: J. Physique Radium 17 (1956) S. 270.
[235] Colombani, A., u. G. Goureaux: Compt. Rend. Acad. Sci. Paris 246 (1958) S. 1979.
[236] Hellenthal, W.: Z. Naturforsch. 13a (1958) S. 566.
[237] Bauer, H. J.: Z. Physik 153 (1959) S. 484.
[238] Kuwahara, K.: J. Phys. Soc. Japan 14 (1959) S. 1247.
[239] Reimer, L.: Z. Physik 155 (1959) S. 524.
[240] Lloyd, J. C., u. R. S. Smith: J. Appl. Phys. Suppl. 30 (1959) S. 274.
[241] Wolf, I. W., H. W. Katz u. A. E. Brain: Proc. 1959 Electronic Components Conference Philadelphia Pa. S. 15.
[242] Tiller, C. O., u. G. W. Clark: Physic. Rev. 110 (1958) S. 583.
[243] Behrndt, K. H., u. F. S. Maddocks: J. Appl. Phys. Suppl. 30 (1959) S. 276.
[244] Bradley, E. M., u. M. Prutton: J. Electron. and Control 6 (1959) S. 81.
[245] Blades, J. D.: J. Appl. Phys. Suppl. 30 (1959) S. 260.
[246] Goodenough, J. B., u. D. O. Smith: M. I. T. Licoln Lab. Techn. Report No. 197 (1959).
[247] Smith, D.O.: J. Appl. Phys. Suppl. 30 (1959) S. 264.
[248] Prutton, M., u. E. M. Bradley: Proc. physic. Soc. 75 (1960) S. 557.
[249] Conger, R. L., u. F. C. Essig: Physic. Rev. 104 (1956) S. 915.
[250] Seavey jr., M. H., u. P. E. Tannenwald: J. Appl. Phys. 29 (1958) S. 292.
[251] Seavey jr., M. H., u. P. E. Tannenwald: J. Appl. Phys. Suppl. 30 (1959) S. 227.
[252] Ford, N. C., u. E. W. Pugh: J. Appl. Phys. 30 (1959) S. 270.
[253] Reimer, L.: Z. Naturforsch. 12a (1957) S. 1014.
[254] Tannenwald, P. E., u. M. H. Seave: Physic. Rev. 105 (1957) S. 377.
[255] Kingston, R. H., u. P. E. Tannenwald: J. Appl. Phys. 29 (1958) S. 232.
[256] Proebster, W. E., S. Methfessel u. C. O. Kinberg: IBM Research Report RZ-51, 15 Mai 1959.
[257] Ford, N. C.: J. Appl. Phys. 31 (1960) S. 300.
[258] Dietrich, W., u. W. E. Proebster: J. Appl. Phys. 31 (1960) S. 281.
[259] Dietrich, W., W. E. Proebster u. P. Wolf: IBM-Journal 4 (1960) S. 189.
[260] Harte, K. J.: J. Appl. Phys. 31 (1960) S. 283.
[261] Humphrey, F. B., u. E. M. Gyorgy: J. Appl. Phys. 30 (1959) S. 935.
[262] Humphrey, F. B.: J. Appl. Phys. 29 (1958) S. 284.
[263] Bradley, E. M., u. M. Prutton: J. Appl. Phys. 31 (1960) S. 285.
[264] Wolf, P.: Conf. on Magnetism and Magnetic Materials, New York 1960, Nr. 36.
[265] Johnson, C. E., u. W. F. Brown: „Conf. on Magnetism and Magnetic Materials" New York, 1960, Nr. 93.
[266] Paine, T. O., u. F. E. Luborsky: J. Appl. Phys. 31 (1960) S. 78.

[267] Paine, T. O.: „Berichte der Arbeitsgemeinschaft Ferromagnetismus" 1959, S. 124.
[268] Reimer, L.: Z. Physik 150 (1958) S. 99.
[269] „Structure and Properties of Thin Films", Bolton Landing Conference (1959), John Wiley & Sons Inc., New York.
[270] Thomas, H.: Erscheint im J. Appl. Phys. (Supplement) (1962). Berichte der Conf. on Magnetism and Magnetic Materials (1961).

28. Magnetisierungskurve von Einkristallen

Außer den magnetischen Eigenschaften kleiner ferromagnetischer Teilchen ist noch die Magnetisierungskurve von Einkristallen, jedenfalls soweit es sich um reversible Drehprozesse handelt, z. T. einer befriedigenden quantitativen Behandlung zugänglich, weil auch hier die Geometrie des Magnetisierungsvorgangs bei geeigneter Probenform noch verhältnismäßig einfach und übersichtlich ist. Dies gilt insbesondere bei Magnetisierung in einer der kristallographischen Hauptrichtungen. Die Magnetisierungskurve und vor allem die Neukurve von Ein-

Tabelle 28.1. Messungen der Magnetisierungskurve von Einkristallen

Werkstoff	Probenform	Meßtemperatur °C	Jahr	Lit.	Autor
Fe	Diskus	RT	1918	[1]	Beck
			1925	[2]	Webster
			1925	[3]	Gerlach
			1926	[4]	Gerlach
			1926	[5]	Honda u. Kaya
			1927	[6]	Dussler u. Gerlach
		−195 bis 770	1928	[7]	Dussler
	Diskus	5 bis 770	1928	[8]	Honda, Masumoto u. Kaya
			1929	[9]	Sizoo
	Stäbe	RT	1930	[10]	Webster
	Stäbe	RT	1933	[11]	Kaya
	Diskus	18, 500, 675	1936	[12]	Piety
	Stab	RT	1936	[13]	Kaya u. Takaki
	Diskus	RT	1940	[14]	Shirakawa
	Diskus	−195 bis 0	1940	[15]	Shirakawa
Co	Diskus	RT	1928	[16]	Kaya
		−190 bis 390	1931	[17]	Honda u. Masumoto
		550, 750, 1000	1954	[18]	Sucksmith u. Thompson
	Diskus	RT	1928	[19]	Kaya
Ni		RT	1928	[20]	Sucksmith, Potter u. Broadway
	Stäbe	RT	1930	[10]	Webster
	Diskus	−252 bis 370	1935	[21]	Honda, Masumoto u. Shirakawa
	Rahmen	RT	1937	[22]	Williams
	Stäbe	RT	1948	[23]	Lawton u. Stewart
Fe−Si	Rahmen	RT	1949	[24]	Williams u. Shockley
	Rahmen	RT	1950	[25]	Stewart
	Rahmen	RT	1951	[26]	Stewart
Fe$_3$C		−252 bis 227	1953	[27]	Blum u. Pauthenet
	Diskus	RT	1909	[28]	Quittner
	Diskus	−190, 180, −157	1949	[29]	Domenicali
Fe$_3$O$_4$	Diskus	−190, 180, −157	1950	[30]	Domenicali
	Diskus	0 bis 575 (0)	1956	[31]	Smith

kristallen verschiedener Metalle und Legierungen ist deshalb seit etwa 50 Jahren Gegenstand einer Vielzahl experimenteller Untersuchungen gewesen, welche der besseren Übersicht halber in Tab. 28.1 zusammengestellt sind.

28.1 Theorie der Magnetisierungskurve von Einkristallen

28.1.1 Voraussetzungen für die Theorie

Die Theorie der Magnetisierungskurve unverformter Einkristalle, wie wir sie hier, generell einer Arbeit von Néel [32] sowie einer davon unabhängigen, inhaltlich im wesentlichen identischen Arbeit von Lawton und Stewart [23] folgend darstellen werden, liefert ein weitgehend geschlossenes Bild des Magnetisierungsablaufs im Einkristall, welches durch die vorhandenen Meßergebnisse voll bestätigt wird. Abweichungen von der Theorie sind im wesentlichen durch die unvermeidlichen Abweichungen des Realkristalls von dem vorausgesetzten Idealkristall bedingt.

Wir gehen von folgenden Annahmen und Voraussetzungen aus:

1. Die Probe sei ein idealer (störungsfreier) Einkristall und entweder ein Ellipsoid oder ein geschlossener magnetischer Kreis (Rahmenkristall).

2. Die magnetische Struktur sei derart, daß im Inneren der Probe keine freien Ladungen auftreten.

3. Fehlen innere freie Ladungen, dann ist das effektive, innere Feld H_i homogen und gleich der vektoriellen Summe aus dem äußeren Feld H und einem entmagnetisierenden Feld H_e, das man mit dem geometrischen Entmagnetisierungsfaktor für eine homogene Magnetisierung berechnen würde, die gleich der mittleren, resultierenden Magnetisierung I ist

$$H_i = H + H_e. \qquad (28.1)$$

4. Der Kristall lasse sich in eine endliche Anzahl „Phasen" mit einheitlicher Magnetisierungsrichtung aufteilen, wobei eine Phase i alle Weissschen Bezirke umfaßt, deren Magnetisierung parallel zu einer bestimmten Richtung e_i (e_i = Einheitsvektor) liegt. Bezeichnen wir mit x_i das Gesamtvolumen der Phase i, so ist per definitionem

$$\Sigma x_i = 1; \quad \Sigma x_i e_i I_s = I. \qquad (28.2)$$

5. Der Übergang eines gewissen Kristallvolumens von einer Phase in eine andere sei reversibel, so daß sich unter der Wirkung von H_i stets Gleichgewicht zwischen den Phasen einstellen kann. Neben der bereits gemachten Voraussetzung, daß der Kristall fehlerfrei sei, heißt dies, daß wir sowohl die Wandenergie als auch die elastische Energie der magnetostriktiven Eigenspannungen (gegenüber der Kristallenergie und der magnetostatischen Energie) vernachlässigen.

6. Schließlich beschränken wir die Diskussion auf kubische Kristalle, deren leichte Richtungen die $\langle 100 \rangle$-Richtungen sind.

Die in diesen Voraussetzungen enthaltenen Einschränkungen sind, wie ein Vergleich der Theorie mit den experimentellen Ergebnissen zeigt, nicht sehr schwerwiegend. Das Postulat eines fehlerfreien Kristalls bedeutet einfach die Vernachlässigung der bei gut ausgeglühten Kristallen ohnehin kleinen Hysterese.

Durch sie bedingte Abweichungen von den theoretischen Kurven sind nur im Gebiet kleiner Felder merklich. Die im Bereich der Drehprozesse herrschenden Felder sind bei nicht allzu kleiner Kristallenergie tatsächlich wesentlich größer als die Grenzfeldstärke H_0 zum Verschieben einer BLOCH-Wand. Ebenso können wir bei höheren Feldern Änderungen der Wandenergie E_w und der Energie der magnetostriktiven Eigenspannungen E_σ vernachlässigen. Auch die Beschränkung auf kubische Kristalle mit leichten Richtungen parallel zu ⟨100⟩-Richtungen hat keine wesentliche Bedeutung. Die Betrachtungsweise ist bei anderen Symmetrieverhältnissen im Prinzip analog.

28.1.2 Die Phasenregel

Im inneren Feld $\boldsymbol{H}_i = 0$ sind alle sechs ⟨100⟩-Richtungen (leichte Richtungen) der Magnetisierung

$$\alpha_1 = \pm 1, \; \alpha_2 = \alpha_3 = 0 \qquad \alpha_2 = \pm 1, \; \alpha_1 = \alpha_3 = 0$$
$$\alpha_3 = \pm 1, \; \alpha_1 = \alpha_2 = 0$$

energetisch gleichwertig und können im Gleichgewicht nebeneinander bestehen. $\alpha_1, \alpha_2, \alpha_3$ sind die Richtungskosinus von $\boldsymbol{I}_s$ gegen die kubischen Achsen OX, OY, OZ des Kristallgitters.

In einem sehr kleinen inneren Feld $\boldsymbol{H}_i > 0$ in Richtung p, q, r, in welchem noch keine merkliche Drehung von I_s aus den leichten Richtungen heraus stattfindet, ist die potentielle Energiedichte in den sechs Phasen

$$f_H = \mp p H_i I_s, \; \mp q H_i I_s, \; \mp r H_i I_s.$$

Ist $p > q \geqq r$, dann kann kein Gleichgewicht zwischen verschiedenen Phasen bestehen. Es finden so lange Wandverschiebungen statt, bis nur noch die Phase mit der kleinsten potentiellen Energie $-p H_i I_s$ übrig ist.

Für $p = q > r$ gibt es dagegen im Gleichgewicht zwei energetisch gleichwertige leichte Richtungen symmetrisch zu der Ebene $x - y = 0$ und für $p = q = r$ drei energetisch äquivalente Phasen, deren Magnetisierung symmetrisch zur [111]-Richtung liegt.

Nach der Zahl der im Gleichgewicht stabilen Phasen unterscheiden wir vier Modi der Magnetisierung. Die Phasenregel ist in Tab. 28.2 zusammengefaßt.

Tabelle 28.2. *Phasenregel für kubische Kristalle mit leichten Richtungen parallel zu ⟨100⟩-Richtungen (nach Néel [32])*

Modus der Magnetisierung	Inneres Feld H_i Intensität	Richtung	Zahl der Phase
I	$H_i = 0$		6
II	$H_i \neq 0$	$p = q = r$	3
III	$H_i \neq 0$	$p = q > r$	2
IV	$H_i \neq 0$	$p > q \geq r$	1

Wie NÉEL sowie LAWTON und STEWART gezeigt haben, teilt sich danach die Magnetisierungskurve eines Einkristalls im allgemeinsten Fall in vier Teile, die im idealen Kristall in Knickpunkten ineinander übergehen, und deren jeder einem anderen Modus der Magnetisierung entspricht.

Eine graphische Darstellung der Phasenregel gibt Abb. 28.1. Nehmen wir ein rechtwinkliges Koordinatensystem mit den Achsen OX, OY, OZ parallel zu den kubischen Achsen an und bezeichnen wir mit x den Volumenanteil der in OX-Richtung, mit $\bar{x}$ den Volumenanteil der in $-OX$-Richtung magnetisierten Phase und entsprechend mit $y, \bar{y}$ und $z, \bar{z}$ die Volumenanteile der in den OY-, $-OY$-, OZ- und $-OZ$-Richtungen magnetisierten Phasen, dann ist nach Gl. (28.2) die mittlere Magnetisierung I

$$OM = I = [(x-\bar{x})\,e_x + (y-\bar{y})\,e_y + (z-\bar{z})\,e_z]\,I_s \qquad (28.3)$$

mit

$$x + \bar{x} + y + \bar{y} + z + \bar{z} = 1, \qquad (28.4)$$

wobei e_x, e_y, e_z Einheitsvektoren in den Achsenrichtungen bedeuten. Hieraus folgt, daß jedem im Modus I möglichen Zustand ein Endpunkt M des Vektors $OM = I$ innerhalb des durch die acht Flächen $(x-\bar{x})\,I_s + (y-\bar{y})\,I_s + (z-\bar{z})\,I_s = I_s$ begrenzten Oktaeders entspricht. Die Spitzen des Oktaeders liegen auf der Kugel um O mit Radius I_s.

Ähnliche geometrische Überlegungen zeigen, daß sich die möglichen Zustandspunkte der Modi II und III auf der Oktaederoberfläche und innerhalb des Volumens zwischen dem Oktaeder und der Kugel und die Zustandspunkte des Modus IV auf der Kugeloberfläche befinden. Während der Magnetisierung in einem äußeren Feld H in der Richtung l, m, n

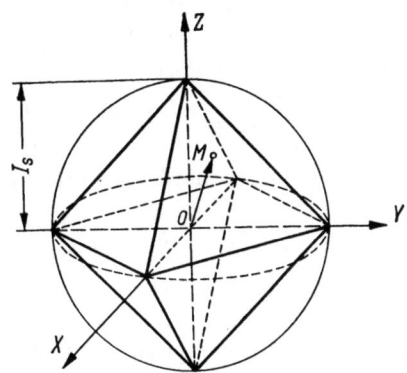

Abb. 28.1. Zur graphischen Darstellung der Phasenregel. Erläuterung im Text. (Nach NÉEL [32])

(l, m, n = Richtungskosinus bezüglich der kubischen Achsen) wandert also der Zustandspunkt vom Punkt O (pauschal unmagnetischer Zustand) zunächst auf die Kugeloberfläche und auf dieser in die Richtung von H.

28.1.3 Magnetisierung in schwachen Feldern (Modus I)

Geht der Zustandspunkt M in einem wachsenden äußeren Feld H von O aus, dann muß er sich, um an die Oberfläche der Zustandskugel (Abb. 28.1) zu gelangen, zunächst innerhalb des Oktaeders bewegen. Das bedeutet, daß in schwachen Feldern zunächst sechs Phasen im Gleichgewicht sind. Dies ist nach der Phasenregel aber nur möglich, solange das innere Feld $H_i = 0$, d. h. nach Gl. (28.1) das entmagnetisierende Feld H_e entgegengesetzt gleich dem äußeren Feld H ist. Wir setzen für alle folgenden Betrachtungen voraus, daß das äußere Feld H, wie es praktisch auch stets der Fall sein wird, parallel zu einer der Hauptachsen des Probenellipsoids ist. Es seien N der Entmagnetisierungsfaktor in dieser Richtung und I_p, I_n die Komponenten der mittleren Magnetisierung I parallel und senkrecht zur Feldrichtung. Damit lautet die Bedingungsgleichung für die Stabilität des Modus I

$$H_i = H - NI = H - N(I_p + I_n) = 0$$

und daraus

$$H - NI_p = 0$$
$$I_n = 0 \qquad (28.5)$$

oder

$$\boldsymbol{I} = \boldsymbol{I}_p = \boldsymbol{H}/N, \qquad (28.6)$$

d. h. die mittlere Magnetisierung ist parallel zum Feld und diesem proportional. Der Übergang der Magnetisierung von einer [100]-Richtung in eine nächst benachbarte [100]-Richtung erfolgt überall in der Weise, daß dabei $I_n = 0$ bleibt. Die Beziehung (28.5) bzw. (28.6) gilt unabhängig von der Orientierung der Kristallachsen gegen die Achsen des Probenellipsoids, und zwar so lange, bis die Magnetisierung überall auf die drei (bzw. zwei, wenn H parallel zu einer (100)-Ebene liegt) der Feldrichtung nächstbenachbarten $\langle 100 \rangle$-Richtungen verteilt ist. Der Zustandspunkt M hat dann die Oberfläche des Oktaeders (s. Abb. 28.1) erreicht. Sind l, m, n die Richtungskosinus der Feldrichtung gegen die kubischen Achsen, dann gilt dort

$$I_p = \frac{x I_s}{l} = \frac{y I_s}{m} = \frac{z I_s}{n} = \frac{I_s}{l+m+n} = I_R, \qquad I_n = 0 \qquad (28.7)$$

und die Volumenanteile der drei noch vorhandenen Phasen sind

$$x = \frac{l}{l+m+n}, \qquad y = \frac{m}{l+m+n}, \qquad z = \frac{n}{l+m+n}, \qquad \bar{x} = \bar{y} = \bar{z} = 0.$$

I_R wird als ideale Remanenz bezeichnet. Die Beziehung (28.7) zwischen I_R und der Feldrichtung l, m, n wurde bereits 1933 von KAYA [30] an stabförmigen Eiseneinkristallen empirisch gefunden und neuerlich von TAKAKI und NAKAMURA [33, 34] an Einkristallen aus Siliziumeisen experimentell bestätigt. Eine theoretische Deutung hierfür hat erstmals GORTER [35] gegeben.

28.1.4 Magnetisierungskurve bei Magnetisierung in einer Hauptrichtung [36] (s. a. [37, 38, 39])

Allgemeines. Die in 24.2 ausgeführte Berechnung der Magnetisierungskurve im Bereich reversibler Drehungen ist nur dann anwendbar, wenn keine entmagnetisierenden Felder auftreten, d. h. in einem unendlich ausgedehnten Ferromagnetikum. Tatsächlich besteht aber stets eine Begrenzung der Proben im Endlichen. Deshalb ist der freien Energiedichte F in Gl. (24.2) immer ein Term $1/2\, N\, I^2$ entsprechend der Energie des entmagnetisierenden Feldes hinzuzufügen. Infolgedessen hat I und damit auch H_i im allgemeinen nicht mehr die Richtung von H. I hat eine Komponente I_p parallel und eine nicht verschwindende Komponente I_n senkrecht zur Feldrichtung und es ist $I = I_p + I_n$.

Einfach sind die Verhältnisse lediglich bei Magnetisierung in einer kristallographischen Hauptrichtung. Hauptrichtungen sind in kubischen Kristallen die $\langle 100 \rangle$-, $\langle 110 \rangle$- und $\langle 111 \rangle$-Richtungen. In einer Hauptrichtung liegt H entweder selbst parallel zu einer leichten Richtung oder symmetrisch zu zwei oder mehreren leichten Richtungen. Eine Normalkomponente I_n der Magnetisierung kann dann nicht auftreten. Würde nämlich beispielsweise bei Magnetisierung einer Kugel in einer [111]-Richtung die gesamte Magnetisierung in eine einzige der drei zur [111]-Richtung symmetrischen, energetisch gleichwertigen Richtungen übergehen, so bliebe dabei die potentielle Energie unverändert, während die magnetostatische Energie von $(2/3)\pi I^2$ auf $(2/3)\pi I_s^2$ ansteigen würde. Bei Magnetisierung in einer Hauptrichtung ist deshalb die Magnetisierung stets zu gleichen Volumenteilen auf die symmetrisch um die Hauptrichtung liegenden Gleichgewichtslagen verteilt, und es ist daher stets

$$I = I_p,$$
$$I_n = 0,$$

und damit auch das innere Feld $H_i = H - N I$ parallel zu H, also $p = l$, $q = m$ und $r = n$.

Magnetisierung parallel zu einer [100]-Richtung. Wegen $m = n = 0$, $l = 1$ gilt $I_R = I_s$, d. h. bis zur Sättigung sind alle sechs Phasen im Gleichgewicht. Die Magnetisierungskurve hat nach Gl. (28.6) die Gleichung

$$I = H/N \quad (H < N I_s),$$
$$I = I_s \quad (H \geq N I_s).$$
(28.8)

Wie ein Vergleich mit der von WILLIAMS [22] an einem Rahmeneinkristall ($N = 0$) in der [100]-Richtung gemessenen Magnetisierungskurve in Abb. 28.2

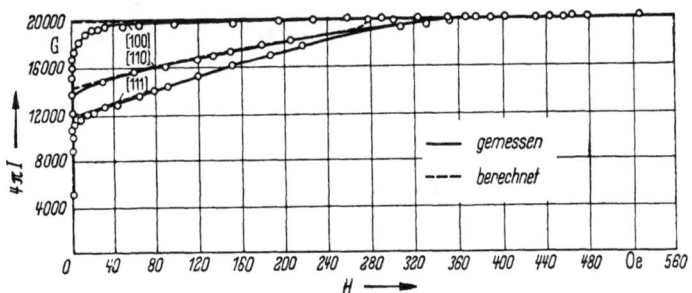

Abb. 28.2. Gemessene und berechnete Magnetisierungskurven für die drei kristallographischen Hauptrichtungen von 3,85%-Siliziumeisen. (Nach WILLIAMS [22])

zeigt, hat diese bei $I = I_s$ keinen Knick entsprechend Gl. (28.8), sondern biegt allmählich in die Sättigung ein. Ähnliche Abweichungen von der Theorie werden auch bei den in anderen kristallographischen Richtungen gemessenen Magnetisierungskurven beobachtet. Sie sind erstens durch die in der Theorie vernachlässigten, unvermeidlichen Abweichungen des Realkristalls vom Idealkristall, d. h. durch alle möglichen Gitterfelder, wie Versetzungen usw. sowie in Legierungen auch durch Konzentrationsschwankungen und zweitens, wie wir in 28.1.9 sehen werden, durch die Sekundärstruktur an der Probenoberfläche bedingt.

Magnetisierung parallel zu einer [110]-Richtung. Es ist $l = m$, $n = 0$. In schwachen Feldern (Modus I) wird hier also die Magnetisierung $I = I_R = I_s/\sqrt{2}$ erreicht. Die Magnetisierung liegt dann zu gleichen Volumenteilen in den beiden der Feldrichtung nächst benachbarten $\langle 100 \rangle$-Richtungen. Bei weiterer Felderhöhung wird die Magnetisierung bis zur Sättigung symmetrisch gegen die [110]-Feldrichtung hin gedreht (Modus III). Der entsprechende Teil der Magnetisierungskurve ergibt sich in Parameterdarstellung sofort aus den Gln. (24.10) mit $\partial F_K/\partial \varphi = K_1 \sin 4\varphi$ und $\varphi_0 = 45°$

$$H = \frac{K_1 \sin 4\varphi}{2 I_s \sin(45° - \varphi)},$$
$$I = I_s \cos(45° - \varphi), \tag{28.9}$$

worin φ den Winkel zwischen der Magnetisierungsrichtung einer Phase und der benachbarten $\langle 100 \rangle$-Richtung bedeutet. Wir können Gl. (28.9) zu einer Gleichung zusammenfassen und erhalten mit $I/I_s = \eta$

$$H I_s = 4 K_1 (\eta^3 - (1/2) \eta). \tag{28.10}$$

Sättigung $I = I_s$ bzw. $\eta = 1$ wird im Feld $H = 2 K_1/I_s$ erreicht. Die nach Gl. (28.9) bzw. (28.10) mit $K_1 = 2{,}8 \cdot 10^5$ erg/cm^3 und $I_s = 1600$ G bzw. $B_s = 20000$ G berechnete Magnetisierungskurve stimmt bis auf eine geringfügige bereits besprochene Abweichung beim Übergang von Modus I in Modus III ausgezeichnet mit der gemessenen Kurve in Abb. 28.2 überein. Tatsächlich wird auch bei $H = H_s = 2 K_1/I_s = 2 \cdot 2{,}8 \cdot 10^5/1{,}6 \cdot 10^3 = 350$ Oe gerade Sättigung erreicht.

Magnetisierung parallel zu einer [111]-Richtung. Wegen $l = m = n$ erhält man $I_R = I_s/\sqrt{3}$. Die weitere Magnetisierungszunahme erfolgt bis zur Sättigung nach Modus II durch symmetrische Drehung der Magnetisierung aus den drei gleichwertigen, der Feldrichtung nächst benachbarten $\langle 100 \rangle$-Richtungen, gegen die Feldrichtung hin. Die zugehörige Magnetisierungskurve erhält man in Parameterdarstellung sofort aus den Gln. (24.10) mit $\varphi_0 \approx 55°$ sowie dem aus Tab. 13.1 für $(h, k, l) = (110)$ und $[h_0 k_0 l_0] = [111]$ zu entnehmenden Ausdruck für $\delta F_K/\delta \varphi$ zu

$$H = \frac{8 K_1 (2 \sin 2\varphi + + 3 \sin 3\varphi) + K_2 (2 \sin 2\varphi + 4 \sin 4\varphi - 3 \sin 6\varphi)}{64 I_s \sin(55° - \varphi)},$$
$$I = I_s \cos(55° - \varphi), \tag{28.11}$$

oder nach einer kleinen Umformung zu einer Gleichung zusammengefaßt mit $I/I_s = \eta$

$$H I_s = (K_1/3) \left\{ \eta(7\eta^2 - 3) + \sqrt{2} \cdot \sqrt{(1 - \eta^2)(4\eta^2 - 1)} \right\}$$
$$+ (K_2/18) \left\{ \eta(1 - 16\eta^2 + 23\eta^4) - \sqrt{2} \sqrt{(1 - \eta^2)(1 - 9\eta^2 + 10\eta^4)} \right\}. \tag{28.12}$$

Die mit $K_1 = 2{,}8 \cdot 10^5$ erg/cm^3, $K_2 = 1 \cdot 10^5$ erg/cm^3 und $I_s = 1600$ G bzw. $B_s = 20000$ G berechnete Magnetisierungskurve stimmt ebenfalls gut mit der experimentellen Kurve in Abb. 28.2 überein. Für das Sättigungsfeld ergibt sich $H_s = (4/3 I_s)(K_1 + K_2/3) \approx 260$ Oe.

Soweit ist die Berechnung von Magnetisierungskurven einfach. Schwierigkeiten treten, wie schon erwähnt, erst auf, wenn H nicht mehr zu einer Hauptrichtung und damit auch I nicht mehr durchweg zu H parallel ist. Um die dann für den Magnetisierungsvorgang wesentlichen Gesichtspunkte klar zu machen, sollen im folgenden zwei praktisch wichtige Beispiele behandelt werden.

28.1.5 Magnetisierung eines flachen Rotationsellipsoids (Diskus) parallel zur Äquatorialebene

Die Äquatorialebene sei parallel zu einer (100)-Ebene. Sie enthält demnach insgesamt vier leichte Richtungen ⟨100⟩. H sei parallel zur Äquatorialebene und schließe entsprechend Abb. 28.3 mit der nächst benachbarten [100]-Richtung den Winkel $0 < \lambda < 45°$ ein. Es ist also $l = \cos\lambda$, $m = \sin\lambda$, $n = 0$ mit $l > m > n$. Der Entmagnetisierungsfaktor in der Äquatorialebene sei N.

In einem sehr kleinen äußeren Feld H wächst I zunächst nach Modus I entsprechend Gl. (28.6) parallel zu H, bis im Feld

$$H = NI_s/(l+m) \tag{28.13}$$

die Magnetisierung

$$I = I_p = I_s/(l+m) \tag{28.14}$$

mit den Komponenten

$$x\, I_s = l\, I_s/(l+m), \quad y\, I_s = m\, I_s/(l+m)$$

erreicht wird, während das innere Feld $H_i = H - NI = 0$ bleibt.

Wird nun H weiter vergrößert, dann gibt es keine mögliche Verteilung der Magnetisierung auf die leichten Richtungen mehr, für die die freie Energie ein Minimum hat und $H_i = 0$ ist. Es wird also $H_i > 0$. Hätte nun H_i irgend eine Richtung $p > q > r$, dann müßte nach der Phasenregel bereits in dem kleinsten Feld H_i die gesamte Magnetisierung in die der Richtung von H_i nächst benachbarte leichte Richtung übergehen. Eine einfache Überlegung zeigt jedoch, daß ein solcher Zustand zunächst nicht stabil wäre. Es müssen vielmehr, sobald $H_i \neq 0$ wird, zunächst weiterhin mehrere Phasen der Magnetisierung bestehen. Dies ist aber nach der Phasenregel nur möglich, wenn H_i symmetrisch zu mehreren leichten Richtungen, d. h. in einer [110]- oder einer [111]-Richtung liegt. Und zwar hat

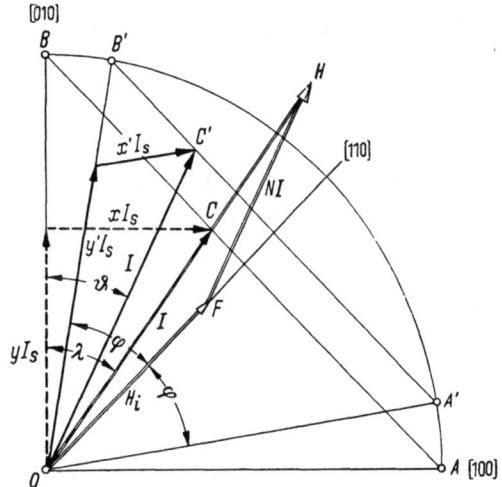

Abb. 28.3. Zur Berechnung der Magnetisierungskurve eines diskusförmigen Einkristalls mit Äquatorialebene parallel zu einer (100)-Ebene bei Magnetisierung in einer beliebigen Richtung in der Äquatorialebene. ⟨100⟩-Richtungen sind leichte Richtungen. (Nach NÉEL [*32*])

H_i die der Richtung von H nächst benachbarte [110]-Richtung, wenn H, wie in unserem Beispiel mit zwei [100]-Richtungen komplanar ist, anderenfalls die der Richtung von H nächst benachbarte [111]-Richtung. Die weitere Magnetisierungszunahme erfolgt also nach Modus III mit zwei bzw. im allgemeinen Fall nach Modus II mit drei Phasen im Gleichgewicht.

Energetisch überlegen wir uns die Verhältnisse in folgender Weise. Gl. (24.1) gilt für ein System mit verschwindender magnetostatischer Energie. Im Minimum der freien Energie hat dort die spontane Magnetisierung überall dieselbe Richtung.

Besteht jedoch ein entmagnetisierendes Feld, dann ist in Gl. (24.1) die Energie des entmagnetisierenden Feldes zu der potentiellen Energie hinzuzufügen

$$F' = F - \boldsymbol{H}\boldsymbol{I} + (1/2)\,N\,I^2.$$

Durch den zusätzlichen Term $(1/2)\,N\,I^2$ kann aber eine Aufteilung des Kristalls in Bezirke mit unterschiedlicher Richtung der spontanen Magnetisierung bewirkt werden, wenn dadurch die resultierende Magnetisierung $\boldsymbol{I}$ und damit der Term $(1/2)\,N\,I^2$ stärker reduziert wird, als die anderen Energieterme dabei anwachsen.

In unserem Beispiel entsteht also, sobald $H > N\,I_s/(l+m)$ wird, ein inneres Feld $\boldsymbol{H}_i$ parallel zu der der Richtung von $\boldsymbol{H}$ nächst benachbarten [110]-Richtung. Während (s. Abb. 28.3) $\boldsymbol{H}_i$ bei Vergrößerung des äußeren Feldes von Null auf $\boldsymbol{OF} = \boldsymbol{H}_i$ anwächst, wird die Magnetisierung in den verschieden orientierten Bezirken unabhängig von der Mengenverteilung auf die beiden Phasen symmetrisch aus den [100]-Richtungen $\boldsymbol{OA}$ und $\boldsymbol{OB}$ reversibel in die Richtungen $\boldsymbol{OA'}$ bzw. $\boldsymbol{OB'}$ gedreht. Zwischen dem Winkel φ, den die Magnetisierung der Bezirke mit der [110]-Richtung (Richtung von $\boldsymbol{H}_i$) bildet und $\boldsymbol{H}_i$ gilt daher einfach die Beziehung (28.9) bzw. (28.10)

$$H_i = (4K_1/I_s)\,(\cos^3\varphi - (1/2)\cos\varphi). \tag{28.15}$$

Die Bedingung $\boldsymbol{H} = \boldsymbol{H}_i + N\,\boldsymbol{I}$ liefert ferner eine Beziehung zwischen $\boldsymbol{H}, \boldsymbol{H}_i$ und φ

$$H\cos(45° - \lambda) = H_i + N I_s \cos\varphi, \tag{28.16}$$

schließlich erhält man die Komponenten I_p und I_n von $\boldsymbol{I}$ parallel und senkrecht zu $\boldsymbol{H}$ aus der Forderung, daß $\boldsymbol{H}_i$ infolge des entmagnetisierenden Feldes parallel zur [110]-Richtung liegen muß:

$$H_i \sin(45° - \lambda) = N I_n,$$
$$H_i \cos(45° - \lambda) = H - N I_p$$

und daraus

$$I_n = (H_i/N)\sin(45° - \lambda),$$
$$I_p = \frac{H - H_i \cos(45° - \lambda)}{N}. \tag{28.17}$$

Um nun einen Punkt der Magnetisierungskurve $I_p(H)$ bzw. $I_n(H)$ zu konstruieren, nehmen wir zunächst einen Winkel φ an. Aus Gl. (28.15) erhält man das zugehörige innere Feld H_i und damit aus Gl. (28.16) das entsprechende äußere Feld H. Mit den zusammengehörigen Werten H_i und H können dann aus den Gln. (28.17) I_n und I_p berechnet werden.

Der Modus III bleibt jedoch nicht bis zu den höchsten Feldstärken bestehen. Wie aus Abb. 28.3 ersichtlich, nimmt die Komponente $x'\,I_s$ von $\boldsymbol{I}$ in der Richtung $\boldsymbol{OA'}$ mit wachsendem Feld H_i ab, die Komponente $y'\,I_s$ in der Richtung $\boldsymbol{OB'}$ zu. In einem hinreichend hohen Feld H_i wird schließlich $x' = 0$, d. h. der Zustand erreicht, in welchem die Magnetisierung überall dieselbe Richtung — wir nennen sie $\boldsymbol{OC'}$ — hat. $\boldsymbol{OC'}$ möge mit der nächstbenachbarten [100]-Richtung den Winkel ϑ bilden (Abb. 28.3). Wird nun H weiter vergrößert, dann verläßt $\boldsymbol{H}_i$ die [110]-Richtung und der weitere Magnetisierungsablauf folgt dem Modus IV.

Das Potential F' ist

$$F' = K_1(\alpha_1^2 \alpha_2^2 + \alpha_2^2 \alpha_3^2 + \alpha_3^2 \alpha_1^2) + K_2 \alpha_1^2 \alpha_2^2 \alpha_3^2 - H I_s \cos(\lambda - \vartheta) + (1/2) N I_s^2$$

oder mit $\alpha_1 = \cos \vartheta$, $\alpha_2 = \sin \vartheta$, $\alpha_3 = 0$

$$F' = K_1 \cos^2 \vartheta \sin^2 \vartheta - H I_s \cos(\lambda - \vartheta) + (1/2) N I_s^2$$

und hat als Funktion von ϑ ein Minimum, wenn

$$\partial F'/\partial \vartheta = (K_1/2) \sin 4\vartheta - H I_s \sin(\lambda - \vartheta) = 0$$

ist. Daraus ergibt sich der weitere Verlauf der Magnetisierungskurve $I_p(H)$ bzw. $I_n(H)$ bis zur Sättigung in Parameterdarstellung

$$\begin{aligned} I_p &= I_s \cos(\lambda - \vartheta), \\ I_n &= I_s \sin(\lambda - \vartheta), \\ H &= K_1 \sin 4\vartheta / 2 I_s \sin(\lambda - \vartheta). \end{aligned} \qquad (28.18)$$

Die Magnetisierungskurven $I_p(H)$ und $I_n(H)$ wurden für die einer Meßreihe von HONDA und KAYA [5] entsprechenden Bedingungen $\lambda = 20°$, $N = 0{,}184$ und $K_1 = 4{,}2 \cdot 10^5$ erg/cm³ berechnet und sind in Abb. 28.4 mit den gemessenen Kurven verglichen. Jeder der glatten Kurvenzüge entspricht einem anderen Modus. Die Geraden OX wurden nach Gl. (28.6) berechnet und entsprechen Modus I mit $H_i = 0$. Im Punkt x wird $H_i \neq 0$. Die weitere Magnetisierung entlang xy folgt dem Modus III mit zwei Phasen entsprechend den Gln. (28.15), (28.16) und (28.17). Vom Punkt y ab besteht schließlich nur noch eine Phase der Magnetisierung. Die Magnetisierungskurve yz ist bis zu den höchsten Feldstärken durch die Gln. (28.18) gegeben (Modus IV).

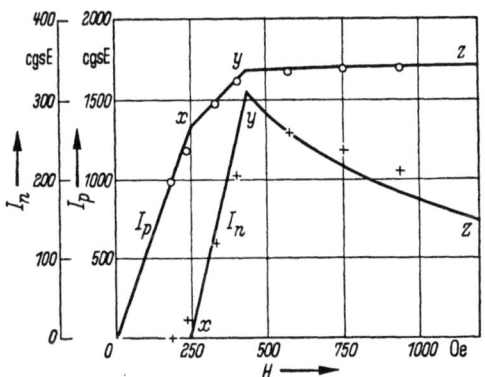

Abb. 28.4. Gemessene und berechnete Magnetisierungskurve $I_p(H)$ und $I_n(H)$ eines diskusförmigen Eisen-Einkristalls mit $\lambda = 20°$, $N = 0{,}184$ und $K_1 = 4{,}2 \cdot 10^5$ erg/cm³. (Meßwerte nach HONDA und KAYA [5])

Weitere Vergleiche berechneter mit gemessenen Magnetisierungskurven von flachen Rotationsellipsoiden mit Äquatorialebene parallel zu einer (100)-Ebene findet man bei NÉEL [32] sowie bei LAWTON und STEWART [23]. Die Magnetisierungskurve eines Diskus mit Äquatorialebene parallel zu einer (110)-Ebene wurde von LAWTON [40] berechnet.

28.1.6 Magnetisierungskurve eines stabförmigen Einkristalls mit beliebiger kristallographischer Orientierung der Stabachse

Der Kristallstab sei lang und dünn und habe kreisförmigen Querschnitt. Der Entmagnetisierungsfaktor N_n quer zur Stabachse ist dann nahezu 2π, der Entmagnetisierungsfaktor N_p parallel zur Stabachse praktisch Null. Die Orientierung der Stabachse gegen die kubischen Kristallachsen sei l, m, n mit $l > m > n \neq 0$. Das äußere Feld H wirke parallel zur Stabachse.

Wegen $N_p \approx 0$ wird entsprechend Gl. (28.6) die Magnetisierung $I_R = I_s / (l + m + n)$ bereits in einem infinitesimal kleinen äußeren Feld H erreicht (Modus I).

Bei weiterer Vergrößerung von H entsteht ein inneres Feld H_i, das aus Gründen, die bereits im vorangehenden Abschnitt erläutert wurden, symmetrisch zu mehreren leichten Richtungen liegen muß, und zwar in dem angenommenen Fall ($l > m > n \neq 0$) parallel zu der der Richtung von H nächst benachbarten [111]-Richtung. Die weitere Magnetisierung erfolgt also zunächst nach Modus II. Die Magnetisierung der in den drei Vorzugsrichtungen magnetisierten Bezirke wird entsprechend Abb. 28.5 aus den $\langle 100 \rangle$-Richtungen OA, OB, OC (wenn $I = I_R = I_s/l + m + n$ ist) symmetrisch gegen die Richtung von H_i (etwa nach OA', OB', OC') gedreht. Dabei ändern sich die Volumenanteile x, y, z der einzelnen Phasen derart, daß die vektorielle Summe aus dem entmagnetisierenden Feld $H_e = -NI$ und dem äußeren Feld H stets ein inneres Feld H_i in der [111]-Richtung ergibt. Wegen $N_p \approx 0$ ist entsprechend Abb. 28.6 das ent-

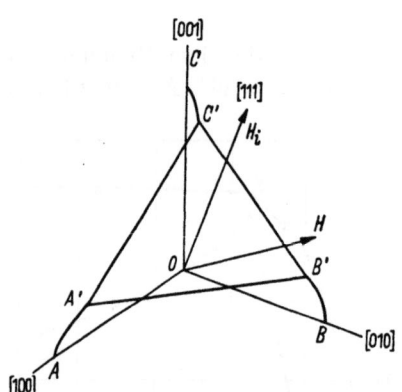

Abb. 28.5. Zur Berechnung der Magnetisierungskurve eines stabförmigen Einkristalls. (Nach Néel [*32*])

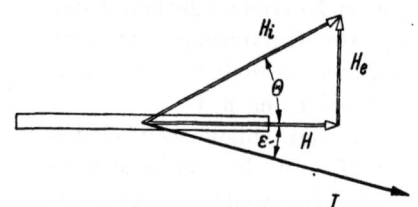

Abb. 28.6. Feld und Magnetisierung in einem stabförmigen Einkristall. Erläuterung im Text. (Nach Néel [*32*])

magnetisierende Feld senkrecht zur Stabachse gerichtet. Der Winkel Θ zwischen H_i und H folgt daher einfach aus

$$\cos \Theta = \frac{l + m + n}{\sqrt{3}}$$

und für den Zusammenhang zwischen H_i und H ergibt sich damit

$$H_i = \frac{H}{\cos \Theta} = \frac{H \sqrt{3}}{l + m + n}. \qquad (28.19)$$

Damit ein entmagnetisierendes Feld senkrecht zur Stabachse entsteht, muß die Magnetisierung I mit der Stabachse einen endlichen Winkel ε bilden, der sich nach Abb. 28.6 aus

$$N_n I \sin \varepsilon = H_e = H \, \text{tg} \, \Theta$$

ergibt. Mit $N_n \approx 2\pi$ folgt daraus

$$\sin \varepsilon = \frac{H \, \text{tg} \, \Theta}{2 \pi I}. \qquad (28.20)$$

Eine größenordnungsmäßige Abschätzung liefert mit $H \approx 10^2$ Oe, $\operatorname{tg}\Theta \approx 1$, $I \approx 10^3$ G für $\varepsilon \approx 1°$. I liegt also praktisch parallel zur Stabachse und man kann vereinfachend

$$I \approx I_p, \quad I_n \approx 0$$

setzen. Die Komponente I_{111} der Magnetisierung in Richtung des inneren Feldes H_i ([111]-Richtung) ist dann

$$I_{111} \approx I \cos \Theta = \frac{I(l+m+n)}{\sqrt{3}}. \tag{28.21}$$

Der Zusammenhang $H_i = F(I_{111})$ zwischen H_i und I_{111} ist aber bekannt und nichts anderes als die durch Gl. (28.12) gegebene Magnetisierungskurve bei Magnetisierung in der Hauptrichtung [111]. Der Zusammenhang zwischen H_i und H ist durch Gl. (28.19) gegeben. Damit erhalten wir die gesuchte Magnetisierungskurve $I(H)$ des Kristallstabes in der Form

$$\frac{H\sqrt{3}}{l+m+n} = F\left(\frac{I(l+m+n)}{\sqrt{3}}\right). \tag{28.22}$$

Trägt man also $I \cdot (l+m+n)$ als Funktion von $H/(l+m+n)$ auf, dann muß sich nach Gl. (28.22) im Bereich des Modus II für alle Einkristallstäbe desselben Materials, also etwa Eisen, unabhängig von der kristallographischen Orientierung der Stabachse dieselbe Kurve ergeben [32]. Daß dies tatsächlich weitgehend der Fall ist, zeigt Abb. 28.7.

Der Modus II besteht nicht bis zur Sättigung, sondern nur so lange, bis sich das Dreieck $A'B'C'$ (Abb. 28.5) soweit zusammengezogen hat, daß H in die Ebene $OA'B'$ zu liegen kommt. Dies ist der Fall, wenn die Magnetisierung den Wert (s. [32])

$$I_c = I_s \cos \lambda \tag{28.23}$$

mit

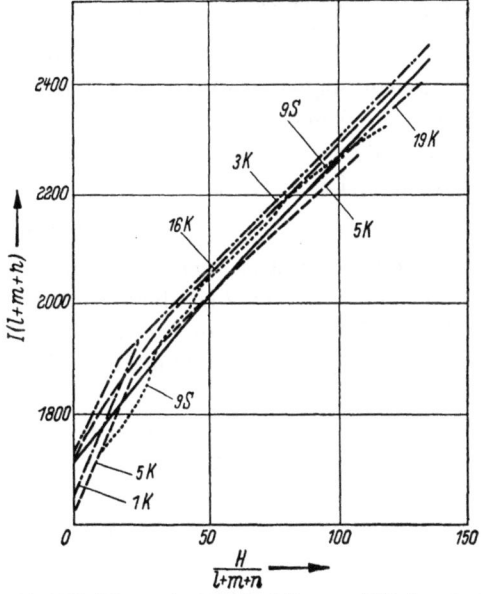

Abb. 28.7. $I(l+m+n)$ als Funktion von $H/(l+m+n)$ für Eisen-Einkristallstäbe verschiedener Orientierung. Die durchgezogene Kurve ist berechnet. (Nach NÉEL [32] mit Messungen von KAYA „K" [11] und SIZOO „S" [9])

$$\operatorname{tg} \lambda = \frac{2(l+m) - 4n}{\sqrt{2}(l+m+n)} \tag{28.24}$$

erreicht hat. In diesem Punkt der Magnetisierungskurve ist die in OC'-Richtung magnetisierte Phase verschwunden. Im weiteren Verlauf der Magnetisierung bestehen nur noch zwei in OA' und OB'-Richtung magnetisierte Phasen (Modus III). Die Richtung von H_i wandert in der (110)-Ebene aus der [111]-Richtung heraus gegen die $OA'B'$-Ebene, und die Magnetisierung der beiden noch bestehenden Phasen wird in der $OA'B'$-Ebene symmetrisch gegen die Schnittgerade der (110)-Ebene mit der $OA'B'$-Ebene hingedreht (der kleine Winkel zwischen $\boldsymbol{H}$ und der Ebene $OA'B'$, der bestehen muß, damit das innere Feld außerhalb der $OA'B'$-Ebene liegen kann, wurde bei der Betrachtung vernachlässigt).

Der Modus III besteht ebenfalls nicht bis zur Sättigung, sondern wird in hinreichend hohen Feldern schließlich von einem Modus IV mit nur einer einzigen Phase abgelöst. Der Magnetisierungsverlauf nach Modus III und IV wurde für den allgemeinen Fall $l > m > n \neq 0$ von Lawton und Stewart [23] berechnet. Die Rechnung bietet jedoch im Rahmen unserer Betrachtungen nichts prinzipiell Neues mehr und sei deshalb der Kürze halber übergangen.

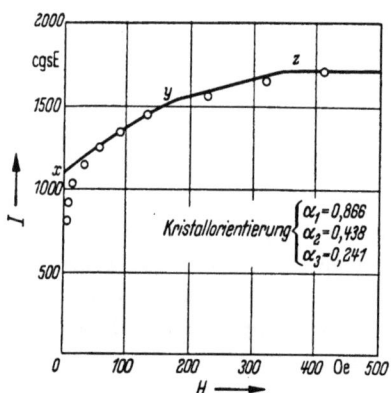

Abb. 28.8. Gemessene und berechnete Magnetisierungskurve $I_p(H)$ eines langen Eisen-Einkristallstabes mit der Orientierung $l = 0,866$, $m = 0,438$, $n = 0,241$ und dem longitudinalen Entmagnetisierungsfaktor $N = 0,00344$. (Nach Lawton und Stewart [23] mit Messungen von Sizoo [9])

Abb. 28.8 zeigt den Vergleich der von Lawton und Stewart [23] mit der Vereinfachung $K_2 = K_1/2$ berechneten mit der gemessenen Magnetisierungskurve $I(H)$ eines Einkristallstabes mit der Orientierung $l = 0,866$, $m = 0,438$, $n = 0,241$. Die einzelnen, in den Knickpunkten x, y, z aneinanderstoßenden, glatten Kurvenzüge entsprechen jeweils einem Modus der Magnetisierung.

28.1.7 Torsionskurven

Die in 13.3.3 im Zusammenhang mit der Messung der Kristallenergie erwähnten Drehmomentenkurven $L(\lambda)$ (hier Winkel λ statt Winkel φ in 13.3.3) können für ein flaches Rotationsellipsoid nach 28.1.5 für jede beliebige Feldstärke berechnet werden. Das pro Volumeneinheit des Ellipsoids bestehende Drehmoment L ist nämlich einfach

$$L = \boldsymbol{H} \times \boldsymbol{I} = H I_n. \qquad (28.25)$$

Bei Modus $I[H < N I_s/(l + m + n)]$ ist $L = 0$. Bei dem in unserem Beispiel eines Diskus mit Äquatorialebene parallel zur (100)-Ebene folgenden Modus III ergibt sich $I_n(\lambda)$ aus den Gln. (28.17) mit Gl. (28.15) und (28.16) und bei Modus IV schließlich aus den Gln. (28.18). Torsionskurven für einen Diskus mit Äquatorialebene parallel zur (110)-Ebene wurden von Lawton [40] berechnet und mit Messungen von Schoenberg und Wilson [41] verglichen.

Nach Gl. (28.25) kann ferner für einen festen Winkel λ das Drehmoment L als Funktion von H berechnet werden, da ja $I_n(H)$ bekannt ist.

28.1.8 Magnetisierungskurve von Einkristallen unter äußerer, mechanischer Spannung

Der Einfluß einer mechanischen Spannung in Achsenrichtung von stabförmigen Einkristallen auf die Magnetisierungskurve bei Magnetisierung in Richtung der Stabachse wurde von Stewart [42, 43] theoretisch untersucht und ist nach denselben Prinzipien zu behandeln, die wir in 28.1.6 kennengelernt haben.

28.1.9 Magnetisierungskurve und Bezirkstruktur

Bei unseren bisherigen Betrachtungen über die Magnetisierungskurve von Einkristallen haben wir die Bezirkstruktur nicht näher untersucht, sondern lediglich hinsichtlich ihrer Beschaffenheit verschiedene Voraussetzungen gemacht (wie etwa die Streufeldfreiheit im Inneren des Kristalls), von denen wir nach Kap. 21 annehmen können, daß sie im wesentlichen erfüllt sind.

Es ist zwar nur in wenigen, speziellen Fällen praktisch möglich, die Bezirkstruktur längs der Magnetisierungskurve vollständig zu übersehen. Da sich jedoch hieraus Schlüsse von allgemeinerer Bedeutung ergeben, sei hier kurz darauf eingegangen.

Den einfachsten Fall, nämlich einen Rahmeneinkristall aus Siliziumeisen [24, 25, 26], dessen Schenkel parallel zu ⟨100⟩-Richtungen geschnitten sind, und

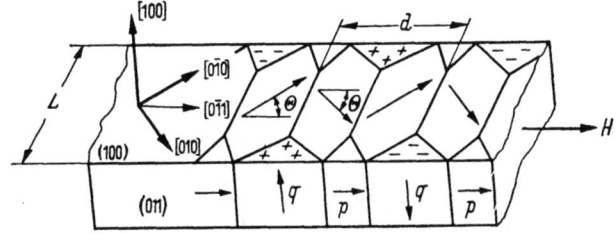

Abb. 28.9. Bezirkstruktur in einem monokristallinen Blechstreifen aus Siliziumeisen mit der in der Figur angegebenen Orientierung. (Nach Néel [47])

der nur eine 180°-Bloch-Wand parallel zum Umfang enthält, haben wir in 24.3.1 (s. a. Abb. 24.5 bis 24.8) bereits kennengelernt. Ebenso einfache Verhältnisse findet man in einem Ringkern aus Perminvar mit Diffusionsanisotropievorzugsrichtung parallel zum Ringumfang [44, 45, 46] (s. a. 21.7, 26.2 und Abb. 21.34).

Wesentlich kompliziertere aber noch quantitativ übersehbare Verhältnisse bestehen in einem langen Einkristallblechstreifen aus Siliziumeisen mit rechteckigem Querschnitt, Oberflächen parallel zu (100)- und (110)-Flächen und der langen Achse parallel zu einer [110]-Richtung bei Magnetisierung in dieser Richtung. Ein solcher Streifen hat nach Néel [47] in schwachen Feldern eine Bezirkstruktur entsprechend Abb. 28.9. Eine elementare Rechnung [47] (s. a. [48]) ergibt, daß die Periodizitätsbreite d der Bezirkstruktur (s. Abb. 28.9) von der Feldstärke H nach der Gleichung

$$d = \sqrt{\frac{\gamma_w L(W_q + W_p)}{W_q W_p}} \qquad (28.26)$$

mit

$$W_q = (1/16) K_1 \operatorname{tg} \theta (2 \cos^2 \theta - 1)(6 \cos^2 \theta + 1) \qquad (28.26\mathrm{a})$$

und

$$W_p = (1/4) K_1 \sin \theta \cdot \cos \theta (1 - \cos \theta)(2 + 3 \cos \theta) \qquad (28.26\mathrm{b})$$

abhängt, wobei der Zusammenhang zwischen H und θ durch die Beziehung

$$H = (2 K_1 / I_s) \cos \theta (2 \cos^2 \theta - 1) \qquad (28.27)$$

gegeben ist. γ_w ist die Wandenergie, L die Breite des Streifens und θ der Winkel zwischen der Magnetisierung in den Primärbezirken und dem angelegten Feld. Die Beziehung (28.26) wurde von Bates und Neale [49, 50, 51] sowie Bates und Hart [52] an einer Reihe von entsprechend Abb. 28.9 geschnittenen Einkristallstreifen aus Siliziumeisen mit unterschiedlicher Breite L mit Hilfe der Magnetpulvermethode experimentell nachgeprüft. Die an einem Streifen mit 2,8% Si und der Breite $L = 1{,}942$ cm gemessene Abhängigkeit $d(H)$ ist in Abb. 28.10 mit der nach Gl. (28.26) berechneten Kurve verglichen. Die Übereinstimmung ist hier verhältnismäßig gut; sie wird für Streifen mit einer geringeren Breite L schlechter. Ein Minimum von $d(H)$ in der Umgebung von $H = 250$ Oe, wie man es nach Gl. (28.26) berechnet, wurde experimentell jedoch nicht gefunden. Nach Gl. (28.26) würde man ferner für $H = 0$ $d = \infty$ erhalten. Tatsächlich ist die

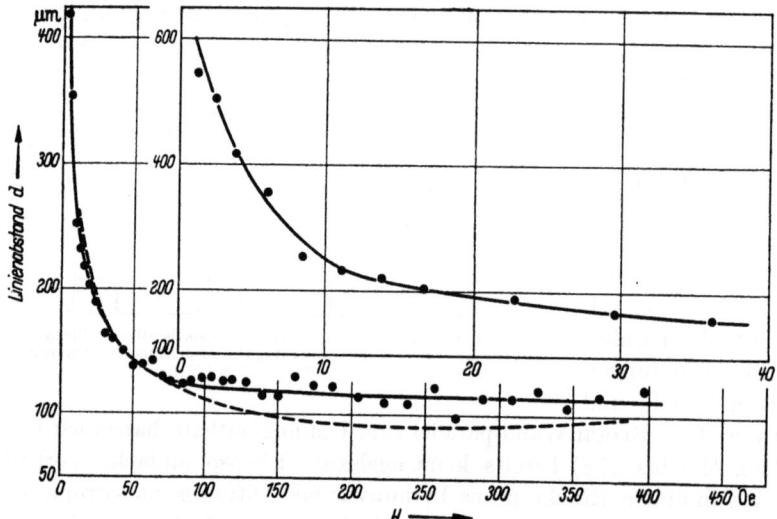

Abb. 28.10. Periodizitätslänge d der Bezirkstruktur eines Siliziumeisen-Einkristallblechstreifens der Breite $L = 1{,}942$ cm als Funktion der Feldstärke. (———) experimentelle Kurve nach BATES und NEALE [50]; (– – –) berechnete Kurve nach NÉEL [47])

Periodizitätslänge d jedoch nach oben hin dadurch begrenzt, daß in sehr schwachen Feldern eine andere Bezirkstruktur [56, 48] stabil ist, welche keine freien Magnetpole an der Oberfläche hat, wie die in Abb. 28.9 dargestellte Struktur infolge der q-Bezirke. Ähnliche Untersuchungen haben BATES und WILSON [53, 54, 55] an Nickeleinkristallen spezieller Form und Orientierung ausgeführt.

Nachdem somit die Bezirkstruktur eines solchen Einkristallstreifens als Funktion der Feldstärke hinreichend bekannt ist, kann, wie LEE [57] (Berichtigung zu dieser Arbeit [58]) gezeigt hat, die Magnetisierungskurve in einfacher Weise berechnet werden. Für die Magnetisierung in Feldrichtung ergibt sich aus Abb. 28.9

$$I = \frac{V \cos \theta + V_p}{V + V_p + V_q} I_s \qquad (28.28)$$

mit

$$V_p = \frac{\gamma L}{4 W_p} \cdot \frac{\sin \theta}{1 - \cos \theta} \cdot \frac{W_q}{W_p + W_q} \qquad (28.28\text{a})$$

$$V_q = \frac{\gamma L}{4 W_q} \operatorname{tg} \theta \cdot \frac{W_p}{W_p + W_q}, \qquad (28.28\text{b})$$

wobei V, V_p, V_q das Volumen der Primär- bzw. der p- und q-Bezirke pro Längeneinheit des Streifens bedeuten. W_p und W_q sind durch die Gln. (28.26a und b), und der Zusammenhang zwischen θ und der Feldstärke H wiederum durch Gl. (28.27) gegeben. In Abb. 28.11 sind einige, für verschiedene Breiten L eines Einkristallstreifens aus Eisen berechnete Magnetisierungskurven dargestellt. Die

Kurven weichen mit abnehmender Breite L infolge der Sekundärstruktur in zunehmendem Maße von der idealen Magnetisierungskurve ($L = \infty$) ab, welche bei der idealen Remanenz $I_R = 1700/\sqrt{2} = 1200$ cgs$E$ einen Knick hat. In

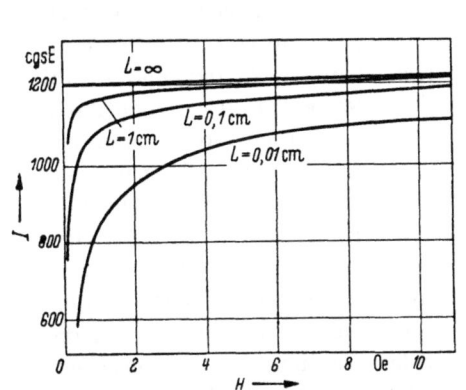
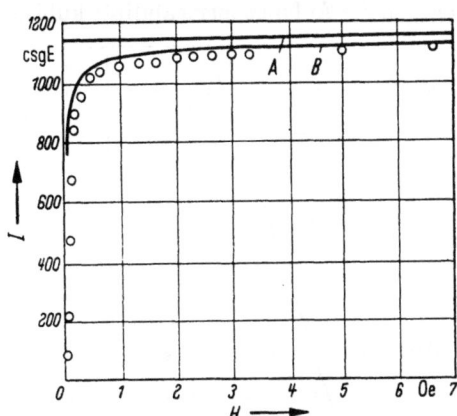

Abb. 28.11. Theoretische Magnetisierungskurven von Eisen-Einkristallstreifen mit einer Orientierung entsprechend Abb. 28.9 für verschiedene Streifenbreiten L. (Nach LEE [57])

Abb. 28.12. Magnetisierungskurve eines 3,85-Siliziumeisen-Einkristalls gemessen von WILLIAMS [22] und berechnet (A) nach Gl. (28.10) und (B) nach Gl. (28.27) und Gl. (28.28). (Nach LEE [57])

Abb. 28.12 ist eine berechnete mit einer in schwachen Feldern gemessenen Magnetisierungskurve verglichen. Die Übereinstimmung ist verhältnismäßig gut. Aus diesen Ergebnissen haben wir zu schließen, daß die in 28.1.4 erwähnten Abweichungen der gemessenen von den ohne nähere Betrachtung der Bezirkstruktur berechneten Magnetisierungskurven nicht, wie früher allgemein angenommen wurde, allein durch Kristallbaufehler, sondern offenbar auch durch das Verhalten der Sekundärstruktur an der Kristalloberfläche bedingt sind.

Ebenso wie die Magnetisierungskurve in schwachen Feldern kann, wie schon in 16.3.3 erwähnt, in dem vorliegenden speziellen Fall eines Einkristallstreifens mit bekannter Feldabhängigkeit der Bezirkstruktur auch die Feldabhängigkeit der Magnetostriktion berechnet werden. Die ebenfalls von LEE [58] durchgeführte Rechnung ergibt Übereinstimmung mit der an einem Streifen aus Siliziumeisen gemessenen $(\Delta l/l)$ (H)-Kurve.

28.2 Bestimmungsgrößen der Magnetisierungskurve von Einkristallen

28.2.1 Anfangssuszeptibilität

Kubische Kristalle. Eine zuverlässige Messung der Suszeptibilität ist nur an den von WILLIAMS [22] eingeführten Rahmeneinkristallen möglich. Abb. 28.13 gibt die von WILLIAMS [22] an Rahmeneinkristallen aus Siliziumeisen (3,85% Si) mit Schenkeln parallel zu $\langle 100 \rangle$-, $\langle 110 \rangle$- bzw. $\langle 111 \rangle$-Richtungen gemessene Permeabilität als Funktion der Magnetisierung $4\pi I$ wieder. In der leichten Richtung erreicht die Permeabilität mehr als 600 000 im Maximum. Durch 2stündiges Tempern des Kristalls bei 1300 °C und anschließender Magnetfeldglühung bei 600° in einem Feld von 10 Oe wird der Maximalwert auf 1 380 000 erhöht.

Nach Abb. 28.13 hängt der Verlauf der Permeabilität von der Orientierung ab. Insbesondere verhalten sich die in den Richtungen [100], [110], [111] gemessenen Anfangspermeabilitäten μ_A wie $6:3:2$ [59]. Nach der Theorie [60] (s. 32.1) sollte dagegen die Anfangspermeabilität kubischer Kristalle von der Orientierung unabhängig sein. Das gegenteilige experimentelle Ergebnis von WILLIAMS kann jedoch nach BECKER und DÖRING [60] und KONDORSKIJ [61] quantitativ verstanden werden, wenn man annimmt, daß für die Anfangspermeabilität nur 180°-Wandverschiebungen wesentlich sind, und daß außerdem im Ausgangszustand die Magnetisierung bevorzugt parallel zu derjenigen leichten Richtung liegt, die mit der Richtung der Rahmenschenkel den kleinsten Winkel einschließt. Diese Annahme wird beispielsweise durch Magnetpulveraufnahmen von WILLIAMS und SHOCKLEY [24] und von SOMMERKORN [62] gestützt.

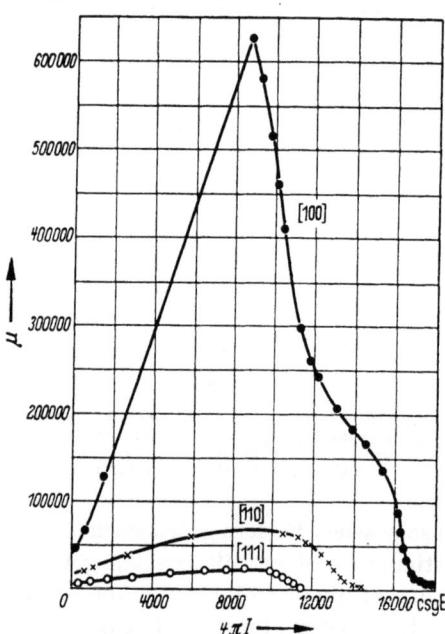

Abb. 28.13. Permeabilität als Funktion der Magnetisierung von 3,85-Silizium—Eisen-Einkristallen bei Magnetisierung in den kristallographischen Hauptrichtungen. (Nach WILLIAMS [22])

HONDA und NISHINA [63] haben an Einkristallstäben aus Eisen für μ_A in den Richtungen [100], [110], [111] das etwas abweichende Verhältnis $5,4:3,4:2$ gefunden. Diese Abweichung ist möglicherweise durch das entmagnetisierende Feld der Stäbe bedingt.

An Nickel-Einkristallen wurde die Permeabilität als Funktion der Magnetisierung ebenfalls von WILLIAMS [64] gemessen. Auch hiernach ist der Verlauf der Permeabilität $\mu(4\pi I)$ von der Orientierung abhängig. μ erreicht die höchsten Werte parallel zu einer leichten Richtung [111]. Dagegen ergab sich in allen drei Hauptrichtungen [100], [110] und [111] die gleiche Anfangspermeabilität $\mu_A \approx 100$. Ebenso zeigen nach Messungen von WILLIAMS auch Eisen—Nickel-Einkristalle mit 35,76 und 81% Nickel keine Anisotropie der Anfangspermeabilität μ_A.

Einachsige Kristalle. In magnetisch einachsigen Kristallen (hexagonales Co, Mn_2Sb) ändert sich die Magnetisierung parallel zur leichten Richtung durch Wandverschiebungen, senkrecht dazu durch Drehung der spontanen Magnetisierung gegen die Kristallenergie.

Die durch Drehprozesse bestimmte Anfangssuszeptibilität bei Magnetisierung senkrecht zur leichten Richtung ist nach Gl. (27.21b)

$$\chi_A = I_s^2/2K_1. \qquad (28.29)$$

Die nach Gl. (28.29) berechnete Anfangssuszeptibilität wurde von GUILLAUD [67] mit der an Kobalt- und Mn_2Sb-Einkristallen senkrecht zur leichten Richtung gemessenen Anfangssuszeptibilität [*65, 66, 67*] verglichen. Nach Abb. 13.28 wechselt bei Mn_2Sb die Konstante K_1 bei 239 °K das Vorzeichen. Unterhalb dieser Temperatur ist eine Richtung senkrecht zur tetragonalen Achse, oberhalb die tetragonale Achse leichte Richtung. Bei großer Kristallenergie besteht gute Übereinstimmung zwischen den berechneten und den gemessenen χ_A-Werten. Bei kleiner Kristallenergie (in der Umgebung des Nulldurchgangs von K_1) sind die gemessenen Werte dagegen merklich kleiner als die berechneten, weil dort die in Gl. (28.29) vernachlässigte Spannungsenergie mit der Kristallenergie vergleichbar wird und entsprechend Einfluß auf χ_A gewinnt.

Es sei noch erwähnt, daß in schwachen Feldern Drehprozesse nicht nur bei einachsigen Kristallen, sondern auch bei kubischen Kristallen vorkommen können, nämlich dann, wenn entweder die BLOCH-Wände infolge starker Störung des Kristallgitters schwer beweglich sind, oder wenn gar keine BLOCH-Wände vorhanden sind, wie in Einbereichkristallen (s. Kap. 27) und in großen Kristallen bei verschwindender Kristallanisotropie. Für Drehprozesse in großen kubischen Kristallen mit überwiegender Kristallenergie ergibt sich bei Magnetisierung senkrecht zu einer leichten Richtung ebenfalls Gl. (28.29). Bei überwiegender Spannungsenergie und statistischer Verteilung der Eigenspannungsrichtungen erhält man dagegen allgemein [s. Gl. (32.18)]

$$\chi_A = \frac{2}{9} \frac{I_s^2}{\lambda_s \sigma_i}, \quad (28.30)$$

(λ_s = Sättigungsmagnetostriktion, σ_i = mittlerer Betrag der Eigenspannungen). Etwas komplizierter wird der Ausdruck für χ_A bei gleichzeitiger Berücksichtigung von Kristall- und Spannungsanisotropie [*67*]. Genauere Rechnungen, die die spezielle Natur der Eigenspannungsquellen (Versetzungen) berücksichtigen, haben TRÄUBLE und SEEGER [*97*] durchgeführt und mit experimentellen Ergebnissen verglichen.

28.2.2 Remanenz

Die Remanenz I_R hinreichend langer und dünner Einkristallstäbe kubischer Kristalle (kleiner Entmagnetisierungsfaktor in Stabachsenrichtung) ist nach verschiedenen Messungen an Eisen- [*11, 68*] und an Eisen-Siliziumkristallen [*33, 34*] durch die von KAYA [*11*] empirisch aufgestellte und in 28.1.3 theoretisch begründete Beziehung Gl. (28.7) gegeben.

28.2.3 Koerzitivkraft

Die Koerzitivkraft H_C eines Einkristalls kann generell als das Produkt

$$H_C = H_{C0} \cdot \Psi \quad (28.31)$$

zweier voneinander unabhängiger Faktoren, der Grundkoerzitivkraft H_{C0} und einer Anisotropiefunktion Ψ aufgefaßt werden. H_{C0} ist durch die Materialkonstanten, Sättigungsmagnetisierung, Kristallenergie und Magnetostriktion sowie durch alle möglichen Abweichungen des Realkristalls vom Idealkristall (Gitterfehler, Eigenspannungen, unmagnetische Einschlüsse usw.) bestimmt und wird im Zusammenhang mit der Koerzitivkraft der Vielkristalle in Kap. 31 ausführlich behandelt werden. Ψ hängt von der kristallographischen Richtung des Feldes (kristallographische Anisotropie) und bei nicht formisotropen Proben außerdem von der Orientierung der kristallographischen Achsen und der Feldrichtung bezüglich der Probenachsen sowie von der Probenform ab (Formanisotropie).

Anisotropie. Eine kristallographische Anisotropie der Koerzitivkraft ging erstmals aus Messungen von KAYA [*11*] an langen, stabförmigen Eisenkristallen verschiedener Orientierung hervor. Sie wurde in der Folgezeit vielfach insbesondere an Eisen-Siliziumkristallen (3 bis 4% Si) [*69, 22, 59, 70, 71, 72, 73, 74*] sowie an Nickel-Kristallen [*75*] untersucht. Am zuverlässigsten hiervon sind die Messungen an kreisrunden Einkristallscheibchen bzw. flachen Rotationsellipsoiden [*70*] bis [*74*], weil hierbei die Anisotropiefunktion an ein und derselben Probe gemessen werden kann und dann nicht durch unvermeidliche Schwankungen der Grundkoerzitivkraft H_{C0} von Probe zu Probe verfälscht wird. Zur Beschreibung der Versuchsergebnisse wurden sowohl theoretisch [*76*] als auch empirisch [*71*] verschiedene, unter mehr oder weniger speziellen Versuchsbedingungen gültige Funktionen Ψ angegeben, durch welche die Messungen z. T. befriedigend wiedergegeben wurden. Als generelles Ergebnis kann den Messungen entnommen werden, daß Ψ die Symmetrie der freien Energiefunktion F (bei überwiegender Kristallenergie also die Symmetrie von F_K, d. h. die Gittersymmetrie) besitzt, und in den leichten Richtungen den kleinsten Wert annimmt, der entsprechend Gl. (28.31) gleich 1 gesetzt wird.

Besonders stark ausgeprägt ist die kristallographische Anisotropie der Koerzitivkraft bei einachsigen Kristallen. Die Koerzitivkraft eines würfelförmigen Kobalt-Einkristalls beispielsweise ist nach Raumtemperaturmessungen von GUILLAUD und BERTRAND [*65*] $H_C = 0{,}55$ Oe parallel und $H_C = 7{,}5$ Oe senkrecht zur leichten Richtung (hexagonale Achse).

Nickel hat negative Magnetostriktion. Setzt man einen stabförmigen Nickeleinkristall beliebiger Orientierung unter eine äußere, elastische Druckspannung in Achsenrichtung, so wird dadurch bei Temperaturen, bei denen die Kristallenergie genügend klein ist ($T > 0$ °C) die Stabachse magnetische Vorzugsrichtung und die Koerzitivkraft in dieser Richtung merklich erniedrigt [*75*], und zwar auch dann, wenn die Stabachse bereits parallel zu einer leichten Richtung ($\langle 111 \rangle$-Richtung) liegt. H_C nimmt dabei mit wachsender Druckspannung linear ab.

Unter der Voraussetzung eines homogenen Feldes (Ellipsoidprobe) und homogener Magnetisierung ist die Koerzitivkraft von der Probenform, d. h. vom Entmagnetisierungsfaktor unabhängig. Diese Voraussetzungen waren bei der Behandlung der Scherung der Magnetisierungskurve in 8.4 als gegeben angenommen worden. Sie sind in hinreichend feinkörnigen, vielkristallinen Proben auch praktisch erfüllt. Dagegen fand BIEDERMANN [*77*] an Siliziumeisen-Einkristallen eine starke Formanisotropie der Koerzitivkraft. Diese Formanisotropie ist generell eine Folge der durch die Bezirkstruktur bedingten Inhomogenität der Magnetisierung. Sie ist um so stärker ausgeprägt, je größer die Bezirkabmessungen im Vergleich mit den Kristallabmessungen werden.

Temperaturabhängigkeit. Die Temperaturabhängigkeit der Koerzitivkraft wurde von OKAMURA und HIRONE [*78*] an einem Nickel-Rahmeneinkristall mit Schenkeln parallel zu $\langle 111 \rangle$-Richtungen, von SHUR [*79*] an einem Einkristalldiskus aus Siliziumeisen, von DIERTICH und KNELLER [*75*] an stabförmigen

Nickel-Einkristallen und von KNELLER, NAGASHIMA und SCHMELZER [*94, 95*] an stabförmigen Eisen—Nickel-Einkristallen mit unterschiedlicher Orientierung und verschiedener mechanischer und thermischer Vorbehandlung gemessen.

Einfluß plastischer Verformung. Das Verhalten der Koerzitivkraft bei plastischer Verformung wurde an Einkristallen erstmals von DIETRICH und KNELLER [*75*] für reines Nickel und später von HAHN und KNELLER [*80*] für Nickel—Mangan-Legierungen und von KNELLER, NAGASHIMA und SCHMELZER [*94, 95*] für Eisen—Nickel-Legierungen untersucht. Hierbei wurden lange kreiszylindrische Einkristallstäbe mit unterschiedlicher kristallographischer Orientierung der Stabachse in einer Polanyi-Zugapparatur stufenweise plastisch gereckt und an jedem Unterbrechungspunkt die Koerzitivkraft in Stabachsenrichtung gemessen. Neuere Ergebnisse wurden von TRÄUBLE und SEEGER [*97*] veröffentlicht.

Wir werden diese Versuchsergebnisse sowie die Messungen der Temperaturabhängigkeit der Koerzitivkraft von Einkristallen in Kap. 31 wiedergeben und dort im Zusammenhang mit der Koerzitivkraft der Vielkristalle diskutieren.

28.2.4 Einmündungsgesetz

Theorie der reversiblen Drehung gegen Spannungs- und Kristallenergie. In 28.1.4 haben wir festgestellt, daß bei Magnetisierung in einer Hauptrichtung die Sättigung in Feldrichtung in einem endlichen Feld H_s erreicht wird. Dies ist bei Magnetisierung in einer beliebigen kristallographischen Richtung nicht mehr der Fall. In allen Richtungen außer den Hauptrichtungen wird die Sättigung in Feldrichtung theoretisch erst in einem unendlichen hohen Feld erreicht[1].

Die Magnetisierungskurve eines Einkristalls in sehr hohen Feldern wurde unter Vernachlässigung des entmagnetisierenden Feldes von AKULOV [*81*], GANS [*82*] und BECKER und DÖRING [*83*] berechnet. Da nur noch eine Phase besteht, ist $I = I_s$. Die Richtung von I_s sei durch die Richtungskosinus $\alpha_1, \alpha_2, \alpha_3$, die Richtung von H durch die Richtungskosinus $\beta_1, \beta_2, \beta_3$ bezüglich der kubischen Achsen gegeben. Das thermodynamische Potential F' lautet dann unter Vernachlässigung von K_2 und entmagnetisierender Effekte

$$F' = K_1(\alpha_1^2 \alpha_2^2 + \alpha_2^2 \alpha_3^2 + \alpha_3^2 \alpha_1^2) - H I_s(\alpha_1 \beta_1 + \alpha_2 \beta_2 + \alpha_3 \beta_3). \quad (28.32)$$

In einem hinreichend hohen Feld ist der Winkel zwischen Feld- und Magnetisierungsrichtung $\varepsilon \ll 1$. Unter dieser Voraussetzung ergibt sich für die Magnetisierungskurve die Gleichung

$$I_p = I_s(1 - A/H^2 - B/H^3 - \cdots) \quad (28.33)$$

mit den Konstanten

$$A = \frac{2 K_1^2}{I_s^2} [\beta_1^6 + \beta_2^6 + \beta_3^6 - (\beta_1^4 + \beta_2^4 + \beta_3^4)^2],$$

$$B = \frac{8 K_1^3}{I_s^3} [3(\beta_1^8 + \beta_2^8 + \beta_3^8) - 7(\beta_1^4 + \beta_2^4 + \beta_3^4)(\beta_1^6 + \beta_2^6 + \beta_3^6) \quad (28.34)$$

$$+ 4(\beta_1^4 + \beta_2^4 + \beta_3^4)^3].$$

---

[1] Die Magnetisierung wird bei beliebiger Feldrichtung stets bereits bei einer endlichen Feldstärke homogen ausgerichtet, und zwar bei der Feldstärke, die dem Beginn von Modus IV entspricht. Die Magnetisierungsrichtung stimmt dann jedoch noch nicht mit der Feldrichtung überein, d. h. es ist zwar $I = I_s$, aber $I_p < I_s$.

In Übereinstimmung mit unseren Betrachtungen der Magnetisierungskurve in einer Hauptrichtung bestätigt man leicht, daß für die drei Hauptrichtungen [100], [110] und [111] $A = B = 0$ wird.

Besteht neben der Kristallenergie noch eine homogene Spannung σ in der Richtung $\gamma_1, \gamma_2, \gamma_3$, dann ergibt sich wiederum ein Einmündungsgesetz der Form Gl. (28.33). Die Konstante A wurde hierfür von BUHL [84] berechnet.

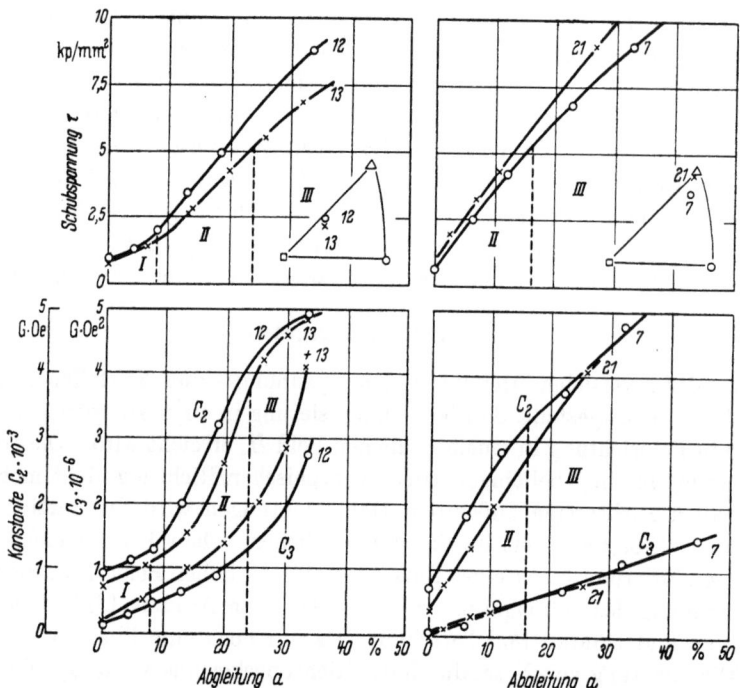

Abb. 28.14. Fließspannung τ sowie die Konstanten C_2 und C_3 des Einmündungsgesetzes als Funktion der Abgleitung gemessen an Nickel-Einkristallen verschiedener Orientierung. Die römischen Ziffern I, II, III bedeuten die Bereiche der Verfestigungskurve. (Nach DIETRICH und KNELLER [85])

Experimentelle Ergebnisse. Da sich in hohen Feldern I_p nur noch sehr wenig ändert, bestimmt man experimentell den Verlauf der Suszeptibilität als Funktion der Feldstärke. Nach Untersuchungen von DIETRICH und KNELLER [85] sowie KRONMÜLLER [86] an Nickel- bzw. Nickel- und Nickel–Kobalt-Einkristallen bei Raumtemperatur im Feldstärkebereich zwischen etwa 500 und 3000 Oe können die Meßergebnisse bei vielkristallinen Werkstoffen (s. Kap. 35) innerhalb der Meßgenauigkeit in der POLLEYschen Form [87]

$$\chi(H) = \chi_0 + C_2/H^2 + C_3/H^3 + \cdots \tag{28.35}$$

dargestellt werden, wobei χ_0, C_2 und C_3 Konstanten sind. Der Term χ_0 ist eine vom Werkstoffzustand (plastische Verformung usw.) unabhängige Materialkonstante. Er entspricht einer paramagnetischen Erhöhung der Magnetisierung über den thermodynamischen Gleichgewichtswert I_s hinaus und wird in Kap. 35 ausführlich diskutiert werden. Der Term C_3/H^3 ergibt sich durch Differentiation des ersten Gliedes der Reihenentwicklung Gl. (28.33). Man erhält $C_3 = 2 A I_s$. Die experimentellen Ergebnisse bestätigen die danach bestehende Abhängigkeit der

Konstante C_3 von der Kristallenergie und von Eigenspannungen (s. Abb. 28.14). Insbesondere findet man (s. Abb. 28.14), daß C_3 entsprechend Gl. (28.34) in einem weitgehend eigenspannungsfreien Einkristall bei Magnetisierung in einer Hauptrichtung verschwindet (s. a. POLLEY [87]). Dagegen wird der Term C_2/H^2 durch Gl. (28.33) nicht erklärt.

Abb. 28.14 zeigt den von DIETRICH und KNELLER gemessenen Verlauf der Fließspannung τ und der Konstanten C_2 und C_3 verschieden orientierter Nickel-Einkristalle bei plastischer Verformung als Funktion der Abgleitung a. Danach verschwindet die Konstante C_2 auch bei sorgfältig ausgeglühten Kristallen bei Magnetisierung in einer Hauptrichtung nicht. Sie steigt bei plastischer Verformung in erster Näherung linear proportional zur Fließspannung τ an. Dagegen bleibt, wie DIETRICH und KNELLER in Abb.

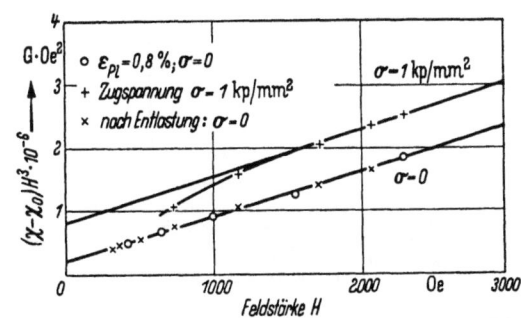

Abb. 28.15. Einfluß einer äußeren elastischen Spannung auf das Einmündungsgesetz. (Nach DIETRICH und KNELLER [85])

28.15 gezeigt haben, C_2 [Steigung der Geraden $(\chi - \chi_0) H^3(H)$] von einer elastischen Zugspannung in Feldrichtung unbeeinflußt, während C_3 (Ordinatenabschnitt der Geraden $[\chi - \chi_0] H^3(H)$) entsprechend der Rechnung von BUHL [84] ansteigt. Aus diesen Ergebnissen kann man schließen, daß der Term C_2/H^2 durch die inhomogenen Spannungsfelder der Versetzungen (s. Kap. 23) bedingt wird.

Theorie des Einmündungsgesetzes. Wie KRONMÜLLER [86] sowie SEEGER und KRONMÜLLER [88] gezeigt haben, wird der Verlauf der Magnetisierungskurve von plastisch verformten Einkristallen in hohen Feldern im Gebiet reversibler Drehprozesse durch die Anisotropiefelder der Kristallenergie und der von den Versetzungen herrührenden inhomogenen Eigenspannungen bestimmt und kann durch eine Reihenentwicklung der Form Gl. (28.35) angenähert werden. Gl. (28.35) stellt also eine Näherung und kein exaktes Gesetz dar. Die verschiedenen Beiträge zu den einzelnen Termen einer solchen Reihenentwicklung werden wir in Kap. 35 angeben.

Hier wollen wir zunächst lediglich die im Prinzip auch auf Vielkristalle anwendbare theoretische Behandlung des Einflusses plastischer Verformung auf die differentielle Suszeptibilität in hohen Feldern sowie die hierfür bedeutungsvollen Meßergebnisse an Einkristallen kurz erläutern.

KRONMÜLLER [86] hat an Nickel- und Nickel—Kobalt-Einkristallen die differentielle Suszeptibilität χ in Abhängigkeit von der Feldstärke, der Temperatur und der plastischen Verformung bei verschiedenen Verformungstemperaturen gemessen.

Unter der Voraussetzung, daß die paramagnetische Suszeptibilität χ_0 und die Kristallenergie störungsunabhängig sind, erhält man den von der plastischen Verformung herrührenden Anteil χ_P der differentiellen Suszeptibilität jeweils als Differenz zwischen den für verschiedene Verformungsstufen gemessenen $\chi(H)$-Kurven.

Zur Erklärung der starken experimentell gefundenen Verformungsabhängigkeit von χ bieten sich zunächst zwei Möglichkeiten. Von BROWN [89, 90] wurde die Erklärung der Meßergebnisse durch die magnetoelastischen Wechselwirkungen zwischen der Magnetisierung und den Eigenspannungsfeldern der Versetzungen

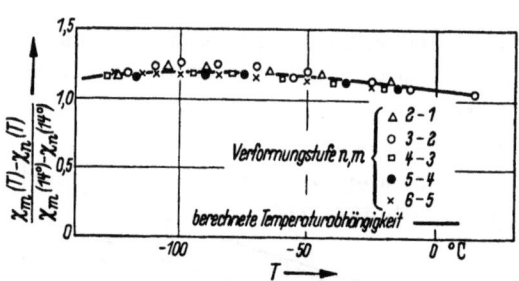

Abb. 28.16. Reduzierte Temperaturabhängigkeit von χ_P für ein Nickel-Einkristall bei verschiedenen Verformungsstufen. Die eingezeichnete Kurve wurde mit den von CORNER und HUNT gemessenen Werten λ_{100} und λ_{111} berechnet. (Nach KRONMÜLLER [86])

angeregt. NÉEL [91] hat den Einfluß innerer Streufelder auf das Einmündungsgesetz untersucht und insbesondere den von Hohlräumen im Kristall herrührenden Streufeldeinfluß berechnet. Hiernach wurde der Gedanke nahegelegt, daß die von den durch die Versetzungen bedingten örtlichen Schwankungen des Betrages und der Richtung der spontanen Magnetisierung herrührenden Streufelder für die Verformungsabhängigkeit von χ verantwortlich sein könnten. Eine Entscheidung darüber, welcher der beiden Effekte maßgebend ist, liefert die Temperaturabhängigkeit von χ_P. Diese ist im Falle der magnetoelastischen Wechselwirkungen proportional zu einem aus den Magnetostriktionskonstanten λ_{100} und λ_{111} gebildeten Ausdruck, im Falle der Streufelder dagegen proportional zu I_s. Die Messungen von KRONMÜLLER [86] können nur durch die (von CORNER und HUNT [96] gemessene) Temperaturabhängigkeit der Magnetostriktionskonstanten dargestellt werden. Die in Abb. 28.16 für verschiedene Verformungsstufen wiedergegebene reduzierte Temperaturabhängigkeit von χ ist außerdem von der Verformungsstufe deutlich unabhängig. Damit ist auch die oben vorausgesetzte Störungsunempfindlichkeit von χ_0 und K_1 nachgewiesen.

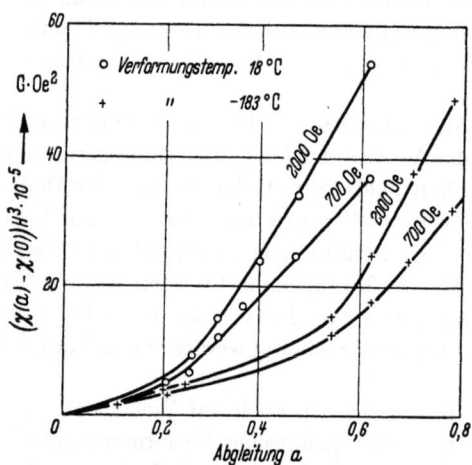

Abb. 28.17. $[\chi(a) - \chi(0)]H^3$ als Funktion der Abgleitung $a[\chi(a) = $ Suszeptibilität bei der Abgleitung a, $\chi(0) = $ Suszeptibilität des unverformten Kristalls] für Nickel–Kobalt-Einkristalle mit 20% Co bei zwei verschiedenen Feldstärken und für zwei verschiedene Verformungstemperaturen. (Nach KRONMÜLLER [86])

Das Anwachsen von χ_P mit zunehmender Verformung geht aus Abb. 28.17 hervor. Die ausgeprägte Änderung der Steigung der $\chi_P(a)$-Kurven ($a = $ Abgleitung) fällt jeweils mit dem Beginn von Bereich II der Verfestigungskurve zusammen (s. a. Abb. 28.14). Dies deutet auf einen engen Zusammenhang zwischen der Versetzungsanordnung und der Suszeptibilität χ hin.

Eine theoretische Erklärung des in Abb. 28.17 gezeigten Verfestigungsverhaltens der Suszeptibilität setzt sowohl eine Theorie der Verfestigung als auch eine Theorie der magnetischen Vorgänge voraus. Die von BROWN [90] ausgeführte

Theorie gilt für isotrope Magnetostriktion und spezielle Lagen der Versetzungen bezüglich der Magnetisierungsrichtung. Sie wurde von SEEGER und KRONMÜLLER [88] auf anisotrope Magnetostriktion und beliebige Spannungsverteilungen erweitert. Eine Theorie der Verfestigung wurde von SEEGER [92] entwickelt. Die hierin zugrunde gelegten Versetzungsgruppen, welche gegen LOMER-COTTRELL-Versetzungen [93] aufgestaut werden, erweisen sich als maßgebend für die im Bereich II der Verfestigungskurve festgestellte starke Zunahme der differentiellen Suszeptibilität.

Von den verschiedenen Energietermen, welche die Magnetisierungsrichtung bestimmen, haben wir hier zunächst insbesondere das Zusammenwirken von magnetoelastischer Energie und Austauschenergie zu betrachten. Die inhomogenen Spannungsfelder bedingen über die magnetoelastische Kopplung einen inhomogenen Magnetisierungsverlauf. Bei einer gegenseitigen Verdrehung der Richtungen benachbarter Spins muß jedoch Arbeit gegen die Austauschkopplung geleistet werden, d. h. die Austauschkopplung wirkt einem inhomogenen Magnetisierungsverlauf entgegen. Andererseits wird die von einer örtlich eng begrenzten Störungsursache herrührende Inhomogenität des Magnetisierungsverlaufs durch die Austauschkopplung auf die Umgebung der Störstelle ausgebreitet. Die Ausdehnung dieser Störungsverbreiterung wird durch die Stoffkonstante $\varkappa = l_0^{-1} = (HI_s/A)^{1/2}$ charakterisiert, wobei A die Konstante der Austauschenergie bedeutet. l_0 ist der Abstand von der Störstelle, in welchem die Auslenkung der Magnetisierung auf den e-ten Teil abgefallen ist. Die Wirkung der Austauschkopplung ist in Abb. 28.18 veranschaulicht.

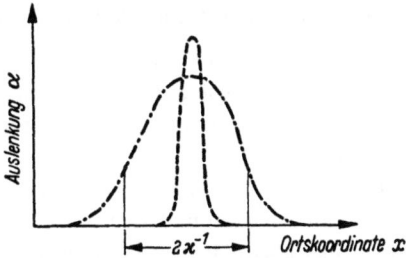

Abb. 28.18. Einfluß der Austauschenergie auf die Auslenkung der Magnetisierung in der Umgebung einer Störung. Zur Definition der Größe $\varkappa$. (Nach KRONMÜLLER [86])

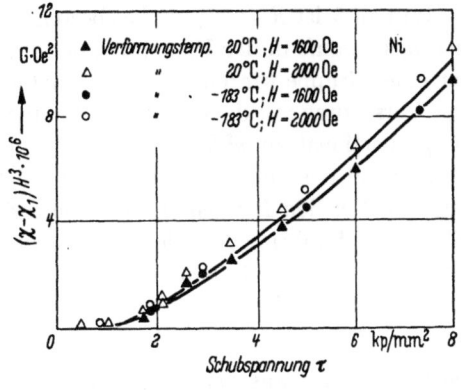

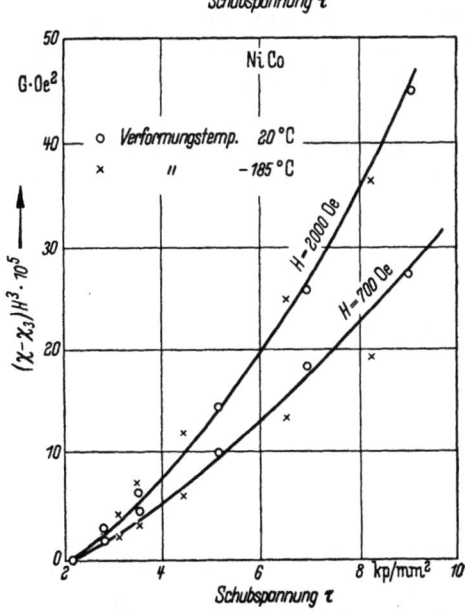

Abb. 28.19. $(\chi - \chi_2) H^3$ bzw. $(\chi - \chi_1) H^3$ (der Index bei χ gibt die Verformungsstufe an) als Funktion der Fließspannung τ im Bereich II der Verfestigungskurve bei zwei verschiedenen Feldstärken und zwei Verformungstemperaturen a für Nickel-Einkristalle und b für Nickel–Kobalt-Einkristalle. Die eingezeichneten Kurven wurden nach Gl. (18.36) berechnet. (Nach KRONMÜLLER [86])

Wir unterscheiden nunmehr zwei spezielle Anordnungen von Versetzungen:

1. Statistische Verteilung der Versetzungen. Für die Abstände R_{ij} zwischen den Versetzungen gilt die Bedingung $\varkappa R_{ij} > 1$.

2. Es sind von der statistischen Verteilung abweichende Versetzungsanordnungen vorhanden, wie z. B. aufgestaute Versetzungsgruppen mit n Versetzungen. Für die Abstände zwischen den Versetzungen innerhalb einer Gruppe gilt die Bedingung $\varkappa R_{ij} < 1$.

Im Fall 1. besteht keine erhebliche Kopplung zwischen dem Magnetisierungsverlauf in der Umgebung der einzelnen Versetzungen, weil die Versetzungsabstände größer als die kritische Länge l_0 sind. Der Effekt auf die Magnetisierung ist proportional zu $n b^2$ ($b = $ BURGERS-Vektor), der sog. Nahfeldenergie der Versetzungen.

Im Fall 2. ist $R_{ij} < l_0$, und es besteht daher eine starke Kopplung des Magnetisierungsverlaufs in der Umgebung der einzelnen Versetzungen. Die n Versetzungen einer Gruppe wirken auf die Magnetisierung in erster Näherung wie eine einzige Versetzung mit dem BURGERS-Vektor $n b$. Der Effekt auf die Magnetisierung ist proportional zu $n^2 b^2$, der sog. Fernfeldenergie der Versetzungen.

Der Fall 1. ist im Bereich I und der Fall 2. im Bereich II der Verfestigungskurve gegeben. Für den Bereich II berechnete KRONMÜLLER die differentielle Suszeptibilität χ als Funktion des Fließspannungsanteils τ_{G_s} (zur Definition von τ_{G_s} s. [92]). Es ergab sich die Beziehung

$$\chi H^3 = \frac{\pi \tau_G^2}{I_s} C_0^{II} \ln \left[(1/2) \varkappa R_0 \right], \qquad (28.36)$$

worin C_0^{II} einen aus den Magnetostriktionskonstanten zusammengesetzten Ausdruck und R_0 den mittleren Versetzungsgruppenabstand bedeuten. Gl. (28.36) gilt nur für den Fall $\varkappa R_{ij} \ll 1$.

In Abb. 28.19 ist der für Nickel und eine Nickel—Kobalt-Legierung berechnete Suszeptibilitätszuwachs im Bereich II als Funktion von τ_G dargestellt und mit den experimentellen Ergebnissen verglichen.

Literatur zu Kap. 28

[1] BECK, K.: Vierteljahresschr. d. Naturforsch. Ges. Zürich 63 (1918) S. 116.
[2] WEBSTER, W. L.: Proc. roy. Soc., Lond. 107 A (1925) S. 496.
[3] GERLACH, W.: Phys. Z. 26 (1925) S. 914.
[4] GERLACH, W.: Z. Phys. 38 (1926) S. 828.
[5] HONDA, K., u. S. KAYA: Sci. Rep. Tôhoku Univ. 15 (1926) S. 721.
[6] DUSSLER, E., u. W. GERLACH: Z. Phys. 44 (1927) S. 279.
[7] DUSSLER, E.: Z. Phys. 50 (1928) S. 195.
[8] HONDA, K., H. MASUMOTO u. S. KAYA: Sci. Rep. Tôhoku Univ. 17 (1928) S. 111.
[9] SIZOO, J. G.: Z. Phys. 56 (1929) S. 649.
[10] WEBSTER, W. L.: Proc. phys. Soc., Lond. 42 (1930) S. 431.
[11] KAYA, S.: Z. Phys. 84 (1933) S. 705.
[12] PIETY, R. J.: Phys. Rev. 50 (1936) S. 1173.
[13] KAYA, S., u. H. TAKAKI: Sci. Rep. Tôhoku Univ., Aniversary Vol. HONDA (1936) S. 314.
[14] SHIRAKAWA, Y.: Sci. Rep. Tôhoku Univ. 29 (1940) S. 132.
[15] SHIRAKAWA, Y.: Sci. Rep. Tôhoku Univ. 29 (1940) S. 152.
[16] KAYA, S.: Sci. Rep. Tôhoku Univ. 17 (1928) S. 1157.
[17] HONDA, K., u. H. MASUMOTO: Sci. Rep. Tôhoku Univ. 20 (1931) S. 323.

[18] Sucksmith, W., u. J. E. Thompson: Proc. roy. Soc., Lond. A 225 (1954) S. 362.
[19] Kaya, S.: Sci. Rep. Tôhoku Univ. 17 (1928) S. 639.
[20] Sucksmith, W., H. H. Potter u. L. Broadway: Proc. roy. Soc., Lond. 117 A (1928) S. 471.
[21] Honda, K., H. Masumoto u. Y. Shirakawa: Sci. Rep. Tôhoku Univ. 24 (1935) S. 391.
[22] Williams, H. J.: Phys. Rev. 52 (1937) S. 747.
[23] Lawton, H., u. K. H. Stewart: Proc. roy. Soc., Lond. A 193 (1948) S. 72.
[24] Williams, H. J., u. W. Shockley: Phys. Rev. 75 (1949) S. 178.
[25] Stewart, K. H.: Proc. phys. Soc., Lond. A 63 (1950) S. 761.
[26] Stewart, K. H.: J. Phys. Radium 12 (1951) S. 325.
[27] Blum, P., u. R. Pauthenet: C. R. Acad. Sci., Paris 237 (1953) S. 1501.
[28] Quittner, U.: Ann. Phys., Lpz. 30 (1909) S. 289.
[29] Domenicali, C. A.: Phys. Rev. 76 (1949) S. 460.
[30] Domenicali, C. A.: Phys. Rev. 78 (1950) S. 458.
[31] Smith, D. O.: Phys. Rev. 102 (1956) S. 959.
[32] Néel, L.: J. Phys. Radium 5 (1944) S. 241.
[33] Takaki, H., u. Y. Nakamura: J. phys. Soc., Lond. 9 (1954) S. 507.
[34] Takaki, H., u. Y. Nakamura: J. phys. Soc., Japan 9 (1954) S. 748.
[35] Gorter, C. J.: Nature 132 (1933) S. 517.
[36] Akulov, N. S.: Z. Phys. 67 (1930) S. 794.
[37] Akulov, N. S.: Z. Phys. 69 (1931) S. 78.
[38] Gans, R., u. E. Czerlinsky: Schriften der Königsberger Gelehrten Ges. 9 (1932) S. 1.
[39] Gans, R., u. E. Czerlinsky: Ann. Phys. 16 (1933) S. 625.
[40] Lawton, H.: Proc. Cambr. Phil. Soc. 45 (1949) S. 145.
[41] Schoenberg, D., u. A. J. C. Wilson: Tech. Rep. eletrc. Res. Ass. N/T 37 (1946).
[42] Stewart, K. H.: Proc. Cambr. Phil. Soc. 45 (1949) S. 296.
[43] Stewart, K. H.: Physica, Haag 15 (1949) S. 235.
[44] Williams, H. J., u. M. Goertz: J. Appl. Phys. 23 (1952) S. 316.
[45] Williams, H. J., u. M. Goertz: Phys. Rev. 86 (1952) S. 599.
[46] Hart, A.: Proc. phys. Soc., Lond. 72, Pt 2 (1958) S. 244.
[47] Néel, L.: J. Phys. Radium 5 (1944) S. 265.
[48] Stewart, K. H.: Ferromagnetic Domains, Cambridge: University Press 1954, S. 74ff.
[49] Bates, L. F., u. F. E. Neale: Physica, Haag 15 (1949) S. 220.
[50] Bates, L. F., u. F. E. Neale: Proc. phys. Soc., Lond. A 63 (1950) S. 374.
[51] Bates, L. F.: J. Phys. Radium 12 (1951) S. 504.
[52] Bates, L. F., u. A. Hart: Proc. phys. Soc., Lond. B 69 (1956) S. 497.
[53] Bates, L. F., u. G. W. Wilson: Proc. phys. Soc., Lond. A 64 (1951) S. 691.
[54] Bates, L. F., u. G. W. Wilson: Proc. phys. Soc., Lond. A 66 (1953) S. 819.
[55] Wilson, G. W.: Proc. phys. Soc., Lond. A 66 (1953) S. 840.
[56] Lawton, H.: Diss. Cambr. Univ.
[57] Lee, W. E.: Proc. phys. Soc., Lond. A 66 (1953) S. 623.
[58] Lee, E. W.: Proc. phys. Soc., Lond. A 68 (1955) S. 65.
[59] Williams, H. J.: Phys. Rev. 52 (1937) S. 1004.
[60] Becker, R., u. W. Döring: Ferromagnetismus, Berlin: Springer 1939, S. 148ff.
[61] Kondorskij, E.: Phys. Rev. 53 (1938) S. 319.
[62] Sommerkorn, G.: Tech. Mitt. Krupp 13 (1955) S. 71.
[63] Honda, K., u. T. Nishina: Z. Phys. 103 (1936) S. 728.
[64] Williams, H. J.: unveröffentlicht, s. R. M. Bozorth: „Ferromagnetism", D. van Nostrand Co. 1951.
[65] Guillaud, C., u. R. Bertrand: C. R. Acad. Sci., Paris 227 (1948) S. 47.
[66] Guillaud, C., R. Bertrand u. R. Vautier: C. R. Acad. Sci., Paris 228 (1949) S. 1403
[67] Guillaud, C.: J. Phys. Radium 12 (1951) S. 492.
[68] Takaki, H.: Z. Phys. 105 (1937) S. 92.
[69] Ruder, W. E.: Trans. Amer. Soc. Met. 22 (1934) S. 1120.
[70] Sixtus, K. J.: Phys. Rev. 50 (1936) S. 395.
[71] Sixtus, K. J.: Phys. Rev. 52 (1937) S. 347.
[72] Shur, J. S., u. R. Jaanus: Phys. Z. Sowjet. 12 (1937) S. 383.

[73] Shur, J. S.: J. Phys. USSR 2 (1940) S. 5.
[74] Shur, J. S.: J. Phys. USSR 4 (1941) S. 439.
[75] Dietrich, H., u. E. Kneller: Z. Metallkde. 47 (1956) S. 716.
[76] Wonsowski, S. W.: J. Phys. USSR 2 (1940) S. 11.
[77] Biedermann, E.: Berichte der Arbeitsgemeinschaft Ferromagnetismus (1958) S. 66.
[78] Okamura, T., u. T. Hirone: Phys. Rev. 55 (1939) S. 102.
[79] Shur, J. S.: J. Phys. USSR 10 (1946) S. 299.
[80] Hahn, R., u. E. Kneller: Z. Metallkde. 49 (1958) S. 480.
[81] Akulov, N. S.: Z. Phys. 67 (1931) S. 794.
[82] Gans, R.: Ann. Phys., Lpz. 15 (1932) S. 28.
[83] Becker, R., u. W. Döring: Ferromagnetismus, Berlin: Springer 1939.
[84] Buhl, O.: Z. Phys. 126 (1949) S. 84.
[85] Dietrich, H., u. K. Kneller: Z. Metallkde. 47 (1956) S. 672.
[86] Kronmüller, H.: Z. Phys. 154 (1958) S. 574.
[87] Polley, H.: Ann. Phys., Lpz. 36 (1939) S. 625.
[88] Seeger, A., u. H. Kronmüller: J. Phys. Chem. Solids 12 (1960) S. 298.
[89] Brown, W. F.: Phys. Rev. 58 (1940) S. 736.
[90] Brown, W. F.: Phys. Rev. 60 (1941) S. 132.
[91] Néel, L.: J. Phys. Radium 9 (1949) S. 185, 193.
[92] Seeger, A.: Handbuch d. Physik, Bd. VII/2, Berlin/Göttingen/Heidelberg: Springer 1958.
[93] Seeger, A.: Handbuch d. Physik, Bd. VII/1, Berlin/Göttingen/Heidelberg: Springer 1956.
[94] Kneller, E., T. Nagashima u. G. Schmelzer: Berichte der Arbeitsgemeinschaft „Ferromagnetismus (1959) S. 30.
[95] Kneller, E., u. G. Schmelzer: Z. Metallkde. 51 (1960) S. 342.
[96] Corner, W., u. G. H. Hunt: Proc. phys. Soc., Lond. A 68 (1955) S. 133.
[97] Träuble, H.. u. A. Seeger: Berichte der Arbeitsgemeinschaft Ferromagnetismus (1961).

29. Magnetisierungskurve von Vielkristallen

Übersicht

Wir haben bereits in 21.3.1 und 21.9 im Zusammenhang mit der Bezirkstruktur darauf hingewiesen, daß man grundsätzlich zwischen Vielkristallen mit bevorzugter Kornorientierung und Vielkristallen mit statistisch regelloser Kornorientierung zu unterscheiden hat.

Das magnetische Verhalten von Vielkristallen mit stark bevorzugter Kornorientierung ist dem Verhalten von Einkristallen ähnlich und kann in erster Näherung in gleicher Weise wie bei Einkristallen behandelt und verstanden werden (s. z. B. Bates und Hart [1]).

Das Problem der Magnetisierungskurve wird dagegen sofort sehr komplex, wenn wir zu Vielkristallen mit nur schwach bevorzugter oder statistisch regelloser Kornorientierung übergehen. Die magnetischen Eigenschaften solcher Vielkristalle ergeben sich im allgemeinen keineswegs durch ungestörte Überlagerung des magnetischen Verhaltens der einzelnen Kristallite unter Berücksichtigung ihrer Orientierung, sondern werden, worauf insbesondere Döring [2] sowie Lawton und Stewart [3] hingewiesen haben, unter Umständen wesentlich durch die magnetischen Wechselwirkungen zwischen den Kristalliten, d. h. durch die inneren entmagnetisierenden Felder beeinflußt.

29.1 Das innere entmagnetisierende Feld H_{ie}.

Das magnetische Verhalten eines einzelnen isolierten Korns ist, wenn wir das entmagnetisierende Feld einmal vollständig außer acht lassen, durch die im Inneren des Korns vorhandenen Kristallstörungen sowie durch seine kristallographische Orientierung gegenüber dem in ihm wirkenden Feld bestimmt.

Das innere entmagnetisierende Feld hat nun folgende Ursachen. In Körnern mit Nachbarkörnern stark unterschiedlicher Orientierung stellt sich im äußeren Feld $H = 0$ nach Möglichkeit eine in sich geschlossene Bezirkstruktur ein, wie wenn das Korn von seiner Umgebung isoliert wäre (s. 21.9.2). Eine vollständige Quellenfreiheit in der Nähe der Kornoberflächen wird jedoch wegen deren unregelmäßigen Form und Krümmung nie erreicht. Und zwar wird der Schluß des magnetischen Flusses in einem Korn um so unvollständiger sein, je kleiner das Korn ist. Das von den an allen Korngrenzen bestehenden Quellen ausgehende, an irgendeiner Stelle im Material resultierende Feld ist das innere entmagnetisierende Feld H_{ie} an dieser Stelle im äußeren Feld $H = 0$. Wird nunmehr ein äußeres Feld angelegt, so bildet sich in jedem Korn eine resultierende Magnetisierung, deren Richtung und Betrag in höheren Feldern wegen der unterschiedlichen Kornorientierung im allgemeinen von Korn zu Korn etwas verschieden sein wird. Dadurch entstehen zusätzliche Quellen an den Korngrenzen und H_{ie} wird zunächst größer. Erst wenn in sehr hohen Feldern die Magnetisierung in allen Körnern allmählich in dieselbe Richtung gezwungen wird, nimmt H_{ie} wieder ab. Das innere effektive Feld H_i setzt sich an jeder Stelle im Material aus dem äußeren Feld H, dem entmagnetisierenden Feld H_e der Probe und dem inneren entmagnetisierenden Feld H_{ie} zusammen

$$H_i = H + H_e + H_{ie}. \tag{29.1}$$

Da H_{ie} auch bei ellipsoidförmiger Probenbegrenzung nach Richtung und Betrag örtlich veränderlich ist, ist also H_i innerhalb der Probe nicht mehr homogen (vgl. auch BATES und HART [1]).

Angesichts derartig komplizierter Verhältnisse scheint es zunächst beinahe aussichtslos zu sein, quantitative Aussagen über die Magnetisierungskurve von Vielkristallen zu gewinnen. Eine genauere Betrachtung der Verhältnisse zeigt jedoch, daß H_{ie} sehr wesentlich von der Korngröße und von der Stärke der Kristallanisotropie, d. h. von K_1 abhängt, und daß es danach verschiedene praktisch wichtige Fälle gibt, in denen das innere entmagnetisierende Feld keine wesentliche Rolle spielt.

Die Kristallenergie K_1 sei groß. Sind die Kristallkörner hinreichend groß, so daß für die Bezirkstruktur in den Körnern genügende Variationsmöglichkeit unter Wahrung der inneren Quellenfreiheit gegeben ist, dann bleibt entsprechend 28.1.3, wie bei Einkristallen, das innere Feld H_i in schwachen äußeren Feldern Null, und die resultierende Magnetisierung I ist in allen Körnern gleich groß und parallel zum äußeren Feld gerichtet, bis in den Körnern mit der niedrigsten idealen Remanenz in Feldrichtung (ist z. B. $K_1 > 0$, dann sind es die Körner, welche mit einer [111]-Richtung parallel zum Feld liegen) die ideale Remanenz [bei $K_1 > 0$ $I = I_s/(l + m + n) = I_s/\sqrt{3}$] erreicht wird. Das innere entmagnetisierende Feld H_{ie} bleibt bis dahin praktisch Null. Erst wenn H weiter ansteigt, bildet sich in den Körnern nach und nach eine Komponente I_N der Magnetisierung normal zum Feld;

deren Größe durch die Form der Körner und die Magnetisierung in den Nachbarkörnern bestimmt ist, und es entsteht ein inneres entmagnetisierendes Feld. Dieses innere entmagnetisierende Feld wirkt auf eine möglichst homogene Magnetisierung des Materials hin. Wie LAWTON und STEWART [3] festgestellt haben (s. a. AKULOV [4, 5]), kann man deshalb den weiteren Verlauf der Magnetisierungskurve näherungsweise unter der Annahme berechnen, daß die Magnetisierung in allen Körnern weiterhin gleichen Betrag und gleiche Richtung hat. Damit erhält man für jedes Korn eine individuelle Feldstärke, welche sich aus dem äußeren Feld und dem inneren entmagnetisierenden Feld zusammensetzt und über das ganze Material gemittelt die zu der vorgegebenen Magnetisierung gehörige mittlere effektive Feldstärke ergibt. Diese Näherung ist erfahrungsgemäß besser als die Annahme einer durch das äußere Feld vorgegebenen, homogenen Feldstärke und Mittelung über die dadurch bedingten individuellen Magnetisierungen der einzelnen Körner.

Ist die Korngröße vergleichbar mit der Größe der Bezirke, dann wird die Bezirkstruktur durch die Kornform weitgehend festgelegt, und eine merkliche Verschiebung der Wände ist von Anbeginn ohne starke Vergrößerung des entmagnetisierenden Feldes nicht möglich. Bei großer Kristallenergie hängt also H_{ie} und damit das magnetische Verhalten der Probe mehr oder weniger von der Korngröße ab.

Ist dagegen die Kristallanisotropie schwach gegen die durch alle möglichen Störungen in den Kristalliten (Eigenspannungen usw.) hervorgerufenen, unregelmäßigen Anisotropiefelder (entweder, weil diese sehr stark oder die Kristallenergie absolut sehr klein ist, wie etwa in 70-Permalloy), dann besteht unabhängig von der Korngröße kein Anlaß für die Bildung eines entmagnetisierenden Feldes an den Korngrenzen. Es besteht dann lediglich das durch Richtungs- und Betragsschwankungen der spontanen Magnetisierung infolge der unregelmäßigen Anisotropiefelder bedingte, unregelmäßige Streufeld H_{is}, welches selbstverständlich auch bei großer Kristallenergie in den Kristalliten vorhanden ist (s. 24.3.2).

Es gibt also insgesamt drei Fälle, in denen wir (bei Betrachtung der Magnetisierungsvorgänge in den einzelnen Körnern) das innere entmagnetisierende Feld vernachlässigen können:

1. Bei großem K_1 und großen Körnern in dem Bereich der Wandverschiebungen, solange $H_i = 0$ ist,

2. wenn die Kristallenergie klein gegen die Energie der unregelmäßigen Anisotropiefelder der Gitterstörungen ist und

3. wenn die Kristallenergie absolut sehr klein ist.

29.2 Analyse der Magnetisierungskurve

Obwohl wir heute verhältnismäßig weitreichende Kenntnisse von der Bezirkstruktur und den Elementarprozessen der Magnetisierung haben, ist es auch in den Fällen, in denen das innere entmagnetisierende Feld keine wesentliche zusätzliche Komplizierung ergibt, bisher nicht gelungen, den gesamten Verlauf der Magnetisierungskurve von Vielkristallen mit regelloser Kornorientierung quantitativ zu erfassen. Im allgemeinen versucht man daher, auf halbempirischem Wege zu einem Zusammenhang zwischen der Schleifenform und den Werkstoffeigenschaften zu gelangen.

Wie bereits früher ausführlich beschrieben, wird man sich zunächst aus kalorischen Messungen (s. Kap. 9) sowie aus einer eingehenden Analyse des BARKHAUSEN-Effekts (s. Kap. 25) einen Überblick über Art und Reihenfolge der Magnetisierungsvorgänge längs der Magnetisierungskurve verschaffen. Zusammenfassend wurde hierüber insbesondere von STONER [6] (s. a. [7]) berichtet. Nach Kap. 7 ist die Magnetisierungskurve eines Werkstoffs bereits durch einige wenige Meßgrößen in den wesentlichen Zügen charakterisiert. Es sind dies die sog. festen Bestimmungsgrößen der Magnetisierungskurve: Die relative Remanenz I_R/I_s bzw. B_R/B_s, die Koerzitivkraft H_C und das Gesetz der Magnetisierung in schwachen Feldern mit den Konstanten χ_a bzw. μ_a (Anfangssuszeptibilität bzw. Anfangspermeabilität) und α bzw. ν (RAYLEIGH-Konstante). Man versucht darum, ausgehend von Modellvorstellungen über die Wirkung der in einem gegebenen Material voraussichtlich überwiegend wirksamen Störungen auf die relevanten Magnetisierungsprozesse in erster Linie die festen Bestimmungsgrößen theoretisch abzuschätzen und auf diesem Wege einen Zusammenhang zwischen der Magnetisierungskurve und den Materialeigenschaften zu gewinnen.

29.3 Beeinflußbarkeit der Schleifenform

Es ist insbesondere im Hinblick auf die Entwicklung technisch nutzbarer Werkstoffe mit speziellen magnetischen Eigenschaften wichtig, einen allgemeinen Überblick über die Möglichkeiten einer Beeinflussung der Schleifenform zu haben.

Eine Änderung der statischen magnetischen Eigenschaften erhält man durch Änderung bzw. Ausbildung der folgenden Materialeigenschaften
spontane Magnetisierung I_s,
Kristallenergie K_i,
Diffusionsanisotropie (Orientierungsüberstruktur),
Magnetostriktion λ_{ijk},
mechanische Spannungen,
Korngröße,
Korntextur,
unmagnetische oder andersmagnetische Einschlüsse (Ausscheidungen, Verunreinigungen).

Aus dieser Zusammenstellung ergeben sich die nachfolgend zusammengestellten Werkstoffbehandlungen, mit deren Hilfe eine Änderung der magnetischen Eigenschaften erzielt werden kann. Die dabei geänderten Werkstoffeigenschaften sind jeweils angegeben.

1. *Äußere mechanische Spannungen im elastischen Bereich*
   Bildung von Spannungen 1. Art.
2. *Plastische Kaltverformung (Walzen, Ziehen, Recken, Schmieden)*
   Bildung von Eigenspannungen 1., 2. und 3. Art,
   Bildung einer Verformungstextur,
   Bildung einer nicht texturbedingten Walzanisotropie (verformungsinduzierte Orientierungsüberstruktur),
   Zerstörung einer Fernordnung und dadurch Änderung von I_s, K_i und λ_{ijk}.

3. *Beschuß mit Neutronen* (s. z. B. [*8, 9, 10*])
Bildung von Eigenspannungen 3. Art,
Bildung von Anhäufungen von Leerstellen,
Bildung einer Orientierungsüberstruktur,
Zerstörung einer Fernordnung und dadurch Änderung von I_s, K_i und λ_{ijl}.

4. *Thermische Erholung*
Abbau von Eigenspannungen.

5. *Rekristallisation*
Abbau von Eigenspannungen,
Änderung der Korngröße,
Bildung einer Rekristallisationstextur.

6. *Änderung der chemischen Zusammensetzung (in homogenen Mischkristallen, d. h. ohne Zustandsänderung)*
Änderung von I_s, K_i, λ_{ijk}.

7. *Strukturänderungen*
Bildung bzw. Rückbildung von Ausscheidungen,
Bildung bzw. Rückbildung einer Fernordnung und dadurch Änderung von I_s, K_i und λ_{ijk},
Bildung bzw. Rückbildung einer Orientierungsüberstruktur,
polymorphe Umwandlungen.

8. *Temperaturänderung ohne Zustandsänderungen*
Änderung von I_s, K_i und λ_{ijk} entsprechend der Temperaturabhängigkeit dieser Größen.

Die Wirkung der verschiedenen Werkstoffbehandlungen auf das Gesamtbild der Hystereseschleife ist in den Abb. 29.1 bis 29.6 an Hand einiger Beispiele veranschaulicht. Wir weisen insbesondere auf den Einfluß einer Orientierungsüberstruktur auf die Schleifenform bestimmter Legierungen und Ferrite hin. Je nachdem die Orientierungsüberstruktur ohne äußeres Feld oder in einem longitudinalen oder transversalen Feld (bezüglich der Meßrichtung) eingestellt wurde, erhält man (s. Abb. 29.5) eine in charakteristischer Weise eingeschnürte Schleife (Perminvarschleife), eine Rechteckschleife oder eine fast bis zur Sättigung praktisch lineare Magnetisierungskurve. Eine ausführliche Diskussion dieses Perminvarverhaltens hat v. Kienlin [*11, 12*] unter besonderer Berücksichtigung der Perminvarferrite durchgeführt.

In den folgenden Paragraphen wollen wir nunmehr die theoretischen Grundlagen für das Verständnis der Zusammenhänge zwischen den Bestimmungsgrößen der Magnetisierungskurve und den oben zusammengestellten Materialeigenschaften geben.

Es sei hier noch erwähnt, daß man verschiedentlich, insbesondere früher, versucht hat, die Magnetisierungskurve von Vielkristallen analytisch darzustellen, oder analytische Beziehungen zwischen Teilen der Magnetisierungskurve, etwa der Neukurve und der Schleife, anzugeben (s. z. B. [*13*] bis [*18*]). Derartige Beziehungen sind zur Aufstellung technischer Normen innerhalb spezieller Werkstoffgruppen sehr wertvoll. Es handelt sich dabei jedoch normalerweise nicht um exakte Gesetzmäßigkeiten allgemeiner Gültigkeit, welche mit den physikalischen

29.3 Beeinflußbarkeit der Schleifenform

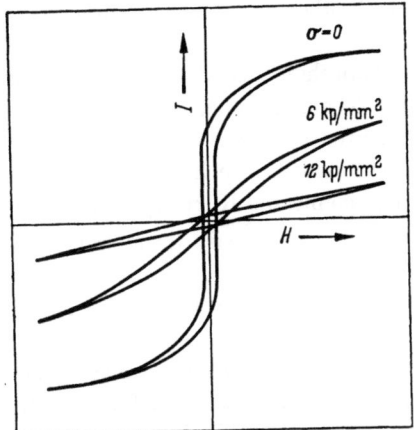

Abb. 29.1. Magnetisierungskurve von Nickel ($\lambda < 0$) unter verschieden hohen Zugspannungen parallel zur Magnetisierungsrichtung

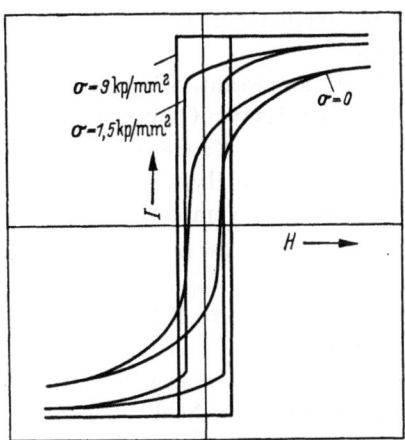

Abb. 29.2. Magnetisierungskurven von Permalloy ($\lambda > 0$) unter verschieden hohen Zugspannungen parallel zur Magnetisierungsrichtung

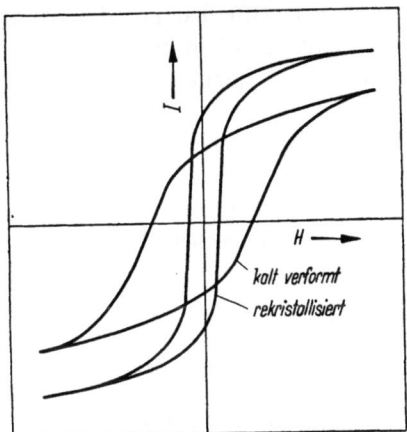

Abb. 29.3. Einfluß plastischer Verformung auf die Magnetisierungsschleife von Nickel

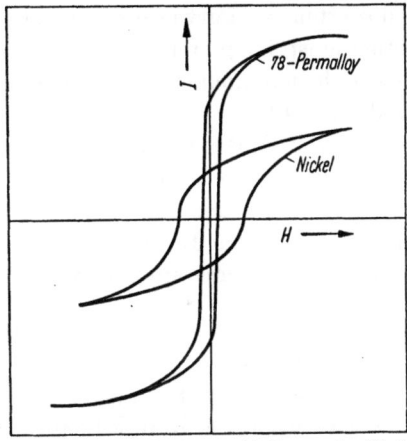

Abb. 29.4. Magnetisierungsschleifen zweier Werkstoffe mit verschiedener chemischer Zusammensetzung (Nickel und 78-Permalloy)

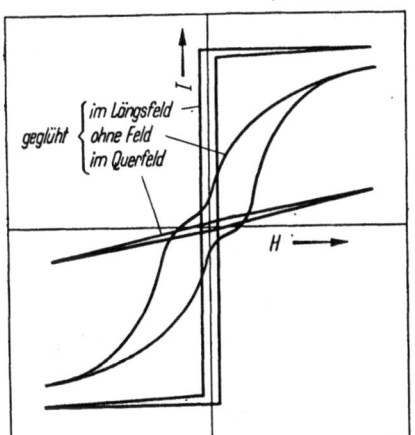

Abb. 29.5. Einfluß der Orientierungsüberstruktur auf die Magnetisierungsschleife von Permalloy

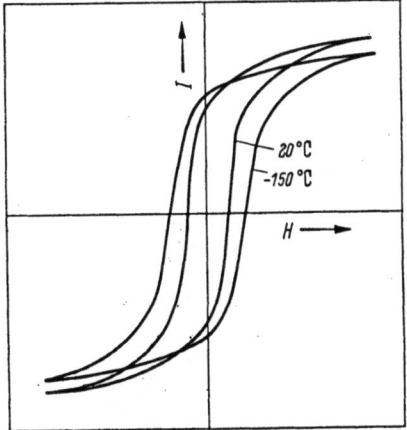

Abb. 29.6. Magnetisierungsschleife von Nickel bei verschiedenen Temperaturen

Gegebenheiten der Werkstoffe in einem einfach übersehbaren Zusammenhang stehen.

Sehr interessant, wiewohl in seinen physikalischen Grundlagen nicht ganz geklärt, ist das von GERLACH und TEMESVARY [19] angegebene, sog. Transformationsprinzip der Magnetisierungskurven. Die Autoren fanden empirisch, daß in vielen Fällen die Hystereseschleife, die Neukurve und die wechselfeldidealisierte Kurve bei allen Temperaturen jeweils auf eine gemeinsame Kurve reduziert werden, wenn man die reduzierte Magnetisierung $(I/I_s)_T = \overline{\cos \vartheta_T}$ (mittlerer Richtungskosinus der Magnetisierung gegen die Feldrichtung) gegen die mit der Koerzitivkraft reduzierte Feldstärke $(H/H_C)_T$ aufträgt. Wie GERLACH [20] für Nickel gezeigt hat, gilt dieses Prinzip auch im Gebiet der Anfangssuszeptibilität, nicht dagegen bei hohen Feldstärken im Gebiet vorwiegend reversibler Drehungen gegen die Kristallenergie. Schließlich fand BUHL [21], daß auch die an Nickeldraht unter Zugspannungen zwischen 4,5 und 14,3 kp/cm² gemessenen Neukurven bei konstanter Temperatur in der angegebenen Weise auf eine gemeinsame Kurve reduziert werden können, während die vor Belastung und nach Entlastung gemessenen, reduzierten Neukurven einen anderen Verlauf zeigen. Offenbar gilt das Transformationsprinzip stets dann, wenn die Werkstoffeigenschaften der Proben ähnlich, d. h. nur „quantitativ" voneinander verschieden, „qualitativ" aber gleich sind (s. a. [22]).

Die von HEISENBERG [23] begründete und seitdem verschiedentlich ([24] bis [28]) weiter ausgeführte Anwendung der statistischen Mechanik auf die WEISSschen Bezirke bedingt eine sehr weitgehende Schematisierung der Bezirkstruktur und ist deshalb zur Beschreibung der tatsächlichen physikalischen Gegebenheiten nicht ohne weiteres anwendbar.

Literatur zu Kap. 29

[1] BATES, L. F., u. A. HART: Proc. phys. Soc., Lond. A 66 (1953) S. 813.
[2] DÖRING, W.: Z. Naturforsch. 4a (1949) S. 605.
[3] LAWTON, H., u. K. H. STEWART: Proc. phys. Soc., Lond. A 63 (1950) S. 848.
[4] AKULOV, N. S.: Z. Phys. 66 (1931) S. 533.
[5] AKULOV, N. S.: Z. Phys. 67 (1931) S. 794.
[6] STONER, E. C.: Rev. Mod. Phys. 25 (1953) S. 2.
[7] STONER, E. C.: Repts. on Progr. in Physics 13 (1950) S. 83.
[8] SALKOVITZ, E. I., A. I. SCHINDLER u. N. G. SAKIOTIS: Proc. Int. Conf. on Solid State Physics in Electronics and Telecommunications, Brüssel 1957.
[9] GORDON, D. I., u. R. S. SERY: Proc. Int. Conf. on Solid State Physics in Electronics and Telecommunications, Brüssel 1957.
[10] GORDON, D. I., R. S. SERY u. R. E. FISCHELL: Nucleonics 16 (1958) S. 73.
[11] v. KIENLIN, A.: Z. angew. Phys. 9 (1957) S. 520.
[12] v. KIENLIN, A.: Z. angew. Phys. 9 (1957) S. 631.
[13] SEQUENZ, H.: Arch. Elektrotechn. 29 (1935) S. 387.
[14] WEYGANDT, C. N., u. S. CHARP: Electr. Engng. 61 (1942) S. 387.
[15] KÜHLEWEIN, H.: Phys. Z. 33 (1932) S. 348.
[16] ELENBAS, W.: Physica, Haag 12 (1932) S. 125.
[17] SANFORD, R. L., u. W. L. CHENEY: Natl. Bureau of Standarts (U. S.) Sci. Papers 16 (1920) S. 291.
[18] FISCHER, J., u. H. MOSER: Arch. Elektrotechn. 42 (1956) S. 286.
[19] GERLACH, W., u. A. TEMESVARY: Bayr. Akad. d. Wissenschaften.
[20] GERLACH, W.: Metallforsch. 2 (1947) S. 275.
[21] BUHL, O.: Z. Naturforsch. 4a (1949) S. 601.

[22] KRANZ, J., u. C. BODEWIG: Z. Phys. 142 (1955) S. 396.
[23] HEISENBERG, W.: Z. Phys. 69 (1931) S. 287.
[24] TAKAGI, M.: Sci. Rep. Tôhoku Univ. 28 (1939) S. 20.
[25] BROWN, W. F.: Phys. Rev. 52 (1937) S. 325.
[26] BROWN, W. F.: Phys. Rev. 53 (1938) S. 482.
[27] BROWN, W. F.: Phys. Rev. 54 (1938) S. 279.
[28] BROWN, W. F.: Phys. Rev. 55 (1939) S. 568.

30. Remanenz

30.1 Definition

Nach Kap. 7 bezeichnen wir die an einem geschlossenen Kreis (äußerer Entmagnetisierungsfaktor $N = 0$) auf einer stationär durchlaufenen Hystereseschleife im Feld $H = 0$ gemessenen Magnetisierung bzw. Induktion als remanente Magnetisierung I_r bzw. remanente Induktion $B_r = 4\pi I_r$ (s. Abb. 7.1). Wie Abb. 30.1 [40] zeigt, ist I_r ebenso wie die Koerzitivkraft von der Feldamplitude $\hat{H}$, d. h. von der Aussteuerung der Schleife abhängig und nimmt mit wachsender Aussteuerung $\hat{H}$ stetig zu. Der Sättigungswert von I_r bei Aussteuerung der Schleife bis zur Sättigung I_s ist die (wahre) Remanenz I_R (großer Index) des Werkstoffs.

Während I_r ebenso wie die Magnetisierungsamplitude $\hat{I}$ mit wachsender Aussteuerung $\hat{H}$ stetig zunimmt, durchläuft die reduzierte, remanente Magnetisierung $I_r/\hat{I}$ entsprechend Abb. 30.2 [27] ein Maximum.

Ist der Entmagnetisierungsfaktor der Probe nicht Null, dann wird nach 8.4 eine erniedrigte (scheinbare) Remanenz $I_{R'}$

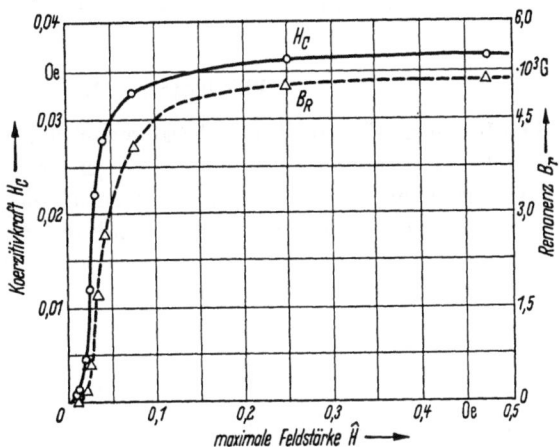

Abb. 30.1. Koerzitivkraft H_C und Remanenz B_r als Funktion der Feldaussteuerung $\hat{H}$. (Nach BOZORTH [40])

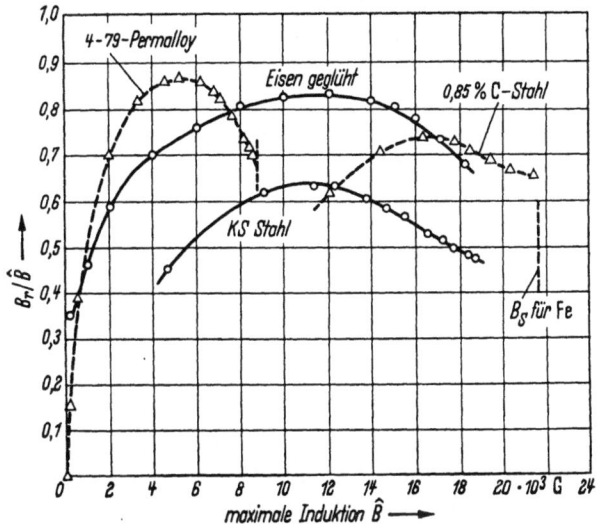

Abb. 30.2. Verhältnis der remanenten zur maximalen Induktion als Funktion der Maximalinduktion für verschiedene Werkstoffe. (Nach BOZORTH [27])

gemessen (Abb. 8.7). Die folgenden Betrachtungen beziehen sich ausschließlich auf die wahre Remanenz. Als wahre Remanenz stellt sich diejenige Magnetisierung ein, die unter der Wirkung aller Anisotropiefelder sowie des inneren entmagnetisierenden Feldes H_{ie} nach vorheriger Sättigung im äußeren Feld Null stabil ist. Formal schreiben wir die relative Remanenz

$$j_R = I_R/I_s = B_R/B_s = (1/V) \sum_i v_i \cos \vartheta_i, \tag{30.1}$$

worin V das Probevolumen und v_i das Gesamtvolumen aller Probenbereiche bedeuten, in denen die Magnetisierung im remanenten Zustand den Winkel ϑ_i mit der vormaligen Sättigungsrichtung einschließt. Bei örtlich kontinuierlich veränderlicher Magnetisierungsrichtung gilt

$$j_R = (1/V) \int_0^\pi v(\cos \vartheta) \cos \vartheta \sin \vartheta \, d\vartheta. \tag{30.2}$$

30.2 Isotropes Material

Sind in einem Werkstoff mit überall einachsigem Anisotropiefeld die leichten Richtungen isotrop über alle Raumrichtungen verteilt und ferner so starke Störungen vorhanden, daß in dem inneren entmagnetisierenden Feld keine 180°-Wandverschiebungen ablaufen, dann sind die Magnetisierungsrichtungen im remanenten Zustand gleichmäßig über die der vormaligen Sättigungsrichtung zugewendete Richtungshalbkugel verteilt. Aus Gl. (30.2) ergibt sich mit $v = \text{konst} = V$ für $0 \leq \vartheta \leq \pi/2$ und $v = 0$ für $\pi/2 < \vartheta \leq \pi$ sofort

$$j_R = 0{,}5. \tag{30.3}$$

Obige Voraussetzungen sind etwa in einem Werkstoff mit sehr starken, regellos orientierten Eigenspannungen und verhältnismäßig hoher Magnetostriktion (z. B. stark kaltverformtes Nickel) und ferner u. U. in Vielkristallen magnetisch einachsiger Stoffe (wie Kobalt, Mn_2Sb usw.) mit regelloser Kornorientierung erfüllt.

Wäre kein inneres entmagnetisierendes Feld vorhanden, dann würde in einem Vielkristall mit kubischer Kristallsymmetrie und regelloser Kornorientierung im remanenten Zustand bei überwiegender Kristallanisotropie die Magnetisierung in jedem Kristalliten in der, der vormaligen Sättigungsrichtung nächst benachbarten Vorzugsrichtung der Kristallenergie liegen bleiben. Für j_R berechnet man nach Gl. (30.3) in diesem Fall

$$j_R = \frac{6}{\pi \sqrt{2}} \text{ arc tg } \frac{1}{\sqrt{2}} \approx 0{,}839 \text{ für } K_1 > 0 \text{ (leichte Richtungen } \langle 100 \rangle \text{), und} \tag{30.4}$$

$$j_R = \frac{\sqrt{3}}{2} \approx 0{,}866 \text{ für } K_1 < 0 \text{ (leichte Richtungen } \langle 111 \rangle \text{).} \tag{30.5}$$

Tatsächlich ist jedoch j_R für solche Werkstoffe (geglühtes Eisen, Siliziumeisen, Nickel) wesentlich kleiner und liegt, wie Tab. 30.1 zeigt, in der Umgebung von 0,5. Diese Erniedrigung ist durch das innere entmagnetisierende Feld bedingt, unter dessen Wirkung sich die Magnetisierung, in analoger Weise, wie wir dies in Kap. 28 für Einkristalle besprochen haben, in jedem Kristalliten im wesentlichen über alle leichten Richtungen verteilt, die mit der vormaligen Magnetisierungsrichtung einen spitzen Winkel bilden. Das sind bei Eisen ($K_1 > 0$) drei [100]-Richtungen und bei Nickel ($K_1 < 0$) vier [111]-Richtungen. Es gibt jedoch besondere Fälle, in denen die Gl. (30.4) bzw. (30.5) Anwendung findet. Die Mischoxyde xFe$_2$O$_3$ (1 − x) CoO haben kubische Symmetrie. Nach Glühung eines solchen Mischoxyds mit regelloser Kornorientierung in einem Magnetfeld ist nach Messungen von GUILLAUD [1] die in Richtung des während der Glühung anwesenden Feldes gemessene Remanenz zwischen 200 und 290 °K gerade $j_R = 0{,}84$. Das entspricht, da $K_1 > 0$ (leichte Richtungen ⟨100⟩) ist, der Tatsache, daß durch Ausbildung einer Diffusionsanisotropie während der Magnetfeldglühung die der Feldrichtung nächst benachbarten leichten Richtungen stabilisiert wurden. Nach Glühung ohne Magnetfeld erhält man den niedrigeren Wert $j_R \approx 0{,}5$.

FÖRSTER und STAMBKE [2], DEHLINGER und SCHOLL [3], REIMER [4] und SCHWINK [5] haben den Einfluß plastischer Verformung auf die Remanenz von Nickeldrähten untersucht.

Zusammenfassend stellen wir fest, daß in einem quasiisotropen Werkstoff, d. h. einem Vielkristall mit regelloser Kornorientierung, in welchem keine im gesamten Probekörper bevorzugte Magnetisierungsrichtung besteht, die wahre Remanenz etwa gleich der halben Sättigung ist. Größere Abweichungen von diesem Wert können verschiedene Ursachen haben, die wir im folgenden noch besprechen wollen.

30.3 Hohe Remanenz

Eine hohe Remanenz, im Grenzfall $j_R = 1$, erhält man stets dann, wenn die Magnetisierungsrichtung Vorzugsrichtung ist. Man kann dies in folgender Weise erreichen:

1. Durch äußere Zugspannung in Magnetisierungsrichtung bei einem Material mit positiver Magnetostriktion (z. B. Permalloy mit weniger als 81% Ni [6, 7]).
2. Durch äußere Druckspannung in Magnetisierungsrichtung bei einem Material mit negativer Magnetostriktion (z. B. Nickel und Permalloy mit mehr als 81% Nickel).
3. Durch Magnetfeldglühung bzw. Magnetfeldabkühlung von Legierungen mit Orientierungsüberstruktur bei Magnetisierung parallel zur Feldrichtung während der Glühung bzw. Abkühlung (z. B. Permalloy, Perminvar, Siliziumeisen mit 6% Si, Perminvarferrite [8] bis [11]).
4. Durch eine Korntextur ([12] bis [17]).

Unter diesen Bedingungen wird auch vielfach dann noch $j_R \approx 1{,}0$ gemessen, wenn der Entmagnetisierungsfaktor der Probe $N \neq 0$ ist. Das kommt daher, daß, wie wir in 26.2 und 26.3 gesehen haben, gerade unter diesen Bedingungen die Bildung von Ummagnetisierungskeimen an den Korngrenzen verhindert wird.

Extrem hohe Remanenz $j_R \approx 1{,}0$ bedeutet, daß die Hystereseschleife Rechteckform hat (s. Abb. 29.2 und 29.5).

30.4 Niedrige Remanenz

Eine niedrige Remanenz erhält man, abgesehen von magnetischen Kreisen mit hohem Entmagnetisierungsfaktor, stets dann, wenn die Vorzugsrichtung der Magnetisierung in der ganzen Probe senkrecht zur Magnetisierungsrichtung liegt. Man erreicht dies folgendermaßen:

1. Durch äußere Druckspannung in Magnetisierungsrichtung bei einem Werkstoff mit positiver Magnetostriktion (z. B. Permalloy mit weniger als 81% Ni).

2. Durch äußere Zugspannung in Magnetisierungsrichtung bei einem Werkstoff mit negativer Magnetostriktion (z. B. Nickel, Permalloy mit mehr als 81% Ni [7]).

3. Durch Magnetfeldglühung bzw. Magnetfeldabkühlung von Legierungen mit Orientierungsüberstruktur bei Magnetisierung senkrecht zur Feldrichtung während der Glühung bzw. Abkühlung (z. B. Permalloy, Perminvar, Siliziumeisen mit etwa 6% Si).

4. Durch Walzanisotropie (Texturisoperm in Walzrichtung [19] bis [24], s. a. 14.4).

5. Durch eine geeignete Korntextur (z. B. Goss-Textur senkrecht zur Walzrichtung [18]).

Neben diesen Bedingungen sind noch drei weitere Fälle bekannt, in denen eine abnorm niedrige Remanenz auftritt.

6. Werkstoffe mit hohem inneren Entmagnetisierungsfaktor N_i (s. 8.3.3). Die bekanntesten Werkstoffe dieser Art sind die sog. Massekerne [24]. Sie bestehen z. B. aus Carbonyleisenpulver mit kugelförmigen Körnern, deren Durchmesser in der Größenordnung 1 μm bis 10 μm liegt. Das Pulver wird mit einem geeigneten Isolierstoff zusammengepreßt. Messungen von STEINITZ [26] zeigen deutlich, wie die Remanenz von gesintertem Eisenpulver mit abnehmender Dichte rasch kleiner wird.

7. Legierungen mit Orientierungsüberstruktur (z. B. Permalloy, Perminvar) haben nach langsamem Abkühlen von hoher Temperatur ohne Magnetfeld, ins-

Tabelle 30.1. *Remanenz verschiedener Werkstoffe (nach Bozorth [27])*

Material	Behandlung	B_R	B_S	gemessen B_R/B_S	theoret. Erwartungswert
Eisen	kalt gezogen	8000—11000	21600	0,4—0,5	0,5
	angelassen	6000—14000	21600	0,3—0,7	0,5
Nickel	kalt gezogen	2900— 3900	6100	0,5—0,65	—
	angelassen	2000— 4000	6100	0,3—0,65	0,5
4 Si—Fe	angelassen	6000— 8000	19800	0,3—0,4	0,5
	kalt gewalzt angelassen	14000	20200	0,7	—
45 Permalloy	angelassen	7500— 9500	16000	0,45—0,6	0,5
	kalt gewalzt 95% angelassen	7000	16000	0,45	0,5
4—79 Molybden Permalloy	rasch abgekühlt	3800— 5100	8700	0,45—0,65	0,5
65 Permalloy	hart	6500	14400	0,4—0,5	0,5
	abgeschreckt	5900	14400	0,41	0,5
	rasch abgekühlt	4500	14400	0,31	—
	langsam abgekühlt	1600	14400	0,11	—
	geglüht	1000	14400	0,07	0
	unter Spannung	14100	14400	0,98	1,0
	in Längsfeld angelassen	13000	14400	0,90	1,0
	in Querfeld angelassen	600	14400	0,04	0

besondere aber, wenn sie lange Zeit ohne Feld in dem Temperaturgebiet geglüht wurden, in welchem sich die Orientierungsüberstruktur ausbilden kann, bei Raumtemperatur eine sehr kleine Remanenz. So erhielt BOZORTH [27] beispielsweise bei 65-Permalloy nach langer Glühung ohne Feld bei 450 °C die Remanenz $j_R = 0{,}07$ (s. Tab. 30.1). Dies kann folgendermaßen erklärt werden. Während der Glühung bei 450 °C wird die magnetische Struktur im pauschal unmagnetischen Zustand durch die Orientierungsüberstruktur stabilisiert. Diese Struktur, d. h. der pauschal unmagnetische Zustand stellt sich daher nach Einfrieren der Stabilisierung durch Abkühlen auf Zimmertemperatur dort im Feld Null von selbst immer wieder ein.

8. PAVLOVIC und FOSTER [28] fanden an Eisen—Aluminium-Legierungen mit 10 bis 16 Gew.-% Aluminium nach verschiedenen Wärmebehandlungen abnorm niedrige Remanenzwerte. Diese werden auf Eigenspannungen zurückgeführt, welche beim Abkühlen der Legierungen durch verschiedene Ordnungszustände entstehen (hohe Magnetostriktion [29]).

Kleine Remanenz bedeutet mit Ausnahme des Falles 7, daß die Hystereseschleife einen sehr flachen, lanzettartigen Verlauf zeigt (s. Abb. 29.1 und 29.5) und ferner, daß die Suszeptibilität bzw. Permeabilität in einem mehr oder weniger großen Feldstärkebereich nahezu konstant, d. h. praktisch unabhängig von der Feldstärke ist. Lediglich im Fall 7 erhält man eine andersartige, in der Mitte charakteristisch eingeschnürte Schleifenform, Kravatten-, Wespentaillen- oder auch Perminvarschleife genannt (s. Abb. 29.5).

30.5 Temperaturabhängigkeit der Remanenz

Mit steigender Temperatur nimmt die spontane Magnetisierung I_s und damit auch das innere entmagnetisierende Feld stetig ab. Im allgemeinen werden jedoch auch die Kristallenergie und die Magnetostriktion mit wachsender Temperatur stetig kleiner, d. h. die Störungsempfindlichkeit des Materials wird geringer, so daß die Wandverschiebungen leichter ablaufen können. Wir erwarten daher, daß in einem quasiisotropen Material die Remanenz I_R etwa dieselbe Temperaturabhängigkeit zeigt wie I_s, wenn nicht besondere Umstände eine andere Temperaturabhängigkeit bedingen.

Ein sehr interessanter Ausnahmefall ist geglühter Kohlenstoffstahl mit Karbidausscheidungen (Fe_3C). Nach Messungen von SMITH, DEE und MAYNEORD [30] nimmt dessen Remanenz mit steigender Temperatur sehr rasch ab und wird kurz unterhalb 200 °C sogar negativ. In dem entmagnetisierenden Feld der magnetisch sehr harten Karbidausscheidungen wird die Magnetisierung des weichmagnetischen α-Eisens mit steigender Temperatur in zunehmendem Maße umgekehrt, und wenn dann bei 213 °C die CURIE-Temperatur des Karbids überschritten wird, bleibt die entgegengesetzte Magnetisierung des α-Eisens übrig.

Bei Werkstoffen mit einer Vorzugsrichtung und sehr hoher oder sehr kleiner Remanenz ist deren Temperaturabhängigkeit wesentlich durch thermische Änderungen der Eigenschaften bedingt, durch welche die Vorzugsrichtung gegeben ist.

30.6 Änderung der Remanenz durch eine äußere Spannung

Im pauschal unmagnetischen Zustand ($I = 0$) tritt bei Einwirkung einer mechanischen Spannung keine resultierende Magnetisierungsänderung ein, weil im Anisotropiefeld einer Spannung (s. Kap. 17) antiparallele Magnetisierungsrichtungen energetisch gleichwertig sind. Dagegen erzeugt eine Spannung bei nicht verschwindender Magnetostriktion stets dann eine resultierende Magnetisierungsänderung, wenn bereits eine resultierende Magnetisierung besteht. Und zwar erhält man, wie man sich nach den Ausführungen über die Spannungsanisotropie in Kap. 17 überlegt, im Falle einer äußeren Zugspannung bei positiver Magnetostriktion eine Zunahme und bei negativer Magnetostriktion eine Abnahme der Magnetisierung. Wir wollen im folgenden diese spannungsinduzierte Magnetisierungsänderung für den zuerst von BECKER [31] behandelten Fall eines Materials mit großen regellosen Eigenspannungen berechnen.

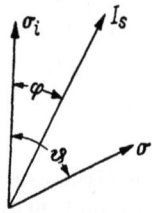

Abb. 30.3. Zur Berechnung der Remanenzänderung durch eine äußere Zugspannung

Es wird angenommen, daß die Kristallanisotropie schwach gegen die Spannungsanisotropie ist und keine BLOCH-Wände bestehen, d. h., daß sich die Magnetisierung durch Drehung in den Anisotropiefeldern der Eigenspannungen ändert. Die Magnetostriktion sei isotrop und positiv. Entsprechend Abb. 30.3 sei ϑ der Winkel zwischen der äußeren Spannung σ und der resultierenden Eigenspannung σ_i an einer Stelle des Materials. Aus Symmetriegründen bleibt die Magnetisierung bei Einwirkung von in der von σ und σ_i aufgespannten Ebene. Bezeichnen wir mit φ den Winkel zwischen der Richtung von σ_i und I_s, dann ergibt sich für die Spannungsenergiedichte

$$F_\sigma = -(3/2)\,\lambda_s\,\sigma_i \cos^2\varphi - (3/2)\,\lambda_s\,\sigma \cos^2(\vartheta - \varphi) \tag{30.6}$$

und daraus die Bedingung für die Gleichgewichtslage von I_s

$$\partial F_\sigma/\partial\varphi = (3/2)\,\lambda_s\,[\sigma_i \sin 2\varphi - \sigma \sin 2(\vartheta - \varphi)] = 0$$

oder

$$\operatorname{tg} 2\varphi = \frac{(\sigma/\sigma_i)\sin 2\vartheta}{1 + (\sigma/\sigma_i)\cos 2\vartheta}. \tag{30.7}$$

Für kleine Werte σ/σ_i wird also die Magnetisierung um den Winkel

$$\varphi = \frac{1}{2}\frac{\sigma}{\sigma_i}\sin 2\vartheta = \frac{\sigma}{\sigma_i}\sin\vartheta\cos\vartheta \tag{30.8}$$

aus ihrer ohne äußere Spannung zu σ_i parallelen Vorzugslage herausgedreht. Die Komponente der Magnetisierung in Richtung der äußeren Spannung σ, welche mit der Richtung der vorhandenen resultierenden Magnetisierung übereinstimmen möge, ist dann $I = I_s \cos(\vartheta - \varphi)$. Sie ändert sich bei einer Änderung von σ um den Betrag

$$\left(\frac{dI}{d\sigma}\right)_{\sigma\to 0} = I_s\left(\frac{d\cos(\vartheta-\varphi)}{d\sigma}\right)_{\varphi\to 0} \approx I_s \sin\vartheta\left(\frac{d\varphi}{d\sigma}\right)_{\sigma\to 0} = \frac{I_s}{\sigma_i}\sin^2\vartheta\cos\vartheta. \tag{30.9}$$

Nehmen wir an, das Material befinde sich im remanenten Zustand ($I = I_R$) und die Eigenspannungsrichtungen seien isotrop verteilt, dann erhält man durch Mittelung über die positive Richtungshalbkugel $\overline{\sin^2\vartheta\cos\vartheta} = 1/4$ und damit

$$\left(\frac{dI_R}{d\sigma}\right)_{\sigma\to 0} = \frac{1}{4}\overline{\left|\frac{1}{\sigma_i}\right|} I_s. \tag{30.10}$$

Führen wir hier die unter den gleichen Voraussetzungen bezüglich der Materialeigenschaften abgeleitete Anfangssuszeptibilität χ_A [Gl. (32.18)] ein, so ergibt sich die Beziehung

$$\left(\frac{dI_R}{d\sigma}\right)_{\sigma \to 0} = \frac{9}{8} \cdot \frac{\lambda_s}{I_s} \chi_A . \qquad (30.11)$$

Der lineare Zusammenhang zwischen der Remanenzänderung durch äußere Spannung und der Anfangssuszeptibilität wurde an plastisch verformten sowie an plastisch verformten und anschließend thermisch erholten Nickeldrähten, für welche die eingangs gemachten Voraussetzungen annähernd zutreffen, mehrfach [2, 32, 33] (s. a. [34]) experimentell bestätigt.

Bei überwiegender Kristallanisotropie ändert sich die Magnetisierung durch Wandverschiebungen. Hierfür wurden $(dI_R/d\sigma)$ und χ_A von DÖRING [35] (s. a. BECKER und DÖRING [36]) auf der Grundlage des in 24.3.2 erläuterten 90°-Wand-Modells für den Volumeneffekt der Eigenspannungen berechnet. Es ergibt sich wiederum eine lineare Beziehung zwischen beiden Größen, welche sich von Gl. (30.11) im wesentlichen nur durch den Zahlfaktor unterscheidet.

Weitere experimentelle Ergebnisse über Magnetisierungsänderungen durch eine elastische äußere Spannung wurden von HERPIN [37], BOZORTH und WILLIAMS [38] und GONDO [39] veröffentlicht.

Literatur zu Kap. 30

[1] GUILLAUD, C.: Rev. Mod. Phys. 25 (1953) S. 64.
[2] FÖRSTER, F., u. K. STAMBKE: Z. Metallkde. 33 (1941) S. 97.
[3] DEHLINGER, U., u. H. SCHOLL: Z. Metallkde. 44 (1953) S. 136.
[4] REIMER, L.: Z. Phys. 137 (1954) S. 588.
[5] SCHWINK, CH.: Z. Phys.
[6] BUCKLEY, O. E., u. L. W. MCKEEHAN: Phys. Rev. 26 (1925) S. 261.
[7] PREISACH, F.: Ann. Phys., Lpz 3 (1929) S. 737.
[8] BOZORTH, R. M., J. F. DILLINGER u. G. A. KELSALL: Phys. Rev. 45 (1934) S. 742.
[9] GOERTZ, M.: J. Appl. Phys. 22 (1951) S. 964.
[10] v. KIENLIN, A.: Z. angew. Phys. 9 (1957) S. 520.
[11] v. KIENLIN, A.: Z. angew. Phys. 9 (1957) S. 631.
[12] GOSS, N. P.: Trans. Amer. Soc. Met. 23 (1935) S. 511.
[13] DAHL, O., u. F. PAWLEK: Z. Phys. 94 (1935) S. 504.
[14] GANZ, D., u. R. BRENNER: Z. angew. Phys. 8 (1956) S. 502.
[15] MÖBIUS, H. E., u. F. PAWLEK: Arch. Eisenhüttenw. 29 (1958) S. 423.
[16] WIENER, G., P. A. ALBERT, R. H. TRAPP u. M. F. LITTMANN: J. Appl. Phys. 29 (1958) S. 366.
[17] WALTER, J. L., W. R. HIBBARD, H. C. FIEDLER, H. E. GRENOBLE, R. H. PRY u. P. G. FRISCHMANN: J. Appl. Phys. 29 (1958) S. 363.
[18] BARRET, C. S., G. ANSEL u. R. F. MEHL: Trans. Amer. Instn. Min. Met. Engrs. 125 (1937) S. 516.
[19] SIX, W., J. L. SNOEK u. W. G. BURGERS: De Ingenieur 49 (1934) S. 195.
[20] DAHL, O., u. J. PFAFFENBERGER: Metallwirtsch. 14 (1935) S. 25.
[21] PAWLEK, F.: Z. Metallkde. 28 (1936) S. 230.
[22] CONRADT, H. W., O. DAHL u. K. J. SIXTUS: Z. Metallkde. 32 (1940) S. 231.
[23] RATHENAU, G. W., u. L. J. SNOEK: Physica, Haag 8 (1941) S. 555.
[24] CONRADT, H. W., u. K. J. SIXTUS: Z. techn. Phys. 23 (1942) S. 39.
[25] PAWLEK, F.: Magnetische Werkstoffe, Berlin/Göttingen/Heidelberg: Springer 1952, S. 233ff.
[26] STEINITZ, R.: J. Appl. Phys. 20 (1949) S. 712.
[27] BOZORTH, R. M.: Z. Phys. 124 (1948) S. 519.

[28] PAVLOVIC, D., u. K. FOSTER: J. Appl. Phys. 29 (1958) S. 368.
[29] HALL, R. C.: J. Appl. Phys. 28 (1957) S. 707.
[30] SMITH, S. W. J., A. A. DEE u. W. V. MAYNEORD: Proc. phys. Soc., Lond. 37 (1924) S. 1.
[31] BECKER, R.: Wiss. Veröff. Siemens-Konz. 11 (1932) S. 10.
[32] FÖRSTER, F., u. K. STAMBKE: Z. Metallkde. 33 (1941) S. 97.
[33] KÖSTER, W.: Z. Metallkde. 35 (1943) S. 68.
[34] KERSTEN, M.: Z. Phys. 82 (1933) S. 723.
[35] DÖRING, W.: Z. Phys. 114 (1939) S. 579.
[36] BECKER, R., u. W. DÖRING: Ferromagnetismus, Berlin: Springer 1939.
[37] HERPIN, A.: C. R. Acad. Sci., Paris 217 (1943) S. 475.
[38] BOZORTH, R. M., u. H. J. WILLIAMS: Rev. Mod. Phys. 17 (1945) S. 72.
[39] GONDO, Y.: Sci. Rep. Yokohama Nad. Univ. I (1952) S. 39.
[40] BOZORTH, R. M.: Ferromagnetismus, D. van Nostrand Co., 1951.

31. Koerzitivkraft

31.1 Statistik der Grundbereiche

Die Ummagnetisierung großer Kristalle kann durch Wandverschiebungen und durch Drehprozesse erfolgen. Welcher der beiden Mechanismen überwiegt, hängt von den Störungsverhältnissen im Gitter sowie von der Größe der magnetischen Materialkonstanten Kristallenergie und Magnetostriktion ab.

Im Falle von Wandverschiebungen wird bei den folgenden Betrachtungen stets vorausgesetzt, daß stabile Ummagnetisierungskeime spontan gebildet werden und im Feldbereich der Koerzitivkraft in hinreichender Anzahl vorhanden sind. Wie wir in Kap. 26 gesehen haben, ist dann die Koerzitivkraft durch die Grenzfeldstärke H_0 bestimmt, und wir können zu ihrer Berechnung unmittelbar an die Ausführungen in 24.3 anknüpfen.

Nach Gl. (24.18a) ist die Koerzitivkraft gleich dem über die gesamte Probe gemittelten maximalen Betrag der Grenzfeldstärke der Grundbereiche

$$H_C = \sqrt{\overline{H_{0\,\text{max}}^2}}\,. \tag{31.1}$$

Für eine ebene Wand ist H_0 durch Gl. (24.18) gegeben. Damit erhält man

$$H_C = \frac{1}{2\,L^2\,I_s}\left[\overline{\frac{1}{\cos^2\varphi}\left(\frac{dE}{dx}\right)^2_{\text{max}}}\right]^{1/2}. \tag{31.2}$$

Ist die Wand gekrümmt, so hat man statt Gl. (31.2) allgemeiner

$$H_C = \frac{1}{2\,I_s}\left[\overline{\frac{1}{\cos^2\varphi}\left(\frac{dE}{dV}\right)^2_{\text{max}}}\right]^{1/2} \tag{31.3}$$

zu schreiben, worin V das von der Wand überstrichene Volumen bedeutet.

Beschränken wir uns auf eine ideal regellose Verteilung der Störungen, dann sind die beiden Faktoren $1/\cos^2\varphi$ und $(dE/dV)^2_{\text{max}}$ voneinander unabhängig, und die Mittelung kann getrennt erfolgen. Sind ferner die Schwankungen der Gesamtenergie E als Funktion der Lage der Wand rein zufälliger Natur, ihre Häufigkeit als Funktion ihrer Amplitude also durch eine GAUSSsche Verteilung darstellbar, dann erhält man nach der sog. „Polygonmethode" von NÉEL [1] (siehe auch BRENNER [2])

$$\overline{\left(\frac{dE}{dV}\right)^2_{\text{max}}} \approx 2\cdot\ln r\cdot\overline{\left(\frac{dE}{dV}\right)^2}\,; \tag{31.4}$$

r hat dabei folgende Bedeutung: Der Verlauf der Gesamtenergie als Funktion des Ortes der Wand wird in dem Grundbereich durch einen Polygonzug mit r Seiten approximiert. r ist also die Zahl der wesentlich voneinander verschiedenen Werte, die (dE/dV) annimmt, wenn die Wand den Grundbereich überstreicht. Ebenso kann man eine Korrelationslänge η definieren, welche die Eigenschaft hat, daß die Gesamtenergie bei zwei Lagen der Wand in einem Abstand, der größer als η ist, wesentlich unabhängige Werte besitzt. r hat die Größenordnung L/η ($L =$ Kantenlänge des Grundbereichs).

Allgemein ergibt sich für die Koerzitivkraft unter den genannten Voraussetzungen

$$H_C \approx \frac{1}{2 I_s} \left[\overline{\frac{1}{\cos^2 \varphi}} \cdot 2 \cdot \ln \cdot r \overline{\left(\frac{dE}{dV}\right)^2} \right]^{1/2}. \qquad (31.5)$$

Das Problem einer Berechnung von H_C besteht nunmehr darin, die charakteristischen Größen des Grundbereichs r bzw. η und $(dE/dV)^2$ aus den Materialeigenschaften abzuschätzen.

Es sei hier noch bemerkt, daß wir bei der Berechnung von H_C allgemein voraussetzen, daß die bei konstanter Feldstärke auf die BLOCH-Wand bzw. auf die einzelnen Spin wirkenden Kräfte zeitlich konstant sind, d. h. daß keinerlei Nachwirkung (s. hierzu Kap. 41) auftritt.

31.2 Spannungstheorie der Koerzitivkraft

In reinen Metallen und homogenen Legierungen ohne Nahordnung sind die Eigenspannungen die wesentliche Ursache der Hysterese.

Beginnen wir mit dem einfachen Modell der Koerzitivkraft bei Schwankungen der Wandenergie infolge von Schwankungen der Eigenspannungsamplitude. Dieses Modell wurde zuerst von KONDORSKIJ [3] ausgeführt und später von KERSTEN [4] (s. a. [5, 6, 7]) erweitert und vervollständigt. Nach Gl. (24.22) ist die Grenzfeldstärke unter den dort genannten Voraussetzungen

$$H_0 = \frac{3}{4} \frac{\lambda_s \delta_w}{I_s \cos \varphi} \left(\frac{d\sigma}{dx}\right)_{\max} \qquad (31.6)$$

Für den Verlauf $\sigma(x)$ kann man nunmehr verschiedene Annahmen machen und dafür H_0 berechnen. So ergibt sich z. B. für eine dachförmige Spannungshürde mit der Breite l und der Höhe $\Delta\sigma$, wenn $l \gg \delta_w$ ist, sofort $\left(\frac{d\sigma}{dx}\right)_{\max} = \frac{2\Delta\sigma}{l}$, und damit

$$H_0 = \frac{3}{2} \frac{\lambda_s \Delta\sigma}{I_s \cos\varphi} \cdot \frac{\delta_w}{l} \qquad (l \gg \delta_w). \qquad (31.6\text{a})$$

Ist dagegen $l \ll \delta_w$, dann liefert eine ebenfalls elementare Rechnung [4]

$$H_0 \approx \frac{1}{2} \frac{\lambda_s \Delta\sigma}{I_s \cos\varphi} \cdot \frac{l}{\delta_w} \qquad (l \ll \delta_w). \qquad (31.6\text{b})$$

Für sinusförmige Schwankung der Spannungsamplitude entsprechend $\sigma(x) = \sigma_0 + \frac{\Delta\sigma}{2} \sin \frac{2\pi x}{l}$ mit einer Wellenlänge $l \gg \delta_w$ erhält man eine zu Gl. (31.6a) nahezu analoge Beziehung [4]

$$H_0 = \frac{3}{4} \pi \cdot \frac{\lambda_s \Delta\sigma}{I_s \cos\varphi} \cdot \frac{\delta_w}{l} \qquad (l \gg \delta_w). \qquad (31.6\text{c})$$

Die beiden Gln. (31.6a) und (31.6b) für die Extremfälle $l \gg \delta_w$ und $l \ll \delta_w$ können schließlich in einem einfachen Ausdruck vereinigt werden [5]

$$H_0 = \frac{\lambda_s \Delta\sigma}{2 I_s \cos\varphi} \cdot \frac{3\,\delta_w/l}{1 + 3(\delta_w/l)^2} \,. \tag{31.6d}$$

Um hieraus die Größenordnung der Koerzitivkraft abzuschätzen, setzen wir $1/2 \cos\varphi \approx 3/2$. Ferner wollen wir annehmen, daß die Amplitude $\Delta\sigma$ der Eigenspannungen größenordnungsmäßig gleich dem mittleren Betrag $\overline{|\sigma_i|}$ der Eigenspannungen ist. Wir setzen schließlich

$$p = \frac{3\,\delta_w/l}{1 + 3(\delta_w/l)^2}$$

und erhalten für die Koerzitivkraft die bekannte Abschätzformel der klassischen Spannungstheorie (s. a. [7])

$$H_C = p \frac{(3/2)\,\lambda_s\,\overline{|\sigma_i|}}{I_s} \,. \tag{31.7}$$

Obwohl die bei der Ableitung von Gl. (31.7) gemachten Voraussetzungen kaum als eine Annäherung an die tatsächlichen Verhältnisse angesehen werden können, gibt Gl. (31.7) rein formal doch wesentliche Merkmale der hauptsächlich von Eigenspannungen herrührenden Koerzitivkraft, wie sie etwa an reinem Nickel gemessen wird, wieder.

H_C ist nach Gl. (31.7) proportional zu dem Produkt aus der mittleren Spannungsenergie $(3/2)\,\lambda_s\,\overline{|\sigma_i|}$ und einem Faktor p, der die „Struktur" der Eigenspannungen charakterisiert. p durchläuft als Funktion von l/δ_w ein Maximum der Höhe $p \approx 0{,}87$ bei $l/\delta_w \approx 1{,}7$, also bei einer „Wellenlänge" der Spannungsschwankungen, welche mit der BLOCH-Wanddicke vergleichbar ist. Für den Höchstwert der Koerzitivkraft ergibt sich mit $p_{\max} \approx 1$

$$H_{C\,\max} \approx \frac{(3/2\,\lambda_s\,\overline{|\sigma_i|}}{I_s} \,. \tag{31.8}$$

Dies entspricht der Koerzitivkraft, die man bei statistischer Orientierungsverteilung der Eigenspannungsrichtungen berechnen würde, wenn die Wände unbeweglich wären und die Ummagnetisierung durch starre Drehung der Magnetisierung in jedem Bezirk erfolgen müßte.

Mit den Werten für Nickel $\lambda_s = 36 \cdot 10^{-6}$, $I_s \approx 500$ cgs E und einen mittleren Eigenspannungswert $\overline{|\sigma_i|} = 5 \cdot 10^8$ dyn/cm² (entsprechend 5 kp/mm²) erhält man aus Gl. (31.8) $H_{C\,\max} \approx 50$ Oe, während tatsächlich maximal Werte bis zu 40 Oe gemessen werden. Dieses Ergebnis scheint zunächst für die Theorie zu sprechen.

Geht man jedoch von den oben gemachten, sehr stark vereinfachten Annahmen bezüglich der Art der Eigenspannungsfelder zu einer statistischen Verteilung der Eigenspannungen über, so zeigt eine Rechnung von NÉEL [1, 8], daß dann der Oberflächenspannungseffekt sehr wahrscheinlich zu klein wird, um die z. B. an kalt verformtem Nickel gemessenen und mit Sicherheit durch Eigenspannungen bedingten Koerzitivkräfte zu erklären. Bei statistischer Störungsverteilung ergibt sich nämlich für eine ebene Wand

$$H_C \approx \sqrt{\frac{\ln r}{12}} \frac{\sqrt{\overline{\gamma^2}}}{2\,I_s\,L} \tag{31.9}$$

und für eine deformierbare Wand

$$H_C \approx \frac{1}{60} \frac{r\overline{\gamma^2}}{L\,I_s\,\gamma_0} \frac{\pi}{8} \sqrt{\frac{\ln 2\,r}{3}}. \qquad (31.10)$$

Hierin ist γ_0 die mittlere Wandenergie, γ die Schwankungsamplitude der Wandenergie und L die Kantenlänge des Grundbereichs. Die Größe r wurde in 31.1 bereits definiert. $\sqrt{\overline{\gamma^2}}$ wird höchstens gleich $\gamma_0 \approx 1$ erg/cm², r höchstens 100 und L hat die Größenordnung 10^{-3}. Damit liefern die Gln. (31.9) und (31.10) beide eine maximale Koerzitivkraft in der Größenordnung von nur 1 Oe.

Da nach diesem Ergebnis der Oberflächenspannungseffekt wahrscheinlich immer nur einen Teil der beobachteten Koerzitivkraft liefert, hat NÉEL [1, 8, 9, 10] den Versuch einer quantitativen Theorie der Koerzitivkraft auf Grund des in 24.3.2 erläuterten, durch die Streufelder bedingten Volumeneffekts bei regellos verteilten Eigenspannungen unternommen. Die überaus komplizierten Rechnungen ergeben für ein schwach verspanntes Material

$$H_C = \frac{9}{15\,\pi} \cdot \frac{\nu\,\lambda_s^2\,\sigma^2}{K\,I_s}\left[1{,}386 + \frac{1}{2}\ln\frac{2\,\pi\,I_s^2}{K}\right] \qquad (\lambda_s\,\sigma \ll K) \qquad (31.11)$$

und für ein stark verspanntes Material

$$H_C = 1{,}035 \frac{\nu\,\lambda_s\,\sigma}{I_s}\left[1{,}386 + \frac{1}{2}\ln\frac{6{,}8\cdot I_s^2}{3/2\,\lambda_s\,\sigma}\right] \qquad (\lambda_s\,\sigma \gg K). \qquad (31.12)$$

Hierin sind ν der mit dem mittleren Spannungsbetrag σ verspannte Volumenanteil und $K = K_1$, wenn die $\langle 100 \rangle$-Richtungen, und $K = 2\,K_1/3$, wenn die $\langle 111 \rangle$-Richtungen leichte Richtungen sind. Die Gln. (31.11) und (31.12) liefern zwar, wenn man für ν vernünftige Werte einsetzt, die richtige Größenordnung der Koerzitivkraft und geben auch, wie wir später sehen werden, die Temperaturabhängigkeit der Koerzitivkraft wenigstens qualitativ einigermaßen richtig wieder. Um jedoch das sehr verwickelte Problem mathematisch überhaupt behandeln zu können, war eine große Zahl von Vereinfachungen, Schematisierungen und Vernachlässigungen nötig, so daß das Endergebnis wegen der dadurch schließlich bedingten zu starken Spezialisierung der Annahmen auf die praktisch vorliegenden Verhältnisse kaum anwendbar erscheint und daher ebenfalls keine befriedigende Lösung des Problems der durch Eigenspannungen bedingten Koerzitivkraft darstellt.

Um zu einer quantitativ zuverlässigen Abschätzung der Eigenspannungskoerzitivkraft zu gelangen, erscheint es nach allen bisherigen Erfahrungen notwendig, die spezielle Natur der tatsächlich im Material bestehenden Eigenspannungsfelder in der Theorie zu berücksichtigen. Wie wir in Kap. 23 ausgeführt haben, rühren die Eigenspannungen in Metallen und homogenen Legierungen im wesentlichen von einer bestimmten Art von Kristallbaufehlern, den sog. Versetzungen her, welche bereits in unverformten Kristallen in großer Zahl vorhanden sind, und deren Menge durch plastische Verformung stark erhöht wird.

In Einkristallen sind allein die „kurzwelligen" Eigenspannungsfelder der Versetzungen sowie auch magnetostriktive Eigenspannungen von Bedeutung. In verformten Vielkristallen sind diesen noch „langwellige", über größere Bereiche eines Korns oder über mehrere Körner hinweg homogene Eigenspannungen 2. Art bzw. 1. Art überlagert, welche wegen der Orientierungsabhängigkeit der Streckgrenze [11] und durch Oberflächeneinflüsse entstehen und gegebenenfalls auch durch die besondere Art der Verformung (Düsenziehen u. dgl.) bedingt sein können. Die langwelligen Eigenspannungen beeinflussen in erster Linie die Bezirkstruktur bzw. die Geometrie der Magnetisierungsprozesse, während die kurzwelligen Eigenspannungsfelder der Versetzungen im wesentlichen die Hysterese bedingen.

Ist die Kristallanisotropie hinreichend groß, dann bestehen BLOCH-Wände. Die Bewegung einer BLOCH-Wand im Eigenspannungsfeld von Versetzungen wurde zuerst von VICENA [12] und später von RIEDER [13] theoretisch untersucht. Bei nicht verschwindender Magnetostriktion besitzt jede BLOCH-Wand ein Eigenspannungsfeld. Deshalb besteht zwischen Versetzung und BLOCH-Wand eine Kraftwirkung, welche z. B. nach der Formel von PEACH und KOEHLER [14] (s. a. [13]) berechnet werden kann. Wie wir bereits in 24.3.2 ausgeführt haben, hängt diese Kraft von der Orientierung der Versetzung im Kristall (z. B. Stufen- oder Schraubenversetzung), von dem Typus und der Orientierung der BLOCH-Wand und vom Abstand zwischen der Wand und dem Linienelement der Versetzung ab. Sie wurde in 24.3.2 für einen speziellen Fall berechnet. Eine etwaige Krümmung der BLOCH-Wand im Spannungsfeld der Versetzung wurde dabei vernachlässigt. Ferner ist vorausgesetzt worden, daß der Magnetisierungsverlauf durch das Spannungsfeld der Versetzung nicht beeinflußt wird, d. h. daß die Kristallenergie stets groß gegen die Spannungsenergie ist. Schließlich wurde weder eine Anisotropie der elastischen Eigenschaften, noch eine Anisotropie der Magnetostriktion berücksichtigt. Beides ist für eine genauere Rechnung unerläßlich. Außerdem hat man in Betracht zu ziehen, daß die Magnetisierung im Spannungsfeld einer Versetzung inhomogen ist. Der Beitrag der dadurch bedingten Streufeldenergie zu der gesamten freien Energiefunktion kann jedoch nach einer Abschätzung von VICENA [12] gegen den Beitrag der magnetoelastischen Energie vernachlässigt werden.

Nachdem damit die Wechselwirkung zwischen BLOCH-Wand und Versetzungen wenigstens im Prinzip bekannt ist, besteht nunmehr das Problem, hierfür die Koerzitivkraft zu berechnen. Dieses Problem erscheint vorerst selbst in einfachsten Fällen überaus kompliziert zu sein und konnte bisher in keinem Fall befriedigend gelöst werden.

Grundsätzlich haben BLOCH-Wände und Versetzungen jeweils ihre eigene Geometrie, welche durch die Kristallanisotropie bzw. die Kristallsymmetrie und den Verformungszustand bestimmt ist.

Man kann nun zunächst vereinfachend den einen Grenzfall betrachten, daß die BLOCH-Wände eben sind und bei der Bewegung durch den Kristall auch eben bleiben, und hierfür unter plausiblen Annahmen über die Bezirkstruktur und die Anordnung der Versetzungen die mittlere Grenzfeldstärke für die irreversible Wandbewegung in dem Versetzungsnetzwerk berechnen. Da die Theorie erst als im Anfangsstadium befindlich angesehen werden muß, wollen wir hier auf eine nähere Diskussion der sich darbietenden Möglichkeiten (s. hierzu VICENA [12] und RIEDER [13, 15, 16]) verzichten und uns auf die Angabe der von VICENA [12] für den Fall statistisch verteilter Versetzungslinien berechneten Abschätzformel

$$H_C = \frac{\sqrt{N}\, \delta_w\, P_{y\,\text{max}}}{2\, I_s\, L} \sqrt{\ln \frac{L}{\delta_w}} \qquad (31.13)$$

beschränken. Hierin bedeuten N die Versetzungsliniendichte (gemessen in Linien pro cm²), δ_w die Wanddicke und L die Kantenlänge eines Elementarbereichs. $P_{y\max}$ ist der Maximalwert der Kraft P_y zwischen Versetzung und BLOCH-Wand (s. z. B. Abb. 24.15 und 24.16). Da nach 24.3.2 $P_{y\max}$ stets proportional zu $\lambda_s G b$ ist, erhält Gl. (31.13) die Form

$$H_C = C \frac{\sqrt{N} \delta_w \lambda_s G b}{2 I_s L} \sqrt{\ln \frac{L}{\delta_w}}, \qquad (31.14)$$

worin C einen Zahlfaktor der Größenordnung 1 bedeutet.

Im anderen Grenzfall wird angenommen, daß die BLOCH-Wände fest an Versetzungen oder Versetzungsgruppen haften und sich unter der Wirkung des Magnetfeldes ohne nennenswerte Parallelverschiebung zwischen den Haftstellen auswölben (s. Abb. 24.22). Wegen der Streufeldsteifigkeit der Wände kann man sich dabei im wesentlichen auf die Betrachtung zylindrischer Wandwölbung beschränken (s. a. Kap. 17), deren Geometrie nach 20.2.2 durch die Magnetisierungsrichtung beiderseits der Wand bestimmt ist. Dieses Modell, nach welchem das irreversible Abreißen der Wand von den Haftstellen, d. h. die Grenzfeldstärke, durch die Oberflächenspannung bestimmt ist, wurde von KERSTEN [18] theoretisch untersucht. KERSTEN machte die willkürliche Annahme, daß die Grenzfeldstärke H_0 bei einer Durchbiegung $f = s/4$ der Wand (s. Abb. 24.22) erreicht wird. Hierfür erhält man aus Gl. (24.65), wenn man noch die Mittelung im Vielkristall mit einem Faktor 3/2 berücksichtigt

$$H_C \approx \sqrt{2 \frac{\overline{\gamma_{w\,90°}}}{I_s \cdot s}}. \qquad (31.15)$$

Sind die Haftlinien Versetzungen, dann ist $1/s = \sqrt{N}$. Beide Grenzfälle liefern also das Ergebnis, daß $H_C \sim \sqrt{N}$ ist.

In Wirklichkeit bleiben die Wände weder eben noch haften sie fest an Versetzungen oder Versetzungsgruppen. Sie werden vielmehr sowohl ausgewölbt als auch im Spannungsfeld der Versetzungen parallel verschoben. Das Ausmaß der Wandwölbung hängt von dem Verhältnis der Linienkraft P_y zwischen Versetzung und BLOCH-Wand zu der Oberflächenspannung der Wand sowie von der geometrischen Anordnung der Versetzungen bezüglich der möglichen Lagen und Krümmungen der BLOCH-Wände ab. Ist eine Wölbung von BLOCH-Wänden bei Haftung an Versetzungen oder Versetzungsgruppen geometrisch überhaupt möglich, dann ist zu erwarten, daß die Wandwölbung eine um so größere Bedeutung hat, je größer die Linienkraft zwischen Wand und Versetzungen im Verhältnis zur Oberflächenspannung (Wandenergie) wird, oder einfach, je größer die Magnetostriktion und je kleiner die Kristallenergie ist.

Ist die Kristallanisotropie schwach gegen die Spannungsanisotropie, und besteht außerdem keine geordnete Verteilung der Eigenspannungsquellen (statistische Orientierungsverteilung der Versetzungslinien), dann werden wahrscheinlich keine BLOCH-Wände gebildet, und die Ummagnetisierung erfolgt durch Drehung der Magnetisierung in den Eigenspannungsfeldern. In diesem Fall kann H_C nach Gl. (31.8) abgeschätzt werden.

31.3 Einfluß der Korngröße auf die Koerzitivkraft

Wie in Kap. 29 näher ausgeführt worden ist, hat man bei kleinem Korn und starker Kristallanisotropie einen merklichen Einfluß der Korngröße auf die Magnetisierungsvorgänge zu erwarten [19]. JENSEN und ZIEGLER [20, 21] (s. a. PAWLEK [22]) fanden an Eisen für die Koerzitivkraft als Funktion der Korngröße die in Abb. 31.1 dargestellte empirische Beziehung

$$H_C \text{ [Oe]} = \frac{0{,}033}{\sqrt{Q \text{ [mm}^2]}} = \frac{3{,}7 \cdot 10^{-3}}{d \text{ [cm]}}, \qquad (31.16)$$

Q bedeutet den mittleren Kornquerschnitt und d den mittleren Korndurchmesser. Die zweite Gleichung folgt aus der ersten unter der Annahme kugelförmiger Körner. Die Proportionalität der Koerzitivkraft zum reziproken Korndurchmesser

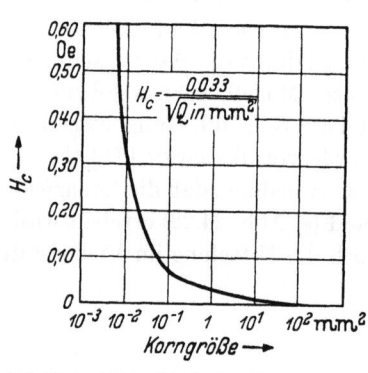

Abb. 31.1. Abhängigkeit der Koerzitivkraft von der Korngröße. (Nach YENSEN und ZIEGLER, s. a. [22])

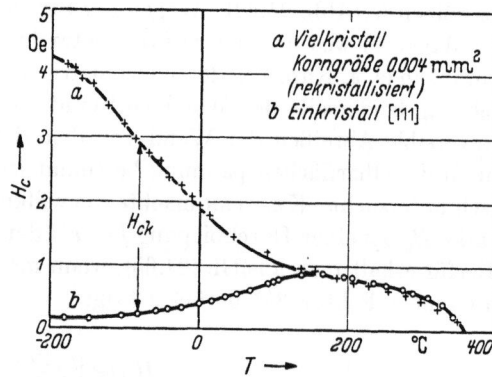

Abb. 31.2. Temperaturabhängigkeit der Koerzitivkraft a von vielkristallinem Nickel mit der mittleren Korngröße 0,004 mm² und b eines stabförmigen Nickel-Einkristalls mit Stabachse parallel zu einer [111]-Richtung. (Nach DIETRICH und KNELLER [26])

wurde von RUDER [23] sowie DAHL, PAWLEK und PFAFFENBERGER [24] für Elektrolyteisen und von NAGASHIMA [25] für 99,99-Eisen, 50 Fe 50 Ni und 5 Mo-Permalloy bestätigt. Sie gilt nach einigen wenigen Messungen [26] offenbar auch für Nickel.

Die empirische Gl. (31.16) kann man, wie MAGER [27] ausgeführt hat, in einfacher Weise theoretisch verstehen, indem man die Kristallkörner als Träger von Ummagnetisierungskeimen ansieht, deren Durchmesser durch die Kornabmessungen bestimmt wird. Unter Verwendung der von DÖRING [28, 29] für die Startfeldstärke des unbegrenzten Längenwachstums eines solchen Keims aufgestellten Gl. (26.34)

$$H_w = \frac{5}{8} \frac{\pi \gamma_w}{I_s} \frac{1}{d} + H_0$$

ergibt sich für den Korngrößenanteil der Koerzitivkraft

$$H_{Ck} = \frac{15}{16} \frac{\pi \gamma_w}{I_s} \frac{1}{d}, \qquad (31.17)$$

wobei die Mittelung über alle Raumrichtungen mit einem Faktor 3/2 berücksichtigt wurde. Für Eisen beispielsweise liefert Gl. (13.17) mit $\gamma_w = 1{,}8$ erg/cm² und $I_s = 1700$ cgs E $H_C \approx 2{,}2 \cdot 10^{-3}/d$. Der Zahlfaktor hat tatsächlich die Größenordnung des empirischen Zahlfaktors in Gl. (31.16).

Da $\gamma_w \approx 2\sqrt{A K_1}$ und A nach Gl. (11.18) proportional zu I_s^2 ist, hängt der Korngrößenanteil H_{ck} der Koerzitivkraft nach Gl. (31.17) wie $\sqrt{K_1}$ von der Temperatur ab. Abb. 31.2 zeigt die Temperaturabhängigkeit der Koerzitivkraft von vielkristallinem Nickel mit einer Korngröße $d = 0{,}0072$ cm (Kurve a) und von einem Nickel-Einkristall (Kurve b) nach Messungen von DIETRICH und KNELLER [26]. Oberhalb 150 °C ist entsprechend Abb. 13.11 die Kristallenergie von Nickel sehr klein. In diesem Temperaturgebiet haben beide Proben die gleiche Koerzitivkraft. Unterhalb 150 °C steigt die Koerzitivkraft des Vielkristalls mit fallender Temperatur, d. h. mit steigender Kristallenergie an, während die Koerzitivkraft des Einkristalls abnimmt. Die Differenz zwischen beiden Kurven ist offenbar der Korngrößenanteil, welcher tatsächlich proportional zu $\sqrt{K_1}$ verläuft [30]. Der empirische Zahlfaktor ist $\sim 5 \cdot 10^{-3}$, während man nach Gl. (31.17) den Wert $\sim 1 \cdot 10^{-3}$ berechnet.

31.4 Koerzitivkraft von Werkstoffen mit unmagnetischen Einschlüssen (Fremdkörpertheorie)

Die theoretischen Grundlagen der Wandverschiebungen in Werkstoffen mit unmagnetischen Einschlüssen wurden in 24.3.4 ausführlich behandelt. Das betrachtete Material enthalte im cm³ n statistisch verteilte, unmagnetische, kugelförmige Einschlüsse mit dem Durchmesser d. Nach 24.3.4 ergeben sich verschiedene Mechanismen für den Wandverschiebungsprozeß, je nachdem d groß oder klein gegen die BLOCH-Wanddicke ist.

31.4.1 Kleine Einschlüsse ($d \ll d_w$)

Bei der folgenden Berechnung der Koerzitivkraft eines Kristalls mit kleinen Einschlüssen folgen wir im wesentlichen einer Darstellung von DIJKSTRA und WERT [31, 32]. Wir betrachten eine ebene Wand an der Stelle x_0 (s. Abb. 24.19). Die mittlere Zahl der Einschlüsse, welche von der Wand geschnitten werden oder ganz in der Wand enthalten sind, und deren Mittelpunkte entweder auf der $+x$ oder $-x$ Seite der Wand liegen, ist $n L^2 (d + \delta_w)/2$. Die mittlere Abweichung von dieser Zahl, welche von der Größenordnung $\sqrt{n L^2 (d + \delta_w)/2}$ ist, verursacht Hysterese.

Zur Berechnung der Koerzitivkraft gehen wir von Gl. (31.5) aus und beschränken uns auf ebene Wände. Hierfür kann $dE/dV = (1/L^2)(dE/dx)$ gesetzt werden. Nach Gl. (24.50) ist $dE/dx = \sum_i \partial q(x_i - x_0)/\partial x_0$. Für den Mittelwert von $(dE/dx)^2$ im Grundbereich vom Volumen L^3 setzen DIJKSTRA und WERT

$$\overline{\left(\frac{dE}{dx}\right)^2} = n L^3 \, \overline{[\partial q(x - x_0)/\partial x_0]^2} .$$

Die Wahrscheinlichkeit dafür, daß der Mittelpunkt eines Teilchens zwischen x und $x + dx$ liegt, ist dx/L. Damit erhält man

$$\overline{\left(\frac{dE}{dx}\right)^2} = n L^3 \int_{x_0 - 1/2(d+\delta_w)}^{x_0 + 1/2(d+\delta_w)} [\partial q(x - x_0)/\partial x_0]^2 \frac{dx}{L} . \qquad (31.18)$$

Die Größe r in Gl. (31.5) ergibt sich aus der Geometrie des Modells. Für Werte x_0, die sich um mindestens $\eta = (1/2)(d + \delta_w)$ unterscheiden, besteht keine Korrelation der Verteilungen der Einschlüsse in der Wand. r ist also von der Größenordnung $L/n = 2L/(d + \delta_w)$. Dieser Wert sowie $\overline{(dE/dx)^2}$ aus Gl. (31.18) in Gl. (31.5) eingesetzt liefern die Koerzitivkraft

$$H_C = \frac{\sqrt{2n}}{2 I_s L}\left[\ln\left(\frac{2L}{d+\delta_w}\right) \int_{x_0-1/2(d+\delta_w)}^{x_0+1/2(d+\delta_w)} [\partial q(x-x_0)/\partial x_0]^2\, dx\right]^{1/2}, \quad (31.19)$$

wobei der Einfachheit halber auf die Mittelung über $1/\cos^2\varphi$ verzichtet wurde. Die Funktion $q(x-x_0)$ haben wir in 24.3.4 bereits berechnet. Für den *Oberflächenspannungseffekt* (KERSTEN [5, 33, 34]) ist nach Gl. (24.51)

$$q(x-x_0) = \frac{1}{6}\pi d^3 \cdot \varepsilon(x-x_0), \quad (31.20)$$

worin $\varepsilon(x-x_0)$ die Wandenergiedichte an der Stelle x innerhalb der Wand bedeutet. $\varepsilon(x-x_0)$ kann nach Kap. 20 exakt berechnet werden. Da es jedoch hier nur auf den Mittelwert $\overline{(\partial q/\partial x)^2}$ ankommt, haben DIJKSTRA und WERT $\varepsilon(x-x_0)$ vereinfachend durch die lineare Funktion

$$\varepsilon(x-x_0) = \frac{2\gamma_{w\,180°}}{\delta_w}\left(1 \pm 2\frac{x-x_0}{\delta_w}\right) \quad \text{für} \quad x < x_0 \text{ bzw. } x > x_0 \quad (31.21)$$

angenähert, was zu hinreichend genauen Ergebnissen führt. Mit Gl. (31.20) und (31.21) ergibt sich aus Gl. (31.19)

$$H_C \approx 2{,}8\frac{\gamma_{w\,180°}}{I_s L}\left(\frac{d}{\delta_w}\right)^{3/2} \cdot \alpha^{1/2} \cdot \left(\ln\frac{2L}{\delta_w}\right)^{1/2} \quad (d \ll \delta_w), \quad (31.22)$$

wobei wir noch statt der Fremdkörperdichte n den Volumenanteil α der Fremdkörper vermittels $\alpha = n\pi d^3/6$ eingeführt haben.

Eine analoge Rechnung kann für jeden Wert d/δ_w durchgeführt werden. Für den besonderen Fall $d \approx \delta_w$ berechneten DIJKSTRA und WERT

$$H_C \approx \frac{7\gamma_{w\,180°}}{8 I_s L} \cdot \alpha^{1/2} \cdot \left(\ln\frac{L}{\delta_w}\right)^{1/2} \quad (d \approx \delta_w). \quad (31.23)$$

Der *Streufeldeffekt* ergibt nach Gl. (24.55)

$$q(x-x_0) = \pi V\left(\frac{1}{18} - \frac{1}{48}\right) I_s^2\, d^2 \left(\frac{d\Phi}{dx}\right)^2. \quad (31.24)$$

Mit der vereinfachenden Näherung

$$\left(\frac{d\Phi}{dx}\right)^2 = \frac{2\pi^2}{\delta_w^2}\left(1 \pm 2\frac{x-x_0}{\delta_w}\right) \quad \text{für} \quad x < x_0 \text{ bzw. } x > x_0 \quad (31.25)$$

liefert Gl. (31.19)

$$H_C \approx 2{,}8\frac{I_s\, d^{7/2}}{L\,\delta_w^{5/2}} \cdot \alpha^{1/2}\left(\ln\frac{2L}{\delta_w}\right)^{1/2} \quad (d \ll \delta_w). \quad (31.26)$$

Die Koerzitivkraft ist gleich der Summe der Koerzitivkraftanteile Gl. (31.22) und Gl. (31.26).

31.4.2 Große Einschlüsse ($d \gg d_w$)

Die von DIJKSTRA und WERT [31] für große Einschlüsse angegebene Abschätzgleichung für H_C ist nicht immer richtig, weil bei ihrer Ableitung, wie BRENNER [35] bemerkt hat, die Tatsache unberücksichtigt blieb, daß die BLOCH-Wand nicht nur Wandschläuche hinter sich herzieht, sondern auch von Wandschläuchen gezogen wird. Wir haben die Verhältnisse in 24.3.4 ausführlich diskutiert und brauchen hier nur die dort angegebenen Gleichungen für $H_0 \approx H_C$ noch einmal zusammenstellen.

Für ein kubisches „Fremdkörpergitter" mit einer Kantenlänge $s > (l_p + l_a)/\sqrt{2}$ (l_p = Abreißlänge, l_a = Anspringlänge der Wandschläuche) ergab sich in Gl. (24.61) (Néel [36], Kondorski [36])

$$H_C \approx H_0 = \frac{\pi \bar{\gamma}_{w\,90°}}{2\,I_s\,d} \alpha^{2/3} \quad (d \gg \delta_w,\; s > (l_p + l_a)/2), \tag{31.27}$$

für statistisch verteilte Fremdkörper dagegen [Gl. (24 62)]

$$H_C \approx \sqrt{3\pi}\,\frac{\bar{\gamma}_{w\,90°}}{L\,I_s}\left(\frac{l_p}{d}\right)^{1/2} \alpha^{1/2} \quad (d \gg \delta_w). \tag{31.28}$$

Die vorstehenden Gleichungen für die Koerzitivkraft heterogener Werkstoffe sind unter sehr speziellen, praktisch sicher nicht ideal erfüllten Voraussetzungen (wie statistische bzw. regelmäßige Fremdkörperverteilung, ebene Wand usw.) abgeleitet worden und geben daher bestenfalls eine größenordnungsmäßige Abschätzung der Höhe der Koerzitivkraft sowie einen qualitativen Begriff ihrer Abhängigkeit von den eingeführten Parametern.

Für $d \ll \delta_w$ nimmt H_C nach Gl. (31.22) und Gl. (31.26) mit wachsendem Fremdkörperdurchmesser d zu, für $d \gg \delta_w$ nach Gl. (31.27) und Gl. (31.28) dagegen ab. Es bleibt daher zu erwarten, daß H_C als Funktion von d etwa in der Umgebung von $d \approx \delta_w$ ein Maximum durchläuft. H_C nimmt ferner in jedem Fall mit dem Volumenanteil

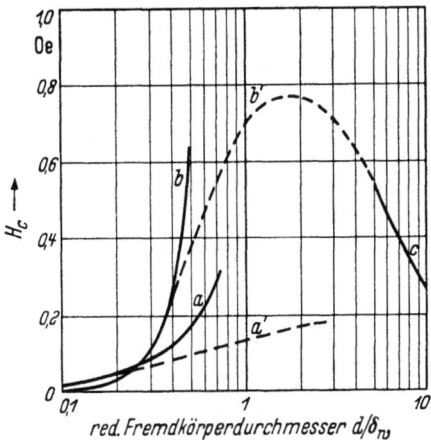

Abb. 31.3. Fremdkörperkoerzitivkraft von Eisen mit einem konstanten Volumenanteil $\alpha = 3 \cdot 10^{-3}$ statistisch verteilter Fremdkörper als Funktion des reduzierten Fremdkörperdurchmessers d/δ_w. Kurve a: Oberflächenspannungsanteil berechnet nach Gl.(31.22); Kurve b: Streufeldanteil berechnet nach Gl. (31.26); Kurve c: Koerzitivkraft für $d \gg \delta_w$ berechnet nach Gl. (31.27); Kurven a' und b': mutmaßlicher Verlauf von Oberflächenspannungsanteil bzw. Streufeldanteil in der weiteren Umgebung von $d \approx \delta_w$. (Nach Dijkstra und Wert [31])

der Fremdkörper zu. Abb. 31.3 gibt einen Überblick über das zu erwartende Verhalten der Koerzitivkraft von Eisen als Funktion des Fremdkörperdurchmessers d bei konstantem Volumenanteil $\alpha = 10^{-3}$. Für die anderen Größen wurden die Werte $I_s = 1700$ cgs E, $\gamma_w = 2$ erg/cm^2, $\delta_w = 10^{-5}$ cm, $L \approx 10^{-3}$ cm eingesetzt (s. a. Dijkstra und Wert [31], dort Abb. 4). Wir bemerken insbesondere, daß für kleine Werte d/δ_w der Oberflächenspannungsanteil gegenüber dem Streufeldanteil überwiegt. Letzterer wird erst für $d/\delta_w > 0{,}3$ maßgebend.

Obige Gleichungen gelten voraussetzungsgemäß nur für kugelähnliche Fremdkörper. Das Problem der Koerzitivkraft infolge von rotationselliptischen Fremdkörpern, deren Abmessungen klein gegen die Bloch-Wanddicke δ_w sind, wurde von Schwabe [38] eingehend theoretisch untersucht.

Néel [1, 9, 10] hat auf Grund einer anderen, mehr pauschalen Betrachtungsweise versucht, den Streufeldanteil der Koerzitivkraft eines heterogenen Werkstoffs mit feindispersen nicht ferromagnetischen oder schwächer ferromagnetischen Einschlüssen zu berechnen. Er geht dabei nicht von einer diskreten Fremdkörperverteilung aus, wie wir dies bisher getan haben, sondern versucht die Verhältnisse in einem heterogenen Material in der Weise anzunähern, daß er eine örtlich statistisch schwankende spontane Magnetisierung annimmt, welche analytisch durch eine dreidimensionale FOURIER-Reihe dargestellt werden kann. Da die kurzwelligen Glieder der Reihenentwicklung fehlen, die Magnetisierung also als kontinuierlich veränderlich angenommen wird, erscheint in dem Endergebnis der verhältnismäßig komplizierten Rechnung

$$H_C \approx \frac{2 K \alpha}{\pi I_m} \left(0{,}386 + \frac{1}{2} \ln \frac{2 \pi I_m^2}{K}\right) \tag{31.29}$$

nur noch der Volumenanteil α der Fremdkörper. I_m ist der mittlere Betrag der spontanen Magnetisierung. Der Gl. (31.29) fehlen damit wesentliche Merkmale der durch Fremdkörper bedingten Koerzitivkraft, nämlich die Abhängigkeit von der Größe und der Form der Einschlüsse.

31.5 Koerzitivkraft durch Drehprozesse

Es sei hier noch erwähnt, daß die Ummagnetisierung auch durch Drehprozesse erfolgen kann, wenn entweder die BLOCH-Wände infolge von Störungen oder auf Grund der geometrischen Gegebenheiten derart festgelegt sind, daß Drehprozesse vor einer Wandverschiebung stattfinden, oder wenn überhaupt keine BLOCH-Wände vorhanden sind wie z. B. in Eisen—Nickel-Legierungen in der Umgebung des Nulldurchgangs der Kristallenergie. In diesen Fällen erhält man die Koerzitivkraft aus den in Kap. 27 für Drehprozesse abgeleiteten Gln. (27.13) für überwiegende Kristallenergie bzw. den Gln. (27.14) für verschwindende Kristallenergie.

31.6 Koerzitivkraft von Werkstoffen, die aus mehreren Phasen mit unterschiedlicher Koerzitivkraft bestehen

Das Problem der Koerzitivkraft solcher Werkstoffe wurde erstmals von GERLACH [39] im Zusammenhang mit der Temperaturabhängigkeit der Koerzitivkraft ausgehärteter Nickel—Beryllium- und Nickel—Gold-Legierungen [40, 41, 42] diskutiert. In beiden Fällen werden vor Erreichen des Gleichgewichts Stadien durchlaufen, in denen zwei ferromagnetische Phasen mit unterschiedlicher Koerzitivkraft zugegen sind.

Die pauschal gemessene Koerzitivkraft eines derartigen Werkstoffs hängt zunächst von den Volumenanteilen der einzelnen Phasen, ihrer Sättigungsmagnetisierung, ihrer Koerzitivkraft und ihrer Permeabilität bzw. dem Verlauf ihrer Entmagnetisierungskurve ab. Dazu kommt noch der Einfluß der magnetischen Wechselwirkungen zwischen den einzelnen Phasengebieten. Wäre dieser Einfluß nicht vorhanden oder vernachlässigbar, dann könnte man, bei Kenntnis der Magnetisierungskurve jeder einzelnen Phase, die pauschale Koerzitivkraft durch Überlagerung der einzelnen Magnetisierungskurven unter Berücksichtigung der Volumenanteile der Phasen konstruieren (s. a. 27.4.7). Abb. 31.4 zeigt dies für den Fall zweier Phasen, wobei sich die Produkte aus Volumenanteil v_1, v_2 ($v_1 + v_2 = 1$) und Sättigungsmagnetisierung I_{s1}, I_{s2} der Phasen wie 2:3 verhalten, und wobei ferner die

Koerzitivkraft H_{C1} der einen Phase wesentlich größer ist als die Koerzitivkraft H_{C2} der anderen Phase. Man sieht, wie stark die pauschale Koerzitivkraft H_C

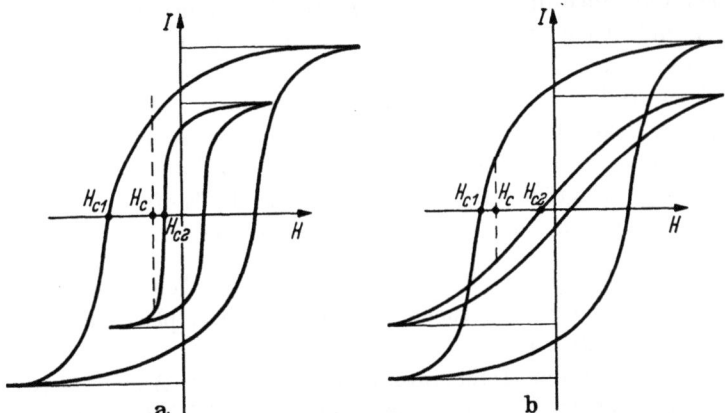

Abb. 31.4a u. b. Zur Ermittelung der resultierenden Koerzitivkraft H_C eines Werkstoffes, der aus zwei ferromagnetischen Phasen mit den unterschiedlichen Koerzitivkräften H_{C1} und H_{C2} besteht

von der Permeabilität der Phasen abhängt. Sie ist im Falle (a) bei hoher Permeabilität der magnetisch weicheren Phase nahezu gleich H_{C2} und im Falle (b) bei geringer Permeabilität der magnetisch weicheren Phase nahezu gleich H_{C1}.

Im allgemeinen ist jedoch bei Blockmaterial kleine Koerzitivkraft mit hoher Permeabilität gekoppelt. In diesem Fall mißt man entsprechend Abb. 31.4a praktisch die Koerzitivkraft der weichmagnetischen Phase, solange deren Magnetisierungsanteil $v_2 I_{s2}$ etwa gleich oder größer als $v_1 I_{s1}$ ist. Sehr instruktiv ist in diesem Zusammenhang ein Modellversuch von ROCHOLL [43]. Hierbei wurde die Koerzitivkraft eines Bündels gemischter magnetisch harter ($H_{C1} = 23{,}7$ Oe) und weicher ($H_{C2} = 0{,}53$ Oe) Nickeldrähte als Funktion des Mengenverhältnisses der beiden Drahtsorten gemessen. Das Ergebnis ist in Abb. 31.5 wiedergegeben und bestätigt unsere obige Überlegung.

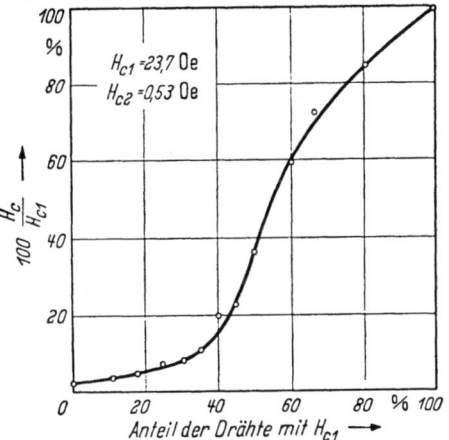

Abb. 31.5. Resultierende Koerzitivkraft eines Bündels gemischter magnetisch harter ($H_{C1}=23{,}7$ Oe) und magnetisch weicher ($H_{C2} = 0{,}53$ Oe) Nickeldrähte als Funktion des Anteils der harten Drähte. (Nach ROCHOLL [43])

31.7 Experimentelle Ergebnisse

31.7.1 Reine Metalle und homogene Legierungen

Die wesentlichen Hystereseursachen in Metallen und homogenen Legierungen sind die magnetoelastischen Wechselwirkungen zwischen der Magnetisierung und den Eigenspannungsfeldern sowie der in 31.3 behandelte Korngrößeneffekt.

Die vorausgehenden theoretischen Betrachtungen haben gezeigt, daß für die Koerzitivkraft sowohl der Eigenspannungszustand (Zahl und Anordnung der Versetzungen) als auch die Art und Geometrie des Ummagnetisierungsprozesses maßgebend sind. Quantitative Aussagen hierüber können nur für Einkristalle gemacht werden. Aus diesem Grunde ist eine quantitative Behandlung der Eigenspannungskoerzitivkraft überhaupt nur bei Einkristallen möglich. Wir beginnen deshalb in der folgenden Diskussion der Meßergebnisse mit den Einkristallmessungen. Eine Vereinfachung der Verhältnisse ergibt sich dort auch durch den Wegfall des Korngrößeneffekts. Dagegen sind die Einflüsse der Probenform und der Kristallorientierung (s. 28.2.3) nicht ohne weiteres übersehbar.

Einkristalle. Für Einkristalle liegen Messungen der Temperaturabhängigkeit der Koerzitivkraft sowie Untersuchungen des Einflusses plastischer Verformung auf die Koerzitivkraft vor.

Beginnen wir mit der Temperaturabhängigkeit. In Abb. 31.6 ist die von DIETRICH und KNELLER [26] an einem stabförmigen Nickel-Einkristall (Durch-

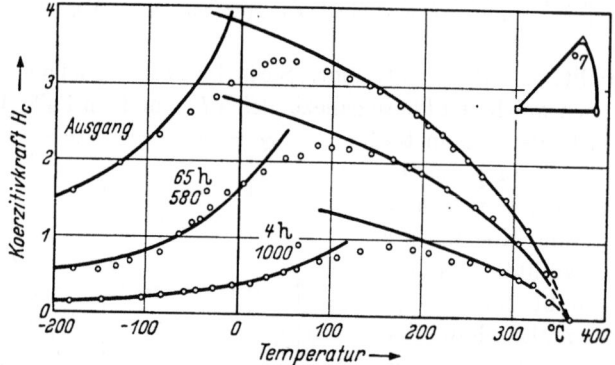

Abb. 31.6. Temperaturabhängigkeit der Koerzitivkraft eines unverformten Nickel-Einkristalls in verschiedenen Zuständen nach Messungen von DIETRICH und KNELLER [26]. Die eingezeichneten Kurven geben den Temperaturgang der Koerzitivkraft nach Gl. (31.8) bzw. Gl. (31.14) wieder. (Nach KNELLER [30])

messer ~ 4 mm, Länge ~ 100 mm) nach verschiedenen Wärmebehandlungen gemessene Temperaturabhängigkeit der Koerzitivkraft wiedergegeben. Der Kristall ist in allen Zuständen unverformt. Es kann daher statistische Versetzungsverteilung angenommen werden.

Auf Grund der in Abb. 13.11 dargestellten Temperaturabhängigkeit der Kristallenergiekonstante K_1 von Nickel ist oberhalb etwa 150 °C die Spannungsanisotropie der statistisch verteilten Eigenspannungsfelder sicher größer als die Kristallanisotropie. Wir schreiben symbolisch $\lambda \sigma_i \gg K$. Man nimmt dementsprechend an, daß die Ummagnetisierung bei höheren Temperaturen durch Rotation erfolgt. Hierfür liefert Gl. (31.8) eine Temperaturabhängigkeit der Koerzitivkraft wie $\lambda_s G/I_s$, weil sich die Eigenspannungen σ_i etwa wie der Schubmodul G mit der Temperatur ändern. Bei tiefen Temperaturen (unterhalb etwa -100 °C) ist dagegen sicher $\lambda \sigma_i \ll K_1$, und die Ummagnetisierung erfolgt überwiegend durch Wandverschiebungen. Nimmt man an, daß die Kantenlänge L der Grundbereiche von der Temperatur unabhängig ist (es ist hierüber so gut wie nichts bekannt), dann folgt aus der für den Fall ebener Wandverschiebungen und statistischer Versetzungsverteilung abgeleiteten Gl. (31.14) eine Temperaturabhängigkeit der Koerzitivkraft wie $\lambda_s\,G/\sqrt{K_1}$ [1].

Wie Abb. 31.6 zeigt, wird der Temperaturgang der Koerzitivkraft unverformter Kristalle tatsächlich bei hohen Temperaturen durch Gl. (31.8) und bei tiefen Temperaturen durch Gl. (31.14) wiedergegeben. Wir schließen hieraus zunächst, daß unsere Annahme bezüglich des Ummagnetisierungsmechanismus (Rotation bei hohen und Wandverschiebung bei tiefen Temperaturen) wahrscheinlich richtig sind.

Ferner gibt die in Übereinstimmung mit Gl. (31.14) gemessene Proportionalität der Koerzitivkraft zur Wanddicke einen Hinweis darauf, daß die Wände im wesentlichen eben bleiben, wie man es anschaulich auf Grund der geometrischen Verhältnisse bei statistischer Verteilung der Versetzungslinien auch erwartet. Wäre H_C, wie z. B. bei dem von KERSTEN [18] diskutierten Wandwölbungsmechanismus, im wesentlichen durch die Wandenergie bestimmt, dann würde man auf jeden Fall einen Anstieg von H_C mit wachsender Kristallenergie messen. Ein solcher Anstieg wurde bei unverformten Nickel-Einkristallen aber niemals beobachtet.

Ähnliche Gesichtspunkte wie bei Nickel gelten voraussichtlich auch für die Temperaturabhängigkeit der Koerzitivkraft anderer homogener Einkristalle im unverformten Zustand. Abb. 31.7 zeigt z. B. die Temperaturabhängigkeit der Koerzitivkraft eines stabförmigen Eisen−Silizium-Einkristalls mit 3,5% Si (Durchmesser 5 mm, Länge 105 mm). Die Temperaturabhängigkeit der Kristallenergie ist ähnlich wie bei Eisen (s. Abb. 13.8). Die Temperaturabhängigkeit der Magnetostriktionskonstanten ist in Abb. 16.43 wiedergegeben worden. Damit kann die Kurve in Abb. 31.7 wenigstens qualitativ in analoger Weise erklärt werden wie die Kurven für Nickel in Abb. 31.6.

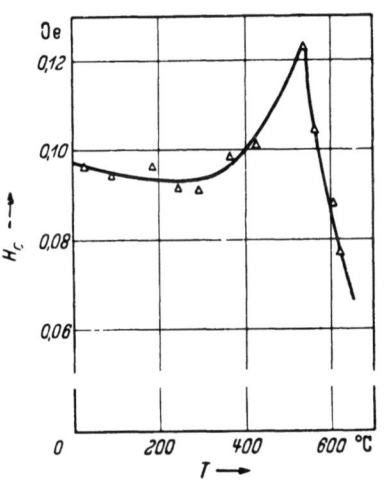

Abb. 31.7. Temperaturabhängigkeit der Koerzitivkraft eines mittelorientierten Eisen—Silizium-Einkristalls mit 3,5% Si. (Nach SCHMID, unveröffentlicht)

Der Einfluß plastischer Verformung auf die Koerzitivkraft von Einkristallen wurde von DIETRICH und KNELLER [26] für Nickel, von HAHN und KNELLER [44] (s. a. KNELLER [30]) für Nickel−Mangan-Legierungen in der Umgebung von 25 At.-% Mn und von KNELLER, NAGASHIMA und SCHMELZER [45, 72] für kubisch flächenzentrierte Eisen—Nickel-Legierungen im Konzentrationsbereich zwischen 50 und 100% Nickel untersucht. In diesen Arbeiten wurden stabförmige Einkristalle (Durchmesser ∼ 4 mm, Länge ∼ 100 mm) bei Raumtemperatur in einer POLANYI-Zugapparatur stufenweise verformt und in jedem Unterbrechungspunkt die Temperaturabhängigkeit der Koerzitivkraft gemessen.

---

[1] Die Wanddicke δ_w ist proportional zu $\sqrt{A/K_1}$ und A ist proportional zu I_s^2. Die sicher sehr schwache Temperaturabhängigkeit des logarithmischen Faktors wurde vernachlässigt.

Die in Abb. 31.8 dargestellten Verfestigungskurven einiger Eisen—Nickel-Einkristalle weisen entsprechend der mittleren Orientierung der Stabachsen drei ausgeprägte Bereiche mit unterschiedlicher Steigung auf (s. SEEGER [46]). Bei den Legierungen mit einem Eisengehalt von 15% und darüber wurde, mit Ausnahme der Legierung mit 26% Eisen ($\sim$ Ni$_3$Fe), ein deutlich ausgeprägter Fließbereich mit oberer Streckgrenze gefunden. Nach licht- und elektronenmikroskopischen Untersuchungen ist in diesem Bereich die Verformung makroskopisch stark inhomogen, d. h. die Gleitlinienbildung ist zunächst auf einige wenige, weit auseinanderliegende Kristallbereiche beschränkt. Sie breitet sich mit zunehmender Verformung allmählich über den Kristall aus.

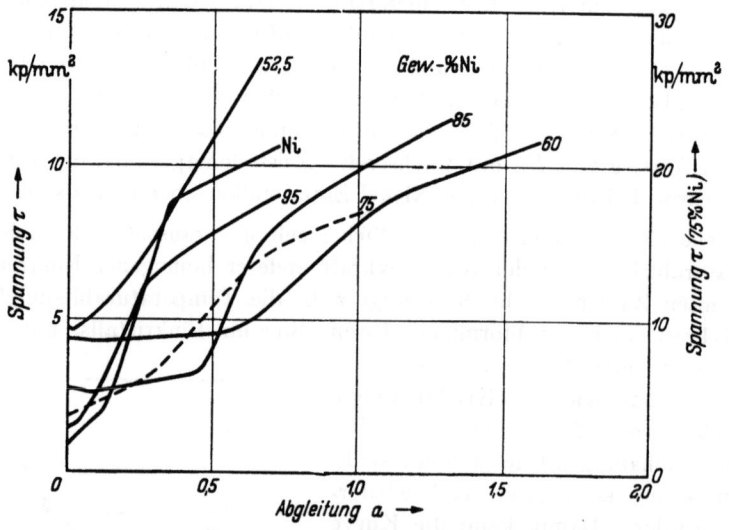

Abb. 31.8. Verfestigungskurven einiger mittelorientierter Eisen—Nickel-Einkristalle. Verformung bei Raumtemperatur. (Nach KNELLER, NAGASHIMA und SCHMELZER [45], [72])

In Abb. 31.9 sind für reines Nickel und für 60 Ni 40 Fe typische Gleitlinienbilder aus den drei Bereichen der Verfestigungskurve einander gegenübergestellt. Wie bereits NAGASHIMA und YAMAMOTO [47] festgestellt hatten, zeigen die Eisen—Nickel-Legierungen mit mehr als 5% Eisen, ähnlich wie α-Messing [48], ein typisches Legierungsverhalten mit z. T. abnorm hohen Gleitstufen und großen Gleitlinienabständen. Im Bereich III der Verfestigungskurve wird bei den Legierungen mit mehr als 5% Eisen keine Gleitbandbildung beobachtet, wie bei Nickel. Statt dessen tritt hier sehr stark ausgeprägte Mehrfachgleitung auf.

In den Abb. 31.10 und 31.11 ist für Nickel die bei drei verschiedenen Temperaturen und für die Eisen—Nickel-Legierungen die bei Raumtemperatur gemessene Koerzitivkraft H_C als Funktion der Fließspannung τ dargestellt. Der Beginn von Bereich II und von Bereich III der Verfestigungskurve wurde jeweils durch einen Pfeil gekennzeichnet. Die $H_C(\tau)$-Kurven von Nickel und der Legierung mit 5% Eisen zeigen drei Bereiche mit ausgeprägt unterschiedlicher Steigung. Diese Bereiche korrespondieren mit den drei Bereichen der Verfestigungskurve. Bei den Legierungen mit mehr als 5% Eisen ist die Steigung der $H_C(\tau)$-Kurven in den Bereichen II und III ungefähr gleich. Dagegen haben alle Kurven einen ausgeprägten und sehr steilen Bereich I.

Wir besprechen zuerst die Ergebnisse für Nickel. Die durch die Verformung induzierten, magnetisch wirksamen Störungen sind dort im wesentlichen Versetzungen.

Im Bereich II der Verfestigungskurve gilt zwischen der Fließspannung τ und der Zahl N der Versetzungslinien pro cm² die von SEEGER, DIEHL, MADER und REBSTOCK [49] abgeleitete Beziehung

$$\tau = \alpha\, b\, G \sqrt{N}\,. \tag{31.30}$$

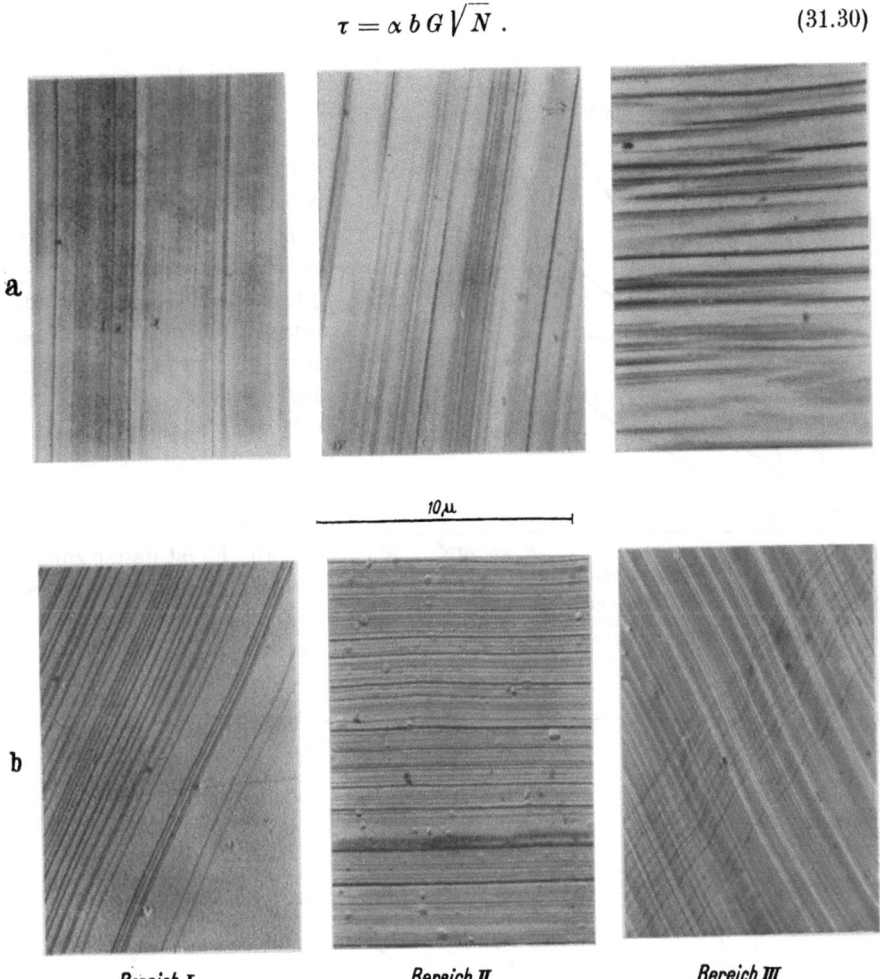

Bereich I   Bereich II   Bereich III

Abb. 31.9a u. b. Typische Gleitlinienbilder (a) auf einem Nickel-Einkristall und (b) auf einem 60% Ni-40% Fe-Einkristall in den drei Bereichen der Verfestigungskurve. Auf den Bildern sind jeweils nur die aktiven Gleitlinien eines Verformungsintervalls sichtbar. (Nach KNELLER, NAGASHIMA und SCHMELZER [45], [72])

Hierin sind b der BURGERS-Vektor, G der Schubmodul und α ein Zahlfaktor der Größenordnung Eins. Da nach mehreren Messungen an verschiedenen Kristallen H_C in diesem Bereich ungefähr linear von τ abhängt, folgt aus Gl. (31.30), daß H_C dort proportional zur Wurzel aus der Versetzungsdichte bzw. umgekehrt proportional zum mittleren Abstand der Versetzungslinien ansteigt. Diese Beziehung zwischen H_C und N liefern auch fast alle theoretischen Abschätzungen [12, 13, 18] der durch die Eigenspannungsfelder von Versetzungen bestimmten Koerzitivkraft.

Im Bereich I der Verfestigungskurve steigt die Versetzungsdichte bei geringer Verfestigung, d. h. bei geringer Zunahme von τ beträchtlich an. Hierdurch ist der erste steile Anstieg der $H_C(\tau)$-Kurve bedingt.

Es gilt als experimentell gesichert, daß Gl. (31.30) auch im Bereich III der Verfestigungskurve noch anwendbar ist. Dagegen tritt, wie man den Gleitlinienbildern in Abb. 31.9 entnehmen kann, in diesem Bereich eine wesentliche Änderung der Versetzungsstruktur ein (Quergleitung, Gleitbandbildung). Nach den vorausgegangenen theoretischen Betrachtungen hängt die Koerzitivkraft ganz allgemein nicht nur von der Menge der Gitterstörungen, sondern wesentlich auch von deren räumlicher Anordnung ab. Es ist daher zunächst verständlich, daß sich die Steigung der $H_C(\tau)$-Kurve beim Übergang zum Bereich III än-

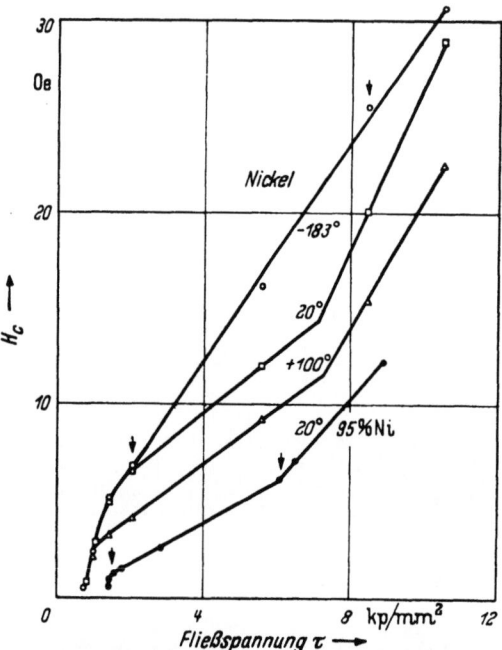

Abb. 31.10. Koerzitivkraft H_C eines Nickel-Einkristalls bei −183, 20 und 100 °C und eines Eisen—Nickel-Einkristalls mit 95% Nickel bei 20 °C als Funktion der Fließspannung τ. (Nach KNELLER, NAGASHIMA und SCHMELZER [45], [72])

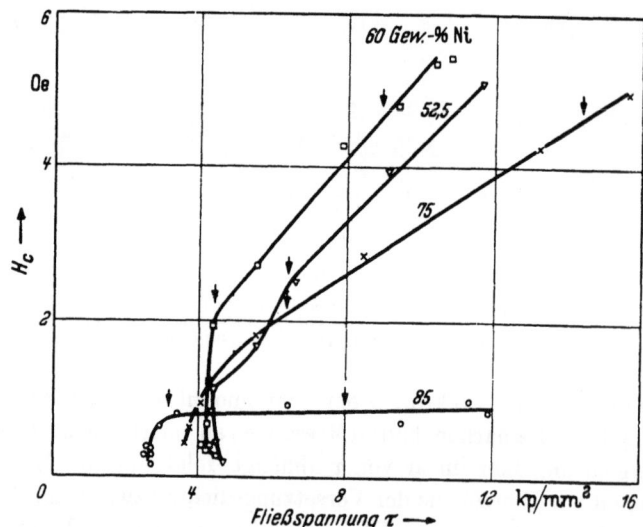

Abb. 31.11. Koerzitivkraft H_C bei 20 °C von Eisen—Nickel-Einkristallen mit mehr als 5% Eisen als Funktion der Fließspannung τ. (Nach KNELLER, NAGASHIMA und SCHMELZER [45], [72])

dert. Nun findet man (s. Abb. 31.10), daß bei tiefen Temperaturen, also bei hoher Kristallanisotropie, die Steigung der $H_C(\tau)$-Kurve in den Bereichen II und III annähernd gleich wird. Dies legt den Schluß nahe, daß beim Übergang zum Bereich III eine Änderung des Magnetisierungsmechanismus stattfindet, welche durch hinreichend starke Kristallanisotropie unterdrückt wird.

Bis zu einem Eisengehalt von etwa 5% verhalten sich die Eisen—Nickel-Legierungen plastisch und magnetisch ähnlich wie reines Nickel. Bei höheren Eisenkonzentrationen ergibt sich eine wesentliche Komplizierung der Verhältnisse dadurch, daß die von CHIKAZUMI und Mitarbeitern [50, 51] unlängst theoretisch behandelte Verformungsanisotropie (Walzanisotropie, s. 14.4) neben der Kristall- und der Spannungsanisotropie mit in Betracht gezogen werden muß. Die Verformungsanisotropie entsteht beim Gleitvorgang durch Änderung der Nachbarschaftsverhältnisse längs der Gleitebenen. Sie erreicht bei einem Walzgrad von 50% die Größenordnung 10^5 erg/cm³. Die Verformungsanisotropie hat voraussichtlich auf zweierlei Weise Einfluß auf die Magnetisierungsvorgänge:

1. Da die kubisch flächenzentrierten Eisen—Nickel-Legierungen nur eine sehr schwache Kristallenergie besitzen (10^3 bis 10^4 erg/cm³), ist es wahrscheinlich, daß die Geometrie der Magnetisierungsvorgänge bei höheren Verformungsgraden im wesentlichen durch die Verformungsanisotropie bestimmt wird. Dies gilt insbesondere für die Legierungen mit kleiner Magnetostriktion. Wie Abb. 31.12 zeigt, findet man beispielsweise mit Hilfe der BITTER-Streifenmethode auf der Oberfläche eines stark verformten Kristalls mit 15% Eisen (Abgleitung 130%) ein einfaches System von 180°-Wänden, dessen Geometrie sehr wahrscheinlich der Verformungsanisotropie zuzuschreiben ist.

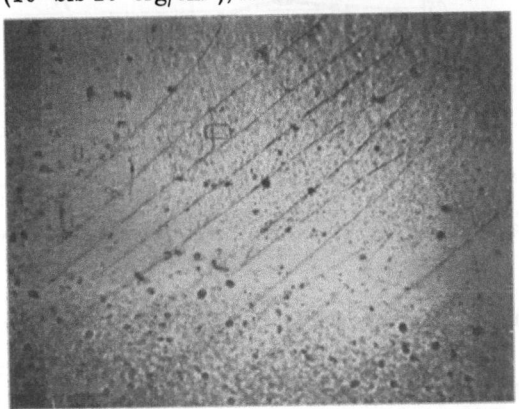

Abb. 31.12. Magnetpulverbild der Spuren von 180°-Wänden auf der Oberfläche eines stark verformten (Abgleitung 130%) Eisen—Nickel-Einkristalls mit 85% Nickel. (Nach KNELLER, NAGASHIMA und SCHMELZER [45], [72]

2. Bei Beginn der Verformung ist, wie bereits erwähnt, die Gleitung der Eisen—Nickel-Kristalle makroskopisch stark inhomogen. Neben Kristallbereichen mit starker Gleitung erscheinen vollkommen unverformte Gebiete. In den verformten Kristallgebieten bestehen Verformungsanisotropie und Spannungsanisotropie, in den unverformten Gebieten dagegen nur die schwache Kristallanisotropie. Man hat also im Bereich der inhomogenen Gleitung mit Schwankungen der Anisotropieenergie zu rechnen, welche, solange sie nicht zu kurzwellig sind, Hindernisse für die Wandbewegung bilden.

Abb. 31.13 zeigt, daß die bei Raumtemperatur gemessene Steigung $(\partial H_C/\partial \tau)_{II}$ der $H_C(\tau)$-Kurve im Bereich II als Funktion der Legierungszusammensetzung in erster Näherung den gleichen Verlauf hat, wie λ_s/I_s bzw. λ_{110}/I_s (λ_s = isotrope Sättigungsmagnetostriktion, λ_{110} = Magnetostriktion parallel zum BURGERS-

Vektor, I_s = Sättigungsmagnetisierung). Hieraus kann geschlossen werden, daß der Koerzitivkraftanstieg im Bereich II auch bei den Eisen—Nickel-Legierungen im wesentlichen von den magnetoelastischen Wechselwirkungen zwischen der Magnetisierung und den Versetzungen herrührt, wie bei reinem Nickel.

Dagegen ist der Koerzitivkraftanstieg ΔH_{CI} im Bereich I sehr wahrscheinlich zum Teil den bei der dort inhomogenen Gleitung auftretenden Schwankungen der Anisotropieenergie zuzuschreiben. Dies gilt insbesondere für den im Fließ-

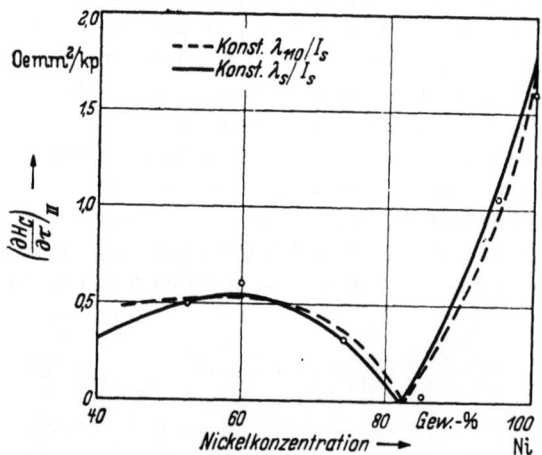

Abb. 31.13. Konzentrationsabhängigkeit der bei 20 °C gemessenen Steigung $(\partial H_C/\partial \tau)_{II}$ der $H_C(\tau)$-Kurve von Eisen—Nickel-Einkristallen im Bereich II der Verfestigungskurve. Die eingezeichneten Kurven geben vergleichsweise die Konzentrationsabhängigkeit von λ_s/I_s und von λ_{110}/I_s wieder.
(Nach KNELLER, NAGASHIMA und SCHMELZER [45], [72])

bereich gemessenen Koerzitivkraftanstieg, welcher bis zu 1 Oe erreicht, während die gesamte Koerzitivkraftzunahme bis zum Bruch des Kristalls vergleichsweise nur etwa 5 Oe beträgt.

Der durch die Schwankungen der Anisotropieenergie bedingte Koerzitivkraftanteil durchläuft voraussichtlich noch im Bereich I ein Maximum und nimmt danach mit wachsender Verformung rasch ab, verschwindet jedoch nicht vollständig, weil die Gleitung gegen Ende des Bereichs I zwar weitgehend homogen wird, aber hinreichend langwellige Schwankungen der Gleitliniendichte vorhanden sind.

Bei den Nickel—Mangan-Legierungen sind die Verhältnisse aus Gründen, die in den Originalarbeiten [44, 52] ausführlich diskutiert wurden (s. a. KNELLER [30]), wesentlich komplizierter.

Vielkristalle. Bei den Vielkristallen der Metalle und homogenen Legierungen setzt sich die Koerzitivkraft, wie wir in 31.3 am Beispiel des Nickels besprochen haben, additiv aus einem Eigenspannungsanteil und einem zu $\sqrt{K_1}$ proportionalen Korngrößenanteil zusammen. Unter diesem Gesichtspunkt hat KNELLER [30, 53] die Deutung der Temperaturabhängigkeit der Koerzitivkraft von vielkristallinem Nickel ausführlich behandelt (s. a. Abb. 31.3). Eine analoge Deutung kann voraussichtlich auch für die in den Abb. 31.14 und 31.15 wiedergegebene Temperaturabhängigkeit der Koerzitivkraft von vielkristallinem Eisen [43, 54, 55] und Kobalt [43, 56] gegeben werden. Vorläufig fehlen hierfür zwar noch die experimentellen Grundlagen, d. h. insbesondere Messungen der $H_C(T)$-Kurve an Einkristallen. Ein Vergleich der Abb. 31.7 und 31.14 läßt jedoch deutlich erkennen, daß man durch Überlagerung eines zu $\sqrt{K_1}$ proportionalen Koerzitivkraftanteils über die Einkristallkurve von Siliziumeisen in Abb. 31.7 zu einer $H_C(T)$-Kurve vom Typus Abb. 31.14 gelangt, wie sie für vielkristallines Eisen und Siliziumeisen charakteristisch ist. Es bleibt schließlich noch zu erwähnen, daß, infolge der in Eisen praktisch immer vorhandenen Verunreinigungen an Kohlenstoff und Stickstoff, der Eigenspannungskoerzitivkraft neben dem Korngrößenanteil im allgemeinen auch noch ein nach 31.4 ebenfalls mit wachsendem K_1 ansteigender Fremdkörperanteil überlagert ist (s. a. 31.7.2).

Der Einfluß plastischer Verformung auf die Koerzitivkraft vielkristalliner Metalle und Legierungen ist vielfach gemessen worden. Wir erwähnen hier nur die klassischen Untersuchungen von KERSTEN [57, 58, 59] an Nickel sowie einige neuere Messungen von MALEK [60] und von KNELLER, NAGASHIMA und SCHMELZER [45, 72] an Eisen, Nickel und Eisen—Nickel-Legierungen.

Das magnetische Verhalten der Vielkristalle bei plastischer Verformung unterscheidet sich von dem der Einkristalle im wesentlichen auf Grund folgender Gegebenheiten:

1. Der Verlauf der Spannung—Dehnung-Kurve eines Einkristalls hängt von der kristallographischen Orientierung der Stabachse beim Zugversuch ab. Wegen der stark unterschiedlichen Orientierung der einzelnen Kristallite gegenüber der lokalen Spannungsrichtung und wegen der oft stark inhomogenen Beanspruchung der Körner stellt die Verfestigungskurve eines Vielkristalls einen komplizierten Mittelwert über die Verfestigungskurven der Einkristalle dar. Insbesondere werden von Anbeginn der Verformung im allgemeinen mehrere Gleitsysteme betätigt.

2. Zwischen den einzelnen Körnern bestehen magnetische Wechselwirkungen, welche um so stärker sind, je kleiner das Korn und je größer die Kristallenergie ist.

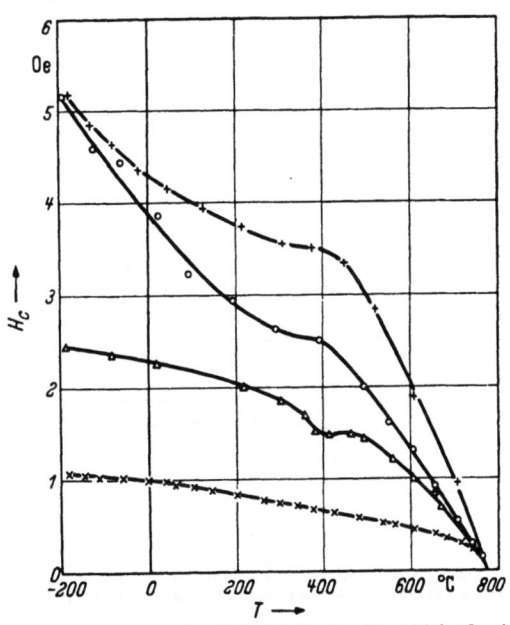

Abb. 31.14. Temperaturabhängigkeit der Koerzitivkraft einiger vielkristalliner Eisenproben. (–O–O–O–) Elektrolyteisen nach TERRY [54], (–△–△–△–) weiches Eisen nach GANS [55], (–+–+–+–) „Minimum Extra" bis zum Bruch gereckt nach ROCHOLL [43], (–×–×–×–) „Minimum Extra" eine Stunde bei 960°C in Argon geglüht nach ROCHOLL [43]

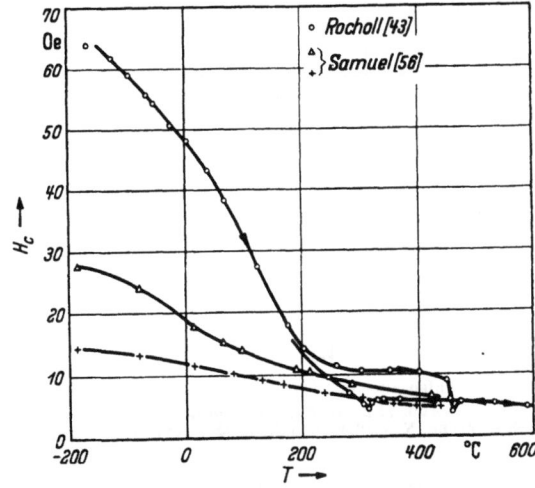

Abb. 31.15. Temperaturabhängigkeit der Koerzitivkraft von gegossenem vielkristallinem Kobalt im Temperaturbereich der hexagonalen Phase. (Nach SAMUEL [56] und ROCHOLL [43])

3. In Vielkristallen entstehen beim plastischen Recken Eigenspannungen 2. Art (s. 23.4), welche über einzelne Körner hinweg homogen sind und die Größenordnung der Fließspannung erreichen können (s. a. 31.2).

Abb. 31.16 [45] zeigt den Verlauf der bei Raumtemperatur gemessenen Koerzitivkraft H_C stabförmiger, vielkristalliner Eisen—Nickel-Proben (Durchmesser ~ 4 mm, Länge ~ 100 mm) als Funktion der Fließspannung σ beim plastischen Recken. Die Proben waren vor der Verformung 2 Stunden bei 1000 °C homgenisiert und anschließend in Wasser abgeschreckt worden. Die $H_C(\sigma)$-Kurven von langsam im Ofen abgekühlten Proben unterscheiden sich nicht wesentlich von den in Abb. 31.16 wiedergegebenen Kurven. Die plastische Dehnung $\Delta l/l$ beim Bruch betrug 30 bis 40%. Die Ergebnisse in Abb. 31.16 stimmen im wesentlichen mit den Meßergebnissen von MALEK [60] überein.

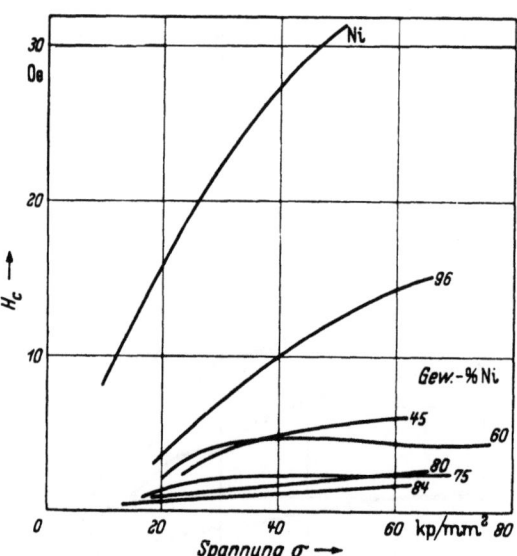

Abb. 31.16. Koerzitivkraft bei 20°C plastisch gereckter vielkristalliner Eisen—Nickel-Proben als Funktion der Fließspannung σ. (Nach KNELLER, NAGASHIMA und SCHMELZER [45], [72])

Nach Abb. 31.17 ist die Anfangssteigung $(\partial H_C/\partial \sigma)_{\sigma \to \sigma_0}$ der $H_C(\sigma)$-Kurven in erster Näherung proportional zu λ_s/I_s. Hieraus ist zu schließen, daß auch bei den vielkristallinen Eisen—Nickel-Legierungen der Verfestigungsanstieg der Koerzitivkraft vorwiegend von den magnetoelastischen Wechselwirkungen zwischen der Magnetisierung und den bei der plastischen Verformung induzierten Eigenspannungsfeldern herrührt.

Die Anfangskoerzitivkraft ist bei den Vielkristallen infolge der Abschreckspannungen und des Korngrößeneffekts größer als bei den Einkristallen.

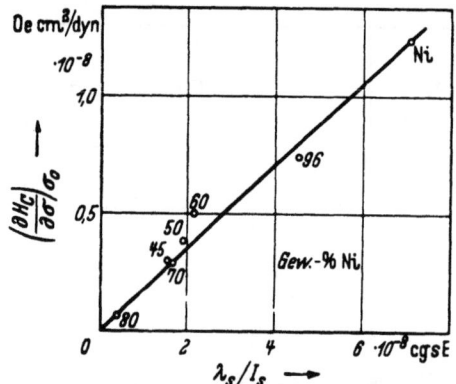

Abb. 31.17. Anfangssteigung $(\partial H_C/\partial \sigma)_{\sigma_0}$ der $H_C(\sigma)$-Kurven in Abb. 21.20 als Funktion von λ_s/I_s. (Nach KNELLER, NAGASHIMA und SCHMELZER [45], [72])

Wie ein Vergleich zwischen Abb. 31.16 und den Abb. 31.10 und 31.11 zeigt, ist der Koerzitivkraftanstieg durch plastisches Recken bei den Vielkristallen im allgemeinen geringer als bei Einkristallen mit gleicher Legierungszusammensetzung und vergleichbarer Verformung. Ferner nimmt die Steigung $\partial H_C/\partial \sigma$ der $H_C(\sigma)$-Kurven mit wachsender Fließspannung rasch ab. Zum Teil durchlaufen die Kurven sogar ein Maximum (z. B. bei 60% Ni, s. a. [60]). Das hier geschilderte Verhalten ist um so stärker ausgeprägt, je größer die Magnetostriktion und je kleiner die Kristallenergie der Legierung ist. Bei Legierungen mit sehr kleiner Magnetostriktion (80 und 84% Ni) beispielsweise steigt H_C innerhalb der Meßgenauigkeit linear mit σ an, und die Koerzitivkraftzunahme beim Recken ist hier größer als bei den Einkristallen gleicher Konzentration. Dieser Befund führt zu dem Schluß, daß die oben erwähnten charakteristischen Unterschiede zwischen den $H_C(\sigma)$-Kurven der Vielkristalle und den $H_C(\tau)$-Kurven der Einkristalle wahrscheinlich wesentlich durch den Einfluß der von den homogenen Eigenspannungen her-

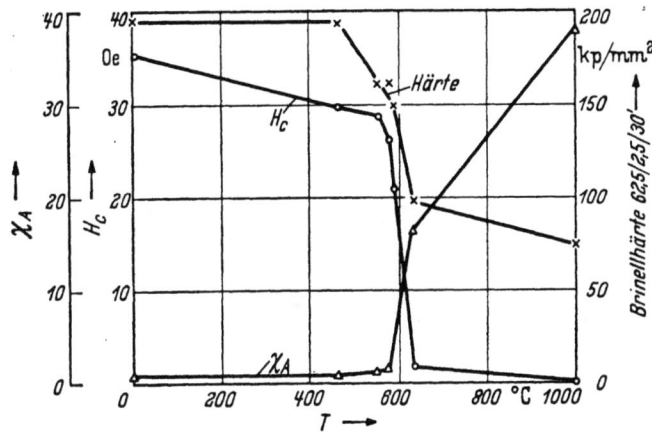

Abb. 31.18. Koerzitivkraft, Anfangssuszeptibilität und BRINELL-Härte von 80% kalt verformtem Nickel im Verlauf von Erholung und Rekristallisation. Glühdauer jeweils 30 Minuten bei der angegebenen Temperatur. (Nach KNELLER [53])

rührenden Spannungsanisotropie auf die Geometrie der Magnetisierungsvorgänge zurückzuführen sind. Dieser Schluß ist auch mit den Meßergebnissen von MALEK [60, 61] verträglich, welcher für seine Ergebnisse jedoch eine etwas andere Erklärung zu geben versuchte. Eine über derartige Vermutungen hinausgehende Deutung des Verlaufs der $H_C(\sigma)$-Kurven von Vielkristallen erscheint vorerst nicht möglich.

Der Einfluß von thermischer Erholung und Rekristallisation auf die Koerzitivkraft von 80% kaltverformtem Nickel geht in den wesentlichen Zügen aus Abb. 31.18 [53] hervor. Die starke Abnahme der Koerzitivkraft bei Glühung in der Umgebung von 600 °C ist durch Rekristallisation bedingt. Einen ganz ähnlichen Verlauf zeigt die mechanische Härte. Eine Parallelität zwischen Koerzitivkraft und mechanischer Härte besteht jedoch nur für reine Metalle und homogene Legierungen [62].

31.7.2 Werkstoffe mit Fremdkörpereinschlüssen (Ausscheidungen)

Nach 31.4 ist die Koerzitivkraft heterogener Legierungen sowohl von Form und Größe der Fremdkörper (bei Beschränkung auf kugelförmige Einschlüsse vom Durchmesser d) als auch von der Menge bzw. von dem Volumenanteil α der Fremdkörper abhängig. Schließlich ist auch die räumliche Anordnung der Fremdkörper von Bedeutung. Schlüssige Versuchsergebnisse sind hierzu jedoch nicht bekannt.

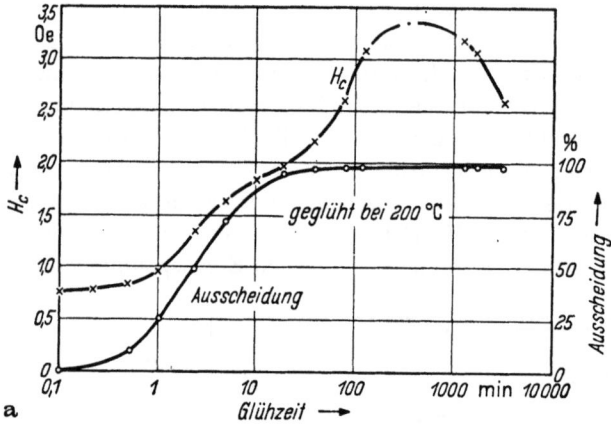

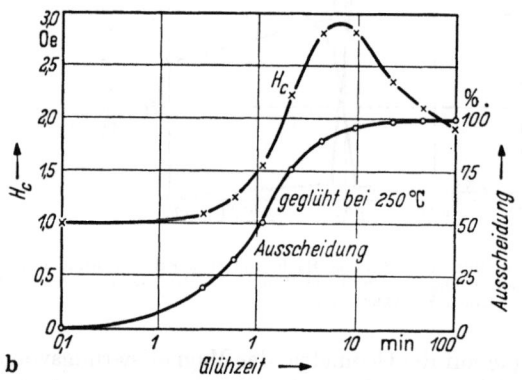

Abb. 31.19a u. b. Verlauf von Koerzitivkraft und ausgeschiedener Kohlenstoffmenge während isothermer Glühung von Eisen mit 0,02% Kohlenstoff als Funktion der Glühzeit (a) bei 200°C und (b) bei 250°C. (Nach DIJKSTRA und WERT [*31*])

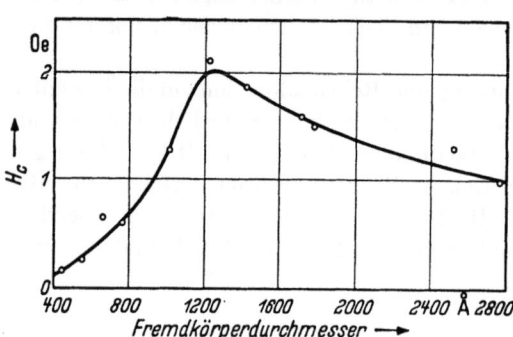

Abb. 31.20. Koerzitivkraft H_C als Funktion des mittleren Ausscheidungsdurchmessers d bei konstantem Volumenanteil α = 0,003 der Ausscheidungen. (Nach DIJKSTRA und WERT [*31*])

Wir wollen deshalb den Einfluß der Anordnung übergehen und im folgenden sehen, inwieweit die Voraussagen der Theorie bezüglich der Abhängigkeit der Koerzitivkraft von d und α zutreffen.

Einfluß des Fremdkörperdurchmessers. Die Löslichkeit von Kohlenstoff in α-Eisen ist sehr stark von der Temperatur abhängig. Sie beträgt [*63*] bei der A_1-Temperatur (723 °C) etwa 0,02 Gew.-% und bei Raumtemperatur weniger als 0,0005 Gew.-%. Lagert man einen von einer Temperatur dicht unterhalb A_1 abgeschreckten Eisen—Kohlenstoff-Mischkristall bei tiefen Temperaturen aus, dann wird Kohlenstoff in Form kleiner Zementitpartikel (Fe$_3$C) ausgeschieden. Die mit der Auslagerungszeit stetig zunehmende ausgeschiedene Menge α kann beispielsweise mit Hilfe von Dämpfungsmessungen (s. z. B. [*64*]) als Funktion der Auslagerungszeit bestimmt werden. Die gleichzeitig gemessene Koerzitivkraft durchläuft dabei, wie Abb. 31.19 zeigt, ein Maximum, dessen zeitliche Lage von der Auslagertemperatur abhängt. Die Koerzitivkraft ist also nicht nur von der ausgeschiedenen Menge abhängig. Dieser Sachverhalt wurde bereits 1929 von KÖSTER [*65, 66*] erkannt und ganz entsprechend unserer heutigen Auffassung in der Weise gedeutet, daß die Koerzitivkraft sowohl von der ausgeschiedenen Menge als auch von der Größe und Verteilung der Ausscheidungen abhängt.

Unter den Annahmen, daß 1. die Partikel kugelähnliche Form haben und 2. die Zahl der Partikel während des größten Teils der Ausscheidung annähernd konstant bleibt, haben DIJKSTRA und WERT [31] aus einer größeren Anzahl von Isothermen der Art Abb. 31.19 den Verlauf der durch die Ausscheidung bedingten Koerzitivkraftzunahme als Funktion des Ausscheidungsdurchmessers d bestimmt. Das Ergebnis ist in Abb. 31.20 dargestellt. Die Kurve entspricht wenigstens qualitativ dem theoretischen Verlauf von $H_C(d)$ in Abb. 31.3. Insbesondere findet man, daß das Maximum von H_C bei einem Teilchendurchmesser von etwa 1200 Å liegt, welcher nach 20.4.5 gerade etwa der Dicke einer 180°-Wand in Eisen entspricht.

Das Verhalten der Koerzitivkraft bei der Ausscheidung von Nitriden in α-Eisen wurde von KÖSTER und BANGERT [64] und von KERR und WERT [67] eingehend untersucht.

Es ist noch zu bemerken, daß, im Gegensatz zu den in 31.4 gemachten Voraussetzungen, sowohl Fe_3C als auch Fe_4N ferromagnetisch sind. Ihre Sättigungsmagnetisierung ist jedoch erheblich geringer als die des Eisens, so daß man qualitativ ähnliche Effekte zu erwarten hat wie bei nicht ferromagnetischen Einschlüssen.

Einfluß des Volumenanteils α der Fremdkörper. Nach Rechnungen von DIJKSTRA und WERT [31] in 31.4.1 ist für kleine Teilchen $(d \ll \delta_w)$ $H_C \sim \alpha^{1/2}$. Für große Teilchen $(d \gg \delta_w)$ findet man $H_C \sim \alpha^{1/2}$ [Gl. (31.28)] bzw. $\sim \alpha^{2/3}$ [Gl. (31.27)].

Das Maximum der Koerzitivkraft tritt je nach Auslagerungstemperatur und Legierungskonzentration bei unterschiedlichen Volumenteilen α der Ausscheidung aber stets etwa bei der gleichen Teilchengröße auf. Deshalb ist bei Messungen der Höhe des Maximums der Koerzitivkraft als Funktion der ausgeschiedenen Menge die Teilchengröße eliminiert, und man erhält direkt die Abhängigkeit der Koerzitivkraft von α. In Abb. 31.21 sind derartige von KERSTEN [5] gesammelte Messungen an einer Reihe ausscheidungsfähiger Eisenlegierungen wiedergegeben. Es handelt sich dabei durchweg um geglühte Legierungen, bei denen angenommen wird, daß man den Spannungsanteil gegenüber dem Fremdkörperanteil vernachlässigen kann. Man sieht, daß H_C in erster Näherung proportional zu $\alpha^{1/2}$ ist.

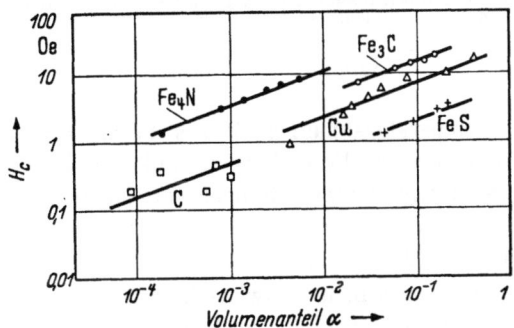

Abb. 31.21. Koerzitivkraft H_C von Eisen mit verschiedenen Ausscheidungen etwa gleicher Teilchengröße als Funktion des Volumenanteils α der Ausscheidungen. (Nach KERSTEN [5])

Nach Rechnungen von NÉEL [1] [Gl. (31.29)] steigt der Streufeldanteil der Koerzitivkraft proportional zu α an. Wie Abb. 31.22 zeigt, ist dies tatsächlich bei einer Reihe ausscheidungsfähiger Legierungen der Fall. Die eingezeichnete Gerade wurde nach Gl. (31.29) berechnet.

Während nach Versuchen von GERLACH [68] die Koerzitivkraft von gesintertem Carbonylnickelpulver proportional zu $\alpha^{2/3}$ ansteigt (α = Volumenanteil der Hohlräume), fand STEINITZ [69], daß die Koerzitivkraft von gesintertem Eisenpulver weder zu $\alpha^{1/2}$ noch zu $\alpha^{2/3}$ oder α proportional ist. Poröse Sinterwerkstoffe verhalten sich, insbesondere bei geringerer Dichte, eher wie ferromagnetische Schwämme (s. 22.5) und nicht wie ferromagnetische Kristalle mit unmagnetischen Einschlüssen. Die Theorie in 31.4.1 wurde für letztere abgeleitet und erscheint auf Sinterwerkstoffe nicht ohne weiteres anwendbar.

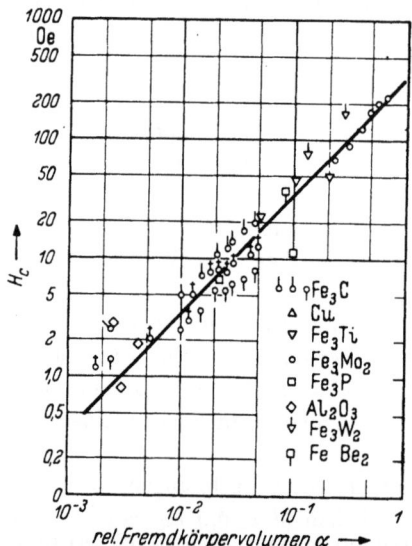

Abb. 31.22. Koerzitivkraft H_C von Eisen mit verschiedenen Ausscheidungen als Funktion des Volumenanteils α der Ausscheidungen. Die eingezeichnete Gerade wurde nach Gl. (31.29) berechnet. (Nach NÉEL [1])

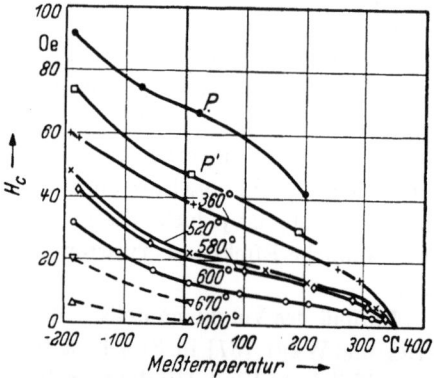

Abb. 31.23. Temperaturabhängigkeit der Koerzitivkraft von geschüttetem (P), gepreßtem (P') und bei verschieden hohen Temperaturen gesintertem Nickelpulver. (Nach GERLACH et al. [71])

Temperaturabhängigkeit des Fremdkörperanteils. Über die Temperaturabhängigkeit des Fremdkörperanteils der Koerzitivkraft liegen keine quantitativ zuverlässigen Untersuchungen vor. Nach 31.4 erwarten wir, daß H_C mit wachsender Kristallenergie zunimmt, und zwar proportional zu K_1^n, wobei n wahrscheinlich zwischen 0,5 und 1,0 liegt.

Die wesentliche Schwierigkeit für derartige Untersuchungen besteht darin, daß sich der Zustand der Legierungen (z. B. Eisen—Kohlenstoff) bei höheren Temperaturen ändert. Diese Schwierigkeit fällt zwar bei porösen Sinterwerkstoffen weitgehend weg. Dagegen bestehen hier, wie oben bereits erwähnt, Bedenken bezüglich der Anwendbarkeit der in 31.4 gegebenen Theorie.

GERLACH und Mitarbeiter [68, 70, 71] haben die Temperaturabhängigkeit der Koerzitivkraft von gepreßtem und gesintertem Nickelpulver eingehend untersucht. In Abb. 31.23 ist die Temperaturabhängigkeit der Koerzitivkraft für verschieden hohe Sintertemperaturen wiedergegeben. Die Kurven haben qualitativ starke Ähnlichkeit mit der in Abb. 31.2 gezeigten $H_C(T)$-Kurve für geschmolzenes vielkristallines Nickel. Sie sind im Prinzip so zu verstehen, daß hier dem Eigenspannungsanteil der Koerzitivkraft ein Korngrößenanteil und ein Fremdkörperanteil überlagert sind, welche beide mit wachsender Kristallenergie, d. h. mit fallender Temperatur unterhalb etwa 150 °C ansteigen. Eine zuverlässige Trennung der beiden Anteile erscheint vorerst kaum möglich zu sein. Mit steigender Sintertemperatur werden die Eigenspannungen sowie der Volumenanteil der Hohlräume kleiner und die Korngröße nimmt zu, so daß die Koerzitivkraft insgesamt kleiner wird.

31.8 Allgemeine Beziehungen

Die Koerzitivkraft ist um so größer und umgekehrt die Suszeptibilität um so kleiner, je schwerer die BLOCH-Wände verschieblich sind, oder ganz allgemein, je schwerer die Ummagnetisierung erfolgt, ganz gleich, welcher Mechanismus dabei zugrunde liegt. Dementsprechend gilt, wie Abb. 31.24 zeigt, näherungsweise die Beziehung

$$H_C = \frac{\text{Konst.}}{\chi_A} \qquad (31.31)$$

zwischen der Koerzitivkraft und der Anfangssuszeptibilität.

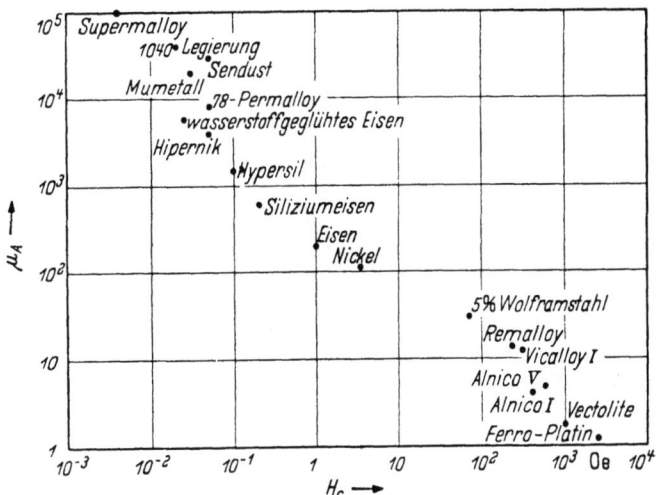

Abb. 31.24. Allgemeiner Zusammenhang zwischen Anfangspermeabilität und Koerzitivkraft. (Nach KITTEL [72])

Literatur zu Kap. 31

[1] NÉEL, L.: Ann. Univ. Grenoble 22 (1946) S. 299.
[2] BRENNER, R.: Z. angew. Phys. 7 (1955) S. 499.
[3] KONDORSKIJ, E.: Phys. Z. Sowjet. 11 (1937) S. 597.
[4] KERSTEN, M.: in „Probleme der technischen Magnetisierungskurve" herausgeg. von R. BECKER, Berlin: Springer 1938, S. 42—72.
[5] KERSTEN, M.: Diss. Stuttgart 1942, Leipzig: S. Hirzel 1943.
[6] KERSTEN, M., u. P. GOTTSCHALT: Z. techn. Phys. 21 (1940) S. 345.
[7] BECKER, R., u. W. DÖRING: Ferromagnetismus, Berlin: Springer 1939.
[8] NÉEL, L.: C. R. Acad. Sci., Paris 223 (1946) S. 141.
[9] NÉEL, L.: C. R. Acad. Sci., Paris 223 (1946) S. 198.
[10] NÉEL, L.: Physica, Haag 15 (1949) S. 225.
[11] GREENOUGH, G. B.: Proc. roy. Soc., London A 197 (1949) S. 556.
[12] VICENA, F.: Czech. J. Phys. 5 (1955) S. 480.
[13] RIEDER, G.: Z. angew. Phys. 9 (1957) S. 187.
[14] PEACH, M., u. J. S. KOEHLER: Phys. Rev. 80 (1950) S. 436.
[15] RIEDER, G.: Berichte der Arbeitsgemeinschaft „Ferromagnetismus" 1959, S. 40.
[16] RIEDER, G.: Z. Naturforschung 14 a (1959) S. 96.
[17] DIETZE, H. D.: Techn. Mitt. Krupp 15, Heft 1, April 1957, S. 23.
[18] KERSTEN, M.: Z. angew. Phys. 8 (1956) S. 496.
[19] DÖRING, W.: Z. Naturforsch. 4a (1949) S. 605.
[20] YENSEN, T. D., u. N. A. ZIEGLER: Trans. Amer. Soc. Met. 23 (1935) S. 556.
[21] YENSEN, T. D., u. N. A. ZIEGLER: Trans. Amer. Instn. Min. Met. Engrs. 116 (1935) S. 397.
[22] PAWLEK, F.: Magnetische Werkstoffe, Berlin/Göttingen/Heidelberg: Springer 1952, S. 111f.

[23] RUDER, W. E.: Trans. Amer. Soc. Met. 22 (1934) S. 1120.
[24] DAHL, O., F. PAWLEK u. J. PFAFFENBERGER: Arch. Eisenhüttenw. 9 (1935) S. 103.
[25] NAGASHIMA, T.: Berichte der Arbeitsgemeinschaft „Ferromagnetismus" 1959.
[26] DIETRICH, H., u. E. KNELLER: Z. Metallkde. 47 (1956) S. 716.
[27] MAGER, A.: Ann. Phys., Lpz. 11 (1952) S. 15.
[28] DÖRING, W.: Z. Phys. 108 (1938) S. 137.
[29] DÖRING, W.: in Probleme der technischen Magnetisierungskurve S. 26ff. herausgeg. von R. BECKER, Berlin: Springer 1938.
[30] KNELLER, E.: Berichte der Arbeitsgemeinschaft „Ferromagnetismus" 1958, Stuttgart: Dr. Riederer Verlag 1959, S. 33ff.
[31] DIJKSTRA, L. J., u. C. WERT: Phys. Rev. 79 (1950) S. 979.
[32] DIJKSTRA, L. J., u. C. WERT: Phys. Rev. 81 (1951) S. 312.
[33] KERSTEN, M.: Phys. Z. 44 (1943) S. 63.
[34] KERSTEN, M.: Z. Phys. 124 (1948) S. 714.
[35] BRENNER, R.: Z. angew. Physik 7 (1955) S. 391.
[36] NÉEL, L.: Cah. Physique 25 (1944) S. 21.
[37] KONDORSKIJ, E.: Dokl. Akad. Nauk SSSR 68 (1949) S. 37.
[38] SCHWABE, E.: Ann. Phys. 11 (1952) S. 99.
[39] GERLACH, W.: in „Probleme der technischen Magnetisierungskurve" herausgeg. von R. BECKER, Berlin: Springer 1938, S. 141ff.
[40] GERLACH, W.: Z. Metallkde. 28 (1936) S. 80.
[41] GERLACH, W.: Z. Metallkde. 29 (1937) S. 124.
[42] GERLACH, W.: Z. Metallkde. 40 (1949) S. 281.
[43] ROCHOLL, P.: Dipl.-Arbeit, Stuttgart 1951.
[44] HAHN, R., u. E. KNELLER: Z. Metallkde. 49 (1958) S. 480.
[45] KNELLER, E., T. NAGASHIMA u. G. SCHMELZER: Berichte der Arbeitsgemeinschaft „Ferromagnetismus" 1959, S. 30.
[46] SEEGER, A.: Handbuch der Physik Bd. VII/2, Berlin/Göttingen/Heidelberg: Springer 1958.
[47] NAGASHIMA, T., u. T. YAMAMOTO: Acta. met. 4 (1956) S. 94.
[48] KUHLMANN-WILSDORF, D., u. H. WILSDORF: Acta met. 1 (1953) S. 394.
[49] SEEGER, A., J. DIEHL, S. MADER u. H. REBSTOCK: Phil. Mag. 2 (1957) S. 323.
[50] CHIKAZUMI, S., K. SUZUKI u. H. IWATA: J. phys. Soc., Lond. 12 (1957) S. 1259.
[51] CHIKAZUMI, S.: J. Appl. Phys. 29 (1958) S. 346.
[52] HAHN, R., u. E. KNELLER: Z. Metallkde. 49 (1958) S. 426.
[53] KNELLER, E.: in „Beiträge zur Theorie des Ferromagnetismus und der Magnetisierungskurve", herausgeg. von W. KÖSTER, Berlin/Göttingen/Heidelberg: Springer 1956.
[54] TERRY, E. M.: Phys. Rev. 30 (1910) S. 133.
[55] GANS, R.: Ann. Phys., Lpz. 48 (1915) S. 514.
[56] SAMUEL, M.: Ann. Phys., Lpz. 86 (1928) S. 798.
[57] KERSTEN, M.: Z. techn. Phys. 12 (1931) S. 665.
[58] KERSTEN, M.: Z. Phys. 71 (1931) S. 553.
[59] KERSTEN, M.: Z. Metallkde. 27 (1935) S. 100.
[60] MÁLEK, Z.: Czech. J. Phys. 7 (1957) S. 152.
[61] MÁLEK, Z.: Czech. J. Phys. 7 (1957) S. 244.
[62] KUSSMANN, A., u. B. SCHARNOW: Z. Phys. 54 (1929) S. 1.
[63] HANSEN, M., u. K. ANDERKO: „Constitution of Binary Alloys", New York 1958.
[64] KÖSTER, W., u. L. BANGERT: Arch. Eisenhüttenw. 25 (1954) S. 241.
[65] KÖSTER, W.: Arch. Eisenhüttenw. 2 (1928/29) S. 194, 503.
[66] KÖSTER, W.: Z. anorg. allg. Chem. 179 (1929) S. 297.
[67] KERR, J., u. C. WERT: J. Appl. Phys. 26 (1955) S. 1147.
[68] GERLACH, W.: Metallforsch. 2 (1947) S. 275.
[69] STEINITZ, R.: J. Appl. Phys. 20 (1949) S. 712.
[70] GERLACH, W.: Z. Phys. 133 (1952) S. 286.
[71] GERLACH, W., J. v. RENNENKAMPF u. A. BRILL: Z. Metallkde. 39 (1948) S. 130.
[72] KNELLER, E., u. G. SCHMELZER: Z. Metallkde. 51 (1960) S. 342.

32. Anfangssuszeptibilität

32.1 Allgemeine Prinzipien

Sind die Anisotropiefelder der unregelmäßigen Eigenspannungen schwach gegenüber der Kristallanisotropie, dann bestehen BLOCH-Wände, und die Anfangssuszeptibilität ergibt sich im allgemeinen durch Wandverschiebungen. Ist dagegen die Spannungsanisotropie stärker als die Kristallanisotropie, dann finden auch in schwachen Feldern vorwiegend Drehprozesse statt (s. z. B. [1, 47, 48]).

Lediglich in besonderen Fällen kann die Anfangssuszeptibilität auch dann durch Drehprozesse bestimmt sein, wenn die Kristallanisotropie überwiegt, nämlich dann, wenn entweder die BLOCH-Wände durch irgendwelche Störungen (unmagnetische Einschlüsse u. dgl.) nur sehr schwer beweglich sind, oder wenn durch Wandverschiebungen aus geometrischen Gründen keine Magnetisierungsänderung erreicht werden kann, wie etwa in einachsigen Einkristallen bei Magnetisierung quer zur leichten Richtung (s. 28.2.1).

Bei Wandverschiebungen sollte die Anfangssuszeptibilität nach BECKER und DÖRING [1] in einem kubischen Kristall von der Orientierung unabhängig sein. Wir betrachten hierzu eine 180°-Wand, die im Feld $H = 0$ bei x_0 im Gleichgewicht ist. Für kleine Auslenkungen Δx der Wand in einem schwachen Feld H können wir in Gl. (24.17) $(dE/dx)_{x_0 + \Delta x} \approx x(d^2E/dx^2)_{x_0}$ setzen. Damit folgt aus Gl. (24.17) $\Delta x \approx 2 L^2 I_s H \cos\varphi/(d^2E/dx^2)_{x_0}$. Die zugehörige Magnetisierung in Feldrichtung ist dann

$$I_i = 2 I_s O_i \Delta x \cos\varphi_i = 4 H I_s^2 L^2 O_i \cos^2\varphi_i/(d^2E/dx^2)_{x_0 i}.$$

Wir haben hier den Index i ($i = 1, 2, 3$) angebracht, um anzudeuten, daß wir eine der drei z. B. in Eisen vorkommenden Sorten von 180°-Wänden meinen, deren Normale in einer der drei [100]-Richtungen liegt. O_i ist die gesamte Oberfläche dieser Wandsorte in 1 cm³. Sind alle drei Sorten von 180°-Wänden gleich häufig, und das ist der Fall, wenn nicht Oberflächeneinflüsse eine Vorzugsorientierung der Primärstruktur bedingen, dann ist $O_1 = O_2 = O_3$. Handelt es sich ferner um eine ideal statistische Störungsverteilung, dann ist ferner $(d^2E/dx^2)_{x_0 1} = (d^2E/dx^2)_{x_0 2} = (d^2E/dx^2)_{x_0 3}$ und wir erhalten für die gesamte Magnetisierung in Feldrichtung wegen $\sum_{i=1}^{3} \cos^2\varphi_i = 1$

$$I = \sum_1^3 I_i = 4 H I_s^2 L^2 O_{180°}/(d^2E/dx^2)_{x_0} \tag{32.1}$$

einen Ausdruck, der von der Orientierung unabhängig ist. Praktisch ist jedoch jeder Kristall räumlich begrenzt und deshalb die Oberfläche der möglichen Wandsorten nicht gleich groß. Infolgedessen wird im allgemeinen, je nach Probenform, eine mehr oder weniger starke Orientierungsabhängigkeit der Anfangssuszeptibilität gemessen, wie wir sie bereits in 28.2.1 diskutiert haben.

Zur Berechnung der Anfangssuszeptibilität nehmen wir entsprechend Abb. 32.1 plattenförmige Bezirke an, wie sie nach Kap. 21 praktisch tatsächlich vorkommen. Für eine ebene 180°-Wand ist die Gleichgewichtsfeldstärke nach Gl. (24.17)

$$H(x) = \frac{1}{2 L^2 I_s \cos\varphi}\left(\frac{dE}{dx}\right). \tag{32.2}$$

Bezeichnen wir mit D die mittlere Dicke der Bezirke, so ist $1/D$ die gesamte Oberfläche O der Wände im cm³, und wir erhalten damit für die Magnetisierungskomponente in Feldrichtung

$$I(x) = 2 I_s\, O_{180°}\, (x - x_0) \cos \varphi = 2 I_s \frac{x - x_0}{D} \cos \varphi. \qquad (32.3)$$

Aus Gl. (32.2) und (32.3) folgt sofort die Anfangssuszeptibilität

$$\chi_A = \overline{\left(\frac{dI}{dH}\right)_{x_0}} = \overline{\left(\frac{dI/dx}{dH(dx)}\right)_{x_0}} = \frac{4\, L^2\, I_s^2\, \overline{\cos^2 \varphi}}{D} \cdot \frac{1}{(d^2E/dx^2)_{x_0}}, \qquad (32.4)$$

wobei die Mittelung im vielkristallinen Material über alle Kristallorientierungen auszuführen sind.

Für 90°-Wände entsprechend Abb. 32.1b haben wir statt $2 \cos \varphi (\alpha_1 - \alpha_2)$ zu schreiben, wobei α_1, α_2 die Kosinus der Winkel zwischen der Feldrichtung und den Magnetisierungsrichtungen beiderseits der Wand bedeuten.

Nach den vorausgehenden Überlegungen ergeben sich neben dem Problem der Erfassung und Beschreibung der Gitterstörungen für eine quantitative Theorie der Anfangssuszeptibilität noch zusätzliche Schwierigkeiten. Diese bestehen 1. in der Abhängigkeit von der Gesamtoberfläche der beteiligten BLOCH-Wände, welche aus experimentellen Daten bestenfalls größenordnungsgemäß angebbar ist, 2. in der Tatsache, daß sowohl 90°- als auch 180°-Wandverschiebungen und in vielen Fällen auch noch Drehprozesse gleichzeitig beteiligt sind, wobei Aussagen über den vorgegebenen Mechanismus nur in Ausnahmefällen möglich sind, und 3. in einer Abhängigkeit der Anfangssuszeptibilität von der Lage der BLOCH-Wände im pauschal unmagnetischen Ausgangszustand, welche wesentlich von dem angewendeten Entmagnetisierungsverfahren abhängt (s. 36.5). Es ist daher im allgemeinen nicht möglich rein theoretisch quantitativ zuverlässige Aussagen über die Größe von χ_A zu machen.

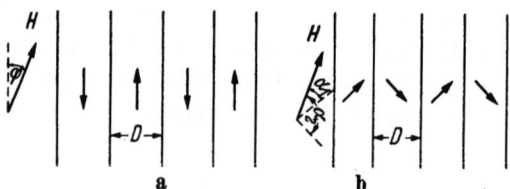

Abb. 32.1a u. b. Zur Berechnung der Anfangssuszeptibilität bei Wandverschiebungen

Wir wollen im folgenden, ausgehend von Gl. (32.4), zunächst den Einfluß der verschiedenen Störungen getrennt betrachten und anschließend versuchen, mit Hilfe der theoretischen Ergebnisse und der wichtigsten Meßergebnisse zu allgemein gültigen Prinzipien für das Verhalten der Anfangssuszeptibilität zu gelangen.

32.2 Ebene Wandverschiebungen in homogenen Werkstoffen ohne Orientierungsüberstruktur

In derartigen Werkstoffen ist die Beweglichkeit der Wände um ihre Ruhelage hauptsächlich durch Eigenspannungen bestimmt. Für den Oberflächenspannungseffekt (24.3.2) ergibt sich aus Gl. (32.4) mit (dE/dx) nach Gl. (24.21) sofort

$$\chi_A = \frac{8}{3} \frac{I_s^2 \cos \varphi}{D\, \lambda_s} \cdot \frac{1}{\frac{d}{dx}\left(\delta_w \frac{d\sigma}{dx}\right)_{x_0}}. \qquad (32.5)$$

Nehmen wir für σ einen sinusförmigen Verlauf mit der „Wellenlänge" $l \gg \delta_w$ (δ_w = Wanddicke) an

$$\sigma = \sigma_i \sin(2\pi x/l) \qquad (32.6)$$

und vernachlässigen wir ferner etwas inkorrekterweise die Tatsache, daß δ_w nach Gl. (24.19) ebenfalls von $\sigma(x)$ abhängt, dann liefert Gl. (32.5) mit Gl. (32.6) und $x_0 = (3/4) l$

$$\chi_A = \frac{2}{3\pi^2} \frac{I_s^2 \cos^2 \varphi}{\lambda_s \cdot \sigma_i} \cdot \frac{l}{\delta_w} \frac{l}{D} \qquad (32.7)$$

die bekannte von KERSTEN [2] abgeleitete Formel für χ_A bei 180°-Wandverschiebungen. $1/D$ ist die Wandbesetzungszahl, die maximal gleich 1 werden kann (s. hierzu KERSTEN [3]).

Für den Volumeneffekt bei 90°-Wandverschiebungen (24.3.2) berechneten BECKER und DÖRING [1] mit $H(s)$ aus Gl. (24.26) und $I(s) = I_s(\alpha_1 - \alpha_2) \cdot s \cdot O_{xy}$ durch Summation über alle 12 möglichen 90°-Wandsorten bei ebenfalls sinusförmigem Eigenspannungsverlauf entlang der Koordinate s

$$\chi_A = \frac{4}{3\pi} \cdot \frac{I_s^2}{|\lambda_{100}| \sigma_i} \cdot \qquad (32.8)$$

32.3 Ebene Wandverschiebungen in homogenen Werkstoffen mit Orientierungsüberstruktur

Für einen kubisch raumzentrierten Einlagerungsmischkristall (C, N in α-Eisen) haben wir in 24.3.3 den Verlauf von $E(x')$ für kleine Wandauslenkungen x' berechnet (s. a. Abb. 24.16). Bei 180°-Wandverschiebungen gilt nach Gl. (24.45)

$$E(x') = (2/3) L^2 E_0 \delta_0 (x'/\delta_0)^2 \qquad (32.9)$$

(wir haben den Ausdruck für $E(x')$ noch mit der Wandfläche L^2 multipliziert, weil sich $E(x')$ in Gl. (24.45) auf 1 cm² Wandfläche bezieht). Damit erhält man aus Gl. (32.4) sofort

$$\chi_A = \frac{3 I_s^2 \delta_0 \cos^2 \varphi}{D E_0}, \qquad (32.10)$$

wobei $E_0 = e_0^2 c L/3 k T V_A$ ist mit $e_0 = 0{,}6 \cdot 10^{-15}$ erg (für Kohlenstoff), c = Konzentration des Kohlenstoffs in At.-%, L = LOSCHMIDTsche Zahl, k = BOLTZMANN-Konstante, T = Temperatur bei Einstellung der Diffusionsanisotropie und V_A = Atomvolumen des Kohlenstoffs.

32.4 Ebene Wandverschiebungen in Werkstoffen mit unmagnetischen Einschlüssen

Wir beschränken uns hier auf den idealisierten Fall eines einfach kubischen „Gitters" von kugelförmigen, unmagnetischen Einschlüssen mit einem Durchmesser $d \ll \delta_w$, (δ_w = Wanddicke), wie er von KERSTEN [4, 5] behandelt wurde. Die „Gitterkonstante des Fremdkörpergitters" sei s und die Bezirksstruktur werde entsprechend Abb. 32.1b durch 90°-Wände gebildet, deren Ebene parallel zur Würfelebene des Fremdstoffgitters liegt. In der Ruhelage $x = x_0$ liegt jede Wand so, daß sich die Fremdkörper gerade in der Wandmitte befinden, wo die Wandenergie am größten ist und deshalb durch die unmagnetischen Einschlüsse am meisten Wandenergie eingespart wird. Durch elementare Rechnung folgt aus Kap. 20 für die Energie $E(x)$ als Funktion der Wandauslenkung $(x-x_0)$ (s. [4])

$$E(x) = L^2\,\gamma(x) = L^2\left(\gamma_w - \frac{\pi}{6}\cdot\frac{d^3}{s^2}\cdot\frac{K_1}{2\cosh^2[2(x-x_0)/\delta_w]}\right) \quad (d\ll \delta_w) \qquad (32.11)$$

und damit aus Gl. (32.4), wenn wir dort noch, da es sich um 90°-Wände handelt, $4\cos^2\varphi$ durch $(\alpha_1-\alpha_2)^2$ ersetzen

$$\chi_A = \frac{\overline{3(\alpha_1-\alpha_2)^2}}{2\pi}\cdot\frac{I_s^2\,s^2\,\delta_w}{D\,K_1\,d^3} \quad (d\ll\delta_w), \qquad (32.12\text{a})$$

oder mit dem Volumenanteil $\alpha = (\pi/6)\,(d/s)^3$ der Einschlüsse

$$\chi_A = \frac{\overline{(\alpha_1-\alpha_2)^2}}{4}\cdot\frac{I_s^2\,\delta_w^2}{K_1\cdot s\,D\,\alpha} \quad (d\ll\delta_w). \qquad (32.12\text{b})$$

Diese Gleichungen gelten, wie schon angemerkt, nur für $d\ll\delta_w$, weil bei ihrer Ableitung nur die Änderung der Oberflächenspannung der BLOCH-Wand in Betracht gezogen wurde, während die Änderung der Streufeldenergie unberücksichtigt blieb. Sie geben eine untere Grenze für χ_A an, denn wie man sich überlegt, wäre χ_A bei gleichem Volumenanteil α, aber regelloser Fremdkörperverteilung größer.

Ist $d\gg\delta_w$, dann erhält man, wie wir in 24.3.4 bereits ausgeführt haben, unter der Voraussetzung starrer Wände keine endliche Anfangssuszeptibilität. Diese ergibt sich in diesem Fall nur bei deformierbaren Wänden.

32.5 Reversible Deformation der Bloch-Wand

Mit Hilfe des einfachen Modells der Wandwölbung von KERSTEN [6, 7] haben wir in 24.3.5 für die in Abb. 24.21 dargestellte Anordnung von Magnetisierung und Feldstärke die Gleichgewichtsfeldstärke $H(f)$ als Funktion des Biegepfeils f der Wand abgeleitet [s. Gl. (24.66)]

$$H = \frac{8}{\sqrt{2}}\cdot\frac{\overline{\gamma_{w\,90°}}\,f}{I_s\,s^2}. \qquad (32.13)$$

Die zugehörige Magnetisierung ist für lamellenförmige WEISSsche Bezirke der mittleren Dicke D

$$I = \frac{2\sqrt{2}}{3}\cdot\frac{I_s f}{D}. \qquad (32.14)$$

Damit ergibt sich für die Anfangssuszeptibilität die von KERSTEN abgeleitete Abschätzformel

$$\chi_A = \left(\frac{dI/df}{dH/df}\right)_{H\to 0} = \frac{1}{6}\,\frac{I_s^2\,s^2}{D\,\overline{\gamma_{w\,90°}}}. \qquad (32.15)$$

Die hier angewendete Theorie von KERSTEN setzt eine Orientierung der BLOCH-Wandhaftlinien voraus, bei welcher eine streufeldfreie Wandwölbung möglich ist (s. 24.3.5). Für hiervon abweichende Orientierungen der Haftlinien hat DIETZE [8, 9] die Anfangssuszeptibilität berechnet und gezeigt, daß durch die dabei auftretenden Streufelder χ_A erniedrigt und die Temperaturabhängigkeit von χ_A verändert wird.

32.6 Drehprozesse

Ist die Anisotropieenergie der unregelmäßigen Eigenspannungen oder anderer unregelmäßiger Störungen groß gegen die Kristallenergie, dann ändert sich die Magnetisierung in schwachen Feldern vorwiegend durch reversible Drehung der Magnetisierung.

Zur Berechnung der Anfangssuszeptibilität bei vorherrschender Spannungsanisotropie gehen wir der Einfachheit halber von der Modellvorstellung aus, welche der ursprünglichen Berechnung von χ_A bei Drehprozessen gegen die Spannungsenergie durch KERSTEN [10] (s. a. [1, 11, 12]) zugrunde lag, indem wir annehmen, daß nur Zugspannungen (was natürlich nicht richtig ist, weil sich bei Eigenspannungen Zug- und Druckspannungen die Waage halten müssen) eines Betrages σ_i vorhanden sind, deren Richtung sich von Ort zu Ort ändert. Die Magnetostriktion sei isotrop und positiv. Bei den in Abb. 32.2 dargestellten Winkelverhältnissen erhält man aus den Gln. (24.4) mit

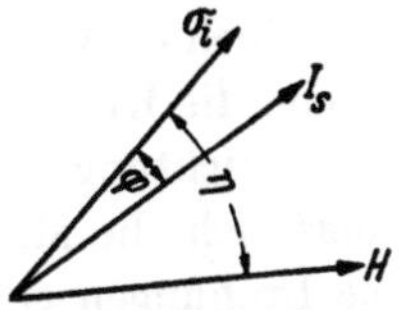

$$F = F_\sigma = -(3/2)\lambda_s \sigma_i \cos^2 \varphi$$

[nach Gl. (17.8)] und

$$F' = F_\sigma - HI = -(3/2)\lambda_s \sigma_i \cos^2 \varphi - H I_s \cos(\eta - \varphi)$$

sofort die Parameterdarstellung der Magnetisierungskurve

Abb. 32.2. Zur Berechnung der Anfangssuszeptibilität bei Drehprozessen

$$H = \frac{3\lambda_s \sigma_i \cos\varphi \sin\varphi}{I_s \sin(\eta - \varphi)},$$
$$I = I_s \cos(\eta - \varphi), \tag{32.16}$$

und daraus

$$\chi_A = \left(\frac{dI/d\varphi}{dH/d\varphi}\right)_{\varphi \to 0} = \frac{I_s^2}{3\lambda_s \sigma_i}\sin^2\eta. \tag{32.17}$$

Bei isotroper Richtungsverteilung von σ_i wird $\overline{\sin^2 \eta} = 2/3$. Damit ergibt sich unter Berücksichtigung einer möglichen Streuung des Betrages der Eigenspannungen die von KERSTEN [10] abgeleitete Abschätzformel

$$\chi_A = \frac{2}{9}\frac{I_s^2}{\lambda_s}\overline{\left|\frac{1}{\sigma_i}\right|}, \tag{32.18}$$

welche für verschwindende Streuung des Spannungsbetrages mit der unter denselben Voraussetzungen, aber auf etwas anderem Wege abgeleiteten Gl. (27.21) für Spannungsanisotropie identisch ist. Wir bemerken insbesondere, daß sich Gl. (32.18) von der für 90°-Wandverschiebungen abgeleiteten Gl. (32.8) nur im Zahlfaktor geringfügig unterscheidet.

Für $\eta = 90°$ erhalten wir aus den Gln. (32.16) natürlich dieselbe Gleichung für die Magnetisierungskurve, wie wir sie in 9.4.2 bzw. 9.4.3 [s. Gl. (9.41)] für ein Material mit negativer Magnetostriktion ($\lambda_s < 0$) bei Zugspannung parallel zur Feldrichtung abgeleitet haben, und wie wir sie auch für ein Material mit $\lambda_s > 0$ aber unter Druckspannung ($\sigma < 0$) parallel zur Feldrichtung erhalten würden. Für die Anfangssuszeptibilität ergibt sich unter den genannten Bedingungen die erstmals von BECKER und KERSTEN [11] abgeleitete Gleichung

$$\chi_A = \frac{I_s^2}{3\lambda_s \sigma}. \tag{32.19}$$

Aus Gl. (32.18) folgt eine Abschätzung des höchsten überhaupt erreichbaren Wertes der Anfangssuszeptibilität eines Werkstoffs, wenn man für σ_i die unvermeidbaren magnetostriktiven Eigenspannungen (s. Kap. 23) einsetzt, welche von der Größenordnung $\lambda_s E$ (E = Elastizitätsmodul) sind. Diese von KERSTEN [13] (s. a. [10, 14, 1]) aufgestellte Beziehung

$$\chi_A = \frac{2}{9} \cdot \frac{I_s^2}{\lambda_s^2 E} \qquad (32.20)$$

hat sich, wie wir bei der Diskussion der Meßergebnisse noch sehen werden, in der Praxis bewährt. Eine etwas genauere Rechnung [15] liefert für den theoretischen Höchstwert von χ_A

$$\chi_A = \frac{2}{27} \frac{I_s^2}{\lambda_s^2 G}, \qquad (32.21)$$

worin G den Schubmodul bedeutet. Die aus Gl. (32.21) berechneten χ_A-Werte sind jedoch im Vergleich zu den Meßergebnissen um einen Faktor 2 bis 3 zu klein.

Sind die Kristall- und die Spannungsenergie klein, und ist die lokale Magnetisierungsrichtung überall durch eine Orientierungsüberstruktur stabilisiert, dann ändert sich die Magnetisierung in schwachen Feldern vorwiegend durch reversible Drehungen gegen die Diffusionsanisotropieenergie. Für χ_A ergibt sich bei isotroper Richtungsverteilung der Magnetisierung bei Ausbildung der Orientierungsüberstruktur

$$\chi_A = \frac{I_s^2}{3 K_D}, \qquad (32.22)$$

worin K_D die in 14.2 berechnete Konstante der Diffusionsanisotropie bedeutet. Gl. (32.22) kann unter den gemachten Voraussetzungen zur rohen experimentellen Bestimmung von K_D dienen.

In schwachen Feldern können, wie schon erwähnt, auch bei überwiegender Kristallanisotropie Drehprozesse vorherrschen, wenn die BLOCH-Wände aus irgend welchen Gründen blockiert sind. Für einachsige und für kubische Kristallanisotropie ergibt sich dann bei isotroper Richtungsverteilung der Kristallachsen im Vielkristall gleichermaßen

$$\chi_A = \frac{I_s^2}{3 K_1}. \qquad (32.23)$$

Eine ausführlichere Diskussion der Drehprozesse in schwachen Feldern u. a. auch unter gleichzeitiger Berücksichtigung von Kristall- und Spannungsanisotropie hat GUILLAUD [16] gegeben.

32.7 Experimentelle Ergebnisse

32.7.1 Allgemeine Übersicht

Betrachtet man die Ergebnisse der Theorie in den vorhergehenden Abschnitten und beachtet, daß $\gamma_w \sim I_s \sqrt{K_1}$ und $\delta_w \sim I_s/\sqrt{K_1}$ ist, so ergibt sich, daß man für χ_A ganz allgemein um so größere Werte zu erwarten hat, je kleiner die Kristallenergie K_1 und die Magnetostriktion, oder genauer gesagt die Magnetostriktionskonstanten λ_{100} und λ_{111} sind. Dies wird durch die Meßergebnisse fast ausnahmslos bestätigt.

Ein klassisches Beispiel hierfür ist die wegen ihrer Sprödigkeit technisch nur beschränkt anwendbare Legierung Sendust (6,2% Al, 9,6% Si, Rest Fe), für welche nach Abb. 13.21 und Abb. 16.51 gerade λ und K gleichzeitig verschwinden. Wie genaue Untersuchungen der Eisenecke des Fe—Si—Al-Systems durch MASUMOTO [17] in Abb. 32.3 gezeigt haben, hat die Anfangspermeabilität $\mu_A = 1 + 4\pi\chi_A$ gerade bei dieser Legierungszusammensetzung ein außerordentlich hohes und steiles Maximum.

In dem binären System Eisen—Nickel verschwinden K_1 und die Magnetostriktionskonstanten λ_{100} und λ_{111} (bei abgeschreckten Legierungen) nach Abb. 13.12

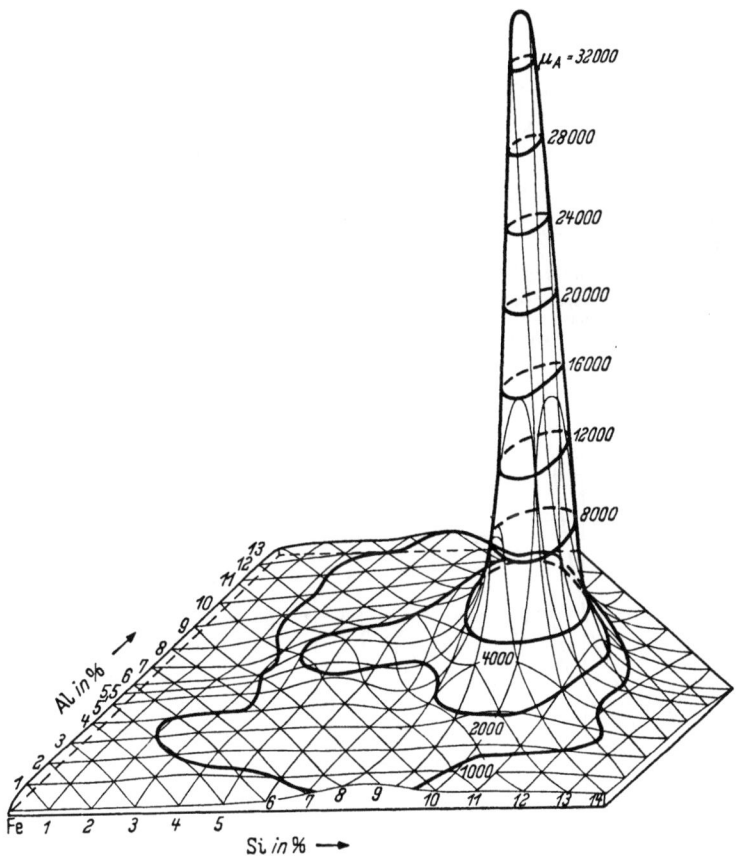

Abb. 32.3. Anfangspermeabilität bei Raumtemperatur im System Eisen—Silizium—Aluminium. (Nach MASUMOTO [17])

und Abb. 16.28 zwar bei keiner Legierungszusammensetzung gleichzeitig, aber bei sehr nahe benachbarten Konzentrationen ($K_1 = 0$ bei etwa 75% Ni, $\lambda_{100} = 0$ bei etwa 83% Ni und $\lambda_{111} = 0$ bei etwa 80% Ni). Entsprechend Abb. 32.4 [18] durchläuft χ_A gerade in der Mitte zwischen diesen Zusammensetzungen bei etwa 78,5% Ni ein Maximum. Außerdem ist bei den flächenzentrierten Eisen—Nickel-Legierungen zwischen 40 und 80% Nickel K_1 durchweg sehr klein ($K_1 < 10^4$ erg/cm^3), worauf im wesentlichen die bekannte vielseitige Anwendung dieser Legierungen als hochpermeabler Werkstoff in der Schwachstromtechnik beruht. Ausgehend von der Zusammensetzung 80% Ni, 20% Fe erstreckt sich ein Gebiet mit geringer Magnetostriktion und kleiner Kristallenergie und daher sehr hoher Anfangssuszeptibilität in das ternäre System Fe—Ni—Cu [19].

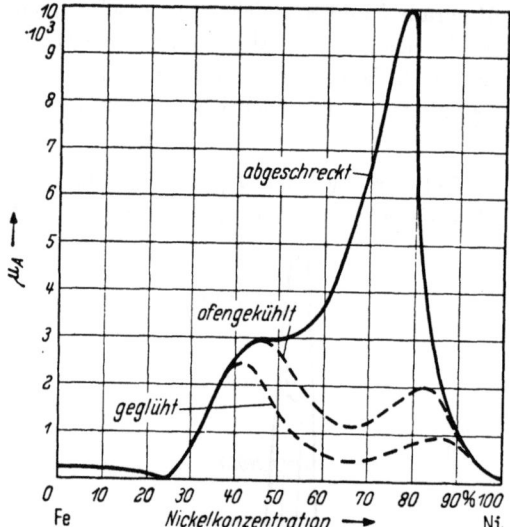

Abb. 32.4. Verlauf der Anfangspermeabilität bei Raumtemperatur im System Eisen—Nickel nach verschiedenen Wärmebehandlungen. (Nach BOZORTH [18])

χ_A bzw. μ_A nimmt auch dann Extremwerte an, wenn nur eine der beiden für die Wechselwirkungen zwischen Gitterstörungen und der Magnetisierung maßgebenden Größen Kristallenergie oder Magnetostriktion verschwindet.

Im System Fe—Co verschwindet K_1 nach Abb. 13.14 bei etwas weniger als 50% Co, während die Magnetostriktion nach Abb. 16.35 bei dieser Zusammensetzung verhältnismäßig groß ist. Nach Abb. 32.5 [18] zeigt μ_A etwas unterhalb 50% Co ein sehr steiles und hohes Maximum. Ebenso findet man nach Abb. 32.6 [18] im System Ni—Co zwischen 80 und 95% Ni ein Maximum von μ_A, eben dort, wo nach Abb. 13.16 K_1 klein ist.

Ein sekundäres Maximum von μ_A findet man im Fe—Co-System bei etwa 95% Co. Dort ist umgekehrt K_1 sehr groß, während nach Ausweis von Abb. 16.35 die Magnetostriktion bei dieser Zusammensetzung durch Null geht. Ebenso zeigt die Permeabilität der Fe—Si-Le-

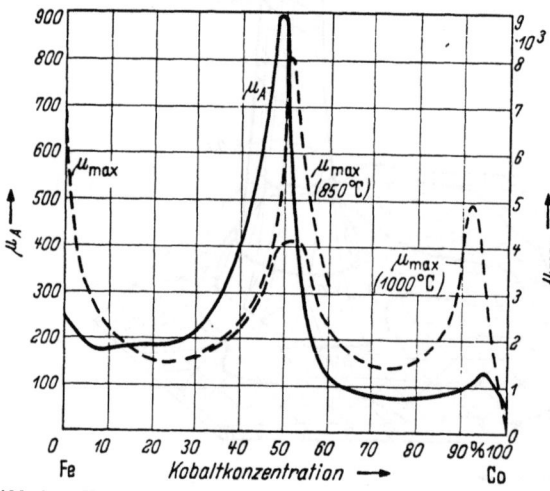

Abb. 32.5. Verlauf von Anfangspermeabilität μ_A und Maximalpermeabilität μ_{max} (für zwei verschiedene Glühtemperaturen) bei Raumtemperatur im System Eisen—Kobalt. (Nach BOZORTH [18])

gierungen zwischen 6 und 6,5% Si ein Maximum. Nach Abb. 16.42 sind gerade bei dieser Zusammensetzung die Magnetostriktionskonstanten sehr klein.

Einen Überblick über den Verlauf der Anfangspermeabilität im System Fe—Ni—Co [88] vermittelt Abb. 32.7a für geglühte und Abb. 32.7b für abgeschreckte Legierungen. Die Unterschiede sind insbesondere (s. a. Abb. 32.4) durch das Auftreten einer Orientierungsüberstruktur (s. folgende Diskussion) sowie durch den unterschiedlichen Verlauf von K_1 (s. Abb. 13.12) für Legierungen im geglühten und im abgeschreckten Zustand, und im Randsystem Fe—Co auf Abschreckspannungen zurückzuführen, welche dort wegen der großen Magnetostriktion merklichen Einfluß auf μ_A haben. Mitunter nimmt χ_A bzw. μ_A auch dann einen Extremwert an, wenn nur eine der beiden Magnetostriktionskonstanten, und zwar diejenige in der leichten Richtung verschwindet. Als Beispiel hierfür betrachten wir nochmals Abb. 32.4. Bei 45% Nickel ist μ_A auch nach der Permalloybehandlung (abgeschreckt) deutlich angehoben. Bei dieser Nickelkonzentration geht nach Abb. 16.28 gerade λ_{100} durch Null. Schließlich verstehen wir auch die Temperaturabhängigkeit der Anfangssuszeptibilität auf Grund des hier diskutierten Prinzips. Wir sprechen von einer „normalen" Temperaturabhängigkeit, wenn χ_A mit stei-

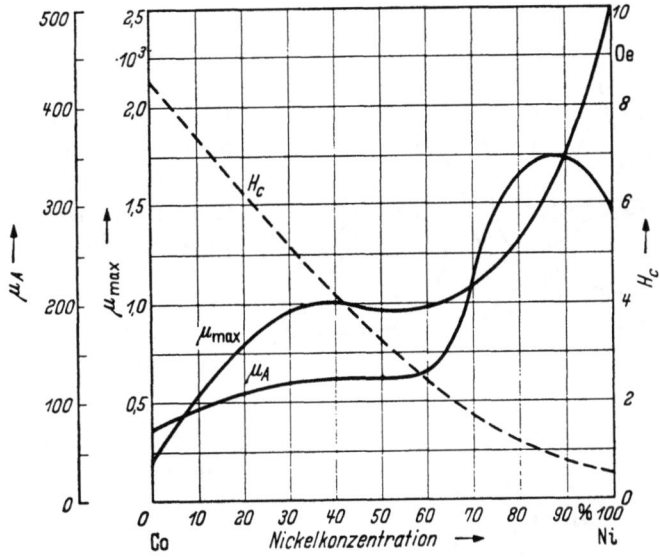

Abb. 32.6. Verlauf von Anfangspermeabilität μ_A, Maximalpermeabilität μ_{max} und Koerzitivkraft H_C bei Raumtemperatur im System Kobalt—Nickel. (Nach BOZORTH [18])

gender Temperatur monoton ansteigt und kurz vor der CURIE-Temperatur ein Maximum durchläuft (HOPKINSON-Maximum). Ein solcher Verlauf wird, bei Abwesenheit einer Orientierungsüberstruktur (s. 32.7.5) stets dann beobachtet, wenn die Kristallenergie- und Magnetostriktionskonstanten mit steigender Temperatur monoton abnehmen (s. 32.7.4). Das praktisch bei allen Werkstoffen vorhandene HOPKINSON-Maximum (s. Abb. 32.10 und Abb. 32.11) ist dadurch bedingt, daß Kristallenergie und Magnetostriktion im allgemeinen schon kurz vor der CURIE-Temperatur sehr klein werden. Gehen die Kristallenergie oder die Magnetostriktion bei irgendeiner Temperatur durch Null, dann beobachtet man bei dieser Temperatur im allgemeinen ein sekundäres Maximum der Temperaturabhängigkeit von χ_A (s. hierzu z. B. Tab. 28.2 und Abb. 32.10b).

Aus den mitgeteilten Versuchsergebnissen ersehen wir, daß χ_A bzw. μ_A bei weitem die höchsten Werte erreicht, wenn sowohl die Kristallenergie als auch die Magnetostriktion verschwindet. Dies deutet darauf hin, daß in den technischen Werkstoffen verschiedene eingangs getrennt besprochene Störungsarten offenbar gleichzeitig vorkommen und bei der Beurteilung von Meßergebnissen in Betracht gezogen werden müssen. Kristallenergie und Magnetostriktion sind sozusagen die Mittel, über welche die Magnetisierung mit den Störungen in Wechselwirkung treten kann. Sind K_1 und λ_{100}, λ_{111} Null, dann „merkt die Magnetisierung nichts von den Störungen", außer über die Streufelder, welche auch dann noch, wenn auch in viel geringerem Maße, durch „kurzwellige" Schwankungen des Betrages der spontanen Magnetisierung verursacht werden und letztlich die Permeabilität nach oben hin immer begrenzen. Derartige „kurzwellige" Schwankungen von I_s bestehen z. B. in kleinen unmagnetischen oder andersmagnetischen Einschlüssen sowie im Kern von Versetzungen, in der Stapelfehlerzone zwischen Halbversetzungen oder an Korngrenzen infolge der dort gegenüber dem ungestörten Kristall wahrscheinlich veränderten Austauschenergie.

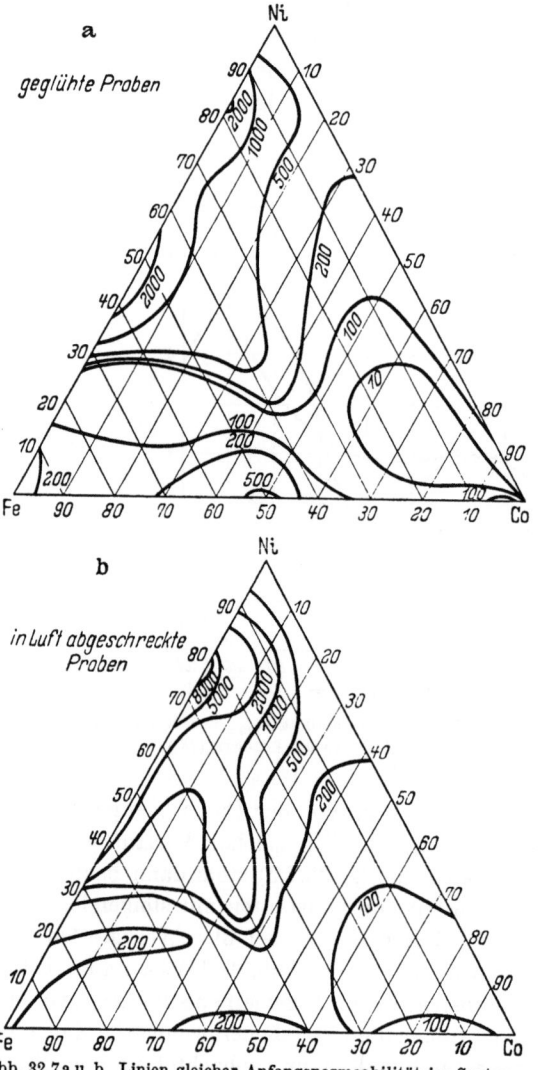

Abb. 32.7 a u. b. Linien gleicher Anfangspermeabilität im System Eisen—Nickel—Kobalt (a) für geglühte und (b) für abgeschreckte Legierungen. (Nach BOZORTH [18])

32.7.2 Einfluß plastischer Verformung und äußerer Spannungen

Systematische Untersuchungen über den Einfluß von Eigenspannungen auf χ_A wurden z. B. an Nickel von KERSTEN [10, 13], KERSTEN und GOTTSCHALT [20] und KNELLER [21] ausgeführt. In Abb. 32.8 [10, 13] ist der Verlauf von $\mu_A - 1 = 4\pi\chi_A$ eines 2 Stunden bei 900 °C geglühten und anschließend ofenabgekühlten Nickeldrahtes bei plastischer Verformung, unter der zur Verformung angelegten Zugspannung (Kurve a), und nach Entlastung (Kurve b), als Funktion der reziproken Spannung $1/\sigma$ wiedergegeben.

Bei Messung unter Zugspannung steigt $4\pi\chi_A$ linear mit $1/\sigma$ an. Mißt man σ in kp/mm², so ergibt sich für den Proportionalitätsfaktor experimentell 290. Den gleichen Wert berechnet man aus Gl. (32.19) mit $I_s = 485$ cgs E und $|\lambda_s| = 34 \cdot 10^{-6}$. Diese Übereinstimmung ist überraschend gut und sicher nicht rein zufälliger Natur, denn verschiedene Messungen von KERSTEN ergaben nur wenig von 290 abweichende Werte.

Die nach Entlastung im Material bestehenden Eigenspannungen σ_i sind in erster Näherung proportional zu der Fließspannung und können die gleiche Größenordnung haben. Tatsächlich ergibt sich auch nach Entlastung nach plastischer Verformung (welche oberhalb etwa 6 kp/mm² einsetzt) ein linearer Zusammenhang zwischen $4\pi\chi_A$ und $1/\sigma$ entsprechend Gl. (32.18). Allerdings weicht hier der experimentelle Proportionalitätsfaktor 740 stark von dem aus Gl. (32.18) berechneten Faktor 193 ab, wie auch nicht anders zu erwarten war. Denn erstens sind die einfachen bei der Ableitung von Gl. (32.18) gemachten Voraussetzungen in Wirklichkeit sicher nicht erfüllt (isotrope Richtungsverteilung der Spannungen, reine Zugspannungen usw.), und zweitens gibt σ bestenfalls die Größenordnung von σ_i.

Der Verlauf von χ_A bei der Erholung und Rekristallisation von Nickel wurde z. B. von KÖSTER [22] sowie KNELLER [21] untersucht. Eine typische Kurve ist in Abb. 31.22 wiedergegeben.

Wie wir bereits gesehen haben, wird die Beziehung (32.19) für Nickel bei Raumtemperatur durch die Messungen von KERSTEN [10, 13] quantitativ bestätigt. Dasselbe gilt nach Messungen von SCHARFF [23] auch bei höheren Temperaturen. Weitere Untersuchungen über den Einfluß äußerer mechanischer Spannungen auf χ_A wurden von LLIBOUTRY [24] sowie SHUR und MISHIN [25] ausgeführt.

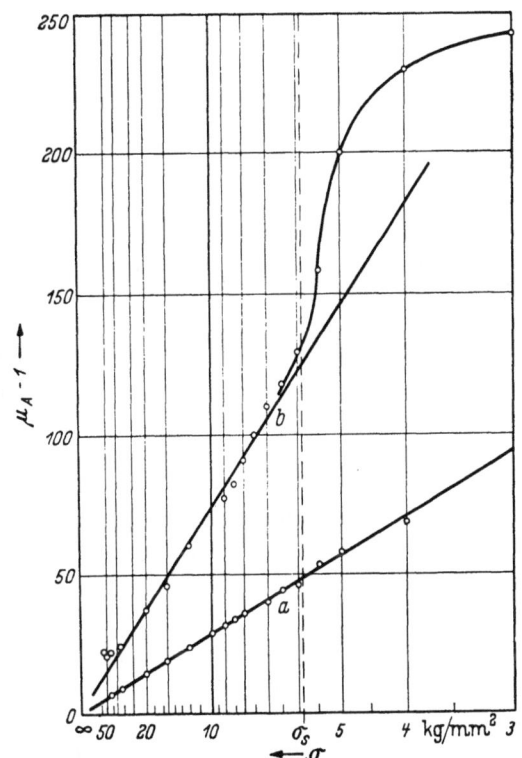

Abb. 32.8. Anfangspermeabilität $\mu_A - 1$ von geglühtem Nickeldraht als Funktion der reziproken Zugspannung $1/\sigma$ (a) bei Messung unter der Spannung σ und (b) nach Entlastung von der Spannung σ. (Nach KERSTEN [10])

Die Temperaturabhängigkeit von χ_A unter starker Zugspannung wurde an Nickel von SCHARFF [23], BROCKHOUSE [26, 27] und PEPPIATT und BROCKHOUSE [28] gemessen und zeigt generell einen ähnlichen Verlauf wie für verformtes Nickel ohne Zugspannung (s. Abb. 32.10a). Während wir nach Gl. (32.19) eine Temperaturabhängigkeit von χ_A wie I_s^2/λ_s erwarten, berechnete DÖRING [29] für χ_A von Nickel unter Zugspannung mit der Spinwellentheorie den Ausdruck $\chi_A = I_{s0}^3 (3\,I_s\,\lambda_{s0}\,\sigma)^{-1}$[1], worin I_{s0} die absolute Sättigung und λ_{s0} die Sättigungsmagnetisierung am absoluten Nullpunkt bedeuten, und wonach χ_A wie $1/I_s$ von der Temperatur abhängt. Eine

---

[1] Die bei der Ableitung dieser Gleichung gemachten Voraussetzungen sind die gleichen wie bei der Ableitung des BLOCHschen $T^{3/2}$ Gesetzes der spontanen Magnetisierung und nur bei hinreichend tiefen Temperaturen erfüllt.

experimentelle Entscheidung zugunsten der einen oder der anderen theoretischen Ableitung konnte bisher nicht getroffen werden.

32.7.3 Einfluß von Fremdkörpern

In Abb. 32.9 sind Messungen von GUMLICH [30] (s. a. [31]) für die Anfangssuszeptibilität von geglühtem Kohlenstoffstahl als Funktion des Kohlenstoffgehalts wiedergegeben. Der Kohlenstoff liegt in Form von Zementiteinschlüssen vor. Alles, was aus diesen und anderen Messungen dieser Art entnommen werden kann, ist, daß χ_A mit zunehmendem Fremdkörpergehalt erwartungsgemäß [s. Gl. (32.12)] abnimmt. Ein quantitativer Vergleich der vorliegenden Messungen mit der Theorie [Gln. (32.12)] ist schon deshalb nicht möglich, weil über die Größe der Einschlüsse nichts bekannt ist.

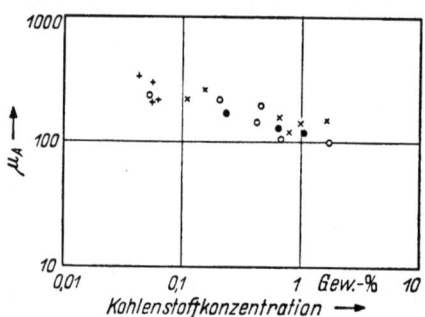

Abb. 32.9. Anfangspermeabilität geglühter Kohlenstoffstähle als Funktion des Kohlenstoffgehalts in Gew.-%. Es wird angenommen, daß der Kohlenstoff in Form von Zementiteinschlüssen vorliegt. (Nach KERSTEN [31])

Ganz allgemein zeigt die Erfahrung in Übereinstimmung mit der Theorie, daß χ_A durch eine bestimmte Menge Verunreinigungen um so stärker erniedrigt wird, je größer die Kristallenergie K_1 ist. So bedarf es z. B. bei Eisen eines umständlichen und kostspieligen Reinigungsverfahrens, um eine Permeabilität über 10000 zu erhalten [32], während man bei Eisen—Nickel-Legierungen mit verschwindender Kristallenergie ähnlich hohe Werte schon mit technisch reinem Ausgangsmaterial ohne weiteres erreicht.

32.7.4 Temperaturabhängigkeit

Eine über die bisher gemachten allgemeinen Aussagen hinausgehende, genauere Prüfung der Theorie ist vielfach an Hand der gemessenen Temperaturabhängigkeit der Anfangssuszeptibilität möglich.

In Abb. 32.10 ist die Temperaturabhängigkeit von χ_A für einige plastisch verformte und anschließend bei verschieden hohen Temperaturen erholte bzw. rekristallisierte Reinnickelproben nach Messungen von KNELLER [21] dargestellt. Analoge Kurven wurden an Nickel von KAHAN [33], THIESSEN [34] und KIRKHAM [35] gemessen. Eine Analyse dieser Kurven ergab folgendes [21]:

Solange $\lambda_s \sigma_i \gg K_1$ ist, und das ist für Nickel auch noch bei verhältnismäßig kleinen Eigenspannungen oberhalb etwa 200 °C der Fall, wird die Temperaturabhängigkeit von χ_A entsprechend Gl. (32.18) für Drehprozesse durch

$$\chi_A(T) \sim I_s^2 / \lambda_s E \tag{32.24}$$

wiedergegeben. Unterhalb 200 °C wird K_1 merklich von Null verschieden und steigt mit fallender Temperatur sehr steil an. In diesem Temperaturgebiet folgt die Temperaturabhängigkeit von χ_A in erster Näherung dem Ausdruck (s. a. LEE und JACKSON [36])

$$\chi_A(T) \sim \frac{I_s^2}{c \lambda_s E + f(K_1)}. \tag{32.25}$$

Hierin bedeutet c eine zum mittleren Betrag der Eigenspannungen proportionale Konstante. Ferner ist $f(K_1) = a \cdot K_1$ (a = Konstante), solange $\lambda_s \sigma_i$ die gleiche Größenordnung hat wie K_1, d. h. in stark kaltverformtem Nickel bis etwa $-100\,°C$. Das bedeutet aber nach Gl. (32.25), im Vergleich mit Gl. (32.18) und Gl. (32.23), daß dann χ_A wahrscheinlich durch Drehung der Magnetisierung gegen Kristall- und Spannungsenergie gegeben ist.

Ist dagegen $K_1 \gg \lambda_s \sigma_i$, und das ist bei rekristallisiertem Nickel mit sehr geringen Eigenspannungen wegen des steilen Anstiegs von K_1 bereits kurz unterhalb 200 °C der Fall, dann findet man in erster Näherung $f(K_1) = b \sqrt{K}$ (b = Konstante). Wird insbesondere bei tiefen Temperaturen $b \sqrt{K_1} \gg c \lambda_s E$, so liefert Gl. (32.25) für die Temperaturabhängigkeit von χ_A bei tiefen Temperaturen näherungsweise den Ausdruck $I_s^2 / \sqrt{K_1}$. Das entspricht aber praktisch der nach Gl. (32.15) für das KERSTEN-sche Modell der reversiblen Wandwölbung [6, 7] zu erwartenden Temperaturabhängigkeit mit $I_s / \sqrt{K_1}$ (wegen $\gamma_w \sim I_s \sqrt{K_1}$), welche sich von dem empirischen Ausdruck nur um einen Faktor I_s unterscheidet. Dieser Unterschied ist bei Nickel insofern experimentell kaum feststellbar, als sich I_s unterhalb Raumtemperatur nur noch wenig ändert.

Zusammenfassend können wir sagen, daß sich die Magnetisierung in sehr kleinen Feldern durch Drehprozesse ändert, solange K_1 kleiner oder vergleichbar mit $\lambda_s \sigma_i$ ist, dagegen wahrscheinlich durch reversible Auswölbung der BLOCH-Wand, wenn $K_1 \gg \lambda_s \sigma_i$ wird.

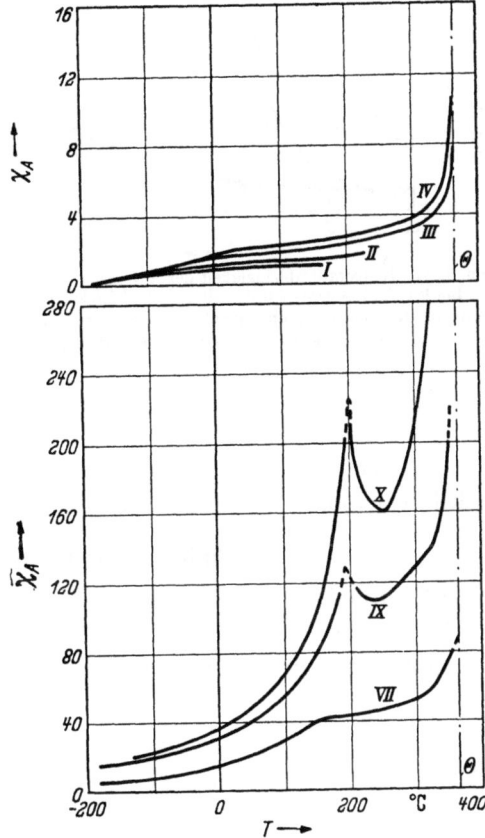

Abb. 32.10. Temperaturabhängigkeit der Anfangssuszeptibilität χ_A von (I) 80% kaltverformtem, (II, III, IV) bei 460, 550 und 575 °C erholtem und (VII, IX, X) bei 630, 1000 und 1100 °C rekristallisiertem Nickel. (Nach KNELLER [21])

Wie KERSTEN [7] in Abb. 32.11 gezeigt hat, wird die von KAHAN [33] bzw. FAHLENBRACH [37] bzw. KIRKHAM [35] gemessene Temperaturabhängigkeit der Anfangssuszeptibilität von hexagonalem Kobalt, Eisen und rekristallisiertem Nickel (unterhalb 200 °C) tatsächlich gut durch den Ausdruck $I_s / \sqrt{K_1}$ für Eisen und Nickel und den Ausdruck $I_s / \sqrt{K_1 + K_2}$ für Kobalt wiedergegeben. In allen diesen Fällen ist K_1 sicher viel größer als $\lambda_s \sigma_i$. Dasselbe gilt für Mn_2Sb oberhalb etwa $-30\,°C$.

Indem wir χ_A nach Gl. (32.15) eine Temperaturabhängigkeit wie $I_s / \sqrt{K_1}$ zugeschrieben haben, haben wir stillschweigend vorausgesetzt, daß s und D temperaturunabhängig sind. Dies erscheint zwar durch die experimentellen Ergebnisse gerechtfertigt, ist aber, wenigstens für den Bezirksdurchmesser D, zunächst nicht ohne weiteres zu erwarten, nachdem dieser (s. 21.3) ebenfalls von I_s, K_1 und λ abhängt.

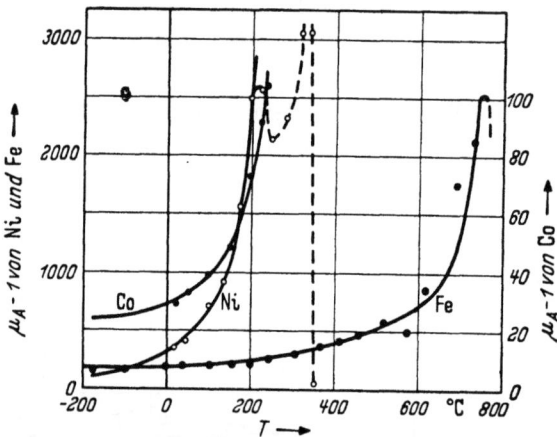

Abb. 32.11. Temperaturabhängigkeit der Anfangspermeabilität $\mu_A - 1$ von Eisen [37], hexagonalem Kobalt [33] und Nickel [35]. Die eingezeichneten Kurven sind proportional zu $I_s/\sqrt{K_1}$ für Fe und Ni bzw. zu $I_s/\sqrt{K_1 + K_2}$ für Co. (Nach KERSTEN [7])

Außer den bereits erwähnten Messungen wurde $\chi_A(T)$ von KAHAN [33] an Eisen und an Eisen—Aluminium-Legierungen, von HONDA und NISHINA [38] an Eisen-Einkristallen, sowie vielkristallinem Eisen und Nickel, von FAHLENBRACH [39] an verschiedenen Eisensorten, Silizium—Eisen, Eisen—Nickel-Legierungen und einem Chromstahl, von MARAIS [40] an Eisen—Nickel-Legierungen mit Zusätzen von Cu und Mo bzw. Co, von KÖSTER und v. KIENLIN [41] an Eisen—Chrom-Legierungen, von FAHLENBRACH und SOMMERKORN [42] an Eisen—Silizium-Legierungen, von VIERLING [43] an Eisen—Nickel- und Eisen—Silizium-Legierungen, von GERSTNER [44] an Eisen—Nickel-Legierungen und von v. KIENLIN [45] an einigen Ferriten gemessen.

32.7.5 Einfluß einer Orientierungsüberstruktur

Der Einfluß einer Orientierungsüberstruktur auf die Anfangssuszeptibilität ist nach den Ausführungen in 24.3.3 in Verbindung mit Kap. 14 wenigstens qualitativ einfach zu übersehen. Bei Ausbildung der Diffusionsanisotropie werden die Potentialmulden, in denen sich BLOCH-Wände befinden, vertieft und dadurch (s. a. 32.3) die Anfangssuszeptibilität erniedrigt. Dies äußert sich, wie Abb. 32.12 für die Legierung 60 Ni, 40 Fe zeigt, in sehr charakteristischer Weise in der Temperaturabhängigkeit von χ_A.

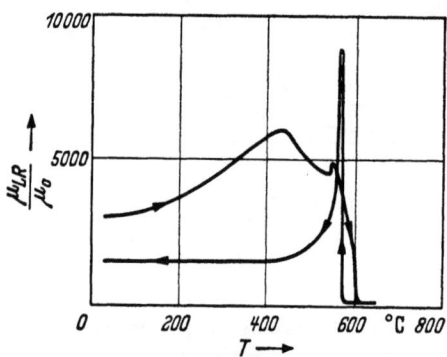

Abb. 32.12. Temperaturabhängigkeit des Realteils μ_{LR}/μ_0 der komplexen Permeabilität einer Eisen—Nickel-Legierung mit 60% Ni gemessen bei $H = 10$ m Oe und $f = 80$ Hz mit einer Aufheizgeschwindigkeit von 400 Grad/h und während nachfolgender Ofenabkühlung. (Nach GERSTNER [44])

Wird eine geeignete Legierung, in welcher die Orientierungsüberstruktur zunächst durch Abschrecken von einer Temperatur oberhalb der CURIE-Temperatur unterdrückt wurde, erwärmt, dann steigt χ_A zunächst „normal" (s. 32.7.1) an bis in das Temperaturgebiet, in welchem Platzwechselvorgänge in hinreichend kurzer Zeit stattfinden. Dort bildet sich die Diffusionsanisotropie aus, χ_A wird erniedrigt, durchläuft ein Minimum und steigt dann auf das Hopkinson-Maximum (s. 32.7.1) kurz unterhalb der Curie-Temperatur an. Da es sich bei der Ausbildung der Orientierungsüberstruktur um einen Diffusionsvorgang handelt, hängt die Tiefe des Minimums von der Aufheizgeschwindigkeit und seine Temperaturlage bei konstanter Aufheizgeschwindigkeit von der Meßfrequenz ab (s. a. 41.4). Wird die Legierung nunmehr langsam abgekühlt, dann steigt χ_A unterhalb der Temperatur des Minimums von χ_A nicht mehr an, sondern fällt weiter ab und hat bei Raumtemperatur einen viel kleineren Wert als nach dem Abschrecken. Die Orientierungsüberstruktur ist eingefroren, und die Bloch-Wände sind dadurch in ihrer Ruhelage zusätzlich stabilisiert. Der hier beschriebene „normale" Verlauf von χ_A beim Auf- und Abheizen einer Legierung mit Orientierungsüberstruktur wird dann beobachtet, wenn in dem überstrichenen Temperaturgebiet weder die Kristallenergie K_1 noch die Diffusionsanisotropieenergie K_D das Vorzeichen wechselt, und sich auch die Größenverhältnisse von K_1 und K_D nicht wesentlich ändern. Abweichungen von diesem normalen Verlauf werden stets dann beobachtet, wenn eine der genannten Bedingungen nicht erfüllt ist. Hierfür zwei Beispiele:

Die Kristallenergie von 80 Ni 20 Fe nimmt mit abnehmender Temperatur monoton zu. Ist die Diffusionsanisotropie schwach gegen die Kristallanisotropie, dann wird die Bloch-Wanddicke im wesentlichen durch die Kristallenergie bestimmt. Nimmt die Kristallenergie mit abnehmender Temperatur zu, dann nimmt die Bloch-Wanddicke ab. Entsprechend

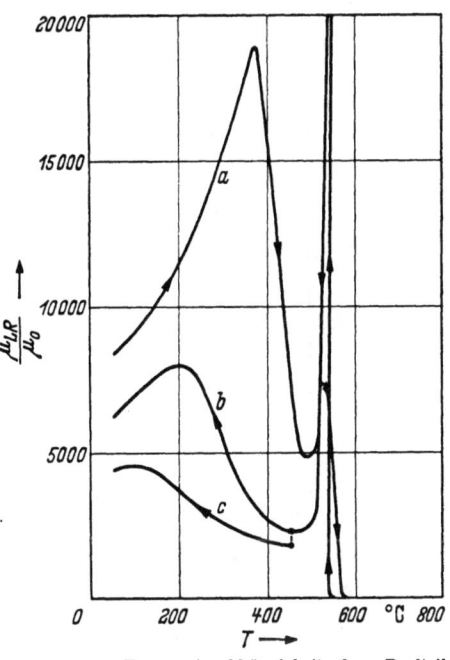

Abb. 32.13. Temperaturabhängigkeit des Realteils μ_{LR}/μ_0 der komplexen Permeabilität einer Eisen—Nickel-Legierung mit 81,5% Ni gemessen bei $H = 10$ m Oe und $f = 80$ Hz (a) während des Aufheizens mit 400 Grad/h, (b) während nachfolgender Ofenabkühlung mit 250 Grad/h und (c) während Ofenabkühlung mit 250 Grad/h nach zwei Stunden Auslagerung bei 450 °C. (Nach Gerster [44])

ändert sich auch der Magnetisierungsverlauf in der Wand und stimmt, wenn die Orientierungsüberstruktur eingefroren ist, schließlich nicht mehr mit dem bei höherer Temperatur stabilisierten Magnetisierungsverlauf überein. Die Wände „heben sich" in den Potentialmulden, und χ_A nimmt entsprechend mit fallender Temperatur wieder zu (Abb. 32.13). Der Anstieg von χ_A auf der Abheizkurve ist um so größer, je schwächer die bei höherer Temperatur gebildete Diffusionsanisotropie war.

Wechselt die Kristallenergie beim Abkühlen ihr Vorzeichen, und friert die Orientierungsüberstruktur bereits bei Temperaturen oberhalb der Temperatur T_0 des Vorzeichenwechsels von K_1 ein, dann hat die Anfangssuszeptibilität kurz unterhalb dieser Temperatur nach langsamer Abkühlung praktisch den gleichen Wert wie nach dem Abschrecken. Durch den Vorzeichenwechsel der Kristallenergie ändert sich die gesamte BLOCH-Wandgeometrie (s. Kap. 20), und dabei wird die Magnetisierung überall aus den stabilisierten Lagen herausgehoben. Voraussetzung dafür ist, daß $K_1 \gg K_D$ ist. Deshalb erreicht χ_A nach langsamer Abkühlung auch erst etwas unterhalb der Temperatur des Vorzeichenwechsels von K_1 den gleichen Wert wie nach dem Abschrecken. Diese Verhältnisse findet man z. B. bei Magnetit mit geringen Kobaltzusätzen. Wie v. KIENLIN [45] in Abb. 32.14 gezeigt hat, ist die Temperatur des Vorzeichenwechsels von K_1, welche durch das Maximum von χ_A gegeben ist (s. 32.7.1), außerordentlich stark vom Kobaltgehalt abhängig. Sie steigt, wenn man in Fe_3O_4 2% der Eisenionen durch Kobaltionen ersetzt, von

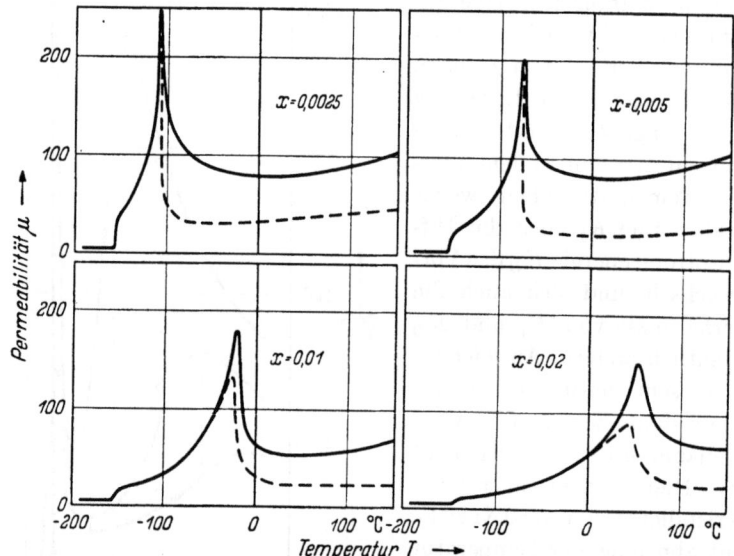

Abb. 32.14. Temperaturabhängigkeit der Permeabilität von $Co_xFe_{(1-x)}Fe_2O_3$ für verschiedene Konzentrationen x der Co-Ionen (———) gemessen nach rascher Abkühlung (während 1 Min. von 750 auf 20 °C) und (— — — —) gemessen nach langsamer Abkühlung (während 50 Stunden von 600 auf 20 °C). (Nach V. KIENLIN [45])

—140 °C (s. Abb. 13.22) auf etwa 50 °C an. Je nachdem T_0 ober- oder unterhalb einer vorgegebenen Beobachtungstemperatur liegt, ist wie aus Abb. 32.14 hervorgeht, nach langsamem Abkühlen bei dieser Temperatur der Einfluß der Orientierungsüberstruktur vorhanden oder nicht.

Eine analoge Temperaturabhängigkeit von χ_A, wie sie die Aufheizkurve in Abb. 32.13 für Permalloy zeigt, haben erstmals FAHLENBRACH [39] und später auch FAHLENBRACH und SOMMERKORN [42] sowie VIERLING [43] auch an Eisen und Siliziumeisen gemessen. Die Temperatur des Minimums von χ_A ist entsprechend der Tatsache, daß es sich auch hier offenbar um einen Diffusionsprozeß handelt, von der Aufheizgeschwindigkeit abhängig und liegt zwischen 400 und 500 °C. Ein Unterschied gegenüber dem Verhalten von Permalloy besteht jedoch darin, daß beim Abheizen, abgesehen von einer, von der Temperaturänderungsgeschwindigkeit abhängigen Hysterese der Temperaturlage des Minimums von χ_A, beinahe die gleiche Kurve rückwärts durchlaufen wird, d. h. daß χ_A bei Raumtemperatur nach dem Abschrecken und nach langsamer Abkühlung jeweils praktisch den gleichen Wert hat. DIETZE [46] hat versucht hierfür eine Erklärung zu geben. FAHLENBRACH [49, 50] hat ferner den Einfluß einer Magnetfeldglühung auf die magnetische Struktur von 3,5%-Silizium—Eisen-Rahmeneinkristallen mit Hilfe von Magnetpulverbildern untersucht. Wie FAHLENBRACH und SOMMERKORN [42] schließlich festgestellt haben, wird die Anomalie der Temperaturabhängigkeit von χ_A bei Eisen durch einen Zusatz von nur 0,2 bis 0,3% Mn unterdrückt.

Wir bemerken in diesem Zusammenhang auch, daß die bekannte Permalloybehandlung zur Erzielung hoher Anfangs- und Maximalpermeabilitäten bei den Eisen—Nickel-Legierungen mit 50 bis 80% Nickel wegen des Auftretens der Diffusionsanisotropie in diesem Konzentrationsbereich angewendet werden muß. Sie besteht im wesentlichen darin, daß die Legierungen bei einer Temperatur oberhalb des CURIE-Punktes geglüht und anschließend abgeschreckt werden.

Der Unterschied der Anfangspermeabilität bei Raumtemperatur nach dem Abschrecken und nach langsamer Ofenabkühlung geht aus Abb. 32.4 hervor. Die durch das Abschrecken bedingten Eigenspannungen sind bei Permalloy weniger schädlich für die magnetischen Eigenschaften als die Orientierungsüberstruktur und müssen in Kauf genommen werden. Man kann durch Zusätze, von z. B. 5% Mo, die CURIE-Temperatur der Fe—Ni-Legierungen soweit erniedrigen, daß der ferromagnetische Bereich auf ein Temperaturgebiet niedriger Diffusionsgeschwindigkeit beschränkt wird, und so die Permeabilitätserniedrigung bei langsamer Abkühlung praktisch ausschalten (Mo-Permalley, s. hierzu [52]).

Durch Glühen und Abkühlen in einem Magnetfeld wird die in Richtung des Glühbehandlungsfeldes gemessene Anfangssuszeptibilität bzw. Permeabilität aus Gründen, die in 34.1 dargelegt sind, im allgemeinen nur wenig verändert. Eine vielfach beobachtete leichte Erhöhung der Anfangspermeabilität nach langsamer Magnetfeldabkühlung ist wahrscheinlich durch den Wegfall der beim Abschrecken entstehenden Eigenspannungen bedingt. Abschließend sei noch eine Untersuchung von RASSMANN und WICH [51] über den Einfluß der Wärmebehandlung auf die Permeabilität von 50 Fe, 50 Ni erwähnt.

Literatur zu Kap. 32

[1] BECKER, R., u. W. DÖRING: Ferromagnetismus, Berlin: Springer 1939.
[2] KERSTEN, M.: in „Probleme der Technischen Magnetisierungskurve", herausgeg. von R. BECKER, Berlin: Springer 1938, S. 42—72.
[3] KERSTEN, M.: Phys. Z. 39 (1938) S. 860.
[4] KERSTEN, M.: Z. Phys. 124 (1948) S. 714.
[5] KERSTEN, M.: Z. phys. Chem. 198 (1951) S. 89.
[6] KERSTEN, M.: Z. angew. Phys. 8 (1956) S. 313.
[7] KERSTEN, M.: Z. angew. Phys. 8 (1956) S. 382.
[8] DIETZE, H. D.: Tech. Mitt. Krupp 15, (April 1957), Heft 1, S. 23.
[9] DIETZE, H. D.: Z. Phys. 149 (1957) S. 276.
[10] KERSTEN, M.: Z. Phys. 71 (1931) S. 553.
[11] BECKER, R., u. M. KERSTEN: Z. Phys. 64 (1930) S. 660.
[12] BECKER, R., u. H. POLLEY: Ann. Phys., Lpz. 37 (1940) S. 534.
[13] KERSTEN, M.: Z. techn. Phys. 12 (1931) S. 665.
[14] BECKER, R.: Phys. Z. 33 (1932) S. 905.
[15] RIEDER, G.: Zulassungsarbeit f. d. höhere Lehramt, Stuttgart 1955.
[16] GUILLAUD, C.: J. Phys. Radium 12 (1951) S. 492.
[17] MASUMOTO, H.: Sci. Rep. Tohoku Univ., K. HONDA, Anniversary Vol. S. 388, 1936.
[18] BOZORTH, R. M.: Ferromagnetism. D. van Nostrand Co. 1951.
[19] v. AUWERS, O., u. H. NEUMANN: Wiss. Veröff. Siemens-Werk 14 (1935) S. 93.

[20] KERSTEN, M., u. P. GOTTSCHALT: a. techn. Phys. 21 (1940) S. 345.
[21] KNELLER, E.: in „Beiträge zur Theorie des Ferromagnetismus und der Magnetisierungskurve", herausgeg. von W. KÖSTER, Berlin/Göttingen/Heidelberg: Springer 1956. S. 82—140.
[22] KÖSTER, W.: Z. Metallkde. 35 (1943) S. 68.
[23] SCHARFF, G.: Z. Phys. 97 (1935) S. 73.
[24] LLIBOUTRY, L.: J. Phys. Radium 12 (1951) S. 482.
[25] SHUR, S., u. D. D. MISHIN: Dokl. Akad. Nauk SSSR 87 (1952) S. 543.
[26] BROCKHOUSE, B. N.: Phys. Rev. 82 (1951) S. 340.
[27] BROCKHOUSE, B. N.: Cand. J. Phys. 31 (1953) S. 339.
[28] PEPPIATT, H. J., u. B. N. BROCKHOUSE: J. Appl. Phys. 22 (1951) S. 985.
[29] DÖRING, W.: Z. Phys. 124 (1947) S. 501.
[30] GUMLICH, E.: Wiss. Abhandl. d. Phys.-Techn. Reichsanstalt 4 (1918) S. 311.
[31] KERSTEN, M.: Phys. Z. 44 (1943) S. 63.
[32] CIOFFI, P. P.: Phys. Rev. 45 (1934) S. 742.
[33] KAHAN, T.: Ann. Phys., Paris 9 (1938) S. 105.
[34] THIESSEN, G.: Ann. Phys., Lpz. 38 (1940) S. 153.
[35] KIRKHAM, D.: Phys. Rev. 52 (1937) S. 1162.
[36] LEE, E. W., u. R. C. JACKSON: Proc. phys. Soc., Lond. 72 (1958) S. 130.
[37] FAHLENBRACH, H.: Arch. Eisenhüttenw. 23 (1952) S. 48.
[38] HONDA, E., u. T. NISHINA: Z. Phys. 103 (1936) S. 728.
[39] FAHLENBRACH, H.: Ann. Phys., Lpz. 2 (1948) S. 355.
[40] MARAIS, A.: C. R. Acad. Sci., Paris 239 (1954) S. 873.
[41] KÖSTER, W., u. A. v. KIENLIN: Arch. Eisenhüttenw. 27 (1956) S. 787.
[42] FAHLENBRACH, H., u. G. SOMMERKORN: Tech. Mitt. Krupp 15 (1957) S. 161.
[43] VIERLING, P.: Dipl.-Arbeit Stuttgart 1957.
[44] GERSTNER, D.: Diss. Stuttgart 1959.
[45] v. KIENLIN, A.: Z. angew. Phys. 9 (1957) S. 631.
[46] DIETZE, H. D.:
[47] RATHENAU, G. W., u. J. F. FAST: Physica, Haag 21 (1955) S. 964.
[48] ALBERTS, J., u. B. L. SHEPSTONE: Phil. Mag. 3 (1958) S. 700.
[49] FAHLENBRACH, H.: Naturwiss. 42 (1955) S. 174.
[50] FAHLENBRACH, H.: Tech. Mitt. Krupp 13 (1955) S. 84.
[51] RASSMANN, G., u. H. WICH: Berichte der Arbeitsgemeinschaft „Ferromagnetismus" (1959) S. 181.
[52] GERSTNER, D., u. E. KNELLER: J. Appl. Phys. 32 (1961) S. 364 S.

33. Magnetisierungskurve in schwachen Feldern

33.1 Rayleigh-Gesetz

Für das magnetische Verhalten in schwachen Feldern gelten bei vielen ferromagnetischen Werkstoffen in mehr oder weniger guter Näherung die folgenden empirischen Regeln, die bereits im Jahre 1887 von Lord RAYLEIGH [1] auf Grund sehr genauer experimenteller Untersuchungen an Eisen aufgestellt worden waren:

1. In sehr kleinen Feldern (für Eisen nach RAYLEIGH unterhalb 10^{-2} Oe bis herunter zu $2 \cdot 10^{-5}$ Oe) besteht praktisch vollkommene Proportionalität zwischen I und H. Entsprechend erhalten wir eine endliche Anfangssuszeptibilität, die nach der Gleichung

$$\lim_{H \to 0} (I/H) = \text{Konst.} = \chi_A \tag{33.1}$$

definiert ist und rein reversiblen Magnetisierungsänderungen zugeschrieben werden kann, wie wir es bei der Diskussion dieser Meßgröße in Kap. 32 vorausgesetzt haben.

33.1 Rayleigh-Gesetz

2. Für Magnetisierungsänderungen in der Umgebung des pauschal unmagnetischen Zustandes besteht in schwachen Feldern, d. h. in Feldern, die hinreichend klein gegen die Koerzitivkraft sind, ganz allgemein die Beziehung

$$I - I' = \chi_A (H - H') \pm (\alpha/2)(H - H')^2, \qquad (33.2)$$

worin χ_A und α Werkstoffkonstanten sind. χ_A ist die Anfangssuszeptiblität und α wird als Rayleigh-Konstante (der Magnetisierung) bezeichnet. I' und H' sind die Koordinaten des Ausgangspunkts in der I–H-Ebene, welcher durch eine, der betrachteten Feldänderung entgegengesetzte Feldänderung mindestens gleicher Größe eingestellt worden sein muß. Das positive Vorzeichen des zweiten Gliedes gilt für $H > H'$, das negative für $H < H'$. Als Rayleigh-Gebiet bezeichnen wir das Feldstärkegebiet, in welchem Gl. (33.2) mit konstanten Werten χ_A und α erfüllt ist.

Eine symmetrisch zum Ursprung zwischen den Grenzen $\pm H_m$, $\pm I_m$ ausgesteuerte Rayleigh-Schleife besteht entsprechend Schleife (a) in Abb. 33.1 aus zwei punktsymmetrisch zum Ursprung gelegenen Parabelästen. Für den aufsteigenden Ast erhält man aus Gl. (33.2) mit $H' = -H_m$, $I' = -I_m$

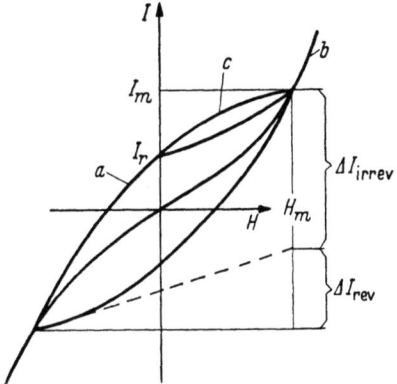

Abb. 33.1. Magnetisierungskurve im Rayleigh-Gebiet. Erläuterung im Text

$$I + I_m = \chi_A (H + H_m) + (\alpha/2)(H + H_m)^2. \qquad (33.3)$$

Für $H = H_m$ ergibt sich daraus

$$I_m = \chi_A H_m + \alpha H_m^2 \qquad (33.4)$$

und damit aus Gl. (33.3)

$$I = (\chi_A + \alpha H_m) H - (\alpha/2)(H_m^2 - H^2). \qquad (33.5a)$$

Ebenso erhält man für den absteigenden Ast mit $I' = I_m$, $H' = H_m$ die Gleichung

$$I = (\chi_A + \alpha H_m) H + (\alpha/2)(H_m^2 - H^2). \qquad (33.5b)$$

Gl. (33.5a) bzw. (33.5b) liefert mit $H = 0$ die Remanenz

$$I_r = \pm (\alpha/2) H_m^2 \qquad (33.6)$$

und mit $I = 0$ die Koerzitivkraft

$$H_c = \pm \frac{\chi_A + \alpha H_m}{\alpha} \mp \sqrt{\frac{(\chi_A + \alpha H_m)^2}{\alpha^2} + H_m^2} = \pm \frac{\chi_m}{\alpha} \mp \sqrt{\frac{\chi_m^2}{\alpha^2} + H_m^2}, \qquad (33.7)$$

wobei wir $\chi_m = \chi_A + \alpha H_m$ gesetzt haben.

Die gesamte Magnetisierungsänderung beim Durchlaufen eines Schleifenastes beträgt

$$\Delta I_{\text{tot}} = 2 I_m = 2 \chi_A H_m + 2\alpha H_m^2. \qquad (33.8)$$

Wie uns die Theorie des RAYLEIGH-Gesetzes zeigen wird, ist der in H lineare Anteil der Magnetisierungsänderung

$$\Delta I_{\text{rev.}} = 2\chi_A H_m \qquad (33.8\,\text{a})$$

rein reversibel, der in H quadratische Anteil

$$\Delta I_{\text{irrev.}} = 2\alpha H_m^2 \qquad (33.8\,\text{b})$$

rein irreversibel. Das Verhältnis des irreversiblen zum reversiblen Anteil

$$(\Delta I_{\text{irrev.}}/\Delta I_{\text{rev.}}) = (\alpha/\chi_A) H_m \qquad (33.8\,\text{c})$$

steigt linear mit der Aussteuerungsfeldstärke H_m an.

Die geometrische Ortskurve, auf der die Spitzen verschieden weit ausgesteuerter RAYLEIGH-Schleifen liegen, ist durch Gl. (33.4) gegeben

$$I = \chi_A H \pm \alpha H^2 \qquad (33.9)$$

und heißt Kommutierungskurve [Kurve (b) in Abb. 33.1]. Die Suszeptibilität längs der Kommutierungskurve steigt linear mit der Feldstärke an

$$\chi = \chi_A + \alpha H. \qquad (33.10)$$

Die RAYLEIGHschen Gesetze im B-H-Diagramm können mit den bekannten Umrechnungsformeln (s. Kap. 7) $I = (B - H)/4\pi$, $\chi = (\mu - 1)/4\pi$ aus den vorhergehenden Gleichungen berechnet werden. Sie sind vollkommen analog zu den Gleichungen im I-H-Diagramm. Man erhält sie aus diesen, indem man einfach I durch B, χ durch μ bzw. χ_A durch μ_A und α durch ν ersetzt, wobei

$$\nu = 4\pi\alpha \qquad (33.11)$$

die RAYLEIGH-Konstante der Induktion ist.

Der Hystereseverlust beim einmaligen Durchlaufen einer RAYLEIGH-Schleife ist gleich dem $1/4\pi$ fachen ihres Flächeninhalts im B-H-Diagramm:

$$W_h = \frac{1}{4\pi} \oint H\, dB = \frac{\nu}{3\pi} H_m^3 = \frac{\nu}{3\pi} B_m^3/\mu_m^3 \qquad (33.12)$$

mit $\mu_m = \mu_A + \nu H_m$.

Für eine RAYLEIGH-Schleife mit Mittelpunkt außerhalb des Ursprungs, z. B. mit Spitzen in H_m, I_m und 0, $I_r = (\alpha/2) H_m^2$) [Schleife (c) in Abb. 33.1] ist der absteigende Ast durch Gl. (33.5b) gegeben. Für den aufsteigenden Ast erhält man aus Gl. (33.2) mit $I' = (\alpha/2) H_m^2$, $H' = 0$

$$I = \mu_A H + (\alpha/2)(H_m^2 + H^2). \qquad (33.13)$$

Verschiebt man vermittels

$$H_1 = H - H_m/2,$$
$$I_1 = I - (\alpha/4) H_m^2 - (\chi_A H_m + \alpha H_m^2)/2$$

den Ursprung des Koordinatensystems in die Mitte dieser Schleife, so findet man für die Gleichung der Schleife in den Mittelpunktskoordinaten I_1, H_1

$$I_1 = \bigl(\chi_A + \alpha(H_m/2)\bigr) H_1 \pm (\alpha/2)\bigl((H_m^2/4) - H_1^2\bigr).$$

Die Schleife hat also dieselbe Form wie die symmetrisch zum Ursprung gelegene Schleife mit der Amplitude $H_m/2$.

33.2 Theorie des Rayleigh-Gesetzes

Eine theoretische Begründung für das RAYLEIGH-Gesetz wurde 1942 von NÉEL [2] gegeben. Wir wollen im folgenden kurz die wesentlichen Gesichtspunkte und Ergebnisse dieser Theorie wiedergeben.

Es wird angenommen, daß sich die Magnetisierung ausschließlich durch Wandverschiebungen ändert. Die für den Ablauf des Wandverschiebungsprozesses maßgebende 1. Ableitung $P = (1/F) \, dE(x)/dx$ ($F = $ BLOCH-Wandfläche) der charakteristischen Funktion (s. 24.3.1) des Grundbereichs des betrachteten Werkstoffs wird entsprechend Abb. 33.2 durch einen Polygonzug angenähert, dessen Knickpunkte man in folgender Weise erhält: Auf der x-Koordinate senkrecht zur Wandebene wird eine große Anzahl äquidistanter Punkte mit dem Abstand $2l$ gewählt. Diesen Punkten sind die positiven und negativen Ordinaten $P_{\max}$ der Knickpunkte nach einem Wahrscheinlichkeitsgesetz zugeordnet.

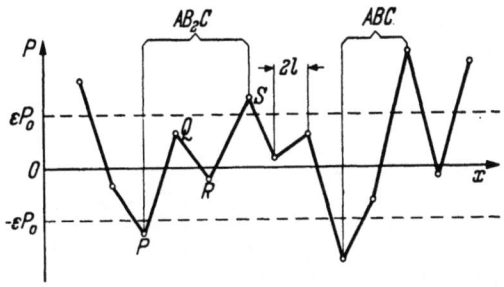

Abb. 33.2. Charakteristischer Polygonzug $P(x) = (1/F) \, (dE/dx)$ des Grundbereichs

Es besteht also keine Korrelation zwischen den Ordinaten aufeinanderfolgender Punkte. Die Art der Wahrscheinlichkeitsfunktion ist für das prinzipielle Ergebnis nicht wesentlich, wenn diese nur symmetrisch und in der Umgebung des Nullpunktes in erster Näherung konstant ist, wie etwa die GAUSSsche Verteilungsfunktion.

Es wird vorausgesetzt, daß der Betrag der Feldstärke H unterhalb einer gewissen oberen Grenze bleibt (Grenzfeldstärke H_g des RAYLEIGH-Gesetzes, s. 33.5.4), welche durch die Forderung $2 H I_s/P_0 < \varepsilon \ll 1$ gegeben ist. P_0 bedeutet eine mittlere Störungsgröße der charakteristischen Funktion und ist der Koerzitivkraft proportional. Ist das Wahrscheinlichkeitsgesetz vorgegeben, dann ist die charakteristische Funktion durch die beiden Parameter l und P_0 vollständig bestimmt. Es wird ferner vorausgesetzt, daß keinerlei Nachwirkung auftritt, d. h. daß die Form des Polygonzugs zeitunabhängig ist und daß keine thermischen Schwankungen bestehen.

Man hat nunmehr diejenigen Abschnitte des Polygonzuges herauszusuchen, die im Gleichgewicht überhaupt eine Wand enthalten können, und aus denen eine einmal darin befindliche Wand nicht mehr auswandern kann, solange das Feld die vorher definierte Grenze nicht überschreitet. Folgt man dem Polygonzug in Richtung wachsender Abszissen, so beginnt ein solcher Abschnitt mit dem letzten Knickpunkt (A), dessen Ordinate noch unterhalb $-P_0 \varepsilon$ liegt. Er enthält alle folgenden Knickpunkte (B), die innerhalb des Streifens $\pm \varepsilon P_0$ liegen und endet mit dem ersten Punkt (C), dessen Ordinate größer als $+\varepsilon P_0$ ist. Die Abschnitte dieser Gestalt werden mit dem Symbol $A B_n C$ bezeichnet. So sieht man in Abb. 33.2 z. B. links einen $A B_2 C$- und rechts einen $A B C$-Abschnitt. Alle übrigen Abschnitte sind unerheblich, weil sie im Gleichgewicht keine BLOCH-Wand enthalten können.

Da eine nach dem Abmagnetisieren in einem solchen Abschnitt vorhandene Wand bei den ausschließlich betrachteten schwachen Feldern nicht auswandern kann, kann man das Verhalten der einzelnen Abschnitte als statistisch unabhängig voneinander betrachten.

Um nunmehr die Eigenschaften der einzelnen Polygonabschnitte zu mitteln, hat man sowohl die Wahrscheinlichkeit für das Auftreten der verschiedenen Typen von Abschnitten als auch die von der Umgebung des einzelnen Abschnitts abhängige Wahrscheinlichkeit dafür zu berücksichtigen, daß sich nach dem Abmagnetisieren eine Wand darin befindet. Da die Wahrscheinlichkeitsfunktion als symmetrisch vorausgesetzt wurde, gibt es stets zwei gleichwahrscheinliche Abschnitte des gleichen Typs, die in der in Abb. 33.3a bis c angedeuteten Weise zusammengefaßt werden können.

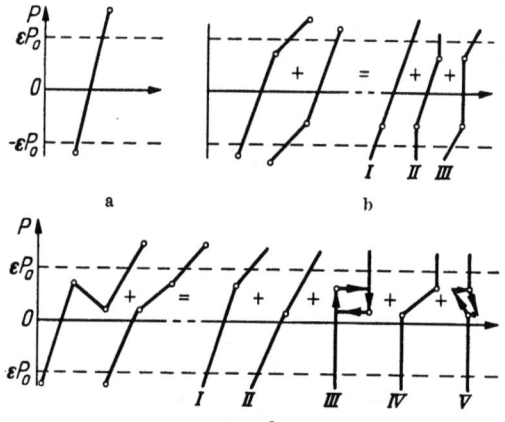

Abb. 33.3a—c. Die verschiedenen Typen von Abschnitten des Polygonzuges $P(x)$ a AC, b ABC, c AB_2C und ihre Analyse

Im Endergebnis der an sich einfachen Rechnung, welche wir hier der Kürze halber übergehen wollen, erhält man die Magnetisierung in Form einer Reihenentwicklung nach steigenden Potenzen der Feldstärke H

$$I = a_1 H + a_2 H^2 + \cdots, \tag{33.14}$$

deren Koeffizienten u. a. von der angenommenen Wahrscheinlichkeitsfunktion abhängen. Die Bedeutung des Resultats besteht jedoch weniger in der prinzipiellen Möglichkeit, numerische Abschätzwerte für die Koeffizienten angeben zu können, als vielmehr in der Tatsache, daß ganz allgemein und unabhängig von der gewählten Wahrscheinlichkeitsfunktion die ungeraden Terme der Reihenentwicklung reversibel und die geraden Terme irreversibel sind. Das Vorzeichen der geraden Terme ist mit dem Vorzeichen der angelegten Feldstärke umzukehren. Damit entspricht Gl. (33.14) aber dem empirischen RAYLEIGH-Gesetz, wenn man die Reihenentwicklung nach dem 2. Glied abbricht.

Man kann übrigens, wie NIELSEN [3] ausgeführt hat, auch ohne Durchführung der Rechnungen von NÉEL ohne weiteres einsehen, daß unter den oben angenommenen Verhältnissen die wesentlichen Voraussetzungen für das RAYLEIGH-Gesetz bereits erfüllt sind. Im Feld Null liegt eine Wand auf irgendeinem Schnittpunkt des Polygonzuges mit der Abszissenachse, in welchem die Steigung positiv ist, also etwa auf der Seite PQ in Abb. 33.2. Wird ein kleines Feld H angelegt, so wandert die Wand auf der Strecke PQ ein Stück reversibel aufwärts. Die Wahrscheinlichkeit, daß bei einer Erhöhung des Feldes um dH ein Knickpunkt Q des Polygonzuges erreicht wird, ist proportional zu dH, aber unabhängig von H, weil die Wahrscheinlichkeitsfunktion bei den in Frage kommenden Feldstärken noch als konstant angesehen wird. Das Auftreten eines irreversiblen Sprunges an dieser Stelle hängt von der Lage des folgenden Punktes R ab, der sich mit einer zu H

proportionalen Wahrscheinlichkeit in einer günstigen Lage zwischen $+H$ und $-H$ befindet. Die Länge des Sprunges ist mit großer Wahrscheinlichkeit gleich der Länge $2l$ eines Teilstücks der Abszissenachse bzw. je nach der Steigung der Polygonseite RS etwas größer oder kleiner, denn eine Lage des Punktes S innerhalb des Streifens zwischen $+H$ und $-H$ ist, wie die NÉELsche Rechnung zeigt, von geringer Wahrscheinlichkeit und eine Lage des Punktes S unterhalb der Linie $P = -H$ kann ausgeschlossen werden, weil in diesem Fall die Wand nach dem Abmagnetisieren nicht an der Stelle liegen könnte, die als Ausgangspunkt gewählt wurde. Die Länge des Sprunges der Wand ist also wesentlich unabhängig von H und dH. Man erhält daher bei einer Felderhöhung um dH, abgesehen von reversiblen Wandverschiebungen, im statistischen Mittel eine irreversible Magnetisierungsänderung $dI = \text{Konst.}\ H\ dH$, wie es der Neukurve nach dem RAYLEIGH-Gesetz entspricht.

Die aus der Theorie von NÉEL folgenden Beziehungen zwischen den RAYLEIGH-Konstanten χ_A bzw. α und der Koerzitivkraft, sowie zwischen χ_A und α wurden von BAYEN [4] und von NIELSEN [3, 5] experimentell nachgeprüft.

33.3 Preisach-Diagramm

Sehr anschaulich und oft recht nützlich bei Betrachtungen der Magnetisierungskurve in schwachen Feldern ist das sog. PREISACH-Diagramm. Dieses von PREISACH [5] zum anschaulichen Verständnis des irreversiblen Anteils der RAYLEIGH-Kurve sowie von Nachwirkungserscheinungen zunächst rein formal eingeführte Schema erhält durch die vorausgehend erläuterte Theorie von NÉEL eine theoretische Begründung und unmittelbare Beziehung zu den physikalischen Gegebenheiten.

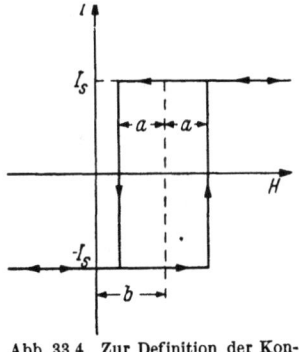

Abb. 33.4. Zur Definition der Konstanten a und b der PREISACH-Schleife

Zur Ableitung des PREISACH-Diagramms gehen wir von der Abb. 33.3 aus. Nehmen wir dort alle reversiblen Anteile aus und vernachlässigen den kleinen Zyklus V in Abb. 33.3c, dann bleibt für den irreversiblen Anteil nur ein Zyklus vom Typ III derselben Abbildung. Dieser entspricht aber, wenn wir berücksichtigen, daß die Ordinate der Feldstärke und die Abszisse der Magnetisierung proportional ist, einer Rechteckschleife der in Abb. 33.4 dargestellten Form.

Eine derartige Rechteckschleife ist, abgesehen von dem ihr zugeordneten Volumenanteil der Probe, durch ihre Breite $2a$ (doppelte Koerzitivkraft) und ihre Verschiebung b auf der Feldstärkeachse (magnetische Vorspannung) vollständig bestimmt.

Entsprechend dem für $P = (1/F)\ (dE(x)/dx)$ angenommenen Polygonzug gibt es eine große Anzahl solcher irreversibler Volumenelemente, welche wegen der statistischen Größenverteilung der Eckpunktkoordinaten des Polygonzuges alle innerhalb der gesetzten Feldstärkegrenzen möglichen Parameterwerte a und b haben können. Es sei ferner $\Phi(a, b) \cdot da \cdot db$ das Gesamtvolumen aller in einem cm^3 befindlichen Bezirke, deren Koerzitivkraft zwischen a und da und deren magnetische Vorspannung zwischen b und db gelegen ist.

Das Vorzeichen von b wird so definiert, daß positives b der positiven Richtung des äußeren Feldes entgegengesetzt ist. Die Magnetisierung eines solchen Bereichs springt also von $-I_s$ nach $+I_s$ bei der Feldstärke $H = b + a$ und von $+I_s$ nach $-I_s$ bei $H = b - a$. Bei $H = 0$ sind die Bezirke mit $b > a$ stets negativ, diejenigen mit $b < -a$ stets positiv magnetisiert. Bei den Bezirken mit $-a < b < +a$ hängt die Magnetisierungsrichtung von der Vorgeschichte ab.

Das magnetische Verhalten der Gesamtheit der irreversiblen Bereiche kann an Hand des in Abb. 33.5 wiedergegebenen und als PREISACH-Diagramm bezeichneten Darstellungsschemas in der a-b-Ebene übersehen werden. Jedem irreversiblen Bereich ist entsprechend seinen Parametern a und b ein Punkt in dieser Ebene zugeordnet.

Im Feld $H = 0$ sind alle Bereiche mit $b > a$ negativ und alle Bereiche mit $b < -a$ positiv magnetisiert. Das Vorzeichen der Bezirke mit $a > b > -a$

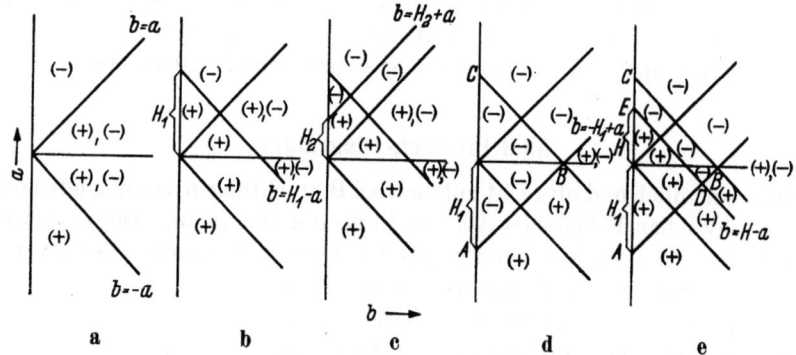

Abb. 33.5a—e. Zur Ableitung des irreversiblen Magnetisierungsanteils im RAYLEIGH-Gesetz aus dem PREISACH-Diagramm. Erläuterung im Text

hängt von der Vorgeschichte ab. Im ideal unmagnetischen Zustand (Abb. 33.5a) verteilen sich diese Bezirke statistisch zu gleichen Teilen auf positives und negatives Vorzeichen.

Wird ein Feld H_1 angelegt, dann sind alle Bereiche mit $b < H_1 - a$ positiv magnetisiert (Abb. 33.5b). Wird sodann das Feld von H_1 auf einen Wert $H_2 < H_1$ erniedrigt, dann haben alle Bereiche mit $b > H_2 + a$ (Abb. 33.5c), und insbesondere für $H_2 = -H_1$ alle Bezirke mit $b > -H_1 + a$ (Abb. 33.5d) negative Magnetisierungsrichtung. Variiert man von diesem Zustand ausgehend das Feld nunmehr periodisch zwischen den Grenzen $-H_1$ und $+H_1$, so ändert sich, wie man sich leicht überlegt, nur das Vorzeichen der dem Inneren des Dreiecks ABC zugeordneten Bereiche.

Für die vorausgehend ausgeführte Theorie des RAYLEIGH-Gesetzes von NÉEL war u. a. vorausgesetzt worden, daß die Wahrscheinlichkeitsfunktion, durch welche die Ordinaten der Knickpunkte des charakteristischen Polygonzuges gegeben sind, symmetrisch und in der Umgebung des Nullpunktes konstant ist. Das bedeutet aber, daß der Wert der Verteilungsfunktion $\Phi(a, b)$ der Bezirksvolumina in der Umgebung des Ursprungs der a-b-Ebene einen konstanten Wert Φ_0 hat. Damit ergibt sich (Abb. 31.5e), ausgehend von dem Zustand in Abb. 33.5d, mit steigendem Feld für den irreversiblen Anteil der Magnetisierung

$$\Delta I_{\text{irrev.}} = 2 I_s \Phi_0 \cdot (1/4) (H + H_1)^2 \tag{33.15}$$

Denn bei Erhöhung der Feldstärke von $-H_1$ auf einen Wert $+H \leq H_1$ sind gerade alle in dem Dreieck ADE gelegenen Bezirke umgeklappt. Setzen wir das konstante Produkt $I_s \Phi_0 = \alpha$, so entspricht Gl. (33.15) gerade dem irreversiblen Term des RAYLEIGH-Gesetzes in Gl. (33.3).

Für eine erweiterte Anwendung des PREISACH-Diagramms bei größerer Aussteuerung der Schleife bis zur Sättigung ist es notwendig, die Verteilungsfunktion $\Phi(a, b)$ zu bestimmen [7, 8]. Methoden hierzu wurden von BIORCI und PESCETTI [9] sowie von WILDE und GIRKE [8] angegeben.

Die Messungen von WILDE und GIRKE [8] ergaben für Werkstoffe mit normaler Magnetisierungsschleife, daß $\Phi(a, b)$ die Form eines Berges mit dem Gipfel in der Umgebung der Koerzitivkraft hat. $\Phi(a, b)$ kann wohl bei sehr kleinen Feldern, keineswegs aber bis zu den Aussteuerungen, bis zu denen im allgemeinen noch RAYLEIGH-Verhalten beobachtet wird, als konstant angesehen werden. Das RALEIGH-Verhalten stellt also nur eine mittlere Näherung dar. Lage und Form des Berges ändern sich beim Durchlaufen der Hystereseschleife infolge der magnetischen Wechselwirkungen zwischen den Magnetisierungsvorgängen.

Wie GIRKE [10] gezeigt hat, können nach den Experimenten über die Kopplung zwischen den Ummagnetisierungsprozessen wenigstens qualitative Aussagen gemacht werden. Die Kopplung ist bei Werkstoffen mit regelloser Kornorientierung erwartungsgemäß (s. 29.1) um so stärker, je größer die Kristallenergie ist. Sie ist bei Werkstoffen mit einer Vorzugsrichtung der Magnetisierung (z. B. Korntextur) wesentlich kleiner als bei Werkstoffen ohne Vorzugsrichtung.

Bei starker Kopplung wird schon nach Ummagnetisierung eines kleinen Teils der PREISACH-Bereiche der Rest der Bereiche „nachgezogen". Dies ist der Fall bei den sog. spontanen Rechteckwerkstoffen.

Bei einem Werkstoff mit Orientierungsüberstruktur fanden WILDE und GIRKE, daß die Raumfläche $\Phi(a, b)$ zwei symmetrisch zur a-Achse gelegene Berge bildet. Auch dies entspricht, wie wir in 33.5.3 sehen werden, der Erwartung.

33.4 Experimenteller Nachweis für Rayleigh-Verhalten

Ein vielfach üblicher aber nicht vollständiger Nachweis für RAYLEIGH-Verhalten besteht darin, daß man an einer entmagnetisierten Probe entweder in Gleichfeldschaltversuchen die Kommutierungskurve mißt, oder mit Hilfe einer Wechselstrombrücke bei sehr niedriger Frequenz den Realteil μ_{LR} der komplexen Permeabilität (s. 40.3) als Funktion der Aussteuerungsfeldstärke bestimmt. Trägt man die Suszeptibilität χ bzw. Permeabilität μ als Funktion der Feldstärke auf, dann ergibt sich bei Gültigkeit des RAYLEIGH-Gesetzes nach Gl. (33.9) unterhalb einer Grenzfeldstärke eine Gerade, welche auf $H = 0$ extrapoliert die Anfangssuszeptibilität χ_A bzw. Anfangspermeabilität μ_A liefert, und deren Steigung gleich der RAYLEIGH-Konstante α bzw. ν ist. Dies zeigt beispielsweise Abb. 33.6 für eine Reinnickelprobe. Die Grenzfeldstärke H_g, bis zu welcher das RAYLEIGH-Gesetz mit konstanten Koeffizienten χ_A und α bzw. μ_A und ν gilt, wird bei derjenigen Feldstärke angenommen, oberhalb welcher eine merkliche systematische Abweichung von dem geraden Verlauf eintritt. Einen vollständigen Nachweis für RAYLEIGH-Verhalten stellt dies deshalb nicht dar, weil das RAYLEIGH-Gesetz nicht nur die Form der Kommutierungskurve, sondern auch eine Beziehung zwischen der Kommutierungskurve und der Schleifenform angibt.

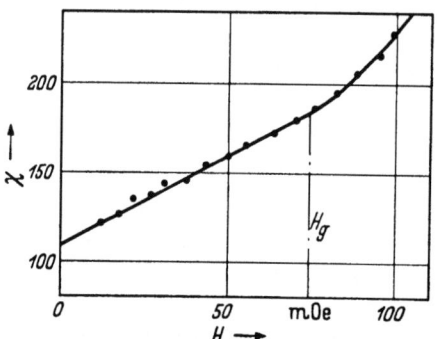

Abb. 33.6. Feldabhängigkeit der Suszeptibilität von rekristallisiertem Nickel in schwachen Feldern. (Nach NIELSEN [5])

Ein hinreichendes Kriterium [11, 12] für RAYLEIGH-Verhalten liefert, wie wir in 40.4.1 sehen werden, die auf die Frequenz Null extrapolierte Ortskurve $\mu_{LR}(\mu_{RR})$ der komplexen Permeabilität. Diese Ortskurve ist bei RAYLEIGH-Verhalten eine Gerade, welche mit der reellen Achse einen Winkel von 23° einschließt (s. Abb. 40.3a) und eine lineare Feldstärketeilung besitzt.

ELLWOOD [13] hat die Form der Hystereseschleifen in schwachen Feldern in der Weise untersucht, daß er den vertikalen Abstand $B - (B_m/H_m) H$ zwischen einem Punkt der Schleife und der Verbindungsgeraden der Schleifenspitzen als Funktion von H aufgetragen und mit dem aus dem RAYLEIGH-Gesetz folgenden Verlauf verglichen hat.

33.5 Meßergebnisse

33.5.1 Meßergebnisse an Werkstoffen mit Rayleigh-Verhalten

Die Gültigkeit des RAYLEIGH-Gesetzes wurde nach Erscheinen der Arbeit von LORD RAYLEIGH u. a. von RADOVANOVIC [14], RENGER [15], DE FREUDENREICH [16], WEISS und DE FREUDENREICH [17, 18], PREISACH [19], KAHAN [20], SCHWEIZERHOF [21], EPELBOIN [22] und NIELSEN [3, 5] im wesentlichen an Eisen, Nickel und Kobalt sowie einigen Legierungen nachgewiesen. Danach wird die RAYLEIGH-Konstante qualitativ in ähnlicher Weise durch Eigenspannungen, äußere Spannungen und Verunreinigungen (unmagnetische Einschlüsse) beeinflußt wie die Anfangspermeabilität und hängt auch in ähnlicher Weise wie diese von der Temperatur ab. Dies zeigt hinsichtlich der Temperaturabhängigkeit und der Abhängigkeit vom Eigenspannungszustand Abb. 33.7 für dieselben Nickelproben, für die wir die Temperaturabhängigkeit der Anfangssuszeptibilität in Abb. 32.10 bereits kennengelernt haben. Wir bemerken insbesondere, daß auch α wie χ_A kurz vor der CURIE-Temperatur ein steiles Maximum durchläuft. Wie ein Vergleich der Abb. 33.7 mit Abb. 32.10 weiterhin zeigt, variiert χ_A bei Betrachtung aller untersuchten Werkstoffzustände über etwa drei Größenordnungen, während sich α über sechs Größenordnungen erstreckt.

33.5.2 Einfluß einer Orientierungsüberstruktur

Eine besondere Feldstärkeabhängigkeit der Permeabilität zeigen alle Legierungen mit Orientierungsüberstruktur. Dieser für die genannten Legierungen charakteristische Verlauf von $\mu(H)$ ist in Abb. 33.8 für ein Dynamoblech IV und in Abb. 33.9 für eine Eisen—Nickel-Legierung (60 Ni, 40 Fe) nach langsamer Abkühlung von 700 °C wiedergegeben. Wir entnehmen insbesondere aus Abb. 33.9, daß die Permeabilität bei kleinen Feldstärken zunächst praktisch konstant ist. Diese allgemein als Perminvareffekt[1] bezeichnete Erscheinung kann mit Hilfe der in Kap. 14 und 24.3.3 gegebenen theoretischen Grundlagen in folgender Weise verstanden werden: Wenn sich die Diffusionsanisotropie ausgebildet hat und eingefroren ist, dann ist an jeder Stelle des Materials, an der sich eine BLOCH-Wand befindet, der freien Energiefunktion $E(x)$ die Energiefunktion der Diffusionsanisotropie (s. Abb. 24.16) überlagert. Die Grenzfeldstärke, die zur Auslösung eines irreversiblen Wandsprunges notwendig ist, ist also für jede BLOCH-Wand um den Betrag der Grenzfeldstärke H_{0D} der Diffusionsanisotropie erhöht, welche sich nach 24.3.3 für 180°- und 90°-Wände gleichermaßen zu $H_{0D} = E_0/I_s$ ergibt [Gl. (24.49)]. Das bedeutet aber, daß unterhalb der Grenzfeldstärke H_{0D} überhaupt keine irreversiblen, sondern nur reversible Wandverschiebungen auftreten, und daß dort die Permeabilität folglich konstant ist und die Verluste verschwinden. In der Terminologie des RAYLEIGH-Gesetzes gesprochen heißt das, daß die RAYLEIGH-Konstante bei Perminvarverhalten praktisch Null ist. Für die Darstellung dieser Verhältnisse im PREISACH-Diagramm ergibt eine einfache, von FELDTKELLER [24] und SCHREIBER [25] (s. a. [26]) angestellte Überlegung, daß man bei 180°-Wänden entsprechend Abb. 33.10b ein unbesetztes Dreieck und bei 90°-Wänden entsprechend Abb. 33.10a einen unbesetzten Streifen erhält, deren jeweilige Ausdehnung von der Größe der durch Gl. (24.29) gegebenen Grenzfeldstärke H_{0D} abhängt. Konstruiert man aus diesen PREISACH-Diagrammen die zugehörigen Magnetisierungsschleifen in schwachen Feldern, wie dies FELDTKELLER und SCHREIBER getan haben, dann erhält man in Übereinstimmung mit der experimentellen Erfahrung ent-

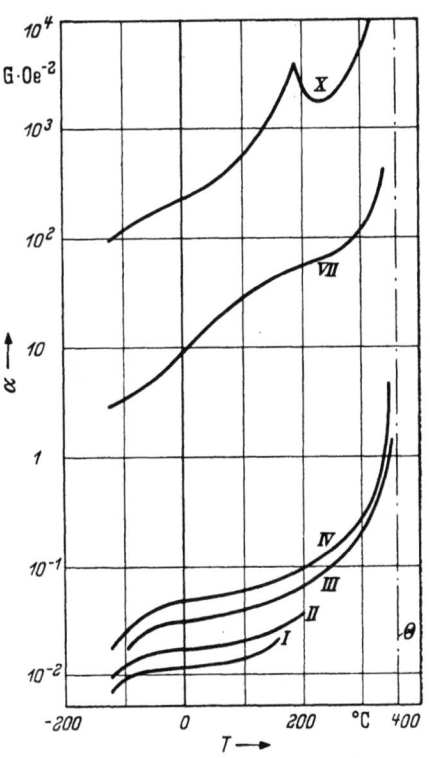

Abb. 33.7. Temperaturabhängigkeit der RAYLEIGH-Konstante α derselben Nickelproben wie in Abb. 32.10. (Nach NIELSEN [5])

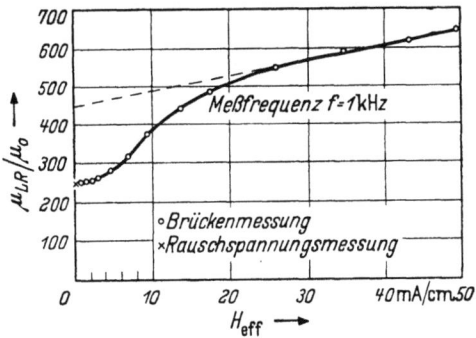

Abb. 33.8. Feldabhängigkeit der Induktivitätspermeabilität μ_{LR}/μ_0 von Dynamoblech IV bei kleinen Feldern. (Nach NONNENMACHER und SCHWEIZER [33])

---

[1] Diese Erscheinung ist bei den Perminvaren (flächenzentrierte Fe—Ni—Co-Legierungen) besonders stark ausgeprägt (s. BOZORTH [23]) daselbst S. 166ff.).

sprechend Abb. 33.10 für 90°-Wandverschiebungen die für Perminvare typische, eingeschnürte Schleife, und für 180°-Wandverschiebungen eine Schleife mit zwei Ausbuchtungen. Im allgemeinen finden sowohl 90°- als auch 180°-Wandverschiebungen gleichzeitig statt, und der beobachtete Schleifentypus richtet sich danach, welche Wandsorte überwiegt.

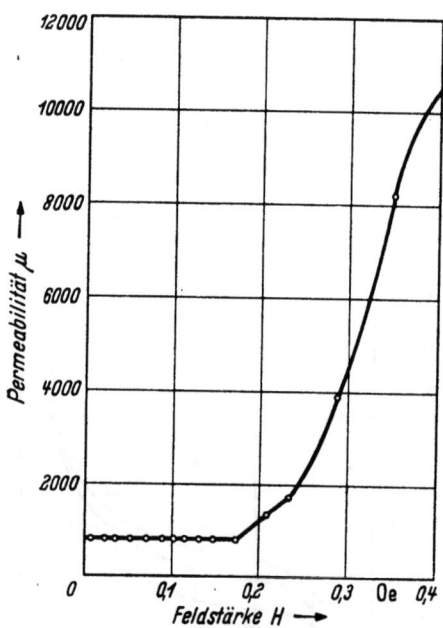

Abb. 33. 9. Feldabhängigkeit der Permeabilität μ der Legierung 60% Ni—40% Fe nach langsamer Abkühlung von 700°C. (Nach VIERLING [36])

Daß man im allgemeinen eingeschnürte Schleifen beobachtet, kann als ein Hinweis darauf angesehen werden, daß in Werkstoffen mit ausgebildeter Orientierungsüberstruktur in schwachen Feldern 90°-Wandverschiebungen überwiegen. Abb. 33.11a zeigt schließlich eine von SCHREIBER an Dynamoblech mit gelöstem Kohlenstoff beobachtete eingeschnürte Schleife bei einer Feldaussteuerung von 22,6 mOe, und Abb. 33.11b eine von BOZORTH [23] an 65-Permalloy nach langsamer Ofenabkühlung beobachtete eingeschnürte Schleife bei einer Feldaussteuerung von 4 Oe.

Zwischen dem vorausgehend parallel besprochenen Verhalten von α-Eisen (bzw. Siliziumeisen) mit gelöstem Kohlenstoff und Permalloy (bzw. Perminvar) besteht im Hinblick auf die physikalischen Gegebenheiten im Prinzip kein Unterschied. Es handelt sich in beiden Fällen um die Wirkung der Diffusionsanisotropie. Betrachten wir dagegen die Grenzfeldstärke H_{0D}, so beträgt diese bei Einlagerungsmischkristallen (Eisen—Kohlenstoff) nur

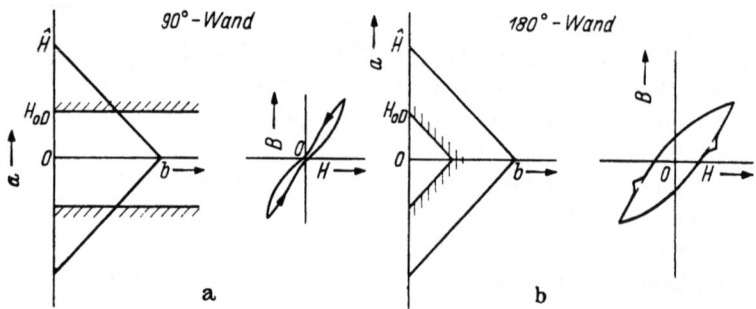

Abb. 33.10a u. b. Die Stabilisierung der BLOCH-Wände durch eine Orientierungsüberstruktur liefert im PREISACH-Diagramm für 90°-Wände einen unbesetzten Streifen der Breite H_{0D} (a) und für 180°-Wände ein unbesetztes Dreieck mit der Basis $2H_{0D}$ (b). Die entsprechende Magnetisierungsschleife ist eingeschnürt bzw. zeigt zwei charakteristische Ausbuchtungen. (Nach SCHREIBER [25])

einige mOe, bei Substitutionsmischkristallen wie Permalloy dagegen einige hundert mOe, und sie erreicht bei Perminvaren sogar einige Oe. H_{0D} ist also bei Einlagerungsmischkristallen klein gegen die Koerzitivkraft bei Substitutionsmischkristallen dagegen mit der Koerzitivkraft vergleichbar. Dementsprechend wird eine eingeschnürte Schleife bei Einlagerungsmischkristallen auch nur bei sehr kleinen Feldaussteuerungen beobachtet. Bei Substitutionsmischkristallen erscheinen dagegen die voll bis zur Sättigung ausgesteuerten Schleifen stark eingeschnürt. Danach verstehen wir auch, warum die Permeabilität-Feldstärkekurve bei Eisen—Kohlenstoff bei Feldstärken der Größenordnung 30 bis 50 mOe

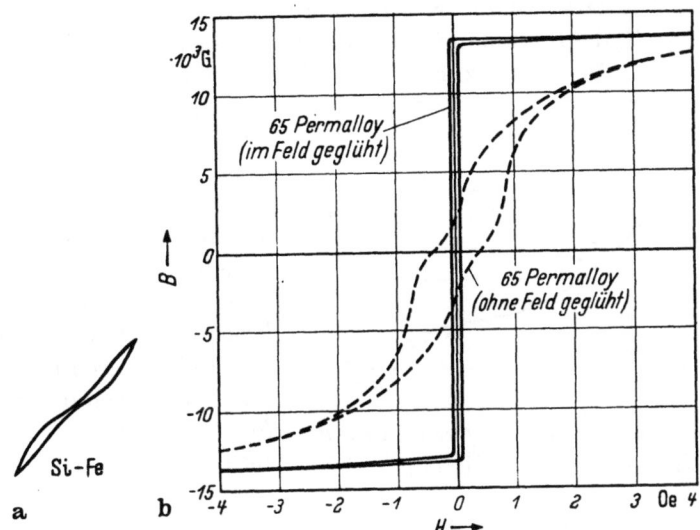

Abb. 33.11 a und b. Eingeschnürte Hystereseschleife (a) gemessen an Dynamoblech mit gelöstem Kohlenstoff bei 22,6 m Oe Feldaussteuerung [25] und (b) an 65-Permalloy nach langsamer Abkühlung ohne Feld bei 4 Oe Feldaussteuerung [23]

zunächst wieder in eine Gerade einmündet (s. Abb. 33.8), welche offenbar der RAYLEIGH-Geraden des Materials ohne Orientierungsüberstruktur entspricht[1], während bei den Substitutionsmischkristallen auf den Perminvarbereich konstanter Permeabilität entsprechend Abb. 33.9 sofort der steile Anstieg zur Maximalpermeabilität folgt. Zum Fall des Eisen—Kohlenstoffs ist schließlich noch zu bemerken, daß dort die Orientierungsüberstruktur bei Raumtemperatur nicht eingefroren ist, wie bei Permalloy und den Perminvaren, und daß sich deshalb die Schleifenform und die Permeabilität während der Messung verändern. Auf diese Erscheinung der sog. Hysteresenachwirkung werden wir in 41.4.2 nochmals zurückkommen.

33.5.3 Grenzfeldstärke und Gültigkeitsgrenzen des Rayleigh-Gesetzes

BUSH [27] hat an Eisen- und Nickelproben mit Hilfe einer von BUSH und TEBBLE [28] entwickelten und in 25.2.3 näher beschriebenen, sehr empfindlichen Impulszählmethode die noch merklichen BARKHAUSEN-Sprünge im Gebiet schwacher Felder gezählt. Es ergab sich, daß die Zahl dieser Sprünge unterhalb einer gewissen Grenzfeldstärke H_g außerordentlich klein ist und oberhalb H_g plötzlich sehr stark zunimmt. H_g erwies sich als identisch mit der Grenzfeldstärke, unter-

---

[1] Wir werden hierauf in 41.4.2 noch ausführlich zu sprechen kommen und dort auch den in Abb. 33.8 gezeigten Verlauf der Permeabilität quantitativ behandeln.

halb welcher das RAYLEIGH-Gesetz gilt. Wir gelangen damit zu der Vorstellung, daß das RAYLEIGH-Gebiet dasjenige Feldstärkegebiet ist, in welchem nur sehr kleine, „kontrollierte" BARKHAUSEN-Sprünge sowie reversible Magnetisierungsänderungen auftreten. Es wird begrenzt durch eine Feldstärke, bei deren Überschreitung die großen, „wilden" BARKHAUSEN-Sprünge ausgelöst werden.

Ein Maß für die mittlere, zur Auslösung großer BARKHAUSEN-Sprünge erforderliche Grenzfeldstärke ist die Koerzitivkraft. Wir erwarten daher, daß die Grenzfeldstärke H_g des RAYLEIGH-Gebietes in erster Näherung proportional zu der Koerzitivkraft ist. Dies wurde z. B. in Abb. 33.12 durch Messungen von NIELSEN [5] an Nickel bestätigt. Der Proportionalitätsfaktor hat danach, sowie nach den Messungen von BUSH [27] für Nickel und für Eisen die Größenordnung 0,3 bis 0,4. Wir können nicht annehmen, daß dieser Proportionalitätsfaktor für alle Stoffe gleich groß ist, denn er hängt sicher von der Form des $\Phi(a, b)$-Gebirges ab. Es ist jedoch sowohl aus der NÉELschen Theorie als auch aus den Messungen von WILDE und GIRKE [8] zu folgern, daß die Grenzfeldstärke H_g des RAYLEIGH-Verhaltens ganz allgemein um so tiefer liegt, je kleiner die Koerzitivkraft ist.

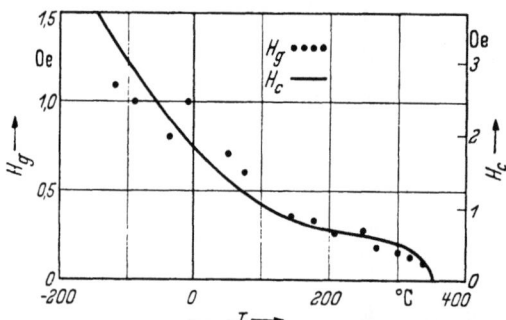

Abb. 33.12. Temperaturabhängigkeit der Grenzfeldstärke H_g und der Koerzitivkraft H_c von rekristallisiertem Nickel. H_g ist proportional zu H_c. (Nach KNELLER [5])

Selbstverständlich verlieren diese Aussagen ihren Sinn, wenn eine Orientierungsüberstruktur besteht. Die dann vorliegenden Verhältnisse sind jedoch nach dem in 33.5.2 Gesagten bereits hinreichend klar geworden und würden durch schematische Definitionen nur verschleiert werden.

Eine andere wesentliche Frage ist, ob sich die bei sehr kleinen Feldstärken (unterhalb 1 bis 10 mOe) gemessenen Feldstärkeabhängigkeit der Permeabilität bis zu verschwindender Feldstärke stetig fortsetzt, oder ob bei sehr kleinen Feldstärken noch stärkere Änderungen der Permeabilität auftreten, wie mehrfach auf Grund verschiedener Meßergebnisse an hochpermeablen Werkstoffen (s. z. B. [29] bis [32]) vermutet worden ist. NONNENMACHER und SCHWEIZER [33] haben die Permeabilität einiger hochpermeabler Werkstoffe bei der kleinsten, bei einer endlichen Temperatur überhaupt möglichen Feldstärke, der sog. „thermischen Rauschfeldstärke"[1], d. h. ohne ein äußeres Feld, bestimmt. Die thermische Rauschfeldstärke hat bei Raumtemperatur die Größenordnung 10^{-8} Oe. Die Messungen ergaben, daß die Permeabilität innerhalb der Meßgenauigkeit jeweils mit dem

---

[1] Der Effektivwert der thermischen Rauschfeldstärke folgt unmittelbar durch Anwendung des Gleichverteilungssatzes auf die rauschende Spule:

$$E = (1/2)\, \mu_{LR}\, \overline{H^2}\, V = (1/2)\, k\, T$$

und daraus

$$H_{\text{eff}} = \sqrt{\overline{H^2}} = \sqrt{(kT)/(\mu_{LR}\, V)},$$

wobei V das Spulenvolumen bedeutet.

Wert übereinstimmt, den man auch aus Brückenmessungen durch Extrapolation auf die Feldstärke Null findet.

Tatsächlich sind die Verhältnisse komplizierter als es der vorliegenden, etwas schematisch vereinfachten Diskussion entspricht. So haben, wie bereits erwähnt, WILDE und GIRKE [8] sowie GIRKE [10] festgestellt, daß die Verteilungsfunktion $\Phi(a, b)$ im PREISACH-Diagramm wohl bei sehr kleiner Feldstärke, keinesfalls aber bis zu den Feldstärken, bis zu denen im allgemeinen das RAYLEIGH-Verhalten noch beobachtet wird, konstant ist. Demnach stellt das RAYLEIGH-Verhalten nur eine mittlere Näherung dar. Auch besteht nach genaueren Überlegungen bei Gegenwart einer Orientierungsüberstruktur kein leerer Streifen bzw. kein leeres Dreieck im PREISACH-Diagramm, sondern die Raumfläche $\Phi(a, b)$ besitzt, wie auch die Messungen von WILDE und GIRKE [8] zeigen, nur ein mehr oder weniger scharf begrenztes Tal bzw. eine Senke. Schließlich besteht tatsächlich stets sowohl thermische Nachwirkung als auch RICHTER-Nachwirkung (s. Kap. 41). Alle genannten, in der einfachen Theorie von NÉEL vernachlässigten Gegebenheiten führen je nach Werkstoff zu mehr oder weniger großen Abweichungen von einem strengen RAYLEIGH-Verhalten [34, 35]. Da es insofern praktisch keinen Werkstoff gibt, für den das RAYLEIGH-Gesetz streng erfüllt ist, erscheint es eher angemessen, nicht von einem RAYLEIGH-Gesetz zu sprechen, sondern von einer RAYLEIGH-Regel, welche, je nach der postulierten Genauigkeit und den vorliegenden Werkstoffen, das Verhalten in schwachen Feldern in einer mehr oder weniger guten Näherung zu beschreiben gestattet.

Literatur zu Kap. 33

[1] LORD RAYLEIGH: Phil. Mag. 23 (1887) S. 225.
[2] NÉEL, L.: Cah. Physique 12 (1942) S. 1.
[3] NIELSEN, H.: Diplomarbeit Stuttgart 1954.
[4] BAYEN, M.: C. R. Acad. Sci., Paris 216 (1943) S. 440.
[5] KNELLER, E.: in „Beiträge zur Theorie des Ferromagnetismus und der Magnetisierungskurve", herausgeg. von W. KÖSTER, Berlin/Göttingen/Heidelberg: Springer 1956, S. 82ff.
[6] PREISACH, F.: Z. Physik. 94 (1935) S. 277.
[7] FELDTKELLER, R., u. H. WILDE: ETZ-A 77 (1956) S. 449.
[8] WILDE, H., u. H. GIRKE:
[9] BICRCI, G., u. D. PESCETTI: Nuovo Cim. 7 (1958) S. 829.
[10] GIRKE, H.:
[11] FELDTKELLER, R.: Spulen und Übertrager, Teil I: Spulen, Stuttgart: S. Hirzel 1949.
[12] FELDTKELLER, R.: Z. Phys. 124 (1948) S. 528.
[13] ELLWOOD, W. B.: Physics 6 (1935) S. 215.
[14] RADOVANOVIC: Diss. Zürich 1911.
[15] RENGER: Diss. Zürich 1913.
[16] DE FREUDENREICH: Diss. Zürich 1918.
[17] WEISS, P., u. DE FREUDENREICH: Arch. Sci. phys. nat. 39 (1915) S. 125.
[18] WEISS, P., u. DE FREUDENREICH: Arch. Sci. phys. nat. 42 (1916) S. 5, 449.
[19] PREISACH, F.: Phys. Z. 33 (1932) S. 913.
[20] KAHAN, T.: Ann. Phys., Paris 9 (1938) S. 105.
[21] SCHWEIZERHOF, S.: Z. techn. Phys. 22 (1941) S. 66.
[22] EPELBOIN, I.: Rev. gen. Electr. 55 (1946) S. 271, 310.
[23] BOZORTH, R. M.: Ferromagnetism, D. van Nostrand Co. 1951.
[24] FELDTKELLER, R.: Z. angew. Phys. 4 (1952) S. 281.
[25] SCHREIBER, F.: Z. angew. Phys. 8 (1956) S. 539.

[26] SORGER, G.: Frequenz 8 (1954) S. 41.
[27] BUSH, H. D.: Nature 166 (1950) S. 401.
[28] BUSH, H. D., u. R. S. TEBBLE: Proc. phys. Soc., Lond. 60 (1948) S. 370.
[29] SIXTUS, K.: Verh. dtsch. phys. Ges. 23 (1942) S. 88.
[30] SIXTUS, K.: Z. Phys. 121 (1943) S. 100.
[31] SIXTUS, K.: Z. Naturwiss. 32 (1944) S. 73.
[32] PAWLEK, F.: Arch. Eisenhüttenw. 16 (1942/43) S. 363.
[33] NONNENMACHER, W., u. L. SCHWEIZER: Z. angew. Phys. 9 (1957) S. 239.
[34] EPELBOIN, I.: J. Phys. Radium 12 (1951) S. 361.
[35] LLIBOUTRY, L.: Ann. Phys., Paris 6 (1951) S. 731.

34. Permeabilität

34.1 Totale Permeabilität μ und Maximalpermeabilität μ_{max}

Die in Kap. 7 definierte, totale Permeabilität $\mu = B/H$ hat, als Funktion von H oder von B aufgetragen, wie die Magnetisierungskurve selbst, einen für den jeweiligen Werkstoff charakteristischen Verlauf, welcher z. B. für Eisen in Abb. 34.1 wiedergegeben ist.

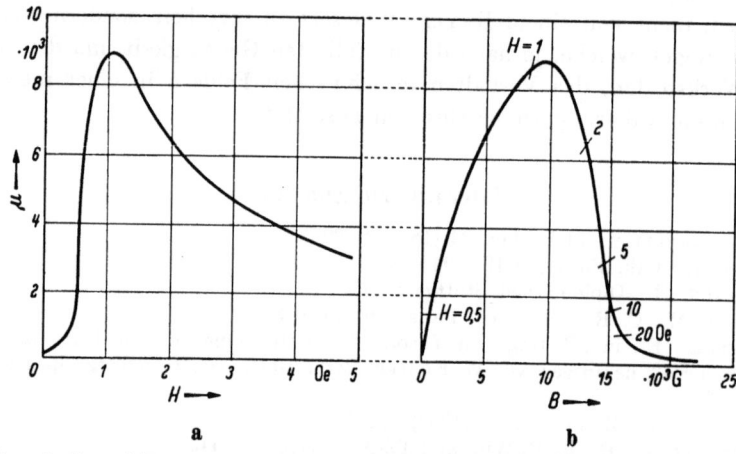

Abb. 34.1a u. b. Permeabilität von Eisen (a) als Funktion der Feldstärke und (b) als Funktion der Induktion. (Nach BOZORTH [2])

Der Maximalwert der Permeabilität wird vielfach neben der Anfangspermeabilität und der Koerzitivkraft als Kenngröße für Werkstoffe angegeben und als Maximalpermeabilität μ_{max} bezeichnet.

Für μ_{max} gilt folgende Regel: Alle Einflüsse, die die Anfangspermeabilität erniedrigen und die Koerzitivkraft erhöhen (Verunreinigungen, unmagnetische Einschlüsse, Eigenspannungen, Orientierungsüberstrukturen, geringe Korngröße usw.), erniedrigen die Maximalpermeabilität, und ebenso natürlich: Alle Werkstoffbehandlungen, die die Anfangssuszeptibilität erhöhen und die Koerzitivkraft erniedrigen, erhöhen die Maximalpermeabilität. Dieser Satz ist jedoch nicht immer umkehrbar. Es gilt nämlich die Ausnahme: Alle Einflüsse, die zu einer Rechteckschleife führen (Korntextur, Magnetfeldabkühlung von Werkstoffen mit Orientierungsüberstruktur usw.), erhöhen die Maximalpermeabilität mitunter beträchtlich, während sich Anfangspermeabilität und Koerzitivkraft im allgemeinen wenig oder gar nicht ändern. Wir verstehen diesen Sachverhalt an Hand der Theorie der Magnetisierungsprozesse ohne weiteres. Durch Ausbildung einer Korntextur, beispielsweise, fallen die zur Sättigung des vielkristallinen Materials mit statistischer Kornorientierung notwendigen Drehprozesse gegen die Kristallenergie weg. Dadurch wird die Schleife aufgerichtet und μ_{max} steigt an. Dagegen wird an den Gitterstörungen, welche die BLOCH-Wandreibung bedingen, nichts geändert, und deshalb bleiben auch Anfangssuszeptibilität und Koerzitivkraft praktisch unbeeinflußt.

Zur experimentellen Bestätigung dieser Regel möge Abb. 34.2 dienen, welche aus dem Handbuch für weichmagnetische Werkstoffe der Vacuumschmelze AG Hanau [1] entnommen ist. Man ersieht hieraus sofort, daß μ_{max} im allgemeinen

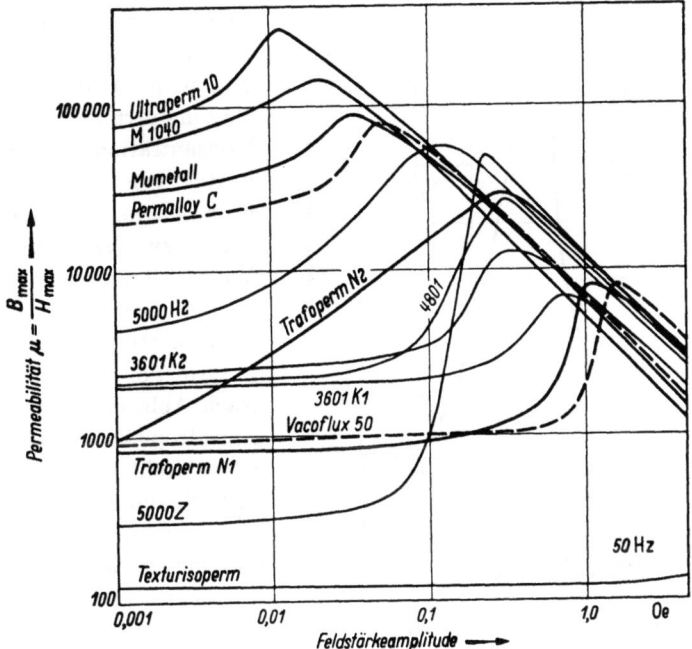

Abb. 34.2. Abhängigkeit der Permeabilität von der Feldamplitude bei Ringbandkernen aus verschiedenen weichmagnetischen Werkstoffen [1]

um so größer ist, je höher die Anfangspermeabilität ist. Ausnahmen von dieser Regel bilden lediglich die Werkstoffe Trafoperm N 2 (Siliziumeisen) und 5000 Z (50 Ni, 50 Fe-Permalloy), welche beide ausgesprochene Texturwerkstoffe sind.

Der Einfluß von unmagnetischen Einschlüssen (Poren) auf μ_{max} geht aus den Untersuchungen von STEINITZ [3] und TAKASAKI [4] an gesinterten Eisenpulvern hervor. CIOFFI [5] gelang es, durch ein besonderes Reinigungsverfahren (Glühung kurz unterhalb des Schmelzpunktes in reinem Wasserstoff) in vielkristallinem Eisen eine Anfangspermeabilität von 14 000 und eine Maximalpermeabilität von 280 000 zu erreichen. An einem ebenso gereinigten Eisen-Einkristall haben CIOFFI und BOOTHBY [6] in der [100]-Richtung bei derselben Anfangspermeabilität von 14 000 eine Maximalpermeabilität von 1 450 000 gemessen. Dies ist wieder eine Bestätigung unserer Regel, wonach in Texturwerkstoffen (im Grenzfall in einem

Einkristall in der leichten Richtung) μ_{max} stark erhöht ist, während μ_A denselben Wert hat wie ohne Textur.

Die Temperaturabhängigkeit der Maximalpermeabilität hat z. B. nach Messungen von FAHLENBRACH [7] einen ganz ähnlichen Verlauf wie die bereits besprochene Temperaturabhängigkeit der Anfangspermeabilität. Die theoretische Begründung hierfür ist analog wie bei der Anfangssuszeptibilität.

Abb. 34.3 zeigt den Einfluß der Abkühlung im Magnetfeld auf die Maximalpermeabilität der flächenzentrierten Eisen—Nickel-Legierungen [8]. Wir bemerken insbesondere, daß sich der Höchstwert von μ_{max} von etwa 78% Ni bei schneller Abkühlung nach etwa 67% Ni bei langsamer Abkühlung im Magnetfeld verschiebt. In 32.7.1 haben wir bereits ausführlich begründet, warum das Maximum der Anfangspermeabilität nach rascher Abkühlung bei etwa 78% Ni liegt. Dieselbe Begründung trifft auch für die Maximalpermeabilität zu. Die Konzentrationslage des Höchstwertes von μ_{max} bei 67% Ni nach Magnetfeldabkühlung ist damit zu verstehen, daß die Magnetisierungsrichtung um so einheitlicher durch die Diffusionsanisotropie bestimmt wird, je kleiner die Kristallenergie ist. Nach Abb. 13.13 geht aber die Anisotropiekonstante K_1 nach Ofenabkühlung gerade bei etwa 67% Ni durch Null.

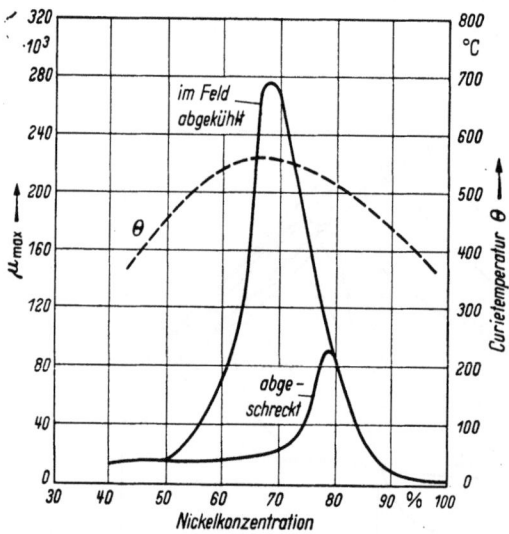

Abb. 34.3. CURIE-Temperatur Θ und Maximalpermeabilität μ_{max} der kubisch flächenzentrierten Eisen—Nickel-Legierungen nach 1000°C-Glühung und folgender Abkühlung. (Nach DILLINGER und BOZORTH [8])

Der Effekt einer Magnetfeldglühung auf den Verlauf der totalen Permeabilität von 65-Permalloy als Funktion der Induktion ist aus Abb. 34.4a ersichtlich. Abb. 34.4b zeigt die zugehörigen Magnetisierungskurven. GOERTZ [11, 12] hat gezeigt, daß die Maximalpermeabilität von Eisen mit 6,5% Si von etwa 60000 nach Abkühlen von 1300°C ohne Magnetfeld durch Abkühlen von derselben Temperatur im Magnetfeld auf rund 200000 erhöht wird. An einem Einkristall aus Eisen mit 6,5 Si hat GOERTZ nach Abkühlen in einem Magnetfeld parallel zur [100]-Richtung in dieser Richtung die höchste, bisher überhaupt bekannt gewordene Maximalpermeabilität von 3800000 gemessen.

Wie bereits in 30.4 ausgeführt wurde, erhält man unter verschiedenen dort angegebenen Bedingungen eine schmale, lanzettförmige Magnetisierungsschleife mit abnorm kleiner Remanenz und einer über einen weiten Feldstärkebereich nahezu feldunabhängigen Permeabilität (Abb. 34.5). Wenn eine solche Schleifenform nicht durch äußere mechanische Spannung oder einen großen geometrischen Entmagnetisierungsfaktor bedingt ist, sondern eine echte Werkstoffeigenschaft darstellt, sprechen wir von Isopermwerkstoffen. Bekannte Werkstoffe mit Isopermverhalten sind das Ausscheidungsisoperm [13, 14, 15] (Eisen—Nickel—Kupfer-legierungen), das Texturisoperm [*16, 17, 15*] (Eisen—Nickel-Legierung) und die Massekerne [*15*]. Die Theorie des Texturisoperms haben wir in 14.4 besprochen. Die Isopermeigenschaften der Massekerne sind durch den hohen inneren Entmagnetisierungsfaktor bedingt.

34.2 Reversible Suszeptibilität bzw. Permeabilität

Als reversible Suszeptibilität χ_r bzw. reversible Permeabilität μ_r bezeichnen wir allgemein die bei einem konstanten Gleichfeld (Gleichfeldvorspannung) in einem überlagerten, langsam periodischen Wechselfeld verschwindender Amplitude gemessene Suszeptibilität bzw. Permeabilität

$$\chi_r = \lim_{\Delta H \to 0} \Delta I/\Delta H$$

bzw. (34.1)

$$\mu_r = \lim_{\Delta H \to 0} \Delta B/\Delta H.$$

Wir unterscheiden insbesondere zwei Fälle: 1. Die parallele reversible Suszeptibilität χ_{rp}, wenn das überlagerte Wechselfeld parallel zum Gleichfeld liegt und 2. die transversale reversible Suszeptibilität χ_{rt}, wenn das überlagerte Wechselfeld senkrecht zum Gleichfeld gerichtet ist. Fehlt der zweite Index, so meint man im allgemeinen χ_{rp}.

34.2.1 Experimentelle Ergebnisse

Abb. 34.6 zeigt den von KIRKHAM [*18*] an Nickel gemessenen Verlauf der mit der Anfangssus-

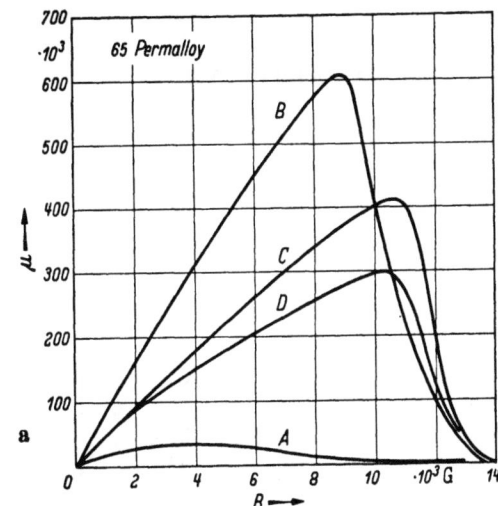

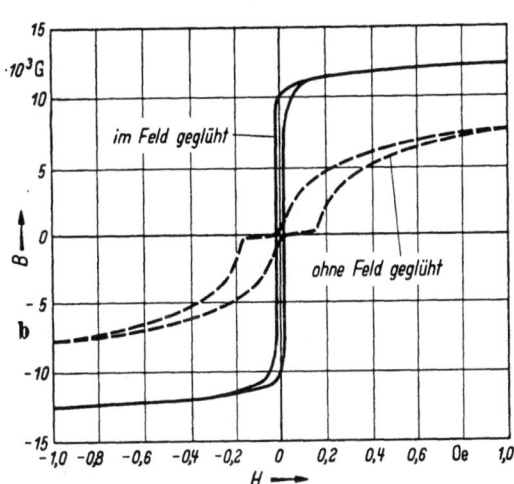

Abb. 34.4a u. b. a) Einfluß einer Wärmebehandlung im Magnetfeld auf Induktionsabhängigkeit der Permeabilität von 65-Permalloy. (*A*) 0,125-in.-Blech bei 1400 °C geglüht und ohne Feld abgekühlt, (*B*) die gleiche Probe im Magnetfeld abgekühlt, (*C*) eine andere Probe bei 1000 °C geglüht und im Magnetfeld abgekühlt, (*D*) 0,006-in.-Band bei 1000 °C geglüht und im Magnetfeld abgekühlt. b) Einfluß einer Magnetfeldglühung auf die Hystereseschleife von 65-Permalloy nach vorhergehender Glühung in Wasserstoff bei 1400 °C. (Nach BOZORTH [*2*])

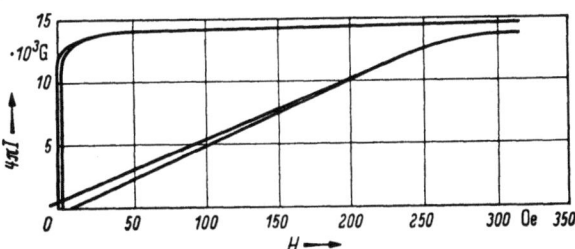

Abb. 34.5. Magnetisierungskurve von Texturisoperm (Eisen—Nickel-Legierung) vor und nach Kaltwalzen um 50%. (Nach DAHL und PFAFFENBERGER [*17*])

zeptibilität χ_A reduzierten Parallelsuszeptibilität χ_{rp}/χ_A als Funktion der reduzierten Magnetisierung I/I_s. Ähnliche Messungen hat SAMUEL [19] an hexagonalem Kobalt ausgeführt. Abb. 34.7 gibt den von GRIMES und MARTIN [20] an einem Ferrit gemessenen Verlauf von χ_{rp}/χ_A und χ_{rt}/χ_A als Funktion von I/I_s wieder.

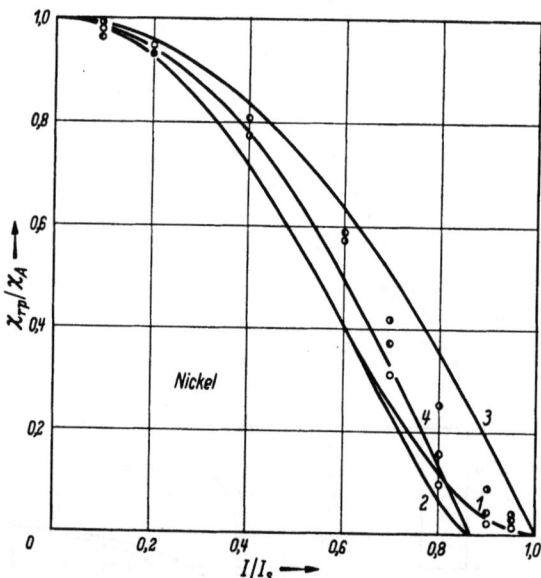

Abb. 34.6. χ_{rp}/χ von Nickel längs der Neukurve als Funktion von I/I_s nach Messungen von KIRKHAM [18] (○) bei 21,6°C, (◉) bei 99,0°C und (●) bei 171,5°C. Theoretische Kurven nach BROWN [23] (1) für I_s in allen Richtungen, (2) für I_s in allen ⟨111⟩-Richtungen, (3) I_s parallel zu ±H, (4) I_s in den zu ±H nächst benachbarten ⟨111⟩-Richtungen

GANS [21, 22] hat an Hand von Messungen an weichem Eisen, Nickel und Magnetstahl gezeigt, daß die reversible Suszeptibilität χ_{rp} ein und desselben Werkstoffs bei konstanter Temperatur in erster Näherung nur von der Magnetisierung abhängt. χ_r ist danach längs der Neukurve, längs des auf- und des absteigenden Astes der Magnetisierungsschleife und längs der wechselfeldidealisierten Magnetisierungskurve in erster Näherung eine eindeutige Funktion der Magnetisierung, und unabhängig von der magnetischen Vorgeschichte.

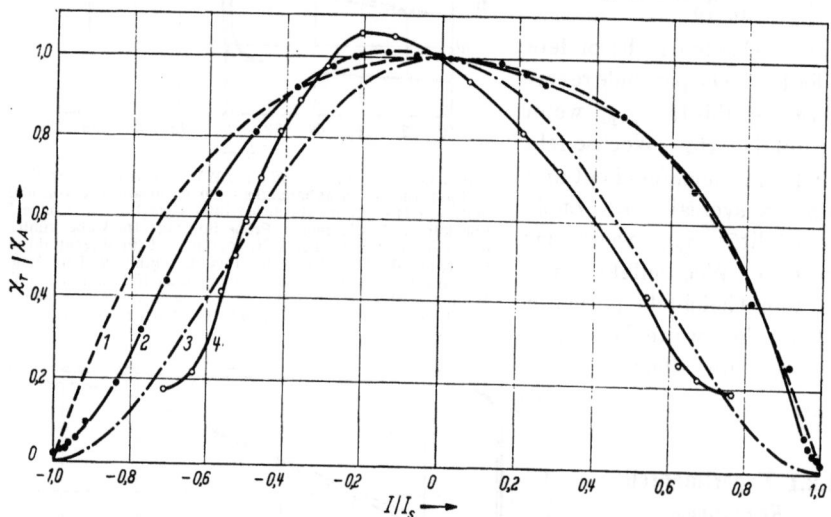

Abb. 34.7. Parallele und transversale reversible Suszeptibilität eines Ferrits als Funktion der Magnetisierung; (1), (2) χ_{rt}/χ_A berechnet nach Gl. (34.5) mit $f(x) = \mathrm{ctgh}\, x - 1/x$ bzw. gemessen; (3), (4) χ_{rp}/χ_A berechnet nach Gl. (34.2) ebenfalls mit $f(x) = \mathrm{ctgh}\, x - 1/x$ bzw. gemessen. (Nach GRIMES und MARTIN [20])

Dies stimmt nach den Messungen von GANS für die Neukurve und die wechselfeldidealisierte Kurve [22] tatsächlich recht gut, nicht so gut dagegen für die Äste der Magnetisierungsschleife. Sizoo [23] hat für Siliziumeisen in Abb. 34.8 gezeigt, daß μ_Δ (das ist die Steigung der Verbindungsgeraden zwischen den Spitzen der dem Gleichfeld überlagerten, kleinen Magnetisierungsschleife, s. a. Abb. 34.10) als Funktion von B für die Neukurve und die beiden Äste der Magnetisierungsschleife um so weniger differiert, je kleiner die Feldaussteuerung ΔH der kleinen Schleife ist. Der Autor vermutet danach, daß im rein reversiblen Fall, d. h. bei verschwindender Feldaussteuerung, wenn μ_Δ in μ_r übergeht, dieses tatsächlich eine eindeutige Funktion von B und unabhängig von der Vorgeschichte ist. Ob diese Vermutung stimmt, ist vorerst noch nicht nachgewiesen worden. Neuere Messungen an Ferriten von Grimes und Martin [20] in Abb. 34.9 deuten vielmehr an, daß χ_{rp} als Funktion von I offenbar von der maximalen Aussteuerung des Gleichfeldes abhängt. Es hat danach den Anschein, als ob die Funktionen $\chi_{rp}(I)$ längs der beiden Äste der Magnetisierungsschleife nur bei kleinen Gleichfeldaussteuerungen zusammenfielen, bei großen dagegen nicht. Der Unterschied der Kurven

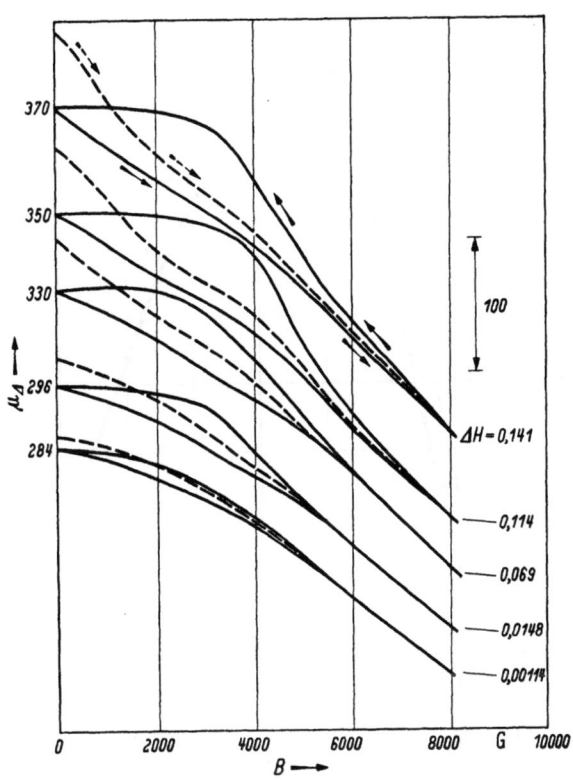

Abb. 34.8. Zusatzpermeabilität μ_Δ von Siliziumeisen längs der Neukurve (– – –) und längs der Schleife (———) als Funktion der Induktion gemessen bei verschiedenen Feldaussteuerungen ΔH. (Nach Sizoo [23])

$\chi_{rp}(I)$ längs der beiden Äste der Hystereseschleife ist ferner sehr stark vom Werkstoff abhängig ([2], daselbst S. 545, Fig. 11—62).

Gans [21] vermutete auf Grund seiner oben erwähnten Messungen ferner, daß die mit der Anfangssuszeptibilität χ_A reduzierte reversible Suszeptibilität χ_{rp}/χ_A für alle Werkstoffe ein und dieselbe universelle Funktion der reduzierten Magnetisierung I/I_s ist (Gesetz der korrespondierenden Zustände). Er gab [24] hierfür empirisch die Funktion

$$I/I_s = f(x), \quad \chi_{rp}/\chi_A = 3(df(x)/dx) = 3f'(x) \tag{34.2}$$

mit

$$f(x) = \operatorname{ctgh} x - 1/x = L(x) \tag{34.3}$$

an, durch welche die Meßergebnisse an Eisen und Nickel tatsächlich z. T. gut wiedergegeben werden. Samuel [19] wies jedoch nach, daß für weiches Kobalt zwar die Funktionen $\chi_{rp}(I)$ für die Neukurve und die beiden Äste der Magnetisierungsschleife im Rahmen der Meßgenauigkeit zusammenfallen, daß diese Funktion aber keinesfalls durch Gl. (34.2) darstellbar ist.

Der Einfluß einer Zugspannung auf χ_{rp} wurde von KATAYAMA und KUNITOMI [25] experimentell und theoretisch untersucht.

Die Temperaturabhängigkeit der reversiblen Suszeptibilität χ_{rp} längs der Neukurve wurde von KIRKHAM [18] an Nickel gemessen (s. Abb. 34.6).

34.2.2 Theorie

Die von GANS [24] empirisch angegebenen Gln.(34.2) und (34.3) wurden von BROWN [26, 27, 28] theoretisch aus der Modellvorstellung abgeleitet, daß das Ferromagnetikum im cm³ N gleich große Bezirke mit unveränderlichem Volumen enthält, welche unter dem Einfluß statistisch festgesetzter Kräfte stehen, so daß die bekannten Prinzipien der statistischen Mechanik anwendbar sind. BROWN erhält

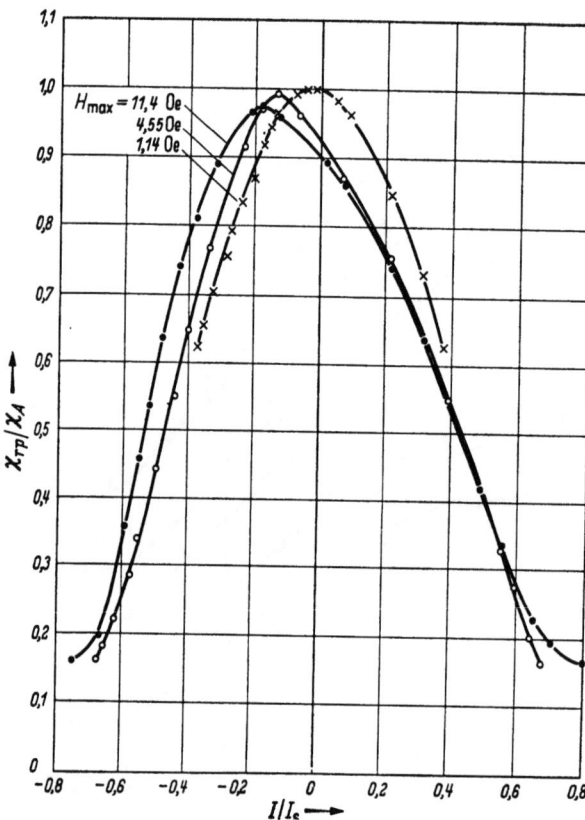

Abb. 34.9. χ_{rp}/χ_A eines Ferrits als Funktion von I/I_s längs der Hystereseschleife bei verschiedenen Aussteuerungen I_{max}/I_s der Schleife. (Nach GRIMES und MARTIN [20])

Gl. (34.2) für Kugelsymmetrie und kubische Symmetrie. Die Funktion $f(x)$ hängt von den genaueren Symmetrieeigenschaften der Kristallanisotropie ab. Es ergibt sich $f(x)$ entsprechend Gl. (34.3) für sphärische Symmetrie und etwas kompliziertere Ausdrücke für [111]- bzw. [100]-Anisotropie. Wie BROWN später [29] gezeigt hat, ergibt sich Gl. (34.2) auch dann, wenn man Wandverschiebungen zuläßt und entsprechend Volumenänderungen der Bezirke in Betracht zieht. In hexagonalem Kobalt ist die Kristallanisotropie einachsig. Hierfür liefert die Rechnung von BROWN ebenfalls Gl. (34.2) mit

$$f(x) = (1/x^2) \int_0^x u \, \text{tgh} \, u \, du. \tag{34.4}$$

In Abb. 34.6 ist ein Vergleich der von BROWN in verschiedenen Näherungen berechneten theoretischen Kurven mit dem von KIRKHAM [18] an Nickel gemessenen Verlauf von χ_r/χ_A als Funktion von I/I_s wiedergegeben.

Auf Anregung von BROWN haben GRIMES und MARTIN [20] das BROWNsche Modell auch auf die Transversalsuszeptibilität ausgedehnt und erhalten hierfür die Funktion

$$I/I_s = f(x), \quad \chi_{rt}/\chi_A = 3f(x)/x \qquad (34.5)$$

mit denselben entsprechend der Kristallsymmetrie zu berechnenden Funktionen $f(x)$ wie für die Parallelsuszeptibilität. Einen Vergleich des an einem Ferrit gemessenen Verlaufs von χ_{rp} bzw. χ_{rt} als Funktion von I/I_s mit dem nach Gl. (34.2) bzw. (34.5) für den kugelsymmetrischen Fall mit $f(x)$ nach Gl. (34.3) berechneten Verlauf zeigt Abb. 34.7. In der genannten Arbeit werden ferner die Möglichkeiten zur Berücksichtigung der experimentell in der oben geschilderten Weise merkbaren Einflüsse der magnetischen Vorgeschichte diskutiert.

34.3 Magnetisierungsschleifen bei Gleichfeldvorspannung

Wird entsprechend Abb. 34.10 einem konstanten Gleichfeld ein paralleles, langsamperiodisches Wechselfeld mit einer endlichen Amplitude ΔH überlagert, dann ergibt sich eine lanzettförmige Magnetisierungsschleife, welche bei kleinen Amplituden dieselbe Form hat, wie eine RAYLEIGH-Schleife. Die Steigung $\Delta B/\Delta H$ der Verbindungslinie zwischen den Spitzen der Schleife wird Zusatzpermeabilität genannt und mit μ_A bezeichnet

$$\mu_A = \Delta B/\Delta H. \qquad (34.6)$$

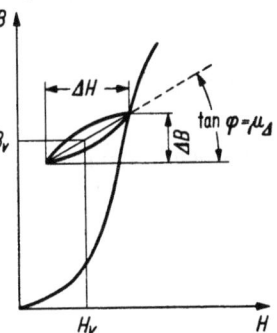

Abb. 34.10. Zur Definition von μ_A, μ_r sowie der verallgemeinerten RAYLEIGH-Regel. Erläuterung im Text

Im Grenzübergang zu verschwindender Amplitude $\Delta H \to 0$ geht μ_A entsprechend Gl. (34.1) in die reversible Permeabilität μ_r über. Die Mittelpunktskoordinaten der Verbindungslinie zwischen den Schleifenspitzen heißen Feldstärkevorspannung H_v und Induktionsvorspannung B_v.

Wird bei konstanter Vormagnetisierung die Amplitude ΔH des Wechselfeldes vergrößert, dann steigt μ_A im allgemeinen in Analogie zur RAYLEIGH-Regel linear mit ΔH an

$$\mu_A = \mu_r + \nu_A \Delta H. \qquad (34.7)$$

Gl. (34.7) gilt für eine feste Vormagnetisierung und kleine Amplituden ΔH mit konstanten Koeffizienten μ_r und ν_A, und stellt eine Verallgemeinerung der RAYLEIGH-Regel dar. Die Abhängigkeit von μ_r von der Vormagnetisierung haben wir im vorhergehenden Abschnitt bereits kennengelernt. Die Abhängigkeit der Konstante ν_A von der Magnetisierung wurde von EBINGER [30] und KAHAN [31] an verschiedenen Werkstoffen gemessen. Wie EBINGER festgestellt hat, ergibt sich für ν_A/ν ($\nu =$ RAYLEIGH-Konstante) als Funktion der reduzierten Vormagnetisierung B_v/B_s für viele Werkstoffe näherungsweise ein und dieselbe Funktion, welche in Abb. 34.11 dargestellt ist.

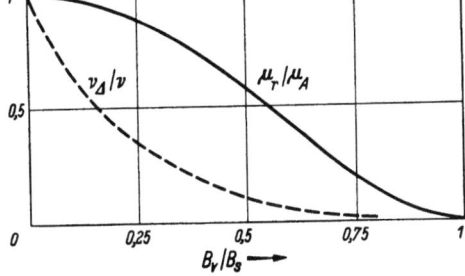

Abb. 34.11. Allgemeiner Verlauf von μ_r/μ_A und ν_A/ν als Funktion von B_v/B_s. (Nach EBINGER [30])

Wie man sich nach Abb. 34.10 leicht überlegt, nimmt bei konstanter Feldstärkevorspannung H_v die Induktionsvorspannung B_v mit wachsender Aussteuerung ΔH der überlagerten Schleife zunächst zu. In Abb. 34.12 ist für weiches Eisen der Zusammenhang zwischen B_v und ΔH für einen festen Feldwert H_v nach BOZORTH [2] dargestellt. Mit wachsender Aussteuerung ΔH steigt B_v von dem

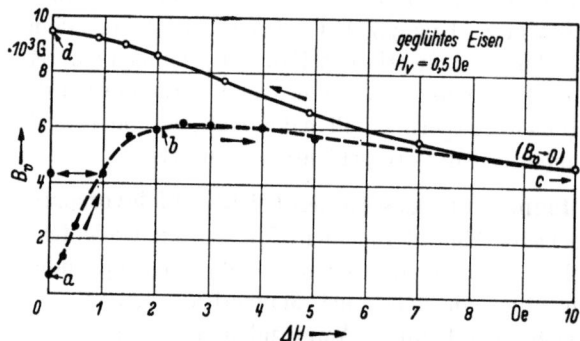

Abb. 34.12. Zusammenhang zwischen Induktionsvorspannung B_v und Wechselfeldaussteuerung ΔH bei fester Feldvorspannung $H_v = 0{,}5$ Oe gemessen an geglühtem Eisen. Erläuterung im Text. (Nach BOZORTH [2])

statischen Anfangswert (a) zunächst an, durchläuft ein Maximum (b) und geht dann für sehr große Aussteuerungen gegen Null (c). Läßt man von da an ΔH kontinuierlich auf Null abnehmen, dann nimmt B_v stetig bis auf einen bestimmten Endwert zu (d), welcher der Induktion auf der wechselfeldidealisierten Magnetisierungskurve bei der gewählten Feldstärke H_v entspricht.

Literatur zu Kap. 34

[1] Vacuumschmelze AG Hanau/Main, „Handbuch der Weichmagnetischen Werkstoffe", Ausgabe 1957.
[2] BOZORTH, R. M.: „Ferromagnetism", D. van Nostrand Book Co. (1951).
[3] STEINITZ, R.: J. Appl. Phys. 20 (1949) S. 712.
[4] TAKASAKI, A.: Sci. Rep. Tohoku Univ. A 5 (1953) S. 358, 365, 469, 479.
[5] CIOFFI, P. P.: Phys. Rev. 45 (1934) S. 742.
[6] CIOFFI, P. P., u. O. L. BOOTHBY: Phys. Rev. 55 (1939) S. 673.
[7] FAHLENBRACH, H.: Ann. Phys., Lpz. 2 (1948) S. 355.
[8] DILLINGER, J. F., u. R. M. BOZORTH: Physics 6 (1935) S. 279.
[9] BOZORTH, R. M., u. J. F. DILLINGER: Physics 6 (1935) S. 285.
[10] BOZORTH, R. M.: Rev. Mod. Phys. 25 (1953) S. 42.
[11] GOERTZ, M.: J. Appl. Phys. 22 (1951) S. 964.
[12] GOERTZ, M.: Phys. Rev. 82 (1951) S. 340.
[13] DAHL, O., u. J. PFAFFENBERGER: Metallwirtsch. 13 (1934) S. 527, 543, 559.
[14] DAHL, O., u. J. PFAFFENBERGER: Z. techn. Phys. 15 (1934) S. 99.
[15] PAWLEK, F.: Magnetische Werkstoffe, Berlin/Göttingen/Heidelberg: Springer 1952.
[16] SIX, W., J. L. SNOEK u. W. G. BURGERS: de Ingenieur 49 (1934) S. 195.
[17] DAHL, O., u. J. PFAFFENBERGER: Metallwirtsch. 14 (1935) S. 25.
[18] KIRKHAM, D.: Phys. Rev. 52 (1937) S. 1162.
[19] SAMUEL, M.: Ann. Phys., Lpz. 86 (1928) S. 798.
[20] GRIMES, D. M., u. D. W. MARTIN: Phys. Rev. 96 (1954) S. 889.
[21] GANS, R.: Phys. Z. 11 (1910) S. 988.
[22] GANS, R.: Ann. Phys., Lpz. 61 (1920) S. 379.
[23] SIZOO, J. G.: Ann. Phys., Lpz. 3 (1929) S. 270.
[24] GANS, R.: Phys. Z. 12 (1911) S. 1053.

[25] KARAYAMA, T., u. N. KUNITOMI: Sci. Rep. Tohoku Univ. A 2 (1950) S. 22.
[26] BROWN, W. F.: Phys. Rev. 52 (1937) S. 325.
[27] BROWN, W. F.: Phys. Rev. 53 (1938) S. 482.
[28] BROWN, W. F.: Phys. Rev. 54 (1938) S. 279.
[29] BROWN, W. F.: Phys. Rev. 55 (1939) S. 568.
[30] EBINGER, A.: Z. techn. Phys. 11 (1930) S. 221.
[31] KAHAN, T.: Ann. Phys., Paris 9 (1938) S. 105.

35. Einmündung in die magnetische Sättigung
35.1 Verlauf der Magnetisierung in hohen Feldern

In hinreichend hohen Feldern sind praktisch keine BLOCH-Wände mehr vorhanden. Eine Änderung der Magnetisierung I in Feldrichtung ergibt sich dann noch sowohl durch reversible Drehung der spontanen Magnetisierung I_s in den bestehenden Anisotropiefeldern als auch durch reversible Vergrößerung der wahren Magnetisierung über den thermodynamischen Gleichgewichtswert I_s hinaus, den sog. Paraprozeß. In der Nähe der technischen Sättigung ($I > 0,98 \, I_s$) können wir ferner annehmen, daß die lokale Magnetisierung im wesentlichen nur noch sehr kleine Winkel $\varphi \ll 1$ mit der Feldrichtung bildet. Dies ist das Gebiet der Einmündung in die Sättigung.

Der Verlauf der Magnetisierungskurve in hohen Feldern kann rein formal durch den Ansatz

$$I = I_s \left(1 - \frac{a}{H} - \frac{b}{H^2} - \frac{c}{H^3} - \cdots \right) + \pi(H) \tag{35.1}$$

mit konstanten Koeffizienten $a, b, c, \ldots$ dargestellt werden. Hierin entspricht der erste Term dem Hereindrehen der (als konstant betrachteten) spontanen Magnetisierung I_s in die Feldrichtung und der zweite Term dem Paraprozeß.

Im Bereich der Einmündung in die Sättigung ändert sich die Magnetisierung nur noch sehr wenig (Größenordnung Prozent). Experimentell bestimmt man deshalb nicht den Absolutwert der Magnetisierung als Funktion der Feldstärke, was unpraktisch und nicht sehr genau wäre, sondern den Verlauf der differentiellen Suszeptibilität $\chi = dI/dH$. Hierfür ergibt sich aus Gl. (35.1)

$$dI/dH = \chi = \sum_{n \geq 2} C_n/H^n + \pi'(H) \tag{35.2}$$

mit Konstanten C_n und ganzzahligen n.

Ebenso wie bei Einkristallen (s. 28.2.4) können auch alle für Vielkristalle bekannten Meßergebnisse [1] bis [21], [44] bis [48] an verschiedenen Werkstoffen in verschiedenen Werkstoffzuständen (rekristallisiert, kaltverformt usw.) bei hinreichend weit unterhalb der CURIE-Temperatur gelegenen Temperaturen und in Feldern der Größenordnung 500 bis 20000 Oe innerhalb der Meßgenauigkeit in der der Gl. (35.2) entsprechenden Form

$$\chi = C_2/H^2 + C_3/H^3 + \pi'(H) \tag{35.3}$$

mit $\pi'(H) = \chi_0 = $ konst. dargestellt werden. Experimentell ergibt sich also, daß man die Potenzreihe Gl. (35.2) bereits nach dem 2. Glied abbrechen kann. Die Größen χ_0, C_2, C_3 sind innerhalb des jeweils untersuchten Feldstärkebereichs konstant und hängen nur von der Temperatur ab.

Die Konstanten C_2 und C_3 werden, wie POLLEY [*10*] gezeigt hat, am einfachsten in der Weise bestimmt, daß man $(\chi - \chi_0) H^3$ als Funktion von H aufträgt. Nach der Gl. (35.3) ergibt sich hierfür mit $\pi'(H) = \chi_0$ eine Gerade

$$(\chi - \chi_0) H^3 = C_2 H + C_3, \qquad (35.4)$$

mit der Steigung C_2 und dem Ordinatenabschnitt C_3. Etwas problematisch ist diese Auswertungsmethode der Meßergebnisse lediglich dadurch, daß man den richtigen χ_0-Wert nicht kennt. Dieser kann praktisch nur durch Probieren bestimmt werden und ergibt sich als derjenige Wert, durch welchen man entsprechend Gl. (35.4) für $(\chi - \chi_0) H^3$ als Funktion von H einen linearen Verlauf erhält. Wegen dieser Schwierigkeit streuen die für gleiche Werkstoffe bei gleicher Temperatur in der Literatur angegebenen χ_0-Werte verhältnismäßig stark. Abb. 35.1 zeigt die nach Gl. (35.4) ausgewerteten Meßergebnisse an einer Probe aus gegossenem Nickel bei verschiedenen Temperaturen.

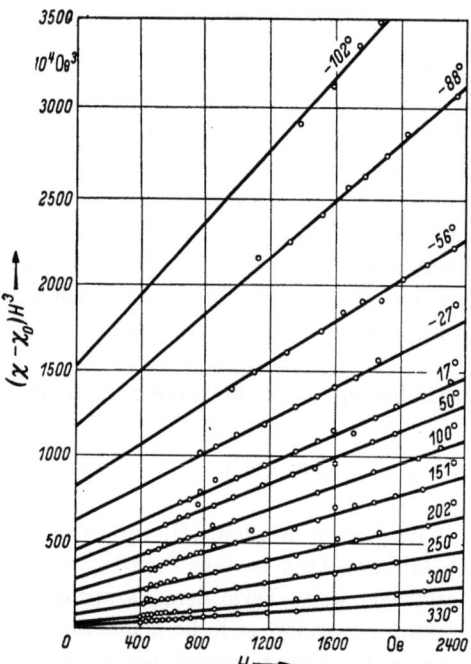

Abb. 35.1. $(\chi - \chi_0) H^3$ als Funktion von H gemessen an hartem Nickel bei verschiedenen Temperaturen. (Nach KNELLER [*17*])

Theoretische Untersuchungen des Magnetisierungsverlaufs in hohen Feldern haben ergeben, daß der formale Ansatz Gl. (35.1) bzw. das empirische Einmündungsverhalten Gl. (35.3) kein Gesetz darstellt, sondern lediglich eine Näherung, deren Anwendbarkeit zwar auf kein bestimmtes Temperaturgebiet, wohl aber auf einen gewissen Feldstärkebereich beschränkt ist. Dies ergibt sich sofort daraus, daß der Term a/H in Gl. (35.1) bzw. C_2/H^2 in Gl. (35.3) zu einer unendlich großen Magnetisierungsarbeit führen würde, wenn er bis zu höchsten Feldstärken mit konstantem Koeffizienten a bzw. C_2 bestehen bliebe [*22*].

Es ist selbstverständlich, daß für Vielkristalle ebenso wie für Einkristalle jede Theorie der Einmündung in die magnetische Sättigung auf eine Reihenentwicklung führen muß. Untersuchungen von BROWN [*23, 24, 25*], NÉEL [*22*], KRONMÜLLER [*26, 27*] sowie SEEGER und KRONMÜLLER [*28*] haben jedoch gezeigt, daß man bei der theoretischen Behandlung des Magnetisierungsverlaufs in hohen Feldern allgemein nicht von dem formalen Ansatz Gl. (35.1) ausgehen und die einzelnen Terme jeweils für sich und getrennt auf bestimmte Eigenschaften des Kristallgefüges zurückführen kann, wie dies vorher vielfach versucht worden war. Es ist vielmehr so, daß der Magnetisierungskurve in hohen Feldern, abgesehen von dem Paraprozeß, ein einziger Elementarprozeß zugrunde liegt: die reversible Drehung der spontanen Magnetisierung unter der Wirkung des angelegten Feldes, der Anisotropiefelder des Kristalls, der Austauschenergie und der magnetischen Streufelder sowohl an den Korngrenzen als auch an allen möglichen Gitterstörungen. Dies führt für kleine Winkel zwischen Feld und Magnetisierung innerhalb bestimmter Feldstärkebereiche auf bestimmte Reihenentwicklungen, welche, wie das Experiment beweist, z. B. auch durch den formalen Ansatz (35.1) angenähert werden können.

Unter diesem Gesichtspunkt wollen wir nachfolgend das empirische Einmündungsgesetz [Gl. (35.3)] mit Hilfe der im wesentlichen bereits in 28.2.4 besprochenen theoretischen Ergebnisse diskutieren.

35.2 Der Paraprozeß

Nach AKULOV [29] entspricht der Term $\pi(H)$ in Gl. (35.1) einer unter der Wirkung des äußeren Feldes eintretenden Zunahme der wahren Magnetisierung über den thermodynamischen Gleichgewichtswert I_s der spontanen Magnetisierung hinaus. Dementsprechend verschwindet dieser Term am absoluten Nullpunkt.

Infolge des etwas problematischen Bestimmungsverfahrens streuen die für gleiche Werkstoffe bei gleicher Temperatur in der Literatur (für Nickel s. [30, 8, 10, 11, 17]) angegebenen experimentellen Werte für das Glied χ_0 [Gl. (35.4)] relativ stark. Es kann jedoch als gesichert angesehen werden, daß χ_0 vom Werkstoffzustand (kaltverformt, rekristallisiert usw.) unabhängig ist. Abb. 35.2 zeigt die an Nickel von WEISS und FORRER [30] bei Feldstärken oberhalb 10000 Oe und von KNELLER [17] bei Feldstärken zwischen 500 und 2500 Oe bestimmte Temperaturabhängigkeit von χ_0. Danach steigt χ_0 bei tiefen Temperaturen nahezu linear mit der Temperatur an und nimmt in der Nähe der CURIE-Temperatur plötzlich sehr rasch zu. Die quantentheoretische Berechnung

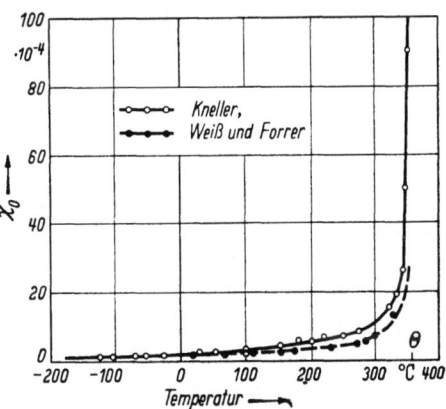

Abb. 35.2. Temperaturabhängigkeit von χ_0 bei Nickel. (Nach WEISS und FORRER [30] und KNELLER [17])

von χ_0 durch HOLSTEIN und PRIMAKOFF [31] führt für Nickel bei Raumtemperatur für eine Feldstärke von 4000 Oe auf den Wert $1,2 \cdot 10^{-4}$ in befriedigender Übereinstimmung mit den Meßergebnissen.

Eine merkliche Feldabhängigkeit der Suszeptibilität $\pi'(H)$ des Paraprozesses wurde, insbesondere für höhere Temperaturen, bereits von AKULOV [29] postuliert und später von HOLSTEIN und PRIMAKOFF [31] berechnet. Die quantenmechanische Rechnung liefert für $\chi_0 = \pi'(H)$ den Ausdruck

$$\pi'(H) = \alpha(T) \left[\left(\frac{4\pi I_0}{H}\right)^{1/2} + \arcsin\left(\frac{4\pi I_0}{H + 4\pi I_0}\right)^{1/2} \right], \tag{35.5}$$

während man bei klassischer Behandlung der magnetischen Wechselwirkungen mit Hilfe des LORENTZ-Feldes zu der Beziehung

$$\pi'(H) = 2\alpha(T) \left(\frac{4\pi I_0}{H + \gamma I_0}\right)^{1/2} \tag{35.6}$$

gelangt mit

$$\alpha(T) = \frac{I_0 - I_s}{I_0} \cdot \frac{1}{16 \cdot 1{,}3 \cdot \sqrt{2}} \left(\frac{4\pi \mu_B I_0}{kT} \right)^{1/2}. \tag{35.7}$$

Hierin bedeuten I_0 die spontane Magnetisierung am absoluten Nullpunkt (absolute Sättigung), I_s die spontane Magnetisierung bei der Meßtemperatur, μ_B das BOHRsche Magneton und γ einen Zahlfaktor der Größenordnung $4\pi/3$.

Ein wesentlicher Unterschied zwischen Gl. (35.5) und Gl. (35.6) besteht nur für $H \ll 4\pi I_0$. Hierfür ändert sich $\pi'(H)$ mit H nach Gl. (35.5) wie $1/\sqrt{H}$, während $\pi'(H)$ nach Gl. (35.6) einen konstanten Wert hat. Für $H \gg 4\pi I_0$ werden beide Ausdrücke identisch, und $\pi'(H)$ ist proportional zu $1/\sqrt{H}$. Wir bemerken ferner, daß bei tiefen Temperaturen, solange das BLOCHsche $T^{3/2}$-Gesetz gilt [s. Gl. (11.17a)], $\alpha(T)$ und damit auch $\pi'(H)$ proportional zu T ansteigt, im Einklang mit den Experimenten in Abb. 35.2. Daß die experimentellen Ergebnisse mit konstantem $\pi'(H) = \chi_0$ befriedigend dargestellt werden können, liegt im wesentlichen daran, daß bei geeigneter Wahl der Konstanten C_2 und C_3 in Gl. (35.4) die Feldabhängigkeit von $\pi'(H)$ durch die Glieder C_2/H^2 und C_3/H^3 über einen weiten Feldstärkebereich ausgeglichen werden kann. Deshalb findet man auch wie Abb. 35.2 zeigt, bei der formalen Bestimmung von χ_0 nach Gl. (35.4) in verschieden großen Feldstärkebereichen für χ_0 unterschiedliche Werte.

35.3 Die reversiblen Drehungen

BROWN [23, 24, 25] hat als erster bereits 1940/41 erkannt, daß man bei der theoretischen Behandlung der reversiblen Drehprozesse in hohen Feldern nicht mit einer pauschalen Eigenspannungsgröße rechnen darf, wie dies vorher allgemein üblich war, sondern daß man die spezielle Natur der tatsächlich vorhanden und im wesentlichen von Versetzungen herrührenden Eigenspannungsfelder (s. Kap. 23) berücksichtigen muß. Eine weitere Ausführung der BROWNschen Ideen für bestimmte, aus der Theorie der plastischen Verformung bekannte Versetzungsanordnungen durch KRONMÜLLER [26, 27] sowie SEEGER und KRONMÜLLER [28] ergibt für die Suszeptibilität eine Reihenentwicklung der Form Gl. (35.2), in welcher jedoch, im Gegensatz zu dem formalen Ansatz, für n auch halbzahlige Werte vorkommen. Nach den speziell für mittelorientierte Einkristalle durchgeführten Rechnungen von KRONMÜLLER sind insbesondere die ersten drei Glieder der Reihenentwicklung wesentlich

$$\chi = \frac{C_2}{H^2} + \frac{C_{5/2}}{H^{5/2}} + \frac{C_3}{H^3} + \cdots + \pi'(H). \tag{35.8}$$

Abgesehen von den speziellen Zahlwerten der Konstanten hat Gl. (35.8) jedoch allgemeine Bedeutung und kann der folgenden Diskussion des Einmündungsverhaltens zugrunde gelegt werden.

Ein Term C_3/H^3 ergibt sich für reversible Drehungen der spontanen Magnetisierung im Kristallanisotropiefeld sowie in dem „langwelligen" Spannungsfernfeld (Spannungen 1. und 2. Art) von Versetzungen. Dieser Term folgt, wie bereits in 28.2.4 ausgeführt, für die Kristallanisotropie direkt aus dem Potentialansatz Gl. (28.32) und wurde für kubische Kristalle von AKULOV [32], GANS [33, 34] und BECKER und DÖRING [35] übereinstimmend berechnet. Beim Vielkristall ist entsprechend der Orientierungsverteilung der Kristallite in Gl. (28.34) noch über die β_i zu mitteln. Die Rechnung für langwellige Eigenspannungsfelder ist im Prinzip analog [13] (s. a. 28.2.4). Insgesamt ergibt sich bei isotroper Orientierungsverteilung der Kristallachsen und der Richtungen der langwelligen Eigenspannungen für den proportional zu $1/H^3$ abnehmenden Suszeptibilitätsanteil unter Vernachlässigung von Gliedern höherer Ordnung und bei Beschränkung auf den K_1-Term der Kristallenergie

$$\chi = \frac{1}{I_s}\left(\frac{16}{105}K_1^2 + \frac{6}{5}\lambda_s^2 \overline{\sigma_i^2}\right)\frac{1}{H^3}, \qquad (35.9)$$

worin $\overline{\sigma_i^2}$ das mittlere Quadrat der langwelligen Eigenspannungen und λ_s die als isotrop angenommene Sättigungsmagnetostriktion bedeutet. DANAN [36] hat die Rechnung unter Einbeziehung des K_2-Terms durchgeführt.

Unberücksichtigt blieben in allen genannten Rechnungen [Gl. (35.9)] die magnetischen Wechselwirkungen zwischen den Kristalliten, oder, was dasselbe ist, der Einfluß des inneren entmagnetisierenden Feldes H_{ie}, welches aus der Tatsache folgt, daß das Anisotropiefeld in jedem Kristalliten eine andere Orientierung hat. Eine diesbezügliche Rechnung wurde erstmals von HOLSTEIN und PRIMAKOFF [37] und später und unabhängig davon von NÉEL [38, 39] durchgeführt. Das übereinstimmende Ergebnis dieser Arbeiten ist, daß die rechte Seite von Gl. (35.9) mit dem feldabhängigen Faktor

$$G(\gamma) = \frac{1}{2} + \frac{\gamma}{4(1+\gamma)} + \frac{\gamma^2}{4(1+\gamma)^{3/2}}\operatorname{arc\,tgh}\left(\frac{1}{1+\gamma}\right)^{1/2} \qquad (35.10)$$

mit $\gamma = H/4\pi I_s$ zu multiplizieren ist. Für $\gamma \ll 1$ ergibt sich $G = 0{,}5$ und für $\gamma \gg 1$ wird $G = 1{,}0$. Solange $\gamma < 0{,}3$ ist (bei Nickel $H < 2000$ Oe, bei Eisen $H < 6500$ Oe), kann man Gl. (35.10) näherungsweise in der Form

$$G(\gamma) = G_1 + G_2\gamma \qquad (35.11)$$

mit den feldunabhängigen Zahlkonstanten $G_1 = 0{,}5$ und $G_2 \approx 0{,}276$ schreiben. Unter Berücksichtigung der inneren entmagnetisierenden Felder ergibt sich also, wenn $\gamma < 0{,}3$ ist, mit Gl. (35.9) und Gl. (35.11)

$$\chi = \frac{G_1}{I_s}\left(\frac{16}{105}K_1^2 + \frac{6}{5}\lambda_s^2\overline{\sigma_i^2}\right)\frac{1}{H^3} + \frac{G_2}{8\pi I_s^2}\left(\frac{16}{105}K_1^2 + \frac{6}{5}\lambda_s^2\overline{\sigma_i^2}\right)\frac{1}{H^2}$$
$$= C_3/H^3 + C_2/H^2 \qquad (35.12)$$

und wenn $\gamma \gg 1$ ist, wieder Gl. (35.9).

Nach Gl. (35.9) bzw. Gl. (35.12) setzt sich der Term C_3/H^3 additiv aus zwei Anteilen zusammen, einem Kristallanisotropieanteil und einem Spannungsanisotropieanteil, deren Temperaturabhängigkeit durch K_1^2/I_s bzw. $\lambda_s^2 E/I_s$ (E = Elastizitätsmodul) gegeben ist. Wie KNELLER in Abb. 35.3 gezeigt hat, stimmt die an einer Nickelprobe gemessene Temperaturabhängigkeit der Konstante C_3 innerhalb der Meßgenauigkeit mit der nach Gl. (35.12) theoretisch zu erwartenden überein.

In einem homogenen, bei hohen Temperaturen rekristallisierten Material sind die Eigenspannungen im allgemeinen so gering, daß der Spannungsanteil gegenüber dem Kristallanisotropieanteil vernachlässigt werden kann. Nach Gl. (35.12) kann dann der Betrag der Kristallanisotropiekonstante K_1 aus der experimentell bestimmten Konstante C_3 berechnet werden. Man erhält

$$|K_1| = \sqrt{\frac{105 \cdot I_s \cdot C_3}{16\, G(\gamma)}}, \qquad (35.13)$$

wobei für $\gamma < 0{,}3$ $G(\gamma) = 0{,}5$ und für $\gamma \gg 1$ $G(\gamma) = 1{,}0$ einzusetzen ist. Wie Abb. 35.4 zeigt, konnte KNELLER [17] auf diese Weise die Kristallanisotropiekonstante K_1 von Nickel zwischen -100 und $+150\,°\text{C}$ in verhältnismäßig guter Übereinstimmung mit den Einkristallmessungen von BRUKHATOV und KIRENSKI [40] bestimmen.

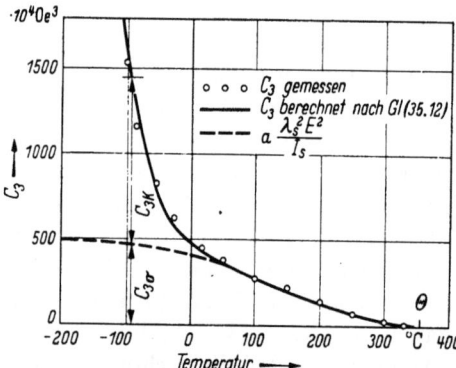

Abb. 35.3. Analyse der gemessenen Temperaturabhängigkeit der Konstante C_3 nach Gl. (35.12) für dieselbe Nickelprobe wie in Abb. 35.1. (Nach KNELLER [17])

Der Term $C_{5/2}/H^{5/2}$ ist nach KRONMÜLLER durch das Streufeld infolge „kurzwelliger" Richtungsschwankungen der spontanen Magnetisierung im Spannungsnahfeld von Versetzungen, d. h. durch das innere Streufeld H_{is} bedingt. Dieser Term ist nur wesentlich, solange $H \ll 4\pi I_s$ bleibt. Er verschwindet für $H \gg 4\pi I_s$.

Zu einem Term C_2/H^2 kennen wir insgesamt vier Beiträge: 1. Ein Beitrag ergibt sich nach Gl. (35.12) durch das innere entmagnetisierende Feld H_{ie}, solange $H < 4\pi I_s$ bleibt. Dieser Beitrag verschwindet für $H \gg 4\pi I_s$, wenn $G(\gamma) = 1$ wird. 2. Ein weiterer Beitrag ist nach KRONMÜLLER durch das innere Streufeld H_{is} (wie bei dem Term $C_{5/2}/H^{5/2}$) bedingt und sowohl für $H < 4\pi I_s$ als auch für $H > 4\pi I_s$ vorhanden. Dieser Beitrag verschwindet erst für $H \to \infty$. 3. Nach den Rechnungen von KRONMÜLLER führen auch reversible Drehungen der spontanen Magnetisierung im Spannungsnahfeld der Spitze einer Versetzungsgruppe, oder allgemeiner im Spannungsnahfeld von mindestens zwei Versetzungen mit gleichem BURGERS-Vektor in derselben Gleitebene mit einem Abstand $r_{ij} < (A/H_{\text{eff}}\, I_s)^{1/2}$ ($A =$ Konstante der Austauschenergie, s. a. 28.2.4) zu einem Term der Form C_2/H^2. Dieser Beitrag ist ebenfalls sowohl für $H < 4\pi I_s$ als auch für $H > 4\pi I_s$ vorhanden und verschwindet erst für $H \to \infty$. 4. Schließlich hat NÉEL [41, 22] gezeigt, daß auch unmagnetische Einschlüsse (Poren) Anlaß zu einem Term C_2/H^2 geben. v sei der Volumenanteil

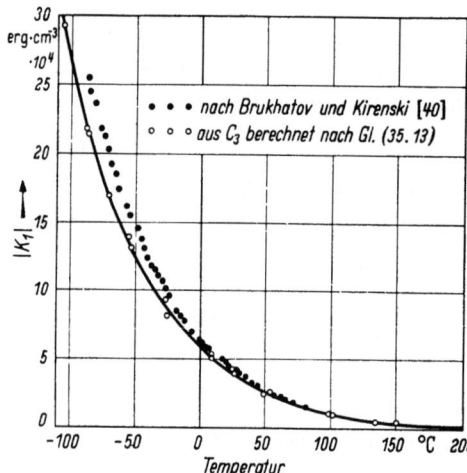

Abb. 35.4. Vergleich der aus dem Einmündungsgesetz des Vielkristalls nach Gl. (35.13) mit der aus Einkristallmessungen [40] direkt bestimmten Temperaturabhängigkeit der Konstante K_1 der Kristallenergie von Nickel. (Nach KNELLER [17])

35.3 Die reversiblen Drehungen

der unmagnetischen Einschlüsse und $I_m = (1-v)\,I_s$ die mittlere Sättigungsmagnetisierung des porösen Materials (I_s = spontane Magnetisierung des reinen Ferromagnetikums). Damit erhält Néel für das Einmündungsgesetz die Gleichung (bei Abwesenheit von Kristall und Spannungsanisotropie)

$$I = I_s \left\{ 1 - \frac{v}{2(1-v)} \left[\frac{2+3\alpha}{4(1+\alpha)^{1/2}} \cdot \ln\left(\frac{(1+\alpha)^{1/2}+1}{(1+\alpha)^{1/2}-1}\right) - \frac{3}{2} \right] \right\} \qquad (35.14)$$

mit $\alpha = H/4\pi I_m$. Im Grenzfall für große Werte α, also für sehr hohe, im allgemeinen nicht erreichbare Felder, nimmt die eckige Klammer den Wert $(2/15)\cdot\alpha^{-2}$ an. Es ergibt sich also ein Term C_3/H^3 für die Suszeptibilität. In schwächeren Feldern, für Eisen bei einigen Tausend bis 50000 Oe, ändert sich die Magnetisierung nach Gl. (35.14) dagegen annähernd linear mit $1/H$, entsprechend einem Term C_2/H^2 für die Suszeptibilität. Gl. (35.14) wurde von Lorin [22] für poröses Eisen unterschiedlicher Dichte mit v zwischen 0 und 0,4 experimentell bestätigt.

Die ganze Schwierigkeit einer experimentellen Bestimmung der theoretisch zu fordernden Glieder des Einmündungsgesetzes wird insbesondere durch neuere Untersuchungen von Danan [19, 21] beleuchtet. Wie Danan gezeigt hat, können seine Messungen der Magnetisierung I als Funktion der Feldstärke H an Eisen und Nickel in Feldern bis zu 25000 Oe innerhalb der erzielten Meßgenauigkeit von etwa 1⁰/₀₀ bei geeigneter Wahl der Konstanten durch den Ausdruck

$$I = I_s(1 - b/H^2) + \pi(H), \qquad (35.15)$$

d. h. auch ohne einen Term a/H (entsprechend dem Term C_2/H^2 der Suszeptibilität) dargestellt werden. $\pi(H)$ ist dabei der von Holstein und Primakoff berechnete Magnetisierungsanteil des Paraprozesses. Diese Darstellung ist bei unverformten Kristallen näherungsweise richtig, nicht aber bei verformten Kristallen, denn dort kann, wie die Theorie gezeigt hat, der bei Verformung rasch anwachsende Term a/H nicht vernachlässigt werden. Tatsächlich findet man auch, daß bei Einbeziehung eines solchen Terms mit der näherungsweise richtigen Größenordnung der Konstante a und entsprechender Verkleinerung der Konstante b die Messungen von Danan ebensogut oder sogar besser angenähert werden können als mit der Gl. (35.15).

Die Änderung der empirischen Konstanten C_2 und C_3 durch plastische Verformung, Rekristallisation und äußere mechanische Spannungen wurde bereits im Zusammenhang mit den Einkristallmessungen in 28.2.4 besprochen. Hier seien besonders noch die wesentlichen Unterschiede des Einmündungsverhaltens von Ein- und Vielkristallen hervorgehoben. Sie ergeben sich 1. durch das im Vielkristall, nicht aber im Einkristall bestehende innere entmagnetisierende Feld H_{ie} und 2. bezüglich des Einflusses plastischer Verformung durch die bekannten Unterschiede der Eigenspannungszustände in plastisch verformten Ein- und Vielkristallen.

Der Verlauf der Einmündung in die Sättigung unter äußerer Zugspannung wurde von Buhl [42] an vielkristallinem Nickel untersucht und theoretisch diskutiert, wobei jedoch der Einfluß des inneren entmagnetisierenden Feldes unberücksichtigt blieb.

Pál und Tarnóczi [43] (s. a. [36]) haben die Temperaturabhängigkeit der Suszeptibilität in hohen Feldern an Kobalt theoretisch und experimentell untersucht.

Literatur zu Kap. 35

[1] Weiss, P.: J. Phys. Radium 9 (1910) S. 373.
[2] Steinhaus, W., u. E. Gumlich: Verh. dtsch. phys. Ges. 17 (1915) S. 271.
[3] Weiss, P., u. R. Forrer: Ann. Phys., Paris 12 (1929) S. 279.
[4] Czerlinsky, E.: Ann. Phys., Lpz. 13 (1932) S. 80.
[5] Sadron, C.: Ann. Phys., Paris 17 (1932) S. 371.
[6] Fallot, M.: Ann. Phys., Paris 6 (1936) S. 305.
[7] Fallot, M.: Ann. Phys., Paris 7 (1937) S. 420.
[8] Fallot, M.: Ann. Phys., Paris 10 (1938) S. 291.
[9] Steinhaus, W., A. Kussmann u. E. Schoen: Phys. Z. 38 (1937) S. 777.
[10] Polley, H.: Ann. Phys., Lpz. 36 (1939) S. 625.
[11] Kaufmann, A. R.: Phys. Rev. 55 (1939) S. 1142.
[12] Kaufmann, A. R.: Phys. Rev. 57 (1940) S. 1089.
[13] Becker, R., u. H. Polley: Ann. Phys., Lpz. 37 (1940) S. 534.
[14] Parfenow, W. W.: Nachr. Akad. Wiss. UdSSR, Phys. Ser. 16 (1952) S. 601.
[15] Pan, S. T.: Acta Sci. Sinica 1 (1952) S. 133.
[16] Pan, S. T.: Acta Sci. Sinica 9 (1953) S. 15.
[17] Kneller, E.: in „Beiträge zur Theorie des Ferromagnetismus und der Magnetisierungskurve", herausgeg. von W. Köster, Berlin/Göttingen/Heidelberg: Springer 1956.
[18] Dietrich, H., u. E. Kneller: Z. Metallkde. 47 (1956) S. 672.
[19] Danan, H.: Thèsis Straßburg 1958.
[20] Danan, H.: C. R. Acad. Sci., Paris 246 (1958) S. 73.
[21] Danan, H.: C. R. Acad. Sci., Paris 246 (1958) S. 401.
[22] Néel, L.: J. Phys. Radium 9 (1948) S. 184.
[23] Brown, W. F.: Phys. Rev. 58 (1940) S. 736.
[24] Brown, W. F.: Phys. Rev. 60 (1941) S. 139.
[25] Brown, W. F.: Phys. Rev. 82 (1951) S. 94.
[26] Kronmüller, H.: Diss. Stuttgart 1958.
[27] Kronmüller, H.: Z. Phys. 154 (1958) S. 574.
[28] Seeger, A., u. H. Kronmüller: J. Phys. Chem. Solids 12 (1960) 298.
[29] Akulov, N. S.: Z. Phys. 69 (1931) S. 822.
[30] Weiss, P., u. R. Forrer: Ann. Phys., Paris 5 (1926) S. 153.
[31] Holstein, T., u. H. Primakoff: Phys. Rev. 58 (1940) S. 1098.
[32] Akulov, N. S.: Z. Phys. 69 (1931) S. 822.
[33] Gans, R.: Ann. Phys., Lpz. 15 (1932) S. 28.
[34] Gans, R.: Phys. Z. 33 (1932) S. 929.
[35] Becker, R., u. W. Döring: Ferromagnetismus, Berlin: Springer 1939, S. 167ff.
[36] Danau, H.: C. R. Acad. Sci., Paris 246 (1958) S. 1822.
[37] Holstein, T., u. H. Primakoff: Phys. Rev. 59 (1941) S. 388.
[38] Néel, L.: J. Phys. Radium 9 (1948) S. 193.
[39] Néel, L.: C. R. Acad. Sci., Paris 220 (1945) S. 814.
[40] Brukhatov, N. L., u. L. V. Kirenski: Phys. Z. Sowjet. 12 (1937) S. 608.
[41] Néel, L.: C. R. Acad. Sci., Paris 220 (1945) S. 738.
[42] Buhl, O.: Z. Phys. 126 (1949) S. 84.
[43] Pál, L., u. T. Tarnóczi: Acta Physica Acad. Sci. Hungaricae 6 (1956) S. 225.
[44] Peschard, M.: C. R. Acad. Sci., Paris 180 (1925) S. 1836.
[45] Guillaud, C., u. J. Wyart: C. R. Acad. Sci., Paris 222 (1946) S. 71.
[46] Guillaud, C., u. S. Barbezat: C. R. Acad. Sci., Paris 222 (1946) S. 386.
[47] Guillaud, C., u. Creveaux: C. R. Acad. Sci., Paris 222 (1946) S. 1170.
[48] Guillaud, C., u. Creveaux: C. R. Acad. Sci., Paris 222 (1947) S. 266.

36. Idealisierung und Abmagnetisierung. Der unmagnetische Zustand

36.1 Grundsätzliches

Legt man an einen ferromagnetischen Körper ein magnetisches Gleichfeld an und überlagert diesem ein paralleles, niederfrequentes Wechselfeld, dessen Amplitude von hinreichend hohen Werten (so daß eine Aussteuerung der Magnetisierungskurve bis zur vollständigen Sättigung in beiden Richtungen gewährleistet ist) kontinuierlich bis auf Null abnimmt, so gelangt man, wie bereits in 34.3 ausgeführt (s. a. Abb. 34.12), zu dem, der Gleichfeldstärke zugeordneten Magnetisierungswert (bzw. Induktionswert) auf der in 7.2 definierten, idealen Magnetisierungskurve. STEINHAUS und GUMLICH [1] bezeichneten diesen Vorgang als Idealisierung, und da es noch andere Idealisierungsmöglichkeiten gibt, nennen wir ihn Wechselfeldidealisierung. Die ideale Magnetisierung ist vollkommen unabhängig von dem magnetischen Zustand der Probe vor der Idealisierung und der zugehörigen Gleichfeldstärke eindeutig zugeordnet. Die idealisierte Magnetisierungskurve ist hysteresefrei.

Durch die Idealisierung ist also offenbar die magnetische Vorgeschichte ausgelöscht und ein neuer, dem angelegten Gleichfeld eindeutig zugeordneter magnetischer Zustand geschaffen worden. Derartige idealisierte Zustände haben große Bedeutung als definierte und reproduzierbare Ausgangszustände für magnetische Messungen. Besonders wichtig ist in diesem Zusammenhang der Zustand nach Idealisierung im Gleichfeld Null. Die zugehörige Magnetisierung ist ebenfalls Null, und dieser Zustand wird daher als ideal unmagnetischer Zustand bezeichnet. Für eine zu einem solchen unmagnetischen Zustand führende Idealisierung hat sich die von GERLACH angeregte Bezeichnung „Abmagnetisierung" eingebürgert.

Es ist hierzu noch besonders zu bemerken, daß sowohl der unmagnetische Zustand als auch jeder Punkt auf der idealen Magnetisierungskurve einfach durch zwei einander entgegengesetzte Feldänderungen erreicht werden kann. Dies entspricht jedoch keiner Idealisierung, weil dabei die magnetische Vorgeschichte nicht ausgelöscht wird.

Eine Idealisierung kann man außer mit einem Wechselfeld auch durch Erhitzen der Probe über die CURIE-Temperatur und Wiederabkühlung in einem Gleichfeld bzw. im Feld Null erreichen. Diese sog. thermische Idealisierung bzw. Abmagnetisierung ist jedoch nur dann anwendbar und sinnvoll, wenn bei der Erwärmung keine bleibenden Änderungen des Werkstoffzustandes (Ausscheidungen, Abbau von Eigenspannungen, Einstellen einer Ordnung usw.) eintreten. Schließlich ergibt sich in magnetisch hinreichend weichen Werkstoffen eine Idealisierung auch durch mechanische Erschütterungen der Probe, welche zur Gewährleistung der Reproduzierbarkeit wohl definiert sein und so erfolgen müssen, daß dadurch keine bleibende Änderung des Werkstoffzustandes infolge plastischer Verformung eintritt.

Die auf den verschiedenen genannten Wegen erhaltenen idealisierten bzw. unmagnetischen Zustände sind, wie nicht anders zu erwarten, u. U. sogar stark voneinander verschieden. Hierdurch wird das wichtige Problem des definierten Ausgangszustandes für magnetische Messungen außerordentlich kompliziert. Es ist bis heute bestenfalls qualitativ gelöst. Wir wollen im folgenden die bekannten Tatsachen und die sich daraus ergebenden Folgerungen kurz zusammenstellen.

36.2 Wechselfeldidealisierung

Die Eigenschaften der wechselfeldidealisierten Magnetisierungskurve und ihre Anwendung zur Bestimmung des totalen Entmagnetisierungsfaktors haben wir in 7.2 und 8.3.3 bereits ausführlich besprochen.

Hier sind lediglich noch die Ergebnisse einiger Untersuchungen von GERLACH und THEMESVÁRY [2] insbesondere hinsichtlich der Temperaturabhängigkeit der Zustandsänderungen bei der Wechselfeldidealisierung zu ergänzen.

In Abb. 36.1 sind für eine Reinnickelprobe die Neukurve und die wechselfeldidealisierte Magnetisierungskurve mit der reduzierten Ordinate $I/I_s = \overline{\cos \vartheta}$

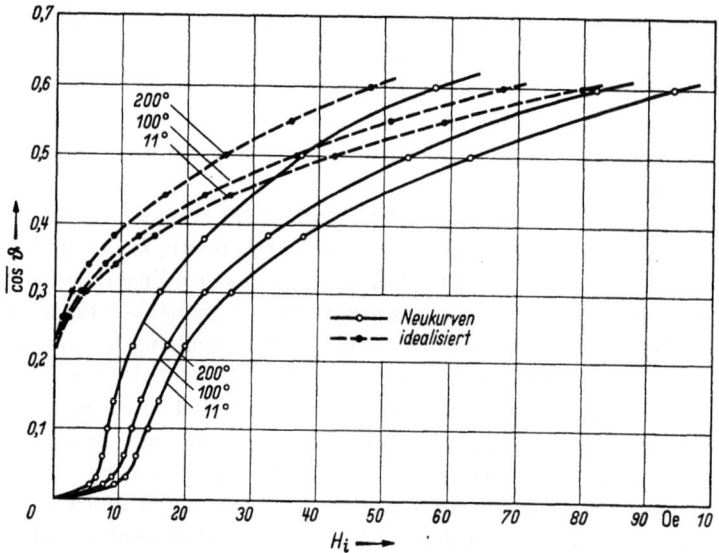

Abb. 36.1. Neukurve und wechselfeldidealisierte Magnetisierungskurve von hartem Nickel ($H_C = 20{,}1$ Oe bei 11°C) bei 11°, 100° und 200°C. (Nach GERLACH und THEMESVARY [2])

(ϑ = Winkel zwischen der lokalen Magnetisierungsrichtung und der Feldrichtung) für drei verschiedene Temperaturen wiedergegeben. Hieraus folgt: Die Wechselfeldidealisierung liefert gegenüber der Neukurve eine Zunahme $\Delta I/I_s$ der Magnetisierung. Bei konstanter Temperatur durchläuft $\Delta I/I_s$ als Funktion der Magnetisierung I/I_s auf der Neukurve (im Ausgangszustand) entsprechend Abb. 36.2 ein Maximum, fällt danach steil ab und verschwindet oberhalb $I/I_s \approx 0{,}8$ bis 0,9. Dies ist ohne weiteres verständlich, da die Magnetisierungszunahme durch Idealisierung ausschließlich durch den Ablauf irreversibler Magnetisierungsänderungen bedingt ist, während oberhalb $I/I_s = 0{,}8$ praktisch nur noch reversible Drehprozesse ablaufen. Ferner ist, wie ebenfalls Abb. 36.2 zeigt, $\Delta I/I_s$ für ein und dieselbe Probe eine eindeutige und von der Temperatur unabhängige Funktion von der Magnetisierung I/I_s im Ausgangszustand.

36.3 Thermische Idealisierung

Die thermische Idealisierung wurde ebenfalls vor allem von GERLACH und THEMESVÁRY [3] an Nickel untersucht. Abb. 36.3 gibt einen Vergleich zwischen der Wechselfeld- und der thermisch idealisierten Magnetisierungskurve von Nickel und zeigt, daß die thermisch idealisierte Magnetisierung bei derselben Gleichfeldvorspannung, insbesondere in schwachen Feldern, wesentlich höher liegt als die wechselfeldidealisierte Magnetisierung. Wir verstehen dies folgendermaßen. Bei Erhitzung über die CURIE-Temperatur verschwindet die spontane Magnetisierung und damit die Bezirkstruktur vollständig. Bei Abkühlung bilden sich, bevorzugt an Störungen, wie unmagnetischen Einschlüssen, Korngrenzen usw., spontan

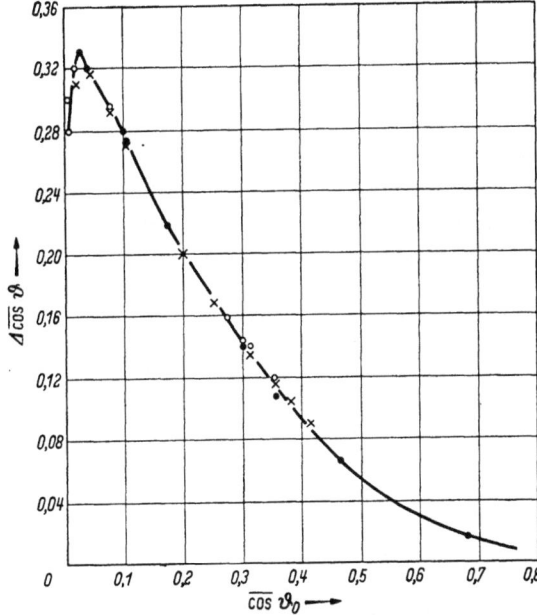
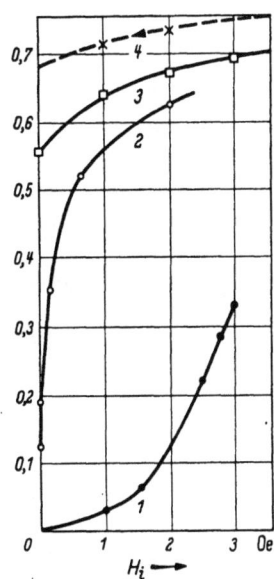

Abb. 36.2. Zunahme $\Delta I/I_s = \overline{\Delta \cos \vartheta}$ bei Wechselfeldidealisierung als Funktion der Ausgangsmagnetisierung $I/I_s = \overline{\cos \vartheta_0}$ auf der Neukurve, gemessen an hartem Nickel (Abb. 36.1) bei 11° (○), 100° (×) und 200°C (●). (Nach GERLACH und THEMESVARY [2])

Abb. 36.3. 1 Neukurve, 2 wechselfeld idealisierte, 3 thermisch idealisierte Magnetisierungskurve und 4 absteigender Ast der Hystereseschleife. (Nach GERLACH und THEMESVARY 3])

Ummagnetisierungskeime (s. 26.2). Da jedoch während des gesamten thermischen Idealisierungsprozesses ein resultierendes Gegenfeld fehlt, können diese Keime nur beschränkt unter der Wirkung innerer entmagnetisierender Felder sowie, falls vorhanden, des entmagnetisierenden Feldes der Probe, anwachsen. Bei der Wechselfeldidealisierung ist dagegen wegen der ständig wechselnden Feldrichtung ein großer Bestand an 180°-Wänden vorhanden, welche mit abnehmender Wechselfeldamplitude nach und nach an Störungen hängenbleiben, so daß nach Abschluß der Idealisierung, je nach dem Verhältnis der Gleichfeldvorspannung zur Koerzitivkraft, ein mehr oder weniger großer Anteil des Materials zu der Gleichfeldvorspannung entgegengesetzt magnetisiert bleibt.

Zunächst würde man erwarten, daß die thermisch idealisierte Magnetisierungskurve bei endlicher Feldvorspannung mit dem, ebenfalls in Abb. 36.3 eingezeichneten absteigenden Ast der Magnetisierungsschleife zusammenfällt. Daß sie unterhalb liegt, kommt daher, daß wegen der bei Nickel bestehenden Temperaturabhängigkeit der Kristallenergie und der Magnetostriktion die Wechselwirkungen zwischen den Gitterstörungen und der Magnetisierung mit steigender Temperatur rascher abnehmen als die Streufelder (d. h. die Magnetisierung). Dadurch wachsen die an geeigneten Störungen gebildeten Ummagnetisierungskeime während des Abkühlens durch den Bereich höherer Temperaturen bei konstanter Feldvorspannung stärker an als bei abnehmender Feldstärke und konstanter Temperatur.

Die vielfach an Gesteinen gemessene permanente Magnetisierung entspricht der thermisch idealisierten Magnetisierung unter der Wirkung des Erdfeldes. Die als Thermoremanenz bezeichnete Erscheinung wurde von Néel [4] theoretisch behandelt und ist in Kap. 27 besprochen worden.

36.4 Auf- und Abmagnetisierung durch mechanische Einwirkungen

Wie die experimentelle Erfahrung gezeigt hat, sind die vom gleichen Ausgangszustand ausgehend durch mechanische Stöße erzielten bleibenden Magnetisierungsänderungen im allgemeinen wesentlich kleiner als bei Wechselfeldidealisierung oder thermischer Idealisierung. Vergleichbare Magnetisierungsänderungen werden nur bei magnetisch sehr weichen Werkstoffen erreicht. Auch ergibt sich durch

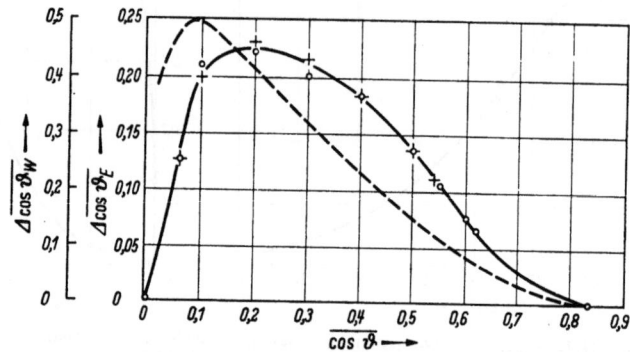

Abb. 36.4. Zunahme $\Delta I/I_s = \overline{\Delta \cos \vartheta_E}$ durch Erschütterung (———) bei 11°C (+) und bei 100°C (O) und $\overline{\Delta \cos \vartheta_W}$ durch Wechselfeldidealisierung (– – –) bei 11° und 100°C. gemessen an Nickel. (Nach Gerlach [5])

mechanische Stöße in der Regel keine einer Idealisierung entsprechende Auslöschung der magnetischen Vorgeschichte. Dagegen erhält man eine technisch oft sehr wichtige Stabilisierung des magnetischen Zustandes gegenüber Wiederholungen vergleichbarer oder schwächerer mechanischer Schockeinwirkungen bei derselben Gleichfeldvorspannung.

Systematische experimentelle Untersuchungen über die Wirkung von mechanischen Erschütterungen auf die Magnetisierung von Nickel hat Gerlach [5] ausgeführt. Es ergab sich in Abb. 36.4, daß, ausgehend von der Magnetisierung auf der Neukurve, die relative Magnetisierungszunahme $\Delta I/I_s$ durch gleichartige Erschütterungen bei konstantem Gleichfeld eine eindeutige und von der Temperatur unabhängige Funktion der relativen Magnetisierung I/I_s im Ausgangszustand ist. Die bei Erschütterung maximal gemessene Magnetisierungszunahme ist nicht ganz halb so groß wie die an derselben Probe durch Wechselfeldidealisierung erzielte. Die Wirkung mechanischer Stöße auf die magnetische Bezirkstruktur können wir qualitativ folgendermaßen verstehen: Durch einen Stoß wird die Probe zu gedämpften mechanischen Schwingungen angeregt. Auf jeden Volumenteil der Probe wirken also wechselweise Druck- und Zugspannungen. Eine mechanische Spannung übt auf 90°-Wände (oder allgemein auf alle Nicht-180°-Wände) einen hydrostatischen Druck aus, genau wie ein Magnetisfeld, und verschiebt sie, wenn die mechanische Spannung hinreichend groß ist, irreversibel durch den Kristall. Durch diesen Elementarvorgang kann eine bleibende Änderung der pauschalen Magnetisierung in Richtung des Vorspanngleichfeldes auf verschiedenen Wegen erzielt werden. 1. Durch einfache, irreversible 90°-Wandverschiebungen. 2. Durch zwei aufeinanderfolgende 90°-Wandverschiebungen, welche insgesamt eine irreversible Magnetisierungsumkehr ergeben. 3. Wie wir in Kap. 21 ausgeführt haben, hängt die, im allgemeinen von 90°- oder anderen Nicht-180°-Wänden gebildete Sekundärstruktur an allen Kristalloberflächen (Korngrenzen, Einschlüssen und Probenoberfläche) mit der vielfach durch 180°-Wände gebildeten Primärstruktur unmittelbar zusammen. Eine Änderung der Sekundärstruktur zieht also Änderungen der Primärstruktur und damit 180°-Wandverschiebungen nach sich. 4. Schließlich können irreversible 180°-Wandverschiebungen, welche in dem vorgespannten Gleichfeld noch gehemmt sind, durch eine mechanische Spannung auch direkt dadurch ausgelöst werden, daß der Magnetisierungsverlauf in der Wand verändert wird. So konnte SOMMERKORN [6] an Hand von Magnetpulverbildern auf Fe—Si-Einkristallen zeigen, daß Ummagnetisierungskeime unter der Wirkung mechanischer Erschütterungen irreversibel anwachsen und sich schließlich über den ganzen Kristall ausbreiten. Dieser Vorgang wird eine um so größere Rolle spielen, je kleiner die Kristallenergie und je größer die Magnetostriktion ist.

Es ist hiernach ohne weiteres verständlich, daß mechanische Stöße wegen der notwendigen Einschränkung auf rein elastische Beanspruchung des Materials die Bezirkstruktur im allgemeinen nur in beschränktem Maße verändern können und deshalb, außer bei magnetisch sehr weichen Werkstoffen, nicht zu einer vollkommenen Auslöschung der magnetischen Vorgeschichte führen.

Der Versuch einer quantitativen Berechnung der in einem konstanten Gleichfeld H durch eine vorübergehend angelegte Zugspannung σ erzielten irreversiblen Magnetisierungsänderung ΔI wurde von BROWN [7] unternommen. Für polykristallines Eisen ergibt sich

$$\Delta I = (v/4\pi)\,(4{,}00 \cdot 10^{-9}\,H\,\sigma + 9{,}86 \cdot 10^{-18}\,\sigma^2), \tag{36.1}$$

wobei v die RAYLEIGH-Konstante bedeutet. Gl. (36.1) wird tatsächlich experimentell bestätigt. Die allgemeine Anwendbarkeit dieser Theorie erscheint jedoch insofern in Frage gestellt, als darin nur 90°-Wandverschiebungen in Betracht gezogen werden (s. z. B. [8]).

Unter Einwirkung des Erdfeldes werden eiserne Schiffskörper durch alle möglichen Erschütterungen, wie sie sowohl beim Bau als auch durch Maschinenschwingungen und Wellenschlag gegeben sind, allmählich aufmagnetisiert. Diese Erscheinung ist einerseits für den Gebrauch des Magnetkompasses von Bedeutung und hat andererseits in der Seekriegführung zur Konstruktion von sog. Magnetminen Anlaß gegeben, deren Zünder durch kleinste Änderungen des auf ihn wirkenden Magnetfeldes ausgelöst wird.

36.5 Der pauschal unmagnetische Zustand

Wie bereits erwähnt, hat der durch Idealisierung gewonnene, pauschal unmagnetische Zustand besondere Bedeutung als definierter und reproduzierbarer Ausgangszustand für magnetische Messungen. Die durch Abmagnetisierung nach einem der drei angegebenen Verfahren gewonnenen pauschal unmagnetischen Zustände sind nicht identisch. Dies äußert sich u. a. darin, daß im allgemeinen sowohl die Anfangspermeabilität als auch der Verlauf der Permeabilität als Funktion der Feldstärke bis zur Maximalpermeabilität für die verschiedenen Ausgangszustände merklich verschieden sind. Hierzu ist in Abb. 36.5 die von SOMMERKORN [6] an drei in den Hauptrichtungen orientierten Siliziumeisen-Rahmeneinkristallen gemessene Feldabhängigkeit der Permeabilität jeweils für die drei verschiedenen Ausgangszustände wiedergegeben. Danach ist die Anfangspermeabilität nach thermischer Abmagnetisierung am kleinsten und nach Wechselfeldabmagnetisie-

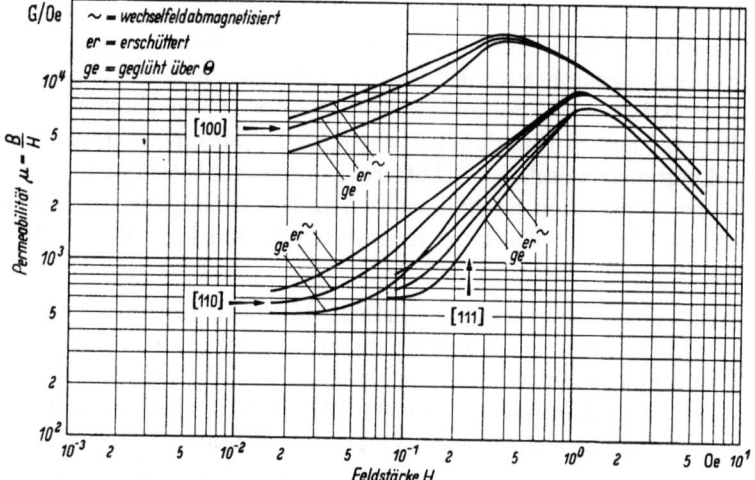

Abb. 36.5. Feldabhängigkeit der Permeabilität $\mu = B/H$ von Siliziumeisen-Rahmeneinkristallen gemessen an einem [100]-, einem [110]- und einem [111]-Kristall, jeweils nach Wechselfeldabmagnetisierung, Erschütterung und thermischer Abmagnetisierung. (Nach SOMMERKORN [6])

rung am höchsten. Dieselbe Tendenz ergibt sich aus eingehenden Untersuchungen des unmagnetischen Zustandes verschiedener hochpermeabler Werkstoffe (Eisen, Mumetall, Eisen–Nickel-Legierungen, Siliziumeisen, Eisen–Aluminium-Legierungen) durch FAHLENBRACH und SIXTUS [9], FAHLENBRACH [10] sowie BROZ und STERNBERK [11]. In den beiden erstgenannten Arbeiten sowie von FAHLENBRACH [12] wurde ferner gezeigt, daß die Anfangspermeabilität nach Wechselfeldabmagnetisierung durch anschließende mechanische Erschütterungen erniedrigt wird, und zwar etwa auf denselben Wert, den man nach thermischer Abmagnetisierung mißt. Durch nachfolgende Wechselfeldabmagnetisierung wird reproduzierbar wieder der höhere Permeabilitätswert erreicht. Bei der Permeabilitätserniedrigung durch Erschütterung handelt es sich also sicher nicht um eine bleibende Änderung des Werkstoffzustandes. Die genannten Untersuchungen haben ferner ergeben, daß die relative Abnahme der Anfangspermeabilität durch Erschütterung um so geringer ist, je höher die Permeabilität bzw. je kleiner die Kristallanisotropie und die Magnetostriktion sind.

Daß durch Erschütterung nach Wechselfeldabmagnetisierung die Permeabilität erniedrigt wird, scheint nach allen vorliegenden Meßergebnissen (auch für Nickel [13]) eindeutig zu sein. Dagegen fanden SNOEK und FAST [13] sowie KNELLER [14], daß bei Nickel, im Gegensatz zu allen anderen bisher daraufhin untersuchten Werkstoffen, die Anfangspermeabilität nach thermischer Abmagnetisierung erheblich höher liegt als nach Wechselfeldabmagnetisierung.

Eine befriedigende Klärung der Frage, durch welche prinzipiellen Unterschiede der magnetischen Struktur in den verschiedenen unmagnetischen Zuständen das unterschiedliche magnetische Verhalten bedingt wird, ist bisher nicht möglich gewesen. Sehr aufschlußreich hierzu sind jedoch von SOMMERKORN [6, 15] auf Anregung von HOUDREMONT und FAHLENBRACH hergestellte Magnetpulverbilder auf Rahmeneinkristallen aus Eisen mit 3,5% Si. Diese zeigen tatsächlich erhebliche Unterschiede in der magnetischen Struktur. Die dabei beobachtete starke Zunahme der 180°-Wände durch Erschütterungen kommt nach der genannten Arbeit daher, daß einige bei thermischer Abmagnetisierung gebildete aber stecken gebliebene Ummagnetisierungskeime unter der mechanischen Einwirkung irreversibel wachsen und sich schließlich über den ganzen Kristall ausbreiten (s. a. 36.4).

Zwischen den stark unterschiedlichen Strukturen in den verschiedenen Zuständen und den Permeabilitätsverhältnissen kann, wie auch SOMMERKORN bemerkt hat, kein vernünftiger Zusammenhang gesehen werden. Das führt aber zu dem Schluß, daß das unterschiedliche Verhalten der Permeabilität möglicherweise gar nicht in den groben im Pulverbild sichtbaren Unterschieden der magnetischen Struktur begründet liegt wie bisher allgemein angenommen wurde, sondern vielmehr in der genaueren Lage der BLOCH-Wände in bezug auf die Ortsfunktion der freien Energie. Nach den Bildern von SOMMERKORN liegen die 180°-Wände tatsächlich auch in allen drei Zuständen an verschiedenen Stellen des Kristalls.

Literatur zu Kap. 36

[1] STEINHAUS, W., u. E. GUMLICH: Verh. dtsch. phys. Ges. 17 (1915) S. 369.
[2] GERLACH, W., u. A. THEMESVÁRY: Z. Phys. 124 (1948) S. 570.
[3] GERLACH, W., u. A. THEMESVÁRY: Sitzungsber. Bayr. Acad. (1948) S. 31.
[4] NÉEL, L.: Rev. Mod. Phys. 25 (1953) S. 293.
[5] GERLACH, W.: Helv. phys. Acta 22 (1949) S. 142.
[6] SOMMERKORN, G.: Krupp Techn. Mitt. 13 (1955) S. 71.
[7] BROWN, W. F.: Phys. Rev. 75 (1949) S. 147.
[8] LLIBOUTRY, L.: J. Phys. Radium 11 (1950) S. 26.
[9] FAHLENBRACH, H., u. K. SIXTUS: Z. Metallkde. 40 (1949) S. 187.
[10] FAHLENBRACH, H.: Arch. Eisenhüttenw. 23 (1952) S. 47.
[11] BROZ, J., u. J. STERNBERK: Czech. J. Phys. 5 (1955) S. 425.
[12] FAHLENBRACH, H.: Naturwiss. 31 (1943) S. 371.
[13] SNOEK, J. L., u. J. F. FAST: Nature, Lond. 161 (1948) S. 887.
[14] KNELLER, E.: unveröffentlicht.
[15] SOMMERKORN, G.: Naturwiss. 40 (1953) S. 219.

37. Reversible Magnetisierungsarbeit

Die sog. reversible Magnetisierungsarbeit U ist die Arbeit, die pro Volumeneinheit aufzuwenden ist, um die Magnetisierung in den bestehenden Anisotropiefeldern aus ihrer Lage im Remanenzpunkt reversibel in die zum Feld parallele

Lage zu drehen:

$$U = \int_{I_R}^{I_s} H\, dI = F_S - F_R.\qquad(37.1)$$

Sie ist gleich der Differenz der freien Energie im gesättigten und im remanenten Zustand und entspricht zahlenmäßig der Fläche $R\,S\,S'$ in Abb. 37.1.

Für eine homogene Zugspannung σ ergibt sich bei positiver, isotroper Magnetostriktion λ_s aus Gl. (17.8) sofort

$$U_{el} = (3/2)\,\lambda_s\,\sigma(1 - \cos^2 \varphi) = (3/2)\,\lambda_s\,\sigma \sin^2 \varphi,\qquad(37.2)$$

wosin φ den Winkel zwischen Spannungs- und Feldrichtung bedeutet. Bei isotroper Richtungsverteilung von Eigenspannungen des mittleren Betrages σ_i erhält man (KERSTEN [1, 2]) mit $\overline{\sin^2 \varphi} = 2/3$

$$U_{el} = \lambda_s\,\overline{|\sigma_i|}.\qquad(37.3)$$

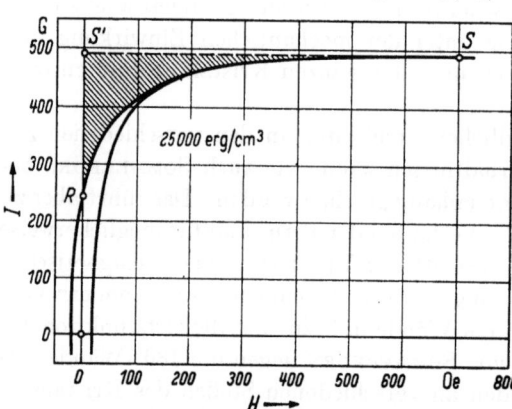

Abb. 37.1. Zur Definition der reversiblen Magnetisierungsarbeit. (Messung an 1 Std. bei 900°C geglühtem und anschließend bis 26 kp/mm² gerecktem Nickeldraht nach KERSTEN [1])

Gl. (37.3) gilt, solange die Spannungsanisotropie stark im Vergleich zur Kristallanisotropie ist.

Ist dagegen die Kristallanisotropie stark gegen die Spannungsanisotropie, dann wird praktisch nur Arbeit (bei Nickel überhaupt nur [3, 4], gegen die Kristallenergie geleistet. Aus Gl. (13.3) ergibt sich für kubische Kristalle durch Mittelung über die α_i für isotrope Richtungsverteilung der Kristallachsen und unter Vernachlässigung des Gliedes 6. Ordnung $F_S = \pm K_1/5$. Für den remanenten Zustand ergibt sich, wenn die $\langle 100\rangle$-Richtungen leichte Richtungen sind (Eisen) $F_R = 0$, und wenn die $\langle 111\rangle$-Richtungen leichte Richtungen sind $F_R = -K_1/3$. Damit erhält man die reversible Magnetisierungsarbeit

$$U_K = \begin{array}{ll} K_1/5 & \text{für}\quad \langle 100\rangle\text{-Kristalle},\\ 2K_1/15 & \text{für}\quad \langle 111\rangle\text{-Kristalle}. \end{array}\qquad(37.4)$$

Ausführlichere theoretische und experimentelle Untersuchungen der reversiblen Magnetisierungsarbeit, insbesondere auch für den Fall, daß Spannungs- und Kristallanisotropie vergleichbar sind, hat REIMER [3, 4] an stark plastisch gezogenen Eisen- und Nickelproben durchgeführt, auf welche die Theorie von GREENOUGH [5] angewendet werden kann. Durch einen Vergleich der aus der reversiblen Magnetisierungsarbeit berechneten Eigenspannungen mit den an denselben Proben röntgenographisch gemessenen Eigenspannungen konnte REIMER zeigen, daß der elastische Anteil U_{el} der reversiblen Magnetisierungsarbeit praktisch nur von Eigenspannungen 1. und 2. Art, nicht aber von Eigenspannungen 3. Art herrührt.

Literatur zu Kap. 37

[1] KERSTEN, M.: Z. Phys. 76 (1932) S. 505.
[2] KERSTEN, M.: Z. Phys. 82 (1933) S. 723.
[3] REIMER, L.: Z. angew. Phys. 6 (1954) S. 489.
[4] REIMER, L.: in „Beiträge zur Theorie des Ferromagnetismus und der Magnetisierungskurve" S. 141, herausgeg. von W. KÖSTER, Berlin/Göttingen/Heidelberg: Springer 1956.
[5] GREENOUGH, G. B.: Proc. roy. Soc., Lond. A 197 (1949) S. 556.

38. Drehende Hysterese

Wird eine vielkristalline, ferromagnetische Kreisscheibe (flaches Rotationsellipsoid) mit isotroper Richtungsverteilung der Kristallachsen in einem homogenen und parallel zur Scheibenebene gerichteten Magnetfeld um ihre Rotationsachse gedreht, dann besteht in Feldern, die nicht zur Sättigung ausreichen, zwischen Feld und Magnetisierung ein endlicher Winkel φ, welcher sich nach Ablauf eines gewissen, von der Magnetisierung abhängigen Drehwinkels auf einen stationären Wert einstellt [1]. Im stationären Zustand hinkt die Magnetisierung dem Feld nach. Dementsprechend wirkt auf die Kreisscheibe ein der Bewegung entgegengesetztes Drehmoment

$$L = -H I \sin \varphi, \qquad (38.1)$$

worin H das innere Feld und φ den Winkel zwischen H und I bedeuten. Nach GANS und LOYARTE [2] ist φ bei nicht zu hohen Winkelgeschwindigkeiten von der Winkelgeschwindigkeit unabhängig. Ist das entmagnetisierende Feld der Magnetisierung genau entgegengerichtet, so kann man statt Gl. (38.1) auch

$$L = -H_a I \sin \varphi_a \qquad (38.2)$$

schreiben. H_a ist das äußere Feld und φ_a der Winkel zwischen H_a und I. Der Hystereseverlust bei einer vollen Umdrehung (Drehwinkel $\vartheta = 360°$) ist

$$W_r = -\int_0^{2\pi} L \, d\vartheta. \qquad (38.3)$$

Wenn L vom Drehwinkel ϑ unabhängig ist (isotropes Material), dann ergibt sich einfach

$$W_r = -2\pi L. \qquad (38.4)$$

GANS und LOYARTE [2] haben an einer Stahlscheibe mit der Koerzitivkraft 14 Oe in Abb. 38.1 den stationären Phasenwinkel φ zwischen H und I als Funktion der Induktion B bestimmt. Danach durchläuft φ ein Maximum und verschwindet bei Annäherung an die Sättigung. Ist dagegen das Material anisotrop (Texturwerkstoff oder Einkristall), dann ist, wie wir in 13.3.3 gesehen haben, φ vom Drehwinkel ϑ abhängig, und man erhält, außer in bestimmten Lagen (Hauptlagen), auch im gesättigten Zustand stets einen endlichen Winkel zwischen H und I. Abb. 38.2 gibt den Hystereseverlust W_r pro Umdrehung als Funktion von B für dasselbe Material wie in Abb. 38.1 wieder. W_r durchläuft sowohl bei Ein- als auch bei Vielkristallen ein Maximum [2, 3, 4, 5] und geht bei Annäherung an die Sättigung gegen Null.

Textureigenschaften sowie die Art des Ummagnetisierungsprozesses und die Art der Anisotropie kommen mitunter in der Feldabhängigkeit des Rotationshystereseverlustes in charakteristischer Weise zum Ausdruck (s. Kap. 15 und Kap. 27). Auf Grund dieser Tatsache versuchten z. B. JACOBS und LUBORSKY [6] aus der Form von $W_r(H)$-Kurven auf den Ummagnetisierungsmechanismus von

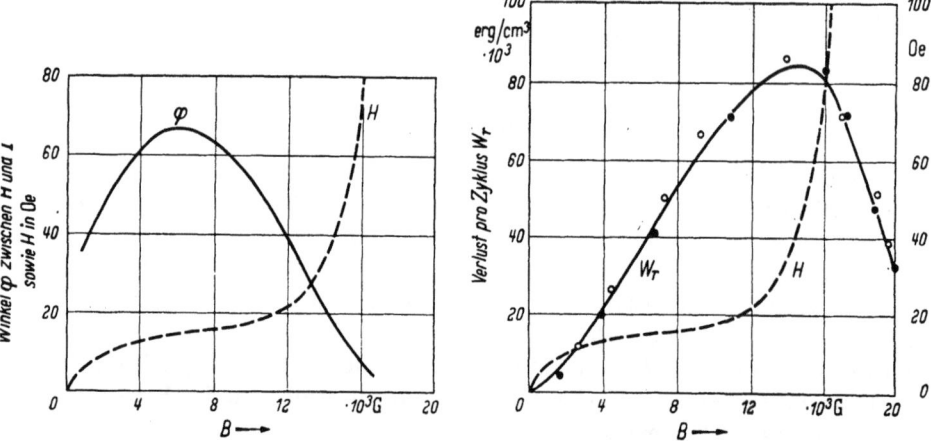

Abb. 38.1. Phasenwinkel φ zwischen Feld- und Magnetisierungsrichtung in Stahl als Funktion der Induktion. (Nach BOZORTH [8])

Abb. 38.2. Rotationshystereseverlust in Stahl als Funktion der Induktion. (Nach BOZORTH [8])

langgestreckten Eisen- und Eisen—Kobalt-Einbereichteilchen zu schließen (Kap. 27). Wie wir ferner in 15.2 gesehen haben, ist es eine charakteristische Eigenschaft der Austauschanisotropie, daß der Rotationshystereseverlust in hohen Feldern nicht verschwindet, sondern einen konstanten Wert annimmt.

An Ferriten wurde die Rotationshysterese von SEIWATZ [7] studiert.

Literatur zu Kap. 38

[1] v. HARLEM, J.: Ann. Phys. 14 (1932) S. 667.
[2] GANS, R., u. R. LOYARTE: Arch. Elektrotechn. 3 (1915) S. 139.
[3] WEISS, P., u. V. PLANER: J. Physique 7 (1908) S. 5.
[4] BAILY, F. G.: Trans roy. Soc., Lond. 187 A (1896) S. 715.
[5] BEATTIE, R.: Phil. Mag. 1 (1901) S. 642.
[6] JACOBS, I. S., u. F. E. LUBORSKY: J. Appl. Phys. 28 (1957) S. 467.
[7] SEIWATZ, H.: J. Appl. Phys. 29 (1958) S. 994.

39. Magnetische Spannungsmessung

In den Gln. (30.10), (31.8), (32.18), (35.12), (37.3) und (43.18) kommt die pauschale Eigenspannungsgröße σ_i vor. Sie kann, zunächst unter Vernachlässigung einer Streuung des Eigenspannungsbetrages, aus diesen Gleichungen ausgerechnet werden, wenn die entsprechenden magnetischen Größen χ_A, H_c, U_{el} usw. sowie die Konstanten λ_s und I_s bekannt sind. Wie insbesondere die grundlegenden Arbeiten von KERSTEN [1] bis [6] (s. a. BECKER und DÖRING [7]) sowie neuere Untersuchungen von FÖRSTER und STAMBKE [8, 9], KÖSTER [10] bis [12], REIMER [13] bis [17] und KNELLER [18] gezeigt haben, gelangt man dabei zu durchaus plausiblen mittleren Eigenspannungswerten, solange es sich um Werkstoffe handelt, bei denen entsprechend den bei der Ableitung der genannten

Gleichungen gemachten Voraussetzungen die Spannungsanisotropie wesentlich stärker ist als die Kristallanisotropie. Ein Vergleich der aus den verschiedenen (an ein und derselben Probe gemessenen) magnetischen Eigenschaften berechneten Eigenspannungswerte ist jedoch, wie KNELLER [18] gezeigt hat, wegen der stets gegebenen Streuung des Eigenspannungsbetrages im allgemeinen nur unter Berücksichtigung der unterschiedlichen Mittelwertsbildungen und bei Kenntnis der Streubreite des Eigenspannungsbetrages (s. hierzu auch [17]) möglich. Ein Vergleich von magnetisch (aus der reversiblen Magnetisierungsarbeit) und röntgenographisch gemessenen Eigenspannungen ist, wie bereits in Kap. 37 näher ausgeführt, an plastisch gereckten Eisen- und Nickelstäben von REIMER [13, 14] durchgeführt worden. Im Hinblick auf die Ergebnisse dieser Arbeiten erscheint ein gewisses Vertrauen zu der magnetischen Spannungsmessung durchaus gerechtfertigt. Zusammenfassend können wir sagen, daß die magnetische Spannungsmessung in dem hier gebrauchten Sinn zweifellos einen rohen Begriff von der mittleren Größe der Eigenspannungen in einem Werkstoff liefert. Da diese Art magnetischer Spannungsmessungen zudem den Vorteil großer Einfachheit bietet, wird sie deshalb stets einen gewissen Wert behalten. Man muß sich aber über die Grenzen der Aussagen im klaren sein, die aus diesem Verfahren gezogen werden können. Rein qualitativ sieht man diese Grenzen leicht, wenn man sich überlegt, welch radikale Vereinfachung die Einführung einer pauschalen Spannungsgröße σ_i im Hinblick auf die Kompliziertheit der tatsächlich vorhandenen Eigenspannungsfelder bedeutet, deren Quellen wir heute allgemein in einer bestimmten Art von Kristallbaufehlern, den sog. Versetzungen sehen [19] (s. a. Kap. 23).

Welche Aussagen über den Eigenspannungszustand eines ferromagnetischen Kristalls aus magnetischen Messungen tatsächlich gemacht werden können, kann erst an Hand einer quantitativ zuverlässigen Spannungstheorie des Ferromagnetikums gesagt werden. Eine solche ist für den Bereich der Einmündung in die magnetische Sättigung kürzlich von KRONMÜLLER [20] und SEEGER und KRONMÜLLER [21] geschaffen und in 28.2.4 näher erläutert worden. Auch für die Koerzitivkraft und die Anfangssuszeptibilität sind bereits einige Ansätze [22, 23, 27] (s. a. [24]) gemacht worden.

Plastische Kriechversuche scheinen eine Möglichkeit zu bieten, die Wechselwirkungen zwischen Versetzungen und BLOCH-Wänden unmittelbar zu untersuchen [25, 26].

Literatur zu Kap. 39

[1] KERSTEN, M.: Z. techn. Phys. 12 (1931) S. 665.
[2] KERSTEN, M.: Z. Phys. 71 (1931) S 553.
[3] KERSTEN, M.: Z. Phys. 76 (1932) S. 505.
[4] KERSTEN, M.: Z. Phys. 82 (1933) S. 723.
[5] KERSTEN, M.: Z. Phys. 85 (1933) S. 708.
[6] KERSTEN, M.: Z. Metallkde. 27 (1935) S. 100.
[7] BECKER, R., u. W. DÖRING: Ferromagnetismus, Berlin: Springer 1939.
[8] FÖRSTER, F., u. K. STAMBKE: Z. Metallkde. 33 (1941) S. 97.
[9] FÖRSTER, F., u. K. STAMBKE: Z. Metallkde. 33 (1941) S. 104.
[10] KÖSTER, W.: Z. Metallkde. 35 (1943) S. 68.

[11] Köster, W.: Z. Metallkde. 35 (1943) S. 57.
[12] Köster, W.: Z. Phys. 124 (1948) S. 455.
[13] Reimer, L.: Z. angew. Phys. 6 (1954) S. 489.
[14] Reimer, W.: in „Beiträge zur Theorie des Ferromagnetismus und der Magnetisierungskurve", herausgeg. von W. Köster, Berlin/Göttingen/Heidelberg:Springer 1956, S. 141.
[15] Reimer, L.: Z. Phys. 137 (1954) S. 588.
[16] Reimer, L.: Z. angew. Phys. 7 (1955) S. 282.
[17] Reimer, L.: Z. angew. Phys. 7 (1955) S. 332.
[18] Kneller, E.: in „Beiträge zur Theorie des Ferromagnetismus und der Magnetisierungskurve", herausgeg. von W. Köster, Berlin/Göttingen/Heidelberg: Springer 1956, S. 82.
[19] Kröner, E.: Kontinuumstheorie der Versetzungen und Eigenspannungen, Berlin/Göttingen/Heidelberg: Springer 1958.
[20] Kronmüller, H.: Z. Phys. 154 (1958) S. 574.
[21] Seeger, A., u. H. Kronmüller: J. Phys. Chem. Solids 12 (1960) S. 298.
[22] Vicena, F.: Czech. J. Phys. 5 (1955) S. 480.
[23] Rieder, G.: Z. angew. Phys. 9 (1957) S. 187.
[24] Kneller, E.: Berichte der Arbeitsgemeinschaft Ferromagnetismus (1958) S. 33.
[25] Suzuki, T., u. M. Yamamoto: Sci. Rep. Tohoku Univ. A 2 (1950) S. 68.
[26] Blank, H.: Naturwiss. 43 (1956) S. 494.
[27] Träuble, H., u. A. Seeger: Berichte der Arbeitsgemeinschaft Ferromagnetismus (1961).

VII. Magnetisches Verhalten in Wechselfeldern

40. Verhalten ferromagnetischer Stoffe ohne Nachwirkung im Wechselfeld

40.1 Zeitlicher Verlauf von H und B bei Wechselmagnetisierung

Die Versuchsbedingungen seien so gewählt, daß die in 40.5 behandelte abschirmende Wirkung der Wirbelströme für die folgenden Betrachtungen vernachlässigt werden kann. Die Magnetisierung sei also über den gesamten Probenquerschnitt homogen. Ist der zeitliche Verlauf des magnetisierenden Feldes beispielsweise sinusförmig entsprechend

$$H = \overset{\circ}{H} \sin \omega t, \qquad (40.1)$$

dann kann hieraus die Zeitabhängigkeit der Induktion B berechnet werden, wenn der Zusammenhang zwischen H und B, d. h. die Gleichung der Hystereseschleife in analytischer Form angegeben werden kann. Dies ist, wie wir in 40.4 sehen werden, beispielsweise in schwachen Feldern der Fall (Rayleigh-Gesetz, s. a. Kap. 33).

Im allgemeinen Fall können wir die quasistatisch gemessene Hystereseschleife als bekannt voraussetzen und hiermit das Problem entsprechend Abb. 40.1 graphisch lösen. Man überzeugt sich sofort, daß $B(t)$ nicht durch eine einfache Sinusfunktion wiedergegeben werden kann, daß aber notwendigerweise die Symmetriebedingungen

$$\begin{aligned} B(\omega t + 2\pi) &= B(\omega t) \\ -B(\omega t + \pi) &= -B(\omega t) \end{aligned} \qquad (40.2)$$

erfüllt sind. Folglich kann $B(t)$ in Form einer FOURIER-Reihe mit der Grundfrequenz ω

$$B(t) = \sum_n B_n e^{i(n\omega t + \varphi_n)}, \qquad (40.3\text{a})$$

oder

$$B(t) = \sum_n B_n \cos(n\omega t + \varphi_n) \quad n = 1, 3, 5, 7, \ldots \qquad (40.3\text{b})$$

dargestellt werden, worin wegen Gl. (40.2) nur ungeradzahlige Harmonische vorkommen.

Wegen der Rückwirkungen der nicht sinusförmigen Induktion auf den Magnetisierungsstromkreis ist die Feldstärke nur unter besonderen Versuchsbedingungen sinusförmig, wie in Gl. (40.1) vorausgesetzt wurde. Hierauf wollen wir noch kurz eingehen. Die Spannungsquelle habe einen vernachlässigbar kleinen Innenwiderstand $R_i \approx 0$ und liefere eine streng sinusförmige Klemmenspannung

$$u = \hat{u} \sin \omega t. \qquad (40.4)$$

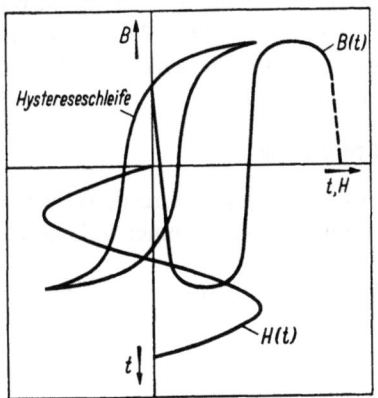

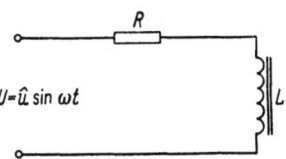

Abb. 40.1. Graphische Konstruktion des zeitlichen Verlaufs $B(t)$ der Induktion in einem ferromagnetischen Stoff bei sinusförmigem Feldverlauf $H(t)$

Abb. 40.2. Zur Berechnung von Strom und Spannung an den Klemmen einer Spule mit ferromagnetischem Kern

Der Magnetisierungsstromkreis kann entsprechend Abb. 40.2 als Serienschaltung eines Widerstandes R und einer Induktivität L dargestellt werden, und man erhält damit

$$\hat{u} \sin \omega t = R i + L \frac{di}{dt}. \qquad (40.5)$$

Wäre L eine Konstante, dann könnte man Gl. (40.5) durch den Sinusansatz $i = \hat{i} \sin(\omega t + \varphi)$ mit $\operatorname{tg} \varphi = -\omega L/R$ lösen und erhielte entsprechend auch einen rein sinusförmigen Feldverlauf. Dies trifft aber für eine Spule mit einem ferromagnetischen Kern nicht zu, denn deren Selbstinduktivität $L = \mu L_0$ [L_0 = Luftinduktivität, s. Gl. (1.33) bzw. Gl. (1.42)] ist mit der Kernpermeabilität μ feldstärkeabhängig. i bzw. H ist also im allgemeinen nicht sinusförmig, sondern muß ebenfalls in eine FOURIER-Reihe

$$H = \sum_n H_n e^{i(n\omega t + \varphi_n)}, \qquad (40.6\text{a})$$

oder

$$H = \sum_n H_n \cos(n\omega t + \varphi_n) \qquad (40.6\text{b})$$

entwickelt werden.

Aus Gl. (40.5) ergibt sich, daß man ein nahezu sinusförmiges Feld (d. h. $H_n \approx 0$ für $n \neq 1$) erhält, wenn $R \gg \omega L$ ist, d. h. wenn man den OHMschen

Widerstand des Magnetisierungsstromkreises groß gegen den induktiven Widerstand macht.

Umgekehrt kann man mit Erfüllung der Bedingung $\omega L \gg R$ einen sinusförmigen Verlauf der Induktion $B(t)$ erzwingen (d. h. $B_n \approx 0$ für $n \neq 1$), denn nach Gl. (1.32) ist $L\, di/dt = (1/c)\, n\, F\, (dB/dt)$.

Mit der Gl. (40.3b) und Gl. (40.6b) erhält man für die Verlustleistung, d. h. die Magnetisierungsarbeit pro Zyklus dividiert durch die Schwingungsdauer

$$W = \frac{\omega}{8\pi^2} \oint H\, dB = \frac{\omega}{8\pi}[H_1 B_1 \sin(\psi_1 - \varphi_1) + H_3 B_3 \sin(\psi_3 - \varphi_3) + \cdots] \quad (40.7)$$

Die Verlustleistung setzt sich also additiv aus der Verlustleistung der Grundwelle und der Oberwellen zusammen. Deshalb kann man die Verlustleistung direkt aus der Amplitude der Grundwellen von H und B ermitteln, wenn nur entweder $H(t)$ oder $B(t)$ rein sinusförmig ist. Denn dann sind entweder alle Koeffizienten $B_{n\neq 1} = 0$ oder alle Koeffizienten $H_{n\neq 1} = 0$, und in Gl. (40.7) verschwinden deshalb alle Summanden bis auf den Grundwellenterm.

40.2 Komplexe Schreibweise

Die Augenblickswerte von Wechselströmen, Wechselspannungen, Wechselfeldern usw. werden zur Vereinfachung der Rechnungen im allgemeinen in komplexer Form geschrieben.

Die komplexe Zahl (angedeutet durch einen Querstrich) mit dem Realteil a und dem Imaginärteil jb

$$\overline{X} = a + jb \qquad (j^2 = -1)$$

hat den Betrag

$$|\overline{X}| = \sqrt{a^2 + b^2} = r.$$

Ihr Bildvektor in der komplexen Zahlenebene schließt mit der reellen Achse den Winkel

$$\varphi = \text{arc tg}\left(\frac{b}{a}\right)$$

ein. Nach dem Eulerschen Satz kann X in der Form

$$\overline{X} = a + jb = r\left(\frac{a}{r} + j\frac{b}{r}\right) = r(\cos\varphi + j\sin\varphi) = r\, e^{j\varphi}$$

geschrieben werden ($e = 2{,}718, \ldots$ Basis der natürlichen Logarithmen).

Entsprechend schreiben wir die Augenblickswerte eines Wechselstroms und einer Wechselspannung mit der Kreisfrequenz ω

$$i = \hat{i}\, e^{j(\omega t + \varphi_i)} \tag{40.8a}$$

und

$$u = \hat{u}\, e^{j(\omega t + \varphi_u)}. \tag{40.8b}$$

Es ist zweckmäßig, die zeitunabhängigen Faktoren zusammenzufassen. Durch die Gleichungen

$$\overline{J} = J_{\text{eff}}\, e^{j\varphi_i} = \frac{\hat{i}}{\sqrt{2}}\, e^{j\varphi_i}, \tag{40.9a}$$

$$\overline{U} = U_{\text{eff}}\, e^{j\varphi_u} = \frac{\hat{u}}{\sqrt{2}}\, e^{j\varphi_u} \tag{40.9b}$$

sind die komplexen Effektivwerte von Strom und Spannung definiert. Damit ergibt sich für Augenblickswerte

$$i = \sqrt{2}\,\bar{J}\,e^{j\omega t} \tag{40.10a}$$

und

$$u = \sqrt{2}\,\bar{U}\,e^{j\omega t}. \tag{40.10b}$$

Die Spannung an einer verlustfreien Induktivität L (Luftspule) wird mit Gl. (40.10a)

$$u = L\frac{di}{dt} = j\,\omega\,L\,\sqrt{2}\,\bar{J}\,e^{j\omega t}. \tag{40.11}$$

Diese Spannung ist aber definitionsgemäß in der Form (40.10b) darstellbar

$$j\,\omega\,L\,\sqrt{2}\,\bar{J}\,e^{j\omega t} = \sqrt{2}\,\bar{U}\,e^{j\omega t}. \tag{40.12}$$

Hier hebt sich der zeitabhängige Faktor $e^{j\omega t}$ heraus und wir erhalten die komplexe Spannung an der Spule

$$\bar{U} = j\,\omega\,L\,\bar{J} = \bar{R}\,\bar{J}. \tag{40.13}$$

Als Produkt aus dem komplexen Strom $\bar{J}$, der die Spule durchfließt und ihrem komplexen Scheinwiderstand [L aus Gl. (1.33) bzw. Gl. (1.42)]

$$\bar{R} = \frac{\bar{U}}{\bar{J}} = j\,\omega\,L = j\,\omega\,n^2\,\frac{F}{l}\,\mu\ ^1$$

$$\left[R = j\,\omega\,\frac{4\pi}{c^2}\,n^2\,\frac{F}{l}\,\mu\right]. \tag{40.14}$$

Um den Anschluß an die elektrotechnische Fachliteratur zu erleichtern, werden in diesem und in dem folgenden Paragraphen (Kap. 41) alle Gleichungen (soweit sie sich voneinander unterscheiden) sowohl im GIORGIschen Maßsystem als auch in dem sonst in diesem Buch gebrauchten GAUSSschen Maßsystem angegeben. Die GAUSSsche Schreibweise ist, wie z. B. in Gl. (40.14), in eckiger Klammer beigefügt.

40.3 Komplexe Permeabilität

In diesem und den folgenden Abschnitten wird im wesentlichen ein Überblick über den Einfluß der Hysterese und der Wirbelströme auf die Permeabilität gegeben werden. Wir schließen uns dabei weitgehend an eine ausgezeichnete Originaldarstellung dieses Fragenkomplexes von FELDTKELLER [1] in seinem Buch „Spulen und Übertrager" an und verweisen für ein genaueres Studium der Probleme auf dieses Buch.

Bei kleiner Feldaussteuerung mißt man eine RAYLEIGH-Schleife (s. Kap. 33). Der zeitliche Feldverlauf sei sinusförmig. Dann ist, wie wir in 40.1 gesehen haben, der zeitliche Verlauf der Induktion nicht sinusförmig.

Näherungsweise können wir die RAYLEIGH-Schleife durch eine Ellipse darstellen. Wir betrachten damit die Grundschwingung B_ω der Induktion. Wie deren

---

[1] μ ist entsprechend Gl. (1.42) die absolute Permeabilität $\mu = \mu_{abs} = \mu_{rel} \cdot \mu_0$. Da im folgenden unter μ stets die absolute Permeabilität verstanden wird, lassen wir der Einfachheit halber den Index weg. Da es sich hier speziell um eine Luftspule handelt, ist $\mu_{rel} = 1$ und $\mu_{abs} = \mu_0$.

Amplitude und Phase mit den RAYLEIGH-Konstanten μ_A, ν und der Feldstärkeamplitude zusammenhängen, werden wir in 40.4 sehen.

Da die RAYLEIGH-Schleife wegen ihrer endlichen Öffnung nur durch eine Ellipse und nicht durch eine Gerade angenähert werden kann, sind B_ω und H_ω nicht in Phase. Wir schreiben daher für H und B die komplexen Augenblickswerte

$$H_\omega = \hat{H}\, e^{j(\omega t + \varphi_H)} \quad (40.15\text{a}) \qquad B_\omega = \hat{B}\, e^{j(\omega t + \varphi_B)}. \quad (40.15\text{b})$$

Mit den komplexen Effektivwerten

$$\bar{H}_\omega = \frac{\hat{H}}{\sqrt{2}}\, e^{j\varphi_H} \quad (40.16\text{a}) \qquad \bar{B}_\omega = \frac{\hat{B}}{\sqrt{2}}\, e^{j\varphi_B} \quad (40.16\text{b})$$

ergibt sich hierfür

$$H_\omega = \sqrt{2}\, \bar{H}\, e^{j\omega t} \quad (40.17\text{a}) \qquad B_\omega = \sqrt{2}\, \bar{B}\, e^{j\omega t} \quad (40.17\text{b})$$

und wir führen nunmehr eine komplexe Permeabilität $\bar{\mu}$ ein vermittels

$$\bar{\mu} = \frac{\bar{B}_\omega}{\bar{H}_\omega}. \qquad (40.18)$$

$\bar{\mu}$ ist gleich dem komplexen Scheitel- oder Effektivwert der Grundwelle von B dividiert durch den komplexen Scheitel- bzw. Effektivwert von H.

H und B sind nicht direkt meßbar, sondern ergeben sich für eine Spule mit ferromagnetischem Kern aus dem Spulenstrom i und der induzierten Spannung u. Nach dem Durchflutungsgesetz [Gl. (1.23) bzw. Gl. (1.16)] ist

$$i = \frac{l}{n} H_\omega \quad \text{und} \quad \bar{J} = \frac{l}{n} \bar{H}_\omega$$
$$\left[i = \frac{c}{4\pi} \cdot \frac{l}{n} H_\omega \right] \quad \left[\bar{J} = \frac{c}{4\pi} \frac{l}{n} \bar{H}_\omega \right] \qquad (40.19)$$

und nach dem Induktionsgesetz [Gl. (1.29) bzw. Gl. (1.41)]

$$u = n F \frac{dB_\omega}{dt} \quad \text{und} \quad \bar{U} = j\omega n \cdot F\, \bar{B}_\omega$$
$$\left[u = \frac{1}{c} n F \frac{dB_\omega}{dt} \right] \quad \left[U = j\omega \frac{nF}{c} \bar{B}_\omega \right]. \qquad (40.20)$$

Damit erhält man für den komplexen Scheinwiderstand

$$\bar{R} - R_0 = \frac{\bar{U}}{\bar{J}} - R_0 = j\omega \frac{n^2 F}{l} \frac{\bar{B}_\omega}{\bar{H}_\omega} = j\omega \frac{n^2 F}{l} \bar{\mu}$$
$$\left[\bar{R} - R_0 = \frac{4\pi}{c^2} \cdot j\omega \frac{n^2 F}{l} \bar{\mu} \right]. \qquad (40.21)$$

und daraus die komplexe Permeabilität

$$\bar{\mu} = \frac{\bar{R} - R_0}{j\omega \dfrac{n^2 F}{l}} \quad \left[\bar{\mu} = \frac{\bar{R} - R_0}{\dfrac{4}{c^2} j\omega \dfrac{n^2 F}{l}} \right]. \qquad (40.22)$$

Ihr Betrag wird als Scheinpermeabilität bezeichnet. R_0 bedeutet den Gleichstromwiderstand der Spulenwicklung.

Gl. (40.22) stellt zunächst eine Meßvorschrift für die in Gl. (40.18) definierte komplexe Permeabilität dar. Wie wir jedoch in 40.5 bei der Behandlung der

40.3 Komplexe Permeabilität

Wirbelströme in metallisch leitenden ferromagnetischen Blechen sehen werden, verliert die Definition Gl. (40.18) bei höheren Frequenzen ihren physikalischen Sinn, weil dort die Feldstärke und die Induktion über den Probenquerschnitt nicht mehr homogen sind. Da aber praktisch der Scheinwiderstand von Spulen und Übertragern im Vordergrund des Interesses steht, wird Gl. (40.22) als Definitionsgleichung der komplexen Permeabilität angesehen.

Da Induktion und Feldstärke wegen der Hysterese nicht in Phase sind, ist auch der komplexe Scheinwiderstand $\bar{R}$ der Spule nach Abzug des Gleichstromwiderstandes R_0 kein reiner Blindwiderstand (wie im Fall der Luftspule), sondern setzt sich aus einem durch die Hysterese bedingten Wirkwiderstand und einem Blindwiderstand zusammen.

Stellen wir die Spule mit ferromagnetischem Kern im Ersatzschaltbild durch eine Reihenschaltung (Index R) eines rein OHMschen Widerstandes R_R und einer Induktivität L_R dar, so ist

$$\bar{R} - R_0 = R_R + j\omega L_R. \tag{40.23}$$

Damit ergibt sich aus Gl. (40.22) für die komplexe Permeabilität nach Aufspaltung in Real- und Imaginärteil

$$\bar{\mu} = \frac{R_R + j\omega L_R}{j\omega n^2 \cdot \frac{F}{l}} = \frac{L_R}{n^2 \frac{F}{l}} - j\frac{R_R}{\omega n^2 \frac{F}{l}} = \mu_{LR} - j\mu_{RR}. \tag{40.24}$$

Nach FELDTKELLER [1] wird der Realteil

$$\mu_{LR} = \frac{L_R}{n^2 \frac{F}{l}} \qquad \left[\mu_{LR} = \frac{L_R}{\frac{4\pi}{c^2} n^2 \frac{F}{l}}\right] \tag{40.25}$$

als Reiheninduktivitäts-Permeabilität und der Imaginärteil

$$\mu_{RR} = \frac{R_R}{\omega n^2 \frac{F}{l}} \qquad \left[\mu_{RR} = \frac{R_R}{\frac{4\pi}{c^2}\omega n^2 \frac{F}{l}}\right] \tag{40.26}$$

als Reihenwiderstands-Permeabilität bezeichnet. In der Literatur werden statt der von FELDTKELLER eingeführten Schreibweise μ_{LR} und μ_{RR} auch vielfach die Bezeichnungen μ' und μ'' sowie μ_1 und μ_2 gebraucht.

Ebenso kann man $\bar{R} - R_0$ durch eine Parallelschaltung (Index P) eines rein OHMschen Widerstandes R_P und einer Induktivität L_P darstellen

$$\frac{1}{\bar{R} - R_0} = \frac{1}{R_P} + \frac{1}{j\omega L_P} \tag{40.27}$$

und erhält damit für die reziproke komplexe Permeabilität

$$\frac{1}{\bar{\mu}} = j\omega n^2 \frac{F}{l}\left(\frac{1}{R_P} + \frac{1}{j\omega L_P}\right) = \frac{n^2 \frac{F}{l}}{L_P} + j\omega \frac{n^2 \frac{F}{l}}{R_P} = \frac{1}{\mu_{LP}} + j\frac{1}{\mu_{RP}} \tag{40.28}$$

mit der Parallelinduktivitäts-Permeabilität

$$\mu_{LP} = \frac{L_P}{n^2 \frac{F}{l}} \qquad \left[\mu_{LP} = \frac{L_P}{\frac{4\pi}{c^2} n^2 \frac{F}{l}}\right] \tag{40.29}$$

und der Parallelwiderstands-Permeabilität

$$\mu_{RP} = \frac{R_P}{\omega n^2 \frac{F}{l}} \qquad \left[\mu_{RP} = \frac{R_P}{\frac{4\pi}{c^2} \omega n^2 \frac{F}{l}}\right]. \qquad (40.30)$$

Obige Definition von $\bar{\mu}$ entspricht ganz allgemein dem Prinzip, daß man einen berechenbaren Scheinwiderstand

$$\bar{Z}(\omega, \bar{\mu})_{\text{ber}} = R_{\text{ber}}(\omega, \mu_R) + j\, X_{\text{ber}}(\omega, \mu_L) \qquad (40.31)$$

mißt, dessen Wert ganz oder teilweise von der Impedanz des zu untersuchenden Ferromagnetikums bestimmt wird. Die gesuchte Hochfrequenzpermeabilität ist dann derjenige Wert $\bar{\mu}$, der in Gl. (40.31) eingesetzt den gemessenen Scheinwiderstand $\bar{Z}(\omega, \bar{\mu})_{\text{gem}}$ ergibt [2]. Nur wenn $\bar{Z}$ linear von $\bar{\mu}$ abhängt, wie etwa in Gl. (40.21), ist $\mu_R = \mu_{RR}$ und $\mu_L = \mu_{LR}$. Bei Hohlleiter- und Meßleitungsproblemen (s. z. B. [2, 3, 4]) tritt dagegen ein berechenbarer Scheinwiderstand der Form $\bar{Z} = k\sqrt{\bar{\mu}/\bar{\varepsilon}}$ auf (entsprechend dem Wellenwiderstand), worin $\bar{\varepsilon}$ die komplexe Dielektrizitätskonstante bedeutet. Setzt man $\bar{\varepsilon} \approx -j/\varrho\,\omega$ (ϱ = spezifischer Widerstand), dann ergibt sich

$$\bar{Z} = k\sqrt{\bar{\mu}/\bar{\varepsilon}} \approx k\sqrt{\omega\varrho}\sqrt{j\bar{\mu}} = k\sqrt{\omega\varrho/2}\,(\sqrt{\mu_R} + j\sqrt{\mu_L}) \qquad (40.32)$$

und es ist, wie man leicht nachprüft

bzw.
$$\mu_R = |\bar{\mu}| + \mu_{RR} \quad \text{und} \quad \mu_L = |\bar{\mu}| - \mu_{RR}$$
$$\mu_{LR} = \sqrt{\mu_R \mu_L} \quad \text{und} \quad \mu_{RR} = \frac{\mu_R - \mu_L}{2}. \qquad (40.33)$$

Die so definierten Größen μ_L und μ_R werden in der Literatur als innere bzw. äußere scheinbare (apparent) Permeabilität oder effektive (effective) Permeabilität bezeichnet.

40.4 Hysterese in schwachen Feldern

40.4.1 Komplexe Permeabilität im Rayleigh-Gebiet

Nach 33.1 kann bei hinreichend kleiner Feldaussteuerung die Gleichung der Hystereseschleife für viele Werkstoffe in analytischer Form angegeben werden (RAYLEIGH-Gesetz). Sie lautet für den aufsteigenden Ast der Schleife [s. Abb. 33.1 und Gl. (33.5a)]

$$B = (\mu_A + \nu H_m) H + \frac{\nu}{2}(H^2 - H_m^2) \qquad (40.34\text{a})$$

und für den absteigenden Ast [Gl. (33.5b)]

$$B = (\mu_A + \nu H_m) H - \frac{\nu}{2}(H^2 - H_m^2). \qquad (40.34\text{b})$$

Für diese Schleifenform wollen wir nunmehr unter der Annahme eines streng sinusförmigen Feldstärkeverlaufs

$$H = \hat{H} \cos \omega t \qquad (40.35)$$

den zeitlichen Verlauf $B(t)$ der Induktion berechnen. Da die Schleife keine Ellipse ist, ergibt sich für $B(t)$ keine einfache Sinusfunktion. Nach 40.1 können wir $B(t)$ durch eine FOURIER-Reihe mit der Grundfrequenz ω darstellen

$$B = \Sigma \hat{B}'_{n\omega} \cdot \cos(n\omega t) + \Sigma \hat{B}''_{n\omega} \sin(n\omega t). \tag{40.36}$$

Setzen wir Gl. (40.35) in Gl. (40.34) ein und beachten, daß $H_m = \hat{H}$ ist, dann ergibt sich für die Koeffizienten

$$\hat{B}'_{n\omega} = \frac{1}{\pi} \int_0^\pi \left[(\mu_A + \nu \hat{H}) \hat{H} \cos \omega t + \frac{\nu}{2} \hat{H}^2 \sin^2 \omega t \right] \cos n\omega t \, d\omega t$$
$$+ \frac{1}{\pi} \int_\pi^{2\pi} \left[(\mu_A + \nu \hat{H}) \hat{H} \cos \omega t - \frac{\nu}{2} \hat{H}^2 \sin^2 \omega t \right] \cos n\omega t \, d\omega t \tag{40.37a}$$

und

$$\hat{B}''_{n\omega} = \frac{1}{\pi} \int_0^\pi \left[(\mu_A + \nu \hat{H}) \hat{H} \cos \omega t + \frac{\nu}{2} \hat{H}^2 \sin^2 \omega t \right] \sin n\omega t \, d\omega t$$
$$+ \frac{1}{\pi} \int_\pi^{2\pi} \left[(\mu_A + \nu \hat{H}) \hat{H} \cos \omega t - \frac{\nu}{2} \hat{H}^2 \sin^2 \omega t \right] \sin n\omega t \, d\omega t. \tag{40.37b}$$

Die Ausrechnung der Integrale liefert

$$\hat{B}'_\omega = (\mu_A + \nu \hat{H}) \hat{H}, \qquad \hat{B}''_\omega = \frac{4}{3\pi} \nu \hat{H}^2,$$
$$\hat{B}'_{3\omega} = 0, \qquad \hat{B}''_{3\omega} = -\frac{4}{3 \cdot 5 \cdot \pi} \nu \hat{H}^2, \tag{40.38}$$
$$\hat{B}'_{5\omega} = 0, \qquad \hat{B}''_{5\omega} = -\frac{4}{3 \cdot 5 \cdot 7 \cdot \pi} \nu \hat{H}^2,$$

während die Koeffizienten aller geradzahligen Harmonischen wegen der Symmetriebedingung [Gl. (40.2)] verschwinden. Damit erhalten wir für den zeitlichen Verlauf der Induktion

$$B(t) = (\mu_A + \nu \hat{H}) \hat{H} \cos \omega t + \frac{4}{3\pi} \nu \cdot \hat{H}^2 \sin \omega t$$
$$- \frac{4}{\pi} \nu \hat{H}^2 \left(\frac{1}{3 \cdot 5} \sin 3\omega t + \frac{1}{3 \cdot 5 \cdot 7} \sin 5\omega t + \cdots \right). \tag{40.39}$$

Entsprechend der Definition Gl. (40.18) ergibt sich für die Reiheninduktivitätspermeabilität

$$\mu_{LR} = \frac{\hat{B}'_\omega}{\hat{H}} = \mu_A + \nu \hat{H} \tag{40.40}$$

und für die Reihenwiderstandspermeabilität

$$\mu_{RR} = \frac{\hat{B}''_\omega}{\hat{H}} = \frac{4}{3\pi} \nu \hat{H} \tag{40.41}$$

und damit die komplexe Permeabilität

$$\bar{\mu} = \mu_{LR} - j \mu_{RR} = \mu_A + \nu \hat{H} - j \frac{4}{3\pi} \nu \hat{H}. \tag{40.42}$$

Umgekehrt kann man danach aus Messungen der komplexen Permeabilität die Hysteresegleichung berechnen [5].

Nach dem RAYLEIGH-Gesetz sind μ_A und ν bis zu einer oberen, vom jeweiligen Werkstoff abhängigen Grenzfeldstärke feldstärkeunabhängige Konstanten. In diesem Fall ist die zu Gl. (40.42) gehörige Ortskurve der Permeabilität entsprechend Abb. 40.3a eine Gerade, welche eine lineare Feldstärketeilung besitzt und mit der reellen Achse den Winkel $\alpha = \text{arc tg}\,(4/3\,\pi) = 23°$ einschließt. Mißt man an einem Werkstoff eine derartige Ortskurve, so ist dies ein eindeutiger Beweis für die Gültigkeit des RAYLEIGH-Gesetzes für diesen Werkstoff (s. a. 33.4).

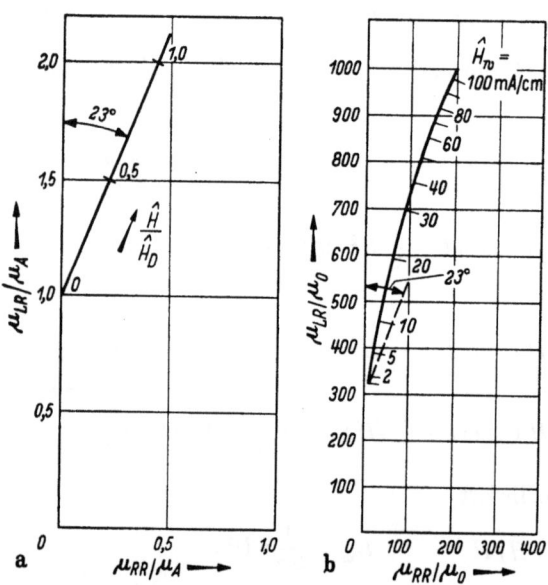

Abb. 40.3 a u. b. a) Komplexe Permeabilität (Hysterese) für schwache Felder bei RAYLEIGH-Verhalten. H_D ist die in Abschn. 40.6 definierte Verdoppelungsfeldstärke. b) Komplexe Permeabilität (Hysterese) von Dynamoblech IV bei kleinen Feldstärken. (Nach FELDTKELLER [1])

Vielfach sind die Äste der Hystereseschleife noch als Parabelbögen darstellbar. Die zu verschieden großen Feldaussteuerungen $\hat{H}$ gehörigen Parabelbögen sind jedoch nicht mehr kongruent. Es ist dann zweckmäßig, die Hysteresegleichungen (40.34) einer Darstellung von FELDTKELLER [1] folgend in der Weise zu erweitern, daß man das Produkt νH_m in den ersten Klammern der Gln. (40.34) durch eine allgemeine Funktion $f_L(H_m)$, und die Faktoren ν vor den zweiten Klammern entsprechend durch eine Funktion $(1/H_m)\cdot f_R(H_m)$ ersetzt. Die Funktionen $f_L(H_m)$ und $f_R(H_m)$ können experimentell bestimmt werden. Sie werden als Hysteresefunktionen bezeichnet.

Für die komplexe Permeabilität ergibt sich damit

$$\bar{\mu} = \mu_{LR} - j\,\mu_{RR} = \mu_A + f_L(\hat{H}) - j\,\frac{4}{3\pi}f_R(\hat{H}). \qquad (40.43)$$

Messungen der komplexen Permeabilität an den verschiedensten Werkstoffen haben nun gezeigt, daß deren Ortskurve am Anfang stets einen geraden Verlauf zeigt, wie etwa in Abb. 40.3b. Lediglich die Feldstärkeskala ist nicht linear, und der Winkel zwischen der Ortsgeraden und der reellen Achse ist kleiner als 23°. Eine gerade Ortskurve bedeutet aber nach Gl. (40.43), daß $f_R(H)$ streng proportional zu $f_L(H)$ ist. Es ist zweckmäßig, diese Proportionalität in der Form

$$\frac{4}{3\pi}f_R = \chi f_L$$

auszudrücken. Damit wird

$$\bar{\mu} = \mu_A + f_L(\hat{H}) - j\,\chi f_L(\hat{H}).$$

Der Proportionalitätsfaktor

$$\chi = \frac{4}{3\pi}\frac{f_R}{f_L}$$

wird als Hysteresequotient bezeichnet. Wie man sofort sieht, ist damit der Winkel α zwischen der Ortskurve und der reellen Achse einfach

$$\alpha = \text{arc} \cdot \text{tg}\,\chi.$$

Man kann zeigen (s. FELDTKELLER [1]), daß $\chi \leq 4/3\pi$ sein muß, daß also der Winkel $\alpha = 23°$ entsprechend dem RAYLEIGH-Gesetz den oberen Grenzwert dieses Winkels darstellt. Dies wird auch experimentell bestätigt. Ferner findet man [1], daß durch χ sowohl die Öffnungsbreite der Hystereseschleife als auch die Steigung charakterisiert ist, mit der z. B. der untere Ast der Hystereseschleife den unteren Kommutierungspunkt verläßt.

40.4.2 Hystereseverlustleistung

Da die Feldstärke sinusförmigen Verlauf hat, ist nach Gl. (40.7) die Magnetisierungsarbeit pro Zyklus einfach gleich der Arbeit der Grundwellenkomponente. Mit

$$H = \hat{H}\cos\omega t,$$

$$B_\omega = (\mu_A + \nu\hat{H})\,\hat{H}\cos\omega t + \frac{4}{3\pi}\nu\hat{H}^2\sin\omega t$$

$$= \hat{B}_\omega\cos(\omega t - \delta_h),$$

$$dB_\omega = -\omega\hat{B}_\omega\sin(\omega t - \delta_h)$$

und

$$\text{tg}\,\delta_h = \frac{4\nu\hat{H}}{3\pi(\mu_A + \nu\hat{H})} = \frac{4\nu\hat{H}}{3\pi\mu_m} = \frac{\mu_{RR}}{\mu_{LR}} \tag{40.44}$$

ergibt sich

$$A_h = \frac{1}{4\pi}\oint H\,dB = \frac{1}{4}\hat{H}\hat{B}_\omega\sin\delta_h = \frac{1}{4}H_m B_m \text{tg}\,\delta_h, \tag{40.45}$$

denn es ist $\hat{H} = H_m$ und $\hat{B}_\omega = B_m/\cos\delta$. B_m und H_m sind die Maximalwerte von Induktion und Feldstärke. Mit tg δ_h aus Gl. (40.44) folgt schließlich

$$A_h = \frac{\nu}{3\pi}H_m^3 = \frac{\nu}{3\pi}\frac{B_m^3}{\mu_m^3} \tag{40.46}$$

in Übereinstimmung mit Gl. (33.12). Die Grundwellenarbeit stellt also tatsächlich den gesamten Flächeninhalt der RAYLEIGH-Schleife dar.

40.5 Wirbelströme

Jede zeitliche Änderung der Induktion hat nach dem Induktionsgesetz eine elektrische Ringspannung zur Folge. Findet die Induktionsänderung in einem elektrisch leitenden Material statt, dann gibt die induzierte Spannung Anlaß zu einem elektrischen Strom, welcher als Wirbelstrom bezeichnet wird. Dieser Wirbelstrom erzeugt seinerseits ein magnetisches Feld, welches stets so gerichtet ist, daß es dem äußeren erregenden Magnetfeld, durch welches die Induktionsänderung veranlaßt wurde, entgegenwirkt. Die dadurch bedingte Schwächung des erregenden Feldes führt bei hinreichend hoher Änderungsgeschwindigkeit der Induktion dazu, daß im Inneren des Materials gar kein Magnetfeld mehr nachweisbar ist. Die durch das äußere Feld hervorgerufenen Induktionsänderungen werden durch die abschirmende Wirkung der Wirbelströme auf eine dünne Oberflächenschicht beschränkt (Haut-Effekt oder Skin-Effekt). Diesen Wirbelstromeffekt hatten wir bei unseren bisherigen Betrachtungen vernachlässigt, indem wir hinreichend langsame Feldänderungen voraussetzten, so daß das Feld und damit die Magnetisierung über den Probenquerschnitt als homogen angesehen werden können. Wir wollen diese Voraussetzung nunmehr fallen lassen und den Einfluß der Wirbelströme auf die pauschale Permeabilität berechnen.

40.5.1 Einfluß der Wirbelströme auf die Permeabilität [6]

Wir gehen von den MAXWELLschen Gleichungen aus und vernachlässigen hierin den dielektrischen Verschiebungsstrom, indem wir ein metallisch leitendes Material voraussetzen

$$\operatorname{rot} \boldsymbol{H} = \boldsymbol{j}, \qquad \left[\operatorname{rot} \boldsymbol{H} = \frac{4\pi}{c} \boldsymbol{j} \right]$$
$$\operatorname{rot} \boldsymbol{E} = -\frac{\partial \boldsymbol{B}}{\partial t} \qquad \left[\operatorname{rot} \boldsymbol{E} = -\frac{1}{c} \frac{\partial \boldsymbol{B}}{\partial t} \right], \tag{40.47}$$

$\boldsymbol{H}$ bedeutet hierin das resultierende Feld aus dem äußeren Feld und dem durch die Wirbelströme induzierten Feld. Zwischen der Stromdichte $\boldsymbol{j}$ und dem elektrischen Feld $\boldsymbol{E}$ besteht die Beziehung

$$\boldsymbol{j} = \boldsymbol{E}/\varrho. \tag{40.48}$$

Wir setzen nunmehr $\boldsymbol{B} = \mu \boldsymbol{H}$. Dies ist für paramagnetische und diamagnetische Stoffe bis zu hohen Feldstärken sicher richtig. Bei ferromagnetischen Stoffen, und diese interessieren uns hier in erster Linie, gilt der lineare Zusammenhang zwischen $\boldsymbol{B}$ und $\boldsymbol{H}$ dagegen nur für verschwindend kleine Felder, d. h. im Bereich der Anfangspermeabilität. Wir schreiben daher speziell für ferromagnetische Stoffe

$$\boldsymbol{B} = \mu_A \boldsymbol{H} \tag{40.49}$$

und setzen zunächst voraus, daß μ_A im gesamten Werkstoff denselben Wert hat. Wir werden in 41.2 sehen, daß gerade diese Voraussetzung in ferromagnetischen Stoffen vielfach nicht erfüllt ist, und daß verschiedene Abweichungen der Experimente von den Ergebnissen der in folgenden ausgeführten klassischen Berechnungen des Wirbelstromeinflusses eben darauf zurückzuführen sind.

Aus den Gln. (40.47) folgt mit Gl. (40.48) und Gl. (40.49)

$$\operatorname{rot} \operatorname{rot} \boldsymbol{H} = -\frac{\mu_A}{\varrho} \frac{\partial \boldsymbol{H}}{\partial t} \qquad \left[\operatorname{rot} \operatorname{rot} \boldsymbol{H} = -\frac{4\pi}{c^2} \frac{\mu_A}{\varrho} \frac{\partial \boldsymbol{H}}{\partial t} \right].$$

Berücksichtigen wir, daß

$$\operatorname{rot} \operatorname{rot} \boldsymbol{H} = \operatorname{grad} \operatorname{div} \boldsymbol{H} - \Delta \boldsymbol{H}$$

und $\operatorname{div} \boldsymbol{H} = 0$ ist, und machen wir für $\boldsymbol{H}$ den periodischen Ansatz

$$\boldsymbol{H} = \hat{\boldsymbol{H}} e^{j\omega t},$$

dann ergibt sich schließlich

$$\Delta \boldsymbol{H} = j \frac{\omega \mu_A}{\varrho} \boldsymbol{H} \qquad \left[\Delta \boldsymbol{H} = j \frac{4\pi \omega \mu_A}{c^2 \varrho} \boldsymbol{H} \right]. \tag{40.50}$$

Die Differentialgleichung (40.50) wollen wir nunmehr für den wichtigen Spezialfall eines plattenförmigen Körpers lösen, der in der y–z-Ebene unendlich ausgedehnt ist und in der x-Richtung die Dicke d hat (s. Abb. 40.4). Der Koordinatenursprung liege in der Plattenmitte. Das äußere Feld sei parallel zur z-Richtung. Dann sind die Strombahnen überall parallel zur y-Richtung und das Feld ist örtlich von x abhängig. Dies entspricht in guter Näherung den Verhältnissen beim Übertrager- bzw. Transformatorblech. Gl. (40.50) erhält hierfür die Form

$$\frac{\partial^2 H_z}{\partial x^2} = j\frac{\omega \mu_A}{\varrho} H_z \qquad \left[\frac{\partial^2 H_z}{\partial x^2} = j\frac{4\pi \omega \mu_A}{\varrho c^2} H_z\right]. \qquad (40.51)$$

Gl. (40.51) hat die allgemeine Lösung

$$H_z = (C_1 e^{qx} + C_2 e^{-qx})e^{j\omega t}$$

mit

(40.52)

$$q^2 = j\frac{\omega \mu_A}{\varrho} \qquad \left[q^2 = j\frac{4\pi \omega \mu_A}{\varrho c^2}\right].$$

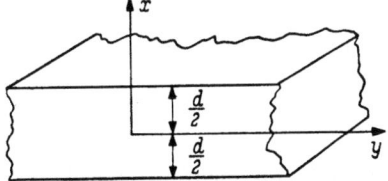

Abb. 40.4. Zur Berechnung der Frequenzabhängigkeit der komplexen Anfangspermeabilität eines metallisch leitenden Blechs

Da aus Symmetriegründen (s. Abb. 40.4) $H_z(x) = H_z(-x)$ sein muß, ist $C_1 = C_2 = C$. Mit den Randbedingungen $H_z = \hat{H} e^{j\omega t}$ für $x = \pm d/2$ erhält man sofort $C = \hat{H}/(e^{qd/2} + e^{-qd/2})$ und damit

$$H_z = \frac{e^{qx} + e^{-qx}}{e^{qd/2} + e^{-qd/2}} \hat{H} e^{j\omega t}. \qquad (40.53)$$

Die mittlere Induktion im Blech ist dann

$$B = \frac{\mu_A}{d}\int_{-d/2}^{+d/2} H_z\, dx = \frac{2\mu_A}{q\cdot d}\frac{e^{qd/2} - e^{-qd/2}}{e^{qd/2} + e^{-qd/2}} \cdot \hat{H} e^{j\omega t} = \frac{\operatorname{tgh}(qd/2)}{qd/2}\hat{H} e^{j\omega t} \qquad (40.53\mathrm{a})$$

und schließlich die komplexe Anfangspermeabilität

$$\bar{\mu}_A = \frac{B}{\hat{H} e^{j\omega t}} = \frac{\operatorname{tgh}(qd/2)}{qd/2}\mu_A \qquad (40.54)$$

mit

$$qd/2 = \sqrt{\frac{j\omega \mu_A \cdot d^2}{4\varrho}} \qquad \left[qd/2 = \sqrt{\frac{j\omega \pi \mu_A \cdot d^2}{\varrho c^2}}\right]. \qquad (40.55)$$

Der Ausdruck unter der Wurzel in Gl. (40.55) ist eine reine Zahl, welche der Frequenz ω proportional ist. Es ist deshalb praktisch eine Normierungsfrequenz

$$\omega_W = \frac{8\varrho}{\mu_A d^2} \qquad \left[\omega_W = \frac{2\varrho c^2}{\mu_A d^2}\right] \qquad (40.56)$$

einzuführen. Damit erhält Gl. (40.54) die Form

$$\bar{\mu}_A = \frac{\operatorname{tgh}\sqrt{j2\dfrac{\omega}{\omega_W}}}{\sqrt{j2\dfrac{\omega}{\omega_W}}}\mu_A. \qquad (40.57)$$

ω_W ist die WOLMANsche Grenzfrequenz der Wirbelströme [6]. Sie ist dadurch charakterisiert, daß für $\omega = \omega_W$ der Realteil von $\bar{\mu}$ gerade auf $(2/3)\mu_A$ abgenommen hat.

In Abb. 40.5 ist die Ortskurve der komplexen Anfangspermeabilität

$$\frac{\bar{\mu}_A}{\mu_A} = \frac{\mu_{LR}}{\mu_A} - j\frac{\mu_{RR}}{\mu_A}$$

und in Abb. 40.6 die Ortskurve der reziproken komplexen Anfangspermeabilität

$$\frac{\mu_A}{\bar{\mu}_A} = \frac{\mu_A}{\mu_{LP}} + j\frac{\mu_A}{\mu_{RP}}$$

wiedergegeben.

Für die komplexe Permeabilität erhält man aus Gl. (40.57) die Näherungen [1]

$$\bar{\mu}_A \approx \mu_A - j\frac{2}{3}\frac{\omega}{\omega_W}\mu_A = \mu_{LR} - j\mu_{RR} \qquad (40.58)$$

für tiefe Frequenzen ($\omega \to 0$) und

$$\bar{\mu}_A \approx \sqrt{\frac{\omega_W}{j\,2\omega}}\mu_A = \frac{1}{2}\sqrt{\frac{\omega_W}{\omega}}\mu_A - j\frac{1}{2}\sqrt{\frac{\omega_W}{\omega}}\mu_A \qquad (40.59)$$

für hohe Frequenzen ($\omega \to \infty$) und damit nach den Gln. (40.25) und (40.26) L_R bzw. R_R sowie den Verlustwinkel

$$\operatorname{tg}\delta_W = \frac{\mu_{RR}}{\mu_{LR}} = \frac{2}{3}\frac{\omega}{\omega_W} \qquad (40.60)$$

für tiefe und

$$\operatorname{tg}\delta_W = 1, \text{ d. h. } \delta_W = \pi/4 \qquad (40.61)$$

für hohe Frequenzen.

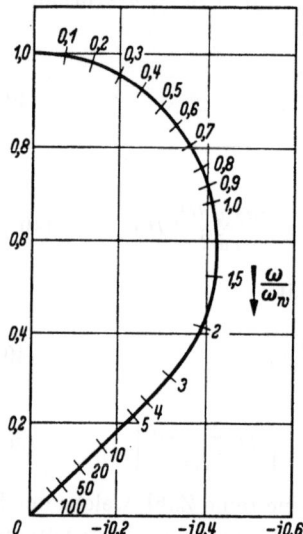

Abb. 40.5.
Die Funktion tgh $\sqrt{j\,2\omega/\omega_W}/\sqrt{j\,2\omega/\omega_W} = \bar{\mu}_A/\mu_A$

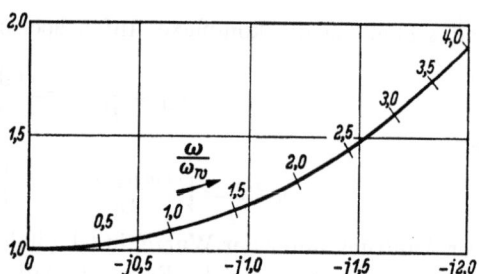

Abb. 40.6. Die Funktion $\sqrt{j\,2\omega/\omega_W}/\operatorname{tgh}\sqrt{j\,2\omega/\omega_W} = \mu_A/\bar{\mu}_A$

Für die reziproke komplexe Permeabilität liefert Gl. (40.57) die Näherungen

$$\frac{1}{\bar{\mu}_A} \approx \frac{1}{\mu_A} + j\frac{2}{3}\frac{\omega}{\omega_W}\cdot\frac{1}{\mu_A} = \frac{1}{\mu_{LP}} + j\frac{1}{\mu_{RP}} \qquad (40.62)$$

für tiefe Frequenzen und

$$\frac{1}{\bar{\mu}_A} \approx j\sqrt{\frac{2\omega}{\omega_W}}\frac{1}{\mu_A} = \sqrt{\frac{\omega}{\omega_W}}\frac{1}{\mu_A} + j\sqrt{\frac{\omega}{\omega_W}}\frac{1}{\mu_A} = \frac{1}{\mu_{LP}} + j\frac{1}{\mu_{RP}} \qquad (40.63)$$

für hohe Frequenzen und damit nach den Gln. (40.29) und (40.30) L_P bzw. R_P.

40.5.2 Feldverteilung im Blech

Bisher haben wir nur die über den Blechquerschnitt gemittelte, scheinbare Permeabilität betrachtet. Wir wollen nunmehr die Feldverteilung im Blech für den praktisch wichtigen Fall so hoher Frequenzen berechnen, bei welchen die „Eindringtiefe" des Feldes klein gegen die Blechdicke ist, das Feld in der Blechmitte infolge der Abschirmung durch Wirbelströme also praktisch verschwindet.

Aus Gl. (40.52) folgt

$$q = \frac{1+j}{\sqrt{2}}\sqrt{\frac{\omega \mu_A}{\varrho}} \qquad \left[q = \frac{1+j}{\sqrt{2}}\sqrt{\frac{4\pi\omega\mu_A}{\varrho c^2}}\right]. \qquad (40.64)$$

Wir setzen nunmehr

$$q = \frac{1+j}{\delta} = \frac{r(1+j)}{d}, \qquad (40.65)$$

worin

$$\delta = \frac{1}{\sqrt{\omega \mu_A/2\varrho}} \qquad \left[\delta = \frac{1}{\sqrt{2\pi\omega\mu_A/\varrho c^2}}\right] \qquad (40.66)$$

ist. Aus Gl. (40.53) ergibt sich mit q aus Gl. (40.65)

$$H_z = \frac{e^{r(1+j)\frac{x}{d}} + e^{-r(1+j)\frac{x}{d}}}{e^{\frac{r}{2}(1+j)} + e^{-\frac{r}{2}(1+j)}} \hat{H} e^{j\omega t}. \qquad (40.67)$$

Für $r \gg 1$ vereinfacht sich Gl. (40.67) zu

$$H_z = \hat{H} e^{r(1+j)\left(\frac{x}{d}-\frac{1}{2}\right)} e^{j\omega t} = \hat{H} e^{-\frac{1+j}{\delta}\left(\frac{d}{2}-x\right)} e^{j\varphi t}.$$

Nun ist nach Abb. 40.4 $d/2 - x = x'$ der Abstand von der Blechoberfläche. Nach einer kleinen Umformung ergibt sich damit

$$H_z = \hat{H} e^{-\frac{x'}{\delta}} e^{i\left(\omega t - \frac{x'}{\delta}\right)} \qquad (40.68)$$

die Feldstärke H_z nach Betrag und Phase als Funktion des Abstandes x' von der Blechoberfläche.

Die Amplitude von H_z nimmt also von der Blechoberfläche in das Blechinnere hinein exponentiell ab. Für $x' = \delta$ hat die Amplitude auf den Wert $\hat{H}/e$ abgenommen. Die durch Gl. (40.66) gegebene Weglänge δ wird dementsprechend als Eindringtiefe bezeichnet.

Ebenso ändert sich die Phase von H_z mit dem Abstand von der Blechoberfläche. Für $x' = \pi\delta$ ist H_z z. B. gerade in Gegenphase zu der Feldstärke an der Oberfläche.

40.5.3 Wirbelstromverlustleistung

Abschließend wollen wir die Verlustleistung der Wirbelströme für den Grenzfall kleiner Frequenzen berechnen. Da hierbei die Feldstärke und damit die Induktion in erster Näherung als homogen über den Probenquerschnitt angesehen werden können, ergibt sich die Permeabilität unmittelbar aus Gl. (40.54) mit der

Näherung $\frac{\operatorname{tgh} z}{z} \approx 1 - z^2/3$ für kleine z zu

$$\bar{\mu}_A = \mu_A \left(1 - \frac{1}{3}\left[\frac{r(1+j)}{2}\right]^2\right) = \mu_A \left(1 - j\frac{r^2}{6}\right)$$
$$= \mu_A \sqrt{1 + r^4/36}\, e^{-j\frac{r^2}{6}} = \frac{\mu_A}{\cos \varepsilon} e^{-j \operatorname{tg} \varepsilon}, \qquad (40.69)$$

wobei wir für q den Ausdruck aus Gl. (40.65) eingesetzt haben. Da voraussetzungsgemäß $r \ll 1$ sein soll, wird

$$\cos \varepsilon \approx 1 \quad \text{und} \quad \operatorname{tg} \varepsilon \approx \sin \varepsilon \approx \varepsilon \qquad (40.70)$$

und mit $H = \hat{H} \cos \omega t$ finden wir

$$B = \bar{\mu}_A \hat{H} \cos \omega t = \mu_A \hat{H} \cos(\omega t - \varepsilon) = \hat{B} \cos(\omega t - \varepsilon), \qquad (40.71)$$

d. h. die Amplitude der Induktion bleibt von den Wirbelströmen praktisch unbeeinflußt. Dagegen ist die Phase von B um den Winkel ε gegen die Phase des Feldes verschoben.

Mit Gl. (40.71) erhalten wir schließlich die Verlustarbeit pro Zyklus

$$A_W = \frac{1}{4\pi} \oint H\, dB = \frac{\mu_A \hat{H}^2}{4} \sin \varepsilon = \frac{\mu_A H^2 \cdot r^2}{24} = \frac{\omega d^2 \hat{B}^2}{48} \qquad (40.72)$$
$$\left[A_W = \frac{\pi \omega d^2 B^2}{12 \varrho c^2}\right]$$

und die Verlustleistung

$$W_W = A_W f = \frac{\pi d^2 \hat{B}^2 f^2}{24 \varrho} \quad \left[W_W = A_W f = \frac{\pi^2 d^2 \hat{B}^2 f^2}{6 \varrho c^2}\right].$$

40.6 Die komplexe Permeabilität bei gleichzeitiger Berücksichtigung von Wirbelströmen und Hysterese

Eine geschlossene Darstellung des Scheinwiderstandes einer Spule, in deren Kern Wirbelströme fließen, ist nur für hinreichend kleine Feldstärken möglich, bei welchen die Permeabilität über den gesamten Blechquerschnitt hinweg gleich der Anfangspermeabilität μ_A, also unabhängig von der Feldstärke ist. Bei höheren Feldstärken wird die Permeabilität von der Feldstärke abhängig. Deshalb muß die durch die Abnahme der Feldstärke nach dem Blechinneren bedingte Abnahme der Permeabilität berücksichtigt werden. Dies ist nach FELDTKELLER [1] mit Hilfe eines graphischen Verfahrens möglich.

Abb. 40.7 zeigt die von FELDTKELLER [1] unter gleichzeitiger Berücksichtigung der Wirbelströme und der Hysterese ermittelten Ortskurven der komplexen Permeabilität und der reziproken komplexen Permeabilität eines idealen Kernblechs mit Hysterese entsprechend dem RAYLEIGH-Gesetz in Abhängigkeit von der Feldstärke und der Induktion. Es ist dabei vorausgesetzt, daß die RAYLEIGH-Konstanten μ_A und ν über den gesamten Blechquerschnitt denselben Wert haben und außerdem bis zu der weiter unten definierten Verdoppelungsfeldstärke nicht von der Feldstärke abhängen. Diese Voraussetzung ist im allgemeinen nicht erfüllt. Dies gibt, wie wir in Kap. 41 sehen werden, zu verschiedenen Abweichungen

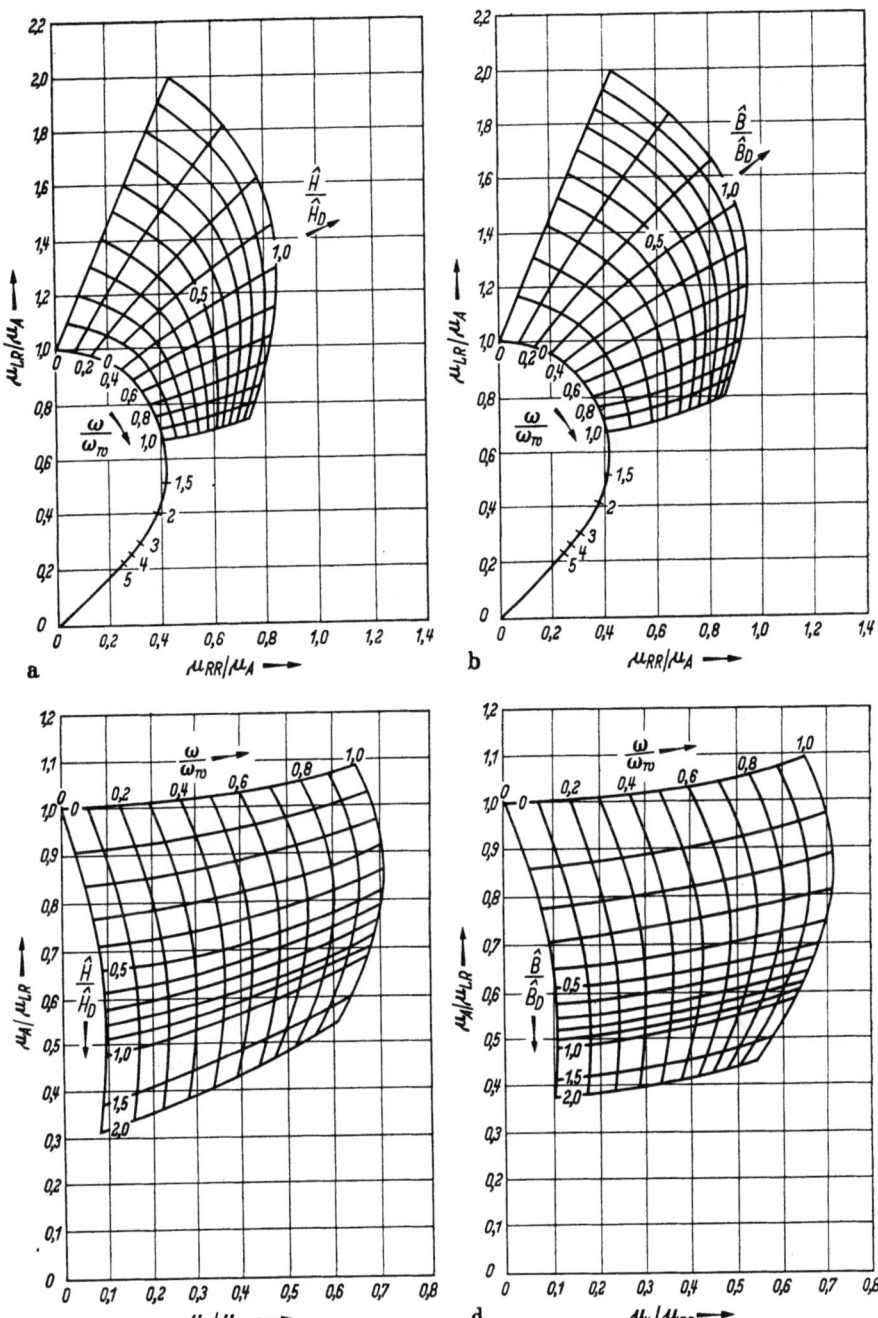

Abb. 40.7a bis d. a) und b) komplexe Permeabilität (Hysterese und Wirbelströme) eines idealen Blechs mit RAYLEIGH-Verhalten in Abhängigkeit von Frequenz und Feldstärke bzw. Induktion. c) und d) Kehrwert der komplexen Permeabilität (Hysterese und Wirbelströme) eines idealen Blechs mit RAYLEIGH-Verhalten in Abhängigkeit von Frequenz- und Feldstärke bzw. Induktion. (Nach FELDTKELLER [1])

von den in Abb. 40.7 gezeigten Ortskurven Anlaß. Die Frequenzteilung ist mit der durch Gl. (40.56) gegebenen WOLMANschen Grenzfrequenz ω_W der Wirbelströme normiert. Die Feldstärke ist mit der sog. Verdoppelungsfeldstärke reduziert, welche so definiert wird, daß für $\hat{H} = \hat{H}_D$ der Realteil der Permeabilität bei der Frequenz $\omega = 0$ gleich der doppelten statischen Anfangspermeabilität ist.

Es ist also

$$\mu_{LR}(\hat{H}_D) = \mu_A + \nu \hat{H}_D = 2\mu_A$$

und damit

$$\hat{H}_D = \frac{\mu_A}{\nu}.$$

Wir können schließlich ν durch die Verdoppelungsfeldstärke ausdrücken und erhalten

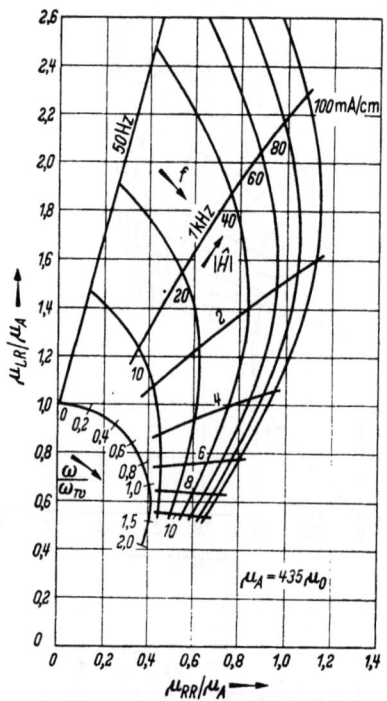

Abb. 40.8. Gemessene komplexe Permeabilität von Dynamoblech IV. (Nach FELDTKELLER [1])

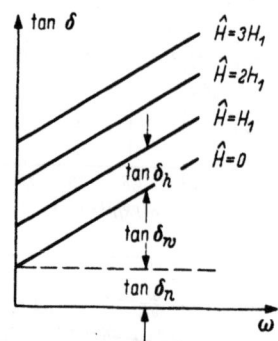

Abb. 40.9. Zur experimentellen Trennung von Hystereseverlust tg δ_h, Wirbelstromverlust tg δ_W und Nachwirkungsverlust tg δ_n. (Nach JORDAN [7])

$$\mu_{LR} = \mu_A \left(1 + \frac{\hat{H}}{\hat{H}_D}\right).$$

Die Induktion ist mit der Verdoppelungsinduktion $\hat{B}_D$ reduziert. $\hat{B}_D$ ist der zur Verdoppelungsfeldstärke gehörige Wert der Induktion. In Abb. 40.8 ist beispielsweise die an einem Dynamoblech IV mit der Anfangspermeabilität $\mu_A = 435\,\mu_0$ [$\mu_A = 435$] gemessene komplexe Permeabilität wiedergegeben.

Hysterese- und Wirbelstromverluste können nach JORDAN [7] entsprechend Abb. 40.9 leicht auf Grund der Tatsache getrennt werden, daß bei kleinen Frequenzen der Wirbelstromverlustwinkel tg δ_W nach Gl. (40.60) linear mit der Frequenz ansteigt, während der Hystereseverlustwinkel tg δ_h nach Gl. (40.44) von der Frequenz unabhängig ist.

Wären die Hysterese- und Wirbelstromverluste die einzigen auftretenden Verluste, dann müßte die Extrapolation auf die Frequenz Null und Feldamplitude Null entsprechend Abb. 40.9 auf den Verlustwinkel Null führen. Tatsächlich findet man jedoch, wie erstmals JORDAN [7] bemerkte, stets einen endlichen, von der Frequenz in erster Näherung unabhängigen „Restverlust" tg δ_n, welcher, wie wir in 41.3 sehen werden, im wesentlichen durch thermische Nachwirkung bedingt ist.

Literatur zu Kap. 40

[1] FELDTKELLER, R.: „Spulen und Übertrager" 2. Aufl., Teil I: „Spulen", Stuttgart: S. Hirzel 1949.
[2] KITTEL, CH.: Phys. Rev. 70 (1946) S. 281.
[3] REICH, H.: Frequenz 9 (1955) S. 299; 10 (1956) S. 11.
[4] V. HARLEM, J.: El. Rundschau 3 (1955) S. 98; 4 (1955) S. 147.
[5] FELDTKELLER, R.: Z. Phys. Z. 124 (1948) S. 528.
[6] WOLMAN, W.: Z. techn. Phys. 10 (1929) S. 595.
[7] JORDAN, H.: Elektr. Nachrichtentechn. 1 (1924) S. 7.

41. Nachwirkung

41.1 Formale mathematische Behandlung der magnetischen Nachwirkung

41.1.1 Einschaltvorgang

Wenn die Magnetisierung bzw. Induktion einer Feldstärkeänderung aus irgendeinem Grunde nicht trägheitslos folgt, sondern ihren, zu der neuen Feldstärke gehörigen Gleichgewichtswert erst einige Zeit nach Ablauf der Feldänderung annimmt, sprechen wir ganz allgemein von magnetischer Nachwirkung.

Einführend behandeln wir den Einschaltvorgang in Abb. 41.1. Zur Zeit $t = 0$ wird ein konstantes Feld H_0 eingeschaltet. Als Folge davon springe die Induktion zunächst innerhalb einer verhältnismäßig kurzen (aber infolge von Wirbelstrom- und Spinrelaxationsdämpfung tatsächlich endlichen) Zeit auf den Wert B_0 und steige dann langsam auf den Endwert B_∞ an. Die Anstiegszeit von Null auf B_0 sei klein gegen die Anstiegszeit von B_0 auf B_∞ und gegen diese vernachlässigbar, und wir betrachten im folgenden nur den Anstieg der Induktion von B_0 auf B_∞ als verzögert.

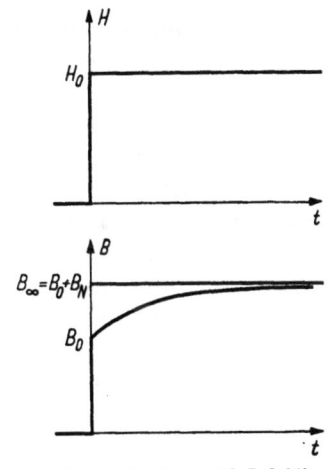

Abb. 41.1. Feldstärke und Induktion beim Einschaltvorgang mit konstanter Feldstärke

Die sowohl mathematisch als auch physikalisch einfachste Annahme ist nun die, daß die Änderungsgeschwindigkeit von B beim Anstieg von B_0 auf B_∞ der Differenz zwischen B und dem Gleichgewichtswert B_∞ proportional ist. Entsprechend machen wir den Ansatz

$$\frac{\partial(B - B_0)}{\partial \vartheta} = \frac{1}{\tau_H}[B_N(\vartheta) - (B - B_0)], \tag{41.1}$$

wobei wir $B_\infty - B_0 = B_N$ gesetzt haben. B_N ist der nachwirkende Anteil der Induktion. ϑ bedeutet die laufende Zeitkoordinate. Wir haben ferner der Allgemeinheit des Ansatzes halber angenommen, daß die Feldstärke und damit B_∞ bzw. B_N nicht konstant sind, sondern von der Zeit abhängen.

Als allgemeine Lösung von Gl. (41.1) findet man in bekannter Weise

$$B - B_0 = \int_0^t B_N(\vartheta) e^{-\frac{t-\vartheta}{\tau_H}} \frac{d\vartheta}{\tau_H} + C e^{-\frac{t}{\tau_H}}. \qquad (41.2)$$

Bei dem Einschaltversuch (Abb. 41.1) ist $H = 0$ für $\vartheta \leq 0$ und $H = H_0$ für $\vartheta > 0$. Ferner nehmen wir an, daß die linearen Beziehungen

$$B = \mu H \text{ und speziell } B_0 = \mu_a H_0 \text{ und } B_N = \mu_n H_0 \qquad (41.3)$$

gelten. Wegen $B - B_0 = 0$ für $t = 0$ ist auch $C = 0$. Die Ausführung der Integration (41.2) liefert

$$B = B_0 + B_N(1 - e^{-t/\tau_H}) \qquad (41.4)$$

oder mit Gl. (41.3)

$$B = \mu_a + \mu_n(1 - e^{-t/\tau_H}) H_0. \qquad (41.5)$$

B nimmt also nach einer Exponentialfunktion von B_0 auf $B_\infty = B_0 + B_N$ zu. τ_H ist die sog. Relaxationszeit. Für $t = \tau_H$ hat die Differenz $B_\infty - B$ gerade auf den e-ten Teil ihres Ausgangswertes abgenommen. Da es sich hierbei um einen Relaxationsvorgang bei vorgegebener Feldstärke handelt, schreiben wir bei τ den Index H.

Nachwirkung ist ganz allgemein die verzögerte Wiederherstellung eines thermodynamischen Gleichgewichts, welches durch irgendeinen äußeren Einfluß (in unserem Fall durch die Feldänderung) gestört worden ist. Die Wiederherstellung des Gleichgewichts erfolgt im allgemeinen durch einen „Diffusionsvorgang", d. h. durch einen Transport von thermischer Energie (Wärme), Atomen oder Ionen, Kristallbaufehlern (Versetzungen, Leerstellen) oder Elektronen. Die für den jeweiligen Nachwirkungseffekt charakteristische (vielfach allerdings noch von der Temperatur abhängige) Relaxationszeit τ ist diejenige Zeit, innerhalb welcher der Diffusionsvorgang das thermodynamische Gleichgewicht wiederherstellt. Das Verhältnis des nachwirkenden zum nicht nachwirkenden Anteil der Induktion B_N/B_0 bzw. der Permeabilität μ_n/μ_a, die sog. Relaxationsstärke ist ein Maß für die Bedeutung des Diffusionsvorgangs für den betrachteten Vorgang, in unserem Fall also für Magnetisierungs- bzw. Induktionsänderungen.

41.1.2 Ausschaltvorgang

Das Feld H_0 sei so lange eingeschaltet, bis die Induktion ihren Gleichgewichtswert B_∞ erreicht hat. Im Zeitpunkt $\vartheta = 0$ werde dann das Feld ausgeschaltet, und wir beobachten den Verlauf von $B(t)$. Für $-\infty < \vartheta < 0$ ist also $H = H_0$ und aus Gl. (41.3) folgt für die Gleichgewichtswerte $B_0 = \mu_a H_0$ und $B_N = \mu_n H_0$. Für $\vartheta \geq 0$ ist $H = 0$ und damit sind nach Gl. (41.3) die Gleichgewichtswerte $B_0 = B_N = 0$. Mit der Anfangsbedingung $B = B_N$ für $\vartheta = 0$ liefert Gl. (41.2) einfach

$$B = B_N e^{-t/\tau_H}. \qquad (41.6)$$

Beim Ausschalten des Feldes springt also die Magnetisierung vom Wert B_∞ auf den Wert B_N herunter und nimmt dann im Laufe der Zeit exponentiell gegen Null ab.

41.1.3 Zeitkonstantenstreuung

Im allgemeinen findet man, daß sich die Einschalt- oder Ausschaltkurve $B(t)$ nicht mit einer einzigen Zeitkonstante beschreiben läßt, sondern nur mit einem kontinuierlichen, mehr oder weniger breiten Zeitkonstantenspektrum. Ohne zunächst nach dem Grund hierfür zu fragen, denken wir uns rein formal den Werkstoff in eine große Zahl kleiner Bereiche unterteilt. Jedem dieser Bereiche ordnen wir eine bestimmte Zeitkonstante zu. Mit $P(\tau)\,d\tau$ bezeichnen wir die Wahrscheinlichkeit dafür, die Zeitkonstante irgendeines dieser Bereiche zwischen den Werten τ und $\tau + d\tau$ zu finden. Es gilt dann die Beziehung

$$\int_0^\infty P(\tau)\,d\tau = 1. \qquad (41.7)$$

Da die gemessene Induktion einfach gleich der Summe der Induktionsbeiträge der kleinen Bereiche ist, lautet Gl. (41.2) bei Berücksichtigung der Zeitkonstantenstreuung

$$B - B_0 = \int_0^\infty \int_0^t B_N(\vartheta)\frac{P(\tau)}{\tau} e^{-\frac{t-\vartheta}{\tau}} d\vartheta\, d\tau + C \int_0^\infty P(\tau)\, e^{-t/\tau}\,d\tau. \qquad (41.8)$$

Wir führen zur Abkürzung die Funktion

$$g(t-\vartheta) = \int_0^\infty \frac{P(\tau)}{\tau} e^{-\frac{t-\vartheta}{\tau}} d\tau \qquad (41.9)$$

ein und erhalten damit

$$B - B_0 = \int_0^t B_N(\vartheta)\, g(t-\vartheta)\, d\vartheta + C \int_0^\infty P(\tau)\, e^{-t/\tau}\,d\tau. \qquad (41.10)$$

Ist insbesondere B_N von ϑ unabhängig, dann erhält Gl. (41.10) die Form

$$B - B_0 = B_N \int_0^t g(t-\vartheta)\, d\vartheta + C \int_0^\infty P(\tau)\, e^{-t/\tau}\,d\tau. \qquad (41.11)$$

Wir setzen nunmehr

$$\int_0^t g(t-\vartheta)\, d\vartheta = \int_0^\infty P(\tau)(1 - e^{-t/\tau})\, d\tau = G(t). \qquad (41.12)$$

Wegen Gl. (41.7) ist dann

$$\int_0^\infty P(\tau)\, e^{-t/\tau}\,d\tau = 1 - G(t) \qquad (41.13)$$

und damit erhält Gl. (41.11) die Form

$$B - B_0 = B_N\, G(t) + C(1 - G(t)). \qquad (41.14)$$

$G(t)$ wird als Nachwirkungsfunktion bezeichnet und ist nach Gl. (41.12) eine Funktion, die monoton vom Wert 0 auf den Wert 1 ansteigt, wenn t von 0 bis ∞ zunimmt. Für eine einzige Zeitkonstante ist speziell

$$g(t-\vartheta) = \frac{1}{\tau} e^{-\frac{t-\vartheta}{\tau}} \qquad (41.15)$$

und

$$G(t) = 1 - e^{-t/\tau}. \qquad (41.16)$$

Bei Zeitkonstantenstreuung ergibt sich aus Gl. (41.14) für den Einschaltversuch sofort

$$B = B_0 + B_N G(t) \tag{41.17}$$

und für den Ausschaltversuch

$$B = B_N (1 - G(t)), \tag{41.18}$$

woraus für eine einzige Zeitkonstante mit Gl. (41.16) die schon früher gefundenen Gln. (41.4) bzw. (41.6) folgen.

Als Verteilungsfunktion $P(\tau)\,d\tau$ der Zeitkonstanten zur Beschreibung der Nachwirkungserscheinungen hat sich speziell eine Funktion der Form

$$P(\tau)\,d\tau = p(\tau)\,d\ln\tau = \frac{P(\tau)}{\tau}\,d\tau \tag{41.19}$$

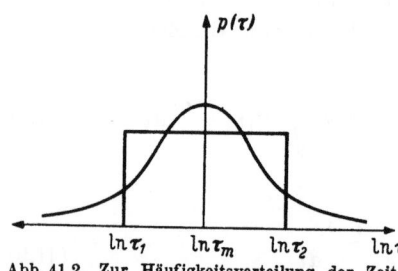

Abb. 41.2. Zur Häufigkeitsverteilung der Zeitkonstanten der nachwirkenden Bereiche

bewährt, worin $p(\tau)$ über $\ln\tau$ aufgetragen die Form einer Glockenkurve (Abb. 41.2) hat [1]. Im allgemeinen genügt jedoch die Annäherung der Glockenkurve durch eine Rechteckverteilung entsprechend Abb. 41.2, um die Meßergebnisse mit hinreichender Genauigkeit wiederzugeben. Wir nehmen also an, daß $p(\tau)$ im Intervall $\tau_1 \leq \tau \leq \tau_2$ konstant ist und außerhalb dieses Intervalls verschwindet.

Aus der Bedingung Gl. (41.7) ergibt sich dann

$$p(\tau) = \frac{1}{\ln(\tau_2/\tau_1)} \quad \text{bzw.} \quad P(\tau) = \frac{1}{\tau \ln(\tau_2/\tau_1)} \quad \text{für} \quad \tau_1 \leq \tau \leq \tau_2$$

$$p(\tau) = 0 \quad \text{bzw.} \quad P(\tau) = 0 \quad \text{für} \quad \begin{cases} \tau < \tau_1 \\ \tau > \tau_2 \end{cases}. \tag{41.20}$$

Mit dieser Verteilungsfunktion wollen wir nunmehr die durch Gl. (41.12) definierte Nachwirkungsfunktion $G(t)$ berechnen. $P(\tau)$ aus Gl. (41.20) in Gl. (41.12) eingesetzt ergibt

$$G(t) = \frac{1}{\ln(\tau_2/\tau_1)} \int_{\tau_1}^{\tau_2} (1 - e^{-t/\tau}) \frac{d\tau}{\tau}. \tag{41.21}$$

Die Integration führt auf die bei JAHNKE und EMDE [2] ausführlich behandelte Funktion $-Ei(-x) = \int\limits_0^\infty (e^{-q}/q)\,dq$ und liefert

$$G(t) = 1 + \frac{1}{\ln \tau_2/\tau_1}[Ei(-t/\tau_2) - Ei(-t/\tau_1)]. \tag{41.22}$$

$Ei(-x)$ kann für große und für kleine x in eine Reihe entwickelt werden:

$$\begin{aligned} Ei(-x) &= C + \ln x - x + \frac{1}{2}\frac{x^2}{2!} - \frac{1}{3}\frac{x^3}{3!} + \cdots & x \ll 1, \\ Ei(-x) &= -\frac{e^{-x}}{x}\left(1 - \frac{1!}{x} + \frac{2!}{x^2} - \frac{3!}{x^3} + \cdots\right) & x \gg 1. \end{aligned} \tag{41.23a}$$

Hierin ist $C = 0{,}5772\ldots$ die EULERsche Konstante. Für $x = 1$ erhält man insbesondere

$$E\,i(-1) = -C' = -0{,}219\ldots \qquad (41.23\mathrm{b})$$

Zur Diskussion des genaueren Verlaufs von $G(t)$ nach Gl. (41.22) wollen wir voraussetzen, daß $\tau_2 \gg \tau_1$ ist. Diese Bedingung ist in vielen praktisch vorkommenden Fällen erfüllt.

Für $t \ll \tau_1$ (und natürlich auch $t \ll \tau_2$), d. h. für den Anfangsverlauf ergibt sich

$$G(t) \approx 1 + \frac{1}{\ln \tau_2/\tau_1}\left[-\ln \tau_2/\tau_1 + t\left(\frac{1}{\tau_1} - \frac{1}{\tau_2}\right)\right] \approx t\frac{1}{\tau_1 \ln \tau_2/\tau_1}. \qquad (41.24)$$

$G(t)$ steigt also zunächst linear mit der Zeit an. Dieser lineare Verlauf setzt sich annähernd bis $t = \tau_1$ fort. Für $t = \tau_1$ erhält man insbesondere

$$G(\tau_1) \approx 1 + \frac{1}{\ln \tau_2/\tau_1}[C + \ln \tau_1/\tau_2 - \tau_1/\tau_2 + C'] \approx \frac{C + C'}{\ln \tau_2/\tau_1} = \frac{0{,}796}{\ln \tau_2/\tau_1}. \qquad (41.25)$$

Besonders wichtig ist das Intervall $\tau_1 \ll t \ll \tau_2$. Hierfür ergibt sich wegen $t/\tau_1 \gg 1$ und $t/\tau_2 \ll 1$

$$G(t) \approx 1 + \frac{1}{\ln \tau_2/\tau_1}\left[C + \ln \frac{t}{\tau_2}\right] = 1 + \frac{C - \ln \tau_2 + \ln t}{\ln \tau_2/\tau_1}$$
$$= \mathrm{Konst.} + \frac{\ln t}{\ln \tau_2/\tau_1}. \qquad (41.26)$$

In diesem Intervall nimmt $G(t)$ also proportional zu $\ln t$ zu. Für $t = \tau_2$ findet man

$$G(\tau_2) \frac{0{,}219\ldots}{\ln \tau_2/\tau_1} \qquad (41.27)$$

und für $t \to \infty$ folgt schließlich

$$G(t) \to 1.$$

41.1.4 Nachwirkung bei Wechselmagnetisierung. Einfluß auf die komplexe Permeabilität

Für ein sinusförmiges Wechselfeld

$$H = \hat{H}\,e^{j\omega\vartheta}$$

folgt aus Gl. (41.3)

$$B_0 = \mu_a \hat{H}\,e^{j\omega\vartheta} \quad \text{und} \quad B_N = \mu_n H\,e^{j\omega\vartheta}$$

und damit aus Gl. (41.2)

$$B - \mu_a H\,e^{j\omega t} = \frac{\mu_n H\,e^{-t/\tau_H}}{\tau_H}\int_0^t e^{\left(\frac{1}{\tau_H} + j\omega\right)\vartheta}\,d\vartheta + C\,e^{-t/\tau_H}.$$

Wählen wir die Integrationskonstante C', so daß alle nichtperiodischen Glieder wegfallen, dann ergibt sich für $B(t)$

$$B = \left(\mu_a + \mu_n \frac{1}{1 + j\omega\tau_H}\right)\hat{H}\,e^{j\omega t} = \mu \hat{H}\,e^{j\omega t}. \qquad (41.28)$$

Die komplexe Permeabilität ist also

$$\bar{\mu} = \mu_a + \mu_n \frac{1}{1 + j\omega\tau_H}. \qquad (41.29)$$

Das Verhältnis μ_n/μ_a bezeichnen wir wieder als Relaxationsstärke.

Als Ortskurve des Relaxationseffekts ergibt sich ein Halbkreis mit der Scheitelfrequenz $\omega_s = 1/\tau_H$, welcher in Abb. 41.3a beispielsweise für $\mu_n/\mu_a = 0{,}4$ dargestellt ist. Sind gleichzeitig Wirbelströme vorhanden, dann ist dem Relaxationseffekt der in Abb. 40.5 dargestellte Wirbelstromeffekt überlagert. In Abb. 41.3b ist z. B. die resultierende Ortskurve für den Fall $1/\tau_H = 0{,}01\,\omega_w$ (ω_w = Grenzfrequenz der Wirbelströme) dargestellt. Die Ortskurve der Relaxation kann experimentell bestimmt werden, indem man aus einer für verschiedene Feldstärken $\hat{H}$ gemessenen Ortskurvenschar durch Extrapolation die Ortskurve für $\hat{H} \to 0$ ermittelt und dann den Wirbelstromeffekt rechnerisch in Abzug bringt.

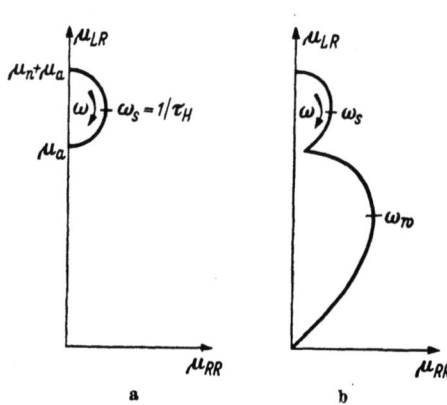

Abb. 41.3a u. b. a) Ortskurve der komplexen Anfangspermeabilität bei reiner Nachwirkung mit einer Zeitkonstante. b) Ortskurve der komplexen Anfangspermeabilität bei Nachwirkung und Wirbelströmen

Die Zerlegung von $\bar{\mu}$ aus Gl. (41.29) in Real- und Imaginärteil liefert

$$\bar{\mu} = \mu_a + \mu_n \frac{1}{1+\omega^2 \tau_H^2} - j\,\mu_n \frac{\omega \tau_H}{1+\omega^2 \tau_H^2} = \mu_{LR} - j\,\mu_{RR}. \qquad (41.30)$$

Damit ergibt sich für den Verlustwinkel bei beliebiger Relaxationsstärke

$$\mathrm{tg}\,\delta = \frac{\mu_{RR}}{\mu_{LR}} = \frac{\mu_n\,\omega\,\tau_H}{\mu_n + \mu_a(1+\omega^2 \tau_H^2)} \qquad (41.31)$$

und speziell bei kleiner Relaxationsstärke ($\mu_n \ll \mu_a$)

$$\mathrm{tg}\,\delta = \frac{\mu_n}{\mu_a}\frac{\omega \tau_H}{(1+\omega^2 \tau_H^2)}, \qquad (41.32)$$

tg δ wird am größten für $\omega\,\tau_H = 1$ bzw. $\omega = 1/\tau_H$.

Bei Streuung der Zeitkonstanten erhält man mit Gl. (41.30) für die komplexe Permeabilität

$$\bar{\mu} = \mu_a + \mu_n \int_0^\infty P(\tau) \frac{1}{1+\omega^2 \tau^2}\,d\tau - j\,\mu_n \int_0^\infty P(\tau) \frac{\omega \tau}{1+\omega^2 \tau^2}\,d\tau. \qquad (41.33)$$

Für die durch Gl. (41.20) gegebene Verteilungsfunktion $P(\tau)$ ergibt sich daraus

$$\mu = \mu_a + \mu_n \left[\frac{\ln\left(\frac{\tau_2}{\tau_1}\right)\sqrt{\frac{1+\omega^2 \tau_1^2}{1+\omega^2 \tau_2^2}}}{\ln \tau_2/\tau_1} - j\,\frac{\mathrm{arc\,tg}\,\omega\tau_2 - \mathrm{arc\,tg}\,\omega\tau_1}{\ln \tau_2/\tau_1} \right] \qquad (41.34)$$

$$= \mu_a + \mu_n \cdot \bar{N}(\omega)$$

Es ist praktisch, einer Darstellung von FELDTKELLER [3] folgend die komplexe Funktion $\bar{N}(\omega)$ mit der mittleren Frequenz (s. a. Abb. 41.2)

$$\omega_m = \frac{1}{\tau_m} = \frac{1}{\sqrt{\tau_1 \tau_2}} \qquad (41.35)$$

zu normieren. Sie erhält damit die Form

$$\overline{N}(\omega) = \frac{\ln\left(\frac{\tau_2}{\tau_1}\sqrt{\frac{1+\left(\frac{\omega}{\omega_m}\right)^2(\tau_1/\tau_2)}{1+\left(\frac{\omega}{\omega_m}\right)^2(\tau_2/\tau_1)}}\right)}{\ln \tau_2/\tau_1} - j\frac{\operatorname{arc\,tg}\frac{\omega}{\omega_m}\sqrt{\frac{\tau_2}{\tau_1}} - \operatorname{arc\,tg}\frac{\omega}{\omega_m}\sqrt{\frac{\tau_1}{\tau_2}}}{\ln \tau_2/\tau_1}. \quad (41.36)$$

Die Ortskurven der Funktion $\overline{N}(\omega)$ sind für verschiedene Streubreiten τ_2/τ_1 der Zeitkonstanten in Abb. 41.4 wiedergegeben. Mit wachsender Streubreite weicht die Ortskurve immer mehr vom Halbkreis ab und schmiegt sich an die Ordinate an. Sie verläuft in der Umgebung von $\omega/\omega_m = 1$ innerhalb eines mit zunehmender Streubreite τ_2/τ_1 wachsenden Frequenzbereichs nahezu parallel zur Ordinate und trägt in diesem Frequenzbereich eine logarithmische Frequenzskala.

Für den Verlustwinkel erhält man bei kleiner Nachwirkungsstärke ($\mu_n \ll \mu_a$) aus Gl. (41.34)

$$\operatorname{tg} \delta \approx \frac{\mu_n}{\mu_a}\frac{\operatorname{arc\,tg}\omega\tau_2 - \operatorname{arc\,tg}\omega\tau_1}{\ln \tau_2/\tau_1}. \quad (41.37)$$

Ist insbesondere $\tau_2 \gg \tau_1$, dann ist der Verlustwinkel in dem Frequenzbereich $\tau_1 \ll 1/\omega \ll \tau_2$ näherungsweise gleich

$$\operatorname{tg} \delta \approx \frac{\mu_n}{\mu_a}\frac{\pi/2}{\ln \tau_2/\tau_1} \quad (41.38)$$

und von der Frequenz unabhängig. An den Grenzen $\omega = 1/\tau_1$ und $\omega = 1/\tau_2$ wird tg δ gerade halb so groß. Der größte Verlustwinkel tritt bei der durch Gl. (41.35) gegebenen mittleren Frequenz ω_m auf.

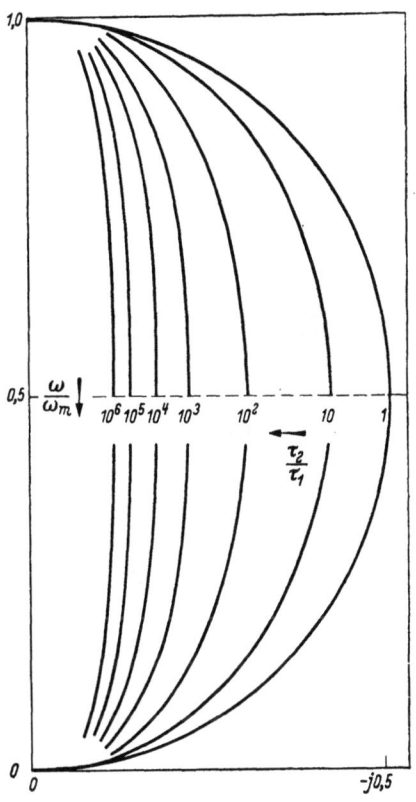

Abb. 41.4. Die Nachwirkungsfunktion $\overline{N}(\omega)$ bei logarithmischer Zeitkonstanten-Streuung entsprechend Gl. (41.20) für verschiedene Verhältnisse τ_2/τ_1. (Nach FELDTKELLER [3])

41.1.5 Nachwirkung der Feldstärke bei vorgegebener Induktion

Wir denken uns zunächst folgenden Einschaltversuch ausgeführt: Die Induktion sei im Zeitraum $-\infty < \vartheta < 0$ Null. Zur Zeit $\vartheta = 0$ wird ein Feld H_0 eingeschaltet, das die Induktion auf den Wert B_0 einstellt. Sodann wird das Feld dauernd nachgeregelt, so daß die Induktion den konstanten Wert B_0 behält (Abb. 41.5). Physikalisch bedeutet das z. B. im Falle reiner Wandverschiebungen, daß jede BLOCH-Wand um eine bestimmte Strecke aus ihrer Ruhelage ausgelenkt und dann festgehalten wird. Es ist für die folgenden Betrachtungen unwesentlich, daß dieser Versuch praktisch nur sehr schwer oder gar nicht durchführbar ist.

Besteht keine Nachwirkung, so entspricht der konstanten Induktion B_0 eine konstante Feldstärke H_0.

Bei Gegenwart von Nachwirkung nimmt dagegen das zur Aufrechterhaltung der konstanten Induktion B_0 notwendige Feld im Laufe der Zeit von seinem Anfangswert H_0 von dem Betrag H_N auf den kleineren Wert H_∞ ab, wie in Abb. 41.5 veranschaulicht. H_N ist der nachwirkende Anteil der Feldstärke. Der der Gl. (41.1) entsprechende Ansatz für den zeitlichen Verlauf der Feldstärke lautet

$$\frac{\partial(H_0 - H)}{\partial \vartheta} = \frac{1}{\tau_B}[H_N(\vartheta) - (H_0 - H)], \quad (41.39)$$

worin wir bei der Zeitkonstante τ den Index B geschrieben haben, um anzudeuten, daß es sich um einen Relaxationsvorgang bei vorgegebener Induktion handelt. Gl. (41.39) hat die Lösung

$$(H_0 - H)(t) = \int_0^t H_N(\vartheta) e^{-\frac{t-\vartheta}{\tau_B}} \frac{d\vartheta}{\tau_B} + C e^{-t/\tau_B}.$$

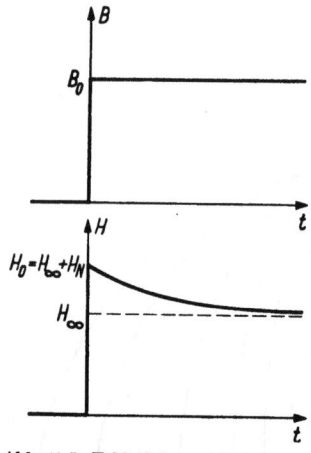

Abb. 41.5. Feldstärke und Induktion beim Einschaltvorgang mit konstanter Induktion

(41.40)

Bei dem oben geschilderten Einschaltversuch ist $B = 0$ für $\vartheta \leqq 0$ und $B = B_0$ für $\vartheta > 0$. Wir nehmen an, daß zwischen B und H die lineare Beziehung

$$H = \frac{1}{\mu}B \text{ und insbesondere } H_\infty = \frac{1}{\mu_A}B_0 \text{ und } H_N = \frac{1}{\mu_N}B_0 \quad (41.41)$$

gilt. Wegen $B = 0$ für $t \leqq 0$ ergibt sich $C = 0$ und die Integration der Gl. (41.40) liefert

$$H(t) = H_0 - H_N(1 - e^{-t/\tau_B}).$$

Setzen wir entsprechend Abb. 41.5 $H_0 = H_\infty + H_N$, dann erhalten wir schließlich

und

$$H(t) = H_\infty + H_N e^{-t/\tau_B} = \left(\frac{1}{\mu_A} + \frac{1}{\mu_N}e^{-t/\tau_B}\right)B_0 \quad (41.42)$$

$$\frac{H}{B_0} = \frac{1}{\mu(t)} = \frac{1}{\mu_A} + \frac{1}{\mu_N}e^{-t/\tau_B}. \quad (41.42\text{a})$$

Für den Zusammenhang zwischen den Konstanten μ_a, μ_n in Gl. (41.3) und den Konstanten μ_A, μ_N in Gl. (41.41) ergibt sich aus den Abb. 41.1 und 41.5 $1/\mu_a = 1/\mu_A + 1/\mu_N$ und $\mu_A = \mu_a + \mu_n$ und damit

$$\begin{aligned}\mu_a &= 1/\left(\frac{1}{\mu_A} + \frac{1}{\mu_N}\right) = \frac{\mu_A \mu_N}{\mu_A + \mu_N} & \mu_A &= \mu_a + \mu_n, \\ \mu_n &= \mu_A - \mu_a = \frac{\mu_A^2}{\mu_A + \mu_N} & \mu_N &= \frac{\mu_a(\mu_a + \mu_n)}{\mu_n}.\end{aligned} \quad (41.43)$$

μ_A ist die im thermodynamischen Gleichgewicht gemessene Permeabilität, d. h. die Permeabilität, die zu jeder Zeit gemessen würde, wenn keine Nachwirkung vorhanden wäre. Sie wird als statische Anfangspermeabilität bezeichnet.

Zwischen den Zeitkonstanten τ_H und τ_B besteht der Zusammenhang

$$\tau_H = \left(1 + \frac{\mu_A}{\mu_N}\right)\tau_B = \left(1 + \frac{\mu_n}{\mu_a}\right)\tau_B = \frac{\mu_A}{\mu_a}\tau_B. \tag{41.44}$$

Nur bei schwacher Nachwirkung ist $\mu_A \approx \mu_a$ und damit $\tau_H \approx \tau_B$.

Für eine Wechselinduktion

$$B = \hat{B} e^{j\omega t}$$

ergibt sich aus Gl. (41.41)

$$H_\infty = \frac{1}{\mu_A} B e^{j\omega t} \quad \text{und} \quad H_N = \frac{1}{\mu_N} B e^{j\omega t}$$

und damit aus Gl. (41.40)

$$H(t) = \left[\frac{1}{\mu_A} + \frac{1}{\mu_N}\left(1 - \frac{1}{1 + j\omega\tau_B}\right)\right] B e^{j\omega t}. \tag{41.45}$$

Die reziproke komplexe Permeabilität ist also

$$\frac{1}{\mu} = \frac{1}{\mu_A} + \frac{1}{\mu_N}\left(1 - \frac{1}{1 + j\omega\tau_B}\right). \tag{41.46}$$

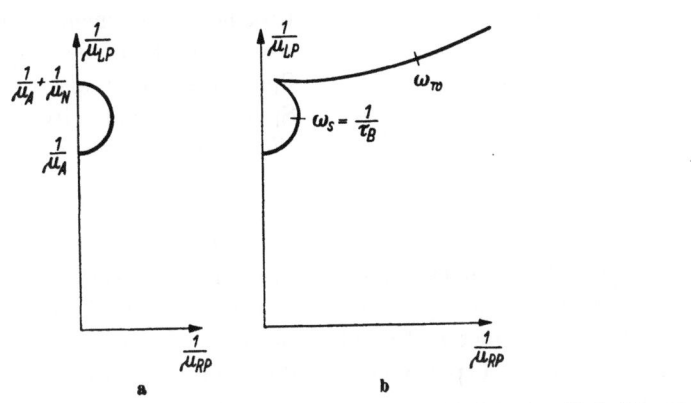

Abb. 41.6a u. b. a) Ortskurve der reziproken komplexen Anfangspermeabilität bei reiner Nachwirkung mit einer Zeitkonstante. b) Ortskurve der reziproken komplexen Anfangspermeabilität bei Nachwirkung und Wirbelströmen

Als Ortskurve ergibt sich wiederum ein Halbkreis (Abb. 41.6a), dessen Scheitelfrequenz $\omega_s = \frac{1}{\tau_B} = \frac{1 + \mu_A/\mu_N}{\tau_H}$ ist. Dasselbe Ergebnis hätten wir auch unmittelbar aus Gl. (41.29) mit den Gln. (41.43) und (41.44) erhalten können.

Die resultierende Ortskurve der reziproken komplexen Permeabilität bei gleichzeitiger Wirkung von Wirbelströmen und des Relaxationseffekts mit der Relaxationszeit τ_B ist in Abb. 41.6b für die gleichen Bedingungen wie in Abb. 41.3, d. h. für $\mu_n/\mu_a = \mu_A/\mu_N = 0{,}4$ und $1/\tau_H = 1/[(1 + \mu_n/\mu_a)\tau_B]$ wiedergegeben.

41.2 Wirbelstrom- und Spinrelaxation

41.2.1 Allgemeines

Wird ein ferromagnetisches Material in ein Magnetfeld gebracht, dann präzessiert die Magnetisierung I_s, wie in Abb. 41.7 veranschaulicht, überall um die Richtung des lokalen effektiven Feldes H_{eff}. H_{eff} setzt sich aus den Anisotropiefeldern, den Streufeldern und dem äußeren Feld zusammen. Die Bewegungsgleichung lautet [s. Gl. (42.5)]

$$\frac{d\boldsymbol{I}_s}{dt} = -|\gamma|\,(\boldsymbol{I}_s \times \boldsymbol{H}_{\text{eff}}), \tag{41.47}$$

$|\gamma|$ ist der Betrag des magnetomechanischen Verhältnisses.

Wäre die Präzessionsbewegung ungedämpft, dann würde sie unendlich fortdauern. Die Magnetisierung würde sich niemals in die Richtung des effektiven Feldes einstellen, oder anders ausgedrückt, die Schaltzeit einer Magnetisierungsänderung wäre unendlich. Daß Magnetisierungsänderungen tatsächlich in einer endlichen, und zwar wie wir im folgenden noch sehen werden, sehr kurzen Zeit (Größenordnung 10^{-8} sek) ablaufen, ist ein Beweis für endliche Dämpfung der Präzessionsbewegung. Diese Dämpfung rührt nach Ausschaltung aller übrigen Dämpfungsursachen von einem Energieaustausch sowohl innerhalb des Spinsystems (Spin-Spin-Relaxation) als auch zwischen dem Spinsystem und irgendeinem anderen Wärmespeicher, wie etwa das Kristallgitter oder die Leitungselektronen (Spin-Gitter-Relaxation) her. Wir bezeichnen sie allgemein als Spinrelaxation.

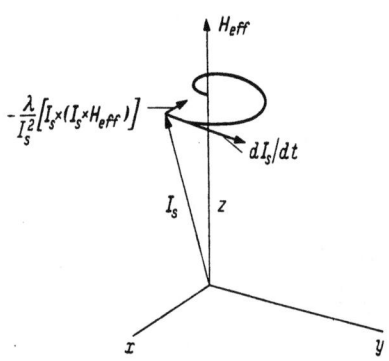

Abb. 41.7. Zur formalen Behandlung der Spinrelaxationsdämpfung

Da eine befriedigende Theorie der Spinpräzessionsdämpfung bis heute fehlt, müssen wir uns damit begnügen, rein formal einen zu ihrer phänomenologischen Beschreibung geeigneten Dämpfungsterm in die Bewegungsgleichung (41.47) einzuführen. Zwei Typen von Dämpfungstermen werden in der Literatur diskutiert:

$$-\frac{|\gamma|\,\alpha}{I_s}\,[\boldsymbol{I}_s \times (\boldsymbol{I}_s \times \boldsymbol{H}_{\text{eff}})] \quad \text{oder} \quad -\frac{\lambda}{I_s^2}\,[\boldsymbol{I}_s \times (\boldsymbol{I}_s \times \boldsymbol{H}_{\text{eff}})] \tag{41.48}$$

und

$$\frac{\alpha}{I_s}\,[\boldsymbol{I}_s \times (d\boldsymbol{I}_s/dt)]. \tag{41.49}$$

Der Typus [Gl. (41.48)] wurde von LANDAU und LIFSCHITZ [4] in der zweitgenannten Schreibweise eingeführt. Den Typus [Gl. (41.49)] hat unlängst GILBERT [5] (s. z. B. auch [6, 7]) aus im folgenden noch näher erläuterten Gründen vorgeschlagen. Beide Terme stellen einen Vektor dar, der stets senkrecht auf der Präzessionsbahn des Magnetisierungsvektors steht und auf die Achse des Vektors $\boldsymbol{H}_{\text{eff}}$ hinweist. Dementsprechend wird der Vektor $\boldsymbol{I}_s$ längs einer Spiralbahn in die Richtung des effektiven Feldes hineingedreht (s. Abb. 41.7).

Die vollständige Bewegungsgleichung lautet

$$\frac{d\boldsymbol{I}_s}{dt} = -|\gamma|\,(\boldsymbol{I}_s \times \boldsymbol{H}_{\text{eff}}) - \frac{|\gamma|\,\alpha}{I_s}\,[\boldsymbol{I}_s \times (\boldsymbol{I}_s \times \boldsymbol{H}_{\text{eff}})] \tag{41.50}$$

bzw.

$$\frac{d\boldsymbol{I}_s}{dt} = -|\gamma|\,(\boldsymbol{I}_s \times \boldsymbol{H}_{\text{eff}}) + \frac{\alpha}{I_a}\,[\boldsymbol{I}_s \times (d\boldsymbol{I}_s/dt)] \tag{41.51}$$

für $\alpha^2 \ll 1$, d. h. für schwache Dämpfung werden die beiden Dämpfungsterme gleich. Für $\alpha = 0$ liefern insbesondere beide Bewegungsgleichungen eine unendliche Schaltzeit. Ein wesentlicher Unterschied zwischen Gl. (41.50) und Gl. (41.51) besteht dagegen bei starker Dämpfung. Nach Gl. (41.50) geht die Schaltzeit mit wachsendem α, d. h. mit wachsender Dämpfung monoton gegen Null. Dies ist eine sicher falsche Aussage. Aus Gl. (41.51) folgt dagegen das vernünftige Ergebnis, daß die Schaltzeit für $\alpha = 0$ und für $\alpha \to \infty$, d. h. für verschwindende und für unendlich große Dämpfung unendlich groß wird. Das bedeutet aber, daß die Schaltzeit als Funktion von α ein Minimum durchlaufen muß [8]. In allen praktisch wichtigen Fällen bleibt α in dem Größenbereich 0,2 bis 10^{-3}, so daß wir normalerweise zwischen den Gln. (41.50) und (41.51) nicht zu unterscheiden brauchen.

Wie bereits in 40.5 ausgeführt wurde, entstehen ferner in einem Werkstoff mit endlicher elektrischer Leitfähigkeit bei jeder Magnetisierungsänderung Wirbelströme, durch welche die Bewegung der Magnetisierung ebenfalls zeitlich verzögert wird. Wir bezeichnen diesen Effekt als Wirbelstromrelaxation.

Wirbelstrom- und Spinrelaxation sind eingeprägte Relaxationserscheinungen. Sie sind in jedem ferromagnetischen Werkstoff grundsätzlich vorhanden. Ihr Größenverhältnis zueinander hängt allerdings wesentlich von der Leitfähigkeit des Materials sowie bei Metallen von den geometrischen Abmessungen der Probe ab. Die Leitfähigkeit der Ferrite beispielsweise ist im Mittel um einen Faktor 10^{10} kleiner als bei Metallen, so daß wir dort Wirbelstromeffekte nicht zu berücksichtigen brauchen. Es ist daher praktisch, im folgenden die Metalle und die Ferrite getrennt voneinander zu betrachten.

41.2.2 Bewegungsgleichung der Bloch-Wand und komplexe Permeabilität

Wie bereits einer grundlegenden Arbeit von LANDAU und LIFSCHITZ [4] entnommen werden kann und später von DÖRING [10] und BECKER [11, 12] (s. auch [13, 14]) näher ausgeführt wurde, verhält sich eine bewegte BLOCH-Wand infolge der Spinträgheit so, als ob sie Masse hätte. Ferner treten bei Bewegung einer BLOCH-Wand infolge von Wirbelströmen und aus anderen Gründen Verluste auf. Eine bewegte BLOCH-Wand erfährt also eine Reibungskraft. Damit können wir die Bewegungsgleichung einer elastisch an ihre Ruhelage gebundenen BLOCH-Wand in der

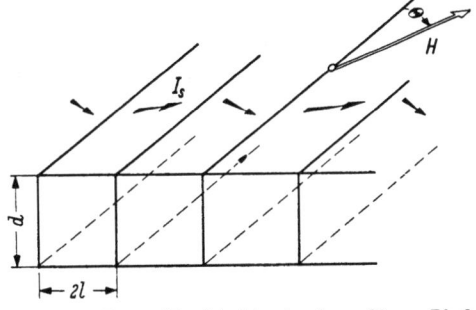

Abb. 41.8. BLOCH-Wandstruktur in einem dünnen Blech (schematisch)

in Abb. 41.8 gezeigten geometrischen Anordnung in der Form

$$m\ddot{x} + \beta\dot{x} + \alpha x = p H I_s \cos\theta \tag{41.52}$$

schreiben, worin m die fiktive Wandmasse pro cm^2 Wandfläche, β den Parameter der Reibungskraft und α den Parameter der rücktreibenden Kraft bedeuten. Im

Falle einer 90°-Wand ist $p = \sqrt{2}$ und im Falle einer 180°-Wand $p = 2$ einzusetzen.

Für ein hinreichend schwaches, periodisches Feld $H = \hat{H} e^{j\omega t}$ hat Gl. (41.52) die Lösung

$$x = \frac{p \hat{H} I_s \cos \theta}{\alpha} \frac{1}{1 - m \omega^2/\alpha + j\omega \beta/\alpha} e^{j\omega t}. \qquad (41.53)$$

Nehmen wir entsprechend Abb. 41.8 eine Anordnung lamellenförmiger Bezirke der Dicke $2l$ an, dann entspricht einer Verschiebung der Wände um die Strecke x die Magnetisierungsänderung

$$I = p I_s \cos \theta \cdot x/2l. \qquad (41.54)$$

Setzen wir hier x aus Gl. (41.53) ein, so ergibt sich die komplexe Suszeptibilität

$$\frac{I}{H} = \bar{\chi} = \frac{p^2 I_s \cos^2 \theta}{2\alpha l} \frac{1}{1 - m\omega^2/\alpha + j\omega \beta/\alpha}. \qquad (41.55)$$

Für $\omega \to 0$ erhält man die statische Anfangssuszeptibilität

$$\chi_A = \frac{p^2 I_s^2 \cos^2 \theta}{2\alpha l} \qquad (41.56\,\mathrm{a})$$

oder bei Annahme quasiisotroper Orientierungsverteilung der Bezirke mit $\overline{\cos^2 \theta} = 1/3$

$$\chi_A = \frac{p^2 I_s^2}{6\alpha l} \qquad (41.56\,\mathrm{b})$$

und damit die reduzierte komplexe Suszeptibilität bzw. Permeabilität

$$\frac{\bar{\chi}}{\chi_A} = \frac{\bar{\mu}}{\mu_A} = \frac{1}{1 - m\omega^2/\alpha + j\omega \beta/\alpha}. \qquad (41.57)$$

Gl. (41.57) ist vom Resonanztypus. Wir werden auf diese Gleichung im Zusammenhang mit den ferromagnetischen Resonanzerscheinungen zurückkommen. Hier wollen wir hinreichend tiefe Frequenzen ($\omega < 10^7$ sek^{-1}) voraussetzen, so daß $m\omega^2/\alpha \ll 1$ ist [s. a. Gl. (41.86)]. Gl. (41.57) geht dann in den bekannten Relaxationstypus der Form Gl. (41.29) mit der Relaxationszeit $\tau = \beta/\alpha$

$$\frac{\bar{\chi}}{\chi_A} = \frac{\bar{\mu}}{\mu_A} = \frac{1}{1 + j\omega \beta/\alpha} = \frac{1}{1 + \omega^2 \beta^2/\alpha^2} - j \frac{\omega \beta/\alpha}{1 + \omega^2 \beta^2/\alpha^2} = \frac{\mu_{LR}}{\mu_A} - j \frac{\mu_{RR}}{\mu_A} \qquad (41.58)$$

über. Diese Gleichung werden wir unseren folgenden Betrachtungen zugrunde legen.

Die vorstehenden Gleichungen gelten, wie schon angedeutet, nur für kleine Feldstärken, d. h. solange die Wände elastisch gebundene sind. Für Feldstärken, die größer sind als die Koerzitivkraft, d. h. bei großen irreversiblen Wandverschiebungen, verschwindet das Glied αx. Mit $m \approx 0$ erhalten wir dann aus Gl. (41.52) eine Gleichung der Form Gl. (26.16), welche wir in 26.4.2 im Zusammenhang mit den großen BARKHAUSEN-Sprüngen bereits ausführlich besprochen haben.

41.2.3 Wirbelstrom- und Spinrelaxationsverluste in metallisch leitenden Werkstoffen

Der Reibungsterm β. Aus Gl. (41.58) erhält man den Zusammenhang zwischen β und dem Verlustwinkel tg δ

$$\text{tg } \delta = \frac{\mu_{RR}}{\mu_{LR}} = \omega \frac{\beta}{\alpha} = \omega \tau$$
$$\beta = \frac{\alpha}{\omega} \text{tg } \delta \qquad (41.59)$$

und aus Gl. (41.56b) die Konstante α unter der Voraussetzung, daß $\mu_A \gg 1$ ist

$$\alpha = \frac{2\pi p^2 I_s^2}{3 \mu_A l}. \qquad (41.60)$$

Bei reiner Wirbelstromreibung liefert die klassische Rechnung in 40.5.1 mit der Annahme homogener Permeabilität für ein Blech der Dicke d [Gl. (40.60) mit Gl. (40.56)]

$$\text{tg } \delta_{W_\bullet} = \frac{\omega \mu_A d^2}{12 \varrho} \qquad \left[\text{tg } \delta_{W_\bullet} = \frac{\pi \omega \mu_A d^2}{3 \varrho c^2}\right] \qquad (41.61)$$

und damit [aus Gl. (41.54) und Gl. (41.55)] den Reibungsparameter bei klassischer Wirbelstromdämpfung

$$\beta_{W_\bullet} = \frac{\pi p^2 I_s^2 d^2}{18 \varrho l} \qquad \left[\beta_{W_\bullet} = \frac{2 \pi^2 p^2 I_s^2 d^2}{9 \varrho c^2 l}\right]. \qquad (41.62)$$

Hat die Blechdicke die Größenordnung des Durchmessers der WEISSschen Bezirke, dann ist die klassische Wirbelstromrechnung mit homogener Permeabilität nicht mehr anwendbar. Die Wirbelstromreibung muß dann unter Berücksichtigung der Bezirkstruktur berechnet werden. Diesbezügliche Rechnungen wurden von WILLIAMS, SHOCKLEY und KITTEL [15] für eine einzelne BLOCH-Wand in einem Quader und von POLIVANOV [16], BROUWER [17] und später unabhängige davon von PRY und BEAN [18] für die in Abb. 41.8 dargestellte Struktur mit starren, ebenen BLOCH-Wänden ausgeführt. Hierfür ergibt sich

$$\text{tg } \delta_W = \frac{8 \mu_A \omega d^2}{\pi^3 \varrho} \cdot \frac{l}{d} \sum{}' n^{-3} \text{ctgh} \frac{n \pi l}{d} \qquad (n = \text{ungerade}).$$
$$\left[\text{tg } \delta_W = \frac{32 \mu_A \omega d^2}{\pi^2 \varrho c^2} \cdot \frac{l}{d} \sum{}' n^{-3} \text{ctgh} \frac{n \pi l}{d}\right]. \qquad (41.63)$$

Gl. (41.63) ist wegen der Voraussetzung starrer ebener BLOCH-Wände nur anwendbar, solange die Feldstärke über den Blechquerschnitt homogen ist, d. h. also bei tiefen Frequenzen. Im Grenzfall sehr dünner Bezirke ($l/d \to 0$) erhält man

$$\lim_{l/d \to 0} \frac{l}{d} \sum{}' n^{-3} \text{ctgh} \frac{n \pi l}{d} = \pi^3/96.$$

Damit geht Gl. (41.63) bei verschwindender Bezirksdichte erwartungsgemäß in die klassische Gl. (41.61) über. Mit tg δ_W aus Gl. (41.63) und α aus Gl. (41.60) liefert Gl. (41.59) schließlich den Reibungsparameter

$$\beta_W = \frac{16 p^2 I_s^2 d \sum' n^{-3} \text{ctgh}(n \pi l/d)}{3 \pi^2 \varrho} \qquad (n = \text{ungerade}),$$
$$\left[\beta_W = \frac{64 p^2 I_s^2 d \sum' n^{-3} \text{cthg}(n \pi l/d)}{3 \pi \varrho c^2}\right]. \qquad (41.64)$$

Für den Reibungsparameter β_r bei reiner Spinrelaxation erhält man aus den Rechnungen von LANDAU und LIFSCHITZ [4] und BECKER [12] (s. z. B. GALT [19] oder GALT, ANDRUS und HOPPER [20]) unter Vernachlässigung der Spannungsenergie

$$\beta_r = \frac{q\,\lambda\,|K|^{1/2}}{2\,\gamma^2\,A^{1/2}} \qquad (41.65)$$

und

$$\operatorname{tg}\delta_r = \frac{\omega}{\alpha}\beta_r = \frac{3\,\omega\,\mu_A\,l\,q\,\lambda\,|K|^{1/2}}{4\,\pi\,p^2\,I_s^2\,\gamma^2\,A^{1/2}}. \qquad (41.66)$$

Hierin sind $q = 2$ bzw. 1 für 180°- bzw. 90°-Wände, λ die durch Gl. (41.48) definierte Spinrelaxationsfrequenz, K die Konstante der Kristallenergie, $\gamma\left(=\frac{e}{m}\text{ bzw. }\frac{e}{mc}\right)$ das magnetomechanische Verhältnis des Elektronenspins und A die Konstante der Austauschenergie.

Verluste bei tiefen Frequenzen. Vergleicht man auf dem Anfangsteil der Ortskurve der komplexen Permeabilität (d. h. bei tiefen Frequenzen) den an einem Blech bei einer bestimmten Frequenz gemessenen Gesamtverlust tg δ mit dem nach der klassischen Wirbelstromtheorie für die gleiche Frequenz berechneten Wirbelstromverlust tg δ_{W_0} [Gl. (41.61)], so findet man, daß das von FELDTKELLER [3] eingeführte Verlustverhältnis (Verlustfaktor)

$$\eta = \frac{\operatorname{tg}\delta}{\operatorname{tg}\delta_{W_0}} = \frac{\omega_{GW_0}}{\omega_G} = \frac{\mu_{RR}}{\mu_{RR_0}} = \frac{1/\mu_{RP}}{1/\mu_{RP_0}} = \frac{\tau}{\tau_{W_0}} = \frac{\beta}{\beta_{W_0}} \qquad (41.67)$$

für dickere Bleche (je nach Werkstoff $d > 2\cdot 10^{-3}$ bis $2\cdot 10^{-2}$ cm) im allgemeinen nicht wesentlich von 1 verschieden ist. tg δ, ω_G, μ_{RR}, μ_{RP}, τ, β bedeuten in Gl. (41.67) den Verlustwinkel, die Grenzfrequenz, die Reihen- bzw. Parallelwiderstandspermeabilität, die Relaxationszeit und den Reibungsparameter. Der Index „W_0" bedeutet, daß die Größe nach der klassischen Wirbelstromtheorie berechnet wurde. Größen ohne den Index „W_0" sind Meßwerte. Bei dünneren Blechen wird dagegen nach Versuchsergebnissen von ABGRALL und EPELBOIN [21], RICHARDS, WALKER und LYNCH [22], PRY und BECKER [23], LEE [24], BOLL [9] und GANZ [159] an einer großen Zahl verschiedener Werkstoffe (hauptsächlich Eisen—Nickel-Legierungen) η von der Blechdicke abhängig, steigt mit abnehmender Blechdicke stark an und erreicht Werte von $\eta = 10$ und darüber. D. h. an dünnen Blechen werden Verluste gemessen, die z. B. 10mal größer sind als die nach der klassischen Wirbelstromtheorie zu erwartenden Wirbelstromverluste. RICHARDS, WALKER und LYNCH [22] gaben für η als Funktion der Blechdicke die empirische Beziehung

$$\eta = 1 + k\,d^{-r} \qquad (41.68)$$

an, worin k eine Werkstoffkonstante ist und r Werte zwischen 1,5 und 1,7 annimmt.

Unter Verwendung von Gl. (41.67) können wir Gl. (41.58) in der Form

$$\frac{\bar{\mu}}{\mu_A} = \frac{1}{1 + j\,\omega\,\beta/\alpha} = \frac{1}{1 + j\,\omega(\beta_{W_0}/\alpha)\,\eta} = \frac{1}{1 + j\,\omega\,\tau_{W_0}\cdot\eta} \qquad (41.69)$$

schreiben. Wir ersehen daraus, daß $\eta > 1$ einfach eine Verschiebung der Frequenzskala gegenüber der Frequenzskala auf der nach der klassischen Wirbelstromtheorie berechneten Ortskurve bedeutet.

Es ist nunmehr die Frage zu klären, wodurch die Verlustüberhöhung bei dünnen Blechen bedingt ist.

FELDTKELLER [3] hat zunächst gezeigt, daß durch Inhomogenitäten der statischen Anfangspermeabilität μ_A (s. 41.2.4) η-Werte bis $\eta \approx 2$ auftreten können. Dieser Effekt ist jedoch nicht notwendigerweise auf dünne Bleche beschränkt und liefert auch keine charakteristische Abhängigkeit des Faktors η von der Blechdicke.

Die prinzipielle Erklärung für die Blechdickenabhängigkeit von η besteht offenbar darin, daß man 1., wie bereits erwähnt, bei der Berechnung der Wirbelstromverluste nicht mit homogener Permeabilität rechnen darf, sondern die Bezirkstruktur berücksichtigen muß, sobald die Blechdicke mit dem Bezirkdurchmesser vergleichbar wird, und 2., daß neben den Wirbelströmen auch die Spinrelaxation bei der Verlustrechnung mit in Betracht gezogen werden muß [25, 9].

Bei Magnetisierungsänderungen durch Wandverschiebungen erhält man für die in Abb. 41.8 dargestellte lamellenförmige Bezirkstruktur unter gleichzeitiger Berücksichtigung der Spinrelaxationsdämpfung aus Gl. (41.67) mit den Gln. (41.59), (41.62), (41.64) und (41.65) für niedrige Frequenzen das Verlustverhältnis

$$\eta = \frac{\beta_W + \beta_r}{\beta_{W0}} = \frac{18\varrho l}{\pi p^2 I_s^2 d^2} \left\{ \frac{16 p^2 I_s^2 d \Sigma' n^{-3} \text{ctgh}(n\pi l/d)}{3\pi^2 \varrho} + \frac{q\lambda|K|^{1/2}}{2\gamma^2 A^{1/2}} \right\} \quad (41.70)$$
$$\left[\eta = \frac{9\varrho c^2 l}{2\pi^2 p^2 I_s^2 d^2} \left\{ \frac{64 p^2 I_s^2 d \Sigma' n^{-3} \text{ctgh}(n\pi l/d)}{3\pi \varrho c^2} + \frac{q\lambda|K|^{1/2}}{2\gamma^2 A^{1/2}} \right\} \right],$$

welches tatsächlich von der Blechdicke abhängt, und dessen Verlauf als Funktion der Blechdicke in erster Näherung sicher durch die empirische Gl. (41.68) dargestellt werden kann.

KITTEL [26] berechnete für die durch Spinrelaxation bedingte Frequenzabhängigkeit der Permeabilität bei reinen Drehprozessen

$$\frac{\bar{\mu}}{\mu_A} = \frac{\omega_0^2 + \frac{\lambda}{\chi'}\left(j\omega + \frac{\lambda}{\chi'}\right)}{\omega_0^2 - \omega^2 + \frac{\lambda}{\chi'} + 2j\omega\frac{\lambda}{\chi'}}, \quad (41.71)$$

worin $\omega_0 = \gamma(2K/I_s)$, χ' eine mittlere Rotationssuszeptibilität der Größenordnung $\chi' = I_s^2/3K$ (bei Drehung gegen die Kristallenergie) und λ, wie üblich, die Spinrelaxationsfrequenz ist. Für tiefe Frequenzen $\omega \ll \omega_0$ folgt hieraus der Verlustwinkel tg δ_r infolge Spinrelaxation [21]

$$\text{tg } \delta_r = \frac{\omega\lambda}{\chi'\omega_0^2}. \quad (41.72)$$

Bei reinen Drehprozessen können wir annehmen, daß die Permeabilität homogen ist, und daß dementsprechend der Wirbelstromverlust durch die klassische Wirbelstromtheorie gegeben wird. Es ergibt sich dann aus Gl. (41.67) mit Gl. (41.72) und Gl. (41.61) unter der Voraussetzung, daß $\mu_A \gg 1$ ist

$$\eta = \frac{\beta_{W0} + \beta_r}{\beta_{W0}} = 1 + \frac{\text{tg } \delta_r}{\text{tg}\delta_{W0}} = 1 + \frac{12\lambda\varrho}{4\pi\chi'^2\omega_0^2 d^2} \quad (41.73)$$
$$\left[\eta = 1 + \frac{3\varrho c^2}{4\pi\chi'^2\omega_0^2 d^2} \right].$$

Die Größen χ' und ω_0 wurden im Zusammenhang mit Gl. (41.71) erläutert.

In hinreichend dünnen Blechen wird $l/d > 1$. Dann aber können wir die Summe Σ' in dem ersten Klammerausdruck der Gl. (41.70) näherungsweise als konstant ansehen und danach die für Wandverschiebungen gültige Gl. (41.70) in der Form

$$\eta = P\frac{l}{d} + Q\frac{l}{d^2} = \eta_W + \eta_r \qquad (41.74)$$

schreiben. Gl. (41.73) für Drehprozesse hat die Form

$$\eta = 1 + R\frac{1}{d^2} = 1 + \eta_r. \qquad (41.75)$$

P, Q und R sind Materialkonstanten. Die Messung liefert stets den totalen η-Wert. Auf Grund der nach den Gln. (41.74) und (41.75) bestehenden unterschiedlichen Blechdickenabhängigkeit des Wirbelstrom- und des Spinrelaxationsanteils η_W bzw. η_r von η hat man die Möglichkeit, die beiden Verlustanteile zu trennen, wie Boll [9] an einer Reihe von Werkstoffen gezeigt hat.

Bei Betrachtung der Blechdickenabhängigkeit von η hat man in Gl. (41.74) mit einer Abhängigkeit des Wandabstandes l von der Blechdicke d zu rechnen. Eine auf Grund theoretischer (s. 21.3) und experimenteller (s. z. B. Abb. 21.19 und 21.20) Ergebnisse verschiedentlich diskutierte [9, 25] Annahme hierüber ist z. B., daß l proportional zu $\sqrt{d}$ ist. Die Annahme einer eindeutigen Blechdickenabhängigkeit von l trifft jedoch im allgemeinen nicht oder nur in grober Näherung zu, weil die Bezirkstruktur dünner Bleche 1. normalerweise nicht im thermodynamischen Gleichgewicht ist und 2. außerdem von den Gefügeeigenschaften des Blechs (Korngröße, Textur) abhängt.

Metastabile Abweichungen der Bezirkstruktur vom thermodynamischen Gleichgewicht sind um so wahrscheinlicher, je größer das Korn und je kleiner die Kristallenergie ist. Besonders große Abweichungen erwarten wir deshalb bei Texturmaterial, weil es sich ähnlich wie ein Einkristall, d. h. ähnlich wie ein einziges sehr großes Korn verhält. Das Auftreten von Ungleichgewichtsstrukturen äußert sich z. B. in einer Abhängigkeit von η von der Art der Abmagnetisierung. Diesbezügliche Versuche von Boll [9] an 50 μm dickem Blech aus der Legierung 50 Fe, 50 Ni ergaben, daß bei Bestehen einer Würfeltextur der Anomaliefaktor nach thermischer Abmagnetisierung den Wert $\eta = 2,3$ und nach Wechselfeldabmagnetisierung den rund 3mal größeren Wert $\eta = 7,0$ hat. Bei nahezu isotroper Orientierungsverteilung der Körner dagegen erhielt Boll die Werte $\mu = 1,7$ bzw. 1,6 nach thermischer bzw. Wechselfeldabmagnetisierung, d. h. einen von der Art der Abmagnetisierung praktisch unabhängigen η-Wert.

In Abb. 41.9 ist für einige Werkstoffe das von dem unbekannten Wandabstand l unabhängige Verhältnis η_r/η_W als Funktion der Blechdicke dargestellt. Die Abbildung zeigt deutlich, wie der Verlustanteil der Spinrelaxation mit abnehmender Blechdicke ansteigt. Ebenso unabhängig von l ist die kritische Blechdicke d_k, bei welcher $\eta_W = \eta_r$, d. h. der Wirbelstromverlust gleich dem Spinrelaxationsverlust wird. Im Falle von Wandverschiebungen z. B. erhält man aus Gl. (41.74) mit Gl. (41.70)

$$d_k = \frac{Q}{P} = \frac{3\,q\,\varrho\,\lambda\,|K|^{1/2}}{\pi\,p^2\,I_s^2\,\gamma^2\,A^{1/2}} \qquad \left[d_k = \frac{3\,q\,\varrho\,c^2\,\lambda\,|K|^{1/2}}{4\,\pi^2\,p^2\,I_s^2\,\gamma^2\,A^{1/2}}\right]. \qquad (41.76)$$

In Tab. 41.1 sind die für einige Werkstoffe nach Gl. (41.76) abgeschätzten d_k-Werte mit den von BOLL [9] gemessenen d_k-Werten verglichen.

41.2.4 Ortskurve der komplexen Permeabilität bei Wirbelstrom- und Spinrelaxation

Zeitkonstantenstreuung. Gl. (41.52) und die daraus abgeleitete Gl. (41.58) gelten streng nur für eine einzige BLOCH-Wand. Wollen wir Gl. (41.58) auf ein makroskopisches Materialstück anwenden, das eine große Zahl von BLOCH-Wänden enthält, dann müssen wir in Betracht ziehen, daß die Parameter α und β und damit die Zeitkonstante $\tau = \beta/\alpha$ von Wand zu Wand verschiedene Werte haben können. Die der Gl. (41.58) mit Streuung der Zeitkonstante entsprechenden Ortskurven haben wir bereits in Abb. 41.4 kennen gelernt.

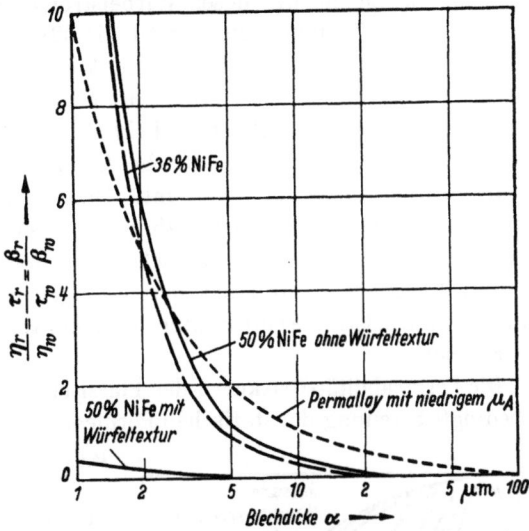

Abb. 41.9. Verhältnis von Spinrelaxation- zu Wirbelstromverlust für verschiedene weichmagnetische Werkstoffe als Funktion der Blechdicke (nach BOLL [9])

Tabelle 41.1. *Kritische Blechdicke d_k einiger hochpermeabler Werkstoffe (nach Boll [9])*

Werkstoff	d_k (berechnet) µm	d_k (gemessen) µm
36 Ni 64 Fe	5,5	5,4
50 Ni 50 Fe	4	5,5
50 Co 50 Fe	1,1	1

Eine genauere Betrachtung der Parameter α und β zeigt, daß eine Streuung von τ im wesentlichen durch eine Streuung von α bedingt sein wird, und diese wiederum [nach Gl. (41.60)] im wesentlichen durch eine Streuung der lokalen Anfangspermeabilität μ_A als Maß für die elastische Bindung der BLOCH-Wand an ihre Ruhelage.

Als Ursache für örtliche Schwankungen der lokalen Anfangspermeabilität μ_A haben wir zwei prinzipiell voneinander verschiedene Gegebenheiten zu betrachten:

1. Örtliche Schwankungen von μ_A können durch inhomogene Eigenschaften des Materials bedingt sein, d. h. z. B. durch eine inhomogene Störungsverteilung. Es handelt sich dann um örtliche Schwankungen der statischen Anfangspermeabilität, die wir im folgenden mit μ_{AS} bezeichnen wollen. Die Schwankungen von μ_{AS} können entweder statistisch sein (etwa infolge von Verunreinigungen, unvollständiger Rekristallisation usw.) oder, worauf insbesondere FELDTKELLER [3] und EPELBOIN [27, 28, 29] hingewiesen haben, infolge der Bearbeitung des Materials (Walzen, Ziehen, oberflächliche Verunreinigungen usw.) eine gewisse Systematik über den Blechquerschnitt zeigen, etwa in der Weise, daß μ_{AS} an der Blechoberfläche sehr klein ist und nach dem Blechinneren hin zunimmt. Die örtlichen Schwankungen von μ_{AS} sind frequenzunabhängig.

2. Bei höherfrequenten Wechselfeldern nimmt die Feldstärke infolge der Wirbelstromabschirmung von der Oberfläche in das Blechinnere hinein ab (s. 40.5). Behandeln wir diesen Wirbelstromeffekt einer Anregung von BOLL [9] folgend in der Terminologie der Gl. (41.52) bzw. Gl. (41.58) als Relaxationserscheinung, so haben wir die durch die Abnahme der Feldstärke im Blechinneren bedingte verminderte reversible Auslenkung der BLOCH-Wände formal in der Weise zu beschreiben, daß wir die Feldstärke über den Blechquerschnitt als homogen ansehen, während die „statische Anfangspermeabilität" von der Oberfläche nach der Blechmitte hin abnimmt. Diese durch die Wirbelströme bestimmte „fiktive statische Anfangspermeabilität" bezeichnen wir mit dem Symbol μ_{AW}. Ihr Verlauf über den Blechquerschnitt ist frequenzabhängig.

Wir haben also mit einer materialeigenen frequenzunabhängigen und einer durch die Wirbelströme bestimmten „frequenzabhängigen Zeitkonstantenstreuung" zu rechnen.

Die Permeabilität-Ortskurve der klassischen Wirbelstromtheorie. Eine materialbedingte Streuung der statischen Permeabilität sei nicht vorhanden, d. h. es sei

$$\mu_{AS} = \text{Konst.}$$

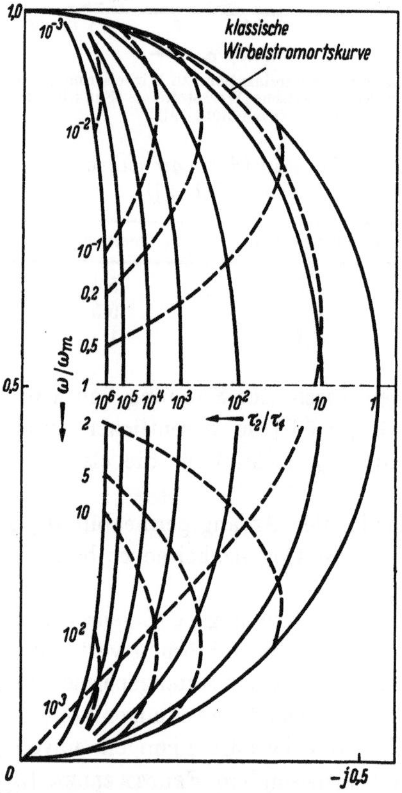

Bei tiefen Frequenzen, weit unterhalb der Grenzfrequenz ω_W, ist auch μ_{AW} über den Probenquerschnitt konstant. Es besteht also keine Streuung von τ. Die Ortskurve muß folglich mit einem Halbkreis mit Mittelpunkt bei $\mu_{LR} = 0{,}5\,\mu_A$, $\mu_{RR} = 0$ beginnen, was bekanntlich auch der Fall ist (s. Kap. 40.) Mit wachsender Frequenz wird das Feld im Blechinneren immer stärker geschwächt. Die Streubreite von μ_{AW} und damit von τ nimmt zu. Sie geht mit der Frequenz gegen ∞. Damit muß die Ortskurve mit steigender Frequenz in zunehmendem Maße vom Halbkreis abweichen und entsprechend Abb. 41.10 auf die Ortskurven mit immer größerer Streubreite von τ übergehen. Damit erscheint die Permeabilität-Ortskurve der klassischen Wirbelstromtheorie formal als Ausdruck eines Relaxationseffektes mit „frequenzabhängiger Zeitkonstantenstreuung".

Abb. 41.10. Zur formalen Behandlung der Permeabilität-Ortskurve der klassischen Wirbelstromtheorie als Relaxationseffekt mit „frequenzabhängiger Zeitkonstantenstreuung"

Einfluß der Streuung von μ_{AS} auf die Form der Permeabilität-Ortskurven. Nehmen wir zunächst statistische Schwankungen von μ_{AS} an. Bei tiefen Frequenzen ist die Streuung von μ_{AW} Null. Dagegen besteht unabhängig von der Frequenz die Streuung von μ_{AS}. Die Ortskurve weicht daher bereits bei tiefen Frequenzen vom Halbkreis nach innen ab und folgt, je nach Streubreite von μ_{AS}, einer der Ortskurven mit entsprechender Streubreite von τ (s. Abb. 41.10). Bei hinreichend hohen Frequenzen wird schließlich die Streubreite von μ_{AW} größer als die von μ_{AS}. Die Ortskurve geht dann allmählich in die Ortskurve der klassischen Wirbelstromtheorie über.

Um diese Überlegung experimentell zu prüfen, machte BOLL [9] z. B. folgenden Modellversuch. Die Ortskurve eines bei 800° ausgeglühten Bandkerns aus 50 proz. Kobalteisen zeigt entsprechend Abb. 41.11 bis über die Grenzfrequenz hinaus den

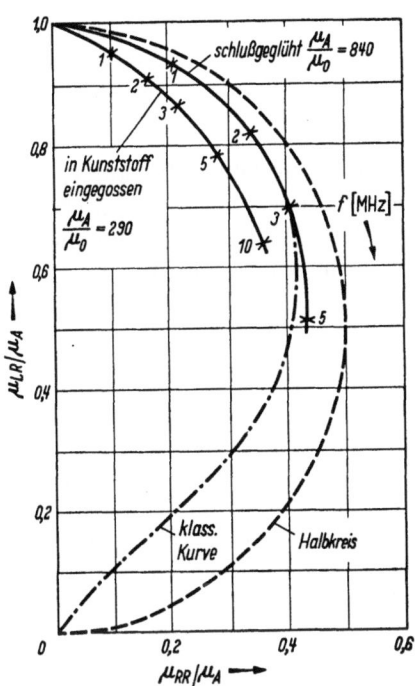

Abb. 41.11. Ortskurve der komplexen Anfangspermeabilität von Vacoflux 50 (Bandkern mit 0,01 mm Banddicke) in verschiedenen Zuständen. (Nach BOLL [9])

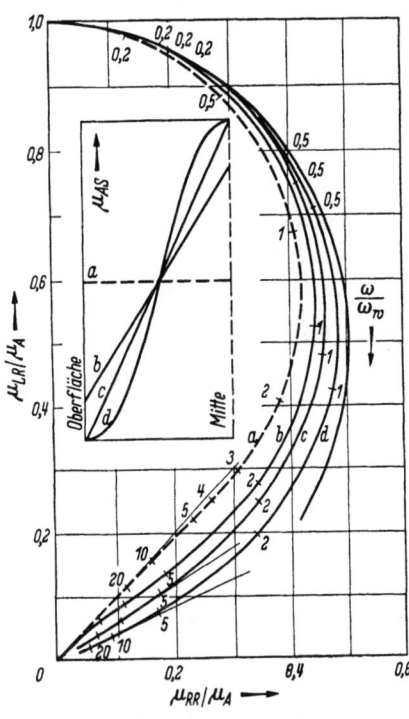

Abb. 41.12. Berechnete Ortskurven der komplexen Permeabilität bei verschiedenen Annahmen über den Verlauf der statischen Anfangspermeabilität μ_{AS} über den Blechquerschnitt. (Nach FELDTKELLER [3])

klassischen Verlauf. Wird der Kern nunmehr in Kunstharz eingegossen, dann weicht seine Ortskurve von der klassischen Kurve tatsächlich stark nach innen ab. Durch das Eingießen entstehen in dem Kern örtliche mechanische Verspannungen, die wegen der hohen Magnetostriktion des Materials ($\lambda_s \approx 80 \cdot 10^{-6}$) zu starken Schwankungen der örtlichen Permeabilität μ_{AS} Anlaß geben. Eine ähnliche Wirkung hat nach Versuchen von BOLL [9] das Einprägen eines Rasters in das ausgeglühte Material, oder teilweise Rekristallisation.

Wir nehmen nunmehr den praktisch ebenfalls wichtigen Fall an, daß μ_{AS} einen systematischen Gang über den Blechquerschnitt zeigt und z. B. an der Blechoberfläche klein ist und bis zur Blechmitte zunimmt. Der genauere Verlauf von μ_{AS} über den Blechquerschnitt kann experimentell durch sukzessives Abätzen der Blechoberfläche ermittelt werden [30, 22]. Die rechnerische Behandlung eines derartigen Permeabilitätsverlaufs durch FELDTKELLER [3] ergibt (s. Abb. 41.12) eine über die klassische Ortskurve hinausschwingende und sich an den Halbkreis annähernde Ortskurve. Qualitativ können wir dieses Ergebnis folgendermaßen einsehen: Die Streuung von μ_{AS} und μ_{AW} überlagern sich und ergeben zusammen die Streuung von τ, durch welche die Form der Ortskurve bestimmt ist. Wäre μ_{AS} über den Querschnitt konstant, dann würde μ_{AW} mit wachsender Frequenz immer stärker von der Oberfläche nach der Blechmitte hin abnehmen. Da nun umgekehrt μ_{AS} unabhängig von der Frequenz von der Oberfläche nach der Blechmitte hin zunimmt, bleibt die resultierende Streuung von μ_A und damit die Streuung von τ stets kleiner als im Falle $\mu_{AS} =$ konst (klassische Kurve). Die Ortskurve muß daher zwischen der klassischen Kurve und dem Halbkreis liegen. Lediglich bei tiefen Frequenzen muß sie wegen der Streuung von μ_{AS} von der klassischen Kurve etwas nach innen abweichen. Dies wird durch Modellversuche von BOLL [9] bestätigt.

Einfluß der Bezirkstruktur auf die Form der Permeabilitäts-Ortskurve. Die Wirbelstrom-Ortskurve der komplexen Permeabilität wurde von NÉEL [31] für ein Blech, das im Oberflächenbereich die in Abb. 41.13a dargestellte Bezirkstruktur besitzt, unter den folgenden Voraussetzungen berechnet:

1. Das angelegte Wechselfeld

$$H = H_0\, e^{j\omega t}$$

sei parallel zur Z-Richtung.

2. Die Feldfrequenz ω sei so groß, daß die Eindringtiefe klein gegen die Ausdehnung der Bezirke in der Y-Richtung, d. h. klein gegen die Blechdicke ist.

3. Spinrelaxation und Nachwirkung werden vernachlässigt. Die einzigen auf die BLOCH-Wand wirkenden Kräfte sind die rücktreibende Kraft in die Gleichgewichtslage und der hydrostatische Druck $2 H I_s$ des Magnetfeldes.

4. χ_A sei die pauschale statische Anfangssuszeptibilität des Materials parallel zu der Z-Richtung. Bei langsamer Magnetisierungsänderung kann dann so gerechnet werden, wie wenn die Wand eine Oberflächensuszeptibilität der Größe $\chi_A \cdot 2l$ hätte, während innerhalb der Bezirke die Suszeptibilität Null bzw. die Permeabilität Eins ist.

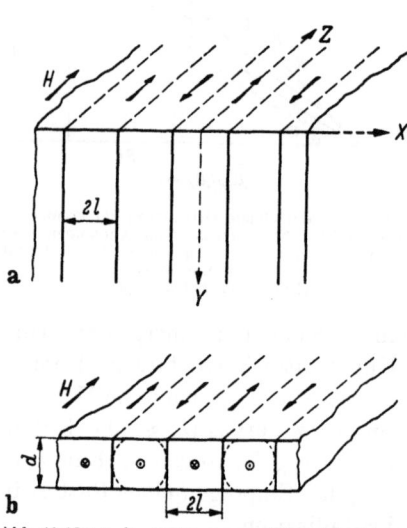

Abb. 41.13a u. b. Angenommene Bezirkstruktur zur Berechnung der Ortskurve der komplexen Anfangspermeabilität a) nach NÉEL [31] und b) nach POLIVANOV [16] und BROUWER [17]

5. Die betrachteten Feldstärken seien so klein, daß die Auslenkungen der Wände gegen die Dicke $2l$ der Bezirke vernachlässigbar sind. Die Wände können dann ohne wesentlichen Fehler als fixierte Unstetigkeitsflächen mit der Suszeptibilität $\chi_A\, 2l$ pro cm² Wandoberfläche behandelt werden.

6. Die Wände seien unendlich biegsam, d. h. die Wandenergie wird vernachlässigt.

Ausgehend von den MAXWELLschen Gleichungen liefert die strenge Rechnung unter den genannten Voraussetzungen die komplexe Permeabilität

$$\bar{\mu} = \mu_{LR} - j\,\mu_{RR} = 4\pi\chi_A A^2 \approx \mu_A A^2 \tag{41.77}$$

mit

$$A = \sum_{n=1}^{\infty} \frac{2 r^3 \left(1 + \frac{r^2}{4\pi\chi_A \varphi_n^2}\right)^{1/2}}{\varphi_n(\varphi_n^2 + r^2 + r^4)}$$

wobei die φ_n die sukzessiven Wurzeln der transzendenten komplexen Gleichung

$$\varphi\,\mathrm{tg}\,\varphi = r^2$$

mit (im elektromagnetischen cgs-System)

$$r^2 = j\,a = j\,\frac{4\pi^2 \chi_A (2l)^2 \omega}{\varrho} \tag{41.78}$$

bedeuten. ϱ ist der spezifische Widerstand des Blechmaterials. In Abb. 41.14 sind die reduzierten Komponenten μ_{LR}/μ_A und μ_{RR}/μ_A der durch Gl. (41.77) gegebenen komplexen Permeabilität als Funktion des durch Gl. (41.78) definierten Parameters a für den Fall dargestellt, daß $\mu_A \gg 1$ (μ_A wenigstens 50) ist. In Abb. 41.15 ist schließlich die entsprechende Ortskurve wiedergegeben.

POLIVANOV [16] berechnete die Wirbelstrom-Ortskurve der komplexen Permeabilität für ein Blech der Dicke d mit der in Abb. 41.13b dargestellten Bezirkstruktur unter, mit zwei Ausnahmen, gleichen Voraussetzungen wie bei der obigen Rechnung von NÉEL. Die Voraussetzung 2. fällt weg. Die Voraussetzung 4. ist dahingehend vereinfacht, daß die Permeabilität in den Bezirken vernachlässigt wird. Für die komplexe Permeabilität ergibt sich damit

$$\frac{\bar{\mu}}{\mu_A} = 1 - \sum_{n=0}^{\infty} \frac{1}{a_n - j\,\omega'\tau_n} \tag{41.79}$$

mit

$$a_n = \frac{C_n}{A_0} \quad \text{und} \quad \omega'\tau_n = \frac{B_n}{A_0}\,\frac{\omega_W}{\omega},$$

worin

$$A_0 = \frac{32}{\pi^3}\,\frac{2\cdot l}{d}$$

$$B_n = (2n+1)^3 \,\mathrm{tgh}\left\{\frac{2n+1}{2}\pi\,\frac{2l}{d}\right\}$$

$$C_n = \frac{4}{\pi}\,\frac{2l}{d}(2n+1)^2$$

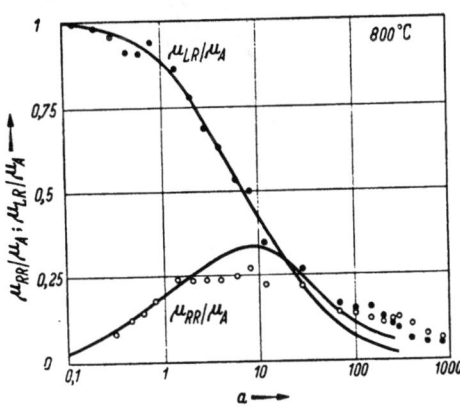

Abb. 41.14. Frequenzabhängigkeit von Real- und Imaginärteil der komplexen Permeabilität eines 0,1 mm dicken Eisendrahtes nach Glühung bei 800°C. Die eingezeichneten Kurven sind nach der Theorie von NÉEL berechnet. (Nach BENOIT und NASCHKE [33])

sind und ω_w die durch Gl. (40.56) gegebene WOLMANsche Grenzfrequenz bedeutet. Wir sehen, daß $\bar{\mu}$ nur von dem Verhältnis $2l/d$, nicht aber von den Absolutwerten des Wandabstandes $2l$ und der Blechdicke d abhängt. Die durch Gl. (41.79) gegebene Ortskurve ist für die Werte $2l/d = 1$ und $2l/d = 2$ in Abb. 41.15 dargestellt. Wir bemerken, daß sich die von POLIVANOV (s. a. BROUWER [17]) berechnete Ortskurve aus nicht ohne weiteres ersichtlichen Gründen, insbesondere bei tiefen und mittleren Frequenzen, wesentlich von der von NÉEL berechneten Kurve unterscheidet.

NASCHKE [32] (s. a. BENOIT und NASCHKE [33, 34]) hat im Frequenzbereich zwischen 0 und 7000 MHz die komplexe Permeabilität von 0,1 mm dickem Eisendraht im kaltverformten Zustand sowie nach jeweils 5stündiger Glühung bei verschiedenen Temperaturen zwischen 500 und 1220 °C gemessen.

Aus in der Arbeit genannten Gründen nimmt der Autor an, daß bei den oberhalb 700 °C geglühten Proben die Permeabilität im wesentlichen durch Wandverschiebungen bestimmt wird und somit ein Vergleich der Messungen mit der Theorie des dynamischen Verhaltens der BLOCH-Wände sinnvoll ist. Wie NASCHKE in Abb. 41.14 z. B. für eine bei 800 °C geglühte Probe gezeigt hat, stimmt der

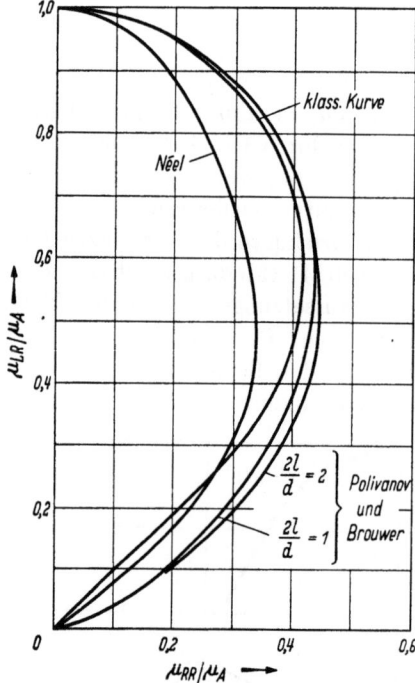

Abb. 41.15. Ortskurven der komplexen Anfangspermeabilität berechnet für homogene Magnetisierung (klassische Kurve) sowie unter Berücksichtigung der Bezirkstruktur (NÉEL [31], POLIVANOV [16] und BROUWER [17])

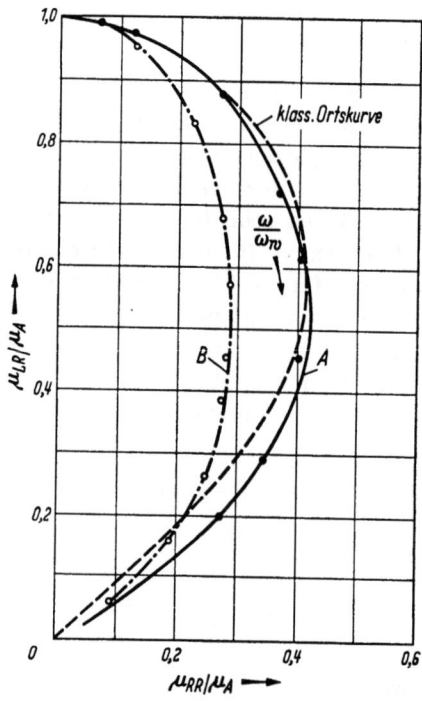

Abb. 41.16. Ortskurve der komplexen Anfangspermeabilität eines 50 μm dicken Blechs aus 50 Fe50 Ni mit scharfer Würfeltextur (A) nach thermischer Abmagnetisierung ($\mu_A/\mu_0 = 2530$, $\eta = 2{,}3$) und (B) nach Wechselfeldabmagnetisierung ($\mu_A/\mu_0 = 207$, $\eta = 7{,}0$). (Nach BOLL [9])

gemessene Verlauf der Permeabilitätskomponenten bis $a = 50$ (entsprechend etwa 150 MHz) verhältnismäßig gut mit den von NÉEL [31] berechneten Kurven überein. Der wegen des unbekannten Wandabstandes $2l$ frei verfügbare Abszissenmaßstab ist dabei für die Meßwerte so festgelegt worden, daß die gemessene und die theoretische Kurve für $\mu_{LR}/\mu_A = 0{,}5$ zusammenfallen. Zu $\mu_{LR}/\mu_A = 0{,}5$ gehört nach der Theorie von NÉEL der Abszissenwert $a = 7{,}2$. Mit diesem Wert und mit der gemessenen Halbwertsfrequenz (diejenige Frequenz, für welche $\mu_{LR}/\mu_A = 0{,}5$ wird) kann man, da χ_A bzw. μ_A und ϱ als bekannt vorausgesetzt werden dürfen, aus Gl. (41.78) den unbekannten Wandabstand $2l$ berechnen.

Für die bei 800 °C geglühte Probe ergibt sich $2\,l = 7{,}45 \cdot 10^{-4}$ cm. NASCHKE hat gezeigt, daß Magnetpulverbilder auf der Drahtoberfläche tatsächlich die gleiche Größenordnung liefern. Dieses Ergebnis kann als eine wesentliche Stütze der Theorie gewertet werden.

Nach den Messungen von NASCHKE ist sowohl der aus Gl. (41.78) berechnete Wandabstand als auch μ_{LR} bei tiefen Frequenzen sehr stark von der Glühbehandlung der Proben abhängig. Dagegen ist μ_{LR} oberhalb etwa 100 MHz praktisch unabhängig von der Glühbehandlung. Hieraus schließt NASCHKE [32] (s. a. BENOIT und NASCHKE [34]), daß der Einfluß der Bezirkstruktur auf die Permeabilität infolge des wachsenden Einflusses von Drehprozessen mit steigender Frequenz abnimmt und schließlich verschwindet.

Einen besonders deutlichen Hinweis für einen Einfluß der Bezirkstruktur auf den Verlauf der Ortskurve der komplexen Permeabilität bildet die starke Abhängigkeit der Ortskurvenform von der Art der Abmagnetisierung bei Werkstoffen, bei denen stark unterschiedliche metastabile Bezirkstrukturen vorkommen. In Abb. 41.16 ist nach Messungen von BOLL [9] z. B. die Ortskurve eines 50 μm dicken Blechs aus 50 Ni 50 Fe mit scharfer Würfeltextur einmal nach thermischer Abmagnetisierung und einmal nach Wechselfeldabmagnetisierung wiedergegeben. Während die nach thermischer Abmagnetisierung gemessene Ortskurve weitgehend der klassischen Wirbelstromortskurve folgt, ist die nach Wechselfeldabmagnetisierung gemessene Kurve weniger ausgewölbt und entspricht mehr dem Charakter der NÉELschen Ortskurve. Wie wir in 41.2.3 bereits festgestellt haben, hat das Verlustverhältnis nach thermischer Abmagnetisierung den Wert $\eta = 2{,}3$, nach Wechselfeldabmagnetisierung dagegen den Wert $\eta = 7{,}0$. Da sowohl die Blechdicke als auch der Werkstoffzustand in beiden Fällen gleich sind, ist das unterschiedliche Verlustverhältnis offenbar die Folge einer unterschiedlichen Bezirkstruktur. Ferner zeigt Abb. 41.19, daß man bei dem gleichen Material auch nach thermischer Abmagnetisierung zu einer der NÉELschen Ortskurve ähnlichen Kurve gelangt, wenn das Verlustverhältnis mit abnehmender Blechdicke den Wert $\eta = 7$ erreicht, was bei etwa 10 μm Blechdicke der Fall ist. η ist aber, wie Abb. 41.9 zeigt, bei diesem Material bis herunter zu etwa 2 μm Blechdicke praktisch ausschließlich durch den Wirbelstromanteil und damit durch die Bezirkstruktur bestimmt. Nach diesen Ergebnissen ist der Einfluß der Bezirkstruktur auf die Ortskurve offenbar derart, daß man eine abgeflachte, der NÉELschen Ortskurve ähnliche Kurve erhält, wenn das Wirbelstromverlustverhältnis η_W, d. h. nach 41.2.3 der relative Wandabstand l/d groß wird.

Abhängigkeit der Ortskurvenform und der Halbwertfrequenz von der Blechdicke. Aus Abb. 41.9 entnehmen wir, daß das Verhältnis η_r/η_W mit abnehmender Blechdicke sehr rasch zunimmt und z. B. für die Legierung 36% Ni, 64% Fe bei etwa 1,5 μm Blechdicke den Wert 10 erreicht. D. h. bei dieser Blechdicke ist der Spinrelaxationsverlust 10mal so groß wie der Wirbelstromverlust. Die Ortskurve ist also praktisch allein durch die Spinrelaxation bestimmt. Bei einer Blechdicke von etwa 30 μm folgt aus Abb. 41.9 dagegen $\eta_r/\eta_W \approx 0$. Hier sind also praktisch ausschließlich die Wirbelströme für die Frequenzabhängigkeit der komplexen Permeabilität maßgebend. Wir erwarten daher zunächst, daß bei dem genannten Werkstoff beim Übergang von 30 μm Blechdicke zu 1,5 μm Blechdicke die Orts-

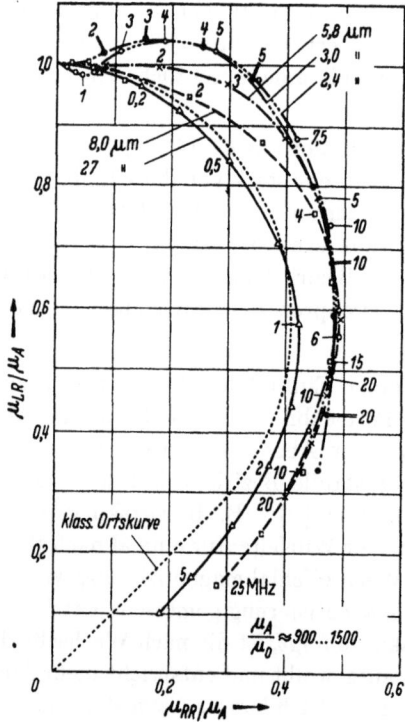

Abb. 41.17. Ortskurven der komplexen Permeabilität dünner Bänder aus 36% Nickel-Eisen. (Nach Boll [9])

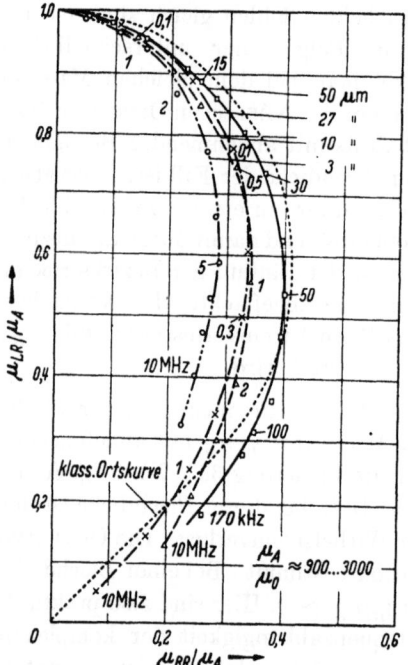

Abb. 41.19. Ortskurven der komplexen Permeabilität dünner Bänder aus 50% Ni 50% Fe mit scharfer Würfeltextur. (Nach Boll [9])

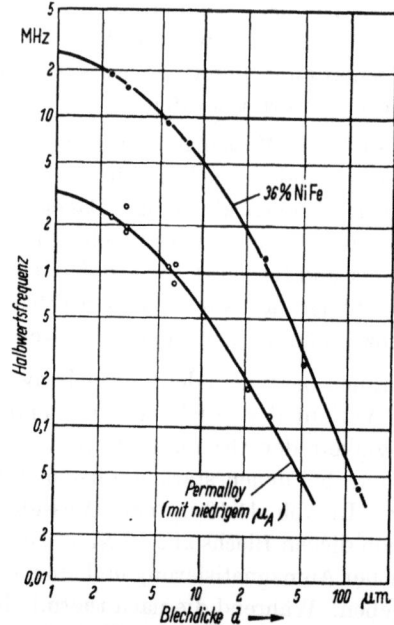

Abb. 41.18. Halbwertfrequenz des Hauptrelaxationseffekts zweier metallischer Werkstoffe als Funktion der Blechdicke. (Nach Boll [9])

kurvenform von dem für reine Wirbelstromverluste charakteristischen Verlauf in den für Spinrelaxation charakteristischen Verlauf übergeht.

Abb. 41.17 zeigt entsprechende Meßergebnisse von Boll [9]. Bei 27 μm Blechdicke folgt die Ortskurve erwartungsgemäß weitgehend der klassischen Wirbelstromortskurve. Mit abnehmender Blechdicke nähert sich die Ortskurve zunächst an den Halbkreis an, schwingt dann aber bei tiefen Frequenzen über den Halbkreis hinaus und zeigt bei Blechdicken unterhalb 5 μm eine für das Auftreten eines Resonanzeffekts charakteristische Überhöhung (s. hierzu 41.2.5). Die Frequenzabhängigkeit der Permeabilität wird also bei Metallen nach Ausschaltung der Wirbelströme, ganz ähnlich wie bei Ferriten (s. 41.2.5), offenbar nicht nur durch Relaxationserscheinungen, sondern auch durch Resonanzeffekte bestimmt.

Sehen wir vorläufig von den Resonanzeffekten ab und betrachten wir allein die Spinrelaxation. Da die Spinrelaxationsdämpfung von der Probenform unabhängig ist, erwarten wir, daß bei Blechdicken, für welche $\eta_r/\eta_W > 10$ ist, sowohl die Form der Ortskurve als auch deren Frequenzteilung, insbesondere also auch die Halbwertsfrequenz, von der Blechdicke unabhängig sind. Letzteres wird durch Messungen von BOLL [9] in Abb. 41.18 z. B. für Permalloy sowie für die bereits erwähnte Legierung 36 Ni 64 Fe bestätigt. Es gibt also bei Metallen eine Grenzblechdicke, bei der eine untere Grenze der Verluste bzw. eine obere Grenze der Halbwertfrequenz erreicht wird, welche prinzipiell nicht unter- bzw. überschritten werden kann, weil es prinzipiell unmöglich ist, die Spinrelaxationsverluste auszuschalten. Wir nennen den Grenzwert der Halbwertfrequenz die Grenzfrequenz der Spinrelaxation und bezeichnen sie mit dem Symbol f_{r0}.

Ganz anders als wir es in Abb. 41.17 für die Legierung 36 Ni 64 Fe gesehen haben, ist die in Abb. 41.19 wiedergegebene Abhängigkeit der Ortskurvenform von der Blechdicke bei der Legierung 50 Ni 50 Fe mit Würfeltextur. Hier weichen die Ortskurven mit abnehmender Blechdicke von der klassischen Wirbelstromortskurve in zunehmendem Maße nach innen ab und nehmen die Form der von NÉEL [31] (s. 41.2.5) für reine Wirbelstromrelaxation von BLOCH-Wänden berechneten Ortskurve in Abb. 41.15 an. Tatsächlich zeigt auch Abb. 41.9, daß bei diesem Material bis herunter zu den kleinsten in Abb. 41.19 vorkommenden Blechdicken die Verluste praktisch ausschließlich durch Wirbelströme bedingt sind. Die Bedeutung dieses Versuchsergebnisses von BOLL [9] für die Bildung eines Kriteriums für das Auftreten der NÉELschen Wirbelstromortskurve haben wir bereits hervorgehoben.

41.2.5 Frequenzabhängigkeit der komplexen Permeabilität bei Abwesenheit von Wirbelströmen. Ferromagnetische Spektren

Theoretische Grundlagen. Bei unseren bisherigen Betrachtungen über das Verhalten ferromagnetischer Metalle im Wechselfeld unter der Wirkung der Wirbelstrom- und Spinrelaxationsdämpfung haben wir von der Ortskurvendarstellung der komplexen Permeabilität Gebrauch gemacht. Eine äquivalente Beschreibung der Verhältnisse erhält man, wenn man den Realteil μ_{LR} und den Imaginärteil μ_{RR} der komplexen Permeabilität $\bar{\mu}$ jeweils als Funktion der Frequenz aufträgt. In Abb. 41.20 sind vergleichsweise beide Darstellungsarten einmal für den Fall reiner Relaxation mit einer einzigen Relaxationsfrequenz ω_c (Abb. 41.20a) und einmal unter Zugrundelegung der BLOCH-Wandbewegungsgleichung Gl. (41.52) bzw. Gl. (41.57) für den Fall der Resonanz gedämpfter BLOCH-Wandschwingungen mit der Eigenfrequenz $\omega_0 = (\alpha/m)^{1/2}$ und der Relaxationsfrequenz $\omega_c = \alpha/\beta$ (Abb. 41.20b) einander gegenübergestellt. Wie Abb. 41.20b zeigt, geht für $\varepsilon = \omega_0/\omega_c \gg 1$ das Resonanzverhalten in Relaxationsverhalten über. Beide Darstellungsarten werden wir im folgenden benützen.

In 41.2.4 haben wir, zumindest qualitativ, einen weitgehend geschlossenen Überblick über den Einfluß der Wirbelströme auf die Frequenzabhängigkeit der Permeabilität gewonnen. Nunmehr wollen wir uns mit der Frage beschäftigen, wie die bei Abwesenheit von Wirbelströmen gemessene Frequenzabhängigkeit der Permeabilität zu erklären ist. Wie wir in 41.2.4 gesehen haben, können die Wirbelströme in Metallen durch geeignete Probendimensionierung (z. B. sehr dünne Bleche) praktisch ausgeschaltet werden. Ferner haben wir die oxydischen Magnetwerkstoffe (Ferrite) zu betrachten, deren spezifischer elektrischer Widerstand im Größenbereich zwischen 10^2 und $10^8 \Omega$ cm liegt, also im Mittel etwa 10^{10}-mal größer ist als bei Metallen. Hier können wir für unsere Betrachtungen die Wirbelströme vollkommen vernachlässigen.

LANDAU und LIFSCHITZ [4] haben erstmals den seinerzeit kühnen Gedanken verfolgt, daß die Anisotropiefelder eines ferromagnetischen Kristalls einem

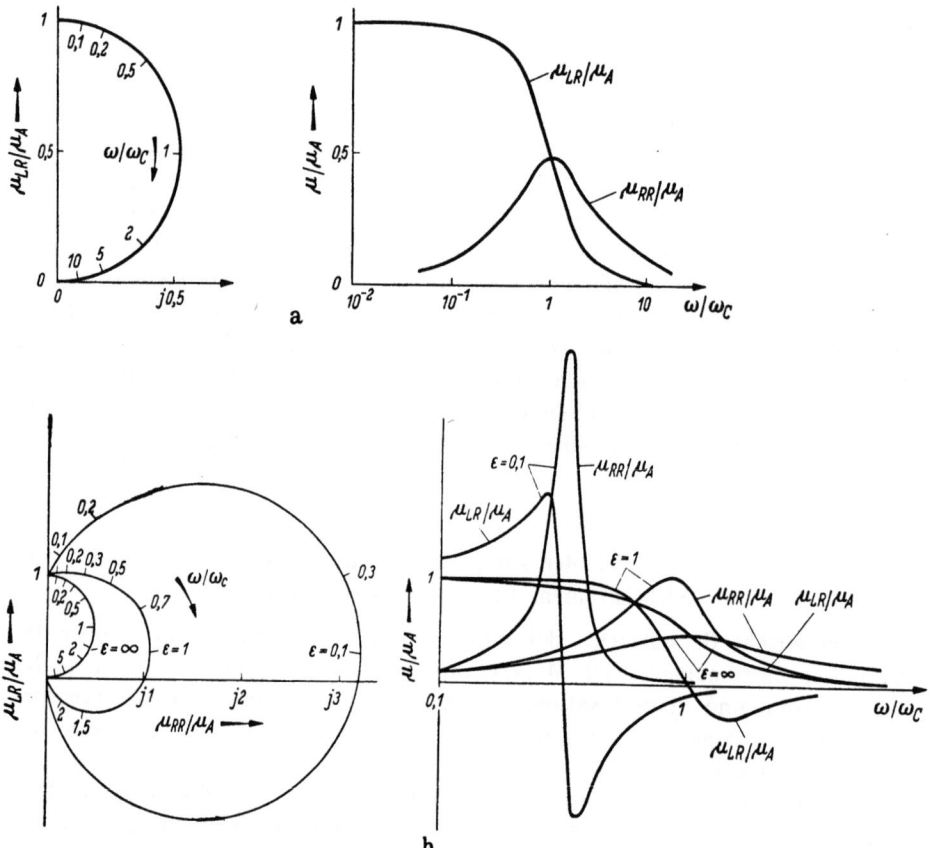

Abb. 41.20a u. b. Dispersion und Absorption (a) bei Relaxation und (b) bei Resonanz. $\varepsilon = \omega_0/\omega_c$

Magnetfeld äquivalent gesetzt werden können. In genialer Schau der Verhältnisse zogen sie hieraus bereits 1935, lange vor Bekanntwerden der ersten diesbezüglichen Versuchsergebnisse, den Schluß, daß in einem ferromagnetischen Stoff gyromagnetische Resonanz zu erwarten ist, wenn die Frequenz des erregenden Feldes gleich der Eigenfrequenz der Spinpräzession im Anisotropiefeld wird. Dieser Effekt wird als natürliche ferromagnetische Resonanz bezeichnet.

SNOEK [35] gelangte nach einem Vergleich [36] der Rechnungen von LANDAU und LIFSCHITZ mit Versuchsergebnissen an Ferriten zu der Ansicht, daß die bei Ferriten in hochfrequenten Magnetfeldern beobachtete Dispersion und Absorption durch die natürliche Resonanz bedingt ist. Setzt man in die Resonanzbedingung

Gl. (42.1) für das effektive Feld H_{eff} z. B. das äquivalente Kreistallanisotropifeld $2K/I_s$ ($K =$ Konstante der Kristallenergie) ein, so gilt

$$\omega_0 = |\gamma| H_{\text{eff}} = |\gamma| 2K/I_s. \qquad (41.80)$$

$\gamma = g\, e/2\, m\, c$ bedeutet das magnetomechanische Verhältnis. Nimmt man an, daß der Magnetisierungsprozeß in schwachen Feldern im wesentlichen in kohärenter Rotation der Spins in den WEISSschen Bezirken gegen die Kristallenergie besteht, dann ist die statische Anfangssuszeptibilität des Vielkristalls nach Gl. (32.23)

$$\chi_A = (\mu_A - 1)/4\pi = I_s^2/3K. \qquad (41.81)$$

Setzen wir dies in Gl. (41.80) ein, so ergibt sich mit $f_0 = \omega_0/2\pi$ und $B_s = 4\pi I_s$ die bekannte SNOEKsche Beziehung

$$f_0 = \frac{|\gamma|}{2\pi} \frac{2}{3} \cdot \frac{B_s}{\mu_A - 1} \qquad (41.82)$$

zwischen der Resonanzfrequenz, der Sättigungsinduktion und der statischen Anfangspermeabilität. Als zugeschnittene Größengleichung geschrieben lautet Gl. (41.82)

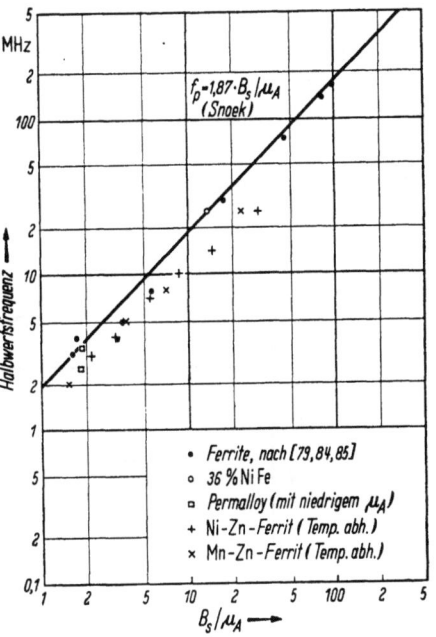

Abb. 41.21. Halbwertfrequenz verschiedener metallischer und oxydischer Werkstoffe als Funktion der Materialkonstante B_s/μ_A. (Nach BOLL [9])

$$\frac{f_0}{\text{MHz}} = 1{,}87 \frac{\dfrac{B_s}{\text{Gauß}}}{\dfrac{\mu_A}{\mu_0} - 1}\cdot \bigg| \qquad (41.83)$$

Wir bemerken hier noch, daß die Gültigkeit von Gl. (41.82) durchaus nicht an die bei ihrer Ableitung benützte Annahme gebunden ist, daß das effektive Feld durch die Kristallenergie gegeben ist. Gl. (41.82) bleibt unverändert, wenn auch Spannungsanisotropie, Formanisotropie (bei Pulvern) und innere Streufelder zum effektiven Feld beitragen.

Nach Abb. 41.21 können wir die durch Gl. (41.82) gegebene Eigenfrequenz der ungedämpften Präzession bei schwacher Dämpfung ($\omega_0/\omega_c \ll 1$) näherungsweise gleich der Halbwertfrequenz (diejenige Frequenz, bei der der Realteil der Permeabilität μ_{LR} auf den halben Wert der statischen Anfangspermeabilität abgesunken ist) setzen. In dieser Näherung sind in Abb. 41.21 Raumtemperaturmessungen der Halbwertfrequenz an verschiedenen Ferriten [37, 38] sowie Meßwerte von KÖHLER [39, 40] an einem Mn−Zn-Ferrit und einem Ni−Zn-Ferrit bei Temperaturen zwischen 100°C und −183°C mit der nach Gl. (41.82) berechneten Halbwertfrequenz verglichen. In Abb. 41.21 sind ferner Meßwerte von BOLL [9] an Permalloy und an 36 Ni 64 Fe unter Benützung der in Abb. 41.18 auf verschwindende Blechdicke extrapolierten Grenzhalbwertfrequenz f_{r0} (s. 41.2.4) eingetragen. Die Übereinstimmung der gemessenen mit den nach Gl. (41.82) berechneten Halbwertfrequenzen ist (bei einer Variationsbreite von B_s/μ_A von rund zwei Zehnerpotenzen!) im Rahmen dessen, was angesichts der einfachen bei der Ableitung von Gl. (41.82) gemachten Annahmen erwartet werden kann, vorzüglich und wird als eine starke Stütze der SNOEKschen Auffassung gewertet. Besonders hervorzuheben ist, daß, wie BOLL [9] zuerst gezeigt hat, Gl. (41.82) nach Ausschaltung der Wirbelströme auch für Metalle gilt. Nach Gl. (41.82) können wir schließlich auch die seit langem bekannte Erfahrungstatsache verstehen, daß der Frequenzbereich, in welchem die Permeabilität eines Werkstoffs etwa konstant bleibt, um so kürzer ist, je höher seine Permeabilität ist, wie dies z. B. in den Abb. 41.22 und 41.23 deutlich zum Ausdruck kommt.

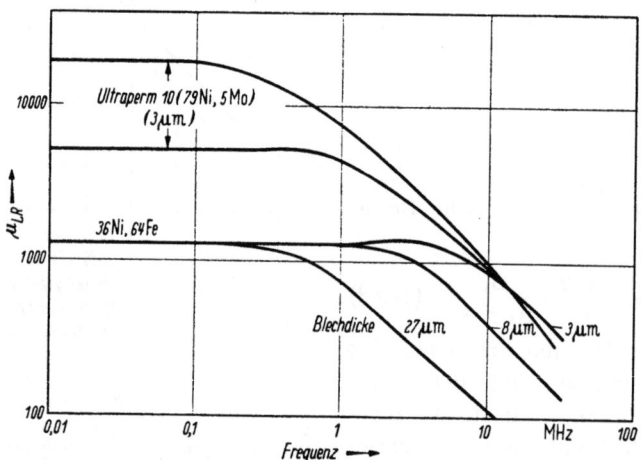

Abb. 41.22. requenzabhängigkeit des Realteils der komplexen Permeabilität einiger metallischer Werkstoffe. (Nach BOLL [9])

Es muß jedoch ausdrücklich festgestellt werden, daß die Erfüllung der Gl. (41.82) für die Halbwertfrequenz noch kein hinreichendes Kriterium für die Anwendbarkeit der SNOEKschen Theorie auf die in der Umgebung der Halbwertfrequenz beobachtete Dispersion und Absorption ist. Die Theorie von SNOEK kann in dem genannten Frequenzgebiet vielmehr erst dann als anwendbar angesehen werden, wenn außerdem die nach Gl. (41.80) berechnete Kristallfeldresonanzfrequenz kleiner als oder höchstens etwa gleich groß wie die Halbwertfrequenz ist. Betrachten wir z. B. die von BOLL [9] untersuchte Legierung 36 Ni 64 Fe. Hierfür ist nach Ausweis von Abb. 41.21 die Gl. (41.82) erfüllt. Die auf verschwindenden Wirbelstromeinfluß extrapolierte Halbwertfrequenz beträgt etwa 25 MHz. Aus Gl. (41.80) ergibt sich mit $|\gamma| = 2\pi \cdot 2{,}8$ MHz/Oe, $K \approx 5 \cdot 10^3$ erg/cm³ und $I_s \approx 10^3$ GAUSS $f_0 = \omega_0/2\pi \approx 28$ MHz in guter Übereinstimmung mit der oben genannten Halbwertfrequenz. Wir können danach annehmen, daß die beobachtete Dispersion und Absorption dieses Materials tatsächlich entsprechend der Theorie von SNOEK durch natürliche Rotationsresonanz bedingt wird.

Ausgehend von der LANDAU-LIFSCHITZ-Bewegungsgleichung der Magnetisierung [s. Gl. (41.50)] hat KITTEL [41] unter Vernachlässigung von Entmagnetisierungseffekten die Frequenzabhängigkeit der allein durch Drehprozesse bestimmten komplexen Anfangssuszeptibilität $\overline{\chi}'$ berechnet. Es ergibt sich

$$\frac{\overline{\chi}'}{\chi'_A} = \frac{\omega_0'^2 + (\lambda/\chi_0')(j\omega + \lambda/\chi_0')}{\omega_0'^2 + (j\omega + \lambda/\chi_0')^2} \tag{41.83}$$

mit der Resonanzfrequenz

$$\omega_0' = \frac{2}{3}|\gamma|\frac{I_s}{\chi'_A}, \tag{41.83a}$$

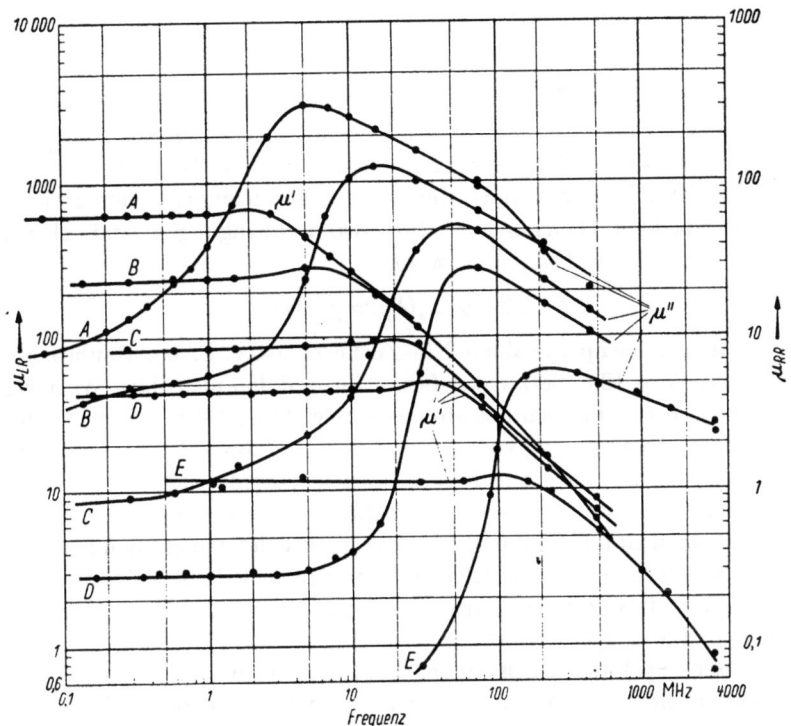

Abb. 41.23. Frequenzabhängigkeit von Real- und Imaginärteil einiger kubischer Ferrite (Ferroxcube IV). (Nach SMIT und WIJN [156])

welche, da die Voraussetzungen identisch sind, mit der Formel von SNOEK [Gl. (41.82)] übereinstimmt. χ'_A ist die statische Anfangssuszeptibilität bei Rotation. Im Falle reiner Kristallanisotropie ist $\chi'_A = I_s^2/3K$. Damit geht Gl. (41.83a) in Gl. (41.80) über. Ferner bedeuten χ_0' eine mittlere Rotationssuszeptibilität, welche etwa gleich χ'_A ist, und λ die durch Gl. (41.48) definierte Spinrelaxationsfrequenz. Wie man leicht nachprüft, hat Gl. (41.83) für schwache Dämpfung $(\lambda \ll |\gamma| I_s)$ Resonanzcharakter entsprechend

$$\frac{\chi'}{\chi'_A} = \frac{1}{1 - (\omega/\omega_0)^2} \tag{41.84}$$

und für starke Dämpfung $(\lambda \gg |\gamma| I_s)$ Relaxationscharakter entsprechend

$$\frac{\chi'}{\chi'_A} = \frac{1}{1 - j\omega/\omega_c'} \tag{41.85}$$

mit der Relaxationsfrequenz $\omega_c' = \lambda/\chi'_A$.

Im Falle reiner Wandverschiebungen ergibt sich aus Gl. (41.57) (RADO, WRIGHT und EMERSON [*42*], s. a. [*43*])

$$\frac{\chi''}{\chi_A''} = \frac{1}{1 - (\omega/\omega_0'')^2 + j\,(\omega/\omega_c'')} \qquad (41.86)$$

mit der Resonanzfrequenz [wegen der Bezeichnungen siehe auch Gl. (41.52) bzw. Gl. (41.57)]

$$\omega_0'' = (\alpha/m)^{1/2} = |\gamma|\,(I_s/\chi_A'')\,(8\pi\,\chi_A''/d)^{1/2} \qquad (41.86\text{a})$$

und der Relaxationsfrequenz

$$\omega_c'' = \alpha/\beta = \gamma^2\,I_s^2\,\delta_w/\chi_A''\,d\lambda \qquad (41.86\text{b})$$

da $\alpha = I_s^2/\chi_A''\,d$, $\beta = \lambda/\gamma^2\,\delta_0$ und $m = (1/8)\,\pi\,\gamma^2\,\delta_0$ ist. Hierbei bedeuten χ_A'' die statische Anfangssuszeptibilität bei reinen Wandverschiebungen, $\delta_0 = \sqrt{A/K}$ den Parameter der BLOCH-Wanddicke und d die mittlere Dicke der WEISSschen Bezirke (mittlerer Wandabstand); die übrigen Bezeichnungen sind gleich wie in den vorausgehenden Gleichungen. Die Wandschwingungen sind überkritisch gedämpft, wenn $\omega_0'' > 2\,\omega_c''$, d. h. wenn

$$\lambda > |\gamma|\,I_s(\delta_0/2\pi\,\chi_A''\,d)^{1/2} \qquad (41.87)$$

wird. Für einen hochpermeablen Ni—Zn-Ferrit ist z. B. bei Raumtemperatur $I_s \approx 300$ und $\chi_A'' \approx 120$. Setzen wir ferner für δ_0/d den plausiblen Wert 1/10 ein, dann ergibt sich für die rechte Seite der Ungleichung (41.87) rund $2 \cdot 10^7\,\text{sec}^{-1}$, also etwa die Größenordnung von λ, was bedeutet, daß in einem solchen Material BLOCH-Wandschwingungen ungefähr kritisch gedämpft sind.

Wie wir im folgenden sehen werden, gelingt es aus bekannten Gründen nicht, mit den einfachen Gln. (41.83) und Gl. (41.86) eines der gemessenen magnetischen Spektren zu berechnen. Diese Gleichungen können lediglich einer qualitativen Diskussion der Meßergebnisse sowie zur Abschätzung der Größenordnung von Resonanz- und Relaxationsfrequenzen dienen.

Magnetische Spektren von Metallen. Die Frequenzabhängigkeit der komplexen Anfangspermeabilität von Metallen ist, wie wir in 21.2.4 gesehen haben, bei dicken Proben praktisch allein durch die Wirbelstromrelaxation bestimmt. Entsprechend haben die Ortskurven reinen Relaxationscharakter. Die Frequenzteilung hängt nach der klassischen Wirbelstromtheorie von der Blechdicke ab.

Mit abnehmender Blechdicke nimmt nach Abb. 41.9 der Wirbelstromeinfluß immer mehr ab und kann bei Blechdicken unterhalb etwa 1 μm im allgemeinen vernachlässigt werden. Die Ortskurven (s. Abb. 41.14) nehmen einen ganz ähnlichen Verlauf an, wie die Ortskurven der Ferrite (Abb. 41.24). Sie zeigen Resonanzüberhöhung. Die Halbwertfrequenz f_r strebt einem oberen Grenzwert f_{r0} zu (Abb. 41.19), welcher nach Abb. 41.21 der durch die Formel von SNOEK [Gl. (41.82$_r$)] gegebenen natürlichen Spinresonanzfrequenz entspricht.

Abb. 41.22 zeigt deutlich die durch Wirbelströme bedingte Blechdickenabhängigkeit des Frequenzgangs der Permeabilität von 36 Ni 64 Fe-Blech (vgl. Abb. 41.17). In der Abbildung ist ferner die von Wirbelströmen nahezu unbeeinflußte Frequenzabhängigkeit der Permeabilität von 3 μm dickem Blech der gleichen Legierung sowie von 10 Ultraperm 10 (5 Molybdänpermalloy) wiedergegeben. Diesen von Wirbelströmen unabhängigen Permeabilitätsverlauf wollen wir nunmehr betrachten.

Sehr wahrscheinlich ist die gedämpfte Präzessionsbewegung der Spins in den lokalen Anisotropiefeldern ganz allgemein der Grundvorgang, durch welchen der nach Ausschaltung der Wirbelströme beobachtete Frequenzgang der Permeabilität bestimmt wird. Wegen der überaus guten quantitativen Übereinstimmung der Halbwertgrenzfrequenz sowohl mit der nach Gl. (41.82) als auch mit der nach Gl. (41.80) berechneten natürlichen Spinresonanzfrequenz sowie wegen der von BOLL [9] beobachteten Überhöhung der Ortskurven erscheint insbesondere die von SNOEK vertretene Auffassung berechtigt, daß die beobachtete Absorption und Dispersion durch Resonanzvorgänge und nicht durch Relaxation[1] bedingt ist. Obwohl danach anscheinend grundsätzliche Klarheit über die relevanten Vorgänge besteht, gibt es doch noch eine Reihe bisher ungeklärter Fragen. Dispersion und Absorption beginnen in der Umgebung von 1 MHz und erstrecken sich bis zu einigen hundert MHz. Erst dort werden Permeabilitätswerte kleiner als Eins beobachtet [44, 45, 46] (s. hierzu auch [47]). Abgesehen von der oft nur schwachen Resonanzüberhöhung bei Beginn der Dispersion erscheint der für die 3 μm-Bleche in Abb. 41.22 wiedergegebene stetige Abfall von μ_{LR} in einem sehr breiten Frequenzgebiet fast eher für Relaxation als für Resonanz charakteristisch, wie etwa die Kurve für das 27 μm starke 36 Ni 64 Fe-Blech, welche tatsächlich durch einen Relaxationsvorgang (Wirbelströme) bedingt ist. Um diesen Kurvenverlauf allein mit Resonanzvorgängen erklären zu können, muß man ein entsprechend breites Spektrum von Resonanzfrequenzen annehmen. Es ist bisher

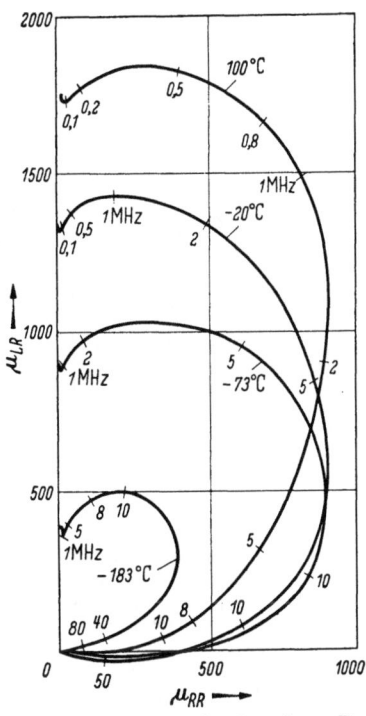

Ab. 41.24. Ortskurve der komplexen Permeabilität eines hochpermeablen Mn-Zn-Ferrits bei verschiedenen Temperaturen. (Nach KÖHLER [40])

nicht eindeutig geklärt, wodurch ein so breites Resonanzenspektrum bedingt ist. Möglicherweise sind Entmagnetisierungseffekte, wie sie von POLDER und SMIT [48] (s. a. [38]) im Zusammenhang mit dem analogen Problem bei Ferriten diskutiert wurden, auch bei Metallen z. T. dafür maßgebend.

Magnetische Spektren von Ferriten. Abb. 41.23 zeigt den typischen Frequenzgang von Real- und Imaginärteil der komplexen Anfangspermeabilität einiger

---

[1] Als Relaxationsvorgänge bezeichnen wir im folgenden streng nur alle diejenigen Vorgänge, bei denen prinzipiell keine Resonanz auftreten kann, z. B. Wirbelstromrelaxation. Die gedämpfte Schwingung einer BLOCH-Wand zählen wir dagegen, wenn sie unterkritisch gedämpft ist, zu den Resonanzvorgängen, obwohl hierbei, wie aus der Bewegungsgleichung (41.52) und auch aus Gl. (41.57) bzw. Gl. (41.86) hervorgeht, wegen der Dämpfung auch Relaxation auftritt. In 41.2.4 haben wir im Sinne dieser Definition inkorrekterweise stets den Ausdruck Spinrelaxation gebraucht. Dies geschah deshalb, weil wir dort im wesentlichen die Verluste bei tiefen Frequenzen betrachtet haben, wo praktisch nur die Relaxation, nicht aber die Resonanz in Erscheinung tritt [man betrachte hierzu z. B. den Übergang von Gl. (41.57) nach Gl. (41.58)].

Nickel—Zink-Ferrite. Der Kurvenverlauf ist analog wie der in Abb. 41.22 für Metalle gezeigte Verlauf. Alles bei der Diskussion der wirbelstromunabhängigen Kurven in Abb. 41.22 Gesagte gilt gleichermaßen auch hier. Wie oben bereits erwähnt, haben POLDER und SMIT [48] (s. a. [38]) versucht, das breite Spektrum der Resonanzfrequenzen mit Hilfe dynamischer Entmagnetisierungseffekte zu erklären. Diese ergeben in befriedigender Übereinstimmung mit den Experimenten als minimales effektives Resonanzfeld $H_{\text{eff}\,1}$ das eingeprägte Anisotropiefeld ($H_{\text{eff}\,1} = 2K/I_s$ im Falle reiner Kristallanisotropie) und als maximales effektives Resonanzfeld $H_{\text{eff}\,2} = H_{\text{eff}\,1} + 4\pi I_s$.

In Abb. 41.24 sind die von KÖHLER [40] an einem hochpermeablen Mn—Zn-Ferrit bei verschiedenen Temperaturen gemessenen Ortskurven wiedergegeben. Wir haben bereits im Zusammenhang mit Abb. 41.21 festgestellt, daß die Halbwertfrequenz bei allen untersuchten Temperaturen der Formel von SNOEK [Gl. (41.82)] folgt. Dieses Ergebnis spricht zunächst sehr zugunsten der von

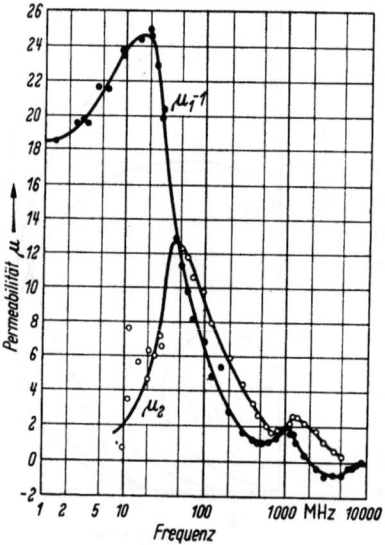

Abb. 41.25. Magnetisches Spektrum von gesintertem Ferramic A (Mg-Fe-Ferrit) bei Raumtemperatur. (Nach RADO, WRIGHT und EMERSON [42])

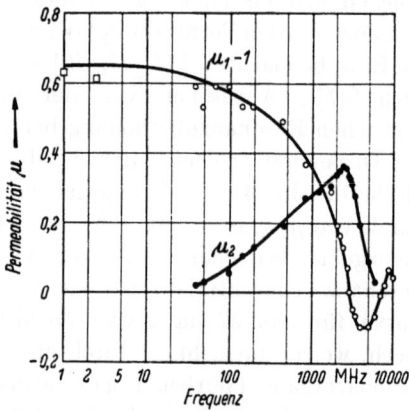

Abb. 41.26. Magnetisches Spektrum einer Suspension von 70 Gew.-% Ferramic A in Wachs bei Raumtemperatur. (Nach RADO, WRIGHT und EMERSON [42])

SNOEK vorgeschlagenen Deutung der Dispersion und Absorption, stellt jedoch, wie weiter oben ausgeführt wurde, kein eindeutiges Kriterium für die Richtigkeit dieser Deutung dar. Gewisse Bedenken gegen eine solche Deutung ergeben sich auf Grund einer Abschätzung der Kristallenergie. Die Theorie von SNOEK setzt reine Rotationssuszeptibilität voraus. Unter dieser Voraussetzung berechnet man mit der bei Raumtemperatur gemessenen statischen Anfangspermeabilität einen für Ferrite verhältnismäßig kleinen Wert der Kristallenergiekonstante von nur etwa 100 erg/cm³. Bei $-183\,°C$ ergibt sich der ebenfalls sehr kleine Wert $5 \cdot 10^3$ erg/cm³. Messungen der Kristallenergie an der von KÖHLER untersuchten Probe liegen leider nicht vor.

Eine von der SNOEKschen Theorie etwas abweichende, sehr plausible und durch die experimentelle Erfahrung vielfach gestützte Deutung der magnetischen Spektren von Ferriten hat RADO [43] angeregt. RADO und Mitarbeiter [42, 49, 43, 50] fanden zunächst an gesinterten Mg—Fe-Ferriten und später auch an gesintertem Mg-Ferrit und Li—Fe-Ferrit zwei ausgeprägte natürliche Resonanzen, wie Abb. 41.25 z. B. für einen kommerziellen Mg—Fe-Ferrit mit einigen Zusätzen (Ferramic A) zeigt. Die erste Resonanz tritt im Radiofrequenzgebiet (43 MHz), die zweite im Mikrowellengebiet (1400 MHz) auf. Eine Suspension kleiner Teilchen des gleichen Materials in Wachs liefert dagegen nach Abb. 41.26 nur eine Resonanzstelle im Mikrowellengebiet (bei etwa 2300 MHz).

Während SMIT und WIJN [38] die Auffassung vertreten, daß die 40 MHz-Resonanz der gesinterten Probe entsprechend der Theorie von SNOEK als Rotationsresonanz zu verstehen ist, und daß das Verschwinden dieser Radiofrequenz-Resonanz und das Auftreten einer Resonanz bei 2300 MHz in pulverisiertem Material allein durch Entmagnetisierungseffekte erklärt werden kann, ist nach der Ansicht von RADO bei der gesinterten Probe die erste Resonanz durch BLOCH-Wandschwingungen [Gl. (41.86)] und erst die zweite Resonanz durch Rotationsprozesse [Gl. (41.83)] bedingt. Da die Teilchen der Pulverprobe Einbereichpartikel sind, verschwindet dort die BLOCH-Wandresonanz, und es bleibt nur die Rotationsresonanz übrig, welche wegen des Formanisotropiefeldes der kleinen Teilchen bei einer höheren Frequenz auftritt, als die Rotationsresonanz in der gesinterten Probe. RADO und Mitarbeiter [50] (s. a. [42, 43, 49]) begründen diese Ansicht an Hand ihrer umfangreichen und überaus gründlichen experimentellen Untersuchungen wie folgt:

RADO, FOLEN und EMERSON [50] haben an verschiedenen Mg—Fe-Ferriten die Sättigungsmagnetisierung I_s, die Kristallenergiekonstante K_1, die statische Anfangspermeabilität μ_A und die Frequenzabhängigkeit von μ_1 und μ_2 gemessen.

Für die statische Anfangspermeabilität μ_A erhält man unter der Voraussetzung reiner Drehprozesse und statistischer Orientierungsverteilung der Magnetisierung bei negativer Kristallenergie [50] (entsprechend den untersuchten Ferriten)

$$\mu_A = 1 + 2\pi I_s^2/K_1. \tag{41.88}$$

Es ergab sich, daß die an den untersuchten Ferriten gemessene statische Anfangspermeabilität etwa um den Faktor 5 größer ist als die nach Gl. (41.88) berechnete Rotationspermeabilität. Die Annahme einer wesentlichen Beteiligung von Wandverschiebungen an der statischen Permeabilität erscheint danach notwendig und gerechtfertigt.

Die kleinstmögliche natürliche Resonanzfrequenz bei Annahme reiner Rotationsprozesse ist die für das Kristallanisotropiefeld alleine und unter Vernachlässigung innerer Magnetfelder berechnete Resonanzfrequenz. Hierfür erhält man bei negativer Kristallenergie [50]

$$f_{0K} = (|\gamma|/2)\,(4/3)\,(K/I_s). \tag{41.89}$$

RADO und Mitarbeiter fanden, daß die nach Gl. (41.89) berechnete Rotationsresonanzfrequenz bei allen Proben um mehr als eine Größenordnung größer ist als die gemessene Resonanzfrequenz der Radiofrequenz-Resonanz. Sie hat dagegen die gleiche Größenordnung wie die im Mikrowellengebiet gemessene Resonanzfrequenz.

Nach diesen Ergebnissen erscheint der von RADO gezogene Schluß gerechtfertigt, daß mindestens bei den vorausgehend diskutierten Messungen nicht, wie SMIT und WIJN (s. a. GORTER [51]) angenommen haben, die Radiofrequenz-Resonanz, sondern die Resonanz im Mikrowellengebiet der SNOEKschen Rotationsresonanz entspricht, während die Radiofrequenz-Resonanz wahrscheinlich von Wandverschiebungen herrührt, wenn sie nicht prinzipiell andere Ursachen hat.

Wie RADO [43] weiter ausgeführt hat, kann obige Deutung der magnetischen Spektren mit zwei deutlich getrennten Resonanzen ohne Widerspruch zu experimentellen Ergebnissen verallgemeinert und auf solche Fälle ausgedehnt werden, in denen nur ein einziges breites Resonanzgebiet beobachtet wird, wie etwa in Abb. 41.23. Versuche von RADO und Mitarbeitern [43] haben nämlich gezeigt, daß unter geeigneten Bedingungen, wie man sie etwa durch Zumischen von Zn-Ferrit zu Mg-Ferrit oder zu Li-Ferrit erhält, die beiden Resonanzmaxima nahezu oder vollständig miteinander verschmelzen und ein einziges breites Absorptionsgebiet liefern, welches sich vom Radiofrequenz- bis ins Mikrowellengebiet erstreckt.

Damit wollen wir diesen kurzen, auf einige prinzipiell wesentlich erscheinende Ergebnisse beschränkten Überblick über das Verhalten ferro- und ferrimagnetischer Stoffe in hochfrequenten Wechselfeldern abschließen und für ein weiterreichendes Studium auf einige bisher noch nicht zitierte Originalarbeiten [52] bis [56] (Metalle, [52] enthält Literatur vor 1945) und [57] bis [75] (Ferrite) sowie auf einen zusammenfassenden Bericht von BIRKS [76] verweisen.

41.3 Thermische Nachwirkung

41.3.1 Allgemeines

Nach der klassischen Betrachtungsweise können in einem Feld H nur diejenigen Magnetisierungsprozesse ablaufen, deren kritische Feldstärke $H_0 \leq H$ ist. Tatsächlich werden jedoch infolge thermischer Schwankungserscheinungen im Laufe der Zeit auch solche Magnetisierungsprozesse möglich, deren kritische Feldstärke $H_0 > H$ ist. Nach NÉEL [77, 78] ist die Wirkung der thermischen Schwankungen einem zeitlich statistisch schwankenden, einmal positiven und einmal negativen Zusatzfeld äquivalent, dessen wahrscheinliche Maximalamplitude $H_i(t)$ entsprechend Abb. 41.27 im Laufe der Zeit zunimmt. Solange durch dieses thermische Zusatzfeld nur reversible Magnetisierungsänderungen hervorgerufen werden, bleibt der zeitliche Mittelwert der Magnetisierung unverändert. Er nimmt dagegen, wie wir weiter unten zeigen werden, in einem positiven Feld H im Laufe der Zeit zu, wenn durch $H_i(t)$ irreversible Magnetisierungsprozesse ausgelöst werden. Es ist also

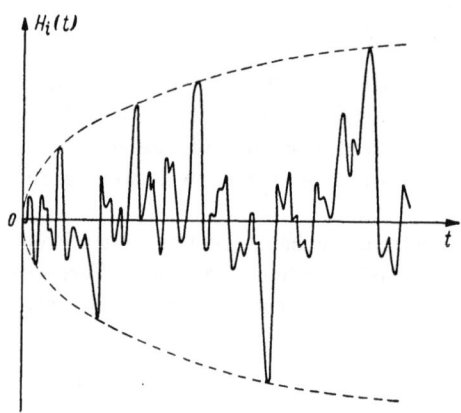

Abb. 41.27. Das irreversible Nachwirkungsfeld $H_i(t)$ als Funktion der Zeit. (Nach NÉEL [78])

$$I(t) = I_1(H_1) + \chi_{\text{irr}} H_i(t), \qquad (41.90)$$

worin $H_i(t)$ nach der Rechnung von NÉEL [77, 78] die Form

$$H_i(t) = S_\nu(Q + \ln t) \qquad (41.91)$$

hat. χ_{irr} ist die differentielle irreversible Suszeptibilität (s. Kap. 25) und I_1 bedeutet die Magnetisierung, die sich im angelegten Feld H_1 ohne thermische Schwankungen einstellen würde. Nach theoretischen Untersuchungen von NÉEL ([*77, 87, 106*]) ist das thermische Schwankungsfeld in erster Linie die Folge thermischer Richtungsschwankungen der spontanen Magnetisierung. Die BROWNsche Bewegung der BLOCH-Wände [*106*] kann demgegenüber vernachlässigt werden [*77*]. S_ν ist eine Materialkonstante, welche im wesentlichen von dem mittleren Volumen v der BARKHAUSEN-Sprünge und von der Temperatur T abhängt. Nach der Rechnung von NÉEL ist S_ν in erster Näherung proportional zu $\sqrt{T/v}$. Experimentell fanden COURVOISTER [*109*] für Stahl $S_\nu \sim T$, BARBIER [*96*] für Alnico $S_\nu \sim T^{3/4}$ und STREET und WOOLLEY [*84, 90*] für Alnico sowie TAOKA [*93*] für Ni$_3$Mn $S_\nu \cdot \chi_{\text{irr}} = S \sim T$. Q ist eine dimensionslose Konstante, welche sich von Material zu Material nur wenig ändert und die Größenordnung 40 bis 50 hat (allerdings kommen auch kleinere Werte vor [*79*]). t ist die nach einer Feldänderung abgelaufene Zeit. Gl. (41.91) setzt eine hinreichend große Zeit t voraus, so daß die Summe $Q + \ln t$ positiv ist.

Wir nennen die durch Gl. (41.90) definierte Nachwirkung thermische Nachwirkung. Vielfach wird sie auch als irreversible Nachwirkung, oder nach ihrem Entdecker als JORDAN-Nachwirkung bezeichnet.

Die thermische Nachwirkung ist ihrer Natur entsprechend in allen ferromagnetischen Stoffen vorhanden, deren Temperatur $T > 0\,°$K ist. Sie wurde von JORDAN [*80*] 1924 bei Wechselstrommessungen an Eisenpulverkernen entdeckt und beschrieben. An Pulverkernen und Ferriten ist sie am deutlichsten merkbar, weil sie dort nicht durch Wirbelströme überdeckt wird. Einen Überblick über die klassische Literatur findet man bei KINDLER und THOMA [*81*], BECKER und DÖRING [*82*] und BOZORTH [*83*].

41.3.2 Experimentelle Ergebnisse

Schaltversuche. Nach einer großen Anzahl von Untersuchungen verschiedener Autoren an verschiedenen Werkstoffen kann der zeitliche Verlauf der Magnetisierung nach einer Feldänderung in erster Näherung durch die Gleichung

$$\Delta I(t)_{H=\text{Konst}} = S \ln t + \text{Konst} \tag{41.92}$$

beschrieben werden. Abb. 41.28 zeigt den von STREET und WOOLLEY [*84*] (s. a. [*85*]) an einer Alnico-Dauermagnetisierung (Al 10, Ni 18, Co 12, Cu 6, Fe 54) bei verschiedenen Temperaturen gemessenen Verlauf von ΔI als Funktion von $\log t$. Ein analoger Magnetisierungsverlauf wurde auch bereits von EWING [*86*] im Jahre 1889 an weichem Eisen gemessen. Die Konstante S ist unabhängig von der Feldänderung (sofern diese einen gewissen Mindestwert, hier z. B. 10 Oe, überschreitet). Sie ist ferner unabhängig von der Zeit, während der die Probe vor der Feldänderung bei einer anderen konstanten Feldstärke gehalten worden war. Das bedeutet aber, daß das Superpositionsprinzip nicht gilt. Diese für thermische Nachwirkung charakteristische Eigenschaft ist erstmals von PREISACH [*87*] erkannt und nachgewiesen worden. Die Abhängigkeit der Konstante S von der Temperatur ist in Abb. 41.29 wiedergegeben. Danach ist hier S proportional zur absoluten Temperatur T.

Nach Abb. 41.30 hängt S von dem Ort auf der Magnetisierungskurve bzw. von der Magnetisierung ab, an welchem bzw. bei welcher die Messung ausgeführt wurde und hat an der steilsten Stelle der Schleife ($dI/dH = $ max) ein Maximum.

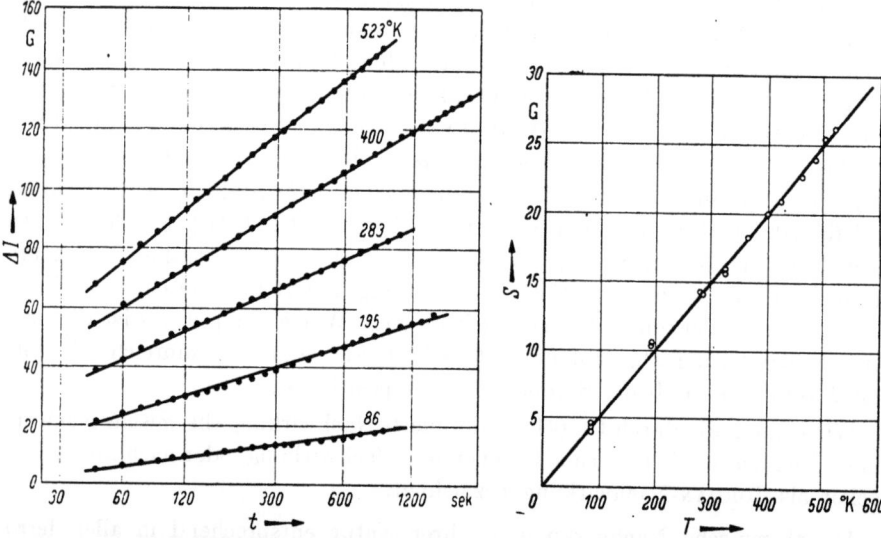

Abb. 41.28. Magnetisierungsänderung ΔI in Alnico nach einer plötzlichen Feldänderung als Funktion des Logarithmus der Zeit gemessen bei verschiedenen Temperaturen. Die Anfangsordinaten sind beliebig.
(Nach STREET und WOOLLEY [84])

Abb. 41.29. Steigung S der $\Delta I(\ln t)$-Kurven von Alnico (s. Abb. 41.28) als Funktion der Temperatur.
(Nach STREET und WOOLLEY [84])

STREET, WOOLLEY und SMITH [88] haben gezeigt, daß S vom Entmagnetisierungsfaktor der Probe abhängt, und zwar nimmt S mit steigendem Entmagnetisierungsfaktor ab. Außerdem ändert sich S nach Untersuchungen von STREET, WOOLLEY und SMITH [89] sowie von PHILLIPS, STREET und WOOLLEY [90] an Dauermagnetlegierungen sehr stark mit dem Werkstoffzustand. Ähnliche Ergebnisse haben die genannten Autoren an anderen Dauermagnetlegierungen [91, 92] und ferner TAOKA [93] sowie TAOKA und OHTSUKA [94] an teilgeordnetem Ni_3Mn gefunden.

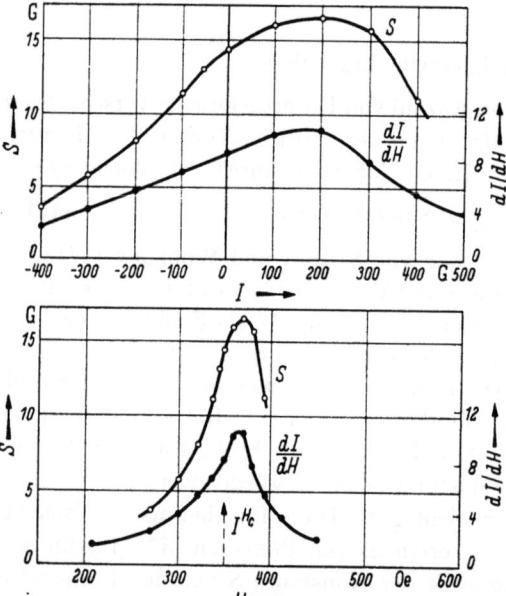

Abb. 41.30. S und dI/dH von Alnico als Funktion der Magnetisierung und des angelegten Feldes.
(Nach STREET und WOOLLEY [84])

Die Permeabilität von Alnico nimmt nach einer Feldänderung im Laufe der Zeit ab [95]. BARBIER [96] bis [99] sowie LLIBOUTRY [100, 101] haben die thermische Nachwirkung insbesondere im RAYLEIGH-Gebiet untersucht.

41.3 Thermische Nachwirkung

Zusammenfassend kann den Experimenten entnommen werden, daß die durch Gl. (41.92) definierte Konstante S vom Material (Werkstoffzustand), der Temperatur, dem Ort auf der Magnetisierungskurve und dem Entmagnetisierungsfaktor der Probe, nicht dagegen von der Größe der Feldänderung und der magnetischen Vorgeschichte vor der Feldänderung abhängt.

Die durch Gl. (41.92) definierte Konstante S ist nicht identisch mit der durch Gl. (41.91) mit Gl. (41.90) definierten Konstante S_ν. Wie ein Vergleich der genannten Gleichungen zeigt, besteht zwischen den beiden Definitionen der Zusammenhang

$$S_\nu = S/\chi_{\text{irr}}.$$

Folglich hat S_ν im Gegensatz zu S längs der ganzen Schleife den gleichen Wert und ist vom Entmagnetisierungsfaktor der Probe unabhängig. Wie bereits erwähnt ist S_ν eine Materialkonstante. Über die verschiedenen Methoden zur experimentellen Bestimmung von S_ν haben YAMADA und HAHLBOHM [102] berichtet. Tab. 41.2 (nach NÉEL [78]) gibt eine Zusammenstellung der an verschiedenen Werkstoffen ermittelten S_ν-Werte sowie der jeweils zugehörigen Koerzitivkraft H_c.

Tabelle 41.2 (nach Néel [78]). Die Konstanten S_ν und H_c verschiedener Werkstoffe bei Raumtemperatur

Material	S_ν in [G]	H_c in [Oe]	Autor	Gebiet
Ni—Zn-Ferrit	0,002	0,29	J. C. BARBIER	Rayleigh
Ni—Zn-Ferrit	0,0009	0,35	J. C. BARBIER	Rayleigh
weiches Eisen	0,0005	0,5(?)	J. C. BARBIER	Rayleigh
weicher Stahl	0,0009	1,7	L. LLIBOUTRY	Rayleigh
halbharter Stahl	0,0014	5,3	L. LLIBOUTRY	Rayleigh
harter Stahl	0,116	15	P. COURVOISIER	Koerzitivkraft
Nickel (Pulver)	0,52	125	J. C. BARBIER	Rayleigh
Eisen—Kobalt	0,15	155	J. C. BARBIER	Rayleigh
Alnico	0,31	200	J. C. BARBIER	Rayleigh
Alnico	1,7	350	J. C. BARBIER	Rayleigh
Alnico	1,5	350	R. STREET und J. C. WOOLLEY, TAOKA	Koerzitivkraft
Ni$_3$Mn 500° abgeschreckt	1,0	12,5		Koerzitivkraft

Tab. 41.2 deutet die Tendenz an, daß S_ν generell um so größer wird, je höher die Koerzitivkraft ist.

Thermische Nachwirkung wird nach einer mechanischen Erschütterung ebenso beobachtet wie nach einer kleinen Feldänderung [101, 103].

Wechselfeldversuche. Abb. 41.31 zeigt eine typische Ortskurvenschar der reziproken komplexen Permeabilität bei Gegenwart thermischer Nachwirkung, gemessen von FELDTKELLER und SORGER [103] an Permenorm 3601 K 1 (36 Ni, 64 Fe) bei −75 °C (vgl. hierzu die Ortskurven ohne Nachwirkung in Abb. 40.7c) sowie die durch Abzug des Wirbelstromeffektes ermittelte, allein durch die Nachwirkung bedingte Ortskurve.

Die für verschiedene Feldstärken gemessenen Ortskurven gehen danach durch einfache Parallelverschiebung ineinander über. Dies geht besonders überzeugend auch aus Abb. 41.32 hervor. Die Nachwirkung ist demnach unabhängig von der Feldstärke.

Der stark abgeflachte Verlauf der Nachwirkungsortskurve deutet auf eine sehr große Zeitkonstantenstreuung hin (vgl. Abb. 41.4). Entsprechend ist der Verlustwinkel nahezu unabhängig von der Frequenz. Die Scheitelfrequenz ω_s der Nachwirkungsortskurve nimmt mit fallender Temperatur ab.

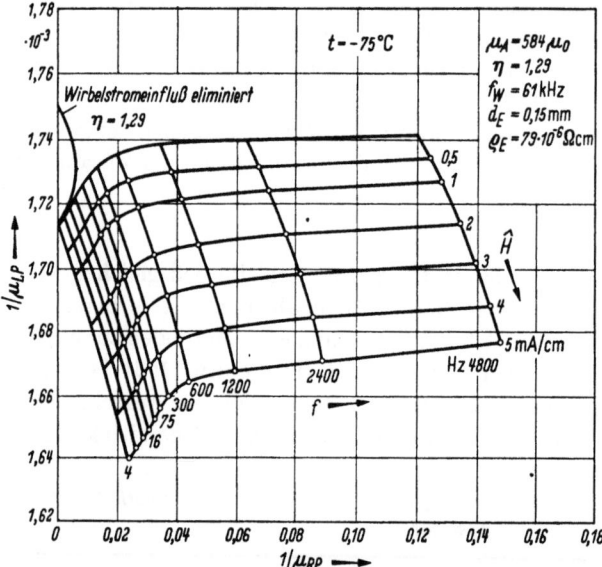

Abb. 41.31. Ortskurven des Kehrwertes der komplexen Permeabilität von Permenorm 3601 K 1 (36 Ni, 64 Fe) bei −75°C. (Nach FELDTKELLER und SORGER [103])

Charakteristische Eigenschaften der thermischen Nachwirkung. Zusammenfassend kann die thermische Nachwirkung nach den vorliegenden Versuchsergebnissen in folgender Weise charakterisiert werden:

1. Thermische Nachwirkung ist bei allen ferromagnetischen Substanzen vorhanden.

2. Sie tritt nur im Bereich irreversibler Magnetisierungsänderungen auf.

3. Nach der allgemeinen Beschreibung der Nachwirkungserscheinungen (41.1) ist die Zeitkonstantenstreuung τ_2/τ_1 sehr groß (10^4 bis 10^5).

4. Entsprechend Gl. (41.26) ändert sich deshalb die Magnetisierung nahezu proportional zu $\ln t$ und

5. Der Verlustwinkel tg δ ist entsprechend Gl. (41.38) fast unabhängig von der Frequenz und der Temperatur.

6. Die thermische Nachwirkung ist von der Temperatur abhängig.

7. Die Nachwirkung ist von der Feldänderung unabhängig.

8. Das Superpositionsprinzip gilt nicht, d. h. die Nachwirkung nach einer Feldänderung ist unabhängig von der magnetischen Vorgeschichte.

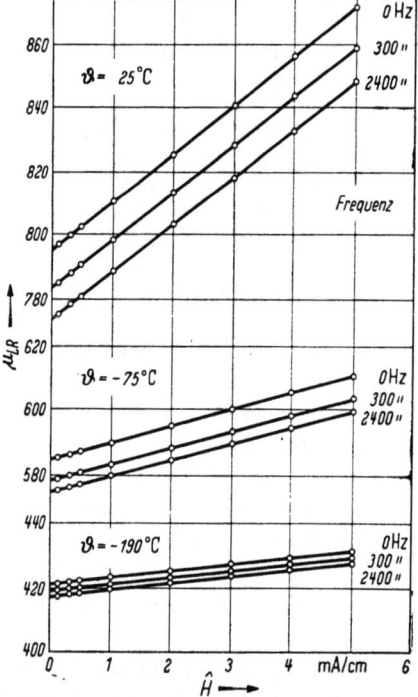

Abb. 41.32. Feldabhängigkeit des Realteils der komplexen Permeabilität von Permenorm 3601 K 1 gemessen bei 25°, −75° und −190°C jeweils bei 0, 300 und 2400 Hz. (Nach FELDTKELLER und SORGER [103])

41.3.3 Theorie der thermischen Nachwirkung

Der Gedanke, die vorausgehend beschriebene Nachwirkungserscheinung durch thermische Schwankungen zu erklären, geht auf eine hervorragende Arbeit von PREISACH [87] zurück. In der Folgezeit haben insbesondere NÉEL [77, 78, 105, 106, 107] sowie STREET und WOOLLEY [84, 108, 95, 88] unabhängig voneinander und unter etwas voneinander verschiedenen Gesichtspunkten eine Theorie der thermischen Nachwirkung entwickelt. Die Ergebnisse können jedoch insofern nicht als abschließend angesehen werden, als es danach im allgemeinen noch nicht möglich ist, auf Grund der konstitutionellen Daten und der relevanten Materialkonstanten eines Werkstoffs wenigstens größenordnungsmäßig zutreffende Voraussagen über das Nachwirkungsverhalten zu machen. Wir wollen deshalb die in erster Linie problematische Berechnung des Nachwirkungsfeldes $H_i(t)$ übergehen und uns unter der Voraussetzung, daß ein solches Feld tatsächlich existiert und den in 41.3.1 beschriebenen zeitlichen Verlauf hat, im folgenden an Hand des PREISACH-Diagramms dessen Wirkung auf die Magnetisierungsvorgänge im RAYLEIGH-Gebiet überlegen.

Neukurve. In Abb. 41.33 a ist das PREISACH-Diagramm für den ideal unmagnetischen Zustand wiedergegeben. Wird ein positives Feld H angelegt, dann werden, bei Abwesenheit von Nachwirkung, alle Bereiche positiv, für die $a + b^1 < H$ ist (Abb. 41.33b), und es entsteht bei konstanter Belegungsdichte $\Phi_0 = \alpha/I_s$ ($\alpha = $ RAYLEIGH-Konstante) die Magnetisierung [Gl. (33.9)]

$$I = \chi_A H + \alpha H^2. \tag{41.93}$$

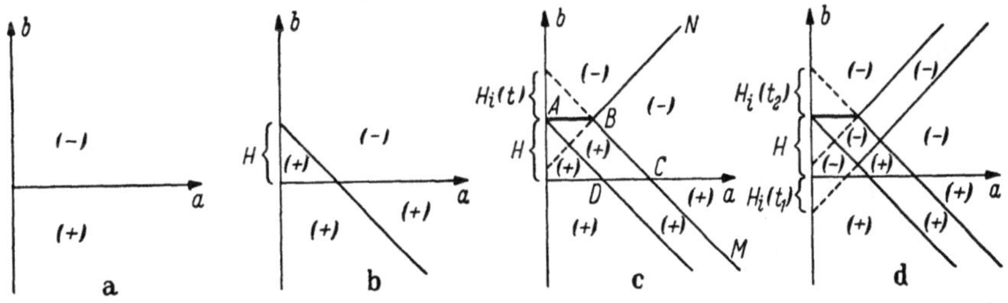

Abb. 41.33a — d. PREISACH-Diagramm zur Theorie der thermischen Nachwirkung. (Nach NÉEL [77])

Unter der Wirkung des thermischen Nachwirkungsfeldes können nun auch solche negativen Bezirke positiv werden, für welche $(a + b) > H$ ist, sofern ihr Zustand nach der Magnetisierungsumkehr thermodynamisch stabiler ist als vorher. Dies ist für alle Bezirke der Fall, für die $b < H$ ist (Grenzgerade BM in Abb. 41.33c: $b = H + H_i(t) - a$). Umgekehrt können infolge der thermischen Schwankungen auch positive Bezirke negativ werden (negative Amplitude von $H_i(t)$, für die $(b - a) < H$ ist, sofern außerdem $b > H$ ist (Grenzgerade BN in Abb. 33.21c: $b = H - H_i(t) + a$). Infolge des thermischen Nachwirkungsfeldes $H_i(t)$ sind also nach der Zeit t alle Bezirke innerhalb des trapezförmigen Bereiches $ABCD$ irreversibel positiv geworden, während der reversible Magnetisierungsanteil un-

---
[1] Die Parameter a und b sind durch Abb. 33.4 definiert.

verändert geblieben ist. Damit erhalten wir die Magnetisierung nach der Zeit t

$$I(t) = \chi_A H + \alpha H^2 + 2\alpha H H_i(t)$$
$$= (\chi_A + 2\alpha H_i(t)) H + \alpha H^2$$
$$= (\text{Konst.} + 2\alpha S_\nu \ln t) H + \alpha H^2. \tag{41.94}$$

Obwohl die thermische Nachwirkung nur auf die irreversiblen Prozesse wirkt, erscheint nach Gl. (41.94) nur die Anfangssuszeptibilität verändert, und zwar um einen Betrag, der nur von der Zeit, nicht aber von der Feldstärke abhängt. Dies entspricht vollkommen der experimentellen Erfahrung (s. Abb. 41.31 und 41.32).

Remanenz. Im ideal unmagnetischen Zustand wird zur Zeit $t = 0$ ein konstantes Feld H angelegt. Zur Zeit $t = t_1$ wird das Feld abgeschaltet und dann nach der Zeit $t = t_1 + t_2$ die Remanenz gemessen. Durch ähnliche Überlegungen wie im Falle der Neukurve erhält man aus Abb. 41.33d

$$I_R = \frac{\alpha}{2} [H + H_i(t_1) - H_i(t_2)]^2. \tag{41.95}$$

Sind $H_i(t_1)$ und $H_i(t_2)$ klein gegen H, dann kann man Gl. (41.95) in der Form

$$I_R = \frac{\alpha}{2} H + \alpha H H_i(t_1) - \alpha H H_i(t_2)$$
$$= \text{Konst.} + \alpha S_\nu H \ln t_1 - \alpha S_\nu H \ln t_2 \tag{41.96}$$

schreiben. Gl. (41.96) zeigt deutlich, daß das Superpositionsprinzip nicht gilt, denn die beiden zeitabhängigen Terme sind vollkommen unabhängig voneinander, d. h. der zeitliche Verlauf von $I_R(t_2)$ ist unabhängig von der Zeit t_1, während welcher das Feld H vorher eingeschaltet war.

Verhalten im Wechselfeld. Für den Nachwirkungsverlust pro Zyklus in einem schwachen Wechselfeld $H = \hat{H} \sin \omega t$ berechnete NÉEL [77] bei rein thermischer Nachwirkung

$$W_n = \pi^2 \alpha S_\nu \hat{H}^2. \tag{41.97}$$

Hieraus folgt, daß der entsprechende Nachwirkungsverlustwinkel

$$\text{tg } \delta = \frac{\pi^2 \alpha S_\nu H^2}{(\mu \hat{H}^2)/4} = \frac{4\pi^2 \alpha S_\nu}{\mu} \tag{41.98}$$

in erster Näherung unabhängig von der Feldstärke und der Frequenz ist (μ ist die Permeabilität), wie man auch experimentell feststellt.

Der Hystereseverlust ist nach Gl. (33.12) mit Gl. (33.11)

$$W_h = \frac{4}{3} \alpha \hat{H}^3. \tag{41.99}$$

Durch Gleichsetzen von Hysterese- und Nachwirkungsverlust [Gl. (41.99) und Gl. (41.97)] ergibt sich die Feldstärke

$$\hat{H}^* = \frac{3\pi^2 S_\nu}{4}, \tag{41.100}$$

für welche die beiden Verlustanteile gerade gleich groß sind. Für $\hat{H} > \hat{H}^*$ überwiegt der Hystereseverlust und für $\hat{H} < \hat{H}^*$ der Nachwirkungsverlust.

Thermische Schwankungen der Magnetisierung in ferromagnetischen Einbereichpartikeln. NÉEL [*105, 110, 111*] hat den Einfluß thermischer Schwankungen auf die Magnetisierung einer Gruppe geometrisch fixierter magnetisch voneinander unabhängiger ferromagnetischer Einbereichpartikel untersucht. Es ergibt sich, daß durch die thermischen Schwankungen die spontane Magnetisierung in den einzelnen Partikeln eine Art BROWNscher Rotationsbewegung ausführt, welche zu spontaner Umkehr der Magnetisierungsrichtung auch ohne ein äußeres Feld führen kann. Die praktischen Folgen dieser thermischen Nachwirkung in kleinen Teilchen, zu denen auch der Superparamagnetismus gehört, wurden in Kap. 27 bereits ausführlich besprochen.

Einen kurzen zusammenfassenden Bericht über die thermische Nachwirkung hat BRISSONNEAU [151] gegeben.

41.4 Diffusionsnachwirkung
41.4.1 Allgemeines

In Kap. 14 haben wir gesehen, daß in Legierungen die lokale Magnetisierungsrichtung und damit auch eine BLOCH-Wand (s. 24.3.3) durch Ausbildung einer Nahordnung stabilisiert werden kann, sofern die energetischen Voraussetzungen dafür [$\Delta w \neq 0$ s. Gl. (14.2)] vorhanden sind. In 24.3.3 haben wir den Gleichgewichtsverlauf der freien Energiefunktion $E(x')$ einer BLOCH-Wand berechnet [Gl. (24.42) und Gl. (24.43)]. Der Gleichgewichtswert $E(x')$, den wir im folgenden mit $E_\infty(x')$ bezeichnen wollen, gibt die Zunahme der freien Energie an, wenn eine Wand momentan von einem Ort x nach $x + x'$ verschoben wird, nachdem sie vorher so lange am Ort x gelegen hat, bis die Nahordnung ihr Gleichgewicht erreicht hatte. Da es sich bei der Ausbildung der Ordnung um einen Diffusionsprozeß handelt, stellt sich der Gleichgewichtswert $E_\infty(x')$ nach dem Abmagnetisieren oder allgemein nach Neubildung irgend einer Bezirkstruktur, nicht sofort ein. Dies gibt Anlaß zu Nachwirkungserscheinungen, welche wir als Diffusionsnachwirkung bezeichnen.

Wir machen für die Änderungsgeschwindigkeit von $E(x')$ den Ansatz Gl. (41.1)

$$\frac{\partial E}{\partial \vartheta} = \frac{1}{\tau}(E_\infty(x') - E) \qquad (41.101)$$

und berechnen die freie Energiedifferenz $E(x', t)$ bei Verschiebung einer Wand von x nach $x + x'$, nachdem die Wand nach dem Entmagnetisieren die Zeit t bei x in Ruhe war. Es ergibt sich sofort [Gl. (41.2)]

$$E(x', t) = E_\infty(x')(1 - e^{-t/\tau}). \qquad (41.102)$$

Die Wand wird danach mit einer durch die Zeitkonstante τ bestimmten Geschwindigkeit stabilisiert, d. h. die Anfangspermeabilität nimmt im Laufe der Zeit ab. Diese sog. Desakkomodation ist eine der bekannten Erscheinungen der Diffusionsnachwirkung. Die Zeitkonstante τ hängt nach Gl. (14.18) sehr stark von der Temperatur ab

$$\tau(T) = \tau_\infty e^{\frac{Q}{RT}}. \qquad (41.103)$$

Deshalb ist die Diffusionsnachwirkung praktisch nur innerhalb eines bestimmten Temperaturgebiets feststellbar. Bei hinreichend tiefer Temperatur ist τ so groß, daß in vernünftigen Zeiträumen keine merkliche Stabilisierung der Magnetisierungsrichtung eintritt, und bei hinreichend hoher Temperatur bildet sich die Nahordnung so rasch aus, daß das durch $E_\infty(x')$ beschriebene Energiegebirge der Wandbewegung auch bei hohen Frequenzen praktisch trägheitslos folgt.

Ihrer Natur entsprechend tritt die Diffusionsnachwirkung, im Gegensatz zu den vorher besprochenen Nachwirkungserscheinungen, nicht bei allen ferromagnetischen Stoffen auf. Grundvoraussetzung sind mindestens ein zusätzliches Legierungselement und Erfüllung der bereits erwähnten Energiebedingung $\Delta w \neq 0$. Sind diese Bedingungen erfüllt, dann sprechen wir von nachwirkungsfähigen Legierungen. Solche sind z. B. kohlenstoff- oder stickstoffhaltige Eisensorten und Eisenlegierungen sowie Fe—Ni, Fe—Co, Ni—Co- und Fe—Ni—Co-Legierungen. Statt der Bezeichnung Diffusionsnachwirkung sind auch die Bezeichnungen reversible Nachwirkung und RICHTER-Nachwirkung gebräuchlich.

Die Diffusionsnachwirkung wurde von RICHTER [112, 113] an kohlenstoffhaltigem Eisen mit Hilfe von Schaltversuchen zum ersten Mal systematisch untersucht, in Analogie zu der mathematischen Behandlung der dielektrischen Nachwirkung formal vollständig beschrieben und mit der am gleichen Werkstoff beobachteten elastischen Nachwirkung in Verbindung gebracht. Die im Prinzip richtige physikalische Deutung der Diffusionsnachwirkung fand SNOEK [114, 115, 116]. Seine speziell für raumzentrierte Einlagerungsmischkristalle gültigen theoretischen Ansätze wurden von NÉEL [78, 117, 118, 119] verallgemeinert. NÉEL sowie TANIGUCHI [120, 121, 122] haben unabhängig voneinander die Theorie für Substitutionsmischkristalle ausgeführt (s. Kap. 14). Wir wollen im folgenden die wichtigsten Erscheinungsformen der Diffusionsnachwirkung besprechen.

41.4.2 Desakkommodation

Als Desakkommodation bezeichnet man die allmähliche Abnahme der Anfangspermeabilität nach idealer Entmagnetisierung, d. h. nach vollständiger Zerstörung der Nahordnung. Desakkommodation wurde sowohl an Einlagerungsmischkristallen [114, 123] bis [131], vor allem an α-Eisen mit gelöstem Kohlenstoff oder Stickstoff, als auch an Substitutionsmischkristallen, wie z. B. Eisen—Nickel-Legierungen [132, 133, 134, 160] beobachtet.

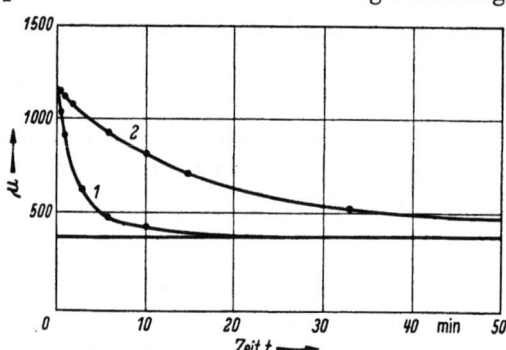

Abb. 41.34. Desakkommodation der Permeabilität von kohlenstoffhaltigem Eisen (1) bei $-24\,°C$ und (2) bei $-36\,°C$. (Nach SNOEK [114])

In Abb. 41.34 ist für kohlenstoffhaltiges Eisen [114] und in Abb. 41.35 für eine Eisen—Nickel-Legierung mit 81,5% Nickel [134, 160] die Anfangspermeabilität bei verschiedenen Temperaturen als Funktion der Zeit nach idealer Entmagnetisierung wiedergegeben.

Zur Ableitung der Theorie der Desakkommodation im Anschluß an unsere Ausführungen in 24.3.3 gehen wir von dem Ansatz Gl. (41.101) aus und suchen, der Darstellung von NÉEL [117] folgend zunächst dessen allgemeine Lösung, wie wir sie auch später zur Beschreibung komplizierterer Schaltversuche brauchen. Wir nehmen hierzu an, daß die BLOCH-Wand während des betrachteten Zeitraumes von $\vartheta = 0$ bis $\vartheta = t$ nicht in Ruhe bleibt, sondern irgendwie bewegt wird. Es ist dann

$$x' = x(\vartheta) - x(t)$$

und damit auch $E_\infty(x')$ eine Funktion der Zeit ϑ, und wir erhalten als Lösung der Differentialgleichung (41.101) für eine einzige Zeitkonstante τ in Analogie zu Gl. (41.2)

$$E(t) = \int_0^t E_\infty(x') e^{-\frac{t-\vartheta}{\tau}} \frac{d\vartheta}{\tau} \qquad (41.104)$$

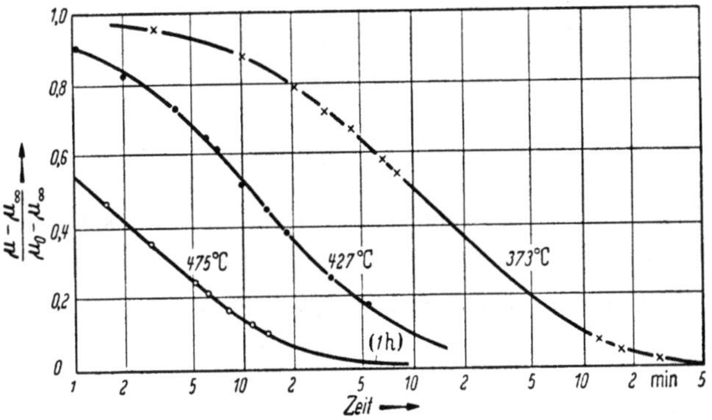

Abb. 41.35. Desakkommodation der Permeabilität einer Eisen—Nickel-Legierung mit 81,5% Nickel bei verschiedenen Temperaturen. Aufgetragen sind reduzierte Werte. (Nach GERSTNER und KNELLER [134], [160]

oder im Falle eines kontinuierlichen Zeitkonstantenspektrums entsprechend Gl. (41.10)

$$E(t) = \int_0^t E_\infty(x') g(t - \vartheta) d\vartheta, \qquad (41.105)$$

wobei vorausgesetzt worden ist, daß $E(0) = 0$ ist, d. h., daß zur Zeit $t = 0$ ideal abmagnetisiert wurde. Wir führen nunmehr die Funktion

$$S(x') = \frac{\partial E_\infty(x')}{\partial x'} \qquad (41.106)$$

ein und erhalten damit schließlich den Druck, den 1 cm² der Wand zu der Zeit t ausübt

$$P(t) = \int_0^t S(x') g(t - \vartheta) d\vartheta. \qquad (41.107)$$

Im Falle der Desakkommodation wird zur Zeit $\vartheta = 0$ abmagnetisiert. Dann bleibt die Wand in Ruhe für $\vartheta < t$. Zur Zeit $\vartheta = t$ wird ein Feld H_1 eingeschaltet und verschiebt die Wand um eine Strecke x_1. Es ist also $x(\vartheta) = 0$ und $x(t) = x_1$ und damit $S(x') = S(-x_1)$ unabhängig von ϑ, und wir erhalten unter Berücksichtigung von Gl. (41.12)

$$P(t) = S(-x_1) \int_0^t g(t - \vartheta) d\vartheta = S(-x_1) G(t). \qquad (41.108)$$

Für kleine reversible 90°-Wandverschiebungen ($x_1 < \delta_0$, $\delta_0 =$ Wanddicke) lautet die Gleichgewichtsbedingung zur Zeit t

$$H I_s = \frac{I}{\chi_A} I_s - P(t), \qquad (41.109)$$

worin χ_A die statische Anfangssuszeptibilität, d. h. die Suszeptibilität bedeutet, die man ohne Nachwirkung, also z. B. unmittelbar nach dem Abmagnetisieren zur Zeit $t = 0$ messen würde. Für $S(-x_1)$ ergibt sich aus Gl. (24.44)

$$S(-x_1) = -\frac{2 E_0 x_1}{3 \delta_0}. \qquad (41.110)$$

Der Druck $P(t)$, den die BLOCH-Wand ausübt, ist also negativ, d. h. der Bewegungsrichtung der Wand entgegengerichtet. Mit $x_1 = I/I_s F$ ($F =$ Oberfläche der 90°-Wände in 1 cm³) erhält man schließlich nach einer kleinen Umformung der Gl. (41.109)

$$\frac{H}{I} = \frac{1}{\chi_{\text{rev}}(t)} = \frac{1}{\chi_A} + \frac{2 E_0 G(t)}{3 F_0 I_s^2} = \frac{1}{\chi_A} + \frac{1}{\chi_N} G(t). \qquad (41.111)$$

Da $G(t)$ von 0 bis 1 zunimmt, wenn t von 0 bis ∞ anwächst, nimmt $\chi_{\text{rev}}(t)$ im Laufe der Zeit von $\chi(0) = \chi_A$ auf $\chi(\infty) = \chi_a = \chi_A \chi_N/(\chi_A + \chi_N)$ ab. χ_N bzw. χ_a sind identisch mit den in der formalen Theorie eingeführten Größen $\frac{\mu_N - 1}{4 \pi}$ bzw. $\frac{\mu_a - 1}{4 \pi}$.

Etwas anders geschrieben lautet Gl. (41.111)

$$H - \frac{2 E_0 G(t)}{3 F \delta_0 I_s^2} I = \frac{I}{\chi_A}. \qquad (41.112)$$

Danach wirkt die Stabilisierung der BLOCH-Wände wie ein zeitabhängiges inneres entmagnetisierendes Feld $-N I$ mit $N = 2 E_0 G(t)/3 F \delta_c I^2$.

Dieses fiktive Feld wird als Diffusionsnachwirkungsfeld bezeichnet. Es nimmt entsprechend dem Faktor $G(t)$ im Laufe der Zeit von Null auf einen konstanten Endwert zu. Das Diffusionsnachwirkungsfeld hat, im Gegensatz zu dem thermischen Nachwirkungsfeld, immer das gleiche Vorzeichen. Und zwar ist es dem von außen einwirkenden Feld stets entgegengerichtet. Für 180°-Wände erhält man in gleicher Weise wie für 90°-Wände ein analoges Ergebnis.

Die in Abb. 41.34 wiedergegebenen Desakkommodationskurven der Anfangspermeabilität von Kohlenstoffeisen können nur in erster Näherung nach Gl.(41.111) mit einer einzigen Zeitkonstante dargestellt werden [114]. Normalerweise findet man für Kohlenstoffeisen bei Annahme einer logarithmischen Verteilung der Zeitkonstanten ein Streuverhältnis τ_2/τ_1 der Zeitkonstanten von der Größenordnung 20 [112, 113, 128, 135]. BOSMAN und Mitarbeiter [130] (s. a. RATHENAU [131]) fanden, daß bei der Desakkommodation der Anfangspermeabilität von α-Eisen mit gelöstem Stickstoff mehrere diskrete Zeitkonstanten auftreten. Dementsprechend hat die Desakkommodationskurve die Form

$$\frac{1}{\chi_{\text{rev}}(t)} = \frac{1}{\chi_A} + \sum_i \frac{1}{\chi_{Ni}} (1 - e^{-t/\tau_i}).$$

Die verschiedenen Zeitkonstanten τ_i konnten näherungsweise bestimmt und einzeln gedeutet werden. Die von GERSTNER und KNELLER [134, 160] an einer

Nickel−Eisen-Legierung gemessenen Desakkommodationskurven der Anfangspermeabilität in Abb. 41.35 liefern in der $1/\mu_{\text{rev}}(T)$-Darstellung entsprechend Gl. (41.111) ebenfalls nicht nur eine einzige Zeitkonstante, sondern z. B. bei Annahme einer logarithmischen Verteilung der Zeitkonstanten ein Streuverhältnis τ_2/τ_1 der Größenordnung 10 bis 50. Es zeigt sich ferner, daß die Kurven überhaupt nur näherungsweise durch eine Exponentialfunktion wiedergegeben werden können. Zur Erklärung dieses Befundes können drei Gründe angegeben werden: 1. Leerstellenüberschuß nach dem Abschrecken von höheren Temperaturen auf die Meßtemperatur, 2. eine Umlagerung der Bezirkstruktur während der Nahordnungseinstellung und 3. gleichzeitige Ausbildung der Ordnungsphase Ni_3Fe.

Die Proben wurden zur Zerstörung der Orientierungsüberstruktur zunächst längere Zeit bei einer Temperatur oberhalb der CURIE-Temperatur geglüht und anschließend auf die Meßtemperatur abgeschreckt. Dadurch ist die Leerstellenkonzentration bei Beginn der Messung zunächst wesentlich größer als es dem thermodynamischen Gleichgewichtswert bei der Meßtemperatur entspricht. Sie nimmt im Laufe der Messung allmählich auf den Gleichgewichtswert ab. Die mittlere Zeitkonstante für die Einstellung der Nahordnung ist aber umgekehrt proportional zur Konzentration der Leerstellen. Sie nimmt also im Laufe der Messung zu. Eine rechnerische Abschätzung dieses Einflusses für die verwendeten Versuchsbedingungen (Abschrecktemperatur, Meßtemperatur usw.) sowie Versuche, bei denen vor Beginn der Messung die thermodynamische Gleichgewichtskonzentration der Leerstellen eingestellt wurde, zeigen jedoch, daß diese Änderung der Leerstellenkonzentration nur bei Meßtemperaturen unterhalb 350 °C einen merklichen Einfluß auf den Verlauf der Desakkommodationskurven hat. Daraus folgt, daß bei den in Abb. 41.35 dargestellten, bei höheren Temperaturen gemessenen Kurven in erster Linie die Umlagerung der Bezirkstruktur sowie die Ausbildung der Ni_3Fe-Ordnung für die beobachtete Zeitkonstantenstreuung sowie für Abweichungen der Desakkommodationskurven von Exponentialfunktionen verantwortlich sind. Weitere experimentelle Untersuchungen des Problems [134, 160] haben dies bestätigt. Desakkommodationskurven im Leerstellengleichgewicht können in der Weise gemessen werden, daß man die Proben nach dem Abschrecken auf die Meßtemperatur bis zur Einstellung des Leerstellengleichgewichts in einem rotierenden Feld hält, welches die einachsige Nahordnung unterdrückt [134, 160].

Hat man die Zeitkonstante τ bzw. die mittlere Zeitkonstante τ_m bei verschiedenen Temperaturen bestimmt, so kann man damit aus Gl. (41.103) die Aktivierungsenergie Q berechnen (s. z. B. [128] bis [131], [134, 160]). Die aus magnetischen Messungen ermittelte Aktivierungsenergie stimmt normalerweise innerhalb der Genauigkeit des Meßverfahrens mit der aus der inneren Reibung oder aus direkten Diffusionsuntersuchungen ermittelten Aktivierungsenergie überein (s. z. B. [160]).

Für große 90°-Wandverschiebungen $(x_1 \gg \delta_0)$ ergibt sich aus Gl. (24.46)

$$S(-x_1) = -E_0 = \text{const} \tag{41.113}$$

und damit aus Gl. (41.109) für den reversiblen Anteil der Suszeptibilität

$$\frac{I}{H} = \chi_{\text{rev}}(t) = \chi_A - \frac{E_0 \, G(t)}{H \, I_s} . \tag{41.114}$$

Während man für große 180°-Wandverschiebungen aus Gl. (24.47) $S(-x_1) = 0$ und damit $\chi_{\text{rev}} = \chi_A$ erhält.

Nach Abb. 33.10 liefert die Stabilisierung der Wände im PREISACH-Diagramm für 90°-Wände einen leeren Streifen der Breite $2H_{0D}$ und für 180°-Wände ein leeres Dreieck mit der Basisbreite $2H_{0D}$. Die Grenzfeldstärke $H_{0D}(t)$ nach der Zeit t ist nach Gl. (24.49) unter Berücksichtigung von Gl. (41.108)

$$H_{0D}(t) = \frac{E_0}{I_s} G(t). \qquad (41.115)$$

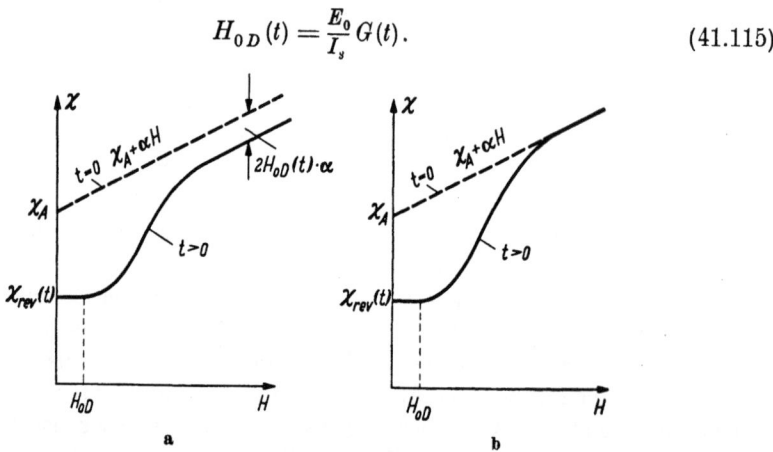

Abb. 41.36a u. b. Feldabhängigkeit der Suszeptibilität einer durch Diffusionsanisotropie stabilisierten a 90°-Wand und b 180°-Wand

Bei Gültigkeit des RAYLEIGH-Gesetzes und unter der Voraussetzung, daß $H_{0D}(t)$ kleiner als die Grenzfeldstärke H_g des RAYLEIGH-Gebietes ist, ergibt sich damit der irreversible Anteil der Suszeptibilität für 90°-Wände

$$\chi_{\text{irr}}(t) = 0 \qquad (H \leq H_{0D}(t)) \qquad (41.116)$$

$$\chi_{\text{irr}}(t) = \frac{\alpha}{H}(H - H_{0D}(t))^2 = \alpha(H - 2H_{0D}(t)) + H_{0D}^2(t)/H \qquad (H > H_{0D}(t))$$

und für 180°-Wände

$$\chi_{\text{irr}}(t) = 0 \qquad (H \leq H_{0D}(t)), \qquad (41.117)$$

$$\chi_{\text{irr}}(t) = \frac{\alpha}{H}(H^2 - H_{0D}^2(t)) = \alpha(H - H_{0D}^2(t)/H) \qquad (H > H_{0D}(t)).$$

Die totale Suszeptibilität $\chi(t) = \chi_{\text{rev}} + \chi_{\text{irr}}$ hat damit als Funktion der Feldstärke den in Abb. 41.36 für 90°- und 180°-Wände dargestellten Verlauf. Eine derartige Feldstärkeabhängigkeit der Permeabilität wird nach Abb. 41.48 an kohlenstoffhaltigem Siliziumeisen tatsächlich gemessen, bei Substitutionsmischkristallen dagegen nicht, wie Abb. 41.37 für eine Fe−Ni-Legierung mit 81,5% Ni zeigt (s. a. 33.5.2), weil dort H_{0D} größer als die Grenzfeldstärke H_G des RAYLEIGH-Gebietes ist (Perminvareffekt).

Auf Grund des durch die Gln. (41.116) und (41.117) bzw. Abb. 41.36 gegebenen unterschiedlichen Verhaltens von 90°- und 180°-Wänden können, wie beispielsweise BRISSONNEAU [127, 129] an Eisen mit gelöstem Kohlenstoff gezeigt hat, Aussagen über die Beteiligung der beiden Wandtypen an den Magnetisierungsprozessen in schwachen Feldern gemacht werden.

Alle diese Erscheinungen, die infolge der Diffusionsnachwirkung im Bereich der irreversiblen Wandverschiebungen, d. h. bei größeren Feldaussteuerungen auftreten, wie z. B. die zeitliche Formänderung der Hystereseschleife nach dem Entmagnetisieren, zeitabhängige Abweichungen vom RAYLEIGH-Gesetz u. a. werden unter dem Begriff Hystereserelaxation zusammengefaßt. Ausführliche experimentelle und theoretische Untersuchungen hierüber wurden insbesondere von FELDTKELLER [136] bis [139] und seinen Mitarbeitern SORGER [140] und SCHREIBER [141] sowie von NÉEL [78, 117] (s. a. [142]) und von BRISSONNEAU [127, 128, 129, 143, 144] ausgeführt.

41.4.3 Schaltversuche

Um auch kompliziertere Schaltversuche rechnerisch behandeln zu können, bedient man sich vorteilhafterweise einer von NÉEL [117] eingeführten Näherung, indem man die Nachwirkung als eine kleine Störung behandelt. Es kann dann angenommen werden, daß eine Wand in einem Feld H näherungsweise an denselben Ort verschoben wird, an den sie ohne Nachwirkung gelangen würde. D. h. die Koordinaten $x(\vartheta)$ und $x(t)$ entsprechen jeweils den Wandkoordinaten im Feld $H(\vartheta)$ bzw. $H(t)$ bei Abwesenheit von Nachwirkung.

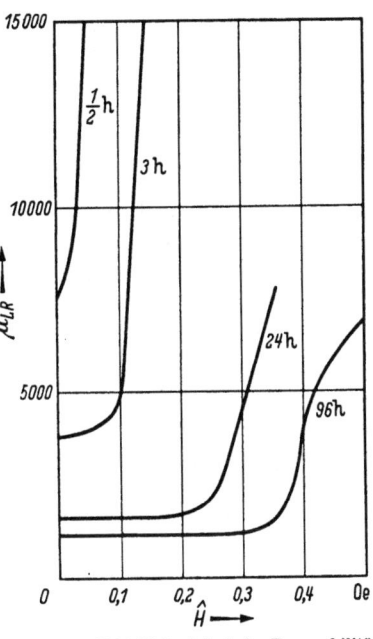

Abb. 41.37. Feldabhängigkeit der Permeabilität einer von 700°C abgeschreckten Eisen—Nickel-Legierung mit 81,5% Ni gemessen bei 373°C nach verschiedenen Auslagerzeiten. (Nach GERSTNER und KNELLER [134])

Relaxation der Feldstärke. Als Anwendung der Methode betrachten wir zuerst den Schaltversuch in Abb. 41.38. Zur Zeit $\vartheta = 0$ wird ideal abmagnetisiert. Nach der Zeit $\vartheta = t_1$ wird ein Feld H eingeschaltet, das die Wand an einen Ort x_1 verschiebt. Gesucht ist die Suszeptibilität $\chi(t^*) = I/H$ im Zeitpunkt $\vartheta = t^* > t_1$. Tatsächlich halten wir bei diesem Versuch die Feldstärke vom Zeitpunkt t_1 ab konstant, und wegen der Nachwirkung ändert sich der Ort x der Wand und damit die Magnetisierung im Laufe der Zeit. Bei Anwendung unserer Näherungsmethode rechnen wir aber so, als ob wir die Feldstärke stets so einregulieren würden, daß die Wand am Ort $x=x_1$ in Ruhe, die Magnetisierung also konstant bleibt.

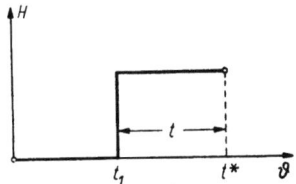

Abb. 41.38. Feldverlauf beim Einschaltversuch

Für $0 < \vartheta < t_1$ ist $x(\vartheta) = 0$, $x(t^*) = x_1$ und damit $x' = -x_1$ und $S(x') = S(-x_1)$ und für $t_1 \leq \vartheta < t^*$ erhalten wir wegen $x(\vartheta) = x(t^*)$ $x' = 0$ und $S(x') = 0$. Der von der Wand zur Zeit t^* ausgeübte Druck ist dann nach Gl. (41.107)

$$P(t^*) = S(-x_1) \int_0^{t_1} g(t^* - \vartheta) \, d\vartheta = S(-x_1) \left[G(t^*) - G(t^* - t_1) \right]. \quad (41.118)$$

Nehmen wir kleine 90°-Wandverschiebungen an, dann ist $S(-x_1)$ durch Gl. (41.110) gegeben und wir erhalten durch Einsetzen von Gl. (41.118) in Gl. (41.109) den Reziprokwert der gesuchten Suszeptibilität $\chi(t^*)$

$$\frac{H(t)}{I} = \frac{1}{\chi(t^*)} = \frac{1}{\chi_A} + \frac{2\,E_0}{3\,F\,\delta_0\,I_s^2}[G(t^*) - G(t^* - t_1)] \qquad (41.119)$$

$$= \frac{1}{\chi_A} + \frac{1}{\chi_N}[G(t^*) - G(t^* - t_1)].$$

Der Zeitfaktor in der eckigen Klammer nimmt im Laufe der Zeit gegen Null ab, und folglich steigt $\chi(t^*)$ an und erreicht für $t^* \to \infty$ den Grenzwert $\chi(\infty) = \chi_A$.

Lassen wir t_1 gegen unendlich gehen, d. h. warten wir, bis sich am Ort $x = 0$ der Wand der Gleichgewichtszustand der Orientierungsüberstruktur eingestellt hat, und legen dann erst das Feld H an, dann ergibt sich für die Suszeptibilität als Funktion der endlichen Zeit $t = t^* - t_1$ wegen $G(\infty) = 1$

$$\frac{H(t)}{I} = \frac{1}{\chi(t)} = \frac{1}{\chi_A} + \frac{1}{\chi_N}[1 - G(t)] \qquad (41.120)$$

und speziell für eine einzige Relaxationszeit τ wegen Gl. (41.16)

$$\frac{H(t)}{I} = \frac{1}{\chi(t)} = \frac{1}{\chi_A} + \frac{1}{\chi_N} e^{-t/\tau}$$

in Analogie zu Gl. (41.42a) der formalen Theorie.

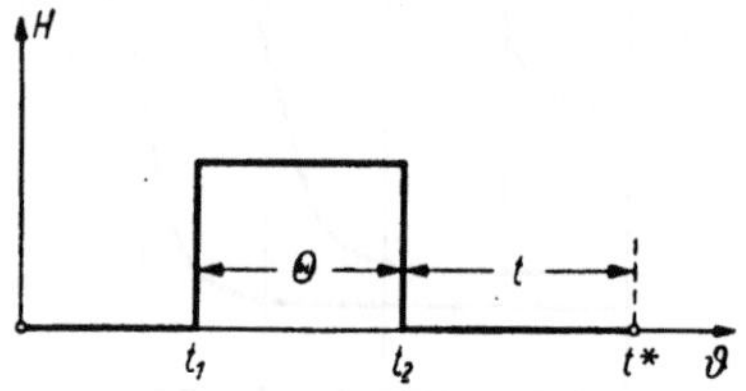

Abb. 41.39. Feldverlauf beim Ausschaltversuch

Ausschaltversuch. Wohl die eingehendsten experimentellen Untersuchungen der Diffusionsnachwirkung in kohlenstoffhaltigem Eisen mit Schaltversuchen wurden von RICHTER [112, 113] ausgeführt. Die RICHTERschen Schaltversuche haben den in Abb. 41.39 dargestellten Typus.

Wenden wir die Näherungsmethode von NÉEL an, so ergibt sich mit

$H = 0$ für $0 \leq \vartheta < t_1$: $x(\vartheta) = 0$, $x(t^*) = 0$ und $S(x') = 0$

$H = H$ für $t_1 \leq \vartheta < t_2$: $x(\vartheta) = x_1$, $x(t^*) = 0$ und $S(x') = S(x_1)$

$H = 0$ für $t_2 \leq \vartheta < t^*$: $x(\vartheta) = 0$, $x(t^*) = 0$ und $S(x') = 0$

und damit der von der BLOCH-Wand ausgeübte Druck nach Gl. (41.107)

$$P(t^*) = S(x_1) \int_{t_1}^{t_2} g(t^* - \vartheta)\,d\vartheta = S(x_1)\,[G(t^* - t_1) - G(t^* - t_2)]. \qquad (41.121)$$

Gl. (41.121) zeigt uns, daß bei der Diffusionsnachwirkung das Superpositionsprinzip gilt. Da $S(-x) = -S(x)$ ist, hätten wir nämlich dasselbe Ergebnis aus Gl. (41.118) erhalten als resultierenden Druck $P(t^*)$ zur Zeit t^* nach Einschalten eines positiven Feldes zur Zeit t_1 und eines negativen Feldes gleicher Größe zur Zeit t_2.

Für die folgenden Anwendungen ist es vorteilhaft, als Zeitparameter die Zeit $\theta = t_2 - t_1$, während welcher das Feld H eingeschaltet war, und die Wartezeit $t = t^* - t_2$ nach dem Abschalten des Feldes einzuführen. Damit erhält Gl. (41.121) die Form

$$P(t, \theta) = S(x_1)\,[G(\theta + t) - G(t)]. \qquad (41.122)$$

$P(t,\Theta)$ ist stets positiv und nimmt im Laufe der Zeit t auf Null ab. $P(t,\theta)$ entspricht also der Wirkung eines zeitlich abnehmenden Feldes in Richtung des vorher angelegten Feldes H auf die BLOCH-Wand. Damit ergibt sich für die Magnetisierung bzw. die Induktion der zeitliche Verlauf

$$4\pi I(t,\theta) = B(t,\theta) = B_N [G(t+\theta) - G(t)] \qquad (41.123)$$

wird insbesondere $\theta \to \infty$, dann gilt

$$B(t) = B_N [1 - G(t)]. \qquad (41.124)$$

In Abb. 41.40 ist für eine Eisenprobe die Induktion B als Funktion von t für verschiedene Schaltzeiten Θ wiedergegeben und mit dem nach Gl. (41.123) berechneten Verlauf verglichen. Abb. 41.41 zeigt, daß der für $\theta \to \infty$ gemessene Verlauf $B(t)$ durch Gl. (41.124) innerhalb der Meßgenauigkeit wiedergegeben wird, wobei für die Zeitkonstanten eine logarithmische Verteilung entsprechend Gl. (41.20) bzw. Abb. 41.2 mit $\tau_2/\tau_1 = 29$ angenommen worden war.

Wird der Verlauf von $B(t)$ bei einer bestimmten Temperatur T_0 entsprechend Gl. (41.124) durch

$$B(t) = B_N(T_0)[1 - G(t)]$$

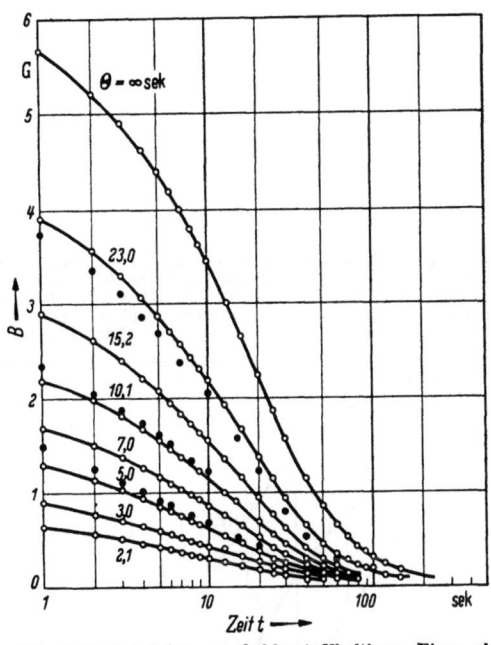

Abb. 41.40. Induktion von kohlenstoffhaltigem Eisen als Funktion der Zeit für verschiedene Schaltzeiten Θ (s. Abb. 41.42) bei 0,3°C. (●) Zeitabhängigkeit der Induktion berechnet nach Gl. (41.123). (Nach RICHTER [113])

wiedergegeben, dann folgt unter der Voraussetzung, daß das Streuverhältnis τ_2/τ_1 der Zeitkonstanten von der Temperatur unabhängig ist, für den Verlauf von $B(t)$ bei irgendeiner anderen Temperatur T wegen Gl. (41.103)

$$B(t) = B_N(T) \left[1 - G\left(t \cdot e^{\frac{Q}{R}\left(\frac{1}{T_0} - \frac{1}{T}\right)}\right)\right], \qquad (41.125)$$

d. h. das Argument der Funktion $G(t)$ wird einfach mit einem konstanten Faktor multipliziert. Dies bedeutet, daß die bei verschiedenen Temperaturen gemessenen reduzierten Nachwirkungskurven $B(t)/B_N(T)$ durch einfache Verschiebung parallel zur Zeitachse zur Deckung gebracht werden können.

Abb. 41.42 zeigt eine Reihe der von RICHTER bei gleicher Schalthöhe $\Delta B = B_N + B_0$ (da B_N von ΔB abhängt) und verschiedenen Temperaturen gemessenen Nachwirkungskurven. Wie RICHTER festgestellt hat, ist B_N schwach temperaturabhängig. Dagegen können die reduzierten Kurven $B(t)/B_N$ durch Verschiebung parallel zur Zeitachse praktisch zur Deckung gebracht werden, d. h. τ_2/τ_1 ist innerhalb des untersuchten Temperaturgebiets (−12,6 °C bis 97,3 °C) annähernd konstant.

Trägt man den Logarithmus der aus den Messungen ermittelten Zeitkonstante τ_1, τ_m oder τ_2 als Funktion von $1/T$ auf, so ergibt sich wegen Gl. (41.103)

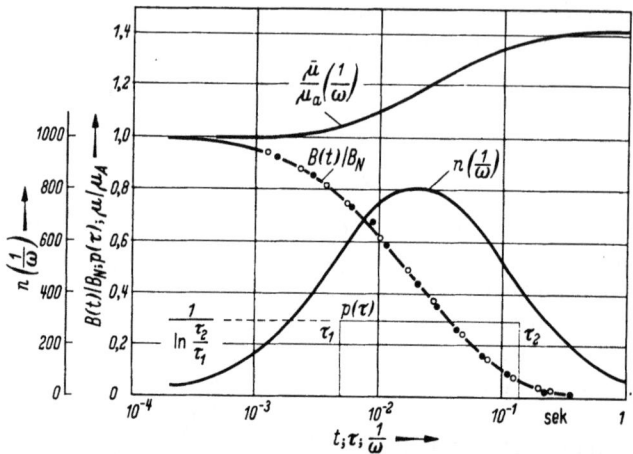

Abb. 41.41. Reduzierte Induktion $B(t)/B_N = 1 - G(t)$ gemessen an Carbonyleisenband (●●●) sowie berechnet nach Gl. (41.124) (○○○○) für logarithmische Zeitkonstantenstreuung entsprechend Gl. (41.20) mit $\tau_2/\tau_1 = 29$ ($\tau_2 = 0{,}14$ sek). Ferner ist der nach Gl. (41.37) bzw. Gl. (41.34) berechnete Verlauf der JORDANschen Nachwirkungskonstante $n = 2 \cdot 10^3$ tg δ bzw. der komplexen Permeabilität $\bar{\mu}$ als Funktion von $1/\omega$ wiedergegeben. (Nach RICHTER [113])

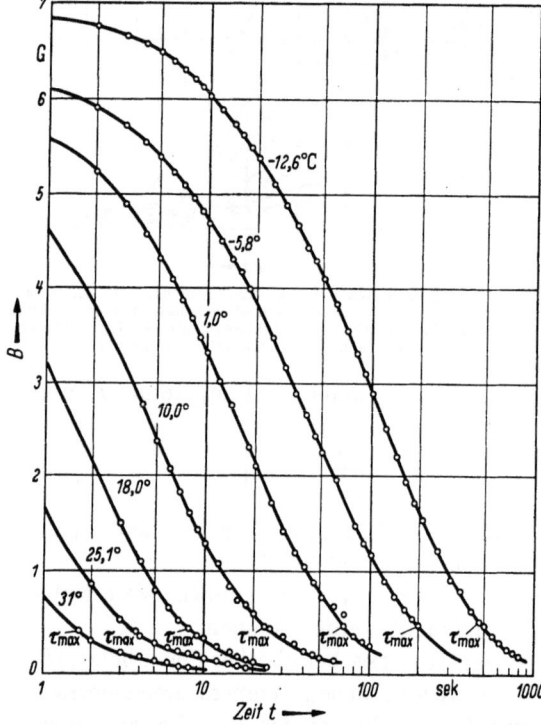

Abb. 41.42. Nachwirkung der Induktion von Carbonyleisenband bei konstanter Schalthöhe von $\Delta B = 83\,G$ und verschiedenen Temperaturen. (Nach RICHTER [113])

$$\ln \tau = \ln \tau_\infty + \frac{Q}{R}\frac{1}{T}$$
(41.126)

eine Gerade, deren Steigung die Konstante Q/R und deren Ordinatenabschnitt die Konstante τ_∞ liefert. In Abb. 41.43 ist $\ln \tau_2$ aus den Messungen von RICHTER in Abb. 41.42 als Funktion von $1/T$ dargestellt.

Die Beziehung (41.126) ist tatsächlich innerhalb der Meßgenauigkeit erfüllt und liefert zahlenmäßig

$$\tau_2 \approx 5 \cdot 10^{-15} e^{\frac{1{,}02 \cdot 10^4}{T}}.$$
(41.127)

Sind τ_1, τ_2 und die Relaxationsstärke μ_n/μ_a bekannt, dann kann nach Gl. (41.37) der Verlustwinkel tg δ und nach Gl. (41.34) die komplexe Permeabilität $\bar{\mu}$ als Funktion der Frequenz ω berechnet werden. Das Ergebnis der Rechnung ist für die in Abb. 41.41 wiedergegebene Nachwirkungskurve $B(t)/B_N$ in der gleichen Abbildung eingezeichnet.

41.4 Diffusionsnachwirkung

Und zwar wurden $\bar{\mu}/\mu_a$ sowie die JORDANsche Nachwirkungskonstante $n = 2\pi 10^3 \operatorname{tg} \delta$ als Funktion von $1/\omega$ aufgetragen. Mit steigender Temperatur verschieben sich alle in Abb. 41.41 dargestellten Kurven nach links. Der Verlustwinkel hat sein Maximum bei der Frequenz $\omega_m = 1/\tau_m = 1/\sqrt{\tau_1 \tau_2}$.

Auch die Temperaturabhängigkeit des Verlustwinkels bei fester Frequenz ω_0 kann an Hand von Abb. 41.41 leicht übersehen werden. Bei tiefen Temperaturen sind τ_1 und τ_2 wesentlich größer als $1/\omega_0$, und der Verlustwinkel ist klein. Mit steigender Temperatur steigt n an, durchläuft ein Maximum, wenn $\tau_m = 1/\omega_0$ ist und nimmt dann wieder ab. Für $1/\omega_0 = \tau_1$ und $1/\omega_0 = \tau_2$ hat n gerade die halbe Maximalhöhe. Damit ergibt sich die Halbwertsbreite der $n(T)$-Kurve aus

$$\frac{\tau_2}{\tau_1} \approx e^{\frac{Q}{R}\left(\frac{1}{T_1} - \frac{1}{T_2}\right)}$$

zu

$$T_2 - T_1 \approx \frac{T_1 T_2}{Q/R} \ln(\tau_2/\tau_1). \tag{41.128}$$

Mit $\tau_2/\tau_1 = 29$ und τ_2 aus Gl. (41.127) ergibt sich z. B. für $T = 100\,°\text{C} = 373\,°\text{K}$ $T_2 - T_1 \approx (14/1{,}02) \cdot 3{,}4 = 46°$. Für den Zusammenhang zwischen der Kreisfrequenz ω_m des Verlustmaximums und der Temperatur ergibt sich aus Gl. (41.35) mit Gl. (41.127) und $\tau_2/\tau_1 = 29$

$$\ln \omega_m = 34{,}8 - \frac{10200}{T}. \tag{41.129}$$

In Abb. 41.44 ist die Temperaturabhängigkeit von n bei verschiedenen Frequenzen ω_0 nach Messungen von SCHULZE [145, 146] an einem Werkstoff wiedergegeben, der mit dem von RICHTER untersuchten vergleichbar ist. Sowohl die Halbwertsbreite als auch die aus diesen Kurven entnommene Beziehung $\ln \omega_m = 34{,}7 - (10600/T)$ stimmen befriedigend mit den oben aus Schaltversuchen berechneten Werten überein.

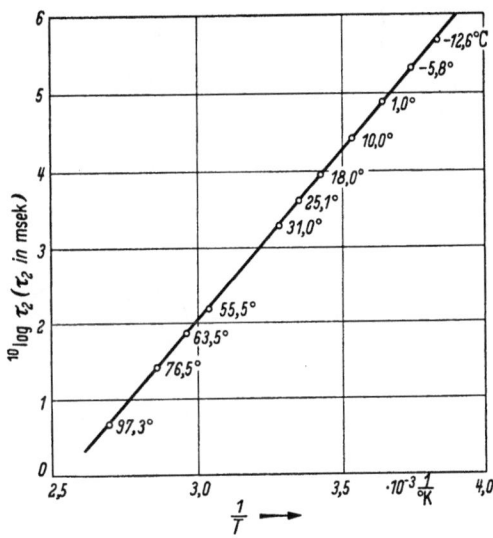

Abb. 41.43. $\ln \tau_2$ aus den Messungen in Abb. 41.42 als Funktion der reziproken Temperatur $1/T$. (Nach RICHTER [113])

Anomale Nachwirkung. Die von MITKEVICH [147] entdeckte sog. anomale Nachwirkung kann z. B. bei einem Schaltvorgang entsprechend Abb. 41.45 beobachtet werden. Abb. 41.46 zeigt entsprechende Meßergebnisse von RICHTER [112, 113]. Kurvenparameter ist die Zeit θ, während welcher das Feld in umgekehrter Richtung wirksam war. Für $\theta = 0$ erhält man eine normale Nachwirkungskurve, wie beim Ausschaltversuch. Für große Zeiten θ steigt die Magnetisierung, entsprechend einer Stabilisierung der Wände bei umgekehrter Feldrichtung, monoton an. Bei mittleren Zeiten θ erhält man dagegen zunächst eine Magnetisierungszunahme und dann erst die normale Abnahme.

Diese zunächst überraschend wirkende Erscheinung kann an Hand des Superpositionsprinzips jedoch in einfacher Weise verstanden werden. Zur Berechnung wenden wir wieder das oben besprochene NÉELsche Näherungsverfahren an und erhalten mit (s. Abb. 41.45)

$H = H_1$ für $0 \leq \vartheta < t_1$: $x(\vartheta) = x_1$, $x(t) = 0$ und $S(x') = S(x_1)$

$H = -H_1$ für $t_1 \leq \vartheta < t_2$: $x(\vartheta) = -x_1$, $x(t) = 0$ und $S(x') = S(-x_1)$

$H = 0$ für $t_2 \leq \vartheta < t^*$: $x(\vartheta) = 0$, $x(t) = 0$ und $S(x') = 0$,

den Druck den eine Wand ausübt

$$P(t) = S(x_1) \int_0^{t_1} g(t^* - \vartheta)\, d\vartheta + S(-x_1) \int_{t_1}^{t_2} g(t^* - \vartheta())\, d\vartheta$$
$$= S(x_1)\,[G(t^*) - 2G(t^* - t_1) + G(t^* - t_2)],$$

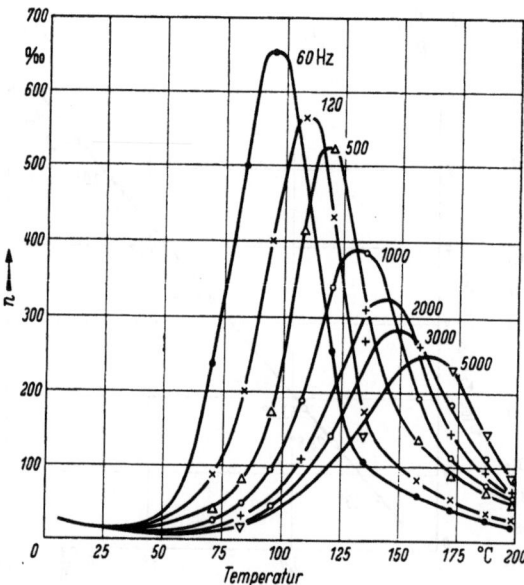

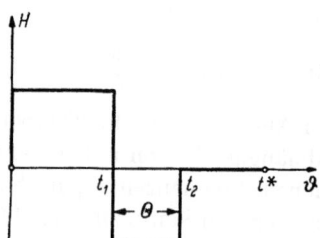

Abb. 41.44. Temperaturabhängigkeit der Nachwirkungskonstante n von Carbonyleisen bei verschiedenen Frequenzen. (Nach SCHULZE [146])

Abb. 41.45. Schaltversuch zur Beobachtung der anomalen Nachwirkung.

wobei wir davon Gebrauch gemacht haben, daß $S(-x_1) = -S(x_1)$ ist. Für einen Vergleich mit den RICHTERschen Messungen führen wir die Zeitparameter $t_2 - t_1 = \theta$ und $t^* - t_2 = t$ ein. Damit wird $t^* = t_1 + \theta + t$, und wir erhalten

$$P(t) = S(x_1)\,[G(t_1 + \theta + 1) + G(t) - 2G(\theta + t)]. \qquad (41.130)$$

Lassen wir nunmehr, wie es den Versuchen von RICHTER entspricht, $t_1 \to \infty$ gehen, dann wird $G(t_1 + \theta + t) = 1$ und es ergibt sich schließlich

$$P(t) = S(x_1)\,[1 + G(t) - 2G(\theta + t)]. \qquad (41.131)$$

Ähnliche Überlegungen, wie sie von Gl. (41.122) auf Gl. (41.123) geführt haben, ergeben schließlich für die Induktion

$$B(t) = B_N\,[1 + G(t) - 2G(\theta + t)]. \qquad (41.132)$$

Man überzeugt sich leicht, daß diese Zeitfunktion je nach Größe von θ alle in Abb. 41.46 enthaltenen Kurventypen wenigstens qualitativ wiedergibt. Für $\theta = 0$ ergibt sich insbesondere wieder Gl. (41.124).

41.4.4 Verhalten von Stoffen mit Diffusionsnachwirkung im Wechselfeld

Abb. 41.47 gibt eine typische Ortskurvenschar der reziproken komplexen Permeabilität eines Werkstoffs mit Diffusionsnachwirkung wieder. Die Kurven wurden von SORGER [140] an Trafoperm (2,5% Si-Eisen) gemessen. Im Gegensatz zur thermischen Nachwirkung (s. Abb. 41.31) ist die Diffusionsnachwirkung nur bei kleinen Feldaussteuerungen merkbar und verschwindet bei großer Feldamplitude. Real- und Imaginärteil der komplexen Permeabilität, μ_{LR} und μ_{RR}, sind in Abb. 41.48 als Funktion der Feldstärkeamplitude dargestellt. Beide steigen bei kleinen Amplituden nicht linear mit der Feldstärke an. Hierin besteht ein sehr charakteristischer Unterschied gegenüber der thermischen Nachwirkung. Ist diese nämlich allein wirksam, dann erhält man bei Gültigkeit des RAYLEIGH-Gesetzes entsprechend Gl. (40.40) und Gl. (40.41) einen linearen Anstieg der Komponenten der komplexen Permeabilität mit der Feldamplitude, wie z. B. in Abb. 41.32 für den Realteil der komplexen Permeabilität einer Eisen—Nickel-Legierung (Permenorm 3601) gezeigt worden ist.

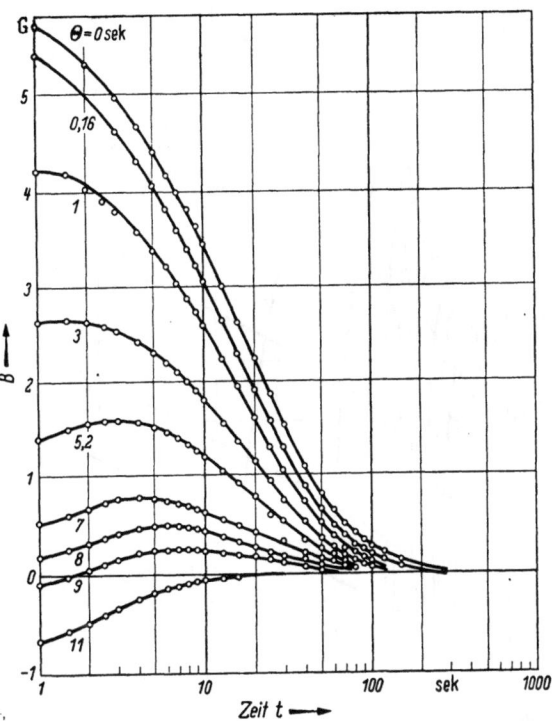

Abb. 41.46. Anomale Nachwirkung beobachtet an Carbonyleisen bei 0,3°C für verschiedene Schaltzeiten Θ. (Nach RICHTER [113])

Bei Diffusionsnachwirkung gehen $\mu_{LR}(H)$ und $\mu_{RR}(H)$ erst bei höheren Feldstärken in den dem RAYLEIGH-Gesetz entsprechenden linearen Verlauf über. Eine theoretische Begründung dafür haben wir im Zusammenhang mit der Desakkommodation bereits gegeben. Damit verstehen wir auch, warum sich die in Abb. 41.49 (vgl. auch Abb. 40.3b) gezeigte Ortskurve der komplexen Permeabilität desselben Werkstoffs bei kleinen Feldstärken an die Ordinate anschmiegt und eine nichtlineare Feldstärkeskala aufweist, während sie bei Gültigkeit des RAYLEIGH-Gesetzes und ohne Diffusionsnachwirkung entsprechend Gl. (40.42) bzw. Abb. 40.3a eine Gerade wäre, welche mit der Ordinate einen Winkel von 23° bildet und eine lineare Feldstärkeskala trägt.

Die im Zusammenhang mit den Schaltversuchen bereits näher besprochene Temperatur- und Frequenzabhängigkeit der Diffusionsnachwirkung wird an Hand der Nachwirkungsortskurven (Ortskurven nach Abzug des Wirbelstromeinflusses) in Abb. 41.50 deutlich. Aus der Form dieser Kurven kann man im Vergleich mit Abb. 41.4 auch rasch auf die ungefähre Zeitkonstantenstreuung schließen. Trägt man den Logarithmus der mittleren Frequenz ω_m bzw. $f_m = \omega_m/2\pi$ gegen $1/T$ auf, so ergibt sich entsprechend Gl. (41.126) eine Gerade, welche in Abb. 41.51 wiedergegeben ist und die Konstante τ_∞ sowie die Aktivierungsenergie des Diffusionsvorgangs liefert.

NÉEL [117] nimmt an, daß die bei der Diffusionsnachwirkung in Einlagerungsmischkristallen im allgemeinen beobachtete Streuung der Zeitkonstanten von einer Streuung der Aktivierungsenergien Q [in Gl. (41.103)] herrührt, wie sie durch alle möglichen Gitterstörungen verursacht werden kann. Nimmt man an, die Aktivierungsenergien seien gleichmäßig zwischen den Grenzen Q_1 und Q_2 verteilt, dann ist die Wahrscheinlichkeit, an einem Ort des Materials die Aktivierungsenergie Q zwischen Q und $Q + dQ$ anzutreffen

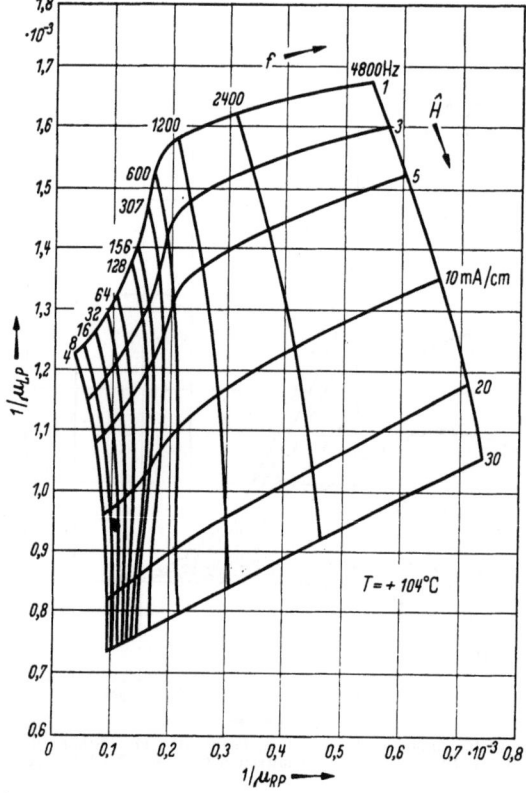

Abb. 41.47. Ortskurven des Kehrwertes der komplexen Permeabilität von Trafoperm (2,5% Si-Eisen) bei 104 °C. (Nach SORGER [140])

$$P(Q)\,dQ = \frac{dQ}{Q_2 - Q_1}. \quad (41.133)$$

Aus Gl. (41.103) folgt

$$Q = RT \ln \tau/\tau_\infty, \\ dQ = RT\,d\tau/\tau \quad (41.134\text{a})$$

und

$$Q_2 - Q_1 = RT \ln \tau_2/\tau_1 \quad (41.134\text{b})$$

und damit für τ dieselbe Verteilungsfunktion

$$P(\tau)\,d\tau = \frac{dQ}{Q_2 - Q_1} = \frac{d\tau}{\ln \tau_2/\tau_1},$$

die wir in Gl. (41.20), gestützt durch die Erfahrung, angenommen hatten. Diese Verteilungsfunktion entspricht also einer Rechteckverteilung der Aktivierungsenergien.

Bei Zutreffen dieser Annahme von NÉEL muß aber, im Gegensatz zu den weiter oben besprochenen experimentellen Ergebnissen von RICHTER [112, 113], nach Gl. (41.134b) das Streuverhältnis der Zeitkonstanten

$$\frac{\tau_2}{\tau_1} = e^{\frac{1}{RT}(Q_2 - Q_1)} \quad (41.135)$$

temperaturabhängig sein.

Es ist interessant, daß KÖHLER [39, 148] gerade die durch Gl. (41.135) gegebene Temperaturabhängigkeit von τ_2/τ_1 bei der Elektronendiffusionsnachwirkung

(s. 41.4.6) in hochpermeablen Ni−Zn-Ferriten beobachtet hat. In Abb. 41.52 sind zunächst die Ortskurven der Elektronendiffusionsnachwirkung bei verschiedenen Temperaturen zwischen −183° und 20 °C wiedergegeben. Man sieht bereits an der Kurvenform deutlich, daß τ_2/τ_1 mit steigender Temperatur rasch abnimmt. Abb. 41.53 zeigt schließlich, daß die gemessene Temperaturabhängigkeit gerade der Beziehung Gl. (41.135) entspricht, welche für $T \to \infty$ $\tau_2/\tau_1 \to 1$ liefert.

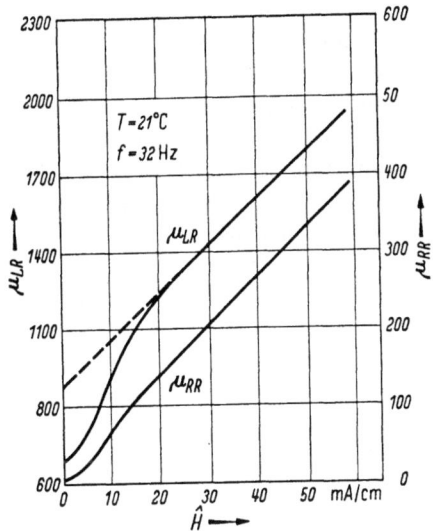
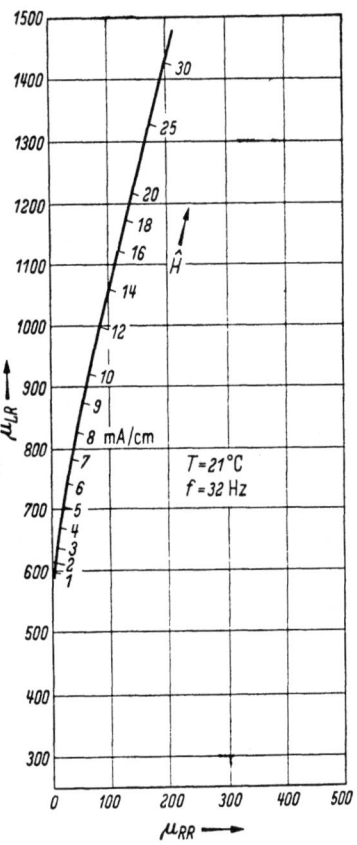

Abb. 41.48. Real- und Imaginärteil der komplexen Permeabilität von Trafoperm (2,5% Si-Eisen) bei 21 °C als Funktion der Feldstärkeaussteuerung. (Nach SORGER [140])

Abb. 41.49. Ortskurve $\bar{\mu}(\hat{H})$ der komplexen Permeabilität gemessen an Trafoperm (2,5% Si-Eisen) bei 21 °C mit einer Frequenz von 32 Hz. (Nach SORGER [140])

Ob eine analoge Temperaturabhängigkeit von τ_2/τ_1 auch bei der durch Kohlenstoff verursachten Diffusionsnachwirkung vorhanden ist, bleibt vorläufig ungeklärt. Daß sie von RICHTER nicht festgestellt wurde, könnte z. T. daran liegen, daß die Kohlenstoffnachwirkung, verglichen mit der Elektronendiffusionsnachwirkung, nur in einem relativ schmalen Temperaturbereich beobachtbar ist, in welchem nicht sicher auf eine Temperaturabhängigkeit von τ_2/τ_1 geschlossen werden kann.

41.4.5 −70°-Nachwirkung

An raumzentrierten Werkstoffen (Eisen und Eisensiliziumlegierungen) hat SORGER [152] im Temperaturgebiet um −70 °C eine Nachwirkung vom RICHTER-Typus gefunden, deren physikalische Ursachen bisher noch ungeklärt sind. Die Aktivierungsenergie beträgt $Q = 7{,}5$ kcal/Mol und τ_∞ hat die Größenordnung 10^{-11} sec.

41.4.6 Elektronendiffusionsnachwirkung

In Abb. 41.24 sind die von KÖHLER [39, 40, 148] bei verschiedenen Temperaturen gemessenen Ortskurven der komplexen Permeabilität eines hochpermeablen Mn—Zn-Ferrits wiedergegeben worden. Die Form solcher Ortskurven ist bei Ferriten mit unterschiedlicher chemischer Zusammensetzung im allgemeinen sehr ähnlich.

Der Hauptabfall des Realteils der Permeabilität mit zunehmender Frequenz wurde in 41.2.5 bereits ausführlich besprochen. Bei tiefen Temperaturen (s. die Kurve bei —183°C in Abb. 41.24) beobachtet man vielfach vor dem Einsetzen des Hauptabfalls der Permeabilität einen kleinen nahezu halbkreisförmigen Ortskurvenbogen, welchem ein Nachwirkungsvorgang zugeordnet ist. Die Nachwirkung wird, wie die Gegenüberstellung der Ortskurven eines normal- und eines übersinterten Ni—Zn-Ferrits in Abb. 41.54 zeigt, durch Übersintern wesentlich stärker.

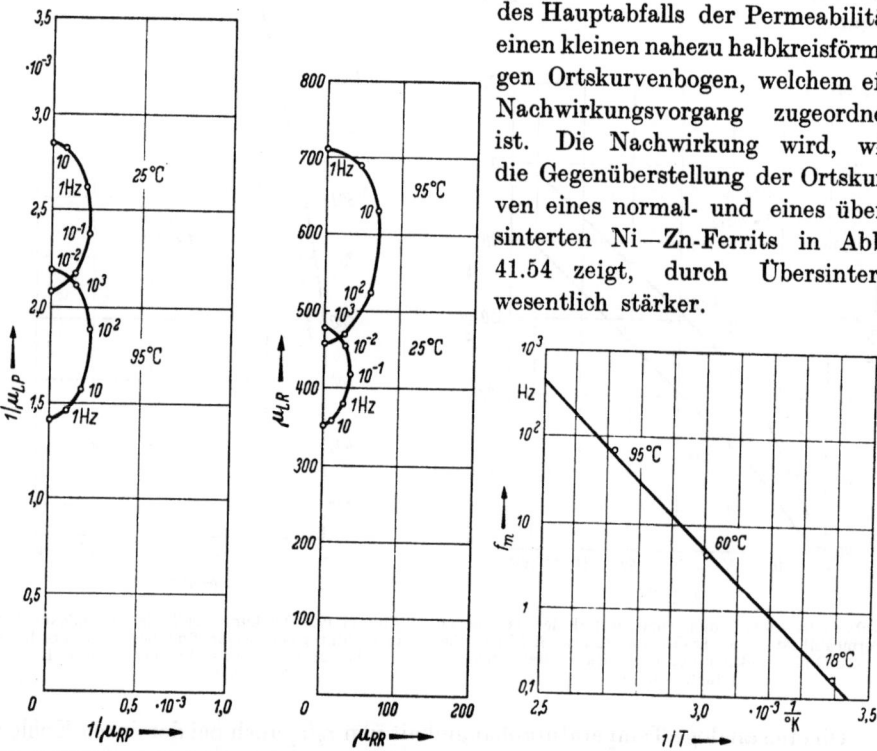

Abb. 41.50. Nachwirkungsortskurven des Kehrwertes der Permeabilität sowie der Permeabilität von Trafoperm bei verschiedenen Temperaturen und verschwindender Feldstärke. (Nach FELDTKELLER [149])

Abb. 41.51. Mittlere Frequenz f_m der Nachwirkungsortskurven in Abb. 41.50 als Funktion der reziproken Temperatur $1/T$. (Nach FELDTKELLER [149])

Dieser Nachwirkungseffekt in Ferriten bei tiefen Temperaturen wurde von SNOEK [153] entdeckt und fand durch WIJN [154, 155, 156] eine Erklärung, welche auch durch die experimentellen Arbeiten von v. KIENLIN [157] und KÖHLER [39, 148] gestützt wird. Danach ist der vielfach auch als WIJN-Nachwirkung bezeichnete Relaxationseffekt durch die Diffusion von Elektronen zwischen 2- und 3wertigen Eisenionen bedingt. Bei stöchiometrischer Zusammensetzung, welche zur Erzielung kleiner Leitfähigkeit im allgemeinen angestrebt wird, sollten zwar strenggenommen keine 2wertigen Eisenionen zugegen sein. Sie entstehen jedoch während des Sinterprozesses durch Reduktion insbesondere in der Materialoberfläche. Wie WIJN und v. KIENLIN gezeigt haben, nimmt der Gehalt an zwei-

Tabelle 41.3. *Aktivierungsenergie Q und Zeitkonstante τ_∞ der Elektronendiffusionsnachwirkung in einem hochpermeablen Ni–Zn-Ferrit*

Sintertemperatur	1250	1300	1350	°C
Q	4,3	3,7	2,2	kcal/Mol
	0,18	0,14	0,09	eV/Elektronen
τ_∞	$0{,}37 \cdot 10^{-9}$	$0{,}35 \cdot 10^{-9}$	$0{,}85 \cdot 10^{-9}$	sec

wertigen Eisenionen mit wachsender Sintertemperatur zu, und parallel dazu steigen auch die gesamten Nachwirkungsverluste an (Abb. 41.54).

Die Elektronendiffusionsnachwirkung ist ebenfalls vom RICHTER-Typus. Ihre Temperaturabhängigkeit wurde neuerlich von KÖHLER [*39, 148*] an hochpermeablen Ni–Zn-Ferriten untersucht. Die wesentlichen Ergebnisse dieser Arbeit haben wir in 41.4.4 an Hand der Abb. 41.52 und 41.53 bereits besprochen. Die für verschiedene Sintertemperaturen bestimmten Werte der Aktivierungsenergie Q und der Zeitkonstante τ_∞ sind in Tab. 41.3 zusammengestellt.

41.4.7 Charakteristische Eigenschaften der Diffusionsnachwirkung

Fassen wir abschließend die wichtigsten Merkmale der Diffusionsnachwirkung zusammen:

1. Diffusionsnachwirkung tritt nur in bestimmten Werkstoffen auf.

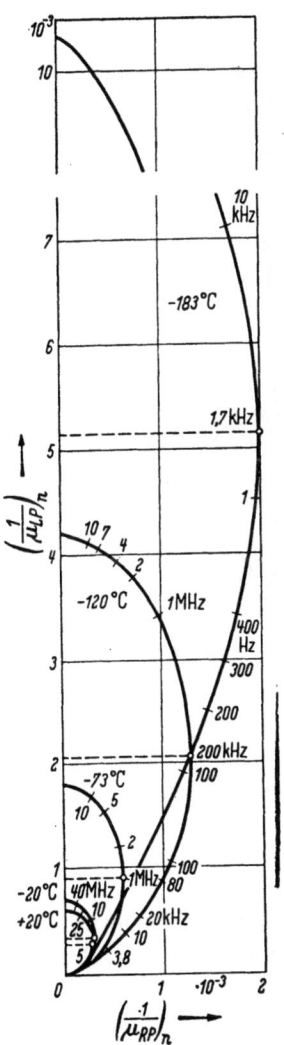

Abb. 41.52. Ortskurven der Elektronendiffusionsnachwirkung eines hochpermeablen Ni–Zn-Ferrits bei verschiedenen Temperaturen. (Nach KÖHLER [*148*])

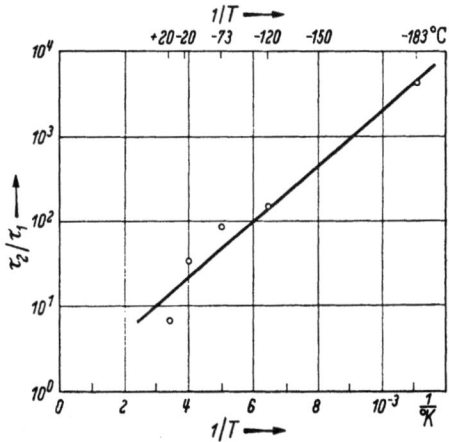

Abb. 41.53. Zeitkonstantenverhältnis τ_2/τ_1 der Elektronendiffusionsnachwirkung eines hochpermeablen Ni–Zn-Ferrits als Funktion der reziproken Temperatur $1/T$. (Nach KÖHLER [*148*])

2. Sie beeinflußt sowohl die reversiblen als auch die irreversiblen Magnetisierungsänderungen.

3. Die Diffusionsnachwirkung ist von der Feldaussteuerung abhängig.

4. Der Relaxationsvorgang hat entweder nur eine einzige Zeitkonstante oder ein Zeitkonstantenspektrum von endlicher Breite, welche u. U. auch temperaturabhängig sein kann.

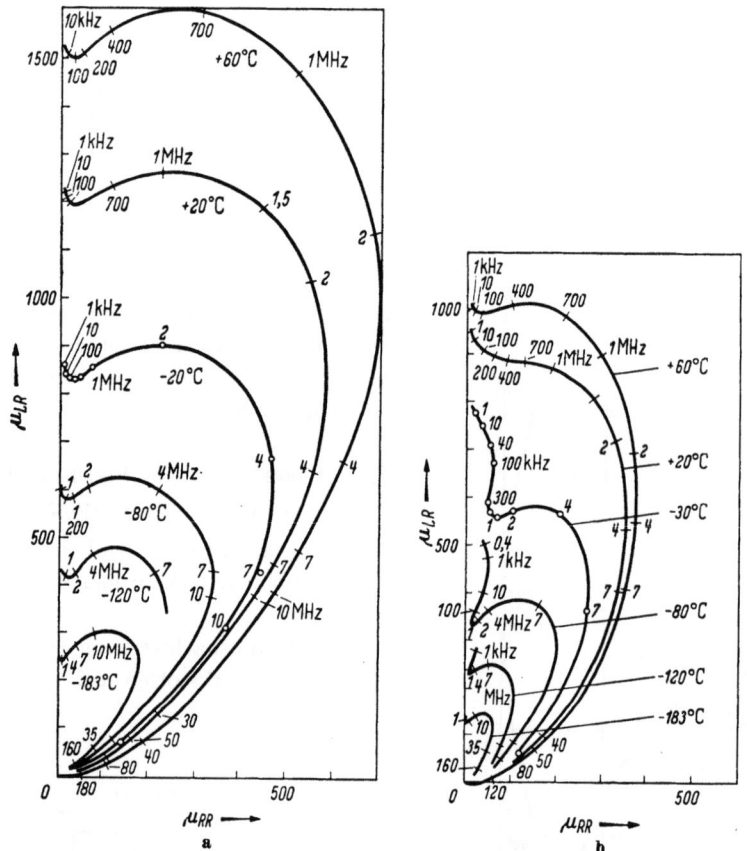

Abb. 41.54. Ortskurven der komplexen Anfangspermeabilität chemisch gleicher hochpermeabler Ni—Zn-Ferrite bei verschiedenen Temperaturen (a) gesintert bei 1200°C und (b) gesintert bei 1250°C. (Nach KÖHLER [148])

5. Die Relaxationszeit ist stark temperaturabhängig. Deshalb ist die Diffusionsnachwirkung nur in einem bestimmten Temperaturgebiet überhaupt beobachtbar.

6. Der Verlustwinkel tg δ ist frequenz- und temperaturabhängig.

7. Das Superpositionsprinzip ist gültig.

Kurze zusammenfassende Berichte über die Diffusionsnachwirkung haben FELDTKELLER [149, 150], FELDTKELLER und SORGER [138] sowie BRISSONNEAU [151] gegeben.

41.5 Gefügealterung

Wie wir in Kap. 27 bis 35 ausführlich besprochen haben, sind die magnetischen Eigenschaften wie Permeabilität, Koerzitivkraft, Remanenz usw. stark von den

Gefügeeigenschaften des Werkstoffs abhängig. Das Gefüge vieler magnetischer Werkstoffe wie z. B. Dauermagnetlegierungen, ist thermodynamisch nicht im Gleichgewicht, sondern in einem instabilen Zustand eingefroren. In solchen Werkstoffen verändert sich daher das Gefüge im Laufe der Zeit in Richtung auf seinen Gleichgewichtszustand, und zwar um so schneller, je höher die Temperatur ist. Dadurch tritt eine zeitliche Änderung der magnetischen Eigenschaften ein, die wir als Gefügealterung bezeichnen.

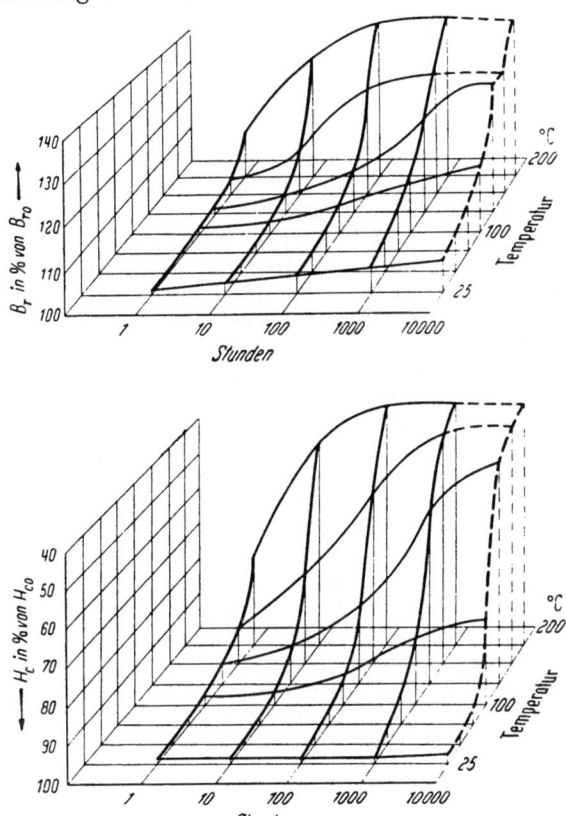

Abb. 41.55. Gefügealterung eines Wolframmagnetstahls (0,8% C, 6,1% W, 0,7% Cr, geglüht 10 Min. bei 800°C, abgeschreckt in Öl). Änderung von Remanenz und Koerzitivkraft als Funktion von Zeit und Temperatur. (Nach SIXTUS [158])

Die Gefügealterung kann in einem räumlichen Schaubild dargestellt werden, wie es in Abb. 41.55 z. B. für die Koerzitivkraft und die Remanenz eines martensitischen Dauermagnetstahls nach Messungen von SIXTUS [158] wiedergegeben ist. Die Gefügealterung muß für einen technisch verwertbaren Werkstoff bei Zimmertemperatur sehr gering sein. Sie wird, obwohl ebenfalls durch Materiediffusion verursacht, nicht zur Diffusionsnachwirkung gerechnet.

Literatur zu Kap. 41

[1] WAGNER, K. W.: Ann. Phys., Lpz. 40 (1913) S. 817.
[2] JAHNKE-EMDE: „Tafeln höherer Funktionen", Stuttgart: Teubner 1948, S. 1ff.
[3] FELDTKELLER, R.: „Spulen und Übertrager", 2. Aufl., Teil I: Spulen, Stuttgart: S. Hirzel Verlag 1949.

[4] LANDAU, L., u. E. LIFSCHITZ: Phys. Z. Sowjet. 8 (1935) S. 153.
[5] GILBERT, T. L.: Phys. Rev. 100 (1955) S. 1243.
[6] GYORGY, E. M.: J. Appl. Phys. 28 (1957) S. 1011.
[7] GYORGY, E. M.: J. Appl. Phys. 29 (1958) S. 283.
[8] KIKUCHI, R.: J. Appl. Phys. 27 (1956) S. 1345.
[9] BOLL, R.: Diss. Stuttgart 1959; Berichte der Arbeitsgemeinschaft „Ferromagnetismus" (1959) S. 66; Z. angew. Phys. 12 (1960) S. 212.
[10] DÖRING, W.: Z. Naturforsch. 3a (1948) S. 373.
[11] BECKER, R.: J. Phys. Radium 12 (1951) S. 332.
[12] BECKER, R.: Z. Phys. 133 (1952) S. 134.
[13] KITTEL, C.: Phys. Rev. 80 (1950) S. 918.
[14] RADO, G. T.: Phys. Rev. 83 (1951) S. 821.
[15] WILLIAMS, H. J., J. SHOCKLEY u. C. KITTEL: Phys. Rev. 80 (1950) S. 1090.
[16] POLIVANOV, K. M.: Izvestija Akadmij Nauk SSSR, Ser. Fiz. 16 (1952) S. 449.
[17] BROUWER, G.: J. Appl. Phys. 26 (1955) S. 1297.
[18] PRY, R. H., u. C. P. BEAN: J. Appl. Phys. 29 (1958) S. 532.
[19] GALT, J. K.: Bell Syst. techn. J. 33 (1954) S. 1023.
[20] GALT, J. K., J. ANDRUS u. H. G. HOPPER: Rev. Mod. Phys. 25 (1953) S. 93.
[21] ABGRALL, C., u. I. EPELBOIN: C. R. Acad. Sci., Paris 234 (1952) S. 1265.
[22] RICHARDS, C. E., E. V. WALKER u. A. C. LYNCH: Proc. I. E. E. Part B 104 (1957) S. 343.
[23] PRY, R. H., u. J. J. BECKER: Brüssel Conference 1958.
[24] LEE, E. W.: Proc. phys. Soc., Lond. 72 (1958) S. 596.
[25] LEE, E. W.: The Inst. of Elec. Engrs. Monograph Nr. 284 M, Feb. 1958.
[26] KITTEL, C.: J. Phys. Radium 12 (1951) S. 291.
[27] EPELBOIN, I.: J. Phys. Radium 12 (1951) S. 361.
[28] EPELBOIN, I., A. MARAIS u. D. DAUTREPPE: C. R. Acad. Sci., Paris 231 (1950) S. 222.
[29] EPELBOIN, I.: C. R. Acad. Sci., Paris 233 (1951) S. 358.
[30] EPELBOIN, I.: Rev. Générale de l'Electricité 60 (1951) S. 74.
[31] NÉEL, L.: Ann. Inst. Fourier 3 (1951) S. 301.
[32] NASCHKE, E.: J. Phys. Radium 17 (1956) S. 330.
[33] BENOIT, J., u. E. NASCHKE: C. R. Acad. Sci., Paris 238 (1954) S. 2292.
[34] BENOIT, J., u. E. NASCHKE: C. R. Acad. Sci., Paris 238 (1954) S. 2404.
[35] SNOEK, J. L.: Physica, Haag 14 (1948) S. 207.
[36] SNOEK, J. L.: Nature, Lond. 160 (1947) S. 90.
[37] FELDTKELLER, R., u. O. KOLB: Z. angew. Phys. 4 (1952) S. 448.
[38] SMIT, J., u. H. P. J. WIJN: Adv. in Electronics and Electron Physics IV (1954) S. 69.
[39] KÖHLER, D.: Diss. Stuttgart 1958.
[40] KÖHLER, D.: A. E. Ü. 13 (1959) S. 1.
[41] KITTEL, C.: J. Phys. Radium 12 (1951) S. 291; s. a. Phys. Rev. 79 (1950) S. 214.
[42] RADO, G. T., R. W. WRIGHT u. W. H. EMERSON: Phys. Rev. 80 (1950) S. 273.
[43] RADO, G. T.: Rev. Mod. Phys. 25 (1953) S. 81.
[44] WIEBERDINK, A.: Nature, Lond. 162 (1948) S. 527.
[45] VAN LEEUWEN, H. J.: Physica, Haag 15 (1949) S. 258.
[46] ANDERSON, J. C., u. B. DONOVAN: Proc. phys. Soc., Lond. B 70 (1957) S. 186.
[47] KRONIG, R.: Physica, Haag 15 (1949) S. 264.
[48] POLDER, D., u. J. SMIT: Rev. Mod. Phys. 25 (1953) S. 89.
[49] RADO, G. T., R. W. WRIGHT, W. H. EMERSON u. A. TERRIS: Phys. Rev. 88 (1952) S. 909.
[50] RADO, G. T., V. J. FOLEN u. W. H. EMERSON: Proc. Instn. electr. Engrs. 104 B Suppl., (1956) S. 198.
[51] GORTER, E. W.: Proc. Inst. Radio Engrs. 43 (1955) S. 1945.
[52] ALLANSON, J. T.: J. Instn. electr. Engrs. 92, Bd. III (1945) S. 247.
[53] SIMON, I.: Nature, Lond. 157 (1946) S. 735.
[54] JOHNSON, M. H., G. T. RADO u. M. MALOOF: Phys. Rev. 71 (1947) S. 322.
[55] HODSMAN, G. F., G. EICHHOLZ u. R. MILLERSHIP: Proc. phys. Soc., Lond. B 62 (1949) S. 377.
[56] HORI, Y.: J. phys. Soc., Japan 6 (1951) S. 536.
[57] BIRKS, J. B.: Nature, Lond. 158 (1946) S. 671.

[58] Birks, J. B.: Proc. phys. Soc., Lond. 60 (1948) S. 282.
[59] Birks, J. B.: Proc. phys. Soc., Lond. B 63 (1950) S. 65.
[60] Flegler, E.: Arch. Elektrotechn. 40 (1950) S. 4.
[61] Kornetzki, M.: Z. angew. Phys. 3 (1951) S. 5.
[62] Went, J. J., u. H. P. J. Wijn: Phys. Rev. 82 (1951) S. 269.
[63] Bloembergen, N., u. S. Wang: Phys. Rev. 87 (1952) S. 392.
[64] Kornetzki, M., J. Brackmann, J. Frey u. W. Gieseke: Z. angew. Phys. 4 (1952) S. 371.
[65] Wijn, H. P. J.: Physica, Haag 19 (1953) S. 555.
[66] Wijn, H. P. J., M. Gevers u. G. M. van der Burgt: Rev. Mod. Phys. 25 (1953) S. 91.
[67] Fomenko, L. A.: Zh. eksper. teor. Fiz. 25 (1953) S. 107.
[68] Brown, F., u. C. L. Gravel: Phys. Rev. 97 (1955) S. 55.
[69] Park, D.: Phys. Rev. 97 (1955) S. 60.
[70] Park, D.: Phys. Rev. 98 (1955) S. 438.
[71] Brown, F., u. C. L. Gravel: Phys. Rev. 98 (1955) S. 442.
[72] Fomenko, L. A.: Zh. eksper. teor. Fiz. 30 (1956) S. 18.
[73] Perekalina, T. M., u. A. A. Askochenskij: Zh. tekh. Fiz. 28 (1958) S.511.
[74] Kriessman, C. J., S. E. Harrison u. H. S. Belson: J. Appl. Phys. 29 (19 58) S. 452.
[75] du Prè, F. K., D. J. de Bitetto u. F. G. Brockmann: J. Appl. Phys. 29 (1958) S. 1127.
[76] Birks, J. B.: Proc. Instn. electr. Engrs. Paper 2217 R, Oct. 1956; Proc. Instn. electr. Engrs. B 104 Suppl. (1957) S. 179.
[77] Néel, L.: J. Phys. Radium 11 (1950) S. 49.
[78] Néel, L.: J. Phys. Radium 12 (1951) S. 339.
[79] Yamada, O.: Z. Phys. 142 (1955) S. 225.
[80] Jordan, H.: Elektr. Nachrichtentechn. 1 (1924) S. 7.
[81] Kindler, H., u. A. Thoma: Arch. Elektrotechn. 30 (1936) S. 514.
[82] Becker, R., u. W. Döring: Ferromagnetismus, Berlin: Springer 1939.
[83] Bozorth, R. M.: „Ferromagnetism", D. van Nostrand 1951.
[84] Street, R., u. J. C. Woolley: Proc. phys. Soc., Lond. A 62 (1949) S. 562.
[85] Street, R., u. J. C. Woolley: Proc. phys. Soc., Lond. B 62 (1949) S. 141.
[86] Ewing, J. A.: Proc. roy. Soc., Lond. A 46 (1889) S. 269.
[87] Preisach, F.: Z. Phys. 94 (1935) S. 277.
[88] Street, R., J. C. Woolley u. P. B. Smith: Proc. phys. Soc., Lond. B 65 (1952) S. 679.
[89] Street, R., J. C. Woolley u. P. B. Smith: Proc. phys. Soc., Lond. B 65 (1952) S. 461.
[90] Phillips, J. H., R. Street u. J. C. Woolley: Phil. Mag. 45 (1954) S. 505.
[91] Phillips, J. H., J. C. Woolley u. R. Street: Proc. phys. Soc., Lond. B 68 (1955) S. 345.
[92] Street, R., u. J. C. Woolley: Proc. phys. Soc., Lond. B 69 (1956) S. 1189.
[93] Taoka, T.: J. phys. Soc., Japan 11 (1956) S. 537.
[94] Taoka, T., u. T. Ohtsuka: J. phys. Soc., Japan 9 (1954) S. 723.
[95] Street, R., u. J. C. Woolley: Proc. phys. Soc., Lond. B 63 (1950) S. 509.
[96] Barbier, J. C.: C. R. Acad. Sci., Paris 230 (1950) S. 1040.
[97] Barbier, J. C.: J. Phys. Radium 12 (1951) S. 352.
[98] Barbier, J. C.: C. R. Acad. Sci., Paris 234 (1952) S. 415.
[99] Pescetti, D., u. J. C. Barbier: C. R. Acad. Sci., Paris 243 (1956) S. 1740.
[100] Lliboutry, L.: C. R. Acad. Sci., Paris 230 (1950) S. 1042.
[101] Lliboutry, L.: Ann. Phys., Paris 6 (1951) S. 731.
[102] Yamada, O., u. H. D. Hahlbohm: Z. angew. Phys. 8 (1956) S. 205.
[103] Lliboutry, L.: C. R. Acad. Sci., Paris 230 (1950) S. 1586.
[104] Feldtkeller, R., u. G. Sorger: Z. angew. Phys. 6 (1954) S. 390.
[105] Néel, L.: Ann. Geophys. 5 (1949) S. 99.
[106] Néel, L.: C. R. Acad. Sci., Paris 228 (1949) S. 1210.
[107] Néel, L.: C. R. Acad. Sci., Paris 244 (1957) S. 2441.
[108] Street, R., u. J. C. Woolley: Proc. phys. Soc., Lond. A 62 (1949) S. 743.
[109] Courvoisier, P.: Sitzg. Ber. Bayr. Ak. Wiss. 10 (1945/46) S. 89.
[110] Néel, L.: C. R. Acad. Sci., Paris 228 (1949) S. 664.
[111] Néel, L.: Rev. Mod. Phys. 25 (1953) S. 293.

[112] RICHTER, G.: Ann. Phys., Lpz. 29 (1937) S. 605.
[113] RICHTER, G.: in „Probleme der technischen Magnetisierungskurve", herausgeg. von R. BECKER, Berlin: Springer 1938, S. 93ff.
[114] SNOEK, J. L.: Physica, Haag 5 (1938) S. 663.
[115] SNOEK, J. L.: Physica, Haag 6 (1939) S. 161.
[116] SNOEK, J. L.: Physica, Haag 6 (1939) S. 797.
[117] NÉEL, L.: J. Phys. Radium 13 (1952) S. 249.
[118] NÉEL, L.: C. R. Acad. Sci., Paris 237 (1953) S. 1613.
[119] NÉEL, L.: J. Phys. Radium 15 (1954) S. 225.
[120] TANIGUCHI, S., u. M. YAMAMOTO: Sci. Rep. Tohoku Univ. A 6 (1954) S. 330.
[121] TANIGUCHI, S.: Sci. Rep. Tohoku Univ. A 7 (1955) S. 269.
[122] TANIGUCHI, S.: Sci. Rep. Tohoku Univ. A 8 (1956) S. 173.
[123] WILA, G., u. A. PERRIER: Arch. Sci. phys. nat. 7 (1926) S. 209.
[124] WEBB, C. E., u. L. A. FORD: J. Instn. electr. Engrs. 75 (1934) S. 787.
[125] ATORF, H.: Z. Phys. 76 (1932) S. 513.
[126] SANFORD, R. L.: J. Res. Nat. Bur. Stand. 13 (1934) S. 371.
[127] BRISSONNEAU, P.: C. R. Acad. Sci., Paris 239 (1954) S. 346.
[128] BRISSONNEAU, P.: C. R. Acad. Sci., Paris 244 (1957) S. 1341.
[129] BRISSONNEAU, P.: Thèsis Grenoble 1957.
[130] BOSMAN, A. J., P. E. BROMMER, J. H. VAN DAAL u. G. W. RATHENAU: Physica, Haag 23 (1957) S. 989.
[131] RATHENAU, G. W.: J. Appl. Phys. 29 (1958) S. 239.
[132] FAHLENBRACH, H.: Ann. Phys. 2 (1948) S. 355.
[133] VIERLING, P.: Dipl. Arbeit Stuttgart 1957.
[134] GERSTNER, D. u. E. KNELLER: Z. Metallkunde 52 (1961) S. 426.
[135] BRISSONNEAU, P.: C. R. Acad. Sci., Paris 244 (1957) S. 1174.
[136] FELDTKELLER, R.: Z. angew. Phys. 4 (1952) S. 281.
[137] FELDTKELLER, R., H. WILDE u. G. HOGFFMANN: Z. angew. Phys. 3 (1951) S. 401.
[138] FELDTKELLER, R., u. H. SORGER: A. E. Ü. 7 (1953) S. 79.
[139] FELDTKELLER, R., u. H. WILDE: E. T. Z.-A. 77 (1956) S. 449.
[140] SORGER, G.: Frequenz 8 (1954) S. 41.
[141] SCHREIBER, F.: Z. angew. Phys. 8 (1956) S. 539.
[142] SCHREIBER, F.: Z. angew. Phys. 9 (1957) S. 203.
[143] BRISSONNEAU, P.: C. R. Acad. Sci., Paris 244 (1957) S. 868.
[144] BRISSONNEAU, P.: J. Appl. Phys. 29 (1958) S. 249.
[145] SCHULZE, H.: Wiss. Veröff. Siemens: Werk 17, Heft 2 (1938) S. 39.
[146] SCHULZE, H.: in „Probleme der technischen Magnetisierungskurve", herausgeg. von R. BECKER, Berlin: Springer 1938, S. 114ff.
[147] MITKEVITCH, A.: J. Phys. Radium 7 (1936) S. 133.
[148] KÖHLER, D.: Z. angew. Phys. 11 (1959) S. 103.
[149] FELDTKELLER, R.: F. T. Z. 3 (1950) S. 112.
[150] FELDTKELLER, R.: Kolloid-Z. 134 (1953) S. 39.
[151] BRISSONNEAU, P.: J. Phys. Radium 19 (1958) S. 490.
[152] SORGER, G.: Z. angew. Phys. 5 (1953) S. 406.
[153] SNOEK, J. L.: „New Developments in Ferromagnetic Materials" Elsevier Publ. Co. Inc., New York-Amsterdam 1947.
[154] WIJN, H. P. J., u. H. VAN DER HEIDE: Rev. Mod. Phys. 25 (1953) S. 98.
[155] WIJN, H. P. J.: Diss. Leiden 1953.
[156] SMIT, J., u. H. P. J. WIJN: Advances in Electronics and Electron Physics 6 (1954) S. 69.
[157] v. KIENLIN, A.: Z. angew. Phys. 9 (1957) S. 245.
[158] SIXTUS, K. J.: s. F. PAWLEK: „Magnetische Werkstoffe". Berlin/Göttingen/Heidelberg: Springer 1952.
[159] GANZ, D.: Berichte der Arbeitsgemeinschaft „Ferromagnetismus" (1959) S. 59.
[160] GERSTNER, D. u. E. KNELLER: J. Appl. Phys. 32 (1961) S. 364.

42. Ferromagnetische Resonanz

42.1 Theorie der ferromagnetischen Resonanz

42.1.1 Grundsätzliches

Klassisch anschaulich kann man die Erscheinung der ferromagnetischen Resonanz folgendermaßen verstehen: Legt man an einen ferromagnetischen Körper ein starkes magnetisches Gleichfeld H_0 an, dann präzessiert der mechanische Drehimpuls der Elektronen und ihr damit gekoppeltes magnetisches Moment mit der LARMOR-Kreisfrequenz [Gl. (3.4)]

$$\omega_0 = 2\pi\nu_0 = \left|g\frac{e}{2mc}\right| H_{\text{eff}} = |\gamma| H_{\text{eff}} \qquad (42.1)$$

um die Richtung des effektiven Feldes am Ort des Elektrons. g ist der durch Gl. (2.21) definierte LANDÉ-Faktor, e, m, die Elektronenladung bzw. Masse, c die Lichtgeschwindigkeit und H_{eff} der Effektivwert des Gleichfeldes am Ort des Elektrons. Die Präzessionsbewegung ist gedämpft. Sie klingt normalerweise innerhalb einer Zeit der Größenordnung 10^{-8} sec ab, d. h. innerhalb dieser Zeit stellt sich die Magnetisierung in die Richtung von H_{eff} ein. Besteht aber ein senkrecht zu H_{eff} gerichtetes hochfrequentes Wechselfeld, dessen Frequenz gleich der LARMOR-Frequenz ν_0 ist, dann kann diesem Feld Energie entzogen und damit die Präzessionsbewegung aufrechterhalten werden. Das ist die ferromagnetische Resonanz.

Quantenmechanisch betrachtet ergibt sich die Resonanzfrequenz aus der ZEEMANN-Aufspaltung der Energieeigenwerte des Ferromagnetikums im Feld H_{eff} nach der Gleichung

$$h\nu_0 = g\mu_B H_{\text{eff}}, \qquad (42.2)$$

h ist das PLANCKsche Wirkungsquantum und $\mu_B = eh/4\pi mc$ das BOHRsche Magneton [s. Gl. (2.5)]. Gl. (42.2) ist ersichtlich identisch mit Gl. (42.1) (Quantentheorie der ferromagnetischen Resonanz s. [1] bis [6]).

Die ferromagnetische Resonanzabsorption stellt das ferromagnetische Analogon zur magnetischen Kernspinresonanz und zur paramagnetischen Resonanz dar. Ihre Existenz wurde bereits von GANS und LOYARTE [7], DORFMANN [8] und LANDAU und LIFSCHITZ [9] auf Grund theoretischer Überlegungen vorausgesagt und von GRIFFITHS [10] erstmals experimentell nachgewiesen.

Zur Beobachtung der Resonanz geht man praktisch im allgemeinen so vor, daß man die Frequenz des H. F.-Feldes konstant hält und die Resonanzfrequenz durch Variation des statischen Feldes aufsucht, was bei der großen Linienbreite von größenordnungsmäßig 10 bis 100 Oe ohne weiteres möglich ist.

Die wesentliche Bedeutung der ferromagnetischen Resonanzabsorption besteht in der Möglichkeit, damit den LANDÉ-Faktor g sowie die Kristallanisotropiekonstanten und die Sättigungsmagnetisierung ferromagnetischer Stoffe zu bestimmen.

42.1.2 Resonanzbedingung im isotropen Ferromagnetikum

Den Pionierarbeiten von KITTEL [11, 12] folgend geben wir hier die klassische Ableitung der Resonanzbedingung zunächst unter Vernachlässigung der Dämpfung wieder. Die Arbeiten von KITTEL sind für das Verständnis der ferromagnetischen Resonanz von grundlegender Bedeutung. Sie haben gezeigt, daß die Resonanzfrequenz nicht durch das von außen angelegte Feld H_0, sondern durch das innere, effektive Feld H_{eff} bestimmt wird, welches am Ort des betrachteten Elektrons tatsächlich vorhanden ist. H_{eff} unterscheidet sich von H_0 im wesentlichen durch das von der geometrischen Form der Probe abhängige entmagnetisierende Feld sowie durch die Anisotropiefelder der Kristall- und Spannungsenergie.

Aus dem Impulssatz

$$\frac{d\boldsymbol{L}}{dt} = \boldsymbol{I} \times \boldsymbol{H}_{\text{eff}} \qquad (42.3)$$

folgt wegen des magnetomechanischen Parallelismus [Gl. (2.4)]

$$\boldsymbol{I} = \left| g \frac{e}{2mc} \right| \boldsymbol{L} = |\gamma| \boldsymbol{L} \qquad (42.4)$$

die Bewegungsgleichung der Magnetisierung

$$\frac{d\boldsymbol{I}}{dt} = |\gamma| \boldsymbol{I} \times \boldsymbol{H}_{\text{eff}}. \qquad (42.5)$$

Dabei bedeuten $\boldsymbol{I}, \boldsymbol{L}$ die Magnetisierung bzw. der Drehimpuls, beide pro Volumeneinheit gerechnet.

Wir nehmen ein rechtwinkliges Koordinatensystem x, y, z an. Der Probekörper sei ein allgemeines Ellipsoid mit Hauptachsen parallel zu den Koordinatenachsen und habe in deren Richtungen die Entmagnetisierungsfaktoren N_x, N_y und N_z. Das statische Magnetfeld $H_0 = H_{z0}$ sei parallel zur z-Achse und so stark, daß die Probe praktisch gesättigt ist. Das Hochfrequenzmeßfeld liege in der x-Richtung und sei über die ganze Probe hinweg homogen, d. h. die Probenabmessungen seien hinreichend klein gegen die Eindringtiefe.

Nehmen wir zunächst an, daß die Anisotropieenergie Null ist, dann hat $\boldsymbol{H}_{\text{eff}}$ die Komponenten

$$\begin{aligned} H_{\text{eff}\,x} &= H_x - N_x I_x \\ H_{\text{eff}\,y} &= -N_y I_y \\ H_{\text{eff}\,z} &= H_{z0} - N_z I_z \end{aligned} \qquad (42.6)$$

und man erhält damit aus Gl. (42.5) unter Berücksichtigung der Tatsache, daß $I_x, I_y \ll I_z$ und H_x nur ein schwaches Feld ist, die Bewegungsgleichung

$$\begin{aligned} \frac{dI_x}{dt} &= \gamma [H_{z0} + (N_y - N_z) I_z] I_y, \\ \frac{dI_y}{dt} &= \gamma [I_z H_x - (N_x - N_z) I_x I_z - I_x H_{z0}], \\ \frac{dI_z}{dt} &\approx 0. \end{aligned} \qquad (42.7)$$

Wir nehmen ein zeitlich periodisch veränderliches Feld $H_x = \hat{H}_x e^{j\omega t}$ an und erhalten hierfür eine stationäre Lösung dieser Gleichungen mit dem Ansatz $I_x = \hat{I}_x e^{j\omega t}$, $I_y = \hat{I}_y e^{j\omega t}$. Ist ferner die Amplitude des HF-Feldes H_x hinreichend klein, dann können wir $I_z \approx I_s =$ konst. setzen und finden für die Suszeptibilität $\chi_x = I_x/H_x$

$$\chi_x = \frac{\chi^*}{1 - (\omega/\omega_0)^2} \tag{42.8}$$

mit

$$\chi^* = I_s/[(N_x - N_z) I_s + H_{z0}] \tag{42.9}$$

und der Resonanzfrequenz

$$\omega_0 = 2\pi\nu_0 = \gamma \{[H_{z0} + (N_y - N_z) I_s] [H_{z0} + (N_x - N_z) I_s]\}^{1/2}. \tag{42.10}$$

Gl. (42.10) vereinfacht sich in speziellen Fällen erheblich: Für eine sehr dünne und große Platte ergibt sich mit $N_x = N_z \approx 0$, $N_y \approx 4\pi$ und $H_{z0} + 4\pi I_s = B_z$

$$\omega_0 = \gamma (B_z \cdot H_{z0})^{1/2} \tag{42.11}$$

für eine Kugel mit $N_x = N_y = N_z = 4\pi/3$

$$\omega_0 = \gamma H_{z0} \tag{42.12}$$

und für einen sehr langen und dünnen Zylinder mit $N_x = N_y = 2\pi$, $N_z = 0$

$$\omega_0 = \gamma (H_{z0} + 2\pi I_s). \tag{42.13}$$

Die Bedeutung des von KITTEL erkannten Einflusses der Probenform auf die Resonanzbedingung ersieht man aus folgendem Zahlenbeispiel [12]: Für Eisen ergibt sich mit $I_s = 1700$ cgsE, $\gamma/2\pi = 2{,}8$ MHz/Oe (für $g = 2{,}00$) und $H_{z0} = 1000$ Oe aus den Gln. (42.11) bis (42.13)

Platte: $\nu_0 = 13\,300$ MHz,

Kugel: $\nu_0 = 2\,800$ MHz,

Zylinder: $\nu_0 = 32\,800$ MHz.

42.1.3 Resonanzbedingung im anisotropen Ferromagnetikum

Bei nicht verschwindender Kristallanisotropie (die Spannungsanisotropie wird vernachlässigt) wird die Resonanzbedingung von der kristallographischen Orientierung der Feldrichtung z abhängig. Liegt nämlich die Magnetisierung nicht in einer der leichten Richtungen, dann wirkt auf sie ein zusätzliches, von der Kristallenergie herrührendes Drehmoment. Dieses zusätzliche Drehmoment kann nach der Beziehung

$$\frac{\partial F_K}{\partial \varphi} = \mathbf{I}_s \times \mathbf{H}_K \tag{42.14}$$

als einem fiktiven Zusatzfeld H_K äquivalent angesehen und damit, wie KITTEL [12] gezeigt hat, in besonders einfacher Weise in der Resonanzbedingung Gl. (42.10) berücksichtigt werden. φ bedeutet eine Drehung um eine Achse parallel zu $\mathbf{I}_s \times \mathbf{H}_K$. Bei der Definition des Feldes $\mathbf{H}_K$ nach Gl. (42.14) bleibt noch die beliebige Wahl entweder seiner Richtung oder seines Betrages frei. Es ist praktisch, $\mathbf{H}_K$ parallel zur x- oder y-Richtung zu legen und seinen Betrag in Form eines effektiven Entmagnetisierungsfaktors anzugeben, welcher durch die Gleichungen

$$H_{Kx} = -N_{Kx} I_x, \tag{42.15}$$

$$H_{Ky} = -N_{Ky} I_y$$

definiert ist. Die durch Gl. (42.15) gegebenen Anisotropiefelder gehen als zusätzliche Glieder in die Gln. (42.6) ein, und man erhält damit unter sonst gleichen Voraussetzungen wie im vorhergehenden Abschnitt die Resonanzbedingung

$$\omega_0 = \gamma \{[H_{z0} + (N_x + N_{Kx} - N_z) I_s] [H_{z0} + (N_y + N_{Ky} - N_z) I_s]\}^{1/2}. \quad (24.16)$$

Es bleibt nun noch die Aufgabe, die effektiven Entmagnetisierungsfaktoren N_{Kx} und N_{ky} für definierte experimentelle Bedingungen zu berechnen.

Für einen magnetisch einachsigen Kristall (Kobalt) beispielsweise, und z-Richtung (Gleichfeldrichtung) parallel zur Vorzugsachse der Kristallenergie ergibt sich aus Gl. (13.9)

$$\frac{\partial F_K}{\partial \varphi} = 2K_1 \sin \varphi \cos \varphi = \boldsymbol{I}_s \times \boldsymbol{H}_K \approx N_{Kx} I_x I_s \approx N_{Kx} I_s^2 \sin \varphi \quad (42.17)$$

und für kleine Winkel $\varphi \to 0$

$$N_{Kx} = 2K_1/I_s^2 \quad (42.18\,\mathrm{a})$$

und in ähnlicher Weise

$$N_{Ky} = 2K_1/I_s^2. \quad (42.18\,\mathrm{b})$$

Die Resonanzbedingung für eine plattenförmige Probe mit ihrer Ebene parallel zur x–z-Ebene lautet dann nach Gl. (42.16) mit $N_x = N_z \approx 0$, $N = 4\pi$

$$\omega_0 = \gamma \left\{\left(H_{z0} + \frac{2K_1}{I_s}\right)\left(H_{z0} + 4I_s + \frac{2K_1}{I_s}\right)\right\}^{1/2} \quad (42.19\,\mathrm{a})$$

und für eine Kugel mit $N_x = N_y = N_z$

$$\omega_0 = \gamma \left(H_{z0} + \frac{2K_1}{I_s}\right) \quad (42.19\,\mathrm{b})$$

Die Gln. (42.19a) und (42.19b) zeigen, daß eine Resonanz auch ohne ein äußeres statisches Feld möglich ist. Auf diese sog. „natürliche Resonanz" haben erstmals LANDAU und LIFSHITZ [9] hingewiesen. Sie ist für die Frequenzabhängigkeit der komplexen Permeabilität von wesentlicher Bedeutung und wurde in 41.2.4 ausführlich behandelt.

Für einen kubischen Kristall erhält man, wenn die x–z-Ebene parallel zu einer (100-)Ebene liegt [12].

$$N_{Kx} = \frac{2K_1}{I_s^2} \cos 4\varphi, \quad (42.20)$$

$$N_{Ky} = \left(\frac{3}{2} + \frac{1}{2} \cos 4\varphi\right)\frac{K_1}{I_s^2} + \frac{1}{2}\frac{K_2}{I_s^2} \sin^2 2\varphi,$$

und wenn die x–z-Ebene parallel zu einer (110)-Ebene liegt [13, 14]

$$N_{Kx} = \frac{K_1}{I_s^2}(2 - \sin^2 \varphi - 3 \sin^2 2\varphi)$$
$$+ \frac{1}{2}\frac{K_2}{I_s^2} \sin^2 \varphi (6 \cos^4 \varphi - 11 \sin^2 \varphi \cos^2 \varphi \sin^4 \varphi), \quad (42.21)$$

$$N_{Ky} = \frac{2K_1}{I_s^2}\left(1 - 2\sin^2 \varphi - \frac{3}{8} \sin^2 2\varphi\right)$$
$$- \frac{K_2}{2I_s^2} \sin^2 \varphi \cos^2 \varphi\, (3 \sin^2 \varphi + 2),$$

φ bedeutet darin den Winkel zwischen der z-Richtung (Richtung des statischen Feldes H_{z0}) und einer [100]-Richtung.

Der Einfluß der Spannungsanisotropie auf die Resonanzbedingung kann in gleicher Weise behandelt werden. Entsprechende Rechnungen und Experimente hat GRIFFITHS [15] ausgeführt (s. a. [16]).

Da nach Gl. (42.16) eine Änderung des Anisotropiefeldes zu einer Verschiebung der Resonanzfrequenz oder der Resonanzfeldstärke H_{z0} führt, und da ferner nach Gl. (42.20) bzw. (42.21) das Anisotropiefeld von der Kristallorientierung abhängt, erscheint die Resonanzlinie einer vielkristallinen Probe mit von Null verschiedener Anisotropieenergie gegenüber der Resonanzlinie des Einkristalls verbreitert. Alle derartigen Linienverbreiterungen, deren Ursache keine Relaxationsprozesse sind (s. 42.1.4) werden als unecht bezeichnet (s. a. [17]).

42.1.4 Dämpfung der Präzessionsbewegung

Nach Gl. (42.8) wird die Suszeptibilität bei Resonanz unendlich groß. Tatsächlich haben dagegen, infolge der bereits erwähnten und bei der Ableitung von Gl. (42.8) zunächst außer acht gelassenen Dämpfung (s. 41.2.1) der Präzessionsbewegung, die gemessenen Resonanzmaxima eine endliche Höhe und die Absorptionslinien entsprechend eine endliche Halbwertsbreite.

Da eine befriedigende theoretische Erklärung der relevanten Relaxationserscheinungen bisher nicht gegeben werden konnte [18, 19], müssen wir uns darauf beschränken, in die klassische Bewegungsgleichung (42.5) der makroskopischen Magnetisierung rein formal geeignete Dämpfungsterme einzuführen, die eine phänomenologische Beschreibung der Experimente ermöglichen. Unter diesem Gesichtspunkt schrieben LANDAU und LIFSHITZ [9] die Bewegungsgleichung in der Form

$$\frac{d\mathbf{I}}{dt} = \gamma\,\mathbf{I} \times \mathbf{H}_{\mathrm{eff}} - \lambda\,\mathbf{I} \times (\mathbf{I} \times \mathbf{H}_{\mathrm{eff}})/I^2, \qquad (42.22)$$

λ hat die Dimension einer Frequenz und wird als Relaxationsfrequenz bezeichnet; die übrigen Symbole haben dieselbe Bedeutung wie in Gl. (42.5). Wie in 41.2.1 ausgeführt wurde, gilt Gl. (42.22) nur für schwache Dämpfung. Bei starker Dämpfung ist Gl. (42.22) in der in 41.2.1 erläuterten Weise zu modifizieren. Da der Dämpfungsterm in Gl. (42.22) stets senkrecht zu $\mathbf{I}$ gerichtet ist, kann damit nur eine Rotation, nicht aber eine Änderung des Betrages von $\mathbf{I}$ beschrieben werden. In dieser Hinsicht vollständiger, aber sonst ebenfalls auf der Stufe der rein phänomenologischen Beschreibung stehend, ist die von BLOEMBERGEN [20] und später auch von DAMON [21] zur Diskussion ihrer Meßergebnisse verwendete Form der Bewegungsgleichung

$$\frac{dI_{x,y}}{dt} = \gamma(\mathbf{I} \times \mathbf{H}_{\mathrm{eff}})_{x,y} - I_{x,y}/T_2, \qquad (42.23\mathrm{a})$$

$$\frac{dI_z}{dt} = \gamma(\mathbf{I} \times \mathbf{H}_{\mathrm{eff}})_z - (I_z - I_s)/T_1, \qquad (42.23\mathrm{b})$$

wie sie ursprünglich von BLOCH [22] in seiner Beschreibung der Kernresonanz vorgeschlagen worden war. T_2 ist die transversale Relaxationszeit der als exponentiell angenommenen Abnahme der transversalen Magnetisierungskomponenten I_x und I_y gegen Null. T_1 ist die Zeitkonstante des exponentiellen Anstiegs von I_z auf I_s.

T_2 ist nach dieser Definition, ebenso wie λ in Gl. (42.22), ein Maß für die echte Halbwertsbreite der Absorptionslinien, welche sowohl durch Spin-Gitter- als auch durch Spin-Spin-Relaxationsprozesse bestimmt wird.

Die Spin-Gitter-Relaxation wird durch T_1 beschrieben, die Spin-Spin-Relaxation durch eine Relaxationszeit T_2' und es ist $1/T_2 = 1/2\, T_1 + 1/T_2'$ (s. z. B. [18]). T_2 ergibt sich unmittelbar aus der Halbwertsbreite ΔH der Absorptionslinie nach der Beziehung $1/T_2 = \gamma(\Delta H/2)$. T_1 kann unabhängig davon ermittelt werden [21], und damit gelingt im Prinzip die Bestimmung aller drei Relaxationszeiten.

42.1.5 Komplexe Permeabilität

Aus den Bewegungsgleichungen (42.23) erhält man [20] unter den gleichen Voraussetzungen wie in 42.1.2, d. h. mit $H_x = \hat{H}_x e^{j\omega t}$, $H_y = 0$, $H_z = H_{z0}$ und unter Vernachlässigung der Anisotropiefelder, mit den Gln. (42.6) und dem Ansatz $I_x = \hat{I}_x e^{j\omega t}$ und $I_y = \hat{I}_y e^{j\omega t}$ die stationäre Lösung

$$\hat{I}_x = \frac{\gamma^2 I_z [H_{z0} + (N_y - N_z)I_z]}{[j\omega + 1/T_2]^2 + \gamma^2 [H_{z0} + (N_x - N_z)I_z][H_{z0} + (N_y - N_z)I_z]} \hat{H}_x, \quad (42.24\mathrm{a})$$

$$\hat{I}_y = \frac{\gamma I_z (j\omega + 1/T_2)}{[j\omega + 1/T_2]^2 + \gamma^2 [H_{z0} + (N_x - N_z)I_z][H_{z0} + (N_y - N_z)I_z]} \hat{H}_x, \quad (42.24\mathrm{b})$$

worin für hinreichend kleine Amplituden $\hat{H}_x$ des Hochfrequenzfeldes, d. h. wenn $\gamma^2 H_x^2 T_1 T_2 \ll 1$ ist, wiederum $I_z \approx I_s$ gesetzt werden kann. Damit ergibt sich aus Gl. (42.24a) die komplexe Permeabilität

$$\bar{\mu} = \mu_{LR} - j\mu_{RR} = 1 + 4\pi\bar{\chi} = 1 + 4\pi \hat{I}_x/\hat{H}_x$$

mit den Komponenten

$$\mu_{LR} = \frac{4\pi\gamma^2 I_s [H_0 + (N_y - N_z)I_s](\omega_0^2 - \omega^2)}{(\omega_0^2 - \omega^2)^2 + 4\omega^2/T_2^2} + 1, \quad (42.25\mathrm{a})$$

$$\mu_{RR} = \frac{4\pi\gamma^2 I_s [H_0 + (N_y - N_z)I_s]\, 2\omega/T_2}{(\omega_0^2 - \omega^2)^2 + 4\omega^2/T_2^2} \quad (42.25\mathrm{b})$$

wobei die Resonanzfrequenz ω_0 durch die Gleichung

$$\omega_0^2 = \gamma^2 [H_{z0} + (N_x - N_z)I_s][H_{z0} + (N_y - N_z)I_s] + 1/T_2^2 \quad (42.26)$$

gegeben ist. Entsprechende Ausdrücke für die komplexe Permeabilität haben YAGER, GALT, MERRIT und WOOD [23] aus der Bewegungsgleichung (42.22) abgeleitet. Die Gln. (42.25) sind formal identisch mit den FRENKELschen [24] Dispersionsgleichungen.

Für größere Amplituden $\hat{H}_x$ des Hochfrequenzfeldes kann dagegen nicht mehr $I_z = I_s$ gesetzt werden. Für den Fall einer kugelförmigen Probe ($N_x = N_y = N_z$) erhält man beispielsweise für den zeitlichen Mittelwert der z-Komponente [20, 22] der Magnetisierung

$$\bar{I}_z = I_s \left[1 + \frac{1}{2}\gamma^2 H_x^2 T_1 T_2 \frac{\omega_0^2 + \omega^2}{4\omega^2 + T_2^2(\omega_0^2 - \omega^2)^2}\right]^{-1} \quad (42.27)$$

und damit aus Gl. (42.24a) den Imaginärteil der komplexen Permeabilität [21]

$$\mu_{RR} = \frac{8\pi\omega T_2 \gamma^2 H_{z0} I_s}{4\omega^2 + T_2^2(\omega_0^2 - \omega^2)^2 + \frac{1}{2}\gamma^2 H_x^2 T_1 T_2(\omega_0^2 + \omega^2)}. \quad (42.28)$$

Experimentell [25] bestimmt man an Isolatoren (Ferriten) im allgemeinen die Komponenten μ_{LR} und μ_{RR} der komplexen Permeabilität (s. a. 40.3). Wir bemerken hier nochmals, daß die Symbole hierfür in der Literatur nicht einheitlich sind. Es ist stets

$$\mu_{LR} \equiv \mu_1 \equiv \mu' \quad \text{und} \quad \mu_{RR} \equiv \mu_2 \equiv \mu''.$$

Für metallisch leitende Werkstoffe dagegen liefern die gebräuchlichen Meßanordnungen (s. z. B. [20, 26]) die sog. „effektiven" (effective) oder „scheinbaren" (apparent) Permeabilitäten μ_L und μ_R, welche mit den Komponenten der komplexen Permeabilität $\bar{\mu}$ nach den Gleichungen

$$\mu_R = (\mu_{LR}^2 + \mu_{RR}^2)^{1/2} + \mu_{RR} = |\bar{\mu}| + \mu_{RR},$$
$$L = (\mu_{LR}^2 + \mu_{RR}^2)^{1/2} + \mu_{LR} = |\bar{\mu}| + \mu_{LR}$$
(24.29)

zusammenhängen.

42.1.6 Antiresonanzpunkt

Trägt man die bei konstanter Frequenz ω gemessene Permeabilität μ_R als Funktion des Gleichfeldes H_{z0} auf, so findet man, wie YAGER [27] erstmals bemerkte, neben dem Resonanzmaximum ein Minimum der Permeabilität bei kleineren Feldstärken (s. z. B. Abb. 42.2 und 42.6). Die allgemeine Bedingung für dieses Minimum ergibt sich unter Vernachlässigung der Dämpfung und der Anisotropiefelder [28] sofort aus den Gln. (42.8), (42.9) und (42.10): Es ist $\mu_x = 0$, wenn $\chi_x = -1/4\pi$ wird. Die Bedingung für $\mu_x = 0$ lautet also

$$\omega_m^2 = (1 + 4\pi\chi^*)\omega_0^2 \qquad (42.30)$$
$$= \gamma^2 [H_{zm} + 4\pi I_s + (N_x - N_z) I_s] [H_{zm} + (N_y - N_z) I_s].$$

Hieraus erhält man beispielsweise für eine plattenförmige Probe mit H_x, H_z parallel zur Plattenebene:

$$\omega_m = \gamma(H_{zm} + 4\pi I_s) = \gamma B_z \qquad (42.30\text{a})$$

und für eine kugelförmige Probe

$$\omega_m = \gamma [(H_{zm} + 4\pi I_s) H_z]^{1/2} = \gamma (B_z H_{zm})^{1/2}. \qquad (42.30\text{b})$$

Das Permeabilitätsminimum entspricht physikalisch dem Fall $4\pi I_x = -H_x$, d. h. $4\pi I_x$ und H_x sind gleich, haben aber entgegengesetzte Phase. Es besteht also ein Magnetfeld, aber keine magnetische Induktion.

42.1.7 Permeabilitätstensor

Wir konnten bisher die ferromagnetischen Resonanzerscheinungen unter den gemachten Voraussetzungen mit Hilfe einer komplexen Permeabilität beschreiben. YOUNG und UEHLING [29, 30] haben jedoch gezeigt, daß dies nicht in allen Fällen zu richtigen Resultaten führt.

In der üblichen experimentellen Anordnung zur Untersuchung der ferromagnetischen Resonanz eines metallisch leitenden Materials besteht eine Wand des Hohlraumresonators (s. z. B. [20, 30]) aus dem Probenwerkstoff. YOUNG und UEHLING haben in dieser Anordnung Messungen unter zwei verschiedenen Magnetisierungsbedingungen ausgeführt: Das statische Magnetfeld ist (a) parallel und (b) senkrecht zur Oberfläche des Ferromagnetikums gerichtet (parallele und senkrechte Magnetisierung). Es zeigte sich, daß weder die Form der Resonanzkurven im Falle senkrechter Magnetisierung noch das Verhältnis der absorbierten Energie für parallele und senkrechte Magnetisierung auf der Basis einer komplexen Permeabilität befriedigend wiedergegeben werden können. Lediglich für parallele Magnetisierung gelingt eine zufriedenstellende Beschreibung der Resonanzkurven (s. Abb. 42.2, 42.4a und 42.6). Diese Unstimmigkeiten konnten unter Verwendung der von POLDER [3] eingeführten tensoriellen Permeabilität weitgehend gelöst werden. Die Rechnungen von YOUNG und UEHLING ergaben, daß ein komplexer Permeabilitätskoeffizient lediglich im Falle paralleler Magnetisierung der Tensorpermeabilität äquivalent ist, in allen anderen Fällen aber zu falschen Resultaten führt.

YOUNG und UEHLING [21] haben die Komponenten des Permeabilitätstensors bei paralleler und senkrechter Magnetisierung eines isotropen Ferromagnetikums sowohl für den Typus (42.22) als auch für den Typus (42.23) der Bewegungsgleichung berechnet und die Ergebnisse mit Messungen an Nickel und Permalloy (s. Abb. 42.4 und 44.5) verglichen.

Für anisotrope Metall- und Ferrit-Einkristalle wurden die Tensorkomponenten von ARTMAN [31, 32, 33] berechnet. Die experimentellen Methoden zur Bestimmung der Komponenten des Permeabilitätstensors haben ARTMAN und TANNENWALD [34] beschrieben. Eine zusammenfassende Übersicht gab BLOEMBERGEN [35].

42.1.8 Austauschfeldeffekte

Im Falle ferromagnetischer Resonanz hat das WEISSsche Molekularfeld oder Austauschfeld bei homogener Magnetisierung der Probe keinen Einfluß auf die Resonanzfrequenz, weil es dann stets parallel zur Magnetisierung gerichtet ist und daher keinen Beitrag zu dem Vektorprodukt in der Bewegungsgleichung (42.5) liefert.

In metallischen Leitern ist jedoch die Eindringtiefe des Mikrowellenfeldes sehr gering (10^{-5} bis 10^{-4} cm) und daher die Hochfrequenzkomponente der Magnetisierung inhomogen. Hierdurch ergibt sich bei hinreichend kleiner Eindringtiefe ein merklicher Einfluß des Austauschfeldes auf die Resonanzfrequenz [11, 12, 36, 28, 37, 38, 39, 40].

Für eine direkte Beobachtung von Austauscheffekten in ferromagnetischen Resonanzexperimenten wurde von KITTEL [41] die Anregung stehender Spinwellen in dünnen Schichten durch ein homogenes Hochfrequenzfeld diskutiert. Die Resonanzfrequenz hierfür ist

$$\omega_0 = |\gamma| H + \frac{2A|\gamma|}{I} k^2$$

mit der Zusatzbedingung $k = p\pi/L$. Hierin bedeuten H das innere Gleichfeld (senkrecht zur Schichtebene), γ das magnetomechanische Verhältnis, I die Magnetisierung, A die Konstante der Austauschenergie, p eine ganze Zahl und L die Schichtdicke. Das Hochfrequenzfeld liegt parallel zur Schichtebene. SEAVEY und TANNENWALD [42, 43] haben die Spinwellenresonanz an dünnen Permalloyschichten ($L \approx 4000$ Å) beobachtet und hieraus die Austauschenergiekonstante A bestimmt.

42.1.9 Untergitter-Effekte. Ferrimagnetische Resonanz

Wie in Kap. 6 ausführlich besprochen worden ist, entsteht die spontane Magnetisierung der ferromagnetischen Ferrite durch antiparallele Austauschkopplung zweier Untergitter mit unterschiedlicher Magnetisierung. Die spontane Magnetisierung I_s der Ferrite ist infolgedessen gleich dem Betrag der Differenz der mittleren Magnetisierungen dieser Untergitter. Das von den Untergittern herrührende Austauschfeld ist also entweder parallel oder antiparallel zu I_s und sollte daher ebenfalls keinen Einfluß auf die möglichen Resonanzbedingungen liefern.

Tatsächlich sind auch die Resonanzerscheinungen der Ferrite im cm-Wellengebiet im Prinzip analog zur ferromagnetischen Resonanz eines ferromagnetischen Stoffs mit entsprechender Sättigungsmagnetisierung.

Zum Teil wesentliche Abweichungen vom ferromagnetischen Resonanzverhalten ergeben sich jedoch aus der Tatsache, daß die beiden Untergitter aus unterschiedlichen Ionen bestehen und infolgedessen nicht notwendigerweise das gleiche magnetomechanische Verhältnis γ besitzen.

Sind die magnetomechanischen Verhältnisse der Untergitter voneinander verschieden, dann gibt das 1. nach Rechnungen von KAPLAN und KITTEL [44] Anlaß zu einer Resonanz im Austauschfeld (Austauschresonanz), welche im Frequenzgebiet des infraroten Lichtes auftreten sollte, 2. geht, wie BROWN und PARK [45] sowie WANGSNESS [46] gezeigt haben, in die Resonanzbedingung der cm-Wellenresonanz ein von der Magnetisierung der Untergitter abhängiger scheinbarer γ-Faktor ein, der unter bestimmten Voraussetzungen auch null oder unendlich werden kann, und 3. führt dies, wie WANGSNESS [47] dargelegt hat, zu einem scheinbaren Anisotropiefeld, das die Größenordnung des Kristallanisotropiefeldes erreichen kann. Nachfolgend wollen wir kurz die wesentlichen formalen Ergebnisse der Theorie der Resonanzerscheinungen in Ferriten wiedergeben.

Die Magnetisierung I_1 des Untergitters (1) liege in der $+z$-Richtung, die Magnetisierung I_2 des Untergitters (2) entsprechend in der $-z$-Richtung. Das statische Magnetfeld H_0 sei parallel $+z$. Unter Vernachlässigung der Wechselwirkungen innerhalb der Untergitter wirken auf die Untergitter die Austauschfelder

$$H_{E1} = -\alpha I_2 \qquad (42.31)$$
$$H_{E2} = -\alpha I_1,$$

worin α ein Zahlfaktor der Größenordnung 10^4 ist. Ferner nehmen wir an, daß die Magnetisierung in einer leichten Richtung liegt. Es bestehe also ein Anisotropiefeld H_{A1}, das I_1 in der $+z$-Richtung zu halten bestrebt ist und entsprechend ein entgegengesetztes Anisotropiefeld H_{A2} für I_2. Die magnetomechanischen Verhältnisse der beiden Untergitter bezeichnen wir mit $\gamma_1 = g_1 e/2mc$ und $\gamma_2 = g_2 e/2mc$. Schließlich sei die Probe kugelförmig, so daß Entmagnetisierungseffekte vernachlässigt werden können. Aus den Bewegungsgleichungen der Untergitter

$$\frac{\partial I_i}{\partial t} = \gamma_i I_i \times H_{i\,\text{eff}}$$

folgt dann die Resonanzbedingung [45, 46, 47]

$$2\omega_0 = (\gamma_1 + \gamma_2)H_0 + \gamma_1 H_{A1} - \gamma_2 H_{A2} + \gamma_1 H_{E1} - \gamma_2 H_{E2}$$
$$\pm \{[(\gamma_1 - \gamma_2)H_0 + \gamma_1 H_{A1} + \gamma_2 H_{A2} + \gamma_1 H_{E1} + \gamma_2 H_{E2}]^2$$
$$- 4\gamma_1 \gamma_2 H_{E1} H_{E2}\}^{1/2}. \qquad (42.32)$$

Hieraus ergibt sich zunächst mit $\gamma_1 = \gamma_2 = \gamma$, $H_{A1} = H_{A2} = H_A$, $H_{E1} = H_{E2} = H_E$ die bekannte, von KITTEL [48] und NAGAMIYA [49] (s. a. [50, 51, 52]) abgeleitete Bedingung für antiferromagnetische Resonanz (s. z. B. [53] bis [56])

$$\frac{\omega_0}{\gamma} = H_0 \pm [H_A(H_A + 2H_E)]^{1/2} \qquad (42.33)$$

oder, da H_0, $H_A \ll H_E$ sind, näherungsweise

$$\frac{\omega_0}{\gamma} = (2H_A H_E)^{1/2}. \qquad (42.33\text{a})$$

Für die meisten praktisch bedeutungsvollen Anwendungen kann die Wurzel in Gl. (42.32) in eine Reihe entwickelt werden. Mit den positiven Vorzeichen der Wurzel erhält man, da im allgemeinen H_A, $H_0 \ll H_E$ und sogar H_A, $H_0 \ll |H_{E1} - H_{E2}|$ sind, die Näherung

$$\omega_0 \approx |\gamma_1 H_{E1} - \gamma_2 H_{E2}| = \alpha|\gamma_2 I_1 - \gamma_1 I_2|. \qquad (42.34)$$

Dies ist die Resonanzbedingung für die Austauschresonanz. Sie wurde von KAPLAN und KITTEL [44] erstmals abgeleitet. Eine Abschätzung der Resonanzfrequenz ergibt die Nickelferrit (NiOFe$_2$O$_3$) mit $g(\text{Ni}^{++}) = 2{,}20$, $g(\text{Fe}^{+++}) = 2{,}00$, $g_1 = 2{,}06$, $g_2 = 2{,}00$, $I_1 \approx 865$, $I_2 \approx 600$ und $\alpha \approx 10^4$: $f_0 = \frac{\omega_0}{2\pi} \approx 7 \cdot 10^{12}$ Hz. Für die zugehörige Suszeptibilität berechneten KAPLAN und KITTEL

$$\chi_x = \frac{\lambda I_1 I_2 (\gamma_1 - \gamma_2)^2}{\omega^2 - \omega_0^2}.$$

Danach ist die Austauschresonanz nur dann beobachtbar, wenn $\gamma_1 \neq \gamma_2$ ist. Dies trifft für Ni-Ferrit zu, nicht dagegen für Mn-Ferrit. Gl. (42.34) liefert im Prinzip eine Methode zur unmittelbaren experimentellen Bestimmung von α. GESCHWIND und WALKER [57] haben die Austauschresonanz an einem Gadolinium—Eisen-Granat beobachtet und das Austauschfeld bestimmt.

Mit dem negativen Vorzeichen der Wurzel folgt aus Gl. (42.32) die von α unabhängige Näherung [45, 46]

$$\omega_0 = \frac{(H_{E2} - H_{E1})H_0 + H_{A1}H_{E2} + H_{A2}H_{E1}}{H_{E2}/\gamma_1 - H_{E1}/\gamma_2} \qquad (42.35)$$
$$= \frac{H_{z0}(I_2 - I_1) - (H_{A1}I_1 + H_{A2}I_2)}{I_2/\gamma_2 - I_1/\gamma_1}$$

welche die bekannte Resonanzbedingung im cm-Wellengebiet darstellt. Mit $H_{A1}I_1 + H_{A2}I_2 = H_A(I_1 - I_2)$ erhält Gl. (42.35) eine analoge Form wie die Resonanzbedingung (42.19b) für ferromagnetische Resonanz einer kugelförmigen Probe mit einachsiger Anisotropie

$$\omega_0 = \frac{I_2 - I_1}{I_2/\gamma_2 - I_1/\gamma_1}(H_{z0} + H_A) = \gamma_{\text{eff}}(H_{z0} + H_A), \qquad (42.36)$$

wobei jedoch ein von der Magnetisierung der Untergitter abhängiges effektives magnetomechanisches Verhältnis γ_{eff} auftritt, welches ersichtlich das Verhältnis des resultierenden magnetischen Momentes zum resultierenden mechanischen Moment des Systems darstellt.

42.2 Experimentelle Ergebnisse

42.2.1 Resonanzlinien

Abb. 42.1 zeigt den typischen Verlauf von μ_R und μ_L bei konstanter Frequenz (24 450 MHz) als Funktion der Gleichfeldstärke H_{z0} nach Messungen von BLOEMEBRGEN [20] an Supermalloy bei paralleler Magnetisierung. In Abb. 42.2 ist der von YAGER [27] an Supermalloy bei 23 900 MHz gemessene Verlauf von $\mu_R(H_{z0})$ mit dem nach der Theorie von KITTEL berechneten Verlauf verglichen. Durch den logarithmischen Permeabilitätsmaßstab kommt der Antiresonanzpunkt besonders deutlich zum Ausdruck. In Abb. 42.3 sind die von REICH [58] an einer Eisen—Silizium-Legierung gemessenen Komponenten μ_{RR} und μ_{LR} der komplexen Permeabilität als Funktion von H_{z0} sowie die zugehörige Ortskurve dargestellt. Wie schon in 42.1.7 erwähnt, haben YOUNG und UEHLING [30] die scheinbare Permeabilität von Nickel und Supermalloy als Funktion von H_{z0} bei paralleler und bei senkrechter Magnetisierung gemessen. Typische Meßergebnisse sind für Permalloy in Abb. 42.4a und b wiedergegeben. Während der Kurvenverlauf für parallele Magnetisierung nach den Gln. (42.29) mit den Gln. (42.25) in Termen einer komplexen Permeabilität berechnet werden kann, gelingt, wie aus Abb. 42.5 hervorgeht,

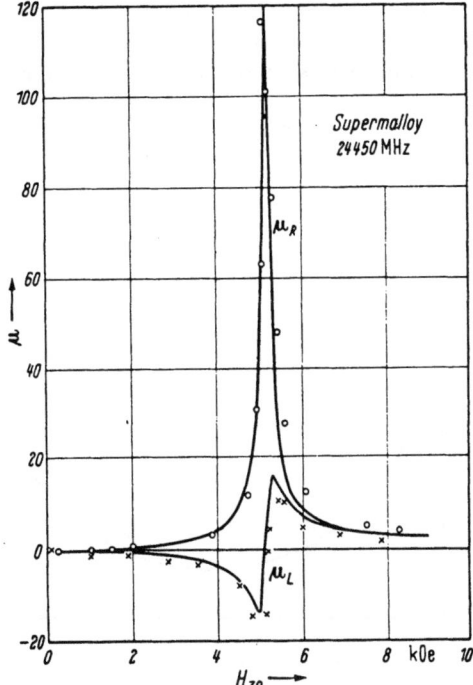

Abb. 42.1. Real- und Imaginärteil der effektiven Permeabilität von Supermalloy bei 24400 MHz als Funktion der Gleichfeldstärke H_{z0}. (Nach BLOEMBERGEN [20])

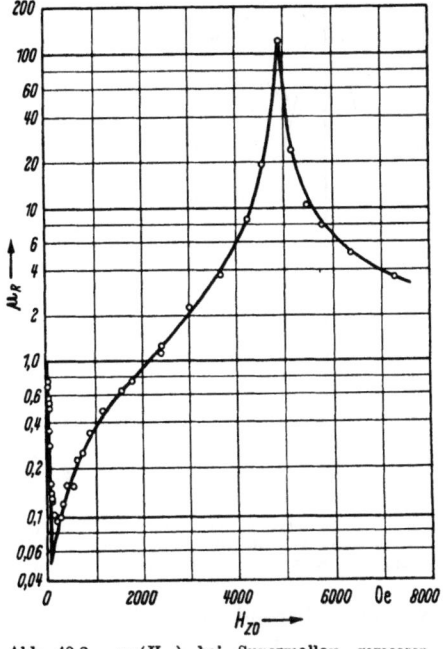

Abb. 42.2. $\mu_R(H_{z0})$ bei Supermalloy gemessen bei 23900 MHz. Die eingezeichnete Kurve wurde nach der Theorie berechnet. (Nach BOZORTH [26])

eine befriedigende Darstellung der bei senkrechter Magnetisierung gemessenen Kurven nur mit einer tensoriellen Permeabilität.

Ähnliche Resonanzlinien werden an Ferriten gemessen [14, 23]. Ihr Verlauf kann in analoger Weise nach der Theorie der ferromagnetischen Resonanz von KITTEL berechnet werden.

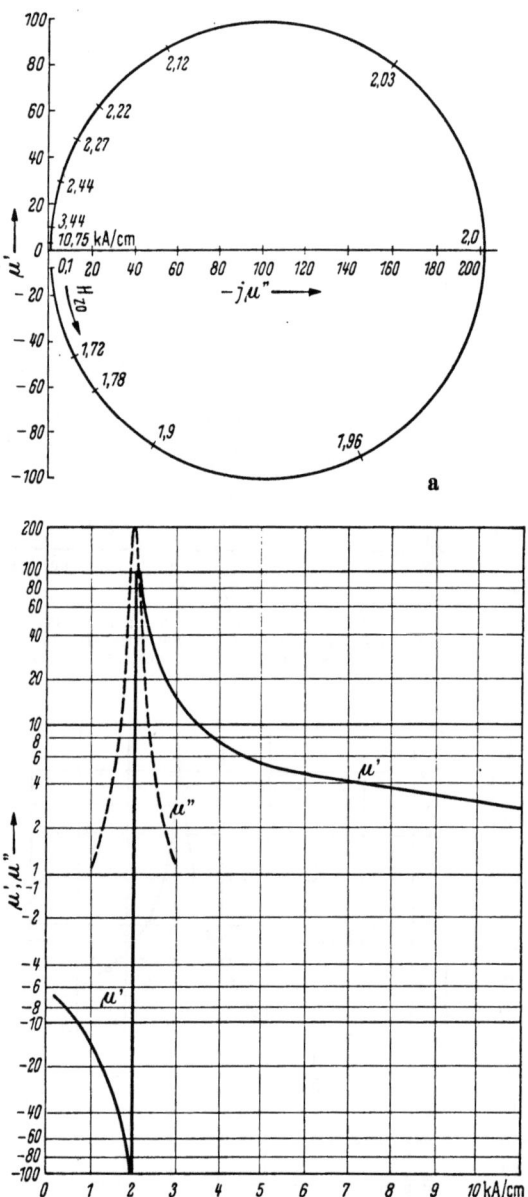

Zusammenfassend kann man sagen, daß die Form der gemessenen Resonanzlinien durch die Theorie von KITTEL mit einem empirischen Dämpfungsterm befriedigend wiedergegeben wird, wenn der Probekörper, wie in der Theorie vorausgesetzt, auch tatsächlich homogen bis zur Sättigung magnetisiert ist, und außerdem das Hochfrequenzfeld die Probe homogen durchdringt. Die meisten der beobachteten Abweichungen vom theoretischen Verlauf sind auf Nichterfüllung dieser Bedingungen zurückzuführen [59, 60, 61]. So ist z. B. bei der Messung in Abb. 42.4b die Probe wegen des hohen entmagnetisierenden Feldes ($4\pi I_s = 7700$ Gauß bei senkrechter Magnetisierung) unterhalb $H_{z0} = 8000$ Oe sicher nicht mehr gesättigt, und der Verlauf der Permeabilität kann entsprechend auch nicht mehr auf Grund der Theorie von KITTEL verstanden werden.

Bei kleinen Gleichfeldstärken H_{z0} besteht noch eine Bezirkstruktur. Ihren Einfluß auf das Resonanzverhalten wurde von POLDER und SMIT [62] und von ARTMAN [31, 32] behandelt.

Abb. 42.3a u. b. Komplexe Permeabilität eines Eisen-Silizium-Quasieinkristalls als Funktion der Gleichfeldstärke H_{z0}. a) Ortskurvendarstellung, b) Komponentendarstellung. (Nach REICH [28])

Nur unter besonderen Bedingungen, wie sie z. B. von SUHL [63] angegeben werden, sind die Voraussetzungen der KITTELschen Theorie auch bei schwachen Resonanzfeldern H_{z0} erfüllt.

Abweichungen der Resonanzkurven von dem theoretisch berechneten Verlauf [z. B. Nebenmaxima der $\mu_{RR}(H_0)$-Kurve] können bei Ferriten auch durch das

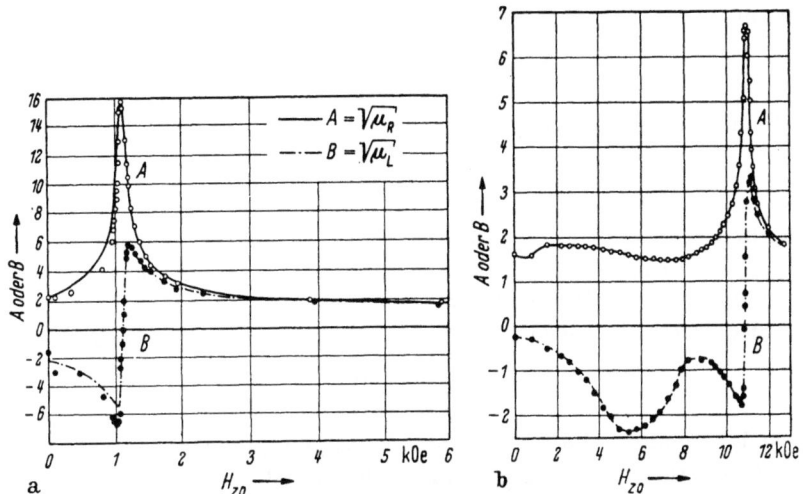

Abb. 42.4a u. b. $\sqrt{\mu_R}$ und $\sqrt{\mu_L}$ von Supermalloy bei paralleler (a) und bei senkrechter (b) Magnetisierung als Funktion des Gleichfeldes H_{z0}. (Nach YOUNG und UEHLING [30])

Auftreten stehender elektromagnetischer Wellen in den meist kugelförmigen Proben bedingt sein [23, 64]. Diese Störung kann durch Variation des Probendurchmessers ausgeschaltet werden [23].

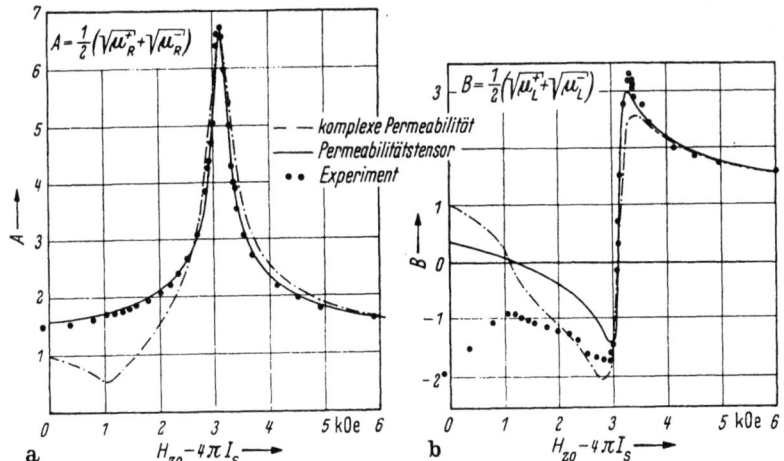

Abb. 42.5 a u. b. Vergleich von Theorie und Experiment bei senkrechter Resonanz von Supermalloy. (Nach YOUNG und UEHLING [30])

42.2.2 Dämpfungsparameter und Linienbreite

Allgemeine Beziehungen. Die in den Bewegungsgleichungen (42.22) bzw. (42.23) auftretende Relaxationsfrequenz λ bzw. $1/T_2$ kann man entweder aus dem Imaginärteil μ_{RR} oder μ_R der Permeabilität (bei kleinen Amplituden des

Hochfrequenzfeldes H_x) im Resonanzpunkt [14, 20, 65] oder aus der Halbwertsbreite ΔH^1 der $\mu_{RR}(H_{z0})$-Kurve [66] ermitteln.

Aus Gl. (42.25b) folgt mit $\omega = \omega_0$ und unter Vernachlässigung der Anisotropieenergie

$$\frac{1}{T_2} = 2\pi \gamma^2 I_s [H_{z0}^{\text{res}} + (N_y - N_z) I_s]/\mu_{RR\,\text{max}} \omega_0 \qquad (42.37)$$

oder, da im Resonanzpunkt $\mu_{LR} = 0$ und daher nach Gl. (42.29) $\mu_R = 2\,\mu_{RR}$ ist

$$\frac{1}{T_2} = 4\pi \gamma^2 I_s [H_{z0}^{\text{res}} + (N_y - N_z) I_s]/\mu_{R\,\text{max}} \omega_0. \qquad (42.37\text{a})$$

$1/T_2$ ergibt sich also aus der Resonanzfeldstärke H_{z0}^{res} der maximalen Permeabilität $\mu_{RR\text{max}}$ bzw. $\mu_{R\text{max}}$ und der Resonanzfrequenz ω_0. γ und I_s können unabhängig bestimmt werden. Die entsprechenden Gleichungen für λ sind komplizierter und werden hier nicht wiedergegeben. Gl. (42.25b) liefert ferner die Beziehung

$$\frac{1}{T_2} = \frac{\gamma \Delta H}{2} \qquad (42.38)$$

zwischen $1/T_2$ und der Halbwertsbreite der $\mu_{RR}(H_{z0})$-Kurve. ΔH ist die echte, nur durch Relaxationsvorgänge bedingte Linienbreite (also nach Abzug der Anisotropieverbreiterung [17]).

Die entsprechende Beziehung für λ lautet [66]

$$\lambda = \gamma I_s \Delta H/H_{\text{eff}}, \qquad (42.39)$$

worin $H_{\text{eff}} = \omega_0/\gamma$ das effektive Feld im Resonanzpunkt bedeutet, welches durch Gl. (42.16) gegeben ist.

Die zweite durch Gl. (42.23) eingeführte Relaxationszeit T_1 kann im Prinzip aus Resonanzmessungen bei größeren Amplituden des Hochfrequenzfeldes H_x [20, 21] bestimmt werden. Bei Resonanz ($\omega = \omega_0$) ist in diesem Fall

$$\frac{\mu_{RR}}{\mu_{RR0}} = \left(1 + \frac{1}{4}\gamma^2 T_1 T_2 \widehat{H}_x^2\right)^{-1}. \qquad (42.40)$$

μ_{RR} ist die durch Gl. (42.28) gegebene Resonanzpermeabilität bei großer Amplitude von $\widehat{H}_x$, und $\mu_{RR0} = 2\pi T_2 \gamma^2 H_{0z} I_s/\omega_0$ die Resonanzpermeabilität bei kleiner Amplitude von H_x [aus Gl. (42.25b) mit $N_x = N_y = N_z$ entsprechend den Voraussetzungen bei der Ableitung von Gl. (42.28)]. Ferner ergibt sich aus Gl. (42.27) mit $\omega = \omega_0$

$$\frac{\bar{I}_z}{I_s} = \left(1 + \frac{1}{4}\gamma^2 T_1 T_2 \widehat{H}_x^2\right)^{-1}. \qquad (42.41)$$

Hat man T_2, wie oben besprochen, ermittelt, dann erhält man T_1 nach Gl. (42.40) oder Gl. (42.41) aus Messungen von μ_{RR}/μ_{RR0} bzw. $\bar{I}_z/I_s$ als Funktion von H_x^2. Bei einem Versuch von DAMON [21] T_1 auf diesem Wege zu ermitteln, ergaben sich allerdings Unstimmigkeiten, die nicht aufgeklärt werden konnten.

Temperaturabhängigkeit. Die Temperaturabhängigkeit von $1/T_2$ bzw. ΔH wurde an verschiedenen Metallen und Legierungen [20, 65] sowie an einer Reihe von Ferriten [14, 66] bis [72] bestimmt. In Abb. 42.6 ist $\mu_R(H_{z0})$ für Supermalloy

---

[1] $\Delta H = 2 \left| H_{z0}^{(\text{res})} - H_{z0}^{(1/2)} \right|$ ist die vollständige Breite der $\mu_{RR}(H_{z0})$-Kurve bei der halben Maximalpermeabilität $\left(H_{z0} = H_{z0}^{(\text{res})} \pm \Delta H/2 \text{ ist die Feldstärke, bei der } \mu_{RR} = \mu_{RR\,\text{max}}/2 \text{ ist.}\right)$

bei verschiedenen Temperaturen nach Messungen von BLOEMBERGEN [20] wiedergegeben. Abb. 42.7 zeigt die aus diesen Messungen sowie aus entsprechenden Messungen an Nickel nach Gl. (42.37a) ermittelte Temperaturabhängigkeit von $1/T_2$. Ähnliche Ergebnisse erhielten STANDLEY und REICH [65]. Eine befriedi-

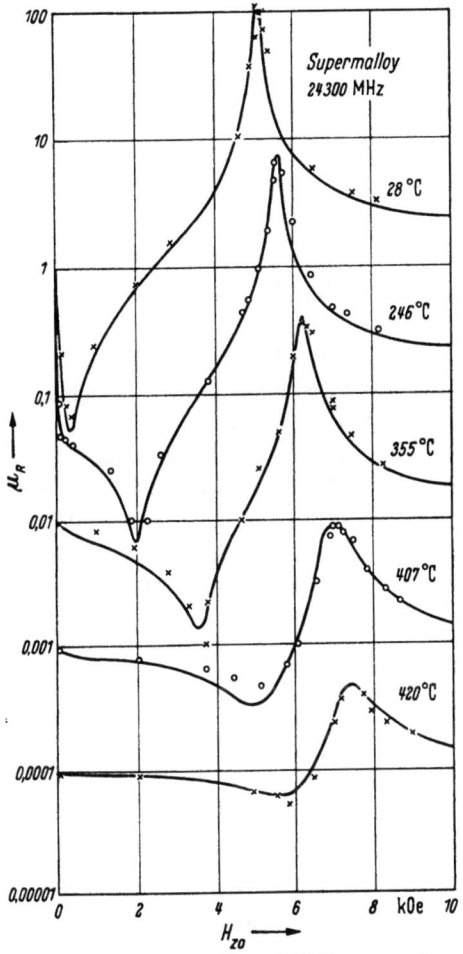

Abb. 42.6. Effektive Permeabilität μ_R von Supermalloy bei 24300 Hz bei verschiedenen Temperaturen als Funktion der Gleichfeldstärke H_{z0}. Die Ordinatenwerte gelten für die oberste Kurve. Jede andere Kurve ist um eine Zehnerpotenz gegen die darüberliegende Kurve nach unten verschoben. Die eingezeichneten Kurven wurden nach der Theorie von KITTEL berechnet. (Nach BLOEMBERGEN [20])

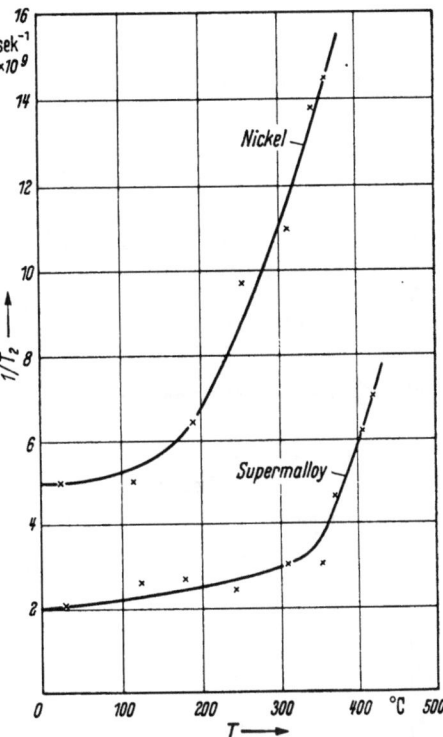

Abb. 42.7. Temperaturabhängigkeit der Linienbreite $1/T_2$ von Nickel und Supermalloy bei 24400 MHz. (Nach BLOEMBERGEN [20])

gende Deutung dieser Ergebnisse konnte bisher nicht gegeben werden. Dasselbe gilt für die Mehrzahl der Ferritmessungen.

An zwei Nickelferrit-Einkristallen mit unterschiedlicher Fe^{++}-Ionenkonzentration haben YAGER, GALT und MERRIT [66, 72] die in Abb. 42.8 dargestellte Temperaturabhängigkeit von ΔH gemessen. Der bei $(NiO)_{0,75}(FeO)_{0,25}F_2O_3$ beobachtete Dämpfungsanstieg mit steigender Temperatur hat offenbar zwei verschiedene Ursachen. Als Ursache des monotonen Anstiegs von ΔH bei höheren Temperaturen sehen die Autoren die durch Zunahme der Leitfähigkeit bedingte Erhöhung der Wirbelstromverluste an. Diese Annahme wird durch das für Ferrite mit großer Leitfähigkeit charakteristische Bestehen einer starken Probengrößenabhängigkeit von ΔH (s. Abb. 42.8) gestützt. Dem Wirbelstromeffekt überlagert ist ein Relaxationseffekt

44*

vom RICHTER-Typus (s. 41.4) mit einem Maximum des Verlustwinkels bei 160°K bei der Frequenz von 24000 MHz. Der Relaxationseffekt tritt anscheinend nur bei Gegenwart von Fe^{++}-Ionen auf, denn er ist (s. Abb. 42.8) in $(NiO)_{0,95}(FeO)_{0,05}Fe_2O_3$ kaum noch merklich. Der Effekt ist ferner, wie Abb. 42.9 und 42.10 zeigen, stark anisotrop. Eine analoge, wenn auch viel schwächere Abhängigkeit der Linienbreite ΔH von der kristallographischen Richtung des Gleichfeldes H_{z0} fanden übrigens DILLON, GESCHWIND und JACCARINO [69] bei $Mn_{0,98}Fe_{1,86}O_4$.

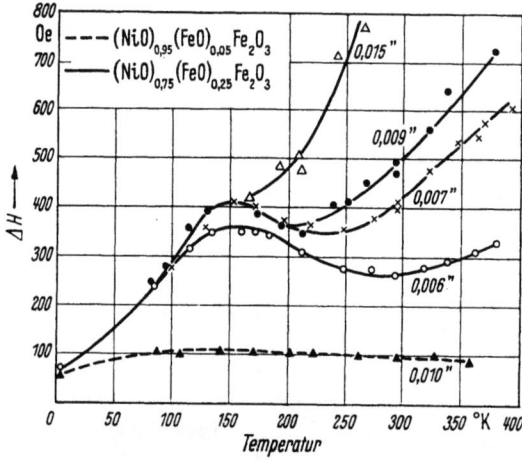

Abb. 42.8. Temperaturabhängigkeit der Linienbreite ΔH bei zwei Ni-Fe-Ferrit-Einkristallen gemessen mit einem Gleichfeld H_{z0} parallel zur [111]-Richtung. Kurvenparameter ist der Dmr. der Probenkugel in in. (Nach YAGER, GALT und MERRIT [66])

YAGER, GALT und MERRIT vermuten, daß die Diffusionsnachwirkung von einer bei Änderung der Magnetisierungsrichtung eintretenden Umordnung der Valenzelektronen herrührt, wie sie von der WIJN-Nachwirkung (s. 41.4.6) her bekannt ist, und geben eine entsprechende phänomenologische Theorie (s. a. [73]) für ihre Meßergebnisse. Die Messungen liefern $\tau_\infty = 1 \cdot 10^{-12}$ sek und $Q = 0,022$ eV. Die genannten Autoren sind der Ansicht, daß überhaupt ein großer Teil der Verluste in Ferriten von derartigen Relaxationseffekten herrührt.

Abhängigkeit der Halbwertsbreite ΔH von der Werkstoffzusammensetzung. STANDLEY und REICH [65] haben ΔH für Nickel und eine große Anzahl von Nickellegierungen bei verschiedenen Temperaturen gemessen. Nach Abb. 42.11 sieht es so aus, als ob für die untersuchten Legierungen ΔH [bestimmt nach Gl. (42.37a)]

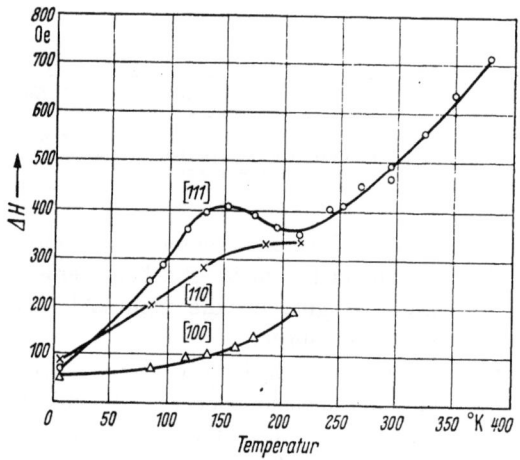

Abb. 42.9. Temperaturabhängigkeit der Linienbreite ΔH bei $(NiO)_{0,75}(FeO)_{0,25}Fe_2O_3$ mit Gleichfeld parallel zu den drei kristallographischen Hauptrichtungen gemessen an einer 0,009-in. Kugel. (Nach YAGER, GALT und MERRIT [66])

eine eindeutige Funktion der Sättigungsmagnetisierung I_s wäre. Eine entsprechende Tendenz ergibt sich auch aus Messungen von OKAMURA [74] an Mn—Zn- und Ni—Zn-Mischferriten. Eine theoretische Erklärung hierfür besteht nicht. SIRVETZ und SAUNDERS [70] haben an Co—Ni-Mischferriten ΔH als Funktion des CoO-Gehalts bestimmt.

Probengrößeneffekte. Die Resonanzmessungen an Ferriten werden im allgemeinen an kugelförmigen Proben geringen Durchmessers (bis herunter zu 0,2 mm Durchmesser) ausgeführt. YAGER, MERRIT und GUILLAUD [64], OKAMURA [74] und TANNENWALD [68] beobachteten, daß ΔH bei konstanter Frequenz von dem Probendurchmesser, und bei verschiedenen Probendurchmessern verschieden stark von der Frequenz abhängt. Nach den Messungen von OKAMURA sieht es so aus, als ob die Extrapolation auf den Durchmesser Null für ein und denselben Werkstoff bei allen Frequenzen auf dieselbe Halbwertsbreite führte, so daß damit die Probengrößeneffekte eliminiert werden könnten.

YAGER, MERRIT und GUILLAUD [64] geben für die Probengrößeneffekte im wesentlichen drei Ursachen an (s. hierzu auch [75, 76]): 1. Ausbildung stehender elektromagnetischer Wellen in der Probe (dimensional resonance), 2. unvollständiges Eindringen des Hochfrequenzfeldes in die Probe und 3. Inhomogenität des inneren, effektiven Feldes.

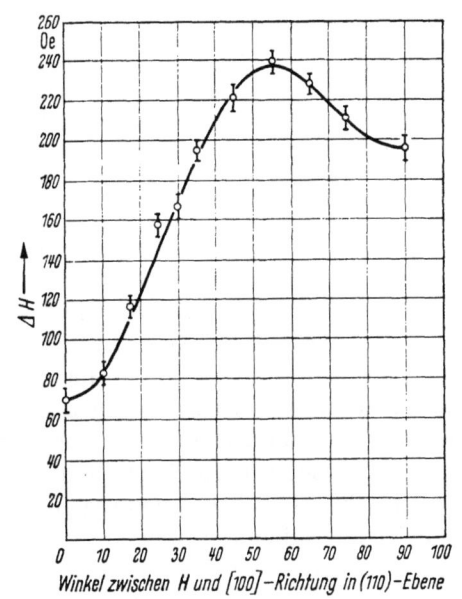

Abb. 42.10. Linienbreite ΔH bei $(NiO)_{0,75}(FeO)_{0,25} Fe_2O_3$ als Funktion des Winkelns zwischen der Magnetisierung I und der [100]-Richtung in der (110)-Ebene gemessen bei 85°K. (Nach YAGER, GALT und MERRIT [66])

Abschließend erwähnen wir noch einige weitere Untersuchungen der Halbwertsbreite [77, 78, 79]. Die bisher geringste Halbwertsbreite haben SPENCER und PORTER [80] an einem Yttrium—Eisen—Granat-Einkristall parallel zur schweren Richtung [100] gemessen. Sie beträgt nur 0,520 Oe.

Eine allgemeine befriedigende theoretische Erklärung der beobachteten Breite der Resonanzlinien konnte, wie schon gesagt, bisher nicht gegeben werden. Eine kritische Übersicht über die diesbezüglichen Arbeiten hat ABRAHAMS [18] gegeben.

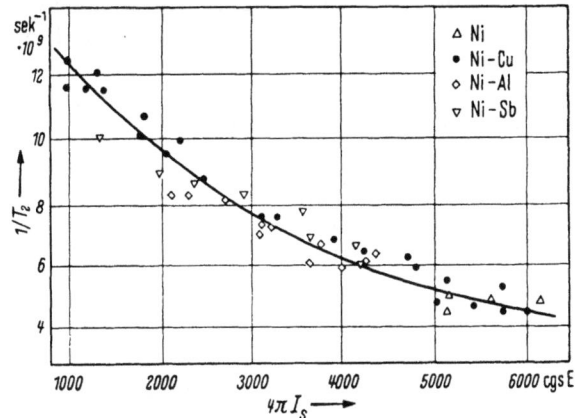

Abb. 42.11. Linienbreite $1/T_2$ verschiedener Nickellegierungen als Funktion der Sättigungsmagnetisierung $4\pi I_s$. (Nach STANDLEY und REICH [65]).

42.2.3 Bestimmung der Anisotropiekonstanten

Das Verfahren zur Bestimmung der Anisotropiekonstanten K_1 und K_2 aus Resonanzmessungen an Einkristallen wurde bereits in 13.3.5 erläutert. Meßergebnisse [13, 14, 23, 59, 60, 66, 67, 68, 69, 71, 72, 81, 86] sind in 13.4 wiedergegeben worden.

Hier sei nur noch erwähnt, daß bei Ferriten eine Ungleichheit der magnetomechanischen Verhältnisse der Untergitter ($\gamma_1 \neq \gamma_2$) zu einem scheinbaren Anisotropiefeld der Größe ($\gamma_1 - \gamma_2$) $H_{z0}/(\gamma_1 + \gamma_2)$ führt [46] (s. a. 42.1.9), wodurch die Messungen von K_1 und K_2 unter Umständen wesentlich verfälscht werden können.

42.2.4 Der g-Faktor von Metallen und Legierungen

Es ist

$$|\gamma| = g \left|\frac{e}{2mc}\right| = g\, 2\pi \cdot 1{,}4 \text{ MHz/Oe}.$$

Bei verschwindender Kristallanisotropie kann g aus Gl. (42.10) berechnet werden, wenn ν_0, H_{z0} und I_s bekannt sind.

Für polykristallines Material mit endlicher Kristallanisotropie kann g näherungsweise ebenfalls aus Gl. (42.10) gewonnen werden. Bei genauerer Betrachtung muß man nach STANDLEY und STEVENS [17] allerdings berücksichtigen, daß durch die Anisotropie nicht nur eine Linienverbreitung, sondern auch eine geringe Frequenzverschiebung des Absorptionsmaximums bewirkt wird.

Bei Einkristallen erhält man g aus Gl. (42.16). Das Anisotropiefeld und I_s werden dabei als bekannt vorausgesetzt. Beide Größen können auf jeden Fall unabhängig bestimmt werden.

Temperaturabhängigkeit. Nach Messungen von BLOEMBERGEN [20] an Nickel und Permalloy und von STANDLEY und REICH [65] an Nickel und einer großen Zahl verschiedener Nickel-Legierungen ist g innerhalb der Meßgenauigkeit unabhängig von der Temperatur.

Einfluß der Probenmessungen. Zur Resonanzmessung verwendet man im allgemeinen dünne Schichten der Metalle. Während nach Messungen von TANNENWALD und SEAVEY [87] an Permalloy g bei Schichtdicken von 760 bis 1400 Å von der Schichtdicke abhängt, ist g nach Messungen von GRIFFITHS [88] an Nickel bei Schichtdicken von 900 bis 18500 Å konstant. Die Zahl der Messungen ist jedoch zu gering, um daraus verbindliche Aussagen über eine Schichtdickenabhängigkeit von g abzuleiten (s. in diesem Zusammenhang auch [89]).

Frequenzabhängigkeit. Auch die Angaben über eine Frequenzabhängigkeit von g sind uneinheitlich. Bei Permalloy bzw. Supermalloy ist nach HOSKINS und WIENER [90], KIP und ARNOLD [85] sowie BLOEMBERGEN [20] g mehr oder weniger stark frequenzabhängig, nach OKAMURA [74] und YAGER und BOZORTH sowie YAGER (s. [91]) dagegen frequenzunabhängig. Bei Nickel ist g nach GRIFFITHS [10] frequenzabhängig, nach BLOEMBERGEN [20] und OKAMURA [74] dagegen nicht. Nach diesen widersprechenden Ergebnissen kann auch über die Frequenzabhängigkeit von g keine verbindliche Aussage gemacht werden. KITTEL und MITCHELL [92] haben versucht, für die beobachtete Frequenzabhängigkeit des g-Faktors eine theoretische Erklärung zu geben.

In Tab. 42.1 sind die aus Resonanzmessungen ermittelten g-Werte „g" und die mit Hilfe gyromagnetischer Experimente (BARNETT- und EINSTEIN-DE HAAS-Versuch) gemessenen g-Werte „g'" einiger Metalle einander gegenübergestellt. Nur in zwei Fällen (Nickel [94]) wurden g und g' an ein und demselben Versuchsmaterial gemessen. ADAM und STANDLEY [103] haben die g-Werte einer

Tabelle 42.1. g-Faktor einiger Metalle

Metall	g	Autor	g'	Autor
Fe	2,14	[10]	1,93 (1)	[96]
	2,14	[85]		
	2,06	[93]	1,93 (6)	[97]
			1,92 (8)	[98]
			1,87 (3) bis 1,91 (9)	[99]
			1,93 (1)	[100]
Ni	2,20	[10, 88]	1,90	[98]
	2,23	[20]		
	2,19	[65]	1,80 (1) bis 1,83	[101]
	2,22	[93]	1,85 (5)	[100]
99,9%	2,156	[94]	1,852	[94]
99,998%	2,193	[94]	1,845	[94]
Co	2,22	[10]	1,86	[98]
Co unterschiedl. Verunreiniggn.			1,83 (7)	[102]
			1,86 (2)	[102]
Gd	1,94	[79]	—	
Heusler-Leg.	2,01	[95]	2,00	[98]

Reihe von Mn-Verbindungen (Mn—As, Mn—Sb, Mn—Bi) gemessen. Besonders zu erwähnen sind noch die Messungen von BAGGULEY [93] an kolloiden Suspensionen ferromagnetischer Metalle.

Aus den gyromagnetischen Experimenten ist seit langem bekannt, daß der g-Faktor ferromagnetischer Stoffe stets unterhalb des reinen Spinwertes $g' = 2{,}0023$ liegt. Es war daher zunächst überraschend, daß die aus Resonanzmessungen ermittelten g-Werte, wie aus Tab. 42.1 hervorgeht, im allgemeinen merklich größer als 2 sind.

KITTEL [91, 28], VAN VLECK [4] und POLDER [3] zeigten unabhängig voneinander, daß diese Diskrepanz durch die prinzipiell unterschiedliche physikalische Natur der beiden Meßverfahren bedingt ist.

Der magnetomechanische Faktor g ist allgemein durch die Gleichung

$$g = \frac{e}{2mc} = \frac{\Delta M}{\Delta L} \tag{42.42}$$

definiert, worin M das magnetische Moment und L das Impulsmoment bedeuten, beide pro Volumeneinheit gerechnet, und es ist

$$\Delta M = \Delta(M_{\text{Gitter}} + M_{\text{Spin}} + M_{\text{Bahn}}),$$
$$\Delta L = \Delta(L_{\text{Gitter}} + L_{\text{Spin}} + L_{\text{Bahn}}). \tag{42.43}$$

Beim gyromagnetischen Experiment bleibt das gesamte Impulsmoment unverändert, d. h. $\Delta L = 0$. Beobachtet wird die Änderung des Impulsmomentes ΔL_{Gitter} des Gitters. Es ist also $\Delta L_{\text{Gitter}} = \Delta L_{\text{Spin}} + \Delta L_{\text{Bahn}}$. M_{Gitter} kann wegen der vergleichsweise geringen Winkelgeschwindigkeit des Gitters gegen M_{Spin} und M_{Bahn} vernachlässigt werden. Damit ergibt sich aus den Gln. (42.42) und (42.43)

$$g' \frac{e}{2mc} = \frac{\Delta (M_{\text{Spin}} + M_{\text{Bahn}})}{\Delta (L_{\text{Spin}} + L_{\text{Bahn}})}. \tag{42.44}$$

Nun ist nach Kap. 2

$$\frac{M_{\text{Spin}}}{L_{\text{Spin}}} = \frac{e}{mc} \quad \text{und} \quad \frac{M_{\text{Bahn}}}{L_{\text{Bahn}}} = \frac{e}{2mc}. \tag{42.45}$$

Setzen wir

$$L_{\text{Bahn}} = \varepsilon L_{\text{Spin}}, \tag{42.46}$$

worin $\varepsilon \ll 1$ ist, dann liefert Gl. (42.44) mit Gl. (42.45) und Gl. (42.46)

$$g' \approx 2 - \varepsilon. \tag{42.47}$$

Bei dem Resonanzexperiment ist dagegen $\Delta L = \hbar$, und man findet, daß in erster Näherung $\Delta L_{\text{Spin}} = \hbar$ und daher $\Delta L_{\text{Bahn}} = -\Delta L_{\text{Gitter}}$ ist. Der durch Gl. (42.2) definierte magnetomechanische Faktor g ist also

$$g \frac{e}{2mc} = \frac{\Delta (M_{\text{Spin}} + M_{\text{Bahn}})}{\Delta L_{\text{Spin}}} \tag{42.48}$$

und daraus

$$g \approx 2 + \varepsilon, \tag{42.49}$$

so daß man

$$g - 2 \approx 2 - g' \tag{42.50}$$

erhält. Diese Beziehung ist nach Tab. 42.1 wenigstens qualitativ, und in einigen Fällen sogar quantitativ erfüllt.

42.2.5 Der g-Faktor von Ferriten

Bei Ferriten liefert die Resonanzmessung einen (bei zwei Untergittern) durch Gl. (42.36) definierten effektiven g-Wert $g_{\text{eff}} = \frac{2mc}{e} \gamma_{\text{eff}}$, den wir im folgenden der Kürze halber einfach mit g bezeichnen.

Einfluß der Probengröße. Zur Resonanzmessung an Ferriten werden im allgemeinen kugelförmige Proben verwendet. Nach Messungen von YAGER, MERRIT und GUILLAUD [64], OKAMURA und KOJIMA [83] und OKAMURA [74] nimmt g mit zunehmendem Probendurchmesser D ab (Abb. 42.12). Dieser Effekt rührt wahrscheinlich von einem unvollständigen Eindringen des Hochfrequenzfeldes in die Probe sowie von der Ausbildung stehender elektromagnetischer Wellen in der Probe her [64]. Die genannten Einflüsse werden durch Extrapolation auf den Probendurchmesser $D = 0$ eliminiert.

Temperatur- und Frequenzabhängigkeit. Mit steigender Temperatur nimmt g im allgemeinen zu [81, 84, 71, 104] oder bleibt praktisch konstant [14, 66]. Nur in einem Fall [69] wurde eine geringe Abnahme beobachtet. Nach zahlreichen Versuchen [105, 74] ist g frequenzabhängig und nimmt mit steigender Frequenz ab. OKAMURA, TORIZUKA und KOJIMA [105] (s. insbesondere auch OKAMURA [74]) haben gezeigt, daß diese Frequenz- und Temperaturabhängigkeit, zunächst formal, auf folgende einfache Weise eliminiert werden kann.

Bei sphärischer Probenform sollte nach Gl. (42.12)

$$v_0 = \frac{\gamma}{2\pi} H_{z0} \qquad (42.51)$$

das Resonanzfeld H_{z0} linear von der Frequenz abhängig sein. Dies ist nach Abb. 42.13 [74] auch tatsächlich der Fall. Extrapoliert man jedoch nach $v_0 = 0$, so ergibt sich nicht $H_{z0} = 0$, wie man nach Gl. (42.51) erwartet, sondern eine endliche Restfeldstärke H_i. Schreibt man also den Zusammenhang zwischen v_0 und H_{z0} in der Form

$$v_0 = \frac{\gamma}{2\pi}(H_{z0} + H_i), \qquad (42.52)$$

worin H_i frequenzunabhängig und entsprechend Abb. 42.13 experimentell bestimmbar ist, dann wird γ ($\gamma/2\pi$ ist die Steigung der Geraden in Abb. 42.13) unabhängig von der Frequenz. Wie OKAMURA [74] gezeigt hat, ist dieses Verfahren bei allen Temperaturen durchführbar. Man findet, daß H_i von der Temperatur abhängt und mit steigender Temperatur abnimmt, während sich ein temperaturunabhängiger g-Wert ergibt. Besonders deutlich werden die Verhältnisse an Hand der Tab. 42.2. g^* bedeutet darin den „scheinbaren", aus Gl. (42.51), und g den „wahren", mit dem experimentellen Wert für H_i aus Gl. (42.52) berechneten g-Wert.

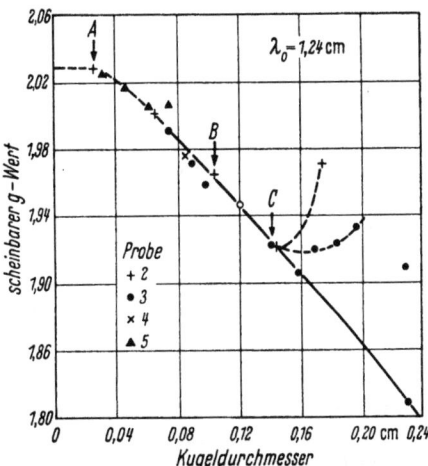

Abb. 42.12. Probengrößeneffekt bei Resonanzabsorption in vielkristallinen Probekugeln aus Mn-Zn-Ferrit. (Nach YAGER, MERRIT und GUILLAUD [64])

OKAMURA [74] hat für eine große Anzahl verschiedener Ferrite die unkorrigierten und die H_i-korrigierten g-Werte angegeben. Außer in den vorher bereits zitierten Arbeiten wurden weitere unkorrigierte g-Werte von Ferriten in den Arbeiten [82, 68, 23, 59, 60, 77, 61, 106] bestimmt.

Ungelöst bei diesem Verfahren zur Korrektur der Frequenz- und Temperaturabhängigkeit von g ist vorläufig das Problem der Herkunft des inneren Feldes H_i. Bereits RADO [107] hatte zur Korrektur der g-Werte das von HOLSTEIN und PRIMAKOFF [108] sowie

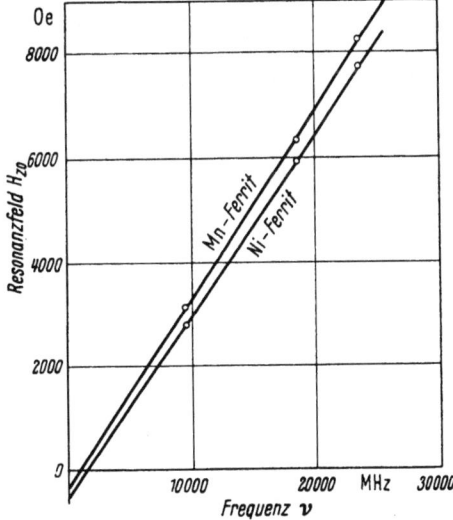

Abb. 42.13. Zusammenhang zwischen Resonanzfeld H_{z0} und Frequenz für Mn-Ferrit und Ni-Ferrit bei Raumtemperatur. (Nach OKMUARA [74])

NÉEL [109] im Zusammenhang mit dem Gesetz der Einmündung in die Sättigung berechnete „innere Feld" in Rechnung gestellt. Diese Rechnung ist jedoch nach Ansicht von BROWN [110] nicht anwendbar. TSUYA [111] glaubt, daß H_i von Hohlräumen in den gesinterten Proben herrührt.

Tabelle 42.2. Scheinbarer und korrigierter g-Wert sowie inneres Feld H_i von Nickel- und Mangan-Ferrit bei Raumtemperatur und bei $-195\,°C$. Die Proben wurden von $1200\,°C$ abgeschreckt (nach Okamura [74])

NiOFe$_2$O$_3$

MHz	$\frac{H_{z_0}}{\text{Oe}}$	g^*	g	T	$\frac{H_i}{\text{Oe}}$
47000	15870	2,12	2,05		
23500	7660	2,19	2,06	R. T.	510
18400	5930	2,22	2,04		
9450	2780	2,43	2,05		
47000	15620	2,15	2,05		
18400	5780	2,27	2,06	$-195\,°C$	600
9450	2640	2,56	2,08		

MnOFe$_2$O$_3$

47000	16620	2,02	1,99		
23500	8150	2,05	1,99	R. T.	280
18400	6320	2,08	1,98		
9450	3120	2,16	1,99		
47000	16390	2,05	1,99		
23500	7950	2,11	1,99	$-195\,°C$	500
18400	6100	2,15	1,99		
9450	2750	2,45	2,07		

Untergittereffekte. Nach Gl. (42.36) kann, wenn $\gamma_1 \neq \gamma_2$ ist, γ_{eff} sowohl Null als auch ∞ werden, nämlich wenn $I_2 = I_1$ bzw. $I_2/\gamma_2 = I_1/\gamma_1$ wird.

MAXWELL, PICKART und HALL [112] ersetzten in Nickel-Ferrit die Eisenionen in zunehmendem Maße durch Aluminiumionen. In Übereinstimmung mit der theoretischen Vorstellung nimmt dabei $I_s = |I_2 - I_1|$ ab, wechselt das Vorzeichen (bei NiFe$_{1,3}$Al$_{0,7}$O$_4$) und steigt dann wieder an. Die von McGUIRE [113] an diesen Spinellen bestimmten effektiven g-Werte g_{eff} sind in Abb. 42.14 als Funktion der Aluminiumionenkonzentration wiedergegeben. An Hand des Verlaufs von I_s gab McGUIRE ferner eine wahrscheinliche Verteilung der Fe^{+++}- und Ni^{++}-Ionen auf Oktaeder- und Tetraederlagen an.

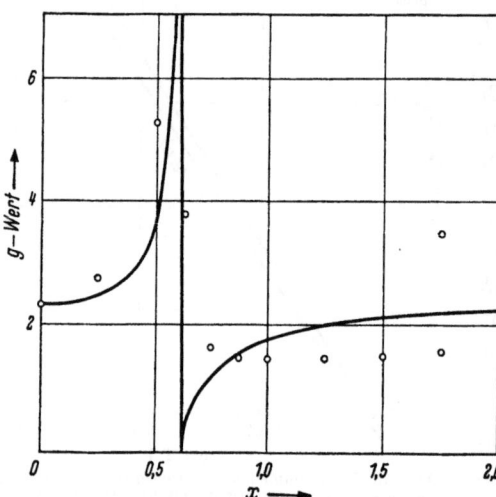

Abb. 42.14. g-Faktor von NiOFe$_{(2-x)}$Al$_x$O$_1$ als Funktion der Al-Ionenkonzentration x nach Messungen von McGUIRE [113]. Die eingezeichnete Kurve wurde berechnet. (Nach WANGSNESS [46])

Mit dieser Verteilung berechnete WANGSNESS [46] nach Gl. (42.36) die theoretischen g_{eff}-Werte. Bei der Zusammensetzung NiFe$_{1,4}$Al$_{0,6}$O$_4$ ergibt sich gerade

$I_2/\gamma_2 - I_1/\gamma_1 = 0$ und damit $\gamma_{\text{eff}} = \infty$. Bei $\text{NiFe}_{1,3}\text{Al}_{0,7}\text{O}_4$ wird dann $I_s = I_2 - I_1 = 0$ und damit $\gamma_{\text{eff}} = 0$. Der theoretische Verlauf von γ_{eff} ist vergleichsweise in Abb. 42.14 eingetragen. In Anbetracht der Tatsache, daß die $\text{NiFe}_{2-x}\text{Al}_x\text{O}_4$-Spinelle strenggenommen ein System mit vier Untergittern bilden, die Rechnung von WANGSNESS also nur eine vereinfachende Näherung darstellt, ist die Übereinstimmung mit den experimentellen Ergebnissen sehr befriedigend und kann als eine wesentliche Stütze der Theorie gewertet werden.

Ein qualitativ ähnliches Verhalten wie in Abb. 42.14 zeigt die Temperaturabhängigkeit von g_{eff} bei einem Lithium—Chrom-Ferrit ($\text{Li}_{0,5}\text{Fe}_{1,25}\text{Cr}_{1,25}\text{O}_4$) nach Messungen von VAN WIERINGEN [114]. Die resultierende spontane Magnetisierung dieses Ferrits geht bei etwa 311 °K durch Null (s. Abb. 6.18) [115]. Dort verschwindet auch der (extrapolierte) g_{eff}-Wert. Bei etwa 335 °K wird γ_{eff} sehr groß (> 6), woraus man auf ein Verschwinden des resultierenden Impulsmomentes in der Nähe dieser Temperatur schließen kann.

Wenn auch in den beiden hier diskutierten Fällen weitgehend verschiedene Verhältnisse vorliegen, so können doch die Meßergebnisse im Prinzip in analoger Weise verstanden werden: Die resultierende Magnetisierung und das resultierende Bahnmoment verschwinden nicht gleichzeitig.

42.2.6 Spontane Magnetisierung

Es sei hier noch erwähnt, daß die vielfach unbekannte spontane Magnetisierung I_s auf verschiedene Weise gleichzeitig mit g bzw. γ aus Resonanzmessungen gewonnen werden kann.

Resonanzmessung bei zwei verschiedenen Frequenzen liefert zwei Gleichungen [der Form Gl. (42.10) oder Gl. (42.16)] für die beiden Unbekannten γ und I_s [85]. Eine gewisse Unsicherheit ergibt sich bei dieser Methode durch die Frequenzabhängigkeit von g.

Unter Verwendung der Gln. (42.10) und (42.30) (Resonanz- und Antiresonanzpunkt) können γ und I_s aus einer einzigen $\mu_{RR}(H_{z0})$- bzw. $\mu_R(H_{z0})$-Kurve gewonnen werden [20, 27]. Die Anwendbarkeit dieser Methode ist jedoch dadurch in Frage gestellt, daß (s. z. B. Abb. 42.2 und 42.6) der Antiresonanzpunkt im allgemeinen bei relativ kleinen Gleichfeldstärken H_{z0} auftritt, bei welchen eine homogene Sättigung der Proben nicht mehr gewährleistet ist.

Schließlich können γ und I_s nach Gl. (42.10) bzw. (42.16) auch durch Variation der Probenform bestimmt werden [14, 83, 84]. Prinzipielle Einwände gegen diese Methode können nicht erhoben werden (abgesehen davon, daß diese Methode, im Gegensatz zu den beiden erstgenannten nur bei Stoffen mit hohem spezifischem Widerstand anwendbar ist), wenn es gelingt, die Entmagnetisierungsfaktoren der verschiedenen Probenformen hinreichend genau zu ermitteln. Ein Verfahren hierzu haben GRIFFITHS und MACDONALD [116] angegeben.

Erwähnt seien abschließend noch einige weitere Messungen der ferromagnetischen Resonanz in Metallen [117, 118], kolloiden Metallsuspensionen [93, 119], oxydischen Werkstoffen [120] bis [127] und Pyrrhotite [128].

Zusammenfassend wurde von KITTEL [28], REICH [129] und BLOEMBERGEN [35] über die ferromagnetischen Resonanzerscheinungen berichtet.

Literatur zu Kap. 42

[1] LUTTINGER, J. M., u. CH. KITTEL: Helv. phys. Acta 21 (1948) S. 480.
[2] RICHARDSON, J. M.: Phys. Rev. 75 (1949) S. 1630.
[3] POLDER, D.: Phil. Mag. 40 (1949) S. 99.
[4] VAN VLECK, J. H.: Phys. Rev. 78 (1950) S. 266.
[5] VAN VLECK, J. H.: Physica, Haag 17 (1951) S. 234.
[6] POLDER, D.: Physica, Haag 15 (1949) S. 253.
[7] GANS, R., u. R. G. LOYARTE: Ann. Phys., Lpz. 64 (1921) S. 209.
[8] DORFMAN, J.: Z. Phys. 17 (1923) S. 98.
[9] LANDAU, L., u. E. LIFSHITZ: Phys. Z. Sowjet. 8 (1935) S. 153.
[10] GRIFFITHS, J. H. E.: Nature, Lond. 158 (1946) S. 670.
[11] KITTEL, CH.: Phys. Rev. 71 (1947) S. 270.
[12] KITTEL, CH.: Phys. Rev. 73 (1948) S. 155.
[13] BICKFORD, L. R.: Phys. Rev. 78 (1950) S. 449.
[14] HEALY, D. W.: Phys. Rev. 86 (1952) S. 1009.
[15] GRIFFITHS, J. E. H.: Physica, Haag 17 (1951) S. 253.
[16] MACDONALD, J. R.: Phys. Rev. 81 (1951) S. 312.
[17] STANDLEY, K. J., u. K. W. H. STEVENS: Proc. phys. Soc., Lond. B 69 (1956) S. 993.
[18] ABRAHAMS, E.: Adv. in Electronics and Electron Physics 6 (1954) S. 47.
[19] KITTEL, CH., u. E. ABRAHAMS: Rev. Mod. Phys. 25 (1953) S. 233.
[20] BLOEMBERGEN, N.: Phys. Rev. 78 (1950) S. 572.
[21] DAMON, R. W.: Rev. Mod. Phys. 25 (1953) S. 239.
[22] BLOCH, F.: Phys. Rev. 70 (1946) S. 460.
[23] YAGER, W. A., J. K. GALT, F. R. MERRIT u. E. A. WOOD: Phys. Rev. 80 (1950) S. 744.
[24] FRENKEL: J. Phys. USSR 9 (1945) S. 299.
[25] BELJERS, H. G.: Physica, Haag 14 (1949) S. 629.
[26] BOZORTH, R. M.: „Ferromagnetismus", New York: D. van Nostrand (1951).
[27] YAGER, W. A.: Phys. Rev. 73 (1948) S. 1247; 75 (1949) S. 316.
[28] KITTEL, CH.: J. Phys. Radium 12 (1951) S. 291.
[29] YOUNG, J. A., u. E. A. UEHLING: Phys. Rev. 90 (1953) S. 990.
[30] YOUNG, J. A., u. E. A. UEHLING: Phys. Rev. 94 (1954) S. 544.
[31] ARTMAN, J. O.: Phys. Rev. 105 (1957) S. 74.
[32] ARTMAN, J. O.: Phys. Rev. 105 (1957) S. 62.
[33] ARTMAN, J. O.: Proc. Instn. Radio Engrs. 44 (1956) S. 1284.
[34] ARTMAN, J. O., u. P. E. TANNENWALD: J. Appl. Phys. 26 (1955) S. 1124.
[35] BLOEMBERGEN, N.: Proc. Instn. Radio Engrs. 44 (1956) S. 1259.
[36] KITTEL, CH., u. C. HERRING: Phys. Rev. 77 (1950) S. 725.
[37] AMENT, W. S., u. G. T. RADO: Phys. Rev. 97 (1955) S. 1558.
[38] REICH, K. H.: Phys. Rev. 101 (1956) S. 1647.
[39] MACDONALD: J. R. Phys. Rev. 103 (1956) S. 280.
[40] RODBELL, D. S.: J. Appl. Phys. 30 (1959) S. 187.
[41] KITTEL, CH.: Phys. Rev. 110 (1958) S. 1295.
[42] SEAVY, M. H. jr., u. P. E. TANNENWALD: Phys. Rev. 111 (1958) S. 168.
[43] SEAVY, M. H. jr., u. P. E. TANNENWALD: J. App. Phys. 30 (1959) S. 227.
[44] KAPLAN, J., u. CH. KITTEL: J. chem. Phys. 21 (1953) S. 760.
[45] BROWN, F., u. D. PARK: Phys. Rev. 93 (1954) S. 381.
[46] WANGSNESS, R. K.: Phys. Rev. 91 (1953) S. 1085.
[47] WANGSNESS, R. K.: Amer. J. Phys. 24 (1956) S. 60.
[48] KITTEL, CH.: Phys. Rev. 82 (1951) S. 565.
[49] NAGAMIYA, T.: Progr. Theoret. Phys. (Japan) 6 (1951) S. 342.
[50] NAGAMIYA, T., K. YOSIDA u. R. KUBO: Adv. in Phys. 4 (1955) S. 1.
[51] KEFFER, F., u. CH. KITTEL: Phys. Rev. 85 (1952) S. 329.
[52] WANGSNESS, R. K.: Phys. Rev. 86 (1952) S. 146.
[53] OKAMURA, T., Y. TORIZUKA u. Y. KOJIMA: Sci. Rep. Tohoku Univ. 13 (1951) S. 209.
[54] OKAMURA, T., Y. TORIZUKA u. Y. KOJIMA: Phys. Rev. 82 (1951) S. 285.
[55] WANGSNESS, R. K.: Phys. Rev. 89 (1953) S. 142.
[56] MAXWELL, L. R., T. R. MCGUIRE: Rev. Mod. Phys. 25 (1953) S. 279.

[57] GESCHWIND, S., u. L. R. WALKER: J. Appl. Phys. 30 (1959) S. 163.
[58] REICH, K. H.: Frequenz 10 (1956) S. 11.
[59] OKAMURA, T., u. Y. TORIZUKA: Sci. Rep. Tohoku Univ. A 2 (1950) S. 822.
[60] HIRONE, T., H. WARTANABE, J. MIZUNO u. N. TSUYA: Sci. Rep. Tohoku Univ. A 2 (1950) S. 774.
[61] SMIT, J., u. H. G. BELJERS: Philips Res. Rep. 10 (1955) S. 113.
[62] POLDER, D., u. J. SMIT: Rev. Mod. Phys. 25 (1953) S. 89.
[63] SUHL, H.: Phys. Rev. 97 (1955) S. 555.
[64] YAGER, W. A., F. R. MERRIT u. CH. GUILLAUD: Phys. Rev. 81 (1955) S. 477.
[65] STANDLEY, K. J., u. K. H. REICH: Proc. phys. Soc., Lond. B 68 (1955) S. 713.
[66] YAGER, W. A., J. K. GALT u. F. R. MERRIT: Phys. Rev. 99 (1955) S. 1203.
[67] OKAMURA, T., Y. KOJIMA u. Y. TORIZUKA: Sci. Rep. Tohoku Univ. A 4 (1952) S. 72.
[68] ANNENWALD, P. E.: Phys. Rev. 100 (1955) S. 1713.
[69] DILLON, J. F., S. GESCHWIND u. V. JACCARINO: Phys. Rev. 100 (1955) S. 750.
[70] SIRVETZ, M. H., u. J. H. SAUNDERS: Phys. Rev. 102 (1956) S. 366.
[71] DILLON, J. F. jr.: Phys. Rev. 105 (1957) S. 759.
[72] GALT, J. K., W. A. YAGER u. F. R. MERRIT: Phys. Rev. 93 (1954) S. 1119.
[73] CLOGSTON, A. M.: Bell. Syst. techn. J.
[74] OKAMURA, T.: Sci. Rep. Tohoku Univ. A 6 (1954) S. 89.
[75] BROCKMAN, F. G., P. A. DOWLING u. W. G. STEINECK: Phys. Rev. 77 (1950) S. 85.
[76] ARTMAN, J. O.: J. Appl. Phys. 28 (1957) S. 92.
[77] GUILLAUD, CH., W. A. YAGER, F. R. MERRIT u. CH. KITTEL: Phys. Rev. 79 (1950) S. 181.
[78] KIP, A. F.: Rev. Mod. Phys. 25 (1953) S. 229.
[79] KIP, A. F., CH. KITTEL, A. M. PORTIS, R. BARTON u. F. A. SPEDDING: Phys. Rev. 89 (1953) S. 518.
[80] SPENCER, E. G., u. C. S. PORTER: Phys. Rev. 110 (1958) S. 1311.
[81] BICKFORD, L. R.: Phys. Rev. 76 (1949) S. 137.
[82] YAGER, W. A., J. K. GALT, F. R. MERRIT, E. A. WOOD u. B. T. MATTHIAS: Phys. Rev. 79 (1950) S. 214.
[83] OKAMURA, T., u. Y. KOJIMA: Phys. Rev. 86 (1952) S. 1040.
[84] OKAMURA, T., u. Y. KOJIMA: Phys. Rev. 85 (1952) S. 690.
[85] KIP, A. F., u. R. D. ARNOLD: Phys. Rev. 75 (1949) S. 1556.
[86] REICH, K. H.: Phys. Rev. 101 (1956) S. 1647.
[87] TANNENWALD, P. E., u. M. H. SEAVEY: Phys. Rev. 105 (1957) S. 377.
[88] GRIFFITHS, J. H. E.: Physica, Haag 17 (1951) S. 253.
[89] MacDONALD, J. R.: Phys. Rev. 81 (1951) S. 312.
[90] HOSKINS, R., u. G. WIENER: Phys. Rev. 96 (1954) S. 1153.
[91] KITTEL, CH.: Phys. Rev. 76 (1949) S. 176, 743.
[92] KITTEL, CH., u. A. H. MITCHELL: Phys. Rev. 101 (1956) S. 1611.
[93] BAGGULEY, D. M. S.: Proc. roy. Soc., Lond. A 228 (1955) S. 549.
[94] MEYER, A. J. P.: C. R. Acad. Sci., Paris 246 (1958) S. 1294.
[95] YAGER, W. A., u. F. R. MERRIT: Phys. Rev. 75 (1949) S. 318.
[96] BARNETT, S. J.: Phys. Rev. 66 (1944) S. 224.
[97] MEYER, A. J. P.: Ann. Phys., Paris 6 (1951) S. 171.
[98] BARNETT, S. J., u. G. S. KENNY: Phys. Rev. 87 (1952) S. 723.
[99] SCOTT, G. G.: Phys. Rev. 99 (1955) S. 1241.
[100] MEYER, A. J. P., u. S. BROWN: J. Phys. Radium 18 (1957) S. 161.
[101] SCOTT, G. G.: Phys. Rev. 103 (1956) S. 561.
[102] SCOTT, G. G.: Phys. Rev. 104 (1956) S. 1497.
[103] ADAM, G. D., u. K. J. STANDLEY: Proc. phys. Soc., Lond. A 66 (1953) S. 823.
[104] KOMAR, A. P., u. N. I. KRIVKO: Dokl. Akad. Nauk SSSR 114 (1957) S. 64.
[105] OKAMURA, T. O., Y. TORIZUKA u. Y. KOJMA: Phys. Rev. 88 (1952) S. 1425.
[106] BELJERS, H. G., u. D. POLDER: Nature, Lond. 165 (1950) S. 800.
[107] RADO, G. T.: Phys. Rev. 75 (1949) S. 893, 1451.
[108] HOLSTEIN, T., u. H. PRIMAKOFF: Phys. Rev. 59 (1941) S. 388.
[109] NÉEL, L.: J. Phys. Radium 9 (1948) S. 193.
[110] BROWN, W. F.: Phys. Rev. 75 (1949) S. 1959.

[111] Tsuya, N.: J. phys. Soc., Japan 9 (1954) S. 644.
[112] Maxwell, L. R., S. J. Pickart u. R. C. Hall: Phys. Rev. 92 (1953) S. 1120.
[113] McGuire, T. R.: Phys. Rev. 91 (1953) S. 206.
[114] van Wieringen, J. S.: Phys. Rev. 90 (1953) S. 488.
[115] Gorter, E. W., u. J. A. Schulkes: Phys. Rev. 90 (1953) S. 487.
[116] Griffiths, J. E. H., u. J. R. MacDonald: J. Sci. Instrum. 28 (1951) S. 56.
[117] Itoh, J., u. T. Akioka: Phys. Rev. 77 (1950) S. 293.
[118] Cowen, J. A., u. R. D. Sopence: Phys. Rev. 90 (1953) S. 359.
[119] Hoskins, R., u. G. Wiener: Phys. Rev. 96 (1954) S. 1153.
[120] Okamura, T., Y. Torizuka u. Y. Kojima: Phys. Rev. 84 (1951) S. 372.
[121] Okamura, M., Y. Kojima u. Y. Torizuka: Sci. Rep. Tohoku Univ. A 3 (1951) S. 725.
[122] Weiss, M. T., u. P. W. Anderson: Phys. Rev. 98 (1955) S. 925.
[123] Suhl, H., L. G. van Uitert u. L. J. Davis: J. Appl. Phys. 26 (1955) S. 1180.
[124] Rauleve, J.: C. R. Acad. Sci., Paris 241 (1955) S. 548.
[125] LeCraw, R. C., E. G. Spencer u. C. S. Porter: J. Appl. Phys. 29 (1958) S. 326.
[126] Schlömann, E., u. J. R. Zeender: J. Appl. Phys. 29 (1958) S. 326.
[127] Calhoun, B. A., W. V. Smith u. J. Overmeyer: J. Appl. Phys. 29 (1958) S. 427.
[128] Fujimura, T., u. Y. Torizuka: J. phys. Soc., Japan 11 (1956) S. 327.
[129] Reich, K. H.: Z. angew. Phys. 6 (1954) S. 326.

VIII. Mechanische Eigenschaften

43. Elastisches Verhalten ferromagnetischer Stoffe

43.1 Spannung-Dehnung-Kurve

Wie wir in Kap. 16 und Kap. 17 ausgeführt haben, ändert sich die lokale Richtung der spontanen Magnetisierung in einem ferromagnetischen Körper unter der Wirkung einer äußeren Last (Zug- und Druckspannung) derart, daß die durch die Magnetisierungsänderung bedingte magnetostriktive Verzerrung die gestaltsändernde Wirkung der Last vergrößert. Das heißt, unter Zugspannung tritt eine magnetostriktive Verlängerung und unter Druckspannung eine magnetostriktive Verkürzung, jeweils in Spannungsrichtung, ein. Zu der rein elastischen Dehnung ε_0 infolge einer Zugspannung kommt also in einem ferromagnetischen Stoff eine magnetostriktive Dehnung ε_λ hinzu. Damit ist die Gesamtdehnung

$$\varepsilon = \varepsilon_0 + \varepsilon_\lambda = \frac{\sigma}{E} > \varepsilon_0 = \frac{\sigma}{E_0}. \qquad (43.1)$$

Da die Magnetisierung nicht frei drehbar und Bloch-Wände nicht beliebig leicht verschieblich sind, wird durch eine unendlich kleine Spannung keine endliche magnetostriktive Dehnung erzeugt. Der Elastizitätsmodul E wird also entsprechend Gl. (43.1) im Ferromagnetikum nicht Null. Aber er ist mitunter erheblich kleiner als der rein elastische E-Modul E_0, den man messen würde, wenn die spontane Magnetisierung nach Richtung und Betrag konstant wäre. Da ferner, etwa vom pauschal unmagnetischen Zustand ausgehend, die magnetostriktive Dehnung nicht größer als die Sättigungsmagnetostriktion λ_s werden kann, ist der E-Modul als Funktion der Spannung nicht konstant. Insgesamt erhält man den in Abb. 43.1a schematisch dargestellten Verlauf OU der Spannung—Dehnung-Kurve mit dem in Abb. 43.1b gezeigten Verlauf von E. Wenn die Magnetisierung durch die äußere Spannung vollkommen ausgerichtet ist, mündet die vom pauschal unmagnetischen

Zustand ausgehend gemessene $\varepsilon(\sigma)$-Kurve in eine Gerade ein, welche im Abstand λ_s parallel zu der HOOKEschen Geraden OS verläuft, welche dann gemessen wird, wenn man die magnetostriktive Dehnung vor Anbringen der Spannung durch ein starkes Magnetfeld entweder verhindert oder vorwegnimmt. Die Einmündung in den geraden Verlauf erfolgt bei um so höherer Spannung, je kleiner die Permeabilität des Materials ist, d. h. je stärker die zur Erzeugung der magnetostriktiven Dehnung erforderlichen Magnetisierungsänderungen durch Störungen und Anisotropiefelder behindert sind.

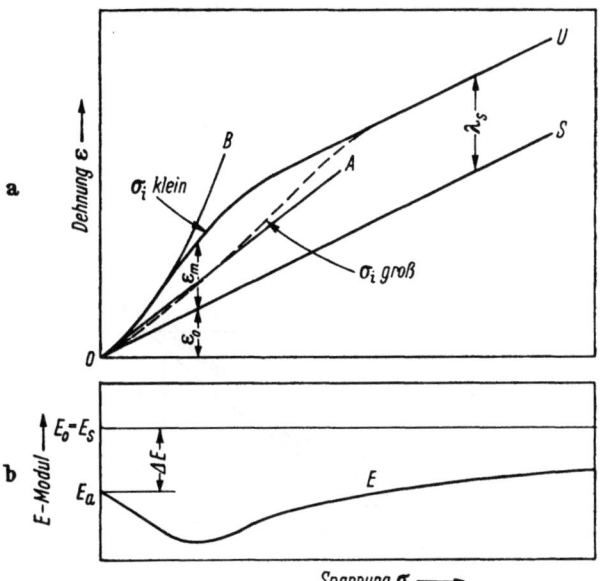

Wie aus 30.6 hervorgeht, ist die Wirkung einer elastischen Spannung auf die Magnetisierung und die Bezirkstruktur der Wirkung eines Magnetfeldes äquivalent, mit der einen

Abb 43.1 a u. b. Elastisches Verhalten ferromagnetischer Kristalle.
a) Dehnung als Funktion der Spannung im gesättigten Zustand (OS) und im pauschal unmagnetischen Zustand (OU) bei kleinen Eigenspannungen (ausgezogene Kurve) und großen Eigenspannungen (gestrichelte Kurve).
b) Elastizitätsmodul als Funktion der Spannung. Im gesättigten Zustand ist $E_0 = E_S = $ konst. Im pauschal unmagnetischen Zustand wird der gezeichnete Verlauf von E gemessen

Ausnahme, daß antiparallele Magnetisierungsrichtungen im Spannungsfeld energetisch gleichwertig sind; das heißt, 180°-Wände erfahren im homogenen Spannungsfeld keine Kraft. Die Magnetisierungsvorgänge beim Anlegen eines Magnetfeldes und beim Anbringen einer äußeren, elastischen Spannung sind also in gewisser Hinsicht vergleichbar.

In schwachen Magnetfeldern gilt in vielen Stoffen das RAYLEIGH-Gesetz (s. Kap. 33). Nun mißt man nach KORNETZKI [1] auch bei einer periodischen, elastischen Wechselspannung kleiner Amplitude im pauschal unmagnetischen Zustand entsprechend Abb. 43.2 eine elastische Hystereseschleife. Wird das Material gesättigt, dann schrumpft die Schleife praktisch zu einer Geraden zusammen. Abb. 43.3 zeigt entsprechende Meßergebnisse von BECKER und KORNETZKI [2]. Die Spannungsaussteuerung der dort gezeigten Schleife ist allerdings so groß, daß nahezu magnetostriktive Sättigung erreicht wird.

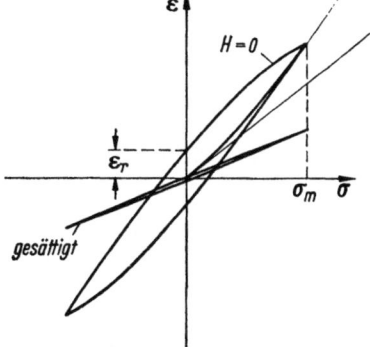

Abb. 43.2. Elastische Hystereseschleife eines ferromagnetischen Stoffs im pauschal unmagnetischen Zustand ($H = 0$) und im gesättigten Zustand

Aus dem engen Zusammenhang zwischen den Magnetisierungsvorgängen und dem elastischen Verhalten bei kleinen Spannungen schloß KORNETZKI [1, 3] auf ein dem RAYLEIGH-Gesetz analoges Verhalten der Dehnung—Spannung-Kurve. Sinngemäß hat man dabei H durch σ, I durch ε und entsprechend χ durch

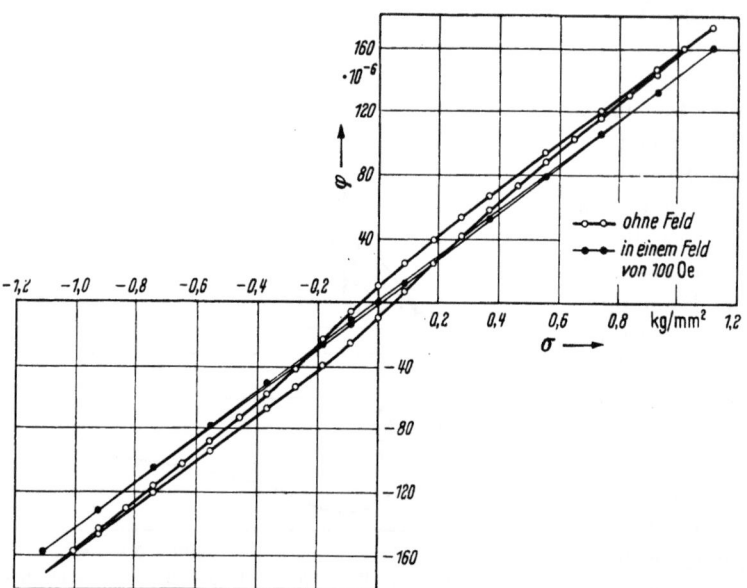

Abb. 43.3. Elastische Torsionshysterese von Carbonyleisendraht im Feld Null (pauschal unmagnetischer Zustand) und im Feld $H = 100$ Oe (näherungsweise gesättigt). (Nach BECKER und KORNETZKI [2])

den reziproken E-Modul zu ersetzen. Für die Dehnung ergibt sich dann in Analogie zu (33.9)

$$\varepsilon_\lambda = a\,\sigma + b\,\sigma^2 \tag{43.2}$$

mit konstanten Koeffizienten a und b und damit

$$\varepsilon = \varepsilon_0 + a\,\sigma + b\,\sigma^2 = \left(\frac{1}{E_0} + a\right)\sigma + b\,\sigma^2 \tag{43.3}$$

und

$$\frac{\varepsilon}{\sigma} = \frac{1}{E} = \left(\frac{1}{E_0} + a\right) + b\,\sigma = \frac{1}{E_a} + b\,\sigma \tag{43.4}$$

Gl. (43.3) entspricht Gl. (33.9) und Gl. (43.4) entspricht Gl. (33.10). Wie in Abb. 43.1 veranschaulicht, steigt demnach die Dehnung ε zunächst quadratisch mit der Spannung an (Kurve OB). Die Anfangssteigung dieser Kurve ist durch die Gerade OA angedeutet. Sie ist gleich dem im pauschal unmagnetischen Zustand bei verschwindender Spannungsamplitude gemessenen reziproken E-Modul $1/E_a = 1/E_0 + a$.

Im magnetisch gesättigten Zustand wird der Einfluß der Gestaltsmagnetostriktion ausgeschaltet und damit der höhere E-Modul E_s gemessen. Bei kleiner Volumenmagnetostriktion ist, wie wir in 43.1.2 sehen werden, praktisch $E_s = E_0$. Die Differenz

$$\frac{1}{E_a} - \frac{1}{E_s} = \frac{E_s - E_a}{E_s E_a} = \Delta\left(\frac{1}{E}\right) \tag{43.5}$$

wird als ΔE-Effekt bezeichnet.

Wenn $b\,\sigma \ll 1/E_a$ ist (und das ist praktisch fast immer der Fall), dann kann man Gl. (43.4) auf die Form

$$E \approx E_a(1 - E_a\,b\,\sigma) \approx E_a(1 - E_a^2\,b\,\varepsilon) \qquad (43.6)$$

bringen. Danach nimmt E in ferromagnetischen Stoffen bei kleinen Spannungsamplituden bzw. kleinen elastischen Auslenkungen linear mit der Spannungsamplitude σ bzw. der Auslenkung ε ab (s. Abb. 43.1b). Dieser lineare Abfall von E wurde von FÖRSTER und KÖSTER [4] an Eisen—Nickel-Legierungen mit 40 bis 100% Nickel experimentell nachgewiesen. Abb. 43.4 zeigt die genannten Meßergebnisse.

Für den elastischen Hystereseverlust pro Zyklus, d. h. den Flächeninhalt der elastischen Hystereseschleife erhält man in Analogie zu Gl. (33.12)

$$\Delta W_{el} = \frac{4\,b}{3}\sigma^3 \qquad (43.7)$$

und für die elastische Remanenz in Analogie zu Gl. (33.6)

$$\varepsilon_r = \frac{b}{2}\sigma^2. \qquad (43.8)$$

Für schwach gedämpfte mechanische Schwingungen folgt ferner aus Gl. (44.7) die Beziehung

$$\Delta W_{el} = \vartheta E\,\varepsilon^2, \qquad (43.9)$$

wobei ϑ das logarithmische Dekrement bedeutet. Unter derselben Voraussetzung wie oben ($b\,\sigma \ll 1/E_a$) ergibt sich aus Gl. (43.4) $\sigma = \varepsilon\,E_a$ sowie $E \approx E_a$ und damit durch Gleichsetzen von Gl. (43.7) und Gl. (43.9) (s. a. [3])

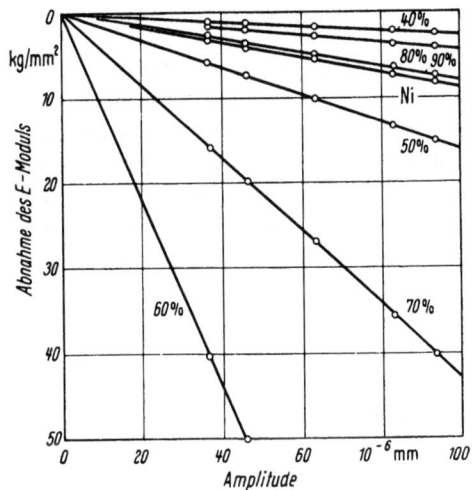

Abb. 43.4. Abnahme des Elastizitätsmoduls der reversiblen Eisen—Nickel-Legierungen als Funktion der elastischen Verformungsamplitude. (Nach FÖRSTER und KÖSTER [4])

$$\vartheta = \left(\frac{4}{3}\right)E_a^2\,b\,\varepsilon, \qquad (43.10)$$

d. h. die elastische Hysteresedämpfung eines pauschal unmagnetischen Ferromagnetikums ist proportional zur Schwingungsamplitude ε. Dieses Ergebnis wurde von SNOEK [5] experimentell bestätigt. Der Einfluß der Volumenmagnetostriktion auf das elastische Verhalten wird in 43.3 behandelt werden.

Nach Versuchsergebnissen von BOZORTH, MASON und MCSKIMIN [10] sind die an einem magnetisch gesättigten Nickel-Einkristall gemessenen elastischen Konstanten von der kristallographischen Richtung der spontanen Magnetisierung abhängig. Dieser Effekt ist nach MASON [11] durch die Änderung der Kristallsymmetrie infolge der Magnetostriktion bedingt (morphic-effect).

43.2 Der ΔE-Effekt

Bei der theoretischen Behandlung des durch Richtungsänderungen der spontanen Magnetisierung bedingten ΔE-Effekts haben wir, wie seinerzeit bei der Berechnung der Anfangssuszeptibilität, grundsätzlich zwei Fälle zu unterscheiden.

1. Ist die Spannungsanisotropie der Eigenspannungen stark gegen die Kristallanisotropie ($\lambda_s \sigma_i \gg K_1$), dann ändert sich die lokale Magnetisierungsrichtung beim Anlegen einer äußeren Spannung vorwiegend durch Drehprozesse. 2. Überwiegt dagegen die Kristallanisotropie ($\lambda_s \sigma_i \ll K_1$), dann bewirkt eine schwache äußere Spannung vorwiegend Wandverschiebungen, und zwar primär nur Nicht-180°-Wandverschiebungen. Denn antiparallele Magnetisierungsrichtungen sind im Anisotropiefeld einer Spannung energetisch gleichwertig.

Der ΔE-Effekt wurde erstmals von AKULOV und KONDORSKIJ [12] (s. a. [13]) theoretisch gedeutet und berechnet. Die Theorie wurde in der Folgezeit im wesentlichen von KERSTEN [14, 15], BECKER und DÖRING [8] und DÖRING [16] weiterentwickelt und vervollständigt.

43.2.1 Theorie für starke Eigenspannungen (Drehprozesse)

Für Drehprozesse bei überwiegender Spannungsanisotropie wurde der ΔE-Effekt von KERSTEN [14] berechnet (s. a. [8]). Die Magnetostriktion λ_s sei positiv und isotrop. Bei äußerer Spannung $\sigma = 0$ liegt dann I_s überall parallel zu der größten Zugeigenspannung σ_i, welche an einer Stelle im Material den Winkel φ_0 mit der äußeren Spannungsrichtung einschließen möge. Durch eine schwache äußere Zugspannung wird I_s um einen kleinen Winkel φ gedreht. Wir haben nunmehr die dadurch bedingte magnetostriktive Verlängerung zu berechnen.

Nach Gl. (17.8) ist die freie Energie unter gleichzeitiger Wirkung von σ und σ_i

$$F_\sigma = -\frac{3}{2} \lambda_s \sigma_i \cos^2 \varphi - \frac{3}{2} \lambda_s \sigma \cos^2(\varphi_0 - \varphi). \qquad (43.11)$$

Der Gleichgewichtswinkel φ ergibt sich aus

$$\frac{\partial F_\sigma}{\partial \varphi} = 3\lambda_s [\sigma_i \sin\varphi \cos\varphi - \sigma \sin(\varphi_0 - \varphi) \cos(\varphi_0 - \varphi)] = 0, \qquad (43.12)$$

für $\varphi \ll 1$ zu

$$\varphi = \frac{\sigma}{\sigma_i} \sin\varphi_0 \cos\varphi_0. \qquad (43.13)$$

Damit erhält man aus Gl. (16.48) für die durch die kleine Winkeländerung φ bedingte magnetostriktive Dehnung

$$\varepsilon_\lambda = \varphi \left(-\frac{d\lambda}{d\varphi}\right) = \varphi \, 3\lambda_s \sin\varphi_0 \cos\varphi_0$$

$$= 3\lambda_s (\sigma/\sigma_i) \sin^2 \varphi_0 \cos^2 \varphi_0. \qquad (43.14)$$

Die Mittelung für isotrope Orientierungsverteilung der Eigenspannungen liefert $\overline{\sin^2 \varphi_0 \cos^2 \varphi_0} = 2/15$, und wir finden unter Berücksichtigung einer möglichen Streuung des Betrages der Eigenspannungen

$$\varepsilon_\lambda = \frac{2\lambda_s}{5} \overline{\left|\frac{1}{\sigma_i}\right|} \cdot \sigma. \qquad (43.15)$$

Die Gesamtdehnung ist gleich der Dehnung ε_s, die wir im magnetisch gesättigten Zustand erhalten würden, plus der magnetostriktiven Dehnung

$$\varepsilon = \varepsilon_s + \varepsilon_\lambda = \frac{\sigma}{E_a} = \frac{\sigma}{E_s} + \frac{2\lambda_s}{5} \overline{\left|\frac{1}{\sigma_i}\right|} \sigma \qquad (43.16)$$

und der ΔE-Effekt wird damit nach Gl. (43.5)

$$\frac{1}{E_a} - \frac{1}{E_s} = \Delta\left(\frac{1}{E}\right) = \frac{2\,\lambda_s}{5}\overline{\left|\frac{1}{\sigma_i}\right|} \qquad (43.17)$$

oder

$$\frac{E_s - E_a}{E_a} = \frac{2\,\lambda_s}{5}\overline{\left|\frac{1}{\sigma_i}\right|}\,E_s. \qquad (43.18)$$

Mit Gl. (32.17) bzw. (32.18) findet man für den Zusammenhang zwischen dem ΔE-Effekt und der ebenfalls von KERSTEN (s. 32.6) unter den gleichen Voraussetzungen abgeleiteten Anfangssuszeptibilität χ_A

$$\Delta\left(\frac{1}{E}\right) = \frac{9\,\lambda_s^2\,\chi_A}{5\,I_s^2} \qquad (43.19)$$

Gl. (43.19) wurde unter der stillschweigenden Annahme berechnet, daß sich die äußere Spannung den inneren Spannungen homogen überlagert. BECKER und DÖRING [8] haben gezeigt, daß man unter der alternativen Annahme überall homogener Dehnung praktisch dasselbe Ergebnis erhält, wenn die relative Änderung $\Delta E/E$ des E-Moduls klein ist.

Ist die Magnetostriktion anisotrop, dann kann die Rechnung nur noch für den Einkristall in einfacher Weise durchgeführt werden. Nach BECKER und DÖRING [8] ergibt sich bei kubischen Einkristallen für eine Zugspannung in der Richtung $\beta_1, \beta_2, \beta_3$ (β_i = Richtungskosinus gegen die kubischen Achsen)

$$\Delta\left(\frac{1}{E}\right) = \frac{9}{5}\frac{\chi_A}{I_s^2}[\lambda_{100}^2 + 3(\lambda_{111}^2 - \lambda_{100}^2)(\beta_1^2\beta_2^2 + \beta_2^2\beta_3^2 + \beta_3^2\beta_1^2)] \qquad (43.20)$$

also beispielsweise für die [100]-Richtung

$$\frac{\Delta E_{100}}{E_{100}} = \frac{9}{5}\frac{\chi_A}{I_s^2}E_{100}\,\lambda_{100}^2 \qquad (43.20\text{a})$$

und für die [111]-Richtung

$$\frac{\Delta E_{111}}{E_{100}} = \frac{9}{5}\frac{\chi_A}{I_s^2}E_{111}\,\lambda_{111}^2. \qquad (43.20\text{b})$$

Dagegen ist es außerordentlich umständlich, hieraus den ΔE-Effekt des Vielkristalls zu berechnen, wenn Elastizitätsmodul und Magnetostriktion stark anisotrop sind, wie etwa bei Eisen. Einfacher kann die Rechnung für homogene Spannung und Mittelung über die Dehnungen oder homogene Dehnung und Mittelung über die Spannungen ausgeführt werden [8, 16]. DÖRING [16] berechnete unter der Annahme, daß die durch die äußere Last bedingte zusätzliche Spannung in allen Kristalliten gleich groß und homogen ist

$$\frac{\Delta E}{E_a} = \frac{9}{5}\frac{\chi_A E_s}{I_s^2}\frac{2\,\lambda_{100}^2 + 3\,\lambda_{11}^2}{5}, \qquad (43.21\text{a})$$

und mit der Annahme, daß die Dehnung in allen Kristalliten gleich ist

$$\frac{\Delta E}{E_a} = \frac{9}{5}\frac{a E_s}{I_s^2}\frac{[(c_{11} - c_{12})^2\lambda_{100}^2 + 3\,c_{44}^2\lambda_{111}^2]\cdot 5}{(c_{11} - c_{12} + 3\,c_{44})^2}. \qquad (43.21\text{b})$$

Beide Annahmen treffen zwar tatsächlich nicht zu, aber es ist zu erwarten, daß beide Ergebnisse die richtige Lösung einschließen. Bei elastischer Isotropie

$\left(\frac{1}{2}(c_{11}-c_{12})=c_{44}\right)$ geht Gl. (43.21b) in Gl. (43.21a) über. Die c_{ik} sind die VOIGTschen Elastizitätskonstanten.

43.2.2 Theorie für schwache Eigenspannungen (Wandverschiebungen)

Allgemeiner Gang der Rechnung. Bei überwiegender Kristallanisotropie liegt die Magnetisierung überall in den Vorzugsrichtungen der Kristallenergie. Wir betrachten eine BLOCH-Wand, die zwei Bezirke mit den Magnetisierungsrichtungen (i) und (k) trennt. Die Richtungskosinus der äußeren Spannung σ bezüglich dieser Magnetisierungsrichtungen seien $\cos\varphi_i$ und $\cos\varphi_k$. Bei isotroper Magnetostriktion wirkt dann nach Gl. (17.8) die Spannung auf die BLOCH-Wand wie ein hydrostatischer Druck der Größe

$$p = \frac{3}{2}\lambda_s \sigma(\cos^2\varphi_i - \cos^2\varphi_k). \tag{43.22}$$

Damit erhalten wir analog zu Gl. (24.16) die Gleichgewichtsbedingung der BLOCH-Wand mit der Fläche L^2

$$\frac{3}{2}\lambda_s \sigma(\cos^2\varphi_i - \cos^2\varphi_k) L^2 \delta x = \delta E(x), \tag{43.23}$$

wobei x eine Koordinate senkrecht zur Wandfläche ist. Für eine kleine Verschiebung Δx der Wand aus ihrer Ruhelage x_0 können wir $(dE/dx)_{x_0+\Delta x} = \Delta x (d^2E/dx^2)_{x_0}$ setzen und erhalten für die Verschiebung Δx der Wand unter der Wirkung der Spannung σ

$$\Delta x = \frac{3}{2} L^2 \lambda_s \sigma(\cos^2\varphi_i - \cos^2\varphi_k)/(d^2E/dx^2)_{x_0},$$

und damit für das Volumen ΔV_{ik} pro cm³, in welchem die Magnetisierung von der Richtung (k) in die Richtung (i) übergegangen ist

$$\Delta V_{ik} = \Delta x \, 0_{ik},$$

wobei 0_{ik} die Gesamtoberfläche pro cm³ der betrachteten Wandsorte bedeutet. Für die gesamte magnetostriktive Dehnung in Spannungsrichtung infolge dieser Wandverschiebungen ergibt sich mit Gl. (16.48) schließlich nach Summation über alle Wandsorten

$$\varepsilon_\lambda = \frac{3}{2}\lambda_s \sum_i \sum_{k\neq i} \Delta V_{ik} \cos^2\varphi_i = \sigma \Delta\left(\frac{1}{E}\right). \tag{43.24}$$

Richtungsabhängigkeit. Für die Richtungsabhängigkeit des ΔE-Effekts bei Wandverschiebungen berechneten BECKER und DÖRING [8] für einen eisenartigen, kubischen Einkristall (leichte Richtungen [100]) mit anisotroper Magnetostriktion unter einer Spannung σ in der Richtung $\gamma_1, \gamma_2, \gamma_3$

$$\Delta\left(\frac{1}{E}\right) = \frac{\varepsilon_\lambda}{\sigma} = \frac{9}{4}\frac{\lambda_{100}^2 \chi_A}{I_s^2}[1 - 3(\gamma_1^2\gamma_2^2 + \gamma_2^2\gamma_3^2 + \gamma_3^2\gamma_1^2)]. \tag{43.25}$$

Gl. (43.25) gilt jedoch nur unter der mindestens zweifelhaften Voraussetzung, daß χ_A allein durch 90°-Wandverschiebungen bestimmt ist. Gl. (43.25) ist praktisch identisch mit einer entsprechenden von AKULOV und KONDORSKI [12] abgeleiteten Gleichung. Für die leichte Richtung [100] ergibt sich

$$\frac{\Delta E_{100}}{E_{100}} \approx \frac{9}{4}\frac{\chi_{100}^2 \chi_A}{I_s^2} E_{100}, \tag{43.25a}$$

für die schwere Richtung [111] dagegen erwartungsgemäß Null. Denn die [111]-Richtung liegt symmetrisch zu den leichten Richtungen, so daß Wandverschiebungen in diesem Fall energetisch nicht möglich sind. Der ΔE-Effekt folgt daher für die schwere Richtung durch Drehprozesse gegen die Kristallenergie. Man findet [8]

$$\frac{\Delta E_{111}}{E_{111}} \approx \frac{\lambda_{111}^2 E_{111}}{K_1}. \tag{43.26}$$

In der schweren Richtung ist also der ΔE-Effekt bei schwachen Eigenspannungen von χ_A unabhängig, bei starken Eigenspannungen [Gl. (43.20b)] dagegen nicht, während man in der leichten Richtung für schwache und für starke Eigenspannungen praktisch dieselbe Formel erhält, wie ein Vergleich von Gl. (43.25a) mit Gl. (43.20a) zeigt.

Die Mittelung über den Vielkristall ergibt schließlich [8] für Eisen

$$\frac{\Delta E}{E_a} = 0{,}513 \frac{\lambda_{100}^2 \chi_A}{I_s^2} E_s. \tag{43.27}$$

Analoge Rechnungen hat DÖRING [16] für kubische Kristalle vom Nickel-Typus ([111]-leichte Richtungen) durchgeführt und erhielt für Wandverschiebungen

$$\Delta\left(\frac{1}{E}\right) = 4 \frac{\lambda_{111}^2 \chi_A}{I_s^2} (\gamma_1^2 \gamma_2^2 + \gamma_2^2 \gamma_3^2 + \gamma_3^2 \gamma_1^2) \tag{43.28}$$

und für Drehprozesse in der schweren Richtung [100]

$$\Delta\left(\frac{1}{E_{100}}\right) = \frac{3}{2} \frac{\lambda_{100}^2}{K_1}. \tag{43.29}$$

Abhängigkeit von den Materialeigenschaften. Zur Berechnung der Abhängigkeit des ΔE-Effekts von den Materialeigenschaften kann man entweder χ_A für 90°-Wandverschiebungen berechnen (s. Kap. 32) und in Gl. (43.25) bzw. Gl. (43.27) einsetzen, oder den ΔE-Effekt direkt nach Gl. (43.23) berechnen, wobei für $E(x)$ die durch die entsprechende Modellvorstellung der Störungen gegebene Funktion (s. Kap. 24) einzusetzen ist. So kann z. B. mit dem in 24.3.5 ausgeführten Modell der Wandwölbung, wie KERSTEN [15] kürzlich gezeigt hat, auch der ΔE-Effekt in einfacher Weise abgeschätzt werden. In Gl. (43.23) wird hierfür $\delta E = \gamma_{w90°} \cdot \delta F$ [s. Gl. (24.63) und folgender Text]. Setzt man ferner $L^2 \delta x = \delta V$ und vereinfachend $\varphi_i = 0$ und $\varphi_k = \pi/2$, dann ergibt Gl. (43.23)

$$\frac{3}{2} \lambda_s \sigma \delta V = \bar{\gamma}_{w90°} \cdot \delta F. \tag{43.30}$$

Aus Gl. (24.64) erhält man $\delta V = (2/3)\, s\, L\, \delta f$ und $\delta F = (16/3)\, (L/s)\, f\, \delta f$ und damit aus Gl. (43.30) den Biegepfeil f in Gleichgewicht

$$f = \frac{3}{16} \frac{\lambda_s s^2 \sigma}{\gamma_{w90°}}. \tag{43.31}$$

Für lamellenförmige Bezirke der Dicke D (s. 32.5) findet man die relative Volumenänderung der durch die Spannung energetisch bevorzugten Bezirke

$$\Delta V_{ik} = \frac{\Delta V}{V} = \frac{2}{3} s\, L\, f / D\, s\, L \tag{43.32}$$

Damit ergibt sich aus Gl. (43.24) mit Gl. (43.32) und Gl. (43.31)

$$\Delta\left(\frac{1}{E}\right) = \frac{3}{16} \frac{\lambda_s^2 s^2}{\gamma_{w90°} D} = \frac{\varepsilon\lambda}{\sigma}. \tag{43.33}$$

Die unbekannten Größen s^2 und D können durch die unter den gleichen Voraussetzungen abgeleitete Anfangssuszeptibilität in Gl. (32.15) eliminiert werden

$$\Delta\left(\frac{1}{E}\right) = \frac{9}{8}\frac{\lambda_s^2}{I_s^2}\chi_A, \qquad (43.33\text{a})$$

wobei auf den Zahlfaktor wegen der einfachen Näherungen natürlich kein Wert zu legen ist.

AKULOV und KONDORSKIJ [13], BROWN [17] und TAKAGI [18] haben den ΔE-Effekt mit Hilfe der statistischen Bezirkstheorie berechnet.

43.2.3 Messung des Elastizitätsmoduls

Der E-Modul kann direkt durch Messung von Spannung und Dehnung bestimmt werden (s. z. B. [19]). Dieses Verfahren wird insbesondere bei Torsionsexperimenten [20, 1, 2] angewendet.

Am einfachsten erhält man den E-Modul aus der Resonanzfrequenz f mechanisch schwingender Proben mit genau definierter geometrischer Form.

Für einen longitudinal schwingenden Stab gilt die Beziehung

$$f = \frac{n}{2l}\left(\frac{E}{\varrho}\right)^{1/2}, \qquad (43.34)$$

worin n eine ganze Zahl, l die Länge des Stabes und ϱ seine Dichte sind. Für Transversalschwingungen eines zylindrischen Stabes, dessen Länge groß gegen seine Dicke ist, erhält man bei kreisförmigem Querschnitt

$$f = 0{,}8902\,\frac{m\,d}{l^2}\left(\frac{E}{\varrho}\right)^{1/2}, \qquad (43.35)$$

d ist der Durchmesser des Stabes und m hat die Werte 1; 2,757; 5,404; 8,933; 13,345... Für einen Stab mit rechteckigem Querschnitt und der Dicke D gilt ebenfalls Gl. (43.35). Man hat lediglich den Zahlfaktor mit 2/3 zu multiplizieren.

Die Resonanzfrequenz kann in folgender Weise bestimmt werden. Man regt den Stab durch eine periodische Kraft zu erzwungenen Schwingungen an und variiert die Frequenz der erregenden Kraft, bis die Schwingungsamplitude ein Maximum erreicht. Die Erregung kann durch eine mechanische [21], magnetische [22] oder elektrische Kraft, durch Anregung magnetostriktiver Schwingungen in einem Magnetfeld [23] bis [27] oder durch Berührung mit einem piezoelektrisch erregten Kristall [28, 29] erfolgen.

Eine weitere Methode zur Bestimmung der elastischen Konstanten ist die Messung der Laufgeschwindigkeit v eines hochfrequenten Ultraschallimpulses [10, 30] bis [32]. Hierfür gilt die Beziehung

$$v = \left(\frac{C}{\varrho}\right)^{1/2}. \qquad (43.36)$$

Die spezielle dabei bestimmte Elastizitätskonstante C hängt von dem Modus der angeregten Schwingung ab.

43.2.4 Experimentelle Ergebnisse

Die Feld- bzw. Magnetisierungsabhängigkeit des E-Moduls, d. h. genauer die Größe $\Delta E/E_a = (E_H - E_a)/E_a$ als Funktion von H bzw. I ist an verschiedenen

Werkstoffen, z. T. bei verschiedenen Temperaturen gemessen worden. Und zwar an Nickel von Honda, Shimizu und Kusakabe [33], Giebe und Blechschmidt [34], v. Auwers [24], Siegel und Quimby [35], Engler [6] und Kouvelites und McKeehan [26], an Eisen von Honda, Shimizu und Kusakabe [33], v. Auwers [24], Cooke [28] und Engler [6], an Kobalt von Honda, Shimizu und Kusakabe [33], Engler [6] und Street [36], an Eisen—Nickel-Legierungen von v. Auwers [24], Nakamura [37, 38], Engler [6], Honda und Tanaka [39] und Kouvelites und McKeehan [26], an Eisen—Kobalt-Legierungen von Honda und Tanaka [39], an Nickel—Kupfer-Legierungen von Kouvelites und McKeehan [26] und an Kohlenstoffstahl von Honda und Tanaka [39] und Yamamoto [40].

Der Verlauf von $(\Delta E/E_a)(H)$ bzw. $(\Delta E/E_a)(I)$ wird erwartungsgemäß [s. Gl. (43.18)] durch Eigenspannungen, also durch plastische Verformung und Erholung bzw. Rekristallisation, durch unmagnetische Einschlüsse und durch Orientierungsüberstrukturen verändert. Abb. 43.5 [29] zeigt beispielsweise den Verlauf von $(\Delta E/E_a)(I)$ für 68-Permalloy in verschiedenen Werkstoffzuständen.

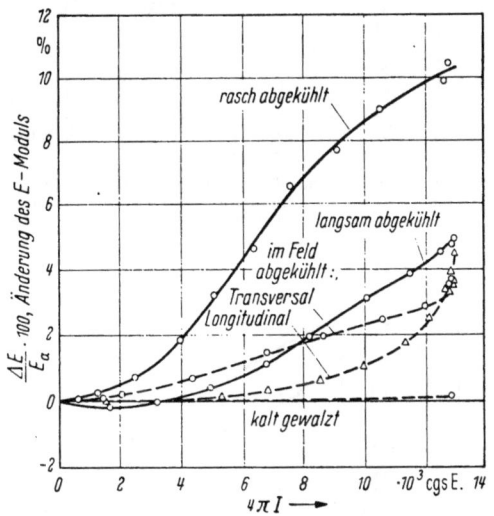

Die nach Gl. (43.25) zu erwartende Orientierungsabhängigkeit des ΔE-Effekts wurde von Kimura [41, 42] an Eisen-Einkristallen untersucht und qualitativ bestätigt.

In einer Reihe von Arbeiten [43] bis [46] wurde ferner die Feld- bzw. Magnetisierungsabhängigkeit des Schubmoduls untersucht.

Den ΔE-Effekt als Funktion der Legierungszusammensetzung haben Yamamoto [47] im System Fe—Co und Köster [48] im System Fe—Ni gemessen.

Abb. 43.5. $\Delta(E/E_a)(I)$ für 68-Permalloy nach verschiedenen Wärmebehandlungen mit und ohne Magnetfeld. (Nach Williams, Bozorth und Christensen [29])

Da die Kristallenergie der flächenzentrierten Fe—Ni-Legierungen durchweg klein ist (s. Abb. 13.12), kann man annehmen, daß sich die Magnetisierung vorwiegend durch Drehprozesse ändert. Tatsächlich konnte Köster [48] in Abb. 43.6 auch nachweisen, daß der ΔE-Effekt entsprechend Gl. (43.18) der Sättigungsmagnetostriktion in erster Näherung proportional ist wie man zu erwarten hat, wenn die Eigenspannungen in allen Legierungen etwa gleich groß sind. Nach der Art der Glühbehandlung der Proben ist anzunehmen, daß diese Voraussetzung erfüllt war. Street und Wolley [49] haben gezeigt, daß der ΔE-Effekt in einer Dauermagnetlegierung vom Alnico-Typ trotz verhältnismäßig großer Magnetostriktion (s. Abb. 16.53) entsprechend der niedrigen Permeabilität außerordentlich klein ist ($\Delta E/E_a \approx 0{,}02$).

Die Temperaturabhängigkeit des E-Moduls bei verschiedenen Feldstärken, bzw. des ΔE-Effekts, wurde für Nickel von Siegel und Quimby [35], Engler [6] und Köster [50, 51], für Eisen und Kobalt von Engler [6] und Köster [51] und für einige Eisen—Nickel-Legierungen von ENGLER [6] gemessen. Die Temperaturabhängigkeit des E-Moduls von Nickel ist in Abb. 43.7 für verschiedene Magnetisierungsintensitäten I/I_s und in Abb. 43.8 für verschiedene Werkstoffzustände (kalt verformt und bei verschiedenen Temperaturen erholt bzw. rekristallisiert) jeweils im pauschal unmagnetischen Zustand sowie bei magnetischer Sättigung wiedergegeben. Im magnetisch gesättigten Zustand ist der E-Modul natürlich unabhängig vom Werkstoffzustand. Abb. 43.9 zeigt den aus Abb. 43.8 berechneten ΔE-Effekt als Funktion der Temperatur.

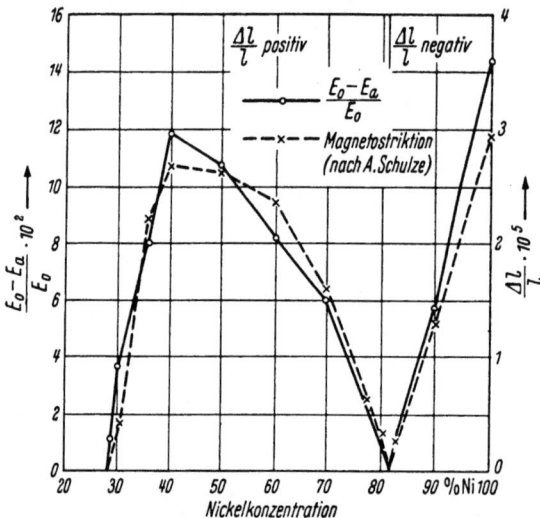

Abb. 43.6. ΔE-Effekt und Sättigungsmagnetostriktion im System Eisen—Nickel als Funktion der Nickelkonzentration. (Nach KÖSTER [48])

Nach Abb. 13.10 steigt die Kristallenergie von Nickel unterhalb 200 °C mit fallender Temperatur sehr steil an. Solange die Spannungsanisotropie überwiegt ($\lambda_s \sigma_i \gg K_1$), d. h. bei rekristallisiertem Nickel oberhalb etwa 200 °C und bei kalt verformtem Nickel oberhalb Raumtemperatur, erwarten wir Drehprozesse. Bei überwiegender Kristallanisotropie ($\lambda_s \sigma_i \ll K_1$), d. h. bei rekristallisiertem Nickel unterhalb 150 °C und bei kaltverformtem Nickel unterhalb -50 °C, ändert sich die Magnetisierung vorwiegend durch Wandverschiebungen. In einer eingehenden Analyse der Messungen in Abb. 43.8 hat KÖSTER

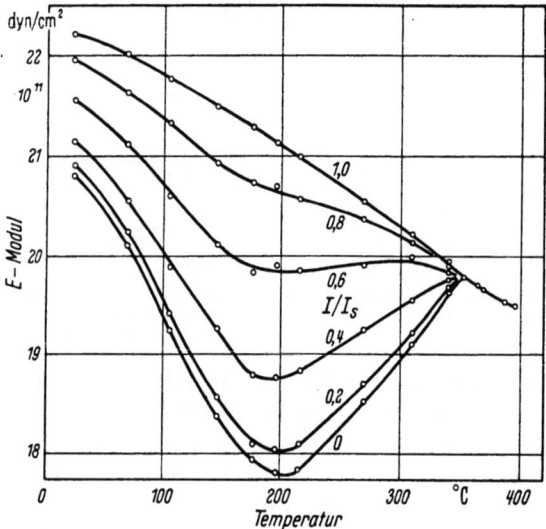

Abb. 43.7. Temperaturabhängigkeit des E-Moduls von Nickel bei verschiedenen Magnetisierungsintensitäten I/I_s. (Nach SIEGEL und QUIMBY [35])

[50] gezeigt, daß die Temperaturabhängigkeit von $\Delta E/E_a$ bei hohen Temperaturen, d. h. im Bereich der Drehprozesse, innerhalb der Meßgenauigkeit entsprechend Gl. (43.18a) durch die Temperaturabhängigkeit von λ_s gegeben ist und daß bei tiefen Temperaturen, d. h. bei Wandverschiebungen $\Delta E/E_a$ proportional zu $\lambda_s^2/\sqrt{K_1}$ verläuft. Dies entspricht aber ziemlich genau der nach der KERSTENschen Formel (43.33) für Wandwölbung zu erwartenden Temperaturabhängigkeit.

Denn hieraus ergibt sich, wenn s^2/D konstant bleibt (s. 32.7.4) wegen $\bar{\gamma}_{w\,90°} \sim I_s \sqrt{K_1}$ (s. Kap. 11 und Kap. 20) $\Delta E/E_a \sim \lambda_s^2/I_s \sqrt{K_1}$. I_s ändert sich aber bei tiefen Temperaturen nur noch sehr wenig. Tatsächlich werden, wie Abb. 43.10 zeigt, die KÖSTERschen Messungen durch den Temperaturfaktor nach Gl. (43.33) sogar noch etwas besser wiedergegeben als durch die empirische Formel von KÖSTER. Zusammenfassend können wir sagen, daß die Temperaturabhängigkeit von $\Delta E/E_a$ bei Nickel, ebenso wie die Temperaturabhängigkeit von χ_A (s. 32.7.4), im Temperaturbereich der Drehprozesse nach der klassischen Spannungstheorie und bei Temperaturen, bei denen sicher

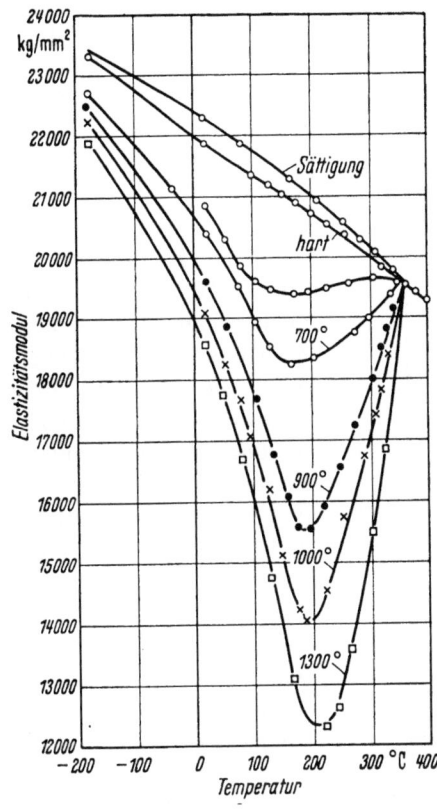

Abb. 43.8. Temperaturabhängigkeit des E-Moduls von Nickel bei magnetischer Sättigung sowie ohne Feld im kalt verformten Zustand und nach Glühung bei verschiedenen Temperaturen. (Nach KÖSTER [50])

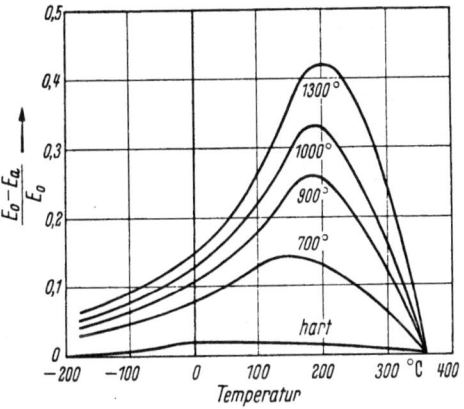

Abb. 43.9. Temperaturabhängigkeit des ΔE-Effektes von Nickel berechnet aus den Kurven in Abb. 43.8. (Nach KÖSTER [50])

BLOCH-Wände existieren, durch die Wandwölbungstheorie von KERSTEN wiedergegeben wird. Im Übergangsgebiet ($\lambda_s \sigma_i \approx K_1$) von dem einen Mechanismus zum anderen sollte danach der ΔE-Effekt ein Maximum durchlaufen, welches wegen der Temperaturabhängigkeit der Kristallanisotropiekonstante K_1 bei einer um so tieferen Temperatur liegen muß, je größer die Eigenspannungen sind. Dies wird durch die Messungen in Abb. 43.9 [50] tatsächlich auch bestätigt.

Das von STREET und LEWIS [52] und von FINE [53] an antiferromagnetischen Stoffen unterhalb des NÉEL-Punktes (antiferromagnetischen CURIE-Punktes) beobachtete anomale Verhalten des Elastizitätsmoduls wurde bereits in 5.6 besprochen.

43.2.5 Frequenzabhängigkeit des ΔE-Effekts

Messungen von BOZORTH, MASON, MCSKIMIN und WALKER [30] (s. a. [32]) haben ergeben, daß der ΔE-Effekt eines Nickel-Einkristalls bei tiefen Frequenzen etwa 20%, bei 10 MHz dagegen nur noch 3% beträgt. Die Frequenzabhängigkeit des ΔE-Effekts ($\Delta E/E_a$) wurde von BOZORTH, MASON und MCSKIMIN [10] (s. a. [54, 55]) und von JOHNSON und ROGERS [56] an vielkristallinem Nickel gemessen. In Abb. 43.11 ist die bei Raumtemperatur zwischen Null und 160 kHz gemessene Frequenzabhängigkeit von $\Delta E/E_a$ und der Dämpfung ϑ wiedergegeben [10].

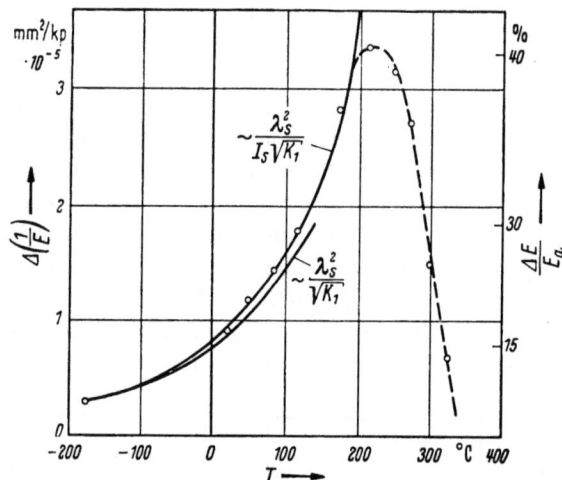

Abb. 43.10. Temperaturabhängigkeit des ΔE-Effektes von rekristallisiertem Nickel nach Messungen von KÖSTER [50]. Vergleich mit dem nach der Wandwölbungstheorie von KERSTEN [15] berechneten Temperaturgang des ΔE-Effektes im Temperaturgebiet der Wandverschiebungen. (Nach KERSTEN [15])

Der im pauschal unmagnetischen Zustand gemessene E-Modul E_a ist frequenzabhängig. Dies rührt nach MASON [54, 55] daher, daß die BLOCH-Wände durch die infolge ihrer Bewegung induzierten mikroskopischen Wirbelströme (s. a. [57]) gebremst werden und deshalb der rasch wechselnden Spannung nicht mehr folgen können. Dadurch steigt E_a mit wachsender Frequenz an, und $\Delta E/E_a$ nimmt ab. Bei hohen Frequenzen (einige MHz) werden die BLOCH-Wände durch Wirbelströme praktisch blockiert und es tritt (ebenfalls durch mikroskopische Wirbelströme relaxierte) Rotation der spontanen Magnetisierung in den Bezirken ein [55]. Im Grenzfall sehr hoher Frequenzen ändert sich die lokale Magnetisierung schließlich überhaupt nicht mehr und E_a erreicht den E-Modul E_s im magnetisch gesättigten Zustand. Eine einfache Rechnung von MASON [54] ergibt für die Frequenzabhängigkeit von $\Delta E/E_a$ für lamellenförmige 90°-Bezirke einheitlicher Dicke D in einem [100]-Kristall (Eisen)

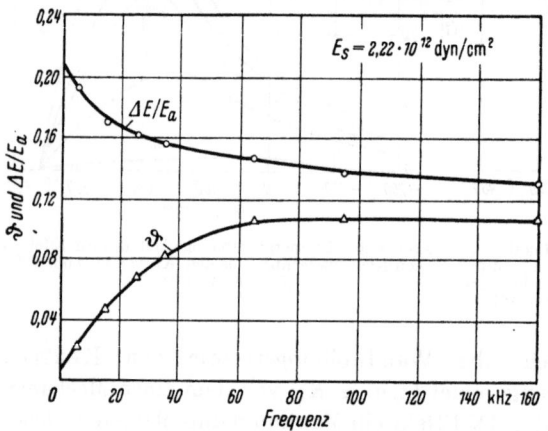

Abb. 43.11. ΔE-Effekt $\Delta E/E_a$ und Dämpfung ϑ von Nickel bei Raumtemperatur als Funktion der Frequenz. (Nach MASON [54])

$$\Delta E/E_a = \frac{9 E_s \chi_A}{5 I_s^2} \frac{2 \lambda_{100}^2 + 3 \lambda_{111}^2}{5} \frac{1}{1+f^2/f_0^2} \qquad (43.37)$$

und für lamellenförmige 71°-Bezirke in einem [111]-Kristall (Nickel)

$$\Delta E/E_a = \frac{4}{5} \left(\frac{\lambda_{111} 5 c_{44}}{c_{11} - c_{12} + c_{44}} \right)^2 \frac{\chi_A E_s}{I_s^2} \frac{1}{1+f^2/f_0^2} \qquad (43.38)$$

mit der Relaxationsfrequenz

$$f_0 = c^2 \varrho / 96 \chi_A D^2, \qquad (43.39)$$

f ist die Meßfrequenz, c die Lichtgeschwindigkeit, ϱ der spezifische elektrische Widerstand, χ_A die Anfangssuszeptibilität und D die Dicke der Bezirke in Richtung der Wandbewegung.

Wenn die Dicke der Lamellenbezirke streut, hat man den Frequenzfaktor durch die Summe

$$\sum_{i=1}^{n} \frac{v_i}{1 + f^2/f_i^2}$$

zu ersetzen. v_i ist der Volumenanteil der Lamellen mit der Dicke D_i und f_i die entsprechende Relaxationsfrequenz nach Gl. (43.39).

Treten gleichzeitig Wandverschiebungen und Rotation auf, dann gilt beispielsweise für [111]-Kristalle

$$\Delta E/E_a = \frac{4}{5} \left(\frac{\lambda_{111} \, 5 \, c_{44}}{c_{11} - c_{12} + 3 \, c_{44}} \right)^2 \frac{E_s}{I_s^2} \left\{ \chi_w \sum_i \frac{v_i}{1 + f^2/f_{iw}^2} \right. \qquad (43.40)$$

$$\left. + \chi_r \sum_i \frac{v_i}{1 + f^2/f_{ir}^2} \right\}.$$

Hierin ist χ_w die Anfangssuszeptibilität der Wandverschiebungen und χ_r die Anfangssuszeptibilität der Rotation, f_{iw} die Relaxationsfrequenz der Wandverschiebungen [Gl. (43.39)] und f_{ir} die Relaxationsfrequenz der Rotation

$$f_r = c^2 \varrho / 25 \pi \chi_r D^2. \qquad (43.41)$$

Einen Vergleich der von BOZORTH, MASON und McSKIMIN [10] und von JOHNSON und ROGERS [56] an vielkristallinem Nickel gemessenen Frequenzabhängigkeit

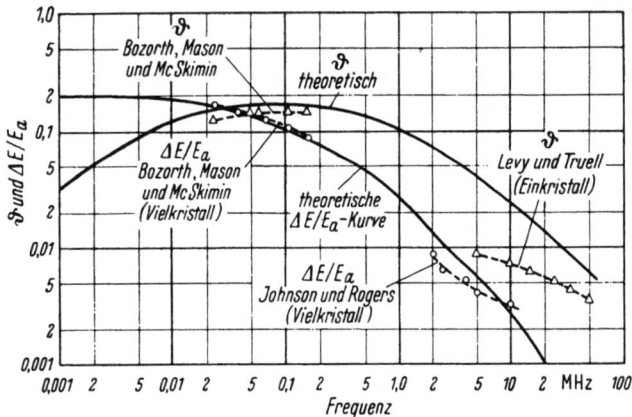

Abb. 43.12. Vergleich der theoretischen mit der experimentellen Frequenzabhängigkeit des ΔE-Effekts $\Delta E/E_a$ und der Dämpfung ϑ. (Nach MASON [55])

von $\Delta E/E_a$ mit der nach Gl. (43.40) mit $\chi_w = 25, \chi_r = 2$ und unter Berücksichtigung der von WILLIAMS und WALKER [58] aus Magnetpulveraufnahmen ermittelten Streuung der Lamellendicke D berechneten Frequenzabhängigkeit zeigt Abb. 43.12.

Die Frequenzabhängigkeit des Elastizitätsmoduls eines vormagnetisierten Materials infolge makroskopischer Wirbelströme wurde von BECKER und DÖRING [8] (s. dort S. 377f.) und BROWN [59] berechnet und wird in Kap. 45 diskutiert werden.

43.3 Der Effekt der Volumenmagnetostriktion

Wegen der Volumenmagnetostriktion ist der bei konstanter Magnetisierung gemessene E-Modul E_I für eine Temperatur $T > 0\,°\mathrm{K}$ auch im gesättigten Zustand stets größer als der bei konstantem Feld gemessene E-Modul E_H. Wir wollen einer Rechnung von DÖRING [7] folgend den Unterschied zwischen diesen beiden E-Moduln auf direkt meßbare Größen zurückführen.

Es ist

$$\frac{1}{E_I} = \left(\frac{\partial \varepsilon}{\partial \sigma}\right)_I \qquad \frac{1}{E_H} = \left(\frac{\partial \varepsilon}{\partial \sigma}\right)_H.$$

Wegen $\varepsilon(\sigma, I(\sigma, H))$ gilt

$$\left(\frac{\partial \varepsilon}{\partial \sigma}\right)_H = \left(\frac{\partial \varepsilon}{\partial \sigma}\right)_I + \left(\frac{\partial \varepsilon}{\partial I}\right)_\sigma \left(\frac{\partial I}{\partial \sigma}\right)_H.$$

Ferner ist nach Gl. (9.126)

$$\left(\frac{\partial I}{\partial \sigma}\right)_H = \left(\frac{\partial \varepsilon}{\partial H}\right)_\sigma.$$

Mit der Identität

$$\left(\frac{\partial \varepsilon}{\partial I}\right)_\sigma = \frac{(\partial \varepsilon/\partial H)_\sigma}{(\partial I/\partial H)_\sigma}$$

erhalten wir schließlich

$$\frac{1}{E_H} - \frac{1}{E_I} = \frac{(\partial \varepsilon/\partial H)_\sigma^2}{(\partial I/\partial H)_\sigma}. \tag{43.42}$$

Wenden wir dieses Ergebnis auf den Effekt der Volumenmagnetostriktion an, d. h. setzen wir voraus, daß das Material in den unter Betracht stehenden Feldern gesättigt ist, dann ist einfach

$$\left(\frac{\partial \varepsilon}{\partial H}\right)_\sigma = \frac{1}{3}\left(\frac{\partial \omega_I}{\partial H}\right)_\sigma$$

gleich der linearen Längenänderung in hohen Feldern [s. Gl. (16.4)], und $(\partial I/\partial H)_\sigma = \chi_0$ gleich der Suszeptibilität des Paraprozesses (s. 35.2). Beides sind meßbare Größen. Bei Raumtemperatur ergibt sich für Nickel mit $(\partial \omega_I/\partial H)_\sigma \approx 10^{-10}\,\mathrm{Oe}^{-1}$ (Tab. 16.1), $\chi_0 \approx 10^{-4}$ (35.2) und $E_H \approx 2{,}2 \cdot 10^{12}\,\mathrm{dyn\,cm^{-2}}$, $1/E_H - 1/E_I \approx 10^{-17}\,\mathrm{cm^2\,dyn^{-1}}$ und $(E_I - E_H)/E_I \approx 2{,}2 \cdot 10^{-5}$, also ein praktisch nicht feststellbarer Effekt. Dagegen erhält man für eine Eisen—Nickel-Legierung mit 40% Ni mit $(\partial \omega/\partial H)_\sigma \approx 7 \cdot 10^{-9}\,\mathrm{Oe}^{-1}$, $\chi_0 \approx 10^{-4}$ und $E_H \approx 1{,}6 \cdot 10^{12}\,\mathrm{dyn\,cm^{-2}}$, $1/E_H - 1/E_I \approx 5{,}5 \cdot 10^{-14}\,\mathrm{cm^2\,dyn^{-1}}$ und $(E_I - E_H)/E_I \approx 0{,}1$.

Tatsächlich zeigt auch die Temperaturabhängigkeit von E_H in einem zur Sättigung hinreichenden Feld bei Nickel keine (s. Abb. 43.8), dagegen bei einer Eisen—Nickel-Legierung mit 42% Ni nach Messungen von ENGLER [6] in Abb. 43.13 eine deutliche Anomalie am CURIE-Punkt. Extrapoliert man dort die oberhalb der

CURIE-Temperatur gemessene $E(T)$-Kurve linear auf Raumtemperatur, so findet man $E_I \approx 1{,}8 \cdot 10^{12}$ dyn cm^{-2}, während in einem Feld von 575 Oe $E_H \approx 1{,}62 \cdot 10^{12}$ dyn/cm^2 gemessen wurde. Daraus folgt $(E_I - E_H)/E_I \approx 0{,}1$ in Übereinstim-

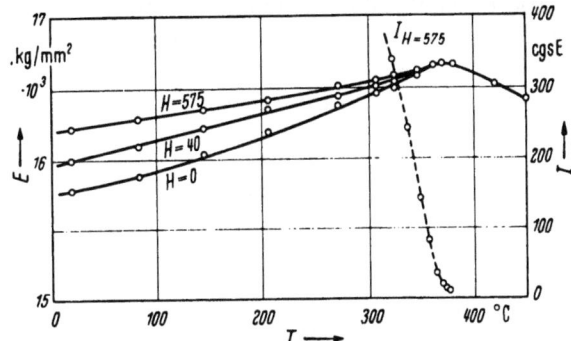

Abb. 43.13. Temperaturabhängigkeit des E-Moduls von 42Ni58Fe bei verschiedenen Feldstärken. (Nach ENGLER [6])

mung mit der Theorie. Um zu beweisen, daß die von ENGLER gemessene Anomalie tatsächlich durch die Volumenmagnetostriktion bedingt ist, müßte man allerdings noch die Temperaturabhängigkeit des Effekts prüfen. Messungen von $(\partial \omega_I/\partial H)_\sigma$ bei höheren Temperaturen liegen jedoch für diese Legierung nicht vor.

43.4 Elinvar-Verhalten

Als Elinvar-Legierungen bezeichnet man Legierungen mit einem ungewöhnlich kleinen Temperaturkoeffizienten $(1/E)\,(\partial E/\partial T)$ des E-Moduls. Solche Legierungen finden z. B. dort Anwendung, wo Temperaturkonstanz der Frequenz eines in Resonanz schwingenden mechanischen Systems erforderlich ist, wie etwa in Uhren.

Für einen in der Grundschwingung ($n=1$) longitudinal schwingenden Stab beispielsweise findet man aus Gl. (43.34) die Bedingung

$$\frac{1}{E}\frac{\partial E}{\partial T} = -\frac{1}{l}\frac{\partial l}{\partial T} \qquad (43.43)$$

für temperaturunabhängige Resonanzfrequenz $(df/dT = 0)$. $(\partial l/\partial T)$ ist stets positiv und $\partial E/\partial T$ ist im allgemeinen negativ, so daß beide Seiten von Gl. (43.43) gleiches Vorzeichen haben. Nur ist der Betrag von $(1/E)\,(\partial E/\partial T)$ im allgemeinen viel größer als $(1/l)\,(\partial l/\partial T)$. Für magnetisch gesättigtes Nickel beispielsweise ist $(1/E)\,(\partial E/\partial T) \approx -3{,}5 \cdot 10^{-4}$ Grad^{-1} und $(1/l)\,(\partial l/\partial T) = 1{,}3 \cdot 10^{-5}$ Grad^{-1}.

Aus Abb. 43.8 ersieht man, daß für Nickel im pauschal unmagnetischen Zustand in gewissen Werkstoffzuständen, d. h. bei gewissen Eigenspannungen $(1/E)\,(\partial E/\partial T)$ zwischen 200 °C und der CURIE-Temperatur sogar positiv ist. Es läßt sich also sicher durch Kaltverformung von geglühtem Material oder durch Kaltverformung und Anlassen ein Werkstoffzustand einstellen, für den $(1/E)\,(\partial E/\partial T)$ zwischen 200° und der CURIE-Temperatur gerade die nach Gl. (43.43) erforderliche Größe hat. Dieses Prinzip für Elinvarverhalten hat KERSTEN [14] bereits 1933 angegeben.

Ferner kann man nach DÖRING [7] (s. 43.3, Abb. 43.13) auch im magnetisch gesättigten Zustand Elinvarverhalten bekommen, wenn die Volumenmagnetostriktion von geeigneter Größe ist.

Die bekannten Elinvarlegierungen sind Eisen—Nickel-Legierungen mit etwa 35% Ni und Zusätzen von Cr, W, Mo, Be und Ti. Der Chromzusatz ($\sim 10\%$) hat nach GUILLAUME [60] u. a. den Sinn, den Nickelgehalt weniger kritisch zu machen und mit den Zusätzen von W, Mo, Be und Ti (Größenordnung einige Prozent) kann man durch Ausscheidungshärtung die Federeigenschaften des Material verbessern (s. z. B. STRAUMANN [61, 62]). MASUMOTO und SAITO [63] haben Elinvarlegierungen aus Fe, Co und Cr angegeben.

Literatur zu Kap. 43

[1] KORNETZKI, M.: Ann. Phys., Lpz. 2 (1948) S. 265.
[2] BECKER, R., u. M. KORNETZKI: Z. Phys. 88 (1934) S. 634.
[3] KORNETZKI, M.: Wiss. Veröff. Siemens-Werke 17 (1938) S. 410.
[4] FÖRSTER, F., u. W. KÖSTER: Naturwiss. 25 (1937) S. 436.
[5] SNOEK, J. L.: Physica, Haag 8 (1941) S. 745.
[6] ENGLER, O.: Ann. Phys., Lpz. 31 (1938) S. 145.
[7] DÖRING, W.: Ann. Phys., Lpz. 32 (1938) S. 465.
[8] BECKER, R., u. W. DÖRING: „Ferromagnetismus", Berlin: Springer 1939.
[10] BOZORTH, R. M., W. P. MASON u. H. J. MCSKIMIN: Bell Syst. techn. J. 30 (1951) S. 970.
[11] MASON, W. P.: Phys. Rev. 82 (1951) S. 715.
[12] AKULOV, N. S., u. E. KONDORSKI: Z. Phys. 78 (1932) S. 801.
[13] AKULOV, N. S., u. E. KONDORSKI: Z. Phys. 85 (1933) S. 661.
[14] KERSTEN, M.: Z. Phys. 85 (1933) S. 708.
[15] KERSTEN, M.: Z. angew. Phys. 8 (1956) S. 313.
[16] DÖRING, W.: Z. Phys. 114 (1939) S. 579.
[17] BROWN, W. F.: Phys. Rev. 52 (1937) S. 325.
[18] TAKAGI, M.: Sci. Rep. Tohoku Univ. 28 (1939) S. 20.
[19] HONDA, K., S. SHIMIZU u. S. KUSAKABE: Phil. Mag. 4 (1902) S. 459.
[20] HONDA, K., S. SHIMIZU u. S. KUSAKABE: Phil. Mag. 4 (1902) S. 537.
[21] FÖRSTER, F.: Z. Metallkde. 29 (1937) S. 109.
[22] WEGEL, R. L., u. H. WALTHER: Physics 6 (1935) S. 141.
[23] PIERCE, G. W.: Proc. Instn. Radio Engrs. 17 (1929) S. 42.
[24] v. AUWERS, O.: Ann. Phys., Lpz. 17 (1933) S. 83.
[25] BECK, F. J., J. S. KOUVELITES u. L. W. MCKEEHAN: Phys. Rev. 84 (1951) S. 957.
[26] KOUVELITES, J. S., u. L. W. MCKEEHAN: Phys. Rev. 86 (1952) S. 898.
[27] NÖDTVEDT, H.: Nature, Lond. 170 (1952) S. 884.
[28] COOKE, W. T.: Phys. Rev. 50 (1936) S. 1158.
[29] WILLIAMS, H. J., R. M. BOZORTH u. H. CHRISTENSEN: Phys. Rev. 59 (1941) S. 1005.
[30] BOZORTH, R. M., W. P. MASON, H. J. MCSKIMIN u. J. G. WALKER: Phys. Rev. 75 (1949) S. 1954.
[31] BOZORTH, R. M., W. P. MASON, H. J. MCSKIMIN u. J. G. WALKER: Phys. Rev. 76 (1949) S. 470.
[32] MASON, W. P., H. J. MCSKIMIN u. R. M. BOZORTH: Phys. Rev. 83 (1951) S. 220.
[33] HONDA, K., S. SHIMIZU u. S. KUSAKABE: Phil. Mag. 4 (1902) S. 459.
[34] GIEBE, E., u. E. BLECHSCHMIDT: Ann. Phys., Lpz. 11 (1931) S. 905.
[35] SIEGEL, S., u. S. L. QUIMBY: Phys. Rev. 49 (1936) S. 663.
[36] STREET, R.: Proc. phys. Soc., Lond. 60 (1948) S. 236.
[37] NAKAMURA, K.: Sci. Rep. Tohoku Univ. 24 (1935) S. 303.
[38] NAKAMURA, K.: Z. Phys. 94 (1935) S. 707.
[39] HONDA, K., u. T. TANAKA: Sci. Rep. Tohoku Univ. 15 (1926) S. 1.
[40] YAMAMOTO, M.: Sci. Rep. Tohoku Univ. 27 (1938) S. 115.
[41] KIMURA, R.: Proc. Math.-Phys. Soc., Japan 21 (1939) S. 686.
[42] KIMURA, R.: Proc. Math.-Phys. Soc., Japan 22 (1940) S. 45, 219, 233.
[43] HONDA, K., S. SHIMIZU u. S. KUSAKABE: Phil. Mag. 4 (1920) S. 537.
[44] MÖBIUS, W.: Phys. Z. 33 (1932) S. 411.

[45] Möbius, W.: Phys. Z. 35 (1934) S. 806.
[46] Hibi, T.: Sci. Rep. Tohoku Univ. 28 (1939) S. 435.
[47] Yamamoto, M.: Phys. Rev. 59 (1941) S. 768.
[48] Köster, W.: Z. Metallkde. 35 (1943) S. 194.
[49] Street, R., u. J. C. Woolley: Proc. phys. Soc., Lond. 61 (1948) S. 391.
[50] Köster, W.: Z. Metallkde. 35 (1943) S. 57.
[51] Köster, W.: Z. Metallkde. 39 (1948) S. 1.
[52] Street, R., u. B. Lewis: Nature 168 (1951) S. 1036.
[53] Fine, M. E.: Rev. Mod. Phys. 25 (1953) S. 158.
[54] Mason, W. P.: Phys. Rev. 83 (1951) S. 683.
[55] Mason, W. P.: Rev. Mod. Phys. 25 (1953) S. 136.
[56] Johnson, S. J., u. T. J. Rogers: J. Appl. Phys. 23 (1952) S. 574.
[57] Williams, H. J., W. Shockley u. Ch. Kittel: Phys. Rev. 80 (1950) S. 1090.
[58] Williams, H. J., u. J. G. Walker: Phys. Rev. 83 (1951) S. 634.
[59] Brown, W. F.: Phys. Rev. 50 (1936) S. 1165.
[60] Guillaume, C. E.: Rev. Metallurgie 25 (1928) S. 35.
[61] Straumann, R.: Helv. phys. Acta 10 (1937) S. 269.
[62] Straumann, R.: „Heraeus-Vacuumschmelze 1923—1933", (1933) S. 408.
[63] Masumoto, H., u. H. Saito: Sci. Rep. Tohoku Univ. A 1 (1959) S. 17.

44. Magnetomechanische Dämpfung

44.1 Grundsätzliches

Alle mechanisch schwingenden Substanzen sind gedämpft. Das heißt, bei jedem Schwingungszyklus wird ein Teil der mechanischen Schwingungsenergie über irgendwelche durch die Schwingung verursachten irreversiblen Vorgänge in der Substanz irreversibel in Wärme umgesetzt. Bekannte Dämpfungsursachen in Festkörpern sind Wärmeströme, jede Art von Materietransport (Diffusionsvorgänge), Viskosität von Grenzflächen (Korngrenzen usw.), Bewegung von Versetzungen und, speziell in ferromagnetischen Substanzen, die durch die magnetomechanische Kopplung bedingten Magnetisierungsänderungen bzw. die dadurch angeregten Wirbelströme. Die von den verschiedenen Dämpfungsursachen herrührenden Dämpfungsanteile ergeben zusammen die beobachtete Dämpfung des Materials.

Wir betrachten im folgenden ausschließlich die magnetomechanische Dämpfung. Diese verschwindet, wenn Richtungsänderungen der spontanen Magnetisierung durch ein starkes Magnetfeld unterdrückt werden. In einem starken Magnetfeld beobachtet man also lediglich die von nichtmagnetischen Vorgängen herrührende Dämpfung und kann damit diese von der magnetomechanischen Dämpfung in einfacher Weise experimentell trennen. Sehr anschaulich zeigt dies Abb. 44.1 für langsamperiodische Torsionsschwingungen eines Carbonyleisendrahtes nach einem Versuch von Becker und Kornetzki [1].

Infolge der magnetomechanischen Dämpfung ist die Dämpfung ferromagnetischer Stoffe z. T. wesentlich größer als bei nichtferromagnetischen Stoffen mit vergleichbaren elastischen und plastischen Eigenschaften. Diese Tatsache ist für die Anwendung ferromagnetischer Werkstoffe als Ultraschallgeneratoren (magnetostriktive Schwingungserzeuger) von erheblichem Nachteil. Sie hat andererseits bei Werkstoffen für schnellperiodisch laufende Maschinenteile, wie etwa Turbinen- oder Kompressorschaufeln, eine große technische Bedeutung erlangt. Derartige Werkstoffe müssen zur Vermeidung von Dauerbrüchen und Resonanzkatastrophen bei hoher Festigkeit und guten elastischen Eigenschaften eine hohe innere Dämpfung besitzen, wie sie unter den vorgenannten Bedingungen nur in ferromagnetischen Werkstoffen gegeben ist [2, 3].

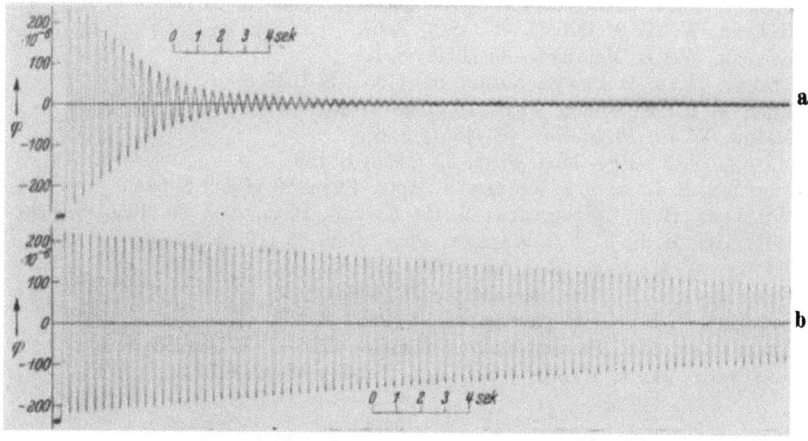

Abb. 44.1. Dämpfung der freien Torsionsschwingungen eines Carbonyleisendrahtes. (a) ohne Magnetfeld und (b) in einem Feld von 100 Oe. (Nach BECKER und KORNETZKI [1])

44.2 Beschreibung und Messung der Dämpfung

Die Differentialgleichung eines frei schwingenden, gedämpften Systems

$$\ddot{x} + \frac{\beta}{m}\dot{x} + \frac{k}{m}x = 0 \tag{44.1}$$

hat die periodische Lösung (bei schwacher Dämpfung)

$$x = A\,e^{-\frac{\beta}{2m}t}\cos(2\pi f t - \varphi), \tag{44.2}$$

wobei

$$f = \frac{1}{2\pi}\left(\frac{k}{m} - \frac{\beta^2}{4m^2}\right)^{1/2} \tag{44.3}$$

die Eigenfrequenz des Systems ist. Gl. (44.2) stellt eine periodische Schwingung mit exponentiell abnehmender Amplitude dar. Das meist gebrauchte Maß für die Dämpfung ist das sog. logarithmische Dekrement ϑ. ϑ ist der natürliche Logarithmus des Verhältnisses zweier aufeinanderfolgender Größtausschläge in derselben Richtung. Aus Gl. (44.2) ergibt sich hierfür sofort

$$\vartheta = \ln\frac{x_n}{x_{n+1}} = \frac{\beta}{2m}T = \frac{\beta}{2mf}, \tag{44.4}$$

wobei $T = 1/f$ die Schwingungsdauer bedeutet.

$f_0 = (1/2\pi)(k/m)^{1/2}$ ist nach Gl. (44.3) die Eigenfrequenz des ungedämpften Systems ($\beta = 0$). Für schwach gedämpfte Schwingungen ($\beta^2/4m^2 \ll k/m$) können wir in Gl (44.4) $f \approx f_0$ setzen und erhalten damit die Differentialgleichung

$$\ddot{x} + 2f_0\vartheta\,\dot{x} + 4\pi^2 \cdot f_0^2\,x = 0 \tag{44.5}$$

und deren Lösung

$$x = A\,e^{-f_0\vartheta t}\cos(2\pi f t - \varphi). \tag{44.6}$$

Eine einfache Rechnung ergibt, daß das logarithmische Dekrement gleich dem Verlust an mechanischer Schwingungsenergie pro Zyklus ΔW dividiert durch die doppelte mechanische Schwingungsenergie des Systems $2W$, d. h. gleich dem halben relativen Energieverlust pro Zyklus ist

$$\vartheta = \frac{\Delta W}{2W}. \qquad (44.7)$$

Führen wir statt ΔW den Energieverlust $\Delta w = f_0 \Delta W$ pro Zeiteinheit ein, so wird

$$\vartheta = \frac{\Delta w}{2 f_0 W}. \qquad (44.8)$$

Ferner findet man, daß

$$\vartheta = \pi \operatorname{tg} \delta = \pi Q^{-1} \qquad (44.9)$$

ist. δ ist der sog. Verlustwinkel, d. i. im mechanischen Fall der Phasenwinkel zwischen Spannung und Dehnung. Das ebenfalls viel benützte Dämpfungsmaß $Q = (\operatorname{tg} \delta)^{-1}$ wird als „Güte" des Systems bezeichnet. Ein Vergleich von Gl. (44.9) mit Gl. (44.7) zeigt, daß $Q^{-1} = \operatorname{tg} \delta$ gleich dem $1/2\pi$ fachen relativen Energieverlust pro Zyklus ist.

Das logarithmische Dekrement (bzw. Q^{-1}) kann entweder direkt aus der zeitlichen Abnahme der Schwingungsamplitude freier Schwingungen, oder aus der Halbwertsbreite der Resonanzkurve bei erzwungenen Schwingungen, oder schließlich aus elektrischen Messungen der Güte des Systems bestimmt werden.

Aus der Differentialgleichung der erzwungenen gedämpften Schwingung

$$\ddot{x} + 2 f_0 \vartheta \, \dot{x} + 4\pi f_0^2 x = A_0 \cos 2\pi f t$$

folgt, daß die stationäre Schwingungsamplitude in der Nähe der Resonanzfrequenz f_0 (Geschwindigkeitsresonanz), d. h. wenn $(f_0 - f)/f_0 \ll 1$ ist, dem Ausdruck

$$4(f_0 - f)^2/f_0^2 + \vartheta^2/\pi^2$$

proportional ist. Daraus ergibt sich die Frequenzbreite $2(f_0 - f) = \Delta f_A$ der Resonanzkurve bei halber Maximalamplitude

$$\Delta f_A = \sqrt{3} \, \vartheta f_0/\pi \qquad (44.10)$$

oder, wenn man statt der Amplitude die Energie (Quadrat der Amplitude) aufträgt, die Frequenzbreite bei der halben Maximalenergie $2(f_0 - f) = \Delta f_w$

$$\Delta f_w = f_0 \vartheta/\pi, \qquad (44.11)$$

ϑ kann sowohl nach Gl. (44.10) als auch nach Gl. (44.11) bestimmt werden.

Nach Gl. (9.126) wird bei nicht verschwindender Gestaltsmagnetostriktion $[(\partial l/\partial H) \neq 0]$ die Magnetisierung durch eine mechanische Spannung geändert. Durch die Magnetisierungsänderung entstehen Verluste, welche nach BECKER und KORNETZKI [1], KERSTEN [4], KORNETZKI [5] und BECKER und DÖRING [6] auf drei verschiedene Ursachen zurückgeführt werden können:

1. Magnetomechanische Hysterese,
2. makroskopische Wirbelströme,
3. mikroskopische Wirbelströme.

Die entsprechenden Dämpfungsanteile wollen wir im folgenden zunächst besprechen und anschließend zeigen, wie die drei Anteile auf Grund ihrer unterschiedlichen Amplituden- und Frequenzabhängigkeit sowie auf Grund der Tatsache, daß makroskopische Wirbelströme nur bei Bestehen einer resultierenden Magnetisierung auftreten, voneinander getrennt werden können.

44.3 Magnetomechanische Hysterese (ϑ_h)

Die Hysteresedämpfung ϑ_h ist eine Folge, der in 43.1 besprochenen magnetomechanischen Hysterese, d. h. eine Folge von spannungsinduzierten irreversiblen Magnetisierungsänderungen. Der Energieverlust ΔW pro Zyklus ist gleich dem Flächeninhalt der magnetomechanischen Hystereseschleife (s. Abb. 43.2), und dieser ist ganz allgemein proportional zu dem Produkt aus der magnetomechanischen Remanenz ε_r und der Spannungsamplitude σ

$$W_h = C \cdot \varepsilon_r \sigma. \tag{44.12}$$

Der Proportionalitätsfaktor C hängt von der Form der Hystereseschleife und diese im wesentlichen von der Amplitude ab. Die Schwingungsenergie eines mechanisch schwingenden Systems mit der Spannungsamplitude σ bzw. der Auslenkungsamplitude $\varepsilon = \sigma/E$ ist

$$W_h = \sigma^2/2E = \sigma \varepsilon/2. \tag{44.13}$$

Aus Gl. (44.7) ergibt sich mit Gl. (44.12) und Gl. (44.13) das logarithmische Dekrement

$$\vartheta_h = \frac{\Delta W}{2W} = CE \frac{\varepsilon_r}{\sigma} = C \frac{\varepsilon_r}{\varepsilon}. \tag{44.14}$$

44.3.1 Kleine Amplitude

Für kleine Amplituden gilt nach 43.1 das magnetomechanische RAYLEIGH-Gesetz [Gl. (43.3)]. Hierfür ergibt sich aus Gl. (43.7) und Gl. (43.8)

$$W_h = \frac{4}{3} \frac{b}{} \sigma^3 = \frac{8}{3} \varepsilon_r \sigma, \tag{44.15}$$

also $C = 8/3$ und damit aus Gl. (44.14)

$$\vartheta_h = \frac{8}{3} E \frac{\varepsilon_r}{\sigma} = \frac{8}{3} \frac{\varepsilon_r}{\varepsilon}$$

oder wegen $\varepsilon_r = \frac{b}{2} \sigma^2 = \frac{b}{2} \varepsilon^2 E^2$ [Gl. (43.8)]

$$\vartheta_h = \frac{4}{3} b E \sigma = \frac{4}{3} b E^2 \varepsilon. \tag{44.16}$$

Für kleine Amplituden ist also ϑ_h proportional zur Spannungs- bzw. Dehnungsamplitude. Dies ist von FÖRSTER und KÖSTER [7] sowie von SNOEK [8] experimentell bestätigt worden.

Eliminiert man aus Gl. (43.6) und der ersten Gl. (44.16) die unbekannte Konstante b, so erhält man die Beziehung

$$-\frac{1}{E} \frac{dE}{d\sigma} = \frac{3}{4} \frac{d\vartheta_h}{d\sigma}. \tag{44.17}$$

Gl. (44.17) wurde von KORNETZKI [5] an Hand der Meßergebnisse von FÖRSTER und KÖSTER [7] nachgeprüft. FÖRSTER und KÖSTER haben sowohl den E-Modul als auch ϑ_h (aus der Halbwertsbreite der Resonanzkurve) an Fe—Ni-Legierungen zwischen 40 und 100% Ni als Funktion der Schwingungsamplitude A von transversal schwingenden Stäben gemessen. Hierbei ist σ zwar nicht konstant über den Probenquerschnitt, aber man kann zeigen, daß sowohl E als auch ϑ_h von demselben Spannungsmittelwert abhängen, welcher seinerseits proportional zu A ist. Damit kann Gl. (44.17) auch in der Form

$$-\frac{1}{E}\frac{dE}{dA} = \frac{3}{4}\frac{d\vartheta_h}{dA} \qquad (44.17\text{a})$$

geschrieben werden. Diese Beziehung ist, wie Abb. 44.2 zeigt, tatsächlich verhältnismäßig gut erfüllt. In einer anderen Arbeit hat KORNETZKI [9] die magnetomechanische RAYLEIGH-Konstante b auf magnetische Größen zurückgeführt. Im Prinzip ergibt sich, daß

$$b \sim \frac{\nu \lambda_s}{I_s^3}$$

ist, wobei ν die magnetische RAYLEIGH-Konstante bedeutet.

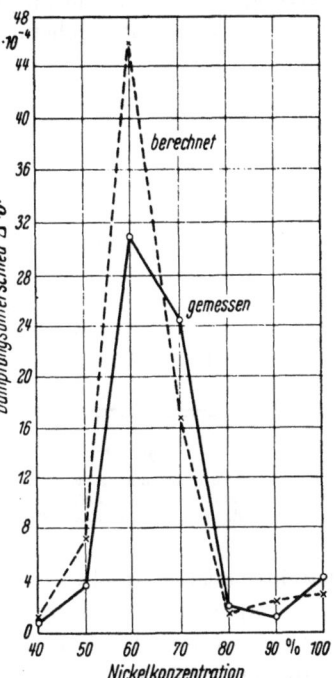

Abb. 44.2. Zur experimentellen Prüfung der Gl. (44.17) bzw. (44.17a) nach Messungen von FÖRSTER und KÖSTER [7]. Aufgetragen ist der Dämpfungsunterschied $\Delta\vartheta$ zwischen den Amplituden $37 \cdot 10^{-6}$ und $94 \cdot 10^{-6}$ mm als Funktion der Nickelkonzentration im System Eisen—Nickel. (Nach KORNETZKI[5])

44.3.2 Große Amplituden

Mit wachsender Amplitude steigt die magnetomechanische Remanenz ε_r, d. i. der mechanische Remanenzanteil, der in einem zur Sättigung hinreichenden Magnetfeld verschwindet, monoton an und strebt einem konstanten Endwert zu. Dieser Endwert wird praktisch dann erreicht, wenn die Magnetisierung durch den Scheitelwert der Spannung weitgehend in die leichten Richtungen des induzierten Spannungsanisotropiefeldes gebracht wird. In Abb. 44.3 ist beispielsweise der Verlauf der Torsionsremanenz φ_r eines Nickeldrahtes als Funktion der Amplitude φ (φ ist die Winkelverdrehung der Mantellinie) nach Messungen von BECKER und KORNETZKI [1] wiedergegeben (s. a. [10, 11]). Der Quotient φ_r/φ durchläuft nach Abb. 44.3 mit wachsender Amplitude φ ein Maximum und fällt danach asymptotisch gegen Null ab. Dementsprechend erwarten wir für die Amplitudenabhängigkeit

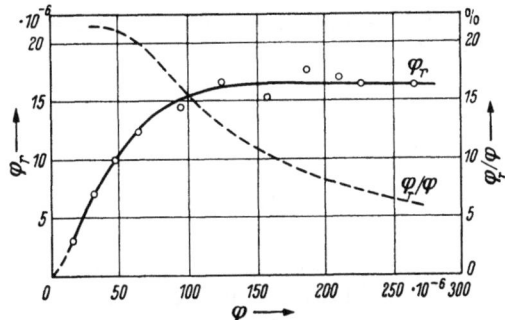

Abb. 44.3. Absolute und relative Torsionsremanenz φ_r bzw. φ_r/φ von Nickel als Funktion der Anfangsauslenkung φ. (Nach BECKER und KORNETZKI [1])

der Hysteresedämpfung folgenden charakteristischen Verlauf: ϑ_h steigt nach Gl. (44.16) zunächst linear mit σ oder ε bzw. φ an, durchläuft nach Gl. (44.14) mit

$\varepsilon_r/\varepsilon$ (bzw. φ_r/φ bei Torsionsversuchen) ein Maximum und nimmt dann asymptotisch gegen Null ab. Abb. 44.4 zeigt diesen charakteristischen Verlauf von $\vartheta_h(\varphi)$ nach Messungen von BOULANGER [12, 13, 14] an Armco-Eisendraht bei 12 und 17 Hz (Kurve a). ϑ_h ist entsprechend Gl. (44.14) tatsächlich unabhängig von der Frequenz der Schwingung. In einem zur Sättigung hinreichenden Feld (500 Oe) verschwindet ϑ_h. ϑ ist dann sehr klein und praktisch unabhängig von der Amplitude (Kurve b). Ähnliche Ergebnisse erhielten HIBI [15] an Nickeldraht und OCHSENFELD [16] an Eisen—Nickel-Legierungen.

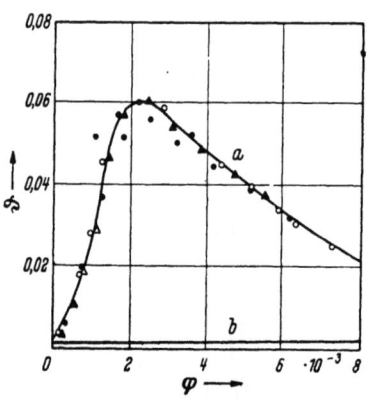

Abb. 44.4. Torsionsremanenz von Armco-Eisen bei 12 und 17 Hz als Funktion der Anfangsamplitude φ. (Nach BOULANGER [14])

Zusammenfassend können wir sagen: Die Hysteresedämpfung ist eine Folge von spannungsinduzierten irreversiblen Magnetisierungsänderungen. ϑ_h ist um so größer, je größer die magnetische RAYLEIGH-Konstante α bzw. ν eines Materials ist und ist wie diese von Gitterstörungen (Eigenspannungen, unmagnetischen Einschlüssen, Orientierungsüberstruktur usw.) abhängig. ϑ_h zeigt eine charakteristische Amplitudenabhängigkeit und ist unabhängig von der Schwingungsfrequenz. Die Hysteresedämpfung ist sowohl im pauschal unmagnetischen Zustand als auch bei Vormagnetisierung vorhanden und verschwindet erst bei Sättigung des Materials. Sie ist bei niedrigen Frequenzen, bei denen die Wirbelströme praktisch vernachlässigt werden können, der maßgebende magnetomechanische Dämpfungsanteil, wie z. B. bei dem Experiment in Abb. 44.1 ($f = 2,6$ Hz).

44.4 Makroskopische Wirbelströme

44.4.1 Dämpfung (ϑ_a)

Betrachten wir beispielsweise einen longitudinal schwingenden, zylindrischen Stab. Ohne äußere Spannung ($\sigma = 0$) bestehe in dem Stab die pauschale Magnetisierung I_0 in Stabachsenrichtung. Durch eine kleine äußere Spannung σ ändert sich die Magnetisierung in erster Näherung reversibel um einen zu σ proportionalen Betrag

$$I = I_0 + \eta\,\sigma. \qquad (44.18)$$

Hierin ist wegen Gl. (9.126) $\eta = (\partial I/\partial \sigma)_H = (1/l_0)\,(\partial l/\partial H)_\sigma$, die reversible Steilheit der Magnetostriktionskurve (s. Kap. 16).

Ändert sich nun σ periodisch mit der Zeit, dann erzeugen die dadurch bedingten periodischen Schwankungen der pauschalen Magnetisierung nach dem Induktionsgesetz ein die Stabachse ringförmig umschließendes elektrisches Wirbelfeld. Die entsprechenden Wirbelströme liefern ein magnetisches Wechselfeld parallel zur Stabachse, welches stets so gerichtet ist, daß es die durch die Spannung erzeugte Magnetisierungsänderung vermindert. Man kann sich danach die resultierenden Induktionsänderungen durch ein effektives Magnetfeld H_{eff} hervorgerufen denken, dessen Amplitude nach der Stabmitte zu abnimmt. Mit steigender Frequenz tritt also eine Verdrängung der Induktionsänderung aus dem Stabinneren ein. Die Induktionsänderung im Inneren des Stabes wird, ganz ähnlich wie in einem longitudinalen magnetischen Wechselfeld, durch Wirbelströme abgeschirmt (Skineffekt). Als Eindringtiefe d bezeichnen wir den Abstand von der Staboberfläche, in welchem die Amplitude von H_{eff} auf den e-ten Teil ihres Wertes an der Staboberfläche abgenommen hat. d ist von der Frequenz, der Permeabilität und dem spezifischen elektrischen Widerstand abhängig. Für $d \gg R$ ($R = $ Stabradius) ist H_{eff} praktisch konstant über den Stabquerschnitt und gleich seinem Wert an der Oberfläche. Für $d \ll R$ dagegen finden Induktionsänderungen überhaupt nur noch in einer dünnen Schicht an der Oberfläche statt, während die Induktion im Stabinneren konstant bleibt.

Über die in oben beschriebener Weise entstehenden Wirbelströme wird Schwingungsenergie in JOULEsche Wärme umgesetzt. Die durch diese sog. makroskopischen Wirbelströme bedingte Dämpfung ist erstmals von KERSTEN [4] für longitudinale Schwingungen sehr hoher und sehr tiefer Frequenz berechnet worden. Die Näherungsrechnung von KERSTEN wurde von BROWN [17] verfeinert und von BECKER und DÖRING [6] ausführlich diskutiert. ZENER [18] (s. a. BOZORTH [19]) hat die Rechnungen auch auf Transversalschwingungen erweitert und allgemeine Formeln für alle Frequenzen angegeben, welche die früheren, nur für hohe und tiefe Frequenzen angegebenen asymptotischen Lösungen mit einschließen. OCHSENFELD [16] hat ϑ_a für einen transversal schwingenden Blechstreifen berechnet.

Charakteristisch für die Dämpfung ϑ_a durch makroskopische Wirbelströme ist ihre Abhängigkeit von der Gestalt des schwingenden Körpers und von der Schwingungsart. ϑ_a verschwindet im pauschal unmagnetischen Zustand, weil dann eine Spannung keine makroskopische Magnetisierungsänderung hervorruft. Für kleine Spannungen σ ist ϑ_a amplitudenunabhängig.

Die Frequenzabhängigkeit ist sehr kompliziert. Sie ist in groben Zügen durch eine Grenzfrequenz f_G charakterisiert, für welche die Eindringtiefe d gleich den Querabmessungen des Probenkörpers wird. Für longitudinale Schwingungen eines kreiszylindrischen Stabes mit Radius R ergibt sich [6] mit der Grenzfrequenz (wenn $d = R$ ist)

$$f_G = \frac{c^2 \varrho}{4 \pi^2 \mu_r R^2}, \tag{44.19}$$

die Dämpfung bei hohen Frequenzen $(f \gg f_G)$

$$\vartheta_a = \frac{4 \pi^2 E \eta^2}{\mu_r} \left(\frac{f_G}{f}\right)^{1/2}, \tag{44.20}$$

und bei tiefen Frequenzen $(f \ll f_G)$

$$\vartheta_a = \frac{\pi^2 \eta^2 E}{\mu_r} \frac{f}{f_G}. \tag{44.21}$$

Hierin bedeuten c die Lichtgeschwindigkeit, ϱ der spezifische elektrische Widerstand, E den E-Modul, η die reversible Steilheit der Magnetostriktionskurve [s. Gl. (44.18)] und μ_r die reversible Permeabilität.

Nach Gl. (44.21) steigt ϑ_a bei tiefen Frequenzen proportional zu f an und nimmt bei hohen Frequenzen mit $1/\sqrt{f}$ ab. Diese Abnahme ist durch die Abnahme der Eindringtiefe bedingt. Das Volumen, in dem Wirbelströme fließen, wird mit d kleiner und damit auch die von ihnen in Wärme umgesetzte Schwingungsenergie.

In der Nähe der Grenzfrequenz wird die Dämpfung am größten. Die genaue Rechnung ergibt, daß der Maximalwert der Dämpfung bei der Frequenz

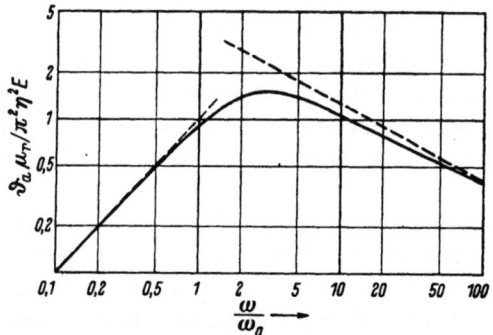

Abb. 44.5. Berechnete Dämpfung der elastischen Längsschwingungen eines Stabes infolge makroskopischer Wirbelströme als Funktion der Frequenz. (Nach BECKER und DÖRING [6])

$$f_{max} = 3{,}22 f_G$$

auftritt und den Wert

$$\vartheta_{a\,max} = 1{,}51 \frac{\pi^2 \eta^2 E}{\mu_r}$$

hat. Die berechnete [6, 18] Frequenzabhängigkeit der Dämpfung von Longitudinalschwingungen ist in Abb. 44.5 wiedergegeben. Die dort dargestellte Kurve ist vom Material unabhängig, weil der Quotient $\vartheta_a \mu_r/\pi^2 \eta^2 E$ eine universelle Funktion von f/f_G ist. Die gestrichelt eingetragenen Geraden sind die durch die Gln. (44.20) und (44.21) gegebenen asymptotischen Näherungen für hohe und tiefe Frequenzen.

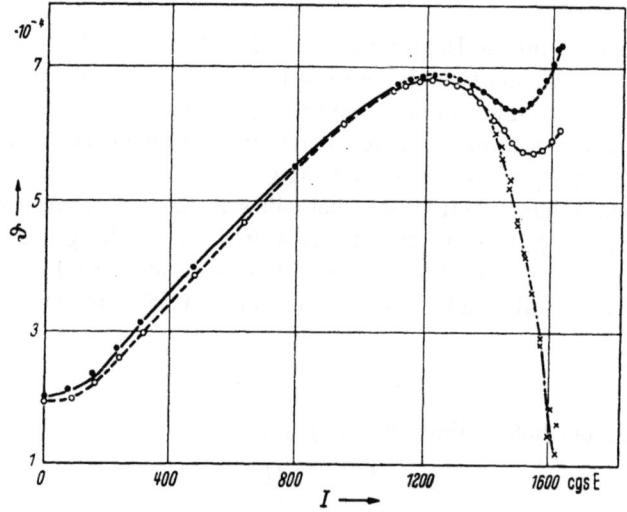

Abb. 44.6. Dämpfung von zwei verschieden dicken Eisenstäben als Funktion der Magnetisierung. (●) 5,38 mm Dmr., (○) 3,97 mm Dmr. (×) Dämpfung nach Abzug des für makroskopische Wirbelströme berechneten Dämpfungsanteils. (Nach COOKE [20])

Die obigen theoretischen Ergebnisse wurden von COOKE [20] und BROWN [17] experimentell geprüft. An zwei Stäben des gleichen Materials (ungeglühtes Armcoeisen) mit unterschiedlichem Durchmesser (0,538 und 0,397 cm) wurde die Dämpfung als Funktion der Magnetisierung bei einer Frequenz von 56 kHz gemessen. Die Ergebnisse in Abb. 44.6 zeigen (allerdings nur bei hohen Magnetisierungswerten), daß die Dämpfung des dickeren Stabes erwartungsgemäß merklich höher liegt als die des dünneren Stabes. Um zu zeigen, daß dieser Unterschied wirklich nur durch makroskopische Wirbelströme bedingt ist, haben COOKE und BROWN den Wirbelstromanteil ϑ_a mit gemessenen Werten von η, μ_r und ϱ berechnet und von der gemessenen Dämpfung abgezogen. Wie Abb. 44.6 zeigt, ergibt sich dadurch für beide Proben tatsächlich eine einzige von der Probenform voraussetzungsgemäß unabhängige Kurve. Der Dämpfungsanteil infolge makroskopischer Wirbelströme an der Gesamtdämpfung ist deshalb nicht sehr groß, weil die Schwingungsfrequenz weit oberhalb der Grenzfrequenz f_G der Stäbe liegt.

44.4.2 Einfluß der Wirbelströme auf den Elastizitätsmodul

Wegen der Abschirmung der Induktionsänderungen im Stabinneren mißt man bei sehr hohen Frequenzen ($f \gg f_G$), d. h. wenn Induktionsänderungen nur noch in einer dünnen Oberflächenschicht ($d \ll R$) stattfinden, praktisch den E-Modul E_B bei konstanter Induktion B, bei statischen oder niederfrequenten Messungen dagegen den E-Modul E_H bei konstanter Feldstärke.

Der Unterschied zwischen E_B und E_H wurde von BROWN [17] und von BECKER und DÖRING [6] berechnet. Bei kleinen Werten von σ und H ist die Dehnung

$$\varepsilon = \frac{\sigma}{E_H} + \eta H. \tag{44.22}$$

Hierin bedeutet H das von Wirbelströmen erzeugte Zusatzfeld. Für $f \gg f_G$ ist $d \ll R$, d. h. die Induktion B ist praktisch im ganzen Stab konstant, oder die durch die Spannung erzeugte Induktionsänderung ist entgegengesetzt gleich der durch das Wirbelstromfeld bedingten Induktionsänderung

$$\mu H + 4\pi \eta \sigma = 0. \tag{44.23}$$

Dies ergibt in Gl. (44.22) eingesetzt die Dehnung bei konstantem B

$$\varepsilon_B = \frac{\sigma}{E_H} - \frac{4\pi \eta^2}{\mu} \sigma$$

und

$$\frac{1}{E_H} - \frac{1}{E_B} = \frac{4\pi \eta^2}{\mu}$$

oder

$$\frac{E_B - E_H}{E_B} = \frac{4\pi \eta^2}{\mu} E_H. \tag{44.24}$$

Da nach Gl. (44.24) E_B größer als E_H ist, mißt man also bei hohen Frequenzen und bei nicht verschwindender pauschaler Magnetisierung infolge makroskopischer Wirbelströme einen kleineren ΔE-Effekt $(E_s - E_B)/E_s$ als bei tiefen Frequenzen oder im statischen Versuch $(\Delta E/E = (E_s - E_H)/E_s)$. Bei magnetisch sehr weichen Werkstoffen ist E_B nur wenig kleiner als E_s, so daß der ΔE-Effekt bei entsprechend hohen Frequenzen nahezu verschwindet.

44.5 Mikroskopische Wirbelströme (ϑ_i)

Nach den pauschalen Magnetisierungsänderungen haben wir nunmehr die lokalen Magnetisierungsänderungen infolge einer äußeren mechanischen Wechselspannung zu betrachten. Diese treten auch dann ein, wenn sich die pauschale Magnetisierung nicht ändert, d. h. im unmagnetischen Zustand ($I = 0$). Ihre vektorielle Summe ist dann zwar Null, die durch sie bedingten Wirbelstromverluste verschwinden dagegen nicht.

Die den spannungsinduzierten lokalen Magnetisierungsänderungen zugeordneten Elementarvorgänge sind Wandverschiebungen und Drehprozesse. Diese können sowohl reversibel als auch irreversibel sein. In beiden Fällen entstehen lokale, sog. mikroskopische Wirbelströme, die zu einer Dämpfung führen. In beiden Fällen ist die Dämpfung unabhängig von der Probenform. Sie ist, wie bereits gesagt, auch dann vorhanden, wenn die pauschale Magnetisierung Null ist und verschwindet nur im magnetisch gesättigten Zustand. Die Dämpfung infolge der bei den irreversiblen lokalen Magnetisierungsänderungen entstehenden Wirbelströme haben wir bereits besprochen. Es ist dies die Hysteresedämpfung ϑ_h. Die Dämpfung infolge der durch die reversiblen lokalen Magnetisierungsänderungen bedingten Wirbelströme wird im engeren Sinne als die Dämpfung ϑ_i durch mikroskopische Wirbelströme bezeichnet.

Bei der Verschiebung einer BLOCH-Wand ist der Energieverlust Δw pro Zeiteinheit infolge von Wirbelströmen proportional zu dem zeitlichen Mittel des Quadrats der Wandgeschwindigkeit $\overline{v^2}$. Die mittlere Wandgeschwindigkeit ist aber, solange die Wand der Spannung trägheitslos folgen kann (tiefe Frequenzen), proportional zur Frequenz f und der Spannungsamplitude σ (d. h. der treibenden Kraft), also $\Delta w \sim \sigma^2 \cdot f^2$. Damit wird nach Gl. (44.8) mit Gl. (44.13) ϑ_i proportional zur Frequenz und unabhängig von der Spannungsamplitude. Ähnliche Überlegungen führen für Drehprozesse zu demselben qualitativen Ergebnis.

Der Dämpfungsanteil ϑ_i wurde zuerst von BECKER und DÖRING [6] in Betracht gezogen und berechnet. Da die zu einer exakten Berechnung von ϑ_i notwendige, genaue Kenntnis der magnetischen Struktur und der Wandreibungsursachen im allgemeinen nicht vorhanden ist, kann ϑ_i, im Gegensatz zu dem Dämpfungsanteil ϑ_a infolge makroskopischer Wirbelströme, nur größenordnungsmäßig abgeschätzt werden. Die Rechnung von BECKER und DÖRING ergibt

$$\vartheta_i = A \frac{I_s^2 D^2}{c^2 \varrho} \frac{E}{\sigma_i^2} f, \qquad (44.25)$$

A ist ein Zahlfaktor, der für 90°-Wandverschiebungen bei [100]-Kristallen (Eisen) entsprechend dem in 24.3.2 erläuterten Modell (bei überwiegender Kristallanisotropie $K_1 \gg \lambda_s \sigma_i$) den Wert $16 \pi^2/5$ und für Drehprozesse (bei überwiegender Spannungsanisotropie $\lambda_s \sigma_i \gg K_1$) den Wert $20 \pi^2/9$ hat. D bedeutet für $K_1 \gg \lambda_s \sigma_i$ die Kantenlänge der als kubisch angenommenen Bezirke und für $\lambda_s \sigma_i \gg K_1$ die „Wellenlänge", über welche sich die Magnetisierung in die antiparallele Richtung umkehrt, E der E-Modul, c die Lichtgeschwindigkeit, ϱ der spezifische elektrische Widerstand und σ_i der mittlere Betrag der Eigenspannungen.

Eine genauere, unveröffentlichte Rechnung von MCCOLL (s. [19]) ergab für A die Werte 130 bei Wandverschiebungen und 42,6 bei Drehprozessen.

Gl. (44.25) gilt nur, solange die Frequenz der Spannung klein gegen die Relaxationsfrequenz der Magnetisierungsänderungen ist, d. h. solange die BLOCH-Wände bzw. die spontane Magnetisierung in den Bezirken mit der Spannung trägheitslos mitschwingen. Bei höheren Frequenzen können sowohl die BLOCH-Wände als auch die Magnetisierung in den Bezirken infolge der Wirbelstrombremsung der rasch wechselnden Spannung nicht mehr folgen. Unter Berücksichtigung dieses Relaxationsvorgangs ergibt eine Rechnung von MASON [21, 22] für die Dämpfung im pauschal unmagnetischen Zustand bei Wandverschiebungen in [100]-Kristallen (Eisen) mit lamellenförmigen 90°-Bezirken der einheitlichen Dicke D in Richtung der Wandbewegung

$$\vartheta_i = \frac{9\pi}{5} \frac{\chi_w E_s}{I_s^2} \frac{2\lambda_{100}^2 + 3\lambda_{111}^2}{5} \left(\frac{f/f_w}{1 + f^2/f_w^2} \right) \quad (44.26)$$

und bei lamellenförmigen 71°-Bezirken in [111]-Kristallen (Nickel)

$$\vartheta_i = \frac{4\pi}{5} \left(\frac{\lambda_{111} 5 c_{43}}{c_{11} - c_{12} + 3 c_{44}} \right)^2 \frac{\chi_w E_s}{I_s^2} \left(\frac{f/f_w}{1 + f^2/f_w^2} \right) \quad (44.27)$$

mit der Relaxationsfrequenz der Wandbewegung

$$f_w = c^2 \varrho / 96 \chi_w D^2, \quad (44.28)$$

f_w ist diejenige Frequenz, bei welcher die Eindringtiefe etwa gleich der Bezirksdicke wird. χ_w bedeutet die Anfangssuszeptibilität bei Wandverschiebungen und die c_{ik} sind die VOIGTschen Elastizitätskonstanten. Für die Rotation der spontanen Magnetisierung in den Bezirken hat man χ_w durch χ_r, die Anfangssuszeptibilität bei Rotation (gegen die Kristallenergie) und f_w durch die Relaxationsfrequenz f_r der Rotation

$$f_r = c^2 \varrho / 25 \pi \chi_r D^2 \quad (44.29)$$

zu ersetzen. Da χ_r sehr viel kleiner als χ_w ist, liegt f_r entsprechend höher als f_w. Treten gleichzeitig Wandverschiebungen und Rotation auf, so sind die beiden Dämpfungsanteile einfach zu addieren.

Ist die Dicke D der Bezirke nicht einheitlich, dann hat man den Frequenzfaktor in den Gln. (44.26) und (44.27) durch die Summe

$$\sum_i v_i \frac{f/f_i}{1 + f^2/f_i^2}$$

zu ersetzen, worin v_i den Volumenanteil der Lamellen mit der Dicke D_i und f_i die entsprechende Relaxationsfrequenz der Wandverschiebung bzw. der Rotation bedeuten.

Für $f/f_w \ll 1$ geht Gl. (44.26) in Gl. (44.25) über, wenn man für f_w den Wert aus Gl. (44.28), für χ_w die nach der klassischen Spannungstheorie berechnete Anfangssuszeptibilität [Gl. (32.8)] und für $(2\lambda_{100}^2 + 3\lambda_{111}^2)/5 = \lambda_s^2$ einsetzt.

Nach den Gln. (44.26) und (44.27) ist ϑ_i unabhängig von der Spannungsamplitude. Für niedrige Frequenzen steigt ϑ_i ferner linear mit f an. Dies bestätigen Experimente von WILLIAMS und BOZORTH [23] (s. a. [24]) und OCHSENFELD [16]. Bei der Frequenz f_w durchläuft ϑ_i ein Maximum und fällt bei höheren Frequenzen wieder ab. Dieser Frequenzgang ist von BOZORTH, MASON und MCSKIMIN [25] an vielkristallinem Nickel gemessen und in Abb. 43.11 wiedergegeben worden. Aus der Anfangssteigung $\vartheta/f = 2{,}5 \cdot 10^{-6}$ der $\vartheta(f)$-Kurve und der Frequenz maximaler Dämpfung $f_w = 150$ kHz berechnete MASON für die mittlere Dicke D der Bezirke 0,05 mm, ein Wert, der mit optischen Messungen [26] gut übereinstimmt. Abb. 43.12 zeigt einen Vergleich der von BOZORTH, MASON und MCSKIMIN [25] an vielkristallinem Nickel und von LEVY und TRUELL [27] an Nickel-Einkristallen gemessenen Frequenzabhängigkeit der Dämpfung mit dem nach Gl. (44.27) unter gleichzeitiger Berücksichtigung von Wandverschiebungen und Rotation ($\chi_w = 25$,

$\chi_r = 2$) sowie der optisch ermittelten [26] Streuung der Lamellendicke berechneten Verlauf $\vartheta_i(f)$.

ϑ_i ist für $f \ll f_w$ nach Gl. (44.25) umgekehrt proportional zum mittleren Quadrat σ_i^2 der Eigenspannungen bzw. nach Gl. (44.26) mit Gl. (44.27) proportional zum Quadrat der Permeabilität. Dies wird mindestens qualitativ z. B. durch Messungen von GIEBE und BLECHSCHMIDT [28], v. AUWERS [29], COOKE [20] sowie durch die Messungen von KÖSTER [30] an Nickel in Abb. 44.7 bestätigt. Dort ist die Dämpfung von kaltverformtem und bei verschieden hohen Temperaturen geglühtem Nickel im pauschal unmagnetischen Zustand als Funktion der Temperatur wiedergegeben. Mit steigender Glühtemperatur nehmen die Eigenspannungen ab und parallel dazu die Dämpfung zu.

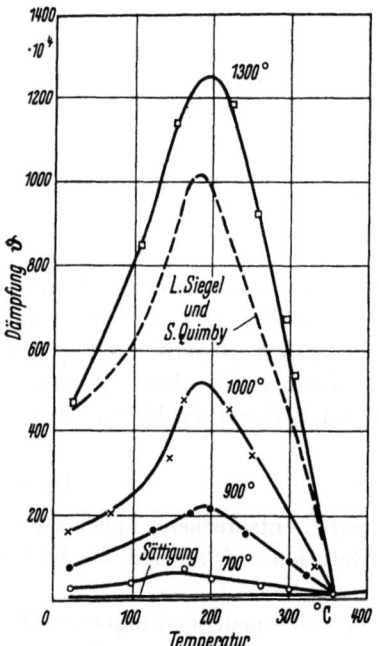

Abb. 44.7. Temperaturabhängigkeit der Dämpfung von Nickel bei magnetischer Sättigung, sowie ohne Feld im kalt verformten Zustand und nach Glühung bei verschiedenen Temperaturen. (Nach KÖSTER [30])

Nehmen wir an, daß die Dämpfung des Nickels in Abb. 44.7 im wesentlichen durch die mikroskopischen Wirbelströme bedingt ist, dann kann ihre Temperaturabhängigkeit in folgender Weise verstanden werden. In 32.7.4 haben wir festgestellt, daß die Anfangssuszeptibilität von Nickel oberhalb 200 °C ($K_1 \ll \lambda_s \sigma_i$) durch Gl. (32.18) und unterhalb 200 °C durch Gl. (32.15) gegeben ist. Setzen wir dies in Gl. (44.26) ein, so ergibt sich mit $(2\lambda_{100}^2 + 3\lambda_{111}^2)/5 = \lambda_s^2$ und $f/f_w \ll 1$ entsprechend den Versuchsbedingungen, daß ϑ_i oberhalb 200 °C in erster Näherung wie I_s^2 und unterhalb 200° wegen $\gamma_{w\,90} \sim I_s \sqrt{K_1}$ näherungsweise wie λ^2/K_1 von der Temperatur abhängt. Das heißt aber, daß ϑ_i in Übereinstimmung mit dem Experiment mit steigender Temperatur bis etwa 200 °C ansteigt, dort ein Maximum durchläuft und oberhalb 200 °C gegen die CURIE-Temperatur hin abfällt.

44.6 Trennung der Dämpfungsanteile

Tab. 44.1 gibt einen Überblick über die charakteristischen Eigenschaften der drei magnetomechanischen Dämpfungsanteile.

Der Hystereseanteil ϑ_h kann von den übrigen Dämpfungsanteilen auf zweierlei Weise abgetrennt werden:

1. Durch Messung der Amplitudenabhängigkeit von ϑ bei konstanter Frequenz. Extrapolation von $\vartheta(\sigma)$ bzw. $\vartheta(\varepsilon)$ auf $\sigma = 0$ bzw. $\varepsilon = 0$ liefert für $I = 0$ $\vartheta_i + \vartheta_u$ und für $I \neq 0$ $\vartheta_i + \vartheta_a + \vartheta_u$, wobei ϑ_u die Summe der Dämpfungsanteile mit nichtmagnetischem Ursprung bedeutet. ϑ_u erhält man durch Messung von ϑ bei $I = I_s$ (KORNETZKI [5], SNOEK [8], OCHSENFELD [16]).

Tabelle 44.1

Bezeichnung	Symbol	Dämpfungsursache	Frequenz f	Amplitude	Magnetisierung I	Probenform
			Abhängigkeit von ϑ			
Hysterese	ϑ_h	irreversible Änderungen der lokalen Magnetisierung	unabh.	$\sim \sigma, \varepsilon$ für kleine σ, ε $\sim 1/\sigma, 1/\varepsilon$ für große σ, ε	$= 0$ für $I = I_s$	unabh.
Makroskopische Wirbelströme	ϑ_a	Änderungen der pauschalen Magnetisierung	$\sim f$ für $f \ll f_G$ $\sim f^{-1/2}$ für $f \gg f_G$	unabh.	$= 0$ für $I = I_s$ und $I = 0$	abh.
Mikroskopische Wirbelströme	ϑ_i	reversible Änderungen der lokalen Magnetisierung	$\sim f$ für $f \ll f_w$ $\sim \dfrac{f/f_w}{1 + f^2/f_w^2}$	unabh.	$= 0$ für $I = I_s$	unabh.

2. Durch Messung der Frequenzabhängigkeit von ϑ bei konstanter Amplitude. Extrapolation von $\vartheta(f)$ auf $f = 0$ liefert $\vartheta_h + \vartheta_u$. Bei tiefen Frequenzen hängen ϑ_i und ϑ_a linear von f ab. Die Steigung der Geraden $\vartheta(f)$ multipliziert mit f liefert also für $I = 0$ ϑ_i und für $I \neq 0$ $\vartheta_i + \vartheta_a$ (WILLIAMS und BOZORTH [31], OCHSENFELD [16]).

Eine Trennung von ϑ_i und ϑ_a erscheint praktisch nur auf Grund der Tatsache möglich, daß ϑ_a nur von den pauschalen Größen η (und μ_r für $f \gg f_G$) und von Werkstoffkonstanten abhängig ist und daher exakt berechnet werden und von der Summe $\vartheta_i + \vartheta_a$ abgezogen werden kann. Dieses umständliche Verfahren, das außerdem genaue Messungen von η (und μ_r) voraussetzt, ist bisher nur in einem Fall von COOKE und BROWN [20, 17] (s. Abb. 44.6) tatsächlich durchgeführt worden.

44.7 Abhängigkeit der Dämpfung von der Magnetisierung bzw. der Feldstärke

Die Abhängigkeit der Dämpfung von der Magnetisierung bzw. der Feldstärke ist an Eisen von v. AUWERS [29] und COOKE [20], an Kobalt von STREET [32], an Nickel von v. AUWERS [29], SIEGEL und QUIMBY [33], BECK, KOUVELITES und MCKEEHAN [34] und KOUVELITES und MCKEEHAN [35], an Eisen—Nickel-Legierungen von v. AUWERS [29], WILLIAMS, BOZORTH und CHRISTENSEN [36], BECK, KOUVELITES und MCKEEHAN [34] und KOUVELITES und MCKEEHAN [35], HIRONE und KUNITOMI [37], KUNITOMI [38, 39] und OCHSENFELD [16], an Nickel—Kupfer-Legierungen von KOUVELITES und MCKEEHAN [35] und an einer Eisen—Nickel—Kobalt-Legierung (Perminvar) von KUNITOMI [39] gemessen worden. WILLIAMS, BOZORTH und CHRISTENSEN [36], HIRONE und KUNITOMI [37] und KUNITOMI [38, 39] haben insbesondere den Einfluß von Wärmebehandlung und Magnetfeldabkühlung (Orientierungsüberstruktur) auf den Verlauf von $\vartheta(I)$ untersucht. Abb. 44.8 [38] zeigt den Einfluß der Glühdauer auf die $\vartheta(I)$-Kurven von Ni_3Fe und Abb. 44.9 [36] den Einfluß von Wärmebehandlung und Magnetfeldabkühlung auf den Verlauf von $\vartheta(I)$ von 68-Permalloy. Eine genaue

Analyse des Verlaufs von $\vartheta(I)$ nach den drei Anteilen kann prinzipiell an Hand der in 44.6 aufgezeigten Methoden gegeben werden. Die dazu notwendigen Messungen sind jedoch in keinem Fall vollständig ausgeführt worden. Es ist überhaupt über die Magnetisierungsabhängigkeit der verschiedenen Dämpfungsanteile sehr wenig bekannt. Nach Rechnungen von KUNITOMI [39, 40], deren Ergebnis in Abb. 44.10 wiedergegeben ist, durchläuft ϑ_i bei Rotationsprozessen ($K_1 \ll \lambda_s \sigma_i$) als Funktion von I ein Maximum. Bei Eisen ist $K_1 \gg \lambda_s \sigma_i$. Dort erwar-

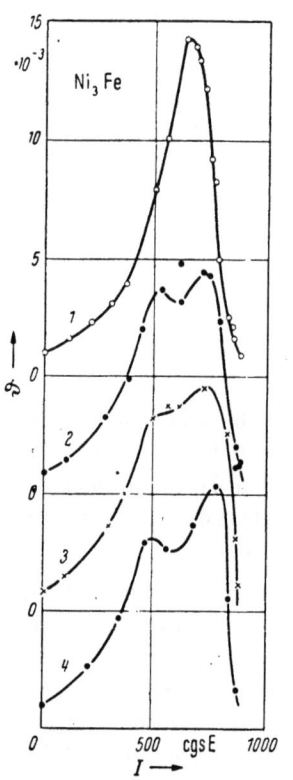

Abb. 44.8. Dämpfung von Ni$_3$Fe als Funktion der Magnetisierung nach Glühung bei 444 °C während (1) 30 Min. (2) 50 Min, (3) 100 Min, (4) 200 Min. (Nach KUNITOMI [39])

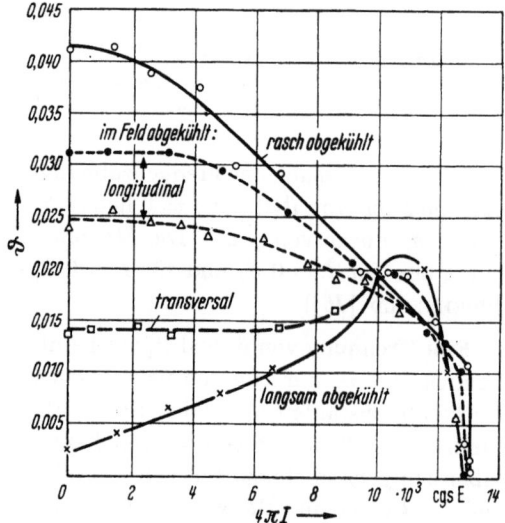

Abb. 44.9. Dämpfung von 68-Permalloy als Funktion der Magnetisierung nach verschiedenen Wärmebehandlungen. (Nach WILLIAMS, BOZORTH und CHRISTENSEN [36])

ten wir also in erster Linie Wandverschiebungen. Da ϑ_h mit wachsender Magnetisierung stetig abnimmt (s. unten) können wir aus der Analyse der $\vartheta(I)$-Kurve von Eisen durch COOKE und BROWN [20] (s. Abb. 44.6) schließen, daß $\vartheta_i(I)$ bei Wandverschiebungen ebenfalls ein Maximum durchläuft.

Nach Gl. (44.21) mit Gl. (44.19) ist für $f \ll f_G$ die Größe $\eta = \left(\frac{\partial I}{\partial \sigma}\right)_H$ die einzige von der Magnetisierung abhängige Größe in dem Ausdruck für ϑ_a. ϑ_a ist nach Gl. (44.21) proportional zu η^2. η durchläuft aber als Funktion von I ein Maximum. Dasselbe erwarten wir demnach für ϑ_a. Daß dies tatsächlich der Fall ist, wird sowohl durch COOKE und BROWN [20] als auch durch OCHSENFELD [16] bestätigt.

Schließlich ist nach Gl. (44.16) ϑ_h proportional zu der magnetomechanischen RAYLEIGH-Konstante b und b wiederum proportional zu der magnetischen RAYLEIGH-Konstante ν. ν nimmt aber nach Abb. 34.11 mit wachsender Magnetisierung sehr rasch ab. Daß ϑ_h mit der Vormagnetisierung ebenfalls rasch abnimmt und praktisch verschwindet, geht aus den Versuchen von OCHSENFELD [16] hervor. OCHSENFELD hat nachgewiesen, daß ϑ bereits bei geringer Magnetisierungsvorspannung unabhängig von der Amplitude ist.

Nach diesen Überlegungen können wir den gemessenen Verlauf von $\vartheta(I)$ qualitativ übersehen. So ist z. B. beim Auftreten von zwei Maxima (s. Abb. 44.6 und Abb. 44.8) das eine (vermutlich stets das bei niedriger Magnetisierung gelegene) dem Anteil ϑ_i und das zweite dem Anteil ϑ_a zuzuschreiben. Ist nur ein Maximum vorhanden, so überdecken sich wahrscheinlich die beiden Maxima. Ferner kann man vermuten, daß in den Fällen, in denen $\vartheta(I)$ mit wachsender Magnetisierung stetig abnimmt (Abb. 44.10), der Hystereseanteil ϑ_h überwiegt. Nach den Messungen von v. AUWERS [29] ist ϑ keine eindeutige Funktion von I/I_s, sondern zeigt Hysterese.

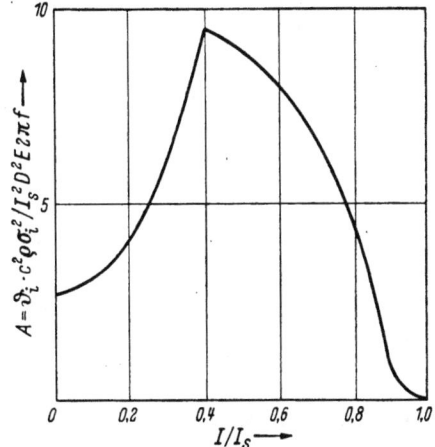

Abb. 44.10. Theoretischer Verlauf des Faktors A in Gl. (44.25) als Funktion der relativen Magnetisierung I/I_s. (Nach KUNITOMI [40])

44.8 Weitere Ergebnisse

Weitere Messungen der Dämpfung an ferromagnetischen Werkstoffen wurden von FERRO und MONTALENTI [41] und SIZOV [42] an Nickel, von FERRO und MONTALENTI [41] und COCHARDT [43] an Eisen, von COCHARDT [43] an Eisen—Chrom- und Eisen—Kobalt-Legierungen und von STREET und WOOLLEY [44] an Alnico 5 ausgeführt. Wir verweisen ferner auf einen zusammenfassenden Artikel von COCHARDT [45].

Literatur zu Kap. 44·

[1] BECKER, R., u. M. KORNETZKI: Z. Phys. 88 (1934) S. 634.
[2] COCHARDT, A. W.: Trans. ASME 75 A (1953) S. 196.
[3] COCHARDT, A. W.: Trans. ASME 47 (1955) S. 440.
[4] KERSTEN, M.: Z. techn. Phys. 15 (1934) S. 463.
[5] KORNETZKI, M.: Wiss. Veröff. Siemens-Werke 17 (1938) S. 410.
[6] BECKER, R., u. W. DÖRING: Ferromagnetismus, Berlin: Springer 1939.
[7] FÖRSTER, F., u. W. KÖSTER: Naturwiss. 25 (1937) S. 436.
[8] SNOEK, J. L.: Physica, Haag 8 (1941) S. 745.
[9] KORNETZKI, M.: Z. Phys. 121 (1943) S. 560.
[10] RICHTER, G.: Ann. Phys., Lpz. 29 (1937) S. 605.
[11] RICHTER, G.: Ann. Phys., Lpz. 32 (1938) S. 683.
[12] BOULANGER, CH.: C. R. Acad. Sci., Paris 224 (1947) S. 1286.
[13] BOULANGER, CH.: Rev. Metall. 46 (1949) S. 321.
[14] BOULANGER, CH.: Physica, Haag 15 (1949) S. 266.
[15] HIBI, T.: Sci. Rep. Tohoku Univ. 28 (1940) S. 450.
[16] OCHSENFELD, R.: Z. Phys. 143 (1955) S. 357.
[17] BROWN, W. F.: Phys. Rev. 50 (1936) S. 1165.
[18] ZENER, C.: Phys. Rev. 53 (1938) S. 1010.
[19] BOZORTH, R. M.: Ferromagnetism, D. van Nostrand Co. 1951.
[20] COOKE, W. T.: Phys. Rev. 50 (1936) S. 1158.
[21] MASON, W. P.: Phys. Rev. 83 (1951) S. 683.
[22] MASON, W. P.: Rev. Mod. Phys. 25 (1953) S. 136.
[23] WILLIAMS, H. J., u. R. M. BOZORTH: Phys. Rev. 59 (1941) S. 939.
[24] BOZORTH, R. M.: Ferromagnetism, D. van Nostrand 1951. S. 699ff.

[25] BOZORTH, R. M., W. P. MASON u. H. J. MCSKIMIN: Bell Syst. techn. J. 30 (1951) S. 970.
[26] WILLIAMS, H. J., u. J. G. WALKER: Phys. Rev. 83 (1951) S. 634.
[27] LEVY, S., u. R. TRUELL: Rev. Mod. Phys. 25 (1953) S. 140.
[28] GIEBE, E., u. E. BLECHSCHMIDT: Ann. Phys., Lpz. 11 (1931) S. 905.
[29] v. AUWERS, O.: Ann. Phys., Lpz. 17 (1933) S. 83.
[30] KÖSTER, W.: Z. Metallkde. 35 (1943) S. 246.
[31] WILLIAMS, H. J., u. R. M. BOZORTH: Phys. Rev. 59 (1941) S. 939.
[32] STREET, R.: Proc. phys. Soc., Lond. 60 (1948) S. 236.
[33] SIEGEL, S., u. S. L. QUIMBY: Phys. Rev. 49 (1936) S. 663
[34] BECK, F. J., J. S. KOUVELETES u. L. W. MCKEEHAN: Phys. Rev. 84 (1951) S. 957.
[35] KOUVELITES, J. S., u. L. W. MCKEEHAN: Phys. Rev. 86 (1952) S. 898.
[36] WILLIAMS, H. J., R. M. BOZORTH u. H. CHRISTENSEN: Phys. Rev. 59 (1941) S. 1005.
[37] HIRONE, T., u. N. KUNITOMI: J. phys. Soc., Japan 7 (1952) S. 364.
[38] KUNITOMI, N.: J. phys. Soc., Japan 7 (1952) S. 584.
[39] KUNITOMI, N.: Sci. Rep. Tohoku Univ. A 5 (1953) S. 287.
[40] KUNITOMI, N.: J. phys. Soc., Japan 7 (1952) S. 578.
[41] FERRO, A., u. G. MONTALENTI: J. Appl. Phys. 22 (1951) S. 565.
[42] SIZOV, V. P.: Dokl. Acad. Nauk SSSR 89 (1953) S. 427.
[43] COCHARDT, A. W.: J. Appl. Phys. 25 (1954) S. 670.
[44] STREET, R., u. J. C. WOOLEY: Proc. phys. Soc., Lond. 61 (1948) S. 391.
[45] COCHARDT, A. W.: „Magnetische Properties of Metals and Alloys", S. 251, ASM, Cleveland, Ohio (1959).

IX. Quantentheoretische Grundlagen

45. Quantentheorie und Elektronentheorie des Ferromagnetismus

In Kap. 4.5 ist dargelegt worden, daß man die Theorie des Ferromagnetismus in zwei Hauptarbeitsrichtungen aufteilen kann. Man kann die Existenz des WEISSschen Feldes, also der spontanen Magnetisierung, sowie der Kristallanisotropie und der Magnetostriktion als gegeben hinnehmen und die betreffenden physikalischen Größen aus Messungen entnehmen. Es läßt sich dann eine Theorie des Verhaltens der ferromagnetischen Stoffe entwickeln, die zeigt, wie durch das Zusammenwirken von magnetostatischen Effekten, Austauschwechselwirkung, Kristallanisotropie und Magnetostriktion die „Technische Magnetisierungskurve" zu verstehen ist. Der Hauptteil dieses Buches ist dieser Aufgabe gewidmet. Es bleibt aber für die Theorie noch eine zweite Aufgabe zu lösen, nämlich die Beantwortung von Fragen der folgenden Art: Woher rührt die spontane Magnetisierung? Warum sind gerade Nickel, α-Eisen und Kobalt sowie bestimmte seltene Erden Ferromagnetica? Wodurch ist der Betrag ihrer spontanen Magnetisierung und ihre CURIE-Temperatur bestimmt? Welche Faktoren entscheiden, ob die Kristallenergie oder die Magnetostriktion groß oder klein sind? Welche Legierungen sind ferromagnetisch und wodurch sind ihre ferromagnetischen Grundeigenschaften bestimmt? Der Diskussion dieser Fragen ist das vorliegende Kapitel gewidmet.

Bevor wir die Theorie der spontanen Magnetisierung, der Kristallenergie und der Magnetostriktion im einzelnen erörtern, mag es zweckmäßig sein, den Stand der Erkenntnis auf diesem Gebiet und die Art unserer Darstellung kurz zu umreißen. Die Experimente von BARNETT [1] und von EINSTEIN-DE HAAS [2] zeigen, daß das magnetische Moment der Ferromagnetica überwiegend von dem mit dem Elektronenspin gekoppelten magnetischen Moment der Elektronen und nicht etwa vom Bahnmoment der Elektronen herrührt. Die Natur der Kräfte, die die Elektronenspins in den Ferromagnetica parallel zu richten suchen, ist dank der grundlegenden Arbeit von HEISENBERG [3] bekannt. Es handelt sich um die schon mehrfach erwähnten Austauschkräfte zwischen Elektronen, die quantentheoretischen Ursprungs sind[1]. Zur theoretischen Behandlung dieser Austauschkräfte in ferromagnetischen Kristallen hat man ein quantenmechanisches Vielkörperproblem zu lösen. Zur Bewältigung dieser Aufgabe stehen uns heute nur Näherungsmethoden zur Verfügung, deren Leistungsfähigkeit — gemessen an der Komplexität des Problems — als höchst bescheiden zu bezeichnen ist. An diesem Umstand liegt es, daß es bis heute keine einheitliche und allgemein akzeptierte Quantentheorie des Ferromagnetismus gibt, obwohl über das quantentheoretische Grundphänomen Klarheit herrscht.

Es ist hier leider nicht möglich, das quantenmechanische Vielkörperproblem in der erforderlichen Allgemeinheit zu erörtern. Immerhin wollen wir darüber soviel bringen, daß der theoretisch geschulte Leser erkennen kann, wo die Probleme liegen. Im wesentlichen wird es uns darauf ankommen, zu zeigen, welche physikalischen Modellvorstellungen den verschiedenen Näherungsmethoden zur Behandlung des Vielkörperproblems zugrunde liegen.

Der Umstand, daß es keine flüssigen Ferromagnetica gibt, weist darauf hin, daß die kristalline Anordnung der Atome bzw. Ionen eine Vorbedingung für das Auftreten des Ferromagnetismus ist. Dennoch sind die direkt auf der Austauschwechselwirkung der Elektronen beruhenden Größen wie spontane Magnetisierung und CURIE-Temperatur in guter Näherung isotrop, d. h. von der Richtung der Magnetisierung im Kristallgitter unabhängig. Anders ist dies bei der Kristallenergie und der Magnetostriktion, die von der Wechselwirkung zwischen dem Elektronenspin und den Ionenrümpfen (nach heutiger Anschauung über die Spin-Bahn-Wechselwirkung) abhängen. Die Modellvorstellungen, an Hand derer wir diese Erscheinungen diskutieren, sind deshalb von jenen der spontanen Magnetisierung etwas verschieden. Auch hier gibt es keine in sich geschlossene Theorie, so daß wir uns wiederum auf eine kurze Charakterisierung der verschiedenen Deutungsversuche beschränken werden.

45.1 Die spontane Magnetisierung
45.1.1 Antisymmetrieprinzip und Austauschkräfte

Wie oben dargelegt wurde, hat die Quantentheorie des Ferromagnetismus von der quantentheoretischen Behandlung der Elektronen im Kristall auszugehen. Jedes Elektron wird außer durch seinen Ort r_i noch durch seine Spinkoordinate s_i[2] charakterisiert. Diese vier Koordinaten eines bestimmten Elektrons, das wir vorläufig mit der Nummer i kennzeichnen wollen, sollen abgekürzt mit x_i bezeichnet werden. Zur quantenmechanischen Beschreibung eines Systems von N Elektronen

---

[1] Die klassischen Dipolkräfte, die ebenfalls die Elektronenspins parallel zu richten suchen und die von EWING [4] als Ursache des Ferromagnetismus vorgeschlagen worden waren, sind um Größenordnungen zu klein und können nur CURIE-Temperaturen in der Größenordnung von einem Zehntel Grad Kelvin erklären. Es gibt ferromagnetische Salze, deren Curie-Temperaturen in dieser Größenordnung liegen und deren spontane Magnetisierung wohl überwiegend durch den EWINGschen Mechanismus zustande kommt.

[2] Diese Spinkoordinate s_i kann bei Elektronen die Werte $+\frac{1}{2}$ und $-\frac{1}{2}$ annehmen.

dient die SCHRÖDINGERsche Wellenfunktion

$$\psi = \psi(x_1, x_2, \ldots, x_i, x_k, \ldots, x_N),$$

die von den Koordinaten sämtlicher Elektronen abhängt. ψ ist eine im allgemeinen komplexe Funktion (ψ^* bedeutet ihr konjugiert Komplexes), deren physikalische Bedeutung sich wie folgt ergibt:

$$\varrho = \psi\,\psi^*$$

ist die Wahrscheinlichkeitsdichte dafür, daß die Elektronen gerade die Koordinaten $x_1, x_2, \ldots, x_i, x_k, \ldots, x_N$ besitzen.

Wir haben bisher so getan, als ob verschiedene Elektronen, z. B. diejenigen mit den Nummern i und k, voneinander unterschieden werden könnten. Dies ist nicht der Fall, und zwar nicht nur aus praktischen, sondern aus prinzipiellen Gründen. Diese Ununterscheidbarkeit der Elektronen (die auch bei Systemen anderer, unter sich gleichartiger Elementarteilchen auftritt) hat zur Folge, daß sich bei Vertauschung irgend zweier Elektronenkoordinaten x_i und x_k die Wahrscheinlichkeitsdichte ϱ nicht ändern darf. Wie PAULI [5] gezeigt hat, folgt daraus für Elektronen als Teilchen mit halbzahligem Spin, also sog. FERMI-Teilchen, daß die Wellenfunktion ψ antisymmetrisch in den Elektronenkoordinaten sein muß. Faßt man nun eine Wellenfunktion ins Auge, die zwei in allen vier Koordinaten übereinstimmende Elektronen beschreibt, so muß sich bei Vertauschung der Elektronen das Vorzeichen der Wellenfunktion ändern. Da im vorliegenden speziellen Fall jedoch die Elektronen dieselben Koordinaten haben, ändert sich die Wellenfunktion bei dieser Vertauschung nicht; sie muß also Null sein. Dies heißt, daß zwei Elektronen mit parallelem Spin sich nur mit der Wahrscheinlichkeit Null, d. h. überhaupt nicht, am gleichen Ort befinden können. Für zwei Elektronen mit antiparallelem Spin, die ja nie übereinstimmende Koordinaten x_i haben können, gibt es jedoch keine derartige Beschränkung. Man kann also sagen, daß zwischen Elektronen mit parallelem Spin eine quantenmechanische Abstoßungskraft wirkt, die zwischen Elektronen mit antiparallelen Spins nicht auftritt. Diese Abstoßungskraft nennt man aus historischen Gründen Austauschkraft. Unter den in ferromagnetischen Kristallen vorherrschenden Bedingungen sind die Austauschwechselwirkungen zwischen zwei Elektronen parallelen Spins viel größer als die klassischen Dipol-Wechselwirkungen zwischen den magnetischen Momenten der Elektronen. Wie oben erwähnt wurde, hat HEISENBERG in einer grundlegenden Arbeit gezeigt, daß diese Austauschwechselwirkungen das Auftreten des Ferromagnetismus mit den in der Natur gefundenen Größenordnungen der spontanen Magnetisierung und der CURIE-Temperatur erklären können.

In einem nicht spontan magnetisierten Kristall treten, wenn kein äußeres Feld wirkt, beide Spinrichtungen gleich häufig auf. Bei Ferromagnetica ist es dagegen energetisch günstiger, wenn eine Spinrichtung überwiegt und auf diese Weise die magnetischen Momente eines Teils der Elektronen eine spontane Magnetisierung zustande bringen. Wir wollen nunmehr besprechen, woher bei den Ferromagnetica der Energiegewinn beim Übergang vom unmagnetisierten (d. h. paramagnetischen) zum magnetisierten Zustand rührt.

Zunächst ist es klar, daß der Zustand mit ausgerichteten Spins eine geringere Unordnung und damit eine geringere Entropie als der paramagnetische Zustand besitzt. Erhöhung der Temperatur, die ja dem Entropieglied in der freien Energie ein größeres Gewicht verleiht, wirkt deshalb dem Ferromagnetismus durchweg entgegen in Übereinstimmung mit der Erfahrung, daß die spontane Magnetisierung mit wachsender Temperatur abnimmt und bei der CURIE-Temperatur schließlich Null wird. Die Energieerniedrigung im spontan magnetisierten Zustand rührt von einem Gewinn an *innerer* Energie her, so daß wir uns für das Folgende auf die Verhältnisse am absoluten Nullpunkt beschränken können[1].

Zwischen zwei Elektronen wirkt die COULOMBsche Abstoßung ihrer elektrischen Ladungen e. Die potentielle Energie der COULOMBschen Wechselwirkung zweier Elektronen im Abstand r_{ik} beträgt $V_{ik} = e^2/r_{ik}$. Das Antisymmetrieprinzip bewirkt, daß zwischen zwei Elektronen mit parallelem Spin eine zusätzliche Abstoßungskraft wirkt. Dies heißt, daß für Elektronen mit parallelem Spin im Mittel der Abstand r_{ik} größer als für Elektronen mit antiparallelem Spin ist. Die COULOMBsche Wechselwirkung ist also im Mittel für Elektronen mit parallelem Spin geringer als für solche mit antiparallelem Spin, so daß die Parallelstellung der Spins, soweit die COULOMB-Energie betroffen ist, energetisch günstiger ist. Man sieht also, daß zwar die nur quantenmechanisch zu verstehenden Austauschkräfte die *Ursache* für die Parallelstellung der Spins sind, daß jedoch der *Energiegewinn* selbst von der schon in der klassischen Physik auftretenden elektrostatischen Energie herrührt.

Die Bevorzugung paralleler Spins auf Grund der COULOMB-Abstoßung zwischen den Elektronen ist aus der Spektroskopie freier Atome und Ionen als HUNDsche [6] Regel wohl bekannt. Diese besagt, daß in nicht abgeschlossenen Elektronenschalen sich im energetisch günstigsten Zustand die maximal mögliche (d. h. mit dem PAULIschen Antisymmetrieprinzip verträgliche) Anzahl von Elektronenspins parallel stellt. In der Sprache der Spektroskopie sagt man, daß der Zustand maximaler Multiplizität energetisch am tiefsten liegt. Daß dies tatsächlich mit dem abstoßenden Charakter der COULOMB-Kräfte zusammenhängt, erkennt man daran, daß diese Regel für die sog. Leuchtnukleonen in den Atomkernen, wo ja die Nukleonen zwar auch FERMI-Teilchen sind, aber überwiegend anziehende Kräfte (die sog. Kernkräfte) aufeinander ausüben, *nicht* gilt.

45.1.2 Schrödinger-Gleichung und Virialsatz

Die Wellenfunktion $\psi(\ldots, \mathfrak{r}_i, \ldots)$ wird durch eine partielle Differentialgleichung, die sog. SCHRÖDINGER-Gleichung, bestimmt. Um deren physikalische Bedeutung zu erläutern, gehen wir davon aus, daß in der klassischen Mechanik die Summe aus potentieller Energie V und kinetischer Energie T eines Systems gleich der Gesamtenergie E ist:

$$V + T = E. \tag{45.1}$$

Bezeichnet $\mathfrak{R}_l$ die Ortsvektoren der Atomkerne, Ze deren Ladung und $\mathfrak{r}_i$ wie oben die Ortsvektoren der Elektronen, so lautet die potentielle Energie eines Systems von Atomkernen und Elektronen

$$V = \frac{1}{2} \sum_{\substack{i \\ i \neq j}} \sum_j \frac{e^2}{|\mathfrak{r}_i - \mathfrak{r}_j|} - \sum_i \sum_l \frac{e^2 Z}{|\mathfrak{r}_i - \mathfrak{R}_l|} + \frac{1}{2} \sum_{\substack{l \\ l \neq m}} \sum_m \frac{e^2 Z^2}{|\mathfrak{R}_l - \mathfrak{R}_m|}, \tag{45.2}$$

---

[1] Auf die Temperaturabhängigkeit der spontanen Magnetisierung wird in Abschn. 45.1.11 eingegangen.

wobei sich die Summen über alle Kerne und alle Elektronen erstrecken. Gl. (45.2) lautet in der klassischen Mechanik und in der Quantenmechanik gleich. Die kinetische Energie ist jedoch in der Quantenmechanik nicht eine gewöhnliche Funktion der Impulse der Elektronen und Atomkerne, es ist ihr vielmehr ein Operator zugeordnet, der sich in den LAPLACEschen Differentialoperatoren $\Delta_{\mathfrak{R}_i}$ und $\Delta_{\mathfrak{r}_i}$ der Elektronen bzw. der Kerne folgendermaßen darstellen läßt:

$$-T = \frac{\hbar^2}{2m} \sum_i \Delta_{\mathfrak{r}_i} + \frac{\hbar^2}{2M} \sum_l \Delta_{\mathfrak{R}_l}. \qquad (45.3)$$

In Gl. (45.3) ist wiederum über alle Elektronen bzw. Kerne zu summieren. m und M bedeuten Elektronen- und Kernmassen[1]. Aus dem Operator der kinetischen Energie T und demjenigen der potentiellen Energie V (der eine gewöhnliche Funktion, nämlich gleich dem durch Gl. 45.2 gegebenen V, ist) bildet man den sog. HAMILTON-Operator

$$H = T + V. \qquad (45.4)$$

Faßt man nun eine Wellenfunktion Φ ins Auge, welche sowohl von den Elektronen- als auch von den Kernkoordinaten abhängt, so lautet die SCHRÖDINGER-Gleichung

$$H\Phi = E\Phi. \qquad (45.5)$$

E, der sog. Eigenwert der SCHRÖDINGER-Gleichung, stellt dabei die Gesamtenergie des durch die Wellenfunktion Φ beschriebenen Zustandes dar. Φ muß bestimmten Randbedingungen genügen, z. B. bei einem endlichen Kristall denjenigen, daß Φ Null sein muß, wenn eine der Kern- oder Elektronenortskoordinaten unendlich groß wird. Diese Bedingungen bewirken, daß Gl. (45.5) nicht für jeden beliebigen Wert von E, sondern nur für bestimmte Werte, die Eigenwerte der SCHRÖDINGER-Gleichung, Lösungen besitzt. Wie man sieht, stellt die SCHRÖDINGER-Gleichung in gewissem Sinne die Übersetzung des klassischen Energiesatzes in die Quantenmechanik dar, wobei die Energie „gequantelt" erscheint.

Aus den quantenmechanischen Größen erhält man die kinetische und potentielle Energie des gesamten Systems, die Gl. (45.1) erfüllen, folgendermaßen:

$$T = \int \Phi\, T\, \Phi^* \, d\tau \qquad (45.6)$$

$$V = \int \Phi\, V\, \Phi^* \, d\tau, \qquad (45.7)$$

wobei die Integration über sämtliche Koordinaten durchzuführen ist. Auf die so definierten Größen ist der aus der klassischen Mechanik bekannte Virialsatz anwendbar. Für die im vorliegenden Falle wirkenden COULOMB-Potentiale, die homogene Funktionen -1ten Grades der Ortskoordinaten sind, lautet dieser

$$E = -T = V/2. \qquad (45.8)$$

Nach dem Vorgang von KRÖNER [7] wollen wir an Hand der vorstehenden Gleichungen die Bedingungen für das Auftreten des Ferromagnetismus etwas genauer erfassen. Wir bezeichnen den unmagnetischen (d. h. nicht spontan magnetisierten) Zustand mit dem Index u, den spontan magnetisierten mit dem Index m. Wir teilen ferner die potentielle Energie auf in einen Anteil V', der

---

[1] Die Beschränkung auf einheitliche Massen und Ladungen der Kerne (d. h. auf Elementkristalle) ist bequem, aber für das Folgende unwesentlich.

von der Abstoßung zwischen den Elektronen herrührt und in einen Anteil V'', der die Abstoßung zwischen den Kernen und die Anziehung zwischen den Kernen und den Elektronen enthält. Es gilt dann auf Grund des Virialsatzes

$$- V'_u/2 = T_u + V''_u/2 \qquad (45.9)$$

$$- V'_m/2 = T_m + V''_m/2. \qquad (45.10)$$

Zieht man Gl. (45.9) von Gl. (45.10) ab, so erhält man für die Änderungen der Energien beim Übergang vom unmagnetischen zum magnetischen Zustand

$$- \Delta V'/2 = \Delta T + \Delta V''/2. \qquad (45.11)$$

Nach dem in Abschn. 45.1.1 Gesagten ist die linke Seite von Gl. (45.11) immer positiv, folglich gilt dies auch für die rechte Seite.

Für die Änderung der Gesamtenergie gilt nach dem Energiesatz

$$\Delta E = \Delta V' + (\Delta T + \Delta V''). \qquad (45.12)$$

Die Bedingung für das Auftreten des Ferromagnetismus ist $\Delta E < 0$. $\Delta V'$ ist immer negativ. Die Bedingungen für das Auftreten oder Nichtauftreten des Ferromagnetismus lautet also

$$|\Delta V'| \gtrless \Delta T + \Delta V''. \qquad (45.13)$$

Dem Virialsatz Gl. (45.8) entnimmt man, daß immer $\Delta T = -\Delta E$ ist, d. h., daß die kinetische Energie paradoxerweise immer im energetisch günstigeren Zustand größer ist. Tritt also trotz dem negativen Glied $\Delta V'$ kein Ferromagnetismus auf ($\Delta E > 0$), so heißt das, daß $\Delta V''$ gemäß

$$\Delta V'' = |\Delta V'| + 2\Delta E \qquad (45.14)$$

den Einfluß der kombinierten Wirkung von PAULI-Prinzip und COULOMB-Abstoßung ($\Delta V'$) überkompensiert. Aus der Seltenheit des Ferromagnetismus muß man schließen, daß im allgemeinen $\Delta V'' > |\Delta V'|$ ist. Da in den meisten Fällen der unmagnetische Zustand ein größeres Volumen als der magnetische Zustand besitzt (von Ausnahmen wie den Fe—Ni-Legierungen abgesehen) und somit der von der Kern-Wechselwirkung herrührende Anteil von $\Delta V''$ meist negativ ist, heißt dies, daß der dem Ferromagnetismus entgegenwirkende Effekt hauptsächlich die mit einer Energieerhöhung verbundene Umlagerung der Elektronen im Feld der Atomkerne ist.

Die vorliegenden Erörterungen sind in dem hier betrachteten Rahmen (weder Spin-Spin- oder Spin-Bahn-Wechselwirkungen noch sonstige relativistische Effekte sind berücksichtigt) allgemeingültig. Um detaillierte Aussagen machen zu können, müssen Näherungen und Modellvorstellungen eingeführt werden. Wir werden dies im folgenden tun, wobei wir durchweg zur Vereinfachung wieder zu den ψ-Wellenfunktionen zurückkehren wollen, die die Kernkoordinaten nur als in die potentielle Energie eingehende Parameter enthalten.

Es möge noch besonders betont werden, daß die hier verwendete nichtrelativistische SCHRÖDINGER-Gleichung den Elektronenspin weder enthält noch liefert. Der Spin beeinflußt unsere Wellenfunktionen nur über das PAULI-Prinzip, was der Auffassung des Ferromagnetismus als eines Austausch-Phänomens entspricht. Bei der Behandlung von Kristallenergie und Magnetostriktion müssen spin-abhängige Zusatzglieder in die SCHRÖDINGER-Gleichung eingeführt werden, wie wir in den Abschnitten 45.2 und 45.3 sehen werden.

45.1.3 Berechnung von Sättigungsmagnetisierung, Curie-Temperatur sowie des Weissschen Feldes

Zur theoretischen Bestimmung der makroskopisch gemessenen Kenngrößen I_∞, Θ_c und H_w knüpfen wir an den durch Gl. (45.12) definierten Energieunterschied zwischen ferromagnetischem und unmagnetischem Zustand an. Bezeichnen wir mit n_+ und n_- die Zahl der Elektronen pro cm³, die sich parallel und antiparallel zu einer vorgegebenen Richtung einstellen, so ergibt sich für die Sättigungsmagnetisierung am absoluten Nullpunkt:

$$I_\infty = \mu_B(n_+ - n_-) = \mu_B n_f, \qquad (45.15)$$

wenn $n_f = n_+ - n_-$ die Zahl der nicht kompensierten Spinmomente bedeutet. Denken wir uns den Energieunterschied ΔE als Funktion von n_f bestimmt, so ergibt sich die Zahl n_f aus der Forderung, daß der stabilste Zustand unseres Systems die Extremalbedingung

$$d/dn_f(\Delta E) = 0 \qquad (45.16)$$

erfüllen muß. Aus der bekannten Funktion $\Delta E(n_f)$ berechnet sich die in Abschn. 11 definierte ferromagnetische Kopplungsenergie J_0 pro nicht abgesättigtem Spinmoment zu

$$J_0 = \Delta E(n_f)/2z\, N_0\, S^2, \qquad (45.17)$$

wobei N_0 die Zahl der Atome pro cm³ und z die Zahl der nächsten Nachbarn bedeuten. Mit der Kenntnis der Austauschenergie J_0 kann gemäß Gl. (11.15) die CURIE-Temperatur Θ_c berechnet werden. Hierbei muß für den Spin S pro Atom die Größe $S = \frac{1}{2} n_f/N_0$ eingesetzt werden.

Das WEISSsche Feld H_w ist durch die Beziehung

$$\Delta E_A = (1/2)\, H_w\, I_s \qquad (45.18)$$

definiert. Hierbei bedeutet $\Delta E_A = \Delta E(n_f)/N_0$ die ferromagnetische Energie pro Atom. Berechnen wir das WEISSsche Feld am absoluten Nullpunkt und setzen Gl. (45.15) in Gl. (45.18) ein, so erhalten wir:

$$H_w = (\Delta E(n_f)/N_0\, n_f\, \mu_B). \qquad (45.19)$$

Durch die Gln. (45.15, 17, 19) sind die ferromagnetischen Kenngrößen berechenbar, falls es gelingt, das durch Gl. (45.16) gegebene Extremalproblem zu lösen.

45.1.4 Die Näherungsmethoden zur Behandlung der Schrödinger-Gleichung

In diesem Abschnitt besprechen wir einige einfache Näherungsverfahren, die im Zusammenhang mit den Problemen des Ferromagnetismus von Bedeutung sind. Das erste Verfahren ist das HEITLER-LONDON-Verfahren [8], das in der Theorie einfacher Moleküle vielfach angewendet wird. Es besteht darin, daß man sich die Wellenfunktion des Gesamtkristalls aus den Wellenfunktionen der isolierten Atome, den sog. Atomfunktionen, aufgebaut denkt. Im Abschn. 45.1.5

referieren wir kurz über das bekannteste Anwendungsbeispiel dieser Methode, das Wasserstoffmolekül. Die ursprüngliche HEISENBERGsche Theorie des Ferromagnetismus arbeitete mit diesem Modell. Es treten jedoch bei der praktischen Durchführung große Schwierigkeiten auf, weil zwei an verschiedenen Atomen $\Re_i$ und $\Re_j$ lokalisierte Atomfunktionen $\varphi(\mathfrak{r})$ nicht orthogonal sind, d. h. weil das Integral $\int \varphi(\mathfrak{r} - \Re_i)\, \varphi(\mathfrak{r} - \Re_j)\, d\tau_\mathfrak{r}$ nicht verschwindet.

Das Gegenstück zum HEITLER-LONDON-Verfahren ist die BLOCHsche [9] Behandlungsweise der Kristallelektronen, die in der Theorie der Molekülbildung ihr Analogon im sog. HUND-MULLIKEN-Verfahren [10] hat. Hier baut man die Gesamtwellenfunktionen aus Ein-Elektronen-Funktionen auf, die nicht an bestimmten Atomen lokalisiert sind, sondern sich durch den ganzen Kristall erstrecken. Als Potential wird dabei ein für alle Elektronen gleiches mittleres Potential eingesetzt, das auf selbst-konsistente Weise nach dem sog. HARTREE-FOCK-Verfahren [11] ermittelt wird. Dieses Vorgehen hat den Vorzug, mit aufeinander orthogonalen Ausgangsfunktionen zu arbeiten, so daß das Modell einige quantitative Aussagen zu machen gestattet. Da die Elektronen nicht auf bestimmte Atome lokalisiert sind, kann das Bandmodell auch Fälle beschreiben, in denen das magnetische Moment kein ganzzahliges Vielfaches des Moments per Atom ist.

45.1.5 Das Wasserstoffmolekül

Das Wasserstoffmolekül ist ein quantenmechanisches System von zwei Elektronen und zwei Protonen im Abstand R_{ab}. Wir kennzeichnen die beiden Kerne mit den Buchstaben a und b und die beiden Elektronen mit den Ziffern 1 und 2. Sehen wir von einer Bewegung der Atomkerne ab, so lautet der Operator der kinetischen Energie des Systems:

$$T = -\frac{\hbar^2}{2m}(\Delta_1 + \Delta_2) \qquad (45.20)$$

und die potentielle Energie

$$V = e^2 \left\{ \frac{1}{R_{ab}} + \frac{1}{r_{12}} - \frac{1}{r_{a1}} - \frac{1}{r_{a2}} - \frac{1}{r_{b1}} - \frac{1}{r_{b2}} \right\}. \qquad (45.21)$$

Hierbei bedeutet r_{12} den Abstand der beiden Elektronen, r_{a1} den Abstand des ersten Elektrons vom Kern a, usw. Die Wellenfunktion nullter Näherung des Wasserstoffmoleküls gewinnt man aus den Atomfunktionen unter Berücksichtigung des in Abschn. 45.1.1 besprochenen Antisymmetrieprinzips. Die Gesamtwellenfunktion muß antisymmetrisch sein und damit der Ununterscheidbarkeit der beiden Elektronen Rechnung tragen, so daß also Elektron 1 und 2 sowohl am Kern a als auch am Kern b auftreten können. Es sei ψ_a die Wellenfunktion für den Fall, daß sich am Kern a der Minusspin und am Kern b der Plusspin befindet. Der Zustand mit dem Minusspin am Kern b und dem Plusspin am Kern a werde durch die Wellenfunktion ψ_b beschrieben. Durch Linearkombination von ψ_a und ψ_b erhält man folgende antisymmetrische Wellenfunktionen:

1. Die in den Ortskoordinaten symmetrische und im Spin antisymmetrische Wellenfunktionen: $\psi_s = \dfrac{1}{\sqrt{2(1 + S^2)}}\,(\psi_a + \psi_b)$,

2. Die in den Ortskoordinaten antisymmetrische und im Spin symmetrische Wellenfunktion: $\psi_t = \dfrac{1}{\sqrt{2(1-S^2)}}(\psi_a - \psi_b)$.

In der Theorie der Spektren nennt man ψ_s ein Singulett und ψ_t ein Triplett. Die für den Ferromagnetismus entscheidende Frage ist nun die, ob die dem magnetischen Moment μ_B entsprechende Funktion ψ_t oder die dem magnetischen Moment Null entsprechende Funktion ψ_s den energetisch tiefsten Zustand besitzt. Für die Energiedifferenz ΔE ergibt sich nach Durchführung einer Störungsrechnung:

$$\Delta E = E_{\text{Triplett}} - E_{\text{Singulett}} = \frac{2(CS^2 - A)}{1 - S^4}. \qquad (45.22)$$

Dabei bedeutet: C das COULOMB-Integral

$$C = e^2 \int |\varphi_a(\mathfrak{r}_1)|^2 \, |\varphi_b(\mathfrak{r}_2)^2| \left(\frac{1}{R_{ab}} + \frac{1}{r_{12}} - \frac{1}{r_{a2}} - \frac{1}{r_{b1}} \right) d\tau_{12}, \qquad (45.23)$$

A das Austauschintegral

$$A = e^2 \int \varphi_a(\mathfrak{r}_1) \, \varphi_b(\mathfrak{r}_2) \, \varphi_a^*(\mathfrak{r}_2) \, \varphi_b^*(\mathfrak{r}_1) \left(\frac{1}{R_{ab}} + \frac{1}{r_{12}} - \frac{1}{r_{a2}} - \frac{1}{r_{b1}} \right) d\tau_{12}, \qquad (45.24)$$

S das Nichtorthogonalitätsintegral

$$S = \int \varphi_a^*(\mathfrak{r}_1) \, \varphi_b(\mathfrak{r}_1) \, d\tau_1. \qquad (45.25)$$

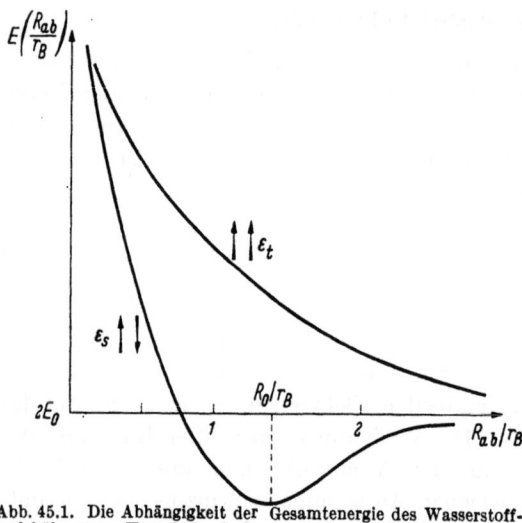

Abb. 45.1. Die Abhängigkeit der Gesamtenergie des Wasserstoffmoleküls vom Kernabstand R_{ab} aufgetragen in Einheiten des BOHRschen Radius r_B für den Singulett- und Triplettzustand

$\varphi_a(\mathfrak{r}_1)$ und $\varphi_b(\mathfrak{r}_2)$ sind die Eigenfunktionen des Grundzustandes der Atome a und b im ungestörten Zustande.

Die Energiedifferenz ΔE wird negativ, wenn die Bedingung $CS^2 < A$ erfüllt ist. Da das Nichtorthogonalitätsintegral $S \ll 1$, lautet die Bedingung für das Eintreten des „Ferromagnetismus" $A > 0$. Im Falle des Wasserstoffmoleküls ergibt sich nach SUGIURA für A ein negativer Wert. Damit ist beim Wasserstoffmolekül der diamagnetische Singulettzustand der energetisch günstigere. In Abb. 45.1 sind die Energien des Tripletts $E_t = 2E_0 + \varepsilon_t$ und die Energie des Singuletts $E_s = 2E_0 + \varepsilon_s$ als Funktion des Kernabstandes R_{ab} angegeben. E_0 bedeutet hierbei die Energie des Grundzustandes und ε_t und ε_s die Energiestörung des Tripletts bzw. diejenige des Singuletts. Abb. 45.1 entnehmen wir, daß nur der Singulettzustand eine stabile Gleichgewichtslage aufweist und der Triplettzustand immer einen größeren Energiewert besitzt. Die Bedingungen, unter denen man einen positiven Wert des Austauschintegrales zu erwarten hat, werden bei der Behandlung der HEISENBERGschen Ferromagnetismustheorie besprochen werden.

45.1.6 Die Blochsche Bandtheorie. Das Vielelektronenproblem nach Hartree-Fock

Die Vorteile der Blochschen Methode wurden bereits in Abschn. 41.1.4 erläutert. Man erhält den Hamilton-Operator H_0 der Hartree-Fockschen Gleichung, indem wir die letzten beiden Glieder des Potentials V von Gl. (45.2) durch ein Einelektronenpotential $V_i(\mathfrak{r}_i)$ ersetzen. $V_i(\mathfrak{r}_i)$ beschreibt dann die Wechselwirkung des i-ten Elektrons mit den Atomkernen und die Wechselwirkung der Kerne untereinander. Der Hamilton-Operator lautet also für das i-te Elektron:

$$H_{0i} = -\frac{\hbar^2}{2m}\Delta_i + \frac{1}{2}\sum_{i \neq j}^{N}\frac{e^2}{r_{ij}} + V_i(\mathfrak{r}_i). \tag{45.26}$$

Zur Lösung der Schrödinger-Gleichung $\sum_i H_{0i}\,\psi = E\,\psi$ setzt Fock die Gesamtwellenfunktion ψ in Form einer aus Einelektronenfunktionen $\varphi_j(x_i)$ gebildeten Determinante (Slater-Determinante genannt [12]) an:

$$\psi = \frac{1}{\sqrt{N!}}\begin{vmatrix} \varphi_1(x_1), \varphi_2(x_1) \cdots \varphi_N(x_1) \\ \varphi_1(x_2), \varphi_2(x_2) \cdots \varphi_N(x_2) \\ \vdots \\ \varphi_1(x_N), \varphi_2(x_N) \cdots \varphi(x_N) \end{vmatrix}. \tag{45.27}$$

Die Slater-Determinante trägt den Forderungen des Antisymmetrieprinzips Rechnung, denn sie ist in den Elektronenkoordinaten antisymmetrisch und verschwindet deshalb, wie es das Pauli-Prinzip verlangt, wenn zwei der Funktionen $\varphi_j(x_i)$ dieselben sind.

Die Verwendung der Slater-Determinante hat zur Folge, daß zwischen Elektronen mit antiparallelem Spin keine Ortskorrelation besteht, was, wie wir später sehen werden, zu einer Überschätzung ihrer Coulomb-Wechselwirkung führt.

Das übliche Rechenverfahren bei der Hartree-Fockschen Näherung besteht darin, zunächst von einer der Gittersymmetrie angepaßten, plausibel gewählten Potentialfunktion für die beiden letzten Glieder in Gl. (45.26) auszugehen und eine 1. Näherung für die Wellenfunktionen $\varphi_j(x_i)$ zu berechnen. Mit Hilfe dieser Wellenfunktionen kann man nun verbesserte Potentiale $V_i(\mathfrak{r}_i)$ berechnen, die nun ihrerseits zur Berechnung einer 2. Näherung für die $\varphi_j(x_i)$ dienen können. Dieses selbst-konsistente Rekursionsverfahren wird solange fortgesetzt, bis das mit den zuletzt ermittelten Wellenfunktionen berechnete Potential mit dem bei der vorletzten Näherung verwandten praktisch übereinstimmt.

Bei Problemen der Bandtheorie werden die Hartree-Fock-Gleichungen nicht exakt gelöst. Es wird vielmehr die folgende näherungsweise Beschreibung vorgenommen: Wird die Wellenfunktion (45.27) in die Schrödinger-Gleichung eingesetzt und das von den letzten beiden Gliedern der Gl. (45.26) herrührende Potential durch ein mittleres Potential $\tilde{V}$ ersetzt, das die Periodizität des Gitters besitzt und für alle Elektronen dasselbe ist, so ergibt sich folgende Differentialgleichung für die $\varphi_j(x_i)$:

$$-\frac{\hbar^2}{2m}\Delta_i\,\varphi_j(x_i) + \tilde{V}\,\varphi_j(x_i) = E_j\varphi_j(x_i). \tag{45.28}$$

Die Lösungen der Gl. (45.28) entsprechen BLOCHschen Wellenfunktionen und lassen sich demnach als sogenannte modulierte ebene Wellen

$$\varphi_j(x_i) = e^{i\mathfrak{k}\mathfrak{r}_i} u_j(x_i) \qquad (45.29)$$

darstellen. Dabei bedeutet $\mathfrak{k}$ den Wellenvektor des Elektrons und $u_j(x_i)$ eine Funktion, welche die Periodizität des Gitters besitzt und in der Nähe eines Atomkerns in die entsprechende Atomfunktion übergeht. Die Berechnung der zu den Eigenfunktionen gehörenden Energieeigenwerte $E_j(\mathfrak{k})$ zeigt, daß im Kristall verbotene und erlaubte Energiebänder existieren. Das Auftreten dieser Energiebänder ist auf die Wirkung des Potentials $\tilde{V}(\mathfrak{r})$ zurückzuführen, welches die im Atom bestehende Entartung der Zustände teilweise aufhebt und das diskrete Atomniveau in die durch den Wellenvektor $\mathfrak{k}$ charakterisierten Energieeigenwerte aufspaltet. Jeder durch $\mathfrak{k}$ charakterisierte Zustand kann maximal mit zwei Elektronen antiparallelen Spins besetzt werden. Die Besetzung der Zustände erfolgt jeweils vom unteren Rand des Energiebandes aus. Die oben besprochene Näherung des Vielelektronenproblems hat ihre einfachste Anwendung im Falle der freien Elektronen erfahren. Das freie Elektronengas ist dadurch gekennzeichnet, daß man das gitterperiodische Potential $V_i(\mathfrak{r})$ durch ein im gesamten Kristall konstantes Potential V_0 ersetzt. Für die Einelektronenfunktionen $\varphi_j(\mathfrak{r}_i)$ ergibt sich dann:

$$\varphi_j(\mathfrak{r}_i) = e^{i\mathfrak{k}\mathfrak{r}_i} \qquad (45.30)$$

und für die Energieeigenwerte:

$$E_j(k) = \frac{h^2}{2m} k^2 .$$

Die Einelektronenfunktionen sind also ebene Wellen und für die Funktion $u_j(\mathfrak{r}_i)$ gilt: $u_j(\mathfrak{r}_i) \equiv 1$.

Die Berechnung der mittleren Energie eines freien Elektrons mit der aus ebenen Wellen aufgebauten SLATER-Determinante ergibt nach WIGNER und SEITZ [13]:

$$E_{\text{H.F.}} = V_0 + \left(\frac{2{,}21}{r_s^2} - \frac{0{,}916}{r_s}\right) R_y, \qquad (45.31)$$

wobei

$$r_s = \left(\frac{3}{4\pi n}\right)^{1/3} \frac{m e^2}{\hbar^2} \qquad (45.32)$$

einen dimensionslosen Parameter bedeutet, welcher dem mittleren Abstand der Elektronen, gemessen in Einheiten des BOHRschen Wasserstoffradius, entspricht, wenn n die Zahl der Elektronen pro cm³ ist. In Gl. (45.31) entspricht das zweite Glied der in Abschn. 45.1.2 besprochenen mittleren kinetischen Energie T des Elektrons und das dritte Glied der ebenfalls in Abschn. 45.1.2 eingeführten mittleren Wechselwirkungsenergie V'' der Elektronen untereinander, beide Terme gemessen in RYDBERG-Einheiten R_y. Die Wechselwirkungsenergie V' der Elektronen mit den Atomkernen und der Atomkerne untereinander entspricht dem mittleren Potential V_0. Der Zusammenhang der Energie V'' mit dem Antisymmetrieprinzip wurde in Abschn. 45.1.2 ausführlich besprochen, wonach das negative Vorzeichen dieser Energie mit der verringerten COULOMB-Wechselwirkung der Elektronen mit parallelem Spin in Verbindung zu bringen ist. Wir können nun mit Hilfe der Gl. (45.31), welche für den unmagnetischen Fall (wo jeder Zustand mit einem Plus- und Minusspin besetzt ist) gilt, die Energie des ferromagnetischen Zustandes mit der des unmagnetischen vergleichen, indem wir für den ferromagnetischen Fall in Gl. (45.30) r_s durch $r_s/(2)^{1/3}$ ersetzen und dadurch der im $\mathfrak{k}$-Raum um den Faktor zwei größeren Anzahl besetzter Zustände bei paralleler Spinstellung Rechnung tragen. Als Energiedifferenz zwischen dem ferromagnetischen und unmagnetischen Zustand erhalten wir:

$$\Delta E = \left(\frac{1{,}31}{r_s^2} - \frac{0{,}240}{r_s}\right) R_y \ . \qquad (45.33)$$

Aus Gl. (45.33) folgt nun, daß für $r_s > 5{,}47$ $\Delta E < 0$ wird und damit bei großen Atomabständen jedes Metall ferromagnetisch wäre. Dieses Versagen der HARTREE-FOCKschen Näherung bei geringen Elektronendichten ist auf die Vernachlässigung der COULOMB-Wechselwirkung zwischen Elektronen, insbesondere denjenigen mit antiparallelem Spin, zurückzuführen, wie wir im folgenden Abschnitt genauer sehen werden.

45.1.7 Die Korrelationsenergie

In der HARTREE-FOCK-Näherung führt die Vernachlässigung der durch die COULOMB-Wechselwirkung hervorgerufenen Ortskorrelationen der Elektronen zu dem paradoxen Ergebnis, daß für Elektronenabstände $r_s > 5{,}47$ im Widerspruch mit der Erfahrung (z. B. Cs) Ferromagnetismus auftreten soll. In dieser Näherung können sich Elektronen mit antiparallelem Spin beliebig nahe kommen, wodurch ihre COULOMB-Wechselwirkung überschätzt wird, denn selbstverständlich verhindert die COULOMB-Abstoßung in Wirklichkeit eine zu starke Annäherung. Durch die COULOMB-Ortskorrelation wird also die Aufenthaltswahrscheinlichkeit eines Elektrons in der Nähe anderer Elektronen verringert, so daß eine Verkleinerung der durch Gl. (45.31) gegebenen Energie zu erwarten ist. Diesen Energiegewinn nennt man die Korrelationsenergie. Sie ist definiert als die Differenz zwischen der nach HARTREE-FOCK berechneten und der aus einer exakten Rechnung erhaltenen Energie.

Wir wollen nun zwei der zur Berechnung der Korrelationsenergie entwickelten Methoden besprechen.

1. Die Methode der Konfigurationsüberlagerung (configuration interaction).

Diese Methode wird besonders von J. C. SLATER [14] und seiner Schule vertreten. Sie beruht darauf, daß die in der HARTREE-FOCK-Näherung verwendete einzige SLATER-Determinante im allgemeinen Fall durch eine Linearkombination unendlich vieler Determinanten zur Beschreibung der Gesamtwellenfunktion ersetzt wird. Dadurch weicht man von dem bei der HARTREE-FOCKschen Näherung benützten unabhängigen Einelektronenmodell ab und trägt der Tatsache Rechnung, daß die Wellenfunktion eines Elektrons auch von den Wellenfunktionen der Elektronen mit antiparallelem Spin abhängt.

2. Die Methode der Plasmaoszillationen nach BOHM und PINES [15, 16, 17, 18, 19].

Die in Metallen vorhandenen Elektronen sind bestrebt, jedes weitreichende COULOMB-Feld abzuschirmen. Diese Abschirmung äußert sich, wie BOHM und

PINES gezeigt haben, in einer starken gegenseitigen Kopplung der Elektronen, die zu Plasmaoszillationen der Frequenz $\nu_P = \frac{1}{2\pi} \left(\frac{4\pi n e^2}{m} \right)^{1/2}$ führen kann. Im allgemeinen sind diese Plasmaoszillationen jedoch infolge ihrer großen Schwingungsenergie nicht angeregt, so daß sie in unserem Falle nicht explizit betrachtet zu werden brauchen. Die verbleibende elektrostatische Wechselwirkung hat nur eine kurze Reichweite von der Größenordnung $r_c < (1/3)\, r_s$ und kann in Gl. (45.28) als zusätzliche kleine Störung eingeführt werden.

Der von BOHM und PINES berechnete Wert der Korrelationsenergie des freien Elektronengases beträgt pro Elektron für mittlere Elektronendichten:

$$E_{\text{corr}} = \frac{-0{,}88}{r_s + 7{,}8} R_y. \tag{45.34}$$

Dieses Ergebnis stimmt näherungsweise mit dem von WIGNER [20], [21] erhaltenen Ausdruck überein, welcher die Korrelationsenergie auf eine der Methode der Konfigurationsüberlagerung verwandte Weise berechnet hat. Der von PINES [18] berechnete Energieunterschied zwischen ferromagnetischem und unmagnetischem Zustand ergab sich für sämtliche Elektronendichten als positiv, so daß die bei HARTREE-FOCK auftretende ferromagnetische Anomalie des freien Elektronengases bei großen r_s als geklärt angesehen werden kann und auf die Vernachlässigung der Korrelationsenergie zurückgeführt werden muß.

Die Methode der Konfigurationsüberlagerung ist auf Fragen des Ferromagnetismus bisher wegen des großen mathematischen Aufwandes nur bei relativ einfachen Modellen angewandt worden. Mit Hilfe der Konfigurationsüberlagerung konnten SLATER, STATZ und KOSTER [22] zeigen, daß für das Zustandekommen des Ferromagnetismus die Bahnentartung der Elektronen eine notwendige Bedingung ist. Sie fanden, daß bei insgesamt zwei Elektronen oder Defektelektronen außerhalb einer abgeschlossenen Elektronenschale bei Bahnentartung der Triplettzustand und damit die ferromagnetische Kopplung die stabilere ist. Die Anwendung des Zweielektronenmodells von SLATER, STATZ und KOSTER auf reale ferromagnetische Metalle ist jedoch nach SEEGER und STEHLE [23] fraglich, da beim Zweielektronenmodell die dem Ferromagnetismus entgegenwirkende FERMI-Energie nicht auftritt, weil sich die beiden Elektronen infolge Bahnentartung sowieso im tiefstgelegenen Energieniveau befinden können. Deshalb wurde von STEHLE und SEEGER [24] ein Vierelektronenmodell mit Hilfe der Konfigurationswechselwirkung untersucht. In diesem Fall ist die Zahl der Elektronen größer als der Entartungsgrad des Grundzustandes und der Einfluß der FERMI-Energie ist nicht unterdrückt. Die Rechnung ergab, daß der Quintettzustand mit dem größten magnetischen Moment nirgends, der Triplettzustand nur in einem engen Bereich interatomarer Abstände stabil ist und im weitaus größten Bereich der diamagnetische Singulettzustand energetisch am tiefsten liegt. Dadurch ist gezeigt, daß die FERMI-Energie auch bei Untersuchungen mit einfachen Modellen nicht vernachlässigt werden darf. Die Folgerung, daß für „ferromagnetische Elektronen" Bahnentartung eine notwendige Voraussetzung ist, wird dadurch nicht umgestoßen. Sie ist auch mit den Resultaten von BOHM und PINES verträglich, die ja nur für das s-Elektronengas das Nichtauftreten des Ferromagnetismus bewiesen haben.

45.1.8 Die Elektronenstruktur der ferromagnetischen Metalle

Der experimentelle Befund, daß nur Übergangsmetalle, seltene Erden und ihre Legierungen ferromagnetisches Verhalten zeigen, führt notwendig zu der Annahme, daß die bei diesen Metallen nur teilweise aufgefüllte d- bzw. f-Schale für den Ferromagnetismus verantwortlich ist. Die 3d-Schale des freien Atoms vermag zehn d-Elektronen aufzunehmen. Die Elemente Fe, Co und Ni besitzen die Konfiguration $3d^6\,4s^2$, $3d^7\,4s^2$ und $3d^8\,4s^2$. Die Frage ist nun, wie diese Konfigurationen im Kristallverband geändert werden. Von MOTT [25] wurde der Vorschlag zweier überlappender Elektronenbänder mit überwiegendem s- und d-Charakter und gemeinsamer FERMI-Grenze gemacht. Da man mit diesem Modell jedoch nur wenige experimentelle Tatsachen, die sich im wesentlichen auf Nickel und seine Legierungen beziehen, verstehen kann, ist man heute dazu übergegangen, das einfache Zweibandmodell durch Hinzunahme des Einflusses der Kristallsymmetrie zu modifizieren. Wird ein Atom in ein kubisches Gitter eingebaut, so wirkt auf die Elektronen anstatt des kugelsymmetrischen Feldes im freien Atom nun ein kubisches Feld, welches geringere Symmetrie besitzt. Während die Symmetrie der 4s-Atomfunktionen durch ein kubisches Feld nicht beeinflußt wird, erfahren die 5fach entarteten 3d-Funktionen eine Aufspaltung in eine 3fach und eine 2fach entartete Gruppe. Diese Aufspaltung entarteter (d. h. zum gleichen Energieeigenwert gehörenden) Zustände in einem Feld niedriger Symmetrie als im Atom wurde von WIGNER [26] diskutiert und im Hinblick auf Kristalle von BETHE [27] und GANZHORN [28] weiterentwickelt. Insbesondere hat GANZHORN [28] erkannt, daß die Vorzugsrichtungen der zur 3er-Gruppe gehörenden Eigenfunktionen zu den nächsten, diejenigen der 2er-Gruppe zu den übernächsten Nachbarn hinweisen. Wir beschränken uns auf die Angabe der Atomfunktionen des kubisch-flächenzentrierten Gitters. Diese lauten in der von GANZHORN gegebenen Darstellung in kartesischen Koordinaten:

a) d^3: $\varphi_1 = f_1(r)\dfrac{y\,z}{r^2}$; $\varphi_2 = f_1(r)\dfrac{x\,z}{r^2}$; $\varphi_3 = f_1(r)\dfrac{x\,y}{r^2}$ \hfill (45.35)

b) d^2: $\varphi_4 = f_2(r)\dfrac{z^2 - y^2}{2\,r^2}$; $\varphi_5 = f_2(r)\dfrac{z^2 - x^2}{2r^2}$. \hfill (45.36)

Dabei bedeutet $r = (x^2 + y^2 + z^2)^{1/2}$ und $f_1(r)$ und $f_2(r)$ den Radialanteil der Eigenfunktionen. Im Kristall gilt die Aufspaltung des d-Bandes in ein d^2- und ein d^3-Band mit um so besserer Näherung, je näher man sich bei $k = 0$ im Wellenzahlraum befindet. Bei größeren k-Werten muß jedoch mit einer Vermischung der Zustände des d^2- und d^3-Bandes gerechnet werden.

Die grundsätzlichen Vorstellungen über die Beteiligung der d-Elektronen am Ferromagnetismus der Übergangsmetalle gehen vor allem auf die experimentellen Erfahrungen zurück, die in der sog. SLATER-Kurve niedergelegt sind (Abb. 45.2). Dabei wird das magnetische Moment pro Atom gegen die Zahl der Elektronen pro Atom aufgetragen. Die reinen Metalle Nickel, Kobalt und Eisen sowie eine Reihe von Legierungen zwischen diesen Metallen liegen auf einer einheitlichen Kurve, die durch zwei Geraden mit den Steigungen $-1\,\mu_B$/Elektron und $+1\,\mu_B$/Elektron angenähert werden kann. Bei den auf dem absteigenden Ast der Kurve liegenden Metallen und Legierungen vermindert jedes neu hinzutretende Elektron das magnetische Moment gerade um ein BOHRsches Magneton.

Die einfachste und allgemein angenommene Deutung hierfür ist, daß in diesem Bereich jedes Atom die nach dem PAULI-Prinzip maximal zulässige Zahl von (+)-Spins, also fünf, trägt und daß jedes neu hinzukommende Elektron in einen d-Zustand mit (−)-Spin eingebaut wird und auf diese Weise das resultierende magnetische Moment pro Atom um $1\,\mu_B$ vermindert. Die Zahl der s-Elektronen ändert sich dabei nur wenig und beträgt bei Nickel etwa 0,6 pro Atom, ist also erheblich kleiner als im freien Atom. Diese einfache Deutung kann nicht mehr im ansteigenden Ast der Kurve gelten; die naheliegende Erweiterung ist, anzunehmen, daß von den ersten fünf Elektronen 2,5 mit (−)-Spin und 2,5 mit (+)-Spin eingebaut werden und daß bei Änderung der Elektronenzahl wiederum die Zahl der s-Elektronen pro Atom konstant bleibt. Die darüber hinaus hinzukommenden d-Elektronen werden dazu verwendet, die Zahl der (+)-Spins allmählich auf den maximalen Wert zu erhöhen. Das dabei sich ergebende maximale ferromagnetische Moment, das 2,5 μ_B beträgt, setzt sich aus 5 Elektronen mit (+)-Spin und 2,5 Elektronen mit (−)-Spin zusammen. Um den bei Fe gemessenen Wert von 2,2 μ_B verstehen zu können, müssen wir also annehmen, daß in Fe 2,5 Defektelektronen mit (−)-Spin und 0,3 Defektelektronen mit (+)-Spin vorhanden sind. Dies bedeutet, daß bei Fe die Zahl der d-Elektronen 7,2 und die Zahl der s-Elektronen 0,8 beträgt. Einfacher liegen die Verhältnisse bei Co und Ni, wo die aus Messungen der Sättigungsmagnetisierung bestimmte Magnetonenzahl 1,7 μ_B und 0,6 μ_B beträgt[1]. Im Gegensatz zu Fe können diese Werte durch die Annahme von 1,7 bzw. 0,6 Defektelektronen mit (−)-Spin bei Co und Ni verstanden werden. Demnach sind in Co 8,3 und in Ni 9,4 d-Elektronen vorhanden. Dementsprechend beträgt die Zahl der s-Elektronen 0,7 bei Co und 0,6 bei Ni.

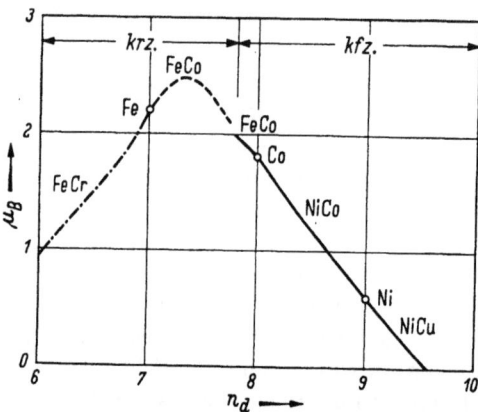

Abb. 45.2. Die Sättigungsmagnetisierung binärer ferromagnetischer Legierungen als Funktion der Zahl der 3 d-Elektronen pro Atom. (Nach J. C. SLATER: J. Appl. Physics 8 [1937] S. 385)

Neben die soeben besprochene Methode zur Bestimmung der Zahl der d-Elektronen aus Messungen der Sättigungsmagnetisierung sind neuerdings zwei weitere Methoden getreten. Dabei handelt es sich um Messungen des Formfaktors bei der Röntgenstreuung und des magnetischen Formfaktors bei der Streuung von polarisierten Neutronen. Während die Röntgenstreuexperimente zur Bestimmung der Gesamtzahl der d-Elektronen und ihrer räumlichen Verteilung geeignet sind, liefern die Neutronenexperimente eine Aussage über die Differenz von (+)- und (−)-Spins und deren räumlichen Verteilung. Aus den Messungen

---

[1] Diese Werte für das Spinmoment pro Atom enthalten auch noch Anteile, welche vom Bahnmoment der Elektronen herrühren. Auf Grund der gyromagnetischen Messungen weiß man, daß die Bahnmomente ziemlich fest ans Kristallgitter gekoppelt sind und nur geringfügige Beiträge von der Größenordnung 10% zur Sättigungsmagnetisierung liefern, so daß wir diese Anteile in unseren Ausführungen nicht weiter betrachten werden.

von BATTERMAN [29] und CHIPMAN und DE MARCO [30] ergaben sich für die Zahl der d-Elektronen dieselben Werte wie die aus Messungen der Sättigungsmagnetisierung bestimmten. Aus dem von NATHANS, SHULL, SHIRANE und ANDRESEN [31] sowie von NATHANS und PAOLETTI [32] bestimmten Verlauf des magnetischen Formfaktors als Funktion des Streuwinkels konnten WEISS und FREEMAN [33] das Verhältnis der Funktionen der d^2- und d^3-Gruppe bei den Defektelektronen von Ni und Co berechnen. Sie fanden, daß dieses Verhältnis bei Ni 1 : 3 und bei Co 3 : 2 beträgt, während in Fe die Funktionen beider Gruppen in den besetzten Zuständen gleich stark auftreten. Verbindet man die Ergebnisse der Röntgenstreuung mit denen der Neutronenstreuung, so ergibt sich nach WEISS und FREEMAN, daß das magnetische Moment bei Fe von 2,2 3d-Elektronen einer Spinrichtung erzeugt wird, während bei Ni das magnetische Moment von fünf 3d-Elektronen mit (+)-Spin und 4,4 3d-Elektronen mit (−)-Spin herrührt. Diese Ergebnisse sind völlig in Einklang mit den weiter oben entwickelten Vorstellungen über die 3d-Elektronenverteilung.

Ähnliche Verhältnisse wie bei den Übergangsmetallen treten bei den seltenen Erden auf. Hier spielt die f-Schale, welche maximal 14 Elektronen aufzunehmen vermag, dieselbe Rolle wie die d-Schale bei den Übergangsmetallen. Die Elektronenkonfiguration der freien Atome der seltenen Erden lautet für die äußeren Schalen $4f^{n-x} 5d^x 6s^2$. Hierbei läuft n von $n = 0$ bei La bis $n = 14$ bei Lu. x ist mit Ausnahme der Elemente La, Gd und Lu, wo x den Wert 1 besitzt, immer Null. Magnetische Messungen wurden noch nicht für alle Elemente der seltenen Erden durchgeführt. Aus Messungen der Sättigungsmagnetisierung ergab sich für die Zahl der BOHRschen Magnetonen 1,65 bei Nd [34], 7,12 bei Gd, 7,5 bei Tb [35], 7,6 bei Dy [34], 9,8 bei Eb [36] und 3,4 bei Tu [34]. Wenden wir auf die f-Elektronen die in Abschn. 45.1.1 besprochene HUNDsche Regel an, so sollten die ferromagnetischen Momente pro Atom bei Nd 4, bei Gd 7 bei Tb 5 und bei Dy 4 BOHRsche Magnetonen betragen. Diese Vorhersage trifft nur im Falle von Gd zu. Die annähernde Ganzzahligkeit des ferromagnetischen Moments bei Gd und die Übereinstimmung der Zahl der BOHRschen Magnetonen mit der Zahl der f-Elektronen legt die Vermutung nahe, daß der Ferromagnetismus des Gd von den sieben 4f-Elektronen herrührt. Diese 4f-Elektronen sind noch stärker ans Atom gebunden als dies bei den 3d-Elektronen des Eisens der Fall ist, denn während man bei Fe keine verdünnten ferromagnetischen Legierungen kennt, tritt bei Gd, wenn es mit anderen Elementen legiert wird, bereits bei geringen Atomprozenten Ferromagnetismus auf, wobei das Sättigungsmoment pro gelöstem Atom dem des reinen Metalls entspricht. Man kann deshalb voraussetzen, daß das HEITLER–LONDON-Modell für Gd eine geeignete Näherung darstellt.

45.1.9 Die Austauschkopplung bei den Übergangsmetallen und seltenen Erden

Da nur nichtabgeschlossene Elektronenschalen einen Beitrag zum Ferromagnetismus liefern können, genügt es, wenn man im Zusammenhang mit dem Ferromagnetismus der Übergangsmetalle die möglichen Austauschkopplungen zwischen d-Elektronen und d-und s-Elektronen betrachtet. Entsprechendes gilt auch für die f-Elektronen der seltenen Erden. Im folgenden besprechen wir nun die drei in Frage kommenden Kopplungen.

1. Intraatomare Austauschkopplung zwischen d-Elektronen desselben Atoms.
Diese Austauschwechselwirkung wurde erstmals von J. C. SLATER [37] betrachtet und zur Berechnung der CURIE-Temperatur des Nickels herangezogen. SLATER setzt voraus, daß die im freien Atom gültige HUNDsche Regel (s. Abschn. 45.1.1) auch für den Kristall im wesentlichen zutrifft. Angewandt auf die Übergangsmetalle besagt dies, daß bei einem halbgefüllten d-Band sämtliche Spins in eine Richtung weisen. Weitere Elektronen können wegen des PAULI-Prinzips nur mit entgegengesetztem Spin eingebaut werden, sie vermindern daher das magnetische Moment. Der Energieunterschied zwischen paralleler und antiparalleler Spinstellung ist ein Maß für die Austauschenergie. Seine Größe kann spektroskopischen Daten entnommen werden und beträgt bei Ni und Co ~ 1 eV pro Atom.

Die intraatomare Austauschkopplung vermag zunächst nur eine Ordnung der Elektronenspins im Atom auf Grund der HUNDschen Regel zu erklären. Der Ferromagnetismus ist jedoch durch die Fernordnung der Elektronenspins gekennzeichnet. Um auch in einem Modell mit zunächst nur intraatomarer Austauschkopplung eine Fernordnung der Elektronenspins verständlich zu machen, müssen wir berücksichtigen, daß die d-Elektronen nicht an ein bestimmtes Atom gebunden sind, sondern mit einer gewissen Wahrscheinlichkeit von Atom zu Atom springen können und dabei ihren energetisch tiefsten Zustand einnehmen, wenn sich ihr Elektronenspin parallel zum resultierenden Spin der auf dem Atom angetroffenen Elektronen einstellt (indirekte dd-Wechselwirkung). Mit dieser Vorstellung läßt sich die ferromagnetische Fernordnung unterhalb der CURIE-Temperatur erklären. Die Messungen von C. G. SHULL an Fe [38] haben gezeigt, daß oberhalb der CURIE-Temperatur eine paramagnetische Streuung der Neutronen auftritt, und zwar mit einem Moment pro streuendem Atom, das vergleichbar mit den aus der Sättigungsmagnetisierung bestimmten Werten ist. Bei der CURIE-Temperatur wird demnach nur die ferromagnetische Fernordnung zerstört, während die ferromagnetische Nahordnung erhalten bleibt. Diese Ergebnisse weisen darauf hin, daß die ferromagnetische Fernordnung auf eine interatomare Austauschkopplung zwischen den d-Elektronen benachbarter Atome zurückzuführen ist.

2. Interatomare Austauschwechselwirkung zwischen den d-Elektronen nächster Nachbarn. Die interatomare (oder direkte) Austauschwechselwirkung wurde erstmals von HEISENBERG [3] zur Erklärung der ferromagnetischen Spineinstellung eingeführt. Berechnungen der interatomaren Austauschwechselwirkung wurden bisher nur mit dem HEITLER-LONDON-Modell nach Gl. (45.24) durchgeführt [39, 40]. Die Beschränkung auf lokalisierte Atomfunktionen, wodurch polare Zustände ausgeschlossen sind, hat zur Folge, daß nur ganzzahlige Momente auftreten können, was den Anwendungsbereich dieser Methode sehr einschränkt. Damit eine ferromagnetische Kopplung eintritt, muß das durch Gl. (45.24) definierte Austauschintegral positiv werden. Im folgenden Abschnitt werden wir die Bedingungen hierfür im Zusammenhang mit der HEISENBERGschen Ferromagnetismustheorie besprechen.

3. Austauschkopplung zwischen d- und s-Elektronen. Diese Austauschkopplung wurde von WONSOWSKI [41] sowie von ZENER [42] und seiner Schule [43] zur Erklärung des Ferromagnetismus herangezogen. ZENER nimmt an, daß die HUNDsche Regel für die Gesamtheit der s-Elektronen im Kristall gilt, welche sich demnach parallel zum Spin der inneren unvollständigen d-Schale einzustellen versuchen. Die d-Elektronen werden in diesem Modell als ans Atom gebunden betrachtet; d-Elektronen an benachbarten Atomen sollen eine antiferromagnetische Wechselwirkung miteinander haben. Jedes s-Elektron ist bestrebt, die Elektronenspins der nichtgefüllten d-Schale parallel zu seinem eigenen Spin einzustellen, um so die Gesamtenergie des Systems zu senken. Bei einem Ferromagneticum wird der energetisch tiefste Zustand erreicht, wenn die Zahl der parallelen Spinstellungen größer als die Zahl der antiparallelen Spinstellungen zwischen s- und d-Elektronen ist.

Während man bei den Übergangsmetallen immer mehr dazu neigt, die direkte und indirekte dd-Austauschkopplung gemeinsam für die ferromagnetische Spinkopplung verantwortlich zu machen, scheint sich bei den seltenen Erden die der ZENERschen sd-Kopplung entsprechende sf-Kopplung als die maßgebende zu erweisen. Die wichtigsten experimentellen Hinweise auf eine derartige Kopplung sind die folgenden:

1. Wird Gd zu La legiert, tritt bereits bei sehr geringen Gd-Gehalten Ferromagnetismus auf und das gemessene Sättigungsmoment pro gelöstem Gd-Atom entspricht dem theoretischen Wert von 7 BOHRschen Magnetonen. Da bei der Legierung LaGd sowohl die direkte ff- als auch die indirekte ff-Kopplung stark gestört wird, während wegen des großen Abstandes der Gd-Atome die sf-Kopplung praktisch erhalten bleibt, kann man aus obigem experimentellen Ergebnis auf eine Mitwirkung der sf-Kopplung bei den seltenen Erden schließen.

2. Während bei den reinen ferromagnetischen Metallen keine Supraleitung auftritt, ist es B. MATTHIAS [44, 45] gelungen, Legierungen der seltenen Erden aufzufinden, die sowohl supraleitend als auch schwach ferromagnetisch sind. Übergangsmetalle erhöhen beim Zulegieren zu Supraleitern die Sprungtemperatur, vergrößern also die Neigung zur Supraleitung. Offenbar besteht in diesen verdünnten Legierungen keine ferromagnetische Kopplung, die ja die Sprungtemperatur verkleinern würde. Im Gegensatz dazu wird bei den von MATTHIAS untersuchten Legierungssystemen der seltenen Erden beim Zulegieren der ferromagnetischen Komponente die Sprungtemperatur erniedrigt. Dies weist darauf hin, daß auch in verdünnten Legierungen die ferromagnetische Kopplung zwischen den Atomen der seltenen Erden erhalten bleibt, also eine sf-Kopplung ist.

45.1.10 Die Theorie des ferromagnetischen Zustandes

In den Abschn. 45.1.6 und 45.1.7 haben wir die zur Lösung des Vielelektronenproblems anzuwendenden Näherungen, in Abschn. 45.1.8 die am Ferromagnetismus beteiligten Elektronen und in Abschn. 45.1.9 die möglichen Austauschkräfte besprochen. In diesem Abschnitt werden wir die von verschiedenen Autoren durch Kopplung obiger drei Problemkreise entwickelten Theorien des Ferromagnetismus besprechen.

a) Heisenbergsche Ferromagnetismustheorie. HEISENBERG [3] überträgt die von HEITLER und LONDON für das Wasserstoffmolekül entwickelte Methode (s. Abschn. 45.1.5) auf den Kristall. In dieser Theorie wird das Auftreten von Ionenzuständen ausgeschlossen, so daß nur ganzzahlige Atommomente erklärt werden können. Auf Grund einer quantentheoretischen Rechnung stellt HEISENBERG die folgenden Bedingungen für das Auftreten des Ferromagnetismus auf:

1. In dem betreffenden Gittertyp muß jedes Atom mindestens 8 nächste Nachbarn besitzen.

2. Das freie Atom des Metalls muß eine nicht abgeschlossene Elektronenschale besitzen.

3. Die Hauptquantenzahl dieser Elektronenschale muß mindestens $n = 3$ betragen.

HEISENBERG betrachtet die interatomare Wechselwirkung zwischen den d-Elektronen benachbarter Atome als maßgebend für die ferromagnetische Kopplung. Wie beim Wasserstoffatom ist die ferromagnetische Spinstellung dann energetisch bevorzugt, wenn das durch Gl. (45.24) definierte Austauschintegral positiv wird. Aus Gl. (45.24) entnehmen wir, daß die Bedingungen hierfür am günstigsten sind, wenn sich die Elektronenschalen überlappen, also r_{ij} klein wird und die Elektronen sich gleichzeitig von ihren Kernen entfernen. Da die Elektronenwolke mit zunehmender Hauptquantenzahl vom Kern abrückt und damit in zunehmendem Maße obige Bedingung erfüllt, erscheinen die 3d-Elektronen besonders für eine ferromagnetische Kopplung prädestiniert zu sein. Auf Grund dieser Überlegungen hat SLATER [46] den in Abb. 45.3 dargestellten Verlauf des Austauschintegrals als Funktion des Verhältnisses $v = $ Atomabstand/Radius der d-Schale postuliert. Diese Abhängigkeit des Austauschintegrals vom Verhältnis v konnte bisher durch Rechnung nicht bestätigt werden. Sowohl die Rechnung von BADER [47] als auch die Rechnung von WOHLFARTH [48] ergab für das Austauschintegral einen negativen Wert. Zur Prüfung des in Abb. 45.3 angegebenen Verlaufs des Austauschintegrals hat PATRICK [49] die Druckabhängigkeit der CURIE-Temperatur von Fe, Co und Ni gemessen. Hierbei ergab sich (s. Tab. 16.2) bei Ni und Co qualitative Übereinstimmung mit den Erwartungen, während bei Fe die geforderte Abnahme der CURIE-Temperatur unter Druckanwendung nicht gefunden wurde, sondern sich die CURIE-Temperatur als druckunabhängig erwies. Bei Gd wurde entgegen der Vorhersage eine Abnahme der CURIE-Temperatur unter Druck festgestellt. Auch die sogenannte NÉELsche Kurve [50, 51] ist nicht in der Lage, die gemessene Druckabhängigkeit zu erklären. Die NÉELsche Kurve erhält man, wenn der Faktor W des WEISSschen Feldes als Funktion des Abstandes benachbarter d-Schalen aufgetragen wird. Der NÉEL-Kurve (Abb. 45.4) entnimmt man, daß keines der ferromagnetischen Elemente eine Lage hat, welche die gemessene Druckabhängigkeit der CURIE-Temperatur erklären kann[1]. Somit sind die im Anschluß an die HEISENBERGsche Theorie angestellten Überlegungen über den Verlauf des Austauschintegrals als Funktion des Atomabstandes weder theoretisch noch experimentell befriedigend bestätigt worden. Gültig bleiben jedoch

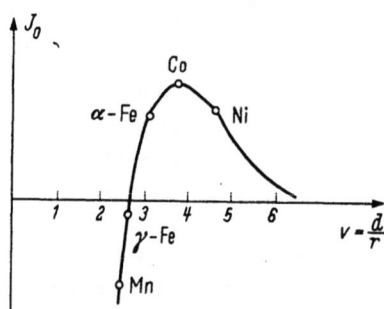

Abb. 45.3. Postulierter Verlauf des Austauschintegrals J_0 als Funktion des Verhältnisses $v = $ Gitterabstand/ Radius der unabgeschlossenen 3d-Schale

---

[1] Hierzu ist jedoch zu bemerken, daß sowohl SLATER- als auch NÉEL-Kurve nur grobe Näherungen für den ferromagnetischen Zustandes darstellen.

nach wie vor die oben erwähnten von HEISENBERG aufgestellten Bedingungen, deren Erfüllung für das Zustandekommen des Ferromagnetismus notwendig ist.

b) *Slaters Bandtheorie des Ferromagnetismus.* Von J. C. SLATER [37] wurde der einzige Versuch unternommen, die CURIE-Temperatur des Nickels mit Hilfe des Bandmodells zu berechnen. Er berechnet die Differenz der Austauschenergien zwischen paralleler und antiparalleler Spinstellung als Funktion der Zahl der parallelgestellten Elektronenspins unter Zugrundelegung spektroskopischer Daten. Hierbei werden 99,5% der Austauschkopplung der indirekten dd-Kopplung zugeschrieben. Die bei Kristallen der Parallelstellung der Spins entgegenwirkende Vergrößerung der FERMI-Energie wird aus der von KRUTTER [52] berechneten Zustandsdichte der 3d-Elektronen für Cu entnommen. Aus der Differenz des Gewinns an Austauschenergie und dem Verlust durch die zunehmende FERMI-Energie berechnet SLATER eine 1,62mal kleinere CURIE-Temperatur als experimentell gemessen wird.

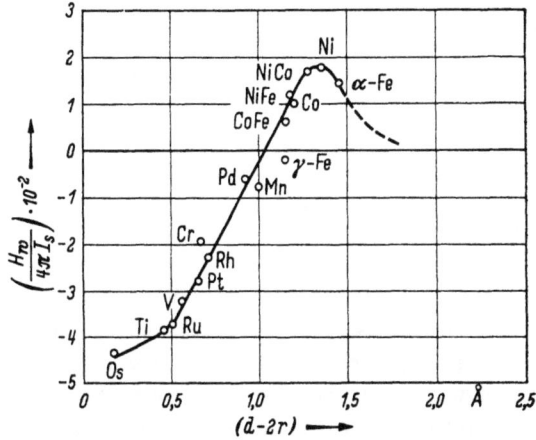

Abb. 45.4. Konstante $N = H_w/4\pi I_s$ des Molekularfeldes als Funktion des Abstandes $d - 2r$ benachbarter d-Schalen. Für $N > 0$ erhält man ferromagnetische Metalle und Legierungen. (Nach NÉEL [50])

Diesem guten Ergebnis wird heute vom Autor kein allzu großer Wert mehr beigemessen, da in der Bandtheorie die in Abschn. 45.1.7 diskutierte Korrelationstheorie vernachlässigt wurde. Wie diese Korrelationsenergie mit Hilfe der von SLATER entwickelten Methode der Konfigurationsüberlagerung zu berechnen ist, wurde ebenfalls in Abschn. 45.1.7 erwähnt.

c) *Van Vlecks verallgemeinerte Heisenbergsche Theorie.* In dieser ursprünglich von HURWITZ [53] aufgegriffenen und von VAN VLECK [54] weiterentwickelten Theorie wird der Versuch unternommen, die HEISENBERGsche Theorie auch auf nicht ganzzahlige magnetische Momente zu erweitern. So wird das Spinmoment von 0,6 BOHRschen Magnetonen bei Ni auf ein Gleichgewicht zwischen 40% $3d^{10} 4s$- und 60% $3d^9 4s$-Zuständen zurückgeführt. Diese Zustände sind nicht streng lokalisiert, sondern es findet ein ständiger Wechsel der Elektronenkonfiguration am einzelnen Atom statt. Nach VAN VLECK treten hierbei auch Zustände der Konfiguration $3d^8 4s$ und $3d^7 4s$ in geringem Umfange auf. Als Ursache des Ferromagnetismus wird die in Abschn. 45.1.9 besprochene indirekte Austauschkopplung angesehen, jedoch ist eine quantitative Berechnung der Austauschenergie ähnlich wie beim HEISENBERG-Modell nicht möglich.

d) *Zeners sd-Austausch-Theorie.* ZENERS Theorie [55, 56, 57, 58] geht davon aus, daß die 4s-Elektronen des Atoms im Metall freie Elektronen werden und die 3d-Elektronen ans Atom gebunden bleiben. Er nimmt an, daß die dd- und ss-Austauschkopplung antiferromagnetisch ist, während die sd-Austauschkopplung als ferromagnetisch angesehen wird. Die Energie der sd-Austauschkopplung wird spektroskopischen Daten des freien Ni-Atoms entnommen.

Die auf dem sd-Austauschmodell beruhenden Theorien von MOTT und STE-VENS [*69*] sowie von LOMER und MARSHALL [*60*], welche im Anschluß an die Messungen von WEISS und DE MARCO [*61*] veröffentlicht wurden, entbehren heute der experimentellen Grundlage, denn die von WEISS und DE MARCO für Fe aus Röntgenstreumessungen bestimmte Zahl von nur zwei 3d-Elektronen, welche diesen Theorien zugrundegelegt wurde, konnte durch neuere Messungen von BATTERMAN [*29*] und CHIPMAN und DE MARCO [*30*] nicht bestätigt werden.

Während die Gültigkeit des sd-Modells bei den Übergangsmetallen besonders durch die bei ferromagnetischen 4s-Elektronen aufzuwendende große FERMI-Energie in Frage gestellt ist, deuten mehrere experimentelle Tatsachen darauf hin, daß die sd-Austauschwechselwirkung bei den seltenen Erden und den HEUSLERschen Legierungen für den Ferromagnetismus verantwortlich ist (s. Abschn. 45.1.9).

e) Das Bandmodell von Bader, Ganzhorn und Dehlinger [*62*]. Der von BADER [*47, 63*] unternommene Versuch, die gesamten vorliegenden experimentellen Ergebnisse über ferromagnetische Metalle nach theoretischen Gesichtspunkten empirisch zu ordnen, geht von den von GANZHORN [*28*] durchgeführten Untersuchungen über die Bindungsverhältnisse bei den Übergangsmetallen aus. Von GANZHORN wurde der Einfluß der Gittersymmetrie auf die Atomfunktionen der Elektronen untersucht. Er findet so die der Gittersymmetrie angepaßten richtigen Elektronenfunktionen. Die beim freien Atom in einem Feld kubischer Symmetrie vorhandene Aufspaltung der d-Elektronen in eine Zweier- und eine Dreier-Gruppe wird auch für den Kristall als zutreffend angesehen. Für die Spinverteilung innerhalb der einzelnen Bänder gibt BADER bestimmte Regeln an, mit deren Hilfe es gelingt, insbesondere das Legierungsverhalten der ferromagnetischen Metalle zu beschreiben. Sie entsprechen einer Erweiterung des im periodischen System gültigen Aufbauprinzips auf ferromagnetische Zustände. Diese sich auf die Spinverteilung beziehenden Regeln lauten:

1. Ähnlich wie beim Wasserstoffatom sind die Spins der bindenden Elektronenzustände zwischen benachbarten Atomen antiparallel ausgerichtet. Die Spins in den lockernden Termen sind parallel ausgerichtet.

2. Für jedes Atom gilt unabhängig vom Kristall das PAULI-Prinzip. Dies bedeutet, daß in der 2er-Gruppe maximal 2 Plus- und 2 Minusspin auftreten, in der 3er-Gruppe entsprechend 3 Plus- und 3 Minusspin.

3. Die Spineinstellung erfolgt entsprechend der HUNDschen Regel, soweit dies mit den Regeln 1 und 2 vereinbar ist.

In einer Diskussion über die Elektronenstruktur in Übergangsmetallen wurden von GOODENOUGH [*65*] der BADERschen Methode verwandte Gesichtspunkte angewandt. Die BADERschen Regeln sind nach U. DEHLINGER [*64*] als Aussagen über Vielelektronenkonfigurationen aufzufassen, die aus einer allgemeinen Theorie des Ferromagnetismus deduktiv abgeleitet werden müssen.

f) Berechnung des Weissschen Feldes nach Friedel. FRIEDEL [*66*] berechnet das von WEISS postulierte Molekularfeld unter Zugrundelegung der von SLATER und VAN VLECK (s. Ziff. b und c) entwickelten Theorien. Über diese Autoren hinausgehend, begründet FRIEDEL seine Rechnung mit den von BOHM und PINES (s. Abschn. 45.1.7) beim freien Elektronengas erhaltenen Ergebnissen und den von SHULL [*38*] durchgeführten Neutronenbeugungsexperimenten bei den Übergangsmetallen. Eines der wichtigsten Ergebnisse von Bohm und Pines ergab, daß praktisch nur Elektronen mit einem gegenseitigen Abstand $r_c < (1/3)\, r_s$, wenn r_s den durch Gl. (45.32) definierten mittleren Abstand der Elektronen bedeutet, in Wechselwirkung miteinander treten. Das weitreichende Coulomb-Feld wird durch die umgebenden Elektronen abgeschirmt. Die Größenordnung der r_c-Werte bei den Übergangsmetallen zeigt, daß zwischen d-Elektronen benachbarter Atome nur eine kleine Austauschwechselwirkung besteht. Weiter schließt Friedel aus den Neutronenbeugungsexperimenten, daß die Elektronenverteilung am Atom im Kristall nicht sehr von derjenigen am freien Atom abweicht, so daß der Faktor $e^{i\mathfrak{k}\mathfrak{r}}$ der Bloch-Funktion $u_\mathfrak{k}\, e^{i\mathfrak{k}\mathfrak{r}}$ vernachlässigt werden darf und die Funktion $u_\mathfrak{k}$ durch eine 3d-Atomfunktion ersetzt werden kann. Da die Zahl der 3d-Elektronen pro Atom bei den Übergangsmetallen nicht ganzzahlig ist, muß angenommen werden, daß diese Elektronen innerhalb des Kristalls von Atom zu Atom wandern können. Hierbei wird die jeweilige Spineinstellung durch die Hundsche Regel bestimmt, welche aussagt, daß die Spinstellung am freien Atom durch die Forderung höchster Multiplizität bestimmt wird. Der Unterschied zwischen paralleler und antiparalleler Spinstellung ist nach Slater [37] und Van Vleck [54] bei Ni und Co $\Delta E \sim 1$ eV. Unter Berücksichtigung der $(1/2)n\,(n-1)$ verschiedenen Kopplungsmöglichkeiten mit den Elektronen eines Atoms, wenn n die Zahl der d-Elektronen ist, und der statistischen Verteilung der Elektronen auf die einzelnen Atome erhält Friedel das schon von Slater abgeleitete Ergebnis für die magnetische Energie ε_s pro Atom bei Sättigung $\varepsilon_s = (1/2)\, p^2\, \Delta E$, wenn p die Zahl der ferromagnetischen Elektronen pro Atom ist. Mit $p = 0{,}55$ für Ni und $p = 1{,}55$ für Co erhält Friedel $\varepsilon_s = 0{,}06$ eV für Ni und $\varepsilon_s = 0{,}75$ eV für Co. Dieses Ergebnis ist in guter Übereinstimmung mit den aus der Bandvorstellung empirisch erhaltenen Zahlenwerten. Das Weisssche Molekularfeld H_w berechnet sich aus der Gleichung $\varepsilon_s = (1/2)\, H_w\, I_s$. Im Zusammenhang mit der Friedelschen Theorie taucht die Frage auf, inwiefern die Bohm-Pinesschen Ergebnisse herangezogen werden dürfen, um auf die Reichweite der Austauschwechselwirkung bei d-Elektronen zu schließen. Untersuchungen in dieser Richtung von Hubbard [67] lieferten jedoch noch keine quantitativen Ergebnisse.

g) *Die Stoner-Wohlfarthsche Bandtheorie des Ferromagnetismus.* Die von Stoner [68, 69] und Wohlfarth [70—76] entwickelte statistisch-thermodynamische Theorie vertritt den Standpunkt des Bandmodells am entschiedensten. Grundlage ihrer Rechnungen ist das von Mott [25] für die Übergangsmetalle vorgeschlagene Zweibandmodell. In diesem Modell werden die Löcher im d-Band als quasifreie Defektelektronen behandelt, welche der Fermi-Dirac-Statistik gehorchen. Entsprechend Gl. (11.12) führt Stoner als Molekularfeld eine dem Quadrat der Sättigungsmagnetisierung (also einer makroskopischen Größe) proportionale Austauschenergie zwischen den Elektronen ein, die die ferromagnetische Kopplung berücksichtigen soll. Die ursprünglich von Stoner angesetzte Austauschenergie wurde von Wohlfarth um ein weiteres Glied ergänzt, welches proportional zur vierten Potenz der Magnetisierung ist. Die Stoner-Wohlfarthsche Theorie wurde von Hunt [77] erfolgreich auf Ni und NiCu-Legierungen angewandt, wo die Elektronen offenbar am geeignetsten durch die Bandtheorie beschrieben werden können. Die von Hunt gemessene Temperaturabhängigkeit der Sättigungsmagnetisierung bei Ni und NiCu-Legierungen wird durch die STONER-WOHLFARTHsche Theorie im gesamten Temperaturbereich, bei entsprechender Wahl der Austauschenergie, richtig beschrieben.

45.1.11 Die Spinwellentheorie

Da die Spinwellen sich in letzter Zeit in zunehmendem Maße als geeignet zur Beschreibung des ferromagnetischen Zustandes erwiesen haben, wollen wir die Ergebnisse dieser Theorie ausführlicher behandeln. Mit Hilfe der Spinwellentheorie ist es gelungen, für einen gewissen Temperaturbereich mit quantenmechanischen Methoden das statistische Problem eines idealen Ferromagneten streng zu lösen.

Die Spinwellentheorie wurde ursprünglich von BLOCH [78] und SLATER [79] eingeführt, um die angeregten Energiezustände eines Ferromagnetikums bei tiefen Temperaturen berechnen zu können. In der Folgezeit wurde die Theorie von BETHE [80] sowie von HOLSTEIN und PRIMAKOFF [81] unter Berücksichtigung der Wechselwirkung zwischen den Spinwellen und des Einflusses eines magnetischen Feldes auf die Sättigungsmagnetisierung weiterentwickelt. Von DYSON [82] wurde bewiesen, daß der Gültigkeitsbereich der Spinwellentheorie sich zu höheren Temperaturen erstreckt als bis dahin angenommen wurde, da sich die Wechselwirkung zwischen den Spinwellen als weit geringer erwies als früher vorausgesetzt worden war. Kritische Betrachtungen über den Geltungsbereich der Spinwellentheorie finden sich in den zusammenfassenden Artikeln von KRANENDONK und VAN VLECK [83], BOPP und WERNER [84] sowie in den Arbeiten von HAAR [85] und SLATER [14].

Grundlage der Spinwellentheorie ist die SCHRÖDINGER-Gleichung mit dem HAMILTON-Operator (45.26). Wir betrachten einen Zustand, bei dem sämtliche Spins in z-Richtung weisen, außer dem des l-ten Elektrons, welcher in $(-z)$-Richtung zeigen soll. In der SLATER-Determinante (45.27) müssen wir also für die z-Spinkoordinate der l-ten Spalte $s_z = -\hbar/2$ schreiben. Die so erhaltene Gesamtwellenfunktion nennen wir ψ_l. Die nun durchzuführende Störungsrechnung muß der Tatsache Rechnung tragen, daß sich infolge der Ununterscheidbarkeit der Elektronen das Elektron mit entgegengesetztem Spin bei jedem Atom l' befinden kann. Dieser Entartung wird durch den Ansatz

$$\psi = \sum_{l'} c_{l'} \psi_{l'} \tag{45.37}$$

für die Gesamtwellenfunktion des Systems Rechnung getragen, wobei die Amplituden $c_{l'}$ mit Hilfe einer Störungsrechnung zu bestimmen sind. Setzen wir den Ansatz (45.37) in die SCHRÖDINGER-Gleichung $\sum_i H_{0i} \psi = E \psi$ ein, multiplizieren mit $\psi_{l'}^*$, integrieren anschließend über die Elektronenkoordinaten und summieren über die beiden Spinrichtungen eines jeden Elektrons, dann erhalten wir für die $c_{l'}$ folgende Bestimmungsgleichung:

$$N E_0 c_l + \sum_{l'} J_{l l'} (c_{l'} - c_l) = E c_{l'}. \tag{45.38}$$

In Gl. (45.38) entspricht das erste Glied der Integration über die Elektronen des freien Atoms. E_0 ist also die Elektronenenergie im freien Atom. Die Größe $J_{l l'}$ entspricht dem durch Gl. (45.24) definierten Austauschintegral zwischen den

Elektronen l und l'. Bei der Summation über l' in Gl. (45.38) beschränken wir uns auf nächste Nachbarn. Dies ist berechtigt, wenn die Wellenfunktionen $\varphi_l(x)$ mit wachsendem Abstand vom Atom schnell abnehmen. Die Summation in Gl. (45.38) erstreckt sich also über $l' = l + l_0$, wenn l_0 die Gittervektoren zu den nächsten Nachbarn bedeuten. Beträgt die Spinquantenzahl pro Atom S, so können wir das Austauschintegral $J_{ll'}$ durch $J_{ll'} = 2J_0 S$ ersetzen. $2J_0$ bedeutet dann das Austauschintegral pro Elektronenpaar zwischen nächsten Nachbarn. Die Gl. (45.38) lautet nun:

$$(E - NE_0) c_l + 2J_0 S \sum_{l_0} (c_l - c_{l'}) = 0. \tag{45.39}$$

Diese Gleichung für die c_l wird durch den Ansatz einer ebenen Welle gelöst:

$$c_l = \text{const} \exp(i k_0 l). \tag{45.40}$$

Setzen wir Gl. (45.40) in Gl. (45.39) ein, so ergibt sich für die Energieänderung des gestörten Zustandes:

$$E - NE_0 = 2SJ_0 \sum_{l_0} \left(1 - \exp(i k_0 l_0)\right) \tag{45.41}$$

$$= 2SJ_0 \sum_{l_0} \left(1 - \cos(k_0 l_0)\right).$$

Für kleine $k_0 l_0$ kann $\cos k_0 l_0$ entwickelt werden und im Falle kubischer Symmetrie ergibt sich für sämtliche drei kubische Bravais-Gitter:

$$E - NE_0 = 2SJ_0 a^2 k_0^2 \tag{45.42}$$

Vergleichen wir Gl. (45.42) mit der für die kinetische Energie freier Elektronen geltenden Gl. (45.30), so erkennen wir, daß beide Energien quadratisch vom Ausbreitungsvektor $\mathfrak{k}_0$ abhängen. Eine weitere Analogie zwischen freien Elektronen und den angeregten ferromagnetischen Zuständen besteht darin, daß beide durch ebene Wellen beschrieben werden können. Deshalb wird der Ansatz (45.40) auch eine Spinwelle genannt. Schreiben wir Gl. (45.42) in der Form $E = \text{const} + \dfrac{\hbar^2}{2m^*} k_0^2$, so ist hierdurch eine effektive Masse m^* der Spinwelle definiert, die mit dem Austauschintegral J_0 gemäß $m^* = \hbar^2/4SJ_0 a^2$ (45.43) zusammenhängt. Aus Gl. (45.42) können wir wieder die Bedingung für das Auftreten des Ferromagnetismus ableiten. Da der ferromagnetische Zustand nur dann stabil ist, wenn die für die Umkehrung eines Elektronenspins aufzuwendende Energie $E - NE_0$ positiv ist, so folgt aus Gl. (45.42), daß das Austauschintegral J_0 ebenfalls positiv sein muß, eine Bedingung, die wir auch im Zusammenhang mit der HEISENBERGschen Theorie in Abschn. 45.1.10a diskutiert haben. Eine ausführlichere Berechnung der Spinwellenenergie, als wir sie hier gegeben haben, wurde von HOLSTEIN und PRIMAKOFF [81] unter Berücksichtigung magnetischer Dipolkräfte und eines äußeren Feldes durchgeführt.

a) Temperaturabhängigkeit der Sättigungsmagnetisierung. Um die Temperaturabhängigkeit der Sättigungsmagnetisierung und die spezifische Wärme des Spinwellengases zu berechnen, muß mit Hilfe der BOSE-EINSTEIN-Statistik die Zahl der bei der Temperatur T umgekehrten Spins berechnet werden. Nach der BOSE-EINSTEIN-Statistik beträgt die Wahrscheinlichkeit, bei der Temperatur T einen Zustand mit der Energie $E - NE_0 = 2SJ_0 a^2 k_0^2$ besetzt zu finden:

$$w_{k_0} = 1/(\exp(2J_0 S a^2 k_0^2/kT) - 1). \tag{45.44}$$

Betrachten wir 1 cm³ eines kubischen Kristalls, so beträgt die Abweichung der Sättigungsmagnetisierung I_∞ von der absoluten Sättigungsmagnetisierung I_s bei der Temperatur T:

$$I_\infty - I_s = 2\mu_B/(2\pi)^3 \iiint w_{k_0}\, d\mathfrak{k}_0. \tag{45.45}$$

Die bei tiefen Temperaturen zulässige Integration von Gl. (45.45) über den gesamten $\mathfrak{k}_0$-Raum liefert:

$$I_s = I_\infty \left(1 - \frac{0{,}1187}{S\, n_K} (kT/2J_0 S)^{3/2}\right). \tag{45.46}$$

In Gl. (45.46) wurde $I_\infty = \frac{\mu_B S n_K}{a^3}$ gesetzt, wobei n_K die Zahl der Atome pro Elementarzelle bedeutet.

Gl. (45.46) wurde erstmals von F. BLOCH [78] für den Spin $S = 1/2$ abgeleitet. Die Erweiterung auf beliebige ganzzahlige S-Werte wurde von C. MÖLLER [86] gegeben. Wie bereits eingangs erwähnt, wurde die Wechselwirkung zwischen den einzelnen Spinwellen von DYSON [82] genauer untersucht. Diese Wechselwirkung gibt zu zusätzlichen temperaturabhängigen Gliedern Anlaß, die nach DYSON prop. zu $T^{5/2}$, $T^{7/2}$ und T^4 sind. Auf der Basis der DYSONschen Theorie haben FONER und THOMPSON [87] ihre Messungen an Ni ausgewertet und dabei festgestellt, daß die Spinwellentheorie die Temperaturabhängigkeit der Sättigungsmagnetisierung bis zu etwa der Hälfte der CURIE-Temperatur befriedigend beschreibt.

b) *Die spezifische Wärme der Spinwellen.* Aus der Zustandsdichte w_{k_0} und der Energie $2SJ_0 a^2 k_0^2$ einer Spinwelle erhalten wir für die Gesamtenergie U des Spinwellengases pro cm³:

$$U = \frac{1}{(2\pi)^3}\iiint 2J_0 S a^2 k_0^2 w_{k_0}\, d\mathfrak{k}_0 = \frac{2}{5}\frac{0{,}113}{a^3 n_K}\left(\frac{k}{2J_0 S}\right)^{3/2} T^{5/2}. \tag{45.47}$$

Aus Gl. (45.47) folgt für die spezifische Wärme:

$$c_V = dU/dT = \frac{2}{5}\frac{0{,}113}{a^3 n_K}\left(\frac{kT}{2J_0 S}\right)^{3/2}. \tag{45.48}$$

Wir erhalten also wie für die Sättigungsmagnetisierung ein $T^{3/2}$-Gesetz.

c) *Nachweis der Spinwellen durch Resonanzmessungen.* Spinwellenresonanz in ferromagnetischen Metallen wurde besonders von SEAVEY und TANNENWALD [88, 89, 90], von RADO und WEERTMAN [91, 92, 93] sowie von RODBELL [94] untersucht. Die Methode beruht auf der Erzeugung von Spinwellen in dünnen ferromagnetischen Schichten durch ein infolge des Skineffekts stark ortsabhängiges Hochfrequenzfeld, oder durch ein homogenes Hochfrequenzfeld unter Beachtung bestimmter Randbedingungen. Im Falle einer dünnen Schicht der Dicke L sind die möglichen Wellenzahlen k_0 durch die Bedingung $k_0 = p/L$, wo p eine ganze Zahl bedeutet, festgelegt. Das angelegte Hochfrequenzfeld erfährt eine maximale Absorption durch die von ihm angeregten Spinwellen, wenn seine Wellenlänge mit einer der durch obige Beziehung gegebenen übereinstimmt. Die soeben beschriebene Meßmethode bietet eine weitere Möglichkeit, das Austauschintegral J_0 experimentell zu bestimmen. Als ein besonders interessantes Ergebnis muß die Untersuchung der Temperaturabhängigkeit des Austauschintegrals durch SEAVEY und TANNENWALD [90] bei einer 80% Ni – 20% Fe-Legierung angesehen werden. Die Autoren finden, daß das Austauschintegral im

Temperaturbereich von 4 °K—77 °K um 2% und im Temperaturbereich von 77 °K bis 300 °K um 1% abnimmt. Ferner ist bemerkenswert, daß noch bei 360 °C (75% der Curie-Temperatur) Spinwellen beobachtet werden können. Dies ist in Einklang mit der Dysonschen Theorie, welche die Gültigkeit der Spinwellentheorie mindestens bis zur Hälfte der Curie-Temperatur fordert.

45.2 Die Theorie der Kristallenergie

45.2.1 Lokale und makroskopische Anisotropiekonstante

Die phänomenologische Theorie der Kristallanisotropie wurde in Kap. 13 ausführlich behandelt. Die dort für die Kristallenergie angegebenen Beziehungen sind die ersten Glieder einer Reihenentwicklung nach den Funktionen $K_n(\vartheta, \varphi)$, welche lineare Kombinationen der Kugelflächenfunktionen $Y_n^m(\vartheta, \varphi)$ mit der Symmetrie der Punktgruppe des betreffenden Kristalls sind. Zwischen den Polarkoordinaten ϑ und φ und den Richtungscosinussen α_i in bezug auf die kubischen Achsen bestehen die Beziehungen:

$$\alpha_1 = \cos \varphi \sin \vartheta; \quad \alpha_2 = \sin \varphi \sin \vartheta; \quad \alpha_3 = \cos \vartheta. \qquad (45.49)$$

Für die Kristallenergie gilt folgende Entwicklung:

$$F_K = \sum_n k_n(H, T) \cdot K_n(\vartheta, \varphi). \qquad (45.50)$$

Dabei bedeutet:

$$K_n(\vartheta, \varphi) = \sum_{m=-n}^{n} A_n^m Y_n^m(\vartheta, \varphi), \qquad (45.51)$$

$k_n(H, T)$ sind die von Temperatur und Feldstärke abhängigen sogenannten Anisotropiekoeffizienten; die A_n^m sind geeignet gewählte Normierungskonstanten. Im Falle der sechszähligen Symmetrie des hexagonalen Gitters läuft die Summation über n und m über folgende Werte: $n = 0, m = 0$; $n = 2, m = 0$; $n = 4, m = 0$; $n = 6, m = 0$; $n = 8, m = 6$ .... Im kubischen Gitter erstreckt sich die Summation über $n = 0, m = 0$; $n = 4, m = 0, 4$; $n = 6, m = 0, 4$ .... Legen wir den Rechnungen die von Callen und Callen [95] gewählten Werte für die Konstanten A_n^m zugrunde, so lautet der Zusammenhang zwischen den in Kap. 13 definierten Anisotropiekonstanten K_0, K_1, K_2 und den Anisotropiekoeffizienten k_n im hexagonalen Gitter:

$$k_0 = K_0 + \frac{2}{3} K_1 + \frac{8}{15} K_2; \quad k_2 = K_1 + \frac{8}{7} K_2; \quad k_4 = K_2 \qquad (45.52)$$

und bei kubischen Gittern:

$$k_0 = K_0 + \frac{1}{15} K_1 + \frac{1}{105} K_2; \quad k_4 = K_1 + \frac{1}{11} K_2 \qquad (45.53)$$

$$k_6 = K_2.$$

Die Entwicklungskoeffizienten k_n sind im allgemeinen Funktionen der angelegten Feldstärke H und der Temperatur T. Die Feldstärkeabhängigkeit der Anisotropiekoeffizienten, sowie die durch die Kristallanisotropie hervorgerufenen Anisotropie der Sättigungsmagnetisierung wurde von E. R. Callen und H. B. Callen [95] untersucht. Beide Erscheinungen finden ihre einfache Erklärung darin, daß die Schwankungen der Spins um die Magnetisierungsrichtung infolge thermischer Anregung in der leichten Richtung geringer sind als in der schweren Richtung und sich deshalb die Sättigungsmagnetisierung in der leichten Richtung als größer ergibt als in der schweren Richtung. Eine äquivalente Beschreibung dieser anisotropen Magnetisierung ist auch mit Hilfe einer anisotropen Austauschkopplung möglich. Nach E. R. CALLEN und H. B. CALLEN [95] spielen die anisotropen Effekte bei der Sättigungsmagnetisierung nur eine Rolle, wenn die Kristallenergie F_K groß und die Austauschenergie klein ist. Diese Bedingung ist aber bei den Elementen Fe, Co und Ni nicht erfüllt, so daß wir im folgenden die H-Abhängigkeit der Anisotropiekoeffizienten vernachlässigen können und die Konstanten $k_n(H, T) \equiv k_n(T)$ setzen dürfen. Am absoluten Nullpunkt verschwindet die Feldstärkenabhängigkeit der Anisotropiekoeffizienten exakt, da in diesem Fall sämtliche Spins parallel sind.

Die Kristallenergie, die man erhalten würde, wenn auch bei höherer Temperatur keine teilweise Spinumkehr eintreten würde, nennt man die lokalen Anisotropiekoeffizienten $k_{n,l}(T)$. Die Temperaturabhängigkeit von $k_{n,l}(T)$ wird allein durch die Temperaturabhängigkeit der Elektronenzustandsdichte in der Nähe der FERMI-Energie hervorgerufen. Die makroskopisch gemessene Anisotropie wird in starkem Maße von den thermischen Schwankungen der Sättigungsmagnetisierung beeinflußt. Dieser Einfluß der Richtungsschwankungen der Magnetisierung wird durch eine nur vom Verhältnis $I(T)/I(0)$ abhängige Funktion $\varkappa_n(I(T)/I(0))$ beschrieben. Wir können also für die Anisotropiekoeffizienten folgenden Ansatz machen:

$$k_n(T) = \varkappa_n\big(I(T)/I(0)\big)\, k_{n,l}(T). \tag{45.54}$$

Durch Gl. (45.54) ist die Berechnung der Anisotropiekoeffizienten auf zwei Teilprobleme zurückgeführt. Die Berechnung der lokalen Anisotropiekoeffizienten $k_{n,l}(T)$ ist eine elektronentheoretische Aufgabe, die mit Hilfe der Quantenmechanik zu lösen ist. Die Funktion $\varkappa(I(T)/I(0))$ kann mit Hilfe statistischer Methoden ermittelt werden. Die nun folgenden drei Abschnitte werden sich mit den hierbei aufgeworfenen Fragen auseinandersetzen.

45.2.2 Ursachen der Kristallanisotropie

Während den Ausführungen über das ferromagnetische Vielelektronenproblem in den Abschn. 45.1.5—7 der spinunabhängige Operator H_{0i} von Gl. (45.26) zugrunde gelegt wurde, muß bei der Behandlung der Kristallenergie ein zusätzlicher spinabhängiger Operator H_{si} eingeführt werden, welcher der Kopplung zwischen Magnetisierungsrichtung und Kristallgitter Rechnung trägt. Die hierbei auftretenden Möglichkeiten wollen wir im folgenden genauer besprechen.

1. **Magnetische Dipol—Dipol-Wechselwirkung.** Die Dipolwechselwirkung zweier Elektronen i und j mit den Spins S_i und S_j und dem gegenseitigen Abstand $\mathfrak{r}_{ij}$ wird durch folgenden HAMILTON-Operator beschrieben:

$$H_{sD} = 4\mu_B^2 \left[S_i \cdot S_j - \frac{3}{r_{ij}^2}(S_i \cdot \mathfrak{r}_{ij}) \cdot (S_j \cdot \mathfrak{r}_{ij}) \right]. \tag{45.55}$$

Von BECKER [96], VAN VLECK [97], VAN PEYPE [98] und TESSMAN [99] wurde gezeigt, daß jede Dipolwechselwirkung vom Typ H_{sD} erst in der zweiten Näherung des Störungsproblems (45.62) eine endliche Anisotropie liefert. Von BECKER wurde weiter gefunden, daß bei kubischer Symmetrie die Wechselwirkung H_{sD} am absoluten Nullpunkt, wenn alle Spins parallel stehen, keinen Beitrag zur Anisotropie ergibt.

2. Spin—Bahn-Kopplung. Die Spin—Bahn-Kopplung wurde erstmals von BLOCH und GENTILE [*100*] zur Erklärung der Kristallanisotropie vorgeschlagen. Ihre Theorie wurde in der Folgezeit von VAN VLECK [*97*] erweitert, von FLETCHER [*101*] auf die STONERsche Ferromagnetismustheorie und von MERKLE [*102*] auf die Bandtheorie von BADER, GANZHORN und DEHLINGER [*62*] angewandt.

Um den Zusammenhang zwischen Kristallanisotropie und Spin—Bahn-Kopplung verstehen zu können, gehen wir davon aus, daß, wie die gyromagnetischen Versuche beweisen, das *Bahnmoment* der ferromagnetischen Elektronen praktisch nichts zur spontanen Magnetisierung beiträgt. Demnach können sich die Richtungen der Bahnmomente dieser Elektronen nicht frei einstellen, sondern sind fest im Kristall verankert. Eine Änderung der Richtung der Spinmomente bewirkt nun über die Spin—Bahn-Kopplung auch eine Drehung der Bahnmomente. Die hierbei aufzuwendende Energie entspricht der Kristallenergie F_K. Für die Behandlung der Spin—Bahn-Kopplung und ihres Einflusses auf die Kristallenergie wurden zwei von BLOCH und GENTILE [*100*] und von VAN VLECK [*97*] vertretene Modelle vorgeschlagen.

a) Blochsches Einatommodell. In diesem Modell wird versucht, die Anisotropie auf die Spin—Bahn-Kopplung innerhalb *desselben* Atoms zurückzuführen. Wir verzichten auf die Angabe der historischen von BLOCH und GENTILE [*100*] gewählten Oktopolwechselwirkung und führen nur den von BROOKS [*103*], FLETCHER [*101*] und MERKLE [*102*] verwendeten HAMILTON-Operator an. Diese drei Autoren legen ihren Rechnungen den aus der relativistischen DIRACschen Quantenmechanik folgenden Spin—Bahn-Kopplungsoperator zugrunde. Bezeichnen wir das Gitterpotential mit $V(\mathfrak{r})$, so lautet dieser:

$$H_{s-SB} = -\frac{i\hbar}{2m^2 c^2} S\,[\mathrm{grad}\, V \times V]. \tag{45.56}$$

Wird der nicht kugelsymmetrische Anteil des Potentials $V(\mathfrak{r})$ vernachlässigt, dann läßt sich H_{s-SB} folgendermaßen schreiben:

$$H_{s-SB} = \frac{1}{2m^2 c^2}\frac{1}{r}\frac{\partial V}{\partial r}(\mathfrak{L}\cdot S). \tag{45.57}$$

In Gl. (45.57) bedeutet $\mathfrak{L} = -[\mathfrak{r}\times i\hbar V]$ den Bahnimpuls des Elektrons. Da der Operator H_{s-SB} sich als prop. $1/r^3$ ergibt, erscheint es berechtigt, in diesem Modell die Spin—Bahn-Kopplung zwischen den Elektronen verschiedener Atome zu vernachlässigen. Für quantitative Berechnungen mit dem Operator (45.57) wird der sogenannte Spin—Bahn-Kopplungsparameter A eingeführt. Dieser Spin—Bahn-Kopplungsparameter kann nach einer von GOUDSMIT [*104*] angegebenen Methode spektroskopischen Daten des freien Atoms entnommen werden.

Mit Hilfe des Operators (45.57) berechnete FLETCHER [*101*] unter Zugrundelegung der BROOKschen Theorie [*103*] die Anisotropiekonstante $K_1(0)$ von Nickel, welche sich um einen Faktor 50 größer ergab als experimentell gemessen wird. Für die Elektronenfunktionen des Nickels verwendet FLETCHER die von FLETCHER und WOHLFARTH [*105*] und FLETCHER [*106*] auf Grund einer Bandberechnung erhaltenen Ergebnisse. In der Rechnung werden nur die Funktionen der d^3-Gruppe berücksichtigt.

MERKLE berechnet die Kristallanisotropie von Nickel mit Hilfe des Operators (45.57) unter Verwendung der von GANZHORN [*28*] ermittelten Wellenfunktionen der d²- und d³-Gruppe. Ist $N(E)$ die Zustandsdichte der 3d-Elektronen und E_0 die FERMI-Energie, so ergibt sich nach MERKLE für die lokale Anisotropiekonstante:

$$k_{1,l} = a_1 N(E_0) + a_2 \, dN(E)/dE \, |_{E_0} + (a_3 + a_4 \, T^2) \, d^2N(E)/dE^2 \, |_{E_0} \quad (45.58)$$

In Gl. (45.58) sind die Entwicklungskoeffizienten a_1 bis a_4 Funktionen des Spin–Bahn-Kopplungsparameters A und der Aufspaltung ΔE zwischen den Funktionen der d²- und d³-Gruppe. Für plausible Werte von ΔE ergibt sich $k_{1,l}$ aus Gl. (45.58) von der richtigen Größenordnung.

b) Van Vlecks Mehr-Atommodell. Im Gegensatz zur BLOCHschen Schule betrachtet VAN VLECK [*97, 107*] die Spin–Bahn-Kopplung zwischen nächsten Nachbarn als maßgebend für die magnetische Kristallanisotropie. Er entwickelt den Spin–Bahn-Kopplungsoperator in einen Dipol–Dipol-Term H_{sD} und einen Quadrupol–Quadrupol-Term H_{sQ}. Im Operator $H_s = H_{sD} + H_{sQ}$ bedeuten

$$H_{sD} = \sum_{i \neq j} c_{ij} \left[S_i \cdot S_j - \frac{3}{r_{ij}^2} (S_i \cdot \mathfrak{r}_{ij})(S_j \cdot \mathfrak{r}_{ij}) \right] \quad (45.59)$$

und

$$H_{sQ} = \sum_{i \neq j} \gamma_{ij} \frac{1}{r_{ij}^4} (S_i \cdot \mathfrak{r}_{ij})^2 (S_j \cdot \mathfrak{r}_{ij})^2. \quad (45.60)$$

Die Summen in Gl. (45.59) und Gl. (45.60) erstrecken sich über die nächsten Nachbarn. Gl. (45.59) unterscheidet sich von der gleich bezeichneten, durch Gl. (45.55) gegebenen Dipolwechselwirkung in der Konstanten c_{ij}, welche im Falle von Gl. (45.59) eine von der Elektronenstruktur abhängige Größe besitzt.

45.2.3 Die Berechnung der lokalen Anisotropiekoeffizienten

Wie bereits oben erwähnt wurde, ist die Berechnung der Anisotropiekoeffizienten ein quantenmechanisches Problem. Mit den in Abschn. 45.2.2 behandelten spinabhängigen Wechselwirkungstermen H_{si} lautet der HAMILTON-Operator unseres Systems:

$$H = \sum_i (H_{oi} + H_{si} - (e/m\,c)\mathbf{s}_i \cdot \mathfrak{H}). \quad (45.61)$$

In Gl. (45.61) bedeutet e die elektrische Elementarladung, m die Elektronenmasse, c die Lichtgeschwindigkeit und $\mathbf{s}_i$ den Spinoperator des i-ten Elektrons. Das letzte Glied in Gl. (45.61) beschreibt die magnetische Wechselwirkung der Elektronenspins mit dem äußeren Feld und bedingt die Feldstärkeabhängigkeit der $k_{n,l}$. Die Lösung der SCHRÖDINGER-Gleichung $H\psi = E\psi$ ist mit den Methoden der Störungstheorie möglich, falls das durch $\sum_i H_{oi} \psi_o = E_o \psi_o$ gegebene isotrope Problem des Ferromagnetismus gelöst ist. Denn dann können die beiden letzten Glieder von Gl. (45.61) als kleine Störungen aufgefaßt und die Wellenfunktion ψ_o als nullte Näherung betrachtet werden. Die Kristallenergie ergibt sich aus der Differenz der Energien der durch die Wellenfunktionen ψ und ψ_o gegebenen Zustände. Es gilt demnach:

$$F_K = \int \psi^* H \psi \, d\tau - \sum_i \int \psi_o^* H_{oi} \psi_o \, d\tau. \quad (45.62)$$

Die durch Gl. (45.62) gestellte Aufgabe ist bis heute noch nicht in voller Allgemeinheit lösbar, da man bei der Wahl der Wellenfunktion ψ_0 an bestimmte in Abschn. 45.1.6 besprochene Modellvorstellungen gebunden ist, die der Wirklichkeit nicht in allen Einzelheiten entsprechen.

45.2.4 Die Temperaturabhängigkeit der mikroskopischen Anisotropiekonstanten

a) Theoretische Ergebnisse. Während die lokale *Anisotropiekonstante* nur quantenmechanisch berechnet werden kann, wurde von AKULOV [108] und ZENER [109] eine klassische Berechnung der *Anisotropiekoeffizienten* durchgeführt. ZENER geht davon aus, daß auch für lokale Schwankungen der Magnetisierungsrichtung ein Gesetz entsprechend Gl. (45.50) gilt und die Abweichungen um den Winkel ϑ der lokalen Magnetisierungsrichtung von der makroskopischen Magnetisierungsrichtung mit gleicher Wahrscheinlichkeit über sämtliche Winkel ϑ verteilt sind. KEFFER [110] und VAN VLECK [107] haben die ZENERschen Annahmen quantenmechanisch folgendermaßen gedeutet:

1. Die Kristallenergie hat eine Ursache, welche sich durch einen spinabhängigen Operator beschreiben läßt.
2. Zwischen den Spins benachbarter Atome besteht eine enge Korrelation.

Mit diesen Voraussetzungen ergibt sich für die Anisotropiekoeffizienten $\varkappa_n$, indem wir jeweils über das n-te Glied von Gl. (45.50) den Mittelwert über sämtliche Winkel berechnen und die mittlere Abweichung ϑ bei der Temperatur T durch den Koeffizienten $(I(T)/I(0))$ ausdrücken:

$$\varkappa_n = (I(T)/I(0))^{n(n+1)/2} = (I(T)/I(0))^m. \tag{45.63}$$

In Abb. 45.5 ist auch die von VAN VLECK berechnete Temperaturabhängigkeit der aus der Dipol—Dipol-Wechselwirkung folgenden Kristallenergie eingezeichnet. Der Beitrag dieser Wechselwirkung zur Kristallanisotropie bei 0 °K rührt von der Nullpunktsenergie der Spinwellen her. Nach KEFFER [110] ist die in Abb. 45.5 zum Ausdruck kommende starke Temperaturabhängigkeit des Exponenten m bei Berücksichtigung einer Spinkorrelation weniger stark, als sich aus der VAN VLECKschen Rechnung ergeben würde.

b) Vergleich mit dem Experiment. Bei Vergleichen zwischen der durch Gl. (45.63) gegebenen und der experimentell bestimmten Temperaturabhängigkeit müssen folgende Punkte beachtet werden:

1. Die Wechselwirkung H_{sQ} ergibt je nach Vorzeichen der Kopplungskonstanten γ_{ij} einen positiven oder negativen Beitrag zur Kristallanisotropie. Da H_{sD} erst in der zweiten Näherung eine endliche Anisotropie ergibt, tritt c_{ij} quadratisch auf und liefert deshalb immer einen negativen Beitrag zur Anisotropie.
2. Die Wechselwirkung H_{sQ} liefert nur dann, wenn die Spinquantenzahl $S > 1/2$ ist, einen nicht verschwindenden Beitrag zur Kristallanisotropie.

Vergleichen wir die Spinquantenzahlen der ferromagnetischen Elemente mit dem in Punkt 2 erklärten, so finden wir, daß bei Ni mit $S = 0,3$ nur H_{sD} eine Rolle spielen kann. Die H_{sD}-Wechselwirkung liefert nach 1. das richtige, bei Ni gemessene negative Vorzeichen der Kristallenergiekonstanten K_1, jedoch reicht die in Abb. 45.5 dargestellte Temperaturabhängigkeit der H_{sD}-Wechselwirkung nicht aus, um den gemessenen Exponenten $m = 15$ zu erklären. Dieses offensichtliche Versagen der Theorie, das auch durch die Hinzunahme der von MERKLE [102] berechneten Temperaturabhängigkeit der lokalen Anisotropie $k_{1,l}(T)$ nicht beseitigt werden kann, ist vermutlich darauf zurückzuführen, daß, wie in Abschn. 45.1.10 ausgeführt wurde, die der VAN VLECKschen Rechnung zugrunde liegende HEISENBERGsche Theorie die 3d-Elektronen des Nickels nicht richtig beschreibt.

Etwas günstiger als bei Ni fällt der Vergleich zwischen Theorie und Experiment bei Fe aus. Die Spinquantenzahl des Eisens beträgt $S = 1$, so daß nach Punkt 2 sowohl H_{sD} als auch H_{sQ} eine Rolle spielen können. Das positive Vorzeichen von K_1 deutet jedoch darauf hin, daß die H_{sQ}-Wechselwirkung überwiegt. Der ursprünglich von ZENER [109] durchgeführte Vergleich mit den damals bekannten Messungen ergab eine ausgezeichnete Übereinstimmung mit dem $(I(T)/I(0))^{10}$-Gesetz. Neuere Messungen von GRAHAM [111] haben jedoch gezeigt, daß die Kristallanisotropie K_1 von Fe eher einem Potenzgesetz mit $m = 4$ bis 5 gehorcht. Inwiefern es sich hier um eine Überlagerung der H_{sD}- und H_{sQ}-Wechselwirkung handeln kann, wurde bisher noch nicht genauer untersucht.

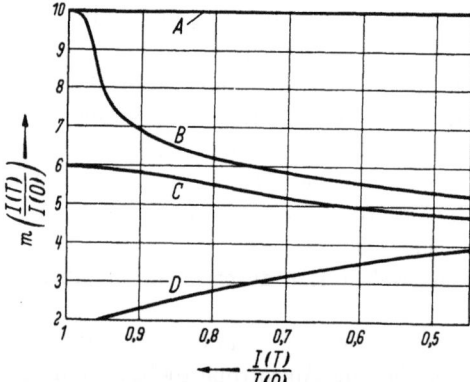

Abb. 45.5. Der Exponent m von Gl. (45.63) gegen $I(T)/I(0)$ für verschiedene Modelle aufgetragen. A: ZENERS ($n = 10$)-Gesetz [109]. B: Quadrupolwechselwirkung mit Korrelation. C: Quadrupolwechselwirkung ohne Korrelation. D: Dipolwechselwirkung (nach KEFFER [110])

Im Falle des Kobalts wurde von CARR [112] eine der ZENERschen Rechnung entsprechende Berechnung der Temperaturabhängigkeit der makroskopischen Anisotropiekonstanten durchgeführt. Seine Ergebnisse für hexagonale Metalle lauten:

$$K_1(T) = (k_{1,l} + (8/7) k_{2,l}) (I(T)/I(0))^3 - (8/7) k_{2,l} (I(T)/I(0))^{10} \quad (45.64)$$

$$K_2(T) = k_{2,l} (I(T)/I(0))^{10}. \quad (45.65)$$

Wie man Abb. 13.9 entnehmen kann, erfährt K_1 bei etwa 250 °C einen Vorzeichenwechsel. Dies kann mit Hilfe der Beziehung (45.64) nicht erklärt werden. Deshalb berücksichtigt CARR [112] die thermische Ausdehnung des Gitters. Er erhält dann, wenn das letzte Glied in Gl. (45.64) vernachlässigt wird:

$$K_1(T) = (1 - 3T/\theta) (I(T)/I(0))^3 k_{1,l}(T). \quad (45.66)$$

In Gl. (45.66) bedeutet Θ die CURIE-Temperatur.

Ein Vergleich der Beziehung (45.66) mit den in Abb. 13.9 dargestellten Messungen von SUCKSMITH und THOMPSON [113] liefert gute Übereinstimmung.

45.3 Die Theorie der Magnetostriktion

45.3.1 Der magnetostriktive Extradehnungstensor und die magneto-elastische Kopplungsenergie

In diesem Abschnitt wollen wir die Ergebnisse von Abschn. 16.2 zusammenfassen und daran anschließend die Aufgabe der Quantentheorie formulieren.

45.3 Die Theorie der Magnetostriktion

Wie bei elastischen Problemen ist es auch im Falle der Magnetostriktion möglich, die Verzerrungen durch einen Tensor 2. Stufe zu beschreiben. Da die magnetostriktiven Verzerrungen zusätzlich zu bereits vorhandenen Dehnungen hinzutreten, werden sie „magnetostriktive Extradehnungen" genannt. Bei der Ableitung des Zusammenhangs zwischen Magnetisierungsrichtung und magnetostriktivem Extradehnungstensor muß beachtet werden, daß einerseits die Magnetostriktion eines Einkristalls vom Richtungssinn der Magnetisierung nicht abhängt und die Extradehnung deshalb nach geradzahligen Potenzen bzw. Produkten der Richtungscosinusse α_i der Magnetisierung entwickelt werden kann und daß andererseits, wie bei der Kristallenergie, die Entwicklung nach den Richtungscosinussen der Kristallsymmetrie Rechnung tragen muß. Wenn wir uns auf die Glieder zweiter Ordnung beschränken, so gilt für die magnetostriktive Extradehnung ε_{ij}^M:

$$\varepsilon_{ij}^M = \lambda_{ijkl}\,\alpha_k\,\alpha_l. \tag{45.67}$$

(In Gl. (45.67) und den folgenden Beziehungen ist über doppelt vorkommende Indizes von 1 bis 3 zu summieren.) Die Dehnungskomponenten ε_{ij}^M in Gl. (45.67) sollen sich auf das durch die Kristallsymmetrie nahegelegte Koordinatensystem beziehen. Der Gl. (16.31) entsprechende Ausdruck für die Magnetostriktion in der durch die Richtungscosinusse $\beta_1, \beta_2, \beta_3$ gegebenen Richtung lautet:

$$\frac{dl}{l} = \beta_i\beta_j\,\lambda_{ijkl}\,\alpha_k\alpha_l. \tag{45.68}$$

Die Beziehung (45.68) wurde ursprünglich von AKULOV [114] vorgeschlagen. Von GANS und HARLEM [115] wurde sie durch Hinzunahme der Glieder 4. Ordnung erweitert und VAUTIER [116] gab schließlich eine Beziehung für dl/l mit Einschluß der Glieder 6. Ordnung an. Eine zusammenfassende Darstellung der Richtungsabhängigkeit der Magnetostriktion bei Einkristallen wurde von BIRSS [117] gegeben.

Der Tensor der magnetostriktiven Konstanten lautet im kubischen Gitter in der VOIGTschen Bezeichnungsweise der elastischen Konstanten:

$$(\lambda_{ijkl}) = \begin{vmatrix} \lambda_{100} & -\frac{1}{2}\lambda_{100} & -\frac{1}{2}\lambda_{100} & 0 & 0 & 0 \\ -\frac{1}{2}\lambda_{100} & \lambda_{100} & -\frac{1}{2}\lambda_{100} & 0 & 0 & 0 \\ -\frac{1}{2}\lambda_{100} & -\frac{1}{2}\lambda_{100} & \lambda_{100} & 0 & 0 & 0 \\ 0 & 0 & 0 & \frac{3}{4}\lambda_{111} & 0 & 0 \\ 0 & 0 & 0 & 0 & \frac{3}{4}\lambda_{111} & 0 \\ 0 & 0 & 0 & 0 & 0 & \frac{3}{4}\lambda_{111} \end{vmatrix} \tag{45.69}$$

und im hexagonalen Gitter:

$$(\lambda_{ijkl}) = \begin{vmatrix} \lambda_{11} & \lambda_{12} & 0 & 0 & 0 & 0 \\ \lambda_{12} & \lambda_{11} & 0 & 0 & 0 & 0 \\ 0 & 0 & \lambda_{33} & 0 & 0 & 0 \\ 0 & 0 & 0 & \frac{1}{4}\lambda_{44} & 0 & 0 \\ 0 & 0 & 0 & 0 & \frac{1}{4}\lambda_{44} & 0 \\ 0 & 0 & 0 & 0 & 0 & \frac{1}{2}(\lambda_{11}-\lambda_{12}) \end{vmatrix} \qquad (45.70)$$

Zwischen den magnetostriktiven Konstanten von Gl. (16.51) und den in Gl. (45.70) eingeführten Größen besteht folgender Zusammenhang:

$$\lambda_{11} = \lambda_A;\ \lambda_{12} = \lambda_B;\ \lambda_{33} = -\lambda_C;\ \lambda_{44} = 4\lambda_B - (\lambda_A + \lambda_C).$$

Von BECKER und DÖRING [*118*] wurde gezeigt, daß in magnetostriktiv verzerrten Gittern bei Anwesenheit eines durch den Spannungstensor σ_{ij} beschriebenen elastischen Spannungszustandes eine magnetoelastische Kopplungsenergie der Form

$$F_M = -\sigma_{ij}\,\varepsilon_{ij}^M \qquad (45.71)$$

auftritt. Beachten wir, daß mit Hilfe des HOOKEschen Tensors c_{ijmn} die Spannungen σ_{ij} durch die Dehnungen ε_{mn} gemäß $\sigma_{ij} = c_{ijmn}\,\varepsilon_{mn}$ ersetzt werden können, so geht Gl. (45.71) in

$$\begin{aligned}F_M &= -c_{ijmn}\,\varepsilon_{mn}\,\varepsilon_{ij}^M \\ &= -c_{ijmn}\,\varepsilon_{mn}\,\lambda_{ijkl}\,\alpha_k\,\alpha_l\end{aligned} \qquad (45.72)$$

über.

45.3.2 Die Temperaturabhängigkeit der Magnetostriktion

Im allgemeinen sind die magnetostriktiven Konstanten λ_{ijkl} von Temperatur und angelegter Feldstärke abhängig. *Die Feldstärkeabhängigkeit* hat dieselben Ursachen wie diejenige der Kristallenergie, die in Abschn. 45.2.1 genauer besprochen wurde. Bei den Elementen Fe, Co und Ni ist die Feldstärkeabhängigkeit so gering, daß es berechtigt ist, $\lambda_{ijkl}(\mathfrak{H}, T) \equiv \lambda_{ijkl}(T)$ zu setzen. Wie bei der Kristallenergie kommt die *Temperaturabhängigkeit* der Magnetostriktion durch die Überlagerung von zwei Effekten zustande. Bezeichnen wir die Magnetostriktion, die wir erhalten würden, wenn auch bei höheren Temperaturen sämtliche Spins parallel bleiben würden, als die lokale Magnetostriktion $\lambda_{ijkl,l}(T)$, so ist deren Temperaturabhängigkeit allein durch die Temperaturabhängigkeit der Elektronenzustandsdichte in der Nähe der FERMI-Grenze bestimmt. Der zweite Beitrag zur Temperaturabhängigkeit der Magnetostriktion rührt von den lokalen Schwankungen der Magnetisierung infolge thermischer Anregung her. Der Einfluß der Richtungsschwankungen der Magnetisierung kann durch eine nur vom Verhältnis $I(T)/I(0)$ abhängige Funktion $\Lambda_{ijkl}(I(T)/I(0))$

berücksichtigt werden. Die makroskopisch gemessene Magnetostriktionskonstante lautet also:

$$\lambda_{ijkl} = \lambda_{ijkl,l}(T) \cdot \Lambda_{ijkl}\left(I(T)/I(0)\right). \qquad (45.73)$$

Nach der von ZENER [109] entwickelten Theorie liefern Effekte n-ter Ordnung in den Richtungscosinussen eine Temperaturabhängigkeit wie $(I(T)/I(0))^{n(n+1)/2}$. Da in unserer Darstellung nur Glieder 2. Ordnung berücksichtigt wurden, gilt für sämtliche Magnetostriktionskonstanten:

$$\lambda_{ijkl}(T) = \lambda_{ijkl,l}(T) \cdot (I(T)/I(0))^3. \qquad (45.74)$$

Ein Vergleich der durch Gl. (45.74) gegebenen Temperaturabhängigkeit mit den in Kap. 16 zitierten Messungen an Fe und Ni ergibt unter der Voraussetzung, daß $\lambda_{ijkl}(T)$ als temperaturunabhängig betrachtet werden kann, nur eine grobe qualitative Übereinstimmung. Um eine endgültige Aussage über die Gültigkeit von Gl. (45.74) machen zu können, muß die Temperaturabhängigkeit der lokalen Magnetostriktion bekannt sein, deren Berechnung wir uns im folgenden Abschnitt zuwenden wollen.

45.3.3 Ursachen und Berechnung der lokalen Magnetostriktion

Als Ursachen der Magnetostriktion betrachten wir die im Zusammenhang mit der Kristallenergie in Abschn. 45.2.2 besprochenen spinabhängigen Wechselwirkungsenergien.

1. Klassische Dipolwechselwirkung. Die ersten Versuche zur Deutung der Magnetostriktion auf der Grundlage der durch Gl. (45.55) gegebenen Dipolwechselwirkung wurden von AKULOV [114], MAHAJANI [119], BECKER [96] und HIRONE [120] ausgeführt. Die Magnetostriktion kommt in diesem Modell durch die Aufhebung der kubischen Symmetrie infolge elastischer Verzerrungen, welche von der Dipolwechselwirkung hervorgerufen wurden, zustande. Nach BECKER ergibt sich für den Fall elastischer Isotropie:

$$\lambda_{100} = 2 \frac{S I^2}{G}; \quad \lambda_{111} = -\frac{4}{3} \frac{S I^2}{G}. \qquad (45.75)$$

In Gl. (45.75) bedeutet S eine von der Kristallstruktur abhängige Konstante, die für k. r. z. Gitter 0,4 und für k. f. z. Gitter 0,6 beträgt, und G den Schubmodul. Ein Vergleich der Gl. (45.75) mit den experimentellen Ergebnissen bei Fe und Ni (s. Abb. 16.22 und 16.25) zeigt, daß die durch Gl. (45.75) festgelegten Vorzeichen der magnetostriktiven Konstanten nur für Fe, aber nicht für Ni zutreffen, wo beide Konstanten ein negatives Vorzeichen besitzen. Die quantitative Berechnung der magnetostriktiven Konstanten nach Gl. (45.75) zeigt, daß diese sich bei Fe um einen Faktor 5 und bei Ni um einen Faktor 100 zu klein ergeben. Andererseits erweist sich bei Ni die Größe λ_{ijkl}/I_s^2 als nahezu temperaturunabhängig, während diese Vorhersage bei Fe keinesfalls erfüllt ist.

Auf Grund der soeben angeführten Tatsachen muß angenommen werden, daß bei Metallen die klassische Dipol—Dipol-Wechselwirkung zur Erklärung der Magnetostriktion nicht herangezogen werden kann. In einem zusammenfassenden Bericht weist TSUYA [121] jedoch darauf hin, daß besonders bei Mn-Ferriten die klassische Dipol—Dipol-Wechselwirkung eine wesentliche Rolle spielt.

2. Van Vlecks Pseudo-Dipol- und Quadrupol-Modell.

Von VAN VLECK [97] wurde vorgeschlagen, die klassische Dipol—Dipol-Wechselwirkung wie bei der Kristallenergie auch bei der Magnetostriktion durch die aus der Spin—Bahn-Wechselwirkung resultierenden Dipol- und Quadrupolkräfte zu ersetzen. Da die Vorzeichen der Konstanten c_{ij} und γ_{ij} der Gln. (45.59) und (45.60) zunächst noch unbestimmt sind, wäre es auf diese Weise möglich, das negative Vorzeichen von λ_{100} bei Ni zu verstehen. Außerdem könnte eine Erklärung für die, im Vergleich zu Gl. (45.55) wesentlich größeren, gemessenen Magnetostriktionskonstanten gegeben werden. Eine wesentliche Schwierigkeit des VAN VLECKschen Modells liegt darin, daß gerade bei Ni die starke Temperaturabhängigkeit der Kristallenergie dem Dipolmodell widerspricht, da nach den Ausführungen in Abschn. 45.2.4 die auf dem Dipolmodell beruhende Kristallenergie nur eine geringe Temperaturabhängigkeit besitzt.

3. Blochsches Ein-Atommodell und quantentheoretische Berechnung der Magnetostriktion.

Im Anschluß an die Ausführungen VAN VLECKS [97] wurde der Gedanke des Ein-Atommodells zuerst von BROOKS [103] und WONSOWSKI [122] für ein HEITLER-LONDON-Modell näher ausgeführt und in der Folgezeit von KATAYAMA [123], FLETCHER [123] und GUSEV [125] vom Standpunkt der Bandtheorie aus betrachtet.

Ausgangspunkt einer quantentheoretischen Behandlung der Magnetostriktion ist die SCHRÖDINGER-Gleichung. Zusätzlich zu dem bei der Berechnung der Kristallenergie verwendeten Operator H_{si} müssen wir durch Einführung eines Störpotentials $\delta V(\mathfrak{r})$ der anisotropen Verzerrung des Gitters infolge der Magnetostriktion Rechnung tragen. Bezeichnet $V(\mathfrak{r})$ das Potential des unverformten Gitters und ist $\Delta\mathfrak{r} = \mathfrak{r} \cdot \varepsilon_{ik}$ die Verschiebung, welche der Punkt $\mathfrak{r}$ durch den Verzerrungstensor ε_{ik} erfährt, so gilt:

$$\delta V(\mathfrak{r}) = -\Delta\mathfrak{r} \cdot \Delta V(\mathfrak{r}). \tag{45.76}$$

Die SCHRÖDINGER-Gleichung lautet nun:

$$\left(\sum_i (H_{oi} + H_{si}) + \delta V\right) \psi = E \psi. \tag{45.77}$$

Die durch Gl. (45.77) gestellte Aufgabe kann wiederum wie bei der Kristallenergie als ein Störungsproblem aufgefaßt werden, wenn die isotrope Aufgabe $\sum_i H_{oi} \psi_o = E_o \psi_o$ gelöst ist. Ist die Gesamtwellenfunktion ψ des Systems auf Grund einer Störungsrechnung bekannt, so ergibt sich die magnetoelastische Kopplungsenergie F_M allgemein nach Gl. (45.6.7):

$$F_M = \int \psi^* \left(\sum_i (H_{oi} + H_{si}) + \delta V\right) \psi \, d\tau - E_o. \tag{45.78}$$

Die magnetostriktiven Konstanten ergeben sich aus Gl. (45.78) durch Koeffizientenvergleich mit Gl. (45.72). Aus Gl. (45.72) entnehmen wir, daß es genügt, die in den Verzerrungskomponenten ε_{ik} lineare und im Spin—Bahn-Kopplungsoperator H_{si} quadratische Störungsenergie zu berechnen. Bei der magnetoelastischen Kopplungsenergie handelt es sich also um ein Störungsproblem 3. Ordnung.

Bei quantitativen Rechnungen bildete bisher immer die Unkenntnis der Wellenfunktion des isotropen ferromagnetischen Zustandes ein ernstes Hindernis.

Eine von FLETCHER [126] auf der Basis seiner Bandberechnung für Ni [105] unter Verwendung der Funktionen der 3er-Gruppe durchgeführte Berechnung der magnetostriktiven Konstanten ergab für $\lambda_{100} = -487 \cdot 10^{-6}$ und für $\lambda_{111} = -44 \cdot 10^{-6}$, also dem Vorzeichen nach richtige, aber dem Betrage nach um einen Faktor 2 bis 3 zu große Werte. Die Übereinstimmung mit den Messungen ist zwar noch nicht gut, aber doch wesentlich besser als bei der entsprechenden FLETCHERschen Berechnung der Anisotropiekonstanten K_1 des Nickels. Dies mag davon herrühren, daß die unsichere Kopplungskonstante A bei der Kristallenergie mit der 4. Potenz und bei der Magnetostriktion quadratisch eingeht.

Literatur zu Kapitel 45

[1] BARNETT, S. J.: Phys. Rev. 6 (1915) S. 171, 239.
[2] EINSTEIN, A., u. W. J. DE HAAS: Verh. dtsch. phys. Ges. 17 (1915) S. 152.
[3] HEISENBERG, W.: Z. Phys. 49 (1928) S. 619.
[4] EWING, J. A.: „The Electrician", London 3. Auflage (1900).
[5] PAULI, W.: Phys. Rev. 58, 716 (1940).
[6] HUND, F.: Z. Phys. 73 (1932) S. 565; 74 (1932) S. 1.
[7] KRÖNER, E.: Habilitationsvortrag, Stuttgart (1960) unveröff.
[8] LONDON, F., u. W. HEITLER: Z. Phys. 44 (1927) S. 455.
[9] BLOCH, F.: Z. Phys. 52 (1928) S. 555.
[10] MULLIKEN, R. S., u. R. G. PARR: J. Chem. Phys. 19 (1951) S. 1271; Proc. roy. Soc., Lond. A 207 (1951) S. 1.
[11] FOCK, V.: Z. Phys. 61 (1930) S. 126.
[12] SLATER, J. C.: Phys. Rev. 34 (1929) S. 1293.
[13] WIGNER, E. P., u. F. SEITZ: Phys. Rev. 43 (1933) S. 804; 46 (1934) S. 509.
[14] SLATER, J. C.: Rev. Mod. Phys 25 (1953) S. 199.
[15] BOHM, D., u. D. PINES: Phys. Rev. 82 (1951) S. 625.
[16] BOHM, D., u. D. PINES: Phys. Rev. 85 (1952) S. 338.
[17] BOHM, D., u. D. PINES: Phys. Rev. 92 (1953) S. 609.
[18] PINES, D.: Phys. Rev. 92 (1954) S. 626.
[19] PINES, D.: Sol. State Physics 1 (1955) S. 367.
[20] WIGNER, E. P.: Phys. Rev. 46 (1934) S. 1002.
[21] WIGNER, E. P.: Trans. Faraday Soc. 34 (1938) S. 678.
[22] SLATER, J. C., H. STATZ u. C. KOSTER: Phys. Rev. 91 (1953) S. 1323.
[23] SEEGER, A.: Zur Elektronentheorie der Übergangsmetalle, Dixième Conseil de Physique Solvay, R. Stoops, Bruxelles (1955).
[24] STEHLE, H.: Diplomarbeit T. H. Stuttgart (1954).
[25] MOTT, N. F.: Proc. phys. Soc., Lond. 47 (1935) S. 571.
[26] WIGNER, E. P.: Z. Phys. 43 (1927) S. 624.
[27] BETHE, H. A.: Ann. Phys., Lpz. 3 (1927) S. 133.
[28] GANZHORN, K.: Z. Naturforschung 7a (1952) S. 291.
[29] BATTERMAN, B. W.: Phys. Rev. 116 (1959) S. 81; Phys. Rev. Let. 2 (1959) S. 47.
[30] CHIPMAN, D. R., u. J. J. DE MARCO: Fifth International Congress and Symposium Cambridge, England (1960).
[31] NATHANS, R., C. G. SHULL, G. SHIRANE u. A. ANDRESEN: J. Phys. Chem. Solids 10 (1959) S. 138.
[32] NATHANS, R., u. A. PAOLETTI: Phys. Rev. Letters 2 (1959) S. 252.
[33] WEISS, R. J., u. A. J. FREEMAN: J. Phys. Chem. Solids 10 (1959) S. 147.
[34] HENRY, W. E.: J. Phys. Radium 20 (1959) S. 192.
[35] HENRY, W. E.: J. Appl. Phys. 30 (1959) S. 99 S; 31 (1960) S. 323 S.
[36] ELLIOTT, J. F., S. LEGVOLD u. F. H. SPEDDING: Phys. Rev. 100 (1955) S. 1595.
[37] SLATER, J. C.: Phys. Rev. 49 (1936) S. 537.
[38] SHULL, C. G.: Neutron Diffraction Studies of Transition Elements and Their Alloys, Dixième Conseil de Physique Solvay, R. Stoops, Bruxelles.

[39] SUGIURA, J.: Z. Physik, Lpz. 45 (1927) S. 484.
[40] KAPLAN, H.: Phys. Rev. 85 (1952) S. 1038.
[41] WONSOWSKI, S.: J. Phys. 10 (1946) S. 468.
[42] ZENER, C.: Phys. Rev. 81 (1951) S. 440.
[43] ZENER, C., u. R. R. HEIKES: Rev. Mod. Phys. 25 (1953) S. 191.
[44] MATTHIAS, B. T.: J. Appl. Phys. 31 (1960) S. 25 S.
[45] MATTHIAS, B. T., H. SUHL u. E. CORENZWIT: J. Phys. Chem. Solids 13 (1960) S. 156.
[46] SLATER, J. C.: Phys. Rev. 36 (1930) S. 57.
[47] BADER, F.: Dissertation, T. H. Stuttgart (1953); Z. Naturforsch. 8a (1953) S. 334.
[48] WOHLFARTH, E. P.: Nature 163 (1949) S. 57.
[49] PATRICK, L.: Phys. Rev. 93 (1954) S. 384.
[50] NÉEL, M. L.: Ann. Phys., Paris 5 (1935) S. 232.
[51] NÉEL, M. L.: Ann. Phys., Paris 8 (1937) S. 237.
[52] KRUTTER, H. M.: Phys. Rev. 48 (1935) S. 664.
[53] HURWITZ, H.: Dissertation, Harvard University (1941).
[54] VAN VLECK, J. H.: Rev. Mod. Phys. 25 (1953) 220.
[55] ZENER, C.: Phys. Rev. 81 (1951) S. 440.
[56] ZENER, C.: Phys. Rev. 82 (1951) S. 403.
[57] ZENER, C.: Phys. Rev. 83 (1951) S. 299.
[58] ZENER, C.: Phys. Rev. 85 (1952) S. 324.
[59] MOTT, N. F., u. K. W. H. STEVENS: Phil. Mag. 2 (1957) S. 1364.
[60] LOMER, W. M., u. W. MARSHALL: Phil. Mag. 3 (1958) S. 185.
[61] WEISS, R. J., u. J. J. DE MARCO: Rev. Mod. Phys. 30 (1958) S. 59.
[62] BADER, F., K. GANZHORN u. U. DEHLINGER: Z. Physik 137 (1954) S. 190.
[63] BADER, F.: Beiträge zur Theorie des Ferromagnetismus. Herausgegeben von W. KÖSTER. Berlin/Göttingen/Heidelberg: Springer 1956.
[64] DEHLINGER, U.: Beiträge zur Theorie des Ferromagnetismus. Herausgegeben von W. KÖSTER. Berlin/Göttingen/Heidelberg: Springer 1956.
DEHLINGER, U.: Theoretische Metallkunde. Berlin/Göttingen/Heidelberg: Springer 1955.
[65] GOODENOUGH, J. B.: Phys. Rev. 120 (1960) S. 67.
[66] FRIEDEL, J.: J. Phys. Radium 16 (1955) S. 829.
[67] HUBBARD, J.: Proc. phys. Soc., Lond. A 67 (1954) S. 1058.
[68] STONER, E. C.: Proc. roy. Soc., Lond. A 165 (1938) S. 372.
[69] STONER, E. C.: Proc. roy. Soc., Lond. A 169 (1939) S. 339.
[70] WOHLFARTH, E. P.: Proc. roy. Soc., Lond. A 195 (1949) S. 434.
[71] WOHLFARTH, E. P.: Phil. Mag. 40 (1949) S. 1095.
[72] WOHLFARTH, E. P.: Proc. Leeds Phil. Soc. 5 (1949) S. 89.
[73] WOHLFARTH, E. P.: Phil. Mag. 40 (1949) S. 1095.
[74] WOHLFARTH, E. P.: Phil. Mag. 42 (1951) S. 374.
[75] WOHLFARTH, E. P.: Phil. Mag. 41 (1950) S. 534.
[76] WOHLFARTH, E. P.: Rev. Mod. Phys. 25 (1953) S. 211.
[77] HUNT, K. I.: Proc. roy. Soc., Lond. A 216 (1953) S. 103.
[78] BLOCH, F.: Z. Phys. 61 (1930) S. 206; 74 (1932) S. 295.
[79] SLATER, J. C.: Phys. Rev. 35 (1930) S. 509.
[80] BETHE, H.: Z. Phys. 71 (1931) S. 205.
[81] HOLSTEIN, T., u. H. PRIMAKOFF: Phys. Rev. 58 (1940) S. 1098.
[82] DYSON, F. J.: Phys. Rev. 102 (1956) S. 1217, 1230.
[83] VAN KRANENDONK, J., u. J. H. VAN VLECK: Rev. Mod. Phys. 30 (1958) S. 1.
[84] BOPP, R., u. E. WERNER: Z. Phys. 151 (1958) S. 10.
[85] HAAR, F. D.: Rep. Progr. Phys. 20 (1957) S. 130.
[86] MÖLLER, C.: Z. Phys. 82 (1933) S. 559.
[87] FONER, S., u. E. D. THOMPSON: J. Appl. Phys. 30 (1959) S. 229 S.
[88] SEAVY, M. H. JR., u. P. E. TANNENWALD: Phys. Rev. Letters 1 (1958) S. 168.
[89] SEAVY, M. H. JR., u. P. E. TANNENWALD: J. Phys. Radium 20 (1959) S. 323.
[90] SEAVY, M. H. JR., u. P. E. TANNENWALD: J. Appl. Phys. 30 (1959) S. 227 S.

[92] WEERTMAN, J. R., u. G. T. RADO: J. Appl. Phys. 29 (1958) S. 328.
[93] RADO, G. T., u. J. R. WEERTMAN: J. Phys. Chem. Solids 11 (1959) S. 315.
[94] RODBELL, D. S.: J. Appl. Phys. 30 (7959) S. 187 S.
[95] CALLEN, E. R., u. H. B. CALLEN: J. Phys. Chem. Solids 16 (1960) S. 310.
[96] BECKER, R.: Z. Phys. 62 (1930) S. 253.
[97] VAN VLECK, J. H.: Phys. Rev. 52 (1937) S. 1178.
[98] VAN PEYPE, W. F.: Physica 5 (1938) S. 465.
[99] TESSMAN, J. R.: Phys. Rev. 96 (1954) S. 1192.
[100] BLOCH, F., u. G. GENTILE: Z. Phys. 70 (1931) S. 395.
[101] FLETCHER, G. C.: Proc. phys. Soc., Lond. A 67 (1954) S. 505.
[102] MERKLE, K.: Z. Naturforschung 14a (1959) S. 938.
[103] BROOKS, H.: Phys. Rev. 58 (1940) S. 909.
[104] GOUDSMITH, S.: Phys. Rev. 31 (1928) S. 946.
[105] FLETCHER, G. C., u. E. P. WOHLFARTH: Phil. Mag. 42 (1951) S. 606.
[106] FLETCHER, G. C.: Proc. phys. Soc., Lond. A 65 (1952) S. 192.
[107] VAN VLECK, J. H.: J. Phys. Radium 20 (1959) S. 124.
[108] AKULOV, N. S.: Z. Phys. 100 (1936) S. 197.
[109] ZENER, C.: Phys. Rev. 96 (1954) S. 1335.
[110] KEFFER, F.: Phys. Rev. 100 (1955) S. 1692.
[111] GRAHAM, C. D.: Phys. Rev. 112 (1958) S. 1117; J. Appl. Phys. 31 (1960) S. 150 S.
[112] CARR, W. F. JR.: Phys. Rev. 109 (1958) S. 1971.
[113] SUCKSMITH, W., u. J. E. THOMPSON: Proc. roy. Soc., Lond. A 225 (1954) S. 362.
[114] AKULOV, N. S.: Z. Phys. 52 (1928) S. 389; 57 (1929) S. 49; 59 (1930) S. 254.
[115] GANS, R., u. J. VON HARLEM: Ann. Phys., Lpz. 16 (1933) S. 162.
[116] VAUTIER, R.: Dissertation, Universitée de Paris (1954).
[117] BIRSS, R. R.: Advances in Physics 8 (1959) S. 252.
[118] BECKER, R., u. W. DÖRING: Ferromagnetismus. Berlin: Springer 1939.
[119] MAHAJANI, G. S.: Phil. Trans. Roy. Soc. 228 (1929) S. 63.
[120] HIRONE, T.: Sci. Rep. Tôhoku Univ. 26 (1937) S. 117.
[121] TSUYA, N.: Sci. Rep. Tôhoku Univ. 8B (1956) S. 161.
[122] WONSOWSKI, S. V.: J. Phys. UdSSR 3 (1940) S. 181.
[123] KATAYAMA, T.: Sci. Rep. RITU A 3 (1951) S. 341.
[124] FLETCHER, G. C.: Proc. Phys. Soc., Lond. A 68 (1955) S. 1066.
[125] GUSEV, A. A.: Soviet Phys. JETP 2 (1956) S. 126, 764.

Lehrbücher und Berichte

STONER, E. C.: Magnetism and Matter. London: Methuen & Co., Ltd. 1934.
BECKER, R., u. W. DÖRING: Ferromagnetismus. Berlin: Springer 1939.
FISCHER, J.: Abriß der Dauermagnetkunde. Berlin/Göttingen/Heidelberg: Springer 1949.
SNOEK, J. L.: New Developments in Ferromagnetic Materials. 2. Aufl., Amsterdam: Elsevier 1949.
STANLEY, J. K.: Metallurgy and Magnetism. ASM, Cleveland 1949.
STONER, E. C.: Ferromagnetism. Repts. Progr. Phys. 11 (1948), S. 43; 13 (1950), S. 83.
BOZORTH, R. M.: Ferromagnetism. New York: D. Van Nostrand Co., Inc., 1951.
FAIRWEATHER, A., F. F. ROBERTS und A. J. E. WELCH: Ferrites. Repts. Progr. Phys. 15 (1952), S. 142.
HOSELITZ, K : Ferromagnetic Properties of Metals and Alloys. Oxford: Clarendon Press 1952.
JELLINGHAUS, W.: Magnetische Messungen an ferromagnetischen Stoffen. Berlin: de Gruyter 1952.
PAWLEK, F.: Magnetische Werkstoffe. Berlin/Göttingen/Heidelberg: Springer 1952.
VAN VLECK, J. H.: The Theory of Electric and Magnetic Susceptibilities. Oxford: University Press 1952.
WONSOWSKIJ, S. W.: Moderne Lehre vom Magnetismus. Moskau/Leningrad: Staatsverlag für technisch-theoretische Literatur, 1952. Deutsche Übersetzung: Berlin: Deutscher Verlag der Wissenschaft 1956.
BELOW, K.: Erscheinungen in ferromagnetischen Metallen. Berlin: Verlag Technik 1953.
LIDIARD, A. B.: Antiferromagnetism. Repts. Progr. Phys. 17 (1954), S. 201.
Magnetic Alloys and Ferrites. Herausgeber: M. G. Say. London: G. Newnes, Ltd., 1954.
STEWART, K. H.: Ferromagnetic Domains. Cambridge: University Press 1954.
NAGAMIYA, T., u. K. YOSIDA: Antiferromagnetism. Adv. in Phys. 4 (1955), S. 1.
SELWOOD, P. W.: Magnetochemistry. 2. Aufl., New York: Interscience Publ. Inc. 1956
KOCH, K. H. u. W. JELLINGHAUS: Einführung in die Physik der magnetischen Werkstoffe. Wien: Verlag Franz Deuticke 1957.
Handbuch weichmagnetische Werkstoffe. Vacuumschmelze A. G., Hanau/Main 1957.
Permanent Magnet Handbook. Herausgeber: E. M. Underhill. Pittsburgh: Crucible Steel Co. of America, 1957.
VOGT, E.: Physikalische Eigenschaften der Metalle. Bd. I, Kapitel 4 u. 5: Magnetismus I und II. Leipzig: Akademische Verlagsgesellschaft 1958.
Magnetic Properties of Metals and Alloys. ASM, Cleveland 1959.
Methods of Experimental Physics. Vol. 6, Teil B, Kap. 9: Magnetic Properties. New York: Academic Press 1959.
LEE, E. W., u. A. C. LYNCH: Soft Magnetic Materials. Adv. in Phys. 8 (1959), S. 292.
SMIT, J., u. H. P. J. WIJN: Ferrites. New York: John Wiley & Sons 1959.
WOHLFARTH, E. P.: Hard Magnetic Materials. Adv. in Phys. 8 (1959), S. 87.
BATES, L. F.: Modern Magnetism. 4. Aufl., Cambridge: University Press 1961.
CRAIK, D. J., u. R. S. TEBBLE: Magnetic Domains. Repts. Progr. Phys. 24, (1961) S. 116.
WOLF, W. P.: Ferrimagnetism. Repts. Progr. Phys. 24 (1961), S. 212.
Magnetism. A Treatise on Modern Theory and Materials. Herausgeber: G. T. Rado und H. Suhl. New York: Academic Press (in Vorbereitung).
Magnetism and Metallurgy. Herausgeber: A. E. Berkowitz und E. Kneller. New York: Academic Press (in Vorbereitung).

Tagungsberichte

Die Ergebnisse der im folgenden zusammengestellten internationalen Tagungen über Magnetismus und magnetische Werkstoffe können weitgehend als repräsentativ für den jeweiligen Stand der Erkenntnisse und die jeweils bevorzugten Forschungsrichtungen angesehen werden.

Göttingen 1937
 Probleme der technischen Magnetisierungskurve. Berlin: Springer 1938.
London 1949
 Proc. Inst. Elec. Engrs. 97, Part II (1950) S. 119—274.
Grenoble 1950
 J. Phys. Rad. 12 (1951) S. 153—254.
Swerdlowsk 1951
 Izw. Akad. Nauk USSR, Ser. Fiz. 16 (1952) S. 387—752.
London 1951
 Soft Magnetic Materials for Telecommunications. London: Pergamon Press 1953.
Washington 1952
 Rev. Mod. Phys. 25 (1953) S. 1—351.
Stuttgart 1954
 Beiträge zur Theorie des Ferromagnetismus und der Magnetisierungskurve. Berlin/Göttingen/Heidelberg: Springer 1956.
Pittsburgh 1955
 Conference on Magnetism and Magnetic Materials. AIEE, New York, 1956.
Boston 1956
 Conference on Magnetism and Magnetic Materials. AIEE, New York, 1957.
London 1956
 Proc. Inst. Electr. Engrs. B 104 (1957) Supplement S. 127—570.
Moskau 1956
 Izw. Akad. Nauk USSR, Ser. Fiz. 21 (1957) S. 787—1336.
Straßburg 1957
 Colloque National de Magnetisme. Centre National de la Recherche Scientifique, Paris 1958.
Washington 1957
 J. Appl. Phys. 29 (1958) S. 237—545.
Brüssel 1958
 Solid State Physics in Electronics and Telecommunications. New York/London: Academic Press 1960.
Grenoble 1958
 J. Phys. Rad. 20 (1959) S.70—442.
Philadelphia 1958
 J. Appl. Phys. 30 (1959), No. 4, Supplement.
Dortmund 1958
 Berichte der Arbeitsgemeinschaft Ferromagnetismus 1958. Stuttgart: Dr. Riederer Verlag 1959.
Detroit 1959
 J. Appl. Phys. 31 (1960), No. 5, Supplement.

Berlin 1959
 Berichte der Arbeitsgemeinschaft Ferromagnetismus 1959. Düsseldorf: Verlag Stahleisen 1960.
New York 1960
 J. Appl. Phys. 32 (1961), No. 3, Supplement.
Wiesbaden 1960
 Z. Angew. Phys. 13 (1961) S. 121—193.
Phoenix 1961
 J. Appl. Phys. 33 (1962) S. 1019—1387.
Kioto 1961
 J. Phys. Soc. Japan 17 (1962), im Druck.
Marburg 1961
 Z. Angew. Physik 14 (1962), im Druck.

Sachverzeichnis

A

Abgleitung 355
Abmagnetisierung 587f., 592f., 630
Ag—Al—Mn 149
Al—Co 150
Al—Cu—Mn 149, 199, 695
Al—Fe 149, 161, 195, 198, 213, 221, 228, 259f., 509
Al—Fe—Mo 199, 264
Al—Fe—Ni 199
Al—Fe—Si 198f., 265, 545
Al—Ni 138, 150, 162, 263, 692f.
Alnico 199, 265f., 332f., 434, 442
Alterung, Gefüge- 672f.
Anfangssuszeptibilität (-permeabilität)
   Abmagnetisierung, Einfluß d. 592f.
   Definition 91
   Einkristalle 487f., 539f.
   Fremdkörper, Einfluß v. 550
   Hohe A., Prinzipien für 544f.
   Kleine Teilchen 441f.
   Orientierungsüberstruktur, Einfluß v. 552f.
   Temperaturabhängigkeit 550f.
   Plastische Verformung, Einfluß v. 548f.
   Vielkristalle 539f.
   Zugspannung, Einfluß von 548f.
Anisotropie, magnetische
   Austausch- 176, 214f., 453
   Diffusions- 177, 206f., 253f., 345, 501f., 507f., 570f., 711
   Einfallwinkel- 345
   Form- 177, 280f., 345, 430f., 454f.
   Kristall- 49, 176, 179f., 739, 759f.
   Oberflächen- 177, 275f.
   Spannungs- 177, 272f., 345
   Verformungs- 177, 213, 448, 529
   Walz- 177, 213
Antiferromagnetische Stoffe 61f.
Antiferromagnetismus 37f., 68, 81f.
   Curie-(Néel-) Temperatur 40f., 55
   Elastizitätsmodul 56f.
   Magnetostriktion 55f.
   Molekularfeldtheorie 40f.
   Neutronenbeugung 46f.
   Suszeptibilität 49f.

Antiresonanzpunkt 683
Antisymmetrieprinzip, Paulisches 735f.
AsMn 149
Atomfunktionen 740f.
Au—Co 150
Au—Fe 149, 161
Au_2Mn 57f., 138
Au—Ni 162
Ausdehnungskoeffizient, thermischer
   Antiferromagnetische Stoffe 55
   Ferromagnetische Stoffe 223f.
Ausschaltvorgang 616
Ausscheidungsfähige Legierungen 444f., 502, 533f., 550
   Magnetfeldglühung 449f.
   Plastische Verformung 448f.
Austauschanisotropie 176, 214f., 453
Austauschenergie 170f., 740f.
Austauschenergiekonstante 173
   Werte 175
Austauschfeld 684
Austauschintegral 173f., 742f.
Austauschkopplung 749f.
Austauschkräfte 30, 37, 735f.

B

Badersche Regeln 754
Bahnmoment 14
Bandmodell 171, 747f., 753f.
Bandtheorie
   Bader-Dehlinger-Ganzhorn 754
   Bloch 743f.
   Slater 753
   Stoner-Wohlfarth 154, 171, 755f.
   Stoner-Wohlfarth 165, 171, 755f.
Barium-Ferrit 85, 203
Barkhausen-Sprünge 366, 386f.
   Große Sprünge, Eigenschaften u. Ablauf 408f.
   Große Sprünge, Voraussetzungen 405f.
   Größe und Größenverteilung 388f.
   Entmagnetisierungsfaktor, Einfluß d. 395, 399f.
   Richtungsverteilung 396f.
   Sixtus-Tonks-Welle 408f., 413
   Temperaturabhängigkeit 400

Totale Magnetisierung, Beitrag z. 397f.
  Werkstoffabhängigkeit 400
Beilby-Schicht 307
Bezirkstruktur, s. Struktur, magnetische St.
BFe_2 149
BiMn 149, 203, 312, 347, 436
Biot-Savartsches Gesetz 5
Bitter-Streifen 36, 304f.
Blochsches Gesetz 154, 174
Bloch-Linien 296f.
Bloch-Wand 281f.
  Bewegungsgleichung 411f., 625f.
  Dicke 285f., 293
  Dünne Schichten 294f.
  Energie 285f., 293, 294, 419f.
  Geometrie 282f.
  Magnetostriktion, Einfluß d. 290f.
  Wölbung 285, 384f., 525, 542
Bohrsches Magneton 15
Bose-Einstein-Statistik 757
Brechungsgesetz magn. Feldlinien 13f.
Brillouin-Funktion 26, 31f.
Burgers-Vektor 353f., 357

C

CFe_3 149, 203, 472
Charakteristische Funktion 365f.
Co 33, 35, 125, 134f., 149, 155, 175, 190f., 220f., 224, 248f., 293, 309f., 318f., 346, 435, 438f., 459, 472, 531, 564, 695, 711, 731, 747f., 752f.
Co—Cu 425f., 442, 444f., 448f., 450f.
Co—Cu—Ni 442, 449, 453
Co—Cr 150
Co—Cr—Fe 220, 227
Co—Fe 148f., 160, 163, 194, 198, 228, 255f., 435, 438f., 546, 651, 711, 747f., 753
Co—Fe—Ni 127, 149f., 195, 199. 227f., 264, 546f., 565, 731
Co—Mn 150
Co—Mo 150
Co—Ni 150, 160, 194f., 228, 256f., 330, 495, 546, 747f., 753
Co—Pt 138, 150, 443
Co—Si 150
Coulomb-Integral 742
Coulombsches Gesetz 1f.
Co—W 150
Cr—Fe 127, 149, 161, 198, 261f., 748
Cr—Fe—Ni 718
Cr—Ni 150, 162, 263
CrTe 149
Cu—Fe 425, 449
Cu—Fe—Ni 167, 224, 264, 442, 444f., 449, 453, 546, 571f.
Cu—Ni 127, 138, 150, 155, 158, 162, 198, 224, 263f., 692f., 711, 731, 748, 755f.,

Curie-Konstante 25, 26, 34, 41, 72
Curiesches Gesetz 25, 26, 41
Curie-Temperatur
  Anomalien physikal. Eigensch. 55, 158
  Antiferromagnetische 39f.
  Berechnung 41f., 44f., 740f.
  Experimentelle Bestimmung 157f.
  Druckabhängigkeit 222f., 752
  Dünne Schichten 164f.
  Fernordnung, Einfluß v. 163f.
  Ferrimagnetische 80, 83
  Ferromagnetische 31f., 123f., 157f.
  Kleine Teilchen 166f.
  Meßergebnisse 149, 151, 161f.
  Paramagnetische 40, 157
Curie-Weisssches Gesetz 33, 40, 41, 44

D

Dämpfung,
  Der Magnetisierung
    Spinpräzessions- 411f., 623f., 681f., 689f.
    Wirbelstrom- 411f., 623f.
  Magnetomechanische 719f.
    Feldstärkeabhängigkeit 731f.
    Hysterese, magnetomechanische 722f.
    Meßmethoden 720f.
    Trennung der Anteile 730f.
    Wirbelströme, makroskopische 724f.
    Wirbelströme, mikroskopische 727f.
ΔE-Effekt 704, 705f.
  Antiferromagneticis, in 57
  Experimentelle Ergebnisse 710f.
  Frequenzabhängigkeit 713f.
  Große Eigenspannungen 706f.
  Kleine Eigenspannungen 708f.
  Temperaturabhängigkeit 712f.
Desakkommodation 656f.
Diamagnetismus 19, 20f.
Diffusionsanisotropie 177, 206f., 253f., 345, 501f., 507f., 570f., 711
Dipol, magnetischer 2f., 736, 760f., 767
Drehimpuls, mechanischer 16
Drehmomentkurve 185f.
Drehmomentwaage 185f.
Drehung der Magnetisierung
  Dünne Schichten 453f.
    Kohärent 454f., 460f.
    Inkohärent 463f.
  Große Kristalle 36f., 118f., 152, 240f., 361, 362f., 514, 522, 543f., 706f., 714f., 728f.
  Kleine Teilchen 429f.
    Kohärent 429f.
    Inkohärent 429, 432f.
Dünne Schichten, ferromagnetische 164f., 294f., 344f., 453f.

Sachverzeichnis

BLOCH-Wand 294f.
CURIE-Temperatur 164f.
Dynamisches Verhalten 460f.
Ferromagnetische Resonanz 461
Freie Schwingungen d. Magnetis. 466
Koerzitivkraft 456f., 458f.
Magnetisierungskurve 454f.
NÉEL-Wand 296f.
Remanenz 458f.
Schaltprozeß 461f.
Schaltzeit 461f
Spontane Magnetisierung 164f.
Struktur, magnetische 344f.
Ummagnetisierung 454f., 461f.
Durchflutungsgesetz 4, 6
Dy 35, 149, 749

E

Eigenspannungen (s. a. Spannungstheorie) 307, 328f., 349f., 501f.
Einbereichteilchen, s. Kleine Teilchen
Eindomänenteilchen, s. Kleine Teilchen
Einelektronenfunktion 741f.
Einfallwinkelanisotropie 345
Einheiten 9f.
Einkristalle 51f., 53, 179f., 211f., 230f., 300f., 358, 367f., 422f., 472f.
   Anfangssuszeptibilität 487f.
   BARKHAUSEN-Sprünge 405f., 414f.
   ΔE-Effekt 707, 708f.
   Einmündungsgesetz 491f., 580, 582
   Koerzitivkraft 489f., 524f.
   Magnetisierungskurve 472f.
   Remanenz 476, 489
   Resonanz 679f., 691f., 693f.
Einmündungsgesetz
   Einkristalle 491f., 580, 582
   Theorie 491f., 493f., 582f.
   Unter Spannung 492, 585
   Vielkristalle 579f.
Einschaltvorgang 615f.
Eisen, s. Fe
Elastisches Verhalten v. Ferromagnetika 702f.
Elastische Hysterese 703f.
Elastizitätsmodul
   Antiferromagnetische Stoffe 56f.
   Ferromagnetische Stoffe 702f.
      Experimentelle Ergebnisse 710f.
      Meßmethoden 710
      Volumenmagnetostriktion, Einfluß d. 716f.
      Wirbelströme, Einfluß d. 727
Elektronengas, freies 27f., 744
Elektronenstruktur 747
Elemente, molare Suszeptibilität 28f.
Elementarprozesse der Magnetisierung 360f.

Elinvar 717f.
Energieprodukt 108f.
Enthalpie 116f.
Entmagnetisierendes Feld, inneres 499f.
Entmagnetisierungsfaktor 96, 97f.
   Definition 96, 97f.
   Geometrischer 98f.
   Innerer 102f.
   Totaler 94, 98
Entmagnetisierungskurve 106f.
Entropie 116, 736
Er 749
Erholung, thermische 502, 533, 549
ESD-Pulvermagnete 443f.

F

FARADAY-Effekt 313f.
Fe, alpha (Fe—C, Fe—N) 33, 35, 125f., 134f., 149, 154, 155, 175, 190, 219f., 223f., 228, 238f., 246f., 293. 346, 375f., 390f., 433f., 438f., 459, 472f., 508, 531f., 564f., 570f., 596, 636f., 651, 656f., 695, 703f., 711, 719f., 724f., 731, 747f., 752f. 764, 767
Fe, gamma 34, 125, 753
Feldenergie 11, 276f.
Feldstärke, magnetische 3f., 9, 10
Fe—Mn 149, 161, 198, 228, 261f.
Fe—Mo 198, 261f.
Fe—Mo—Ni 199, 264, 687f., 694
Fe—Ni 127, 138, 148f., 160, 163, 175, 193f., 210f., 220f., 223, 224f., 228, 251f., 297f., 347f., 390, 400, 405f., 416f., 435, 456f., 508, 525f., 545f., 564f., 571f., 630f., 651f., 657f., 694, 705, 711f., 723, 731f., 753
Fe_4N 149
Fe—P 261
Fe_3P 149
Fe—Pt 164, 220f., 227, 263, 463
FERMI-DIRAC-Statistik 755
FERMI-Energie 746, 760
FERMI-Teilchen 736f.
Fernordnung, s. Ordnung
Ferrimagnetismus (s. a. Ferrite) 68f.
Ferrite, kub. 69f., 224, 415, 425, 436, 472 574f., 641f., 651, 670f., 691f., 696f.
   CURIE-Temperatur 150f.
   g-Faktor 696f.
   Kristallenergie 199f.
   Magnetisches Moment 71f.
   Magnetokalorische Effekte 139
   Magnetostriktion 221, 267f.
   Molekularfeldkonstanten 77f., 82f.
   Molekularfeldtheorie 77
   Momentenordnung 71
   Sättigungsmagnetisierung 150f.

50 Kneller, Ferromagnetismus

Struktur 69f.
  Normal 69f.
  Invers 69f.
Suszeptibilität oberhalb CURIE-T. 79f.
Temperaturabhängigkeit der sp. Magnetis. 80f.
Ferromagnetismus
  Molekularfeldtheorie 30f.
  Quantentheorie 734f.
Fe—Si 138, 148f., 160f., 196, 198, 221, 224, 228, 260f., 307f., 320f., 328f., 334f., 368, 415, 472f., 508, 525, 571f., 575, 592f., 606, 614, 667f., 669, 688
Fe—Sn 149, 161, 198, 261f.
Fe—Ti 261
Fe—V 149, 161, 198, 261f.
Fe—W 198, 261f., 673
Fe—Zn 149
Fluß, magnetischer 7, 9, 10
Formanisotropie 177, 280f., 345, 430f., 454f.
Freie Energie 116f., 118f.
Freie Enthalpie 116f., 119f.
Fremdkörpertheorie
  Anfangssuszeptibilität 541f., 550
  Grenzfeldstärke 377f.
  Koerzitivkraft 519f., 533f.
FRIEDELS Theorie 754f.

G

Gamma-Eisen, s. Fe
Gamma-Fe_2O_3 (Maghemit) 85f.
g-Faktor 18f., 694f.
Gd 35, 125, 149, 224, 695, 749, 752,
Gd—La 751
Gefügealterung 672f.
Gleitebene 353
Granate 88, 313f., 693
Granulometrie, magnetische 427f.
Grenzfeldstärke 367f., 408f., 456f.
Grenzfrequenz
  Wirbelstromdämpfung 725f.
  Wirbelströme 609

H

Hämatit (alpha-Fe_2O_3) 43, 85
Halbwertfrequenz 636, 637f., 641f.
HAMILTON-Operator 738f., 760f.
HARTREE-FOCK-Verfahren 741f.
Hauptquantenzahl 15
Haut-Effekt 608f.
HEISENBERGsche Theorie 30, 170, 741f., 751f.
HEITLER-LONDON-Verfahren 170, 740f.
HUND-MULLIKEN-Verfahren 741
HUNDsche Regel 737f.
Hysterese
  Definitionen 90f.

Drehende 435, 595f.
Komplexe Permeabilität, Einfluß a. 604f.
Magnetomechanische 703f., 722f.
Schwache Felder 556f., 604f.
Ursachen 364f., 429f., 454f.
Verlust 115, 607
Verlustleistung
  Magnetische 607
  Magnetomechanische 705

I

Ideale Magnetisierungskurve 94, 436f., 476, 587f.
Idealisierung 587f.
  Mechanische 590f.
  Thermische 588f.
  Wechselfeld- 588
Induktion 7, 9, 10
Induktionsgesetz 7
Induktionskonstante 8
Induktivität 8, 9, 10
Induzierte Anisotropie
  Aufdampfen, schräg 345
  Magnetfeld 206f., 214, 253f., 345, 449f., 454, 501f., 507f., 570f., 711
  Plastische Verformung 177, 213, 448f., 529
Inkompatibilität 350f.
Innere Energie 114f., 120f., 136f.
Invarlegierungen 225f.
Inverser Ferrit 69
Isoperm 572f.

J

JORDAN-Nachwirkung 614, 648f.

K

Keimbildung 402f.
KERR-Effekt, magnetooptischer 311f.
Kleine Teilchen 166f., 338f., 422f.
  Anfangssuszeptibilität 441f.
  CURIE-Temperatur 166f.
  Größenbestimmung 427f.
  Größenspektrum 422f.
  Koerzitivkraft 430f.
  Kritische Größe 338f., 422f.
  Magnetisierungskurve 422f.
  Magnetisierung, spontane 166f.
  Mischungen 440f.
  Remanenz 436f., 441f.
  Struktur, magnetische 338f.
  Superparamagnetismus 425f.
  Thermische Schwankungen 422f.
  Ummagnetisierung 429f.
  Wechselwirkungen 435f.
Knickbildung 429f.

Koerzitivkraft
  Anisotropie der 430, 434, 489f.
  Definition 91, 93, 367
  Dünne Schichten 456f., 458f.
  Einkristalle 489f., 524f.
  Kleine Teilchen 430f.
  Korngrößenabhängigkeit 518f.
  Packungsdichte, Abh. v. 435f.
  Teilchengröße, Abh. v. 437f.
  Teilchenmischungen 440f.
  Vielkristalle 512f., 530f.
Kobalt, s. Co
Kommutierungskurve, Definition 92
Kompatibilitätsbedingungen 349f.
Komplexe Permeabilität 601f.
  Bezirksstruktur, Einfluß d. 625f., 634f.
  Hysterese 604f.
  Hysterese und Wirbelströme 612f.
  Nachwirkung 619f.
  Ortskurve d. 610, 612f., 614, 619f., 631f., 639f., 651f., 667f., 670f.
  Resonanz 682f.
  Wirbelströme 608f.
Komplexe Schreibweise 600f.
Konfigurationsüberlagerung 745f.
Korngröße 499f., 501f., 518f.
Korrelationsenergie 746
Kriechen, magnetisches 422f., 648f.
Kristallenergie 49, 176, 179f., 739, 759f.
  Experimentelle Bestimmung d. Konstanten 183f., 583f., 693f.
  Graphische Darstellung 182
  Hexagonale Kristalle 181
  Kubische Kristalle 180f.
  Leichte Richtungen 181
  Meßwerte der Konstanten 190f.
    Co 190f.
    Co—Fe 194
    Co—Fe—Ni 195
    Co—Ni 194f.
    Fe 190
    Fe—Ni 193f.
    Fe-Legierungen, binäre 195f.
    Ferrite 199f.
    Mehrstofflegierungen 198f.
    Ni 192
    Ni-Legierungen, binäre 198
  Tetragonale Kristalle 181
  Theorie 759f.
    BLOCH-Modell 761f. [762f.
    Lokale Anisotropiekonstanten 759,
    Makroskop. Anisotropiekonstanten 179f., 759, 763f.
    VAN VLECK-Modell 762
Kristallgrößeneffekte 164f., 166f., 338f., 422f., 437f.
Kugelkettenmodell 429f.

L

LANDÉ-Faktor 18f., 694f.
LANGEVIN-Funktion 24, 26
LANGEVIN-Theorie 20f., 23f.
LARMOR-Theorem 20, 21

M

Maghemit (gamma-Fe_2O_3) 85f.
Magnetfeldglühung
  Ausscheidungsfähige Legierungen 449f.
  Austauschanisotropie 214
  Orientierungsüberstruktur 206f., 253f., 345, 501f., 507f., 570f., 711
Magnetischer Kreis 95f.
  Mit erregendem Feld 95f.
  Ohne erregendes Feld
    (Dauermagnetkreis) 106f.
Magnetischer Widerstand 97
Magnetisierungsarbeit 112f., 183f.
  Reversible 593f.
Magnetisierungskurve
  Definitionen 90f.
  Dünne Schichten 454f.
  Einkristalle 472f.
  Ideale (anhysteretische) 94, 436f., 476, 587f.
  Kleine Teilchen 422f.
  Schwache Felder (s. a. RAYLEIGH-Gesetz) 556f.
  Vielkristalle 498f.
Magnetisierung
  Definition 6, 9, 10
  Spontane 32f., 37, 147f., 735f.
    Druckabhängigkeit 222f.
    Meßverfahren 151f., 699f.
    Temperaturabhängigkeit 32f., 47f., 80f., 151f.
    Theorie 735f.
Magnetit (Fe_3O_4) 69f., 199f., 221, 267, 415, 425, 436, 472
Magnetoelastische Energie 272f., 764f.
Magnetoelastische Kopplungskonstanten 232f.
Magnetokalorische Effekte 127f.
Magnetomechanische Anomalie 15, 18
Magnetomotorische Kraft 97
Magnetoplumbit 85
Magnetostatik 11f.
Magnetostatische Energie 276f.
Magnetostriktion 55f., 145, 177, 217f., 739 764f.
  Antiferromagnetische Stoffe 55f.
  Gestaltsmagnetostriktion 230f.
  Feldabhängigkeit 237f.
  Hexagonale Gitter 236f.
  Kubische Gitter 231f., 234f.

50*

Magnetfeldglühung, Einfluß v. 253f.
Magnetisierungsabhängigkeit 237f.
Meßmethoden 244f.
Meßwerte der Konstanten 246f.
  Co 248f.
  Co—Fe 255f.
  Co—Ni 256f.
  Dauermagnetlegierungen 265f.
  Fe 246f.
  Fe—Ni 251f.
  Fe-Legierungen, binäre 259f.
  Ferrite 267f.
  Ni 249f.
  Ni-Legierungen, binäre 263f.
  Ternäre Legierungen 264f.
  Spannungen, äußere, Einfluß v. 242f.
Theorie 764f.
  BLOCHsches Modell 768
  Dipolwechselwirkung, klass. 767
  Extradehnungstensor 764f.
  Lokale Magnetostriktion 767f.
  Temperaturabhängigkeit 766f.
  VAN VLECKs Modell 768
Volumenmagnetostriktion 217f.
  E-Modul, Einfluß a. d. 716f.
  Erzwungene Magnetostriktion 218f.
  Feldabhängigkeit 229
  Formeffekt 228
  Kristallenergieanteil 228
  Magnetisierungsanteil 218f.
Magnetpulvermethode 36, 304f.
Massekern 573
Metamagnetismus 57f.
Mischungen, Koerzitivkraft v. 440f., 522f.
Mn—Ni 138, 150, 162f., 263f., 425f., 453, 649f.
Mn_4N 149
MnSb 149
Mn_2Sb 149, 203
Modi der Magnetisierung 474
Molekularfeldtheorie
  Antiferromagnetismus 38f., 40f.
  Ferrimagnetismus 77f.
  Ferromagnetismus 30f., 173
Mo—Ni 162, 263
Multiplizität, maximale 737

N

Nachwirkung 615f.
  Anomale 665f.
  Diffusions- (reversible) 210, 552f., 655f.
    Charakteristische Eigenschaften 671f.
    Desakkommodation 656f.
    Elektronendiffusions- (WIJN-) 670f.
    Schaltversuche 661f.
    Wechselfeldversuche 667f.
    — 70° - 669
  Elektronendiffusions- (WIJN-) 670f.
  Hysterese- 661
  Komplexe Permeabilität, Einfluß a. d. 619f.
  Spin- 623f.
  Theorie, formale 615f.
  Thermische (irreversible) 422f., 614, 648f.
    Charakteristische Eigenschaften 652
    Experimentelle Ergebnisse 649f.
    Theorie 653f.
  Wirbelstrom- 623f.
  Zeitkonstantenstreuung 617f., 631f., 652, 657f., 663f., 668f., 672
Nachwirkungsfeld
  Diffusions- 658
  Thermisches 648
Nachwirkungsfunktion 617f.
Nahordnung, orientierte, s. Orientierungsüberstruktur
Nd 749
Nebenquantenzahl 15f.
NÉEL-Kurve 752
NÉEL-Temperatur (s. a. CURIE-T.) 39f.
NÉEL-Wand 296f.
Neukurve, Definition 91
Neutronenbeugung 46f., 749, 755
Nichtorthogonalitätsintegral 742
Ni 22, 33, 35, 125f., 130, 134f., 149, 153, 154, 155, 165, 166, 175, 192, 219f., 224f., 243, 249f., 293, 326f., 358f., 390f., 425, 435, 459, 472, 492f., 508, 518, 524f., 548f., 564f., 573f., 580f., 588f., 594, 651, 691f., 694f., 711f., 723, 730, 731, 747f., 752f., 761f., 767f.
Ni—Pd 162, 263
Ni—Pt 150, 162, 164
Ni—Sb 150, 162, 692f.
Ni—Si 138, 150, 162, 263
Ni—Sn 150, 162, 263
Ni—Ti 162
Ni—V 150, 162, 263
Ni—W 263
Ni—Zn 150, 162
Normale Ferrite 69

O

Oberflächenanisotropie 177, 275f.
Ordnung, Fern- 149f., 156, 163f., 193f., 195f., 207, 251f., 256, 259, 260, 263, 264, 502
Orientierungsüberstruktur 206f., 253f., 330f., 345, 405f., 501f., 507f., 541, 552f., 564f., 572, 711, 731f.
Ortskorrelation, COULOMB- 745
Ortskurve, s. Komplexe Permeabilität

P

Paramagnetismus
  Temperaturabhängiger 19, 23f., 60f.
  Temperaturunabhängiger 27f.
Paraprozeß 581f.
PAULI-Prinzip 737f.
Permeabilität (s. a. Suszeptibilität) 7f., 93f., 570f., 601f.
  Abmagnetisierung, Einfluß d. 592f.
  Anfangs-, s. a. Anfangsp. 93, 539f.
  Definition 7f.
  Differentielle 94
  Komplexe, s. Komplexe P.
  Maximale 92, 570f.
  Reversible 93, 573f.
  Totale 93, 570f.
  Überlagerungs- 93, 573f., 575, 577f.
Perminvar 660f.
Phasenregel 474f.
Plasmaoszillationen 745f.
Plastische Verformung, s. Verformung
Potentielle Energie 2, 276
PREISACH-Diagramm 561f., 565f., 653
Pulvermagnete 443f.
Pyrrhotit 86f., 149, 203

Q

Quadrupol 762, 768
Quantentheorie 734f.
Quantenzahlen 15

R

RAYLEIGH-Gesetz 91, 556f., 577, 598, 604f.
  Diffusionsnachwirkung, Einfluß v. 660f.
  Feldstärkegrenzen 567f.
  Nachweis 563f., 606
  Orientierungsüberstruktur, Einfluß v. 564f., 660f.
  Theorie 559
  Thermische Nachwirkung, Einfluß v. 653f.
  Verallgemeinerung 577
  Werkstoffe 564
RAYLEIGH-Konstante
  Definition 91, 93, 556f., 577
  Meßwerte 564
Rekristallisation 502, 533, 549
Relaxation, s. Nachwirkung
Remanenz
  Änderung durch Spannung 510f.
  Definition 91, 93, 505
  Einkristalle 476, 489
  Hohe R., Bedingungen für 507
  Ideale 436f., 476
  Kleine Teilchen 436f., 441f.
  Niedrige R., Bedingungen für 507f.
  Teilchengrößenabhängigkeit 437f.
  Temperaturabhängigkeit 509f.
  Vielkristalle 505f.
Resonanz, ferrimagnetische 685f.
Resonanz, ferromagnetische 188f., 461, 677f.
  Anisotropes Ferromagnetikum 679f.
  Anisotropiekonstanten 188f., 693f.
  Antiresonanzpunkt 683
  Austauschfeldeffekte 684
  BLOCH-Wand- 626, 644, 646f.
  Dünne Schichten 461
  Experimentelle Ergebnisse 687f.
  g-Faktor 694f.
  Isotropes Ferromagnetikum 677f.
  Komplexe Permeabilität 682f.
  Linienbreite 681, 689f.
  Natürliche (Kristallfeld-) 188f., 640f.
  Spontane Magnetisierung 699f.
  Untergittereffekte 685f., 698f.
RICHTER-Nachwirkung 655f.
Richtungsquantelung 16
Ringspule 4f.
RÖNTGEN-Streuung 748f.
Rotation, s. Drehung

S

Sättigungsmagnetisierung, absolute 147f.
  Bestimmung 147
  Meßergebnisse 147f.
Schaltzeit 412f., 461f.
Scherung 105
Schichten, s. Dünne Schichten
Schlauchziehen 381f., 520f.
SCHRÖDINGER-Gleichung 737f.
Schwamm, ferromagnetischer 343f.
Sendust 545
SIXTUS-TONKS-Welle 408f., 413f.
Skin-Effekt, s. Haut-Effekt
SLATER-Determinante 743
SLATER-Kurve 747f.
SLATERsche Bandtheorie 753
Solenoid 5f.
Spannung, äußere mechanische
  Abmagnetisierung 590f.
  Anfangssuszeptibilität 548f.
  BARKHAUSEN-Sprünge 405f., 408f.
  Bezirkstruktur 327f.
  Einmündungsgesetz 492, 585
  Magnetisierungsarbeit 594
  Magnetostriktion 242f.
  Remanenz 507f., 510f.
  Schleifenform 501f.
Spannung-Dehnung-Kurve 702f.
Spannungsanisotropie 177, 272f., 345
Spannungsmessung, magnetische 596f.
Spannungstheorie
  Anfangssuszeptibilität 540f., 543f.

ΔE-Effekt 706f., 708f.
Drehung 118f.
Einmündungsgesetz 491f., 582f.
Grenzfeldstärke 369f.
Koerzitivkraft 513f., 522f.
Magnetisierungsarbeit 594
Remanenzänderung unter Spannung 510f.
Spektrum, magnetisches 639f.
Spezifische Wärme
   Anomalie d. 123f.
   Antiferromagnetische Stoffe 54
   Ferromagnetische Stoffe 122f.
   Meßergebnisse 125f.
   Spinwellen, der 758f.
   Metalle und Legierungen 644f.
   Ferrite 645f.
Spin-Bahn-Kopplung 739, 761f.
Spinellstruktur 69
Spinkoordinate 735
Spinmoment 15
Spinpräzessionsdämpfung 623f., 681f., 689f.
Spinwellenresonanz 684, 758
Spinwellentheorie 154f., 756f.
Spontane Magnetisierung, s. Magnetisierung
Stacheldrahtwand 298f.
Startfeldstärke 408f.
Statistische Theorie d. Magnetisierungskurve 239, 504, 576f.
STONER-WOHLFARTHsche Bandtheorie 154, 171, 755f.
Störungsrechnung 742
Streufluß in magnet. Kreisen 109f.
Struktur, magnetische
   Dünne Schichten 344f.
   Große Kristalle 35f., 300f., 485f., 539f.
      Beobachtungsmethoden 304f.
      Dauermagnetlegierungen 332f.
      Permeabilitätsortskurve, Einfluß auf d. 634f.
      Primärstruktur 326, 485f.
      Orientierungsüberstruktur, Einfluß einer 330f.
      Sekundärstruktur 321f., 402f., 485f.
      Spannung, Einfluß mechanischer 327f.
      Theorie 300f., 314f., 485f.
      Vielkristalle 334f.
   Kleine Teilchen 338f.
Superexchange 38
Supermalloy, s. Fe—Mo—Ni
Superparamagnetismus 425f.
Superpositionsprinzip 662, 672
Supraleitung 751
Suszeptibilität
   Antiferromagnetische 49f.
   Definition 6, 7, 8
   Diamagnetische 21

   Ferromagnetische 91f., 570f.
      Abmagnetisierung, Einfluß d. 592f.
      Anfangs- (s. a. Anfangssusz.) 591, 39f.
      Definition 6, 7, 8
      Differentielle 92
      Maximale 92, 570f.
      Reversible 92, 573f.
      Totale 92, 570f.
      Überlagerungs- 92, 573f., 575, 577f.
   Paramagnetische 24f., 33f.

T

Tb 749
Teilchengröße, kritische
   Eindomänenverhalten 338f., 422f.
   Superparamagnetismus 423f.
Teilchengrößenmessung, magnetische 427f.
Teilchengrößenspektrum 422f.
Textur, Korn- 334f., 405, 501f., 507f., 570f., 630
Texturbestimmung, magnetische 187
Thermische Nachwirkung, s. Nachwirkung
Thermische Schwankungen d. Magnetis. 422f., 654
Thermodynamik 112f.
Thermodynamische Potentiale 116f.
Thermodynamische Sätze 112f.
   1. Hauptsatz 114f.
   2. Hauptsatz 116
   Satz von WARBURG 115
Toroid 4f.
Torsionswaage (-Magnetometer) 185f.
Totale Energie 116f.
Transformationsprinzip 504
Tu 749

U

Ummagnetisierung, Mechanismus d. 401f.
   Eindomänenteilchen 429f.
   Grenzfeldstärke 408f.
   Große BARKHAUSEN-Sprünge 405f.
   Keimbildung 402f.
   SIXTUS-TONKS-Welle 408f., 413
   Startfeldstärke 408f.
Ummagnetisierungskeime, große 416f.
Unmagnetischer Zustand 592f.
Untergitter 38

V

VAN VLECKs Theorie 171, 753
Verdoppelungsfeldstärke 614
Verfestigungskurve 358
Verformung, plastische
   Anfangssuszeptibilität 548f.
   Ausscheidungsfähige Legierungen 448f.

Einmündungsgesetz 493, 585
Koerzitivkraft 491, 525f., 531f.
Ordnung 213
Schleifenform 501f.
Theorie 352f.
Verformungsanisotropie 177, 213, 448, 529
Verluste, Verlustwinkel
   Diffusionsnachwirkung 672
   Hysterese 115, 607
   Nachwirkung 620, 621
   Spinrelaxation 628
   Thermische Nachwirkung 652, 654
   Trennung der 614
   Wirbelstrom 610, 611f., 627
Verlustfaktor (-verhältnis) 628f.
Versetzungen 352f.
   BLOCH-Wand, Wechselwirkung mit 371f., 515f., 597
   Drehung der Magnetis. 493f., 582f., 597
   Eigenspannungsfeld 355f.
   Elastische Energie 357
   Kraftwirkung auf V. 355
   Kraftwirkung zwischen V. 357
   Schrauben- 353f.
   Stufen- 353f.
Verwindung 429f.
Vierelektronenmodell 746
Vielkörperproblem 735, 743f.
Virialsatz 737f.
Volumenmagnetostriktion, s. Magnetostriktion

W

Wahrscheinlichkeitsdichte 736
Walzanisotropie 177, 213
Wandkrümmung 384f.
Wandverschiebung 36f., 364f.
   Anfangssuszeptibilität 540f.
   ΔE-Effekt 708, 714f.
   Dämpfung 728f.
   Charakteristische Funktion 365f.
   Eigenspannungen, Einfluß v. 369f.
   Grenzfeldstärke 367f., 408f.

Heterogene Werkstoffe (Fremdkörpertheorie) 377f.
   Irreversible 366f., 386f.
   Koerzitivkraft 513f.
   Krümmung 384f.
   Magnetostriktion 238
   Metalle, reine 369f.
   Orientierungsüberstruktur, Werkstoffe mit 373f.
   Reversible 366
   Versetzungen, bei 371f.
WARBURG, Satz v. 115
Wasserstoffmolekül 741f.
Wechselfeld, Magnetisierung im 598f.
Wechselwirkung
   Austausch- 736
   COULOMB- 737f.
   Dipol-Dipol- 736, 760f., 767
   Quadrupol-Quadrupol- 762, 768
   Spin-Bahn- 739, 761f.
WEISS-LANGEVIN-Theorie 31f., 154, 155
WEISSsche Bezirke (s. a. Struktur, magnet.) 36, 49, 300f.
WEISSsches Feld (s. a. Molekularfeld) 31, 37, 740f., 754f.
Wellenfunktion
   BLOCHsche 736
   SCHRÖDINGERsche 736
Wirbelströme 607f.
   Feldverteilung in Blechen 611
   Komplexe Permeabilität 608f.
   Verlustleistung 611f.
Wirbelstromdämpfung 721, 724f.
Wirbelstromrelaxation 623f.
WOLMANsche Grenzfrequenz 609

Z

Zeitkonstante, Definition 615
Zeitkonstantenstreuung 617f.
ZENERs Theorie 753f.
Zipfelmütze 321f., 381f.
Zweielektronenmodell 746
Zylinderspule 5f.

Subject Index

A

Ageing 672f.
Ag—Al—Mn 149
Al—Co 150
Al—Cu—Mn 149, 199, 695
Al—Fe 149, 161, 195, 198, 213, 221, 228, 259f., 509
Al—Fe—Mo 199, 264
Al—Fe—Ni 199
Al—Fe—Si 198f., 265, 545
Al—Ni 138, 150, 162, 263, 692f.
Alnico 199, 265f., 332f., 434, 442
Alternating fields, magnetization in 598f.
Angle of incidence anisotropy 345
Angular momentum 16
Anhysteretic magnetization curve 94, 436f., 476, 587f.
Anisotropy, magnetic
    Angle of incidence 345
    Crystal 49, 176, 179f., 739, 759f.
    Deformation 177, 213, 448, 529
    Directional order 177, 206f., 253f., 345, 501f., 507f., 570f., 711
    Exchange 176, 214f., 453
    Rolling 177, 213
    Shape 177, 280f., 345, 430f., 454f.
    Stress 177, 272f., 345
    Surface 177, 275f.
Anomaly factor, see Loss ratio
Antiferromagnetic substances 61f.
Antiferromagnetism 37f., 68, 81f.
    CURIE (NEEL) temperature 40f., 55
    Elastic modulus 56f.
    Magnetostriction 55f.
    Molecular field theory 40f.
    Neutron diffraction 46f.
    Susceptibility 49f.
As—Mn 149
Atomic wave function 740f.
Au—Co 150
Au—Fe 149, 161
Au_2Mn 57f., 138
Au—Ni 162

B

BADER's rules 754
Band model 171, 747f., 753f.

Band theory
    BADER-DEHLINGER-GANZHORN 754
    BLOCH 743f.
    SLATER 753
    STONER-WOHLFARTH 154, 171, 755f.
Barium ferrite 85, 203
BARKHAUSEN jumps 366, 386f.
    Demagnetizing factor, effect of 395, 399f.
    Directional distribution 396f.
    Large jumps, characteristics 408f.
    Large jumps, conditions for 405f.
    Materials 400
    Size and size distribution 388f.
    SIXTUS-TONKS wave 408f., 413
    Temperature dependence 400
    Total magnetization, contribution to 397f.
BEILBY layer 307
BFe_2 149
BIOT-SAVART law 5
BiMn 149, 203, 312, 347, 436
BITTER pattern 36, 304f.
BLOCH's law 154, 174
BLOCH lines 296f.
BLOCH wall 281f.
    Curvature 285, 384f., 525, 542
    Displacement, see Wall movement
    Energy 285f., 293, 294, 419f.
    Equation of motion 411f., 625f.
    Geometry 282f.
    Magnetostriction, effect of 290f.
    Thickness 285f., 293
    Thin films 294f.
BOHR magneton 15
BOSE-EINSTEIN statistics 757
BRILLOUIN function 26, 31f.
Buckling 429f.
BURGERS vector 353f., 357

C

CFe_3 149, 203, 472
Chain of spheres model 429f.
Characteristic function 365f.
Co 33, 35, 125, 134f., 149, 155, 175, 190f., 220f., 224, 248f., 293, 309f., 318f., 346, 435, 438f., 459, 472, 531, 564, 695, 711, 731, 747f., 752f.

Co—Cu 425f., 442, 444f., 448f., 450f.
Co—Cu—Ni 442, 449, 453
Co—Cr 150
Co—Cr—Fe 220, 227
Coercive force
    Anisotropy of 430, 434, 489f.
    Definition 91, 93, 367
    Grain size dependence 518f.
    Packing density dependence 435f.
    Particle mixtures 440f.
    Particle size dependence 437f.
    Polycrystals 512f., 530f.
    Single crystals 489f., 524f.
    Small particles 430f.
    Thin films 456f., 458f.
Co—Fe 148f., 160, 163, 194, 198, 228, 255f., 435, 438f., 546, 651, 711, 747f., 753
Co—Fe—Ni 127, 149f., 195, 199, 227f., 264, 546f., 565, 731
Commutation curve, definition 92
Co—Mn 150
Co—Mo 150
Compatibility conditions 349f.
Complex notation 600f.
Complex permeability 601f.
    Cole-Cole plot 610, 612f., 614, 619f., 631f., 639f., 651f., 667f., 670f.
    Domain structure, effect of 625f., 634f.
    Eddy currents 608f.
    Hysteresis 604f.
    Hysteresis and eddy currents 612f.
    Lag 619f.
    Resonance 682f.
Co—Ni 150, 160, 194f., 228, 256f., 330, 495, 546, 747f., 753
Co—Pt 138, 150, 443
Correlation energy 746
Co—Si 150
Coulomb integral 742
Coulomb law 1f.
Counter resonance 683
Co-W 150
Creeping, magnetic 422f., 648f.
Cr—Fe 127, 149, 161, 198, 261f., 748
Cr—Fe—Ni 718
Critical field 367f., 408f., 456f.
Cr—Ni 150, 162, 263
Cross tie wall 298f.
CrTe 149
Crystal energy 49, 176, 179f., 739, 759f.
    Cubic crystals 180f.
    Easy directions 181
    Graphic presentation 182
    Hexagonal crystals 181
    Measurement 183f., 583f., 693f.
    Tetragonal crystals 181
    Theory 759f.

    Bloch model 761f.
    Local anisotropy constants 759, 762f.
    Macroscopic anisotropy constants 179f., 759, 763f.
    Van Vleck model 762
    Values of constants 190f.
        Co 190f.
        Co—Fe 194
        Co—Fe—Ni 195
        Co—Ni 194f.
        Fe 190
        Fe—Ni 193f.
        Fe alloys, binary 195f.
        Ferrites 199f.
        Multi component alloys 198f.
        Ni 192
        Ni alloys, binary 198
Crystal size effects 164f., 166f., 338f., 422f., 437f.
Cu—Fe 425, 449
Cu—Fe—Ni 167, 224, 264, 442, 444f., 449, 453, 546, 571f.
Cu—Ni 127, 138, 150, 155, 158, 162, 198, 224, 263f., 692f., 711, 731, 748, 755f.
Curie constant 25, 26, 34, 41, 72
Curie law 25, 26, 41
Curie temperature
    Anomalies of physical properties 55, 158
    Antiferromagnetic 39f.
    Calculation of 41f., 44f., 740f.
    Ferrimagnetic 80, 83
    Ferromagnetic 31f., 123f., 157f.
    Hydrostatic pressure, effect of 222f., 752
    Long range order, effect of 163f.
    Measurement 157f.
    Paramagnetic 40, 157
    Small particles 166f.
    Thin films 164f.
    Values 149, 151, 161f.
Curie-Weiss law 33, 40, 41, 44
Curling 429f.

D

Damping
    Magnetization
        Eddy current 411f., 623f.
        Spin precession 411f., 623f., 681f., 689f.
    Magnetomechanical 719f.
        Experimental methods 720f.
        Field dependence 731f.
        Hysteresis 722f.
        Macro eddy currents 724f.
        Micro eddy currents 727f.
        Separation of effects 730f.
Deformation anisotropy 177, 213, 448, 529

Deformation, plastic
  Approach to saturation 493, 585
  Coercive force 491, 525f., 531f.
  Initial susceptibility 548f.
  Order 213
  Precipitation alloys 448f.
  Shape of loop 501f.
  Theory 352f.
Demagnetization curve 106f.
Demagnetized state 592f.
Demagnetizing 587f., 592f., 630
Demagnetizing factor 96, 97f.
  Definition 96, 97f.
  Geometric 98f.
  Internal 102f.
  Total 94, 98
Demagnetizing field, internal 499f.
ΔE effect 704, 705f.
  Antiferromagnetics 57
  Experimental results 710f.
  Frequency dependence 713f.
  Large internal stress 706f.
  Small internal stress 708f.
  Temperature dependence 712f.
Diamagnetism 19, 20f.
Dipole, magnetic 2f., 736, 760f., 767
Directional order 206f., 253f., 330f., 345, 405f., 501, 507f., 541, 552f., 564f., 572, 711, 731f.
Directional order anisotropy 177, 206f, 253f., 345, 501f., 507f., 570f., 711
Disaccommodation 656f.
Dislocations 352f.
  BLOCH wall, interactions with 371f., 515f., 597
  Edge 353f.
  Elastic energy 357
  Forces on 355
  Forces between 357
  Rotation of magnetization 493f., 582f., 597
  Screw 353f.
  Stress field 355f.
Domain structure
  Large crystals 35f., 300f., 485f., 539f.
    Closure domains 321f., 402f., 485f.
    Complex permeability, effect on 634f.
    Directional order, effect of 330f.
    Experimental methods 304f.
    Permanent magnet alloys 332f.
    Polycrystals 334f.
    Primary structure 326, 485f.
    Stress, effect of 327f.
    Theory 300f., 314f., 485f.
  Small particles 338f.
  Thin films 344f.

Domain wall, see BLOCH wall
Dy 35, 149, 749

E

Eddy currents 607f.
  Complex permeability 608f.
  Field distribution in sheets 611
  Loss 611f.
Eddy current damping 721, 724f.
Eddy current relaxation 623f.
Elastic behaviour of ferromagnetics 702f.
Elastic hysteresis 703f.
Elastic modulus
  Antiferromagnetics 56f.
  Ferromagnetics 702f.
    Eddy currents, effect of 727
    Experimental results 710f.
    Measurement 710
    Volume magnetostriction, effect of 716
Electron gas, free 27f., 744
Electron spin, see Spin
Electron structure 747
Electron theory 734f.
Elementary processes of magnetization 360f.
Elements, molar susceptibilities 28f.
Elinvar 717f.
Energy product 108f.
Enthalpy 116f.
Entropy 116, 736
Er 749
ESD powder magnets 443f.
Exchange anisotropy 176, 214f., 453
Exchange coupling 749f.
Exchange energy 170f., 740f.
Exchange energy constant 173
  Values of constant 175
Exchange field 684
Exchange forces 30, 37, 735f.
Exchange integral 173f., 742f.
Expansion, thermal
  Antiferromagnetic substances 55
  Ferromagnetic substances 223f.

F

FARADAY effect 313f.
Fe, alpha (Fe—C, Fe—N) 33, 35, 125f., 134f., 149, 154, 155, 175, 190, 219f., 223f., 228, 238f., 246f., 293, 346, 375f., 390f., 433f., 438f., 459, 472f., 508, 531f., 564f., 570f., 596, 636f., 651, 656f., 695, 703f., 711, 719f., 724f., 731, 747f., 752f., 764, 767
Fe, gamma 34, 125, 753
Fe—Mn 149, 161, 198, 228, 261f.
Fe—Mo 198, 261f.
Fe—Mo—Ni 199, 264, 687f., 694
Fe—Ni 127, 138, 148f., 160, 163, 175, 193f.,

210f., 220f., 223, 224f., 228, 251f., 297, 347f., 390, 400, 405f., 416f., 435, 456f., 508, 525f., 545f., 564f., 571f., 630f., 651f., 657f., 694, 705, 711f., 723, 731f., 753
Fe_4N 149
Fe_2O_3, alpha 43, 85
Fe_2O_3, gamma 85f.
Fe_3O_4 (Magnetite) 69f., 199f., 221, 267, 415, 425, 436, 472
Fe—P 261
Fe_3P 149
Fe—Pt 164, 220f., 227, 263, 463
FERMI-DIRAC statistics 755
FERMI energy 746, 760
FERMI particles 736f.
Ferrimagnetism (see also ferrites) 68f.
Ferrites, cubic 69f., 224, 415, 425, 436, 472, 574f., 641f., 651, 670f., 691f., 696f.
  Crystal anisotropy 199f.
  CURIE temperature 150f.
  g-factor 696f.
  Magnetic moments 71f.
  Magnetocaloric effects 139
  Magnetostriction 221, 267f.
  Molecular field constants 77f., 82f.
  Molecular field theory 77
  Order of moments 71
  Saturation magnetization 150f.
  Structure 69f.
  Susceptibility above T_c 79f.
  Temperature dependence of spontaneous magnetization 80f.
Ferromagnetism
  Molecular field theory 30f.
  Quantum
    theory 734f.
Fe—Si 138, 148f., 160f., 196, 198, 221, 224, 228, 260f., 307f., 320f., 328f., 334f., 368, 415, 472f., 508, 525, 571f., 575, 592f., 606, 614, 667f., 669, 688
Fe—Sn 149, 161, 198 261f.
Fe—Ti 261
Fe—V 149, 161, 198, 261f.
Fe—W 198, 261f., 673
Fe—Zn 149
Field energy, magnetic 11, 276f.
Field strength, magnetic 3f., 9, 10
Films, see Thin films
Flux, magnetic 7, 9, 10
Four electron model 746
Free energy 116f., 118f.
Free enthalpy 116f., 119f.
FRIEDEL theory 754f.

G

Gamma iron, see Fe
Garnets 88, 313f., 693

Gd 35, 125, 149, 224, 695, 749, 752
Gd—La 751
g-factor 18f., 694f.
Glide plane 353
Glide, plastic 355
Grain size 499f., 501f., 518f.
Granulometry, magnetic 427f.

H

HAMILTONIAN operator 738f., 760f.
HARTREE-FOCK method 741f.
Heat capacity, see Specific heat
HEISENBERG's theory 30, 170, 741f., 751f.
HEITLER-LONDON method 170, 740f.
HUND-MULLIKEN method 741
HUND's rule 737f.
Hydrogen molecule 741f.
Hysteresis
  Complex permeability, effect on 604f.
  Definitions 90f.
  Loss
    Magnetic 115, 607
    Magnetomechanical 705
  Magnetomechanical 703f., 722f.
  Origin 364f., 429f., 454f.
  Rotational 435, 595f.
  Weak fields 556f., 604f.

I

Idealization of magnetization curve 587f.
  Alternating field 588
  Mechanical shocks 590f.
  Thermal 588f.
Inclusion theory
  Coercive force 519f., 533f.
  Critical field 377f.
  Initial susceptibility 541f., 550
Incompatibility tensor 350f.
Induction 7, 9, 10
Inductivity 8, 9, 10
Induced anisotropy
  Evaporation on tilted substrate 345
  Magnetic field 206f., 253f., 345, 449f., 454, 501f., 507f., 570f., 711, 214
  Plastic deformation 177, 213, 448f., 529
Initial susceptibility (permeability)
  Definition 91
  Demagnetizing, effect of 592f.
  Directional order, effect of 552f.
  High i. s., principles 544f.
  Inclusions, effect of 550
  Plastic deformation, effect of 548f.
  Polycrystals 539f.
  Single crystals 487f., 539f.
  Small particles 441f.
  Temperature dependence 550f.
  Tensile stress, effect of 548f.

Interactions
    Coulomb 737f.
    Dipole-dipole 736, 760f., 767
    Exchange 736
    Between particles 435f.
    Quadrupole-quadrupole 762, 768
    Spin-orbit 739, 761f.
Internal energy 114f., 120f., 136f.
Internal stresses (see also stress theory) 307, 328f., 349f., 501f.
Invar alloys 225f.
Inverse ferrites 69
Iron, see Fe
Isoperm 572f.

J

Jordan lag 614, 648f.

K

Kerr effect, magnetooptic 311f.

L

Lag, magnetic 615f.
    Anomal 665f.
    Complex permeability, effect on 619f.
    Diffusion (reversible) 210, 552f., 655f.
        Alternating field experiments 667f.
        Characteristics 671f.
        Disaccommodation 656f.
        Electron diffusion (Wijn-) 670f.
        $-70°$ 669
        Steady field experiments 661f.
    Eddy current 623f.
    Electron diffusion 670f.
    Hysteresis 661
    Spin 623f.
    Theory, formal 615f.
    Thermal (irreversible) 422f., 614, 648f.
        Characteristics 652
        Experimental results 649f.
        Theory 653f.
    Time constant distribution 617f., 631f., 652, 657f., 663f., 668f., 672
Lag field
    Diffusion 658
    Thermal 648
Lag function 617f.
Landé factor 18f., 694f.
Langevin function 24, 26
Langevin theory 20f., 23f.
Larmor theorem 20, 21
Long range order, see Order
Loss, loss angle
    Diffusion lag 672
    Eddy current 610, 611f., 627
    Hysteresis 115, 607
    Lag 620, 621
    Separation of losses 614
    Spin relaxation 628
    Thermal lag 652, 654
Loss ratio 628f.

M

Magnetic annealing
    Directional order 206f., 253f, 345, 501f., 507f., 570f., 711
    Exchange anisotropy 214
    Precipitation alloys 449f.
Magnetic circuit 95f.
Magnetic resistance 97
Magnetization
    Definition 6, 9, 10
    Spontaneous 32f., 37, 147f., 735f.
        Hydrostatic pressure, effect of 222f.
        Measurement 151f., 699f.
        Temperature dependence 32f., 47f., 80f., 151f.
        Theory 735f.
Magnetization curve
    Anhysteretic 94, 436f., 476, 587f.
    Definitions 90f.
    Polycrystals 498f.
    Single crystals 472f.
    Small particles 422f.
    Thin films 454f.
    Weak fields (see also Rayleigh law) 556f.
Magnetization reversal, mechanism of 401f.
    Critical field 408f.
    Large Barkhausen jumps 405f.
    Nucleation 402f.
    Single domain particles 429f.
    Sixtus-Tonks wave 408f., 413
    Starting field 408f.
    Thin films 454f.
Magnezitation work 112f., 183f.
    Reversible 593f.
Magnetite, see Fe_3O_4
Magnetocaloric effects 127f.
Magnetoelastic coupling constants 232f.
Magnetoelastic energy 272f., 764f.
Magnetomotive force 97
Magnetoplumbite 85
Magnetostatic energy 276f.
Magnetostatics 11f.
Magnetostriction 55f., 145, 177, 217f., 739, 764f.
    Antiferromagnetic 55f.
    Shape magnetostriction 230f.
        Cubic crystals 231f., 234f.
        Field dependence 237f.
        Hexagonal crystals 236f.

Magnetic annealing, effect of 253f.
Magnetization dependence 237f.
Measurement 244f.
Stress effects 242f.
Values of constants
  Co 248f.
  Co—Fe 255f.
  Co—Ni 256f.
  Fe 246f.
  Fe—Ni 251f.
  Fe alloys, binary 259f.
  Ferrites 267f.
  Ni 249f.
  Ni alloys, binary 263f.
  Permanent magnet alloys 265f.
  Ternary alloys 264f.
Theory 764f.
  BLOCH model 768
  Dipole interactions 767
  Local magnetostriction 767f.
  Temperature dependence 766f.
  VAN VLECK model 768
Volume magnetostriction 217f.
  Crystal effect 228
  Elastic modulus, effect on 716f.
  Field dependence 229
  Forced magnetostriction 218f.
  Magnetization effect 218f.
  Shape effect 228
Many body problem 735, 743f.
Maximum multiplicity 737
Metamagnetism 57f.
Mixtures, coercive force of 440f., 522f.
Mn—Ni 138, 150, 162f., 263f., 425f., 453, 649f.
Mn_4N 149
MnSb 149
Mn_2Sb 149, 203
Modus of magnetization 474
Molecular field theory
  Antiferromagnetism 38f., 40f.
  Ferrimagnetism 77f.
  Ferromagnetism 30f, 173
Mo—Ni 162, 263

N

Nd 749
NEEL curve 752
NEEL spikes 321f., 381f.
NEEL temperature 39f.
NEEL wall 296f.
Neutron diffraction 46f., 749, 755
Ni 22, 33, 35, 125f., 130, 134f., 149, 153, 154, 155, 165, 166, 175, 192, 219f., 224f., 243, 249f., 293, 326f., 358f., 390f., 425, 435, 459, 472, 492, 508, 518, 524f., 548f., 564f., 573f., 580f., 588f., 594, 651, 691f., 694f., 711f., 723, 730, 731, 747f., 572f., 761f., 767f.
Ni—Pd 162, 263
Ni—Pt 150, 162, 164
Ni—Sb 150, 162, 692f.
Ni—Si 138, 150, 162, 263
Ni—Sn 150, 162, 263
Ni—Ti 162
Ni—V 150, 162, 263
Ni—W 263
Ni—Zn 150, 162
Normal ferrites 69
Nucleation 402f.
Nuclei of reverse magnetization, large 416f.

O

One electron wave function 741f.
Orbital moment 14
Orbital momentum 16
Orbital quantum number 15f.
Order, directional, see Directional order
Order, long range 149f., 156, 163f., 193f., 195f., 207, 251f., 256, 259, 260, 263, 264, 502
Overlap integral 742

P

Paramagnetism 19, 23f., 27f., 60f.
Paraprocess 581f.
Particles, single domain, see Small particles
Particle size, critical
  Single domain 338f, 422f.
  Superparamagnetism 423f.
Particle size measurement, magnetic 427f.
Particle size spectrum 422f.
PAULI principle 737f.
Permeability (see also Susceptibility) 7f., 93f., 570f., 601f.
  Complex, see Complex p.
  Definition 7f.
  Demagnetizing, effect of 592f.
  Differential 94
  Incremental 93, 573f., 575, 577f.
  Initial (see also Initial p.) 93, 539f.
  Maximum 92, 570f.
  Reversible 93, 573f.
  Total 93, 570f.
Perminvar 660f.
Perturbation theory 742
Phase rule 474f.
Plasma oscillations 745f.
Plastic deformation, see Deformation
Position correlation, COULOMB 745
Potential energy 2, 276
Powder cores 573

Powder magnets 443f.
Powder pattern 36, 304f.
Precipitation alloys 444f., 502, 533f., 550
    Cold work 448f.
    Magnetic annealing 449f.
Principal quantum number 15
Principle of antisymmetry, PAULI's 735f.
Probability density 736
Pyrrhotite 86f., 149, 203

Q

Quadrupole 762, 768
Quantum numbers 15
Quantum theory 734f.

R

RAYLEIGH constant
    Definition 91, 93, 556f., 577
    Values 564
RAYLEIGH law 91, 556f., 577, 598, 604f.
    Diffusion lag, effect of 660f.
    Directional order, effect of 564f., 660f.
    Field limits 567f.
    Generalization 577
    Materials 564
    Theory 559
    Thermal lag, effect of 653f.
    Verification 563f., 606
Recovery, thermal 502, 533, 549
Recrystallization 502, 533, 549
Refraction of field lines 13f.
Relaxation, see Lag
Remanence
    Anhysteretic 436f., 476
    Change of remanence by tension 510f.
    Definition 91, 93, 505
    High remanence, conditions 507
    Low remanence, conditions 507f.
    Particle size dependence 437f.
    Polycrystals 505f.
    Single crystals 476, 489
    Small particles 436f., 441f.
    Temperature dependence 509f.
Resonance, ferrimagnetic 685f.
Resonance, ferromagnetic 188f., 461, 677f.
    Anisotropic material 679f.
    Anisotropy constants, measurement 188f., 693f.
    BLOCH wall 626, 644, 646f.
    Complex permeability 682f.
    Crystal field (natural) 188f., 640f.
    Counter resonance 683
    Exchange field effects 684
    Experimental results 687f.
    g-factor 694f.
    Isotropic material 677f.
    Line width 681, 689f.
    Spontaneous magnetization 699f.
    Sublattice effects 685f., 698f.
    Thin films 461
Reversal of magnetization, see Magnetization
RICHTER lag 655f.
Rolling anisotropy 177, 213
Rotation of magnetization
    Large crystals 36f., 118f., 152, 240f., 361, 362f., 514, 522, 543f., 706f., 714f., 728f.
    Small particles 429f.
        Coherent 429f.
        Incoherent 429, 432f.
    Thin films 453f.
        Coherent 454f., 460f.
        Incoherent 463f.

S

Saturation, approach to
    Polycrystals 579f.
    Single crystals 491f., 580, 582
    Under tension 492, 585
    Theory 491f., 493f., 582f.
Saturation magnetization, absolute 147f.
    Measurement 147
    Values 147f.
SCHRÖDINGER equation 737f.
Sendust 545
Shape anisotropy 177, 280f., 345, 430f., 454f.
Shearing 105
Short range order, directional, see Drectional order
Single crystals 51f., 53, 179f., 211f., 230f., 300f., 358, 367f., 422f., 472f.
    Approach to saturation 491f., 580, 582
    BARKHAUSEN jumps 405f., 414f.
    Coercive force 489f., 524f.
    ΔE effect 707, 708f.
    Initial susceptibility 487f.
    Magnetization curve 472f.
    Remanence 476, 489
    Resonance 679f., 691f., 693f., 188f.
Single domain particles, see Small particles
SIXTUS-TONKS wave 408f., 413f.
Skin effect 608f.
SLATER's band theory 753
SLATER curve 747f.
SLATER determinant 743
Small particles 166f., 338f., 422f.
    Coercive force 430f.
    Critical size 338f., 422f.
    CURIE temperature 166f.
    Initial susceptibility 441f.
    Interactions 435f.

Magnetic structure 338f.
Magnetization curve 422f.
Magnetization reversal 429f.
Mixtures 440f.
Remanence 436f., 441f.
Size measurement, magnetic 427f.
Size spectrum 422f.
Spontaneous magnetization 166f.
Superparamagnetism 425f.
Thermal fluctuations 422f.
Solenoid 5f.
Specific heat
   Anomaly of 123f.
   Antiferromagnetics 54
   Experimental results 125f.
   Ferromagnetics 122f.
   Spin waves, of 758f.
Spectra, magnetic 639f.
   Ferrites 645f.
   Metals and alloys 644f.
Spikes, see NEEL spikes
Spin coordinate 735
Spinell structure 69
Spin moment 15
Spin orbit coupling 739, 761f.
Spin precession damping 623f., 681f., 689f.
Spin wave resonance 684, 758
Spin wave theory 154f., 756f.
Sponge, ferromagnetic 343f.
Spontaneous magnetization, see Magnetization
Starting field 408f.
Statistical theory of magn. curve 239, 504, 576f.
STONER-WOHLFARTH band theory 154, 171, 755f.
Stray flux in magnetic circuits 109f.
Stress anisotropy 177, 272f., 345
Stress, elastic, effect of
   Approach to saturation 492, 585
   BARKHAUSEN jumps 405f., 408f.
   Demagnetizing 590f.
   Domain structure 327f.
   Initial susceptibility 548f.
   Magnetization work 594
   Magnetostriction 242f.
   Remanence 507, 510f.
   Shape of loop 501f.
Stress measurement, magnetic 596f.
Stress strain curve 702f.
Stress theory (BECKER-KERSTEN)
   Approach to saturation 491f., 582f.
   Change of Remanence with stress 510f.
   Coercive force 513f., 522f.
   Critical field 369f.
   ΔE effect 706f., 708f.
   Initial susceptibility 540f., 543f.

Magnetization work 594
   Rotation 118f.
Sublattice 38
Supermalloy, see Fe—Mo—Ni
Superparamagnetism 425f.
Superconductivity 751
Superexchange 38
Superposition of configurations 745f.
Superposition principle 662, 672
Surface anisotropy 177, 275f.
Susceptibility
   Antiferromagnetic 49f.
   Definition 6, 7, 8
   Diamagnetic 21
   Ferromagnetic 91f., 570f.
      Demagnetizing, effect of 592f.
      Differential 92
      Incremental 92, 573f., 575, 577f.
      Initial (see also Initial s.) 91, 539f.
      Maximum 92, 570f.
      Reversible 92, 573f.
      Total 92, 570f.
   Paramagnetic 24f., 33f.
Switching time 412f., 461f.

T

Tb 749
Texture, grain 334f., 405, 501f., 507f., 570f., 630
Texture determination, magnetic 187
Thermal fluctuations of magnetization 422f., 654
Thermal lag, see Lag
Thermodynamic laws 112f.
   1. law 114f.
   2. law 116
   WARBURG's law 115
Thermodynamic potentials 116f.
Thermodynamics 112f.
Thin films, ferromagnetic 164f., 294f., 344f., 453f.
   BLOCH wall 294f.
   Coercive force 456f., 458f.
   CURIE temperature 164f.
   Domain structure 344f.
   Dynamic behaviour 460f.
   Ferromagnetic resonance 461
   Free oscillations of magnetization 466
   Magnetization curve 454f.
   Magnetization reversal 454f., 461f.
   NEEL wall 296f.
   Remanence 458f.
   Spontaneous magnetization 164f.
   Switching process 461f.
   Switching time 461f.
Time constant, definition 615
Time constant distribution 617f.

Toroid 4f.
Torque balance 185f.
Torque curve 185f.
Total energy 116f.
Transformation principle 504
Tu 749
Two electron model 746

U
Units 9f.

V
VAN VLECK theory 171, 753
Virgin curve, definition 91
Virial theorem 737f.
Volume magnetostriction, see Magnetostriction

W
Wall curvature 384f.
Wall movement 36f., 364f.
   Characteristic function 365f.
   Coercive force 513f.
   Critical field 367f, 408f.
   Damping 728f.
   ΔE effect 708, 714f.

Directional order, materials with 373f.
Dislocations, effect of 371f.
Heterogeneous materials 377f.
Initial susceptibility 540f.
Internal stresses, effect of 369f.
Irreversible 366f., 386f.
Magnetostriction 238
Metals 369f.
Reversible 366
WARBURG's law 115
Wave function
   BLOCH 744
   SCHRÖDINGER 736
WEISS domains, see Domains
WEISS field, see Molecular field
WEISS-LANGEVIN theory 31f., 154, 155
Work hardening curve 358

X
X-ray diffraction 748f.

Y
YOUNG's modulus, see Elastic modulus

Z
ZENER theory 753f.

MIX
Papier aus verantwortungsvollen Quellen
Paper from responsible sources
FSC® C105338

If you have any concerns about our products,
you can contact us on
ProductSafety@springernature.com

In case Publisher is established outside the EU,
the EU authorized representative is:
**Springer Nature Customer Service Center GmbH
Europaplatz 3, 69115 Heidelberg, Germany**

Printed by Libri Plureos GmbH
in Hamburg, Germany